国家农业专项扶持资金项目申报指南

2015-2016年

中国农业科学院农业传媒与传播研究中心 编

中国农业科学技术出版社

图书在版编目（CIP）数据

国家农业专项扶持资金项目申报指南（2015—2016年）/ 中国农业科学院农业传媒与传播研究中心编 . —北京：中国农业科学技术出版社，2016.10
ISBN 978 - 7 - 5116 - 2785 - 8

Ⅰ.①国…　Ⅱ.①中…　Ⅲ.①财政支农 - 农业项目 - 申请 - 指南 - 中国 - 2015—2016
Ⅳ.①F323.9 - 62

中国版本图书馆 CIP 数据核字（2016）第 241150 号

责任编辑	王更新
责任校对	贾海霞

出 版 者	中国农业科学技术出版社
	北京市中关村南大街 12 号　邮编：100081
电　　话	（010）82106639（编辑室）　（010）82109704（发行部）
	（010）82109709（读者服务部）
传　　真	（010）82106650
网　　址	http://www.castp.cn
经 销 者	各地新华书店
印 刷 者	北京富泰印刷有限责任公司
开　　本	880mm×1 230mm　　1/16
印　　张	73.25
字　　数	1 969 千字
版　　次	2016 年 10 月第 1 版　2016 年 10 月第 1 次印刷
定　　价	900.00 元

前　言

　　党的"十八大"报告明确指出，解决好"三农"问题是全党工作的重中之重，要加大强农惠农富农政策力度，促进现代农业发展。2016 年中共中央国务院一号文件（以下简称中央一号文件）又指出，要"坚持将农业农村作为国家固定资产投资的重点领域，确保力度不减弱、总量有增加。"为落实中央要求，国家发改委、财政部、农业部、科技部等国家有关部、委、办、局在多年重点支持农业农村发展的基础上，继续加大支农扶持力度，一系列促进农村经济发展的支农惠农项目全面铺开。

　　为了使地方政府和涉农企事业单位更快捷、方便、全面地了解并获得这些项目的扶持，中国农业科学院农业传媒与传播研究中心认真梳理，并组织编辑了《国家农业专项扶持资金项目申报指南》（以下简称《指南》）。《指南》收录了 2015—2016 年国家有关部、委、办、局关于农业专项扶持资金项目的申报指南，旨在使地方政府和广大涉农企事业单位能够快速、便捷地查阅到有关国家支农惠农项目，及时了解项目具体要求和注意事项，明确项目申报提交材料，梳理可申报项目，核实申报条件，策划申报主题，熟悉申报程序、方法、技巧和路径，正确编写项目申请与可行性研究报告、及时递交项目申报材料，有效争取国家的相关扶持资金，促进我国农业和农村经济快速发展。

　　《指南》是各级地方政府、农业高等院校、农业科研机构、农业科技园区、农业企业、农业合作社以及基层农业科技工作者必备工具书。今后每年将根据国家有关部、委、办、局农业专项扶持资金项目的发布情况及时进行编辑出版。希望《指南》的出版能为地方政府和相关涉农企事业单位获取国家支农惠农项目扶持指明方向，并提供借鉴，也期待《指南》的出版能发挥更多、更大作用，为我国"三农"事业发展尽绵薄之力！

　　衷心感谢在《指南》策划、整理、编辑过程中所有参与的领导、专家、学者。由于涉及内容较多，时间紧，任务重，书中难免有疏漏和不妥之处，希望广大读者提出宝贵意见和建议。

中国农业科学院农业传媒与传播研究中心

2016 年 9 月

目　录

一、国家发展和改革委员会

1. 国家发展改革委办公厅 财政部办公厅关于请组织推荐 2016 年园区循环化改造重点支持备选园区的通知

国家发展改革委办公厅 财政部办公厅关于请组织 推荐 2016 年园区循环化改造重点支持备选园区的通知

发改办环资〔2016〕1205 号

各省、自治区、直辖市及计划单列市、新疆生产建设兵团发展改革委（经信委、工信厅）、财政厅（局）：

"十二五"时期，为促进园区绿色循环低碳发展，助力经济提质增效，国家发展改革委、财政部积极推进园区循环化改造，确定了 100 个示范试点园区，取得了很好的示范引领效果。"十三五"规划纲要明确提出："按照物质流和关联度统筹产业布局，推进园区循环化改造，建设工农复合型循环经济示范区，促进企业间、园区内、产业间耦合共生"，要求推动 75% 的国家级园区和 50% 的省级园区开展循环化改造。为落实"十三五"规划纲要要求，国家发展改革委、财政部将继续支持园区循环化改造，引领各地加快推进园区循环发展。现就有关事项通知如下。

一、总体要求

以京津冀、长江经济带等国家战略区域为重点，按照分类指导、重点推进的原则，加快推进园区实施循环化改造，促进园区绿色循环低碳发展，引领周边经济绿色转型。

（一）京津冀地区

重点围绕大幅降低园区大气污染物排放，支持一批以冶金、化工、建材等重化工产业为主导的园区实施循环化改造，支持河北位于城市建成区的冶金、化工、建材等重化工企业"退城入园"。

（二）长江经济带相关地区

重点围绕修复长江生态环境，支持一批以化工、纺织、印染、造纸、酿造等为主导产业的园区实施循环化改造，减少水污染物排放。

（三）其他地区

重点选择一批产业特色鲜明、改造潜力较大的园区实施循环化改造，打造一批园区循环发展的典范。

二、组织推荐

（一）基本条件

1. 已按《国家发展改革委办公厅关于开展园区循环化改造需求调查的通知》（发改办环资〔2016〕513 号）要求，报送"十三五"循环化改造需求；

2. 各地区推荐的园区均应列入《中国开发区审核公告目录》（2007 年第 18 号）或 2007 年以来经国务院批准的各类开发区、通过验收的国家循环经济试点园区；

3. 园区符合土地利用总体规划和城市总体规划；

4. 园区内的产业符合国家产业政策；

5. 具有明确的园区边界以及园区组织管理机构或投资运营主体；

6. 园区具备一定的产业基础和产业规模；

7. 园区土地开发利用潜力较大；

8. 园区废弃物产生量大，减量化、再利用、资源化和循环化改造潜力较大；

9. 园区基础设施较为完善，具备符合国家标准的各项环保设施，近三年未出现重大环境污染事故和群体事件；

10. 园区具备循环化改造基础，已开展相关工作；

11. 财政部、国家发展改革委确定的节能减排财政政策综合示范城市，国家循环经济示范城市（县）的园区，列入国家或省级循环经济试点的园区优先。

（二）推荐材料

1. 省级循环经济发展综合管理部门、财政部门联合推荐文件。

2. 园区循环化改造实施方案。各申报园区要结合本地区资源环境、产业发展现状及园区特点，按照《国家发展改革委 财政部关于推进园区循环化改造的意见》（发改环资〔2012〕765 号）的要求，参照《园区循环化改造实施方案编制指南》（见附件），组织编报园区循环化改造实施方案。实施方案要在开展园区物质流分析的基础上，明确提出园区循环化改造的主要目标和重点任务，提出拟建设完成的循环经济重点支撑项目。

3. 相关支撑材料。包括园区的批复文件，符合土地利用、城市规划、环境保护规划的相关文件以及国土资源部门确定的实施范围等材料。

三、有关要求

（一）各地要按照"十三五"规划纲要要求，结合本地区实际，制定并组织实施本地区整体推进园区循环化改造的方案，有条件的地区安排专项资金予以引导支持。

（二）各地区要认真做好组织推荐工作，省级循环经济发展综合管理部门、财政部门共同组织专家对园区循环化改造实施方案进行评估审核，择优重点推荐基础条件好、改造潜力大、实施方案扎实的园区列入国家重点支持范围。京津冀、长江经济带地区符合条件的省份限报 2 个备选园区，其他省份单位限报 1 个备选园区，对于超报省份，两部门对其报送的全部实施方案不予组织论证。

（三）国家发展改革委、财政部将组织专家对各地报送的实施方案及相关材料进行论证，按照"成熟一批、推进一批"的原则，依据相关程序予以批复。财政部、国家发展改革委将根据当年财政预算情况，安排中央财政资金予以适当支持。

各地区应高度重视园区循环化改造工作，加强组织领导，认真做好备选园区的论证和推荐工作，确保申报材料的真实性、准确性和实施方案的科学性、可行性。请各地于 2016 年 5 月 20 日前，将推荐材料一式两份（附 1 张光盘）分别报送国家发展改革委（行政服务大厅、环资司）、财政部（经建司）。

国家发展改革委环资司联系人：徐健

联系电话：010 - 68505572 传真：010 - 68505572

财政部经建司联系人：吴桐

联系电话：010 - 68552518 传真：010 - 68552879

附件：园区循环化改造实施方案编制指南

国家发展改革委办公厅

财政部办公厅

2016 年 5 月 11 日

来源：http：//www. ndrc. gov. cn/zcfb/zcfbtz/201605/t20160516_ 801745. html

附件

园区循环化改造实施方案编制指南

为推动园区循环化改造工作的顺利开展，指导地方编制园区循环化改造实施方案，制定本编制指南。

一、总体要求

（一）深入贯彻落实党的十八大和十八届三中、四中、五中全会精神，以循环经济"减量化、再利用、资源化"和"减量化优先"为原则，以推动经济绿色转型为主线，把园区改造为"经济持续发展、资源高效利用、环境优美清洁、生态良性循环"的循环发展示范区。

（二）紧密结合当地产业基础、资源禀赋和环境状况，统筹规划园区空间布局和产业布局，突出构建清晰的循环经济产业链，具有现实可操作性。

（三）以表格形式细化年度投资计划、具体项目实施期限和达产年限、规模，清晰界定年度实施范围和进度，便于进行年度评价和验收。

（四）清晰列明园区各类污染物的排放和处理情况，便于环境保护部门监督检查。

（五）以 2015 年为实施方案编制的基准年，实施期限为 3 ~ 5 年。

二、实施方案的主要内容

（一）园区现状和发展基础

1. 当地经济社会发展情况及本地区资源禀赋、环境状况简述；

2. 园区概况。主要包括园区地理位置、交通条件、占地面积、自然条件、功能区划等内容。要附园区区位图和园区功能区划图。

3. 经济发展和产业基础。描述园区经济、产业发展水平以及园区主导行业、重点企业及其发展状况（要附相关图表）。

4. 社会发展和基础设施。描述园区内人口状况，科、教、文、卫状况，基础设施状况、道路交通状况等。

5. 园区与周边区域的产业关联、基础设施和服务平台共享等情况。

6. 资源环境现状。园区主要能源和资源的消耗水平及其与国内外的比较；资源产出率情况，"十二五"节能减排目标完成情况；污染源数量和分布；主要污染物特征和产生、排放量；重点污染源排放达标情况；潜在的环境风险和应急方案；园区建址的环境敏感性分析；区域环境质量；区域环境容量和环境承载力；环境法律法规的贯彻执行；环保投入；环境管理等。对一些资源环境指标要用表格形式列出"十二五"的指标值。

（二）园区发展循环经济的基础及下一步发展面临的问题

1. 园区发展循环经济的进展及成效。

2. 园区发展面临的主要问题。有针对性地分析园区发展面临的问题和主要挑战。

3. 园区循环化改造的意义。从促进产业结构合理调整、园区综合竞争力提高、资源约束改善、资源产出率提高、环境质量改善、区域生态环境优化等方面分析循环化改造对当地经济社会发展和园区的影响和意义。

（三）循环化改造的有利条件和制约因素

1. 有利条件分析。从产业基础、资源环境、基础设施、科技创新、公共服务、人才培养、政策机制、园区管理、周边产业配套等方面分析园区循环化改造的有利条件。

2. 制约因素分析。要深入分析制约园区循环化改造和园区发展的制约因素。

（四）总体思路、原则和目标

1. 总体思路。

2. 基本原则。

3. 主要目标。

（1）总体目标：从园区空间布局、产业结构调整、循环经济产业链构建、资源利用效率提高、环境保护、基础设施、科技创新、管理机制等方面，提出园区改造的总体目标。

（2）主要指标。在开展物质流分析（要有循环化改造前和改造后物质流比较分析）的基础上，合理设定体现园区循环化改造成效、可量化的指标。指标应包括园区经济发展、产业结构调整、产业关联度、能源资源节约与循环利用、污染控制和管理、环境质量改善等方面。国家"十三五"规划纲要中的有关约束性指标要进行科学测算。具体指标体系可参考附表。

（3）目标可达性分析。根据园区发展趋势，结合园区循环化改造中重点支撑项目的引进和保障体系的建设，分析主要目标的可达性。

（五）主要任务

按照可复制、可推广、可借鉴的要求，对园区循环化改造进行总体框架设计，从空间布局优化、产业结构调整、企业清洁生产、公共基础设施建设、环境保护、组织管理创新等方面，提出切实可行的任务，推进循环化改造。要附园区循环化改造总体框架图。

1. 空间布局方面。根据物质流和产业关联性，开展园区布局总体设计或进行布局优化，改造园区内的企业、产业和基础设施的空间布局，体现产业集聚和循环链接效应，实现土地的节约集约高效利用（要附园区空间优化布局图）。

2. 产业结构调整方面。结合本区域的产业和资源的比较优势，考虑园区环境承载力和地方发展需求，围绕提高资源产出率和提高园区综合竞争力，提出传统产业改造升级、培育和发展战略性新兴产业等方面的主要任务。

3. 循环经济产业链构建方面。围绕实现项目间、企业间、产业间有机衔接、物料闭路循环，促进原料投入和废物排放的减量化、再利用和资源化，以及危险废物的资源化和无害化处理，提出产业链招商、补链招商，以及建设和引进产业链接或延伸的关键项目等方面的主要任务。（要附循环经济产业链总体框架图、具体产业链图、物质循环利用图）

4. 能源资源高效利用方面。按照循环经济减量化优先的原则，推行清洁生产，促进源头减量；开发能源资源的清洁高效利用技术，开展清洁能源替代改造，提高可再生能源利用率；推动余热余压利用、企业间废物交换利用和水循环利用；推进水资源替代，沿海地区的园区适当开展海水淡化，减少淡水使用。

5. 污染集中治理方面。加强污染集中治理设施建设及升级改造。培育专业化第三方改造和治理公司，实现污染治理的专业化、集中化和产业化。强化园的环境综合管理，开展企业环境管理体系认证，构建园区、企业和产品等不同层次的环境治理和管理体系，最大限度地降低污染物排放水平。

6. 基础设施方面。按照园区各类基础设施的共建共享、集成优化，降低基础设施建设和运行成本，提高运行效率，使园区生态环境优美的要求，提出园区内运输、供水、供电、照明、通讯、建筑和环保等基础设施的改造任务。

7. 运行管理方面。要突出管理体制机制创新，明确园区循环化改造管理机构，建设园区能源资源环境管理平台和统计体系，园区废物交换平台，循环经济技术研发及孵化中心等公共服务设施，进行物质流分析和管理。制定并实施循环经济相关技术研发和应用的激励政策，制定入园企业、项目的准入标准等实现运行管理规范化。

（六）重点支撑项目

针对园区循环化改造的目标和任务，提出拟建设的重点支撑项目：

1. 项目建设总表。将重点支撑项目分列为"拟申请中央财政资金支持的项目"和"自主实施的项目"两个表，其中"拟申请中央财政资金支持的项目"表主要筛选和提出循环经济产业链构建体系和公共服务设施保障体系的重点支撑项目，具体见正文中央财政补助资金支持内容所列的项目种类。

2. 项目基本情况。每个项目建设的背景、必要性与园区循环化改造的关系，比较详细的建设内容、产能、工艺流程及先进性分析，主要技术设备及先进性分析，资金筹措方案，效益分析等。分年度说明建设安排及投资计划。

3. 项目投资估算及构成。要以表格形式详细列明每个项目的投资估算（不含土地购置费）。估算范围至少应包括厂房建设（建筑面积、总额等）、设备购置（设备名称、台套数、价格等）、辅助生产装置和公用工程等。

（七）园区循环化改造效益分析

重点对园区循环化改造的综合效益进行分析评价，对园区循环化改造的各项成本及收益进行初步地核算，评估园区循环化改造的成效。

1. 经济效益分析。包括物质减量、循环利用的直接经济效益；污染减排带来的间接经济效益；促进园区本身经济总量稳定增长，同时带动园区所在地区经济增长；增强园区活力，提高园区综合竞争能力等方面。

2. 环境效益分析。园区及周边地区水、大气和土壤环境质量的改善；废弃物资源化利用率的提高；降低对自然资源的需求，减少能源消耗；污染物排放量的减少。

3. 社会效益分析。包括扩大社会就业，促进居民生活质量的全面提高，促进当地社会和谐等方面。

（八）保障措施

主要包括：组织保障体系、政策保障体系、技术支撑体系、公共服务平台建设、统计评价考核体系、污染防治监督管理体制、产业链接的风险分担和保障体系、公众参与、宣传教育与交流以及能够保障园区循环化改造顺利开展的其他措施。

附表 1：园区循环化改造参考指标

附表 2：园区循环化改造项目汇总表

附表 1　园区循环化改造参考指标

分类	指标名称	单位	2015 年	2018 年	2020 年
资源产出指标	园区生产总值	万元			
	＊资源产出率	万元/吨			
	＊能源产出率	万元/吨标煤			
	＊土地产出率	万元/公顷			
	水资源产出率	元/立方米			
资源消耗指标	＊能源消耗总量	万吨标煤			
	＊水资源消耗总量	立方米			
	＊单位国内生产总值取水量	立方米/万元			
	单位生产总值能耗	吨标煤/万元			
	主要产品 1：　单位能耗	吨标煤/吨			
	……				
	主要产品 1：　单位水耗	立方米/吨			
	……				
资源综合利用指标	＊工业固体废物综合利用量	万吨			
	＊工业固体废物综合利用率	%			
	＊工业用水重复利用量	万立方米			
	＊工业用水重复利用率	%			
	废旧资源综合利用量（含进口）	万吨			

（续表）

分类	指标名称	单位	2015 年	2018 年	2020 年
废物排放指标	*二氧化硫排放量	万吨			
	*化学需氧量排放量	万吨			
	*氨氮排放量	万吨			
	*氨氮化物排放量	万吨			
	*单位地区生产总值 CO_2 排放量	吨/万元			
	工业固体废物排放量	万吨			
	工业固体废物处置量	万吨			
	工业废水排放量	万立方米			
其他指标	*非化石能源占一次能源消费比重	%			
	可再生能源所占比例	%			
特色指标					

注：1. 标*为重点指标，属必填项。

2. 有关指标说明：

$$资源产出率 = \frac{国内生产总值（GDP，亿元不变价）}{主要资源消费实物量（DMC，万吨）}$$

资源产出率是指主要资源单位消耗量所产出的经济总量（GDP），请各单位结合自身实际选择生产过程中消耗的主要资源，并附详细的资源种类、消耗数据和计算过程。其中，主要资源消费总量指初始资源投入总量，单位为万吨，品种包括：能源资源（煤炭、石油、天然气），矿产资源（铁矿、铜矿、铝土矿、铅矿、锌矿、镍矿、锰矿、石灰石、磷矿、硫铁矿），木材，工业用粮。

附表 2：拟申请专项资金支持的园区循环化改造项目汇总表

园区名称：　　　　　　　　　　　　　　　　　　　省级循环经济发展综合管理部门公章

项目类别	序号	项目单位	项目名称	项目内容	总投资（万元）	建设期限	实施条件	社会效益
关键补链项目	1							
	2							
	……							
公共服务设施建设	1							
	2							
	……							
总计（万元）	\	\	\	\	\	\	\	\

说明：1. 本表一律用 EXCEL 制作，要加盖省级循环经济发展综合管理部门公章；

2. 项目内容主要包括项目建设的主要内容和规模，采用的主要工艺技术，购置的主要技术装备等（不超过 150 字）；

3. 实施条件主要包括项目立项情况、环评批复情况、土地批复情况；

4. 社会效益指项目建成后，预期节能、节水、资源循环利用、污染物减排量等综合效益。

2. 国家发展改革委办公厅关于请组织申报环保领域创新能力建设专项的通知

国家发展改革委办公厅关于请组织申报环保领域创新能力建设专项的通知

发改办高技〔2016〕378 号

国务院有关部门、直属机构办公厅（办公室），各省、自治区、直辖市及计划单列市、新疆生产建设兵团发展改革委，有关中央管理企业：

为贯彻落实《国家发展改革委关于实施新兴产业重大工程包的通知》（发改高技〔2015〕1303 号），着力提高环保领域自主创新能力，促进环保产业快速发展，我委决定组织实施环保领域创新能力建设专项，构建环保领域创新网络。现将有关事项通知如下：

一、专项总体思路

为满足环境污染综合治理和环保产业升级发展的需要，针对当前大气、水、土壤、固废污染的突出问题，以及污染防治成套技术、装备和材料的重大需求，按照坚持问题导向、防治结合、全过程控制和协同治理的原则，围绕先进环境监测、污染治理、资源循环利用、环境修复等环节建设布局相关创新平台，加强重大技术装备及产品的研发和工程化，以提升环保产业的整体创新能力为着力点，推进我国环保产业又好又快发展。

二、专项目标

未来 2 ~ 3 年，建成一批环保领域创新平台，为环保领域相关技术创新提供支撑和服务。以推进经济发展方式转变为着力点，通过建立和完善环保领域的技术创新平台，集聚整合创新资源，加强产学研用结合，突破一批关键共性技术并实现产业化，促进环保产业的快速发展，为培育和发展战略性新兴产业提供动力支撑。

三、专项建设内容和重点

（一）提升大气环境污染防治能力

1. 大气环境污染监测先进技术与装备国家工程实验室。针对我国大气环境监测仪器性能不稳定、可靠性不高等问题，建设大气环境污染监测先进技术与装备创新平台，支撑开展污染源细颗粒物（PM2.5）、挥发性有机污染物（VOCs）、氨、重金属（汞等）等连续监测、现场快速监测，大气环境质量多参数多污染物连续监测，石化、化工园区大气污染多参数连续监测与预警，车载、机载和星载等监测，PM2.5、VOCs 化学成分快速检测、非 CO_2 温室气体排放连续监测等关键共性技术、设备的研发、集成与工程化，提高我国大气环境监测技术装备水平。申请单位需具备大气环境污染监测装备研发和可靠性试验能力。

2. 烟气多污染物控制技术与装备国家工程实验室。针对钢铁、有色、建材、石油化工、电力等行业烟气污染控制技术难以满足管理需求、一次细颗粒物污染治理技术薄弱等问题，建设烟气多污染物控制技术与装备创新平台，支撑开展燃煤等烟气多污染物超低排放、PM2.5和臭氧主要前体物联合脱除及资源化、烟气汞等重金属与其它污染物协同控制、一次PM2.5高效净化、宽温带高强度及低温选择性催化还原（SCR）、工业炉窑多污染物（常规污染物、重金属、有毒有害污染物）协同控制治理、烟气净化系统优化设计等技术、材料、工艺与装备的研发和工程化，促进工业烟气治理技术装备升级。申请单位需具备开展工业规模烟气多污染物协同/联合控制技术研发、工程化试验与集成能力。

3. 挥发性有机污染物污染控制技术与装备国家工程实验室。针对我国VOCs治理技术薄弱、关键材料和装备运行可靠性低的问题，建设VOCs污染控制技术与装备创新平台，支撑开展石化、包装、印刷、家具、汽车和船舶制造、电子等重点行业VOCs源头和过程控制，新型高效吸附、催化、低浓度VOCs吸附浓缩、高效蓄热式燃烧、臭氧催化氧化、生物净化、低温等离子体净化及组合治理、VOCs检漏及预警等技术、材料、工艺和成套装备的研发、集成和工程化，提高我国VOCs污染控制技术装备水平。申请单位需具备开展典型规模企业、工业园区VOCs污染控制技术和整体解决方案研发、工程化试验能力。

4. 移动源污染排放控制技术国家工程实验室。针对我国机动车船保有量大、污染排放控制技术落后于管理和应用需求的问题，建设移动源污染排放控制技术创新平台，支撑开展满足下一代汽油车（国Ⅵ）排放标准的高性能材料及系统集成、新一代柴油车用颗粒捕集器载体、柴油机颗粒物及氮氧化物净化、柴油机排气升温和排气污染在线监测，船用柴油机颗粒捕集、排气催化净化系统等关键技术、材料和装备的研发和工程化，提高我国车船污染排放控制技术装备水平。申请单位需具有为各类车船发动机配套污染控制材料和净化器研发与工程化试验能力。

（二）提升水环境污染防治能力

1. 水环境污染监测先进技术与装备国家工程实验室。针对我国先进水环境污染监测仪器稳定性不高、寿命短的问题，建设水环境污染监测先进技术与装备创新平台，支撑开展水中多种重金属监测、水中有毒有机污染物监测、生物毒素监测、水质毒性监测、生物监测及多目标物同步监测，新一代多参数水质和污染源连续监测装备物联化、便携应急监测、连续监测系统远程控制等技术、设备的研发和工程化，提升我国水环境监测技术装备水平。申请单位需具备开展水环境污染监测技术、设备研发和可靠性试验能力。

2. 湖泊水污染治理与生态修复技术国家工程实验室。针对我国湖泊水体污染和富营养化较严重、治理技术装备工程化水平低的问题，建设湖泊水污染治理与生态修复技术创新平台，支撑开展湖泊外源污染强化控制、城镇黑臭水体污染治理、滨岸生态治理与修复重建、污染底泥治理及原位修复、蓝藻控制，蓝藻水华预警及应急处置、营养盐调控、水力调控等技术、材料、工艺与装备的研发、系统集成和工程化，提高我国湖泊水环境治理与生态修复技术装备水平。申请单位需具备开展湖泊水污染治理与生态修复整体解决方案、关键技术、材料、装备研发与工程化试验能力。

3. 高浓度难降解有机废水处理技术国家工程实验室。针对高浓度难降解工业有机废水危害大、难治理的问题，建设高浓度难降解有机废水处理技术创新平台，支撑开展高浓度有机废水（废液）资源化利用、无害化处理、新型高效节能蒸发、低能耗湿式燃烧、生物强化和低能耗高效生物反应器、低能耗高效臭氧催化氧化、电解催化氧化、超临界氧化等技术、工艺、装备的研发和工程化，提高高浓度难降解有机废水处理技术装备水平。申请单位需具有开展典型行业高浓度难降解有机废水综合解决方案、关键技术、装备研发与工程化试验能力。

4. 城镇污水深度处理与资源化利用技术国家工程实验室。针对城镇污水处理厂出水水质不高、资源化利用率低、氮磷污染负荷大的问题，建设城镇污水深度处理与资源化技术创新平台，支撑开展城镇及工业园区污水厂节能提标改造、新型高效水处理材料与药剂、深度脱氮除磷、高级氧化、先进膜处理技术与组件、安全高效消毒、有价物质资源化、污水厂工艺智能控制、再生水安全评价，以及村镇生活污水高效处理成套装置、区域村镇污水处理设施运营监控系统等技术、工艺、材料和装备的研发和工程化，提升我国城镇污水处理与资源化技术水平。申请单位需具备开展大中型污水厂深度处理与资源化技术工艺、装备研发与工程化试验能力。

（三）提升土壤环境污染防治能力

1. 农田土壤污染防控与修复技术国家工程实验室。针对我国农田土壤污染日趋严重、威胁农产品安全的问题，建设农田土壤污染防控与修复技术创新平台，支撑开展农田土壤重金属和持久性有机污染物快速检测、污染源识别、风险评估、农艺调控、植物修复、微生物修复、原位钝化/固定/生物阻隔、生态修复等技术、药剂、设备的研发和工程化，保障农田土壤环境质量安全。申请单位需具有开展规模化农田污染防控修复方案、关键技术和装备研发能力。

2. 污染场地安全修复技术国家工程实验室。针对我国石油、化工、冶炼、矿山等污染场地对人居环境和生态安全影响日益突出的问题，建设污染场地修复技术创新平台，支撑开展污染场地及地下水污染调查与风险评估、强化气相抽提（SVE）、热脱附、等离子体修复、化学淋洗、氧化/还原处理、重金属固化稳定化、重金属电动分离、生物修复、地下水空气注入/多相抽提/渗透反应墙、采样测试、污染监控等技术、工艺、材料、设备的研发和工程化，提升我国污染场地修复技术装备水平。申请单位需具有开展典型行业（工业园区）污染场地修复整体解决方案、关键技术、装备研发与工程化试验能力。

（四）提高废物处理处置与资源化技术水平

1. 污泥安全处置与资源化技术国家工程实验室。针对我国城镇污水处理厂及工业废水处理设施污泥产量大、二次污染严重的问题，建设污泥安全处置与资源化技术创新平台，支撑开展高效低耗预处理、低能耗压滤脱水、低能耗深度干化、高效厌氧消化、绿色节能改性调理、工业污泥无害化、污泥资源化利用、污泥安全处置等技术、装备的研发和工程化，提升我国污泥处理处置与资源化技术装备水平。申请单位需具有开展污泥处理处置与资源化技术、工艺、装备研发与工程化试验能力。

2. 垃圾焚烧技术与装备国家工程实验室。针对我国生活垃圾、危险废物焚烧处理技术装备工艺稳定性不高、二次污染突出的问题，建设垃圾焚烧技术与装备创新平台，支撑开展先进高效垃圾焚烧、危险废物焚烧和其它热处理、高效烟气无害化处理系统、热能高效利用系统、飞灰中二噁英解毒和重金属稳定化、飞灰安全处置、焚烧炉渣安全利用、渗滤液处理和除臭、危险废物工业炉窑共处置、衍生燃料制备等技术、装备的研发和工程化，提升我国垃圾焚烧技术水平。申请单位需具有开展垃圾焚烧设施及关键污染控制技术研发、工程化试验能力。

3. 畜禽养殖污染控制与资源化技术国家工程实验室。针对畜禽养殖污染负荷高、排放达标水平较低的问题，建设畜禽养殖污染控制与资源化技术创新平台，支撑开展畜禽养殖污水脱氮除磷高效处理、分散型畜禽养殖污水处理、规模化畜禽养殖粪便资源化利用、沼液沼渣和恶臭无害化处理处置、畜禽养殖与有机农业种植配套等技术、装备的研发和工程化，提高我国畜禽养殖污染控制与资源化技术装备水平。申请单位需具有开展大、中、小等养殖规模条件下污染治理技术、装备的研发、系统集成与工程化试验能力。

四、具体要求

（一）请相关主管部门按照《国家工程实验室管理办法（试行）》（国家发展改革委令第54号）、《国家高技术产业发展项目管理暂行办法》（国家发展改革委令第43号）和《国家发展改革委关于实施新兴产业重大工程包的通知》的要求，组织开展项目申请报告编制和申报工作。

（二）主管部门应结合本部门、本地区实际情况，认真组织好项目资金申请报告编写和备案工作，并对其真实性予以确认。同一法人单位可选择其中1个实验室方向进行申报；同一主管部门对同一实验室方向，择优选择1个项目单位申报。

（三）为构建创新网络，申报单位需承诺，若通过评审成为以上环境保护领域创新平台的承担单位，将参与构建创新网络，以加强创新平台之间的协同，并由中国环境科学学会协助开展相关工作。

（四）项目申报方案需充分体现产学研用等单位的紧密结合，并进行实质性合作共建，联合开展技术创新、组织创新和服务模式创新，促进相关产业的创新和发展。

（五）请主管部门在2016年4月1日前，将审查合格的项目资金申请报告一式2份报送我委（双面打印）；同时请提供电子文本和有关附件等材料。

特此通知。

2016年2月6日

来源：http://gjss.ndrc.gov.cn/ghzc/201602/t20160218_774894.html

3. 国家发展改革委办公厅 财政部办公厅关于申报2015年外国政府贷款备选项目的通知

国家发展改革委办公厅 财政部办公厅关于申报2015年外国政府贷款备选项目的通知

发改办外资〔2015〕2592号

各省、自治区、直辖市及计划单列市、新疆生产建设兵团发展改革委、财政厅（局）：

根据《国家发展改革委 财政部关于国际金融组织和外国政府贷款管理改革有关问题的通知》（发改外资〔2015〕440号）要求，为充分发挥外国政府贷款在促投资、稳增长、调结构、惠民生中的积极作用，更加突出重点，系统支持改革试点和创新，统筹做好2015年外国政府贷款备选项目规划编制工作，现就有关事项通知如下：

一、贷款国别信息

目前，外国政府贷款共有德国促进贷款、美国进出口银行主权担保贷款、以色列、北欧投资银行、法国开发署、沙特、科威特、欧佩克等8个贷款国别。其中，美国进出口银行主权担保贷款纳入2015年备选项目规划予以考虑。国别贷款规模、条件等信息见附件。

二、贷款支持领域

2015 年外国政府贷款备选项目规划，将加强顶层设计，更加集中使用贷款资金，更好地服务国家和地方经济社会发展战略重点。

（一）医养结合项目

突出医疗与养老相结合，引导城市科学规划。项目所在地应为地市级及以上城市，且政府已做出集中成片的医疗区域、周边配套养老设施的相关规划。在前述规划区域内的医院和养老机构，可申请贷款用于购买医疗设备、建设养老服务设施、开展人员培训等。对应贷款国别和机构为德国促进贷款、以色列、北欧投资银行、美国进出口银行主权担保贷款、沙特、科威特、欧佩克基金等。

（二）职业教育项目

推进产教融合、校企合作，促进产业转型升级。申请贷款的职业教育机构，应已与企业建立稳定的合作关系，或提出与企业合作的模式，或由企业直接参与人才培养和教学，努力促进学生就业。有条件的省份可探索围绕本地区主导产业链，系统组织涵盖产业上中下游的跨学科、跨县市打捆职业教育项目。贷款可用于购置实验实训设备、开展人员培训等，注重引进国外先进的职业教育理念和人才培养模式。对于项目所在地政府已做出职业教育与产业、区域融合发展相关规划和具体计划的，优先给予支持。对应贷款国别和机构为德国促进贷款、以色列、北欧投资银行等。

（三）节能减排、生态环保、基础设施和现代农业等项目

基于外方的行业领域要求，各地可围绕节能减排、应对气候变化、污水处理、消防等领域，以及具有改革试点和创新示范意义的地方重点项目。原则上每个省市可申报 1~2 个贷款项目，单个项目贷款额一般不低于 2 000 万美元。对应贷款国别和机构为美国进出口银行主权担保贷款、德国促进贷款、法国开发署、以色列、北欧投资银行等。

为体现国别贷款特点，利用优惠资金支持改革创新，科威特、沙特、欧佩克基金贷款将用于优先支持中西部地区医养结合项目和职业教育项目等。

三、申报要求

（一）突出示范性和创新性

各地应根据本通知精神，组织好贷款项目申报，重视和落实好此次贷款规划方式的优化调整。鼓励各地围绕医养结合、职业教育以及资源节约、环境保护、基础设施等领域，提出具建设性、可操作性的项目方案，体现贷款资金的集中使用，避免申报项目"小而散"。对于申报医养结合、职业教育领域以外项目的省份，原则上安排一个项目。对于提出系统性规划或操作性较强的新模式的项目，我们将予以重点支持。鼓励申报项目采用政府与社会资本合作（PPP）模式，引导社会资本投入，放大贷款资金的杠杆作用。

（二）完善项目建设内容

申报项目根据建设需要，合理选择贷款国别和贷款规模，明确项目实施单位，加强项目可行性研究，落实贷款偿还和担保责任。对于医养结合、职业教育项目，贷款支持考察培训的比例可适当提高，占比最高不超过贷款总额的7%。购置医疗设备的项目，在同等条件下应优先采购国产设备。

（三）申报截止日期

请各地发展改革和财政部门做好协调配合，于 11 月 20 日前将申报材料联合报送至国家发展改革委、财政部。

国家发展改革委办公厅
财政部办公厅
2015 年 10 月 10 日

来源：http://bgt.ndrc.gov.cn/zcfb/201510/t20151020_ 755141.html

4. 国家发展改革委办公厅 财政部办公厅关于请组织推荐 2015 年园区循环化改造示范点备选园区的通知

国家发展改革委办公厅、财政部办公厅关于请组织推荐 2015 年园区循环化改造示范点备选园区的通知

发改办环资〔2015〕913 号

各省、自治区、直辖市及计划单列市、新疆生产建设兵团发展改革委（经信委、工信厅）、财政厅（局）：

为贯彻落实落实《循环经济促进法》、"十二五"规划纲要和《循环经济发展战略及近期行动计划》，推进园区循环经济发展，提升园区综合竞争力，加快转变经济发展方式，提高生态文明水平，建设资源节约型、环境友好型社会，国家发展改革委、财政部将继续组织实施园区循环化改造示范试点工作，现就申报 2015 年园区循环化改造示范试点备选园区有关事项通知如下。

一、组织推荐

各省、自治区、直辖市及计划单列市、新疆生产建设兵团循环经济综合管理部门、财政部门组织推荐循环化改造备选园区。各地区限报 1 个备选园区（已获批复的再制造产业示范基地有园区循环化改造内容的可另报），对于超报地区，两部门对其报送的全部实施方案不予组织评审。

（一）基本条件

1. 列入《中国开发区审核公告目录》（2007 年第 18 号）或 2007 年以来经国务院批准的各类开发区、通过验收的国家循环经济试点园区、再制造示范基地（"城市矿产"示范基地除外）；

2. 园区符合土地利用总体规划和城市总体规划；

3. 园区内的产业符合国家产业政策；

4. 具有明确的园区边界以及园区组织管理机构或投资运营主体；

5. 园区具备一定的产业基础和产业规模；

6. 园区土地开发利用潜力较大；

7. 园区废弃物产生量大，减量化、再利用、资源化和循环化改造潜力较大；

8. 园区基础设施较为完善，具备符合国家标准的各项环保设施，近三年未出现重大环境污染事故和群体事件；

9. 园区具备循环化改造基础，已开展相关工作；

10. 财政部、国家发展改革委确定的节能减排财政政策综合示范城市、国家循环经济示范城市（县）的园区优先，列入国家或省级循环经济试点、国家循环经济教育示范基地的园区优先。

（二）推荐材料

1. 省级循环经济发展综合管理部门、财政部门联合推荐文件。

2. 园区循环化改造实施方案。结合本地区资源环境、产业发展现状及园区特点，按照《国家发展改革委 财政部关于推进园区循环化改造的意见》（发改环资〔2012〕765 号）的要求，参照《园区循环化改造实施方案编制指南》（见附件），组织编写园区循环化改造示范试点实施方案。实施方案要在开展园区物质流分析的基础上，明确提出园区循环化改造的主要目标和重点任务，提出拟建设完成的循环经济重点支撑项目。省级循环经济发展综合管理部门、财政部门共同组织专家对园区循环化改造实施方案进行评估审核后，择其优者报国家发展改革委、财政部。

3. 相关证明文件。包括园区的批复文件，符合土地利用、城市规划、环境保护规划等规划的证明文件，国土资源部门确定的四至范围证明文件，环境保护部门的环保审查报告，以及成立管理机构的证明文件等各类证明文件。

二、程序安排

（一）地方初审实施方案

各省级循环经济发展综合管理部门、财政部门共同组织专家对园区循环化改造实施方案进行初审，并将初审意见和评审专家名单随同申报材料一同报送。

（二）评审批复实施方案

国家发展改革委、财政部会同有关部门组织专家对实施方案进行评审。方案通过评审的，由国家发展改革委、财政部联合批复。对实施方案获得批复的园区，可在适当位置标示"国家循环化改造示范试点园区"标志和建设内容等，接受社会监督。

（三）签订承诺书

园区所在地市（包括计划单列市、副省级省会城市、地级市）、州、盟、区（指直辖市市辖区县）人民政府与国家发展改革委、财政部签订承诺书，确定园区循环化改造的目标任务、重点项目，落实相关配套措施和优惠政策。

（四）拨付资金

财政部、国家发展改革委根据园区循环化改造实施方案，综合考虑园区循环化改造项目投资计划，共同确定给予园区循环化改造的中央财政补助资金额，采取预拨与清算相结合的综合财政补助方式，按照补助金额的 50% 下拨启动资金。中央财政补助资金由地方政府统筹使用，专项用于园区循环化改造。中央财政补助资金主要支持内容包括：

1. 园区循环化改造的关键补链项目。包括循环经济产业链接或延伸的关键技术，资源共享设施建设、物料闭路循环利用、副产物交换利用、能量梯级利用、水的分类利用和循环使用，污染物"零排放"或系统构建项目。

2. 公共服务设施建设。包括园区内污染集中防治设施建设及升级改造、废物交换平台、循环经济技术研发及孵化器、循环经济统计信息化及监测体系建设、生产型服务业循环改造等基础设施和公共服务平台项目。

（五）实施改造

省级循环经济发展综合管理部门、财政部门加强跟踪，督促园区按照国家发展改革委、财政部批复的实施方案进行循环化改造，帮助协调解决循环化改造中的问题，并于每年年底（12月31日）前将方案实施进展情况及中央财政补助资金使用情况报国家发展改革委、财政部。项目建设要严格按照国家项目管理的有关程序和规定执行，项目有重大调整的要及时报国家发展改革委、财政部批准。

（六）考核验收

实施期内，园区公共服务设施和关键补链项目建设进度完成实施方案设定目标，且资源环境指标达到实施方案预期目标90%以上的，由地方政府提出验收和余款拨付申请，国家发展改革委、财政部组织进行考核验收。考核合格的，财政部、国家发展改革委拨付剩余资金，并命名为"国家循环化改造示范园区"，不合格的不再拨付剩余资金。3年内工作无实质性进展的，扣回已拨付补助资金。具体考核办法由国家发展改革委、财政部另行制定。

三、有关要求

各地要高度重视园区循环化改造工作，加强组织领导，认真做好组织推荐工作，确保申报材料的真实性、准确性和实施方案的科学性、可行性，并于2015年5月5日前，将推荐材料一式两份（附1张光盘）分别报送国家发展改革委（环资司）、财政部（经建司）。

国家发展改革委环资司联系人：罗恩华

联系电话：010 - 68505572 传真：010 - 68505640

财政部经建司联系人：韩峰

联系电话：010 - 68552879 传真：010 - 68552879

附件：园区循环化改造实施方案编制指南

2015 年 4 月 16 日

来源：http://www.sdpc.gov.cn/gzdt/201504/t20150420_ 688657.html

附件

园区循环化改造实施方案编制指南

为推动园区循环化改造示范试点工作的顺利开展，指导地方编制园区循环化改造实施方案，制定本编制指南。

一、总体要求

（一）贯彻落实科学发展观，以循环经济"减量化、再利用、资源化"和"减量化优先"为原则，以转变经济发展方式为主线，把园区改造为"经济持续发展、资源高效利用、环境优美清洁、生态良性循环"的循环化改造示范园区，推进园区绿色发展、循环发展、低碳发展。

（二）紧密结合当地产业基础、资源禀赋和环境状况，统筹规划园区空间布局和产业布局，突出构建清晰的循环经济产业链，具有现实可操作性。

（三）以表格形式细化年度投资计划、具体项目实施期限和达产年限、规模，清晰界定年度实施范围和进度，便于进行年度评价和验收。

（四）清晰列明园区各类污染物的排放和处理情况，便于环境保护部门监督检查。

（五）以 2013 年为实施方案编制的基准年，实施期限原则上不超过 5 年。

二、实施方案的主要内容

（一）园区现状和发展基础

1. 当地经济社会发展情况及本地区资源禀赋、环境状况简述。

2. 园区概况。主要包括园区地理位置、交通条件、占地面积、自然条件、功能区划等内容。要附园区区位图和园区功能区划图。

3. 经济发展和产业基础。描述园区经济、产业发展水平以及园区主导行业、重点企业及其发展状况（要附相关图表）。

4. 社会发展和基础设施。描述园区内人口状况，科、教、文、卫状况，基础设施状况、道路交通状况等。

5. 园区与周边区域的产业关联、基础设施和服务平台共享等情况。

6. 资源环境现状。园区主要能源和资源的消耗水平及其与国内外的比较；资源产出率情况，"十二五"前三年节能减排目标完成情况；污染源数量和分布；主要污染物特征和产生、排放量；重点污染源排放达标情况；潜在的环境风险和应急方案；园区建址的环境敏感性分析；区域环境质量；区域环境容量和环境承载力；环境法律法规的贯彻执行；环保投入；环境管理等。对一些资源环境指标要用表格形式列出"十二五"前三年的指标值。

（二）园区发展循环经济的基础及下一步发展面临的物体

1. 园区发展循环经济的进展及成效。

2. 园区发展面临的主要问题。有针对性地分析园区发展面临的问题和主要挑战。

3. 园区循环化改造的意义。从促进产业结构合理调整、园区综合竞争力提高、资源约束改善、资源产出率提高、环境质量改善、区域生态环境优化等方面分析循环化改造对当地经济社会发展和园区的影响和意义。

（三）循环化改造的有利条件和制约因素

1. 有利条件分析。从产业基础、资源环境、基础设施、科技创新、公共服务、人才培养、政策机制、园区管理、周边产业配套等方面分析园区循环化改造的有利条件。

2. 制约因素分析。要深入分析制约园区循环化改造和园区发展的制约因素。

（四）总体思路、原则和目标

1. 总体思路。

2. 基本原则。

3. 主要目标

（1）总体目标：从园区空间布局、产业结构调整、循环经济产业链构建、资源利用效率提高、环境保护、基础设施、科技创新、管理机制等方面，提出园区改造的总体目标。

（2）主要指标。在开展物质流分析的基础上，合理设定体现园区循环化改造成效、可量化的指标。指标应包括园区经济发展、产业结构调整、产业关联度、能源资源节约与循环利用、污染控制和管理、环境质量改善等方面。国家"十二五"规划纲要中的有关约束性指标要进行科学测算。具体指标体系可参考附表。

（3）目标可达性分析。根据园区发展趋势，结合园区循环化改造中重点支撑项目的引进和保障体系的建设，分析主要目标的可达性。

（五）主要任务

按照可复制、可推广、可借鉴的要求，对园区循环化改造进行总体框架设计，从空间布局优化、产业结构调整、企业清洁生产、公共基础设施建设、环境保护、组织管理创新等方面，提出切实可行的任务，推进循环化改造。要附园区循环化改造总体框架图。

1. 空间布局方面。根据物质流和产业关联性，开展园区布局总体设计或进行布局优化，改造园区内的企业、产业和基础设施的空间布局，体现产业集聚和循环链接效应，实现土地的节约集约高效利用。（要附园区空间优化布局图）

2. 产业结构调整方面。结合本区域的产业和资源的比较优势，考虑园区环境承载力和地方发展需求，围绕提高资源产出率和提高园区综合竞争力，提出传统产业改造升级、培育和发展战略性新兴产业等方面的主要任务。

3. 循环经济产业链构建方面。围绕实现项目间、企业间、产业间首尾相连、环环相扣、物料闭路循环，促进原料投入和废物排放的减量化、再利用和资源化，以及危险废物的资源化和无害化处理，提出产业链招商、补链招商，以及建设和引进产业链接或延伸的关键项目等方面的主要任务。（要附循环经济产业链图和物质循环利用图）

4. 能源资源高效利用方面。按照循环经济减量化优先的原则，推行清洁生产，促进源头减量；开发能源资源的清洁高效利用技术，开展清洁能源替代改造，提高可再生能源利用比例；推动余热余压利用、企业间废物交换利用和水的循环利用；推进水资源替代，沿海地区的园区适当开展海水淡化，减少淡水的使用。

5. 污染集中治理方面。加强污染集中治理设施建设及升级改造。培育专业化废弃物处理服务公司，实行园区污染集中治理。强化园区的环境综合管理，开展企业环境管理体系认证，构建园区、企业和产品等不同层次的环境治理和管理体系，最大限度地降低污染物排放水平。

6. 基础设施方面。围绕园区各类基础设施的共建共享、集成优化，降低基础设施建设和运行成本，提高运行效率，使园区生态环境优美，提出对园区内运输、供水、供电、照明、通讯、建筑和环保等基础设施的改造任务。

7. 运行管理方面。要突出管理体制机制创新，明确园区循环化改造管理机构，建设园区废物交换平台，以及循环经济技术研发及孵化中心等公共服务设施，建立园区循环化改造的统计评价和考核制度，制定并实施循环经济相关技术研发和应用的激励政策、招商引资指导目录和监管制度，进行物质流分析和管理，开展宣传教育。

（六）重点支撑项目

针对园区循环化改造的目标和任务，提出拟建设的重点支撑项目：

1. 项目建设总表。将重点支撑项目分列为"拟申请中央财政资金支持的项目"和"没有中央财政资金支持也自主实施的项目"两个表，其中"拟申请中央财政资金支持的项目"表主要筛选和提出循环经济产业链构建体系和公共服务设施保障体系的重点支撑项目，具体见正文中中央财政补助资金支持内容所列的项目种类。

2. 项目基本情况。每个项目建设的背景、必要性以及与园区循环化改造的关系、比较详细的建设内容、产能、工艺流程及先进性分析、主要技术设备及先进性分析、资金筹措方案，效益分析。分年度说明建设安排及投资计划。

3. 项目投资估算及构成。要以表格形式详细列明每个项目的投资估算（不含土地购置费）。估算范围至少应包括厂房建设（建筑面积、总额等）、设备购置（设备名称、台（套）数、价格等）、辅助生产装置和公用工程等。

（七）园区循环化改造效益分析

重点对园区循环化改造的综合效益进行分析评价，对园区循环化改造的各项成本及收益进行初步的全面系统地核算，评估园区循环化改造的成效。

1. 经济效益分析。包括物质减量、循环利用的直接经济效益；污染减排带来的间接经济效益；促进园区本身经济总量稳定增长，同时带动园区所在地区经济增长；增强园区活力，提高园区综合竞争能力等方面。

2. 环境效益分析。园区及周边地区水、大气和土壤环境质量的改善；废弃物资源化利用率的提高；降低对自然资源的需求，减少能源消耗；污染物排放量的减少。

3. 社会效益分析。包括扩大社会就业，促进居民生活质量的全面提高，促进当地社会和谐等方面。

（八）保障措施

主要包括：组织保障体系、政策保障体系、技术支撑体系、公共服务平台建设、统计评价考核体系、污染防治监督管理体制、产业链接的风险分担和保障体系、公众参与、宣传教育与交流以及能够保障园区循环化改造顺利开展的其他措施。

附表一　园区循环化改造参考指标

分类	指标名称	单位	2013 年	2015 年	2018 年
资源产出指标	园区生产总值	万元			
	＊资源产出率	万元/吨			
	＊能源产出率	万元/吨标煤			
	＊土地产出率	万元/公顷			
	水资源产出率	元/立方米			
资源消耗指标	＊能源消耗总量	万吨标煤			
	＊水资源消耗总量	立方米			
	＊单位国内生产总值取水量	立方米/万元			
	单位生产总值能耗	吨标煤/万元			
	主要产品1：　单位能耗	吨标煤/吨			
	……				
	主要产品1：　单位水耗	立方米/吨			
	……				

（续表）

分类	指标名称	单位	2013 年	2015 年	2018 年
资源综合利用指标	*工业固体废物综合利用量	万吨			
	*工业固体废物综合利用率	%			
	*工业用水重复利用量	万立方米			
	*工业用水重复利用率	%			
	废旧资源综合利用量（含进口）	万吨			
废物排放指标	*二氧化硫排放量	万吨			
	*化学需氧量排放量	万吨			
	*氨氮排放量	万吨			
	*氨氮化物排放量	万吨			
	*单位地区生产总值 CO_2 排放量	吨/万元			
	工业固体废物排放量	万吨			
	工业固体废物处置量	万吨			
	工业废水排放量	万立方米			
其他指标	*非化石能源占一次能源消费比重	%			
	可再生能源所占比例	%			
特色指标					

注：1. 标*为重点指标，属必填项。

2. 有关指标说明：

（1）资源产出率 $= \dfrac{\text{国内生产总值（GDP，亿元不变价）}}{\text{主要资源消费实物量（DMC，万吨）}}$

资源产出率是指主要资源单位消耗量所产出的经济总量（GDP），请各单位结合自身实际选择生产过程中消耗的主要资源，并附详细的资源种类、消耗数据和计算过程。其中，主要资源消费总量指初始资源投入总量，单位为万吨，品种包括：能源资源（煤炭、石油、天然气），矿产资源（铁矿、铜矿、铝土矿、铅矿、锌矿、镍矿、锰矿、石灰石、磷矿、硫铁矿），木材，工业用粮；地区生产总值为 2010 年不变价。

（2）园区循环经济产业链关联度 $= \dfrac{\text{循环经济产业链上的企业总产值（万元）}}{\text{园区总产值（万元）}}$

循环经济产业链上的企业增加值和园区增加值均为 2010 年不变价。

附表二　拟申请专项资金支持的园区循环化改造项目汇总表

园区名称：　　　　　　　　　　　　　　　　　　　　省级循环经济发展综合管理部门公章

项目类别	序号	项目单位	项目名称	项目内容	总投资（万元）	建设期限	实施条件	社会效益
关键补链项目	1							
	2							
	……							

（续表）

项目类别	序号	项目单位	项目名称	项目内容	总投资（万元）	建设期限	实施条件	社会效益
公共服务设施建设	1							
	2							
	……							
总计（万元）	\	\	\	\	\	\	\	\

说明：1. 本表一律用 EXCEL 制作，要加盖省级循环经济发展综合管理部门公章；

2. 项目内容主要包括项目建设的主要内容和规模，采用的主要工艺技术，购置的主要技术装备等（不超过 150 字）；

3. 实施条件主要包括项目立项情况、环评批复情况、土地批复情况；

4. 社会效益指项目建成后，预期节能、节水、资源循环利用、污染物减排量等综合效益。

5. 国家发展改革委办公厅关于组织申报资源节约和环境保护 2015 年中央预算内投资备选项目的通知

国家发展改革委办公厅关于组织申报资源节约和 环境保护 2015 年中央预算内投资备选项目的通知

发改办环资〔2015〕631 号

各省、自治区、直辖市及计划单列市、新疆生产建设兵团、黑龙江农垦总局发展改革委，相关省（区、市）经信委（经委、工信厅）：

2015 年是"十二五"规划的收官之年。为切实发挥中央预算内投资的撬动作用，引导社会资本投入节能环保产业，加快实施节能减排重点工程，推动生态文明建设，现就组织申报资源节约和环境保护 2015 年中央预算内投资备选项目（不含城镇污水垃圾处理设施建设项目，下同）有关事项通知如下。

一、总体要求

全面贯彻落实党的十八大和十八届三中、四中全会，中央经济工作会议和全国发展改革会议精神，强化政府推进节能减排、生态环保的主导作用，突出重点，加大对生态文明、节能减排、循环经济、环境保护重点示范和重大工程的投入，推动实现"十二五"节能减排约束性目标，努力提高节能环保技术装备水平。充分发挥中央预算内投资的引导作用，支持社会资本参与节能减排工程建设，使节能环保成为带动社会投资的重要力量。加快简政放权步伐，本着权利和责任同步下放原则，进一步简化程序，除极少数资金由我委直接安排到项目外，扩大打捆下达投资计划范围，具体项目安排权限下放到省级发展改革委，采取报备方式。

二、安排原则

（一）规划优先

优先安排"十二五"节能减排规划、循环经济发展战略及近期行动计划、大气污染防治行动计划、节能环保产业发展规划等确定的重点工程项目。

（二）示范引领

与推进生态文明先行示范区建设、循环经济示范城市（县）、资源综合利用"双百工程"、海水及苦咸水淡化示范等相衔接，重点支持能够有效推动示范试点工作，在全国或当地具有较强辐射引领作用的项目。

（三）注重实效

注重项目实施的节能、节水、节材、减污效果，注重提高节能环保技术水平，加大对有助于推动实现本地节能减排约束性目标项目的支持力度。促进区域协调发展，对实现节能减排目标任务困难较大的欠发达地区予以适当照顾。

（四）条件具备

承担项目单位综合实力较强，项目审批（核准、备案）、土地、规划、环评、能评、资金等前期工作落实，配套条件较好，能够保证在 2015 年开工建设。

（五）加强监管

省级发展改革部门要加强项目监管，督促项目建设进度，并按照我委统一要求定期上报项目建设进展情况。我委将运用专项稽查、委托交叉检查等多种方式，对各地分解、执行国家投资计划以及重大项目实施情况进行检查督促。

三、选项范围

（一）节能、循环经济和资源节约重大项目

1. 节能重点工程。年节约标准煤 2 000 吨以上的燃煤锅炉节能环保提升改造、电机系统节能、能量系统优化、余热余压利用项目，重大、关键节能技术与产品规模化生产和应用示范。

2. 循环经济示范。循环经济示范城市实施方案中的重点项目以及资源循环利用产业化示范（"城市矿产"开发示范项目，国家再制造试点和再制造产业示范基地内的示范项目，建筑废弃物资源化示范项目）。

3. 资源综合利用"双百工程"。两批 43 个示范基地和 50 家骨干企业产生量大、利用难度大、具有区域集散特点的示范项目。

4. 海水及苦咸水淡化重大示范。包括重点领域海水淡化应用，沿海地区和海岛海水淡化利用，新能源海水淡化，海水淡化装备制造等。

（二）重大环境治理工程

1. 大气雾霾综合防治工程。重点支持京津冀及周边地区重点行业脱硫脱硝、高效除尘，挥发性有机物治理，扬尘抑制等项目，燃煤锅炉节能环保提升项目，洁净煤配售、供应体系建设。

2. 秸秆综合利用项目。重点安排京津冀及周边大气污染防治重点地区秸秆利用项目。

3. 重金属污染治理工程。重点支持经国务院同意的重金属污染防治规划中的历史遗留重金属污染治理项目，优先支持选择专业环保公司采用环境污染第三方治理方式的项目。

4. 重点流域工业点源治理和清洁生产示范。择优支持丹江口库区及南水北调中线、黄河中上游水污染防治规划中通过清洁生产改造进行深度治理的项目。除农业以外的清洁生产示范项目。

（三）战略性新兴产业专项中节能环保技术装备产业化示范

1. 节能技术装备。高效电动机及其控制系统、高效燃烧及换热系统、余热余压利用及传热系统等节能技术、产品、装备、核心材料、零部件产业化生产项目。

2. 环保技术装备。细微粉尘控制、挥发性有机物、重金属、持久性有机物及高浓度有机废水治理、污泥处理处置、垃圾处理等环保技术装备，机动车尾气治理装备和除尘纤维及滤料、高效膜材料等产业化项目。

3. 资源循环利用技术装备。再制造技术装备产业化，稀贵金属精细分离提纯、废电池全组分回收利用、废旧荧光灯回收处理利用等装备，废旧纺织品综合利用产业化示范（仅限民政部门开展社会家庭废旧衣物回收利用工作配套的再生加工项目）。

选项范围具体内容和要求见附件 1。

四、投资规模、下达方式及补助比例

（一）节能、循环经济和资源节约重大项目

1. 生态文明先行示范省。拟安排江西省、贵州省、云南省、福建省（含厦门市）、青海省 5 个生态文明先行示范省中央预算内投资共计 13 亿元，采取打捆下达计划方式。

2. 完成节能目标特别困难地区。拟安排海南省、宁夏自治区、新疆自治区中央预算内投资共计 6 亿元，采取打捆下达计划方式。上述地区安排节能重点工程的投资应不少于 40%。

3. 其他生态文明先行示范区。拟安排中央预算内投资 26 亿元，支持其他地区（含新疆生产建设兵团、黑龙江农垦总局）生态文明先行示范区建设，采取打捆下达计划方式。有第一批国家生态文明先行示范区的地区，安排试点市县项目的投资不少于本地区投资规模的 30%。

补助标准：原则上按东、中、西部地区分别不超过 8%、10%、12%，且单个项目最高补助上限为 1 000 万元进行控制。按国家有关规定享受特殊政策地区的生态文明先行示范区建设项目，补助标准根据相关规定执行。

（二）重大环境治理工程

1. 大气雾霾综合防治工程。拟安排中央预算内投资 15 亿元，支持北京市、天津市、河北省、内蒙古自治区、山西省、山东省大气污染治理项目，采取打捆下达计划方式。

补助标准：非电行业大气环境治理项目（钢铁、水泥、有色、平板玻璃等脱硫脱硝高效除尘，石化行业和加油站挥发性有机物治理，扬尘抑制等）按不超过 15%，且单个项目最高补助不超过 3 000 万元控制；其余项目原则上按东、中、西部地区分别不超过 8%、10%、12%，且单个项目最高补助为 1 000 万元进行控制。

2. 秸秆综合利用项目。拟安排中央预算内投资 10 亿元，支持北京市、天津市、河北省、内蒙古自治区、山西省、山东省、黑龙江省、西藏自治区等地区，采取打捆下达计划方式。

补助标准：原则上按东、中、西部地区分别不超过 8%、10%、12%，且单个项目最高补助上限为 1 000 万元进行控制。西藏自治区项目按相关规定执行。

3. 重金属污染治理工程。拟安排中央预算内投资 5 亿元，支持湖南省湘江流域重金属污染治理方案内项目；江西省赣州市、甘肃省白银市，以及云南省、贵州省确定的 1 个重点市的历史遗留污染治理项目。由地方申报具体项目，我委（环资司）函复项目资金申请报告，我委下达具体项目投资计划。

补助标准：对原责任主体属于地方企业的历史遗留污染治理项目，按不超过总投资的30%予以补助；对原责任主体属于中央下放地方企业的项目，按不超过总投资的45%予以补助。

4. 重点流域工业点源治理和清洁生产示范工程。拟安排中央预算内投资5亿元，由地方申报具体项目，我委（环资司）函复项目资金申请报告，我委下达具体项目投资计划。

补助标准：按不超过15%，且单个项目最高补助不超过3 000万元控制。

（三）战略性新兴产业专项中的节能环保技术装备产业化示范

各地申报项目资金申请报告，我委委托中咨公司进行评审后，由我委函复项目资金申请报告并下达具体项目投资计划。

补助标准：按不超过项目总投资的15%控制，最高补助上限为2 000万元。

此外，国务院、国家发改委及相关部门另有文件明确规定部分东（中）部地区、革命老区、东北老工业基地等享受中（西）部特殊政策，补助标准按相关规定执行。

五、申报要求

（一）申报的组织工作

各地发展改革委要按照选项范围和选项条件，认真组织遴选备选项目，切实提高上报项目质量。按照职责分工，主管部门在经信委（经委、工信厅）的地方，请有关地方发展改革委认真做好组织协调工作，加强与相关部门沟通，由发展改革委、经信委（经委、工信厅）联合上报备选项目，单独上报不予受理。

（二）审核把关和数量控制

1. 各地发展改革委应当对项目资金申请报告是否符合有关政策要求、项目审批（核准、备案）是否符合有关规定、项目前期工作是否落实等进行严格审查，并对审查结果和申报材料的真实性、合规性负责。

2. 此前已经获得中央财政投资或其他部门支持的项目不得重复申报，已经申报我委其他司局或国家其他部门的项目不得多头申报。在近几年审计、稽察中发现存在弄虚作假等严重问题的企业不得申报；对发现问题或调整项目较多的地市限制申报。

3. 请严格按照安排原则、选项范围、限报数量，以及相关规划、方案要求组织申报。超出专题范围、超过限报数量的，我委将不予受理。

4. 各地要加强项目统筹，突出重点，明确工作目标，提高申报项目质量，合理控制申报项目数量。

（三）申报材料

1. 对于打捆下达投资计划类项目，不再逐项上报项目单行材料，只上报项目清单列表，按优先顺序排列。相关备选项目应前期条件具备，在项目列表中标注项目核准（备案）、能评审查、环评批复、土地预审、规划选址等审批部门和文号以及资金需求等情况。其中：申报秸秆综合利用项目的相关省（区）发展改革委，还需单独报送本地区2015年度秸秆综合利用年度实施计划，包括秸秆可收集量、2014年秸秆综合利用率、2015年秸秆综合利用率目标任务、新增秸秆综合利用能力等，以及省级人民政府出具的秸秆综合利用目标任务完成承诺书。

2. 对于重金属污染治理工程项目、重点流域工业点源治理和清洁生产示范项目、节能环保技术装备产业化示范项目，仍需逐项报送项目单行材料，列出目录并装订成册，一式两份。其中，节能环保技术装备产业化项目，应突出示范性，每省限定 1 个；清洁生产示范项目每省限报 2 个。单行材料内容包括：

（1）由甲级资质的咨询设计单位（需提供资质证书的影印件并加盖公章）编制的项目资金申请报告或可行性研究报告。

（2）项目审批（备案、核准）文件的复印件。

（3）企业基本情况表。

（4）项目基本情况表。

（5）节能审查意见或节能登记备案表。

3. "中央投资项目编报软件"（软件及使用说明在我委互联网政务服务中心—下载专区—软件下载栏目下载最新版本）导出的项目库文件（后缀为 imo）电子版，与项目汇总表一并刻录成光盘（优盘无法受理）上报。请认真核对编报系统软件导出的电子版，相关项目信息必须完整并与项目汇总表内容一致。

（四）信息公开

按照政府信息公开的要求，对我委安排中央预算内投资的项目，将视情况在我委门户网站上公开项目名称、建设内容等信息。凡申报备选项目的企业和单位，视同同意公开相关项目信息。不同意公开相关信息的项目，请勿申报。

（五）申报时间

请于 2015 年 4 月 13 日前，将申报文件及有关材料送国家发展改革委（资源节约和环境保护司综合处）。请严格遵守时限要求，过期不予受理。

附件：1. 选项范围的具体内容和要求

2. 资源节约和环境保护 2015 年备选项目汇总表

3. 企业基本情况表

4. 项目基本情况表

国家发展改革委办公厅

2015 年 3 月 18 日

来源：http://www.sdpc.gov.cn/zcfb/zcfbtz/201503/t20150320_ 668086.html

附件 1

选项范围的具体内容和要求

	选项范围	具体内容	特别要求
节能重点工程	燃煤锅炉节能环保改造	老旧锅炉更新改造；集中供热改造，以大锅炉替代小锅炉，以高效节能锅炉替代低效锅炉；燃煤锅炉改为全烧秸秆生物质能源项目、窑炉综合节能改造等。	以新建或改造供热管网为主要建设内容的项目不在节能项目中支持。
	电机系统节能	采用高效节能电机、风机、水泵、变压器等更新淘汰低效落后电设备；对电机实施变频调速、永磁调速、无功补偿等改造；配电电机的运行和控制；优化电机系统运行节能改造等。	
	能量系统优化	高耗能企业的生产工艺系统优化，能源梯级利用及高效换热、能源系统整合改造等；新型阴极结构铝电解电机组通流改造、采用高效对冷却塔水系统进行节能改造（水轮机）冷却塔技术、循环冷却水系统优化改造的推广应用及其它节油项目；冰蓄冷技术、靠港船舶使用岸电、港口码头轮胎式集装箱起重机油改电等；太阳能工业热利用等。	
	余热余压利用	钢铁行业干法熄焦、烧结机余热发电、炉顶压差发电；有色行业余热发电、窑炉烟气辐射废气热交换器改造等；建材行业余热发电、密闭式电石炉、余热发电差余热锅炉改造等；化工行业共轨燃烧改造等；纺织、轻工及其他行业余热管道冷凝水回收、供热锅炉烟气（尾气）利用、密闭回收；油田伴生气回收、企业生产有机废水有机沼气利用等。	煤矿瓦斯抽采利用类项目因另有其它扶持政策，干法水泥生产线纯低温余热发电配套建设，不在节能项目中支持。硫磺制酸余热发电属于同步配套装备项目，不在节能项目中支持。
	重大、关键技术与产品规模化生产和应用示范	节能潜力大、市场应用广的高效节能锅炉、电机、变压器、换热器、余热余压利用设备等节能技术产品、软启动装置、无功补偿装置、核心材料、核心技术产品、装备、零部件产业化生产项目。	拥有自主知识产权及核心技术。原则上每个地区申报不超过2个。风电、太阳能低温余热发电等装备项目不在节能项目中支持。
循环经济示范		我委已批复实施方案的40个示范城市（县），对创建工作较大推动作用的重点支撑类项目；"城市矿产"开发、再制造（限再制造试点和再制造产业化示范基地）、建筑废弃物资源化等资源循环化利用产业化重大示范项目。	每个省区限报5个资源循环利用产业化重大示范项目，有示范城市（县）的省区可另报（每个示范城市限报3个项目，每个示范县限报2个项目）。

（续表）

选项范围	具体内容	特别要求
资源综合利用"双百"工程	仅限于我委已批复的 43 个示范基地和 50 家骨干企业建设的示范项目，项目利废品种要与批复时明确资源利用方向一致，有利于推动完成建设目标。	每个示范基地限报 3 个项目，每个骨干企业限报 1 个项目。
海水及苦咸水淡化重大示范	海水淡化示范工程、海水淡化关键设备、成套装置及海水淡化用材料等的生产、制造和应用，海水淡化基地、海水淡化产业联盟、海水淡化试点城市（工业园区、海岛）、淡化水供水示范点、苦咸水、微咸水等淡化利用示范项目。	海水淡化示范工程：国产化率达到 70% 以上；海水淡化试点城市（工业园区、海岛）：在技术研发、装备制造、原材料生产、工程设计建设和应用等方面已有一定基础。
大气雾霾综合防治工程	重点支持京津冀及周边地区重点行业脱硫脱硝、高效除尘、挥发性有机物治理、扬尘抑制等项目、燃煤锅炉等节能改造，供应体系建设。	仅限京津冀及周边 6 省市。
秸秆综合利用项目	包括农作物秸秆（含棉秆）收储气化、秸秆成型燃料、秸秆清洁塑料、秸秆炭化、秸秆生产食用菌、秸秆有机肥等有机肥料项目。不包括秸秆直燃电、秸秆机械化还田项目。	京津冀及周边地区 6 省市，黑龙江省、西藏自治区等地区。
重金属污染治理工程	列入《湘江流域重金属污染治理实施方案》的工业污染治理项目，重点治理地区的历史遗留重金属污染治理项目，甘肃省白银市、云南省昆州市、贵州省重金属污染治理项目。并结合重金属污染治理工作准确情况每个省因素自助确定一个地级市。	历史遗留重金属污染治理项目具体要求参照我委门户网站发改办环资〔2012〕297 号文。
重点流域工业点源治理	列入《丹江口库区及上游水污染防治和水土保持"十二五"规划》的项目，列入《重点流域水污染防治规划（2011—2015年）》中的黄河上中游工业污染防治"治理型"项目	规范开展清洁生产审核，根据审核意见实施改造，附具省级清洁生产主管部门对清洁生产审核报告的意见。
清洁生产示范	除农业以外，在行业内具有示范和推广价值的清洁生产示范，根据审核意见实施改造。	每省 2 个以内，附具省级清洁生产主管部门对清洁生产审核报告意见。单个项目总投资原则上在 3 000 万元以上。
战略性新兴产业专项中节能环保技术装备产业化示范	能够解决关键共性问题，具有自主知识产权，有相关成果鉴定，具有良好推广价值的节能环保技术装备（产品）产业化示范。	每省限报 1 个。

附件 2

项目汇总申报单位：_____

资源节约和环境保护 2015 年备选项目汇总表（样表）

单位：万元

序号	项目名称	工程起止年限	主要建设内容	总投资			审批（核准、备案）情况及文号	能评审查情况及文号	环评批复情况及文号	资金落实情况	土地批复情况及文号	规划选址意见
				银行贷款	自筹及其他							
一、	节能、循环经济和资源节约重大项目（**个） （一）节能重点工程 1. ****企业****项目 …… （二）循环经济示范 1. ****企业****项目 ……		填表说明： 本表请用 EXCEL 制作； 项目名称为企业名称＋具体项目名称； 工程起止年限样式为2015—2016，原则上不超过2年； 主要建设内容应简明扼要，突出重点，并注明量化的主要目标或效果（不超过150字）； 按规定不需要土地批复、规划选址意见的请用"／"标注； 资金落实情况请填写"已落实"或"未落实"； 相关审批文件未办理或正在办理的，请勿列入。								
二、	重大环境治理工程（*个） （一）大气雾霾综合治理 1. ****企业****项目 …… （二）秸秆综合利用项目 1. ****企业****项目 ……										
三、	战略性新兴产业中节能环保技术装备产业化示范（1个） ****企业****项目										

附件 3

企业基本情况表

单位：万元

企业名称		法定代表人	
企业地址		联系电话	
企业登记注册类型	职工人数（人）	其中：技术人员（人）	
隶属关系	银行信用等级	有无国家认定的技术中心	
企业总资产	固定资产原值	固定资产净值	资产负债率
企业贷款余额	其中：中长期贷款余额	短期贷款余额	
2013 年底主要产品生产能力、国内市场占有率、水、能源及相关资源消费量			

企业经营情况 年度（近三年）	2012 年	2013 年	2014 年	备注
销售收入				
利润				
税金				

注：循环经济、资源综合利用领域 2014 年下半年以后新注册的企业，可不必填写企业经营情况。

附件 4

项目基本情况表

单位：万元、万美元

企业名称		所属行业		所属专题	
项目名称		建设年限		项目责任人及联系电话	
项目建设必要性	简要注明所解决的关键共性技术问题，填补国内空白情况，相关技术装备（产品）的市场潜力，对节能环保产业发展的带动和支撑作用等；项目对相关示范试点的引导、带动作用等。				
项目建设内容	采用 ** 工艺技术路线，建设（或改造）**，新增 ** 生产设施（产房）或 ** 合套设备，形成 ** 能力（或水平）。				
建成后达到目标	项目实施后可能达到的标志性目标（如节能 ** 万吨标准煤，节电 ** 万千瓦时，节水 ** 万吨，循环利用 ** 废物 ** 万吨，拓杆综合利用 ** 万吨，减少废水排放 ** 万吨，治理重金属 ** 万吨，国内的影响，在国际、国产化率提高情况等。（请量化）				
项目总投资		固定资产投资		银行贷款		自筹及其他
新增销售收入		新增利润		新增税金		新增出口创汇
项目前期工作情况	请注明是否已经开工建设，工程进度；或预计何时开工建设				

二、科学技术部

1. 科技部关于发布国家重点研发计划高性能计算等重点专项 2016 年度项目申报指南的通知

科技部关于发布国家重点研发计划高性能计算等重点专项 2016 年度项目申报指南的通知

国科发资〔2016〕38 号

各省、自治区、直辖市及计划单列市科技厅（委、局），新疆生产建设兵团科技局，国务院各有关部门科技主管单位，各有关单位：

《国务院关于深化中央财政科技计划（专项、基金等）管理改革的方案》（国发〔2014〕64 号，以下简称国发 64 号文件）明确规定，国家重点研发计划针对事关国计民生需要长期演进的重大社会公益性研究，以及事关产业核心竞争力、整体自主创新能力和国家安全的重大科学问题、重大共性关键技术和产品、重大国际科技合作，按照重点专项的方式组织实施，加强跨部门、跨行业、跨区域研发布局和协同创新，为国民经济和社会发展主要领域提供持续性的支撑和引领。重点专项是国家重点研发计划组织实施的载体，是聚焦国家重大战略任务、围绕解决当前国家发展面临的瓶颈和突出问题、以目标为导向的重大项目群。重点专项按程序报批后，交由相关专业机构负责具体项目管理工作。

按照国发 64 号文件的要求，科技部会同相关部门，根据"自上而下"和"自下而上"相结合的原则，遵循国家重点研发计划新的项目形成机制，面向 2016 年凝练形成了若干重点专项并研究编制了各重点专项实施方案，已经国家科技计划（专项、基金等）管理战略咨询与综合评审特邀委员会（以下简称"特邀咨评委"）和部际联席会议审议通过，并按程序报国务院批复同意。根据"成熟一批、启动一批"的原则，现将"高性能计算"等 10 个重点专项 2016 年度项目申报指南予以公布，请根据指南要求组织项目申报工作。有关事项通知如下：

一、项目组织申报要求及评审流程

1. 申报单位根据指南支持方向的研究内容以项目形式组织申报，根据项目不同特点可设任务（或课题）。项目应整体申报，须覆盖相应指南方向的全部考核指标。项目申报单位推荐一名科研人员作为项目负责人，每个任务（或课题）设 1 名负责人，项目负责人可作为其中 1 个任务（或课题）负责人。

2. 项目的组织及实施应整合集成全国相关领域的优势创新团队，聚焦研发问题，强化基础研究、共性关键技术研发和典型应用示范各项任务间的统筹衔接，集中力量，联合攻关。

3. 国家重点研发计划项目申报评审采取填写预申报书、正式申报书两步进行，具体工作流程如下：

——项目申报单位根据指南相关申报要求，通过国家科技管理信息系统填写并提交 3 000 字左右的项目预申报书，详细说明申报项目的目标和指标，简要说明创新思路、技术路线和研究基础。项目申报单位与所有参与单位签署联合申报协议，并签署项目申报单位及项目负责人诚信承诺书。从指南发布日到预申报书受理截止日不少于 30 天。

——各推荐单位参考往年推荐规模，加强对所推荐的项目申报单位及其合作方的资质、科研能力的审核把关，按时将推荐项目通过国家科技管理信息系统统一报送。

——专业机构在受理项目预申报后，组织形式审查，并开展首轮评审工作。首轮评审不需要项目负责人进行答辩。根据专家的会议评审结果，遴选出 3～4 倍于拟立项数量的申报项目，确定进入下一步答辩评审。对于未进入答辩评审的申报项目，及时将意见反馈项目申报单位和负责人。

——申报单位在接到专业机构关于进入答辩评审的通知后，通过国家科技管理信息系统填写并提交项目正式申报书。从接到通知日到正式申报书受理截止日不少于 20 天。

——专业机构对进入正式评审的项目申报书进行形式审查，并组织会议答辩评审。申报项目的负责人通过网络视频进行报告答辩。专业机构将根据专家评议情况择优建议立项。

二、组织申报的推荐单位

1. 国务院有关部门科技主管单位；

2. 各省、自治区、直辖市、计划单列市及新疆生产建设兵团科技主管部门；

3. 原工业部门转制成立的行业协会；

4. 纳入科技部试点范围并评估结果为 A 类的产业技术创新战略联盟，以及纳入科技部、财政部开展的科技服务业创新发展行业试点联盟。

各推荐单位应在本单位职能和业务范围内推荐，并对所推荐项目的真实性等负责。国务院有关部门推荐与其有业务指导关系的单位，行业协会和产业技术创新战略联盟、科技服务业创新发展行业试点联盟推荐其会员单位，省级科技主管部门推荐其行政区划内的单位。推荐单位名单将在国家科技管理信息系统公共服务平台上公开发布。

三、申请资格要求

1. 申报单位应为中国大陆境内注册 1 年以上（注册时间为 2015 年 3 月 31 日前）的科研院所、高等学校和企业等，具有独立法人资格，有较强的科技研发能力和条件，运行管理规范。政府机关不得作为申报单位进行申报。申报单位同一项目须通过单个推荐单位申报，不得多头申报和重复申报。

2. 项目（含任务或课题）负责人须具有高级职称或博士学位，申报当年不超过 60 周岁（1956 年 1 月 1 日以后出生），工作时间每年不得少于 6 个月。项目（含任务或课题）负责人原则上应为该项目（含任务或课题）主体研究思路的提出者和实际主持研究的科技人员。中央和地方各级政府的公务人员（包括行使科技计划管理职能的其他人员）不得申报项目（含任务或课题）。

3. 项目（含任务或课题）负责人限申报一个项目，国家重点基础研究发展计划（973 计划，含重大科学研究计划）、国家高技术研究发展计划（863 计划）、国家科技支撑计划、国家国际科技合作专项、国家重大科学仪器设备开发专项、公益性行业科研专项（以下简称"改革前计划"）以及国家科技重大专项的在研项目（含任务或课题）负责人不得牵头申报国家重点研发计划重点专项项目（含任务或课题）；项目主要参加人员的申报项目和改革前计划、国家科技重大专项在研项目总数不得超过两个；改革前计划、国家科技重大专项的在研项目（含任务或课题）负责人不得因申报国家重点研发计划重点专项项目（含任务或课题）而退出目前承担的项目（含任务或课题）。计划任务书执行期到 2016 年 12 月底之前的在研项目（含任务或课题）不在限项范围内。

4. 特邀咨评委委员及参与重点专项咨询评议的专家，不能申报本人参与咨询和论证过的重点专项项目（含任务或课题）；参与重点专项实施方案或本年度项目指南编制的专家，不能申报该重点专项项目（含任务或课题）。

5. 受聘于内地单位的外籍科学家及港、澳、台地区科学家可作为重点专项的项目（含任务或课题）负责人，全职受聘人员须由内地聘用单位提供全职聘用的有效证明，非全职受聘人员须由内地聘用单位和境外单位同时提供聘用的有效证明，并随纸质项目预申报书一并报送。

6. 申报项目受理后，原则上不能更改申报单位和负责人。

7. 对于项目的具体申报要求，请详见各重点专项的申报指南。

各申报单位在正式提交项目申报书前可利用国家科技管理信息系统公共服务平台查询相关参与人员承担改革前计划和国家科技重大专项在研项目（含任务或课题）情况，避免重复申报。

四、具体申报方式

1. 网上填报。请各申报单位按要求通过国家科技管理信息系统公共服务平台进行网上填报。专业机构将以网上填报的申报书作为后续形式审查、项目评审的依据。预申报书格式在国家科技管理信息系统公共服务平台相关专栏下载。

项目申报单位网上填报预申报书的受理时间为：2016 年 2 月 25 日 8：00 至 3 月 21 日 17：00。申报项目通过首轮评审后，申报单位进一步按要求填报正式申报书，并通过国家科技管理信息系统提交，具体时间和有关要求另行通知。

国家科技管理信息系统公共服务平台：http：//service. most. gov. cn；

技术咨询电话：010 - 88659000（中继线）；

技术咨询邮箱：program@ most. cn。

2. 组织推荐。请各推荐单位于 2016 年 3 月 23 日前（以寄出时间为准），将加盖推荐单位公章的推荐函（纸质，一式 2 份）、推荐项目清单（纸质，一式 2 份）寄送科技部信息中心。推荐项目清单须通过系统直接生成打印。

寄送地址：北京市海淀区木樨地茂林居 18 号写字楼，科技部信息中心协调处，邮编：100038。

联系电话：010 - 88654074。

3. 材料报送和业务咨询。请各申报单位于 2016 年 3 月 23 日前（以寄出时间为准），将加盖申报单位公章的预申报书（纸质，一式 2 份），寄送承担项目所属重点专项管理的专业机构。预申报书须通过系统直接生成打印。

各重点专项的咨询电话及寄送地址如下：

（1）"高性能计算"重点专项：010 – 68339163、88361163；

（2）"重点基础材料技术提升与产业化"重点专项：010 – 68338919；

（3）"战略性先进电子材料"重点专项：010 – 68338921；

（4）"地球观测与导航"重点专项：010 – 68338852、68339141；

（5）"煤炭清洁高效利用和新型节能技术"重点专项：010 – 68338933；

（6）"重大科学仪器设备开发"重点专项：010 – 68338957。

科学技术部高技术研究发展中心，寄送地址：北京市三里河路一号9号楼，邮编：100044。

（7）"材料基因工程关键技术与支撑平台"重点专项：010 – 68208236、68208241；

（8）"网络空间安全"重点专项：010 – 68207725、68205249；

（9）"智能电网技术与装备"重点专项：010 – 68207731、68207730。

工业和信息化部产业发展促进中心，寄送地址：北京市海淀区万寿路27号院8号楼11层，邮编：100846。

（10）"国家质量基础的共性技术研究与应用"重点专项：010 – 58884881。

中国21世纪议程管理中心，寄送地址：北京市海淀区玉渊潭南路8号，邮编：100038。

附件：

1. "高性能计算"重点专项2016年度项目申报指南（指南编制专家名单、形式审查条件要求）

2. "重点基础材料技术提升与产业化"重点专项2016年度项目申报指南（指南编制专家名单、形式审查条件要求）

3. "战略性先进电子材料"重点专项2016年度项目申报指南（指南编制专家名单、形式审查条件要求）

4. "地球观测与导航"重点专项2016年度项目申报指南（指南编制专家名单、形式审查条件要求）

5. "煤炭清洁高效利用和新型节能技术"重点专项2016年度项目申报指南（指南编制专家名单、形式审查条件要求）

6. "重大科学仪器设备开发"重点专项2016年度项目申报指南（指南编制专家名单、形式审查条件要求）

7. "材料基因工程关键技术与支撑平台"重点专项2016年度项目申报指南（指南编制专家名单、形式审查条件要求）

8. "网络空间安全"重点专项2016年度项目申报指南（指南编制专家名单、形式审查条件要求）

9. "智能电网技术与装备"重点专项2016年度项目申报指南（指南编制专家名单、形式审查条件要求）

10. "国家质量基础的共性技术研究与应用"重点专项2016年度项目申报指南（指南编制专家名单、形式审查条件要求）

科技部

2016年2月5日签发

2016年2月19日发布

来源：http://www.most.gov.cn/fggw/zfwj/zfwj2016/201602/t20160218_ 124156.htm

附件 1

"高性能计算"重点专项 2016 年度
项目申报指南

依据《国家中长期科学和技术发展规划纲要（2006—2020 年）》，科技部会同有关部门组织开展了《高性能计算重点专项实施方案》编制工作，在此基础上启动"高性能计算"重点专项2016 年度项目，并发布本指南。

本专项总体目标是：在 E 级计算机的体系结构、新型处理器结构、高速互连网络、整机基础架构、软件环境、面向应用的协同设计、大规模系统管控与容错等核心技术方面取得突破，依托自主可控技术，研制适应应用需求的 E 级（百亿亿次左右）高性能计算机系统，使我国高性能计算机的性能在"十三五"末期保持世界领先水平。研发一批重大关键领域/行业的高性能计算应用软件，建立适应不同行业的 2~3 个高性能计算应用软件中心，构建可持续发展的高性能计算应用生态环境。配合 E 级计算机和应用软件研发，探索新型高性能计算服务的可持续发展机制，创新组织管理与运营模式，建立具有世界一流资源能力和服务水平的国家高性能计算环境，在我国科学研究和经济与社会发展中发挥重要作用，并通过国家高性能计算环境所取得的经验，促进我国计算服务业的产生和成长。

本专项围绕 E 级高性能计算机系统研制、高性能计算应用软件研发、高性能计算环境研发等三个创新链（技术方向）部署 20 个重点研究任务，专项实施周期为 5 年，即 2016 年—2020 年。

按照分步实施、重点突出原则，2016 年启动项目的主要研究内容包括：E 级计算机总体技术及评测技术与系统，高性能应用软件研发与推广应用机制，重大行业高性能数值装置和应用软件，E 级高性能应用软件编程框架及应用示范，国家高性能计算环境服务化机制与支撑体系，基于国家高性能计算环境的服务系统等重大共性关键技术与应用示范研究，以及新型高性能互连网络、适应于百亿亿次级计算的可计算物理建模与新型计算方法等基础前沿研究。2016 年在三个技术方向启动 10 个任务。

针对任务中的研究内容，以项目为单位进行申报。项目设 1 名项目负责人，项目下设课题数原则上不超过 5 个，每个课题设 1 名课题负责人，每个课题承担单位原则上不超过 5 个。

1 E 级高性能计算机系统研制

1.1 总体技术及评测技术与系统研究（重大共性关键技术类）

研究内容：研究提出我国高性能计算机系统发展技术路线图和总体技术方案。研究我国高性能计算技术标准体系和核心标准，推动高性能计算机、高性能计算应用和高性能计算环境的协调均衡发展。研究 E 级高性能计算机评测方法与技术，发展体现应用特点的基准测试程序集，对 E 级高性能计算机系统进行全面评测，以评测促进研究工作。

考核指标：完成高性能计算机系统技术路线图和总体技术方案；完成我国高性能计算技术标准体系，制定 3 个核心标准；提出适应 E 级高性能计算机评测需求的评测方法，研制基准测试程序集和评测系统，建立可持续发展的评测环境，完成对 E 级高性能计算机系统的评测。

支持年限：不超过 5 年

拟支持项目数：1 项

1.2 新型高性能互连网络（基础前沿类）

研究内容：面向百万节点、数千万处理器核规模，开展按需弹性网络设计方法和光互连网络的研究，实现互连网络结构（拓扑和路由）与应用通信特征的最优匹配。主要研究内容包括：

与计算和存储协同的融合网络理论、架构与协议、相应的编程模型和通信模型，网络与国产处理器的融合架构与设计，融合多协议的新型网络设备体系结构。

高性能高密度的光互连网络架构、基于光交换的动态光路可重构网络和路由算法、低功耗设计及光电高密度集成。

应用通信行为分析和建模、面向应用通信特征的高性能互连网络结构设计方法、高阶路由器设计方法、无死锁和可容错路由算法等。

考核指标：提供原型芯片及原型系统，证明技术有效性。形成网络与应用、计算和存储相互协同的设计新方法，建立和发展新型大规模计算机互连网络理论，为我国在高性能计算领域保持领先优势提供关键保障。

实施年限：不超过3年

拟支持项目数：1～2项

1.3 E级计算机关键技术验证系统（重大共性关键技术）

研究内容：提出突破制约E级计算系统功耗、性能、可扩展性等技术瓶颈的新思路，基于自主可控核心器件，探索先进的体系结构及关键技术，构建规模性验证系统，验证E级计算机系统的可实现性，为国产E级计算机的研制奠定坚实的技术基础。

研究可实现E级计算机的体系结构、高性能高可扩展的互连通信、能耗管控和高效冷却、高效计算节点、自感知操作系统、编程模型和编译系统、多层次存储、综合容错技术等E级系统关键技术，采用国产超高性能处理器以及相关系统技术，实现规模性验证系统，并运行基础软件和典型应用，验证E级计算机的可实现性。

考核指标：完成E级系统关键技术验证系统，系统的规模为512个节点，单节点每秒5T～10TFlops双精度浮点计算性能，节点能效每瓦10～20Gflops，互连网络的点对点单向带宽大于200Gbps，MPI延迟小于1.5us，并证明其可实现10万节点以上规模。验证系统配备包括节点操作系统、系统并行操作系统、运行时系统、并行编译系统等在内的系统软件。在系统上部署3个以上能验证系统效能的大规模典型应用。

验证系统的Linpack效率大于60%，HPCG测试、Graph500测试、深度学习类测试的性能达到世界先进水平。基于对所研制的验证系统的测试与模拟，提出E级系统的方案，证明其能效比可以达到30GFlops/W以上，互连、存储系统的性能可以与计算系统匹配。验证系统与E级系统方案将为最终E级机研制团队的遴选提供依据。鼓励优势单位强强合作，提升核心技术原创水平。所研制的验证系统要落实用户或在国家高性能计算环境安装部署，得到实际使用并得到用户配套资金。

实施年限：不超过2年

支持项目数：拟支持不同技术路线和架构的1～3台系统

2 高性能计算应用软件研发

2.1 适应于百亿亿次级计算的可计算物理建模与新型计算方法（基础前沿类）

研究内容：针对典型应用领域中不适应于E级计算的、我国重大行业应用普遍采用的四类左右的物理模型和计算方法，开展创新的可计算物理建模与计算方法研究，提出适应于E级计算的可计算物理建模和新型计算方法理论，并进行数值模拟典型验证。

考核指标：梳理并凝练形成依赖于E级计算的若干共性基础研究问题，发现制约E级计算的四类左右的物理建模和计算方法瓶颈并提出相应的解决方案，探索建立适应于E级计算的可计算物理建模和新型计算方法理论。利用所提出的可计算物理建模和新型计算方法，借助于E级计算开展数值模拟研究，获得国际领先的基础研究成果，培养高水平基础研究人才。

实施年限：不超过5年

拟支持项目数：1~2项

2.2 重大行业应用高性能数值装置原型系统研制及应用示范（重大共性关键技术与应用示范类）

研究内容：围绕飞行器设计与优化、全球气候变化等应用领域，基于现有研究基础和自主研发的高性能应用软件，突破其中的多物理、多尺度耦合技术瓶颈，构建高性能数值装置原型系统并进行典型验证，通过十亿亿次量级的高性能数值模拟，获得一批匹配于物理装置的重要的虚拟装置数值模拟成果。

（1）飞行器数值装置原型系统——数值飞行器。研制自主知识产权的空气动力学、结构强度力学分析两套应用软件，研制考虑结构弹性的气动力载荷分析、气动弹性分析以及它们之间的多物理、多尺度的流—固耦合和多学科精细化综合优化软件系统。研究飞行器气动力学以及飞行器空气动力、飞行力学与结构动力学之间包括载荷传递的流固耦合计算、工程实用多体分离特种计算、飞机升阻力精确计算等高精度高效率计算方法，研究精确的跨音速气动弹性计算方法和十万量级设计变量的流固耦合综合优化算法，研究百万处理器核量级的并行计算技术。通过十亿亿次量级的高性能数值模拟，原型系统可以相对准确地开展大型飞行器总体结构强度分析，模拟气动力学以及气体与飞行器结构固体之间的流固耦合现象，获得一批匹配于飞行器物理装置的重要的虚拟装置数值模拟成果。

（2）全球气候预测与地球环境数值装置原型系统——数值地球系统。研制自主知识产权的大气模式应用软件、海洋模式应用软件、陆面模式应用软件、海冰模式应用软件和多类不同物理化学过程及其相互非线性耦合的大型应用软件系统；研究多个模式的高分辨率数值计算方法、多个模式之间的高精度多物理耦合算法和百万CPU核量级的并行计算技术。通过十亿亿次量级的高性能数值模拟，原型系统可以相对准确地模拟全球气候变化中典型气候现象和地球环境中典型气候事件的发生，获得一批匹配于地球气候环境变化的重要的虚拟装置数值模拟成果。

考核指标：

（1）数值飞行器原型系统的全机流场数值模拟可实现60万核规模以上并行计算，复杂部件局部流场的高精度高分辨率数值模拟可实现百万核规模以上并行计算，以万核级为基准的并行效率达到30%以上，升力预测精度3%、阻力预测精度5%以内。可进行非线性结构振动与非线性流动耦合模拟，网格规模达到百亿量级，并行规模达到60万核以上，以万核级为基准的并行效率不低于30%，形成非线性气动弹性研究的完整体系，大展弦比飞机变形后升力特性预测精度5%以内，颤振速度预测精度10%以内，达到国际先进水平。多体分离系统模拟网格规模达到数十亿量级，可实现百万规模处理器核并行，以万核级为基准的并行效率不低于30%，模拟结果与试验趋势一致。气动力和结构载荷分析考虑结构变形影响，实现反向耦合，载荷计算精度在5%。可进行十万设计变量的气动力、气动弹性、载荷和结构等多学科精细模拟优化，以万核级为基准的60万核效率达到30%以上。

（2）数值地球原型系统实现对热带气候系统（包括对赤道辐合带、厄尔尼诺等）较准确的模拟，以解决目前国内外耦合模式中普遍存在的虚假赤道双辐合带以及厄尔尼诺强度及周期失准的问题，提供更为准确的台风数目年际变化预估。实现在统一热力学和动力学理论框架下，以碳、氮、磷循环为重点的生物地球化学过程模型，为陆地生态系统温室气体排放、水体富营养化、气候变化对陆地生态系统的反馈机制等提供量化模拟结果。全球大气模式的网格分辨率小于1/4°，全球海洋模式的水平网格分辨率小于1/12°。性能可扩展至100万核以上，并行效率达到30%，整体模拟速度达到5模拟年/天。有效完成全球超高分辨率100年以上的数值模拟，提供更加合理的东亚地区气候模拟结果并发布。

实施年限：不超过5年

拟支持项目数：1~2项，数值飞行器项目要求产学研结合申报

有关说明：其他经费（包括地方财政经费、单位出资及社会渠道资金等）与中央财政经费比例不低于1:1。

2.3 重大行业高性能应用软件系统研制及应用示范（共性关键技术与应用示范类）

研究内容：围绕复杂电磁环境、大型流体机械节能优化设计、复杂工程与重大装备设计、海洋环境数值模拟、能源勘探等重大行业应用，研制适应于E级计算的行业共享的应用软件系统并通过典型应用进行示范验证，获得一批具有重要显示度的数值模拟成果。选择以下一种重大行业应用软件系统进行研发。

（1）复杂电磁环境高性能应用软件系统。围绕复杂电磁环境领域重大行业应用在高性能计算电磁学及多物理等方面对E级计算的迫切需求，建立涵盖器件（至纳米尺度）、平台（至数万波长）和区域（至数千平方公里）三个层次的高性能电磁数值模拟应用软件系统，实现对工程应用中复杂电磁多物理现象的E级数值模拟，相对准确地预测大型舰船及编队、飞行器编队以及新一代无线通信系统中的复杂电磁环境效应，支撑信息化平台及综合电子信息系统的电磁及多物理设计、预测与评估，显著提升它们在复杂电磁环境中的适应能力。

（2）大型流体机械节能优化设计能力型高性能计算应用软件系统。针对压缩机、鼓风机、泵及水轮机、风力机等大型流体机械的设计优化问题，研究多重旋转坐标系下流体机械非定常流动的高效高精度基础并行算法、新型十亿亿次及百亿亿次计算系统上流体并行软件的可扩展性方法、大型流体机械多参数并行优化设计技术等；研制适合于轴流、离心及混流式多级流体机械非定常流动的能力型高性能并行应用软件；通过十亿亿次量级的高性能数值模拟，完成10级以上大型流体机械非定常流动并行计算，设计工况下的流量、压比、效率预测精度在1%以内，调节工况下的预测精度在2%以内，为大型流体机械优化设计与安全可靠控制提供可靠的计算数据，为开发流体机械大规模、高精度、大规模工程仿真提供有效计算工具。

（3）复杂工程与装备设计工程力学高性能应用软件系统。围绕大型装备制造、大型土木工程、大型水利工程等复杂工程系统的高分辨率数值模拟对E级工程力学计算的迫切需求，研制涵盖静力学分析、模态分析、冲击分析、材料损伤与破坏分析、非连续性分析等的高性能工程力学数值模拟应用软件系统，通过十亿亿次量级的高性能数值模拟，实现国家重大科技专项中复杂工程装备系统的典型力学响应行为分析，实现我国典型大型土木工程和大型水利工程抗重大自然灾害和全生命周期中抗疲劳损伤的力学综合性能评估，获得与实验一致的模拟结果。数值模拟的分辨率和计算规模与国际同类系统相当。

（4）海洋环境高性能数值模拟应用软件。发展我国的浪流耦合理论、区域及近海海洋模式和预报保障服务，研制西太平洋、北印度洋和南海高分辨率、多运动形态耦合的数值预报模式应用软件，具备日变化和海洋内波分辨能力，远海达到5公里分辨率，近海海域达到1公里分辨能力。研制近海海陆一体（干湿网格）的浪—潮—流—内波—风暴潮耦合的高分辨率数值模式和

应用软件，近海达到公里分辨率，近岸达到百米分辨率。

考核指标：选择上述某个重大行业应用，研制成功高性能应用软件系统并进行典型应用示范验证。软件系统部署于国家高性能计算环境的超级计算机，通过高效率的十亿亿次量级及以上规模的数值模拟，获得一批重要的有显示度的数值模拟成果，充分展示高性能计算对国家重要行业自主创新的支撑能力。以万核为基准的并行效率在60万处理器核规模达到30%，数值模拟的分标率和精度达到国际同类软件水平。

实施年限：不超过5年

拟支持项目数：1~3项，要求产学研结合申报

有关说明：其他经费（包括地方财政经费、单位出资及社会渠道资金等）与中央财政经费比例不低于1∶1。

2.4 科学研究高性能应用软件系统研制及应用示范（重大共性关键技术与应用示范类）

研究内容：围绕材料科学、生物医药、科学发现等重大科学研究领域，梳理科学研究对E级高性能计算的典型需求，研制适应于E级计算的科学研究典型应用软件系统并进行应用示范验证，获得一批重要的数值模拟和科学发现成果。选择以下一种应用软件系统进行研发。

（1）材料科学应用软件系统：围绕我国材料科学领域对高通量E级计算的需求，研发自主知识产权的涵盖第一性原理、微观分子动力学和宏观动力学演化的应用软件系统，实现对能源、信息、制造等领域新型材料的创新设计和物性研究的E级数值模拟，获得具有显示度的数值模拟成果。

（2）生物医药应用软件系统：围绕我国个性化医疗发展所需的医药设计和药物筛选等对E级计算的迫切需求，研发涵盖分子动力学和药物筛选数据处理的应用软件系统，实现对个性化药物设计与筛选全过程的典型E级数值模拟，获得具有显示度的数值模拟成果。

（3）科学发现高性能应用软件系统：围绕我国科学家开展的重大前沿基础研究对E级计算的迫切需求，研发高性能数值模拟应用软件系统，涵盖约4个左右学科方向的基础科学问题，实现对相应典型复杂物理现象的E级数值模拟，获得具有显示度的数值模拟成果。

考核指标：从上述材料科学、生物医药、科学发现等重大基础研究领域中，选择并研制成功1个高性能应用软件系统并进行典型应用示范验证，部署于国家高性能计算环境的超级计算机，通过高效率的十亿亿次量级及以上规模的典型示范数值模拟，获得一批重要的具有显示度的E级数值模拟和科学发现成果，充分展示E级计算对基础研究的支撑能力。以万核为基准的并行效率在60万处理器核规模达到30%，数值模拟的分标率和精度达到国际同类软件水平。通过数值模拟获得的基础研究成果在国际上形成影响力，达到国际先进水平。

实施年限：不超过5年

拟支持项目数：1~2项

有关说明：其他经费（包括地方财政经费、单位出资及社会渠道资金等）与中央财政经费比例不低于1∶1。

2.5 E级高性能应用软件编程框架研制及应用示范（重大共性关键技术类）

研究内容：围绕重大行业应用和基础科学研究，凝练E级应用软件快速研发对高性能计算的共性需求，在现有研究基础之上，研制应用软件编程框架体系，必须同时涵盖下面五个编程框架：

（1）结构网格编程框架研制及应用示范：围绕我国重大行业结构网格应用软件快速研发的高性能计算共性需求，在现有研究基础之上，研制结构网格应用软件编程框架，用于在E级高

性能计算机系统上支持至少20个高效使用百万量级CPU核的应用软件系统的快速研发以及大规模数值模拟。

（2）非结构网格编程框架研制及应用示范：围绕我国重大行业非结构网格应用软件快速研发的高性能计算共性需求，在现有研究基础之上，研制非结构网格应用软件编程框架，用于在E级高性能计算机系统上支持至少10个高效使用百万量级CPU核的应用软件系统的快速研发以及大规模数值模拟。

（3）无结构组合几何计算编程框架研制及应用示范：围绕我国重大行业无网格组合几何计算应用软件快速研发的高性能计算共性需求，在现有研究基础之上，研制无网格组合几何计算应用软件编程框架，用于在E级高性能计算机系统上支持至少4个高效使用百万量级CPU核的应用软件系统的快速研发以及大规模数值模拟。

（4）有限元计算编程框架研制及应用示范：围绕我国重大行业有限元计算应用软件快速研发的高性能计算共性需求，在现有研究基础之上，研制有限元计算应用软件编程框架，用于在E级高性能计算机系统上支持至少4个高效使用百万量级CPU核的应用软件系统的快速研发以及大规模数值模拟。

（5）非数值图计算编程框架研制及应用示范：围绕我国重大行业大数据处理等应用软件快速研发的高性能计算共性需求，在现有研究基础之上，研制非数值图计算应用软件编程框架，用于在E级高性能计算机系统上支持至少2个高效使用百万量级CPU核的应用软件系统的快速研发以及大规模非数值应用。

考核指标：凝练我国重大行业应用E级应用软件快速研发对高性能计算的共性需求，研制形成跨结构网格、非结构网格、无网格组合几何计算、有限元、非数值图计算的应用软件编程框架体系，在E级高性能计算机系统上支持至少40个高效使用百万量级CPU核的应用软件系统的快速研发以及大规模模拟，网格规模达千亿、粒子数规模达到万亿、自由度规模达数万亿，200万处理器核并行效率达到30%以上，使我国的高性能计算应用编程框架的研发和实际应用达到国际领先水平。

系统2018年完成在E级计算机验证系统和两台国产100PF机上的部署，并对专项支持的应用软件开发团队开放源码。

实施年限：不超过5年

拟支持项目数：1~2项

有关说明：其他经费（包括地方财政经费、单位出资及社会渠道资金等）与中央财政经费比例不低于1:1。

3 高性能计算环境研发

3.1 国家高性能计算环境服务化机制与支撑体系研究（一期）（重大共性关键技术类）

研究内容：研究国家高性能计算环境计算服务化的新机制和支撑技术体系，支持环境服务化模式运行，构建具有基础设施形态、服务化模式运行的国家高性能计算环境。研究内容包括：

（1）资源准入和分级标准

量化网络服务水平和集群计算服务水平，定义资源评价综合指标及综合指标的计算方法、资源服务质量级别和分级标准，作为资源定价收费的基本依据。发展与标准相适应、支持服务水平量化的软件系统，支持和引导用户合理使用资源，形成全局统筹的资源布局。

（2）环境资源提升

在量化服务的基础上，整合环境各结点的计算、存储与软件资源，实现资源的服务化封装，提升环境资源能力与服务水平。

（3）基于应用的全局资源优化调度

根据应用程序特性和历史运维数据，从理论和实际两个角度分析和确定适合应用程序的集群、队列以及计算规模，结合传统的基于计算规模和运行时间的作业调度方法，形成第三种基于应用特性的全局资源优化调度。结合应用软件本身的特征，分析主流应用软件在不同体系结构、不同能力的资源中的性能特征，作为作业调度的依据。定义队列综合指数，综合排队时间、运行时间、应用类型、计算规模等众多参数，发展系统优化调度的核心算法。

（4）支持多种模式运营的国家高性能计算环境运行管理支撑平台

研发支持服务化运营的资源管理、用户管理、安全管理、计费管理等管理功能，形成支持环境运行的管理支撑平台，研发支持服务与资源一体的环境监控系统、环境资源优化配置系统等。

（5）具有基础设施形态的国家高性能计算环境构建

建立具有基础设施形态的国家高性能计算环境，节点数 14 个以上，初步建立服务化运行模式；实现可满足不同客户需求的使用环境；建立国家高性能计算环境安全体系，支持各类高性能计算应用。

（6）超级计算中心运行评价体系

超级计算中心的稳定运行，是提供计算服务的前提和保障。针对提供公共计算服务的超级计算中心，根据用户数量、机时使用情况、用户培训以及超级计算应用效果等指标，建立科学合理的超级计算中心和环境的综合评价体系。

考核指标：完成能初步支持服务化运营的国家高性能计算环境运行管理支撑平台，建立具有基础设施形态的国家高性能计算环境（一期），节点数 14 个以上，初步实现以服务化模式运行。完成环境的资源升级，聚合的计算资源 200PF 以上，存储资源 200PB 以上，部署 500 个以上的应用软件和工具软件，用户数达到 5 000 以上。完成超级计算应用综合评价体系，定期发布评价结果。

实施年限：不超过 2 年

拟支持项目数：1 项

有关说明：其他经费（包括地方财政经费、单位出资及社会渠道资金等）与中央财政经费比例不低于 1∶1。

3.2 基于国家高性能计算环境的服务系统研发（重大共性关键技术与应用示范类）

研究内容：依托国家高性能计算环境，建立行业集成业务平台、领域应用服务社区和高性能计算教育实践平台。促进环境的应用，取得应用实效。研究内容包括：

（1）行业集成业务平台

根据以下重要行业的应用需求和应用基础，建立 2 个左右行业集成业务平台，例如，石油地震勘探行业应用平台、基于高性能计算的集成电路电子设计自动化（EDA）平台、复杂产品优化设计平台、工程力学设计优化平台等，以灵活的业务流程技术、高性能计算技术和可视化技术，支持相关行业新型业务的发展。

（2）领域应用服务社区

在"十二五"863 重大项目应用社区研发基础上，进一步深化应用社区的研发，建立 2 个有广泛应用需求和较大用户群的应用服务社区，例如，创新工业产品优化设计、新药研发与个性化医疗、计算化学与生物信息、数字媒体、面向中小企业的数值模拟与计算环境等，提供计算服务和解决方案，为计算服务业的建立积累经验。

（3）高性能计算教育实践平台（一期）

面向大学生和研究生教育，建立高性能计算实践平台，为大学生和研究生教育提供免费机时，形成高性能计算实践环境，培养学生的计算技能，促进高水平人才培养，为高性能计算应用的普及与提高奠定人才基础。

考核指标：研发成功 2 个行业业务集成平台、2 个应用服务社区和 1 个高性能计算教育实践平台（一期）。每个行业业务集成平台集成 50 个以上应用软件，服务于 200 个以上用户；每个应用服务社区提供 50 种以上应用服务，服务于 500 个以上用户；教育实践平台服务推广到 1 000 个以上大学生或研究生用户，每年提供 2 000 万 CPU 核小时免费机时。

实施年限：行业集成业务平台和领域应用服务社区不超过 5 年，高性能计算教育实践平台不超过 2 年

拟支持项目数：1~2 项行业集成业务平台，1~2 项领域应用服务社区，1~2 项高性能计算教育实践平台。行业集成业务平台项目要求产学研结合申报

有关说明：行业集成业务平台和应用服务社区项目要求其他经费（包括地方财政经费、单位出资及社会渠道资金等）与中央财政经费比例不低于 1：1。

附件 2

"重点基础材料技术提升与产业化" 重点专项
2016 年度项目申报指南

依据《国家中长期科学和技术发展规划纲要（2006—2020 年）》、《国务院关于改进加强中央财政科研项目和资金管理的若干意见》、《关于深化中央财政科技计划（专项、基金等）管理改革的方案》等，科技部会同相关部门组织开展了《国家重点研发计划重点基础材料技术提升与产业化重点专项实施方案》的编制工作，在此基础上启动 "重点基础材料技术提升与产业化重点专项" 2016 年首批项目，并发布本指南。

本专项总体目标是：以提升大宗基础材料产业科技创新能力和整体竞争力为出发点，以国家重大工程和战略性新兴产业发展需求为牵引，从基础前沿、重大共性关键技术到应用示范进行全链条创新设计，一体化组织实施，着力解决重点基础材料产业面临的产品同质化、低值化，环境负荷重、能源效率低、资源瓶颈制约等重大共性问题，推进钢铁、有色、石化、轻工、纺织、建材等基础性原材料重点产业的结构调整与产业升级，通过基础材料的设计开发、制造流程及工艺优化等关键技术和国产化装备的重点突破，实现重点基础材料产品的高性能和高附加值、绿色高效低碳生产。开展产业技术标准的升级研究，建立完备的知识产权和标准体系，完善基础材料产业链。提升我国基础材料产业整体竞争力，满足我国高端制造业、战略性新兴产业创新发展、新型工业化和城镇化建设的急需，为我国参与全球新一轮产业变革与竞争提供支撑，实现我国材料产业由大变强、材料技术由跟跑型为主向并行和领跑型转变。通过本专项的实施，重点基础材料高端产品平均占比提高 15%~20%，带动支撑 30~50 万亿元规模的基础材料产业发展，减少碳排放 5 亿吨/年。

本专项围绕钢铁、有色金属、石化、轻工、纺织、建材等 6 个方面重点基础材料技术提升与产业化部署 31 个重点研究任务，专项实施周期为 5 年，即 2016—2020 年。

按照分步实施、重点突出原则，2016 年启动其中 12 个重点任务：高品质特殊钢、高强度大

规格易焊接船舶与海洋工程用钢、大规格高性能轻合金材料、高精度铜及铜合金材料、化纤柔性化高效制备技术、高性能工程纺织材料制备与应用、基础化学品及关键原料绿色制造、合成树脂高性能化及加工关键技术、塑料轻量化与短流程加工及功能化技术、制笔新型环保材料、水泥特种功能化及智能化制造技术、特种功能玻璃材料及制造工艺技术等。

2016 年启动的 12 个重点研究任务共 37 个子任务。所有项目均需整体申报，从基础前沿、重大共性关键技术到应用示范进行全链条创新设计，一体化组织实施，实现我国相关材料技术的提升与产业化。项目设 1 名项目负责人，项目下设课题数原则上不超过 5 个，每个课题设 1 名课题负责人，每个课题承担单位原则上不超过 5 个。对于企业牵头的应用示范类任务，其他经费（包括地方财政经费、单位出资及社会渠道资金等）与中央财政经费比例不低于 1：1。

1 高品质特殊钢

1.1 先进制造业基础件用特殊钢及应用

研究内容：研究特殊钢新型强韧化机制与高可靠长寿命机理，复杂服役环境适应性材料设计技术，开发高洁净度冶炼、夹杂物精确控制、均质化与组织精细化控制、精确成型与加工、热处理及表面改性等产品质量稳定控制技术及低成本制造和简化流程技术，实现基础件用特殊钢品种的稳定化生产与应用示范。

考核指标：大幅提高轴承、齿轮、紧固件、传动轴、弹簧等基础件用钢性能及质量稳定性；轴承钢 $[O]$ ≤6ppm、$[Ti]$ ≤10ppm，接触疲劳寿命 $L10$≥10^8；齿轮钢淬透性带宽≤4HRC、带状组织≤2 级；12.9 级以上高强度紧固件用钢硬度差≤3HRC；传动轴用超高强度钢抗拉强度≥1200MPa，实现产品系列化且制造成本降低 30% 以上；高强韧非调质钢硫化物长径比≤8、等效直径≤5μm；弹簧钢强度≥2 100MPa；切割钢丝强度≥4 000MPa；特殊钢典型品种使用寿命提高 50%，国内自给率达到 80% 以上，形成 5 个万吨级以上具有国际先进水平的先进制造业基础件用特殊钢研发、生产及应用示范基地，满足汽车、航空、机床等高端装备制造需求。

实施年限：不超过 5 年

拟支持项目数：1~2 项

1.2 高强高耐蚀不锈钢及应用

研究内容：研究高强高耐蚀不锈钢多相组织强韧化机理，超级奥氏体不锈钢凝固偏析和析出行为及热加工机理，开发耐高温、腐蚀等服役环境适应性材料设计、耐点蚀和应力腐蚀组织控制、柔性轧制等生产及应用评价技术，实现高性能不锈钢产品开发及应用示范。

考核指标：大幅提高高强高耐蚀不锈钢质量稳定性，达到国际先进水平；危险品运输及处理、化工等用双相不锈钢 $R_{P0.2}$≥580MPa、A≥30%；城市垃圾焚烧、大气污染及废气处理、烟气脱硫等用高强高耐蚀不锈钢 $[O]$ ≤30ppm，A、B、C、D 类夹杂物总和≤3.5 级，超级奥氏体不锈钢点蚀当量值≥45；620℃超超临界火电机组汽轮机转子用耐热不锈钢 620℃下 10^5h 外推持久强度≥100MPa；高强度不锈钢 K_{ISCC} 提高至 K_{IC} 的 80%，典型品种制造成本降低 30% 以上；抗菌不锈钢抗菌相等效球尺寸≥50nm；形成十万吨级以上双相及超级奥氏体不锈钢、万吨级高强耐热不锈钢、抗菌不锈钢及高强不锈钢的研发、生产及应用示范基地，油气开采用 95 钢级、110 钢级超级马氏体不锈钢实现稳定化生产及应用，典型品种使用寿命在目前基础上提高 50%。

实施年限：不超过 5 年

拟支持项目数：1~2 项

1.3 高效率、低损耗及特殊用途硅钢开发与应用

研究内容：研究材料高强度、低铁损、高磁感最佳匹配关系及组织与性能关系；开发高效

率、低损耗及特殊用途硅钢夹杂及析出控制、织构控制等技术；开展应用与评价技术研究，建立相关标准规范，实现高品质薄规格低铁损取向硅钢、环保型极低铁损无取向硅钢、高强度薄规格高磁感无取向硅钢产业化及应用示范。

考核指标：开发出 $0.18 \sim 0.23mm$ 规格取向硅钢产品，$P_{17/50} \leqslant 0.75W/kg$，磁感应强度 $B_8 \geqslant 1.88T$，实现规模生产；环保型高等级无取向硅钢在大型电机上实现应用，铁损 $P_{10/50} \leqslant 1.05 W/kg$，$P_{15/50} \leqslant 2.50W/kg$，磁感 $B_{50} \geqslant 1.65T$，各向异性 $\leqslant 10\%$；厚度 $\leqslant 0.30mm$ 高强度薄规格低铁损无取向硅钢实现批量稳定生产并在新能源汽车电机上应用，铁损 $P_{10/400} \leqslant 15.0W/kg$，磁感 $B_{50} \geqslant 1.66T$，$\sigma_s \geqslant 420MPa$，形成 5 万吨级生产示范线，满足新能源汽车、电力装备等制造需求。

实施年限：不超过 4 年

拟支持项目数：1~2 项

1.4 高性能工模具钢及应用

研究内容：研究工模具钢制备及服役过程组织演化规律及其定量化描述，高温、高应力、热冲蚀等不同服役条件下动态失效机理，开发工模具钢均质化与组织精细化控制、精确成型与加工等技术，实现大截面、高均匀、高性能模具钢（含热作、冷作、塑料模具钢）和复杂刀具用高性能易切削高速钢的稳定化生产与应用示范。

考核指标：大幅提高工模具钢的性能及质量稳定性，达到国际先进水平；建立模具钢服役寿命周期预测模型及模具失效抗力指标体系与选材体系；H13 热作模具钢横向韧性 $\geqslant 14J$、等向性 $\geqslant 0.8$，大型预硬型塑料模具钢截面硬度差 $\leqslant 3HRC$，大型冷作模具钢共晶碳化物不均匀度 $\leqslant 5$ 级，大型压铸模具寿命 10 万次以上，使用寿命在目前基础上提高 50%；大尺寸高速钢共晶碳化物不均匀度 $\leqslant 6$ 级，最大颗粒度 $\leqslant 20\mu m$；建立我国高品质模具钢标准体系；建成 5 万吨以上具有国际先进水平的高品质工模具钢研发、生产及应用示范基地，满足航空、机械、轻工等装备制造用高性能工模具需求。

实施年限：不超过 5 年

拟支持项目数：1~2 项

1.5 特种软磁合金及应用

研究内容：研究特种软磁合金原子团簇与宏观性能的跨尺度关联、高饱和磁感应强度和低损耗新型软磁合金设计等性能调控机理，开展高性能软磁合金产业化关键技术、应用与评价技术研究，建立相关标准规范，实现示范应用。

考核指标：高性能软磁合金材料 $B_s \geqslant 1.75T$；低损耗电机软磁定子铁芯工作磁感应强度 $B_m \geqslant 1.5T$、铁芯损耗 $P1000Hz$，$1.5T \leqslant 15 W/kg$，定子铁芯损耗较传统材料降低 90% 以上，铁芯总成本降低 30% 以上；建成关键高性能软磁合金"一材多用"技术数据库；建成千吨级高性能软磁合金带材生产线，重点电机品种产量达到 1 万台/年，形成高效节能电机在新能源汽车、高速机床、高频电机、伺服电机、航空航天电机等领域的示范应用，满足智能制造和机器人领域的需求。

实施年限：不超过 4 年

拟支持项目数：1~2 项

2 高强度、大规格、易焊接船舶与海洋工程用钢

2.1 高强度、大规格、易焊接海洋工程用钢及应用

研究内容：研究典型多场耦合服役环境下海洋平台用钢的腐蚀机理及失效行为、特厚钢板尺寸效应、强韧化机理及性能均匀性控制原理与技术、可大线能量焊接技术；开发高强韧特厚钢

板、无缝管、型材及配套焊材、可大线能量焊接厚钢板及配套焊材、大规格型钢及高强度锚链钢、复合板、平台结构用铸造节点以及高耐蚀特种部件粉末冶金制品等关键品种技术；开展海洋工程用钢的服役性能评价及应用技术研究，实现示范应用。

考核指标：开发出屈服强度 785MPa 级，厚度 180mm 以上，最大焊接线能量 200kJ/cm 的系列海洋工程用钢，示范应用总量达到千吨以上，满足不同海洋平台及装备用钢需求，高端品种自给能力达 70% 以上，最大寿命提升 50% 以上；形成我国具有自主知识产权的海洋工程用钢品种体系、生产体系、应用配套体系、检测及服役性能评价体系；形成 3 个以上具有世界先进水平的海洋工程用钢研发、生产、应用示范基地。

实施年限：不超过 5 年

拟支持项目数：1~2 项

2.2 极寒与超低温环境船舶用钢及应用

研究内容：研究大尺度、极寒环境下船舶用钢的断裂力学行为和止裂机理；突破超低温用钢的成分、组织、生产工艺、应用评价及制造关键技术；开展液化天然气船用殷瓦钢薄板、超大型集装箱船用止裂厚板、液化石油气船用高强韧性厚板、极地船舶用钢及配套焊材的关键生产工艺技术研究；开展极寒与超低温环境下船舶用钢的服役性能评价与应用技术研究，制定专用标准规范，实现示范应用。

考核指标：厚度 0.7~1.7mm 殷瓦钢、耐 -80℃ 极地船舶用钢自给能力达 50% 以上；最大 100mm 厚止裂厚板、60mm 厚 LPG 用高强韧板完全实现国产化；建立极寒与超低温环境船舶用钢品种体系、生产体系、检测应用评价体系和标准规范体系，超大型集装箱船用止裂厚板和液化石油气船用高强韧性厚板生产应用达到千吨级，建设世界一流的船舶用钢研发、生产、应用基地。

实施年限：不超过 5 年

拟支持项目数：1~2 项

3 大规格高性能轻合金材料

3.1 高性能铝合金大规格板带材制造与应用技术

研究内容：探索铝合金元素原子间交互作用机制、多尺度范围第二相—界面耦合强化机理；开发乘用车覆盖件、航空航天、海洋工程和货运车辆等用新型快速时效响应铝合金薄板、超高强铝合金预拉伸厚板、耐蚀铝合金板材的工业化制造成套技术，以及乘用车覆盖件拉深成型、烤漆硬化、大型结构件残余应力消减等关键应用技术。

考核指标：快速时效响应铝合金薄板最大幅宽 ≥2 100mm、45 天停放后屈服强度 ≤140MPa、均匀延伸率 ≥26%、应变强化指数 ≥0.28、厚向异性系数 ≥0.60、烤漆硬化屈服强度增量 ≥100MPa，超高强铝合金预拉伸厚板最大幅宽/厚度 ≥2 500mm/50mm、极限抗拉强度 ≥600MPa、断裂韧性 ≥30MPa·m$^{1/2}$、电导率 ≥38% IACS，耐蚀铝合金板材最大幅宽 ≥3 500mm、综合性能比 5083 合金提高 10% 以上，形成快速时效响应铝合金薄板 5 万吨/年、超高强铝合金预拉伸厚板 1 万吨/年和耐蚀铝合金板材 5 万吨/年的工业化规模生产能力。

实施年限：不超过 4 年

拟支持项目数：1~2 项

3.2 高性能铝合金大规格挤压材制造与应用技术

研究内容：探索铝合金挤压材制备加工全过程微观组织的演化规律与控制机理，开发高速列车、轨道与公路货运车、航空航天、海洋石油钻探等用大规格铝合金型材、新型超高强铝合金挤压材、高强耐蚀铝合金管材的工业化制造成套技术，以及大型复杂结构件的焊接与联接、接头腐蚀控制和表面防腐处理等关键应用技术。

考核指标：大规格铝合金型材的最大长度/外接圆直径≥30m/Φ900mm、综合性能比6005和7N01合金提高10%以上，新型超高强铝合金挤压型材的最大长度/截面积≥10m/5 000mm²、极限抗拉强度≥650MPa、断裂韧性≥33MPa·m$^{1/2}$、电导率≥37% IACS，海洋石油钻探铝合金套管最大长度/直径≥8m/Φ120mm、屈服强度≥560MPa、120℃、500 小时屈服强度保持量≥80%、H_2S 和 CO_2 环境耐蚀性能符合石油钻探行业标准要求，形成大规格铝合金型材 5 万吨/年、超高强铝合金挤压型材 5 000 吨/年和海洋石油钻探铝合金套管 1 万吨/年的工业化规模生产能力。

实施年限：不超过 4 年

拟支持项目数：1～2 项

3.3 高性能镁/铝合金高品质铸件制备技术

研究内容：探索铸造镁/铝合金凝固过程、凝固析出相及缺陷控制机理、镁及镁合金在生物医材/燃料电池/传感器等方面的新用途，开发汽车零部件用大尺寸复杂薄壁镁合金压铸件的制造工艺、配套的模具设计制造和表面处理技术、低成本高效率的压力铸造装备，以及高性能半固态铝合金压铸件和液态模锻件的低成本连续化制造工艺与装备。

考核指标：大尺寸复杂薄壁镁合金压铸件非热处理态实体取样的极限抗拉强度≥300MPa、延伸率≥10%、腐蚀速率≤0.1mg/cm²·d、最大投影面积≥0.5m²、最大壁厚与最小壁厚之比≥5：1，半固态铝合金压铸件极限抗拉强度≥340MPa、屈服强度≥270MPa、延伸率≥9%、半固态球状组织的平均晶粒尺寸≤120μm，形成大尺寸复杂薄壁镁合金压铸件 10 万件/年和半固态铝合金压铸件 100 万件/年的工业化规模生产能力。

实施年限：不超过 5 年

拟支持项目数：1～2 项

3.4 高性能镁合金变形加工材制造技术

研究内容：探索高性能变形镁合金的新型强化相设计与强韧化协同调控机理，开发高合金化与高纯净镁合金大规格铸锭、超高强高韧镁合金挤压型材与锻件、镁合金高精度挤压与轧制带卷的工业化制造成套技术，以及结构件残余应力消减和表面防腐处理等关键应用技术。

考核指标：高合金化与高纯净镁合金大规格铸锭一次铸造成品率≥90%、铸锭整形切削量≤10%，超高强高韧镁合金挤压型材/锻件的小端截面积≥3 000mm²/20 000mm²、极限抗拉强度≥450MPa/400MPa、延伸率≥8%/5%、断裂韧性≥17MPa·m$^{1/2}$/13MPa·m$^{1/2}$，镁合金挤压与轧制带卷的外形精度与表面质量可直接满足出厂要求、单卷重量≥500kg/1 000kg、挤压/轧制成材率≥80%，形成高合金化与高纯净镁合金大规格铸锭 5 000 吨/年、超高强高韧镁合金挤压型材/锻件 1 万件/年和镁合金挤压与轧制带卷 3 000 吨/年的工业化规模生产能力。

实施年限：不超过 5 年

拟支持项目数：1～2 项

3.5 高耐蚀钛及钛合金管材与高品质钛带制造技术

研究内容：探索耐蚀钛合金制备加工过程的微观组织—综合性能—残余应力协同控制机理，开发海洋石油钻探用耐蚀钛合金大直径无缝管、海洋工程和海水淡化装备用高性能卷焊钛管和配套的大卷重—低成本钛带的工业化制造成套技术。

考核指标：钛合金无缝管材的单根最大长度≥10m、直径/壁厚的涵盖范围Φ50～250mm/6～16mm、极限抗拉强度≥850MPa、屈服强度≥760MPa、延伸率≥10%、－10℃条件下冲击功

≥40J，卷焊钛管直径规格涵盖范围 Φ10～100mm、极限抗拉强度≥350MPa、扩口时内径扩大率允许值≥22%，热轧钛带卷重≥5 吨、最大幅宽 ≥1 000mm、退火自然展开后不平度≤1.2%，形成钛合金无缝管材 1 000 吨/年、卷焊钛管 3 000 吨/年和大卷重—低成本钛带 5 000 吨/年的工业化规模生产能力。

实施年限：不超过 4 年

拟支持项目数：1～2 项

4　高精度铜及铜合金材料

4.1　高性能高精度铜及铜合金板带材制造技术

研究内容：探索基体组织—沉淀强化相—综合性能—全过程加工工艺之间的内在关系，开发新一代极大规模集成电路高密度引线框架端子和高端电子元器件精密接插端子制造用新型高强高弹铜合金的高精度低残余应力带材、动力电池集流体用超薄高纯铜带材的工业化制造成套技术。

考核指标：高强高弹铜合金带材屈服强度≥800MPa、弹性模量≥125GPa、导电率≥45% IACS、室温 100h 应力松弛≤5%，厚度公差±2.5%、宽度挠曲≤0.05mm、粗糙度≤0.10μm，超薄高纯铜带材最小厚度≤9μm、针孔率≤3 个/m²、极限抗拉强度≥200MPa、延伸率≥2%、静态亲水角≤95°、电池材料双面涂覆单位面积重量差异度≤5%、涂覆厚度不均匀性≤3%，形成高强高弹铜合金带材 3 万吨/年和超薄高纯铜带材 1 万吨/年的工业化规模生产能力。

实施年限：不超过 4 年

拟支持项目数：1～2 项

4.2　高性能铜合金特种加工材制造技术

研究内容：探索新型第二相—界面交互作用对合金力学性能—功能特性的影响机理和前瞻性高导热铜基复合热沉材料、自润滑铜基复合材料、高铁制动系统铜合金闸片的制备与应用，开发海洋工程装备用大直径高耐蚀铜合金管材、高性能铜合金镀膜丝线材的工业化制造成套技术。

考核指标：大直径—高耐蚀铜合金管材最大直径≥300mm、弯曲度≤6mm/m、极限抗拉强度≥350MPa、延伸率≥25%、室温 3.5% Cl⁻ + 0.5% S²⁻ 条件下的腐蚀速率不高于 0.025mm/年，高强高导铜合金镀膜丝线材的单根最大长度≥100km、极限抗拉强度/导电率≥450MPa/90% IACS、高强耐疲劳铜合金镀膜丝线材极限抗拉强度/导电率≥420MPa/78% IACS、单丝抗疲劳能力为纯铜丝的 3 倍以上，高速列车铜基粉末冶金制动闸片平均摩擦系数 0.35、瞬时摩擦系数符合国际铁路联盟标准、磨损量≤0.35cm³/MJ，形成大直径—高耐蚀铜合金管材 5 000 吨/年和高性能铜合金镀膜丝线材 2 000 吨/年的工业化规模生产能力。

实施年限：不超过 4 年

拟支持项目数：1～2 项

5　基础化学品及关键原料绿色制造

5.1　典型有机基础化学品制备过程强化新技术

研究内容：研究典型有机基础化学品制备过程中多相反应体系介观微纳尺度的分子混合与界面传递规律；突破外场、膜、微反应器等化工过程强化新技术，开发形成外场强化制备石油磺酸盐关键装备及工业化成套集成技术、生物质原料制备壳寡糖成套新技术、膜反应分离耦合强化苯酚加氢制备环己酮关键装备及新工艺。

考核指标：建成万吨级石油磺酸盐外场强化绿色制备工业生产线，石油磺酸盐产品性能：油水界面张力达到 10⁻³mN/m 超低量级、综合驱油率≥35%（室内评价），废酸废水减排≥30%；建成千吨级壳寡糖工业示范装置，收率≥50%，与传统工艺相比废液排放降低 70% 以上；建成百吨级苯酚加氢制备环己酮膜反应器示范装置，环己酮产率≥80%。

实施年限：不超过5年

拟支持项目数：1～2项

5.2 高效负载型催化剂及绿色催化新技术

研究内容：负载型催化剂制备过程中强化新途径及过程放大的基础研究；突破无汞触媒、非贵金属催化剂等高效绿色催化技术；开发形成蒽醌法生产过氧化氢的高分散负载型加氢催化剂和蒽醌降解物再生催化剂关键制备技术、氯乙烯生产的无汞低成本高效催化剂及其关键制备技术、己二腈合成的高活性、抗中毒、高稳定性非贵金属催化剂关键制备技术，突破形成过氧化氢、氯乙烯、己二腈、2，3，5—三甲基氢醌等绿色催化生产新工艺。

考核指标：建成200吨/年蒽醌加氢催化剂和蒽醌降解物再生催化剂示范装置各一套，完成20万吨/年过氧化氢工业示范，催化剂活性：H_2O_2生产能力≥1 800kgH_2O_2/（kg钯·天），蒽醌降解物再生催化剂寿命≥120天，吨H_2O_2产品蒽醌消耗≤0.3kg（较现工艺减少30%）；建成万吨级无汞氯乙烯生产示范装置，贵金属活性组分含量≤0.2%，氯乙烯收率≥96%，催化剂寿命≥8 000h；建成5万吨/年己二腈示范装置，吨产品耗丁二烯低于0.56吨，产品收率≥80%，吨产品电耗低于1 000kWh；建成万吨级2，3，5—三甲基氢醌工业示范装置，选择性≥97%、收率≥95%。

实施年限：不超过5年

拟支持项目数：1～2项

5.3 多相氧化组合反应器与耦合分离新技术

研究内容：研究多相反应体系从微观分子尺度到介观尺度到宏观反应器尺度的跨尺度传递与反应耦合机制；突破多相反应器和分离设备的放大技术，创制新结构组合反应器；开发丙烯合成环氧丙烷、氯丙烯合成环氧氯丙烷、盐酸羟胺连续化制备等关键装备与新工艺。

考核指标：建成15万吨/年环氧丙烷工业示范装置，选择性≥97%，H_2O_2利用率≥95%，产品纯度≥99.95%；完成10万吨/年环氧氯丙烷成套新技术工艺包，示范装置的选择性≥94%、H_2O_2转化率≥97%，较传统丙烯高温氯化工艺废水减排≥90%；建成2万吨/年盐酸羟胺连续化工艺示范装置，选择性≥98%，H_2O_2利用率≥97%，较现有工艺节约标准煤≥20万吨/年、固废减排≥10万吨/年。

实施年限：不超过5年

拟支持项目数：1～2项

5.4 低阶煤高值转化利用新技术

研究内容：研发低阶煤清洁转化与高值化绿色制造新工艺，以及热解气、裂解气的高效分离与综合利用，形成低阶煤原料生产电石节能减排绿色新技术及关键装备；开发等离子体炬等工程化技术，形成等离子体强化煤制乙炔关键装备及系统优化技术。

考核指标：建成80万吨/年低阶煤生产电石工业装置，较传统工艺吨产品电耗降低12%以上、减排CO_2≥370kg；建成5 000吨/年的等离子体强化煤制乙炔工业示范装置，电能利用率≥90%，比能耗≤12kWh/kg乙炔。

实施年限：不超过4年

拟支持项目数：1～2项

6 合成树脂高性能化及加工关键技术

6.1 绿色抗菌环保合成树脂制造关键技术

研究内容：开展环保聚烯烃的合成催化剂及其反应机理研究；开发合成树脂纳米抗菌助剂原

位聚合和分散关键技术和无溶剂聚氨酯技术；开发环保聚酯新产品和环保聚烯烃树脂的成套技术，实现工业化示范。

考核指标：开发无邻苯二甲酸酯类透明抗冲聚丙烯，二甲苯可溶物含量≤4%；抗菌聚烯烃树脂水中浸泡 5 年，抗菌率≥99%；建成 1 万吨/年抗菌尼龙 6 生产装置，对大肠杆菌和金黄色葡萄球菌的抗菌活性≥5.0；环保型聚氨酯挥发性有机物符合国标要求，气味等级≤3（PV3900 通用标准）；采用非锑催化剂在聚酯工业装置上实现生产示范，质量指标达到国标中优级品水平，催化剂用量小于 300ppm（按对苯二甲酸计）；形成 20 万吨/年汽车专用聚丙烯树脂的生产示范，VOC≤80ppm。申请发明专利 20 项，制定标准和规范 8 项。

实施年限：不超过 5 年

拟支持项目数：1～2 项

6.2 高性能合成树脂先进制备技术

研究内容：进行长纤维增强聚合物复合材料微观形态与结构调控机理研究，开展高端聚烯烃树脂合成催化剂及其反应机理研究。开发高氢调聚乙烯齐格勒纳塔催化剂制备关键技术，制备出适用于双向拉伸工艺的聚乙烯专用树脂，开发茂金属聚乙烯大型挤压造粒技术，高性能氯碱工业离子膜制备技术，熔体微分电纺纳米技术和金属化塑料表面处理技术；开发高强度聚氯乙烯和高性能环氧树脂产业示范；开发非光气法制备异氰酸酯新工艺，实现产业化示范。

考核指标：高熔体强度聚丙烯发泡倍率大于 40 倍，开孔闭孔率可调。双向拉伸聚乙烯膜穿刺强度＞35N/8mm；茂金属聚乙烯单位产量能耗≤0.16 kW·h/kg，产量大于 4 万吨/年；高性能氯碱离子膜电流密度≥5.0 千安/平方米，电流效率≥95%；静电纺丝纳米纤维直径小于 400nm，直径分布 ±200nm；塑料金属化注塑制件熔接线与流痕部位与正常部位的亮度 L 值差值小于 2；高性能聚氯乙烯建成万吨级示范装置，增塑剂水抽出率低于 0.5%，抗冲击性能达 10kJ/m²；高强、高模、高韧低粘度环氧树脂建成 5 000 吨/年示范装置，拉伸强度大于 80MPa，模量大于 3.5GPa，断裂伸长率大于 5%；非光气法脂肪（环）族异氰酸酯建成 2 000 吨/年示范装置，产品纯度≥99.5 wt%；检不出氯，色泽≤30（测试方法：GB/T 3143—1982）。申请发明专利 20 项，制定标准和规范 8 项。

实施年限：不超过 4 年

拟支持项目数：1～2 项

6.3 合成树脂专用新型高效阻燃技术开发

研究内容：开展生物基、有机硅类材料阻燃机理的研究；开发高性能绝热阻燃主侧链接枝官能化及多相纳米技术；实现聚磷腈及纳米复合聚磷酸铵高效绿色阻燃剂制备示范装置。

考核指标：硅阻燃剂初始分解温度＞350℃；生物基阻燃剂可降解，阻燃等级通过 UL94V-0 级（1.6mm），冲击强度≥20kJ/m²。官能化聚磷腈弹性体数均分子量≥80 000，断裂伸长率≥380%，氧指数＞50%；纳米复合聚磷酸铵阻燃聚丙烯经 70℃水煮 7 天聚磷酸铵析出不超过 10%；绝热阻燃聚氨酯泡沫密度＜45kg/m³，通过外墙保温材料防火等级 B1 级。建立年产 1 000 吨高绝热阻燃环境友好的聚磷腈生产示范装置和年产 3 000 吨疏水膨胀型阻燃材料的生产线。申请发明专利 10 项，制定标准和规范 4 项。

实施年限：不超过 4 年

拟支持项目数：1～2 项

7 塑料轻量化与短流程加工及功能化技术

7.1 聚合物材料的轻量化技术

研究内容：研究原材料结构设计、发泡速率与泡孔结构的关系，增强结构材料与泡沫体间的润湿性与界面缺陷的关联机制；研发发泡过程中的原位复合效率提升、隔热材料与聚氨酯发泡体的高强度复合，釜压发泡制备珠粒体和结晶聚合物连续挤出发泡关键技术；开展 −170～50℃ 环境应用的绝热保温复合材料产业化示范，千吨级热塑性树脂超临界流体发泡材料研制及产业化。

考核指标：液化天然气储运专用高强度聚氨酯绝热材料：超低温（−170℃）使用，压缩强度（z轴）≥2.2 MPa，尺寸稳定性（z轴）≤75×10^{-6}mm/mm/K，导热系数≤0.018W/（m·K）。热塑性材料：釜压发泡聚丙烯密度 0.03～0.10g/cm³、拉伸强度 0.2～1.5MPa；发泡热塑性聚氨酯密度 0.15～0.30g/cm³，回弹率为 50%～60%；连续挤出发泡聚丙烯 800～1 200mm 幅宽片材膨胀倍率 3～10 倍可调。

实施年限：不超过 5 年

拟支持项目数：1～2 项

7.2 塑料制品的短流程与精细加工技术

研究内容：研究极端流变行为树脂拉伸流变塑化过程及输运机制、流变行为、聚集态结构，阐明其拉伸流变加工工艺、形态结构、性能与功能化应用之间的关联规律；研究基于拉伸流变的超高分子量聚乙烯高效加工与功能化技术，研发超高分子量聚乙烯管材短流程挤出技术并开展工程示范。研究超高光折射率聚氨酯镜片原料聚硫醇和特种异氰酸酯合成技术，研发高光学性能的镜片表面改性和涂层加硬技术；开展千万片级聚氨酯镜片开发与产业化示范。

考核指标：极端流变行为物料挤压系统比传统螺杆缩短 50% 以上，比能耗降低 30% 以上，最大挤出量≥150kg/h；超高分子量聚乙烯管材挤出速度≥10m/h，管材磨耗量≤21mg/1 000转。镜片专用异氰酸酯：纯度≥99.5%，水解氯≤100ppm，酸份≤100ppm；多元硫醇：纯度≥99%，折射率≥1.63；聚氨酯镜片折射率 1.67，阿贝数≥30，表面铅笔硬度≥4H。

实施年限：不超过 5 年

拟支持项目数：1～2 项

7.3 功能与寿命可调控的农用覆盖材料低成本制造技术

研究内容：基于薄膜拉伸流变的材料塑化输运，研究拉伸形变支配的高分子材料加工机理与流变学行为，搭建工艺、形态与性能的关系模型。研究材料配方优化和加工技术，外表面防尘、内表面超亲水等功能持效期与材料寿命同步协同的关键技术；研究地膜的生物降解周期调控规律，生物降解高分子材料的低成本增强和增韧技术。开展万吨级聚烯烃塑料的长效长寿命低成本加工技术研制与产业化；千吨级可生物降解地膜开发与产业化示范。

考核指标：棚膜的流滴、消雾、防尘等功能持效期 >5 年，雾度≤15，温室内外光强比值≥75%，光波优化提高光合效率≥30%；地膜生物降解性满足 ISO 14855-2，厚度 <6μm，拉伸强度 >15MPa，断裂伸长率 >700%，使用寿命：2～4 个月可调。

实施年限：不超过 5 年

拟支持项目数：1～2 项

8 制笔新型环保材料

制笔新型环保材料

研究内容：研究新型环保金属及高分子笔头与墨水的流体力学、摩擦、润滑及腐蚀等匹配技术原理，研究新型制笔基础材料环保与功能化设计原理；研发基于良好耐磨及耐候等性能的环保易切削笔用金属材料冶炼、轧制、拉拔生产工艺及技术，高吸水率环保高分子笔头孔隙可控生产工艺及技术，环保乳化墨水及新型记号墨水专用原材料、多元配方优化、全流程稳定化制造工艺及技术；开展千吨级环保笔用金属材料产业化示范，千万支环保高分子笔头产业化示范，千吨级新型记号墨水产业化示范，千吨级环保乳化墨水产业化示范。

考核指标：环保笔用金属材料含铅量<100ppm，切削力<400N（切削速度≥100m/min，背吃刀量≥1mm，进给量≥0.25mm/r），硬度 HV：240~280；环保高分子笔头产品吸水率>65%，笔头尺寸变化率<10%（书写长度 300m），产品符合 Reach 法规 SVHC 清单限量要求，其中 4—壬基（支链与直链）苯酚乙氧基醚<0.050%；环保乳化墨水触变值>2.5，储存稳定性>18 个月，粘度：300~1 000mPa.s（25℃，50prm），产品符合 EN71-9 限量要求，其中 2-甲基-3（2H）—异噻唑啉酮<10mg/kg；新型记号笔墨水表面张力：20~40mN/m、储存稳定性>18 个月，符合 EN71-3-2013 限量要求，其中砷<0.9mg/kg、镉<0.3mg/kg、铅<3.4mg/kg。环保乳化墨水笔：书写摩擦系数<0.15；新型环保记号墨水笔脱帽性能>72 小时。

实施年限：不超过 4 年

拟支持项目数：1~2 项

9 化纤柔性化高效制备技术

9.1 聚酯、聚酰胺纤维柔性化高效制备技术

研究内容：研究基于聚酯、聚酰胺聚合、纺丝动力学与结构演变机理的全流程计算机模拟，己内酰胺环状低聚物形成和低含量控制机理；研究聚酯、聚酰胺的多元组分、多点添加与协同强化技术，纺丝组件、吹风与成形模块化及互换技术，聚酰胺环吹风纺丝技术，聚酰胺萃取浓缩液高效裂解回用技术，开发多功能聚酯、聚酰胺纤维，进行大容量差别化聚酯纤维开发与应用示范、大容量差别化聚酰胺纤维开发与应用示范。

考核指标：大容量聚酯、聚酰胺柔性化高效制备技术取得自主知识产权，达到国际先进水平。在产业化装备上实现模块化互换，部位间纤度不匀率≤0.8%，条干不匀率≤1.2%，染色均匀性（灰卡）≥4.5 级，平均单位能耗降低 20%，全消光纤维二氧化钛含量≥2.0%，异收缩纤维异收缩率≥30%。推广形成柔性化聚酯、聚酰胺差别化纤维产能 450 万吨。申报或授权发明专利 8 项，建立检测方法和标准 5 项。

实施年限：不超过 5 年

拟支持项目数：1~2 项

9.2 高品质原液着色纤维开发及应用

研究内容：研究聚酯、聚酰胺原液着色纤维聚合、纺丝动力学与色彩变化机理；研究高比例、多元组分添加与高效均匀分散技术，高效色母粒、色浆制备技术，色母粒或色浆、功能组分协同控制及纤维制备技术，纺丝、整理工艺技术及专用助剂；建立原液着色纤维制备与应用数据库和标准规范，形成工艺、装备与控制系统的中试验证平台，实现原液着色纤维制备与产业链应用示范。

考核指标：高色牢度深色纤维颜料/染料有效含量≥3.0%；直纺聚酯纤维强度≥3.0cN/dtex、耐光牢度≥5 级，长丝单丝纤度≤0.6dtex、短纤维单丝纤度≤0.8dtex，聚酰胺长丝强度≥4.0cN/dtex、单丝纤度≤1.0dtex、耐光牢度≥4 级；推广形成高品质原液着色纤维产能 300 万吨。建立原液着色纤维制备与应用的检测、评价、标准规范和技术服务体系。申报或授权发明专利 10 项，建立检测方法和标准 10 项。

实施年限：不超过 5 年

拟支持项目数：1~2 项

9.3　再生聚酯纤维高效制备技术

研究内容：研究再生聚酯纤维过程控制机理及安全性评价；研究废旧纤维制品主体组分识别技术，再生聚酯低能耗连续聚合、熔体高效纯化技术，研究聚酯类纤维制品的分离、提纯、染料及杂质去除与综合利用技术，实现原料高适应性再生聚酯材料柔性化制备与应用示范。

考核指标：循环再生聚酯纤维技术达到国际先进水平。物理化学法聚酯熔体特性粘数 $\geq$ 0.60dl/g、波动范围 $\leq$ 0.05dl/g，再生高强短纤维断裂强度 $\geq$ 4.5cN/dtex，再生低熔点纤维断裂强度 $\geq$ 3.0cN/dtex、熔点 $\leq$ 120℃；化学法再生聚酯质量指标达到原生聚酯水平，再生细旦长丝单丝纤度 $\leq$ 1.0dtex、FDY 断裂强度 $\geq$ 4.0cN/dtex。推广形成再生聚酯纤维产能 50 万吨。申报或授权发明专利 12 项，建立检测方法和标准 8 项。

实施年限：不超过 5 年

拟支持项目数：1~2 项

10　高性能工程纺织材料制备与应用

10.1　高性能聚酯、聚酰胺 66 工业丝制备技术

研究内容：研究工程用高性能聚酯、聚酰胺 66 聚合物及纤维结构设计与应用机理；研究高分子量树脂纺丝工艺技术及其专用助剂，高粘度聚酯、聚酰胺 66 熔体输送粘度降与纺丝均一性控制技术，开发高强高模聚酯工业丝、高强聚酰胺 66 工业丝。建立高性能工业丝质量控制、检测标准及评价方法体系，实现万吨规模高品质聚酯、聚酰胺 66 工业丝产业化示范。

考核指标：在聚酯、聚酰胺 66 工业丝制备与应用方面取得核心技术。液相增粘聚酯特性粘数 $\geq$ 1.0dl/g、耐海水腐蚀高强高模聚酯工业丝纤度 $\geq$ 3300dtex、断裂强度 $\geq$ 8.4cN/dtex、模量 $\geq$ 98cN/dtex、断裂伸长 $\leq$ 12.0%，聚酰胺 66 工业丝强度 $\geq$ 9.5cN/dtex、安全气囊用工业丝强度 $\geq$ 8.0cN/dtex、断裂伸长 $\geq$ 22%、断裂伸长偏差值 $\leq$ ±1.0%。申报或授权发明专利 8 项，建立检测方法和标准 5 项。

实施年限：不超过 4 年

拟支持项目数：1~2 项

10.2　土工建筑增强材料制备与应用

研究内容：研究建筑增强短切纤维、土工材料在应用环境条件下的服役行为与失效机理；研究建筑增强短切纤维制备及其在应用中的高分散技术，土工材料多重结构复合加工技术，研制高强度、耐老化土工材料；制定产品标准与应用规范，形成短切纤维在水泥混凝土和沥青中应用示范，土工材料在交通、矿山、垃圾填埋领域应用示范。

考核指标：在短切纤维、土工材料制备与应用方面取得核心技术，提升建筑与工程领域应用水平。建筑增强短切纤维：聚乙烯醇抗拉强度 $\geq$ 1 600MPa、弹性模量 $\geq$ 40GPa，聚丙烯腈抗拉强度 $\geq$ 1 000MPa、弹性模量 $\geq$ 25GPa，混凝土用纤维表面接触角 < 30°、沥青用纤维表面接触角 $\geq$ 130°，建筑增强短切纤维在应用加工环境中强度与模量保持率 > 85%；高强抗老化聚丙烯土工材料单丝：纤度 4~7dtex、单丝断裂强度 $\geq$ 3.5cN/dtex、拉伸强度 $\geq$ 75N·m^{-1}/g·m^{-2}、抗酸碱性断裂强度保持率 $\geq$ 90%，土工系列产品的使用寿命达到工程设计要求的 30~50 年。申报或授权发明专利 10 项，建立检测方法和标准 3 项，应用示范基地 3 家，实现土工建筑增强材料千吨级的应用示范。

实施年限：不超过 5 年

拟支持项目数：1~2 项

10.3　高性能纺织结构柔性材料制备及应用

研究内容：研究纺织结构柔性材料结构设计与应用机理，应用环境条件下柔性材料的服役行为与失效机理，生物医用纺织材料结构设计和可控成形研究；研究高性能纤维的特种整经、编织与功能涂层技术，开展高强抗老化及自清洁纺织柔性复合材料研制及在膜结构、缓冲囊体、输送带领域应用示范；研究生物医用纺织材料精细加工与后整理技术，建立高性能人体内脏器修复材料生产示范线；研究湿法非织造布及制品成型技术，形成产业化示范。制定产品标准、生产与应用规范。

考核指标：大幅提高纺织结构柔性材料的性能及稳定性，整体达到国际先进水平；高密经编增强材料基材 ≥32 根/英寸、经向强度 ≥3 500 N/5cm，阻燃抑烟聚氯乙烯膜材损毁炭长度 ≤50mm、续燃时间 ≤10s，防粘连疝气补片等实现临床应用，反渗透膜基材厚度 ≤0.12mm、孔径 ≤25μm，芳纶纤维纸耐压强度 ≥10kV/mm、热收缩率 ≤4.5%、相对介电常数 1.6～3.2。申报或授权发明专利 15 项，建立检测方法和标准 8 项，应用示范基地 2 家，实现高性能纺织结构柔性材料 500 万平方米的应用示范。

实施年限：不超过 5 年

拟支持项目数：1～2 项

11　水泥特种功能化及智能化制造技术

11.1　水泥生产智能化控制关键技术及应用

研究内容：研究复杂工况下窑炉的气固耦合机制与运动规律，窑炉煅烧过程的反应进程及传热、传质规律，水泥制造关键设备监测与运行的关联规律，水泥制造全流程信息化模糊控制策略；研究单机设备智能化控制神经网络架构及多因素智能分析，开发复杂工况下煅烧、粉磨等过程的智能优化控制系统、在线测量及软件技术；开展粉磨、包装、余热利用系统设备智能化控制及优化运行示范，水泥制造全流程信息化管控一体化技术示范。

考核指标：水泥熟料煅烧智能化系统投运率 >80%，提高篦冷机热回收效率 3% 以上；单机设备智能化系统投运率 >98%；单位产品生产能耗降低 5%～7%，劳动生产率提高 50% 以上，设备故障停机率降低 20%，备件成本降低 20%。形成 3～6 条 2 000 吨/天水泥智能优化控制技术示范线，申请发明专利 20 项以上。

实施年限：不超过 4 年

拟支持项目数：1～2 项

11.2　海洋工程高抗蚀水泥基材料关键技术

研究内容：研究复杂海洋环境下特种功能水泥矿物组成、微结构设计及性能演化规律；研究矿物形成反应热力学、动力学及过程控制技术，研究"高抗蚀、低收缩、早强快硬"硅酸盐、硫铝酸盐及铝酸盐等水泥基材料制备技术；开展工程化应用技术及性能评价研究，建立相应标准规范，实现稳定生产与应用示范。

考核指标：高抗蚀水泥基材料的氯离子扩散系数 $<0.5×10^{-12}m^2/s$、28 天抗海水侵蚀系数 $K_{28}≥1.0$。海洋结构工程用硅酸盐水泥基材料 7 天水化热 ≤240kJ/kg、28 天抗压强度 >52.5MPa，铝酸盐水泥基材料水陆强度比 ≥1.0；快速施工/修补工程用水泥基材料 4 小时强度 ≥18MPa，60 天抗海水侵蚀系数 K_{60} 不低于 28 天抗海水侵蚀系数 K_{28}，长期稳定性优异。形成海洋工程用硅酸盐水泥 2 000 吨/天、硫铝酸盐水泥 1 000 吨/天及铝酸盐水泥 300 吨/天生产示范线/工程 8～10 项，申请发明专利 30 项，编制标准和技术规范 8 项以上，满足我国海洋工程建设迫切需要，整体达到国际先进水平。

实施年限：不超过 4 年

拟支持项目数：1~2 项

11.3 复杂环境下能源与道路工程用水泥基关键材料与技术

研究内容：研究复杂环境下能源与道路工程用水泥矿物组成与性能关系、水化过程控制机理；研究水泥基材料矿物组成匹配设计及稳定制备技术，水化过程相组成变化及调控技术；开发高耐蚀高韧性固井水泥基材料、微膨胀高抗裂低热水泥基材料、低收缩高抗折耐重载道路水泥基材料等特种功能系列水泥基材料，开展工程化应用技术及性能评价研究，建立相应标准规范，实现稳定生产与应用示范。

考核指标：固井水泥基材料满足 50~550℃ 复杂地质条件下强度衰减率 <10%，弹性模量≤7GPa；水电工程用水泥基材料 3 天水化热 ≤210kJ/kg，自生体积变形 ≥10×10^{-6}；道路工程用水泥基材料 28 天抗折强度 ≥8.5MPa，28 天磨损量 ≤2.0kg/m^2，耐磨性能提高 40%。形成能源与道路工程用 2 000 吨/天水泥基材料生产示范线/工程 10~12 项，申请发明专利 30 项，编制标准和技术规范 12 项以上，满足复杂服役环境下能源、道路等国家重大工程建设需求，整体达到国际先进水平。

实施年限：不超过 4 年

拟支持项目数：1~2 项

12 特种功能玻璃材料及制造工艺技术

12.1 高世代电子玻璃基板和盖板核心技术开发

研究内容：建立高熔化温度、粘度大、难均化、不易澄清、料性短的电子玻璃温度场、流动场物理模型以及窑炉结构三维仿真数学模型，研究化学组成对工艺、性能的影响规律；研究极难熔特种玻璃生产熔化、澄清工艺与技术，高强超薄玻璃全自动拉边技术，退火工艺精确控制技术，多组分高强耐磨玻璃化学增强高温熔盐体系设计与增强工艺，离子层结构与应力分布控制技术，研究高强度、高稳定柔性玻璃制备关键技术；开发高世代玻璃基板、高强度玻璃盖板等产品，开展性能评价研究，编制专用标准规范，实现高品质电子玻璃稳定化生产与应用示范。

考核指标：电子玻璃基板 G8.5（2 200mm×2 500mm）厚度为 0.4~0.7mm、应变点温度 >650℃、点缺陷 <100μm；电子玻璃盖板化学钢化后表面压应力 >850MPa、压应力层厚度 >35μm、四点抗弯强度 >600MPa、熔窑熔化能力 ≥100 吨/天。形成 20 吨/天电子基板玻璃和 100 吨/天电子盖板玻璃示范生产线，申报国内外专利 60 项以上，编制技术标准 3 项，满足信息产业基础高端原材料需求，整体达到国际先进水平。

实施年限：不超过 5 年

拟支持项目数：1~2 项

12.2 高品质特种光电功能玻璃及制品开发

研究内容：研究特种光学玻璃、玻纤熔制温度场、流动场物理模型以及窑炉结构三维仿真数学模型，特种光电功能玻璃的组成、结构与性能相关性及性能调控机理；研究低品位、复杂难处理硅石等特种玻璃原料提纯处理，石英玻璃真空合成技术，特种光电玻璃、玻纤及其制品的制备技术；实现特种光电玻璃、微创超细内窥镜及医用激光光纤产业化示范。

考核指标：高纯石英粉金属杂质总含量 ≤12ppm；合成石英玻璃尺寸 ≥Φ300mm，光谱透过率 T180-3 400nm ≥80%；硫系玻璃：光学均匀性 <5×10^{-5}，批次稳定性 ≤±1×10^{-3}；低温封接玻璃：封接温度 ≤330℃，绝缘电阻 >500MΩ；玻璃光纤及制品：微纳光电子材料微观结构均匀性 <40nm，电子增益 ≥10^5，光纤微创超细内窥镜直径 0.78mm，分辨力 1 万像素，激光光纤

及系列激光刀头透过率 T≥80%，直径 200～1 000 μm；低温封接玻璃、硫系长波红外玻璃等特种功能玻璃自主保障率从30%提高到80%。形成20吨/年的高纯石英粉、10吨/年的硫系玻璃等5条以上示范生产线，申报国内外专利30项以上，编制技术标准3项以上，高纯石英原料、高品质石英玻璃、医用激光光纤、微创超细内窥镜等产品性能达到国际先进水平。

实施年限：不超过4年

拟支持项目数：1～2项

12.3 智能玻璃与高安全功能玻璃关键技术开发

研究内容：研究多组分、多界面固态全无机电致和热致变色镀膜玻璃材料/膜系设计、变色机理，超低能耗多功能节能镀膜玻璃材料体系设计及调控机理，复合防火玻璃防火材料成膜机理；研究玻璃表面多元组分复杂化合物微结构调控技术，大面积、均匀、稳定镀膜技术，全钢化真空玻璃快速封接技术；开展电致变色智能玻璃、多功能镀膜玻璃、全钢化真空玻璃、高性能复合防火玻璃等生产示范。

考核指标：固态全无机电致变色玻璃褪色—着色态可见光透过率差＞55%，循环寿命＞20年，镀膜尺寸 ≥1 500mm×1 500mm；高性能复合防火异形玻璃耐火、隔热时间＞90分钟，透过率≥78%，尺寸 ≥1 500mm×2 500mm；低辐射全钢化真空玻璃全表面压应力＞90MPa，制品尺寸 ≥1 000mm×2 000mm；快速封边连续节拍≤6分钟/块，节能易清洁玻璃遮阳系数＜0.3，辐射率＜0.1，接触角＜3°，光谱透过率和反射率均匀性优于±1%。形成50 000平方米/年低辐射全钢化真空玻璃、500吨/天节能易清洁玻璃、20 000平方米/年高性能防火玻璃等示范生产线，申报国内外专利30项以上，形成我国具有自主知识产权的智能玻璃与高安全功能玻璃生产关键技术体系。

实施年限：不超过5年

拟支持项目数：1～2项

附件3

"战略性先进电子材料" 重点专项
2016 年度项目申报指南

依据《国家中长期科学和技术发展规划纲要（2006—2020年）》，按照《国务院关于改进加强中央财政科研项目和资金管理的若干意见》及《国务院印发关于深化中央财政科技计划（专项、基金等）管理改革方案的通知》精神，科技部会同有关部门组织开展了《国家重点研发计划"战略性先进电子材料"重点专项实施方案》编制工作，在此基础上启动本专项2016年项目，并发布本指南。

本专项总目标是：面向国家在节能环保、智能制造、新一代信息技术领域对战略性先进电子材料的迫切需求，支撑"中国制造2025"、"互联网＋"等国家重大战略目标，瞄准全球技术和产业制高点，抓住我国"换道超车"的历史性发展机遇，以第三代半导体材料与半导体照明、新型显示为核心，以大功率激光材料与器件、高端光电子与微电子材料为重点，通过体制机制创新、跨界技术整合，构建基础研究及前沿技术、重大共性关键技术、典型应用示范的全创新链，并进行一体化组织实施。培养一批创新创业团队，培育一批具有国际竞争力的龙头企业，形成各具特色的产业基地。

本专项围绕第三代半导体材料与半导体照明、新型显示、大功率激光材料与器件、高端光电子与微电子材料等 4 个方向部署 35 个任务，专项实施年限为 5 年，即 2016—2020 年。按照重点突出、分步实施的原则，2016 年首批启动 4 个方向中的 15 个任务。对于应用示范类任务，其他经费（包括地方财政经费、单位出资及社会渠道资金等）与中央财政经费比例不低于 3∶1；对于重大共性关键技术类任务，其他经费与中央财政经费比例不低于 2∶1。针对任务中的研究内容，以项目为单位进行申报。项目设 1 名项目负责人，项目下设课题数原则上不超过 5 个，每个课题设 1 名课题负责人，每个课题承担单位原则上不超过 5 个。

1 第三代半导体材料与半导体照明

1.1 大失配、强极化第三代半导体材料体系外延生长动力学和载流子调控规律

研究内容：研究 AlN/高 Al 组分 AlGaN 及其量子结构、InN/高 In 组分 InGaN 及其量子结构的外延生长动力学和缺陷调控规律、光电性质及载流子调控规律；研究蓝光波段高质量量子阱的外延生长动力学，发展提升内量子效率、光提取效率的新机制、新效应和新方法；研究核壳结构量子阱、金属纳米结构耦合量子阱及其光电性质；研究半/非极性量子结构的外延生长、缺陷控制及其光电性质。研究 Si 衬底和其它大失配衬底上 GaN 基异质结构的外延生长动力学和缺陷调控规律；研究 GaN 基异质结构中点缺陷性质及其新型表征手段；研究强电场下载流子输运性质和热电子/热声子弛豫规律；研究表面/界面局域态、体缺陷态对 GaN 基异质结构及电子器件性能的影响机制和规律。

考核指标：AlN 外延层位错密度 $<1 \times 10^{7}$ cm^{-2}，深紫外波段量子阱发光内量子效率 $>50\%$；InN 室温电子迁移率 $>4\,000$ cm^2/Vs；绿光波段量子阱发光内量子效率 $>50\%$；蓝光波段内量子效率 $>90\%$；非/半极性面量子阱发光内量子效率 $>50\%$；核壳结构量子阱 Droop 效应 $<10\%$。Si 衬底上 AlGaN/GaN 异质结构二维电子气室温迁移率 $>2\,300$ cm^2/Vs；InAlN/GaN 异质结构二维电子气室温迁移率 $>2\,200$ cm^2/Vs；掌握强电场下载流子输运和热电子/热声子弛豫规律，掌握有效控制 GaN 基异质结构表面/界面局域态的方法，明确影响和提升电子器件可靠性的物理机制。

预期成果：申请发明专利 20 项，发表论文 50 篇。

实施年限：不超过 5 年

拟支持项目数：1～2 项

1.2 面向下一代移动通信的 GaN 基射频器件关键技术及系统应用

研究内容：研究半绝缘 SiC 衬底上高均匀性、高耐压、低漏电 GaN 基异质结构外延生长；设计和研制高工作电压、高功率、高效率、高线性度 GaN 基微波功率器件；研发低栅漏电流、低电流崩塌效应、低接触电阻 GaN 基器件制备工艺与提高成品率的规模制备技术及其可靠性技术；研究高热导率封装基材与高频低损耗封装技术；开展 GaN 基射频电子器件在移动通信宽带、高效率放大设备上的应用研究。

考核指标：4～6 英寸半绝缘 SiC 衬底上 GaN 基异质结构漏电 $<10\,\mu$A/mm，二维电子气室温迁移率 $>2\,300$ cm^2/Vs，方块电阻 $<300\ \Omega$/sq；研制出高性能的高效器件、宽带器件和超高频器件，高效器件工作频率 2.6 GHz、功率 >330 W、效率 $>70\%$，宽带器件工作频率 1.8～2.2 GHz、功率 >330 W、效率 $>60\%$，超高频器件工作频率 30～80 GHz、带宽 >5 GHz、脉冲功率 >10 W、效率 $>28\%$；研制出基于 GaN 射频器件的高线性度功率放大器系统和多载波聚合功放系统，在移动通信基站领域实现批量应用。形成 1～2 件国家/行业标准。

预期成果：申请发明专利 50 项，发表论文 30 篇，带动行业新增产值 20 亿元。

实施年限：不超过 4 年

拟支持项目数：1~2 项

有关说明：企业牵头申报，其他经费与中央财政经费比例不低于 2:1。

1.3　SiC 电力电子材料、器件与模块及在电力传动和电力系统的应用示范

1.3.1　中低压 SiC 材料、器件及其在电动汽车充电设备中的应用示范

研究内容：研究 6 英寸低缺陷低阻碳化硅单晶材料生长及高均匀度外延关键技术；开展 600~1 700V 碳化硅 MOSFET 器件设计仿真及制备工艺技术的研究；突破多芯片均流等关键封装技术，实现碳化硅全桥功率模块；研制基于全碳化硅器件的电动汽车无线和有线充电装备，并开展示范应用。

考核指标：碳化硅单晶材料直径 ≥6 英寸，微管密度 ≤0.5 个/cm^2，电阻率 ≤30mΩ·cm；实现 6 英寸 n 型外延材料，表面缺陷密度 ≤5 cm^{-2}、外延厚度 ≥200μm，实现 p 型重掺杂外延材料；碳化硅 MOSFET 芯片容量 ≥1 200V/100 A，模块容量 ≥1 200V/200A；无线充电装备容量 ≥60kW，总体效率 ≥92%，有线充电装备容量 ≥400kW，总体效率 ≥96%。形成 1~2 件国家/行业标准。

预期成果：打造全产业链 SiC 技术研发平台和产业化基地，培养一批领军型创新创业人才，申请发明专利 50 项，发表论文 25 篇，带动行业新增产值 150 亿元。

实施年限：不超过 5 年

拟支持项目数：1~2 项

有关说明：企业牵头申报，其他经费与中央财政经费比例不低于 3:1。

1.3.2　高压大功率 SiC 材料、器件及其在电力电子变压器中的应用示范

研究内容：研究基于 6 英寸碳化硅衬底的厚膜外延技术；开展 3.3~6.5kV 碳化硅 MOSFET 器件设计仿真及制备工艺技术的研究；突破碳化硅器件高压封装关键技术，实现大容量碳化硅功率器件和模块；掌握 SiC 器件及模块测试检验全套技术；研制基于全碳化硅器件的电力电子变压器，并在柔性变电站中开展示范应用。

考核指标：碳化硅 MOSFET 芯片容量 ≥6.5kV/25A，模块容量 ≥6.5kV/400A；柔性变电站电压 ≥35kV，容量 ≥5MW。形成 1~2 件国家/行业标准。

预期成果：打造全产业链 SiC 技术研发平台和产业化基地，培养一批领军型创新创业人才，申请发明专利 50 项，发表论文 25 篇，带动行业新增产值 150 亿元。

实施年限：不超过 5 年

拟支持项目数：1~2 项

有关说明：企业牵头申报，其他经费与中央财政经费比例不低于 3:1。

1.4　高品质、全光谱半导体照明材料、器件、灯具产业化制造技术

1.4.1　高品质、全光谱无机半导体照明材料、器件与灯具产业化制造技术

研究内容：研发基于蓝光 LED 激发多种荧光粉的全光谱白光半导体照明材料、器件、模组和灯具技术；研发蓝、绿、黄、红四基色半导体照明材料、器件、模组和灯具技术。

考核指标：在电流密度 20A/cm^2 注入下，蓝光（455±5nm）LED 功率效率 ≥70%，泛绿光（490±5nm）LED 功率效率 ≥55%，绿光（520±5nm）LED 功率效率 ≥45%，黄光（570±5nm）LED 功率效率 ≥25%，红光（625±5nm）LED 功率效率 ≥55%，基于 LED 和荧光粉的全光谱白光显色指数 ≥90、流明效率 ≥110lm/W。高显色指数灯具光效大于 100lm/W。形成 1~2 件国家/行业标准。

预期成果：申请发明专利 50 项，发表论文 30 篇，带动行业新增产值 200 亿元。

实施年限：不超过 4 年

拟支持项目数：1~2 项

有关说明：企业牵头申报，其他经费与中央财政经费比例不低于 2：1。

1.4.2　高效大面积 OLED 照明器件制备的关键技术及生产示范

研究内容：研究适用于高亮度照明条件下的 OLED 新型材料和高效长寿命叠层器件结构；研究高亮度大面积条件下 OLED 电荷输运机制、激子复合机理、发光材料和器件界面的退化机理；研发大面积 OLED 照明器件制备的关键技术及应用。

考核指标：在 $1\,000\,cd/m^2$ 条件下，OLED 小面积器件光效 $\geqslant 200lm/W$，显色指数 $\geqslant 80$；$100 \times 100mm^2$ 的白光 OLED 面板光效 $\geqslant 150lm/W$；显色指数 $\geqslant 90$，半衰寿命 > 1 万小时；建成 1 条 OLED 照明生产示范线。

预期成果：申请发明专利 50 项，发表论文 30 篇。

实施年限：不超过 4 年

拟支持项目数：1~2 项

有关说明：其他经费与中央财政经费比例不低于 2：1。

1.5　第三代半导体固态紫外光源与紫外探测材料及器件关键技术

1.5.1　第三代半导体固态紫外光源材料及器件关键技术

研究内容：面向空气和水净化、生化监测和高密度存储等应用，研究高质量高 Al 组分 AlGaN 材料外延、高效 n/p 型掺杂和量子阱结构发光特性调控技术；研究 AlGaN 基深紫外 LED 芯片的结构设计、关键制备技术及出光模式，实现高光功率、低工作电压的有效方法；研究深紫外 LED 芯片的先进封装技术及关键材料，实现低热阻、高可靠性、高光提取效率的深紫外 LED 器件；研究 AlGaN 基紫外激光二极管的结构设计和关键制备技术。

考核指标：研制出发光波长 $< 280nm$ 的深紫外 LED，100mA 电流下光功率 $> 30mW$；面向空气、水资源等净化应用，开发出 3~5 种深紫外光源模组、产品及应用示范；研制出波长 $< 260nm$ 的电子束泵浦深紫外光源，输出功率 $> 150mW$；实现 UVB 波段激光二极管的电注入激射，UVA 波段激光二极管实现峰值脉冲功率 $> 20W$。形成 1~2 件国家/行业标准。

预期成果：申请发明专利 25 项，发表论文 15 篇。

实施年限：不超过 5 年

拟支持项目数：1~2 项

有关说明：其他经费与中央财政经费比例不低于 2：1。

1.5.2　第三代半导体紫外探测材料及器件关键技术

研究内容：面向量子信息、医学成像、深空探测和国防预警等应用，研究高增益、低噪音 AlGaN 基日盲雪崩光电探测器、SiC 紫外单光子探测器及多元成像器件的材料外延、结构设计、关键制备技术、结终端技术和单光子测试方法；研究紫外单光子探测器件的驱动和读出电路。

考核指标：研制出室温下单光子探测效率 $> 10\%$、暗计数率 $< 3Hz/\mu m^2$ 的紫外单光子探测器及多元成像器件；实现雪崩增益 $> 10^5$、临近雪崩点暗电流 $< 1\,nA$ 的日盲雪崩光电探测器。

预期成果：申请发明专利 25 项，发表论文 15 篇。

实施年限：不超过 5 年

拟支持项目数：1~2 项

有关说明：其他经费与中央财政经费比例不低于 2：1。

2　新型显示

2.1　印刷显示新型材料及显示视觉健康研究

2.1.1　新型发光材料与器件

研究内容：研究新一代有机发光材料、主体材料的设计及其制备，研究新概念显示器件发光与显示机理，研究新型器件结构优化设计，研究喷墨印刷、薄膜封装等器件工艺开发，建立材料与器件表征测试、检测评价体系，构建新一代显示材料与技术知识产权体系。

考核指标：新一代有机发光材料红光效率 $\geqslant$ 25cd/A、1 000cd/m^2 下半衰寿命 $\geqslant$ 1.5 万小时，绿光效率 $\geqslant$ 75cd/A、1 000cd/m^2 下半衰寿命 $\geqslant$ 2 万小时，蓝光效率 $\geqslant$ 12cd/A、1 000cd/m^2 下半衰寿命 $\geqslant$ 3 千小时。

预期成果：申请发明专利 7 项，发表论文 20 篇。

实施年限：不超过 4 年

拟支持项目数：1～2 项

2.1.2　印刷 TFT 材料与器件

研究内容：研究印刷 TFT 的半导体、绝缘层和电极材料，研究载流子输运和调控机制。研究印刷 TFT 薄膜制备和窄线宽电极制备工艺，优化印刷 TFT 器件结构和制备工艺，研究印刷 TFT 的光电稳定性，研制高迁移率、高开关比的印刷 TFT 器件。

考核指标：印刷 TFT 阵列阈值电压 $<$ 2V，电流开关比 $\geqslant$ 10^7，迁移率 $\geqslant$ 15cm^2/Vs。

预期成果：申请发明专利 7 项，发表论文 15 篇。

实施年限：不超过 4 年

拟支持项目数：1～2 项

2.1.3　新型显示视觉健康研究

研究内容：研究显示器件光电参数、显示图像内容属性、观看条件与观看者视功能、脑电信号、生理参数、心理反应的作用和影响规律，研究视觉疲劳的形成机制，从心理与生理角度探索显示与视觉健康机理。开发显示视觉健康测量仪器设备，建立显示视觉健康的评价方法和测量规范。

考核指标：揭示显示器件光电特性与人眼视觉健康的关系与机理，完成显示器件视觉健康评价技术和测试规范，形成 3 件国家/行业标准。

预期成果：申请发明专利 6 项，发表论文 15 篇。

实施年限：不超过 4 年

拟支持项目数：1～2 项

2.2　印刷显示关键材料与器件工艺及开发平台

2.2.1　印刷 OLED 显示关键材料技术

研究内容：研究印刷 OLED 显示关键材料，开发可溶红色磷光材料体系、绿色磷光材料体系、可溶蓝色荧光材料体系，开发可溶可固化空穴传输材料、高性能电子传输材料和印刷电极材料，开展相应的器件结构优化设计。

考核指标：印刷 OLED 红光效率 $>$ 18cd/A、绿光效率 $>$ 60cd/A、蓝光效率 $>$ 8cd/A，在 1 000cd/m^2 亮度下的半衰寿命红色 $>$ 2 万小时、绿色 $>$ 3 万小时、蓝色 $>$ 5 千小时。

预期成果：申请发明专利 15 项，形成创新创业团队 2 个。

实施年限：不超过 5 年

拟支持项目数：1～2 项

有关说明：其他经费与中央财政经费比例不低于2：1。

2.2.2　印刷OLED显示技术集成与研发公共开放平台

研究内容：研究印刷OLED显示的多层薄膜印刷与图形化工艺，研究印刷OLED墨水（INK）技术，研究印刷OLED器件阵列结构设计，开发彩色OLED器件喷墨印刷制作工艺和封装工艺。建设G4.5印刷显示工艺研发公共开放平台。

考核指标：印刷OLED显示尺寸>30英寸，分辨率3 840×2 160，亮度>250cd/m²，寿命>1万小时。

预期成果：申请发明专利15项，形成创新创业团队2个。

实施年限：不超过5年

拟支持项目数：1~2项

有关说明：企业牵头申报，其他经费与中央财政经费比例不低于2：1。

2.2.3　电子纸显示关键材料与器件

研究内容：研究印刷电子纸显示关键材料。研究高反射率三基色电子纸显示的关键材料、显示油墨、双稳态显示稳定性，开发电极材料及印刷型显示功能层的制作技术，有源彩色电子纸显示器件的结构设计、制备工艺、驱动电路、封装材料及柔性电子纸显示面板制作等关键技术。

考核指标：电子纸显示器尺寸6~10英寸，分辨率>200dpi，驱动电压<15V，响应时间<100ms，彩色显示色域>35% NTSC，功耗<30mW/英寸，寿命>1万小时。

预期成果：申请发明专利25项，形成创新创业团队2个。

实施年限：不超过5年

拟支持项目数：1~2项

有关说明：其他经费与中央财政经费比例不低于2：1。

2.3　量子点发光显示关键材料与器件研究

研究内容：研究高光效低成本红、绿、蓝量子点材料及新一代无镉量子点材料制备技术，研究高性能载流子注入传输材料制备技术，研究适合印刷工艺的量子点分散核心工艺和量子点INK体系，突破量子点INK的调控技术。研究量子点电致发光显示器件结构优化设计技术，开发全彩印刷QLED器件制作工艺与封装工艺，开展工程化探索，形成核心专利布局。

考核指标：印刷QLED红光材料、绿光材料和蓝光材料半峰宽分别<30nm、<30nm和<25nm，发光效率分别>18cd/A、>70cd/A和>7cd/A，在1 000cd/m²下半衰寿命分别>1万小时、>1万小时和>3千小时，成果须应用到后续器件工艺项目中。印刷QLED器件尺寸>30英寸，分辨率3 840×2 160，亮度>250cd/m²，显示色域>100% NTSC，寿命>1万小时。形成3件国家/行业标准。

预期成果：申请发明专利75项，发表论文20篇。

实施年限：不超过5年

拟支持项目数：1~2项

2.4　面向激光显示的关键材料与技术基础研究

2.4.1　面向激光显示的三基色半导体激光器（LD）关键材料与技术基础研究

研究内容：研究面向激光显示的量子阱材料受激辐射机理及谐振腔中电子和光子相互作用机制，设计三基色半导体激光器结构，研究应变、掺杂、极化、偏振、模场等控制机制；研究激光器时域/频域/空域调控的限域谐振腔设计；研究材料生长动力学过程，p型掺杂及补偿机理、波导层的缺陷及吸收损耗抑制，降低激射阈值，提高发光效率；研究激光器侧壁及腔面的钝化机制、大电流密度下欧姆接触的热学问题，建立激光器失效模型，提高寿命。

考核指标：蓝、绿光 LD 材料吸收损耗 $<10cm^{-1}$，p-AlGaN 电阻率 $<2\ \Omega\cdot cm$，p 型电极比接触电阻率 $<2\times10^{-5}\ \Omega\cdot cm^2$，红光（640nm）$T_0 > 90\ K$。

预期成果：申请发明专利 30 项，发表论文 30 篇。

实施年限：不超过 5 年

拟支持项目数：1～2 项

2.4.2　面向三基色 LD 激光显示整机关键技术基础研究

研究内容：研究激光显示整机综合设计理论；研究激光相干性与散斑效应的量效关系；研究双高清大色域视频信号的获取、编/解码及数字压缩等原理和方法。

考核指标：提出超高清激光显示整机理论解决方案，色域覆盖率 $>160\%$ NTSC，显示分辨率 $\geq 4K$，能效超过 15lm/W，支撑激光显示共性关键技术获得突破性进展。

预期成果：申请发明专利 30 项，发表论文 30 篇。

实施年限：不超过 5 年

拟支持项目数：1～2 项

2.5　激光显示整机研发及表征评估

研究内容：双高清/大色域的整机系统设计；高效能光源模组、驱动及热管理技术；实时白平衡控制及色温调控技术；实用化消散斑及匀场照明技术与器件；高性能超短焦距镜头设计及相关材料与加工等关键技术；高性能光学微结构投影屏幕材料设计与屏幕制备技术；激光显示高画质图像的颜色管理、带宽压缩及虚拟色彩等技术及软硬件平台；低压驱动快响应液晶分子材料设计与制备技术研究；研制综合性能表征测试平台，在开展整机研制优化的基础上对激光显示关键材料与器件进行定量表征与评估，建立光电性能退化机理模型，解决激光显示寿命问题；开展激光显示标准化研究。

考核指标：光源模组功率 $>50W$，效率 $>25\%$；色温 6 500K 可调；超高清镜头投射比 $\leq$ 0.21；屏增益 >1.3，视角 >160 度；照明均匀性 $>90\%$、光效 $\geq 90\%$；散斑对比度 $<4\%$；双高清/大色域 4K/10bit 视频图像编解码；液晶响应速度 $<2ms$，驱动电压 <10 V；整机亮度 $>4\ 000lm$，对比度 $>5\ 000：1$，色域覆盖率 $\geq 160\%$ NTSC，分辨率 $3\ 840\times2\ 160$，电光效率 $>13lm/W$，整机寿命 ≥ 2 万小时。制定激光显示技术标准 1 件。

预期成果：形成创新创业团队 5 个，申请发明专利 100 项。

实施年限：不超过 5 年

拟支持项目数：1～2 项

有关说明：其他经费与中央财政经费比例不低于 2：1。

3　大功率激光材料与器件

3.1　大功率激光材料与器件中基础科学问题研究

研究内容：研究大尺寸、低损耗系数、波前畸变小的激光晶体材料的生长机理及改进方法；研究适用于激光芯片及晶体冷却的室温膨胀系数小、导热率高的散热材料，探索超高热流密度下的新型多效耦合散热机制；研究新型高转换效率、抗潮解的非线性激光晶体材料的生长技术及膜系损伤机理与抑制方法；探索钛宝石超快激光器新型泵浦方式。

考核指标：Nd：YAG 晶体尺寸 $\geq \Phi150\times200mm$，Yb/Nd：CaF_2 晶体尺寸 $\geq \Phi200\times50mm$，波前畸变 $\leq 0.1\ \lambda/$英寸。晶体/芯片测温及控温精度 $\leq 0.1℃$，1kW 负荷散热装置体积 $\leq 0.2m^3$。LBO 晶体尺寸 $\geq 200\times200\times10mm^3$，YCOB 晶体尺寸 $\geq 150\times150\times10mm^3$，薄膜损伤阈值 $\geq 3GW/$

cm^2，实现高效抗潮解 266nm 非线性晶体；KBBF 晶体 165nm 透过率≥35%，器件尺寸≥24×6× $2mm^3$，实现波长 155～170nm 的宽调谐深紫外激光器。二极管直接泵浦钛宝石超快激光器输出功率≥5W。

预期成果：申请发明专利 30 项，发表论文 60 篇。

实施年限：不超过 5 年

拟支持项目数：1～2 项

3.2 大功率光纤激光材料与器件关键技术

研究内容：研究大模场高增益双包层光纤制备技术、高浓度稀土离子均匀掺杂控制技术、光纤暗化机制及抑制技术、光纤老化与损伤机理及控制技术；高亮度半导体激光泵浦源光纤耦合技术、高损伤阈值的光纤光栅与光纤合束器、高功率包层功率剥离器等制备技术；高光束质量半导体激光器及光子晶体激光器技术；百瓦级单频光纤激光器关键技术。

考核指标：制备出可承受万瓦级高功率的高增益大模场光纤，单臂承受功率≥2kW 的光纤合束器，衰减系数≥50dB 的千瓦级包层功率剥离器；功率≥2kW@9xxnm、光纤直径 $200\mu m$、NA 为 0.22 的光纤耦合半导体激光泵浦源，功率≥10W、发光面积 $1×50\mu m^2$、寿命≥2 万小时的高亮度半导体激光芯片；亮度≥$100MW/cm^2/Sr$ 的光子晶体激光器；线宽<10kHz 的百瓦级单频光纤激光器。

预期成果：申请发明专利 50 项，发表文章 20 篇。

实施年限：不超过 3 年

拟支持项目数：1～2 项

有关说明：其他经费与中央财政经费比例不低于 2∶1。

4 高端光电子与微电子材料

4.1 低维半导体异质结构材料及其关键技术

4.1.1 低维半导体异质结构材料及光发射器件研究

研究内容：研究低维半导体异质结构材料的外延生长技术，研究高速直调可调谐激光器、无制冷高速直调激光器、中远红外及 THz 半导体激光器、量子点激光器、微腔激光器的材料生长、结构设计、能带调控以及腔模控制和选模机制；研究激光材料与器件失效机理，提高器件工作稳定性及服役寿命。

考核指标：研制出无制冷直接调制速率≥25Gb/s 的激光器，直接调制速率≥10Gb/s、波长调谐范围≥15nm 的可调谐激光器，室温连续激射输出功率>600mW、波长 8～$14\mu m$ 的红外激光器；实现其在低能耗、高带宽的接入网/传输网及空间通信中的应用。

实施年限：不超过 5 年

拟支持项目数：1～2 项

有关说明：其他经费与中央财政经费比例不低于 2∶1。

4.1.2 低维半导体异质结构材料及光探测器件研究

研究内容：开展 Ⅲ—Ⅴ 化合物半导体多波段光电探测器材料与器件研究，包括高性能短波面阵探测器、双色量子阱焦平面探测器、锑化物中长波窄带双色红外探测器、长波及甚长波锑化物探测器、APD 焦平面成像探测器、碲锌镉探测器材料与面阵、多波长高速光探测器等核心器件的外延材料生长、结构设计、器件工艺。

考核指标：$2.5\mu m$ 波长 1 024×1 024 室温探测器 $D^* \geq 5×10^{11}$ $cm\cdot Hz^{1/2}\cdot W^{-1}$；640×512 双色量子阱红外探测器 $D^* \geq 1×10^{10}$ $cm\cdot Hz^{1/2}\cdot W^{-1}$；8～$20\mu m$ 波长 320×256 锑化物探测器，

工作温度≥77 K，D＊≥1×10^10 cm·Hz^{1/2}·W^{-1}；1.55μm 波长 32×32APD 探测器，盖革模式光子探测效率≥15%，线性模式增益≥100、增益非均匀性≤30%；碲锌镉探测器面阵能量分辨率≤1.5%；波导型光探测器速率≥25 Gb/s，响应度≥0.8A/W；APD 器件增益带宽积≥200GHz。

实施年限：不超过 5 年

拟支持项目数：1~2 项

有关说明：其他经费与中央财政经费比例不低于 2∶1。

4.1.3 高性能无源光电子材料与器件研究

研究内容：研究可调滤波器材料、高速调制器材料与器件的设计制作技术；研究与 CMOS 兼容的无源光电子材料和结构，分析无源光电子材料生长与器件制作对集成电路芯片的影响，研制 CMOS 兼容的大耦合容差光栅耦合器、光交叉连接器。

考核指标：研制出插损＜3dB 可调滤波器，调制速率≥50 Gb/s 的调制器；CMOS 兼容的光栅耦合器，耦合容差±3μm；多维光交叉连接器，层间光耦合隔离度优于 -30dB，耦合效率＞90%；研制出带片上温控电路的滤波器，实现 12 信道无源合波器，工作温度范围＞30℃。

实施年限：不超过 5 年

拟支持项目数：1~2 项

有关说明：其他经费与中央财政经费比例不低于 2∶1。

4.2 高性能合金导电材料及其微细材加工关键技术

研究内容：研究精密电子器件用超纯铜银合金的微合金化与软化机理，强化途径对电性能的影响机制，铸锭冶金与短流程制备加工工艺和连续热处理对丝箔材组织及机械物理性能的影响规律，合金及丝箔材在高端电子电力应用条件下组织性能演变与应用；研究金银复合键合线材的合金化原理与机械电性能演变规律，微米级超薄复层复合丝复合技术，超细复合丝加工处理与防氧化复层技术，复合键合丝的应用技术；研究电阻合金主元素与掺杂元素对合金机械物理性能与工艺性能的影响规律，熔铸过程中合金成分与杂质控制工艺，带箔材成型加工工艺与精度控制，箔材热处理工艺及其组织性能演变规律。

考核指标：超纯铜银合金 Rm≥380MPa、A≥6%、κ≥98% IACS，软化温度 Tc≥300℃，氧含量≤5ppm，丝箔材直径/厚度≤90（±5%）μm；Φ25μm 金基键合线断裂负荷 F≥10cN、δ≥10%、ρ＜1.85μΩ·cm，复层丝 F≥8cN、δ≥5%、ρ＜4μΩ·cm；镍铬电阻合金 Rm≥700MPa，ρ＝130~140μΩ·cm，厚度≤25（±5%）μm，快速寿命值≥80 小时。

预期成果：建成高性能合金导电材料及其微细材制备加工技术示范基地，培养领军型创新创业人才 30 名。

实施年限：不超过 5 年

拟支持项目数：1~2 项

有关说明：其他经费与中央财政经费比例不低于 2∶1。

4.3 声表面波材料与器件

研究内容：开发声表面波和体声波滤波器用的衬底材料、压电薄膜材料、叉指换能器和谐振腔电极，研究高性能声波器件的衬底材料、压电薄膜和换能器材料的制备技术以及层间耦合效应。研发高频声表面波滤波器带外抑制、功率耐受性和温度补偿关键技术，发展高世代声表面波滤波器微纳尺度精准加工技术。开发各类生物、化学、环境敏感的高灵敏度声表面波传感器，研究提高传感器灵敏度，稳定性的方法，以及应用于复杂环境和极端环境的多类型传感器集成应用技术。开发基于声表面波技术的微流体器件及其关键材料。

考核指标：开发一批应用于4G、5G移动通信的高性能声表面波关键材料，压电材料的机电耦合系数＞20%，掌握4G、5G移动通信的高性能滤波器和谐振器等声表面波器件的规模化生产技术。无线无源声表面波化学和生物传感器的质量灵敏度＞10kHz/ng，检测极限＞1×10^{10}mM；声表面波温度传感器精度达到±1℃，测试范围达到$-40\sim160$℃，测试距离≥2米；气体传感器的检测下限达到100ppm。开发一批声表面波微流体器件，掌握声表面波滤波器和传感器等的生产技术。

预期成果：申请发明专利50项，培养领军型创新创业人才30名，带动产业规模30亿元。

实施年限：不超过4年

拟支持项目数：1~2项

有关说明：其他经费与中央财政经费比例不低于2∶1。

附件4

"地球观测与导航"重点专项
2016年度项目申报指南

依据《国家中长期科学和技术发展规划纲要（2006—2020年）》，按照《国务院关于改进加强中央财政科研项目和资金管理的若干意见》及《国务院印发关于深化中央财政科技计划（专项、基金等）管理改革方案的通知》精神，科技部会同有关部门，组织编制了国家重点研发计划"地球观测与导航"重点专项的实施方案，在此基础上启动该专项2016年度项目部署，并发布本指南。

本专项围绕新机理新体制先进遥感探测技术、空间辐射测量基准与传递定标技术、高性能空天一体化组网监测系统技术、地球系统科学与区域监测遥感应用技术、导航定位新机理与新方法、导航与位置服务核心技术、全球位置框架与位置服务网技术体系、城市群经济区域与城镇化建设空间信息应用服务示范、重点区域与应急响应空间信息应用服务示范等9个方向，共部署45个重点任务。按照分步实施、重点突出原则，2016年启动7个方向15个重点任务的部署，专项实施周期为5年。

针对重点任务中的研究内容，以项目为单位进行申报。项目下设课题数原则上不超过5个，每个课题承担单位原则上不超过5个。

本专项2016年部署项目的申报指南如下：

1 "新机理新体制先进遥感探测技术"方向

1.1 静止轨道高分辨率轻型成像相机系统技术（关键技术攻关类）

研究内容：面向同时兼顾高空间分辨率、高时效观测能力的各类区域性监测任务要求，开展不低于2.5m分辨率的静止轨道光学相机系统技术研究，包括基于天地一体化的静止轨道空间轻型相机系统总体技术、相机自适应光学检测与控制技术、静止轨道高分辨率相机稳像技术等研究；完成全尺寸地面原理样机的研制，对关键技术进行地面试验验证，为发展静止轨道高分辨率光学卫星提供技术支撑，服务于我国高分辨率海陆安全监测、突发灾害探测等重大应用需求。

考核指标：实现静止轨道不低于2.5m空间分辨率的全色对地成像和不低于5m分辨率的多光谱对地成像，实现单帧幅宽不小于100km×100km，成像质量MTF×SNR优于5（太阳高度角20°、地面反射率0.05）。

实施年限：5 年

拟支持项目数：2 项

1.2 静止轨道全谱段高光谱探测技术（关键技术攻关类）

研究内容：针对防灾减灾、环境、农业、林业、海洋、气象和资源等领域高光谱遥感的应用需求，开展静止轨道高光谱成像技术研究，突破全谱段高光谱高灵敏探测、大口径低温光学集成装调、超大规模高灵敏度面阵红外探测器组件、高精度定标与反演等关键技术，形成波段范围覆盖紫外至长波红外的全谱段高光谱成像原理样机系统，为静止轨道高光谱探测技术及应用的跨越式发展奠定基础。

考核指标：研制空间分辨率不低于 25m（紫外至近红外波段）、50m（短波红外至中波红外波段）、100m（长波红外波段），波段范围 0.3μm～12.5μm，光谱分辨率不低于 0.01λ、波段可编程，单帧幅宽不小于 400km 的高光谱成像原理样机系统。

实施年限：5 年

拟支持项目数：3 项

1.3 大气辐射超光谱探测技术（关键技术攻关类）

研究内容：针对大气痕量气体的临边和天底超光谱探测需求，开展大气辐射超光谱探测仪总体技术研究，进行指标体系和总体方案设计；开展高效率干涉成像技术研究，实现高性能干涉仪的设计和装调，突破高精度高稳定性机构控制技术、激光计量技术；开展低温光学和系统制冷技术研究；开展红外傅里叶变换光谱仪高精度定标技术研究；研制大气辐射超光谱探测仪工程样机；突破数据预处理和气体反演技术，开发数据处理软件系统。

考核指标：谱段：3.2μm～15.4μm；光谱分辨率不低于 0.05cm^{-1}（天底）、0.015cm^{-1}（临边）；空间分辨率（@705km）不低于 0.5km×5km（天底）、2.3km×23km（临边）；幅宽不低于 5.3km×8.5km（天底）、37km×23km（临边）；辐射测量精度：＜0.3K；光谱定标精度：＜0.008cm^{-1}；信噪比不低于 30∶1。

实施年限：5 年

拟支持项目数：2 项

1.4 超敏捷动中成像集成验证技术（关键技术攻关类）

研究内容：面向高分辨率、高效率、高价值对地观测卫星发展需求，开展超敏捷、动中成像技术攻关。完成动中成像模式的总体设计；完成高分辨率相机成像质量保证技术攻关，确保实现图像的高辐射质量和高几何质量；完成姿态快速机动并稳定控制技术攻关、动中成像高平稳姿态控制技术攻关，开发相关的核心控制部件并完成系统闭环验证；构建动中成像集成验证系统，模拟在轨动中成像过程，进行姿态机动与相机成像集成试验验证。

考核指标：相机角分辨率：优于 0.5μrad；姿态机动速度：绕任意轴机动 25°并稳定时间不超过 10s；最大角速度不低于 6°/s；最大角加速度：不低于 1.5°/s^2；动中成像过程姿态稳定度优于 5×10^{-4}°/s（三轴，3σ）；系统在轨传函：≥0.1（Nyquist 频率）；图像目标定位精度：常规推扫优于 5m，动中成像优于 30m（星下点，无控制点）。

实施年限：3 年

拟支持项目数：1～2 项

2 "高性能空天一体化组网监测系统技术"方向

2.1 基于分布式可重构航天遥感技术（关键技术攻关类）

研究内容：面向应急遥感等迫切任务需求，开展基于分布式可重构航天器的智能遥感技术与方法研究；开展航天器空间分布方式、可重构方法与遥感技术的关联性研究。开展凝视、推扫、视频与多星组网的多种成像模式相结合研究；研究空间多航天器空间遥感探测系统的分布式测量方法、通信组网与数据共享机制；研究快速自动合成与高精度定位以及分布式航天器组网系统技术。开展具有实时姿态、位置、时间和自标定等综合信息能力的智能化载荷系统标准研究；形成标准化的分布式姿态测量与控制模块，网络化通信与数据共享模块，高精度遥感模块三大核心能力。

考核指标：完成 6~8 颗分布式可重构卫星试验样机，实现分布式可重构卫星集群姿态测量、通信、测控和成像功能验证，完成分布式可重构遥感卫星网络演示系统；姿态测量与控制模块，总重量小于 1kg，实现三轴姿态测量精度优于 10″，角速度测量精度优于 0.001°/s，角度控制精度优于 0.02°。数据通信与共享模块重量小于 1kg，功耗小于 1W，其包括星间通信数率大于 30Kbps，距离大于 20km，星地数据通信包括测控与数传，其中测控数据率上下行均大于 30Kpbs，数传大于 10Mpbs。高精度载荷模块重量小于 5kg，对地分辨率优于 4m，幅宽大于 8km；系统具有自主成像的能力，无控制点图像定位精度优于 100m，通过半物理仿真演示验证在全球任意地点达到 2 小时内实现快速重访。

实施年限：5 年

拟支持项目数：3 项

2.2 面向遥感应用的微纳卫星平台载荷一体化技术（关键技术攻关类）

研究内容：面向多尺度实时敏捷全球覆盖的需求，开展 20kg 量级卫星的平台载荷一体化总体技术研究；构建标准化的微纳型遥感载荷单元与微纳型姿态测量控制单元，能源流单元和信息流单元。开展面向微纳型遥感卫星在轨遥感参数自标定和互标定技术研究，并通过地面演示验证；研究部署地球空间环境探测传感器微型化与集成设计技术，如空间大气、粒子辐射、电磁场、微重力等探测。突破探测微传感器关键技术，及其与微纳星微平台一体化设计和集成技术。建立低成本货架式微纳型遥感卫星技术体制；开展基于商业器件的批量化微纳卫星遥感系统的建造技术、标准化模块、载荷的集成、测试方法研究；完善微纳型遥感卫星的建造规范，为未来实现百颗量级微纳卫星遥感编队奠定技术基础。

考核指标：完成 20kg 量级一体化微纳型遥感卫星系统以及相应的演示验证。完成微纳型遥感卫星的姿态标准化单元，完成微纳型遥感卫星的能源系统标准化单元，实现整星功耗大于 20W 的能源有效分配和电源系统的可靠性；对信息流标准化单元，基于商业器件实现遥感信息、测控信息、数据传输等的信息流统一处理。通过地面演示验证微纳型遥感卫星在轨载荷单元与姿态参数的互标定精度优于 2″，载荷系统的内部自标定精度优于 0.2″。

实施年限：5 年

拟支持项目数：2 项

3 "地球系统科学与区域监测遥感应用技术"方向

3.1 基于国产遥感卫星的典型要素提取技术（重大共性关键技术与应用示范类）

研究内容：研究并建立全球多尺度典型要素标准体系和全球典型要素信息提取技术规范；研究国产低—中—高分辨率卫星遥感影像无场几何定标与验证技术、大规模境外多源遥感数据高精度协同处理技术；研究全球典型要素自动识别、快速提取与定量遥感技术，研究全球典型要素的增量更新技术；研究毫米级全球历元地球参考框架（ETRF）构建关键技术；形成典型要素协同生产技术体系，开展地表特征、资源、环境、矿产、生态、减灾典型要素信息提取示范应用。

考核指标：标准体系覆盖全球多尺度数字正射影像（DOM）、数字高程模型（DEM）、数字地表模型（DSM）、地形核心要素、水体、湿地、人造地表、耕地、冰川和永久积雪、森林、草地、灌木地、裸地、矿产开发地、碳酸盐岩区、盐碱地、石漠及荒漠化地等典型要素，满足10m～20m 地表覆盖分类要求；信息提取技术能够支持我国主要自主卫星数据产品的快速处理，典型要素提取自动化程度达到 80% 以上，精度达到像元和亚像元级；全球尺度 DOM 数据产品分辨率优于 2.5m、DEM 数据产品分辨率优于 10m、无控平面和高程精度优于 5m、地形核心要素矢量数据产品精度不低于 1:5 万；境外重点区域 DOM 数据产品分辨率优于 1m、DEM 数据产品分辨率优于 5m、无控平面精度优于 3m、无控高程精度优于 2m、地形核心要素矢量数据产品精度不低于 1:1 万；水体、湿地、人造地表、耕地、冰川和永久积雪、森林、草地、灌木地、裸地、矿产开发地、碳酸盐岩区、盐碱地、石漠及荒漠化地等要素数据产品分辨率达到 10m～20m、要素信息提取准确率不低于 85%；建立毫米级全球历元地球参考框架技术体系。生产全球3～5 个典型区域的要素信息产品。

实施年限：5 年

拟支持项目数：1～2 项

有关说明：鼓励产学研结合

3.2　地球资源环境动态监测技术（重大共性关键技术类）

研究内容：研究全球典型区域资源、能源、生态环境、自然灾害的监测指标体系，研究任务驱动的多源国产卫星协同立体监测、预警、应急调查技术，研究面向环境要素应急与监测耦合遥感观测技术，研究天地联合多时空尺度监测数据在线融合处理及协同分析技术，研究基于多源多时相卫星影像的全球尺度及典型区域地表覆盖、自然灾害、资源能源开采环境、生态环境等标志性特征的高可信变化检测、分析评价、模拟预测技术；研究天地联合多时空尺度近地空间环境监测关键技术；形成地球资源环境动态监测技术体系，开展相关领域的应用示范。

考核指标：监测指标体系覆盖全球典型区域资源、能源、生态与健康环境、自然灾害动态变化要素与特征，满足资源环境动态监测要求；高价值时敏目标监测精度优于 90%、虚警率小于5%；实现至少 15 类遥感载荷的多源数据融合与协同处理；对重大基础设施的形变监测精度优于3mm/年，形变时间序列监测精度优于 4mm；具备资源与环境要素的年度监测能力，全球尺度产品空间分辨率不低于 30m、重点区域产品空间分辨率不低于 10m；全球典型区域自然灾害、资源能源开采地、湿地和森林等生态环境敏感因子的变化检测准确度大于 85%；动态观测数据驱动的典型自然灾害实时模拟精度达到 85%、时效性高于亚小时；天地联合监测区域尺度 200km～1 000km，获取空间环境信息要素不少于 4 类，数据处理周期不超过 2 小时。选择 3～5 个领域开展应用示范。

实施年限：5 年

拟支持项目数：1～2 项

有关说明：鼓励产学研结合

4　"导航定位新机理与新方法"方向

4.1　高精度原子自旋陀螺仪技术（基础前沿类）

研究内容：针对海洋资源勘探对水下探测器长航时高精度导航技术需求，开展高精度原子自旋陀螺的理论与方法研究及关键技术攻关，研制原理样机；同时，探索面向便携式自主导航的金刚石色心原子陀螺的理论与方法，研制原理验证样机。

考核指标：探索导航定位新机理与新方法，并研制两类高性能原子自旋陀螺样机：（1）高精度原子自旋陀螺原理样机，实现漂移优于 0.0001°/h；（2）金刚石色心原子陀螺原理验证样机，实现漂移优于 10°/h。

实施年限：5 年

拟支持项目数：1~2 项

4.2 海洋大地测量基准与海洋导航新技术（基础前沿类）

研究内容：面向海洋资源环境探测、水下导航定位的应用需求，研究海底大地测量基准建立和陆海基准的无缝连接技术，构建陆海（含海底）一致的、连续动态的海洋区域高精度大地测量基准和位置服务系统，包括高程基准（大地水准面）；研究水下参考框架点建设与维护和陆海大地水准面无缝连接等技术方法；完成水下方舱设计、标校和测试方案论证与试验；研究海洋（水面、水下）融合导航技术和重力匹配导航技术，研制海底信标、重力和惯性定位相融合的水下综合导航设备。

考核指标：海底大地控制点坐标精度优于 ±0.5m；1′×1′海洋重力异常图精度优于 ±3~5mGal；大地水准面精度优于 5cm。最大工作水深不小于 3 000m。水下定位精度优于 ±10m；实时重力测量处理精度优于 ±3mGal。

实施年限：5 年

拟支持项目数：1~2 项

5 "导航与位置服务核心技术"方向

5.1 协同精密定位技术（基础前沿与关键技术攻关类）

研究内容：面向大众用户对室内外无缝定位服务的需求，研究高可靠性、高可扩展性的协同精密定位服务平台架构；联合通信与卫星导航技术，建立协同定位平台和 A—GNSS 服务技术体系；以云计算、云存储技术为基础，突破海量基准站实时观测数据安全管理及精密定位增强信息分布式处理技术；开展基于通信、卫星导航等多源协同定位关键技术研究；突破面向大众应用的高性能、低成本协同精密终端关键技术；开展云平台精密定位信息安全及基于性能分级服务关键技术研究；联合多卫星系统、全球覆盖地面基准站网及地面通信网络，研制面向大众用户的协同精密定位关键器件和自主可控的协同精密定位服务平台，开展应用示范。

考核指标：能够实时处理联合全球和我国的 GNSS 基准站数据，处理能力不少于 2 000 个站；实现秒级更新的卫星轨道、钟差及相关参数联合处理，满足亚纳秒至毫秒级精度的授时服务，以及毫米级至亚米级的定位服务；大众用户室外定位精度优于 0.5m，授时精度优于 1ns；形成相关技术标准规范建议，平台服务用户能力不少于 1 千万，每日定位处理能力不少于 100 亿次。

实施年限：5 年

拟支持项目数：1~2 项

5.2 室内混合智能定位与室内 GIS 技术（关键技术攻关类）

研究内容：围绕室内复杂环境智能定位与多体系位置自适应和应用服务等关键科学问题，面向大型复杂公共场所的安全监控与预警和应急救援与管理等重大应用需求，研究开发基于地面基站的无线定位或室内特征匹配等混合智能室内定位技术，通过导航电文的精确坐标定位数据、室内多种无线通讯信号、室内特征的位置信息等，构建大范围高精度室内混合定位示范系统，开发新型的核心芯片，研制室内 GIS 软件。重点研究以下关键技术：无线定位信号载波频率及导航电文播发协议，室内特征获取与计算；地面基站及无线广播发射机关键技术；接收机核心芯片（射频前端及接收机基带信号 SoC 芯片）关键技术；接收机基带信号处理及定位、室内特征匹配与定位算法；室内定位接收机开发，室内 GIS 研制，室内位置服务应用系统构建。

考核指标：室内定位精度优于 1m；室内图像匹配精度达到亚像素；建立室内定位示范系统，

定位区域可以覆盖大型城市，复杂建筑群广场面积达到 50 万平米以上，超大型机场日客流量超过 20 万；完成室内定位系统基准站研发和室内定位接收机核心芯片及算法的开发、室内特征匹配与室内 GIS 研制；形成室内无线定位技术国家标准建议，核心理论方法论文不少于 3 篇，自主核心专利不少于 10 项。

实施年限：5 年

拟支持项目数：3 项

有关说明：鼓励产学研结合，鼓励配套支持经费

5.3 全空间信息系统与智能设施管理（基础前沿类）

研究内容：围绕人机物混合的三元世界的全测度空间信息获取、处理、分析的关键科学与技术问题，探索多元空间协同表达与时空基准、全尺度空间数据模型、设施信息标准化模型等理论方法，攻克多尺度多模态大数据归一化、多元空间数据分析模型与态模型耦合、全空间信息符号化表达与可视化等前沿核心技术，研制具有原始创新、世界领先的全空间信息系统原型，构建城市基础设施管理示范应用系统，促进我国地理信息系统创新发展。

考核指标：理论上原始创新，核心理论方法的标志性论文不少于 50 篇，自主核心专利不少于 20 项；新型空间数据处理与分析算法不少于 100 种，实时动态可视化三角面片超过 100 万量级，GB 级空间数据可视化速度优于秒级；研制适用国内大城市公用设施管理的示范系统，示范验证系统可管理物件超过百万件。

实施年限：5 年

拟支持项目数：1～2 项

有关说明：鼓励产学研结合

6 全球位置框架与位置服务网技术体系

广域航空安全监控技术及应用（关键技术攻关类）

研究内容：面向应对运输航空突发安全事件和管控通用航空安全风险的需求，研究基于自主 PNT 资源和通信资源的广域航空安全监测网技术架构、航空器飞行动态信息一致性/完好性/安全性保障与风险评估技术；研究星基自动相关监视和多照射源低空监视等全空域航空器高精度定位技术；研究高风险航迹追踪识别与风险预警技术；研究北斗机载设备检测与适航评估技术；研制构建功能性验证系统，针对运输航空和通用航空开展验证性应用示范工作；为建立广域航空安全监控网、提升国家空域安全监控能力进行技术探索与储备。

考核指标：建立具备全球覆盖能力的全空域航空安全监视及风险预警实验平台、具备模拟北斗最低性能及高精度增强模拟等能力的实验平台，搭建广域航空安全监控网功能验证系统，形成广域航空安全监视网技术架构和技术规范。航空器运行风险识别符合 ICAO DOC4444 要求，告警位置信息不低于 1 次/min；北斗机载设备安全评估符合 SAE ARP4761 和 CAR25.1309 要求；监视航空器数量大于 1 000 架，监视数据更新时间小于 10s，三维位置精度优于 2m、三维速度精度优于 0.1m/s、时间精度优于 20ns（95% 置信度）；3 000m 及以下非合作目标监视范围不小于 120km×120km，水平定位精度优于 50m，矢量速度精度优于 1m/s，数据更新率不低于 1 次/s。

实施年限：4 年

拟支持项目数：1～2 项

7 重点区域与应急响应空间信息应用服务示范

区域协同遥感监测与应急服务技术体系（关键技术攻关与应用示范类）

研究内容：研究区域应急响应空天地组网遥感监测应急服务体制机制，研究应用机理并确立

应用需求和技术指标体系；研究基于卫星普查观测、浮空器定点观测、长航时无人机巡航观测、轻小型无人机重点观测、地面移动终端信息实时采集的空天地一体化协同观测和应用系统总体技术；突破区域空间应急信息链构建、突发事件空间信息聚合分析、应急决策支持等共性关键技术，研建区域应急响应空间信息服务规范标准，构建"一带一路"、边境口岸等重点敏感区域的突发事件应急服务系统，以重点区域和典型突发事件为案例，开展规范、技术体系与系统集成方案的应用示范。

考核指标：形成完整的空天地组网遥感监测应急服务运行标准体系和技术规范，支撑重点区域观测信息获取实现优于小时量级的覆盖频度、突发事件响应时间优于 2 小时能力，协同观测至少包括亚米级高分卫星遥感、低空遥感与地面移动终端等 3 类监测手段，实现分米级移动信息采集；完成应急服务演示系统研制，系统应具备满足应用部门功能与性能需求的应急响应指挥、信息获取、资源规划部署、调度、应急信息获取与管理、综合分析与信息产品生成、应急决策等能力；应用示范应包括"一带一路"沿线相关边境口岸、敏感地区城镇以及境外重点区域，构建至少 1 个区域空间信息服务与应急指挥示范平台。

实施年限：3 年

拟支持项目数：2 项

有关说明：鼓励产学研结合

附件 5

"煤炭清洁高效利用和新型节能技术"重点专项
2016 年度项目申报指南

依据《国家中长期科学和技术发展规划纲要（2006—2020 年）》，以及国务院《能源发展战略行动计划（2014—2020 年）》、《中国制造 2025》和《关于加快推进生态文明建设的意见》等，科技部会同有关部门组织开展了《国家重点研发计划煤炭清洁高效利用和新型节能技术专项实施方案》编制工作，在此基础上启动煤炭清洁高效利用和新型节能技术专项 2016 年度项目，并发布本指南。

本专项总体目标是：以控制煤炭消费总量，实施煤炭消费减量替代，降低煤炭消费比重，全面实施节能战略为目标，进一步解决和突破制约我国煤炭清洁高效利用和新型节能技术发展的瓶颈问题，全面提升煤炭清洁高效利用和新型节能领域的工艺、系统、装备、材料、平台的自主研发能力，取得基础理论研究的重大原创性成果，突破重大关键共性技术，并实现工业应用示范。

本专项重点围绕煤炭高效发电、煤炭清洁转化、燃煤污染控制、二氧化碳捕集利用与封存（CCUS）、工业余能回收利用、工业流程及装备节能、数据中心及公共机构节能 7 个创新链（技术方向）部署 23 个重点研究任务。专项实施周期为 5 年（2016—2020）。

按照分步实施、重点突出原则，2016 年首批在 7 个技术方向启动 16 个项目。每个项目设 1 名项目负责人，项目下设课题数原则上不超过 5 个，每个课题设 1 名课题负责人，课题承担单位原则上不超过 5 个。

各申报单位统一按指南二级标题（如 1.1）的研究方向进行申报，申报内容须涵盖该二级标题下指南所列的全部考核指标。鼓励各申报单位自筹资金配套。对于应用示范类任务，其他经费（包括地方财政经费、单位出资及社会渠道资金等）与中央财政经费比例不低于 1：1。

1　煤炭高效发电

1.1　新型超临界 CO_2、CO_2/水蒸汽复合工质循环发电基础研究（基础研究类）

研究内容：研究煤粉在超临界环境下化学能释放、能量传递及转换机理，揭示燃烧室内压力、温度及成分的时空分布规律；研究超临界 CO_2 及 CO_2/水蒸汽混合工质的热力学性质、流动特性、传热特性及膨胀做功规律；开展适用于超临界 CO_2 及 CO_2/水蒸汽复合工质的汽轮机通流结构对热耗的影响研究；开展新型发电系统集成优化、运行特性与控制方法的技术基础研究。

考核指标：获得超临界 CO_2 及 CO_2/水蒸汽复合工质的燃煤高效低污染发电原理和方法；完成概念设计，系统效率超过 50%。

实施年限：5 年

拟支持项目数：1~2 项

1.2　超超临界循环流化床锅炉技术研发与示范（应用示范类）

研究内容：开发超超临界循环流化床锅炉炉内气固流动与传热、超超临界水循环安全性、热力系统及水系统交联优化等关键技术；开展锅炉概念设计方案、分离器、换热床等关键部件的研究及整体匹配；开发 SO_2、NO_x、颗粒物等污染物超低排放技术；开展超超临界循环流化床锅炉机组的动态特性、自动控制及仿真研究；完成超超临界循环流化床锅炉本体设计及研制；建设 660MW 等级超超临界循环流化床锅炉机组示范工程，完成 168h 连续运行。

考核指标：锅炉效率 ≥92%；供电煤耗 <300gce/kWh；SO_2 排放 ≤35mg/Nm^3，NOx 排放 ≤50mg/Nm^3，颗粒物排放 ≤10mg/Nm^3。

实施年限：5 年

拟支持项目数：1~2 项

经费配套：其他经费与中央财政经费比例不低于 1∶1

2　煤炭清洁转化

2.1　低变质煤直接转化反应和催化基础研究（基础研究类）

研究内容：研究低变质煤的有机组成和矿物质特性、特征显微组分分子结构及其对直接转化过程与产物的影响机理；揭示煤直接转化过程反应途径及产物定向调控机制；研究煤炭直接转化制燃料及化学品过程中硫、氮、卤素、碱金属及重金属迁移规律；研发直接转化气液产物提质加工新技术，液体产物制取高品质液体燃料及化学品定向催化转化机理及高效催化剂。

考核指标：建立显微结构和分子结构相结合表征低变质煤直接转化特性的方法，形成煤直接转化新型反应器、新工艺、新型催化剂的技术基础。

实施年限：5 年

拟支持项目数：1~2 项

2.2　煤热解气化分质转化制清洁燃气关键技术（共性关键技术类）

研究内容：开发高比例低阶煤高温热解制备气化焦新技术，研究其矿物组成、灰渣特性及气化性能，开发气化焦新型固定床加压气化技术及装备；开发低阶碎煤定向热解生产高品质焦油及富氢热解气的工艺，完成反应器优化与工程放大；开发热解、焦化烟气高效干法脱硫及低温脱硝技术与装备。

考核指标：建成百吨/日级新型气化焦加压固定床气化装置，出口煤气低位热值 ≥11MJ/Nm^3；建成 10 万吨/年以上工业规模定向热解装置，焦油收率大于葛金分析收率的 80%，焦油含尘 ≤1.0%；烟气脱硫效率 ≥95%、脱硝效率 ≥85%，在百万吨/年级热解、焦化装置中应用。

实施年限：3 年

拟支持项目数：1~2 项

2.3 煤转化废水处理、回用和资源化关键技术（共性关键技术类）

研究内容：研究煤化工过程废水处理与利用的新途径；研发高浓度有机废水制水煤浆技术；研究低损高效酚萃取剂，开发酚氨的协同脱除过程强化方法及脱除工艺；开发生物与化学协同、催化氧化深度处理难降解有机物技术；研发高性能、长寿命适于含盐废水浓缩的膜材料、工艺及装备；研发适于高含盐废水的 COD 降解及重金属脱除、分质结晶分盐技术与工艺。

考核指标：脱酚萃取总酚脱除效率≥94%；膜浓缩倍率≥10 倍，清洗周期 3 个月以上；结晶盐品质达到工业盐国家标准（GB/T5462）。

实施年限：3 年

拟支持项目数：1~2 项

3 燃煤污染控制

3.1 燃煤 $PM_{2.5}$ 及 Hg 控制技术（共性关键技术类）

研究内容：开展 $PM_{2.5}$ 前驱体多相吸附、反应机理研究，研发改性吸附剂控制 $PM_{2.5}$ 形成的关键技术；研发基于细颗粒团聚机制的 $PM_{2.5}$ 控制关键技术和设备；研发基于氧化剂、催化氧化的单质汞高效氧化技术及装备；开发可再生的高效汞吸附剂及其在线活化制备技术、喷射装置与控制系统；开发 $PM_{2.5}$ 与汞的联合脱除关键技术；在 300MW 及以上燃煤发电机组实现应用。

考核指标：$PM_{2.5}$ 排放浓度≤5mg/Nm^3；Hg 的脱除率≥90%。

实施年限：4 年

拟支持项目数：1~2 项

3.2 燃煤污染物（SO_2，NO_x，PM）一体化控制技术工程示范（应用示范类）

研究内容：研发低氮燃烧与新型 SNCR、SCR 组合协同脱除 NO_x 技术并进行示范，同时开展 SCR 脱硝协同脱除 $PM_{2.5}$ 技术的研究；开展燃煤 SO_2 和 NO_x 前置氧化与协同吸收技术的验证及完善，研发大规模强氧化物质产生装置及配套设备，开发同时脱硫脱硝吸收技术；开发燃煤 $PM_{2.5}$ 和 SO_2 一体化吸收控制技术并进行工程示范，在深度脱除 SO_2 的同时，提高 $PM_{2.5}$ 的捕集效率。

考核指标：在燃煤工业装置中进行污染物一体化控制工程示范，烟气中 PM 排放浓度≤10mg/Nm^3，SO_x 排放浓度≤35mg/Nm^3，NO_x 排放浓度≤50mg/Nm^3。

实施年限：4 年

拟支持项目数：1~2 项

申报要求：企业牵头申报

经费配套：其他经费与中央财政经费比例不低于 1：1

4 二氧化碳捕集利用与封存

4.1 基于 CO_2 减排与地质封存的关键基础科学问题（基础研究类）

研究内容：研究加压富氧燃烧、化学链燃烧反应过程特性，载氧体表界面转化与体相晶格氧传输机理；研究 CO_2 地质封存与驱油、驱气、采热过程中的多尺度多相流动与热质传递机理及热力学性质；研究 CO_2 捕集封存利用系统的能量集成优化方法。

考核指标：获得加压富氧燃烧、化学链燃烧过程基础理论；建立 CO_2 在不同封存与地质利用条件下的基础物性数据库。

实施年限：5 年

拟支持项目数：1~2 项

4.2 基于 CO_2 高效转化利用的关键基础科学问题（基础研究类）

研究内容：探索 CO_2 高效转化制备液体燃料与化学品的反应新途径与机制，研究 CO_2 双键活化、表面微观反应、固体催化材料构效关系；研究 CO_2 转化过程中反应/传递强化原理和方法；研究矿化反应机理和动力学、微观离子迁移规律、矿化反应强化机制。

考核指标：获得 CO_2 制液体燃料和化学品的新工艺、新方法；CO_2 矿化效率 $\geqslant 80kg/t$ 非碱性矿。

实施年限：5 年

拟支持项目数：1~2 项

4.3 二氧化碳烟气微藻减排技术（共性关键技术类）

研究内容：筛选耐受烟气的高效固碳藻株，利用代谢组学等手段解析相关耐受与高产机理；降低微藻固碳养殖系统成本；研究微藻固碳系统与环境因子的交互作用机制，优化养殖工艺，实现病虫害的动态防控和连续稳定养殖；开发微藻废水养殖技术。

考核指标：培育耐受高浓度 CO_2 的高效固碳藻株 3 株；户外连续 1 个月微藻（干基）产能达到 $25g/(m^2 \cdot d)$；建立微藻年固碳能力万吨级示范。

实施年限：4 年

拟支持项目数：1~2 项

5 工业余能回收利用

5.1 工业含尘废气余热回收技术（共性关键技术类）

研究内容：研究含多相、多尺度尘粒的烟气在高温复杂流动工况下的分离、团聚、附壁及传热特性，研发含凝结性尘粒烟气自滤净化与余热回收工艺和方法；研发高含尘烟气的防积灰、防磨损、防腐蚀连续余热回收利用新技术与新装置，形成超大拓展表面净化与换热部件的制造能力；研发含低浓度、亚微米级尘粒烟气的深度净化和高效换热耦合工艺，实现高温烟气净化与换热一体化的技术与集成装备，对集成技术系统进行工业示范。

考核指标：净化后气体尘粒排放浓度：含凝结性尘粒烟气 $\leqslant 50mg/Nm^3$，高含尘烟气 $\leqslant 30mg/Nm^3$，低浓度亚微米级尘粒烟气 $\leqslant 10mg/Nm^3$，余能回收率 $\geqslant 70\%$，工业示范装置考核运行时间 $\geqslant 200h$。

实施年限：3 年

拟支持项目数：1~2 项

5.2 低品位余能回收技术与装备研发（应用示范类）

研究内容：研发工业余热用压缩式高效超级热泵，在典型工业流程中获得热输出应用；开发适合于流程工业以及煤电行业余热综合利用的高效吸收式热泵，并形成低温高效余热吸收式制热典型示范；研发低温热能品位提升的化学热泵，实现余热品位的提升与高效利用，并形成热输出示范系统；形成低温位余能网络化利用的整体技术解决方案。

考核指标：压缩式热泵的 $COP \geqslant 6.0$，形成 $100kW$ 级热输出的应用示范；吸收式热泵 $COP \geqslant 1.75$，形成 $\geqslant 500kW$ 热输出的工程示范；化学热泵的系统热效率 $\geqslant 25\%$，形成 $50kW$ 级热输出示范系统。

实施年限：3 年

拟支持项目数：1~2 项

经费配套：其他经费与中央财政经费比例不低于 1:1

6 工业流程及装备节能

6.1 流程工业系统优化与节能技术（共性关键技术类）

研究内容：研究钢铁等冶金过程中连续、半连续和非连续工序之间的匹配技术及优化组合节能工艺；研究化工等高能耗工业过程的能质强化传递规律及低能耗反应/分离工艺；研发流程工业中高效能量传递与转换单元设备；研究冶金、化工、建材等行业多产品、多过程间耦合节能技术、网络化能量调配及排放物协同治理节能技术，开展工业节能支撑技术及潜力评估研究，并实现工业示范应用。

考核指标：与现有的先进工艺相比，新型工业用能装备能量利用率提高 10% 以上；节能型工艺应用于冶金、化工、建材等行业，较传统工艺系统节能 10% 以上，污染排放物减少 15% 以上。

实施年限：4 年

拟支持项目数：1～2 项

6.2 工业炉窑的节能减排技术（应用示范类）

研究内容：研究满足多工艺目标、大负荷调节比要求的工业炉窑热过程与工艺优化技术，形成物质流与能量流匹配的节能管控平台；研究满足宽阔度负荷变化、多品种交叉生产等复杂工艺要求的工业窑炉燃烧控制与 NO_x、SO_x 及粉尘控制和脱除技术，形成高能效低排放炉窑的工业示范；研究工业炉窑的气、固排放物质的净化分离与利用技术，实现排放物资源化利用的工业示范。

考核指标：示范炉窑比目前国内同类先进炉窑的用能效率提高 15% 以上，NO_x、SO_x 及粉尘等排放优于国家相关排放标准，连续考核运行时间 ≥2 000h；排放物资源化利用率≥95%。

实施年限：4 年

拟支持项目数：1～2 项

经费配套：其他经费与中央财政经费比例不低于 1：1

7 数据中心及公共机构节能

7.1 数据中心节能关键技术研究（共性关键技术类）

研究内容：研究数据中心高功率密度信息设备的新型高效冷却技术，开发标准化、模块化的冷却设备，完成规模化应用示范；研发用于高功率密度电源的新型高效液体冷却技术，完成应用示范；研发高效可靠直流供电与分布式储能技术和设备，实现应用示范；建立数据中心节能标准及评价准则，研究绿色数据中心建设标准和运维规范。

考核指标：全年平均 PUE≤1.25；不间断供电系统效率≥98%。

实施年限：4 年

拟支持项目数：1～2 项

7.2 公共机构高效用能系统及智能调控技术研发与示范（共性关键技术类）

研究内容：开发公共机构低品位热能高效回收与利用技术及装置；开展公共机构高效围护结构系统集成研究；研究不同类型公共机构照明调控模式、方法和控制系统，开发新型高效采光装置；研究基于能耗监测数据的公共机构用能设备智能管理与能源调度技术，开发协调各种用能设备的集成控制系统；研究公共机构超低能耗建筑技术标准，建立公共机构节能评价标准和评价体系。

考核指标：用能系统集成低品位余热利用率（以环境温度 25℃ 为基准）≥40%；建筑能耗在 GB 50189 基础上降低 25%；照明系统单位建筑面积功耗在 GB 50034 基础上降低 40% 以上；

公共机构用能设备系统智能管理与控制技术应用 10 家以上；建设节约型公共机构示范项目 30 家以上。

实施年限：5 年

拟支持项目数：1～2 项

附件 6

"重大科学仪器设备开发"重点专项
2016 年度项目申报指南

科学仪器设备是科学研究和技术创新的基石，是经济社会发展和国防安全的重要保障。为切实提升我国科学仪器设备的自主创新能力和装备水平，促进产业升级发展，支撑创新驱动发展战略的实施，经国家科技计划战略咨询与综合评审特邀委员会、国家科技计划管理部际联席会审议，"重大科学仪器设备开发"重点专项作为 2016 年度启动的专项之一，并正式进入实施阶段。

一、指导原则与主要目标

本专项坚持问题导向、需求导向原则，紧扣我国科技创新、经济社会发展对科学仪器设备的重大需求，充分考虑我国现有基础和能力，在继承和发展"十二五"期间国家重大科学仪器设备开发专项成果的基础上，坚持政府引导、企业主导，立足当前、着眼长远，整体推进、重点突破的原则，以关键核心技术和部件的自主研发为突破口，聚焦高端通用科学仪器设备和专业重大科学仪器设备的仪器开发、应用开发、工程化开发和产业化开发，带动科学仪器系统集成创新，有效提升我国科学仪器设备行业整体创新水平与自我装备能力。

通过本专项的实施，构建"仪器原理验证→关键技术研发（软硬件）→系统集成→应用示范→产业化"的国家科学仪器开发链条，完善产学研用融合、协同创新发展的成果转化与合作模式，激发行业、企业活力和创造力。强化技术创新和产品可靠性、稳定性实验，引入重要用户应用示范、拓展产品应用领域，大幅提升我国科学仪器行业可持续发展能力和核心竞争力。

本专项按照全链条部署、一体化实施的原则，共设置了关键核心部件、高端通用科学仪器和专业重大科学仪器 3 类任务，下设 10 个重点方向，本指南为重大科学仪器设备开发专项 2016 年度指南，支持数量不超过实施方案内容的 30%。

二、总体要求

1 专项定位

本专项充分利用国家科技计划（专项、基金）或其他渠道，已取得的相关检测原理、方法、技术或科研装置，开展系统集成、应用开发和工程化开发，形成具有自主知识产权、"皮实耐用"和功能丰富的重大科学仪器设备产品，并服务科学研究和经济社会发展。项目成果是以市场前景广泛的关键核心部件和重大科学仪器设备产品的开发和产业化应用为目标（一般的核心部件与科学仪器的原理和方法研究，商业化前景不明确的核心部件与仪器研制等工作，以及临床医疗仪器、生产设备、机械装备、平台建设等，不属于本专项的支持方向）。

2 申报主体

结合本专项的特点和定位，如无特殊说明，本指南所设项目均由有条件的企业牵头申报。鼓励企业结合国家需求和自身发展需要，联合科研院所和高等学校的优势力量参与项目研发工作（主要为企业提供所需的技术支撑），落实目标任务明确、产权和利益分配明晰的产学研用结合机制。同时，要采取有效措施，切实发挥企业在专项中的技术创新决策、研发投入、项目实施组织和成果转化等方面的主体地位作用。

3 支持方式

本专项每个指南方向下的项目可支持 1～2 项，实施"后端资助"机制。即，结合科学仪器开发的特点，以及我国科学仪器产业发展实际，强化利益共享、风险分担机制，对企业承担的项目，实施专项经费后端资助政策。项目立项后，前半段主要由承担单位自筹经费实施，资助20%的专项经费；经中期评估确认，项目进展顺利、能够达到预期目标、科研管理和项目经费管理规范的项目，后半段再主要由专项经费给予支持。

4 立项要求

4.1 项目基本要求

（1）国内外需求迫切，目标仪器设备应用单位明确且具有代表性，相关原理、方法或技术已取得重要突破，能形成具有自主知识产权和市场竞争力的核心部件与科学仪器产品。

（2）目标核心部件与仪器设备整体设计完整、结构清晰合理，技术路线（含软件开发）可行，工程化方案、应用开发方案可操作性强；项目质量管理和产业化策划、企业资质和能力、知识产权和利益分配等非技术内容可行。

（3）拥有本领域的核心关键人才，且具有相关理论研究、设计、工程工艺、系统集成、应用研究以及产业化研究等相关方面结构合理的人员队伍。

（4）对核心部件类项目：原则上承担单位主营业务为核心部件生产企业，项目实施后能够获得全部自主知识产权，技术就绪度达到 7 级以上，并在相关仪器主要生产企业得到广泛应用，形成一定市场规模，产生直接经济效益。

（5）对仪器整机类项目：充分利用国家科技计划（专项、基金）或其它渠道，已取得的相关检测原理、方法、技术或科研装置成果，开展系统集成、工程技术研究和应用开发，形成"皮实耐用"、功能丰富的重大科学仪器设备产品，并服务科学研究和经济社会发展。根据科学仪器设备开发和应用的自身规律，每一个项目应包括仪器开发（含软件开发）、应用开发、工程化开发和产业化开发等类型工作。除仪器设备开发单位外，产业化单位、应用单位也应从项目设计开始，全程参与项目的组织和实施工作。项目实施三年后，目标仪器技术就绪度达到 7 级以上，可形成一定市场规模，产生直接经济效益。

4.2 企业承担项目的基本要求

（1）在中国大陆境内注册，具有较强科学仪器设备研发和产业化能力，运行管理规范，具有独立法人资格；

（2）经高新技术企业认定或达到同等条件；

（3）项目与企业重点发展方向相符；

（4）与项目参与单位具有前期合作基础；

（5）与项目参与单位事先签署具有法律约束力的协议，明确任务分工、国拨经费分配、成果和识知产权归属及利益分配机制；

（6）企业投入的自筹研发经费与国拨经费投入比例不低于 1∶1。投入的自筹研发经费应用于项目研发活动，而不得用于生产线、厂房等产业化能力建设。

4.3 项目组织要求

（1）项目推荐单位要加强本部门、本地区、本行业领域科学仪器设备发展的顶层设计、资源整合和扶持培育。

（2）项目推荐单位要组织项目牵头单位，会同产、学、研、用等各方面，积极开展项目设计和策划工作。在项目设计时，既要注重技术问题，也要注重工程化和产业化策划、企业资质和能力以及知识产权和利益分配机制等非技术问题。

（3）项目推荐单位要督促项目承担单位在项目提出时落实法人负责制、落实项目配套条件；督促项目承担单位联合国内外优势力量共同开展项目设计和实施。

（4）项目推荐单位在组织推荐过程中要充分发挥专家的咨询作用。除考虑技术可行性外，还应重点关注工程化和产业化策划、企业资质和能力以及知识产权和利益分配机制等非技术内容。在此基础上，择优向科技部推荐项目。

三、主要任务

1 核心关键部件开发与应用

攻克源部件、探测器与传感器、分析分离与控制部件等科学仪器核心部件的关键技术，研究部件的核心关键材料以及生产工艺，形成具有自主知识产权、质量稳定可靠的核心关键部件。

共性考核指标：目标产品应通过可靠性测试和异地测试，技术就绪度达到 9 级，至少应用于 2 种类型仪器。

原则上，每个项目下设任务数不超过 6 个，承担单位数不超过 6 个。

1.1 源部件

1.1.1 光源

（1）高强度、高稳定空心阴极灯

研究内容：研发高强度、高稳定空心阴极灯，优化空心阴极灯结构设计，研究合金阴极材料组成及制作工艺，改善空心阴极灯生产工艺，研制空心阴极灯性能测试特殊装置，研究影响噪声、同心度等关键指标的因素及改善方法。开展工程化开发和产业化开发，形成工程化和产业化能力。为原子吸收光谱仪和原子荧光光谱仪等仪器提供核心部件。

考核指标：稳定性指标，铜灯在 30min 内基线漂移 <0.2%，其它元素灯在 5min 内基线漂移 <0.6%；普通元素灯的使用寿命 ≥6 000mA. h，易熔、易挥发元素灯 ≥4 000mA. h；改善空心阴极灯性能，灯噪声 ≤ ±0.2% T，灯旋转 360° 的能量偏移 <10%。应提出明确合理的可靠性指标要求，项目完成时，目标产品应参照国家或行业相关标准进行测试。发明专利 3 项，技术标准 3 项。项目验收后三年内年销量达到 2 万支。

实施年限：不超过 3 年

1.1.2 射频源

（1）ICP 射频源

研究内容：开发 ICP 射频源，研究大功率射频自激发生、频率锁相、功率调谐和高效散热技术，开发能够有效的降低等离子体电势的全固态自激式电感耦合等离子体射频源；实施 ICP 射频源的工程化和工艺化开发，形成可靠的产品，解决相关国产仪器对高性能射频源关键部件需求的难题。

考核指标：工作频率 27.12 MHz，频率稳定度 ±0.02%，功率输出 0.6 ~ 1.6 kW 可调。发明专利 3 项，技术标准 3 项。项目验收后三年内年销量达到 100 只以上。

实施年限：不超过3年

（2）双相射频源

研究内容：开发双相射频源，研究双相射频源高精度驱动与高稳定反馈、过载保护电路、辅助激发信号耦合与双相射频电源数字控制技术，开发能够精密驱动线性离子阱的双相射频高压电源；实施双相射频源的工程化和工艺化开发，形成稳定可靠的产品，有效解决相关国产仪器对高性能双相射频源关键部件的需求。

考核指标：射频高压最大2kVpp，频率0.9～2 MHz，辅助信号带宽50kHz～450kHz；射频高压最大10kVpp，频率1 M～1.2 MHz，辅助信号带宽10 k～550kHz。发明专利3项，技术标准3项。项目验收后三年内年销售达到100套。

实施年限：不超过3年

1.1.3　新型质谱离子源

研究内容：研究敞开式离子化新技术，研制新型电喷雾、介质阻挡放电、激光/气体辅助喷雾和高度集成化敞开式的离子源，开展新离子化应用方法开发和数据库构建，实施新离子源的工程化和产业化开发，满足原位实时快速分析、单细胞分析、质谱成像分析、超痕量样品分析需求，推动我国质谱离子化技术与装置的跨越式发展。

考核指标：形成6种以上具有自主知识产权的新型敞开式质谱离子源产品，有力支持食品安全、环境应急、新药研发、现场快检、生物研究、质谱成像、公共安全等质谱检测应用。形成敞开式质谱离子源工艺化、产业化基地，实现批量生产。发明专利3项，技术标准3项。项目验收后三年内年销售达到40套以上。

实施年限：不超过3年

有关说明：每个项目形成5种以上不同的离子源产品。

1.2　探测器与传感器

1.2.1　光探测器

（1）光电倍增管

研究内容：开发侧窗型、端窗型光电倍增管，研究侧窗型、端窗型光电倍增管的结构设计，优化阴极材料及倍增极材料配方和制作工艺，研究包括激活工艺、封装工艺等在内的各环节生产工艺，探究影响光电倍增管灵敏度、暗电流、响应时间等关键性能的因素及改进方法，进行工程化和产业化开发，为分析仪器、辐射测量仪器、高能物理研究、石油测井及军用设备提供关键部件。

考核指标：阳极光照灵敏度≥300A/lm（典型值）；最大暗电流<50 nA（30分钟后）；增益>106。发明专利3项，技术标准3项。项目验收后三年内年销售达到500支。

实施年限：不超过3年

（2）太赫兹探测器

研究内容：研制基于栅控二维电子气的新型室温太赫兹探测器，突破场效应混频探测器芯片及其模块制造的关键技术，实现全国产化。建立定量化的场效应混频探测器模型和模拟仿真技术；从外延材料、天线设计、阻抗匹配到模块化集成实现场效应混频探测器的优化设计；开发纳米栅极及其低漏电率的工艺制备技术；研究二维电子气场效应阈值电压的调控技术，研制两端结构的高灵敏度太赫兹场效应混频探测器。

考核指标：研制成0.1～1.1 THz波段内系列化的室温太赫兹场效应混频探测器芯片及其模块，满足室温下高灵敏度的太赫兹波探测需求。0.11、0.22、0.34、0.65和0.90 THz探测器芯片的等效噪声功率小于 10 pW/Hz1/2；响应度大于 2 800V/W；带宽大于 80 GHz；响应时间小于 100 ns；硅透镜和波导喇叭集成的两种探测器模块。发明专利 3 项，技术标准 3 项。项目验收后三年内年销售达到 100 套。

实施年限：不超过 3 年

1.2.2 辐射探测器

研究内容：攻克高密度快衰减无机闪烁晶体生长及阵列加工制备、PIPS 探测器的高阻硅材料研制、吸收区结构设计及漏电流工艺控制等关键技术，建立辐射探测器成套的完整生产、测试工艺，形成具有自主知识产权的高性能（高能量分辨率、高空间分辨率、高时间分辨率）、高可靠性辐射探测器系列产品，开展工程化和产业化研究，形成批量生产能力，为医疗诊断仪器、工业无损探测仪器和核辐射环境检测仪器提供核心关键部件。

考核指标：辐射探测器实现国产化和批量生产，基本满足我国科学仪器和工业应用对辐射探测器的需要。闪烁晶体探测器光输出 ≥45 000ph/MeV；衰减时间 ≤100 ns；密度 ≥6.5 g/cc；能量分辨率 ≤9% @ 662 keV；阵列规格：$4 \times 4 \sim 16 \times 16$；PIPS 辐射探测器灵敏面积 13mm²；暗电流小于 2 nA；击穿电压大于 100 V。位置灵敏型闪烁探测器像素面积 1mm×1mm～6mm×6mm；暗电流 <500 nA；脉冲恢复时间 <50 ns；几何填充因子 >60%；PDE 在 380nm～550nm 范围内最小值不小于 30%；批量生产 90% 以上产品雪崩电压偏差 < ±0.2 V；雪崩电压随温度变化系数 <50mV/℃；后脉冲 <0.5%；微像素间串扰 <10%；本征位置分辨率 ≤0.5mm；能量分辨率能量分辨率 ≤12% @ 662 keV；时间分辨率 ≤300 ps。X 射线成像探测器灵有效灵敏面积 ≥100 × 100mm²，CMOS 读出工艺；X 射线空间分辨率 ≥15 lp/mm 能量响应范围：30 ~ 160 keV。发明专利 3 项，技术标准 3 项。项目验收后三年内年销售达到 1 000 支。

实施年限：不超过 3 年

1.2.3 物理量探测器

（1）超高温温度和压力传感器

研究内容：攻克信号背景噪声抑制、高速动态光谱采集、高精度信号反演等关键技术，研究超高温环境下工作材料试验、结构设计、加工制作工艺、校准与标定方法，解决超高温环境下温度、压力和振动参数原位测量问题，研究超高温环境下温度和压力传感器静态和动态特性测试技术，开发高性光路系统、信号采集系统以及温度反演软件等，解决长期制约我国燃煤燃气锅炉、航空发动机等试验参数原位测量问题，为我国自主研制航空发动机、高超发动机、重型燃气轮机等先进能源动力系统提供有力支撑。

考核指标：对于高温温度传感器，温度测量范围 –50 ~ 1 800℃，响应时间 200ms，综合精度 ±5%；对于高温压力传感器考核指标，工作温度范围 –50 ~ 1 200℃，频响范围：0 ~ 200Hz，压力测量范围 0 ~ 400 kP，综合精度 ±5%（–50 ~ 500℃）、±10%（500 ~ 1 200℃）；对于高温振动传感器工作温度范围 0 ~ 1 200℃，频响范围 0 ~ 1 MHz，振动测量量程 10 g。发明专利 3 项，技术标准 3 项。项目验收后三年内年销售达到 1000 套。

实施年限：不超过 3 年

（2）高端应变式传感器

研究内容：攻克应变式传感器多因素耦合计量特性仿真设计理论；研究高性能弹性体、应变计、粘贴剂及传感器生产工艺；研究高稳定度传感器检测技术；形成自主知识产权的高端应变式传感器及其检测技术。并在此基础上进行产业化开发，满足我国力学量值传递、航空航天台架测试、工业生产过程控制等领域对力传感器的需求，打破关键领域国外产品的垄断，为中国制造

2025 提供测量技术支撑。

考核指标：量程为 1 kN～2 MN，应用于国内量值传递领域的参考标准传感器或传递标准传感器，技术指标达到国际先进水平。线性≤0.01% FS；重复性≤0.002% FS；复现性≤0.005% FS；长期稳定度≤0.005%/年 FS。实现量值传递等领域使用的高端传感器的产业化；促进传感器产品质量的提高。发明专利 3 项，软件著作权 3 项，技术标准 3 项。项目验收后三年内年销售达到 50 套。

实施年限：不超过 3 年

（3）精密位置传感器

研发内容：针对高端数控机床、3D 打印、几何量计量、精密转台等应用需求，开发大量程、高精度金属光栅，突破金属光栅纳米压印成型工艺、新型光栅结构、高性能光栅读数、光栅校准和误差补偿等关键技术，实现大量程、高精度长度测量与高精度动态角度测量等性能，在航空航天、机器人、机床等行业开展示范应用，在此基础上开展工程化研发，开发具有自主知识产权的国产高精度金属光栅，替代国外进口，为我国先进制造及制造业转型升级提供关键部件。

考核指标：平面光栅精度 ±0.5μm/m。发明专利 3 项，技术标准 3 项。项目验收后三年内年销售达到 200 个。

实施年限：不超过 3 年

1.2.4 化学生物传感器

研究内容：攻克基于红外特征分子光谱、集成光学免疫传感以及电化学测量的关键技术；研究高特异性、高亲和力植物激素识别分子的方法和技术，并建立相应的生物传感测定技术；研究基于基因工程生物放大原理的特异型生物传感器、主要植物激素的高灵敏生物传感器，建立特定结构分子的识别元件库。建成基于传感器的成套高灵敏在线测量系统，满足研究大气、环境、疾病等领域二次污染形成机理研究和生物医学研究的需求。

考核指标：针对含氮化合物 N_2O 等大气气体检测支持多档量程，在 0～10ppm 量程，分辨率达到 0.001ppm，气体类检测稳定运行时间不少于 3 年，期间免校准；基于免疫或核酸适配体的电、光、磁传感器，针对血液或体液特定分子开展快速检验，如甲胎蛋白、肌红蛋白等标志物等特诊分子，特征分子体系不少于 30 种标志物；基于基因工程生物放大原理的新型生物传感器，实现不少于 10 种肿瘤标志物等特定生物分子目标检测；10 种主要植物激素的高灵敏生物传感器。发明专利 3 项，技术标准 3 项。项目验收后三年内年销售达到 500 套。

实施年限：不超过 3 年

1.3 分析分离与控制部件

1.3.1 光栅

研究内容：开发体光栅，研究宽光谱基底材料的配方及制备工艺技术、高效率体全息曝光记录技术、高损伤阈值技术和热定影技术，研究高光谱选择性和高角度选择性的体全息光栅性能优化与制作工艺。进行工程化和产业化开发，为激光器行业、精密制造行业和国防工业提供核心关键部件。

考核指标：完成体光栅在 3 种以上典型仪器的集成应用示范，衍射效率＞95%，适用光谱范围 400nm～2 600nm，光谱透过率＞90%，损伤阈值 20J/cm^2。发明专利 3 项，技术标准 3 项。项目验收后三年内年销售达到 80 套。

实施年限：不超过 3 年

1.3.2 泵

（1）高精度超高压液相泵

研究内容：开发高精度超高压液相泵，研究耐高压泵的制作工艺，攻克降低流量脉动和死体积的关键技术，研究影响产品可靠性的因素，开展工程化和产业化研究，形成批量生产能力，为国产超高压液相色谱仪发展提供核心关键部件。

考核指标：最大工作压力 ≥100 MPa（1mL/min 流速）；流量准确度 ≤1.0%；流量精度 ≤0.06% RSD；一定条件下连续运行 1 000h 不漏液；死体积小于微升级别。满足超高相液相色谱梯度分析需求，故障率低。发明专利 3 项，技术标准 3 项。项目验收后三年内年销售达到 100 套。

实施年限：不超过 3 年

（2）精密微量注射泵

研究内容：开发精密微量注射泵，研究微量流体流量控制的准确性及稳定性的方法，研究制作工艺及制作材料，开展可靠性设计与测试，为流动注射分析仪、液相色谱仪、质谱仪等提供关键部件，满足多种实验需求。

考核指标：流量范围为 0.01~50mL；准确度 <0.5%；精度 <0.05% CV；不漏液，耐腐蚀。发明专利 3 项，技术标准 3 项。项目验收后三年内年销售达到 500 套。

实施年限：不超过 3 年

1.3.3 流量控制部件

研究内容：开发高精度、高稳定性、反控能力强的电子流量控制系统，研究流量控制精度及准确性的影响因素，攻克关键材料、关键零部件、算法等方面的关键技术，研究改善流量及压力稳定时间的方法。提升国产气相色谱仪智能化程度及性能。

考核指标：流量及压力稳定时间 ≤5 s；流量控制精度 ≤0.001 psi；满量程偏差 ≤5%。具备温度补偿功能。发明专利 3 项，技术标准 3 项。项目验收后三年内年销售达到 500 套。

实施年限：不超过 3 年

1.3.4 自动进样器

研究内容：开发高可靠、高性能自动进样器，研究产品制作工艺，研究影响质量可靠性的因素和保障措施，开发顶空进样、固相微萃取、吹扫捕集、在线过滤、富集和分析等功能。为质谱、色谱等化学分析仪器、生命科学仪器配套。

考核指标：进样重复性 RSD <0.2%，样品残留 <0.01%，定位精度优于 0.2mm。发明专利 3 项，技术标准 3 项。项目验收后三年内年销售达到 100 套。

实施年限：不超过 3 年

1.3.5 样品前处理仪

研究内容：攻克在线提取、浓缩净化、蒸馏分离的多元自动化控制、在线联机、微痕量破碎等前处理关键技术，研制智能加样、加载、分离、液面分层感应、色度识别、微流控等关键部件和模块，开发农、食产品安全、环保等领域的样品前处理的往复式在线数控提取仪、多道自动浓缩仪、程序消解仪、微流控核酸提取仪、高通量微量破碎仪、DNA 富集"磁力枪"及多功能集成处理系统，软件研究基于高精度激光光衍射算法，实现单元独立控制和多元集成控制，达到破碎、消解、提取及浓缩等操作全程自动化，开展工程化和产业化开发，可与液相色谱、气相色谱、质谱、定量 PCR 仪、基因测序仪等联机匹配。

考核指标：研发前处理仪器不少于 10 种，实现色度识别数字化，高压制样、富集等一体化，多道处理连续化。回收率、重复性等技术指标符合相关分析方法标准要求，满足食品安全、环保、生物技术等领域样品前处理快速、高通量、自动化需求。发明专利3项，软件著作权3项，技术标准3项。项目验收后三年内销售达到500套。

实施年限：不超过5年

2　高端通用仪器工程化及应用开发

攻克分析仪器、物理性能测量仪器、电子测量仪器和计量仪器开发的关键技术。

共性考核指标：目标产品应通过可靠性测试和异地测试，技术就绪度不低于8级。

原则上，每个项目下设任务数不超过8个，承担单位数不超过10个。

2.1　分析仪器

2.1.1　基于射线类的显微成像仪

研究内容：攻克多能谱光子计数X射线成像、多模态X射线成像、X射线成像探测器封装和集成工艺等关键技术，开发基于多能谱光子技术X射线的图像重建算法和处理软件，形成具有自主只是产权、功能健全、质量稳定可靠的基于射线类显微成像仪。并在此技术上开展工程化开发和产业化开发，解决小型化和产品化问题，形成工程化和产业化能力，实现生物体内器官和组织的深度、密度、体积等参数快速采集和全方位成像或结构件的显微成像，为核医学研究、工业无损探测和安全检查等领域提供技术支撑。

考核指标：分辨率优于3.6 lp/mm，最高计数率$108/mm^2S$，多能谱甄选阈值8能区，单系统成像面积$400mm^2$，并可扩展拼接，单系统像素单元256×256像素尺寸$100\mu m$。发明专利3项，软件著作权3项，技术标准3项。项目验收后三年内产值达到1.5亿元。

实施年限：不超过5年

2.1.2　高分辨荧光显微成像仪

研究内容：攻克光切面成像、动态成像、荧光标记与共定位、三维空间还原、定量或半定量分析、单分子荧光探测、荧光漂白后恢复技术；以及高速高精度扫描控制技术。研制复眼照明、高精度Z轴调焦、微分干涉、荧光滤色块、平场复消色差物镜等关键部件和模块。开发四维全自动分析测量软件。形成具有自主知识产权、功能健全、质量稳定可靠的高分辨荧光微分干涉显微镜。进行工程化和产业化开发，实现对活体组织微观结构、各种肿瘤细胞的显微成像，为细胞组学、基因组学、蛋白组学、肿瘤学等研究提供技术支撑。

考核指标：具有复眼照明、高精度调焦、微分干涉、图像分析、四维全自动分析等功能，平场复消色差物镜，最高100倍，数值孔径大于1.4，分辨率<0.2μm，发明专利3项，软件著作权3项，技术标准3项。项目验收后三年内年产值达到3 000万元。

实施年限：不超过5年

2.1.3　小型高灵敏度低能射线纳米尺度三维成像仪器

研究内容：攻克超高灵敏度低能射线探测、超高增益光信号采集、系统小型化等关键技术，研制激光等离子体低能量射线发生器、探测器等关键部件，开发组织深度、密度、体积等信息的快速采集软件系统，构建相关数据库，形成具有自主知识产权、功能完备、质量稳定可靠的小型化、灵敏度高、分辨率高、成像速度快的低能射线纳米尺度三维成像仪。开展工程化和产业化开发，应用于生物体内器官、组织的空间结构、物理性质等信息的快速采集、分析和融合。

考核指标：可实现单光子级别检测，光电信号增益大于106，在2D成像时间低于30 s、3D成像时间低于15min的情况下分辨率优于50nm。发明专利3项，软件著作权3项。项目验收后三年内年产值达到5 000万元。

实施年限：不超过 5 年

2.1.4 高分辨共轭激光显微断层成像仪

研究内容：攻克共轭激光显微高分辨及快速成像关键技术，开发高灵敏度弱光探测器、高精度扫描机电平台等关键部件和模块，开发超快响应速度、超高探测效率、超宽光谱探测范围的探测系统。开发相关软件系统和数据库，形成具有自主知识产权、功能完备、质量稳定可靠的高分辨共轭激光显微断层成像仪，实现该仪器图像分辨率和成像速度的同时提高，满足对活体组织结构动态、定量、三维的显微观测需求。

考核指标：光电探测灵敏度达到单光子级别、光谱有效探测范围 350nm～850nm、光探测效率 60%、成像响应时间 80 ns、成像速度 300 帧/秒、平面分辨率 0.15μm、轴向分辨率 10nm。发明专利 3 项，软件著作权 3 项。项目验收后三年内年产值达到 5 000 万元。

实施年限：不超过 5 年

2.2 物理性能测试仪器

2.2.1 差式扫描量热仪

研究内容：攻克宽幅变温与控温、高温磁场耦合、磁环境精密测量、微型加热与样品固定等关键技术，研制宽幅变温控温和磁—热—电耦合等关键部件，开展磁场环境热分析仪器综合集成，开发温度和磁场精确控制、信号传输补偿与校正、数据分析等软件，丰富仪器功能，形成具有自主知识产权、功能健全、质量稳定可靠的差式扫描量热仪。并在此技术上开展工程化开发和产业化开发，解决宽幅变温差式扫描量热仪器的工程化和产业化问题，形成可商业化、通用型热分析仪器的系列化发展，满足特征温度、反应热、熔融与结晶、结晶度、热稳定性、固化、玻璃化转变、比热、质量变化、热膨胀系数、反应动力学等参数测量要求，为精密测量和制造行业提供关键技术支撑。

考核指标：温度范围 100 K～973 K；温度重复性 ±0.1 K；温度准确度 0.1 K；升/降温速率 0.01 K/min～50 K/min。发明专利 3 项，软件著作权 3 项，技术标准 3 项。项目验收后三年内年产值达到 1 000 万元。

实施年限：不超过 5 年

2.2.2 高精度数字散斑干涉检测仪

研究内容：研究超光滑、超精密、超高温零部件形貌和误差以及相关材料的力学性能测量、测试方法及仪器设备，攻克三维特征高精度动态重构、全息干涉条纹的高精度数值衍射算法和基于散斑技术的超高温下材料性能测试等关键技术，研制相干与非相干照明光源、定向加热激光、动态加载、数据采集处理等关键部件和模块，开发软件丰富仪器功能，形成具有自主知识产权、功能健全、质量稳定可靠的高精度数字散斑干涉检测仪，并在此技术上开展产业化开发，实现常温和超高温对被测物体的位移、变形、振动及材料力学特性等参量的高精度动态无损检测。研究数字散斑干涉及散斑结构视觉三维测量系统的集成；不同温度下光测手段和材料高温本构关系；数字散斑传感器的精密标定；为不同条件下材料力学性能精密测量和精密制造行业提供技术支撑。

考核指标：测量灵敏度小于 50nm；测量面积大于 200mm×200mm；测量速度大于 20Hz；实现常温和超高温材料力学特性的测量；支持多相机同步测量，三维数据自动拼接。项目完成时产品应通过可靠性测试，技术就绪度达到 8 级，发明专利 3 项，软件著作权 3 项，技术标准 3 项。项目验收后三年内预计年产值达到 2 000 万元。

实施年限：不超过 5 年

2.2.3　超光滑表面无损检测仪

研究内容：研究多幅重叠干涉条纹的相位分离算法，形成具有自主知识产权、功能健全、质量稳定可靠的超光滑表面无损检测仪。并在此技术上开展工程化开发和产业化开发，解决质量可靠性和产品化问题，形成工程化和产业化能力。开展新型连续变波长激光器在相位移中的应用研究，实现非透明物体超光滑表面及具有多层超光滑平行反射面透明物体的纳米级表面形貌高精密测量，满足现代工业对大面积表面形貌和厚度变化测量的需要，为 LED、光伏和半导体制造行业提供关键技术支撑。

考核指标：口径尺寸≥120mm；测量精度达到 RMS≤20nm；测量重复精度 RMS≤10nm。发明专利 3 项，软件著作权 3 项，技术标准 3 项。项目验收后三年内产值达到 2 亿元。

实施年限：不超过 5 年

2.2.4　精密光学器件在线检测仪

研究内容：攻克尖端光学器件的精密间距测量、偏心检测与光学像质评价技术。探索镜片间隙的非接触式测量方法，实现在线的镜片间距高精度测量与引导装置；研究快速高精度的光学器件自动偏心测量方法；开展波前测量与波前标定方法研究，形成基于波前像差的光学像质判定算法。根据大型光学镜面、高数值孔径显微物镜、树脂压印镜片等至少三种应用场景的需求，开发一体式的综合测量仪器设备，并在国内高端的光学加工车间、国家质检系统、规模化的光学元器件生产线，开展应用示范，为精密光学加工、器件性能检测和尖端物镜装调，提供仪器支撑。

考核指标：口径尺寸 100mm；间距测量精度优于 800nm；偏心测量精度优于 100nm；波前测量精度 RMS≤15nm，测量重复精度 RMS≤7nm；发明专利 10 项，软件著作权 3 项，技术标准 2 项。项目验收后三年内，年产值达到 3 000 万元，年销量达到 100 台。

实施年限：不超过 5 年

2.3　电子测量仪器

2.3.1　高性能多功能矢量网络分析仪

研究内容：攻克多端口微波网络幅频和相频特性测量、半导体功率器件非线性特性测量、多端口网络误差修正算法、测量校准与量值溯源等关键技术；研制多通道大动态范围低温漂混频、高隔离度定向耦合、超宽带低相位噪声激励信号发生、宽频带开关倍频滤波、宽带同轴机械和电子校准件等关键部件和模块；开发多端口网络误差修正算法、非线性网络模型、时域和频域分析等测试软件，形成具有自主知识产权、功能健全、质量稳定可靠、不同频段不同端口数量组合的系列化微波矢量网络分析仪。并在此技术上开展工程化和产业化开发，解决质量可靠性和产品化问题，形成工程化和产业化能力，实现对微波毫米波网络的 S 参数、X 参数、噪声系数、混频器件变频损耗、信号频谱等参数进行高精度测量，为相控阵雷达、移动通信、卫星通信、卫星导航、电子侦察与电子对抗等电子设备科研生产提供关键技术支撑。

考核指标：频率范围 100kHz～67 GHz；测试端口数量 2 和 4；系统动态范围 80～128dB；具备机械和电子校准件、频谱分析、噪声系数测试、混频器测量等附件或功能。发明专利 3 项，软件著作权 3 项，技术标准 3 项。项目验收后三年内年产值达到 2 000 万元。

实施年限：不超过 5 年

2.3.2　无线通信信道模拟与监测分析仪

研究内容：攻克空中接口性能测试与比较、大多普勒频偏及频偏变化率模拟、长传输时延模拟、终端运动时延变化模拟、多天线通信终端多维度无线信道模拟、无线通信信道自动监测等关键技术，研制移动通信复杂传输环境模拟、卫星测控与通信信道模拟、电子对抗环境模拟等关键部件和模块，开发路径衰减、吸收损耗、遮挡衰落、多径衰落、多普勒频移、传输时延、群时延、多通道天线阵列相位等多种无线信道传输特性模拟软件，形成具有自主知识产权、功能健全、质量稳定可靠的无线传输信道模拟与监测分析仪。并在此技术上开展工程化开发和产业化开发，解决质量可靠性和产品化问题，形成工程化和产业化能力，实现无线传输信道传输特性定量模拟和多种环境条件无线信道传输特性遍历模拟，为移动通信、卫星通信、卫星导航、电子对抗等电子系统科研生产和工程建设提供关键技术支撑。

考核指标：工作频段 1 MHz ~ 18 GHz；通道数 8；测试带宽 125 MHz；每个信道衰落路径 48 个。发明专利 3 项，软件著作权 3 项，技术标准 3 项。项目验收后三年内年产值达到 2 000 万元。

实施年限：不超过 5 年

2.3.3 时域电磁干扰测量监测分析仪

研究内容：攻克大动态宽带信号高速采样、多通道并行采样数据动态重构、宽带信号并行数字检波等关键技术，研制高速、宽带时域电磁干扰测量监测仪，开发实时接收、分析等软件，形成具有自主知识产权、功能健全、质量稳定可靠的时域电磁干扰测量监测分析仪。并在此技术上开展工程化开发和产业化开发，解决质量可靠性和产品化问题，形成工程化和产业化能力，为大型水面舰艇中复杂电磁环境效应快速测量评估提供关键技术支撑。

考核指标：频率范围 25Hz ~ 3.6 GHz、25Hz ~ 7 GHz、25Hz ~ 26.5 GHz；分辨率带宽符合 CISPR16 - 1 - 1 和 GJB 151B 的分辨率带宽；实时分析带宽 ≥40MHz；30 MHz ~ 1 GHz 频段的测试速度较传统电磁干扰测量接收机提升千倍以上；环境适应性、电磁兼容性和安全性均满足 GJB 3947A—2009 中对三级设备的相关要求。发明专利 3 项，软件著作权 3 项，技术标准 3 项。项目验收后三年内年产值达到 2 000 万元。

实施年限：不超过 5 年

2.4 计量仪器

研究内容：研究宽带大电流测量仪，攻克宽频带超大电流传感和校准技术，研究宽频带大电流溯源方法，研发高精度宽频带大电流计量仪器及校准装置，形成具有自主知识产权、功能健全、质量稳定可靠的宽带大电流计量仪。在此基础上，开展工程化开发和产业化开发，满足我国高铁、冶金、电力和国防军工等行业对宽频带大电流高精度测量应用和溯源需求，为精密测量和制造行业提供关键技术支撑。

考核指标：交流和直流大电流测量范围 100kA ~ 300kA，不确定度 0.2% ~ 0.5%，$k = 2$，带宽 ≥10kHz。宽频带电流频率测量范围 50Hz ~ 2.5kHz ~ 1 MHz，电流测量范围 10A ~ 2kA，不确定度：1E—5 ~ 1E—2，$k = 2$。发明专利 3 项，软件著作权 3 项，技术标准 3 项。项目验收后三年内年产值达到 2 000 万元。

实施年限：不超过 5 年

有关说明：非企业牵头申报，参与企业自筹资金与国拨总经费投入比例不低于 1 : 1。

3 专业重大科学仪器开发及应用示范

重点支持支撑经济和产业发展、服务公益行业和民生改善、保障国家安全和公共安全的 3 类专业重大科学仪器。

共性考核指标：目标产品应通过可靠性测试和异地测试，技术就绪度不低于 8 级。

原则上，每个项目下设任务数不超过 8 个，承担单位数不超过 10 个。

3.1 支撑经济和产业发展的专业重大科学仪器

3.1.1 工业过程在线分析检测仪器

研究内容：研发石油、化工、制药、能源、冶金、矿产、有色等重要流程工业的生产过程产物及排放物的在线监测技术，燃料、原料、材料等物质的物理与化学转化过程的样品在线快速采样、高压快速反应测试、在线无损检测、产物高速分离分析及多组分高频检测技术，并研制形成具有自主知识产权、功能先进、质量稳定可靠的流程工业生产及物质转化过程的在线分析检测及监测仪器；开发仪器应用方法，实施仪器产品与系统的工程化，实现产业化应用。

考核指标：达到相关国家标准，通过可靠性测试，技术就绪度 8 级以上，其中工业过程产物在线监测分析下限 1ppm、系统响应时间 $< 0.1s$；物质转化在线颗粒采样 $< 0.5g$、高压反应测试适用 50atm 压力、产物在线高速分离分析适用 20ppb ~ 1 000ppm 浓度、多组分高频检测数据输出频率 $> 100Hz$ 并适用 10 个组分。发明专利 3 项，软件著作权 3 项，技术标准 3 项。项目验收后三年内年销售达到 50 套。

实施年限：不超过 5 年

3.1.2 油气探测与管道检测仪器和设备

研究内容：攻克阵列侧向测量、岩性密度测量、油气管道测量、阵列感应测量、在保护套中的悬挂、井下大功率高可靠电源、井下仪器测量信息与地面仪器信息的匹配技术，并集成补偿中子测量、声波测量、井径测量、连斜测量、三参数测量等测井技术，进行软件开发，丰富仪器功能，形成具有自主知识产权、功能健全、质量稳定可靠的油气探测仪器，并在此技术上开展工程化开发和产业化开发，为石油、天然气、页岩气等勘探领域提供关键技术支撑。

考核指标：工作环境温度 $-25 ~ 175℃$，工作压力 $\leq 140 Mpa$；仪器供电连续工作时间不小于 30 小时；数据采集与存储，存储间隔每帧 250 MS；适应 4 ~ 12 英寸井眼，可任选钻杆输送泵出存储和电缆输送方式，同时具备裸眼井测井、套管井固井质量测井功能。发明专利 3 项，软件著作权 3 项，技术标准 3 项。项目验收后三年内年产值达到 2 000 万元。

实施年限：不超过 5 年

3.2 服务公益行业和民生改善的专业重大科学仪器

3.2.1 燃煤电厂超低排放监测仪器

研究内容：针对燃煤电厂超低排放监测需求，研制基于光谱技术的气态污染物在线监测系统，实现低浓度 SO_2、NOx 等气态污染物精确测量；攻克 SO_3 的采样和前处理关键技术，开发 SO_3 以及硫酸雾在线监测系统；研制基于光散射与 β 射线技术融合的颗粒物监测系统以及低浓度颗粒物手工采样设备，实现低浓度颗粒物的快速、准确测量以及手工比对。

考核指标：SO_2 量程范围 0 ~ 75mg/m³，NOx 量程范围 0 ~ 100mg/m³，线性误差 $\leq ±2\%$ F.S.，24 小时零漂 $\leq ±2\%$ F.S.；SO_3 量程范围 0 ~ 100ppm；最低检出限 0.5ppm；颗粒物检测限 $\leq 0.1mg/m³$，响应时间 $\leq 15s$，测量准确性 $\leq ±10\%$，颗粒物手工采样器测量范围 0 ~ 10 mg/m³；形成技术标准体系并实现年产 100 台套以上的生产能力。发明专利 3 项，软件著作权 3 项，技术标准 3 项。项目验收后三年内年销售达到 400 套。

实施年限：不超过 5 年

3.2.2 水中半挥发性有机物自动监测仪器

研究内容：针对地表水/饮用水中半挥发性有机物，采用固相微萃取、自动富集与热解析技术，研制开发固相微萃取搅拌材料、自动萃取与热解析装置、GC—检测器分离单元，定性、定量自动检测水中半挥发性有机物和农药残留；通过系统集成，开发水中半挥发性有机物自动监测仪器；通过在水质自动监测系统及实验室检测示范应用，建立水中半挥发性有机物自动监测技术方法体系。

考核指标：实现《地表水环境质量标准》（GB 3838—2002）中至少 24 种半挥发性有机物监测因子的连续自动监测；准确度≤10%，线性≥0.99，检出限≤0.5μg/L，重复性≤1%；形成技术标准体系并实现年产 100 台套以上的生产能力。发明专利 3 项，软件著作权 3 项，技术标准 3 项。项目验收后三年内年产值达到 2 000 万元。

实施年限：不超过 5 年

3.2.3 大气颗粒物源识别在线分析仪

研究内容：研究大气颗粒物特征提取和源识别在线测量方法，攻克高灵敏度和高对比度的弱散射信号检测提取、多维信息实时同步处理、散射颗粒特异性分析、多维信息组合分类等关键技术。研制多角度高吸收气密散射室、多参量同步偏振数据检测器、高精度流量测量及控制单元、温湿度动态补偿采样单元、微弱电信号提取及放大等关键部件和模块；开发大气颗粒物散射仿真模型和演化、反演颗粒物特定属性和群分布特性等算法，以及颗粒物光学识别经验数据库的颗粒物分类辨识软件，形成具有自主知识产权、功能健全、质量稳定可靠的大气颗粒物源辨识在线分析仪。开展工程化和产业化开发，应用于大气污染防治、高污染产业升级和改造等所需的基础数据采集，为获得雾霾与特定污染源的关联关系提供技术支撑。

考核指标：快速识别至少三类典型颗粒物；颗粒物组成分析的百分比误差，快速在线方式下小于 50%，长时间校准方式下小于 20%；颗粒物质量浓度范围 1~1 500μg/m³；颗粒物测量分析的时间分辨率小于 180 秒；发明专利 5 项，软件著作权 2 项，项目验收后三年内年产值达到 2 000 万元，年销售量不少于 100 台。

实施年限：不超过 5 年

3.2.4 高通量微生物快速检测仪器

研究内容：攻克紫外激光诱发生物固有特征物质荧光、空气动力学粒谱测量、高频高 Q 悬臂梁传感等关键技术，研制虚拟撞击切割器、生物气溶胶监测与甄别处理电路、悬臂梁阵列谐振器等关键部件和模块，进行软件开发，丰富仪器功能，形成具有自主知识产权、功能健全、质量稳定可靠的生物气溶胶采样器、生物气溶胶监测仪、生物气溶胶报警器、生物检验分析仪、高精度悬臂梁生物检验仪。软件研究基于光谱特征信息提取数学模型及谱特征匹配等算法，实现对生物气溶胶活性、生物病原体种类等现场在线自动监测检测。研究数据甄别处理和自动系统集成，开发精密标定技术。开展工程和产业化研究，为生物安全防控和其他国家安全领域提供关键技术支撑。

考核指标：生物气溶胶监测报警时间≤30s，生物气溶胶采样流量不小于 1 000L/min，检测时间≤30min，检测种类涵盖细菌、病毒和毒素等生物病原体，细菌检测灵敏度 105cfu/mL，毒素检测灵敏度 300ng/mL。发明专利 3 项，软件著作权 3 项，技术标准 3 项。项目验收后三年内年产值达到 5 000 万元，年销售 80~100 台。

实施年限：不超过 5 年

3.2.5 高性能智能化食品药品无菌检测仪

研究内容：攻克基于 VHP 快速灭菌消毒及评价待检样品自动处理、细菌自动富集、功效检测等关键技术，研制洁净操作舱、传递系统、自动加样系统、阳性菌加注、传感反馈控制系统等关键部件和模块，进行控制软件开发，丰富仪器功能，形成具有完全自主知识产权、功能健全、质量稳定可靠的高性能智能化食品药品无菌检测仪。开发智能化管理软件系统，实现无菌检查自动监测检测。开展工程和产业化研究，为食品药品行业质量控制提供关键技术支撑。

考核指标：VHP 灭菌浓度持续稳定在 1 000ppm 以上，灭菌保障水平达到 10－6 SAL；整体效率达到手工的 5 倍以上。同时实现检测系统自动监控与远程监管功能，具有全自动调压气压控制，全自动精确传递定位机构，全自动操作系统，网络远程受控接口等，可自定测试程序。年产能达到 300 台以上。发明专利 3 项，软件著作权 3 项，技术标准 3 项。项目验收后三年内年生产能力达到 300 套，销售额达到 5 000 万元。

实施年限：不超过 5 年

3.2.6 新型全谱线快速光谱仪

研究内容：研究全谱线快速采集技术、激发光源校正技术、高稳定蒸汽发生技术，研制全谱、高灵敏度、高传输效率的单色器系统，开发新型全谱线快速光谱仪器和检验方法，解决食品、农产品中微痕量元素分析广普、精准的难题。形成具有自主知识产权、功能健全、质量稳定可靠的仪器产品，并开展工程和产业化应用，为食品和农产品领域提供关键技术支撑。

考核指标：波长范围 190～320nm，波长误差 0.5nm，分辨率 2nm，长期稳定性优于 5.0%，光谱干扰、散射干扰 <0.1%。发明专利 3 项，软件著作权 3 项，技术标准 3 项。项目验收后三年内年产值达到 2 000 万元。

实施年限：不超过 5 年

3.2.7 井下甚宽频带地震仪

研究内容：攻克井下定位等关键技术，研制易于操作的下井装置、与井壁进行良好耦合等关键部件和模块，研制数据输出可与现有台站的甚宽频带地震计兼容的数据处理系统。形成具有自主知识产权、功能健全、质量稳定可靠的井下甚宽频带地震仪，实现对慢地震、固体潮汐、地震前兆和地壳运动等方面的观测能力。进行工程化和产业化开发，为地震研究和地球科学提供关键技术支撑。

考核指标：井下地震仪包括地震传感器、井下密封装置和下井装置等部分，可用于井下地震观测，具有遥控锁松摆、遥控调零、遥控姿态调整、标定等功能，具有真实记录长周期地震波、中长周期地震波和短周期地震波的能力。发明专利 3 项，软件著作权 3 项，技术标准 3 项。项目验收后三年内年产值达到 2 000 万元。

实施年限：不超过 5 年

3.2.8 空地全息三维自主技术装备

研究内容：研究新型低、中高空遥感技术装备，攻克高分辨率激光成像总体技术、高精度激光指向控制技术和高灵敏度阵列探测技术等关键技术，进一步丰富多种平台和环境下，对空地多种目标进行数据获取的手段，基于多模式、多光谱、多时相、多平台的装备优势，研制多种装备一体化处理的智能后处理软件，全自动处理生产三维模型数据，形成国产高端空地全息三维自主装备体系，为航空航天、测绘等领域提供关键技术支撑。

考核指标：系统兼有陆地、航空、低空等作业模式，具有集成化和轻量化设计，能保证稳定性与安全性；全息智能处理软件支持多种平台、多种数据格式，支持部件自动提取自动分类，准确率达到80%以上。发明专利 3 项，软件著作权 3 项，技术标准 3 项。项目验收后三年内年产值达到 2 000 万元。

实施年限：不超过 5 年

3.2.9 大视场机载高光谱成像仪

研究内容：应用于遥感探测、地质找矿、环境保护、农业评估、海洋观测等领域需求，研究大视场，宽谱段，高信噪比的机载成像高光谱仪。主要突破大视场，小 F 镜头，光分离技术，宽谱段谱仪及拼接技术，高信噪比的电子学技术以及大容量存储技术。

考核指标：视场大于 60 度，瞬时视场优于 2 豪弧度，F：1.5，光谱范围 400nm～2 500nm，波段大于 128，光谱分比率由于 15nm，信噪比优于 500：1。项目验收后三年内年生产、销售 2 台。

实施年限：不超过 5 年

3.3 保障国家安全和公共安全的专业重大科学仪器

3.3.1 基础设施安全在线检测监测仪器

研究内容：攻克材料劣化、缺陷演化过程中的无损检测监测关键技术，研制智能化在线实时监测仪器的相关核心关键模块，开发配套软件，实现大规模远程传感器监测网络的数据采集、缺陷智能化辅助识别、风险评估预警等功能。形成具有自主知识产权、功能健全、质量稳定可靠的民生或工业基础设施安全在线检测监测仪器，进行工程化开发和产业化开发，为重要民生或工业基础设施安全领域提供关键技术支撑。

考核指标：目标仪器缺陷探测能力和功能达到相关领域检测标准与安全评价规范要求。发明专利 3 项，软件著作权 3 项，技术标准 3 项。项目验收后三年内年产值达到 2 000 万元。

实施年限：不超过 5 年

3.3.2 快速通关检测专用仪器

研究内容：攻克激光诱导击穿、光频梳激发分辨、指纹识别、微阵列分析等关键技术，研制高性能信号激发、光谱分辨、光密度扫描等关键部件和模块，进行软件开发，形成具有自主知识产权、功能健全、质量稳定可靠的工矿产品及固体废物全元素分析仪、贵重货物无损鉴别仪、有毒有害物高分辨散射谱仪、真菌毒素偏振荧光免疫检测仪，病原生物纸基多靶快检仪，生物恐怖因子气溶胶监测仪，实现对跨境的大宗和贵重货物无损鉴别、高风险有毒有害物快速检测、病原及恐怖因子监测和及早预警。开展工程和产业化研究，为口岸安全和快速通关等领域提供关键技术支撑。

考核指标：研发口岸安全快速检测仪器不少于 6 种。对工矿产品，检出限：Pb 为 0.01%，S 为 0.05%，Ca 为 0.1%，Cu 为 0.01%，Zn 为 0.01%，H 为 0.05%，F 为 0.1%，Cl 为 0.1%，C 为 0.01%，2 分钟内，所有元素同步给出。同时，完成金属元素和非金属元素的定量分析；对贵重品鉴别，建立不少于 100 种特征谱库；对有毒有害物，单点测量时间小于 10ms，检出限满足 SN 标准要求；对真菌毒素和病原生物，技术指标满足国家相关要求；对恐怖因子，覆盖国际组织公布的气溶胶传播全部生物恐怖因子。发明专利 3 项，软件著作权 3 项，技术标准 3 项。项目验收后三年内年产值达到 5 000 万元，年销售 80～100 台。

实施年限：不超过 5 年

3.3.3 物流安全快检仪器

研究内容：攻克多通道荧光探针设计与检测、同轴嵌套多模离子化等关键技术，研制核心生物传感器件模块，进行软件开发，强化系统集成、研制出具有自主知识产权、功能健全、质量稳定可靠的成套生物传感检测技术装备、液—气多模离子源检测仪，精准控温多道荧光定量核酸检测仪，诊疗设备评价系统，建立物流安全监控系统，实现贸易全流程、即时风险预警。开展工程和产业化研究，为物流和公共安全等领域提供关键技术支撑。

考核指标：研制物流安全的危害因子专用检测仪器不少于 4 种，检测范围覆盖违禁危害因子 85% 以上，检出率 95% 以上；服务系统可达百万级用户。发明专利 3 项，软件著作权 3 项，技术标准3项。项目验收后三年内年产值达到2 000万元，年销售80~100台。

实施年限：不超过5年

3.3.4 放射性核素在线监测仪器

研究内容：攻克专有低本底、高效率、多晶体谱仪部件直接探测水体放射性水平的测量技术以及数据通讯和集成分析软件核心技术，攻克自动采集、制样、实时在线监测水体的测量技术以及数据通讯和集成分析软件核心技术；实现水中放射性实时在线快速监测、网络化辐射监测，分别形成具有自主知识产权、功能健全、质量稳定可靠的放射性核素在线监测系统，进行工程化和产业化开发，为环保行业提供关键技术支撑。

考核指标：γ核素探测下限137Cs，探测下限0.5Bq/L；90Sr探测下限10mBq/L；3H探测下限1.2Bq/L；14C探测下限2Bq/L；总α探测下限0.05Bq/L；总β探测下限0.1Bq/L；适用温度−20℃~+50℃；适用湿度<95%；防护等级IP54。发明专利3项，软件著作权3项，技术标准3项。项目验收后三年内年产值达到2 000万元，三年销售50台套。

实施年限：不超过5年

3.3.5 航空航天装备安全仪器

研究内容：研究复杂工况下姿态运动的高精度视频测量及其抗扰方法、海量时序视频图像特征的实时处理技术、载荷随姿态运动的变化规律分析方法、测试数据的微弱特征提取方法；攻克高噪声/振动环境下姿态运动的高精度实时测量，载荷/姿态测试数据的时/频/空耦合分析，及其嵌入式软硬件仪器化等关键技术，形成自主知识产权、功能健全、质量稳定可靠的复杂工况下姿态运动的高精度视频检测分析仪，在噪声/振动环境下实现姿态运动的高精度测量、提供载荷/姿态运动间的耦合特性参数。

考核指标：成像分辨率最高3 600万像素，时间分辨率1微秒~1秒，采样频率1~10 000Hz；角度测量范围0~360°；姿态角测量精度最高0.01°；工作环境噪声0~130dB；单路时序视频图像特征的实时处理速度最高2 GB/秒；检测分析信号的信噪比可达−20dB。技术就绪度达8级，发明专利5项，软件著作版权3项，企业技术标准3项。项目验收后三年内产值达到1.2亿。

实施年限：不超过5年

附件7："材料基因工程关键技术与支撑平台"重点专项2016年度项目申报指南（略）

附件8："网络空间安全"重点专项2016年度项目申报指南（略）

附件9："智能电网技术与装备"重点专项2016年度项目申报指南（略）

附件10

"国家质量基础的共性技术研究与应用"
重点专项2016年度项目申报指南

国家质量基础（NQI）由计量、标准、合格评定（检验检测和认证认可）共同构成，是联合国工业发展组织和国际标准化组织在总结质量领域100多年实践经验基础上提出的。NQI支撑并服务于国民经济的各个领域，具有公共产品属性，技术性、专业性、系统性和国际性特征鲜明，不仅被国际公认是提升质量竞争能力的基石，更是保障国民经济有序运行的技术规则、促进科技创新的重要技术平台、提升国际竞争力的重要技术手段。新常态下，党中央、国务院提出把推动发展的立足点转到提高质量和效益上来，NQI 的战略地位和基础作用更加凸显。加强国家质量基础的共性技术研究与应用，对于推动我国经济发展保持中高速增长、迈向中高端水平，具有重要的现实意义。

为推进我国 NQI 的科技创新，驱动我国经济社会发展的质量提升，依据《国务院关于印发质量发展纲要（2011—2020 年）的通知》（国发〔2012〕9 号），《国务院关于印发国家计量发展规划（2013—2020 年）的通知》（国发〔2013〕10 号），《国务院关于印发深化标准化工作改革方案的通知》（国发〔2015〕13 号）等文件精神，按照《国务院关于深化中央财政科技计划（专项、基金等）管理改革方案的通知》（国发〔2014〕64 号）要求，科技部会同国家质检监督检验检疫总局等 13 个部门，制定了国家重点研发计划《国家质量基础的共性技术研究与应用》重点专项实施方案。按照全链条设计、一体化实施的思路，聚焦产业转型升级、保障和改善民生、提升国际竞争力等国家重大需求，围绕计量、标准、合格评定（检验检测和认证认可）和典型示范应用 5 个方向设置 11 个重点任务：新一代量子计量基准、新领域计量标准、高准确度标准物质和量值传递扁平化、基础通用与公益标准、产业共性技术标准、中国标准国际化，基础公益检验检测技术、重要产业检验检测技术、基础认证认可技术、新兴领域认证认可技术和典型示范。

本专项的总体目标是：到 2020 年，实现我国 NQI 总体水平达到并跑，在部分领域达到领跑水平：国际互认测量能力进入世界前 3，为国际单位制重新定义做出实质性贡献，研制计量基标准和测量装置 100～120 台/套，研制国家标准物质 500～600 项，计量科技整体水平跻身世界前列；研制国际标准 200 项以上，我国主导制定的国际标准占同期国际标准总数比例由 0.7% 提升到 1.5%，实现超过 100 项中国标准走出去，研制基础通用、社会公益和产业共性国家标准 1 000 余项，适应经济社会发展和科技创新需求的技术标准体系基本完善，重点领域标准水平领跑国际；填补社会公益和重要产业领域检验检测新方法和核心技术 300 项，新装置 51 台/套，诊断产品 70 种，实现重点领域检验检测核心技术突破；建立 6 套国际或区域领先的认证认可技术方案，重点领域认证认可技术创新能力达到国际先进水平；形成 5 套以上全链条的"计量—标准—检验检测—认证认可"整体技术解决方案。

本专项执行期为 2016 年至 2020 年。各任务落实以项目为主，2016 年第一批项目支持任务不超过总任务的三分之一，共 49 个任务方向。重点研究基本物理常数精密测定、新计量和导出量以及战略性新兴产业、国防等领域关键计量技术，重点研究基础性、公益性和重点产业急需的国际标准、国家标准、检验检测和认证认可技术，以及开展 NQI 技术在典型领域的集成示范。每个任务方向支持 1～2 个项目，所有项目均应整体申报，须覆盖全部考核指标。项目执行期为 3～5 年，如无特殊说明，每个项目下设的任务（课题）数不超过 6 个，项目所含单位数不超过 20 个。

本专项指南如下：

一、计量技术

1　新一代量子计量基准

1.1　应对单位制变革的基本物理常数精密测定

研究内容：应对国际单位制重大变革，研制基准能量天平、基准热力学温度计精密实验系统，准确测定普朗克常数和玻尔兹曼常数；准确测量浓缩硅 28 摩尔质量，为阿伏伽德罗常数的测定提供基础数据；研究基于普朗克常数、玻尔兹曼常数的质量千克单位、开尔文单位复现和传递技术及装置，研究微波电场强度溯源至普朗克常数的里德堡原子量子干涉精密测量技术；研究基于新一代计算电容测定精细结构常数，结合普朗克常数确定基本常数基本电荷，复现以安培为基本单位的电磁计量单位。

考核指标：【约束性指标】：研制测量实验系统 8 套：①基准热力学温度计实验系统 2 套，测定玻尔兹曼常数的相对标准不确定度在 3×10^{-6} 范围内；②能量天平法测量普朗克常数试验装置 1 套，2017 年测量不确定度达到 5×10^{-7}（k = 1），2020 年测量不确定度争取进入 10^{-8}（k = 1）量级；③非空气条件下精密天平 1 套，1 kg 砝码质量测量的标准不确定度优于 13μg；④里德堡原子量子干涉法微波电场精密测量实验系统 1 套，测量的相对标准不确定度 0.5 %（k = 1）；⑤高温基准热力学温度计实验系统 2 套，600K 至 1 000K 测量开尔文的相对标准不确定度优于 5×10^{-5}，1 000K 至 3 000K 绝对辐射温度计测量开尔文的相对标准不确定度达到（2 ~ 10）× 10^{-5}；⑥新一代计算电容实验系统 1 套，精细结构常数测量的相对标准不确定度优于 5×10^{-8}，交流阻抗参数量传水平达到 10^{-9} 量级；⑦浓缩硅 28 摩尔质量测量的相对标准不确定度优于 10^{-8}。发表被 SCI 检索的论文不少于 30 篇，申请发明专利不少于 5 项。【预期性指标】：研制实用化在线校准的高温热力学基准温度计，突破高温气冷堆温度计在线校准技术；研制小型化、低扰动微波电场精密测量量子传感器。

实施年限：2016—2020 年。

1.2　时间频率基准及其传递技术研究

研究内容：研制高准确度锶原子光晶格钟，研究突破标准量子极限的新方法；研究长距离时间频率光纤传递技术；研究原子喷泉基准钟及其应用，研究喷泉钟紧驾驭氢钟的新技术；研制原子干涉绝对重力基准装置，通过国际关键比对验证重力测量值的准确性；研究综合守时技术，以国家原子时标基准为基础，产生统一的中国协调时 UTC（CN），研究 UTC/国家秒长基准原子钟驾驭时标的技术；开展高稳定光纤光学频率梳及其应用研究，实现国家波长基准的量值溯源；研究高精度 GNSS 导航接收机室内校准技术。

考核指标：【约束性指标】：研制测量装置 6 套：①锶原子光晶格钟实验装置 1 套，评定不确定度进入 10^{-18} 量级；②原子喷泉基准钟 1 台，不确定度优于 8×10^{-16}，天稳定度优于 2×10^{-15}，喷泉钟紧驾驭氢钟，输出频率 7 天稳定度优于 8×10^{-16}；③冷原子干涉重力测量装置 1 套，系统不确定度优于 10μGal；④UTC（CN）产生系统 1 套，UTC（CN）与 UTC 的时间偏差优于 ±10ns，UTC（CN）时间稳定度优于 1ns/5d；⑤光梳波长基准量值溯源装置 1 套，不确定度优于 5×10^{-13}；⑥高精度 GNSS 导航接收机室内校准装置 1 套，位置不确定度 1 cm，授时不确定度 20ns。在 SCI 检索期刊上发表论文不少于 20 篇；申请专利不少于 6 项。【预期性指标】：掌握光钟的高精度比对技术；实现喷泉钟紧驾驭氢钟的技术；提高绝对重力测量的水平；形成利用 UTC/基准原子钟驾驭产生稳定可靠的中国原子时的算法；通过光梳实现国家波长基准的量值溯源；实现光学频率梳与超稳激光结合，产生超稳微波，为喷泉钟服务。

实施年限：2016—2020 年。

1.3　光辐射计量基标准研究

研究内容：研究超导转换边沿传感器的单光子辐射基准；研制高可靠性、小型化的高准确度、高稳定度激光波长标准；研究极端光辐射度与材料计量关键技术和研制相关测量装置，建立太赫兹辐射多参数以及极端量程光度和超黑材料光谱特性计量标准；针对地球辐射平衡等辐射定标需求，研究紫外至中红外波段基于探测器和辐射源的光谱辐射度计量基准和扁平化量传体系；研究光腔衰荡法气体成份量基准，建立基于光频梳的光谱测量装置，实现 CO_2/CO 的成份量测量。

考核指标：【约束性指标】：建立标准及测量装置 11 套：（1）光子数可分辨微弱光辐射计量标准装置，量子效率标准不确定度 2.5%；（2）633nm 光波长标准装置，波长的标准不确定度 $\leqslant$ 2×10^{-11}；（3）太赫兹功率测量装置，标准不确定度 1.5%；（4）太赫兹频率测量装置标准不确定度 5×10^{-11}；（5）极端量程光亮度、光照度计量标准装置，照度测量上限为 5×10^{4}lx、下限为 1×10^{-11}lx，不确定度 2%~4%；（6）500~2 000nm 超黑材料漫反射比测量标准装置，测量范围达到 0.01%；（7）基于高温固定点的光谱辐射度标准，最佳不确定度 0.6%；（8）在中红外波段 $3\mu m$~$5\mu m$ 建立光源的光谱辐射度测量装置，标准不确定度 3%~6%；（9）基于可调谐激光器的光谱辐射度计量标准与量传体系，最佳不确定度 0.2%；（10）荧光色度测量装置，不确定度为 1.8%；（11）基于 PDH 锁频的稳腔长光腔衰荡光谱自动测量实验装置，3 小时光腔温度变化不超过 0.005℃；1 米长光腔长度变化不超过 20nm，与称重法配制标气相比，测量结果相差不超过 5%。申请发明专利 3 项，论文 30 篇，申请制定计量检定规程和计量校准规范 3 项。【预期性指标】：建立新一代高精度、扁平化的光谱辐射度计量定标平台，满足卫星与地面光谱辐射度尖端定标需求。

实施年限：2016—2020 年。

1.4 电学量子与几何量计量基标准研制

研究内容：研制量子电压相关基标准的核心大规模集成约瑟夫森结阵器件；研制峰值 10 V、频率 50Hz~400Hz 的工频交流量子电压标准，研制便携免液氦型量子电压标准，研制量子功率基准；研究纳米电路高频量子阻抗特性及测试系统；研制 X 射线晶格比较仪标准装置，实现硅单晶晶格常数的定值及溯源，实现量值国际等效；研究基于光频梳的新一代几何量计量基准，研制光频梳绝对测距装置。

考核指标：【约束性指标】：研制量子基标准及测试系统所需芯片 2 种：①研制出集成规模大于 1 万个结的约瑟夫森结阵器件；②研制交流量子电压系统所需芯片。研制基标准或测量装置 6 套：①交流量子电压标准装置 1 套，峰值 10 V、频率 50Hz~400Hz，不确定度 $5\mu V/V$（k = 1）；②便携式免液氦维护型量子电压标准 1 套；③400Hz 有功量子功率基准装置 1 套，电压 100V，电流 5A，电压、电流及有功功率测量不确定度分别为：0.001%（k = 1）、0.001%（k = 1）、0.002%（k = 1）；④量子阻抗零拍检波测试系统 1 套，频带范围 GHz，可测量 -110dBm 微小信号；⑤X 射线晶格比较仪 1 套，测量不确定度：5.0×10^{-7}（k = 1）；⑥基于光频梳的新一代几何量计量核心装置 1 套，测量不确定度 10 - 7。发表论文不少于 20 篇，申请专利/软件著作权不少于 3 项。【预期性指标】：研制各种量子电压基标准所需的核心器件，系统化建设电学量子基标准体系，研究交流量子电压量值传递方法，研制便携式量子电压标准并推广其在工业、国防、军工、科研等领域的应用，实现对 400Hz 有功功率的精确测量。建立 X 射线晶格比较仪国家计量标准装置，申请制定国家校准规范和国家标准，开展国际比对。研制光频梳绝对测距大长度测量实验装置，提升大长度计量能力。

实施年限：2016—2020 年。

1.5 气相分子化学反应精确操控与精密测量系统

研究内容：研发量子态分辨的冷原子分子束源装置，研究冷分子离子的精确操控技术，精确测量极低温下的基元离子—分子反应速率；研发高精度、高分辨的光谱和质谱技术，精确测量关键化合物和反应物的分子键能；研制高精准定性定量能力的光谱质谱系统，实施靶向的气相离子/分子合成，精密测量功能分子结构及活性；研制存储超大离子的离子阱、离子信号无损探测系统，研究离子阱内生物大分子精确操控、激光解离和结构精确鉴定技术。

考核指标：【约束性指标】：极低温量子态选择的基元离子—分子化学反应实验装置 1 套，离子分子束源温度低于 6K。化学键能精密测量装置 1 套，实验获得 5 个以上重要分子的精确键能的测量数据，键能的精度超越化学精度（<1 kcal/mol）。光谱质谱分析系统 1 套，质荷比测量范围 10～2 000amu。基于紫外激光—质谱技术的生物大分子结构精确测量系统 1 套。离子阱检测最大质荷比 30 000Th；质量分辨率大于等于 30 000；实现激光器对质量大于等于 29KDa 大分子的解离，序列覆盖率优于 60%。发表 SCI 论文 30 篇以上，申请发明专利 20 项以上。【预期性指标】：形成气相分子化学反应精确操控与精密测量研究基地。

实施年限：2016—2020 年。

2 新领域计量标准

2.1 先进制造中关键参量的计量标准和溯源技术研究

研究内容：研究以光学频率梳等前沿技术的面形测量方法和高精度面形轮廓标准装置；研制混合式角度标准装置，研究宽带实时角度发生及同步比较技术、混合动态测角与溯源技术；研究晶圆标准片计量技术，研制校准装置实现集成电路线上测量仪器直接校准；研制针尖增强拉曼光谱仪，研究纳米材料微区拉曼准确测量与溯源技术；实现相关参量的国内量值统一及溯源，参与国际比对，满足量值国际等效性。

考核指标：【约束性指标】：研制装置 4 套：①非球面面形轮廓标准测量装置 1 套，面形轮廓测量标准不确定度：0.2μm（球面或非球面）；②混合式角度计量标准装置 1 套，0°/s～100°/s 范围内角度示值误差：0.2″，100°/s～200°/s 范围内角度示值误差：0.5″，200°/s～300°/s 范围内角度示值误差：1.0″；③晶圆标准片校准装置 1 台，测量不确定度小于 4nm（k = 1）；④针尖增强拉曼光谱测量装置 1 台，拉曼空间分辨力 80nm，拉曼光谱分辨力 2cm－1。发表文章 10 篇，申请发明专利 3 项。

实施年限：2016—2020 年。

2.2 精密制造中的补偿和测量关键技术研究

研究内容：研究干涉测量中的气体折射率高精度测量与误差补偿技术，研制气体折射率高精度测量仪器；研究散斑数字比较全息测量技术，研制相关仪器装置，实现精密制造中表面形貌和形变的高精度无损动态、高效测量；研究微纳三维动态位移（测头）校准装置，形成主轴及测头的动静态参数综合计量系统；研究自支撑薄膜标准溯源技术，实现微膜非接触式高精度测量，建立国家微膜计量标准测量装置，满足微电子半导体、新能源及精密机械等先进制造的溯源和科研需求。

考核指标：【约束性指标】：1. 研制测量装置 6 套：①气体折射率测量仪 1 套，折射率测量相对不确定度 $2×10^{-8}$（k=2）；②可用于双频激光干涉仪的新型波长跟踪器 2 套，长时间稳定性（24 小时）优于 10^{-7}；③散斑数字比较全息测量装置和算法软件 1 套，工作波长 532nm，测量不确定度 0.1 微米，视野范围 10×10 厘米；④建立高速主轴动静态参数计量标准装置 1 台，实现额定转速下的动态参数测量不确定度（线值）优于 80μm（k=2）；结合三维动态位移（测头）校准装置，形成主轴及测头的动静态参数综合计量平台，全面评价整机质量；⑤自支撑薄膜厚度计量标准装置 1 台，测量范围：（10～100）μm，测量不确定度：（0.5+0.03H）μm。发表论文 12～20 篇，申请专利/软件著作权 4～8 项。【预期性指标】：申请制定计量检定规程和计量校准规范 4 项以上，研究成果在精密制造现场应用。

实施年限：2016—2020 年。

2.3 航天空间关键计量标准及溯源技术研究

研究内容：研究建立空间标准太阳电池计量标准装置、模拟空间太阳光源和测量装置及其溯源技术；研究建立带电粒子水吸收剂量和光子硅吸收剂量标准装置和溯源技术，研究固体剂量计空间辐射累积剂量测量方法；研究建立（0.5～300）keV 单能 X 射线标准装置；研究建立基于长寿命 α 核素和 β 核素的活度计量标准装置和量值溯源技术；研究注量、水吸收剂量等导出量的复现新技术并建立计量基准。

考核指标：【约束性指标】：研制基标准测量装置 9 套，标准器 2 套：①建立空间标准太阳电池量子效率和短路电流计量标准装置 1 套，短路电流不确定度优于 1.2%（$k=2$）；建立 IV 特性测量装置 1 套，模拟光源辐照不均匀度和不稳定度优于 2.0%（$k=2$）；②建立固体核径迹探测测量装置、$Co-60\gamma$ 射线硅吸收剂量标准装置、质子水吸收剂量标准装置共 3 套，不确定度分别优于 10%、5% 和 2%（$k=1$）；③建立（0.5～300）keV 单能 X 射线标准装置 1 套，X 射线光子数测量不确定度好于 5% @ 10keV；④研制基于长寿命 α 核素和 β 核素的标准器 2 套，年稳定性好于 3%；研制活度测量装置 2 套，标准不确定度好于 1.5%；⑤研制热中子注量基准装置 1 套，均匀性好于 0.8%。参加国际比对 3 项，发表论文 26 篇，申请发明专利 5 项。【预期性指标】：申请制定计量检定规程和计量校准规范 4 项。建立太空环境下太阳电池翼的计量平台。发布航天相关电离辐射基本物理参数。

实施年限：2016—2020 年。

2.4 海洋声探测关键计量标准及溯源技术研究

研究内容：研究常压、高静水压下水声声压量值复现新方法并建立校准装置；研究有限空间内校准频率拓展技术，减小不确定度水平；研究水声换能器辐射声场与水声材料参数测量方法，研究船舶水下辐射噪声测量技术。研究海水密度与声速测量，建立静力式离线、在线海水密度计计量标准，建立温度压力范围宽广的海水密度与声速测量装置，研究极端条件对海水密度与声速的影响。研究以海流计、多波束声纳等为代表的声探测设备校准技术，建立水流速计量体系，解决多普勒海流计的溯源问题。

考核指标：【约束性指标】：建立计量基标准装置 7 套：①建立常压下水听器校准装置，包括互易法与光学法装置各 1 套，覆盖频率范围 20Hz～500kHz，不确定度优于 0.7dB（$k=2$）；②建立高静水压下水听器校准装置，压力上限 10MPa，频率范围 10kHz～100kHz，不确定度优于 1.0dB（$k=2$）；③建立水声材料参数测量装置，200Hz～2kHz 频率范围内回声降低和插入损失的测量不确定度不大于 1.5dB（$k=2$）；④建立在线与离线海水密度计量标准装置，标准不确定度分别为 3×10^{-6} 和 0.3 分度；⑤建立范围宽广的海水声速测量装置，温度 273K 至 350K，压力高至 30MPa，包括直接测量标准装置 1 套，标准不确定度优于 0.01%，直接测量的海水声速仪校准装置 1 套，相对标准不确定度优于 0.05%；⑥针对多普勒海流计，建立海流计校准装置，流速范围（0.01～3）m/s，不确定度优于（0.1%＋2mm/s），进一步开展多普勒海流计的现场校准。发表文章 20 篇，申报发明专利 4 项。

实施年限：2016—2020 年。

2.5 医学与健康计量关键技术研究

研究内容：研制呼吸、血氧、血透等人体关键生理参数计量校准基站，建设相关平台；研究骨质疏松诊断设备计量溯源及中国人群骨密度数据库建立的质量保证和标准化；研究动态、融合类图像质量计量溯源方法和 MRI 比吸收率计量方法；研究前沿医用光学技术关键参数计量方法，优化改进医用光学/工程光学已研制计量装置；研制高空间分辨共焦拉曼光谱仪样机、拉曼成像参数标准装置；研究癫痫等神经系统脑疾病精确诊断和个性化治疗的关键技术及标准化流程；研制标准水听器和耐高声强水听器，建立相应测量系统，研制基于热释电效应超声测温系统。

考核指标：【约束性指标】：

（1）研制医疗设备质量检测的计量标准装置15台套，提升现有工作基准1套：①呼吸机测试仪校准基站：静态压力（0~100）kPa，最大允差±0.01kPa；血透机检测仪校准基站，电导率（10~20）mS/cm，误差±0.05mS/cm；血氧饱和度模拟仪校准基站：相对标准偏差1%~2%；研制输液泵分析仪、婴儿培养箱分析仪、生命体征和电生理校准基站；②建立骨质疏松诊断设备计量标准装置，骨密度范围0.5g/cm^3~2.0g/cm^3，建立3万样本量中国人群骨密度数据平台；③研制PET—CT图像计量学评价标准装置：低对比度分辨力≤0.5%；研制多模态通用动态图像检测模体：位移分辨力≤0.5mm；研制MRI系统SAR值测量装置：动态范围10μW/g~1000W/kg；④研制眼科OCT计量标准装置、综合验光仪在线检测装置、小顶焦度检测装置；提升角膜曲率计工作基准；⑤研制拉曼光谱成像参数校准装置、氧气透过率标准膜。

（2）研发基于306通道脑磁图、256通道脑电图的自动源定位系统，定位精度毫米级，并研制对神经系统脑病甄别、发作检测、术前评估系统；建立误差≤3ms脑电—神经调控同步治疗平台。

（3）研制高空间分辨共焦拉曼光谱仪样机，拉曼光谱分辨力0.5cm^{-1}，空间分辨力0.7μm。

（4）研制标准水听器和耐高声强水听器，建立相应测量系统：频率0.5MHz~15MHz，声压1kPa~5MPa，温度系数0.2dB/℃；研制基于热释电效应超声测温系统：温度20℃~60℃，分辨率2℃。

（5）发表被SCI检索论文14篇，EI检索论文18篇；申请制定计量检定规程和计量校准规范7项；申请发明专利5项；培养博士6人，硕士16人。

实施年限：2016—2020年。

3　高准确度标准物质和量值传递扁平化技术

3.1　重点领域急需化学成分量标准物质研究

研究内容：针对大众健康、环境监测、绿色制造、安全生产等国家战略需求，开展食品、消费品、环境、矿产资源、安全防护等领域急需的典型有机污染物（真菌毒素类、全氟化合物、溴化阻燃剂等）、无机污染物（重金属、元素形态）、监测用气体等系列标准物质研制；开展具有计量溯源性的高准确度标准物质定值技术、标准物质制备及分离技术研究，满足纯物质、溶液、复杂基质中化学成份量溯源需求；并通过参加/组织国际计量比对，实现国际互认。

考核指标：【约束性指标】：标准物质：具有计量溯源性的国家级标准物质305种。不确定度指标：纯物质≤1%，溶液≤1%~5%，基体物质≤10%~20%；混合气体≤1%~5%，零点气体≤10%~20%，包括：①食品污染物、抗生素、元素形态等14种；②食品真菌毒素15种；③生产安全：新型混合气体及零空气12种；活性炭管及滤膜13种；④环境及水质38种；⑤塑料皮革等23种；⑥农业领域50种；⑦新型矿产71种；⑧海洋监测69种。高准确度定值关键技术及方法40种。CMC核心测量能力：17项。参加/组织国际计量比对或能力验证8次。发表科技论文40篇，其中SCI论文10篇。申请发明专利3项。

实施年限：2016—2020年。

有关说明：每个项目下设任务（课题）数不超过6个，项目所含单位数不超过30个。

3.2　大数据下新型电磁计量标准的研究

研究内容：通过智能电能表在线电能计量大数据，研究电能表集群式在线电能计量标准，研究智能电表软件型式评价方法，建立计量溯源体系，解决在用智能电表计量准确性及可靠性评价需求；研究典型复杂用电工况下的计量传感、校准方法以及计量装置；研究电动汽车充换电模式下动态负荷电能计量标准和电能现场校准技术，实现交直流充电桩（机）整体现场检定；建立超低频交流电压及阻抗标准，解决新型大容量在线储能电池及电动汽车动力电池关键性能参数溯源。

考核指标：【约束性指标】：建立电磁计量标准或装置 7 套：①建立电能计量大数据计算数据库，形成电能表集群式在线电能计量检定系统，在用智能电表计量准确率（万台级）不低于 95%；②建立 35kV 级配电线路单相高压谐波功率计量标准装置，1 ~ 20 次谐波有功功率测量不确定度 0.02% ~ 0.2%（$k = 2$），10kV 配电网电量在线测量不确定度 0.2% ~ 1%（$k = 2$）；③建立动态负荷电能计量标准装置，交流动态有功电能测量不确定度：0.01%（$k = 2$）；④建立交流充电桩现场检定装置，有功电能测量不确定度：0.02%（$k = 2$）；⑤建立直流充电机现场检定装置，直流电能测量不确定度：0.02%（$k = 2$）；⑥建立 100mHz 超低频电压标准装置，测量不确定度达到 5×10^{-4}（$k = 2$）。申请制定计量检定规程和计量校准规范 8 项。发表 SCI 或 EI 检索论文 20 篇，申请专利/软件著作 10 项。主导或参加国际比对 2 项。【预期性指标】：建立在用智能电表可靠性评估体系，形成智能电能表软件型式评价系统。建立复杂用电工况下电量的量值溯源体系。建立超低频阻抗计量装置，锂电池低频阻抗校准装置及储能电池健康状况评测体系。

实施年限：2016—2020 年。

二、技术标准

4　基础通用与公益标准

4.1　国家时空信息基础设施建设与服务关键技术标准研究

研究内容：研究国家时空信息基础设施规范化建设与信息交互服务通用类和基础类标准，包括时空信息分类编码、地名地址地理编码、术语、语义表达、产品等标准；研究时空信息数据获取、处理、共享与集成技术标准，包括地上下与室内外信息的获取、处理、数据库建设、信息接口与交换以及产品质量等方面的技术方法标准；研究时空信息应用服务方面技术标准，包括时空信息云平台、全息位置地图与位置服务、泛在服务、运行维护与质量测评技术标准。

考核指标：【约束性指标】：研究并形成相关国家标准报批稿 35 项，包括：通用类和基础类国家标准 10 项；时空信息数据建设技术方法类国家标准 15 项；应用服务类国家标准 10 项；【预期性指标】：建立支撑国家时空信息基础设施建设、服务与评价技术标准体系。

实施年限：2016—2019 年。

4.2　国防动员和军民融合资源信息数据对接技术标准研究

研究内容：聚焦国防动员和军民融合发展国家战略需要的重要军民通用资源信息数据互联互通和共享利用的标准要求，研究重要军民通用资源结构体系标准；研究军民通用物资、设备、器材、设施、技术保障人员等资源信息分类、编码技术标准；研究军民通用资源信息核心元数据标准；研究军民通用资源兼容性、互换性的信息符号、代号、标识标准；研究跨系统、行业、领域多标准体系相融的军民通用资源信息代码转换技术标准；研究军民通用资源信息数据对接技术方法标准。

考核指标：【约束性指标】：研究并形成相关国家标准报批稿 26 项，包括：军民通用资源信息分类与编码体系国家标准 1 项；军民通用资源信息分类与编码国家标准 5 项；军民通用资源信息核心元数据国家标准 5 项；军民通用资源信息符号、代号、标识国家标准 5 项；军民通用资源信息代码转换技术国家标准 5 项；军民通用资源信息数据对接技术方法国家标准 5 项；【预期性指标】：建立实现军民融合发展国家战略，保障国防动员需要的重要军民通用资源信息数据军地共享共用的标准体系。

实施年限：2016—2019 年。

4.3 支撑重点领域能耗总量和能耗强度双控制的关键技术标准研究

研究内容：聚焦重点领域能耗总量和能耗强度双控目标实现及监管的标准需求，研究工业领域重点用能设备和系统能效检测、能耗监测、能源管控、系统优化、泛能集成及智能化管理等关键技术标准；研究"领跑者"指标确定方法并形成相关终端用能产品能效技术标准；研究重点行业能耗限额及其配套标准；研究能源管理体系及绩效评估、节能量及用能权交易、合同能源管理、节能技术评估等关键技术标准。

考核指标：【约束性指标】：研究并形成相关国家标准报批稿 40 项，包括：工业领域重点用能设备和系统节能国家标准 12 项；终端用能产品能效国家标准 8 项；重点行业能耗控制和配套国家标准 8 项；能源管理及市场化节能机制相关国家标准 12 项；【预期性指标】：建立支撑能耗总量和能耗强度控制的标准体系；构建支撑市场化节能机制的关键技术标准体系。

实施年限：2016—2019 年。

4.4 典型产业链资源循环利用关键技术标准研究

研究内容：研究典型再生资源分类、收集、运输、检测、处理处置以及智能化、信息化等方面标准；研究园区产业链诊断优化技术、物质流分析、园区循环化改造技术方法、改造效果评估等基础标准；研究钢铁、有色、纺织、煤炭、化工、电力等产业典型废弃物循环利用、循环经济最佳技术指南和行业循环利用绩效评估等关键技术标准；研究土地资源分类、调查、评价、利用技术标准；研究重要矿产资源检测和集约节约利用技术标准。

考核指标：【约束性指标】：研究并形成相关国家标准报批稿 60 项，包括：再生资源回收利用国家标准 14 项，支撑园区循环化改造国家标准 10 项，典型行业循环产业国家标准 13 项，土地调查评价分类利用国家标准 3 项，重要矿产资源检测和集约节约利用技术标准 20 项；【预期性指标】：形成支撑土地和矿产资源调查评价与集约节约利用、工业废物循环利用和园区循环化改造的标准体系；建立产业链诊断技术方法工具体系。

实施年限：2016—2019 年。

4.5 导向标识系统设计、应用及评测技术标准研究

研究内容：针对我国城市建设中不同类型导向标识系统规划、建设和管理的需求，研究城市寻路导向系统规划、设计、设置与测评技术及关键技术标准，包括：研究图形符号设计、测试及具体图形符号的通用技术标准；研究典型公共场所中公共信息导向系统的规划设计技术及关键标准；研究寻路导向标识系统规划与应用效果的评测技术、评测指标体系和标准；研究寻路导向标识系统中各类标识全生命周期的相关技术标准；应急疏散导向系统设计、设置与测评技术及关键技术标准；安全信息识别系统设计、设置与测评技术及关键技术标准。

考核指标：【约束性指标】：研究并形成相关国家标准报批稿 30 项，包括：城市寻路导向系统规划、设计、设置与测评技术国家标准 22 项；应急疏散导向系统设计、设置与测评技术及关键技术国家标准 4 项；安全信息识别系统设计、设置与测评技术及关键技术标准 4 项；【预期性指标】：构建完善的导向标识系统国家标准体系，服务于我国的城市建设；发表论文 15 篇。

实施年限：2016—2019 年。

5 产业共性技术标准

5.1 新型农业投入品与优势特色农产品质量评价标准与标准样品实物研究

研究内容：研究复合型生物肥料、饲料等农业投入品生产质量控制技术标准，微生物菌剂功能与安全评价技术标准；研究常见肥料中有害物质分类、检测方法、有效性评价、质量分级技术

标准；研究宠物等特种饲料、新型水产品及饲料用海藻原料产品质量要求和评价、质量分级等共性技术标准；研究粮油、药食同源农产品、茶叶、烤烟、畜产品等农产品质量分级国家标准样品；研究特色高附加值农产品功能活性成分分析、产地识别与真伪鉴别用国家标准样品；研究微生物菌剂质量评价分析国家标准样品。

考核指标：【约束性指标】：研究并形成相关国家标准报批稿 20 项，研究并获得批准发布国家标准样品 15 项，包括：复合型生物肥料、饲料等农业投入品生产质量控制、功能与安全评价国家标准 6 项；常见肥料中有害物质分类、检测方法等国家标准 8 项；宠物与新型水产品产品质量要求和评价、质量分级等国家标准 6 项；农产品质量分级用国家标准样品 5 项；特色高附加值农产品功能活性成分分析、产地识别与真伪鉴别用国家标准样品 7 项；微生物菌剂质量评价分析用国家标准样品 3 项；【预期性指标】：申请发明专利 5 项，研究并形成相关行业标准报批稿 8 项，发表论文 10 篇。

实施年限：2016—2019 年。

5.2 重要农林产品现代加工质量提升共性技术标准

研究内容：研究大宗粮食分类收储、超标粮食分仓储存技术标准；研究棉麻、蚕丝等天然纤维清理、调湿、轧花、在线检测与工艺优化等智能化、柔性化、规模化加工等共性关键技术标准；研究改性木材、阻燃人造板、功能木地板等新产品质量要求和加工新方法技术标准；研究玫瑰茄、金银花和枸杞等优势特色农产品深加工技术标准；研究畜禽及水产品深加工新技术标准；研究动物皮毛深加工新技术标准。

考核指标：【约束性指标】：研究并形成相关国家标准报批稿 20 项，包括：大宗粮食分类收储、超标粮食分仓储存国家标准 4 项；棉麻、蚕丝等天然纤维智能化柔性化加工国家标准 4 项；改性木材、功能木地板等质量要求和加工新方法国家标准 5 项；枸杞等优势特色农产品深加工技术国家标准 3 项；畜禽及水产品深加工新技术国家标准 2 项；动物皮毛深加工新技术国家标准 2 项；【预期性指标】：申请发明专利 5～6 项，研究并提出行业标准报批稿 10～15 项，发表论文 10～15 篇。

实施年限：2016—2019 年。

5.3 智能制造基础共性和关键技术标准研究

研究内容：研究智能制造基础标准，包括：参考模型、术语、产品数据描述、数据采集、数据字典等基础数据共享和交换标准，产品对象标识、解析、可视化等自动识别标准；研究智能制造共性技术标准，包括：数字化设计、建模、仿真、工程等数字化协同标准，通信接口、通信协议、时钟同步、互操作要求、人机交互、人工智能、互联互通等系统集成标准，智能调度、能效优化、安全控制等过程控制标准；研究智能制造关键技术标准，包括：增材制造关键工艺和检测标准，机器人术语、分类、通用要求、设计规范、接口规范、通信规范、性能评估与测试、人机交互、安全规范、信息安全、软件、环境可靠性、环保、能效评估和模块化标准。

考核指标：【约束性指标】：研究并形成相关国家标准报批稿 90 项，包括：智能制造基础国家标准 20 项（基础数据共享和交换标准 15 项、自动识别标准 5 项）；智能制造共性技术国家标准 35 项（数字化协同标准 5 项、系统集成标准 15 项、过程控制标准 15 项）；智能制造关键技术国家标准 35 项（增材制造标准 5 项、机器人标准 30 项）；【预期性指标】：构建智能制造技术标准体系、增材制造技术标准体系和机器人技术标准体系；申请发明专利 5 项；发表论文 10 篇以上。

实施年限：2016—2019 年。

5.4　支撑重点领域工业三基的关键技术标准研究

研究内容：研究铸造、锻压、焊接、热处理等先进基础制造工艺标准及相关基础制造装备标准；研究高档数控机床、航空航天装备、海洋工程装备等高端制造业配套核心基础零部件标准，包括：高档功能部件、新型减速器、大型液压件、制动系统和轴承、高压柱塞泵、高精度齿轮、高强度紧固件、高应力弹簧、风电密封等基础零部件标准；研究模块化、工业数据等支撑工业三基的通用技术标准，研究建立国家工业标准基础数据库。

考核指标：【约束性指标】：研究并形成相关国家标准报批稿40项，包括：基础制造工艺及相关基础制造装备国家标准11项；核心基础零部件的性能、可靠性和寿命国家标准25项；模块化、工业数据等国家标准4项，建立典型领域国家工业标准基础数据库1个。

实施年限：2016—2019年。

5.5　先进结构材料领域关键技术标准研究

研究内容：研究高品质特殊钢、海洋工程用钢、建筑用钢、新一代高温合金及耐蚀合金等钢铁领域技术标准；研究轨道交通用铝镁材、航空航天用有色金属材料、铜钢复合结构材料等有色金属领域技术标准；研究高性能混凝土及水泥、新型建筑墙体、屋面系统材料和部品等建材领域技术标准。

考核指标：【约束性指标】：研究并形成相关国家标准报批稿30项，包括：钢铁领域国家标准12项、有色金属领域国家标准12项、高性能混凝土及水泥等领域国家标准6项；【预期性指标】：研究并形成相关重点产品行业标准报批稿10项。

实施年限：2016—2019年。

5.6　新一代信息技术产业共性技术标准研究

研究内容：研究集成电路设计、制造、工艺标准，SOC/IP核、裸芯片、A/D、D/A、微机电系统（MEMS）、射频电路等领域产品规范及工业控制芯片、高压电路等标准，以及集成电路封装和测试技术标准等；研究供应链安全、关键信息基础设施安全、关键软硬件安全、信息系统安全等要求和评估标准；研究LED显示屏性能、光安全、能耗要求及评价方法标准、柔性显示屏的光学、图像质量、视觉质量、机械性能要求及测试技术标准、新型显示材料和器件标准；研究智能终端接口、人机交互、数据格式等标准。

考核指标：【约束性指标】：研究并形成相关国家标准报批稿35项，包括：集成电路国家标准12项、信息安全国家标准8项、新型显示国家标准10项、智能终端国家标准5项；【预期性指标】：完成智能硬件、集成电路、新型显示、信息安全相关研究报告5份。

实施年限：2016—2019年。

5.7　"互联网＋新能源"关键技术标准研究

研究内容：研究基于互联网发展模式的新能源生产、传输、消费、存储、转换等方面的技术标准体系及术语、接口等基础标准；研究太阳能高温热发电站主要设备、检测、安装、运行维护、能量存储等太阳能高温热发电站关键标准；研究低成本储氢材料、新型离子交换膜、双极板、膜电极、电堆和发电系统的寿命预测及快速评价等高效燃料电池发电系统关键技术及应用标准；研究特高压交直流混联大电网安全稳定、运行控制、仿真计算、在线分析、网源协调以及大容量直流和大规模新能源接入等大电网运行管理关键技术标准；研究智能化对电气安全性的影响因素、控制智能化电气安全水平和针对电气智能化采取的安全措施及试验方法等智能化电气设备共性安全标准；研究智能电网用户端子系统接口网关、主系统与子系统、外部系统信息交互要求、系统能源效率管理和评估、电力消费需求侧响应等技术标准。

考核指标：【约束性指标】：研究并形成相关国家标准报批稿 50 项，包括：基于互联网技术发展模式的新能源国家标准 9 项，太阳能高温热发电站关键设备及运行国家标准 8 项，高效燃料电池发电系统关键技术及应用国家标准 7 项，大电网运行管理关键技术国家标准 10 项，智能化电气设备共性安全标准 6 项，以及智能电网用户端能源管理及电力消费需求响应国家标准 10 项；【预期性指标】：建立"互联网＋新能源"标准体系。申请发明专利 5 项。

实施年限：2016—2019 年。

5.8　生物产业共性技术标准研究

研究内容：围绕动物、植物、微生物样本管理与利用技术、生物物质鉴别及精确检测技术、重要生物产业过程控制等领域开展标准研究，具体包括：研究生物样本分级、采集、贮存、管理、使用和共享技术标准，生物样本信息获取、存储、分析与处理技术标准，生物样本特异表达关键基因鉴定技术标准；研究蛋白质鉴别及检测技术标准，酶的标准底物定值方法及技术标准，功能性蛋白质的活性、酶活性检测及评价标准；研究细胞计数、纯度、活性及其内在生物分子的精确测量方法，相关产品和生物试剂的质量控制等生物技术标准；研究生物育种质量控制、操作技术规范、特异基因检测、种质鉴定以及特性鉴定等技术标准；研究海洋生物活性物质分离、提取、纯化等海洋生物资源开发利用技术标准，海洋生物活性物质标准样品及检测技术标准，海洋生物产品质量控制等技术标准；研究生物次生代谢物分离、提取、纯化、检测、结构鉴定、活性测定、产品质量控制技术及标准，代谢物标准样品。

考核指标：【约束性指标】：研究并形成相关国家标准报批稿 70 项，研究并获得批准发布国家标准样品 15 项，包括：生物样本国家标准 15 项、生物检测国家标准 20 项、生物育种国家标准 15 项、海洋生物国家标准 10 项、生物次生代谢物国家标准 10 项，酶、海洋生物活性物质、细胞、代谢物等国家标准样品共 15 项。【预期性指标】：申请发明专利 5 项。

实施年限：2016—2019 年。

5.9　高端装备共性技术标准研究

研究内容：研究飞行设计与仿真、工艺工装，航空用复合材料及标准件、基础与结构要素标准，无人机标准，研究新一代运载火箭、新型平台和载荷、载人航天、深空探测器等标准；研究机床数控系统及部件功能、性能与可靠性标准，研究高精度影像仪、工业 CT 等高端测量设备校准、检测方法等标准；研究大型集装箱船、散货船、油船及 LNG、LPG、游轮等高技术船舶总体、结构、材料、建造、配套系统与设备标准，研究海洋可再生能源开发装备、海洋观测监测装备，自升式钻井平台、半潜平台、钻井船等海洋工程装备总体、结构、试验、升降系统、配套设备标准，研究数字化造船技术标准。

考核指标：【约束性指标】：研究并形成相关国家标准报批稿 32 项，包括民用航空装备与航天装备国家标准 12 项、高档数控机床国家标准 8 项、海洋工程装备和高技术船舶国家标准 12 项；【预期性指标】：申请发明专利 5 项。

实施年限：2016—2019 年。

5.10　电子商务信息共享及交易保障共性技术标准研究

研究内容：针对电子商务全产业链的关键环节和核心要素，围绕基础信息编码、信息交换与共享、电子凭证、主体实名认证、产品追溯和产品检测、质量认证与监管、在线评价、跨境电子商务等方面的标准需求，研究电子商务基础信息编码、交换和共享等基础标准；研究质量追溯和检测、质量认证与监管、在线评价、风险预警等交易平台综合质量管理体系关键技术标准；研究跨境电子商务多语种产品信息描述关键技术标准；研究贸易便利化电子单证和凭证等基础标准。

考核指标:【约束性指标】:研究并形成相关国家标准报批稿 55 项,包括:电子商务基础信息编码、交换和共享国家标准 10 项;质量追溯和检测、质量认证与监管、在线评价、风险预警国家标准 20 项;跨境电子商务多语种产品信息描述国家标准 5 项;贸易便利化电子单证和凭证国家标准 20 项;【预期性指标】:完善电子商务技术标准体系;获得 10 项软件著作权;申请发明专利 2 项。

实施年限:2016—2019 年。

5.11 消费品质量安全管控关键技术标准研究

研究内容:研究跨行业、领域的消费品通用安全及检测方法标准,研究关于特殊人群、个性定制、组合组装等领域的消费品安全标准,研究家具、家电、纺织服装等重点消费品安全标准;研究消费品安全危险源辨识、风险评估和预警技术标准,研究基于多源数据集成的消费品全生命周期风险监测、信息融合与集成标准,研究消费品安全在线信誉监测和评价关键技术标准;研究智能制造环境下产品协同设计、产品质量安全改进和产品质量控制标准,研究基于质量链一体化的消费品安全过程管理标准,研究消费品溯源编码和状态实时监控等技术标准。

考核指标:【约束性指标】:研究并形成相关国家标准报批稿 50 项,包括:消费品全生命周期的安全要求及检测方法国家标准 30 项、消费品安全危险源辨识和风险评估国家标准 10 项、消费品安全质量控制和过程追溯国家标准 10 项;【预期性指标】:申请发明专利 5 项,发表论文 30 篇。

实施年限:2016—2019 年。

6 中国标准国际化

6.1 战略性新兴产业关键国际标准研究(一期)

研究内容:研究智能制造领域国际标准,包括:工业控制系统信息安全、工厂自动化无线通信技术、智能装置和智能测控设备可靠性、EPA 通信行规、在线水质分析仪、配电系统安全监测、移动机器人及其智能单元电气设备环保要求数据等领域国际标准;研究新能源领域国际标准,包括:风能预测及评估、新能源发电并网、微电网设计、高压直流电力电子设备动态条件、低压配电系统安全监测设备、电力变压器偏磁抑制装置、燃料电池术语、液流电池性能、起停电池性能等国际标准;研究电动汽车领域国际标准,包括:电动汽车换电性能及安全、电动汽车充电控制导引等领域国际标准;研究新一代信息技术国际标准,包括:同轴通讯电缆、射频连接器、激光显示设备、有机发光显示器件、柔性显示器件、液晶显示器件、家用电子系统等领域国际标准;研究海洋技术和装备国际标准,包括:海洋探测设备设计及试验方法、潜水器、海水淡化、海洋观测等领域国际标准;研究遥感领域国际标准,包括:遥感影像传感器与数据校准、地表覆盖遥感制图信息服务等国际标准。

考核指标:【约束性指标】:在智能制造、新能源、电动汽车、新一代信息技术、海洋技术和装备、遥感等领域提出 40 项国际标准提案并获得通过,已立项国际标准提案向前推进 1 到 2 个阶段;【预期性指标】:国际标准技术研究报告 20 份、发表论文 40 篇。

实施年限:2016—2019 年。

有关说明:项目申请单位应具备参与国际标准相关工作的基础条件,优先支持相关领域已提交国际标准提案、国际标准组织下设技术委员会及分会秘书处承担单位、工作组召集单位或国内技术对口等单位。

6.2 优势特色领域重要国际标准研究(一期)

研究内容:研究船舶海上设备国际标准,包括:新型燃料动力船舶、海上风能开发、工程与作业船、船用机械设备、应急设备、绿色船舶安全性、安静性与能效评估等领域国际标准；研究中医药领域国际标准，包括：中医药术语及编码、中医药材、器具仪器等领域国际标准；研究纺织领域国际标准，包括：纤维和纱线等领域国际标准；研究家电领域国际标准，包括：家用清洁机器人、养老助残家电、厨房设备、洗衣设备、美发设备等领域国际标准；研究电力装备领域国际标准，包括：混流式水轮机发电设备、防爆电气设备、电气绝缘材料等领域国际标准；研究工程建筑领域国际标准，包括：工程建筑无损检测国际标准；研究通用基础国际标准，包括：人类工效、公共信息导向、术语等领域国际标准。

考核指标：【约束性指标】：在船舶海上设备、中医药、纺织、家电、电力装备、工程建筑、通用基础等领域提出 20 项国际标准提案并获得通过，已立项国际标准提案向前推进 1 到 2 个阶段；【预期性指标】：国际标准技术研究报告 20 份、发表论文 40 篇。

实施年限：2016—2019 年。

有关说明：项目申请单位应具备参与国际标准相关工作的基础条件，优先支持相关领域已提交国际标准提案、国际标准组织下设技术委员会及分会秘书处承担单位、工作组召集单位或国内技术对口等单位。

6.3　中国标准走出去适用性技术研究（一期）

研究内容：开展东盟、中亚、东北亚、北美、欧洲、非洲、阿拉伯等我国重点贸易区域与我国标准体系差异性研究，开展重点贸易产品标准比对分析研究，在铁路、核电、进出口电器电机产品、陶瓷、摩托车、服装、稻谷、小麦，以及海洋观测、海水利用、海洋能、海洋检验检测、国际海地矿产资源勘探技术与深海装备、节能环保等领域我国标准与主要出口贸易国标准比对分析，对标准的关键指标进行实验验证；开展我国标准与国际标准一致性研究，在电力、汽车、航空航天、海洋工程、轻工、纺织消费品等领域开展我国标准与国际标准差异性研究，对标准关键指标进行试验验证，为我国标准采用国际标准提供技术依据；开展我国农业标准在东盟国家适用性技术研究，在柬埔寨、越南等地研究建立中国农业标准应用基地；研究英文国际标准化语言特征，建立标准化英汉双语语料库及本体知识系统。

考核指标：【约束性指标】：在铁路、核电、进出口电器电机产品、陶瓷、摩托车、服装、稻谷、小麦，以及海洋观测、海水利用、海洋能、海洋检验检测、国际海地矿产资源勘探技术与深海装备、节能环保等领域开展 50 项重点标准的比对分析和境外适用性研究，形成研究报告 10 份；实现 30 项以上中国标准被国外标准引用、转化；在东盟国家建立 5 个农业标准化示范区；构建不少于 3 000 万中文字符、1 500 万英文单词的双语标准化语料库，实现标准化用语覆盖率大于 85%，准确率达到 90%，本体知识系统 1 个。【预期性指标】：完成 10 个重要国家和区域的标准化体系分析研究报告。

实施年限：2016—2019 年。

三、检验检测

7　基础公益检验检测技术

7.1　金属材料超声无损检测及微损测试技术

研究内容：研究阵列传感器柔性激励的超声三维透视成像检测技术并研制仪器；研究压电阵列式超声导波多模态成像检测关键技术；研究金属制设备在线电磁超声无损检测技术并研制仪器；研究铁磁性金属材料早期损伤的磁声发射检测技术并研制仪器；研制超声检测仪器、试块性能测试评价平台及检测工艺验证平台；研究液压鼓胀和在线压痕的微损材料性能检测及试验制备技术并研制仪器。

考核指标：【约束性指标】：研制新仪器或系统不少于 8 台套，关键部件国产化，核心技术拥有自主知识产权，其中：阵列柔性激励仪器：最大激励接收通道：32/64PR；激励信号为任意波形；具有工艺仿真与三维检测成像功能；电磁超声检测仪器：任意波形激发；自激自收模式下，接收电路恢复时间 <5μs；传感器检测温度 750℃ 时，接触时间 >30s；工作带宽覆盖 50kHz～10MHz；接收电路程控前置放大增益 >100dB；机械式取样机：单个样品取样时间小于 2 小时，设备尺寸小于 80mm；液压鼓胀检测仪：材料屈服强度测量误差小于 30MPa；磁声发射检测仪器指标：磁化激发频率 1Hz～500Hz；无线全数据通讯；5M/s 采样率 16 位精度 2 通道连续波形连续 24 小时不间断采集和上传；动态范围不小于 90dB。正式颁布实施的国家标准 1 项、行业标准 2 项。

实施年限：2016—2019 年。

7.2 新型消费品检测及评价技术

研究内容：研究消费品中超细颗粒及功能性材料的快速甄别、半定量检测、安全性评价技术，研究其对产品功能的影响，建立此类消费品中的成分识别—安全性评估—功能性评价体系；开发新型家用产品风险和缺陷的分析、监测和无损检测技术，建立产品风险规避、早期失效损伤修复和延寿技术，及中后期的监测技术；建立新型家电产品失效案例数据库，对故障高发性零部件建立相应的治愈机制和工艺；开展新型家用电子产品中智能化、网络化和集成化传感器和控制器的关键检测技术研究。

考核指标：【约束性指标】：针对至少 6 类消费品，建立其所含超细颗粒和功能性材料的识别、半定量检测技术、安全性评估及功能性评价方法；针对家电产品的腐蚀缺陷、裂纹缺陷及材料原始组织缺陷及工艺缺陷，建立分析模型总计不少于 4 项，风险分析评价技术不少于 8 项，相应的处置技术不少于 8 项，典型家用机电产品的应用示范不少于 4 类；申请失效案例数据库软件著作权不少于 3 项；新型智能化家用电子产品关键检测技术不少于 10 项，使用感受评价模型不少于 5 类。

实施年限：2016—2020 年。

7.3 游乐园和景区载人设备全生命周期检测监测与完整性评价技术研究

研究内容：研究游乐园和旅游景区内的游乐设施、索道等载人设备全生命周期的质量控制和检测监测技术。研究载人设备的故障和失效模式及影响质量因素的统计分析与对策；研究旋转、滑行、升降等主要游乐设备类型的虚拟仿真、质量预测和虚拟体验技术并开发系统；研究其本质安全设计和建造技术；研究运行状态监测、故障诊断和质量性能评价技术并开发系统；研究风险分析与完整性评价技术；研究开发动态质量监测技术与平台。

考核指标：【约束性指标】：研究建立的载人设备和设施的设计、建造、状态监测、故障诊断、风险分析与完整性评价技术。旋转、滑行、升降等主要游乐设备的虚拟仿真、质量预测和虚拟体验系统 1 套，应用案例不少于 10 个。重要的运行状态监测、故障诊断和质量性能评价系统 3 套，应用案例不少于 10 个。建设动态质量监测与管理平台 1 个，应用案例不少于 5 000 个。正式颁布的国家特种设备安全技术规范不少于 3 项，正式颁布实施的国家/行业标准不少于 15 项，应用案例不少于 200 个。

实施年限：2016—2019 年。

7.4 高频跨境生物多目标高精准检测技术

研究内容：以口岸截获海量跨境生物为对象，研究高频跨境寄生真菌高阶元多目标检测筛查技术；研究高频跨境昆虫及媒介生物多目标检测鉴定技术；研究高频跨境细菌和病毒高精准检测技术；研究真菌和细菌活性鉴别技术和溯源技术；研究跨境生物智能鉴定系统；研发跨境生物检测试剂。

考核指标：【约束性指标】：建立至少 3 个科属高频跨境寄生真菌高阶元多目标检测筛查方法，准确率达到 98％以上；建立至少 4 个属跨境昆虫和媒介生物多目标检测方法，建立至少 50 种跨境细菌病毒高精准检测方法，建立有效的检测活性鉴定方法和 10 种以上真菌、细菌溯源方法，研制 1 套智能鉴定系统（指标：能同时鉴定上千种生物、耗时 1 小时内），研制跨境生物参比物质不低于 20 种，制订检测国家标准报批稿不少于 5 项、行业标准报批稿不少于 15 项，研发检测新技术新方法不少于 20 项、申请发明专利不低于 20 个，研制检测产制品不低于 30 个，研制快检装置 3 个。【预期性指标】：形成 5 个类群高频入境生物的高阶元和高精准鉴定的技术体系，支撑国境生物安全和国际贸易。

实施年限：2016 年—2020 年。

8 重要产业检验检测技术

8.1 典型石化装置动设备检测监测与完整性评价技术

研究内容：针对泵、压缩机等石化装置重要动设备；研究故障模式、故障概率及故障诊断方法；研究严苛工况下（高温、高压、高转速、复杂载荷和恶劣介质环境）关键部件的复合失效机理、选材评价、寿命预测及可靠性评价技术；研究石化装置重要动设备质量检测和状态监测技术，开发典型动设备全生命周期性能检测系统；研发动设备运行过程中质量完整性评价技术及系统；研发动设备在线可靠性评价及设备群质量预警平台。

考核指标：【约束性指标】：①开发典型动设备故障数据库系统 1 套，包括典型石化动设备故障案例库和故障概率数据库，应覆盖离心泵等主要石化动设备，故障案例应包含关键部件的运行频谱，案例数量不少于 500 个，故障概率统计范围不少于 4 年；②提出转动轴、叶片、机械密封等关键部件复合失效机理、选材评价、寿命预测和可靠性评价技术不少于 10 项；③典型石化动设备状态监测和检测新方法不少于 10 种，质量完整性评价技术不少于 5 项，在线可靠性评价方法不少于 5 项；开发动设备质量完整性评价系统，故障预警和检维修策略制定等系统；开发具备往复压缩机组、离心机泵等设备群的在线/离线统一预警平台；④典型动设备全生命周期性能检测系统；⑤研发在线检测仪器不少于 2 套；⑥研制国家标准报批稿 2 项、行业标准报批稿不少于 5 项；⑦申请发明专利不少于 20 项。

实施年限：2016—2019 年。

8.2 重大复杂机电系统服役质量检测监测及维护质量控制技术研究

研究内容：围绕重大复杂机电系统服役质量及维护需求，研究重大机电装备及系统服役质量状态检测、监测技术与系统配置优化技术；研究复杂机电系统的分布式智能传感检测、监测网络系统；研究检测、监测系统的有效性分析技术；研究多维多态检测数据校正与信息质量控制技术；研究复杂机电系统的服役状态质量指数（Q 指数）表征体系与评估技术；研究复杂机电系统维护质量控制技术、工作规范与评估标准；研究复杂机电系统服役质量预警云服务平台。

考核指标：【约束性指标】：针对复杂机电装备系统服役运行，形成在线检测、监测新技术不少于 10 项，形成故障溯源系统不少于 2 套，研发在线检测、监测装置不少于 5 套；建立一套大数据环境下服役质量分析及服役质量指数体系，建立服役质量评价系统不少于 2 套，建立多维多态信息融合及服役质量状态分析算法库；建立新型复杂机电装备服役质量、维护质量评价方法不少于 5 项；研制典型复杂机电系统服役质量预警、管控云平台不少于 2 套；申请发明专利不少于 10 项；申请软件著作版权 15 项；发表 SCI 检索论文不少于 10 篇。

实施年限：2016—2019 年。

8.3 国产自主高端核心集成电路检测技术研究

研究内容：重点开展国产自主高端核心集成电路测试评价和检测技术研究，如高端处理器、信号处理器、工业控制芯片、SOC/IP 核、射频识别芯片、A/D、D/A 等高性能战略性核心基础元器件检测技术研究；开展物联网、智能制造等领域的电路产品和传感器检测技术研究。

考核指标：【约束性指标】：研制基于国产自主高端核心集成电路的测试评价检测新技术和检测装置 5 项：①SoC 测试系统和功能验证/性能测试用例及基准程序库 1 套，满足字长、工作频率、峰值运算能力等处理器类器件性能验证。覆盖高性能计算 CPU 和事务处理型 CPU；②高端处理器接口电路协议与电参数检测系统 2 套，其中接口电路电参数测试系统 1 套（测量 DDR、PCIE 等接口），接口电路协议一致性测试系统 1 套（测量包括 DDR、PCIE 等接口电路的协议一致性）；③超高频 RFID 标签芯片测试及可靠性评估系统 1 套，可测读/写灵敏度优于 −20dBm，可进行防碰撞等测试；④高速/高精度 A/D、D/A 测试评价系统 1 套，精度达到 12～16bit，采样率达到 2～3Gsps；⑤工控电路测试评价系统 1 套，适合工业强干扰环境与大温差范围的工业用芯片的性能功能与可靠性及应用验证测试；⑥建立高端自主核心集成电路测试平台：捕获灵敏度 > −135dBm，跟踪灵敏度 > −145dBm，冷启动首次定位时间 90s，热启动首次定位时间 10s。申请发明专利 5 项。【预期性指标】：发表 SCI 论文不少于 4 篇。

实施年限：2016—2018 年。

有关说明：由集成电路领域领先企业牵头组织申报，其他经费（包括地方财政经费、单位出资及社会渠道资金等）与中央财政经费比例不低于 1∶1。

8.4 柔性等新型显示检测技术研究

研究内容：研发柔性显示、LED 显示等新型显示检测技术及关键检测装置，包括柔性显示屏弯曲角度对亮度、色度、均匀性和功率消耗等主要技术指标的影响及其自动检测技术；扭曲角度对显示性能的影响及不同角度下的极限弯曲和扭曲次数的自动检测技术；耐曲挠性、温度依赖性等各项极限参数与关键指标的自动检测技术和装置。

考核指标：【约束性指标】：研制柔性显示屏检测装置 5 种，共 10 套：① 柔性显示屏弯曲和扭曲特性自动测量系统 2 套，测量系统软件界面设有弯曲角度和扭曲角度扫描范围，以及扫描速率输入对话框，弯曲角度和扭曲角度的测量范围分别达到 0 至 270° 和 0 至 180°，弯曲角度、扭曲角度和均匀性测量相对标准不确定度优于 0.5%；亮度和功率消耗标准不确定度分别优于 0.1cd，和 0.05W；② 柔性显示屏温度特性自动测量系统 2 套，温度测量范围达到 −40℃ 至 80℃，温度测量标准不确定度优于 0.1℃，温度上升和下降速率优于 5℃/分钟，其余指标与柔性显示屏弯曲和扭曲特性自动测量系统相同；③ 研制柔性显示产品寿命自动测试系统 2 套，可同时实现 11～22 个样品在 −40℃～85℃ 范围寿命测试，温度上升和下降速率 10℃/分钟以上；④ 研制柔性显示屏拉伸测试设备自动检测装置 2 套，测量范围 0～20N，精度 0.1N，不小于 100 000 次，间隔时间可调范围 0.6～2s。XY 两个方向拉力。亮度和功率消耗标准不确定度分别优于 0.1cd 和 0.05W；⑤ 研制柔性显示屏准静态压力击测试设备自动检测装置 2 套，测量范围 0～600N，精度 10%，测试位置精度 0.05mm。亮度和功率消耗标准不确定度分别优于 0.1cd 和 0.05W；申请发明专利不少于 7 项。【预期性指标】：研制实用化柔性显示屏弯曲和扭曲特性自动测量系统，为研究显示屏柔韧特性及其检测提供技术支持；研制实用化柔性显示屏温度特性自动测量系统，为建立柔性显示屏计量标准提供技术基础；发表 SCI 论文 10 篇。

实施年限：2016—2018 年。

有关说明：由新型显示领域领先企业牵头组织申报，其他经费（包括地方财政经费、单位出资及社会渠道资金等）与中央财政经费比例不低于 1∶1。

8.5 重要贸易产品快速检测技术研究

研究内容：针对纺织、儿童用品、机电、大宗资源等重要贸易产品所存在的通量小、前处理过程时间长、污染大、缺乏高效现场检测方法等阻碍快速通关的技术问题，研发：典型化学有害物的多靶标高通量筛查技术；高亲和固相萃取等高选择性前处理技术；机敏传感、纸基传感芯片等低成本快速检测技术；离子迁移谱快速分离分析技术；适用于现场快速检测的原位电离质谱技术和小型便携式质谱；相关新技术性贸易措施的检测评价技术。

考核指标：【约束性指标】：建立纺织、儿童用品、机电、大宗资源等重要贸易产品高通量筛查技术 5 项，每项技术可同时筛查的化合物不低于 200 种，效能指标满足欧盟、美国、日本等主要国家的要求；开发高选择性专利前处理技术 2 项以上，（与常规固相萃取方法比较，溶剂消耗量减低至少 20%，耗时降低至少 30%）；开发机敏传感、纸基传感芯片等低成本快速检测技术 2 项（与色谱质谱等大型仪器技术相比，检测成本降低 50% 以上）；建立适用于现场快速检测的原位电离质谱技术 3 项，样品测试周期不超过 30 分钟，研制适用于现场快速检测的小型便携式质谱仪 1 台，实现 ppb 量级的检测灵敏度，实现单位质量分辨、质量范围 200～1 000Da；完成满足我国主要贸易国家新技术性贸易措施要求的储备技术 20 项以上，形成的国家标准报批稿不少于 2 项；通过项目成果应用，在重点口岸建设 5 个以上技术平台。

实施年限：2016—2020 年。

8.6 进出口药食同源产品质量检测技术研究

研究内容：开展玛咖、麦卢卡蜂蜜等 20 种重要药食同源产品功能组分多元表征技术研究；开展原料及提取物质量分级评价技术及应用研究；开发产品真实属性鉴别技术；研制精准定量标准物质及参考对照品；研发化学性风险因子快速筛查技术与产品。

考核指标：【约束性指标】：研制重要药食同源产品功能组分表征新技术、新方法规范不少于 50 项，研发真实属性鉴别技术不少于 20 种，研制标准物质及参考对照品不少于 30 项，开发的化学性风险因子筛查方法通量不低于 400 种，申请药食同源产品分离检测技术发明专利不低于 20 项，研制化学性风险因子快速筛查产品不低于 8 种，在我国重点口岸建设 3 个以上药食同源产品进出口质量安全快筛技术平台。

实施年限：2016—2020 年。

四、认证认可

9 基础认证认可技术

9.1 科研实验室认可关键技术研究

研究内容：研究科研数据不确定性表征方法和评估技术，科研实验室数据可靠性评价技术；研究科研实验室高纯化学与生物试剂的质量评价关键技术，样品处理耗材、仪器配套材料及检测装备的性能评价关键技术；研究科研实验室纳米尺度样品试验数据一致性能力验证技术；研究重大工程领域大尺寸样品试验数据失效风险模型和控制技术。

考核指标：【约束性指标】：科研实验室认可技术方案 1 套，包括：软件 1 套，认可规则 1 项，认可准则 2 项，认可指南 3 项，国家标准报批稿 2 项，科研实验室认可发展战略报告 1 份。气相色谱仪、液相色谱仪和定量 PCR 仪等检测装备关键性能评价的国家标准报批稿 3 项、行业标准报批稿 4 项；物性参数模块、仪器参数模块的检测装备性能评价数学模型 1 套；检测装备性能评价认证技术规范 5 项；高纯有机试剂、免疫试剂和衍生化试剂等代表性试剂关键质量评价行业标准报批稿 5 项，试剂质量评价认证技术规范 3 项；色谱柱、固相萃取柱、免疫亲和柱、进样垫等仪器配套材料与样品处理耗材的关键质量评价行业标准报批稿 2 项，仪器配套材料与样品处理耗材评价认证技术规范 4 项。纳米尺度样品试验数据一致性相关的能力验证技术方案 1 套，包括国家标准报批稿 1 项，软件 1 套，认可指南 2 项，能力验证样品 5 种；大尺寸样品试验数据失效风险控制技术方案 1 套，包括国家标准报批稿 1 项，软件 1 套，数学模型 1 个，能力验证大尺寸样品 3 种，认可准则 1 项，认可指南 2 项。【预期性指标】：科研数据不确定性评估指南 1 套，科研数据管理系统 1 套；推进国产检测装备的认证技术指标与 FDA 互认。

实施年限：2016—2018 年。

9.2　支撑"一带一路"贸易便利化的认证认可关键技术研究与应用（一期）

研究内容：围绕采矿设备、海洋装备、高铁配套设备、家用电器、建筑材料、清真产品，研究互认评价关键指标选取、能力验证、等效性评价等互认评价关键技术；围绕乳制品、肉类、罐头、燕窝等高风险食品农产品，研究境外生产企业风险数据收集分析、结果确认及能力验证等符合性评价和风险防范技术；开展"一带一路"沿线不同发展水平经济体认证认可体系评估、认证认可支撑贸易便利化重要机理和关键要素研究，对重点贸易商品的认证认可关键指标进行比对、试验验证，评估认证认可技术差异化程度，集成认证风险防范技术；研究认证认可数据质量控制与信息共享技术，围绕认证认可信息、智库、技术能力建设，研发支撑"一带一路"国家间贸易便利化的认证认可数据系统。

考核指标：【约束性指标】：完成东盟、上合组织、海合组织、南亚、中东欧国家的 10 项认证认可体系评估，提出 10 套基于风险防范和贸易便利化认证认可互认评价技术方案；完成 50 项我国与主要贸易国检验检测认证技术对比分析，提出认证认可支撑贸易便利化关键要素和互认评价关键指标；提出"一带一路"中 30 个国家的认证认可互认实施策略，形成"一带一路"认证认可互联互通战略研究报告。制定清真产品认证国家标准报批稿 1 项；制定采矿设备、海洋装备、高铁配套设备、家用电器、建筑材料、环境标志产品互认指标体系技术规范 24 项；制定婴幼儿乳制品、肉类、罐头、燕窝等高风险食品农产品注册技术要求 4 项；制定高风险进口食品危害控制与验证行业标准报批稿 1 项；完成软件著作权 3 项。

实施年限：2016—2018 年。

10　新兴领域认证认可技术

10.1　信息安全认证认可关键技术研究与应用

研究内容：研究信息安全认证认可理论和技术体系；研究信息安全检测基准和测量不确定度、信息安全度量模型及信息安全治理成熟度评价等关键技术，建立信息安全测量溯源体系；研究安全设计的形式化验证、安全策略验证及数据流分析、隐通道分析等信息技术安全性评价关键技术；研究智能卡、工业控制设备、地理信息和海洋信息产品、物联网、云计算等重要产品、系统和服务的信息安全认证关键技术，研发信息安全质量监测系统。

考核指标：【约束性指标】：研制 5 个信息安全检测基准样机。研制 5 个信息安全检测实验室能力验证物品。研制智能卡、工业控制设备、地理信息和海洋信息产品、物联网、云计算等 8 类产品、系统和服务安全性评估工具及配套的信息安全认证技术规范。建立 1 个信息安全检测基准指标库系统，包含功能指标库、性能指标库和安全性评价指标库，涵盖国家信息安全产品认证目录内 13 类信息安全产品以及工业控制设备、智能卡等 6 类重要信息技术产品。建立信息安全质量监测系统，响应时间小于100ms，支撑提供信息安全质量数据库、风险监控和分析、信息发布等综合服务。制定3个信息安全检测基准技术要求，1项信息安全质量风险评估指南。形成1套支撑信息技术安全性评价技术体系运行的管理、程序和技术文件，1份信息安全认证认可发展战略研究报告。

实施年限：2016—2018年。

10.2 服务认证关键技术研究与应用

研究内容：研究服务认证模式与认证共性技术和方法工具箱；研究服务认证评价指标信度和效度的测量技术，基于服务特性的服务认证评价指标选取技术；研究服务认证评价数据采集、处理和呈现技术；研究网络化、信息化条件下的服务质量测评验证技术；研究技术、信息、创新方法和专业知识密集型服务的认证整体方案；研究电子商务量化在线认证技术，商品类及跨境电子商务交易服务认证技术方案。

考核指标：【约束性指标】：制定国家标准报批稿3项，包括服务认证技术通则、服务质量测评评价指标选择、测量方法；制定认证行业标准报批稿16项，包括家庭服务、物流、教育等应用类认证行业标准8项，服务认证分类、服务认证模式选择等基础类认证行业标准8项；制定网络化、信息化、大数据下服务认证技术规范30项；制定认证实施规则15项；研制服务认证平台3个，完成服务认证评价软件著作权11项；完成我国服务认证发展战略报告1份。【预期性指标】：培养服务测评及评价认证领军人才5~10名、专业技术人才50~100名，发表论文30篇。

实施年限：2016—2018年。

五、典型示范

11 典型示范

11.1 国家质量基础（NQI）作用机理及评估技术研究

研究内容：国家质量基础支撑和促进经济发展和技术进步的宏微观机理、动力和模型，构建国家质量基础技术体系架构。开发重点领域（含与国际质量安全差距大的消费品，质量性能差距大的装备等）的质量基础发展路线图。研究国家质量基础能力对质量升级、技术进步和经济增长的贡献模型，构建国家质量基础发展水平量化度量模型，开展国家质量基础水平、贡献及消费者认知等国际比较。构建国家质量基础大数据平台，建立跨区域、跨行业的质量基础能力动态评估监测系统，开展NQI数据共享与决策支持机制研究。开展国家质量基础典型示范应用，围绕京津冀、"一带一路"、《中国制造2025》和服务业发展战略等研究国家、区域以及行业的质量基础提升战略及措施，开展国家质量基础综合评价、国际比较及示范应用。

考核指标：【约束性指标】：开发一个国家质量基础发展评估与监测系统，实现200个以上质量基础多源异构数据的自动化采集、规约、存储及集成，建立质量基础数据库。形成3个国家质量基础量化评价指标体系及模型，涵盖标准、计量、检测和认证认可等评估指标不少于50项，实现国家质量基础的国际比较，实现国家质量基础对质量升级、经济发展和技术进步的量化评估。完成5大重点领域的质量基础评估及国际比对研究报告。编制5大重点领域质量基础发展路线图。在5大重点领域10家企业，开展质量基础提升示范应用。

实施年限：2016—2020年。

有关说明：要求产学研用联合申报，其中示范任务部分的其他经费（包括地方财政经费、单位出资及社会渠道资金等）与中央财政经费比例不低于1∶1。

11.2 石墨烯等碳基纳米材料 NQI 技术集成及应用示范

研究内容：针对石墨烯不同形态及非晶碳基软、硬质薄膜材料，研究尺度、结构、形貌、性能计量技术，研制单原子台阶高度等相关标准物质，主导国内比对、参与国际比对；制定石墨烯材料术语、代号国家标准，研究石墨烯及非晶碳基材料结构、组分、光学及电学性能及硬度、耐磨耐腐蚀性等关键参数检测新技术，建立上述物化特性检测评价国家标准体系，主导制定石墨烯纯度测定等国际标准；研究结构、光、电、力学、耐磨耐腐蚀等特性的集成评价指标，建立以石墨烯为代表的碳基纳米材料及其在新型显示、储能、防腐、热控等领域应用的认证认可体系，开发认证集成工具。集成上述共性技术进行示范，为产业提供从研发、生产、应用到贸易链条中量值准确、可操作、可比的计量、标准、检验检测、认证认可一体化解决方案。

考核指标：【约束性指标】：研制单原子台阶高度等标准物质 5 大类 15 种；研制石墨烯术语及石墨烯、非晶碳基材料检测国家标准报批稿 10 项，石墨烯氧含量、金属杂质含量检测国际标准 2 项；石墨烯和碳基软、硬质薄膜材料及典型应用认证技术方案 5 套，认证集成工具 1 套；主导、参加厚度、层数、硬度等国内比对 5 项，国际比对 5 项。集成已有技术和本专项形成的上述成果，实质性服务 5 个以上石墨烯产业园；服务电子、能源、新材料等多个行业 20 余家相关企业。

实施年限：2016—2020 年。

有关说明：要求产学研用联合申报，其他经费（包括地方财政经费、单位出资及社会渠道资金等）与中央财政经费比例不低于 1∶1。

11.3 碳排放交易 NQI 技术集成及应用示范

研究内容：研究工业、农业、交通及建筑领域企业的温室气体（含非 CO_2 温室气体）排放核算及核查方法、标准，燃料端计量器具配置要求标准、性能评价方法及不确定度评估方法，排放端温室气体在线监测体系要求；研究制定以碳排放管理、能源管理、环境管理、质量管理等为基础的企业高阶管理体系标准；研究工业、农业、交通及建筑领域产品（服务）在生产（服务）过程中的温室气体排放核算、计量监测技术要求，制定单位产品（服务）碳排放限额标准（含限定值、准入值和先进值）；研究支撑工业、农业、交通及建筑领域自愿减排项目的审定与核证方法学中减排量核算、计量监测、核证等关键共性技术；研究工业、农业、交通及建筑等领域减排（固碳）技术评价关键技术及评价指标体系；开展工业、农业、交通及建筑领域企业碳排放核算、计量监测、核查，单位产品（服务）碳排放评价对标，典型项目的审定与核证并参与碳排放交易试点的集成应用示范。

考核指标：【约束性指标】：20 项温室气体核算及核查国家标准报批稿；10 项单位产品（服务）碳排放限额国家标准报批稿；5 项企业燃料端计量器具配置要求国家标准报批稿；3 项温室气体管理国家标准报批稿；8 个行业减排（固碳）技术评价指标体系；20 个行业 200 家企业在产品、技术、企业、项目 4 个层面的集计量、监测、标准应用、认证认可的温室气体管理方案集成应用示范。

实施年限：2016—2020 年。

有关说明：要求产学研用联合申报，其他经费（包括地方财政经费、单位出资及社会渠道资金等）与中央财政经费比例不低于 1∶1。

11.4 家具产品中挥发性有机物 NQI 技术集成及应用示范

研究内容：针对家具产品中挥发性有机物（VOCs）的管控，建立完整的 NQI 技术方案。开展各类家具产品中 VOCs 广谱筛查研究，建立家具 VOCs 种类数据库及高关注物质名录，研制相应的有证标准物质；开展多类型家具产品中 VOCs 的综合释放机理和贡献率研究，建立释放速率及体积承载模型，提出单组分限量建议；开展国内外家具 VOCs 检测技术及标准的验证比对研究，优化并建立多种技术并存的检测标准体系；研发家具产品及家居环境中 VOCs 高通量同步筛查技术及现场智能检测设备；选择典型家具产品研究建立 VOCs 释放标识体系，开发认证集成工具，建立自愿性的绿色家具产品认证体系；集成上述共性技术选择主产区及代表性企业进行示范，并将示范成果改进推广，以期降低家具产品 VOCs 释放水平，促进形成绿色生态家居环境。

考核指标：【约束性指标】：300 种以上 VOCs 种类数据库 1 套；30 种以上高关注物质名录 1 份及相应的共含 30 个以上特性量的标准物质 1 ~ 2 种（不确定度 3% ~ 10%）；释放速率及体积承载模型 1 套；10 种以上 VOCs 限量建议；制定家具等产品 VOCs 检测方法、限量指标等国家标准报批稿 5 项以上；建立高通量同步筛查技术 1 项，可筛查 100 种以上 VOCs；研制现场智能检测设备 3 台，可实现 6 ~ 8 种 VOCs 检测分析；制定 VOCs 收集检测设备技术条件国家标准 1 项；制定绿色家具产品认证规范 3 项；示范企业 30 家以上。

实施年限：2016—2020 年。

有关说明：要求产学研用联合申报，其他经费（包括地方财政经费、单位出资及社会渠道资金等）与中央财政经费比例不低于 1：1。

2. 科技部关于发布国家重点研发计划纳米科技等重点专项 2016 年度项目申报指南的通知

科技部关于发布国家重点研发计划纳米科技等重点专项 2016 年度项目申报指南的通知

国科发资〔2016〕37 号

各省、自治区、直辖市及计划单列市科技厅（委、局），新疆生产建设兵团科技局，国务院各有关部门科技主管单位，各有关单位：

《国务院关于深化中央财政科技计划（专项、基金等）管理改革的方案》（国发〔2014〕64 号，以下简称国发 64 号文件）明确规定，国家重点研发计划针对事关国计民生需要长期演进的重大社会公益性研究，以及事关产业核心竞争力、整体自主创新能力和国家安全的重大科学问题、重大共性关键技术和产品、重大国际科技合作，按照重点专项的方式组织实施，加强跨部门、跨行业、跨区域研发布局和协同创新，为国民经济和社会发展主要领域提供持续性的支撑和引领。重点专项是国家重点研发计划组织实施的载体，是聚焦国家重大战略任务、围绕解决当前国家发展面临的瓶颈和突出问题、以目标为导向的重大项目群。重点专项按程序报批后，交由相关专业机构负责具体项目管理工作。

按照国发 64 号文件的要求，科技部会同相关部门，根据"自上而下"和"自下而上"相结合的原则，遵循国家重点研发计划新的项目形成机制，面向 2016 年凝练形成了若干重点专项并研究编制了各重点专项实施方案，已经国家科技计划（专项、基金等）管理战略咨询与综合评审特邀委员会（以下简称"特邀咨评委"）和部际联席会议审议通过，并按程序报国务院批复同意。根据"成熟一批、启动一批"的原则，现将"纳米科技"等 9 个重点专项 2016 年度项目申报指南予以公布，请根据指南要求组织项目申报工作。有关事项通知如下：

一、项目组织申报要求及评审流程

1. 申报单位根据指南支持方向的研究内容以项目形式组织申报，根据项目不同特点可设任务（或课题）。申报项目应根据总体目标提出明确、可考核的约束性指标。项目申报单位推荐一名科研人员作为项目负责人，每个任务（或课题）设1名负责人，项目负责人可作为任务（或课题）负责人之一。

2. 项目的组织及实施应整合集成全国相关领域的优势创新团队，聚焦研发问题，强化基础研究、共性关键技术研发和典型应用示范各项任务间的统筹衔接，集中力量，联合攻关。

3. 国家重点研发计划项目申报评审采取填写预申报书、正式申报书两步进行，具体工作流程如下：

——项目申报单位根据指南相关申报要求，通过国家科技管理信息系统填写并提交3 000字左右的项目预申报书，详细说明申报项目的目标和指标，简要说明创新思路、技术路线和研究基础。项目申报单位与所有参与单位签署联合申报协议，并签署项目申报单位及项目负责人诚信承诺书。从指南发布日到预申报书受理截止日不少于30天。

——各推荐单位参考往年推荐规模，加强对所推荐的项目申报单位及其合作方的资质、科研能力的审核把关，按时将推荐项目通过国家科技管理信息系统统一报送。

——专业机构在受理项目预申报后，组织形式审查，并开展首轮评审工作。首轮评审不需要项目负责人进行答辩。根据专家的会议评审结果，遴选出3~4倍于拟立项数量的申报项目，确定进入下一步答辩评审。对于未进入答辩评审的申报项目，及时将意见反馈项目申报单位和负责人。

——申报单位在接到专业机构关于进入答辩评审的通知后，通过国家科技管理信息系统填写并提交项目正式申报书。从接到通知日到正式申报书受理截止日不少于20天。

——专业机构对进入正式评审的项目申报书进行形式审查，并组织会议答辩评审。申报项目的负责人通过网络视频进行报告答辩。专业机构将根据专家评议情况择优建议立项。

二、组织申报的推荐单位

1. 国务院有关部门科技主管单位；

2. 各省、自治区、直辖市、计划单列市及新疆生产建设兵团科技主管部门；

3. 原工业部门转制成立的行业协会；

4. 纳入科技部试点范围并评估结果为A类的产业技术创新战略联盟，以及纳入科技部、财政部开展的科技服务业创新发展行业试点联盟。

各推荐单位应在本单位职能和业务范围内推荐，并对所推荐项目的真实性等负责。国务院有关部门推荐与其有业务指导关系的单位，行业协会和产业技术创新战略联盟、科技服务业创新发展行业试点联盟推荐其会员单位，省级科技主管部门推荐其行政区划内的单位。推荐单位名单将在国家科技管理信息系统公共服务平台上公开发布。

三、申请资格要求

1. 申报单位应为中国大陆境内注册1年以上（注册时间为2015年3月31日前）的科研院所、高等学校和企业等，具有独立法人资格，有较强的科技研发能力和条件，运行管理规范。政府机关不得作为申报单位进行申报。申报单位同一项目须通过单个推荐单位申报，不得多头申报和重复申报。

2. 项目（含任务或课题）负责人须具有高级职称或博士学位，申报当年不超过 60 周岁（1956 年 1 月 1 日以后出生），工作时间每年不得少于 6 个月。项目（含任务或课题）负责人原则上应为该项目（含任务或课题）主体研究思路的提出者和实际主持研究的科技人员。中央和地方各级政府的公务人员（包括行使科技计划管理职能的其他人员）不得申报项目（含任务或课题）。

3. "纳米科技"、"量子调控与量子通信"、"蛋白质机器与生命过程调控" 3 个重点专项中设立青年科学家项目，青年科学家项目不设课题，项目负责人及参与人员申报项目当年不超过 35 周岁（1981 年 1 月 1 日以后出生）。青年科学家项目负责人须同时具有高级职称和博士学位。

4. 项目（含任务或课题）负责人限申报一个项目，国家重点基础研究发展计划（973 计划，含重大科学研究计划）、国家高技术研究发展计划（863 计划）、国家科技支撑计划、国家国际科技合作专项、国家重大科学仪器设备开发专项、公益性行业科研专项（以下简称 "改革前计划"）以及国家科技重大专项的在研项目（含任务或课题）负责人不得牵头申报国家重点研发计划重点专项项目（含任务或课题）；项目主要参加人员的申报项目和改革前计划、国家科技重大专项在研项目总数不得超过两个；改革前计划、国家科技重大专项的在研项目（含任务或课题）负责人不得因申报国家重点研发计划重点专项项目（含任务或课题）而退出目前承担的项目（含任务或课题）。计划任务书执行期到 2016 年 12 月底之前的在研项目（含任务或课题）不在限项范围内。

5. 特邀咨评委委员及参与重点专项咨询评议的专家，不能申报本人参与咨询和论证过的重点专项项目（含任务或课题）；参与重点专项实施方案或本年度项目指南编制的专家，不能申报该重点专项项目（含任务或课题）。

6. 受聘于内地单位的外籍科学家及港、澳、台地区科学家可作为重点专项的项目（含任务或课题）负责人，全职受聘人员须由内地聘用单位提供全职聘用的有效证明，非全职受聘人员须由内地聘用单位和境外单位同时提供聘用的有效证明，并随纸质项目预申报书一并报送。

7. 申报项目受理后，原则上不能更改申报单位和负责人。

8. 对于项目的具体申报要求，请详见各重点专项的申报指南。

各申报单位在正式提交项目申报书前可利用国家科技管理信息系统公共服务平台查询相关参与人员承担改革前计划和国家科技重大专项在研项目（含任务或课题）情况，避免重复申报。

四、具体申报方式

1. 网上填报。请各申报单位按要求通过国家科技管理信息系统公共服务平台进行网上填报。专业机构将以网上填报的申报书作为后续形式审查、项目评审的依据。预申报书格式在国家科技管理信息系统公共服务平台相关专栏下载。

项目申报单位网上填报预申报书的受理时间为：2016 年 2 月 25 日 8：00 至 3 月 18 日 17：00。申报项目通过首轮评审后，申报单位进一步按要求填报正式申报书，并通过国家科技管理信息系统提交，具体时间和有关要求另行通知。

国家科技管理信息系统公共服务平台：http：//service. most. gov. cn；

技术咨询电话：010 – 88659000（中继线）；

技术咨询邮箱：program@ most. cn。

2. 组织推荐。请各推荐单位于 2016 年 3 月 21 日前（以寄出时间为准），将加盖推荐单位公章的推荐函（纸质，一式 2 份）、推荐项目清单（纸质，一式 2 份）寄送科技部信息中心。推荐项目清单须通过系统直接生成打印。

寄送地址：北京市海淀区木樨地茂林居 18 号写字楼，科技部信息中心协调处，邮编：100038。

联系电话：010 - 88654074。

3. 材料报送和业务咨询。请各申报单位于 2016 年 3 月 21 日前（以寄出时间为准），将加盖申报单位公章的预申报书（纸质，一式 2 份），寄送承担项目所属重点专项管理的专业机构。预申报书须通过系统直接生成打印。

各重点专项的咨询电话及寄送地址如下：

（1）"纳米科技"重点专项：010 - 58881073；

（2）"量子调控与量子信息"重点专项：010 - 58881078；

（3）"大科学装置前沿研究"重点专项：010 - 58881079；

（4）"蛋白质机器与生命过程调控"重点专项：010 - 58881071；

科学技术部高技术研究发展中心，寄送地址：北京市三里河路一号 9 号楼，邮编：100044。

（5）"粮食丰产增效科技创新"重点专项：010 - 59199380。

农业部科技发展中心，寄送地址：北京市朝阳区东三环南路 96 号农丰大厦，邮编：100122。

（6）"现代食品加工及粮食收储运技术与装备"重点专项：010 - 68510207；

（7）"畜禽重大疫病防控与高效安全养殖综合技术研发"重点专项：010 - 68598087；

（8）"林业资源培育及高效利用技术创新"重点专项：010 - 68511009；

（9）"智能农机装备"重点专项：010 - 68511832。

中国农村技术开发中心，寄送地址：北京市西城区三里河路 54 号，邮编：100045。

附件：

1. "纳米科技"重点专项 2016 年度项目申报指南（指南编制专家名单、形式审查条件要求）

2. "量子调控与量子信息"重点专项 2016 年度项目申报指南（指南编制专家名单、形式审查条件要求）

3. "大科学装置前沿研究"重点专项 2016 年度项目申报指南（指南编制专家名单、形式审查条件要求）

4. "蛋白质机器与生命过程调控"重点专项 2016 年度项目申报指南（指南编制专家名单、形式审查条件要求）

5. "粮食丰产增效科技创新"重点专项 2016 年度项目申报指南（指南编制专家名单、形式审查条件要求）

6. "现代食品加工及粮食收储运技术与装备"重点专项 2016 年度项目申报指南（指南编制专家名单、形式审查条件要求）

7. "畜禽重大疫病防控与高效安全养殖综合技术研发"重点专项 2016 年度项目申报指南（指南编制专家名单、形式审查条件要求）

8. "林业资源培育及高效利用技术创新"重点专项 2016 年度项目申报指南（指南编制专家名单、形式审查条件要求）

9. "智能农机装备" 重点专项 2016 年度项目申报指南（指南编制专家名单、形式审查条件要求）

科技部

2016 年 2 月 5 日签发

2016 年 2 月 16 日发布

来源：http://www.most.gov.cn/tztg/201602/t20160216_124110.htm

附件1

"纳米科技" 重点专项 2016 年度项目申报指南

为继续保持我国在纳米科技国际竞争中的优势，并推动相关研究成果的转化应用，按照《国家中长期科技发展规划纲要（2006—2020 年）》部署，根据国务院《关于深化中央财政科技计划（专项、基金等）管理改革的方案》，科技部会同有关部门编制了 "纳米科技" 重点专项实施方案。

"纳米科技" 重点专项的总体目标是获得重大原始创新和重要应用成果，提高自主创新能力及研究成果的国际影响力，力争在若干优势领域率先取得重大突破，如纳米尺度超高分辨表征技术、新型纳米信息材料与器件、纳米能源与环境技术、纳米结构材料的工业化改性、新型纳米药物的研发与产业化等。保持我国纳米科技在国际上处于第一梯队的位置，在若干重要方向上起到引领作用；培养若干具有重要影响力的领军人才和团队；加强基础研究与应用研究的衔接，带动和支撑相关产业的发展，加快国家级纳米科技科研机构和创新链的建设，推动纳米科技产业发展，带动相关研究和应用示范基地的发展。

"纳米科技" 重点专项将部署 7 个方面的研究任务：1. 新型纳米制备与加工技术；2. 纳米表征与标准；3. 纳米生物医药；4. 纳米信息材料与器件；5. 能源纳米材料与技术；6. 环境纳米材料与技术；7. 纳米科技重大问题。

根据专项实施方案和 "十二五" 期间有关部署，2016 年优先支持 26 个研究方向。申报单位针对重要支持方向，面向解决重大科学问题和突破关键技术进行一体化设计，组织申报项目。鼓励围绕一个重大科学问题或重要应用目标，从基础研究到应用研究全链条组织项目。鼓励依托国家实验室、国家重点实验室等重要科研基地组织项目。

项目执行期一般为 5 年。为保证研究队伍有效合作、提高效率，项目下设课题数原则上不超过 4 个，每个项目所含单位数控制在 4 个以内。所有重要支持方向均受理青年科学家项目申请。

1 新型纳米制备与加工技术

1.1 新型碳纳米材料的制备与光电功能研究

研究内容：手性碳纳米管、石墨烯纳米带、高质量石墨烯（碳单层或少层）和石墨炔等纳米碳材料的宏量可控制备与可控掺杂，碳基纳米结构中的物理新效应与光电功能的高效调控。

考核指标：实现面积大于 2 平方厘米和密度大于 100 根/微米的单壁碳纳米管平行阵列的可控制备方法；实现高品质单层石墨烯的连续可控制备方法；建立面积大于平方分米高取向石墨炔薄膜（厚度小于 10 纳米）的制备技术；建立碳纳米材料在光电子和光电转换器件中的应用关键技术，实现在显示驱动和柔性电子器件中的应用示范。

1.2 具有特殊功能的有机纳米材料的自组装

研究内容：新颖自组装基元的设计合成；结构、形状、手性确定的有机纳米功能材料的自组装方法；定向、维数可控、大面积、高有序纳米结构的自组装技术。

考核指标：建立功能有机纳米材料可控制备的新方法和新技术，提出功能分子在表界面自组装规律的新观点，在有机纳米材料固体结构物性、微观结构和宏观性能的关系研究方面取得新突破，获得世界纪录的高迁移率、高能量转换效率的有机纳米功能材料；突破有机纳米材料在电子、光子和光电子等关键器件与柔性器件中的应用关键技术。

1.3 纳米加工和构筑新技术

研究内容：大面积、多维度、高精度、可控纳米和微米跨尺度结构与器件加工构筑新方法。

考核指标：建立纳米和微米跨尺度结构与器件加工技术规范，在大面积（4英寸）上实现分辨率小于20纳米、均匀性优于90%纳米结构与器件，实现在2~4项信息和安全领域中的应用。

2 纳米表征与标准

2.1 纳米结构的原位、实时和动态极限分辨率表征方法

研究内容：纳米结构和特性的原位、实时、动态及外场作用下的极限分辨率表征方法及检测技术。

考核指标：发展极限分辨率的纳米结构表征和成像技术与理论，提供相应的实用模拟程序包；实现纳米体系化学官能团的亚纳米尺度识别、成键和断键过程的动态检测；实现外场条件下纳米体系相互作用和演化过程的高空间分辨（小于1纳米）及动态（皮秒－飞秒）表征。

2.2 跨尺度物理、化学性质测量技术

研究内容：功能纳米材料体系表/界面结构及关联理化性质的跨尺度精确表征和测量。

考核指标：发展功能材料和器件中显微结构与电子过程的纳米级原位表征技术，实现多相界面分子排列和取向结构的精确表征，实现纳米到微米跨尺度空间分辨的原位光电性质和皮秒至飞秒级的瞬态特性测量；建立自组装体系和纳米复合材料体系中界面构造、物性调控及多尺度传递的构效分析方法，阐明功能优化的核心机制和有效路径。

2.3 纳米技术标准与标准样品

研究内容：面向重要纳米产业应用，开展纳米性能检测标准研究，纳米标准物质与标准样品研制，包括纳米技术术语和定义、测量和表征、健康安全和环境、材料规格等。

考核指标：制定纳米结构基本性质的系列纳米技术标准，建立纳米制造技术和重大应用中纳米性能检测的系列标准化方法及评价规范，完成系列国家一级、二级纳米标准物质/标准样品，主持制定纳米技术国家标准20~40项，主导制定国际纳米技术标准（ISO，IEC）10~20项。

2.4 纳米尺度物理性能与输运性质测量技术

研究内容：纳米尺度电学、光学、磁学、力学和热学等物性及其输运性质的定量化综合测量技术。

考核指标：实现单分子水平光学、电学、磁学性质及新奇量子效应的高灵敏检测，有效调控分子结构和各类响应特性；实现纳米尺度光、电、热、磁、力等物性及其相关输运性质的综合表征，达到基本物性的定量化测量。阐明纳米材料/器件中缺陷的分布、成核、传播与失效过程的机理，提出纳米材料/器件设计和调控新方法。

3 纳米生物医药

3.1 恶性肿瘤等重大疾病的纳米检测及体外诊断新方法

研究内容：用于恶性肿瘤等重大疾病检测和诊断的纳米标记材料及其标记检测技术和方法。

考核指标：建立量子点、贵金属等纳米材料标记的快速纳米生物检测技术和方法，针对样品中特定细胞（包括癌细胞团等）、病原微生物、蛋白质、核酸、小分子等的检测灵敏度达到单细胞或单分子水平；发展 1~2 种单分子/单颗粒实时示踪、活体定量纳米检测等技术，满足重大疾病发病机理研究需求。研制数种经药监局批准的使用纳米材料标记的临床检测试剂和试剂盒，部分成果进入产业示范。

3.2　心脑血管疾病即时诊断、有效干预的纳米技术

研究内容：针对心脑血管疾病的关键分子靶点，结合现代影像设备及医学信息处理技术，研发可应用于临床的多功能分子纳米探针和在体实时成像及处理技术，研究快速诊断并即时治疗的医疗新策略。

考核指标：采用能用于人体的多功能分子纳米探针，针对心脑血管疾病等重大疾病突发时应急处理的医疗需求，建立即时、快速诊断并能受控干预所需的成像增强技术与干预新方法，明显改善或提高相关临床技术水平。实现 1~2 种经 CFDA 批准的影像增强剂，部分成果进入产业示范。

3.3　重大疾病的纳米治疗新技术

研究内容：用于恶性肿瘤等重大疾病治疗的新型纳米材料、纳米器件及相关治疗新技术。

考核指标：发展基于纳米组装体的纳米生物治疗、纳米成像技术的手术显影或手术导航、纳米针阵列的给药技术、以及采用磁性纳米材料或贵金属纳米材料的物理治疗新方法，获得 3~5 种可经 CFDA 批准应用于人体的纳米材料与纳米器械，1~2 种治疗技术进入临床前试验。

3.4　新型纳米药物研发

研究内容：具有原创性和实用性的纳米药物及纳米技术改性的新剂型，纳米药物胞内转运和体内递送的过程与规律，体内外作用的分子机制。

考核指标：发展纳米药物制备、质量控制、药物传递与释放等的原创技术；针对临床用药的重大需求，研制新型靶向纳米药物；选择基础好、有应用前景的纳米材料，阐明载药机制、生物降解、细胞与动物水平毒理学机制等，研发出若干新型药用纳米材料。3~5 种纳米药物获得 CF-DA 临床试验许可。

3.5　纳米生物效应与安全性

研究内容：医用及工业应用纳米材料的毒理学机制与安全性评价基础。

考核指标：阐明医学应用纳米材料或与人接触广泛的工业纳米材料毒理学效应的关键机制，纳米技术安全评估流程的科学基础；阐明重要纳米材料的释放、迁移、转化行为，提出并验证其安全性评价方法和技术；提出与科技伦理学交叉的纳米技术社会伦理学问题。

3.6　组织修复用纳米杂化材料

研究内容：多尺度、多功能纳米无机材料以及高生物相容性软物质材料；仿人体硬组织（牙、骨）的结构梯度性纳米杂化材料；具有生物活性的仿人体软组织（神经、肌肉、皮肤）响应性智能材料；仿生组织与肌体的临床服役交互机制。

考核指标：研制生物安全性高的组织修复用纳米杂化材料，根据个体差异实现杂化材料定制化，仿生硬组织和软组织材料应具有类人体机械性能（强度，模量，韧性等）和响应（传导性、收缩性、防御性）行为，其各性能参数不低于本体组织的 90%。2~3 个产品实现临床应用。

4　纳米信息材料与器件

4.1　纳米电子器件及其集成

研究内容：纳米存储器三维集成中的器件采用新结构和新材料的物理问题，多值存储，架构

优化，提高集成密度的方法，串扰和失效机制，利用三维结构研究存储与计算融合的功能以及纳米阻变存储器的三维集成。

考核指标：纳米存储器件编程电压 < 2V，操作速度 < 50ns，循环次数 > 10^8，操作功耗 < 1pJ，实现 8 层以上的片内三维存储器集成且存储密度 > $8Gbit/cm^2$ 的三维存储演示芯片。

4.2 碳基纳米电子器件与集成

研究内容：高性能碳基纳米晶体管的制备及大规模集成，碳基和半导体集成电路的混合集成。亚 10 纳米碳基 CMOS 器件制备技术；芯片用碳管材料的可控和批量制备；新型器件在柔性衬底上的基本科学与技术问题。

考核指标：实现集成电路用高纯半导体碳纳米管材料的批量制备，建立碳基纳米电路与硅基CMOS 集成电路的混合集成工艺；碳纳米管平行阵列中半导体纯度大于 99%，碳基纳米 CMOS 场效应晶体管栅长小于 10 纳米，本征门延时小于 0.1 ps，碳基纳米集成电路规模大于 1 000 门级，实现 4 位碳基 CPU 的功能演示；实现柔性碳纳米器件在可穿戴装备上的应用。

4.3 真空微纳电子器件

研究内容：采用真空微纳电子技术的新型真空光电转换器件，微纳器件高效制备与集成技术。

考核指标：实现较高密度可选址的纳米线阵列，大面积平板发光与探测器件的关键科学与技术。平板器件指标：1. 发光器件尺寸：对角线 8 英寸，阵列数 320×320，辐射剂量不低于0.4mGy。2. 探测器件尺寸：对角线 8 英寸，探测像素数 320×320，量子探测效率大于 50%。探测器件为阵列式，光电增益高于 10^5，信噪比高于 60dB。

4.4 纳米成像光电子器件

研究内容：新物理机制和新器件架构的纳米级成像芯片，低功耗、高稳定性、高动态范围的纳米级像素器件集成及其量产技术。

考核指标：发展新型光电转换机制的纳米级像素成像芯片，纳米级成像芯片突破可见光衍射极限。研制出单芯片 5 000 万像素以上，单个像素 < 200 纳米的突破衍射极限成像芯片；实现成像动态范围 > 40dB，芯片功耗 < 10mW，分辨率超过 2500 线对/毫米，帧频大于 1Hz 的超低成本芯片集成，芯片可以同时对超过 $1×10^4$ 个细胞高分辨率大视场成像，应用于生物医学的高分辨率显微成像、纳米级物理化学观测和分析等重要应用领域。完成标准大规模集成电路芯片制造平台的量产准备。

4.5 CMOS 兼容的太赫兹源，探测和阵列成像

研究内容：应用于高效太赫兹信息传输和成像低维半导体材料制备与性能调控，与 CMOS 兼容的太赫兹光源和光电转换器件。

考核指标：实现太赫兹器件技术与 CMOS 工艺高度兼容，太赫兹发射源和探测器能在室温下连续操作；发射源工作频率范围在 50GHz ~ 5THz，输出功率达到 mW 级别；探测动态量程大于100dB，阵列成像器件的像素优于 128×128 pixels，单像素分辨率突破衍射极限，达到百纳米级别，解决器件尺寸减小引起的负载功率问题，发展单片尺寸不小于 3 英寸的焦平面阵列成像。

4.6 新型二维原子晶体材料和器件原理

研究内容：超薄沟道、高载流子迁移率、带隙可调控的高性能二维原子晶体材料的精准构筑和制备，研究带隙、掺杂等关键物性调控以及自旋、能谷等信息单元操控中的科学问题，构建新颖器件原型。

考核指标：发现和合成新的高性能二维原子晶体材料并完成结构和性能表征；制备出宏观尺

度、结构完整和性能优异的二维原子晶体薄膜；演示针对下一代高速、低功耗信息处理和高灵敏探测要求的二维原子晶体逻辑器件、高频射频器件、光电子发射和探测器件等，建立相关器件原理和物理模型，发展功能协同与集成技术，占领二维原子晶体材料和器件研究的国际制高点。

5　能源纳米材料与技术

5.1　高性能能量转换纳米材料与技术

研究内容：无机、有机及无机/有机杂化高性能太阳能电池中的多功能纳米复合材料制备、纳米结构表面/界面调控和高性能器件制造技术。

考核指标：发展活性层纳米结构及其稳定性的控制方法；提出新型的薄膜太阳能电池结构和机理；提高基于纳米材料和技术的高效新型电池的效率和稳定性，实验室电池效率达 15% 或同类电池国际先进水平；小型组件效率达到实验室电池效率之 80%；封装无机电池稳定性达 20 年以上；有机及有机/无机杂化电池稳定性达 1 年以上或国际先进水平；典型器件实现应用示范。

5.2　纳米能量存储材料及器件

研究内容：下一代锂、铝等储能电池的纳米电极材料结构的设计和充放电过程中的电子结构、晶体结构、界面反应的演化规律。

考核指标：研制综合性能优异的纳米正负极材料、固体电解质材料、具有纳米尺度界面修饰功能的添加剂材料以及纳米复合隔膜材料。新型纳米电极材料的锂电池储能密度大于 400Wh/kg，循环稳定性大于 500 次。

5.3　纳米能源器件及自驱动系统

研究内容：基于摩擦及压电效应的纳米发电机的能量转换机制；材料组成、微观表面结构等对发电效率的影响；纳米发电机的电能存储及能源管理、系统集成与封装；自驱动传感、空气净化等领域的应用示范。

考核指标：阐明纳米发电机的能量转换机制；研发适应不同应用需求的纳米发电材料体系；建立纳米发电机的评价指标体系和行业技术评测规范；纳米发电机的能量转换效率 ≥70%，峰值功率密度 ≥550W/m^2；纳米发电—储能一体化能源包的能量存储效率 ≥60%；实现主动感知外界信号的自供电系统原型器件在传感、空气净化等领域的示范应用；实现小型能源和大型摩擦纳米发电机阵列的能源产业示范。

5.4　资源小分子催化转化的纳米特性和高效催化剂研制

研究内容：纳米结构及表界面效应等对表面催化反应的
调控规律，资源小分子化学键高效重组的催化活性中心精准构筑，创制多功能纳米催化剂。

考核指标：突破金属复合催化剂、氧化物催化剂和纳米孔结构催化剂的可控制备的基础理论和应用技术，并实现规模制备；发展 3～5 个基于原料多样化的化工资源高效利用新催化过程，显著提高目的产品的精细化率；突破我国化石能源高效转化的瓶颈科学和技术问题，创新催化过程，创制新催化剂，实现我国基于天然气和煤转化生产高值化学品和清洁能源的重要催化过程的水耗和 CO_2 排放降低 20% 以上，并与企业合作进行工业化试验，显著提高我国能源和化工企业的绿色化水平。

6　环境纳米材料与技术

6.1　用于大气环境检测和治理用纳米技术

研究内容：高效去除空气中污染物及原位、快速、高灵敏检测的纳米材料与技术。

考核指标：研发高效去除和消减 NO_x、NH_3、SO_x、PM、VOCs、POPs 等污染物的纳米净化材料与技术，揭示其微纳结构效应与界面作用；研发用于气体污染物及超微粒子的原位、快速、高灵敏检测以及污染物鉴定与示踪溯源的纳米材料与技术。形成若干项可实用化技术，实现示范应用。

6.2 用于水中污染物检测与处理用的纳米技术

研究内容：用于水中污染物的纳米技术快速识别与检测，以及水中污染物高效去除的纳米材料与技术。

考核指标：实现纳米材料特异性表面结构与能带结构的设计与构造，阐明纳米材料的环境转化与归趋；研发用于饮用水中微量有毒污染物净化及工业废水深度处理的高效吸附、过滤、催化降解等纳米材料与技术；研发典型水污染物原位治理与修复的纳米材料与技术。形成若干项可实用化技术，实现示范应用。

7 纳米科技重大问题

目前已在纳米科学前沿取得重大创新突破，通过从基础研究到应用研究的全链条一体化设计，经过 3 ~ 5 年研究，有望在纳米科技重要应用领域培育形成颠覆性技术的重大问题。

附件 2

"量子调控与量子信息" 重点专项
2016 年度项目申报指南

"量子调控与量子信息" 重点专项的总体目标是瞄准我国未来信息技术和社会发展的重大需求，围绕量子调控与量子信息领域的重大科学问题和瓶颈技术难题，培养和造就一批具有国际竞争力和影响力的研究团队，开展基础性、战略性和前瞻性探索研究和关键技术攻关，产生一批原创性的具有重要意义和重要国际影响的研究成果，并在若干方面将研究成果转化为可预期的具有市场价值的产品，为构筑具有我国自主知识产权的量子调控与量子信息技术的科学基础，以及推动我国量子信息技术的实用化做出重要贡献，为我国在未来的国际战略竞争中抢占核心技术的制高点打下坚实基础。

本专项将对我国有优势和引领作用的研究方向如新型超导、拓扑态、量子通信等强化支持力度，对我国比较薄弱但亟待加强的重要研究方向进行特殊支持。积极鼓励和倡导原始创新，力争在国际上形成以我国为主导的研究新方向。除开展基础研究外，还要积极推动应用研究，在新原理原型器件等方面取得突破，向功能化集成和实用化方向推进。量子调控前沿基础研究的目标是认识和了解量子世界的基本现象和规律，通过开发新材料、构筑新结构、发现新物态以及施加外场等手段对量子过程进行调控和开发，在关联电子体系、小量子体系、人工带隙体系等重要研究方向上建立突破经典调控极限的全新量子调控技术。量子信息基础研究和应用研究的目标是在量子通信的核心技术、材料、器件、工艺等方面突破一系列关键瓶颈，初步具备构建空地一体广域量子通信网络的能力，实现量子相干和量子纠缠的长时间保持和高精度操纵，实现可扩展的量子信息处理，并应用于大尺度的量子计算和量子模拟以及量子精密测量。

"量子调控与量子信息" 重点专项将部署 6 个方面的研究任务：1. 关联电子体系；2. 小量子体系；3. 人工带隙体系；4. 量子通信；5. 量子计算与模拟；6. 量子精密测量。

根据专项实施方案和 "十二五" 期间有关部署，2016 年优先支持 15 个研究方向。申报单位针对重要支持方向，面向解决重大科学问题和突破关键技术进行一体化设计，组织申报项目。鼓励围绕一个重大科学问题或重要应用目标，从基础研究到应用研究全链条组织项目。鼓励依托国家实验室、国家重点实验室等重要科研基地组织项目。

项目执行期一般为 5 年。为保证研究队伍有效合作、提高效率，项目下设课题数原则上不超过 4 个，每个项目所含单位数控制在 4 个以内。所有重要支持方向均受理青年科学家项目申请。

1 关联电子体系

1.1 多种量子有序态的竞争与调控

研究内容：关联电子体系中多种量子序的竞争和量子序在外场下的调控及物理机制。

考核指标：发现过渡族和稀土化合物等窄能带功能材料新体系；揭示关联电子体系中电荷、自旋、轨道等宏观量子序的共存和竞争的微观机理，以及导致的新奇量子效应；确定其物理相图，建立对这些量子序及新奇量子效应的多场调控技术；发现具有新奇量子效应的新材料，构筑基于量子有序态调控的原型器件。

1.2 新型高温超导和非常规超导材料

研究内容：新型高温超导和非常规超导材料的制备、新奇物性及超导机理。

考核指标：构筑新型高温超导和界面超导材料，获得超导转变温度高于液氮的超导新材料；揭示高温超导和界面超导电性的机理；构筑具有新奇物性的非常规超导材料；建立非常规超导反常物性与超导电性的调控技术。

1.3 自旋阻挫和自旋液体

研究内容：量子自旋阻挫体系和自旋液体的物理性质。

考核指标：揭示自旋阻挫和自旋液体量子材料体系中的新奇现象；发现新的自旋阻挫和量子自旋液体材料，推动基于新现象的新应用；建立对新奇物性调控的新技术。

2 小量子体系

2.1 拓扑量子材料、物性与器件

研究内容：设计、预言和合成新型拓扑量子材料，研究其新奇量子物态和拓扑量子相变，探索新型拓扑电子学原型器件。

考核指标：发现几种面向应用、性能更优的新型拓扑量子材料；制备出几类具有潜在应用价值的新型拓扑电子学原型器件；利用极低温、强磁场、高压等综合极端条件以及微纳器件加工技术实现对拓扑量子物态的多参量调控，揭示拓扑量子物态及其相变的一般规律。通过理论预测、材料生长、器件探索方面的全链条设计，实现国际引领。

2.2 新型磁性材料、磁结构和自旋电子学

研究内容：新型磁性材料、磁结构和自旋极化、自旋流的检测和调控。

考核指标：发现若干新型磁性材料和磁结构；建立新表征技术；阐明单原子、单分子自旋效应，构筑高密度、低能耗磁存储器件；建立与半导体技术兼容的自旋极化电流和自旋流的产生、输运、检测及调控新技术；构筑自旋电子学器件。

2.3 受限和外场下小量子体系

研究内容：受限体系特别是单原子/单分子、单电子、单光子、单自旋和单激发态等单量子态的检测和操控，轻元素原子核量子态的检测与操控，小量子体系对局域场等外场的响应及量子态调控。

考核指标：构筑新型小量子体系，建立单量子态的高灵敏检测技术；建立单量子态包括轻元素原子核的高效调控技术；建立局域场和小量子体系作用的理论和计算新方法；发展局域场谱学新技术，提出新概念，揭示新现象；构筑新原理原型器件，发展新型单光子光源。

3　人工带隙体系

3.1　新型人工带隙材料和器件

研究内容：基于光子能带与带隙调控的新材料和新器件。

考核指标：揭示人工带隙材料光子能带和带隙的调控机理，发现所独有的新现象和效应；发展新型设计方法，建立制备和表征关键技术；制备具有特殊传播特性的新材料，实现具有发射特性高效可调的新器件。

3.2　微腔与量子态的耦合

研究内容：微腔与各种量子态的耦合及导致的新效应。

考核指标：建立高品质因子微腔的制备方法以及与量子态的可控耦合技术；阐明微腔与各种量子态相互作用的调控机理、方法和技术，揭示强耦合导致的新颖效应和腔量子电动学效应；建立微腔与各种量子态的高效耦合和调控新技术，制备新原理器件。

4　量子通信

可集成化的广域量子通信网络技术

研究内容：支持城域量子通信组网的测量器件无关量子密钥分发关键技术，满足远距离量子中继需求的冷原子量子存储技术，基于卫星平台的自由空间量子通信技术，满足广域量子通信网络需求的具有自主知识产权的核心量子通信器件。

考核指标：发展 GHz 光注入激光器等关键技术，结合经典全光通信网络，获得基于测量器件无关量子密钥分发的最优拓扑城域组网方式，并进行实验演示；发展可以确定性地产生纠缠、具备通讯波段接口的冷原子量子存储技术，性能指标满足超越光纤直接传输安全距离极限的远距离（～500 公里）量子中继需求；发展基于太阳暗线量子光源、强背景声隔离和抑制等关键技术，在星间量子通信和全天时卫星量子通信技术上取得突破，初步形成构建空地一体广域量子通信网络体系的能力；自主研发广域量子通信网络所需的核心器件，包括重复频率超过 GHz 的基于 InGaAsP/InP 雪崩二极管（探测效率超过 20%，暗计数低于 2Kcps）、参量上转换（探测效率超过 50%，暗计数低于 1Kcps）、超导（探测效率超过 90%，暗计数低于 1Kcps）的单光子探测器等。

5　量子计算与模拟

5.1　基于超冷原子气体的量子模拟

研究内容：超冷玻色、费米量子气体在人造规范势与光晶格中的拓扑和多体量子效应。

考核指标：在超冷玻色、费米量子气体中设计新的拓扑系统，探测其独特的量子性质，动态操控拓扑量子态；产生并探测量子多体纠缠。为各类量子霍尔态和 Majorana 费米子等新奇量子态在拓扑量子信息与量子计算方面的应用奠定基础。

5.2　半导体量子芯片

研究内容：半导体量子芯片研发的物理、材料和信息学基础。

考核指标：探究和优化拥有长量子相干特性的半导体量子比特材料体系（如空穴载流子材料、无核自旋材料等）、编码方式（如新型准平行能级、电荷比特、自旋比特等）和调控机理；构造可集成的基本量子逻辑单元库；构建多量子比特扩展的基本架构，探索与半导体系统兼容的飞行量子比特，实现半导体量子比特长程耦合，获得量子数据总线模型，为大规模集成化半导体量子芯片的研发奠定基础。

5.3　超导量子芯片与量子混合系统

研究内容：20 个以上超导量子比特的量子芯片制备，多比特高精度相干操纵及可扩展的量子模拟和量子计算。

考核指标：自主设计、制备并测试包含 20 个以上的超导量子比特的芯片；获得超过 20 微秒以上的退相干时间和 99.9% 以上的逻辑门操作保真度；实现超导量子比特与长寿命量子存储体系的量子接口和多种物理体系的混合系统，通过光学、微波等手段实现全方位调控；通过多个超导比特的纠缠操纵进行高复杂度的量子模拟实验；通过超越量子容错阈值的量子逻辑门和量子纠错实现可容错的量子计算。

5.4 离子阱量子计算

研究内容：基于囚禁离子的量子计算技术。

考核指标：在离子实验系统中相干控制 15~20 个量子比特，实现多比特量子纠缠和量子算法演示；将单比特量子逻辑门保真度提高到 99.99% 以上，双比特量子逻辑门保真度提高到 99%，超越容错量子计算的阈值要求；将单离子量子比特的相干时间提高到 1 000 秒；发展刀片离子阱以及新型更容易扩展集成的离子阱的制备技术与加工工艺，实现不同种离子的混合囚禁系统，以延长相干时间和量子逻辑门保真度。

6 量子精密测量

6.1 基于原子与光子相干性的量子精密测量

研究内容：光子—原子耦合新机理，光子—原子关联量子干涉技术。

考核指标：实现新型光子与原子量子态源，获得突破传统测量技术极限的新型量子精密测量技术，实现新型原子干涉仪、光子—原子混合量子干涉仪、冷原子干涉仪，实现转动和重力的高精度测量。

6.2 超越标准量子极限的量子关联精密测量

研究内容：基于囚禁原子与离子的超越标准量子极限的新型原子频标，单量子与多量子关联高灵敏测量与应用。

考核指标：实现频率稳定度随时间演化优于 $1/\tau^{1/2}$ 的原子频标；发展新型原子频标比对方法，传输精度超越标准量子极限；实现原子阱单原子灵敏检测及在痕量放射性惰性气体同位素标定中的应用；利用原子、离子、光子等可控多量子体系的关联态突破标准量子测量极限。

附件 3

"大科学装置前沿研究" 重点专项
2016 年度项目申报指南

大科学装置为探索未知世界、发现自然规律、实现技术变革提供极限研究手段，是科学突破的重要保障。为充分发挥我国大科学装置的优势、促进重大成果产出，科技部会同教育部、中国科学院等部门组织专家编制了大科学装置前沿研究重点专项实施方案。

大科学装置前沿研究重点专项主要支持基于我国在物质结构研究领域具有国际竞争力的两类大科学装置的前沿研究，一是粒子物理、核物理、聚变物理和天文学等领域的专用大科学装置，支持开展探索物质世界的结构及其相互作用规律等的重大前沿研究；二是为多学科交叉前沿的物质结构研究提供先进研究手段的平台型装置，如先进光源、先进中子源、强磁场装置、强激光装置、大型风洞等，支持先进实验技术和实验方法的研究和实现，提升其对相关领域前沿研究的支撑能力。

专项实施方案部署 14 个方面的研究任务：1. 强相互作用性质研究及奇异粒子的寻找；2. Higgs 粒子的特性研究和超出标准模型新物理寻找；3. 中微子属性和宇宙线本质的研究；4. 暗物质直接探测；5. 新一代粒子加速器和探测器关键技术和方法的预先研究；6. 原子核结构和性质以及高电荷态离子非平衡动力学研究；7. 受控磁约束核聚变稳态燃烧；8. 星系组分、结构和物质循环的光学—红外观测研究；9. 脉冲星、中性氢和恒星形成研究；10. 复杂体系的多自由度及多尺度综合研究；11. 高温高压高密度极端物理研究；12. 复杂湍流机理研究；13. 多学科应用平台型装置上先进实验技术和实验方法研究；14. 下一代先进光源核心关键技术预研究。

根据专项实施方案和"十二五"期间有关部署，2016 年优先支持 20 个研究方向。申报单位针对重要支持方向，面向解决重大科学问题和突破关键技术进行一体化设计，组织申报项目。鼓励依托国家重点实验室等重要科研基地组织项目。项目执行期一般为 5 年。为保证研究队伍有效合作、提高效率，建议项目下设课题数不超过 4 个，每个项目所含单位数不超过 6 个。本专项不设青年科学家项目。

1 Higgs 粒子的特性研究和超出标准模型新物理寻找

LHC 实验探测器升级

研究内容：参加 LHC 的 CMS、Atlas 和 ALICE 等实验的探测器升级改造。

考核指标：完成按照国际合作组的合作协议承担的缪子探测器、径迹探测器、量能器等的设计、预研和建造任务。

2 中微子属性和宇宙线本质的研究

2.1 空间间接探测暗物质粒子

研究内容：空间间接探测暗物质粒子实验（DAMPE）的关键科学和技术问题。

考核指标：建立针对暗物质粒子探测关键技术和方法；获得宇宙高能电子 GeV 至 10TeV 高分辨能谱和空间分布；获得宇宙弥漫伽玛射线 GeV 至 TeV 高分辨能谱和空间分布；获得 0.1～100TeV 的核素宇宙射线能谱。

3 暗物质直接探测

3.1 利用氙和氩探测器在高质量区直接探测暗物质

研究内容：依托锦屏地下实验室和 PandaX—500 公斤级液氙探测器，优化探测器性能，提升探测器灵敏度，在高质量区（约 100GeV）进行暗物质直接探测，同时开展 ^{136}Xe 无中微子双贝塔衰变的实验研究。研究液氙探测器的关键技术。

考核指标：氙探测器在高质量区（100GeV 左右）暗物质探测灵敏度达到 10^{-46}cm^2 量级的国际前沿水平；掌握探测 ^{136}Xe 无中微子双贝塔衰变的关键技术。掌握液氙探测器关键技术。

4 新一代粒子加速器和探测器关键技术和方法的预先研究

4.1 高能环形正负电子对撞机预先研究

研究内容：正负电子对撞机加速器设计研究和高能量分辨探测技术研究。

考核指标：

（1）完成质心系能量为 240GeV 左右高亮度正负电子对撞机相关探测器概念设计；确定并细化物理目标，通过模拟手段验证实验中物理观测量的精确度。

（2）高分辨探测技术：粒子径迹探测器内层硅探测器原型芯片的可能技术选项，要求位置分辨达到 15μm；外层时间投影室原型位置分辨优于 100um；得到颗粒度达 5×5mm^2 成像型电磁量能器的可能技术选项；得到基于 SiPM 读出的电磁量能器和颗粒度达 1×1cm^2 基于大面积紧凑型气体探测器的强子量能器的技术选项，以及粒子能量泄漏补偿研究，解决相关设计中的关键问题；以切伦科夫探测器技术为主研究高能粒子分辨探测器的技术选项。

（3）加速器设计：完成单环麻花轨道，包括局部双环方案的磁聚焦结构设计和动力学孔径优化，以及误差效应、束流集体效应、麻花轨道效应等的分析。模拟对撞机中束束相互作用及其对对撞亮度的影响。研究探测器束流本底来源并进行模拟，完成束流准直系统设计。完成加速器探测器接合处本底、辐射分析研究及优化。

5 原子核结构和性质以及高电荷态离子非平衡动力学研究

5.1 天体环境中关键核过程研究

研究内容：依托兰州重离子加速器装置（HIRFL）研究天体环境中的关键核反应及衰变过程。

考核指标：完善HIRFL核天体物理实验平台，精确测量相关核素的质量、衰变寿命和反应率，确定热碳氮氧循环（HCNO）突破、快质子俘获（rp）、中微子质子（νp）等过程的核反应路径，理解相关天体事件中能量产生机制和灰烬中的元素丰度分布，探索宇宙元素起源。

6 受控磁约束核聚变稳态燃烧

6.1 高密度下加热及电流驱动效率和协同效应研究

研究内容：未来聚变反应堆相关高密度条件下的加热及电流驱动效率及协同问题。

考核指标：明确高密度条件下各种加热和驱动手段的基本物理机制；提高射频波与等离子体耦合效率；实现总功率10MW、多种ITER相关加热手段间的高效协同。

7 星系组分、结构和物质循环的光学—红外观测研究

7.1 黑洞与星系协同演化及其宇宙学效应研究

研究内容：利用LAMOST、FAST和HXMT的观测数据，研究黑洞形成与星系协同演化及其宇宙学效应。

考核指标：搜寻、认证并定点观测高红移星系和类星体，发展新方法高精度测量黑洞质量、星系恒星和气体质量，观测黑洞吸积的高能物理过程、物质外流和对星系的反馈，建立星系组装与黑洞相互作用动力学和多波段辐射模型、探索黑洞与星系的宇宙学演化规律。

7.2 致密天体观测研究

研究内容：利用硬X射线调制望远镜卫星（HXMT）以及天地一体化观测设备，搜寻黑洞、中子星等致密天体，测量致密天体的质量，并开展相关理论研究。

考核指标：建立HXMT数据反演、噪声和背景模型，以及成像、能谱和计时分析方法；得到致密天体双星星表，确定黑洞的最小质量、中子星的最大质量；发现至少10个新的瞬变高能天体或者新的爆发事例；对新发现的高能变源开展后随观测证认和研究，建立不同类型的能谱态和时变态的演化和转换模型，理解黑洞附近吸积盘的行为并测量黑洞的自转，理解中子星磁球的性质并测量中子星表面磁场强度；构建黑洞和中子星等致密天体的质量分布。

8 复杂体系的多自由度及多尺度综合研究

8.1 面向生物学和医学科学的多尺度成像方法及研究

研究内容：发展基于先进光源和磁共振等技术的多尺度成像方法，对生命活动进行多尺度、多维度研究。

考核指标：基于先进光源、强磁场装置等多种平台型装置联用，建立结构和功能一体化的，多维度、多尺度成像方法和平台，在单分子、细胞、组织、器官、个体等不同层次上揭示生命活动中结构与功能的物理化学机制，了解生命体系中相互作用、代谢调控、电子转移、构象涨落等关键过程及其联动网络；为慢性疾病诊疗等提供相关科学基础。

8.2 多参量复合量子功能材料的表征与调控

研究内容：相关材料结构和物性表征技术研发和实现，及多物理场条件对多重参量复合量子功能材料的调控研究。

考核指标：利用并提升同步辐射光源、强磁场、散裂中子源等装置具备的相关条件，发展复合量子功能材料的高分辨表征技术；实现高分辨的材料结构表征、新奇量子态物性和新效应等的探测和调控；研制若干新型多参量复合量子功能材料，为相关技术发展和应用提供材料基础。

9 高温高压高密度极端物理研究

9.1 强激光驱动新型粒子源和辐射源研究

研究内容：强激光驱动新型粒子源和辐射源。

考核指标：依托神光系列装置，建立拍瓦皮秒激光驱动粒子源的实验方法和技术，理解强激光驱动粒子加速和超快辐射的物理机制、掌握定标关系，建立强激光驱动产生高品质粒子束和辐射源的方法和技术，获得具有应用前景的粒子源（能量高于50MeV、品质优良的质子束等）和辐射源（空间分辨优于10微米、能量高于17keV的高亮x射线源）并演示在高能量密度物理诊断方面的应用。

10 复杂湍流机理研究

10.1 高速边界层转捩机理、模型及其控制研究

研究内容：高速边界层流动转捩机理、预测模型及其控制方法。

考核指标：获得高速边界层bypass转捩、横流转捩和边界层感受性等转捩过程的流动新现象；获得来流脉动、壁面粗超度、马赫数、雷诺数、壁温比等参数对转捩过程的影响规律；建立和完善针对先进航空航天飞行器设计需求的转捩预测新模型与新方法；发展高速边界层转捩的主/被动控制新技术，阐明其流动控制机理；获得转捩地面预示与飞行实验结果之间的天地相关性。

11 多学科应用平台型装置上先进实验技术和实验方法研究

11.1 先进光源实验技术和新型实验方法

研究内容：高性能同步辐射光源的关键实验技术和新型实验方法。

考核指标：研发若干达到国际领先或先进水平的X射线探测器、微纳聚焦光学元件和部件，争取实现多项先进技术的转移转化；发展超高分辨X射线光学检测和矫正技术、精密X射线光学系统高热负荷缓释技术；发展相干以及相衬X射线成像与散射实验方法及串行晶体学方法，衍射、散射、吸收、成像、质谱等多种实验技术不同组合及其与时间分辨技术相结合的综合实验方法。

11.2 X射线原位实验技术研究和环境建设

研究内容：真实样品环境条件及原位条件下的X射线原位实验技术。

考核指标：建立样品环境，提供温度、压力、气氛、拉伸、电场、磁场等多种实验测试条件，适用固态、液态、气态，薄膜或纤维等多种样品形态，满足材料合成、化学反应、外场作用等过程等中动态测试的需求。实现外场条件下的同步辐射X射线衍射、散射、吸收等实验技术，满足原子近邻结构、长程有序结构、电子结构、界面与表面、纳米或微米尺度结构等不同尺度结构研究的需求。发展在同步辐射光束线直接和原位研究工程大试样的实验技术和环境。

11.3 中子散射原位实验技术研究和样品环境建设

研究内容：依托散裂中子源、绵阳研究堆和CARR堆，发展中子散射各种原位环境的实现及原位条件下的实验技术。

考核指标：研发集低/高温、高压、强磁/电场、多气氛等多种条件、自动换样及远程控制的中子散射/衍射原位实验样品环境相关技术和设备。发展用中子散射直接和原位研究工程大试样的实验技术和环境。建立散裂中子多场耦合的原位实验样品环境。

11.4 白光中子源实验技术研究

研究内容：依托中国散裂中子源的白光中子源开展核数据测量实验研究。

考核指标：发展在白光中子源进行核数据精确测量的宽能谱中子飞行时间测量技术、复合测量（中子和带电粒子）大型探测器阵列的相关技术、强脉冲源数字化触发技术、满足高精度实验的极低本底控制技术、特殊样品（放射性）的制备和特殊实验条件（高低温和高压）的技术。

11.5 脉冲强磁场极端条件下的实验技术和方法研究

研究内容：脉冲强磁场极端条件下高精度、高灵敏度的测量技术；提高脉冲强磁场的磁场强度的技术。

考核指标：掌握脉冲强磁场极端条件下比热、磁致伸缩、磁扭矩等新型测量方法；实现 100 特斯拉的磁场峰值和 60 特斯拉 10 毫秒平顶波形磁场；发展适用于脉冲强磁场与同步辐射 X 射线、散裂中子源联用的脉冲磁体结构及电源控制系统；掌握多电源协同工作、输出电流高精度的控制技术，实现时序控制精度高于毫秒级、电流控制精度优于千分之一的高精度、高灵敏度的测量技术。

11.6 稳态强磁场极端条件下关键实验技术和方法研究

研究内容：稳态强磁场下磁共振、超快宽光谱联用表征技术，稳态强磁场下材料合成与表征融合技术。

考核指标：掌握稳态强磁场下的高精度核磁共振、电子磁共振、超高压输运、超快光学探测的综合测量方法；解决小口径磁体与低温、高压、光学等实验技术的融合问题，实现稳态强磁场下磁共振（25T）谱仪、多频高场电子磁共振（82～690GHz 间断频点）谱仪、超高压（300mK，100GPa）输运设备、超快宽光谱仪（THz 波段，240～2 600nm 波段）的研制；掌握稳态强磁场下材料合成的原位探测技术。

12 下一代先进光源核心关键技术预研究

12.1 X 射线自由电子激光原理和核心关键技术研究

研究内容：X 射线自由电子激光新原理及核心关键技术。

考核指标：完成全相干、紧凑型、超短脉冲、连续波 FEL 的理论探索与实验研究，包括 EE-HG、PEHG、级联 FEL 等；掌握加速管（梯度 >70MV/m）、能量倍增器、偏转腔等 X 波段加速关键技术；掌握高性能波荡器、高精度束流测量技术（位置精度好于 100nm，长度精度好于 50 飞秒，等等）和飞秒同步技术（同步精度好于 20 飞秒）；掌握高流强电子枪（流强 >1mA）、连续波超导加速单元（梯度 >15MV/m）等高重复频率加速关键技术。

12.2 衍射极限同步辐射光源核心关键核心技术研究

研究内容：衍射极限储存环光源物理优化设计及关键技术发展。

考核指标：完成衍射极限储存环的物理设计研究（相应不同能量，发射度达到 0.01～0.05nm（rad，束流强度 200～500mA）；掌握纵向变梯度二极磁铁和高梯度聚焦磁铁技术（>80T/m）、超导技术、小间隙镀膜真空室技术（间隙 5mm）、高性能波荡器技术（新型 EPU、QPU，超短周期波荡器）、快速冲击磁铁技术（上升沿～1ns）、超高精度机械与准直技术等。

附件4

"蛋白质机器与生命过程调控"重点专项
2016年度项目申报指南

蛋白质机器，是指由大量蛋白质和生物分子形成的高维度的、复杂的超级功能复合体（如核糖体、剪切体等），此外也包括蛋白质与蛋白质或其他分子形成的低维度复合物，以及具有特定生物学功能的蛋白质分子（如酶、抗体、受体、动力蛋白等）。对蛋白质机器复杂的结构和功能、调控网络、以及动态变化规律的深入认识，是揭示生命现象本质、了解自然和人类自身的核心基础生物学问题之一，也是涉及国家生物安全、粮食安全、公共卫生、医药、农业和绿色产业发展等的重大战略需求。

为提升我国蛋白质研究水平并推动应用转化，按照《国家中长期科技发展规划纲要(2006—2020年)》的部署，根据《国务院关于深化中央财政科技计划（专项、基金等）管理改革的方案》，科技部、教育部、中国科学院等部门组织专家编制了"蛋白质机器与生命过程调控"重点专项实施方案。专项围绕我国经济与社会发展的重大战略需求和重大科技问题，结合国际蛋白质研究的前沿发展趋势，发挥蛋白质科学研究设施等国家大科学装置的支撑优势，以重大基础科学问题为导向，以重大技术方法创新为支撑，以重大应用基础研究为出口，开展战略性、基础性、前瞻性研究，增强我国蛋白质机器研究的核心竞争力，产出一批国际领先、具有长远影响的标志性工作，实现重点领域对国际前沿的引领，在原创性基础和理论研究中取得突破，为人口健康、医药与生物技术、现代农业、环境生态与能源、国家安全等领域中重大科学问题的解决和关键技术的发展，提供基础理论引导和技术方法支撑，形成我国经济转型过程中的特色突破点和优势方向。

"蛋白质机器与生命过程调控"重点专项将在重大基础科学问题研究、重大技术方法研究和重大应用基础研究3个层次进行部署。

根据专项实施方案和"十二五"期间有关部署，2016年优先支持19个研究方向。申报单位针对重要支持方向，面向解决重大科学问题和突破关键技术进行一体化设计，组织申报项目。鼓励围绕一个重大科学问题或重要应用目标，从基础研究到应用研究全链条组织项目。鼓励依托国家实验室、国家重点实验室等重要科研基地组织项目。

项目执行期一般为5年。为保证研究队伍有效合作、提高效率，项目下设课题数原则上不超过4个，每个项目所含单位数控制在4个以内。标*的重要支持方向受理青年科学家项目申请。

1 重大基础科学问题研究

1.1 细胞生命活动相关的蛋白质机器*

研究内容：重要细胞器及生物膜相关蛋白质机器的动态变化、结构与功能。

考核指标：发现5~10种在重要细胞器中发挥核心功能的新型蛋白质机器，揭示相关蛋白质机器的动态变化、结构与功能机制；发现5~10种调控生物膜结构和动态的新型蛋白质机器，揭示相关蛋白质机器的结构与功能机制，阐明其在胞内物质运输、分泌、代谢和降解等生命过程中的作用。

1.2 肿瘤微环境对蛋白质机器的影响和调控*

研究内容：肿瘤微环境对蛋白质机器的影响和调控机制。

考核指标：发现与肿瘤发生、发展、转移相关的新型蛋白质机器，重点关注蛋白免疫因子参与的蛋白质机器，阐明相关蛋白质机器的组成、功能和结构，揭示其与肿瘤发生、发展、转移的关系，以及蛋白质机器间的协同作用机制，为新型肿瘤诊疗手段的发展提供基础。

1.3 蛋白质膜转运的分子机制 *

研究内容：物质和能量跨膜转运的分子机制。

考核指标：针对 10 种左右与电子、离子等重要物质、以及 ATP 等能量分子转运相关的膜蛋白，解析其三维结构和动态变化机制，阐明其在亚细胞和细胞的定位以及在膜上的折叠组装的动态机制，揭示细胞生命活动中能量和物质运输的分子机制。

1.4 植物特有蛋白质机器的分子机制 *

研究内容：植物特有生命过程相关的蛋白质机器。

考核指标：发现植物对非生物逆境响应和共生固氮，以及植物生殖器官发育和双受精等特殊过程的新型蛋白质机器，解析参与以上生命活动的蛋白质机器的组成、功能和结构，揭示特殊蛋白质机器调控植物特有生命过程的分子机制，为重要作物改良提供基础。（项目可在以上所述生命过程中选择两个重点方向开展研究）。

1.5 蛋白质翻译机器的调控 *

研究内容：蛋白质翻译机器的调控因子。

考核指标：发现 3 ~ 5 种蛋白质翻译机器的新调控因子，揭示蛋白质翻译机器调控因子的组成、功能和三维结构，阐明调控蛋白质翻译过程的新型分子机制，揭示核糖体装配与活性调节的核心分子机制，比较真核生物与原核生物核糖体的装配及调控机制，为设计与改造靶向细菌核糖体的抗生素提供理论基础。

1.6 神经干细胞发育与细胞命运决定中的蛋白质机器 *

研究内容：神经干细胞发育或其它细胞命运决定过程关键的蛋白质机器。

考核指标：发现 5 ~ 10 种在胚胎及成年神经干细胞产生、发育、分化及神经网络形成过程中有重要意义的新型蛋白质机器，阐明相关蛋白质机器的组成、结构和动态变化规律；以 1 ~ 2 种其它重要的细胞命运决定过程（重点关注表观遗传过程）为研究对象，针对 5 ~ 10 种新型关键蛋白质机器，阐明相关生命过程中重要蛋白质机器的组成、结构、功能和调控机制。

1.7 RNA—蛋白质复合机器与生命过程的调控 *

研究内容：RNA 及非编码 RNA 的功能机制

考核指标：发现 3 ~ 5 种 RNA—蛋白质相互作用形成的新型复合蛋白质机器，解析 RNA—蛋白质复合机器的组成、结构、功能和调控网络，揭示 RNA 与蛋白质相互作用的规律；阐明非编码 RNA 参与形成的蛋白质机器的结构与功能调控的分子机制。

1.8 控制重要组织器官的系统发育与重塑的蛋白质机器 *

研究内容：生殖与神经系统发育过程相关的蛋白质机器

考核指标：发现 3 ~ 5 种调节生殖细胞形成与分化的关键蛋白质因子，阐明其调控生殖细胞发育的功能机制；发现 3 ~ 5 种与神经系统信号传递、神经系统发育、精神紊乱疾病、神经退行性疾病相关的新型蛋白质机器，阐明其组成、结构、调控机制及相互作用网络。

2 重大技术方法研究

2.1 高分辨率冷冻电镜在结构生物学中应用

研究内容：高分辨率冷冻电镜的新技术和新方法。

考核指标：发展高分辨率电镜在样品制备和处理、成像和图像分析计算等原创性技术；依托蛋白质研究领域的国家重点实验室和蛋白质科学研究设施，建立具有包括样品制备、数据收集、图像处理等在内的完整技术链条的高分辨率电镜研究技术平台，实现对现有冷冻电镜样品制备技术的自动化程度、可控性、可重复性等指标提高 10% ~ 20%，实现数据收集和数据处理速度的成倍增长，并普遍实现原子分辨率水平的结构解析。

2.2 磁共振技术在结构生物学中的应用

研究内容：磁共振技术及在蛋白质机器动态结构及瞬态相互作用研究中的应用。

考核指标：利用磁共振技术观测蛋白质结构的精细动态变化、生物大分子激发态、生物大分子瞬态相互作用的结构信息，发展适合于研究高时空分辨的蛋白质动态结构的核磁共振新技术和新方法，并应用于蛋白质的动态构像变化及瞬态相互作用机制的研究。

2.3 依托同步辐射光源的结构生物学新技术和新方法

研究内容：依托同步辐射光源的结构生物学新技术和新方法。

考核指标：依托蛋白质科学研究设施，构建综合性、前沿性结构生物学新技术和新方法研究平台；发展 5 ~ 10 种与第三代同步辐射光源、自由电子激光等相关的结构生物学新技术和新方法。

2.4 新一代蛋白质组学分析技术研究

研究内容：新一代蛋白质组学分析技术研究。

考核指标：建立肽段碎裂规律、质谱谱图解析规律，实现标准肽段质谱数据集；开发下一代蛋白质鉴定搜索引擎，建立自主知识产权的蛋白质高精度鉴定技术体系；发展微量、痕量样品的蛋白质组和翻译后修饰的快速、实时和原位检测技术；发展蛋白质复合物的规模化整体高效分离、组成精准鉴定和相互作用位点鉴定的新方法；发展具有交互作用的修饰蛋白质组的动态变化及其交互作用网络分析技术。

2.5 化学生物学在蛋白质机器研究中的应用

研究内容：化学生物学在蛋白质机器标记和功能调控中的应用。

考核指标：针对复杂蛋白质组中的特异性膜蛋白受体、特异性酶家族，发展 20 ~ 30 种新型化学探针，实现对膜蛋白受体、酶家族的特异性标记和功能调控，阐明其结构和发挥功能的分子机制；利用新型化学探针，开展蛋白抗性的分子机制研究，实现抗性精准预测。

2.6 依托大科学装置的新技术和新方法研究

研究内容：依托蛋白质科学研究设施的综合性蛋白质研究平台。

考核指标：依托蛋白质科学研究设施，发展与同步辐射光束线站、电镜、核磁、质谱、规模化蛋白质制备、生物成像、计算机系统与数据库等相关的蛋白质机器研究的新技术和新方法，发展晶体学线站技术、与同步辐射偶联的新一代电子显微镜技术、以及系统生物学研究的综合性技术，建立涵盖"鉴定—功能分析—结构剖析"的、完整的链条式蛋白质机器研究的示范性平台。

2.7 计算生物学的新技术、新方法及应用

研究内容：计算生物学在蛋白质机器研究中的应用。

考核指标：发展计算生物学在蛋白质机器研究中的新理论和新方法，发展对蛋白质机器进行大数据分析、网络理论基础研究、数学模拟、系统反应动力学研究等的新型计算方法，阐明蛋白质机器运行和动态变化规律，构建蛋白质机器及其作用网络的模型，初步实现蛋白质机器的电子化。

3 重大应用基础研究

3.1 基于蛋白质机器的肿瘤和免疫类疾病防治

研究内容：肿瘤和免疫类疾病发生、发展过程中蛋白质机器的功能机制。

考核指标：针对肿瘤和免疫类疾病，发现5~10种与疾病发生、发展密切相关的新型蛋白质机器，阐明相关蛋白质机器的组成、功能、结构、作用网络和调控机制，重点关注炎—癌转化过程中免疫微环境功能转化的关键蛋白质机器，发现20~30种针对蛋白质机器的先导化合物，为开发新型针对肿瘤和免疫类疾病，特别是炎—癌转化过程的干预手段提供基础。

3.2 基于蛋白质机器的神经退行性疾病防治

研究内容：神经退行性疾病发生、发展过程中蛋白质机器的功能机制。

考核指标：发现3~5种与神经退行性疾病发生、发展密切相关的新型蛋白质机器，阐明相关蛋白质机器的组成、功能、结构、作用网络和调控机制，发现20~30种针对蛋白质机器的先导化合物，为神经退行性疾病的诊断和治疗提供基础。

3.3 基于蛋白质机器的代谢类疾病防治

研究内容：代谢类疾病发生、发展过程中蛋白质机器的功能机制

考核指标：发现3~5种与代谢类疾病发生、发展密切相关的新型蛋白质机器，阐明相关蛋白质机器的组成、功能、结构、作用网络和调控机制，发现20~30种针对蛋白质机器的先导化合物，为发展针对代谢类疾病的新型干预手段提供基础。

3.4 病原体感染与致病过程中蛋白质机器的功能机制

研究内容：重要病毒感染过程相关蛋白质机器的功能和干预机制。

考核指标：针对黄病毒、布尼亚病毒、疱疹病毒、逆转录病毒等重要人类病毒，阐明如上病毒感染过程相关蛋白质机器的组成、功能、结构和调控网络，发现30种左右的先导化合物、抗体等针对病毒感染过程的新型抗病毒手段，为新型重大传染性疾病防诊治手段的研发提供基础。

3.5 免疫反应过程中蛋白质机器的功能机制

研究内容：免疫过程中蛋白质机器的功能机制。

考核指标：发现5~10种参与免疫应答、免疫性疾病与免疫损伤等过程的新型蛋白质机器，解析其组成、工作机制和协同作用网络；针对自身免疫性疾病相关的蛋白质机器，研究新型靶点并发现10~20种干预性先导化合物。

3.6 基于蛋白质机器的重大疾病防治技术研究

研究内容：基于蛋白质机器的重大疾病防治技术研究。

考核指标：围绕遗传性疾病等，研发5~10种新型人源化动物模型；发展蛋白质机器三维结构导向的新型药物开发的关键技术；研发生物治疗、免疫治疗等疾病防治前沿技术及应用，并示范应用。

附件5

"粮食丰产增效科技创新"重点专项2016年度项目申报指南

"十三五"期间是确保我国粮食安全、实施"调结构—转方式"，提升可持续发展能力和推进现代农业发展的关键时期。组织实施粮食丰产增效科技创新试点十分必要。一是有效地落实"坚持以我为主，立足国内，确保产能，适度进口，科技支撑的国家粮食安全战略"；二是有效地落实"主动适应经济发展新常态，是按照稳粮增收、提质增效、创新驱动"总的要求进行粮食生产的"调结构—转方式"新要求；三是落实十八届三中全会提出的"藏粮于地"、"藏粮于技"战略，有效地解决我国粮食生产长期面临诸多资源和环境压力和国际粮食市场价格与质量

的竞争压力；四是有效地实现我国粮食科技在"十二五"期间粮食丰产科技成果的基础上，向粮食丰产增效和现代化技术更高目标发展；五是有效地集中力量破解我国丰产增收协同面临的科学、技术难题和生产需求的新问题。因此，实施重点专项，对国家粮食安全、"调结构—转方式"、可持续发展、提升竞争能力、因势利导发展粮食生产意义重大，十分迫切。

专项规划主要依据《国家中长期科学与技术发展规划纲要（2006—2020年）》、《国家粮食安全中长期规划纲要（2008—2020年）》和《国务院关于深化中央财政科技计划（专项、基金等）管理改革方案的通知》（国发〔2014〕64号）计划实施，年限为2016年1月1日～2020年12月31日。

专项主要目标是围绕粮食丰产增效可持续发展，聚焦3大粮食作物（水稻、小麦、玉米）、突出3大主产平原（东北、黄淮海、长江中下游的13个粮食主产省）、注重3大目标（丰产、增效与环境友好）、强化3大功能区（核心区、示范区与辐射区）建设、衔接3大层次（基础理论、共性关键技术、区域集成示范），开展科技创新。

具体指标为：（1）实现丰产增效目标协同：①丰产目标：三大作物平均单产新增5%，降低产量损失5%以上；②增效目标：肥水效率提高10%以上，光温资源效率提高15%，生产效率提高20%；（2）推进粮食主产省"三区"建设：专项每个实施省（区）①核心区建设：万亩以上1～2个；②示范区建设：50万亩以上；③辐射区建设：500万亩以上；④"三区"总增产2300万吨以上，增加效益320亿元以上；（3）提升粮食科技"四大能力"：即①前沿理论创新能力取得重大新进展，高水平论文200篇以上，专著10部；②共性关键技术创新能力取得新突破，创新关键技术50套以上，物化产品40个以上；③集成示范能力产生新效果，技术规程20个以上，模式25套以上；④现代化生产能力稳步提升，实现良种良法配套、农机农艺融合、高产高效协同、生产生态兼顾。形成高度规模机械化、信息标准化、精准轻简化水平的粮食作物生产体系。

在粮食丰产增效科技创新重点专项实施方案中，以衔接基础研究、关键技术创新与区域技术集成示范三个层次为指导：在基础研究方面，以作物、环境与措施三者互作关系为核心，以产量与资源效率层次差异性、资源优化配置和气候变化响应机制等三方面前沿性科学问题为重点，探索粮食丰产增效、低环境代价的可挖掘的潜力、关键调控机制和技术途径，为关键技术创新提供理论指导；在共性关键技术研究方面，以突破生产共性关键问题为核心，从良种良法配套、信息化精准栽培、土壤培肥耕作、灾变控制、抗低温干旱、均衡增产和节本减排等7项技术为重点，创新可持续丰产增收和环境支好的关键技术，为技术集成提供核心技术；在区域技术集成示范方面，以构建规模机械化现代新型技术模式为核心，以三大粮食主产区13省（市）的5种植模式（东北春玉米、东北粳稻、黄淮海冬小麦夏玉米、长江中下游稻麦和稻作，其粮食总产占全国的75%左右）的"三区"建设为重点，基于理论与关键技术创新，进行集成与示范，实现三大粮食作物在1.87亿亩面积上的丰产与增效的协同。

基于粮食丰产增效科技创新重点专项实施方案，本专项指南，总项目设计为24项，其中对应基础研究3项，对应关键技术创新8项（其中良种良法配套任务按作物类型拆分为3个项目；土壤培肥耕作任务按农田类型拆分为2个项目；灾变控制任务分为生物与非生物2项；抗低温干旱、均衡增产和节本减排任务为区域相关的关键技术，与区域技术集成示范任务并行研究），集成示范5种模式分别按13省列为13项目。按着优先启动三分之一的原则，根据研究的顺序性和紧迫性，优先启动的项目共计10项，其中基础理论2项，共性关键技术8项，13项集成示范和1项基础研究随后重点启动。优先启动项目如下。

基础研究的项目：

1. 粮食作物产量与效率层次差异及其丰产增效机理

研究内容：以深度揭示不同作物产量与资源利用效率的层次差异性及其调控机制为核心，在东北春玉米与粳稻、黄淮海冬小麦与夏玉米、长江中下游的水稻与小麦、双季稻、中稻、再生稻和玉米种植体系中，通过区域生产力遥感监测技术与多点联合试验平台，开展光温生产潜力、高产纪录、大面积高产和平均产量四个产量水平层次及其光、温、水、肥利用效率差异的理论研究，重点研究：（1）差异分布规律：主要生态区域不同作物4个产量水平及光、温、水、肥效率差异的幅度与区域变化特征，光温生产效率及其与资源利用效率的关系；（2）形成机制：不同作物4个产量层次及其光温水肥效率差异形成的土壤与生态环境、物质生产与分配、光合生理过程、碳氮代谢、激素调控等机理及其调节机制；（3）障碍控制：导致作物产量与效率层次差形成的主控因子及其制约过程与关键技术调节机制；（4）技术途径：提出主要粮食作物提高产量潜力、缩小产量及效率差异，实现大面积丰产增效的技术途径。

考核指标：【约束性指标】阐明东北、黄淮海、长江中下游三大平原水稻、小麦、玉米产量与光温水肥效率差异的区域特征，并阐明其形成机制和缩小差距的障碍限制因素，提出不同区域不同作物消减产量和效率差的技术调控途径6~8套；发表高水平学术论文70篇以上。【预期性指标】东北、黄淮海、长江中下游三大区域水稻、小麦、玉米大面积试验区产量和效率缩差10%~15%，综合增效20%以上；创立评估产量、效率差异的系统模型和诊断方法2~3套；出版专著2部以上，申请专利3~4项。

支持年限：2016—2020。

拟支持项目数：1~2项

2. 粮食作物丰产增效协同的资源优化配置机理与高效种植模式

研究内容：以探索不同种植模式的季节间资源优化配置与季节内高效利用为核心，在黄淮海冬小麦/夏玉米、长江中下游稻麦、双季稻、稻油、再生稻、稻玉和双季玉米等周年两季，以及东北一熟区轮作体系中开展丰产增效和低环境代价理论研究。重点研究：（1）空间分异：东北、黄淮海、长江中下游不同区域粮食产能、资源潜力和生产要素的空间分异、资源匹配与要素驱动机制；（2）协调过程：不同熟制模式下光、热、水、肥等资源要素在季节间优化配置和在季节内与作物群体结构、功能的动态适应协调过程与机制，作物"间、混、套、轮"复合种植的互补竞争机制及作物连作障碍形成机理；（3）响应机制：研究作物对水肥光热气等生境因子的响应过程，阐明高效利用的生理生态协同机理；（4）模式创新：以资源优化配置为目标，以"突出调结构、转方式，重点模式创新，重点开展种养结合、合理轮作、机械化间作套种等技术模式集成和示范推广"为指导，创新三大粮食作物不同熟制地区用养结合的丰产高效种植模式；（5）技术途径：通过优化肥水管理、土壤耕作、机械化配套等技术创新与集成，提出不同尺度不同区域提高光能利用效率（RUE）、水分利用效率（WUE）和养分利用效率（NUE）的技术途径与综合体系；（6）综合评估：针对各区域不同生产主体需求，进行丰产高效种植模式的选型与优化以及生态经济效益评估研究。

考核指标：【约束性指标】阐明东北、黄淮海、长江中下游主要产粮区水稻、小麦、玉米生育过程中要素的季节间资源优化配置特征、季节内高效利用机制及其周年均衡丰产增效原理，在作物生长发育过程中水、肥、光、热多因素动态调控过程与作物响应机制等方面研究取得重要理论突破，提出构建不同区域丰产增效新型种植模式与技术途径10项以上；发表论文70篇以上。【预期性指标】光能利用效率、水分利用效率和养分利用效率分别提高10%以上，丰产增效

15% 以上；出版专著 2 部以上，申请专利 3~4 项。

支持年限：2016—2020。

拟支持项目数：1~2 项

关键技术研究的项目：

3. 玉米密植高产宜机收品种筛选及其配套栽培技术

研究内容：以良种良法配套关键技术创新为核心，对已育成品种的特性和栽培技术进行研究，进一步挖掘良种良法配套的增产增效潜力，在玉米主产区，以春玉米、夏玉米、青贮专用玉米为重点，开展以下研究：（1）适应性：筛选适应机械化作业、轻简化栽培和区域光温水条件的优良品种，建立品种生态适应性评价标准与区域布局体系；（2）丰产性：通过品种筛选确立增产与资源利用的潜力及其挖掘技术途径；（3）专用性：筛选适用饲用玉米的专用品种，完善其质量标准和品种适应范围；（4）互作机理：阐明产量、品质与效率的品种—环境—栽培措施间的互作关系与协调途径，确立高产优质高效配套的技术体系；（5）配套技术：在典型生态区对筛选出的新品种开展配套栽培技术试验，集成不同生态区主要粮食作物新品种配套栽培技术体系，制订标准化生产技术规程。

考核指标：【约束性指标】建立东北、黄淮海、南方玉米区品种生态适应性评价标准各 4 个（套），筛选一批适应机械化优质高产高效玉米新品种；在不同区域实现良种良法配套技术和生产技术规程各 2 套以上，相关专利 4 项以上，技术应用 5 000 亩以上，产量增加 10% 以上、节约氮肥和水分 10% 以上、玉米全程机械化水平提高 15% 以上。【预期性指标】发表核心期刊论文 20 篇以上，其中 SCI 论文 5 篇以上。

支持年限：2016—2020。

拟支持项目数：1~2 项

4. 小麦优质高产品种筛选及其配套栽培技术

研究内容：以良种良法配套关键技术创新为核心，对已育成品种的特性和栽培技术进行研究，进一步挖掘良种良法配套的增产增效潜力，在小麦主产区，以冬小麦为重点，开展以下研究：（1）适应性：筛选适应区域光温水条件的优良品种，建立品种生态适应性评价标准，提出区域布局体系；（2）丰产性：通过品种筛选确立增产与资源利用的潜力及其挖掘技术途径；（3）专用性：筛选强筋、中筋、弱筋的专用小麦品种，确定不同专用品种的适应范围；（4）互作机理：阐明产量、品质与效率的品种—环境—栽培措施间的互作关系与协调途径，确立高产优质高效配套的技术体系；（5）配套技术：在典型生态区对筛选出的新品种开展配套栽培技术试验，集成不同生态区小麦新品种配套栽培技术体系，制订标准化生产技术规程。

考核指标：【约束性指标】建立小麦主产区品种生态适应性评价标准与指标体系 4 个（套），筛选一批小麦优质高产高效新品种；在不同生态区实现良种良法配套技术和生产技术规程 5 套以上，相关专利 3 项以上，技术应用 5 000 亩以上，产量增加 10% 以上、节约氮肥和水分 10% 以上、节本增效 10% 以上。【预期性指标】发表核心期刊论文 20 篇以上，其中 SCI 论文 5 篇以上。

支持年限：2016—2020。

拟支持项目数：1~2 项

5. 水稻优质高效品种筛选及其配套栽培技术

研究内容：以良种良法配套关键技术创新为核心，对已育成品种的特性和栽培技术进行研究，进一步挖掘良种良法配套的增产增效潜力，在水稻主产区，以北方粳稻、南方单季稻、双季稻、再生稻（包括多年生水稻）为重点，开展以下研究：（1）适应性：筛选适宜机械化直播、轻简化栽培和区域光温水条件的优良品种，建立品种生态适应性评价标准，提出区域布局体系；（2）丰产性：通过品种筛选确立增产与资源利用的潜力及其挖掘技术途径；（3）专用性：筛选适用优质稻米、加工用稻、饲用稻谷的专用品种，完善其质量标准和品种适应范围；（4）互作机理：阐明产量、品质与效率的品种—环境—栽培措施间的互作关系与协调途径，确立高产优质高效配套的技术体系；（5）配套技术：在典型生态区对筛选出的新品种开展配套栽培技术试验，集成不同生态区水稻新品种配套栽培技术体系，制订标准化生产技术规程。

考核指标：【约束性指标】建立水稻主产区品种生态适应性评价标准与指标体系 4 个（套），筛选一批水稻适应机械化直播、轻简化优质高产高效新品种；在不同区域实现良种良法配套技术和生产技术规程 5 套以上，相关专利 3 项以上，技术应用 5 000 亩以上，产量增加 10% 以上、节约氮肥和水分 10% 以上、水稻作业效率提高 15% 以上。【预期性指标】发表核心期刊论文 20 篇以上，其中 SCI 论文 5 篇以上。

支持年限：2016—2020。

拟支持项目数：1~2 项

6. 粮食作物生长监测诊断与精确栽培技术

研究内容：针对粮食作物现代生产技术中的信息化和精准高效的发展趋势与丰产增效的需求，以作物生长监测与精确栽培为核心，在水稻、小麦和玉米三大粮食作物中，重点研究：（1）生长动态：基于产量目标的作物适宜生长指标时序动态模型，结合快速监测的作物实际长势，建立多途径的作物生长诊断与水肥调控模型；（2）形成过程：定量分析作物光谱—碳氮积累转运—产量品质形成之间的定量关系，构建基于遥感的粮食作物产量和品质预测模型；（3）技术平台：研制开发便携式作物生长监测仪、基于传感网的作物生长感知设备、基于无人机的作物生长监测诊断平台，构建农田感知与智慧管理综合系统；（4）精确栽培：通过多年多点联网试验，建立基于便携式监测仪、传感网、无人机等多平台的作物生长实时监测诊断技术、精确灌溉施肥作业机具和相应的作物精确栽培技术体系，实现田块、园区、区域等不同尺度粮食生产的无损化监测、智能化诊断、定量化调控和规模化预测。

考核指标：【约束性指标】建立东北、黄淮海和长江中下游三大平原三大粮食作物生长监测诊断与精确栽培技术体系 5 套以上，研制便携式作物生长监测仪 2 套，开发农田物联网感知设备 2 套，构建基于无人机平台的作物生长监测技术 2 套，研发精确作业机具 1 套，提出基于遥感的作物产量品质预测技术 3 套；在粮食主产区设立 6 个以上的核心示范区，推广面积 1 000 万亩以上、产量增加 8% 以上、节约氮肥和水分 15% 以上。【预期性指标】发表核心期刊论文 60 篇以上，其中 SCI 收录论文 18 篇以上；申请国家发明专利 15 项以上，其中授权国家发明专利 10 项以上；登记国家计算机软件著作权 10~15 项；制定地方标准 3 项以上。

支持年限：2016—2020。

拟支持项目数：1~2 项

7. 粮食主产区主要气象灾变过程及其减灾保产调控关键技术

研究内容：针对我国粮食生产中气象灾害多发和重发的特点，以预防和减损技术创新为核心，在我国水稻、小麦、玉米主产区重点研究：（1）灾害发生规律：研究粮食主产区作物生产过程中，主要气象灾害发生过程及频率、时空分布特征，分析构建不同作物气象灾变监测技术体系；（2）预警平台：研究构建由农业气象数据库结合区域农业生产信息系统和 GIS 的不同气象灾害监测预警评估信息平台；（3）综合防控：利用气候变化田间模拟试验平台，开展三大粮食作物气象灾害的化学和生物物理调控试验，筛选提出有效防控技术，构建减灾保产技术体系。

考核指标：【约束性指标】明确粮食主产区气象灾害发生规律，构建气象灾害监测预警技术体系3套以上，构建气象灾害监测预警评估信息平台1个以上，主要气象灾害预测准确率提高20%以上；构建不同作物减灾保产技术体系6套以上，开发减灾产品3个以上；减灾保产技术推广面积500万亩以上。【预期性指标】发表核心期刊论文30篇以上，其中SCI论文8篇；申请国家发明专利8项，登记国家计算机软件著作权5项。

支持年限：2016—2020。

拟支持项目数：1~2项

8. 粮食主产区主要病虫草害发生及其绿色防控关键技术

研究内容：针对我国粮食生产中病虫草害发生日趋严重的问题，以病虫草害监测与绿色防控为核心，在水稻、小麦、玉米主产区，重点开展以下研究：（1）发生规律和暴发成灾机理：研究主要病虫害的发生规律和成灾机理，明确导致成灾的主要生物与非生物因子；（2）监测预警平台：建立主要病虫害的发生、成灾监测预警平台，突破准确预警技术瓶颈，提升预警准确率；（3）新型农药筛选：针对主要病虫害和田间恶性杂草，对新型先导化合物的活性进行筛选，开展室内活性、作用特性和田间药效研究；进行产品全分析、毒理、环境生态等效果研究，筛选出高效、低毒、低残留的新型创制农药；完善加工制剂和应用技术，并对其安全性进行评价；（4）统防统治策略和技术规程：建立主要病虫草害的绿色化学防控技术和非化学防控技术，实现多种防控技术的协调应用，形成多种防控技术联合使用的统防统治策略和技术规程。

考核指标：【约束性指标】明确东北、黄淮海、长江中下游三大粮食主产区水稻、小麦、玉米8~10种主要病虫害发生规律，建立东北春玉米、东北粳稻、黄淮海麦—玉、江淮稻—麦、南方双季稻五大种植模式主要病虫害的监测预警技术5~6项，预警准确率达到90%以上；分别在东北、黄淮海、长江中下游三大粮食主产区建立信息化预警平台各1~2个，并对基层技术人员开放运行；筛选高活性化合物10个以上，高效、低毒、低残留新创制农药3~4种；建立东北春玉米、东北粳稻、黄淮海麦—玉、江淮稻—麦、南方双季稻五大种植模式主要病虫害绿色综合防控技术5~8项，主要病虫害防治技术规程与标准5~8项；建立东北春玉米、东北粳稻、黄淮海麦—玉、江淮稻—麦、南方双季稻五大种植模式主要病虫害防控核心各1万亩，技术示范应用面积共500万亩以上，核心区、示范区内病虫害损失率降低20%，化学农药使用量减少30%。【预期性指标】发表核心期刊论文30篇以上，其中SCI论文8篇，获得技术发明专利8~10项；实现防控技术与策略的推广应用，实现绿色化学防控技术与非化学防控技术的协调使用，减少粮食产量损失，降低农药残留，提升农产品品质。

支持年限：2016—2020。

拟支持项目数：1~2项

9. 旱作区土壤培肥与丰产增效耕作技术

研究内容：针对我国旱作农田土壤质量下降、耕层浅薄、秸秆还田难等问题，以土壤培肥与耕作关键技术创新为核心，在东北、黄淮海主要产粮区，重点研究：（1）变化特征：阐明不同区域不同耕作模式下土壤肥力与生产力的协同关系及其驱动力，提出区域大面积的耕层关键障碍因子及突破途径，明确高产高效农田的理想耕层特征；（2）培肥技术：创建轮作换茬改土、秸秆还田、有机肥增施、生物碳应用等理想耕层构建和全耕层培肥关键技术；（3）耕作技术：创建适合不同生态区主要作物系统的传统耕作、深松、免耕覆盖综合的周年或多年轮耕技术；（4）产品研制：研发适合不同区域主要土壤类型的肥力快速恢复的秸秆快速分解制剂、缓释肥、水溶性肥、有机肥、绿肥、生物肥、机械配套施用肥料、高效螯合肥料、根际养分增效剂、高肥效生长调节剂等绿色替代产品与技术；（5）改良途径：进行轮作系统优化及技术配套和产品筛选，形成旱作区土壤培肥技术体系和丰产增效耕作制度。

考核指标：【约束性指标】提出东北、黄淮海区域粮食作物土壤培肥和耕作技术新途径和模式 3~4 套，创新深松、秸秆还田、肥田增产、新型肥料等关键技术或产品 8~10 项，示范应用 500 万亩以上；项目示范区土壤质量主要指标提升 5%、肥料利用效率提高 10%、粮食单产提高 5%、节本增效 50 元/亩以上。【预期性指标】发表核心期刊论文 30 篇以上，其中 SCI 论文 8 篇以上；获得发明专利 6~8 项。

支持年限：2016—2020。

拟支持项目数：1~2 项

10. 稻作区土壤培肥与丰产增效耕作技术

研究内容：针对我国稻作区农田土壤质量下降、土壤酸化、土壤养分不均衡、秸秆全量还田难等问题，以土壤培肥与耕作关键技术创新为核心，在长江中下游、黄淮海、东北等主要稻作区，重点研究：（1）变化特征：阐明不同耕作模式下土壤肥力与生产力的协同关系及其驱动力，提出大面积的耕层关键障碍因子及突破途径，明确高产高效农田的理想耕层特征；（2）培肥技术：创建秸秆全量还田、生态培肥、生物培肥、有机肥增施等全耕层培肥关键技术；（3）耕作技术：创建适合不同稻作系统的传统耕作、深耕、免耕覆盖综合的周年或多年轮耕技术；（4）产品研制：研发适合主要土壤类型的肥力快速恢复的秸秆快速分解制剂、缓释肥、绿肥、生物肥、机械配套施用肥料、高效螯合肥料、高肥效生长调节剂等绿色替代产品与技术；（5）改良途径：进行轮作系统优化及技术配套和产品筛选，形成稻作区土壤培肥技术体系和丰产增效耕作制度。

考核指标：【约束性指标】提出稻作区土壤培肥和耕作技术新途径和模式 3~4 套，创新秸秆全量还田、深耕、肥田增产、新型肥料等关键技术或产品 8~10 项，示范应用 500 万亩以上；项目示范区土壤质量主要指标提升 5%、肥料利用效率提高 10%、粮食单产提高 5%、节本增效 50 元/亩以上。【预期性指标】发表核心期刊论文 20 篇以上，其中 SCI 论文 5 篇以上；获得发明专利 6~8 项。

支持年限：2016—2020。

拟支持项目数：1~2 项

（注：集成示范项目待启动）

申报要求

1. 项目申请书须经过国务院有关部门（直属机构、直属事业单位）科技主管机构推荐，或各省、自治区、直辖市、计划单列市及新疆生产建设兵团科技主管部门推荐。

2. 项目须整体申报，须覆盖全部考核指标。

3. 同一申报材料不得多头重复推荐，同一推荐主体对同一项目只能推荐 1 项。

4. 项目申报单位（包括联合申报中的任意一方）和项目参加人员，对同一项目不得进行重复或交叉申报。

5. 鼓励项目的示范推广与国家农业科技园区等相结合。

6. 共性关键技术类项目鼓励产学研联合申报，集成示范类项目鼓励龙头企业牵头申报，且要求提供一定比例的配套经费。

7. 项目下设课题数不超过 10 个，每个课题参加单位不超过 5 家（含主持单位）。

附件 6

"现代食品加工及粮食收储运技术与装备"
重点专项 2016 年度项目申报指南

一、概述

现代食品加工产业上牵亿万农户，与"三农问题"密切关联，下联亿万国民，是与公众的膳食营养和饮食安全息息相关的"国民健康产业"。目前，全球食品加工产业正在向多领域、多梯度、深层次、高技术、智能化、低能耗、全利用、高效益、可持续的方向发展。随着一大批新技术（如云计算）的开发，新业态（如网络电商）的出现，新模式（如全产业链控制）的形成和新产业（如现代调理）的发展，现代食品加工产业不仅成为拉动我国国民经济发展的"新兴产业"和新的经济"增长点"，也将拓展现代农业发展的"新空间"，成为引领和带动我国现代农业发展的"新动力"。随着我国新型工业化、信息化、城镇化和农业现代化同步推进，"方便、美味、可口、实惠、营养、安全、健康、个性化、多样性"的产品新需求，以及"智能、节能、低碳、环保、绿色、可持续"的产业新要求已成为食品产业发展的"新常态"，也对食品加工产业科技发展提出了新的挑战。因此，实施"现代食品加工及粮食收储运技术与装备"重点专项是对《国家中长期科学和技术发展规划纲要（2006—2020 年)》的具体贯彻和落实，是支撑现代食品工业快速健康和可持续发展的重要保障，是确保国家食品品质营养与质量安全及粮食安全的重要环节，也是保证农民增产增收和资源高效利用与农业综合效益的重要手段。

二、专项实施年限

2016 年 1 月 1 日—2020 年 12 月 31 日，实施年限：5 年。

三、专项目标

依据《国家中长期科学和技术发展规划纲要（2006—2020 年)》的整体要求，以创新驱动发展战略为核心，紧紧围绕食品产业在新型加工与绿色制造，粮食收储运技术装备，现代食品物流的信息化、智能化与低碳化研发，全产业链品质质量过程控制开发，中华传统与民族特色食品工业化与成品化以及工程化食品加工技术装备创制等关键问题与重大科技需求，依靠科技创新，实现新知识支撑，新工艺创建，新技术突破，新装备保障，新产品创制和新格局形成。

预计到 2020 年，将突破制约食品制造与装备产业发展的基础共性技术 60～70 项，创制关键装备 15～20 种，新工艺和新产品 50～60 个，建设集成示范线 20～25 条，技术应用和示范企业食品加工吨产品能耗降低 15%，水耗降低 20%，排放减少 15%；在粮食储运技术方面，以减损、保质、增效、生态为原则，建立适宜我国国情、粮情和农业现代化要求的新型粮食收储模式、技术体系，创新一批粮食收购、储藏、装卸、运输作业的新技术新装备。东北示范区粮食收储环节损失率由 15% 降到 5% 左右，玉米霉变率由 5% 减少到 2% 以下；南方示范区稻谷绿色保鲜储存比例提高到 30%，干燥能耗降低 25% 以上；国家储备粮库减少化学药剂使用量 30% 以上。整体上构建以企业为主导产学研用协同创新机制和基地 3～5 个，培养创新人才 200～300 名，形成创新团队 10～15 个，大幅提高自主创新能力。

四、项目设置

（一）总体安排计划

针对未来五年现代食品加工制造与装备开发产业及粮食收储运行业中迫切需要解决的技术问题，按照全链条布局、一体化实施的总体思路，对实施方案的 25 项重点任务进行项目分解。本专项 2016 年度第一批指南设置"食品加工制造应用基础研究"、"食品加工制造核心关键技术开发与装备创制"、"食品加工制造技术集成应用与产业化示范"三大板块共 16 个项目。

（二）项目设置原则

1. 根据国家战略需求和相关产业发展在 2016 年亟需解决的关键瓶颈问题。重点在目前我国食品产业发展中的瓶颈问题和紧迫的重点核心与关键科技发展需求问题，以及国际食品产业科技发展的新态势下必争的科技发展新热点问题。

2. 遵循实施方案制定的年度任务分解。

3. 按照中央财政科技计划管理改革和国家重点研发计划工作安排的要求，充分考虑基础研究、共性关键技术研发到典型应用示范等各部分比例，共性关键技术类项目为主，基础研究类项目占一定的比例，典型应用示范类项目比例不超过 30%。

4. 考虑行业部门提出的各领域（行业）急需科技支撑的现实需求，重点是与食品加工和粮食保障行业部门提出的各领域（行业）急需科技支撑的迫切现实需求。

5. 考虑延续"十二五"期间的研究内容并已经取得重要突破，亟需进一步支持实现整体支撑的科技问题，重点是"健康中国"和"新常态"下食品加工新兴产业发展的紧迫的科技新需求和新问题。

2016 年启动项目设置方案

板块布局	项目分解
食品加工应用基础研究	1. 生鲜食用农产品物流环境适应性及品质控制机制研究 2. 食品加工过程中组分结构变化及品质调控机制研究
食品加工核心技术开发与装备创制	3. 食品工程化与智能化加工新技术装备开发研究 4. 中华传统工业化食品加工关键技术研究与装备开发 5. 传统酿造食品制造关键技术研究与装备开发 6. 营养功能性食品制造关键技术研究与新产品创制 7. 方便即食食品制造关键技术开发研究及新产品创制 8. 食品添加剂与配料绿色制造关键技术研究及开发 9. 果蔬采后质量与品质控制关键技术研究及装备开发 10. 粮食收储保质降耗关键技术研究与装备开发 11. 跨境食品品质与质量控制数据库构建及创新集成开发 12. 主要食品全产业链品质质量控制关键技术开发研究
食品加工工程化技术集成应用与产业化示范	13. 薯类主食化加工关键新技术装备研发及示范 14. 大宗油料适度加工与综合利用技术及智能装备研发与示范 15. 中式传统肉制品绿色制造关键技术与装备研发及示范 16. 现代粮仓绿色储粮科技示范工程

任务一：食品加工制造应用基础研究

围绕食品理化特性、营养特性及加工特性，以世界前沿科学难题为着眼点，主要开展生鲜食用农产品物流环境适应性及品质控制机制研究、食品加工过程中组分结构变化及品质调控机制研究、食品风味特征与品质评价及加工适用性研究、食品营养物质基础与营养代谢组学研究，力争取得原创性研究进展，为巩固已有优势技术、培育战略性新兴产业提供基础。

说明：该任务板块为食品加工制造领域的基础和应用基础研究，共设置了2个项目，每个项目所设置的课题数应不超过6个，每个课题的参加单位不超过5家（含主持单位）。

项目1. 生鲜食用农产品物流环境适应性及品质控制机制研究

研究目标：研究食品贮藏和物流过程中品质变化的物质基础及生物学机制，重点阐明生鲜食用农产品现代贮藏和物流技术对食品品质保持与调控规律及调控机制。

研究内容：系统分析温度、湿度、气体等环境因子对产品衰老和主要生理生化代谢及生理失调的影响规律，以及品质劣变和腐败损耗的生物学机制，确定不同产品贮藏和物流环境适宜参数；研究果蔬弹性、拉伸和碎裂等质构特性对不同运输方式的适应性及生理代谢规律；研究热管技术蓄冷的传热机理、传热特点及传热动力学；从产品物流微环境温度、时间和忍耐性（"3T"指数）等方面，分析预测货架期品质变化规律；研究可溯源至国家标准的食品中水分活度测量技术，揭示微生物与水活度及防腐剂之间的相关参数关系，研制复杂基体水分标准物质；研究玉米、稻谷等储藏粮堆生态多场耦合系统模型、粮堆结露发热霉变和黄变机理，以及粮食品种与贮藏和物流、加工用途的特性关系。

考核指标：【约束性指标】明晰20种生鲜农产品受环境因子影响的产品物流品质劣变的生物学机制；阐明20个生鲜农产品品质变化与自身生物学特性关系机理；建立储藏稻谷和玉米粮堆静态和动态多场耦合模型系统1~3套；建立可溯源至国家标准的食品中水分活度与等温、等湿线的标准测量方法各1套，研制5~6种不同基体水分标准物质；【预期性指标】阐明稻谷品种与储藏、加工用途关系规律；申请专利2~4项，发表高水平论文50~60篇。

支持年限：2016年—2020年

拟支持项目数：1~2项

牵头申报单位：高校或科研院所

项目2. 食品加工过程中组分结构变化及品质调控机制研究

研究目标：针对食品基质组分复杂性、食品加工技术方式多样性和食品品质需求丰富性等特征，重点研究粮油、果蔬、畜禽、水产和调味品等食品原料及制品中碳水化合物、蛋白质、脂质和生物活性物质等大小分子组分的结构特性，特别是相互作用与品质特性和功能的关系，以及品质调控机理。

研究内容：系统研究食品加工过程中不同加工技术和物理、化学及生物等不同处理方式对食品组分结构及其相互作用与品质、功能特性的影响及调控机制；研究食品加工过程中食品组分变化规律和食品品质特性改变及色香味质等品质变化机制，揭示食品加工过程中保质减损与品质调控机制；研究构成食品原料及制品品质质量特征的组分指纹图谱，确定特征目标指示物，建立食品原料及制品品质质量的评价和预测模型。

考核指标：【约束性指标】构建30~40种粮油、果蔬、畜禽、水产和调味品等食品基质体系中碳水化合物、蛋白质、脂质和生物活性物质在食品加工过程中的组分结构及其相互作用变化与食品品质特性及功能的关系；阐明10~20种不同食品加工新工艺技术与处理方法对食品组分结构和品质功能特性的影响及其机制；探索5~10种调控食品组分结构与品质功能的新工艺、新技术和新方法；【预期性指标】申请专利2~4项，发表高水平论文50~60篇，国际标准1项，国家标准3~5项。

支持年限：2016年—2020年

拟支持项目数：1~2项

牵头申报单位：高校或科研院所

任务二：食品加工制造核心关键技术开发与装备创制

围绕食品方便美味、营养安全、资源节约、增效增值的产业需求，针对制约产业发展的重大共性关键技术问题与技术瓶颈，推进相关领域高新技术开发研究、核心技术突破与关键装备研制，力争取得原创性重大技术突破，形成自主知识产权，培育战略性新兴产业。

说明：该任务板块为食品加工制造核心关键技术开发与装备创制，共设置了10个项目，每个项目所设置的课题数应不超过5个，每个课题的参加单位不超过5家（含主持单位）。

项目3. 食品工程化与智能化加工新技术装备开发研究

研究目标：系统研究和开发食品非热加工、新型杀菌、过程控制、仿真优化和连续化、数字化、智能化等食品工程化加工新技术及连续化、智能化新装备。

研究内容：系统研究食品非热加工、新型杀菌、低温压榨、节能型挤压膨化、高效传质传热、新型干/湿法超微粉碎、食品装备稳定与可靠性、食品加工装备与食品加工过程模拟仿真优化、智能化控制和现代先进制造新技术与新装备及智能化模块化挤压新装备开发。

考核指标：【约束性指标】建立食品加工通用装备知识库，开发模型驱动的智能化食品加工装备设计优化平台和工艺数据驱动的食品加工装备虚拟装配系统及基于多物理场耦合模型的智能控制系统；研发新型加工技术15项；研制大型温压结合超高压（压力700MPa和高压仓550L以上，升温速度小于4小时）杀菌等新型食品加工装备和智能化高效加工设备15台（套）；制定标准5项；【预期性指标】新型装备的生产效率提高20%，能耗降低15%以上，申报专利30项，发表论文40~50篇，建立我国食品加工工程化新装备研发体系，形成智能化的食品加工工程化技术支撑能力。

支持年限：2016年—2019年

拟支持项目数：1~2项

牵头申报单位：高校、科研院所；或由企业牵头组成产学研团队联合申报，其他经费（包括地方财政经费、单位出资及社会渠道资金等）与中央财政经费比例不低于1：1。

项目4. 中华传统食品工业化加工关键技术研究与装备开发

研究目标：针对谷物、豆类、畜禽、水产和果蔬等大宗食材，系统开展中华传统特色食品工艺挖掘、工艺适应性改造和工业化加工技术及品质评价等研究；突破水烹、汽烹、油烹、火烹等传统食品连续化、标准化加工和品质保真技术瓶颈。

研究内容：以谷物、豆类、畜禽、水产和果蔬等大宗特色食材为重点，系统开发传统主食、中式菜肴等中华传统食品的标准化、连续化、智能化和工业化加工制造关键技术与装备；开展连续化蒸制、一体化煮制、红外/微波烤制、智能化炒制、现代化腌制等共性关键装备的功能设计，优化核心装备的关键部件结构及相关参数，创制具有自主知识产权的自动化、连续化加工装备；创制典型的工业化、标准化中华传统风味特色食品，建立健全传统食品加工标准与全程质量控制体系；形成具有自主知识产权的智能化、数字化、规模化、自动化、连续化、工程化、成套化核心装备与成套技术与装备。

考核指标：【约束性指标】建立中华传统工业化食品研发技术体系，研发中华传统食品工业化、标准化加工技术20项，创制中式传统食品核心加工装备5台（套）以上；研制开发新产品30种，工业化传统食品机械化、自动化、成套化装备应用率提高30%～40%。【预期性指标】申报专利15～20项，发表论文50篇。

支持年限：2016年—2019年

拟支持项目数：1～2项

牵头申报单位：高校、科研院所；或由企业牵头组成产学研团队联合申报，其他经费（包括地方财政经费、单位出资及社会渠道资金等）与中央财政经费比例不低于1：1。

项目5. 传统酿造食品制造关键技术研究与装备开发

研究目标：围绕我国传统优势酿造食品制造的关键环节，收集整理和系统开发我国传统酿造食品特有的微生物菌种资源，并采用组学（基因组、转录组、蛋白组与代谢组等）技术，开展酿造食品特有微生物菌种、主要功能性成分和品质风味特征性分析，解析特有微生物代谢、重要基因表达、关键酶反应与主要代谢产物生成的相互关系。

研究内容：以白酒、黄酒、葡萄酒、酱油及谷物醋、豆瓣、腐乳、泡菜等我国传统特色酿造食品为研究对象，重点突破传统酿造食品在酿造过程中微生物增殖与代谢的定向调控、原料利用率提高和风味改善、抗逆菌株选育及新型发酵生产菌开发和新型工业化酿造等关键技术瓶颈；开发绿色低碳、优质高效的现代工业化酿造食品生产新技术及系列安全高品质酿造食品制造新工艺；研制开发数字化、连续化和智能化特色优质酿造新工艺和酿造食品加工成套技术装备，全面提升我国传统酿造食品的安全质量水平。

考核指标：【约束性指标】收集整理和建立不少于1 000株菌株的菌种库，系统研究分析5～10株我国常用的传统酿造食品特有微生物菌种的安全性、发酵产物的主要功能性成分及品质风味特征性；筛选传统优势酿造抗逆高效菌种20～30株；建立5～10种传统酿造食品定向调控生产技术；改良10～20种传统酿造食品；集成开发5～10套传统酿造食品的自动化成套技术与装备；【预期性指标】在3～5家大型企业示范应用，申报专利30项，发表论文30篇。

支持年限：2016年—2019年

拟支持项目数：1～2项

牵头申报单位：高校、科研院所；或由企业牵头组成产学研团队联合申报，其他经费（包括地方财政经费、单位出资及社会渠道资金等）与中央财政经费比例不低于1：1。

项目6. 营养功能性食品制造关键技术研究与新产品创制

研究目标：针对公众对食品营养健康不断提升的巨大需求，基于营养代谢基因组学和肠道微生物菌群与人类健康关系等现代营养学研究的新进展，系统开发新型营养健康食品。

研究内容：重点突破食品营养、功能、生物活性稳态保持及递送控制技术，以及个性化营养设计与营养功能型食品制造及感官评价等共性关键技术，系统研究与开发功能因子、个性化营养健康食品；重点开发针对糖尿病等慢性代谢疾病和儿童、老年、运动等特殊人群的营养健康食品，系统开发基于改善肠道微生态的新型营养健康食品；系统开展营养健康食品成分准确分析技术研究及功效评价。

考核指标：【约束性指标】构建营养功能型健康食品制造关键技术体系，研究开发食品功能因子20种，方便营养功能型食品制造关键技术20项；开发营养健康食品成分准确分析技术及功效评价15项，形成配套技术规程20个，开发个性化营养功能性健康食品20种，形成生产技术标准 20 项；【预期性指标】申请专利 15～20 项，发表论文 60 篇。

支持年限：2016 年—2019 年

拟支持项目数：1～2 项

牵头申报单位：高校、科研院所；或由企业牵头组成产学研团队联合申报，其他经费（包括地方财政经费、单位出资及社会渠道资金等）与中央财政经费比例不低于 1∶1。

项目 7. 方便即食食品制造关键技术开发研究及新产品创制

研究目标：以谷物、豆类、畜禽、水产和果蔬等大宗食材为对象，针对方便即食食品制造的关键环节，系统研究和开发新工艺、新技术和新产品，全面提升方便即食食品创制能力。

研究内容：以谷物、豆类、畜禽、水产和果蔬等大宗食材为对象，重点突破方便即食食品的质构重组、低碳加工和特征营养与风味调整技术，系统研究与开发方便即食食品的新型杀菌、保质保鲜、智能包装和安全控制等新工艺和新技术；创制挤压膨化食品、旅游休闲食品以及其他方便食品加工以及餐饮厨房烹制（含家用）的专用即制酱料、调味料及香辛料等便捷化、营养化、个性化与工程化新型方便即食食品和新产品。

考核指标：【约束性指标】创制便捷化、营养化、个性化与工程化新型方便即食食品技术集群，实现低碳制造技术开发，形成即食休闲食品、方便食品加工专用即制酱料、调味料及香辛料等方便即食食品制造关键技术 30 项，开发新型方便即食食品 40 个，制定产品标准 20 项；【预期性指标】申请发明专利 30 项，发表论文 50 篇，建立示范生产线 5～10 条。

支持年限：2016 年—2019 年

拟支持项目数：1～2 项

牵头申报单位：高校、科研院所；或由企业牵头组成产学研团队联合申报，其他经费（包括地方财政经费、单位出资及社会渠道资金等）与中央财政经费比例不低于 1∶1。

项目 8. 食品添加剂与配料绿色制造关键技术研究及开发

研究目标：针对食品添加剂与配料绿色制造的关键环节，重点突破生物工程、分子修饰、生物转化、生物合成、电化学合成、高效分离与提取和功能强化与稳态化等共性关键技术，开发新型食品添加剂和绿色食品配料。

研究内容：研究食用香料香精、茶叶活性成分、多糖等植物活性物质的绿色制备技术及在抗氧化、防腐、保鲜、调味、增香等方面的功效和应用技术；研究高分子多糖的物理、生物分离制备技术，创制增稠剂、乳化剂和稳定剂；研究食品香料香精、食用色素、乳化稳定剂、食品抗氧化剂、天然防腐保鲜剂的环境友好的绿色制备及稳态化技术；研究低热量、高甜度的健康功能型甜味剂制备技术。

考核指标：【约束性指标】形成食品添加剂和配料的绿色制备及品质控制核心技术 30 项；采用食品香料香精、食用色素、天然高分子多糖及低聚糖、茶叶活性物质等天然原料创制抗氧化剂、调味剂（甜味剂、鲜味剂）、增稠剂、防腐剂、保鲜剂、乳化稳定剂和功能性食品配料等产品 15 个；【预期性指标】申请发明专利 20 项，发表论文 40 篇，建立示范生产线 5～10 条，提出并形成相关标准草案 10 项。

支持年限：2016 年—2019 年

拟支持项目数：1～2 项

牵头申报单位：高校、科研院所；或由企业牵头组成产学研团队联合申报，其他经费（包括地方财政经费、单位出资及社会渠道资金等）与中央财政经费比例不低于 1∶1。

项目 9. 果蔬采后质量与品质控制关键技术研究及装备开发

研究目标：针对果蔬食品冷链物流配送过程中品质劣变及腐烂变质损耗等核心问题，系统开展品质控制技术装备开发研究，全面提升果蔬食品冷链物流配送保鲜保质能力。

研究内容：系统开展大宗和特色果蔬食品采后品质质量变化和腐烂变质损耗规律研究，重点突破冷链物流配送过程和商品货架期等各环节的品质质量保持（保鲜）与全链条系统控制等共性关键技术；开发精确识别劣变因子的监控技术及快速检测技术，创制智能化现场快速检验仪；开发绿色、节能和高效的果蔬预冷、保鲜和品质安全控制关键技术装备，研制开发节能高效预冷、新型绿色气调、低压静电场保鲜等新设施和新装备。

考核指标：【约束性指标】建立果蔬采后质量和品质控制关键技术，研制果蔬品质快速检测技术20项、新设施和新装置10个，创制适合于不同果蔬产品的精准保鲜技术15项，研制新型绿色防病保鲜剂10种，毒素物质脱除剂15种，研制适合于易腐果蔬产品的贮运节能新装备10套，【预期性指标】申请国家发明专利20件，发表论文50篇，制订相关技术标准15件。

支持年限：2016年—2019年

拟支持项目数：1~2项

牵头申报单位：高校、科研院所；或由企业牵头组成产学研团队联合申报，其他经费（包括地方财政经费、单位出资及社会渠道资金等）与中央财政经费比例不低于1∶1。

项目10. 粮食收储保质降耗关键技术研究与装备开发

研究目标：攻克粮食储藏品质保持、虫霉防治和减损降耗关键技术难题，全面提升粮食绿色环保节能储藏技术水平。

研究内容：研究开发稻谷等储藏保质、粮堆防结露、发热霉变和黄变防控等关键技术，开展基于太阳能等新能源的稻谷低温保鲜储藏工艺组合应用技术与装备研究，确定优质稻储藏特性与保质储备周期关系；研究储粮虫霉的生物、物理等绿色防治以及其它减少化学药剂使用的综合治理新技术和设备，开发书虱、扁谷盗等微小储粮害虫生态防控技术；开展东北高水分稻谷的变温智能一体化保质干燥关键技术研究；研究大跨度平房仓稻谷横向智能通风和长期储藏水分损耗控制技术。

考核指标：【约束性指标】研发新工艺和技术5~10项；研制新设备10~15台套；编制相关技术标准5~10项，实现稻谷保鲜储藏损耗控制在1%以内，仓储能耗降低20%以上，储粮化学药剂使用减少50%以上，烘干能耗降低20%以上；【预期性指标】阐明稻谷储粮生态演替规律，确定优质稻保质储备合理周期，形成稻谷编制、粮堆发热霉变防控新技术，构建储备粮库稻谷收储保质降耗技术体系；申请专利10~20项，发表高水平论文30篇。

支持年限：2016年—2019年

拟支持项目数：1~2项

牵头申报单位：高校、科研院所；或由企业牵头组成产学研团队联合申报，其他经费（包括地方财政经费、单位出资及社会渠道资金等）与中央财政经费比例不低于1∶1。

项目11. 跨境食品品质与质量控制数据库构建及创新集成开发

研究目标：基于大数据技术构建食品潜在和新发有害物及其代谢物残留数据库，建设边贸食品中食源性病原微生物、化学危害物及人工改造微生物监控与溯源平台。

研究内容：系统研究我国高频跨境食品潜在和新发化学、生物危害物及有害代谢物、品质与质量多元识别与集成控制技术；构建基于大数据技术的食品潜在和新发有害物及其代谢物残留数据库；开展跨境食品标志性特征DNA、多肽、稳定同位素、矿质元素或化合物身份鉴别技术并建立相应数据库；突破快速通关关键技术研究并构建智慧口岸信息平台；建设跨境食品危害因子数据清洗加工、整合存储与分析挖掘信息预警平台；建设边贸食品中食源性病原微生物及人工改造微生物监控与溯源平台。

考核指标：【约束性指标】建立跨境产品溯源、身份鉴别及新发和潜在有害物发掘识别技术 5~10 项，质量控制技术 5~10 项，建立跨境食品身份标识特征 DNA、多肽及化合物数据库、潜在和新发有害物残留数据库、边贸食品食源性微生物耐药性及致病性数据库 3~5 个；构建智慧口岸信息数据平台和评价预警模型 3~5 个，形成技术规范 10~15 项；建立出口食品质量控制示范基地 3~5 个；【预期性指标】建成跨境特色农产品质量评价预警技术支撑体系，编制相关技术标准 5~10 项目，申请专利 10~20 项，发表论文 30 篇。

支持年限：2016 年—2019 年

拟支持项目数：1~2 项

牵头申报单位：高校、科研院所；或由企业牵头组成产学研团队联合申报，其他经费（包括地方财政经费、单位出资及社会渠道资金等）与中央财政经费比例不低于 1：1。

项目 12. 主要食品全产业链品质质量控制关键技术开发研究

研究目标：开发和建立从农产品基地、生产加工到流通消费全过程的电子追踪溯源系统技术，充分利用大数据、云计算云服务、数据和信息平台、移动互联与物联网等技术手段，形成食品品质质量与营养各类数据系统、信息平台互联互通，为建设食品高质量原料供给基地、创新示范基地和现代物流配送中心等提供技术支撑。

研究内容：研究和开发物理加工、化学处理、生物转化等加工、储运过程中品质质量危害因子检测技术及品质劣变控制技术；开展从原料到成品的基于特征性组分及蛋白组学的多维食品评价鉴伪新技术研究，开展食品成分种类鉴别、真伪鉴别、表征溯源、地理标志保护等食品真实表征属性识别新技术研究；研制真伪鉴别用标准物质；研究开发新型食品基质前处理材料、食品品质质量劣变因子绿色高效精准检测技术、快速检测、在线无损检测技术与实用化小型装备；开展食品品质质量智能化溯源预警及食品品质新型评价技术，研发快检技术装备；开展食品原料与接触材料质量危害因子控制技术和典型食品接触材料制品检测用实物标样制备技术研究。

考核指标：【约束性指标】开发和构建全程无缝实时的国家食品品质质量与营养智能化监测与溯源体系和云服务示范平台 1~2 套，建立食品品质实时监测平台和智能化质量溯源与网络监控系统 5 个，研发食品表征属性及有害因子的高通量、定量、环保、在线无损识别新技术 20 项，研制新型食品基质前处理材料 15~20 种、食品品质质量劣变因子检测技术产品及实用装备 10 台（套）；研发形成加工食品原料和食品品质保障技术或技术规范 10~15 项，食品真实表征属性识别新技术和劣变因子新型检测技术 10~20 项，多维食品评价鉴伪新技术及真伪鉴别用标准物质 20 个，食品接触材料制品检测用实物标样 2~3 个；食品品质质量劣变因子检测产品及实用装备 5~10 台（套）；【预期性指标】构建现代食品生产全链条真实属性溯源和风味、外观品质自动化标准化评价技术体系，形成智能型互联互通食品品质质量溯源、监控及反欺诈的技术能力，制定标准 10 项；发表论文 40 篇，申报专利 20 项。

支持年限：2016 年—2019 年

拟支持项目数：1~2 项

牵头申报单位：高校、科研院所；或由企业牵头组成产学研团队联合申报，其他经费（包括地方财政经费、单位出资及社会渠道资金等）与中央财政经费比例不低于 1：1。

任务三：食品加工制造技术集成应用与产业化示范

针对目前食品产业链中食品加工、物流与服务、装备制造等产业共性关键技术问题，组织实施工程化技术集成应用和产业化示范项目，形成一系列技术标准，带动改造提升传统食品产业。

说明：该任务板块为食品加工制造技术集成应用与产业化示范，共设置了4个项目，每个项目所设置的课题数应不超过5个，每个课题的参加单位不超过5家（含主持单位）。

项目13. 薯类主食化加工关键新技术装备研发及示范

研究目标：以薯类主产区为研究区域，开展薯类产后高效减损技术与智能化装备开发；重点研发满足马铃薯主粮化需求的产地加工工艺、技术与装备并集成示范；建立适于薯类主产区新型经营主体的储运加体系。

研究内容：研发生粉加工、质构成型、快速醒发等关键技术并熟化，研制智能醒发、高效干燥、自动化包装等核心装备，重点开发马铃薯及甘薯馒头、面条、米粉、原薯制品等主食新产品并进行典型集成示范，开展薯类产后储运加技术模式研究与示范；研究基于挤压重组技术的薯类方便主食品加工关键技术与装备研究与示范。

考核指标：【约束性指标】研发薯类产后储藏、加工、流通技术15项，研制装备10项，开展薯类储藏、运输、加工一体化运作模式的示范；在马铃薯及甘薯主产区，建设50座现代新型薯类智能储藏库（窖）；【预期性指标】申报专利10项，发表高水平论文40篇。

支持年限：2016年—2020年

拟支持项目数：1～2项

牵头申报单位：企业牵头，组成产学研团队联合申报，其他经费（包括地方财政经费、单位出资及社会渠道资金等）与中央财政经费比例不低于1∶1。

项目14. 大宗油料适度加工与综合利用技术及智能装备研发与示范

研究目标：以大豆、菜籽、花生等大宗油料为研究对象，基于油料特性，创新研发与集成配套符合精准适度加工的新技术、新工艺和新装备。

研究内容：以大豆、菜籽、花生等大宗油料为研究对象，系统研究原料精选与稳定化、新型溶剂浸出、酶法生物制油、适/低温制油、酶法脱胶脱酸、混合油精炼、工业分子蒸馏精炼、高功能性增值产品绿色制造等精准化、稳态化关键技术与大型智能化装备，通过产业化示范，建立符合国情的灵活性多样性精准适度加工技术模式和相应技术规程；开展油脂加工副产物蛋白质、多糖类、功能活性物质等制备技术研究，构建油脂加工副产物绿色多元化利用集成模式。

考核指标：【约束性指标】建立植物油精准适度加工和生物加工生产技术研发与推广应用体系，形成示范线5～8条；研发新型溶剂2种、关键技术20项、新型装备6～8套，实现示范线比传统工艺出油率提高5%以上，电耗降5%，脱色剂用量减20%，溶剂、蒸汽、软水总消耗降50%，反式脂肪酸生成量降70%，维生素E、植物甾醇保留率≥80%；【预期性指标】申报专利15项，发表论文40篇，提出2～3项油料适度加工和生物加工技术规范，吨产品能耗和水耗分别降低15%和20%。

支持年限：2016年—2020年

拟支持项目数：1～2项

牵头申报单位：企业牵头，组成产学研团队联合申报，其他经费（包括地方财政经费、单位出资及社会渠道资金等）与中央财政经费比例不低于1∶1。

项目15. 中式传统肉制品绿色制造关键技术与装备研发及示范

研究目标：针对中式肉制品技术工艺及装备落后的困境，以中华传统与民族特色肉制品为研究对象，系统研究开发中式肉制品加工过程中品质保持新技术、新工艺与新装备，研究开发产品中有害物形成控制和节能减排新技术。

研究内容：研究低盐中华传统肉制品加工技术；创制中华传统肉制品工业化、智能化成套技术与装备；针对我国中式肉制品加工装备落后的问题，消化吸收已引进的先进大型加工设备，实现本土化；以中式酱卤、腌腊、风干、熏烧烤制品等为研究对象，研究中华传统肉制品加工特色品质保持新技术、自动化加工技术，研制开发数控真空斩拌与全自动定量灌装、定量剪切与连续烤制以及中式卤肉制品自动化加工成套技术设备，集成形成中式酱卤、腌腊、风干、熏烧烤自动化技术和生产线，并示范。

考核指标：【约束性指标】提出中华传统与民族特色肉制品自动化加工、特色品质保持加工新技术 15 项；创制通用型中华传统特色肉制品工业化、智能化成套技术与装备 10 台（套）；与传统加工方式相比，在保持传统色香味的基础上，加工过程中形成的有害物质减少 30% 以上，低盐肉制品食盐含量降低 30% 以上；形成配套技术规程 30 个，产能提升 30% 以上；【预期性指标】申报专利 30 项，发表论文 40 篇，在 5～10 家企业示范应用，与传统加工方式相比，减少污染排放 25% 以上，吨产品能耗和水耗分别降低 15% 和 10%。

支持年限：2016 年—2020 年

拟支持项目数：1～2 项

牵头申报单位：企业牵头，组成产学研团队联合申报，其他经费（包括地方财政经费、单位出资及社会渠道资金等）与中央财政经费比例不低于 1∶1。

项目 16. 现代粮仓绿色储粮科技示范工程

研究目标：配合国家"粮安工程建设规划"实施和 1000 亿斤仓容新建粮库项目，在不同储粮生态区，实施现代粮仓绿色储粮科技示范工程，全面降低粮食损失损耗。

研究内容：研究不同区域偏高水分粮食入仓安全处置技术；研发高大平房仓粮食进出仓粉尘抑制技术和装备，以及粮食仓储企业粉尘爆炸风险监测技术与装置；研发平房仓大型粮堆新型密封材料和密闭隔热技术，以及适宜新仓建设和旧仓改造的保温气密新工艺及新材料；开发高大平房仓大产量的散粮进出仓环保高效清理和输送装卸设备，以及粮食集中接收、发放新工艺和成套装备；选择一批骨干粮库开展粳稻和优质籼稻保质减损绿色生态储粮工艺优化和粮食储藏"四合一"升级新技术应用示范，同时开展高大平房仓高效安全散粮进出仓机械化（含清理）应用示范。

考核指标：【约束性指标】建设示范库 30～50 个，提出适合于不同储粮生态区域绿色储粮和粮食进出仓及清理作业技术模式 5～10 项；制定配套技术标准规程 5～10 项；示范粮库能耗节约 20%；粮食进出仓和清理设备产量 150～300t/h，高大平房仓进出仓效率提升 2 倍以上，有效抑制平房仓进出仓粉尘，防范尘爆；研创新工艺 4 项，新装备 10 项，新材料 2 项；【预期性指标】申报发明专利 5 项，获得实用新型专利 20 项，编制技术标准 10～15 项，发表高水平论文 30 篇。

支持年限：2016 年—2020 年

拟支持项目数：1～2 项

牵头申报单位：企业牵头，组成产学研团队联合申报，其他经费（包括地方财政经费、单位出资及社会渠道资金等）与中央财政经费比例不低于 1∶1。

申报要求

1. 项目申请书须经过国务院有关部门（直属机构、直属事业单位）科技主管机构推荐，或各省、自治区、直辖市、计划单列市及新疆生产建设兵团科技主管部门推荐。

2. 项目须整体申报，须覆盖全部考核指标。

3. 同一申报材料不得多头重复推荐，同一推荐主体对同一项目只能推荐 1 项。

4. 项目申报单位（包括联合申报中的任意一方）和项目参加人员，对同一项目不得进行重复或交叉申报与参与。

附件 7

"畜禽重大疫病防控与高效安全养殖综合技术研发"
重点专项 2016 年度项目申报指南

畜禽养殖产业是关系国计民生的农业支柱产业。当前，我国畜禽养殖产业正面临"养殖效益低下、疫病问题突出、环境污染严重、设施设备落后"4 大瓶颈问题。解决这些问题的根本出路在于大力开展畜禽疫病防控、净化与根除，推进养殖废弃物的无害化处理与资源化利用，加强养殖设施设备的自主创新与产业化。

为推进我国畜禽重大疫病防控与高效安全养殖的科技创新，驱动我国畜禽养殖产业转型升级与可持续发展，依据《国家中长期科学与技术发展规划纲要（2006—2020 年)》《国家中长期动物疫病防治规划（2012—2020 年)》（国办发〔2012〕31 号）和《国务院关于深化中央财政科技计划（专项、基金等）管理改革方案的通知》（国发〔2014〕64 号）等精神，启动实施"畜禽重大疫病防控与高效安全养殖综合技术研发"重点专项。

专项聚焦畜禽重大疫病防控、养殖废弃物无害化处理与资源化利用、养殖设施设备研发 3 大领域，贯通基础研究、共性关键技术研究、集成示范科技创新链条，进行一体化设计，突破畜禽重大疫病防控与高效安全养殖领域的重大基础理论，攻克关键核心技术，建立应用示范基地，辐射带动产业创新能力整体提升。实现核心场与示范场在原有基础上，畜禽病死率下降 8% ~ 10%，常规污染物排放消减 60%，粪污及病死动物资源化利用率达 80% 以上，"全封闭、自动化、智能化、信息化"养殖。

依据专项总体目标，围绕畜禽重大疫病防控与高效安全养殖的科技创新链条，设计并分解为40 余个项目。

根据专项的统一部署，结合畜禽重大疫病与安全高效养殖科技创新链条的特点与规律，2016年度第一批指南发布 15 个项目，即 5 个基础研究项目（新发与再现畜禽重大疫病的致病与免疫机制研究；动物流感遗传变异与致病机理研究；重大突发动物源性人兽共患病跨种感染与传播机制研究；重要神经嗜性人兽共患病免疫与致病机制研究；养殖环境对畜禽健康的影响机制研究）和 8 个共性关键技术研究（猪重要疫病的诊断与检测新技术研究；家禽重要疫病诊断与检测新技术研究；牛羊重要疫病诊断与检测新技术研究；宠物疾病诊疗与防控新技术研究；潜在入侵的畜禽疫病监测与预警技术研究；畜禽营养代谢与中毒性疾病防控技术研究；畜禽重要病原耐药性检测与控制技术研究；畜禽废弃物无害化处理与资源化利用新技术及产品研发）及 2 个集成示范类项目（种畜场口蹄疫净化技术集成与示范；种禽场高致病性禽流感、新城疫、禽白血病和沙门氏菌病综合防控与净化技术集成与示范）。项目实施周期为 2016 年 1 月 1 日—2020 年 12 月31 日。

1　基础研究

1.1　新发与再现畜禽重大疫病的致病与免疫机制研究

研究内容：针对猪流行性腹泻病毒、伪狂犬病病毒、鸭坦布苏病毒、猪 delta 冠状病毒、小反刍兽疫病毒等当前严重危害我国养殖业的重要新发与再现病原，建立感染与发病模型，研究病原的起源、演化、致病特征以及毒力增强的分子基础；探讨病原诱导免疫损伤和免疫抑制、突破免疫防线和免疫逃逸的分子机制；研究宿主对病原的免疫识别、免疫应答与免疫保护的分子机理。

考核指标：【约束性指标】阐明 3～5 种新发与再现畜禽病原的重要毒力相关基因和免疫原性基因的结构与功能，解析 2 种重要畜禽病原免疫逃逸的分子策略；揭示 2 种以上重要病原免疫识别和免疫清除的分子机制；发表高水平论文 40～50 篇。【预期性指标】弄清 2～3 种现有商品化疫苗诱导保护性免疫的分子基础。

支持年限：2016—2020

拟支持项目数：1～2 项

1.2　动物流感遗传变异与致病机理研究

研究内容：针对我国动物流感防控及公共卫生重大需求，系统研究动物流感病毒病原生态学、环境生态学与进化变异规律；深入研究动物流感病毒重排、致病力、跨种间感染和水平传播能力的分子机制；研究动物流感病毒与宿主相互作用的关键分子与调控通路；研究宿主天然免疫和适应性免疫反应在流感病毒感染和致病中的作用机制；研究不同种属动物抵抗流感病毒的免疫系统特征。

考核指标：【约束性指标】系统收集、分离、鉴定并分析涵盖我国不同地域及宿主的动物流感病毒 1 000 株以上，完成不少于 250 株代表性毒株的基因组、抗原型及致病性等生物学特性分析；发现影响动物流感病毒感染、复制、致病及传播的关键分子标记及宿主因子 10 个以上，并阐明其作用机制；明确 3～5 个与病理发生和病毒清除相关的重要免疫信号转导分子，并阐明其免疫应答的分子机制；发表高水平论文 40～50 篇。【预期性指标】完善动物流感的病原学与流行病学数据库；建立动物流感病毒变异与传播的风险评估体系。

支持年限：2016—2020

拟支持项目数：1～2 项

1.3　重大突发动物源性人兽共患病跨种感染与传播机制研究

研究内容：针对中东呼吸综合征（MERS）、西尼罗河热、基孔肯雅热等重大突发动物源性人兽共患病病原，研究病原在人和动物间的传播途径、传播媒介；病原感染与传播的适应性进化机制；病原重要蛋白的结构与功能；病原重要基因的遗传变异与致病性、宿主嗜性的关系；研究不同动物的免疫系统发育与种属免疫特征，解析病原与宿主免疫系统互作及其在跨种传播中的作用；针对可能突发的重大人兽共患病疫情，开展病原快速鉴定和传播机制研究，为有效阻断提供理论依据。

考核指标：【约束性指标】完成 1～2 种突发重大动物源性人兽共患病病原的溯源；建立重要病原跨种传播的动物模型 2 种以上；解析 10 种以上重要蛋白的结构与功能；阐明 2～3 种重大突发动物源性人兽共患病的跨种传播机制；发表高水平论文 40～50 篇。【预期性指标】揭示 2～3 种重大突发动物源性人兽共患病病原变异与跨种传播的关系。

支持年限：2016—2020

拟支持项目数：1～2 项

1.4　重要神经嗜性人兽共患病免疫与致病机制研究

研究内容：针对严重危害我国人畜健康的狂犬病毒、乙型脑炎病毒等嗜神经病原，研究病原的感染与传播机制；研究病原的复制/增殖机制；研究病原与外周免疫系统互作及其调控机制；研究病原入侵神经系统分子机制；研究病原诱导神经系统炎症反应与神经损伤的免疫学机制。

考核指标：【约束性指标】鉴定2～3种重要人兽共患嗜神经病原感染与传播的关键蛋白5种以上，并揭示其作用机制；阐明宿主调控嗜神经病原增殖的新机制3种以上；解析2～3种嗜神经病原与宿主外周免疫系统和中枢神经系统互作机制，发现新的信号通路与关键分子10种以上；发表高水平论文40～50篇。【预期性指标】发现诊断标识、药物及疫苗分子设计标靶8～10个，申报或获得专利8～10项。

支持年限：2016—2020

拟支持项目数：1～2项

1.5　养殖环境对畜禽健康的影响机制研究

研究内容：针对温热环境、空气卫生环境等对畜禽健康和生产（生长、繁殖、泌乳等）性能的重要作用，研究温热环境对畜禽健康和生产性能的影响机制；舍内有害气体对畜禽健康和生产性能的影响机制；饲养密度和单元养殖规模对畜禽舍环境、畜禽健康的影响及其机制；光照对畜禽健康影响及调节机制。

考核指标：【约束性指标】揭示4～5种主要环境因子（温热、有害气体、饲养密度、光照等）对畜禽健康的影响机制；建立我国不同区域集约化条件下，猪、家禽（蛋鸡、肉鸡、水禽）、牛（奶牛、肉牛、水牛）、羊（绵羊、山羊）等主要高密度舍饲畜禽的高效安全养殖的温热环境参数15套以上，综合评价指标12个以上；制订猪、家禽、牛、羊等舍内氨气、硫化氢有害气体、氧气、气溶胶、PM2.5等的限量指标与多元优化控制措施15套以上；提出猪、家禽、牛、羊不同饲养条件下的适宜饲养密度、群体规模各10～12套；发表论文50～60篇。【预期性指标】建立不同区域畜禽饲养的小气候多元模型8～10种，制定标准8～10项。

支持年限：2016—2020

拟支持项目数：1～2项

2　共性关键技术研究

2.1　猪重要疫病的诊断与检测新技术研究

研究内容：针对猪重要疫病，发掘、鉴定诊断标识；研发符合现场初筛需求的快速检测技术和方法；研发基于纳米材料、蛋白质芯片、电化学、单分子生物学的简便、快速、高通量的检测新技术及其配套试剂与设备；研发未知病原快速识别技术与方法；研发区分免疫动物与感染动物、多病原混合感染的鉴别诊断技术；研发抗原与抗体的大规模制备与纯化、抗原抗体保护剂和稳定剂、计量标准物质等猪病诊断试剂产业化关键技术；构建猪的疫病远程诊断平台。

考核指标：【约束性指标】鉴定猪重要疫病诊断标识10个以上；建立快速检测技术和方法10种以上；研发新型高通量检测技术及配套试剂与设备5种以上、计量技术方法与标准物质2项以上、未知病原检测技术2种以上、鉴别诊断技术5种以上；建立猪的疫病远程网络诊断技术平台2～3个；突破猪用诊断试剂产业化关键技术与工艺8～10项；申报或获得专利15～20项。【预期性指标】发表研究论文30～40篇。

支持年限：2016—2020

拟支持项目数：1～2项

2.2 家禽重要疫病诊断与检测新技术研究

研究内容：针对家禽重要疫病，发掘、鉴定诊断标识；研发符合现场初筛需求的快速检测技术和方法；研发新型高通量检测技术及配套试剂与设备；研发未知病原快速识别技术与方法；研发鉴别诊断技术与方法；研发抗原与抗体的大规模制备与纯化、优良抗原抗体保护剂和稳定剂、计量标准物质等禽病诊断试剂产业化关键技术；构建家禽疫病远程诊断平台。

考核指标：【约束性指标】鉴定家禽重要疫病诊断标识 8 个以上；建立快速检测技术和方法 10 种以上；研发新型高通量检测技术及配套试剂与设备 3 种以上、计量技术方法与标准物质 2 项以上、未知病原检测技术 1 种以上、鉴别诊断技术 4 种以上；建立家禽疾病远程网络诊断技术平台 2~3 个；突破家禽诊断试剂产业化关键技术与工艺 8~10 项；申报或获得专利 15~20 项。【预期性指标】发表研究论文 30~40 篇。

支持年限：2016—2020

拟支持项目数：1~2 项

2.3 牛羊重要疫病诊断与检测新技术研究

研究内容：针对牛羊重要疫病，发掘、鉴定诊断标识；研发临床快速检测技术和方法；研发新型高通量检测技术及配套试剂与设备；研发鉴别诊断技术与方法；研发抗原与抗体的大规模制备与纯化、抗原抗体保护剂和稳定剂等牛羊病诊断试剂产业化关键技术。

考核指标：【约束性指标】鉴定牛羊重要疫病诊断标识 8 个以上；建立快速检测技术和方法 5 种以上；研发新型高通量检测技术及配套试剂与设备 2 种以上、鉴别诊断技术 5 种以上；突破牛羊诊断试剂产业化关键技术与工艺 8~10 项；申报或获得专利 15~20 项。【预期性指标】发表研究论文 30~40 篇。

支持年限：2016—2020

拟支持项目数：1~2 项

2.4 宠物疾病诊疗与防控新技术研究

研究内容：针对宠物传染病与非传染病，研究宠物主要传染病的快速检测、多病原混合感染鉴别诊断、新型高通量等检测技术；研制宠物传染病治疗性抗体等新型生物治疗制剂；研发抗原与抗体制备、纯化、保存等宠物疾病诊断试剂产业化关键工艺与技术；研究宠物主要非传染性疾病的诊断技术与防治产品；研究宠物生殖调控、疾病营养调控的技术与产品。

考核指标：【约束性指标】建立宠物主要疾病的新型诊断技术 15 项以上；研发宠物疾病生物治疗制剂、营养调控等防治产品 10 种以上；制定标准 3~5 项，申请或获得专利 10~20 项。【预期性指标】发表论文 30~40 篇。

支持年限：2016—2020

拟支持项目数：1~2 项

2.5 潜在入侵的畜禽疫病监测与预警技术研究

研究内容：针对潜在入侵的外来畜禽疫病，研究风险分析新技术；研究潜在入侵的进境重要畜禽疫病检测、鉴定新技术；研究未知、变异的动物疫病早期监测技术；构建外来畜禽疫病信息化预警平台；研究基于监测检测数据平台的外来畜禽疫病溯源技术。

考核指标：【约束性指标】研发潜在入侵的进境动物疫病早期监测、检测及鉴定新技术 10 项以上；建立进境动物及产品的外来畜禽疫病信息化预警平台和溯源平台；构建外来畜禽疫病传入风险分析模型；申请或获得专利 10~15 项；制定技术标准、规范 8~10 项。【预期性指标】发表论文 30~40 篇。

支持年限：2016—2020

拟支持项目数：1~2项

2.6 畜禽营养代谢与中毒性疾病防控技术研究

研究内容：针对集约化饲养条件下畜禽群发营养代谢、能量代谢与中毒性疾病，研究猪、家禽、牛羊微量元素、维生素及电解质失衡、应激综合征、中毒性疾病的致病效应，研发以营养代谢平衡为核心的防控技术和产品；研究畜禽能量代谢障碍性疾病的致病因素与预警、诊断技术，研发高效养殖模式下畜禽能量代谢障碍性疾病防控技术与产品；研究饲料中常见霉菌毒素、抗营养因子和高危有毒重金属检测、防控技术和产品；研究功能性物质等防控畜禽营养代谢与中毒性疾病的绿色产品。

考核指标：【约束性指标】开发畜禽重要营养代谢性疾病和能量代谢疾病检测与监控技术15项以上；明确重要霉菌毒素（5种以上）、抗营养因子（5种以上）、有毒重金属元素（5种以上）的危害与残留特征；开发重要中毒性疾病检测监控技术20项以上；开发重要营养代谢疾病、能量代谢障碍性疾病和中毒性疾病的防控产品15个以上；申请或获得专利20~25项；制订标准3~5项。【预期性指标】发表论文40~50篇。

支持年限：2016—2020

拟支持项目数：1~2项

2.7 畜禽重要病原耐药性检测与控制技术研究

研究内容：针对我国畜禽病原严峻的耐药形势，开展畜禽用药和重要病原（细菌、寄生虫）耐药性流行性调查，建立畜禽用药和病原耐药性动态数据库；研发耐药性检测技术与产品；构建耐药性监测技术标准体系、风险评估体系和预测预警模型；开发新型饲用抗生素替代品、新型消减耐药制剂及新型抗菌药制剂，建立动物BCS分类技术标准，研究兽药合理应用技术，建立科学合理用药规程。

考核指标：【约束性指标】分离动物源耐药病原3 000株以上；研制耐药病原/耐药基因检测技术和产品10项以上；制定耐药性评价技术标准或规程3项以上；开发新型饲用抗生素替代品与新型耐药消减制剂5种以上；完成动物BCS分类技术标准8项以上；建立生理药动学模型或药动—药效学模型2~3个；研发畜禽投药新技术6~8项；建立畜禽用药与病原耐药性动态数据库1~2个；申请或获得专利15~20项。【预期性指标】开发畜禽病原耐药性风险预警系统与风险评估模型1~2个，发表高水平论文30~40篇。

支持年限：2016—2020

拟支持项目数：1~2项

2.8 畜禽废弃物无害化处理与资源化利用新技术及产品研发

研究内容：针对畜禽养殖与屠宰过程中的废弃物，研发畜禽废弃物无害化处理的功能性优质微生物制剂；研发畜禽粪便处理新技术与新设备；研发畜禽养殖废水处理新技术与新设备；研发畜禽尸体处理新技术与新设备；研发畜禽粪便中抗生素、重金属、病原体等有害物质以及臭味物质的检测与去除技术；研发畜禽粪便生物降解技术与新型肥料；研发病死畜禽尸体资源化利用与产品；研发畜禽粪污厌氧消化产沼气新技术及沼液资源化利用新技术；研发畜禽废弃物生物炭和生物质燃气新技术。

考核指标：【约束性指标】组培适合于畜禽废弃物资源化利用的功能性优质微生物制剂8~10种；形成畜禽粪便、动物尸体及屠宰废弃物无害化处理工艺/设备15~20套；建立畜禽粪便中有害物质快速检测技术3~5套；研发畜禽废弃物能源化、肥料化、饲料化新技术与新产品

20～30个；申请或获得专利30～40项。【预期性指标】建立规模化养殖场畜禽废弃物与屠宰废弃物无害化处理与资源化利用技术工艺体系；发表论文40～50篇。

支持年限：2016—2020

拟支持项目数：1～2项

3　集成示范

3.1　种畜场口蹄疫净化技术集成与示范

研究内容：建立口蹄疫病毒流行性描述指标测定方法，预测新毒株传播风险，提出控制对策；解决种畜场口蹄疫免疫方案、区域防控净化和环境控制的技术；通过鉴别免疫和诊断技术，并集成口蹄疫血清学和病原学检测技术，研究畜群免疫方案、阳性动物筛查及清除程序，环境消毒和风险控制技术；建立口蹄疫净化种畜示范场。

考核指标：【约束性指标】建立口蹄疫风险评估模型2个以上、疫苗免疫效果评估方法3个以上；制定种畜场口蹄疫综合防控方案3套以上；在15个以上规模化种畜场净化口蹄疫。【预期性指标】建立适合我国的种畜场口蹄疫净化技术体系并进行示范推广。

支持年限：2016—2020

拟支持项目数：1～2项

3.2　种禽场高致病性禽流感、新城疫、禽白血病、沙门氏菌病综合防控与净化技术集成与示范

研究内容：选择不同流行水平、不同地区和不同规模的种禽场，集成相关技术，制定控制和净化方案，采取免疫、检测、隔离、扑杀、移动控制和消毒相结合的综合防控措施，建立高致病性禽流感、新城疫、禽白血病和沙门氏菌病的净化示范场。

考核指标：【约束性指标】建立高致病性禽流感、新城疫、禽白血病和沙门氏菌病净化示范种禽场15个以上；形成高致病性禽流感、新城疫、禽白血病和沙门氏菌病综合防控与净化技术方案5套以上。【预期性指标】建立种禽场高致病性禽流感、新城疫、禽白血病和沙门氏菌病的综合防控与净化技术体系，并在全国推广应用。

支持年限：2016—2020

拟支持项目数：1～2项

申报要求

1. 项目申请书须经过国务院有关部门（直属机构、直属事业单位）科技主管机构推荐，或各省、自治区、直辖市、计划单列市及新疆生产建设兵团科技主管部门推荐。

2. 项目须整体申报，须覆盖全部考核指标。

3. 同一申报材料不得多头重复推荐，同一推荐主体对同一项目只能推荐1项。

4. 项目申报单位（包括联合申报中的任意一方）和项目参加人员，对同一项目不得进行重复或交叉申报与参与。

5. 集成示范类项目要求高校、科研院所与龙头企业协同联合。鼓励龙头企业牵头申报，对于由企业牵头申报的项目，其他经费（包括地方财政经费、单位出资及社会渠道资金等）与中央财政经费比例不低于1∶1。

6. 鼓励项目的示范推广与国家农业科技园区等相结合。

7. 项目所有参加单位需提供盖章的承诺函，以此作为申报书的附件。

8. 需要使用实验动物的项目，应符合国家实验动物管理有关法规要求，提供实验动物使用许可证。

9. 项目下设课题数不超过 10 个，每个课题参加单位不超过 5 家（含主持单位）。

附件 8

"林业资源培育及高效利用技术创新"重点专项 2016 年度项目申报指南

"林业资源培育及高效利用技术创新"重点专项紧紧围绕《国家中长期科学和技术发展规划纲要（2006—2020 年）》以及当前林业资源和产业发展面临的重大战略需求，通过林业资源培育及高效利用科技创新，有效支撑种苗繁育、营造林、加工利用全产业链技术升级，提高人工林生产力和资源利用水平，促进产业结构调整和转型升级，对于保障国家木材安全、生态安全、绿色发展，支撑生态文明和美丽中国建设，全面建成小康社会具有重要意义。

专项以"保障木材供给安全，促进产业转型升级"为目标，以速生用材、珍贵用材、工业原料等树种为对象，开展产量和质量形成机理研究、资源培育和利用关键技术研发、全产业链增值增效技术集成与示范，形成产业集群发展新模式，单位蓄积增加 15%，资源利用效率提高 20%，资源加工劳动生产率提高 50%。到 2020 年，为我国森林覆盖率达到 23% 以上，年增加木材蓄积量 1.42 亿 m^3，年新增木材供应量 9 500 万 m^3，进口依存度降低到 45% 和林业产业总产值达到 10 万亿元提供科技支撑。

专项按照产业链布局创新链、一体化组织实施的思路，围绕总体目标，从基础研究、关键技术创新与区域技术集成示范三个层次，共设计部署 14 项重点任务，包括主要用材林树种产量和质量形成的生理生态及遗传学基础、人工林重大灾害的成灾机理和调控机制、木材材质改良的生物学与化学基础 3 项基础研究任务；主要速生用材树种高效培育技术研究、主要珍贵用材树种高效培育技术研究、主要工业原料林高效培育与利用技术研究、竹资源高效培育与产业链增值关键技术研究、人工林资源监测与灾害防控关键技术研究、木材高效利用技术研究、人工林非木质林产资源高质化利用技术创新等 7 项共性关键技术任务；珍贵树种定向培育和增值加工技术集成与示范、重点区域速丰林丰产增效技术集成与示范、南方竹产区竹资源全产业链增值增效技术集成与示范、人工林非木质资源全产业链增值增效技术集成与示范等 4 项技术集成与示范任务。其中，基础研究重点解决林业资源培育和高效加工的基础理论问题，为关键技术突破提供源头支撑；关键技术创新重点突破制约林业资源培育与高效利用的重大技术瓶颈；在此基础上，融合已有技术成果，按照区域特色和典型林种进行全产业链集成示范。

上述 14 项任务共设置 26 个项目。

专项实施周期五年，任务内容设置根据国家科技计划战略咨询与综合评审特邀委员会审议通过的林业资源培育及高效利用技术创新重点专项实施方案。2016 年度拟先期启动其中 9 个项目。

1 基础研究

1.1 林木次生生长的分子调控和环境胁迫机制

研究内容：针对主要速生用材、珍贵用材等树种连年次生生长决定木材产量的问题，应用现代分子生物技术，重点研究树木次生分生组织的启动与活性的调控机制，揭示树木次生生长和发育机理；研究环境胁迫下林木生长、发育主要调控途径和代谢途径，鉴定环境适应性关键基因，明确平衡生长与抗逆调控机制；鉴定调控树木木质部分化的主要因子，并解析其功能；揭示不同树木次生生长特征的基因组学基础，为实现人工林高效培育提供理论基础。

考核指标：【约束性指标】鉴定树木分生组织启动、分生活性关键调控因子 2～3 个，主要次生生长调控因子 3～5 个，明确其作用机制，提出树木生长发育状态诊断基因 2～3 个；确定树木生长和响应逆境胁迫的关键调控途径和代谢途径 2～3 个，揭示其作用机制；确定平衡次生生长与抗逆关键调控因子 2～3 个，揭示其作用机制。【预期性指标】发表高质量 SCI 论文 30 篇以上，申请发明专利 10 项。

支持年限：2016—2020 年

拟支持项目数：1～2 项

1.2 人工林生产力形成的结构与环境效应

研究内容：围绕主要速生用材林、珍贵用材林等人工林生产力形成与可持续发展这一核心问题，研究主要林木生产力形成与分配的生理生态及环境控制机制，分析人工林类型与结构对物质循环过程的影响机理，探索不同人工林对环境的响应及适应机制与特征，揭示经营管理措施对典型人工林地力的影响机制，研究人工林木材生产与生态功能平衡的区域结构优化机制并提出调控对策。

考核指标：【约束性指标】系统揭示主要速生用材树种及珍贵用材树种生产力形成与分配的生理生态及环境控制机制，明晰生态系统物质循环主要过程及其对结构与环境的响应与适应规律，阐明经营管理措施对人工林地力维持的影响机制；建立长期固定实验研究样区 10～15 个。【预期性指标】提出人工林区域发展及经营战略报告 1～2 份；发表高质量 SCI 论文 40 篇以上。

支持年限：2016—2020 年

拟支持项目数：1～2 项

2 关键技术研究

2.1 杉木高效培育技术研究

研究内容：围绕速生、丰产、优质杉木高效培育目标，研究不同杉木产区的遗传、立地、密度、混交、林龄效应及模拟系统，构建不同轮伐期杉木速生材高效培育技术；研究杉木人工林材种结构形成的遗传、立地与密度控制技术，提出中心产区杉木大径材定向培育技术；研究红心材、无节材等杉木林分质量提升经营措施效应，建立杉木高值化装饰材培育技术；研究杉木清林方式、连栽、密度控制措施对林地土壤肥力、林分碳储量的影响，提出杉木健康可持续经营技术。

考核指标：【约束性指标】开发杉木速生材、大径材、装饰材培育技术模式 2～3 项，提出优质苗木繁育技术 2～3 个，模式应用实现单位面积蓄积量提升 15% 以上，林分大径材出材率提高 15%；在江西、湖南、福建、广西、贵州等省区建立苗木繁育基地 1 000 亩以上，试验示范林 6 000 亩以上。【预期性指标】发表论文 30 篇以上；申请国家发明专利 5 件以上，研制标准 5 项以上。

支持年限：2016—2020 年

拟支持项目数：1～2 项

2.2 杨树高效培育技术研究

研究内容：针对杨树良种壮苗率低及大径材缺乏问题，研究杨树节水节肥苗木培育措施，提出杨树良种壮苗繁育技术；研究不同产区杨树品种选配与立地、密度及干形调控技术，构建杨树大径材定向培育技术体系；研究杨树高密度栽培、短轮伐、水肥耦合等关键技术，建立杨树纤维材定向培育技术体系；研究杨树冠型控制、空间结构调控等技术，揭示林农互作机制，提出杨树农林复合经营技术体系。

考核指标：【约束性指标】提出杨树大径材、纤维材培育技术模式 2～3 项，提出优质苗木繁育技术 2～3 个，模式应用实现单位面积蓄积量提升 15% 以上；在黄淮海平原、华北平原、长江中下游等区域建立苗木繁育基地 1 000 亩以上，试验示范林 6 000 亩以上。【预期性指标】发表论文 30 篇以上；申请国家发明专利 5 件以上；研制标准 5 项以上。

支持年限：2016—2020 年

拟支持项目数：1～2 项

2.3 桉树高效培育技术研究

研究内容：针对桉树中小径材价值低廉、经营低效及地力退化问题，研究桉树大径材优良品系栽培的立地评价与选择、密度调控及轮伐期优化等技术，构建桉树大径材定向培育技术体系；研究桉树高纤维纸浆材高效培育技术、抚育经营模式及最佳轮伐期的确定，建立桉树高纤维纸浆材定向培育技术体系；研究桉树平衡施肥、植被管理及多代经营技术，提出桉树高效可持续经营技术，实现桉树高产、高效和可持续发展。

考核指标：【约束性指标】提出桉树大径材、高纤维纸浆材等培育技术模式 6 种以上，提出桉树平衡施肥和地力维护组合模式 2 种以上，集成技术模式应用提升桉树单位面积蓄积量 15% 以上；在广东、广西、云南、福建、四川等省区建立苗木繁育基地 1 000 亩以上，试验示范林 5 000 亩以上。【预期性指标】发表论文 30 篇以上；申请国家发明专利 5 件以上，制修订技术标准 5 项以上。

支持年限：2016—2020 年

拟支持项目数：1～2 项

2.4 南方主要珍贵用材树种高效培育技术研究

研究内容：针对南方地区珍贵用材树种高效培育技术难题，重点研究柚木、楠木、西南桦、椿木以及降香黄檀等其它珍贵树种高效培育技术研究，解决体胚发生、组培快繁、轻基质容器育苗、无性系与立地匹配、密度控制与无节材培育、营养诊断与精准施肥、可持续经营等高效培育关键技术，研究营养、水分和生长调节物质促进心材形成和心材质量调控技术，提出南方珍贵用材树种精细化栽培技术与管理模式，为实现南方珍贵用材树种地域化、品系化、繁育产业化和经营可持续化的大径级无节良材的高效培育提供支撑。

考核指标：【约束性指标】构建南方珍贵树种大径材、心材形成等高效培育技术体系和模式 10 个，技术与模式应用实现单位面积蓄积量提高 20%，林分质量提高 20% 以上，综合效益提高 30% 以上；建立繁育基地 3 000 亩以上，培育良种苗木 500 万株以上；建立 8 个南方珍贵树种培育技术试验示范基地，营建试验示范林 5 000 亩以上。【预期性指标】申请国家发明专利 20 项；研制高效培育和良种快繁技术标准 10 项。

支持年限：2016—2020 年

拟支持项目数：1～2 项

2.5 木材工业节能降耗与生产安全控制技术

研究内容：针对木制品生产过程中能耗高、加工效率低、材料损耗高等技术难题，以及人造板生产中存在爆燃和产品生产与使用过程中存在环境污染等风险控制，以杉、松、杨、桉等主要速生用材树种木材，以及柚木、樟木等珍贵树种木材为研究对象，重点研究木材节能备料与质量控制、木制品节材加工技术与装备、木质材料表面绿色装饰、人造板生产安全与污染减控、无甲醛绿色木材胶黏剂制造、木质家居材料健康安全性能检测与评价等关键技术，提高木材产品的生产效率、环保性能和产品价值，提高工业生产安全等级，为传统木材工业实现节能、节材、环保、安全的技术升级目标，提供有力的科技支撑。

考核指标：【约束性指标】突破木质部件异形拼接节材加工、木材表面化学调色、VOCs 减量化和粉尘防爆等关键技术，创制新型快干水性漆、无甲醛绿色木材胶黏剂、含污废水净化和木质粉尘防爆装置等 8 项新产品，形成木质基材及中间产品质量控制等 5 条示范生产线；提高木质基材干燥效率 15% 以上，降低产品生产能耗 8% 以上，实现节材 15% 以上。【预期性指标】从木质原料到制造到产品使用的各个环节，构建资源节约、能耗降低、产品环保、生产安全、人居健康的技术创新链；申请国家发明专利 15 件以上，研制标准 10 项以上。

支持年限：2016—2020 年

拟支持项目数：1～2 项

2.6 人工林非木质林产资源高质化利用技术创新

研究内容：围绕人工林非木质资源利用率低、深加工程度不高等问题，以人工林树叶、树皮、分泌物、提取物等为对象，研究非木质资源预处理关键技术与装备，开发林源活性物高效提取与修饰新技术，研发工业木本油脂利用、松脂绿色加工及资源高值化利用、植物多酚及植物多糖资源高效利用等关键技术，研制系列新产品，加强非木质林产品标准体系研究，实现非木质林产资源增值增效利用。

考核指标：【约束性指标】突破非木质林产资源高效利用关键共性技术 10 项，开发形成收集、分类和储存技术与装备 2～3 项（套），突破非木质林产资源高效提取技术，林源活性成分提取率提高 20%；攻克非木质林产资源功能化修饰技术，非木质林业资源产品增值 200%，非木质林产品深加工率提高 20%；创制深加工产品 5 种以上。【预期性指标】研制标准 8 项以上，申请国家发明专利 30 件；构建非木质资源多元化、高值化利用技术和标准体系。

支持年限：2016—2020 年

拟支持项目数：1～2 项

3 技术集成与示范

3.1 竹资源全产业链增值增效技术集成与示范

研究内容：在福建、安徽、浙江、江苏、四川等竹资源分布区，针对毛竹、慈竹、硬头黄等材用竹种，集成竹林结构调控、水肥管理、机械采收等竹林培育关键技术，构建竹林可持续高效培育技术体系；针对毛竹、雷竹、绿竹、麻竹等笋用竹林，集成竹林养分精准管理、功能性竹笋培育、地力维护、病虫害生物防治、机械化探测与采收等笋用竹林培育技术，构建笋用竹林的高质培育技术体系；集成竹子容器苗培育及机械化生产技术，构建竹苗规模化扩繁技术体系；集成竹笋保鲜、安全控制、有效成分分离和提取等关键技术，构建竹笋规模化环保无公害生产技术体系；集成竹材单元自动化生产、分级，自动组坯和连续压制等技术，构建重组竹、竹复合管、竹集成材等竹质工程材料连续化生产技术体系；集成竹子机械采伐、柔性竹单元加工、低能耗环保层积复合、成套设备开发、产品性能检测及互联网低碳营销等关键技术，构建特色竹产品节能低耗环保型全产业链创新驱动模式。

考核指标：【约束性指标】建设竹子种苗繁育基地 8～10 个，年产优质竹苗 2 000 万株；建设材用竹林高效培育示范林 10 万亩，单位面积综合效益提升 15% 以上；研发材用竹林高效培育技术模式 3～5 个，辐射面积 500 万亩；建设笋用竹林高质培育示范林 5 万亩，单位面积综合效益提升 20% 以上；建立竹笋分级高效利用标准化评价体系和安全生产控制技术体系，形成竹笋食品规模化生产线 3～4 条，年生产能力 5 000 吨；建立竹材不同单元加工推广基地 5 个，创建年产 2～5 万立方米生产能力的竹质工程材料中试生产线 10 条。【预期性指标】发表论文 30 篇以上，申请专利 30 件，研制标准 15 项。

支持年限：2016 年—2020 年

拟支持项目数：1～2 项

申报要求

1. 项目申请书须经过国务院有关部门（直属机构、直属事业单位）科技主管机构推荐，或各省、自治区、直辖市、计划单列市及新疆生产建设兵团科技主管部门推荐。

2. 项目须整体申报，须覆盖全部考核指标。

3. 共性关键技术类项目和集成示范类项目鼓励产学研联合申报。

4. 同一申报材料不得多头重复推荐，同一推荐主体对同一项目只能推荐 1 项。

5. 项目申报单位（包括联合申报中的任意一方）和项目参加人员，对同一项目不得进行重复或交叉申报与参与。

6. 项目下设课题数不超过 6 个，每个课题承担单位不超过 5 家。

附件 9

"智能农机装备"重点专项 2016 年度项目申报指南

农业是国民经济的基础，其根本出路在于机械化，农业机械化是农业现代化的重要标志，关乎"四化"同步推进全局。智能农机装备代表着农业先进生产力，是提高生产效率、转变发展方式、增强农业综合生产能力的物质基础，也是国际农业装备产业技术竞争的焦点。当前，我国农业现代化加速发展，农村土地规模经营、农业劳动力大量转移，对农机装备技术要求更高，产品需求巨大。长期以来，我国农机装备技术基础研究不足，整机可靠性和作业效率不高，核心部件和高端产品依赖进口，农业投入品施用粗放，经饲果牧等生产机械严重缺乏，导致农业综合生产成本居高不下；国际知名农机企业凭借技术和资本优势全面进入中国，抢占高端农机市场，我国农业生产和产业安全面临严峻挑战。加快发展智能农机装备技术，提升农机装备供给能力、缩小与国外主流产品差距、支撑现代农业发展、保障粮食和产业安全意义重大。

为深入贯彻落实《国务院关于促进农业机械化和农机工业又好又快发展的意见》（国发〔2012〕22 号）和《国务院关于加快转变农业发展方式的意见》（国办发〔2015〕59 号），依据《国家中长期科学和技术发展规划纲要（2006—2020 年）》、《国家粮食安全中长期规划纲要(2008—2020 年)》、《中国制造 2025》（国发〔2015〕28 号）和《国务院关于深化中央财政科技计划（专项、基金等）管理改革方案的通知》（国发〔2014〕64 号），立足"智能、高效、环保"，按照"关键核心技术自主化，主导装备产品智能化，薄弱环节机械化"的发展思路，进行智能装备、精益制造、精细作业的横向产业链与基础研究、关键攻关、装备研制及示范应用的纵向创新链相结合的一体化科技创新设计，启动实施智能农机装备重点专项。

本专项围绕现代农业发展方式转变、提质增效对高端技术和市场重大产品的紧迫需求，重点突破市场机制和企业无力解决的信息感知、决策智控、试验检测等基础和关键共性技术与重大产品智能化核心技术，实现自主化，破解完全依赖进口、受制于人的瓶颈；加大力度开发大型与专用拖拉机、田间作业及收获等主导产品智能技术与智能制造技术，创立自主的农业智能化装备技术体系；创制丘陵山区、设施生产及农产品产地处理等装备，支撑全程全面机械化发展。掌握 200 马力以上大型拖拉机和采棉机等高端产品和核心装置设计与制造关键技术；突破动植物对象识别与监控核心技术，田间播种施肥、植保、收获智能作业机械和养殖场挤奶机器人投入使用；大宗粮经作物生产全程机械品种齐全，国产农机产品市场占有率稳定并高于 90%，支撑主要作物耕种收综合机械化水平达到 70% 以上，为中国农机装备"走出去"提供科技支撑。突破信息感知、决策智控、试验检测、精细生产管控等应用基础及节能环保拖拉机、精量播栽、变量植保与高效收获装备等关键共性核心技术 200～300 项；创制关键共性核心技术装置与系统 60～80 项；研制大型及专用拖拉机、智能谷物联合收割机等智能化重大装备，甘蔗收获、棉花机采、橡胶割胶等薄弱环节装备，以及农产品智能化产地处理、丘陵山区优势作物生产等重大装备产品 115～165 种；建立典型示范基地 6～10 处，实现技术自主和产业应用。研制标准 150～250 项，申请专利 200～300 项，并培养创新人才 300～500 名，形成创新团队 15～20 个。构建形成关键共性技术、核心功能部件与整体试验检测开发和协同配套能力。

本专项围绕智能农机装备的应用基础技术研究、关键共性技术与重大装备开发、典型应用示范等环节，对专项一体化设计，拟设置围绕农机作业信息感知与精细生产管控应用基础研究，农机装备智能化设计与验证、智能作业管理关键技术开发，智能农业动力机械及高效精准环保多功能农田作业、粮食与经济作物智能高效收获、设施智能化精细生产、农产品产后智能化干制与精细选别技术装备研制，畜禽与水产品智能化产地处理、丘陵山区及水田机械化作业应用示范等 11 个任务方向共 47 个项目。

本专项 2016 年度首批指南发布 4 个任务方向共 19 个项目。农机作业信息感知与精细生产管控应用基础研究任务方向包括项目 1.1～1.3 共 3 个项目，该部分开展作业环境与本体信息感知与精细生产管控机理研究和机器作业状态参数测试方法研究，为农机智能装备精细作业提供精测、精施、精管理论方法与技术基础；智能农业动力机械研发任务方向包括项目 2.1～2.6 共 6 个项目，该部分研究为现代农业全面机械化提供绿色动力支撑；粮食作物高效智能收获技术装备研发任务方向包括项目 3.1～3.5 共 5 个项目，该部分研究为实现粮食作物收获机械技术升级换代提供支撑；经济作物高效能收获与智能控制技术装备研发任务方向包括项目 4.1～4.5 共 5 个项目，该部分研究为提升我国优势特色经济作物机械化收获水平、降低生产成本，提高产业竞争力提供支撑。

1　农机作业信息感知与精细生产管控应用基础研究

（本部分项目 1.1～1.3 属于应用基础研究，由高校、科研院所（含转制科研院所）牵头申报。申报团队应具备相关研究领域省部级及以上重点实验室、工程实验室等平台支撑条件，鼓励产学研联合申报和申报单位自筹资金配套。）

1.1　信息感知与作物精细生产管控机理研究

研究内容：针对农机作业过程对土壤和作物对象互作规律不清、作业机理、原理与基础研究缺乏以及作物生产过程信息表征不明等问题，开展农机作业对土壤质构及作物生长影响机理研究，揭示土壤—植物—机器系统优化自适应与系统减阻降耗、节本增效优化匹配规律，研究耕整、播种、收获等作业新原理、新机构；开展农机作业信息实时获取与精细生产管控的理论与方法研究，揭示土壤环境、作物本体信息与种、肥、水、药精细调控机理与模式；开发农机作业环境与本体信息快速获取传感器及精播精施与精准控制智能决策系统，构建高效作业智能化农业机械理论与技术基础。

考核指标：【约束性指标】提出土壤—作物—机器系统优化自适应与系统节能增效、降耗减排优化匹配方法与模式，构建大数据分析系统，开发耕整、播种、收获等作业新机构 3~5 种；开发土壤质构、综合肥力、喂入量与谷物流量等在线感知新型传感器件 8~10 种，适合环境温度范围 −40℃ ~ +85℃，在线、动态检测误差满足实际需求，防尘、防水、防震；建立智能决策系统 2~3 套，误判率小于 3%，形成典型新一代作业机构与装置原理样机；申请专利 15~25 项。【预期性指标】发表高水平论文 25~30 篇。

支持年限：2016 年—2020 年

拟支持项目数：1~2 项

1.2　信息感知与动物精细养殖管控机理研究

研究内容：针对动物生理生态信息获取、营养精细调控、健康诊断等提升养殖产能的需求，研究畜禽动物生理生态监测、数字化表征和分类辨析、生长调控等基本原理与方法，揭示畜禽动物不同生长阶段和生理状态下生长与健康、营养、环境的影响规律，构建动物生长数字化模型，开发以蛋（肉）鸡、生猪、奶（肉）牛为主的生长环境、生理生态等新型传感器件及环境控制系统。搭建高效精细养殖智能化农业机械理论与技术基础。

考核指标：【约束性指标】揭示动物生理生态监测、数字化表征和分类辨析、生长调控等基本原理，构建蛋（肉）鸡、生猪、奶（肉）牛生长数字化模型 5~8 个；开发动物行为、健康、环境监测等新型核心传感器件 8~10 种，适合环境温度范围 −40℃ ~ +85℃，在线检测误差 ±0.05，防尘、防水、防震；建立智能决策系统 3~5 套，误判率小于 3%，形成新一代智能养殖感知体系，满足实际需要；申请专利 15~25 项。【预期性指标】发表高水平论文 25~30 篇。

支持年限：2016 年—2020 年

拟支持项目数：1~2 项

1.3　机器作业状态参数测试方法研究

研究内容：针对农机使用过程作业粗放、可靠性和安全性差、能源资源浪费严重等问题，探索复杂开放工况下农机作业参数检测原理，研究农用动力机械、施肥播种机械、植保机械和收获机械等量大面广的典型农机装备田间作业过程中关键运动参数、作业状态和质量效果等测试方法及技术，研制系列专用传感器和检测装置，集成开发相应的测试系统。

考核指标：【约束性指标】突破农用动力机械、施肥播种机械、植保机械和收获机械等机器运动参数、作业质量等检测技术 8~10 项；开发新型传感器件 8~10 种，检测误差 ±0.03，适合环境温度范围 −40℃ ~ +85℃，防尘、防水、防震；形成车载参数测试系统及装置，并通过作业机具搭载考核，满足实际要求；申请专利 15~20 项。【预期性指标】研制标准 4~6 项；发表高水平论文 20~25 篇。

支持年限：2016 年—2020 年

拟支持项目数：1~2 项

2　智能农业动力机械研发

（本部分项目 2.1~2.6 属于关键共性技术与重大装备开发项目，为了切实加强产学研用结合，确保技术产品的市场化、实用化，要求由企业牵头，组成产学研团队联合申报。项目申报团队应具有相应的研发生产基础，具有省级及以上认定的企业技术中心，或者省部级及以上重点实验室、工程实验室、工程技术（研究）中心等平台，或者承担过相关领域国家科技计划项目任务；其他经费（包括地方财政经费、单位出资及社会渠道资金等）与中央财政经费比例不低于 1∶1。）

2.1 新型节能环保农用发动机开发

研究内容：针对我国量大面广的农用发动机燃油消耗量大、燃烧不充分、噪声大，亟待技术升级换代的现实，重点研究减振降噪、电控高压喷射、废气再循环、尾气后处理等关键技术；研究发动机智能控制、智能测试及远程检测等关键技术，开发集动力输出智能化控制、整机工作状态监控及故障诊断为一体的智能管理系统；集成开发新型节能环保农用发动机，研究发动机关键零部件及整机精益制造技术，并进行试验考核。

考核指标：【约束性指标】突破发动机节能、减排、降噪，动力输出智能化控制等关键核心技术3~4项；创制智能管理系统、新型节能环保农用发动机等新产品、新系统2~3种，升功率级达到28kW/L，排放达到非道路国Ⅳ标准以上，能耗降低5%~8%；申请专利3~5项。【预期性指标】制定标准3~4项；发表论文3~5篇。

支持年限：2016年—2020年

拟支持项目数：1~2项

2.2 重型拖拉机智能化关键技术研究与整机开发

研究内容：针对我国大马力拖拉机缺乏动力换档、无级变速、负载传感液压提升等核心技术，以关键技术突破，推动整机产品技术升级，重点开发动力换档和无级变速传动箱、悬浮式转向驱动桥、智能操控和安全驾驶室、负载传感电液提升器等核心技术与关键零部件，集成研制智能重型拖拉机；研究节能降耗制造工艺、产品全生命周期设计与评价、信息化、数字化、网络化等重型拖拉机智能制造技术，建立重型拖拉机智能制造方法与技术体系，并进行试验考核。

考核指标：【约束性指标】突破重型拖拉机动力换档等关键核心技术3~4项；开发动力换档+动力换向、动力高低档+动力换向和无级变速传动箱、负载传感电液提升器等新部件及整机新产品3~4种。排放达到非道路国Ⅳ标准以上；发动机功率≥147kW；动力换档16速以上、无级变速变速比≥4，变速范围0.05~40km/h；电液提升器最大提升力≥48kN、最大牵引力≥70kN，液压系统压力≥20MPa、流量≥110L/min；动力输出轴功率≥170马力。发动机功率88.2~117.6kW；动力换向+动力高低档12速以上，变速范围2~50km/h；申请专利3~5项。【预期性指标】制定标准3~4项；发表论文3~5篇。

支持年限：2016年—2020年

拟支持项目数：1~2项

2.3 智能电动拖拉机开发

研究内容：针对零排放、无污染、低噪音等特殊农业生产环节对绿色动力农机具的需求不断增加的趋势，研究电动拖拉机中央集成控制及整机控制策略、动力模式与经济模式下的能量管理、无级调速、作业机组不同工况下动力匹配及整机集成等关键技术；开发电动拖拉机能量智能管理系统、功率分汇流变速箱；集成创制智能电动拖拉机，并进行试验考核。

考核指标：【约束性指标】突破中央集成控制及整机控制策略、能量管理等关键核心技术3~4项；创制功率分汇流变速箱与电动拖拉机整机等新产品2~3种。电动机功率≥18kW，高低档无级变速，犁耕作业续航能力≥6小时，符合同功率段拖拉机产品相关国家标准；申请专利3~5项。【预期性指标】制定标准3~4项；发表论文3~5篇。

支持年限：2016年—2020年

拟支持项目数：1~2项

2.4 丘陵山地拖拉机关键技术研究与整机开发

研究内容：针对制约丘陵山地农业机械化发展的农用动力瓶颈，研究丘陵山地拖拉机行走机构、动力传递与高效驱动、姿态自动调整、机具悬挂装置坡地自适应、多点动力输出等核心技术及关键零部件，研究智能化控制和自主作业前沿技术，研制高通过性、高稳定性、高地形适应性的高效轻便山地拖拉机；集成智能化制造技术，并进行试验考核。

考核指标：【约束性指标】突破车身自调平和山地行走等关键核心技术 3~4 项；创制轻便、高效山地专用拖拉机新产品 2~3 种。发动机功率 ≥13kW，排放达到非道路国 Ⅳ 标准以上，电液提升器提升力 ≥4kN，额定牵引力 ≥5kN，爬坡度 ≥20°，可在 15° 以上坡地等高作业，符合同功率段拖拉机产品相关国家标准；申请专利 3~5 项。【预期性指标】制定标准 3~4 项；发表论文 3~5 篇。

支持年限：2016 年—2020 年

拟支持项目数：1~2 项

2.5 水田拖拉机行走驱动技术研究与整机开发

研究内容：针对南方水田泥脚深、水旱轮作、抢时性作业等特点，以解决水田作业适应性、保护耕底层和提高作业效率为重点，开展机具和水田界面泥水膜的形成与破坏机理、水田动力装备的行走动力学特性研究，构建水田作业泥水膜滑行阻力模型；基于水田拖拉机数字化、模块化设计及制造技术，开发水田拖拉机核心部件轻量化、水田行走底盘及动力系统匹配等核心技术和关键零部件；集成研制智能化水田专用拖拉机，实现产品系列化开发，并进行试验考核。

考核指标：【约束性指标】突破水田拖拉机行走驱动机构、防腐密封、作业机具匹配、智能控制等关键核心技术 3~4 项；创制 22~58.8kW 水田专用拖拉机 2~3 种，排放达到非道路国 Ⅳ 标准以上，适合泥脚深度 ≥40cm，转弯半径 <5m，符合同功率段拖拉机产品相关国家标准；申请专利 3~5 项。【预期性指标】制定标准 3~4 项；发表论文 3~5 篇。

支持年限：2016 年—2020 年

拟支持项目数：1~2 项

2.6 园艺拖拉机智能化关键技术研究与整机开发

研究内容：针对园艺生产劳动强度大、作业标准化程度高，对作业机具多功能化、操作方便高效、节能环保的特殊要求，重点针对现代标准果园、茶园等生产条件，重点开发模块化多功能动力输出、快捷悬挂系统、多自由度大偏转角、高承载前驱动桥、故障检测、总线等智能化控制与人机工程等核心技术与关键部件，研制系列化园艺专用拖拉机，并试验考核。

考核指标：【约束性指标】突破模块化多功能动力输出等关键核心技术 3~4 项；创制 18~58.8kW 园艺拖拉机新产品 2~3 种。排放达到非道路国 Ⅳ 标准以上，转向半径 ≤3.5m，离地间隙 ≥300mm，动力输出轴数 ≥2，液压输出阀组 ≥2 组；申请专利 3~5 项。【预期性指标】制定标准 3~4 项；发表论文 3~5 篇。

支持年限：2016 年—2020 年

拟支持项目数：1~2 项

3 粮食作物高效智能收获技术装备研发

（本部分项目 3.1~3.5 属于关键共性技术与重大装备开发项目，为了切实加强产学研用结合，确保技术产品的市场化、实用化，要求由企业牵头，组成产学研团队联合申报。项目申报团队应具有相应的研发生产基础，具有省级及以上认定的企业技术中心，或者省部级及以上重点实验室、工程实验室、工程技术（研究）中心等平台，或者承担过相关领域国家科技计划项目任务；其他经费（包括地方财政经费、单位出资及社会渠道资金等）与中央财政经费比例不低于 1:1。）

3.1 智能化稻麦联合收获技术与装备研发

研究内容：针对联合收获高效率、高质量的发展趋势，以智能化控制技术为重点，重点研究基于作物水分、喂入量、收获损失、工况参数等多参数融合的智能调控策略；开发模块化参数控制系统与调控装置、总线技术等；优化高效减损收割、高通量脱粒分离与清选等核心技术与关键部件，集成研制智能高效稻麦联合收割机、深泥脚田水稻联合收割机，并进行试验考核。

考核指标：【约束性指标】突破高效、智能、低损收获等智能化关键核心技术4～6项；开发联合收割机智能控制系统，实现多参数在线检测与智能调控系统实用化，控制精度≥95%；创制智能高效稻麦联合收割机、深泥脚田水稻联合收割机等装备3～5种，智能高效稻麦联合收割机喂入量10～12kg/s，深泥脚田水稻联合收割机喂入量5～6kg/s，适应泥脚深度≥40cm，总损失率、破碎率、含杂率等优于行业标准；申请专利2～4项。【预期性指标】制定标准4～6项；发表论文3～5篇。

支持年限：2016年—2020年

拟支持项目数：1～2项

3.2 玉米联合收获技术与智能装备研发

研究内容：针对玉米不同种植农艺制约机械化收获难题，重点突破玉米收获机械智能化控制技术，研究高含水率籽粒低损脱粒技术，研制玉米籽粒收获机；研究玉米植株切割输送、减损摘穗、秸秆切碎收集等关键技术，研制玉米穗茎联合收获机；研究鲜食玉米柔性摘穗、无损伤输送技术，研制鲜食玉米联合收获机；研究玉米种穗高效柔性摘穗、无损伤输送技术，研制玉米种穗收获机，并进行试验考核。

考核指标：【约束性指标】突破智能控制、减损摘穗、高含水率籽粒低损脱粒等关键核心技术4～6项，创制高含水率籽粒收获、穗茎联合收获、鲜食玉米联合收获和玉米种穗收获等装备3～5种，玉米穗茎联合收获机果穗损失率、籽粒破碎率、含杂率优于行业标准；籽粒直收破碎率≤4%，含杂率≤3%；种穗收获、鲜食玉米收获总损失率≤3%，玉米收获机具有主要参数实时采集、导航定位、故障诊断与自动监控功能；申请专利2～4项。【预期性指标】制定标准4～6项；发表论文3～5篇。

支持年限：2016年—2020年

拟支持项目数：1～2项

3.3 薯类高效收获技术与装备研发

研究内容：针对高效低损机械化收储需求，重点突破仿生减阻、低破损等核心技术，优化低损减阻挖掘、薯土藤蔓强制分离、防损输送、低损储藏等关键装置；开发挖掘部件耐磨材料、防损伤材料制造技术；开发自动对行、挖深调控、节能运储智能控制系统；集成研制马铃薯联合收获、捡拾分级和甘薯、木薯收获装备，并在主产区试验考核。

考核指标：【约束性指标】突破减阻挖掘、防损伤关键核心技术4～6项，研制马铃薯联合收获与捡拾分级和甘薯、木薯收获装备等新产品4～6种，收获损伤率≤5%，漏掘率≤2%，具有自动对行、掘深监控功能；申请专利2～4项。【预期性指标】制定标准4～6项；发表论文3～5篇。

支持年限：2016年—2020年

拟支持项目数：1～2项

3.4 特色杂粮收获技术与装备研发

研究内容：针对具有传统优势和区域特色的杂粮生产需要，以提高杂粮作物生产机械化水平，降低人工劳动成本，提升特色杂粮生产经济效益，重点研究谷子、荞麦、燕麦、青稞等特色杂粮作物籽粒与茎穗机械力学特性，研究切割、脱粒、清选工艺机理，开发脱粒、清选技术及新机构、新部件；集成研制谷子、荞麦、燕麦、青稞等作物收获装备，并在典型区域进行试验考核。

考核指标：【约束性指标】突破切割、脱粒、清选关键核心技术4~6项，研制谷子、荞麦、燕麦、青稞收获装置，集成开发自走式联合收获机3~5种，总损失率：谷子、荞麦≤8%，燕麦、青稞≤3%，整机具备主要参数自动监控功能；申请专利2~4项。【预期性指标】制定标准4~6项；发表论文3~5篇。

支持年限：2016年—2020年

拟支持项目数：1~2项

3.5 秸秆饲料收获技术与智能装备研发

研究内容：针对秸秆机械化收获需求，以收获粉碎、捡拾成捆为主线，研究作业流程智能控制、金属探测、籽粒破碎、破节揉丝及切割刀具自磨刃等关键技术，集成研制大型智能青饲料联合收割装备及具有智能控制功能的秸秆捡拾揉搓打捆装备、压缩成型装备、缠膜青贮装备，以小麦、玉米、水稻、棉花秸秆为主，进行试验考核。

考核指标：【约束性指标】突破籽粒破碎、智能控制等关键核心技术4~6项，研制大型智能青饲料联合收割装备及秸秆捡拾揉搓打捆、压缩成型、缠膜青贮等装备3~5种，喂入量≥18kg/s（切段长度10mm标定），茎秆切碎长度5~40mm无级可调，籽粒破碎率≥95%，具备故障诊断、主要参数实时采集与自动监控及切割刀具自磨刃、金属探测功能；申请专利2~4项。【预期性指标】制定标准4~6项；发表论文3~5篇。

支持年限：2016年—2020年

拟支持项目数：1~2项

4 经济作物高效能收获与智能控制技术装备研发

（本部分项目4.1~4.5属于关键共性技术与重大装备开发项目，为了切实加强产学研用结合，确保技术产品的市场化、实用化，要求有企业参加，组成产学研团队联合申报。项目申报团队应具有相应的研发生产基础，具有省级及以上认定的企业技术中心，或者省部级及以上重点实验室、工程实验室、工程技术（研究）中心等平台，或者承担过相关领域国家科技计划项目任务；其他经费（包括地方财政经费、单位出资及社会渠道资金等）与中央财政经费比例不低于1∶1。）

4.1 棉麻智能高效收获技术与装备研发

研究内容：针对棉花收获机械长期依赖进口，麻类作物收获依靠人工，影响产业健康发展的问题，开发自动对行、在线测产、智能控制等核心技术与系统；优化重载静液压驱动底盘、高效采棉滚筒、气力输棉、棉模成型、智能操控等关键系统及制造技术；集成研制棉箱式、打包式高效智能采棉机。研究苎麻、大麻收获工艺与技术，开发收割装置，集成研制联合收获装备，并进行试验考核。

考核指标：【约束性指标】突破收获工艺、智能控制等关键核心技术6~8项，研制6行高效智能采棉机，采净率大于95%，采棉头核心部件全部实现国产化，使用寿命≥4 000亩；研制苎麻、大麻联合收获装备2~3种，割茬高度≤10cm；具备故障诊断、主要参数实时采集与自动监控功能；申请专利2~4项。【预期性指标】制定标准2~4项；发表论文3~5篇。

支持年限：2016年—2020年

拟支持项目数：1~2项

4.2 甘蔗和甜菜多功能收获技术与装备研发

研究内容：针对甘蔗和甜菜对机械化收获区域适用性的需求，以形成适用于不同种植模式的甘蔗、甜菜收获成套装备为主线，重点开发电液智能控制技术与系统；优化甘蔗根切、切段、剥叶、蔗叶分离等核心技术与关键装置；集成研制切断式甘蔗联合收割机、履带式丘陵山地甘蔗收割机；优化甜菜自动对行仿形切顶、减阻挖掘、振动分离、捡拾分离等核心技术与关键装置，集成研制自走式甜菜联合收获机、甜菜挖掘铺放收获机和捡拾收获机，并进行试验考核。

考核指标：【约束性指标】突破电液智能控制等关键核心技术6~8项，研制切断式甘蔗联合收割机、履带式丘陵山地甘蔗收割机、自走式甜菜联合收获机、甜菜挖掘铺放收获机和捡拾收获机等新装备4~6种，甘蔗收获机喂入量4~6 kg/s、宿根破头率≤18%、损失率≤5%，甜菜含杂率和总损失率≤4.5%、切顶合格率≥85%；具备主要参数实时采集、故障诊断与自动监控功能；申请专利2~4项。【预期性指标】制定标准2~4项；发表论文3~5篇。

支持年限：2016年—2020年

拟支持项目数：1~2项

4.3 智能化油料作物收获技术与装备研发

研究内容：针对我国特色油料作物机械化收获需求，重点瞄准油菜、花生、油茶籽、油葵作物，研究优化油菜智能化、低损高效收获等核心技术与关键装置，研制自走式油菜联合收获机和油菜割晒、捡拾收获机；优化花生减阻挖掘、果土分离、高效脱果、无阻滞清选等核心技术与关键装置，研制高效自走式花生联合收获机和挖掘铺放、捡拾脱果收获机；研究油茶籽标准化种植模式与机械采收原理，研制油茶籽收获装置；优化脱粒、清选等核心技术与关键装置，研制油葵联合收获机，并进行试验考核。

考核指标：【约束性指标】突破脱粒、清选等关键核心技术6~8项，研制高效自走式花生联合收获机和挖掘铺放、捡拾脱果收获机（总损失率：联合收获≤4.5%，分段收获≤5.0%），自走式油菜联合收获机和油菜割晒、捡拾收获机（总损失率≤8%），油葵和油茶籽收获装置等6~8种；整机具备主要参数实时采集、故障诊断与自动监控功能；申请专利2~4项。【预期性指标】制定标准2~4项；发表论文3~5篇。

支持年限：2016年—2020年

拟支持项目数：1~2项

4.4 饲草料作物收获技术与装备研发

研究内容：瞄准草食畜牧业发展需要，针对天然草场、人工草场和优质饲草作物，重点研究优化负荷反馈控制、割刀自磨刃、切割调质等核心技术与关键装备；研制自走式饲用甜高粱联合收获打捆机；研制高秆禾草联合收割机；研制自走式苜蓿切割调质收获机；研制草原牧草高效收获技术与装备；并试验考核。

考核指标：【约束性指标】突破关键核心技术6~8项，研制自走式饲用甜高粱联合收获打捆机（生产效率≥12t/h，切碎长度10~30mm）、自走式苜蓿切割调质收获机（割幅≥3m，作业速度5~12km/h）、草原牧草高效收获机（幅宽≥6m，割茬高度≤5cm）、高秆禾草联合收割机等4~6种；具备主要参数实时采集、故障诊断与自动监控功能；申请专利2~4项。【预期性指标】制定标准2~4项；发表论文3~5篇。

支持年限：2016年—2020年

拟支持项目数：1~2项

4.5 农特产品收获技术与装备研发

研究内容：瞄准茶叶、枸杞、红枣、天然橡胶等农特产品，以机械化收获为突破口，重点研究茶叶、枸杞、红枣、天然橡胶等机械力学特性，探索收获新原理与新结构；开发枸杞等浆果类采收技术与装置；开发标准化种植红枣收获技术与装备；开发茶叶采摘技术与装备；研究天然橡胶全天候自动化割胶、收胶及信息采集关键技术与装置，研制天然橡胶采胶收获成套装备，并试验考核。

考核指标：【约束性指标】突破农特产品机械化采收关键核心技术6~8项，研制枸杞、茶叶、红枣等农特产品采摘装置与收获装备、天然橡胶采胶收获成套装备等3~5种，茶叶芽叶完整率≥80%、漏采率≤5%，枸杞、红枣一次采净率≥85%、损伤率≤10%，无损伤割胶效率≤30秒/株；具备主要参数实时采集、故障诊断与自动监控功能；申请专利2~4项。【预期性指标】制定标准2~4项；发表论文3~5篇。

支持年限：2016年—2020年

拟支持项目数：1~2项

申报要求

1. 项目申请书须经过国务院有关部门（直属机构、直属事业单位）科技主管机构推荐，或各省、自治区、直辖市、计划单列市及新疆生产建设兵团科技主管部门推荐。

2. 项目须整体申报，须覆盖全部考核指标。

3. 同一申报材料不得多头重复推荐，同一推荐主体对同一项目只能推荐1项。

4. 项目申报单位（包括联合申报中的任意一方）和项目参加人员，对同一项目不得进行重复或交叉申报与参与。

5. 项目下设课题数不超过5个，每个课题承担单位不超过3个（含主持单位）。

3. 科技部关于发布国家重点研发计划深海关键技术与装备等重点专项2016年度项目申报指南的通知

国科发资〔2016〕52号

各省、自治区、直辖市及计划单列市科技厅（委、局），新疆生产建设兵团科技局，国务院各有关部门科技主管单位，各有关单位：

《国务院关于深化中央财政科技计划（专项、基金等）管理改革的方案》（国发〔2014〕64号，以下简称国发64号文件）明确规定，国家重点研发计划针对事关国计民生需要长期演进的重大社会公益性研究，以及事关产业核心竞争力、整体自主创新能力和国家安全的重大科学问题、重大共性关键技术和产品、重大国际科技合作，按照重点专项的方式组织实施，加强跨部门、跨行业、跨区域研发布局和协同创新，为国民经济和社会发展主要领域提供持续性的支撑和引领。重点专项是国家重点研发计划组织实施的载体，是聚焦国家重大战略任务、围绕解决当前国家发展面临的瓶颈和突出问题、以目标为导向的重大项目群。重点专项按程序报批后，交由相关专业机构负责具体项目管理工作。

按照国发64号文件的要求，科技部会同相关部门，根据"自上而下"和"自下而上"相结合的原则，遵循国家重点研发计划新的项目形成机制，面向2016年凝练形成了若干重点专项并研究编制了各重点专项实施方案，已经国家科技计划（专项、基金等）管理战略咨询与综合评审特邀委员会（以下简称"特邀咨评委"）和部际联席会议审议通过，并按程序报国务院批复同意。根据"成熟一批、启动一批"的原则，现将"深海关键技术与装备"等6个重点专项2016年度项目申报指南予以公布，请根据指南要求组织项目申报工作。有关事项通知如下：

一、项目组织申报要求及评审流程

1. 申报单位根据指南支持方向的研究内容以项目形式组织申报，根据项目不同特点可设任务（或课题）。项目应整体申报，须覆盖相应指南方向的全部考核指标。项目申报单位推荐一名科研人员作为项目负责人，每个任务（或课题）设1名负责人，项目负责人可作为其中1个任务（或课题）负责人。

2. 项目的组织及实施应整合集成全国相关领域的优势创新团队，聚焦研发问题，强化基础研究、共性关键技术研发和典型应用示范各项任务间的统筹衔接，集中力量，联合攻关。

3. 国家重点研发计划项目申报评审采取填写预申报书、正式申报书两步进行，具体工作流程如下：

——项目申报单位根据指南相关申报要求，通过国家科技管理信息系统填写并提交3000字左右的项目预申报书，详细说明申报项目的目标和指标，简要说明创新思路、技术路线和研究基础。项目申报单位与所有参与单位签署联合申报协议，并签署项目申报单位及项目负责人诚信承诺书。从指南发布日到预申报书受理截止日不少于30天。

——各推荐单位参考往年推荐规模，加强对所推荐的项目申报单位及其合作方的资质、科研能力的审核把关，按时将推荐项目通过国家科技管理信息系统统一报送。

——专业机构在受理项目预申报后，组织形式审查，并开展首轮评审工作。首轮评审不需要项目负责人进行答辩。根据专家的会议评审结果，遴选出3~4倍于拟立项数量的申报项目，确定进入下一步答辩评审。对于未进入答辩评审的申报项目，及时将意见反馈项目申报单位和负责人。

——申报单位在接到专业机构关于进入答辩评审的通知后，通过国家科技管理信息系统填写并提交项目正式申报书。从接到通知日到正式申报受理截止日不少于20天。

——专业机构对进入正式评审的项目申报书进行形式审查，并组织会议答辩评审。申报项目的负责人通过网络视频进行报告答辩。专业机构将根据专家评议情况择优建议立项。

二、组织申报的推荐单位

1. 国务院有关部门科技主管单位；
2. 各省、自治区、直辖市、计划单列市及新疆生产建设兵团科技主管部门；
3. 原工业部门转制成立的行业协会；
4. 纳入科技部试点范围并评估结果为A类的产业技术创新战略联盟，以及纳入科技部、财政部开展的科技服务业创新发展行业试点联盟。

各推荐单位应在本单位职能和业务范围内推荐，并对所推荐项目的真实性等负责。国务院有关部门推荐与其有业务指导关系的单位，行业协会和产业技术创新战略联盟、科技服务业创新发展行业试点联盟推荐其会员单位，省级科技主管部门推荐其行政区划内的单位。推荐单位名单将在国家科技管理信息系统公共服务平台上公开发布。

三、申请资格要求

1. 申报单位应为中国大陆境内注册 1 年以上（注册时间为 2015 年 3 月 31 日前）的科研院所、高等学校和企业等，具有独立法人资格，有较强的科技研发能力和条件，运行管理规范。政府机关不得作为申报单位进行申报。申报单位同一项目须通过单个推荐单位申报，不得多头申报或重复申报。

2. 项目（含任务或课题）负责人须具有高级职称或博士学位，申报当年不超过 60 周岁（1956 年 1 月 1 日以后出生），工作时间每年不得少于 6 个月。项目（含任务或课题）负责人原则上应为该项目（含任务或课题）主体研究思路的提出者和实际主持研究的科技人员。中央和地方各级政府的公务人员（包括行使科技计划管理职能的其他人员）不得申报项目（含任务或课题）。

3. 项目（含任务或课题）负责人限申报一个项目，国家重点基础研究发展计划（973 计划，含重大科学研究计划）、国家高技术研究发展计划（863 计划）、国家科技支撑计划、国家国际科技合作专项、国家重大科学仪器设备开发专项、公益性行业科研专项（以下简称"改革前计划"）以及国家科技重大专项的在研项目（含任务或课题）负责人不得牵头申报国家重点研发计划重点专项项目（含任务或课题）；项目主要参加人员的申报项目和改革前计划、国家科技重大专项在研项目总数不得超过两个；改革前计划、国家科技重大专项的在研项目（含任务或课题）负责人不得因申报国家重点研发计划重点专项项目（含任务或课题）而退出目前承担的项目（含任务或课题）。计划任务书执行期到 2016 年 12 月底之前的在研项目（含任务或课题）不在限项范围内。

4. 特邀咨评委委员及参与重点专项咨询评议的专家，不能申报本人参与过咨询和论证的重点专项项目（含任务或课题）；参与重点专项实施方案或本年度项目指南编制的专家，不能申报该重点专项项目（含任务或课题）。

5. 受聘于内地单位的外籍科学家及港、澳、台地区科学家可作为重点专项的项目（含任务或课题）负责人，全职受聘人员须由内地聘用单位提供全职聘用的有效证明，非全职受聘人员须由内地聘用单位和境外单位同时提供聘用的有效证明，并随纸质项目预申报书一并报送。

6. 申报项目受理后，原则上不能更改申报单位和负责人。

7. 对于项目的具体申报要求，请详见各重点专项的申报指南。

各申报单位在正式提交项目申报书前可利用国家科技管理信息系统公共服务平台查询相关参与人员承担改革前计划和国家科技重大专项在研项目（含任务或课题）情况，避免重复申报。

四、具体申报方式

1. 网上填报。请各申报单位按要求通过国家科技管理信息系统公共服务平台进行网上填报。专业机构将以网上填报的申报书作为后续形式审查、项目评审的依据。预申报书格式在国家科技管理信息系统公共服务平台相关专栏下载。

项目申报单位网上填报预申报书的受理时间为：2016 年 2 月 26 日 8：00 至 3 月 25 日 17：00。申报项目通过首轮评审后，申报单位进一步按要求填报正式申报书，并通过国家科技管理信息系统提交，具体时间和有关要求另行通知。

国家科技管理信息系统公共服务平台：http：//service.most.gov.cn；

技术咨询电话：010 – 88659000（中继线）；

技术咨询邮箱：program@ most. cn。

2. 组织推荐。请各推荐单位于 2016 年 3 月 28 日前（以寄出时间为准），将加盖推荐单位公章的推荐函（纸质，一式 2 份）、推荐项目清单（纸质，一式 2 份）寄送科技部信息中心。推荐项目清单须通过系统直接生成打印。

寄送地址：北京市海淀区木樨地茂林居 18 号写字楼，科技部信息中心协调处，邮编：100038。

联系电话：010 – 88654074。

3. 材料报送和业务咨询。请各申报单位于 2016 年 3 月 28 日前（以寄出时间为准），将加盖申报单位公章的预申报书（纸质，一式 2 份），寄送承担项目所属重点专项管理的专业机构。预申报书须通过系统直接生成打印。

各重点专项的咨询电话及寄送地址如下：

（1）"深海关键技术与装备"重点专项：010 – 58884877、58884871；

（2）"水资源高效开发利用"重点专项：010 – 58884880；

（3）"典型脆弱生态修复与保护研究"重点专项：010 – 58884866、58884865、58884861；

（4）"深地资源勘查开采"重点专项：010 – 58884886；

（5）"绿色建筑及建筑工业化"重点专项：010 – 58884827、58884828；

（6）"公共安全风险防控与应急技术装备"重点专项：010 – 58884824、58884826。

寄送地址：中国 21 世纪议程管理中心，北京市海淀区玉渊潭南路 8 号，邮编：100038。

附件：

1. "深海关键技术与装备"重点专项 2016 年度项目申报指南（指南编制专家名单、形式审查条件要求）

2. "水资源高效开发利用"重点专项 2016 年度项目申报指南（指南编制专家名单、形式审查条件要求）

3. "典型脆弱生态修复与保护研究"重点专项 2016 年度项目申报指南（指南编制专家名单、形式审查条件要求）

4. "深地资源勘查开采"重点专项 2016 年度项目申报指南（指南编制专家名单、形式审查条件要求）

5. "绿色建筑及建筑工业化"重点专项 2016 年度项目申报指南（指南编制专家名单、形式审查条件要求）

6. "公共安全风险防控与应急技术装备"重点专项 2016 年度项目申报指南（指南编制专家名单、形式审查条件要求）

科技部

2016 年 2 月 19 日签发

2016 年 2 月 22 日发布

来源：http://www. most. gov. cn/tztg/201602/t20160222_ 124187. htm

附件1

"深海关键技术与装备"重点专项
2016 年度项目申报指南

为贯彻落实国家海洋强国战略部署，按照《关于深化中央财政科技计划（专项、基金等）管理改革的方案》要求，科技部会同发展改革委、教育部、中科院等13个部门及上海市科委等6个省级科技主管部门，共同编制了国家重点研发计划"深海关键技术与装备"重点专项实施方案。本专项紧紧围绕海洋高新技术及产业化的需求，将重点突破全海深（最大深度11 000米）潜水器研制，形成1 000～7 000米级潜水器作业应用能力，为走进和认识深海提供装备。研制深远海油气及水合物资源勘探开发装备，促进海洋油气工程装备产业化，推进大洋海底矿产资源勘探及试开采进程，加快"透明海洋"技术体系建设，为我国深海资源开发利用提供科技支撑。

本专项执行期从2016 年至2020 年，2016 年第一批支持项目不超过专项总任务的30%。要求以项目为单元组织申报，项目执行期3～5 年。鼓励产学研用联合申报，项目承担单位有义务推动研究成果的转化应用。对于企业牵头的应用示范类任务，其他经费（包括地方财政经费、单位出资及社会渠道资金等）与中央财政经费比例不低于1∶1。如指南未明确支持项目数，对于同一指南方向下采取不同技术路线的项目，可以择优同时支持1～2 项。除有特殊要求外，所有项目均应整体申报，须覆盖全部考核指标。每个项目下设任务（课题）数不超过10 个，项目所含单位数不超过20 个。

本专项2016 年第一批项目申报指南如下：

1　全海深（最大工作深度11 000米）潜水器研制及深海前沿关键技术攻关

1.1　全海深高能量密度电池

研究内容：根据全海深载人潜水器设计和建造要求，研制全海深充油耐压锂电池或其他电池组模块，研发电池监测及管理技术系统，完成相关安全性评估及试验，提供适用于全海深载人潜水器的产品。

考核指标：电池组的总容量不小于40kWh，最大工作水深11 000米，配备电压、电流、温度、形变等参数的监测与保护功能，在最大工作深度模拟环境下通过不少于5次的充放电试验验证。

拟支持项目数：拟支持不超过2 个项目。要求各项目协同攻关，数据共享。

1.2　全海深声学通信、定位及探测技术

研究内容：解决全海深潜水器定位及声学通信技术，完成高速水声通信系统、全海深远程超短基线定位系统、测速声纳、地形地貌探测声纳、前视声纳研制。

考核指标：通信作用和定位作用距离不小于12 公里，最大工作水深11 000米，具备水声电话、扩频、非相干等通信模式；避碰声纳作用距离不小于100 米；总体指标满足全海深潜水器使用要求。通过海上试验验证。

1.3　全海深机械手及作业工具

研究内容：研制全海深主从式7 功能液压机械手、伺服阀件和控制系统，以及全海深海底气密水样取样器及沉积物取样装置等作业工具，应用于全海深载人潜水器。

考核指标：全海深7 功能液压机械手和取样器等作业工具最大工作水深11 000米，通过全海深压力试验和海试验收。

拟支持项目数：针对全海深机械手、全海深取样器，拟分别支持 1 个项目。要求各项目协同攻关，数据共享。

1.4 全海深载人潜水器总体设计、集成与海试

研究内容：研制可用于深渊科学考察和作业的全海深载人潜水器，初步形成全海深级载人作业工具系统。开展全海深载人潜水器设计、集成建造、调试、水池试验及全海深海试。

考核指标：潜水器的最大工作深度 11 000 米；载员不少于 2 人；海底作业时间 4～6 小时；载人舱、浮力材料、水声通信等核心部件国产化；重量小于 35 吨；具备巡航、定点、精细测量、取样、布放回收、摄像等作业能力。进行万米级的载人深潜试验。

有关说明：项目牵头或承担单位应落实海试配套条件。

1.5 全海深无人潜水器研制

研究内容：研制可用于深渊科学考察和作业的全海深无人潜水器（ARV/AUV），开展全海深无人潜水器设计、集成建造、调试、水池试验及万米海试。

考核指标：最大工作深度 11 000 米，具有大范围自主航行、定点精细测量等功能，核心部件技术实现国产化，通过全功能和性能海上试验。其中，AUV 空气中重量小于 2.5 吨，海底连续工作时间不少于 16 小时，最大巡航速度不小于 2 节；ARV 空气中重量小于 3.5 吨，海底连续作业时间不少于 8 小时，同时具备取样作业能力，自主探测与遥控作业工作模式可自动切换。通过海上试验验证。

拟支持项目数：拟支持不超过 2 个项目。要求各项目协同攻关，数据共享。

有关说明：项目牵头或承担单位应落实海试配套条件。

1.6 全海深潜水器水面支持系统及保障装备研制

研究内容：开展全海深潜水器水面支持系统设计及装备研制，并进行母船的搭载及海试验证。研制一套超高压压力试验装置，为全海深潜水器载人球壳提供压力试验条件。

考核指标：1）水面支持系统：载人潜水器母船 A 架安全工作负荷不小于 50T；满足全海深载人潜水器布放回收要求，主要系统具有升沉补偿功能，通过海试验证。2）超高压试验装置：满足全海深载人舱的压力试验要求，最大工作压力不小于 160MPa。最大加卸载系统速率不小于 1.5MPa/min，具备自动升降压控制系统，满足全海深载人潜水器耐压测试需求。

拟支持项目数：针对全海深水面支持系统和超高压试验装置，拟分别支持 1 个项目。要求各项目协同攻关，数据共享。

1.7 长航程水下滑翔机研制

研究内容：针对组网作业的运用需求，研制具有自主知识产权的水下滑翔机。

考核指标：最大工作深度 1 000 米；最大航程不小于 3 000 公里；空气中重量小于 100 公斤；最大航速不小于 1 节；最大任务搭载能力不小于 5 公斤；核心部件实现国产化；通过全功能和性能海上试验验证。

拟支持项目数：拟支持不超过 2 个项目。要求各项目协同攻关，数据共享。

1.8 基于新原理、新技术的潜水器研发

研究内容：针对 1 000～7 000 米级深度科学考察、环境监测、工程实施、应急搜救等需求，突破国内现有潜水器的设计理念、技术限制及运用方式，开展原创性潜水器的基础理论、技术研发及样机研制。

考核指标：完成潜水器概念设计、关键技术研发及原理样机/工程样机研制，通过水池试验/

海试验证。

拟支持项目数：拟支持不超过 5 个项目。要求各项目协同攻关，数据共享。

2 深海通用配套技术及 1 000~7 000 米级潜水器作业及应用能力示范

2.1 深海观测/探测传感器、设备和系统研制及规范化海试

研究内容：围绕深海科学研究、海洋工程和资源开发以及科普传播的需求，研制适用于深海运载器平台携带及作业布放的物理、化学、生物原位传感器、探测分析和观察记录等设备及系统。遴选国内国际科学考察船，科学研究和规划航次线路，搭载本专项支持的研究项目进行规范化海上试验、检验和考核。

考核指标：工作深度不小于 1 000 米，满足潜水器搭载或布放要求，达到国际同类设备装置水平。通过规范化海试，获得运用成果。规范化海试每年度海上有效试验时间不少于 50 天。

拟支持项目数：拟分别支持物理、化学、生物类传感器各不超过 3 个项目，规范化海试 1 个项目。要求各项目协同攻关，数据共享。

2.2 饱和潜水系统关键设备研制

研究内容：研制饱和潜水系统的自航式高压逃生艇和外循式环控设备，进行系统设计、建造集成及海上试验。

考核指标：自航式高压逃生艇最大工作压力不小于 300 米，逃生时最大载运人数不小于 12 人；外循式环控设备最大工作压力不小于 500 米，最大环控能力符合 6 人以上需求。完成自航式高压逃生艇海上模拟逃生试验；外循式环控设备完成 500 米饱和潜水配套模拟试验。

3 深海能源、矿产资源勘探开发共性关键技术研发及应用

3.1 大直径随钻测井系统装备研制与示范作业

研究内容：研制适应 12.25 英寸井眼规格的具备高速传输和方位测井等技术特征的新一代大直径随钻测井系统，并完成海上实际作业验证。

考核指标：仪器系统适用 12.25 英寸井眼；高速泥浆遥传速率 ≥10bps；井下涡轮发电机持续供电；随钻方位电磁波电阻率、随钻方位伽马、随钻补偿中子、随钻方位密度；陆地实钻试验不少于 2 井次；海上试作业不少于 1 井次。

有关说明：鼓励企业牵头申报。

3.2 海洋平台工程设计的一体化设计软件平台

研究内容：扩展 FPSO 等设施的工程设计、分析和校核模块等系统功能，完善系统软件流程和商业软件开放式通用接口，形成云设计平台分布式网络应用构架和三维交互式图形界面，提高系统的可用性，实现建模、设计和校核三维展示，并在行业代表性用户中实现示范应用。

考核指标：提交一套海洋浮式平台的设计、分析、校核一体化软件，通过第三方审核或认可，在行业代表性用户中示范应用。

3.3 深水油气勘探开发工程新技术研究

研究内容：针对深水及复杂油气构造、超深水和极地等环境下油气勘探开发，研究拖曳式电磁勘探、高精度重磁勘探、多缆多分量勘探、高速率大容量信号传输、多用途海洋模块化钻机、极地冰区钻井、新型平台、新一代水下生产系统、新型管/缆、深水油气工程特殊材料等新技术，在该领域储备一批前沿技术。

考核指标：新技术通过水池试验、实验室验证，部分技术结合工程开展试验应用。

拟支持项目数：针对不同新技术，拟支持不超过 10 个项目。要求各项目协同攻关，数据共享。

3.4　近海底高精度水合物探测技术

研究内容：针对我国天然气水合物开发的重大需求，研究深拖震源、数字缆、控制和资料处理等技术，形成近海底高分辨率多道地震探测系统；研制近海底原位多参量地球化学测量技术装置，实现 CH_4、H_2S、CO_2 浓度和碳同位素以及其他痕量气体同步探测。

考核指标：最大工作深度 2 000 米；深拖高分辨率多道地震探测系统地层穿透深度不小于500 米，地层分辨率优于 2 米；地球化学测量技术溶解气体检出限达 ppb 级别，碳同位素精度优于 3‰。通过海上试验验证。

3.5　海洋水合物试采技术和工艺

研究内容：开展大尺度水合物试采模拟技术、海域水合物开采方法适应评价、试采井和监测井设计及储层保护技术、水合物矿体钻完井技术、连续排采和防砂、防堵工艺及装备、试采工艺及配注装备研究，形成海域水合物测试试采总体系统方案。

考核指标：建立 30MPa、1 000 升三维天然气水合物试采模拟系统；形成井下分离＋ESP＋电加热组合排采装备、海域水合物试采工艺及配注装备以及海洋水合物钻井液和水泥浆各一套。通过海上试采验证。

3.6　多金属结核开采技术及试应用

研究内容：针对海底多金属结核开发的科技需求，研究 1 000～3 000 米级试开采技术方案及成套技术装备，建立环境影响评价模型和预测方法，开展试验应用。

考核指标：形成 3 000 米级海试验证系统，完成不小于 1 000 米水深的海试验证；系统具有联动作业功能；提交试开采环境影响模型报告。通过海上试验验证。

附件 2

"水资源高效开发利用" 重点专项
2016 年度项目申报指南

为贯彻落实《关于加快推进生态文明建设的意见》、《关于实行最严格水资源管理制度的意见》和《水污染防治行动计划》等相关部署，科技部、环境保护部、水利部、住房城乡建设部和海洋局共同制定了《国家水安全创新工程实施方案（2015—2020 年）》，统筹部署水安全科技创新工作。根据国家水安全创新工程总体安排，科技部会同有关部门及有关省（自治区、直辖市）科技主管部门制定了国家重点研发计划"水资源高效开发利用"重点专项实施方案。本专项紧密围绕水资源安全供给的科技需求，重点开展综合节水、非常规水资源开发利用、水资源优化配置、重大水利工程建设与安全运行、江河治理与水沙调控、水资源精细化管理等方面科学技术研究，促进科技成果应用，培育和发展水安全产业，形成重点区域水资源安全供给系统性技术解决方案及配套技术装备，形成 50 亿立方米的水资源当量效益，远景支撑正常年份缺水率降至 3% 以下。

本专项执行期从 2016 年至 2020 年，2016 年第一批支持项目不超过专项总任务的 30%。要求结合国家水安全创新工程的部署，以项目为单元组织申报，项目执行期 3～5 年。鼓励产学研用联合申报，项目承担单位有义务推动研究成果的转化应用。对于企业牵头的应用示范类任务，其他经费（包括地方财政经费、单位出资及社会渠道资金等）与中央财政经费比例不低于 1：1。如指南未明确支持项目数，对于同一指南方向下采取不同技术路线的项目，可以择优同时支持1～2 项。除有特殊要求外，所有项目均应整体申报，须覆盖全部考核指标。每个项目下设任务

（课题）数不超过 10 个，项目所含单位数不超过 20 个。

本专项 2016 年第一批项目申报指南如下：

1 综合节水技术

1.1 高效节水灌溉技术与集成应用

研究内容：针对主要农牧区的灌溉需求，研究灌溉理论和制度，研究高效节水灌溉模式，研究主要作物高效用水调控技术，研发绿色高效节水灌溉装备，开展系统技术集成与典型示范。

考核指标：提出主要农牧区节水灌溉系统技术解决方案与标准体系，典型示范面积超过 2 万亩，与当前国内最好水平相比，水分利用效率提高 15% 以上，灌溉效率提高 10% 以上。

拟支持项目数：针对东北粮食主产区、西北典型农区、西部牧区，拟分别支持 1 个项目。要求各项目协同攻关，数据共享。

1.2 钢铁有色等行业水资源高效循环利用技术及示范

研究内容：针对钢铁、有色、火电、纺织行业用水需求与水质要求，研发低成本低能耗水资源替代与循环利用技术，开展系统技术集成及典型示范。

考核指标：提交 7 项以上创新产品，形成各行业水资源循环利用技术方案与技术标准体系，在重点行业集中区开展典型示范，比当前国内最好水平单位产品耗水量降低 15%。

拟支持项目数：针对钢铁和有色行业、火电和纺织行业，拟分别支持 1 个项目（共 2 个项目）。

1.3 城镇供水管网漏损监测与控制技术及应用

研究内容：研发供水管网漏损监测、漏点辅助定位、主动控漏、优化维护和压力管理等技术，开展系统技术集成与示范应用。

考核指标：研发漏损监测与控制技术装备 5 项以上，形成城镇供水管网漏损控制系统技术解决方案，在 3 个以上典型城市示范，漏损率降低 3 个百分点。

1.4 典型地区农村供排水一体化技术及应用

研究内容：针对典型地区农村供水和污水处理技术需求，研发适宜的供水技术、污水处理技术、智能监测技术、风险评估技术等，开展系统技术集成与典型示范。

考核指标：提交适宜农村地区供水、污水处理及监测评估技术装备 20 项以上，形成典型区域供水与污水问题的系统技术解决方案，在县域以上范围开展典型示范，供水和污水排放水质达到国家标准，比当前国内最好水平吨水处理成本降低 15% 以上。

拟支持项目数：针对西北缺水地区、东部河网地区，拟分别支持 1 个项目。要求各项目协同攻关，数据共享。

2 非常规水资源开发利用技术

2.1 流域雨洪资源高效开发利用技术及示范

研究内容：研究流域雨洪资源动态调控、利用与风险定量评估等理论与技术，搭建流域调控技术平台，开展技术集成与示范。

考核指标：提交流域雨洪资源高效开发利用系统性技术方案及配套技术装备，在 3 个不同气候带流域开展典型示范，提高雨洪资源利用量 10%。技术方案被国家采纳应用。

2.2 大气水资源开发新技术

研究内容：研发人工降水新技术及装备，研发大气水资源规模化开发新技术和成套技术装备，开展应用示范。

考核指标：提出大气水资源开发与调控技术体系，示范区面积不低于 500 平方公里，年降水量提高20%以上。

2.3 城镇污水资源化利用技术及应用

研究内容：针对城市工业、景观生态等再生水利用的需求，研发城镇污水高效低碳资源化利用技术、风险评估技术等，开展系统技术集成与典型示范。

考核指标：研发适宜的城镇污水资源利用技术与装备3套以上，提出典型城镇污水资源化利用系统性技术解决方案，在2个以上典型城镇开展示范，水质符合国家标准，吨水处理能耗降低10%以上，有效回收污水中有价值成分。

2.4 基于工业余热利用的海水淡化技术及应用

研究内容：研究基于化工钢铁等工业低品位蒸汽余热利用的低温多效蒸馏海水淡化技术和设备，建立并开展工程示范，拓展海水淡化应用领域。

考核指标：利用工业余热建立蒸馏淡化示范工程，减少工程热污染。商业模式、水资源利用政策等符合市场要求。单机工程规模>1万立方米/天，对余热回收利用率>90%，工程国产化率≥90%。

3 水资源优化配置研究

3.1 国家水资源承载力评价与战略配置

研究内容：研究水资源承载能力评价方法及指标体系，研究国家水资源配置方案及相适应的风险管控策略。

考核指标：提出水资源承载力评价体系，提出保障国家水安全的水资源配置方案、措施与路线图，被国家采纳应用。

3.2 京津冀地区水安全保障技术集成与应用

研究内容：开展变化环境下水循环基础理论与模拟研究，研究区域水资源协同调控技术与平台，集成综合节水、流域水资源调配、重大调水工程利用、地下水利用、海水淡化利用、再生水利用等技术，形成区域水安全保障技术方案并示范应用。

考核指标：发展完善水循环基础理论及模拟技术体系，提交重点区域一体化水资源安全保障技术方案及配套技术，集中在京津冀地区开展整体示范，支撑区域水资源利用效率提升20%，缓解区域水资源短缺压力。

3.3 长三角地区水安全保障技术集成与应用

研究内容：研发水网地区水循环模拟工具、水资源联合调度技术等，集成雨洪利用、海水淡化利用、水网联合调度等技术，开展集成示范应用。

考核指标：提交商品化的水循环模拟工具，提出长三角地区水资源安全保障系统性技术方案及配套技术，集中在长三角地区开展示范，枯水季节供水保障率提高10%，河网水体流动性提高10%以上。

4 重大水利工程建设与安全运行

4.1 水利工程大坝安全监测预警、应急处置技术及应用

研究内容：研发水利工程大坝深水检测修补技术装备，研究极端事件大坝溃决监测预警与应急处置技术；研究水利工程环境安全保障技术，研究大坝泄洪消能技术。

考核指标：提交10项以上深水大坝监测预警及应急处置技术装备，10项以上水利工程环境安全保障技术装备，形成国家技术标准，开展工程示范。

拟支持项目数：针对深水大坝安全监测预警与应急处置、水利工程环境安全保障，拟分别支持1个项目。要求各项目协同攻关，数据共享。

4.2 长距离调水工程建设与安全运行集成研究及应用

研究内容：针对大埋深长距离调水工程建设及安全运行的需求，研究大深埋隧洞、大跨度高架渡槽、闸泵阀系统等工程建设、技术装备，研制15Mpa超高压灌浆技术装备，研究应对自然灾害监测预警及快速处理技术，研究调水工程安全运行技术，开展集成示范。

考核指标：形成大埋深长距离重大水利工程建设与运行成套技术装备，在大型工程中应用。

4.3 长江水利水电水运关键问题研究

研究内容：重点针对长江关键水资源问题，研究长江上中游特大水利枢纽调控与安全运行技术；研究重大水利枢纽通航建筑物建设与提升技术；研究长江"黄金航道"整治技术；研究梯级水库群多目标联合调度技术；研究长江泥沙调控及河道演变等。

考核目标：针对关键问题，分别提交系统性技术方案及成套技术装备，开展典型示范，满足长江防洪、发电、供水、航运及生态等综合性要求。

拟支持项目数：针对各研究内容，拟分别支持1个项目。要求各项目协同攻关，数据共享。

5 江河治理与水沙调控

5.1 黄河水沙变化关键问题研究

研究内容：研究黄河水土流失区不同时空尺度产汇流和产输沙机制，研究不同区域水沙变化主要影响因素和阶段特征，预测未来水沙变化趋势；研究黄河小浪底水库下游河道河势稳定控制和河槽行洪输沙能力提升技术，研究滩区规模与综合治理技术措施。

考核指标：定量预测黄河流域未来30~50年水沙量，确定水沙量减少主控因子，提出黄河未来治理策略。提出未来50年黄河下游维持4 000立方米/秒流量的河槽稳定技术措施，提出黄河下游滩区规模及治理技术方案，开展相应示范。

拟支持项目数：针对黄河水沙变化研究、下游河道与滩区治理研究，拟分别支持1个项目。要求各项目协同攻关，数据共享。

5.2 珠江河口与河网演变及治理研究

研究内容：研究珠江河口滩槽演变和海岸变化，研发河口海岸与河网演变模拟调控、侵蚀防护和堤围保护技术。

考核指标：提出未来10~20年珠江河口及河网水系治理技术方案和调控措施，提出6项以上联围堤防保护和海岸侵蚀防护技术，开展2个以上工程示范。

6 水资源智能调度与精细化管理

6.1 水文水资源多尺度预测预报预警

研究内容：研究水文水资源预报及不确定分析技术，研发多源融合数据同化技术，开发预警预报通用模型及软件平台。

考核指标：建立多时空尺度气陆耦合水资源预报平台，在南北方选择4个集水面积大于1万平方公里的流域进行示范，延长预报预见期10%，提高预报精度5%。

6.2 黄渤海沿海地区地下水管理与海水入侵防治研究

研究内容：研究海平面上升对沿海地区地下水的影响，研究不同类型海岸带地下水开采与海水入侵作用机理，研发地下水开采调控和海水入侵综合防治技术。

考核指标：绘制我国沿海地区海水入侵图，建立海水入侵模拟模型和综合防治技术体系，示范区（不低于2 000平方公里）减少海水入侵范围10%。

6.3 节水治污水生态修复先进技术典型示范

研究内容：结合国家重大工程建设的科技需求，优选《节水治污水生态修复先进适用技术指导目录》、《海水淡化与综合利用关键技术和装备成果汇编》中适宜技术，研究水安全技术评价方法和指标体系、国家技术标准体系、转化应用配套政策措施及激励机制，研究水安全技术转化统计评价方法，开展集成研究及典型示范。

考核指标：研究成果在国家可持续发展实验区、国家海绵城市试点、国家节水型社会建设示范区、国家生态文明先行示范区等规模化应用，经济、社会效益及技术指标优于现有最好水平。有关技术评价方法及成果转化政策措施，被政府科技主管部门采纳。

拟支持项目数：拟支持不超过5个项目。

有关补充说明：要求根据已制定的省级水安全创新工程实施方案，依托省级以上水安全科技创新中心或产业园组织申报。

附件3

"典型脆弱生态修复与保护研究"重点专项
2016年度项目申报指南

为贯彻落实《关于加快推进生态文明建设的意见》，按照《关于深化中央财政科技计划（专项、基金等）管理改革的方案》要求，科技部会同环境保护部、中科院、林业局等相关部门及西藏、青海等相关省级科技主管部门，制定了国家重点研发计划"典型脆弱生态修复与保护研究"重点专项实施方案。本专项紧紧围绕"两屏三带"生态安全屏障建设科技需求，重点支持生态监测预警、荒漠化防治、水土流失治理、石漠化治理、退化草地修复、生物多样性保护等技术模式研发与典型示范，发展生态产业技术，研究生态补偿机制、资源环境承载力等评价方法体系，形成典型退化生态区域生态治理、生态产业、生态富民相结合的系统性技术方案，在典型生态区开展规模化示范应用，实现生态、经济、社会等综合效益。

本专项执行期从2016年至2020年，2016年第一批支持项目不超过专项总任务的30%。要求以项目为单元组织申报，项目执行期3~5年。鼓励产学研用联合申报，项目承担单位有义务推动研究成果的转化应用。对于企业牵头的应用示范类任务，其他经费（包括地方财政经费、单位出资及社会渠道资金等）与中央财政经费比例不低于1:1。如指南未明确支持项目数，对于同一指南方向下采取不同技术路线的项目，可以择优同时支持1~2项。除有特殊要求外，所有项目均应整体申报，须覆盖全部考核指标。每个项目下设任务（课题）数不超过10个，项目所含单位数不超过20个。

本专项2016年第一批项目申报指南如下：

1　生态监测与评估技术

1.1　生态系统监测设备研制及产业化

研究内容：研制用于各生态要素和参量的数据自动采集器、远程控制的无线传感器及其节点和基站等立体综合生态监测设备，构建生态物联网监测体系，并进行示范。

考核指标：研制针对不同生态要素的数据采集器10~12种，无线传感器2~3种，实现产业化应用，构建生态物联网监测系统，逐步满足国家实时生态监测的需求。

1.2　生态系统多源数据融合与评估技术及应用

研究内容：针对不同途径、手段和方法获得的生态要素数据，开展多源数据生态要素同化和空间尺度转换、长时间序列及精细和标准化生态参数数据集生成等技术研发；开发具有自主知识产权的遥感参数驱动的生态系统过程模型、生态质量评估模型。

考核指标：突破多源数据融合技术，加强部门数据共享，实现生态参数标准化；构建国家生态质量评估模型及应用系统，被国家有关部门应用，开展业务试验运行。

2 东北森林与湿地生态保护与恢复技术

2.1 东北森林区生态保护及生物资源开发利用技术及示范

研究内容：针对东北森林生态系统保护及经济发展需求，研究森林生态系统监测、保护技术，研究森林生物资源开发利用技术，形成森林生态保护与生物资源开发利用技术标准规范；开展道地药材、浆果、坚果、花卉等主要非林资源的开发利用技术研发，提出主要非林资源全过程生产标准及技术规范，为国家天然林有效保护、林农经济增收提供途径与技术保障。

考核指标：开发森林生态保护与生物资源产品 5~8 项，形成森林生态保护与生物资源开发技术体系，开展县域以上面积示范应用，满足森林资源保护和经济发展的需求。

2.2 东北典型退化湿地恢复与重建技术及示范

研究内容：系统研究区域湿地生态系统格局、功能演变规律和驱动机制，研发湿地生态补水及湿地生态水文调控技术、湿地关键生物生态恢复与重建技术、重要栖息地修复与功能提升技术。

考核指标：揭示区域湿地格局和功能演变及其退化机制，研发退化湿地恢复重建技术 8~10 项，形成湿地恢复与重建系统技术方案，开展县域以上面积示范应用，示范区恢复湿地的植被覆盖率较本底值提高 30%~40%。

3 北方风沙区沙化土地综合治理

3.1 北方退化草地治理技术及示范

研究内容：针对北方不同退化草地类型，阐明区域草地退化过程和驱动机制，开展不同典型退化草地快速、稳定恢复技术研发，研究适宜北方草地的草业、生态畜牧业、生态旅游等产业技术，形成生态治理、生态产业、生态富民相结合的退化草地治理技术方案及模式。

考核指标：明确区域草地退化的形成机理，研发退化草地恢复技术 10~12 项，区域生态产业技术 5~6 项，构建区域退化草地综合治理技术体系和模式，开展县域以上面积集成示范应用，满足区域退化草地综合治理和生态经济发展的需求。

拟支持项目数：针对农牧交错带退化草地、草甸退化草地、荒漠化退化草地、山地退化草地，拟分别支持 1 个项目。

3.2 北方沙漠化地区治理关键技术及示范

研究内容：针对北方不同沙漠化类型，研究沙化形成机制和演变趋势，研发沙化土地综合治理集成技术，研发生态畜牧业、生态光伏、生物质能源、生物医药等生态产业技术，集成防沙治沙产业化技术体系，有效支撑国家北方防沙治沙工程建设。

考核指标：完善北方沙化土地形成和演变的理论基础，研发沙化土地综合治理技术 8~10 项，防沙治沙产业技术 6~8 项，形成适宜的沙化土地治理产业化技术体系和模式，开展县域以上面积治理集成示范，实现经济、社会、生态综合效益，满足国家防沙治沙工程建设的需求。

拟支持项目数：针对京津冀风沙源区、半干旱荒漠区、干旱荒漠区，拟分别支持 1 个项目。

3.3 东部草原区大型煤电基地生态修复与综合整治技术及示范

研究内容：研究大型煤电基地长期高强度开采驱动下的生态累积效应，评估其对区域生态安全的影响阈值。研发矿区土地整治、植被恢复、土壤重构和景观生态恢复等关键生态恢复技术体系，集成以保障国家能源安全和区域生态安全为目标的大型煤电基地开发综合技术体系和区域生态调控模式。

考核指标：阐明煤电基地建设的生态累积效应和生态阈值，研发和集成矿山生态修复技术 10～12 项，形成基地修复整治技术方案，在国家明确的大型煤电基地开展集中示范，示范区植被覆盖率较本底值提高 30%～40%，煤炭基地废迹地治理率达到 95% 以上，满足煤电基地开发与区域生态的协调和优化。

3.4　盐碱地土地生态治理关键技术及示范

研究内容：针对不同盐碱地类型，研究盐渍化土地形成机理，研发盐碱地微生物、植物种植与修复技术，研制盐碱地整治工程装备、盐碱地治理产品，研发适于盐碱地利用产业技术，开展技术集成与示范。

考核指标：研发盐碱化土地生态治理技术 6～8 项和生态产业技术 4～6 项，集成盐碱地综合治理技术体系和产业发展模式，开展县域以上面积示范，达到国家相关治理标准要求。

拟支持项目数：针对东北盐碱地、河套平原盐碱地、新疆干旱区盐碱地，拟分别支持 1 个项目。

3.5　天山北坡退化野果林生态保育与健康调控技术及示范

研究内容：研究野果林种群退化机理；研发野果林野生传粉昆虫引进技术、病虫害生物控制技术、野果林生态关键种及其伴生种的复壮技术，提出野果林种质资源保护及开发利用技术。集成和研发野果林病虫害监测、预警和防控技术，建立天山野果林病虫害防控系统解决方案，并进行示范。

考核指标：建立天山野果林种质资源库，构建野果林病虫害防治及更新等技术体系，开展县域以上面积集成示范，形成有效保护和合理利用技术，满足退化野果林保护的需求。

4　黄土高原生态系统结构改善及稳定性维持技术

4.1　黄土高原区域生态系统演变规律和维持机制研究

研究内容：开展黄土高原区域生态系统演变规律和驱动机制、多因子耦合作用下生态修复可持续性维持机制等研究，研究区域水土资源和生态系统空间分布格局、生态系统承载力、利用方向及调控途径。

考核指标：阐明区域生态可持续维持机制，揭示区域水土资源与生态空间格局动态和资源承载力之间的内在联系，为推进区域生态恢复技术及其可持续性维持提供理论基础。

4.2　黄土高原水土流失综合治理技术及示范

研究内容：针对黄土高原水土流失严重的问题，研发群落合理构建等水土流失综合防治技术及生态衍生产业技术，集成区域水土流失综合治理技术体系和生态产业模式。

考核指标：提交黄土高原水土流失综合治理新技术 6～8 项，生态产业新技术 5～7 项，集成相关技术体系与模式，开展县域以上面积示范应用。

5　青藏高原生态系统功能提升与适应性管理

5.1　典型高寒生态系统演变规律及机制

研究内容：研究全球变化及人类活动对青藏高原典型生态系统结构和功能的影响与响应机理、主要江河源区草地沙化变化规律、生态系统退化的驱动机制及自然和人为的相对贡献率；研究区域草地畜牧业生产结构及方式优化的适应性管理原理及途径，构建青藏高原普适性生态系统生产和生态功能提升的综合管理模式并进行跟踪评价，提出相关解决途径。

考核指标：系统阐明自然与人为活动对区域典型生态系统影响机理和贡献率，揭示区域生态演变主要规律，形成理论体系综合管理模式，形成整体技术解决方案，被省级以上政府采纳。

5.2 三江源区退化高寒生态系统恢复技术及示范

研究内容：针对三江源高寒退化生态系统存在的问题，研发高寒退化生态系统恢复和草地综合利用关键技术，研究区域生态衍生产业开发技术，开发相关生态产品，集成适合不同区域的退化草地治理技术模式。

考核指标：研发针对不同退化生态系统类型的恢复技术 8～10 项，生态产业技术 3～5 项，形成生态治理和生态产业协同技术方案，开展县域以上范围面积集成示范，示范区植被覆盖率较本底值提高 15%～20%。

5.3 西藏退化高寒生态系统恢复与重建技术及示范

研究内容：针对西藏地区高寒草地退化和土地沙化问题，研发高寒退化草地和沙化土地综合治理技术，探讨区域生态畜牧业发展技术和途径。

考核指标：研发高寒退化草地恢复技术 3～5 项，沙化土地治理技术 4～6 项，生态产业技术 4～6 项，开展县域以上面积集成示范，实现经济、社会、生态共赢。

6 长江中上游区生态保护与修复

6.1 西南生态安全格局形成机制及演变机理

研究内容：研究西南地区生态演变规律和驱动机制，研究气候变化对横断山山地生态系统的影响规律和机理，研发山地生态系统对人类活动和气候变化的适应技术和调控机制。

考核指标：揭示区域生态安全格局演变机理，阐明区域气候变化影响和适应机制，明确生态安全的关键区域，提出区域生态产业布局、生态安全格局设计的技术途径，形成技术报告，被政府部门采纳应用。

6.2 西南水电开发生态保护与恢复技术

研究内容：面向西南水电开发，研究大河流域生态环境变化累积效应，研究大型水库消溶带生态修复技术；研究大型水利工程鱼类保护技术、生境恢复技术等。

考核指标：阐明水电开发对流域和区域生态的影响规律、机理、响应机制和累积效应，提出梯级高坝大库生态调控和修复、鱼类综合保护等关键技术 8～10 项，应用于西南大型梯级水利工程设计和建设。

6.3 喀斯特地区石漠化综合治理技术

研究内容：针对西南不同喀斯特类型区土地石漠化问题，揭示流域尺度石漠化演变机理及驱动机制，研发水土资源高效利用和优化调控、水土漏失阻控、退化植被群落生态修复与优化配置等技术，研发适宜的生物能源、生物医药、山地旅游等生态产业技术，构建促进生态系统健康与优化的技术体系，并进行试验示范。

考核指标：阐明石漠化过程中的相关生态变化机理，研发和集成石漠化土地综合治理技术与模式 8～10 项，生态产业技术模式 6～8 项，形成生态治理与生态产业协同技术方案，开展县域范围以上应用示范，为区域生态改善和贫困问题解决提供科技支撑。

拟支持项目数：针对喀斯特峰丛洼地、喀斯特高原、喀斯特断陷盆地、喀斯特槽谷，拟分别支持 1 个项目。

7 东部城市化地区生态安全保障及海岸带生态修复技术

7.1 重要城市群生态安全保障技术

研究内容：以典型城市群（京津冀、长三角、闽三角、珠三角）为对象，研发区域生态系统评价与监管技术和区域生态健康诊断、安全评估与生态风险预测预警技术；研发关键生态景观重建技术以及受损生态空间修复保育和服务功能提升技术，开发区域生态安全格局网络设计技术及生态安全保障技术，构建城市生态安全协同联动机制决策支持系统和平台。

考核指标：形成区域生态系统评价与监管技术 2～3 项、区域生态健康诊断、安全评估与生态风险预测预警技术 3～4 项，关键生物栖息地的生态重建技术 4～6 项，受损生态空间综合修复和服务功能提升技术 4～6 项，构建评价与监管系统 1 个，生态风险预警平台 1 个，并开展县域以上集中示范研究。

拟支持项目数：针对京津冀、长三角、闽三角和珠三角，拟分别支持 1 个项目。

8 国家生态安全保障技术体系

8.1 珍稀濒危动物及极小种群植物物种保护技术

研究内容：开展大熊猫等 3 种以上珍稀濒危动物的濒危机制以及综合评估等研究，研发珍稀濒危动物遗传资源保存和利用技术，构建珍稀濒危动物生态保护技术体系和范式。研究 5 种以上极小种群植物维持机制，评估极小种群植物在关键生态系统中生态作用，研发极小种群植物种质资源保护与扩繁、生境保护与恢复等技术体系。

考核指标：在所选择珍稀濒危物种濒危机制的基础理论方面取得突破，研发不同珍稀濒危物种保育技术体系，形成珍稀濒危物种遗传资源保存和利用技术体系。突破极小种群植物的维持机制，形成极小种群植物种质资源保护、扩繁、生境恢复等技术体系，开展规模化范围以上的示范应用。

拟支持项目数：针对珍稀濒危动物和极小种群植物，拟分别支持 1 个项目。

有关说明：要求珍稀濒危动物需列入《中国濒危珍稀动物名录》，极小种群植物需列入《国家重点保护野生植物名录》。

8.2 自然遗产地生态保护与管理技术

研究内容：开展潜力区遗产价值科学基础与全球对比研究；开展遗产地生物多样性维持与动态监测，重要物种栖息地保育与受损系统生态修复技术；研发遗产地跨区域、跨境生物廊道以及景观安全格局规划与设计技术；构建自然遗产保护管理信息平台。

考核指标：制定国家自然遗产地监测保护标准规范；建立自然遗产生态安全保护的技术平台和综合管理模式。

8.3 区域生态资源资产统计核算业务化技术

研究内容：（1）研究生态补偿核算理论、方法和技术体系，提出补偿政策与模式；研究生态资产评估方法和指标；研究科技支撑生态文明建设贡献的评估指标和方法体系。（2）研究生态环境损害基线、因果关系判定、损害数额量化等鉴定方法、技术标准及规范，研究构建生态环境损害鉴定评估平台技术。（3）研究自然资产负债表、资源环境承载力评价方法和技术体系。（4）研究生态技术评价方法及指标体系，形成全球生态治理技术评价报告。

考核指标：提交各研究内容评估方法和技术体系，形成相应的标准及规范，在国家批准的试点区域开展示范，形成相应配套政策文件，被政府部门采纳利用。

拟支持项目数：针对 4 个研究内容，拟分别支持 1 个项目。

申报要求

1. 对于涉及生态产业技术的指南，原则上要求企业参加申报，发挥企业主体作用，并实现科技成果产业化。

2. 有示范要求的申报指南要依托国家重大生态工程、生态文明先行示范区、国家可持续发展实验区等开展，示范区需属于全国生态保护与建设规划重点任务区，并取得地方政府主管部门支持。

3. 鼓励各申报单位开展国际科技合作，促进技术共享转化，要求各申报单位承诺实现研究数据共享。

附件4

"深地资源勘查开采"重点专项
2016年度项目申报指南

为贯彻落实《国家中长期科学和技术发展规划纲要（2006—2020年）》提出的资源勘探增储要求和《找矿突破战略行动纲要（2011—2020年）》等相关部署，按照《关于深化中央财政科技计划（专项、基金等）管理改革的方案》要求，科技部会同国土资源部、教育部、中科院等部门和相关省（自治区、直辖市）科技主管部门制定了国家重点研发计划"深地资源勘查开采"重点专项实施方案。本专项主要包括成矿系统深部结构与控制要素、深部矿产资源评价理论与预测、移动平台地球物理探测技术装备与覆盖区勘查示范、大深度立体探测技术装备与深部找矿示范、深部矿产资源勘查增储应用示范、深部矿产资源开采理论与技术、超深层新层系油气资源形成理论与评价技术等7项科研任务。专项将形成3 000米以浅矿产资源勘探成套技术能力、2 000米以浅深部矿产资源开采成套技术能力，储备一批5 000米以深资源勘查前沿技术，油气勘查技术能力扩展到6 500～10 000米，加快"透明地球"技术体系建设，提交一批深地资源战略储备基地，支撑扩展"深地"资源空间。

本专项执行期从2016年至2020年，2016年第一批支持项目不超过专项总任务的30%。要求结合国家找矿战略行动部署，以项目为单元组织申报，项目执行期3～5年。鼓励产学研用联合申报，项目承担单位有义务推动研究成果的转化应用。对于企业牵头的应用示范类任务，其他经费（包括地方财政经费、单位出资及社会渠道资金等）与中央财政经费比例不低于1∶1。如指南未明确支持项目数，对于同一指南方向下采取不同技术路线的项目，可以择优同时支持1～2项。除有特殊要求外，所有项目均应整体申报，须覆盖全部考核指标。每个项目下设任务（课题）数不超过10个，项目所含单位数不超过20个。

本专项2016年第一批项目申报指南如下：

1 成矿系统的深部结构与控制要素

1.1 华北克拉通成矿系统的深部过程与成矿机理

研究内容：构建与克拉通破坏过程相关的成矿系统深部结构、成矿构造背景及其控矿机制；查明成矿物质组成与演化、堆积机制和成矿末端效应、成矿流体与成矿作用，建立复杂成矿系统理论模型；查明矿床、矿体定位空间，实现重点矿集区地质结构"透明化"。

考核指标：揭示华北克拉通地壳岩石圈精细结构，完成综合地球物理剖面1 000km和深部过程解释；揭示深部成矿过程、元素迁移和富集定位机制；实现3个以上重点矿集区3 000米"透明化"，查清矿体定位。

有关说明：要求集中在辽东、胶东等矿集区开展研究，实现重点专项内部数据共享。

1.2 华南陆内成矿系统的深部过程与物质响应

研究内容：构建陆内成矿系统深部结构与成矿构造背景，重塑成矿系统时空演化；建立成矿物质组成时空框架，研究大花岗岩省成因及其成矿关系，研究成矿流体与成矿，建立成矿系统理论模型；实现重点矿集区地质结构"透明化"，查明矿床、矿体定位空间。

考核指标：重点揭示华南北部地壳岩石圈精细结构与成矿背景，完成综合地球物理探测剖面800km 与深部过程解释。建立成矿系统深部物质组成与时空演化模型；实现 3 个以上重点矿集区3 000 米"透明化"，查清矿体定位。

有关说明：要求集中在钦杭、武夷、南岭和长江中下游区带等重点矿集区开展研究，实现重点专项内部数据共享。

1.3 青藏高原碰撞造山成矿系统的深部结构与成矿过程

研究内容：构建碰撞成矿系统典型区带岩石圈深部结构与成矿构造背景；建立成矿系统物质组成时空框架，查明成矿过程与金属堆积的定位机制；实现重点矿集区地质结构"透明化"，查明矿体定位空间。

考核指标：重点揭示青藏高原地壳岩石圈精细结构与成矿背景，完成综合地球物理剖面500km 与深部过程解释；建立碰撞造山成矿系统成矿过程；实现 2 个以上重点矿集区 3 000 米"透明化"。

有关说明：要求集中在青藏高原中 – 南部和东部地区的重要成矿区带开展研究，实现重点专项内部数据共享。

1.4 重大地质事件与成矿效应

研究内容：重点研究中生代重大事件深部过程与构造响应、关键部位深部结构；揭示重大事件沉积响应、环境记录，及相应的外生成矿作用，聚焦重大事件相关内生成矿作用。

考核指标：完成综合地球物理剖面 500km 与深部结构解释；揭示重大事件深部过程的沉积响应及其资源效应；揭示重大事件深部过程与内生成矿作用和分布规律。

有关说明：要求聚焦"燕山运动"重大事件与成矿关系开展研究，实现重点专项内部数据共享。

2 深部矿产资源评价理论与预测

2.1 深部矿产资源评价理论与方法

研究内容：针对紧缺、战略新兴、能源和"粮食"矿产，研究形成不同成矿背景、成矿类型的成矿规律和三维深部矿产预测理论，建立深部矿产预测方法体系。

考核指标：提出 3 000 米以浅矿产资源三维预测理论及方法体系。

有关说明：要求重点专项内部数据共享。

3 大深度立体探测技术装备与深部找矿示范

3.1 穿透性地球化学勘查技术

研究内容：研发穿透性地球化学探测技术与设备，开发野外现场快速分析设备与车载集成应用，研发复杂盖层区地球化学探测技术筛选与示踪技术。

考核指标：提交穿透性地球化学勘查成套技术装备，探测深度能力总体达到 2 000～3 000米，在重点矿集区开展应用示范。储备 5 000 米深度勘查技术。

有关说明：要求研究示范区域符合《找矿突破战略行动纲要（2011—2020 年》部署，重点专项内部数据共享。

4 深部矿产资源开采理论与技术

4.1 深部岩体力学与开采理论

研究内容：研究深部岩体原位力学行为、采动岩体力学及渗流理论，提出深部矿产资源安全高效开采理论。研发深部高应力岩体变形监测与安全预警技术、深部高应力岩层结构大变形控制技术，开展工程集成示范。

考核指标：提出 2 000 米以浅深部岩体力学与开采理论体系、安全监测预警技术体系，开展 1 个以上集成示范，符合相关工程建设与安全要求。

4.2 深部矿建井与提升技术

研究内容：研发深部矿产资源深竖井高效掘进技术及装备，研发深竖井大吨位提升与控制技术及装备，开展相应的工程示范。

考核指标：形成 2 000 米以浅深部矿产资源建井与提升技术装备能力，形成相应的技术标准体系，应用于工程示范。

拟支持项目数：针对金属、煤炭深部矿产资源，拟分别支持 1 个项目。

有关说明：原则上以企业为主体申报。

5 超深层新层系油气资源形成理论与评价技术

5.1 中新元古代古大陆重建与原型盆地分布预测研究

研究内容：以稳定陆块为重点，研究原型盆地恢复与构造演化过程，查清中新元古代沉积盆地类型、分布与后期改造，对中新元古界领域与区块开展初步评价。形成中新元古代古大陆重建方法与原型盆地恢复技术。

考核指标：基本查清我国稳定陆块中新元古代原型盆地分布及其后期改造。编制一批工业化基础图件，包括：陆块区域综合大剖面，关键原型盆地分布，盆地构造演化，重点层系构造-岩相古地理图等。

5.2 超深层重磁电震勘探技术研究

研究内容：研究重磁电采集处理解释一体化技术，重点突破约束反演和联合反演，降低超深层（6 000～10 000 米）资料解释的多解性；开展基于大吨位低频可控震源的超长排列宽线采集处理解释一体化技术攻关，提高超深层地震资料信噪比、分辨率。

考核指标：形成超深层重磁电震勘探采集和处理方法技术，资料信噪比在目前基础上提高一倍；有效储层地震预测精度在现有基础上提高 30% 以上。形成中新元古代盆地结构及深大断裂重磁电震联合解释方法技术。在重点盆地开展重磁电震综合地球物理技术应用，评价 4～5 个超深层有利勘探区带，提供 3～4 个钻探目标。

有关说明：原则上以企业为主体申报。

附件 5

"绿色建筑及建筑工业化"重点专项
2016 年度项目申报指南

为全面落实《国家中长期科学和技术发展规划纲要（2006—2020 年）》的相关任务和《国务院关于深化中央财政科技计划（专项、基金等）管理改革的方案》，科技部会同教育部、工业信息化部、住房城乡建设部、交通运输部、中国科学院等部门，组织专家制定了"绿色建筑及建筑工业化"重点专项实施方案，列为 2016 年启动的重点专项之一并正式进入实施阶段。

该重点专项围绕"十三五"期间绿色建筑及建筑工业化领域科技需求，聚焦基础数据系统和理论方法、规划设计方法与模式、建筑节能与室内环境保障、绿色建材、绿色高性能生态结构体系、建筑工业化、建筑信息化等7个重点方向，设置了相关重点任务。总体目标为：瞄准我国新型城镇化建设需求，针对我国目前建筑领域全寿命过程的节地、节能、节水、节材和环保的共性关键问题，以提升建筑能效、品质和建设效率，抓住新能源、新材料、信息化科技带来的建筑行业新一轮技术变革机遇，通过基础前沿、共性关键技术、集成示范和产业化全链条设计，加快研发绿色建筑及建筑工业化领域的下一代核心技术和产品，使我国在建筑节能、环境品质提升、工程建设效率和质量安全等关键环节的技术体系和产品装备达到国际先进水平，为我国绿色建筑及建筑工业化实现规模化、高效益和可持续发展提供技术支撑。

重点任务在国家重点研发计划中以项目形式落实，按照分步实施、重点突出原则，2016 年，本指南拟在 7 个方向部署相关项目开展研究，项目执行期 3～5 年。

1 基础数据系统和理论方法

1.1 基于实际运行效果的绿色建筑性能后评估方法及应用示范

研究内容：研究绿色建筑实际性能与设计预期的差异及其机理；研发绿色建筑性能参数及针对使用者行为和满意度测试的大规模监测、数据采集和评价系统，以及多环境性能参数数据挖掘技术及反馈应用；研究基于长期运行能耗、环境性能参数数据（能耗、水耗、照度、温湿度、CO_2 浓度、PM2.5 等）和使用者满意度的绿色建筑性能后评估模型及方法，建立数据库系统；建立可量化、可考核、贯穿建筑全过程的定量化评价体系和技术导则，并进行后评估实践及工程示范；对我国建筑相关的可再生能源系统使用效果进行科学评估。

考核指标：建立绿色建筑性能后评估标准体系，制修订国家/行业技术标准（送审稿）或导则不少于2项。研制低成本、高精度、大规模推广的新型建筑环境性能监测系统，使用者行为记录和满意度实时评测及反馈系统。建立基于实际运行数据和使用者满意度量化评价的绿色建筑性能后评估模型；建立绿色建筑性能数据库系统，包含各类绿色建筑性能长期逐时运行数据（能耗、水耗、温湿度、照度、CO_2 浓度、PM2.5 等数据不少于一年）、不少于20%使用者典型使用行为的量化调研和满意度反馈，建筑数量不少于100项，涵盖典型气候区；建立各地区、各功能类型绿色建筑能耗、水耗、环境质量的基准线。选择不少于100项已建成的各类型绿色建筑开展后评估并提出改进策略，使其能耗比《民用建筑能耗标准》同气候区同类建筑能耗的约束值降低不少于30%，室内环境用户满意度高于75%。发布我国目前建筑可再生能源应用效果分析和未来发展规划报告。

拟支持项目数：1～2 项。

2 规划设计方法与模式

2.1 目标和效果导向的绿色建筑设计新方法及工具

研究内容：研究典型气候区大型公共建筑和城镇居住建筑的全寿命期气候适应性优先和性能数据为导向的绿色建筑设计新方法；研发适应中国建筑特点、典型气候特征和建筑使用模式的室内环境、建筑能耗统计和碳排放计算方法及标准体系；开发新一代建筑绿色性能模拟分析技术和工具；开展典型气候区和不同建筑类型的工程示范。

考核指标：建立目标和效果导向的绿色建筑设计新方法与新技术。建立建筑环境、能耗及碳排放计算方法。完成包括综合考虑建筑使用模式和人的行为模式、融合各专业的新一代建筑绿色性能模拟分析工具。提出建筑环境预测、能耗分析和碳排放等方面绿色化规划设计新方法、技术标准（送审稿）和规程不少于10项。完成典型气候区公共建筑和居住建筑绿色示范工程不少于10项，示范项目的能耗比《民用建筑能耗标准》同气候区同类建筑能耗的约束值降低不少于30%，室内环境用户满意度高于75%，可再循环材料使用率超过10%。

拟支持项目数：1~2 项。

3 建筑节能与室内环境保障

3.1 长江流域建筑供暖空调解决方案和相应系统

研究内容：研究长江流域不同地区建筑室内热环境需求特性以及用户使用习惯，定量给出建筑在不同运行模式下的室内热环境营造需求；研究适宜的围护结构方案，研究建筑混合通风技术，建立适宜该地区的延长非采暖空调时间的热环境营造技术体系；研究适宜的供暖空调末端方案；解决冬季供暖舒适性差的问题，给出可满足冬季供暖、夏季空调等需求的统一末端解决方案；研究解决分散高效的空气源热泵化霜、压比大范围变化下高效运行等问题的关键技术，满足冬夏共用的冷热源设备需求。

考核指标：建立适宜该地区的延长非采暖空调时间的热环境营造技术体系，完成20项以上的住宅、学校、办公建筑示范工程，其中住宅不少于30户；提供一年以上的实时测试数据，全年供暖通风空调用电量不超过 $20kWh/m^2$，且满足室内热舒适要求，示范项目至少涵盖长江流域3个以上省市。研发出的适合于该区域的高效空气源热泵产品的季节能效比（SEER）不低于3.5，实现高效分散空气源热泵产品和新型末端装置的产业化，建立生产线3条以上。申请/获得发明专利不少于10项，制修订国家/行业/地方标准（送审稿）、规范不少于4项。

拟支持项目数：1~2 项。

3.2 藏区、西北及高原地区利用可再生能源采暖空调新技术

研究内容：研究藏区和西北高原地区建筑利用太阳能供暖和建筑围护结构蓄能技术，确保室内昼夜温差不超过10℃；针对川西藏区等水电资源丰富和气候特点，研究空气源热泵供暖问题的关键技术；针对西部炎热干燥地区资源和气候特点，研究夏季蒸发冷却空调技术，研究可再生能源与常规能源协同优化运行策略。

考核指标：在藏区建成不少于8座三层以上的太阳能供暖示范建筑（包括居住建筑、办公建筑、商业建筑），在不消耗任何常规电力的条件下，冬季室内最低温度不低于15℃；在川西藏区分别建成不少于6座示范建筑（包括居住建筑、办公建筑、商业建筑），冬季累计耗电量不高于 $15kWh/m^2$，室内温度不低于15℃；在西部炎热干燥地区分别完成不少于6座大型公建和10户以上居住建筑示范工程，在满足室内热舒适的条件下，夏季累计耗电量大型公建不超过 $10kWh/m^2$，居住建筑不超过 $2kWh/m^2$，提出可再生能源与常规能源协同优化运行方案并示范应用2项；以上所有示范建筑提供一年以上实时测试数据。完成上述相关产品的产业开发，并完成适用范围分析研究报告。上述示范工程的能耗比《民用建筑能耗标准》同气候区同类建筑供暖空调能耗的约束值降低50%以上。制修订相关国家/行业/地方技术标准（送审稿）、规范或导则不少于2项，申请/获得发明专利不少于10项。

拟支持项目数：1~2 项。

3.3 居住建筑室内通风策略与室内空气质量营造

研究内容：通过现场实测和理论研究，提出适宜于不同气候区居民的有效开窗关窗模式。调研实测住宅机械通风方式实际的通风换气量，过滤效果，过滤器清洗状况，二次污染情况，室内空气质量，风机能耗状况等。调研实测家庭用排风热回收装置不同气候状况下的实际使用效果，冷热量回收率，风机电耗，过渡季实际的转换方式与效果。通过理论分析与实验研究，比较开窗通风＋房间空气净化器和机械通风＋过滤器＋排风热回收装置两种方式在室内颗粒物污染、VOC污染、SVOC污染、通风空调能耗诸方面的差异。对一批采用上述方式的居住建筑实际状况进行长年连续测试和分析。

考核指标：对全国 10 个以上不同地区的 200 户以上的住户室内开窗通风状况进行长期连续测试，完成测试分析报告。对全国 3 个以上地区的 30 户以上住户采用机械通风＋过滤器＋排风热回收方式的通风与室内状况进行深入测试，完成测试报告。完成对全国不同气候区居住建筑应该采用的通风换气模式的指导报告，完成机械新风系统和房间空气过滤系统装置的性能指标和测试与评价方法。申请/获得发明专利不少于 6 项，修订相关国家/行业标准（送审稿）不少于 1 项。

拟支持项目数：1~2 项。

3.4　建筑室内材料和物品 VOCs、SVOCs 污染源散发机理及控制技术

研究内容：从微、介观层次揭示室内材料和物品 VOCs、SVOCs 散发机理，发展散发特性参数预测和调控方法，揭示环境参数对散发特性参数的影响机理。发展快速、准确、可满足不同层次和对象需求的室内材料和物品 VOCs、SVOCs 污染散发特性检测系列技术及装置。完善相关室内材料和物品的污染物限值和检测相关标准，构建具有我国特色的室内材料和物品 VOCs、SVOCs 散发标识体系。开展上述技术应用的工程示范。

考核指标：完成快速、准确的室内材料和物品 VOCs、SVOCs 污染散发特性检测系列技术及装置，形成规模应用。制修订室内材料和物品 VOCs、SVOCs 散发特性检测国家/行业标准（送审稿）不少于 4 项。构建我国室内材料和物品等散发标识体系，完成示范工程不少于 10 项。提出不少于 5 种建材产品的改进方案。申请/获得发明专利不少于 6 项。

拟支持项目数：1~2 项。

3.5　既有公共建筑综合性能提升与改造关键技术

研究内容：研究既有公共建筑改造实施路线图及标准体系；研究公共建筑围护结构改造、空调采暖系统调适、照明采光及隔声降噪等适宜技术；研究大型公共交通场站运行能耗的主要影响因素及评价指标，研究既有大型交通场站的节能运行策略；研究既有公共建筑抗震、防火能力的提升改造技术、建筑物寿命提升技术；研究基于性能导向的既有建筑监测及运营管理关键技术，建立包含能效、环境、防灾等因素的既有公共建筑综合性能管理平台；开展既有公共建筑综合性能提升与改造的应用示范。

考核指标：建成能效、环境和防灾综合性能管理平台，可实现对既有建筑安全性能、能耗、室内环境等动态监测，建立相应的技术应用示范。不同建筑类型示范工程不少于 10 项，每个示范工程应对改造前后效果进行对比分析，公共建筑改造后建筑能耗达到建筑能耗标准中的目标值。针对不同类型的交通场站建筑，提出其能耗评价指标体系。申请/获得发明专利不少于 6 项，编制导则或指南不少于 2 项，制定国家/行业标准（送审稿）不少于 2 项。

拟支持项目数：1~2 项。

4　绿色建材

4.1　建筑围护材料性能提升关键技术研究与应用

研究内容：研究墙体和保温材料耐久性基础理论；开发节能墙体材料部品化绿色制备工艺技术与装备；研究新型外墙装饰保温隔热材料及系统应用技术；研究高效、高可靠节能玻璃工业制备应用关键技术；研究钢化玻璃幕墙自爆机理和风险诊断及控制技术；研究门窗系统及屋面材料的节能性能提升技术。

考核指标：揭示不同环境下墙体和保温材料性能劣化机理；烧结墙体材料部品（240mm 厚）传热系数 ≤0.30W/m² · K，非烧结墙体材料部品导热系数 ＜0.12W/m · K；保温材料耐火等级达到 A 级，导热系数 ≤0.0025W/m · K。建立钢化玻璃自爆准则与风险诊断、无损在线检测方法并

研制出相应设备，实现钢化玻璃自爆率低于 0.003%；钢化真空玻璃制品 U 值 ≤0.5W/m² · K，高性能低成本中空玻璃 U 值 ≤0.8W/m² · K，并研制出工业自动化生产装备；门窗系统传热系数 ≤0.8W/m² · K，满足气密性指标。形成相关国家/行业/团体标准（送审稿）、规范、图集等不少于 5 项，在典型热工气候分区建成示范生产线不少于 5 条（包含以上所有产品），相关示范工程总数不少于 5 项且总面积不少于 10 万平方米，形成相关新技术、新装备、新工艺不少于 15 项，申请/获得发明专利不少于 6 项。

拟支持项目数：1~2 项。

有关说明：企业牵头申报，鼓励产学研合作。

4.2 功能型装饰装修材料的关键技术研究与应用

研究内容：研究室内环境净化材料关键技术；研究蓄能及电磁防护装饰装修材料的开发与应用技术；研究环保型装饰装修一体化轻质建材的开发与应用技术；建筑节能与装饰装修材料功能一体化关键技术研究与示范；研究基于全寿命期的建筑功能材料选材技术及绿色度评价体系。

考核指标：开发相应的环境净化建材产品，24h 内抗菌性达到 99%，在医院、学校等密闭环境建成不少于 10 万平方米的示范工程。无机盐相变材料循环寿命 >2 800 次。实现装饰装修材料制备、服役过程的全绿色化以及施工安装的机械装配化；形成 3D 打印技术在功能一体化装饰装修系统施工过程的应用技术及核心装备，材料调湿控温且 VOC 达到零排放，在国内三个典型热工气候分区及"一带一路"地区分别建成示范工程。完成建筑功能材料环境影响数据库及选材软件。形成相关国家/行业/团体标准（送审稿）、规范、图集等不少于 6 项，相关示范生产线不少于 6 条，相关示范工程总数不少于 6 项，形成相关新技术、新装备、新工艺不少于 15 项，申请/获得发明专利不少于 6 项。

拟支持项目数：1~2 项。

有关说明：企业牵头申报，鼓励产学研合作。

4.3 地域性天然原料制备建筑材料的关键技术研究与应用

研究内容：研究海绵城市透水材料的关键技术；研究地域性原材料制备绿色混凝土的关键技术，并提出绿色混凝土的性能指标；研发磷石膏、膨润土、天然火山灰、风积沙、海砂等新型地方资源制备绿色建材技术与示范；秸秆及复合材料结构的建筑技术与示范。

考核指标：开发高效透水材料，透水速率 ≥2ml/min · cm²，滤水率 ≥95%，透水速率衰减率 ≤15%，在 3 个以上海绵城市试点地区示范应用不少于 5 万平方米。完成利用地域性原材料制备绿色混凝土的关键技术，开发不少于 5 种利用地方资源制备的新型绿色建材制品。形成相关国家/行业/团体标准（送审稿）、规范等不少于 6 项，建成相关示范生产线不少于 6 条，相关示范工程总数不少于 6 项，形成相关新技术、新装备、新工艺不少于 12 项，申请/获得发明专利不少于 6 项。

拟支持项目数：1~2 项。

有关说明：企业牵头申报，鼓励产学研合作。

5 绿色高性能生态结构体系

5.1 高性能结构体系性能与设计理论研究

研究内容：研究高性能新型结构体系的动力特征，及其在地震、风、环境振动、爆炸等不同类型动力作用下的响应规律和性态控制理论；研发高性能结构体系精细化试验与仿真分析技术；研究高性能结构体系灾变机理、性能化设计和防连续倒塌设计理论；研究新型高性能关键构件及节点的工作机理及其设计方法；研发高性能结构体系健康监测与评估关键技术；研究以全寿命期性能为目标的高性能结构体系评价方法。

考核指标：建立显著提高结构承载能力、耐久性能、使用性能、建造效率、防灾减灾能力的高性能结构体系设计和评价方法；提出不少于 5 种包括有混凝土结构、钢结构及组合结构等高性能结构体系；完成不低于 4 种抗强台风和抗大地震、抗爆炸和抗连续倒塌结构技术，建立抗灾性能化设计方法；完成不少于 4 种高性能结构体系精细化试验与仿真分析技术；完成不少于 4 套高效长寿命与可更换监测方法与设备；提出相应的技术经济量化指标。编制相关国家/行业技术标准（送审稿），申请/获得发明专利不少于 5 项。

拟支持项目数：1～2 项。

5.2 高性能钢结构体系研究与示范应用

研究内容：研发适用于工业建筑、民用建筑、城市桥梁等基础设施领域的高性能钢结构体系；研究高性能钢结构高效连接和装配化安装技术；研究高性能钢结构体系的受力机理、精细化计算理论、全寿命期设计理论与设计方法；研发高性能钢结构体系防灾减灾、检测评价等关键技术；进行工程示范。

考核指标：建立高性能钢结构体系设计理论与方法；提出相应的高性能技术经济量化指标及评价方法，研发出不少于 5 种高性能结构体系。编制相关国家/行业技术标准（送审稿）不少于 2 项及相应图集。完成工程示范不少于 5 项，总面积不少于 10 万平方米；与传统钢结构相比，承载能力与延性指标提高 15%。申请/获得发明专利不少于 5 项。

拟支持项目数：1～2 项。

5.3 既有工业建筑结构诊治与性能提升关键技术研究与示范应用

研究内容：研究复杂环境下基于性能的既有建筑鉴定评估方法，建立既有工业建筑结构可靠性评价指标及全寿命评价关键技术；研究基于远程监控和大数据技术的既有工业建筑结构诊治数据平台；研究工业建筑结构加固改造、减隔振和寿命提升技术，研究工业建筑绿色高效围护结构体系及节能评价技术，研究存量工业建筑非工业化改造技术。开展工程示范。

考核指标：完成既有工业建筑结构全寿命评价关键技术及高效绿色加固改造技术；建成基于公有云的开放工业建筑大数据平台，实现大数据集成、存储、管理、挖掘等功能，包含 10 座以上工业建筑诊治数据，建立智能化检测监测及预警系统。申请/获得发明专利不少于 5 项，编制国家/行业技术标准（送审稿）、技术导则、图集等不少于 5 部。完成结构加固、减隔振、寿命提升、围护结构节能改造、存量工业建筑非工业化改造等不同工业行业有代表性的工程示范不少于 5 项，总面积不少于 10 万平方米。

拟支持项目数：1～2 项。

6 建筑工业化

6.1 装配式混凝土工业化建筑技术基础理论

研究内容：研究工业化建筑、结构体系的适用性及优化技术，研究装配式建筑全寿命期工作机理及设计理论；研究装配式混凝土结构新型连接节点及其基本结构性能，研究适合装配化施工的混凝土结构构件高效配筋设计理论；研究 8 度区混凝土装配结构体系的工业化适应性问题与创新抗震设计理论及防连续倒塌设计理论。

考核指标：提出装配式高性能混凝土结构体系与设计理论；提出新型系列连接节点形式，达到与现浇结构同等性能要求；提出混凝土结构装配化结构防连续倒塌理论；制修订相关国家/行业标准（送审稿）不少于 2 项；申请/获得发明专利不少于 3 项。

拟支持项目数：1～2 项。

6.2 工业化建筑设计关键技术

研究内容：研究装配式混凝土结构、模块化钢结构、预制预应力装配式结构、竹木结构体系设计技术；研究装配式高性能结构体系及其连接节点工作机理及设计技术；研究工业化建筑围护体系、构配件及部品的高效连接节点设计技术，研究主体结构与围护结构、建筑设备、装饰装修一体化集成设计技术。

考核指标：完成4类装配式结构设计方法并编制设计指南；制修订行业技术规范不少于2项；完成示范工程不少于8项（考虑不同技术体系、不同建筑类型、不同地区），共计面积不少于20万平方米；申请/获得发明专利不少于3项。

拟支持项目数：1~2项。

6.3 建筑工业化技术标准体系与标准化关键技术

研究内容：研究制订工业化建筑全过程、主要产业链的标准体系及标准定额体系，研发工业化建筑结构、围护结构、功能部品及设备管线的关键技术标准；研究工业化建筑的标准化、模块化设计技术体系与通用化接口技术，研究建立工业化建筑标准化关键部品库，研究建筑工业化施工标准化装配技术与工艺体系。

考核指标：提出系统的工业化建筑标准体系，建立工业化建筑定额体系；提出建筑模块化设计的标准模数系列；完成工业化建筑关键部品、构件的模块化、标准化数据库，标准化程度达到75%以上；提出标准化装配施工工艺体系不少于3项；制修订国家/行业相关标准（送审稿）规范不少于2项。

拟支持项目数：1~2项。

6.4 装配式混凝土工业化建筑高效施工关键技术与示范

研究内容：研究大型预制构件无损性库存与运输、高效吊装与安装技术，研究工业化建筑施工安装质量监测与控制技术；研究装配式建筑关键节点连接高效施工及验收技术；研发建筑、结构、机电、装饰及部品一体化集成生产、安装技术；研究建筑构件高精度控制技术，研究基于工业化建筑施工全过程的精细化施工技术管理与安全控制技术。

考核指标：完成装配式建筑高效生产、建造技术体系及工装系统各不少于1套；制修订相应的国家/行业标准（送审稿）不少于2项、工法不少于5项，申请/获得发明专利不少于10项；完成示范工程不少于5项，总面积不少于50万平方米，居住建筑要考虑南北方、地震区等不同地区的多层、高层等类型，公共建筑要考虑不同功能类型，与传统施工方式相比，现场用工量减少30%以上，现场建筑垃圾减少50%以上，现场非实体性材料投入减少50%以上。

拟支持项目数：1~2项。

有关说明：企业牵头申报，鼓励产学研合作。

6.5 工业化建筑检测与评价关键技术

研究内容：研究工业化建筑部品及构配件质量验收与检测技术；研究建立工业化建筑部品与构配件的产品质量认证与认证技术体系；研究工业化建筑连接节点质量检测技术；研究完善工业化建筑质量验收方法及标准体系。研究建立工业化建筑在全寿命期的性能与水平的评价技术指标体系与标准；研究工业化建筑全产业链能耗及碳排放的监测及测算技术；研究建筑工业化发展行业管理与政策机制；研发工业化建筑发展水平评价标准与系统、数据采集信息系统及综合监管平台。

考核指标：提出工业化建筑构配件生产过程中质量检测与质量验收方法，提出工业化建筑施工安装过程中节点质量检测与质量验收方法2项，制修订工业化建筑质量检测、产品认证与质量验收的国家/行业技术标准（送审稿）3 项，申请/获得发明专利不少于 5 项。开发工业化建筑能耗统计识别技术，建立工业化建筑主要材料和部品碳排放清单；编制"建筑工业化发展行业管理与政策指南"；制修订工业化建筑评价国家/行业标准（送审稿）和建立工业化建筑评价系统，并用于评价示范工程不少于 5 项，面积不少于 50 万平方米。提出工业化建筑发展水平评价标准与系统，完成工业化建筑环境和经济综合效益分析报告，并在不少于 5 个不同规模、不同区域城市示范应用。建立建筑工业化评价数据采集数据库和工业化建筑评价综合监管平台。

拟支持项目数：1～2 项。

6.6 预制装配式混凝土结构建筑产业化关键技术

研究内容：研发、优化装配式混凝土结构（高层住宅及低多层住宅、公共建筑）产业化技术体系；研究从设计、部品及构配件生产、装配施工、装饰装修、质量验收全产业链的关键技术及技术集成；开发预制装配式混凝土结构关键配套产品、智能化生产加工技术；研究适用于预制装配式混凝土结构的标准化、工具化吊装与支撑体系；研究开展预制装配式混凝土结构建筑规模化示范应用；研究预制工厂的规划布局。

考核指标：提出适合我国国情的装配式混凝土结构产业化专用技术体系不少于 3 类，提出预制工厂的规划布局指南。在不少于 2 个预制装配式生产基地示范生产，在不少于 2 个城市示范应用，完成示范工程总面积不少于 100 万平方米，示范工程要考虑南北方不同地区的居住建筑和公共建筑，公共建筑要考虑不同功能类型，与传统建筑产业相比，资源及能源消耗减少不低于 15%。

拟支持项目数：1～2 项。

有关说明：企业牵头申报，鼓励产学研合作。

7 建筑信息化

7.1 基于 BIM 的预制装配建筑体系应用技术

研究内容：研发预制装配建筑产业化全过程的自主 BIM 平台关键技术；研发装配式建筑分析设计软件与预制构件数据库；研发基于 BIM 模型的预制装配式建筑部件计算机辅助加工（CAM）技术及生产管理系统；研发基于 BIM 的空间钢结构预拼装理论技术和自动监控系统；研发基于 BIM 模型和物联网的预制装配式建筑运输、智能虚拟安装技术与施工现场管理平台。

考核指标：完成预制装配式建筑体系 BIM 平台技术及软件系统；完成基于 BIM 平台的预制装配式建筑的 CAD 与 CAM 商品化软件各 1 套；建立预制构件数据库；完成空间钢结构拼装 BIM 模型和自动监控系统；完成基于 BIM 平台的预制装配建筑智能施工安装系统；以上软件、系统需具有自主知识产权。设计效率提高 20%，完成示范工程不少于 10 项，面积不少于 100 万平方米，其中预制装配式和钢结构示范项目至少各 1 个实现全过程 BIM 应用。

拟支持项目数：1～2 项。

7.2 绿色施工与智慧建造关键技术

研究内容：研究基于绿色环保的施工全过程创新工艺；研究施工现场临时设施标准化、定型化、产业化技术并开展示范；研究施工现场固废减排、回收与循环利用技术；研究基于高效、节能、环保理念的现场施工装备及系统改造技术；研究施工全过程污染控制技术与监测系统；研究基于 BIM 技术的信息化绿色施工技术，建设基于物联网和分布式计算技术的绿色施工监控管理平台；研究 BIM 与物联网、移动通讯、智能化等信息技术在绿色施工与智慧建造中的集成应用技术及标准体系。

考核指标：形成新型绿色环保施工工法和操作规程不少于 5 项，形成临时设施标准化技术与产品体系；形成施工现场装备节能环保化改造技术不少于 10 项；完成不少于 10 个相应的示范工程；实现固体废弃物减排 70%。形成基于 BIM 的精细化施工管理软件和相关技术规范不少于 3 项；形成智慧建造集成应用系统，形成相应技术规范不少于 5 项；完成不少于 20 个示范工程，总面积不少于 200 万平方米；建立智慧建造综合应用示范与产业化基地不少于 5 个。申请/获得发明专利不少于 6 项。

拟支持项目数：1~2 项。

有关说明：企业牵头申报，鼓励产学研合作。

申报要求

1. 项目均应整体申报，须覆盖全部考核指标。

2. 项目下设课题数不超过 10 个（含 10 个），项目承担及参与单位数不超过 30 个（含 30 个）。

3. 对于企业牵头的应用示范类任务，其他经费（包括地方财政经费、单位出资及社会渠道资金等）与中央财政经费比例不低于 2：1；其他有示范应用、规模化应用指标、产业化特征明显的项目，鼓励产学研联合，鼓励企业、地方共同出资支持。

4. 项目示范鼓励在国家可持续发展实验区等区域开展。

附件 6

"公共安全风险防控与应急技术装备" 重点专项
2016 年度项目申报指南

为全面落实《国家中长期科学和技术发展规划纲要（2006—2020 年）》的相关任务和《国务院关于深化中央财政科技计划（专项、基金等）管理改革的方案》，科技部会同公安部、国家安全生产监督管理总局等 12 个部门，组织专家制定了国家重点研发计划"公共安全风险防控与应急技术装备"重点专项实施方案，列为 2016 年启动的重点专项之一并正式进入实施阶段。

本重点专项面向公共安全保障的国家重大战略需求，重点围绕公共安全共性基础科学问题、社会安全监测预警与控制、生产安全保障与重大事故防控、国家重大基础设施安全保障、城镇公共安全风险防控与治理、综合应急技术装备等重点方向不同重点任务的关键科技瓶颈问题，开展基础理论研究、技术攻关、装备研制和应用示范，旨在大力提升我国公共安全预防准备、监测预警、态势研判、救援处置、综合保障等关键技术水平，为健全我国公共安全体系、全面提升我国公共安全保障能力提供有力的科技支撑。

重点任务在国家重点研发计划中以项目形式落实，按照分步实施、重点突出原则，2016 年，本指南拟在 6 个方向部署相关项目开展研究，项目执行期 3~5 年。

1 共性基础科学问题

1.1 重大事故灾难次生衍生与多灾种耦合致灾机理与规律

研究内容：以大尺度火灾、爆炸、危险化学品泄漏和地磁暴灾害等灾害为重点，研究公共安全风险防控及智能化监管模式；研究重大危险源识别评价、监测预警理论与管控机制，复杂环境条件下重大事故灾难的多物理场耦合演化模式；研究重大事故灾难次生衍生的灾害链模式体系与物理临界条件，重大事故灾难次生衍生的动力学演化规律与风险预测方法，多灾种并发作用下的事故灾难演变规律与致灾机理；研究重大突发事件人群时空分布稳定态量化模型理论，重大事故灾难风险评估理论。

考核指标：建立重大事故灾难次生衍生与多灾种耦合致灾的理论体系；形成基于多信息融合与大数据挖掘的重大危险源监测与次生衍生事故预警技术不少于 4 项，形成开放空间大尺度火灾、爆炸和危险化学品泄漏及其次生衍生的演化模拟技术及人群管控技术不少于 5 项，形成油气管网和电网地磁暴灾害风险评估技术不少于 2 项，建立重大事故灾难风险动态预测评估系统。

拟支持项目数：1~2 项。

1.2　承灾载体灾变机理、风险评估与监测预警原理与方法

研究内容：针对承灾载体，研究城市典型突发事件的情景推演分析、城市综合风险预测与量化评估、城市关键基础设施脆弱性与城市运行鲁棒性分析、城市安全保障等方面的基础理论；针对既有建筑结构，研究典型灾害荷载作用下的快速大规模计算分析和结构安全综合评价理论；针对隧道、地下洞群与管线等重大基础设施，研究高应力、爆炸等复杂赋存与工程环境下的岩土体性能演化规律、岩土体与结构体的相互作用机制和灾变机理、风险评估与监测感知及预警理论；研究不同重大基础设施的安全相互依赖性和关联效应评价理论。

考核指标：形成典型突发事件情景表达与分析的理论体系，形成城市综合风险量化评估方法，提出城市安全保障的理论模型；形成既有建筑结构和工程设施灾前、灾中、灾后安全性分析的快速大规模计算新理论体系和快速重分析方法；形成复杂环境下重大基础设施承灾载体的性能监测感知、风险评估与预警、动态调控与灾变防控等风险评估与监测感知及预警理论，形成适用于重大基础设施风险评估与防控的国际、国家/行业标准和规范（征求意见稿）不少于 5 项。

拟支持项目数：1~2 项。

2　社会安全监测预警与控制

2.1　重特大社会安全事件现场处置技术与装备

研究内容：研发重特大社会安全事件处置人员、重要装备综合防护技术与装备；研发面向重大聚集性群体或针对个体恶性事件的单兵便携式驱散、失能技术与装备；研究警犬行为分析、训练与评估技术、警犬搜捕技术、快速搜索物证技术、气味库建设与应用技术。

考核指标：形成新型耐暴力冲击、防爆炸冲击防护技术装备不少于 2 种，智能型防暴移动警务工作平台不少于 2 套，车辆、枪支等重要装备的防护技术装备不少于 4 种；形成的现场处置人员个体防护装备重量减轻率不低于 15%；形成单兵小型化便携式驱散、失能装备不少于 4 款；建立警犬嗅探能力评价方法，形成训练使用行业标准/规范，建立人体气味库。

拟支持项目数：1~2 项。

2.2　重要场所安全保卫关键技术研究

研究内容：研究新一代危爆物品探测与人体安检扫描技术；研究防暴狱、防脱逃关键技术；研究重要场所、要害部位安全保卫与主动防范技术；研究低空、慢速、小型无人飞行器目标识别及无附带损伤拦截毁伤技术与装备。

考核指标：通过式危爆物品探测与人体安检的通过速率不低于 30 人/分钟，平面尺寸不小于 5 毫米×5 毫米的危爆物品漏报率低于 10%；防暴狱、防脱逃关键技术，典型暴狱、脱逃行为检测漏报率和误报率低于 5%，在不少于 5 个看守所或监狱开展应用示范；研制的低空、慢速、小型目标无附带损伤拦截毁伤设备发现距离大于 4 公里；制修订相关国家/行业标准（送审稿）不少于 4 项。

拟支持项目数：1~2 项。

2.3 立体化智能安全卡口研发与应用

研究内容：研发通关人员多维特征信息快速采集与危险意图研判技术和设备；研发通关车辆综合信息快速采集与快速安检技术与设备；研发高通量场景下人体携带物品非接触式快速成像探测及行包中管制物品自动探测技术和设备；研发基于通关人、车、物多维信息综合采集、解析、研判的智能安全卡口监测预警平台；开展智能安全卡口集成应用示范。

考核指标：通关卡口人员信息采集维数不少于4种，形成特征行为数据采集与危险意图研判的关联知识体系；车辆安检速度不小于5公里/小时；实现对人群的5米以上远距离三维成像和携带物品的自动识别，对行包中枪支、管制刀具和打火机等典型违禁品的自动探测；形成相应的具有自主知识产权的固定式和移动式设备不少于4款；上述成果在不少于2个重点城市开展大型安保活动集成应用示范。

拟支持项目数：1~2项。

2.4 城市重特大火灾防控与治理关键技术研究

研究内容：针对超高层建筑、大型综合体、地下交通系统、物流仓储园区、石油化工园区、城市综合管廊、城镇与森林交界域等火灾高危场所，研究基于动态风险监控的消防安全监管技术、基于耦合模型的智能疏散引导技术、高效复合排烟技术、竖向火蔓延控制技术、环保型防火阻燃技术和灭火救援技战术；研究基于物联网、大数据、云计算与数据挖掘的社会消防安全管理技术，基于新一代智能感知、人员定位、智能组网、态势推演的灭火救援现场指挥决策支持技术；研发非视距遥控、外骨骼式助力等新型消防灭火、侦察等机器人，数字化单兵装备等特种装备。

考核指标：为超过250米的超高层建筑、超过10万平方米的城市综合体提供可靠的基于多信息综合优化的引导疏散技术、烟气控制技术及相关产品；为15万立方米以上超大型油罐火灾爆炸事故提供有效的处置技术装备；为超过10公里长的城市综合管廊提供燃气泄漏、电气火灾监测预警系统；构建消防安全社会化服务云平台；形成新产品、新装备不少于40种，申请发明专利不少于10项，制修订国家/行业技术标准（送审稿）不少于7项；研发的产品、装备应有不少于16种具备产业化技术条件，应有不少于6种装备类成果在公安消防部队试点应用。

拟支持项目数：1~2项。

2.5 司法鉴定创新技术研究与应用示范

研究内容：围绕司法鉴定涉及的诈伤诈病、数字化集成法医学鉴定、复杂亲缘关系、未知毒物筛选分析、文件材料及文件形成时间等疑难问题，研究基础理论和关键技术，形成可考核、可复制、可推广的应用示范平台；探索建立司法鉴定技术评价系统、司法鉴定意见证据评价系统。

考核指标：为不少于5类常见诈伤诈病（伪装视功能障碍、嗅功能障碍、男子生育功能障碍及功能性与器质性精神症状等）提供可靠的鉴定技术和标准，有效识别率不低于85%；复杂亲缘关系可鉴定类型不少于3种，准确率不低于99%，灵敏度大于95%；数字化集成法医学可鉴定类型不少于3种，年应用案例不少于200例；未知毒物筛选分析技术，至少可鉴定500种未知毒物（传统毒物药物、毒品、有毒动植物、金属毒物和新精神活性物质等）；司法鉴定机构、人员能力评价技术、司法鉴定意见证据评价技术不少于3项；申请发明专利不少于10项，制修订司法鉴定国家/行业技术标准（送审稿）、技术规范不少于10项；形成不少于10项具有自主知识产权的司法鉴定关键技术、产品和数据库等，并开展应用示范。

拟支持项目数：1~2项。

2.6 多元智能化诉讼服务及审判执行关键技术研究

研究内容：研究基于大数据可视化的司法公开技术；研究多元泛在化诉讼服务技术；研究多源多态证据链构建和裁判文书说理关键技术；研发巡回审判和远程审判技术和装备；构建人民法院业务和数据标准、司法基本服务库和案例筛选评估模型；研发庭审信息采集、抽取和服务、庭审过程巡查等庭审技术及设备；构建基于下一代法院业务网的全国法院云平台原型试验系统、以司法知识库为核心的人民法院辅助决策支撑平台和司法服务原型系统。

考核指标：建立审判领域分析预警模型不少于10个，面向司法公开的结构化和非结构化数据可视化率不低于90%，建立覆盖全网环境和审判执行、信访、司法行政等主要业务类型的原型试验系统，形成业务系统的自动化分析和测试和完善评价方法；申请发明专利不少于5项，申请软件著作权不少于5项，制修订国家/行业技术标准（送审稿）不少于5项。

拟支持项目数：1~2项。

2.7 职务犯罪智能评估、预防关键技术研究

研究内容：研究基于多源信息的职务犯罪社会关系网络分析技术，犯罪社会关系链及目标对象识别模型；研究海量多样反腐案例的特征发现和分析方法，多维多模腐败案件发展态势预测及模拟推演；研究反腐舆情动态智能抓取、自动甄别评估技术，多源异构举报线索研判和辅助决策；研发基于行贿档案信息的反腐防控决策模型，构建行贿档案综合管理与评估系统；建立反腐案件综合研判的示范工程。

考核指标：建立职务犯罪领域的自动发现、评估、预警模型不少于5个，原型实验系统不少于10个并开展应用示范；制修订国家/行业技术标准（送审稿）、技术规范不少于3项，申请软件著作权不少于8项；形成具有自主知识产权的职务犯罪发现与预防的关键技术、产品和数据库等不少于10项。

拟支持项目数：1~2项。

2.8 毒品查缉和吸毒管控技术与装备研究

研究内容：研究毒品原植物监测、铲除、替代种植技术和装备；研究易制毒化学品、精麻药品和新精神活性物质实时监控、存储保管、滥用监测技术及装备；研制毒品快速查缉装备，研制毒品犯罪案件侦查装备；研究缴获毒品快速检测技术，制备毒品标准物质，研制现场涉毒物证快速分析装备；研究吸毒检测和快速甄别装备；研究精麻药品成瘾诊断技术，吸毒成瘾人员戒治临床实践诊断方法，强制戒毒人员戒护、诊疗、康复技术和药物；研究禁毒情报分析技术，禁毒网络信息研判技术及装备；研究禁毒基础理论与标准，毒情监测和毒品预防教育评估技术。

考核指标：研制毒品原植物监测与铲除技术装备1套，监测准确率在95%以上；形成支撑易制毒化学品、精麻药品和新精神活性物质管控需求的自主知识产权装备不少于3种；研制自主知识产权毒品快速查缉和案件侦查装备2套；形成至少2种毒品快速检测新方法，制备不少于3种毒品标准物质；在保证特异性的前提下将毒品检验鉴定、吸毒检测的灵敏度提高到ng/ml量级，吸毒人员甄别时间不大于15分钟；形成至少1种精麻药品成瘾判定新方法，研制自主知识产权戒护装备不少于3项，形成禁毒情报分析综合研判系统；制修订国家/行业技术标准（送审稿）不少于4项，形成毒情监测和毒品预防教育评估软件系统2套；在国内外学术期刊发表相关研究论文不少于20篇，申请/获得国家发明专利不少于10项，申请/获得软件著作权不少于3项，强制戒毒人员戒护、诊疗、康复技术与装备在不少于3个强制隔离戒毒所应用示范。

拟支持项目数：1~2项。

2.9　公共安全监控视频安全共享与特征分析关键技术研究

研究内容：研究高效、安全的安防监控专用数字视音频编解码及信息提取技术；研究多态融合信息的高效存储、有效标注、准确解析、快速检索、特征分析等视频综合应用关键技术；研究视频安全体系、内容保护、授权认证、发布溯源等关键技术；研究新一代安防监控专用数字视音频编解码芯片应用及设备实现，研发视频内容分析与可视警务综合实战应用、视频综合安全管控、视频分布式解析综合服务平台等系统；构建视频图像信息联网与综合应用技术标准体系。

考核指标：建立视频综合应用平台，平台支持百万级设备接入管理，支持 PB 级存储能力，支持基于数字证书的认证、可信、加密高安全视频信息传输交换，支持多级纵向及跨网络视频信息共享，支持人、车等公安重点关注目标的实时结构化分析；建立基于公钥基础设施/认证中心（PKI/CA）的视频安全体系；形成不少于 2 款具有自主知识产权的安全智能安防监控专用数字视音频编解码设备；形成视频图像信息联网与综合应用技术标准体系，制修订国家/行业技术标准（送审稿）不少于 3 项；申请发明专利不少于 5 项。

拟支持项目数：1～2 项。

2.10　法定身份管理关键技术研究与应用示范

研究内容：研究新型国产高性能智能卡芯片、国产商用密码应用、物理防伪、生物特征识别等法定证件关键技术；研究重大活动及重要会议证件制作、核验及应用技术；研究以法定身份为基础的网络身份认证技术、真实身份隐藏保护和溯源技术及网络可信身份管理体系，研制基于法定身份的网络实名身份认证系统；研究生物特征深度应用技术，网络行为特征刻画和识别技术；研究法人信息采集及电子可信印章关键技术；开展系统验证与应用示范。

考核指标：形成的国产高性能智能卡芯片兼容我国电子机读旅行证件，满足"国际信息技术安全评估共同准则评估保证级 4 增强级认证"（EAL4＋）要求，生物特征识别在错误接收率（FAR）不高于 0.01% 条件下，正确识别率大于 95%，单次比对时间小于 1 秒；国产高性能智能卡芯片、国产商用密码应用、物理防伪、生物特征识别技术等在不少于 2 个城市开展法定身份管理集成应用示范；重大活动及重要会议证件制作、核验及应用技术，在 1 000 人以上的会议中开展应用示范；形成网络实名身份认证系统，支持亿级网络用户，并开展不少于 2 个省市的跨区域异地应用示范；制修订国家/行业技术标准（送审稿）不少于 3 项。

拟支持项目数：1～2 项。

3　生产安全保障与重大事故防控

3.1　典型危险化学品储存设施安全预警与防护一体化关键技术研究与应用示范

研究内容：针对典型危险化学品储存设施（储库、罐区、附属工业管道及其辅助设施）安全监测预警与防护一体化总体要求，研究危险化学品储存设施全生命周期的安全生产风险预测预警与调控理论，研究典型危险化学品事故致灾机理、风险辨识、演化规律、原因溯源、事故重构及完整性管理技术；研制典型危险化学品罐区声发射检测、管道振动与疲劳破坏防护、腐蚀与裂纹在线监测、有机挥发物在线实时监测预警关键技术与装备；研发时空统一的网络化智能型储存设施安全防控与服务平台系统；研发服务于危险化学品事故调查的关键技术与设备；实现典型危险化学品储存设施全生命周期智能一体化安全保障技术集成，并在典型危险化学品储存设施进行工程示范。

考核指标：形成典型危险化学品储存设施风险评估、危险源定位、缺陷检测、泄漏监测、原因溯源、事故重构、检验评价等关键技术不少于 8 项；腐蚀监测探头精度达到 18 位分辨率并具备温度补偿功能；无线声发射系统达到 18 位模数转化、不少于 8 通道、采样频率不低于 3MHz；

形成物质探测、检测监测、安全防护等装备不少于 6 项；制修订国家/行业技术标准（送审稿）不少于 5 项，申请发明专利不少于 10 项；应用示范工程不少于 3 项。

拟支持项目数：1～2 项。

3.2 易燃易爆危险化学品灾害事故应急处置技术装备研发与应用示范

研究内容：构建易燃易爆危险化学品数据库，研发基于动态风险分析的事故应急处置辅助决策系统；研发化学事故处置与防护装备；研发高效便捷式气体探测仪和在线监测系统、无人机载危险气体实时侦检系统、基于物联网的自组网式危险气体监测系统；研发事故现场洗消技术、便携式洗消技术装备；研发事故处置模拟训练系统；研发典型现场勘验与物证提取技术及装备、事故重构技术。

考核指标：建立可准确预测事故扩散影响范围、消防水和泡沫用量的事故应急处置辅助决策系统；构建可侦检氧气、可燃气、一氧化碳、硫化氢、氨气及多种挥发性有机化合物，可实现多模应用和物联组网危险气体现场联合侦检系统；形成可抗 20 种以上化学品渗透的消防员化学防护装备；建立应用于便携式色谱质谱仪的现场火灾鉴定标准谱库和应用于便携式拉曼光谱仪的现场火灾鉴定指纹谱库；形成适用于苯系、有机磷等典型危险化学品灾害事故处置的低腐蚀、环境友好型系列洗消剂及装备；制修订国家/行业技术标准（送审稿）不少于 3 项，申请发明专利不少于 10 项；有不少于 6 种装备类成果实现小批量生产并在相关救援队伍试点应用。

拟支持项目数：1～2 项。

3.3 煤矿典型动力灾害风险判识及监控预警技术研究

研究内容：研究煤与瓦斯突出、冲击地压灾变机理；研究关键信息采集传感技术；研究井下高可靠、抗干扰、高安全多网融合信息传输技术；研究基于大数据的多元信息挖掘分析技术；研究煤与瓦斯突出、冲击地压灾害判识预警模型及方法；研发基于云技术的远程监控预警系统平台。

考核指标：形成煤与瓦斯突出、冲击地压等灾害形成机理新假说、新模型，构建煤矿重大灾害判识预警模型；在关键区域实现人机环参数全面采集，传感器具有故障自诊断功能，响应时间小于 15 秒，标校周期大于 120 天；监控预警系统运行无故障率达到 99%，抗干扰等级不低于 3 级，无故障运行时间提高 60%；建立煤矿重大灾害相关信息集成挖掘方法；建立煤矿监控预警示范及区域性云平台，实现煤与瓦斯突出、冲击地压等煤矿重大灾害灾变隐患在线监测、智能判识、实时预警，预警准确率大于 90%；制修订国家/行业技术标准（送审稿）不少于 5 项，申请发明专利不少于 10 项，建设应用示范工程不少于 2 项。

拟支持项目数：1～2 项。

3.4 化工园区耦合事故区域防控技术研究与应用示范

研究内容：研究化工园区多灾种（火灾、爆炸、泄漏及地震、雷电等）耦合风险分析与安全规划优化技术；研究多灾种耦合下化工园区危险化学品仓储及运输网络安全保障技术；研发化工园区综合监测预警技术及装备；研发化工园区大型油气火灾灭火技术及装备；研究区域级化工园区应急保障资源规划优化配置与调度技术；研发国家化工园区应急保障技术平台。

考核指标：形成多灾种耦合的化工园区定量风险评估与规划优化理论；形成基于量化风险和大数据的化工园区危险化学品运输网络规划优化策略和选线模型；危险化学品微泄漏检测精度优于 50μL/s；危险气体探测精度优于 10ppm，响应时间小于 10 秒，探测距离不小于 2 千米；区域雷电预警系统远程探测距离不小于 60 千米，近程探测距离不小于 15 千米，提前预警时间大于 15 分钟；大功率灭火系统泡沫喷射流量大于 500L/s，喷射距离大于 120 米；应急救援人员体征监测参数不少于 4 项，定位精度优于 1 米；建立化工园区应急资源调配模型不少于 3 个，建立化工园区安全生产管理及应急救援指挥平台，响应时间小于 1 分钟；制修订国家/行业技术标准（送审稿）不少于 5 项，研发具备自主知识产权的装备不少于 5 项，申请发明专利不少于 10 项；选择不少于 2 个典型化工园区开展综合集成应用示范。

拟支持项目数：1~2 项。

3.5　金属非金属矿山重大灾害致灾机理及防控技术研究

研究内容：研究金属非金属矿山完整性安全开采理论；研究露天矿超高边坡等大型岩土体灾变机理及监测预警技术；研究采空区致灾机理及超前探测与处理技术；研究超深井典型事故灾害安全检测监测及预防技术；研究超大规模矿山重大灾害预控及充填技术；研发基于云计算的矿山多灾种耦合风险监测预警技术与平台；研发金属非金属矿山灾害应急救援与个体防护技术与装备。

考核指标：建立金属非金属矿山完整性开采理论模型；建立地应力大于 60MPa 条件下的大断面井巷支护体系；建立动力灾害时空强度预测-监测预警-动态反馈分析模型，围岩破坏监测预警准确率达到 70%；采空区井下超前探测有效距离不小于 180 米，预报准确率不小于 75%；边坡表面位移非接触式监测精度优于 0.5 毫米；露天边坡动力灾害监测预警准确率达到 60%；建立矿山多灾种耦合风险预警平台，预警准确率达到 70%；建立稳定连续充填能力不小于 $180 m^3/h$ 的安全控制技术体系；形成矿山重大灾害情景构建软硬件平台；形成具备自主知识产权的可穿戴式的一体化应急救援装备；制修订国家/行业技术标准（送审稿）不少于 5 项；申请发明专利不少于 5 项。

拟支持项目数：1~2 项。

3.6　劳动密集型工业企业职业病危害防护技术与装备研发

研究内容：研究劳动密集型作业场所职业病危害风险评估与控制理论；研发密集抛光打磨车间粉尘及振动危害防护技术装备；研发劳动密集型洁净厂房职业病危害防护技术与装备；研发大型机加厂房等典型场所噪声及电焊烟尘防护技术装备；研究劳动密集型作业场所典型作业职业工效负荷评估与控制技术；研发可燃性粉尘监测及爆炸防控技术及装备；研发职业病危害监测预警平台。

考核指标：形成基于作业类型与检测策略的职业病危害风险评估与控制理论；形成劳动密集场所职业工效负荷评估指标与方法体系；抛光打磨车间固定抛光打磨场所集尘装备风量自动调节偏差小于 10%，粉尘捕集效率达到 90% 以上；吹吸式通风装备控制面风速 0.5m/s 时不均匀度小于 0.25；吸声材料特定频率处的吸声系数不低于 0.9，隔声材料的隔声量不低于 35dB；风速智能调节型移动排风除尘装置在 0.5 米范围内控制点风速偏离小于 0.1m/s；职业病危害监测预警系统数据曲线波动差错率小于 10%；可燃性沉积粉尘厚度测量精度优于 0.2 毫米；制修订国家/行业技术标准（送审稿）不少于 5 项，研发具备自主知识产权的装备不少于 5 项，申请发明专利不少于 5 项。

拟支持项目数：1~2 项。

3.7　煤矿重特大事故应急处置与救援技术研究

研究内容：研究煤矿重大灾害灾情演变规律；研发煤矿灾变环境侦测及存储技术；研发灾变环境应急通信及遇险（难）人员精确定位技术；研发智能化应急预案及应急救援辅助决策技术；煤矿重大灾害紧急逃生技术与装备，煤矿重大灾害抢险技术与装备。

考核指标：构建煤矿瓦斯煤尘爆炸、火灾、水灾等重大灾害灾情演变模型；煤矿灾变环境侦测机器人测量距离大于 100 米；遇险（难）人员定位误差小于 3 米，实现被困人员与救援人员及时有效通信，井下基站无线通信距离不小于 1 500 米，系统传输延时小于 50 毫秒；应急预案系统具有可扩充性、兼容性及大数据挖掘分析决策功能，系统反应时间小于 5 秒；逃生支持系统响应时间小于 3 分钟；便携式破拆和支护装置单组件重量少于 20 千克，支护高度 0~4 米和倾角 0~90°可调，初撑力不小于 100kN，破拆装置剪切力不小于 600kN；制修订国家/行业技术标准（送审稿）不少于 5 项，研发具备自主知识产权的装备不少于 5 项，申请发明专利不少于 8 项。

拟支持项目数：1~2 项。

3.8 高参数承压类特种设备风险防控与治理关键技术研究

研究内容：研究锅炉、压力容器和压力管道等承压类特种设备典型材料和焊接接头的高温损伤机理及损伤早期诊断技术；研究压力容器基于失效模式的设计理论和基于可靠性的建造方法；研发典型服役环境下关键承压设备的损伤模式、检验检测、风险评估及安全评价技术与装备；研发石化成套装置中超期服役的关键承压设备安全分级、寿命预测与延寿技术；研发承压类特种设备全寿命周期风险监管体系及应急平台。

考核指标：建立国家承压类特种设备全寿命周期风险监管体系和事故应急平台；形成检验检测新仪器及装备不少于 10 台套；制修订国家/行业标准（送审稿）不少于 10 项，国家承压类特种设备安全技术规范不少于 3 项，申请发明专利不少于 30 项，风险管控或事故应急平台的应用示范不少于 30 项。承压类特种设备的万台事故率降低 20%；示范装置的承压类特种设备平均检验周期比相关国家标准规范延长 20%。

拟支持项目数：1~2 项。

3.9 超高层建筑工程施工安全关键技术研究与示范

研究内容：研究超高层建筑施工事故风险源及其评估方法；研究动态时空环境效应下的超高层建筑主体结构安全诊断理论与方法；研究临时支撑体系失稳机理；研发智能型临时支撑安全技术与装置；研发超高层建筑安全施工平台及突发险情人员逃生装置；研究超高层建筑施工安全消防技术与装置；研发超高层建筑施工电梯的高效安全保障技术；研发超高层建筑深基坑施工安全技术与装备。

考核指标：建立超高层建筑施工安全技术体系，形成施工阶段超高层建筑主体结构安全诊断方法；研发具备自主知识产权的设备或装置不少于 8 项，制修订国家/行业标准（送审稿）不少于 5 项，开展示范工程不少于 6 项；申请发明专利不少于 20 项，形成建筑工程施工安全保障关键技术不少于 10 项。

拟支持项目数：1~2 项。

4 国家重大基础设施安全保障

4.1 油气长输管道及储运设施检验评价与安全保障技术

研究内容：研究长距离输送的压力管道和储运设施损伤机理、演化规律；研发管道、储罐（库）等储运设施及防护系统状态监测、风险评估、缺陷检测与检验评价关键技术与装备；研究油气管道、储罐（库）、压力容器、动力输送装置及其辅助设施的完整性评价技术；研发管道及储运设施灾害评价、事故应急和快速修复技术与装备；研发油气管道的杂散电流等灾害机理、防御技术及监测和防护装置。

考核指标：建立长距离输送压力管道和储运设施服役周期内安全保障技术体系；建立在用油气管道及储运设施微损试样试验方法；形成典型油气长输管道及储运设施损伤预测模型；提出油气管道杂散电流（含高压直流）危害评价准则。形成环境敏感区和特殊敷设方式下油气管道定量风险评估技术和隐患分级管理方法。研发新仪器或装备不少于15台套；制修订国家标准（送审稿）不少于8项，压力管道或容器等国家特种设备安全技术规范不少于3项，申请发明专利15项以上。

拟支持项目数：1~2项。

4.2 区域综合交通基础设施安全保障技术

研究内容：研究关键交通基础设施动态识别技术以及桥梁、隧道、港口、综合客运枢纽等国家重大交通基础设施危险源辨识与风险评估技术，研发重大交通基础设施风险评估管理平台；研究关键设施结构与基础的远程监测、健康诊断与评价技术，研发相应的可视化远程实时监测、安全评价及预警平台；研究灾害条件下交通基础设施网络影响快速评估技术，研发桥梁、隧道、沿海港口防灾减灾安全控制技术与装备、道路交通基础设施安全保障技术与装备以及综合客运枢纽风险防控关键技术与装备；研发突发事件下跨区域综合交通运输网络可靠度评估及预警技术、应急调度与疏散救援决策技术，研发跨区域综合交通基础设施系统智能化决策支持平台；研究大型交通基础设施的安全监测与预警技术，全生命期安全评价理论与方法，多灾害作用下大型交通基础设施的灾变机理和恢复能力及安全性评估方法，基于大数据与云计算的交通生命线网络的灾情模拟与安全保障技术，交通基础设施网络的风险管理与应急保障技术。

考核指标：形成区域综合交通运输网络及交通基础设施危险源辨识、风险评估以及风险控制等成套安全风险防控技术体系和标准体系；形成具有自主知识产权的国家重大交通基础设施可视化远程实时监测、安全评价及预警平台，实现示范工程中结构远程监测及安全风险防控覆盖率达到100%；形成具有自主知识产权的跨区域综合交通基础设施系统智能化决策支持平台，实现试点区域重大灾害区域路网灾情可视化模拟，Ⅰ、Ⅱ类突发事件应急预案覆盖率100%；研发检测监测、修复与应急仪器或装备不少于10项，对码头隐蔽性部位损伤快速定位精度优于1米，实现高速公路等重大线性交通基础设施的路基形变自动化监测，监测形变精度优于3毫米；申请发明专利不少于10项，制修订国家/行业技术标准（送审稿）不少于5项，在不少于5个省市开展集成应用示范。

拟支持项目数：1~2项。

4.3 临海油气管道和陆上终端设施检验评价与安全保障技术

研究内容：研究海水、海床、海洋微生物、介质等因素作用下，临海油气管道、陆上终端压力容器及其他设施的损伤机理与演化规律；研发临海油气管道及陆上终端设备、设施的本体缺陷检测、防护系统检测、检验评价技术及装备；研发临海油气管道及陆上终端、事故应急和快速修复技术；研究临海油气管道完整性管理技术。

考核指标：形成海底管道—海床—水动力作用机理、特殊条件下管道损伤机理、腐蚀机理等基础机理不少于4项；形成临海和登陆管道等内外检测监测技术方法不少于15种；形成陆上终端装备的阀门内泄漏、管线积液、有机物泄漏、运行状态监测等检测技术方法不少于5种；形成临海管道、登陆管道、终端设备的风险评估方法不少于5种；形成临海油气管道完整性管理系统；建立临海油气管道和陆上终端设施安全保障技术体系；形成具有自主知识产权的新仪器或装备不少于15台套；制修订国家/行业技术标准（送审稿）不少于5项，形成临海油气管道或陆上终端压力容器及辅助设施等国家特种设备安全技术规范不少于2项；申请发明专利不少于15项；应用示范不少于5项。

拟支持项目数：1~2项。

5 城镇公共安全风险防控与治理

5.1 城市市政管网运行安全保障技术研究

研究内容：研发城市既有市政管网系统（燃气、供水、排水等系统）的健康诊断评估方法、管道修复技术和设备；研究城市市政管网规划建设运行安全风险评估体系及标准规范；研究城市地下综合管廊规划建设安全运维指标体系；建立精准定位的市政管线安全运行保障、监测预警减灾、应急处置等集成智能监管平台。

考核指标：形成市政管线健康评估方法、指标体系不少于 10 项，形成（30 分钟~2 小时）快速修复管线关键技术，产品和装备不少于 15 项；完成城市不同管线运行风险评估方法、导则、指南不少于 10 项，建立城市管线综合风险评估模型不少于 5 个，包括管线压力、泄漏（液体、气体）、水质、管道破损和错接等信息系统，远程移动实时巡查与预警系统等；形成综合市政管线和综合管廊规划建设安全运维等的技术导则、指南不少于 20 项；形成安全保障、监测预警、应急处置等关键技术不少于 20 项；关键技术、新产品、新装备等应用示范不少于 30 项；示范项目管网设施精准定位监控点每平方公里不少于 10 个，并能实现远程监控，实现不少于 2 种管网设施的信息数据共享；构建 1 个全方位智能监控城市管线信息化综合平台；上述研究成果及综合平台在不少于 5 个城市进行综合应用示范。

拟支持项目数：1~2 项。

5.2 城镇安全风险评估与应急保障技术研究

研究内容：研究城市群公共安全综合风险评估技术；研发大型活动场所和地下空间关键设施设备故障诊断技术及信息管理平台；研发城市多部门协同的网格化安全监测和保障技术装备及集成信息平台；研究城市轨道交通防灾系统检测与风险管控技术；研发特大城市轨道交通网络化运营重大风险管控与应急救援技术；研究城市低影响排水（雨水）系统与河湖联控防洪抗涝安全保障关键技术；研发城镇重大突发事件下应急物资配送、应急交通组织、人员伤亡评估、人员转移安置等应急保障技术与平台。

考核指标：形成城市群多因素综合风险评估和城市群跨区域应急联动及协同救援保障系统，属性查询响应速度小于 3 秒；构建管理能力大于 5 平方公里的网格化安全监测和保障集成信息平台；构建城市轨道交通综合保障系统，具备城市轨道交通防灾监测、网络化运营风险管控等功能；形成城市低影响排水安全监测系统，系统动作时间在 60 秒之内；形成城镇重大突发事件下人员安全保障系统，具备应急物资配送、应急交通组织、人员伤亡评估、人员转移安置等功能；制修订相关国家/行业标准（送审稿）不少于 6 项，形成城镇群综合安全风险评估技术指南，申请发明专利不少于 8 项。集成上述成果形成城镇安全风险评估与应急保障综合平台，并在不少于 2 个城镇开展综合应用示范。

拟支持项目数：1~2 项。

6 综合应急技术装备

6.1 航空应急救援关键技术研究及应用示范

研究内容：研究航空应急救援装备体系和标准体系；研发多种航空器协同救援综合指挥体系及平台；研制机载快速补给装置、夜间搜索装备、救生搜索监控系统等应急机载设备核心部件，研制灭火、投放、救生、医疗等通用航空应急任务设备；研制特殊应急救援环境下航空紧急救援地面保障设备，研究面向航空救援人员协同作业的训练系统及训练效果评估方法；上述技术成果形成装备能力并开展应用示范。

考核指标：形成具备实时调度和指挥不少于 10 架航空器、不少于 30 辆地面救援车辆的航空应急指挥系统；研制出不少于 5 型具备自主知识产权的应急机载任务设备或系统，应用集成安装平台、外吊挂式快速补给装置用于改装医疗救护直升机和警用直升机各 1 型，具备快速安装和出动能力；建立航空紧急救援地面保障设备设施体系，包括机动保障设备、航空应急保障设备、固定运营基地保障设备，具备应急保障不少于 5 型救援直升机的能力；制定航空救援人员协同作业的训练规范；选择不少于 3 个机场开展应用示范和救援演练；申请发明专利不少于 10 项，制修订国家/行业标准（送审稿）不少于 10 项；建立航空应急救援装备体系和标准体系。

拟支持项目数：1~2 项。

有关说明：企业牵头申报。

6.2 道路应急抢通关键技术研究与应用示范

研究内容：研究道路应急抢通装备体系和标准体系；研发超大跨度应急机械化桥和轻质材料应急桥、隧道应急抢通、多功能道路破障装备、全地形全路面的水陆两栖运输应急装备、道路交通事故模块化综合救援装备等关键技术；上述技术成果形成装备能力并开展应用示范。

考核指标：形成架通时间不超过 3 小时，架设长度不小于 80 米的超大跨度应急机械化桥，架设长度不小于 50 米人工架设的轻质材料应急桥，并在不少于 6 个重点区域示范；隧道应急抢通设备夹钳提举重量不少于 2 吨，无障碍最大遥控距离不少于 2 公里；形成不少于 3 型多功能破障装备；全地形全路面的水陆两栖运输应急装备有效载荷不小于 6 吨；形成不少于 2 型道路交通事故模块化综合救援装备；申请发明专利不少于 8 项，制修订国家/行业标准（送审稿）不少于 8 项；建立道路应急抢通装备体系和标准体系。

拟支持项目数：1~2 项。

有关说明：企业牵头申报。

6.3 灾害环境下人体损伤机理研究与救援防护技术装备研发及应用示范

研究内容：研究高温、浓烟、危化品事故、爆炸、低温冰冻及其复合作用等灾害环境下人体损伤机理及个体防护原理；研发复合灾害环境下的新型个体防护材料及防护性能评价方法；研发面向灭火与应急救援、危化品事故处置、防割刺防爆、复杂灾害环境下医疗救援的新一代个体防护装备关键技术；研究个体防护装备检测技术平台与标准体系；上述技术成果形成装备能力并开展应用示范。

考核指标：阐明上述灾害环境和复合灾害环境下人体损伤机理和防护原理；形成不少于 6 种面向上述灾害环境和复合灾害环境下的新型个体防护功能材料；形成不少于 4 种防护性能高效、功能先进、舒适性强的灭火与应急救援、危化品事故处置、防割刺防爆、医疗救援的个体防护装备及其检测技术平台；在不少于 10 个省的消防部队、不少于 2 个危化品事故处置分队、不少于 3 个公安特警支（大）队、不少于 5 个省的国家级医学救援队进行应用示范和使用评价；申请发明专利不少于 4 项，制修订国家/行业标准（送审稿）不少于 4 项。

拟支持项目数：1~2 项。

6.4 高机动多功能应急救援车辆关键技术研究与应用示范

研究内容：研究高机动多功能应急救援装备标准体系；研发高机动应急救援车（含消防车辆）高机动性专用底盘及专用悬挂系统；研究多功能应急救援车的结构形式；研究应急救援车多功能模块化设计技术；研发可快速切换的多功能工作臂，模块化设计作业工具；研发复杂地形下的快速、高适应性、可拆换的越障行走装置的关键技术；研发车载常规与特种应急救援器材；研发多功能城市灭火主战消防车和带高喷云梯功能的水罐灭火消防车的车载功能配置、药剂配置、乘员室优化设计、供水系统优化设计、抢险救援功能配置与设计等技术；上述技术成果形成装备能力并开展应用示范。

考核指标：研制出高机动应急救援车高机动性专用底盘不少于 3 套；形成满足高速机动与狭小地域救援作业转向要求，具备推铲破障、破拆起重、绞车救援、随车发电、常规及特种应急救援等不同功能的应急车辆不少于 3 型；形成不少于 10 型车载常规与特种应急救援器材；多功能城市灭火主战消防车满足供水流量和压力大，兼具侦检、照明、破拆等抢险救援综合功能；带高喷云梯功能的水罐灭火消防车臂端最大举高高度大于 23 米，具备供水流量和压力大的功能；以上技术装备在不少于 6 个救援队伍进行应用示范和使用评价；申请发明专利不少于 10 项，制修订国家/行业标准（送审稿）不少于 8 项；建立高机动多功能应急救援装备标准体系。

拟支持项目数：1~2 项。

有关说明：企业牵头申报。

6.5 灾害现场信息获取技术研究与应用示范

研究内容：研究用于重大事故灾难、自然灾害等突发事件现场信息、可搭载于无人飞行器或机器人等平台的多种传感器及集成技术；研究实时灾情数据远程快速传输技术，研制灾情信息数据处理、灾害信息提取、现场灾情快速制图等技术，建立突发事件现场数据获取与处理软硬件系统，上述技术成果形成灾害现场信息获取能力并开展应用示范。

考核指标：形成灾害信息获取解决方案和技术系统，建立空地一体化演示环境；研发不少于 3 种传感器，支持事故灾难、社会群体事件、危险品爆炸、水域事故、洪水、地震等事件信息的获取；研发灾情现场信息快速处理系统，实现灾情数据远程快速共享 1 小时以内，20 平方公里区域灾情信息数据处理 2 小时以内，现场灾情影像快速制图 3 小时以内，灾害信息提取 5 小时以内；申请发明专利不少于 8 项，制定国家/行业标准（送审稿）不少于 5 项；针对不少于 5 种灾害类型开展应用示范。

拟支持项目数：1~2 项。

6.6 一体化综合减灾智能服务研究及应用示范

研究内容：研究全球定位系统与室内定位系统无缝集成的室内外一体化定位技术；研究大比例尺地图与建筑物室内场景多尺度数据可视化融合技术；研发面向建筑物倒塌、城镇火灾、地震、地质灾害、洪水等突发事件的一体化综合减灾智能服务系统，并开展应用示范。

考核指标：形成基于室内外一体化定位技术体系，兼容北斗网、移动通信网、互联网，室内外定位精度优于 1 米；建立室内外多尺度地理空间信息融合与可视化技术体系，数据融合精度优于 0.5 米；研发一体化综合减灾智能服务系统，具备应急救援指挥、灾害现场三维场景、应急人员装备位置信息实时获取等功能，并针对不少于 5 种灾害开展应用示范；申请发明专利不少于 5 项，制修订国家/行业标准（送审稿）不少于 5 项。

拟支持项目数：1~2 项。

6.7 应急物流关键技术研究及应用示范

研究内容：研究应急物流技术体系和标准体系；研究需求不确定条件下的模块预储关键技术、平转急动态响应的高速转运关键技术，研发平急结合、快速转换的多模式高效应急仓储系统；研究国家应急产品信息综合服务平台技术，研发应急物流信息系统；上述技术成果形成应急物流保障能力并开展应用示范。

考核指标：形成高效应急仓储系统，具备密集存储、多模式作业功能，可实现平、急作业无缝切换，在信息通信、电力设备等出现故障的极端情况下，确保前 2 个小时物资出库能力不小于 150 吨，满足 1 架大型货机物资装机需要；建成国家应急产品信息综合服务平台，涵盖至少

3 000 种应急产品；形成具备应急物流资源查询与统计分析、应急物流预案管理、指挥调度、实时过程监控等核心功能的应急物流信息系统；在不少于 4 个重点区域开展试点和演练；申请发明专利不少于 5 项，制修订国家/行业标准（送审稿）不少于 8 项；建立应急物流技术体系和标准体系。

拟支持项目数：1~2 项。

申报要求

1. 项目均应整体申报，须覆盖全部考核指标。

2. 项目下设课题数不超过 10 个（含 10 个），项目承担及参与单位数不超过 30 个（含 30 个）。

3. 对于企业牵头的应用示范类任务，其他经费（包括地方财政经费、单位出资及社会渠道资金等）与中央财政经费比例不低于 2 : 1；其他有示范应用、规模化应用指标、产业化特征明显的项目，鼓励产学研联合，鼓励企业、地方共同出资支持。

4. 项目示范鼓励在国家可持续发展实验区等区域开展。

4. 科技部关于征集 2016 年度中国与 白俄罗斯政府间科技合作项目建议的通知

科技部关于征集 2016 年度中国与白俄罗斯政府间 科技合作项目建议的通知

国科发外〔2016〕7 号

各省、自治区、直辖市及计划单列市科技厅（委、局），国务院各有关部门科技主管单位，各有关单位：

根据《中华人民共和国政府和白俄罗斯共和国政府科学技术合作协定》、《中华人民共和国和白俄罗斯共和国关于建立全面战略伙伴关系的联合声明》、《中华人民共和国和白俄罗斯共和国关于进一步发展和深化全面战略伙伴关系的联合声明》、《中白政府间科技合作委员会第十一届例会议定书》、《中华人民共和国科学技术部与白俄罗斯共和国国家科学技术委员会关于在智能物流监控技术领域开展合作的议定书》等政府间和部门间科技合作协议，为提升中白科技合作水平，推动双方在科技领域开展务实大项目合作，现征集 2016 年度与白俄罗斯政府间科技合作项目建议。有关事项通知如下。

一、项目背景

随着中白全面战略伙伴关系的深入发展，双方进一步深化科技创新领域合作的意愿不断加强。本次征集主要是为落实中国与白俄罗斯签订的政府间和部门间科技合作协议等确定的合作任务，资助我国科研人员与白俄罗斯合作伙伴在相关重点领域共同开展基础性及应用性研究。

二、项目征集说明

根据前述政府间和部门间科技合作协议以及双方政府共识，确定2016年拟支持的重点领域和经费额度如下：

（一）拟支持的重点领域。

电子与通信技术（重点支持电子技术、微电子技术、通信技术、光电子学与激光技术等）；材料科学（重点支持新材料、纳米材料、金属加工技术等）；机械工程（重点支持机械制造等）；能源科学技术（重点支持新能源等）；交通运输工程（重点支持道路工程等）；冶金工程技术（重点支持粉末冶金等）；生物技术；化学工程；农业技术。

（二）支持额度及年限。

每个项目支持额度不超过300万元人民币，拟支持15～20个项目。

实施期限为2～3年。

三、项目建议的撰写与提交

（一）编写要求。

1. 中外方项目建议提出单位需分别向中外方政府部门提交项目建议书，单方提交无效。中白政府间科技合作委员会历届例会所确定的政府间科技项目将在同等条件下优先考虑。

2. 项目建议要求意义重要、理由充分、目标明确、内容具体，合作方案合理可行，技术指标可考核。能有效利用国际科技资源，解决制约我国经济社会发展的技术瓶颈问题；能与产业和应用需求紧密结合，能形成知识产权或相关技术标准；可有力配合国家外交战略，支撑中白政府间科技合作协议的实施。

3. 项目建议提出单位应为具有较强国际科技合作能力和条件、运行管理规范、在中国大陆境内注册1年以上的、具有独立法人资格的科研机构、高等学校、内资或内资控股企业等。申报单位的同一项目只能通过1个推荐主体申报1次。国际科技合作基地申报的项目建议，将在同等条件下优先考虑。

4. 项目具备良好合作基础，中方项目建议提出单位具备相应的合作渠道和合作能力，并与外方合作单位保持良好的互信合作关系，中外合作双方签订有相关项目合作协议或意向书。

5. 项目负责人和主要参加人员应遵守《国家科技计划项目承担人员管理的暂行办法》（国科发计字〔2002〕123号）的相关规定。作为项目负责人，须具有高级专业技术职务（职称），同期主持的国家基本科技计划项目数原则上不得超过1项；作为主要参加人员，同期参与承担的国家基本科技计划项目数（含负责主持的项目数）原则上不得超过2项。

6. 外方合作伙伴具有较强的技术实力或较高的科研水平，并具备对华合作的意愿和能力。外方合作伙伴可按照技术、资金、人员或信息资料、先进设备、专有资源等投入方式参与合作。

7. 项目实施中，能有效保护知识产权及涉及国家安全的相关信息资源等，合理分享合作研发成果，维护中方利益。

8. 以企业为主体提出（或参加）的项目，要求企业必须有相关配套资金投入。

（二）项目建议提交方式。

1. 项目建议需通过上一级组织推荐部门提交项目建议书。组织推荐部门指项目建议的报送单位所在省、自治区、直辖市或计划单列市的科技厅（委、局），或申请单位所隶属的国务院部门主管司局。中央级研究院所可直接申报项目。

2. 请按照项目建议书附件格式及要求填写，请勿更改原始文件的格式或另行制作文件填写。中方提交的项目建议基本信息必须与外方合作伙伴申报内容一致。

3. 请通过国家科技管理信息系统项目申报中心（http：//program. most. gov. cn）统一填报。网络填报的受理时间为本通知发布之日起至 2016 年 2 月 29 日（技术咨询电话：010 – 88659000）。

网上填报提交后，请于 2016 年 2 月 29 日前（以寄出时间为准）将加盖组织推荐部门公章的推荐函（纸质，一式 4 份）、项目建议基本信息表、项目建议书（通过系统直接生成打印，纸质，一式 4 份）寄送至中国科学技术交流中心。请不要现场报送。

四、联系方式

（一）中方。

政策咨询：科技部国际合作司欧亚处 刘玉慧

电话：010 – 58881371

电子邮箱：liuyuhui@ most. cn

建议书受理工作联系人：中国科学技术交流中心

亚非与独联体处　李姗姗

电话：010 – 68574085

电子邮箱：liss@ cstec. org. cn

地址：北京市西城区三里河路 54 号

邮编：100045

（二）白方。

政策咨询：白俄罗斯共和国国家科学技术委员会

国际科技合作局局长

谢尔盖·舒巴 （Сергей Владимирович Шуба）

电话：+375-17-294-92-73

附件：1. 项目建议基本信息表

　　　2. 政府间科技合作项目建议书

科技部

2016 年 1 月 6 日

来源：http：//www. most. gov. cn/mostinfo/xinxifenlei/fgzc/gfxwj/gfxwj2016/201601/t20160107_ 123374. htm

附件 1

项目建议基本信息表

中文表：			
项目名称			
项目推荐单位			
中方执行单位			
中方联系方式	地址：		
	电话：		传真：
	手机：		
	电子邮件：		
中方项目负责人			
外方执行单位			
外方联系方式	地址：		
	电话：		传真：
	电子邮件：		
外方项目负责人			

俄文表：

1	Наименование проекта	
2	Китайский партнёр（полное название организации）	
3	Контактный почтовый адрес, телефон, факс, другие формы связи	
4	Ответственный от китайской организации	
5	Иностранный партнёр（полное название организации）	
6	Контактный почтовый адрес, телефон, факс, другие формы связи	
7	Ответственный от иностранной организации	
8	Наличие соглашения, договора, контракта между организациями	
9	Главное содержание сотрудничества	

附件 2

项目序号 _____

合作类型　政府间科技合作

政府间科技合作
项目建议书

项目名称：_____

提交单位：_____

负　责　人：_____

合作国别：_____

项目组织（推荐）部门：_____

申报日期：_____

中华人民共和国科学技术部

二〇一五年九月制

填报说明
（请认真阅读）

1. 政府间科技合作项目将主要支持我国政府和部门与外方政府和部门（多边机制）商定的有关国际科技合作与交流活动（包括技术引进消化吸收再创新、合作研发、先进适用技术产品设备标准走出去等，涉及产业化的项目一般指"××产业化技术/设备的研发"）。

2. 填写项目建议书的相关栏目时应突出国际合作的内容。

3. 项目建议书各项内容应实事求是，文字表述准确。外来语要同时用原文和中文表达，第一次出现的缩略词，须注明全称。

4. "项目名称"应反映合作的重点内容和目标，不宜过于宽泛（如"中加疫苗关键技术及产品合作研发"、"重大新发突发传染病诊治研究"），应能体现出通过国际合作解决的关键科技问题，字数不得超过 25 字，原则上不得出现外来语，应用中文表达。

5. "项目研发类型"是指申报哪类项目，请根据填报系统提示选择，不得自行填写。

6. "所属政府间协议"是指由合作双边或多边政府（包括中央和地方）牵头、组织签定的科技合作协定。

7. "项目合作协议/意向"是指合作双边或多边针对本项目合作具体工作签定的合作协议。

8. "项目建议提交单位"为依法在中国（大陆）境内设立，具有相应对外合作渠道和合作能力、科研条件和研发实力，并具备法人资格的科研机构、高等学校、企业。各级政府机关不得作为项目建议提交单位，也不可作为合作单位参与研究。"项目依托研究基地"中的"03 国家国际科技合作基地"包括科技部授予的国际创新园、国际联合研究中心、国际技术转移中心和示范型国际科技合作基地。

9. "项目负责人"应是未来实际承担组织领导和主持本项目研究的科研人员，避免根据行政管理职务确定项目负责人。已作为项目负责人承担原国家基本科技计划项目的，如当年结题的可以提出申请，但需在研项目通过验收后方可承担新的项目。项目负责人和主要参加人员应遵守《国家科技计划项目承担人员管理的暂行办法》（国科发计字〔2002〕123 号）的相关规定。

10. "合作外方"应为中国境外具有较强技术实力或较高科研水平的合作伙伴，并具备对华合作的意愿和能力。合作外方不得是外资在华设立的企业或研发机构（外资在华设立的企业或研发机构可作为"其他中方参加单位"），不得是中资机构在境外设立的企业或研发机构，不得是企业集团国内外分支机构之间的内部合作，合作外方必须是具有研发能力的实体机构，不得是在国外避税地设立的壳公司。外方合作伙伴如系政府机构、国际组织、科研院所或高等院校，必须详细到具体的部门、科研机构或大学院系，不能仅填写"美国能源部"、"世界卫生组织"、"加拿大国家研究理事会"、"澳大利亚联邦科工组织"、"美国国立卫生研究院"、"××大学"等；外方合作伙伴如系企业特别是跨国公司等大企业，必须详细到具体参与合作的分（子）公司、企业研发中心等，不能仅填写跨国公司名。请填写外方合作伙伴提交项目申请的序号。

11. "项目预期验收内容及考核指标"应如实填写，不得夸大虚报。如项目通过评审并正式立项，项目合同书的考核指标应与项目建议书相同不得随意删减，项目执行过程中合同书考核指标原则上不得调整；考核指标是项目结题验收的重要依据。列入验收内容及考核指标的成果均应与项目内容有关，属于通过开展本项目并在项目起止日期内产生，在验收时还需提交相关报告或证明（见第16条）。

12. "任务目标"项，用一句话概述项目的主要任务目标，限50字以内，例："合作解决太阳风离子探测关键技术"，"合作解决攻克制约我国月球探测的关键技术"，"研制甲型H1N1流感疫苗、有效应对全球甲型H1N1流感疫情"，"解决杂交水稻基因研究重大技术问题、共同应对粮食安全问题"等。

13. "成果导向"项，概述项目的成果应用及其产业化前景，经济社会效益，在解决关键科技问题和技术瓶颈，有效维护国家安全，响应政府部门、社会公众、行业企业对重大问题的关注，增强自主创新能力，支撑产业和地方发展等方面的作用，限100字以内，例："解决威胁我国煤矿安全生产的瓦斯和煤层爆炸技术难题"，"为开发新一代商用快堆等新一代核能提供技术支撑和设计制造能力"，"提升我高参数超超临界机组等高效发电技术与装备技术水平"，"加快解决目前封闭式组合电器的供需矛盾、确保国家电网改造及时完成"等。

14. 项目经费需求应与项目内容、预期验收内容及考核指标相匹配。项目预算表要求同时编制经费来源预算和支出预算，平衡公式为：经费支出预算合计＝经费来源预算合计。要结合项目申请书中有关研究内容、研究目标、参加人员、实施方案等内容认真编制预算，与项目有关的前期研究（包括阶段性成果）支出的各项经费不得列入预算。自筹经费是指国家科技计划项目专项经费以外的各种渠道来源资金，包括：其它财政拨款、单位自有货币资金和其他资金，自筹经费应在预算说明中列示。"国家科技计划项目自筹资金来源证明"中"3. 从承担单位获得的资助"指中方项目建议提交单位和其他参加单位对项目的资金投入。

15. 填写第五项第1条"预期取得的合作成果及考核指标"中的考核指标时，需对照基本信息表中的"项目预期验收内容及考核指标"进行详述：（1）对于新技术、新产品、新装置、新工艺、新材料等要有量化明细的检测指标及相关技术参数，需委托具备相关资质的第三方检测单位检测并出具报告。有标准的按相关国家和行业标准规范执行，没有标准的要事先约定检测方法；（2）论文必须是本项目起始日期后发表或收到期刊的稿件录用通知，专著必须是本项目起始日期后出版或收到出版社书面通知确定出版，均须注明得到有关专项的支持；（3）专利必须是本项目起始日期后或批准授权或申报；（4）技术标准必须是本项目起始日期后批准发布或申报并获受理；（5）人才培养和人才引进均必须是直接参与本项目的人员。其中，人才引进必须是在本项目起始日期后新引进的外籍人员或已在国外长期工作的海外人才。

16. 提交项目建议必须注册登陆"国家科技管理信息系统"（http://program.most.gov.cn/），按规定格式要求认真填写，进行网上填报并上传。专业领域、学科、方向请根据网上管理系统提供的选择项进行选择。涉密项目请下载相应填报软件填写、打印项目建议书，以机要形式上报，要求同时附上本单位保密办公室出具，项目组织（推荐）部门保密办公室审定的密级确定书，以及对外合作中采取有力措施保护知识产权、确保不泄密的保证书。

17. 请务必将合作协议/意向的复印件作为书面建议书附件一同上报，否则不予受理。

18. 项目建议书需加盖本单位和项目组织（推荐）部门公章，由项目组织（推荐）部门统一报送中国科学技术交流中心。未通过组织（推荐）部门上报的建议书，将不予受理。项目组织（推荐）部门是指根据中外政府间科技合作项目建议通知和要求，组织有关项目建议提交单位填报项目建议书的中央或地方科技管理部门，即项目建议提交单位所隶属的国务院各相关部门的主管司局，或所在省、自治区、直辖市和计划单列市科厅（委、局），或相关的中央企业。

项目基本信息

项目名称				
项目研发类型	01 基础研究；02 应用研究；03 试验发展；04 产业化；05 其他		建议密级	公开　秘密　机密　绝密
所属政府间协议名称				
协议签署日期		协议有效期		年
总体合作目标（可多选）	01 落实政府间科技合作协议；02 落实双方重大外交承诺；03 深化与主要发达国家科技合作；04 促进与周边和发展中国家协同发展；05 推动多边科技合作；06 深度参与国际大科学工程（计划）和国际组织；07 推动同港澳台地区合作；08 其他			
具体合作目标（可多选）	01 解决关键技术问题；02 填补国内外技术空白；03 促进人员交流、引进国际优秀人才；04 引进具有重大应用前景的前瞻技术；05 引进国家战略需求的关键技术、装备；06 解决国家科技计划 \ 重大专项难点、瓶颈；07 分享国际前沿科技成果；08 其他（　　　　）			
合作方式（可多选）	01 开展联合研究 02 开展合作示范 03 购买全套技术及消化吸收；04 购买关键 know-how；05 引进关键技术设备；06 分工合作技术开发；07 聘请专家来华工作；08 赴国外技术培训；09 利用国外资源；10 信息交流、技术咨询；11. 基地和平台建设项目 12. 其他（　　　　）			
项目合作协议/意向	名称：			
项目起止日期			合作国别	所属大洲
所属专业领域 1		学科 1	方向 1	
所属专业领域 2		学科 2	方向 2	

（续表）

	单位名称		组织机构代码		单位负责人	
项目建议提交单位	单位性质		所在地区		归口部门	
	项目依托研究基地（可多选）	01 国家实验室；02 国家重点实验室；03 国家国际科技合作基地；04 国家工程技术研究中心；05 国家级企业技术中心；06 部门或省级开放（重点）实验室；07 教育部 985 工程创新基地；08 省部级重点学科基地；09 国家工程实验室；10 其他				
	通讯地址				邮政编码	
	联系电话			传真		
项目负责人	姓名		性别		出生日期	
	证件类型		证件号码		职务	
	学位		学历	职称		电话
	手机		E-mail		传真	
项目联系人	姓名		性别		出生日期	
	手机			电话		
	E-mail			传真		

项目建议提交单位意见：

　　已按填报说明对拟参与项目人员的资格和建议书内容进行了审核，内容真实，数据准确，同意提交。建议项目如获资助，我单位保证对研究计划实施所需要的人力、物力和工作时间等条件给予保障，严格遵守国家科技计划管理有关规定，督促项目负责人和项目组成员以及本单位项目管理部门按照中外政府间科技合作项目有关要求及时报送相关材料。

　　　　　　　　　　　　　部门负责人（签章）：　　　　　　　（单位公章）

　　　　　　　　　　　　　　　　　　　　　　　　　　　年　　月　　日

（续表）

其他中方参加单位	单位名称	组织机构代码		
合作外方	机构名称及所属国别（中英文）			
	外方负责人（英文）		职称	
	外方项目序号			
	通讯地址		E-mail	
	传真		电话	
其他合作外方	单位名称及所属国别（中英文）			
经费需求	总经费：万元，自筹资金：万元，其中：从企业获得研发经费投入万元	拟申请中央财政经费		万元
		其它财政拨款（含部门、地方匹配）		万元
		单位自有货币资金		万元
		其他资金		万元

预期使用外方资源情况	使用外方经费	万元人民币（指外方投入的由中方支配和使用的货币资金）				
	利用外方关键技术（可填多项）		技术名称、该技术的费用估值及支付外方经费（万元人民币）			
	利用外方关键设备（可填多项）		设备名称、该设备的费用估值及支付外方经费（万元人民币）			
	使用外方特有资源	物种数	样本量	数据量	图纸数	其他（名称：　）

项目预期验收内容及考核指标	成果形式（可多选）		01 论文专著；02 研究（咨询）报告；03 新产品（或生物新品种）；04 新装置；05 新材料；06 新工艺（或新方法、新模式）；07 计算机软件；08 人才培养；09 人才引进；10 技术标准；11 基地建设；12 其它							
	引进关键技术	项	技术名称							
	技术形式		01 软件；02 计算方法；03 模型；04 专利；05 数据库；06 其他							
	技术先进性		01 世界独有；02 国际领先；03 国际先进；04 国内领先							
	技术成熟度		01 实验室成果；02 中试阶段；03 已产业化							
	引进关键设备	台	设备名称							
	引进特有资源		物种数	样本量	数据量	图纸数		其他（名称：　）		
	中文核心期刊论文篇数：			国外学术论文篇数：				其中，国际合著论文篇数：		
	中文专著数：					外文专著数：				
	国外发明专利	自主：项	国内发明专利	自主：项	实用新型专利	自主：项	其他专利	自主：项		
		合作：项		合作：项		合作：项		合作：项		
	预期取得技术标准	国际标准	自主：项	国家标准		项	国内行业标准	项		
			参加：项							
	其他知识产权数	计算机软件登记		集成电路布图设计		生物新品种登记		其他		
		项数：		项数：		项数：		项数：		
		名称：		名称：		名称：		名称：		
	人才培养	博士后　人		博士　人		硕士　人		工程技术人员　人		
	人才引进	总计：　人	高级职称　人	博士后　人		博士　人	硕士　人	工程技术人员　人		
		总计来华工作：　人月				其中高级职称人员来华工作　人月				
	合作/引进成果知识产权归属		01 形成自主知识产权；02 共享知识产权，其中，中方占　%，外方　%（合计应为100%）；03 获得在华许可							

（续表）

项目简介				
任务目标 （50字以内）	目标：			
合作内容 合作理由 合作方式 合作必要性 （500字以内）				
成果导向 （100字以内）				
项目组织 （推荐）部门		联系人		电话

项目组织（推荐）部门意见：

　　已对项目建议书内容进行了审核。如未来项目实施，我部门将认真履行政府间科技合作项目管理有关要求中管理部门的责任和义务，履行实施本项目所做的有关承诺。

　　　　　　　　　　部门负责人（签章）：　　　　　　　　（单位公章）

　　　　　　　　　　　　　　　　　　　　　　　　　　　年　月　日

项目经费需求

经费来源估算（万元）		来源总计：万元
拟申请中央财政经费		
自筹资金	其他财政拨款（含部门、地方匹配）	
	单位自有货币资金	
	其他资金	
外方投入资金（是指外方投入的由中方支配、使用的货币资金）		

经费支出（万元）		支出总计：万元		
科目	合计	专项经费	自筹资金	外方投入
（一）直接费用				
1. 设备费				
其中：购置设备费				
2. 材料费				
3. 测试化验加工费				
4. 燃料动力费				
5. 技术引进费				
6. 差旅费（指国内差旅费）				
7. 会议费				
8. 合作交流费				
国内人员出国费				
海外专家来华费				
9. 出版/文献/信息传播/知识产权事务费				
10. 劳务费				
国内人员劳务费				
海外专家劳务费				
11. 专家咨询费：				
国内专家咨询费				
海外专家咨询费				
12. 其他费用				
（二）间接费用				
其中：绩效支出				

注：1. "其他经费"专指是指在项目组织实施过程中围绕关键技术引进和优秀人才引进，且无法在上述科目列支的费用。专项经费严格控制其他费用支出，加强审核和监督。确有需要的，原则上采用后补助的方式资助，按照预算调整的有关程序报批。

2. 经费来源中有"自筹经费"的，需提供自筹经费来源证明。

3. 间接费用使用分段超额累退比例法计算并实行总额控制，按照不超过项目经费中直接费用扣除购置设备费后的一定比例核定，具体比例如下：

500万元及以下部分不超过20%；

超过500万元至1 000万元的部分不超过13%；

超过1 000万元的部分不超过10%。

间接费用中绩效支出不超过直接费用扣除购置设备费后的5%。

自筹资金来源证明

（如自筹资金来自不同渠道或不同单位，应分别填写）

如未来项目建议获得批准，_____（单位全称），为____项目，提供____万元的自筹/配套资金，资金来源为____（1. 国家其他财政拨款　2. 地方财政拨款　3. 从承担单位获得的资助　4. 从其他渠道获得的资助）。

自筹资金主要用于：_____（填写具体支出科目）

特此证明！

出资单位（公章）：

年　月　日

---

1. 项目总经费概算、拟申请中央财政经费的必要说明

2. 合作外方投入（经费、关键技术、设备装备、资源等）说明

3. 国内项目承担单位自筹、部门（地方）配套资金说明

4. 拟申请专项经费的大型仪器设备购置费、技术引进费用、劳务费等的必要说明

5. 拟申请专项经费中"其他经费"的理由及必要说明

一、合作理由（限五号字二页以内）

---

1. 项目建议提出的背景及合作重要性、必要性：
　　（包括合作内容的国内外现状和发展趋势；项目合作在服务科技外交、保障国家安全、促进科技突破、提升经济和社会发展水平等方面的战略重要性及合作必要性、紧迫性；合作外方的选择理由及外方对项目实施所起的关键作用等）

2. 合作的优势互补性：
　　（指出中外各合作方的科学技术优势及合作外方拥有哪些我方所需的关键（核心）技术、应用成果、前沿理论或专有人才等智力资源、技术资源、自然资源或市场资源）

3. 若国内和国际上已开展与本项目建议内容类似的研究，请对比说明各自的水平、优势、特点或差距等。

二、合作基础与合作能力（限五号字二页以内）

1. 合作基础：
（指出合作各方是否有着良好的合作互信与合作渠道，是否已开展了富有成效的合作与交流，特别是针对本项目建议内容开展的前期合作与交流，具有稳定的国内外合作环境、合作条件与交流机制等。）

2. 合作可行性：
（从特有关系、人才、技术、资金及组织方式等方面简述合作可行性，能否保障项目顺利实施，达到预期目标）

3. 中方项目建议提交单位合作能力：
（包括中方项目承担/参加单位产、学、研简况及具有的合作经验与合作渠道；项目组人员的职称及在该领域的国内外学术地位、专业/技术优势）

项目组主要人员的成功案例
（1）近五年承担的和主持完成（已验收）的原国家国际科技合作专项项目名称、类型、编号、起止年月、资助经费、完成情况、后续研究进展，以及与本项目建议的关系。

（2）近五年承担的和主持完成（已验收）的其他国家科技计划项目名称、计划类型、编号、起止年月、资助经费、执行情况，以及与本项目建议的关系。

（3）近五年取得的三项代表性科技合作或技术引进消化吸收再创新案例及经济、社会、环境效益。

（4）近五年取得的三项代表性成果名录，包括论著、专利、标准等。

4. 外方合作能力：
（外方合作机构简况及外方在该领域的学术地位与技术优势；外方负责人及参加人员的学术水平、职称及在该领域的学术地位；是否提供必要的技术培训和服务。）

外方项目组人员近五年取得的五项代表性成果名录（包括论著、专利、标准等）

5. 合作协议签订情况：
（请给出协议或意向书名称、签定时间、地点、主要内容，并附协议或意向书复印件。）

三、合作目标和内容（限五号字二页以内）

1. 合作目标和主要内容：
   （目标要明确，内容要具体）

2. 主要合作要点
   （指出在推动科技外交工作层面的有关内容安排）

3. 主要创新性：
   （指出科学研究或技术开发等具体项目合作层面通过国际合作解决的主要瓶颈、难点，拟取得的突破或创新，以及合作前后相关技术指标的对比情况）

四、合作方案（限五号字三页以内）

1. 组织实施方案：
   （包括项目合作各方信息、人才、技术、资金、设施及合作渠道等资源的组织、集成、整合、投入和使用方式、方案，以及工作流程、合作各方任务分配、合作方式、人员交流计划等）

2. 技术方案：
   （包括联合研发或引进技术的消化吸收再创新方案和技术路线，要指出本项目建议所涉主要科学技术瓶颈、难点的合作或引进解决方案）

3. 项目的年度实施计划和年度目标：
   （合作项目实施期限可根据项目合作具体情况及实际需要调整，限两页内）

第一年度	
第二年度	
第三年度及以后	

五、合作成果与知识产权保护（限五号字二页以内）

1. 预期取得的合作成果及考核指标：
　　（分项表述包括人才、技术、装备设备引进及论文著作、专利、标准、新技术、新产品［含生物新品种、计算机软件等］、新装置、新工艺、新材料等合作成果与知识产权，以及其他应考核指标的数量及水平；考核指标应合理、清楚、明确、量化、可考核；若项目最终获得立项，执行过程中考核指标原则上不予调整。考核指标方面务必阐述清楚，详见填报说明第11、16条）

2. 预期成果、知识产权等的权益归属、分享、保护、使用措施、方案，以及相关具体指标：
　　（措施、方案、指标要明确、具体、有效，并有约束性；对可能出现的知识产权纠纷的预防及解决方案）

3. 外方合作投入及具体指标：
　　（包括资金、人员、技术、材料、设备、信息数据及特有资源等，并注明是否投入到中方，是合作实施期间使用还是归中方所有）

4. 中方需投入的已有资源、知识产权的保护：
　　（包括中方已有的、需投入本合作项目的信息、数据、技术、材料、设备装备、特有资源等资源和知识产权及其使用、保护措施，能否有效维护国家利益，保障国家安全，措施要具体、有效；说明可能涉及我国的人类遗传资源、生物种质资源、生物安全、测绘、海洋、气象、水文、地质、矿产、环境、卫生、信息安全等领域的自然资源和科技数据合作情况。涉及以上领域的合作，需遵守我国在上述领域及科技保密、科技伦理、知识产权等方面的国内法律法规和其他管理办法。）

5. 遵守国际和国内相关法律法规、惯例、伦理情况：
　　（此项目合作内容、形式、成果等是否符合国际法及国际惯例，以及我国、合作方所在国的法律法规、伦理。特别是项目如可能涉及我国在人类遗传资源、生物种质资源、生物安全、测绘、海洋、气象、水文、地质、矿产、环境、卫生、信息安全等领域的合作，应遵守我国在上述领域及科技保密、科技伦理、知识产权、科技数据交换等方面的法律法规和其他管理办法。如有上述问题，请详细说明情况及拟采取的措施，是否已向相关部门申报并获批，如获批请附相关审批文件。）

六、预期效益（限五号字二页以内）

预期外交、经济和社会效益：
　　（包括合作成果对落实双边政府间科技合作的意义，以及对中外双方在商定的优先领域内科技水平和研发能力的提升作用；创新国际科技合作模式或合作机制；在科技外交工作的作用；在国家重大工程建设或重大装备开发中发挥的作用；与国内外同类产品或技术的竞争分析，成果应用和产业化情况，对促进相关产业技术进步、带动新兴产业发展、提升我国相关产业竞争力的作用；技术及产品应用所形成的市场规模、效益及促进就业情况等；项目实施中形成的示范基地、中试线、生产线及其规模等；对保障国家安全、改善民生、提高公共服务能力、促进社会可持续发展的作用等。属于产学研结合的项目，请给出对联合研发或引进技术的产学研联合机制、具体方案，以及企业参与、企业投入及企业技术应用方案等）

七、承诺及密级审核

<table>
<tr>
<td colspan="2">项目是否存在涉密内容：（若是，请指出涉密内容及其密级）</td>
</tr>
<tr>
<td>申请密级</td>
<td>公开　秘密　机密　绝密</td>
</tr>
<tr>
<td colspan="2">负责人承诺：
　　如本项目建议未来获得批准，我保证项目建议书内容的真实性、准确性。项目密级是根据《中华人民共和国保守国家秘密法》、《科学技术保密规定》及《对外科技交流保密提醒制度》确定，我承诺在对外合作中不泄露国家秘密，并通过相关知识产权协议（条款）切实保护我方的知识产权。
　　此项目合作内容、形式、成果等符合国际法、国际惯例和我国及合作方所在国家的法律法规、伦理。如果获得资助，我将履行项目负责人职责，严格遵守国家科技计划管理有关规定，切实保证研究工作时间，认真开展工作，按时报送年度进展报告、成果进展信息、结题验收报告等有关材料，接受项目检查。若填报失实和违反规定，本人将承担全部责任。
　　执行此项目期间，因无法预料的原因所产生的后果由本人自负（如健康状况、经济纠纷、损失等）。

　　　　　　　　　　　　　　　　　　　　　　　　　　　　　负责人签字
　　　　　　　　　　　　　　　　　　　　　　　　　　　　　年　月　日</td>
</tr>
<tr>
<td colspan="2">项目建议提交单位保密办公室承诺：
　　已对项目建议书内容和密级进行了审核，项目建议所定密级符合《中华人民共和国保守国家秘密法》、《科学技术保密规定》及《对外科技交流保密提醒制度》中的定级要求和条件。我单位保证严格遵守国家科技计划管理有关保密规定，根据相应密级的管理办法进行管理，并采取有效措施，保证在对外合作中不泄露国家秘密，切实维护国家利益，保障国家安全。

　　　　　　　　　　　　　　　　　　　　　　　项目建议提交单位保密办公室盖章
　　　　　　　　　　　　　　　　　　　　　　　　年　　月　　日</td>
</tr>
<tr>
<td colspan="2">项目组织（推荐）部门保密办公室承诺：
　　已对项目负责人的资格、项目建议书内容及密级进行了审核，项目建议所定密级符合《中华人民共和国保守国家秘密法》、《科学技术保密规定》及《对外科技交流保密提醒制度》中的定级要求和条件，同意报送。我单位保证严格遵守国家科技计划管理有关保密规定，根据相应密级的管理办法进行管理。

　　　　　　　　　　　　　　　　　　　　　　项目组织（推荐）部门保密办公室盖章
　　　　　　　　　　　　　　　　　　　　　　　　年　　月　　日</td>
</tr>
</table>

　　注：不管是公开或公开以上级别，均需项目建议提交单位和项目组织（推荐）部门的保密部门进行密级审核。如项目建议提交单位或项目组织（推荐）部门没有专门设立保密办或刻保密公章，务必由项目建议提交单位或项目组织（推荐）部门出具说明，说明保密职责由何部门承担并用单位或部门的公章代章，具体说明格式可从国家国际科技合作专项网（http：//www.istcp.org.cn/）"文件下载"栏下载。

5. 科技部关于征集 2016—2018 年度中国与比利时政府间科技合作项目建议的通知

科技部关于征集 2016—2018 年度中国与比利时政府间科技合作项目建议的通知

国科发外〔2015〕450 号

各省、自治区、直辖市及计划单列市科技厅（委、局），国务院各有关部门科技主管单位，各有关单位：

根据 1979 年 11 月 23 日签署的《中华人民共和国与比利时—卢森堡经济联合体间的经济、工业、科学技术合作框架协议》（长期有效），以及 2009 年 11 月 12 日签署的《中华人民共和国科学技术部国际合作司与比利时弗拉芒基金会关于联合开展科技项目合作的协议》（长期有效），现分别征集 2016—2018 年度对比利时联邦和比利时弗拉芒大区双边政府间科技合作项目建议。有关事项通知如下：

一、背景情况及任务目标

为落实双边政府间科技合作协议，促进和支持双边科研创新合作，中国科技部（MOST）分别与比利时联邦科技政策办公室（BELSPO）和比利时弗拉芒基金会（FWO）商定，共同征集双边政府间科技合作联合研究项目建议，并就合作方式、领域、资助额度等达成一致意见。

此次征集的政府间科技合作项目建议旨在支持双边高校和科研院所在已有的合作基础上，就共同感兴趣并能使双方受益的课题开展合作研发。项目建议提出单位应本着平等合作、互利互惠、成果共享、尊重知识产权的原则同外方合作伙伴开展实质性合作。

二、2016—2018 年度拟支持的重点领域与重点方向

根据前述政府间科技合作协议以及双方政府共识，确定 2016—2018 年拟支持的重点领域与重点方向如下：

（一）对比利时联邦科技合作项目建议重点领域与重点方向：

1. 海洋在气候系统中的作用。

2. 对地观测在以下领域的应用。

（1）全球植被和陆地生态系统的演化。

（2）局域和区域尺度的环境管理（水、土壤、森林、自然保护区和生物多样性、农业、沿海地区、城市和城郊区域）。

（3）土地覆盖与气候变化的相互作用和影响。

（4）流行病学和人道主义援助。

（5）安全和风险管理。

（二）对比利时弗拉芒大区科技合作项目建议重点领域与重点方向主要包括食品、农业科学、生物科学、能源与环境可持续发展、信息通信与微电子技术、健康、遥感技术。

三、项目建议的撰写与提交

（一）编写要求

1. 对中外方项目建议提交单位要求。

（1）中外方项目建议提出单位需分别向中外方政府部门提交同一项目建议书，双方提交的项目名称、中外双方牵头单位和项目申请人的英文翻译必须一致。单方申报无效。

（2）中方项目建议提出单位应为依法在中国境内设立，具有相应对外合作渠道和合作能力、科研条件和研发实力，并具备法人资格的高等院校和科研机构。

（3）中外双方合作单位应签署协议或意向书等项目合作文件。双方参与单位应明确在合作研发中的贡献和分工。

（4）要求中比双方负责单位必须来自大学或科研机构，鼓励企业参与，但企业无法获得资助，中比双方至少各有两名科研人员参与。

（5）同等条件下，国家国际科技合作基地优先。

2. 对项目建议书中参与人员的要求。

项目负责人和主要参加人员应遵守《国家科技计划项目承担人员管理的暂行办法》（国科发计字〔2002〕123 号）的相关规定。作为项目负责人，同期主持的国家基本科技计划项目数原则上不得超过 1 项；作为主要参与人员，同期参与承担的国家基本科技计划项目数（含负责主持的项目数）原则上不得超过 2 项。

3. 知识产权要求。

（1）项目建议中，应包含有效保护知识产权及涉及国家安全的相关信息资源的章节，应注意合理分享合作研究成果，维护中方利益。

（2）合作双方签署的合作协议或意向书，其中必须包括知识产权专门条款。否则，双方须另行签署专门的知识产权协议。

4. 其它要求。

（1）根据双方政府部门共识，要求项目合作研究内容应关注基础科研且具有较高的创新性。

（2）凡此次提交项目建议的单位，不得一题多报、项目打包或申请重复资助。

（二）经费与期限

1. 对比利时联邦科技合作项目建议。

（1）中方拟出资约 700 万元人民币。其中，拟为第一个重点合作领域"海洋在气候系统中的作用"投入约 200 万元人民币，拟支持 2 个联合研究项目；为第二个重点合作领域"对地观测"投入约 500 万元人民币，且比利时联邦科技政策办公室将为中方参与单位提供不超过项目双方总经费 20% 的资助，资助的项目数目视评审结果而定。

（2）项目执行期为 3 年。

2. 对比利时弗拉芒大区科技合作项目建议。

（1）中方拟出资约 1 000 万人民币，双方拟资助 4~5 个联合研究项目。

（2）项目执行期为 3 年。

（三）项目建议提交方式

1. 项目建议提交单位需通过上一级组织推荐部门提交项目建议书。组织推荐部门指项目申报单位所在省、自治区、直辖市或计划单列市的科技厅（委、局），或申请单位所隶属的国务院部门主管司局。

2. 请按照项目建议书附件格式及要求填写，请勿更改原始文件的格式或另行制作文件填写。中方提交的项目建议基本信息必须与外方合作伙伴申报内容一致。

3. 请通过国家科技管理信息系统项目申报中心（http：//program. most. gov. cn）统一填报。网络填报的受理时间如下：

（1）对比利时联邦科技合作项目建议为本通知发布之日起至 2016 年 3 月 17 日下午 17：00（技术咨询电话：010 - 88659000）。网上填报提交后，请于 2016 年 3 月 17 日前（以寄出时间为准）将加盖组织推荐部门公章的推荐函（纸质，一式 4 份）、项目建议基本信息表、政府间科技合作项目建议书（通过系统直接生成打印，纸质，一式 4 份）寄送至中国科学技术交流中心。请不要现场报送。

（2）对比利时弗拉芒大区科技合作项目建议为本通知发布之日起至 2016 年 3 月 1 日下午 17：00（技术咨询电话：010 - 88659000）。网上填报提交后，请于 2016 年 3 月 1 日前（以寄出时间为准）将加盖组织推荐部门公章的推荐函（纸质，一式 4 份）、项目建议基本信息表、政府间科技合作项目建议书（通过系统直接生成打印，纸质，一式 4 份）寄送至中国科学技术交流中心。请不要现场报送。

四、联系方式

1. 中方。
政策咨询：科技部国际合作司欧洲处　易遥　赵可
电话：010 - 58881351、58881358
电子邮箱：hzs_ ozc@ most. cn
建议书受理工作联系人：中国科学技术交流中心欧洲处
夏欢欢　戴乐
电话：010 - 68513370、68598075
电子邮箱：dongkq@ cstec. org. cn
地址：北京市西城区三里河路 54 号
邮编：100045
2. 比利时联邦。
领域 1：海洋在气候系统中的作用
联系人：DECADT Brigitte
电子邮件：deca@ belspo. be
征集指南发布网站：www. belspo. be
领域 2：对地观测
联系人：Joost Vandenabeele，Jean-Christophe Schyns
联系电话：+32（0）2 238 35 23，+32（0）2 238 35 91
电子邮件：SRIII@ belspo. be
征集指南发布网站：
http：//www. belspo. be/belspo/organisation/Call/SRIII2016_ en. stm
3. 比利时弗拉芒大区。
联系人：ABSILLIS Gregory，VERBAEYS Isabelle

电子邮件：Gregory. Absillis@ fwo. be

Isabelle. Verbaeys@ fwo. be

电话：＋3225501529，＋3225501531

网址：www. fwo. be

附件：1. 项目建议基本信息表

2. 政府间科技合作项目建议书

科技部

2015 年 12 月 24

来源：http://www. most. gov. cn/mostinfo/xinxifenlei/fgzc/gfxwj/gfxwj2015/201512/t20151229_ 123205. htm

附件 1

项目建议基本信息表

建议项目名称	中文： 英文：
中方项目 建议书填报单位	中文： 英文：
中方项目 负责人及 联系方式	姓名：性别：职务职称： 电话：传真：手机： 通信地址： 邮编：电子信箱：
外方合作单位	中文： 英文：
外方项目 指南编号 负责人及 联系方式	指南编号： 姓名：性别：职务职称： 电话：传真：手机： 通信地址： 邮编：电子信箱：
项目建议涉及 的主要研究 内容（200 字以内）	

附件2

项目序号　＿＿＿＿＿＿＿＿

合作类型　政府间科技合作

政府间科技合作
项目建议书

项目名称：＿＿＿＿＿＿＿＿＿＿＿＿＿＿＿＿＿＿

提交单位：＿＿＿＿＿＿＿＿＿＿＿＿＿＿＿＿＿＿

负　责　人：＿＿＿＿＿＿＿＿＿＿＿＿＿＿＿＿＿＿

合作国别：＿＿＿＿＿＿＿＿＿＿＿＿＿＿＿＿＿＿

项目组织（推荐）部门：＿＿＿＿＿＿＿＿＿＿＿＿

申报日期：＿＿＿＿＿＿＿＿＿＿＿＿＿＿＿＿＿＿

中华人民共和国科学技术部

二〇一五年九月制

填报说明
（请认真阅读）

1. 政府间科技合作项目将主要支持我国政府和部门与外方政府和部门（多边机制）商定的有关国际科技合作与交流活动（包括技术引进消化吸收再创新、合作研发、先进适用技术产品设备标准走出去等，涉及产业化的项目一般指"××产业化技术/设备的研发"）。

2. 填写项目建议书的相关栏目时应突出国际合作的内容。

3. 项目建议书各项内容应实事求是，文字表述准确。外来语要同时用原文和中文表达，第一次出现的缩略词，须注明全称。

4. "项目名称"应反映合作的重点内容和目标，不宜过于宽泛（如"中加疫苗关键技术及产品合作研发"、"重大新发突发传染病诊治研究"），应能体现出通过国际合作解决的关键科技问题，字数不得超过25字，原则上不得出现外来语，应用中文表达。

5. "项目研发类型"是指申报哪类项目，请根据填报系统提示选择，不得自行填写。

6. "所属政府间协议"是指由合作双边或多边政府（包括中央和地方）牵头、组织签定的科技合作协定。

7. "项目合作协议/意向"是指合作双边或多边针对本项目合作具体工作签定的合作协议。

8. "项目建议提交单位"为依法在中国（大陆）境内设立，具有相应对外合作渠道和合作能力、科研条件和研发实力，并具备法人资格的科研机构、高等学校、企业。各级政府机关不得作为项目建议提交单位，也不可作为合作单位参与研究。"项目依托研究基地"中的"03国家国际科技合作基地"包括科技部授予的国际创新园、国际联合研究中心、国际技术转移中心和示范型国际科技合作基地。

9. "项目负责人"应是未来实际承担组织领导和主持本项目研究的科研人员，避免根据行政管理职务确定项目负责人。已作为项目负责人承担原国家基本科技计划项目的，如当年结题的可以提出申请，但需在研项目通过验收后方可承担新的项目。项目负责人和主要参加人员应遵守《国家科技计划项目承担人员管理的暂行办法》（国科发计字〔2002〕123号）的相关规定。

10. "合作外方"应为中国境外具有较强技术实力或较高科研水平的合作伙伴，并具备对华合作的意愿和能力。合作外方不得是外资在华设立的企业或研发机构（外资在华设立的企业或研发机构可作为"其他中方参加单位"），不得是中资机构在境外设立的企业或研发机构，不得是企业集团国内外分支机构之间的内部合作，合作外方必须是具有研发能力的实体机构，不得是在国外避税地设立的壳公司。外方合作伙伴如系政府机构、国际组织、科研院所或高等院校，必须详细到具体的部门、科研机构或大学院系，不能仅填写"美国能源部"、"世界卫生组织"、"加拿大国家研究理事会"、"澳大利亚联邦科工组织"、"美国国立卫生研究院"、"××大学"等；外方合作伙伴如系企业特别是跨国公司等大企业，必须详细到具体参与合作的分（子）公司、企业研发中心等，不能仅填写跨国公司名。请填写外方合作伙伴提交项目申请的序号。

11. "项目预期验收内容及考核指标"应如实填写，不得夸大虚报。如项目通过评审并正式立项，项目合同书的考核指标应与项目建议书相同不得随意删减，项目执行过程中合同书考核指标原则上不得调整；考核指标是项目结题验收的重要依据。列入验收内容及考核指标的成果均应与项目内容有关，属于通过开展本项目并在项目起止日期内产生，在验收时还需提交相关报告或证明（见第16条）。

12. "任务目标"项，用一句话概述项目的主要任务目标，限50字以内，例："合作解决太阳风离子探测关键技术"，"合作解决攻克制约我国月球探测的关键技术"，"研制甲型H1N1流感疫苗、有效应对全球甲型H1N1流感疫情"，"解决杂交水稻基因研究重大技术问题、共同应对粮食安全问题"等。

13. "成果导向"项，概述项目的成果应用及其产业化前景，经济社会效益，在解决关键科技问题和技术瓶颈，有效维护国家安全，响应政府部门、社会公众、行业企业对重大问题的关注，增强自主创新能力，支撑产业和地方发展等方面的作用，限100字以内，例："解决威胁我国煤矿安全生产的瓦斯和煤层爆炸技术难题"，"为开发新一代商用快堆等新一代核能提供技术支撑和设计制造能力"，"提升我高参数超超临界机组等高效发电技术与装备技术水平"，"加快解决目前封闭式组合电器的供需矛盾、确保国家电网改造及时完成"等。

14. 项目经费需求应与项目内容、预期验收内容及考核指标相匹配。项目预算表要求同时编制经费来源预算和支出预算，平衡公式为：经费支出预算合计＝经费来源预算合计。要结合项目申请书中有关研究内容、研究目标、参加人员、实施方案等内容认真编制预算，与项目有关的前期研究（包括阶段性成果）支出的各项经费不得列入预算。自筹经费是指国家科技计划项目专项经费以外的各种渠道来源资金，包括：其它财政拨款、单位自有货币资金和其他资金，自筹经费应在预算说明中列示。"国家科技计划项目自筹资金来源证明"中"3. 从承担单位获得的资助"指中方项目建议提交单位和其他参加单位对项目的资金投入。

15. 填写第五项第1条"预期取得的合作成果及考核指标"中的考核指标时，需对照基本信息表中的"项目预期验收内容及考核指标"进行详述：（1）对于新技术、新产品、新装置、新工艺、新材料等要有量化明细的检测指标及相关技术参数，需委托具备相关资质的第三方检测单位检测并出具报告。有标准的按相关国家和行业标准规范执行，没有标准的要事先约定检测方法；（2）论文必须是本项目起始日期后发表或收到期刊的稿件录用通知，专著必须是本项目起始日期后出版或收到出版社书面通知确定出版，均须注明得到有关专项的支持；（3）专利必须是本项目起始日期后或批准授权或申报；（4）技术标准必须是本项目起始日期后批准发布或申报并获受理；（5）人才培养和人才引进均必须是直接参与本项目的人员。其中，人才引进必须是在本项目起始日期后新引进的外籍人员或已在国外长期工作的海外人才。

16. 提交项目建议必须注册登陆"国家科技管理信息系统"（http://program.most.gov.cn/），按规定格式要求认真填写，进行网上填报并上传。专业领域、学科、方向请根据网上管理系统提供的选择项进行选择。涉密项目请下载相应填报软件填写、打印项目建议书，以机要形式上报，要求同时附上本单位保密办公室出具，项目组织（推荐）部门保密办公室审定的密级确定书，以及对外合作中采取有力措施保护知识产权、确保不泄密的保证书。

17. 请务必将合作协议/意向的复印件作为书面建议书附件一同上报，否则不予受理。

18. 项目建议书需加盖本单位和项目组织（推荐）部门公章，由项目组织（推荐）部门统一报送中国科学技术交流中心。未通过组织（推荐）部门上报的建议书，将不予受理。项目组织（推荐）部门是指根据中外政府间科技合作项目建议通知和要求，组织有关项目建议提交单位填报项目建议书的中央或地方科技管理部门，即项目建议提交单位所隶属的国务院各相关部门的主管司局，或所在省、自治区、直辖市和计划单列市科技厅（委、局），或相关的中央企业。

19. 项目基本信息

项目名称					
项目研发类型	01 基础研究；02 应用研究；03 试验发展；04 产业化；05 其他		建议密级	公开　秘密　机密　绝密	
所属政府间协议名称					
协议签署日期		协议有效期		年	
总体合作目标（可多选）	01 落实政府间科技合作协议；02 落实双方重大外交承诺；03 深化与主要发达国家科技合作；04 促进与周边和发展中国家协同发展；05 推动多边科技合作；06 深度参与国际大科学工程（计划）和国际组织；07 推动同港澳台地区合作；08 其他				
具体合作目标（可多选）	01 解决关键技术问题；02 填补国内外技术空白；03 促进人员交流、引进国际优秀人才；04 引进具有重大应用前景的前瞻技术；05 引进国家战略需求的关键技术、装备；06 解决国家科技计划\重大专项难点、瓶颈；07 分享国际前沿科技成果；08 其他（　　）				
合作方式（可多选）	01 开展联合研究 02 开展合作示范 03 购买全套技术及消化吸收；04 购买关键 know-how；05 引进关键技术设备；06 分工合作技术开发；07 聘请专家来华工作；08 赴国外技术培训；09 利用国外资源；10 信息交流、技术咨询；11. 基地和平台建设项目 12. 其他（　　）				
项目合作协议/意向	名称：				
项目起止日期			合作国别		所属大洲
所属专业领域 1		学科 1		方向 1	
所属专业领域 2		学科 2		方向 2	

项目建议提交单位	单位名称		组织机构代码		单位负责人	
	单位性质		所在地区		归口部门	
	项目依托研究基地（可多选）	01 国家实验室；02 国家重点实验室；03 国家国际科技合作基地；04 国家工程技术研究中心；05 国家级企业技术中心；06 部门或省级开放（重点）实验室；07 教育部 985 工程创新基地；08 省部级重点学科基地；09 国家工程实验室；10 其他				
	通讯地址				邮政编码	
	联系电话			传真		

项目负责人	姓名		性别		出生日期	
	证件类型		证件号码		职务	
	学位		学历		职称		电话	
	手机		E-mail		传真	

项目联系人	姓名		性别		出生日期	
	手机		电话			
	E-mail		传真			

项目建议提交单位意见：

　　已按填报说明对拟参与项目人员的资格和建议书内容进行了审核，内容真实，数据准确，同意提交。建议项目如获资助，我单位保证对研究计划实施所需要的人力、物力和工作时间等条件给予保障，严格遵守国家科技计划管理有关规定，督促项目负责人和项目组成员以及本单位项目管理部门按照中外政府间科技合作项目有关要求及时报送相关材料。

单位负责人（签章）：　　　　　　（单位公章）

年　月　日

其他中方参加单位	单位名称	组织机构代码			
合作外方	机构名称及所属国别（中英文）				
	外方负责人（英文）		职称		
	外方项目序号				
	通讯地址		E-mail		
	传真		电话		
其他合作外方	单位名称及所属国别（中英文）				
经费需求	总经费：万元，自筹资金：万元，其中：从企业获得研发经费投入万元	拟申请中央财政经费		万元	
		其它财政拨款（含部门、地方匹配）		万元	
		单位自有货币资金		万元	
		其他资金		万元	
预期使用外方资源情况	使用外方经费	万元人民币（指外方投入的由中方支配和使用的货币资金）			
	利用外方关键技术（可填多项）		技术名称、该技术的费用估值及支付外方经费（万元人民币）		
	利用外方关键设备（可填多项）		设备名称、该设备的费用估值及支付外方经费（万元人民币）		
	使用外方特有资源	物种数	样本量	数据量	图纸数	其他（名称： ）

（续表）

项目预期验收内容及考核指标	成果形式（可多选）		01 论文专著；02 研究（咨询）报告；03 新产品（或生物新品种）；04 新装置；05 新材料；06 新工艺（或新方法、新模式）；07 计算机软件；08 人才培养；09 人才引进；10 技术标准；11 基地建设；12 其它						
	引进关键技术	项	技术名称						
	技术形式		01 软件；02 计算方法；03 模型；04 专利；05 数据库；06 其他						
	技术先进性		01 世界独有；02 国际领先；03 国际先进；04 国内领先						
	技术成熟度		01 实验室成果；02 中试阶段；03 已产业化						
	引进关键设备	台	设备名称						
	引进特有资源		物种数	样本量	数据量	图纸数	其他（名称： ）		
	中文核心期刊论文篇数：			国外学术论文篇数：			其中，国际合著论文篇数：		
	中文专著数：				外文专著数：				
	国外发明专利	自主：项	国内发明专利	自主：项	实用新型专利	自主：项	其他专利	自主：项	
		合作：项		合作：项		合作：项		合作：项	
	预期取得技术标准	国际标准	自主：项	国家标准	项		国内行业标准	项	
			参加：项						
	其他知识产权数	计算机软件登记		集成电路布图设计		生物新品种登记		其他	
		项数：		项数：		项数：		项数：	
		名称：		名称：		名称：		名称：	
	人才培养	博士后 人		博士 人		硕士 人		工程技术人员 人	
	人才引进	总计： 人	高级职称 人	博士后 人	博士 人		硕士 人	工程技术人员 人	
		总计来华工作： 人月			其中高级职称人员来华工作 人月				
	合作/引进成果知识产权归属		01 形成自主知识产权；02 共享知识产权，其中，中方占 %，外方 %（合计应为100%）；03 获得在华许可						

	项目简介
任务目标 （50 字以内）	目标：
合作内容 合作理由 合作方式 合作必要性 （500 字以内）	
成果导向 （100 字以内）	

项目组织 （推荐）部门		联系人		电话	

项目组织（推荐）部门意见：
　　已对项目建议书内容进行了审核。如未来项目实施，我部门将认真履行政府间科技合作项目管理有关要求中管理部门的责任和义务，履行实施本项目所做的有关承诺。

　　　　　　　　　　　　　部门负责人（签章）：　　　　　　（单位公章）
　　　　　　　　　　　　　　　　　　　　　　　　　　　　年　　月　　日

General Information of the Proposal for the Project

（For Chinese Principal Investigator/Project Manager）

Project Title		
Specialty Field		
Financial Support	Apply for RMB Financial Support from the Chinese Side	Foreign Investment： Euro （　　）
Name of Cooperation Agreement		
Project Duration	From　　　　　　to　　　　　　（m/y）	

Proposed Project Manager / Applicant in China

Chinese Applicant			
Principal Investigator/ Project Manager			
Address		Zip Code	
Telephone Number		Mobile Number	
E-mail		Fax Number	

Overseas Project Manager / Organization

Overseas Project Organization					
Project Manager		E-mail		Nationality	
Address					
Fax Number		Telephone Number			
The objectives and contents of the research project are（maximum 500 words）：					

项目经费需求

经费来源估算（万元）	来源总计：万元
拟申请中央财政经费	
自筹资金　其他财政拨款（含部门、地方匹配）	
单位自有货币资金	
其他资金	
外方投入资金（是指外方投入的由中方支配、使用的货币资金）	

经费支出（万元）		支出总计：万元		
科目	合计	专项经费	自筹资金	外方投入
（一）直接费用				
1. 设备费				
其中：购置设备费				
2. 材料费				
3. 测试化验加工费				
4. 燃料动力费				
5. 技术引进费				
6. 差旅费（指国内差旅费）				
7. 会议费				
8. 合作交流费				
国内人员出国费				
海外专家来华费				
9. 出版/文献/信息传播/知识产权事务费				
10. 劳务费				
国内人员劳务费				
海外专家劳务费				
11. 专家咨询费：				
国内专家咨询费				
海外专家咨询费				
12. 其他费用				
（二）间接费用				
其中：绩效支出				

注：1. "其他经费"专指是指在项目组织实施过程中围绕关键技术引进和优秀人才引进，且无法在上述科目列支的费用。专项经费严格控制其他费用支出，加强审核和监督。确有需要的，原则上采用后补助的方式资助，按照预算调整的有关程序报批。

2. 经费来源中有"自筹经费"的，需提供自筹经费来源证明。

3. 间接费用使用分段超额累退比例法计算并实行总额控制，按照不超过项目经费中直接费用扣除购置设备费后的一定比例核定，具体比例如下：

500 万元及以下部分不超过 20%；

超过 500 万元至 1 000 万元的部分不超过 13%；

超过 1 000 万元的部分不超过 10%。

间接费用中绩效支出不超过直接费用扣除购置设备费后的 5%。

自筹资金来源证明

（如自筹资金来自不同渠道或不同单位，应分别填写）

如未来项目建议获得批准，_____（单位全称），为____项目，提供____万元的自筹/配套资金，资金来源为____（1. 国家其他财政拨款　2. 地方财政拨款　3. 从承担单位获得的资助 4. 从其他渠道获得的资助）。

自筹资金主要用于：_____（填写具体支出科目）

特此证明！

出资单位（公章）：

年　月　日

1. 项目总经费概算、拟申请中央财政经费的必要说明

2. 合作外方投入（经费、关键技术、设备装备、资源等）说明

3. 国内项目承担单位自筹、部门（地方）配套资金说明

4. 拟申请专项经费的大型仪器设备购置费、技术引进费用、劳务费等的必要说明

5. 拟申请专项经费中"其他经费"的理由及必要说明

一、合作理由 （限五号字二页以内）

1. 项目建议提出的背景及合作重要性、必要性：
　　（包括合作内容的国内外现状和发展趋势；项目合作在服务科技外交、保障国家安全、促进科技突破、提升经济和社会发展水平等方面的战略重要性及合作必要性、紧迫性；合作外方的选择理由及外方对项目实施所起的关键作用等）

2. 合作的优势互补性：
　　（指出中外各合作方的科学技术优势及合作外方拥有哪些我方所需的关键（核心）技术、应用成果、前沿理论或专有人才等智力资源、技术资源、自然资源或市场资源）

3. 若国内和国际上已开展与本项目建议内容类似的研究，请对比说明各自的水平、优势、特点或差距等。

二、合作基础与合作能力（限五号字二页以内）

1. 合作基础：
　　（指出合作各方是否有着良好的合作互信与合作渠道，是否已开展了富有成效的合作与交流，特别是针对本项目建议内容开展的前期合作与交流，具有稳定的国内外合作环境、合作条件与交流机制等。）

2. 合作可行性：
　　（从特有关系、人才、技术、资金及组织方式等方面简述合作可行性，能否保障项目顺利实施，达到预期目标）

3. 中方项目建议提交单位合作能力：
　　（包括中方项目承担/参加单位产、学、研简况及具有的合作经验与合作渠道；项目组人员的职称及在该领域的国内外学术地位、专业/技术优势）

　　项目组主要人员的成功案例
　　（1）近五年承担的和主持完成（已验收）的原国家国际科技合作专项项目名称、类型、编号、起止年月、资助经费、完成情况、后续研究进展，以及与本项目建议的关系。

　　（2）近五年承担的和主持完成（已验收）的其他国家科技计划项目名称、计划类型、编号、起止年月、资助经费、执行情况，以及与本项目建议的关系。

　　（3）近五年取得的三项代表性科技合作或技术引进消化吸收再创新案例及经济、社会、环境效益。

　　（4）近五年取得的三项代表性成果名录，包括论著、专利、标准等。

4. 外方合作能力：
　　（外方合作机构简况及外方在该领域的学术地位与技术优势；外方负责人及参加人员的学术水平、职称及在该领域的学术地位；是否提供必要的技术培训和服务。）

　　外方项目组人员近五年取得的五项代表性成果名录（包括论著、专利、标准等）

5. 合作协议签订情况：
　　（请给出协议或意向书名称、签定时间、地点、主要内容，并附协议或意向书复印件。）

三、合作目标和内容（限五号字二页以内）

---

1. 合作目标和主要内容：
   （目标要明确，内容要具体）

2. 主要合作要点
   （指出在推动科技外交工作层面的有关内容安排）

3. 主要创新性：
   （指出科学研究或技术开发等具体项目合作层面通过国际合作解决的主要瓶颈、难点，拟取得的突破或创新，以及合作前后相关技术指标的对比情况）

四、合作方案（限五号字三页以内）

---

1. 组织实施方案：
   （包括项目合作各方信息、人才、技术、资金、设施及合作渠道等资源的组织、集成、整合、投入和使用方式、方案，以及工作流程、合作各方任务分配、合作方式、人员交流计划等）

2. 技术方案：
   （包括联合研发或引进技术的消化吸收再创新方案和技术路线，要指出本项目建议所涉主要科学技术瓶颈、难点的合作或引进解决方案）

3. 项目的年度实施计划和年度目标：
   （合作项目实施期限可根据项目合作具体情况及实际需要调整，限两页内）

第一年度	
第二年度	
第三年度	

五、合作成果与知识产权保护（限五号字二页以内）

1. 预期取得的合作成果及考核指标：

（分项表述包括人才、技术、装备设备引进及论文著作、专利、标准、新技术、新产品［含生物新品种、计算机软件等］、新装置、新工艺、新材料等合作成果与知识产权，以及其他应考核指标的数量及水平；考核指标应合理、清楚、明确、量化、可考核；若项目最终获得立项，执行过程中考核指标原则上不予调整。考核指标方面务必阐述清楚，详见填报说明第11、16条）

2. 预期成果、知识产权等的权益归属、分享、保护、使用措施、方案，以及相关具体指标：

（措施、方案、指标要明确、具体、有效，并有约束性；对可能出现的知识产权纠纷的预防及解决方案）

3. 外方合作投入及具体指标：

（包括资金、人员、技术、材料、设备、信息数据及特有资源等，并注明是否投入到中方，是合作实施期间使用还是归中方所有）

4. 中方需投入的已有资源、知识产权的保护：

（包括中方已有的、需投入本合作项目的信息、数据、技术、材料、设备装备、特有资源等资源和知识产权及其使用、保护措施，能否有效维护国家利益，保障国家安全，措施要具体、有效；说明可能涉及我国的人类遗传资源、生物种质资源、生物安全、测绘、海洋、气象、水文、地质、矿产、环境、卫生、信息安全等领域的自然资源和科技数据合作情况。涉及以上领域的合作，需遵守我国在上述领域及科技保密、科技伦理、知识产权等方面的国内法律法规和其他管理办法。）

5. 遵守国际和国内相关法律法规、惯例、伦理情况：

（此项目合作内容、形式、成果等是否符合国际法及国际惯例，以及我国、合作方所在国的法律法规、伦理。特别是项目如可能涉及我国在人类遗传资源、生物种质资源、生物安全、测绘、海洋、气象、水文、地质、矿产、环境、卫生、信息安全等领域的合作，应遵守我国在上述领域及科技保密、科技伦理、知识产权、科技数据交换等方面的法律法规和其他管理办法。如有上述问题，请详细说明情况及拟采取的措施，是否已向相关部门申报并获批，如获批请附相关审批文件。）

六、预期效益（限五号字二页以内）

预期外交、经济和社会效益：

（包括合作成果对落实双边政府间科技合作的意义，以及对中外双方在商定的优先领域内科技水平和研发能力的提升作用；创新国际科技合作模式或合作机制；在科技外交工作的作用；在国家重大工程建设或重大装备开发中发挥的作用；与国内外同类产品或技术的竞争分析，成果应用和产业化情况，对促进相关产业技术进步、带动新兴产业发展、提升我国相关产业竞争力的作用；技术及产品应用所形成的市场规模、效益及促进就业情况等；项目实施中形成的示范基地、中试线、生产线及其规模等；对保障国家安全、改善民生、提高公共服务能力、促进社会可持续发展的作用等。属于产学研结合的项目，请给出对联合研发或引进技术的产学研联合机制、具体方案，以及企业参与、企业投入及企业技术应用方案等）

七、承诺及密级审核

项目是否存在涉密内容：（若是，请指出涉密内容及其密级）

申请密级	公开　秘密　机密　绝密

负责人承诺：

　　如本项目建议未来获得批准，我保证项目建议书内容的真实性、准确性。项目密级是根据《中华人民共和国保守国家秘密法》、《科学技术保密规定》及《对外科技交流保密提醒制度》确定，我承诺在对外合作中不泄露国家秘密，并通过相关知识产权协议（条款）切实保护我方的知识产权。

　　此项目合作内容、形式、成果等符合国际法、国际惯例和我国及合作方所在国家的法律法规、伦理。如果获得资助，我将履行项目负责人职责，严格遵守国家科技计划管理有关规定，切实保证研究工作时间，认真开展工作，按时报送年度进展报告、成果进展信息、结题验收报告等有关材料，接受项目检查。若填报失实和违反规定，本人将承担全部责任。

　　执行此项目期间，因无法预料的原因所产生的后果由本人自负（如健康状况、经济纠纷、损失等）。

　　　　　　　　　　　　　　　　　　　　　　　　　　　　　负责人签字

　　　　　　　　　　　　　　　　　　　　　　　　　　　　　年　月　日

项目建议提交单位保密办公室承诺：

　　已对项目建议书内容和密级进行了审核，项目建议所定密级符合《中华人民共和国保守国家秘密法》、《科学技术保密规定》及《对外科技交流保密提醒制度》中的定级要求和条件。我单位保证严格遵守国家科技计划管理有关保密规定，根据相应密级的管理办法进行管理，并采取有效措施，保证在对外合作中不泄露国家秘密，切实维护国家利益，保障国家安全。

　　　　　　　　　　　　　　　　　　　　　　　项目建议提交单位保密办公室盖章

　　　　　　　　　　　　　　　　　　　　　　　　　　　　　年　月　日

项目组织（推荐）部门保密办公室承诺：

　　已对项目负责人的资格、项目建议书内容及密级进行了审核，项目建议所定密级符合《中华人民共和国保守国家秘密法》、《科学技术保密规定》及《对外科技交流保密提醒制度》中的定级要求和条件，同意报送。我单位保证严格遵守国家科技计划管理有关保密规定，根据相应密级的管理办法进行管理。

　　　　　　　　　　　　　　　　　　　　　　　项目组织（推荐）部门保密办公室盖章

　　　　　　　　　　　　　　　　　　　　　　　　　　　　　年　月　日

　　注：不管是公开或公开以上级别，均需项目建议提交单位和项目组织（推荐）部门的保密部门进行密级审核。如项目建议提交单位或项目组织（推荐）部门没有专门设立保密办或刻保密公章，务必由项目建议提交单位或项目组织（推荐）部门出具说明，说明保密职责由何部门承担并用单位或部门的公章代章，具体说明格式可从国家国际科技合作专项网（http：//www.istcp.org.cn/）"文件下载"栏下载。

6. 科技部关于征集2016—2017年度中国和奥地利政府间科技合作项目建议的通知

科技部关于征集2016—2017年度中国和奥地利政府间科技合作项目建议的通知

国科发外〔2015〕454号

各省、自治区、直辖市及计划单列市科技厅（委、局），国务院各有关部门科技主管单位，各有关单位：

根据《中华人民共和国政府和奥地利共和国政府科学技术合作协定》及中奥（地利）政府间科技合作联委会第10次会议纪要，现征集2016年至2017年度对奥地利双边政府间科技合作项目建议。有关事项通知如下：

一、背景情况及任务目标

为落实双边政府间科技合作协议，促进和支持双边科技创新合作，中国科技部与奥地利联邦科研和经济部商定，共同征集双边政府间科技合作联合研究项目建议，并就合作方式、领域、资助额度等达成一致意见。

此次征集的政府间科技合作项目建议旨在支持双边高校、科研院所在已有的合作基础上，就共同感兴趣并能使双方受益的课题开展合作研发，欢迎企业参与。项目建议提出单位应本着平等合作、互利互惠、成果共享、尊重知识产权的原则同外方合作伙伴开展实质性合作。提出的项目建议需具备技术先进性和创新性，双方政府机构将对具有技术转移潜力或产业化前景的项目建议内容给予优先支持。

二、拟支持的优先领域

根据前述政府间科技合作协议以及双方政府共识，确定2016—2017年度拟支持的优先领域主要包括低碳技术、环境研究、新材料、农业研究、可再生能源和卫生健康（含中医药）。

三、项目建议的撰写与提交

（一）编写要求

1. 对中外方项目建议提出单位要求。

（1）中外方项目建议提出单位需分别向中外方政府部门提交项目建议书，单方申报无效。

（2）中方项目建议提出单位应为依法在中国境内设立，具有相应对外合作渠道和合作能力、科研条件和研发实力，并具备法人资格的高等学校、科研机构和企业。

（3）中外双方合作单位应签署协议或意向书等项目合作文件。双方参与单位应明确在合作研发中的贡献和分工。对项目建议研究立项时将优先考虑外方合作单位提供书面出资证明或出资承诺的项目。

（4）同等条件下，国家国际科技合作基地优先。

2. 关于对项目建议书中参与人员的要求。

项目负责人和主要参加人员应遵守《国家科技计划项目承担人员管理的暂行办法》（国科发计字〔2002〕123 号）的相关规定。作为项目负责人，同期主持的国家基本科技计划项目数原则上不得超过 1 项；作为主要参与人员，同期参与承担的国家基本科技计划项目数（含负责主持的项目数）原则上不得超过 2 项。

3. 知识产权要求。

（1）项目建议中，应包含有效保护知识产权及涉及国家安全的相关信息资源的章节，应注意合理分享合作研究成果，维护中方利益。

（2）合作双方签署的合作协议或意向书，其中必须包括知识产权专门条款。否则，双方须另行签署专门的知识产权协议。

4. 其它要求。

（1）根据双方政府部门共识，要求项目合作研究内容应有较高的创新性和应用前景。后续立项时将优先考虑有明确产业化应用前景、社会经济效益良好的合作研发项目。

（2）凡此次提交项目建议的单位，不得一题多报、项目打包或申请重复资助。

（二）经费及期限

1. 中方每年资助项目不超过 10 个，每个项目不超过 100 万人民币。中方获批项目执行单位承担其奥方伙伴在中国执行合作计划框架内停留费用及中方人员赴奥旅费。奥方承担其中方伙伴在奥地利执行合作计划框架内停留费用及奥方人员赴中国旅费。

2. 项目执行期原则上不超过 2 年。

（三）项目建议提交方式

1. 项目建议需通过上一级组织推荐部门提交项目建议书。组织推荐部门指项目建议的报送单位所在省、自治区、直辖市或计划单列市的科技厅（委、局），或申请单位所隶属的国务院部门主管司局。

2. 请按照项目建议书附件格式及要求填写，请勿更改原始文件的格式或另行制作文件填写。中方提交的项目建议基本信息必须与外方合作伙伴申报内容一致。

3. 请通过国家科技管理信息系统项目申报中心（http：//program. most. gov. cn）统一填报。网络填报的受理时间为本通知发布之日起至 2016 年 4 月 28 日 17：00（技术咨询电话：010 – 88659000）

网上填报提交后，请于 2016 年 4 月 28 日前（以寄出时间为准）将加盖组织推荐部门公章的推荐函（纸质，一式 4 份）、项目建议基本信息表、政府间科技合作项目建议书（通过系统直接生成打印，纸质，一式 4 份）寄送至中国科学技术交流中心。请不要现场报送。

四、联系方式

（一）政策咨询

科技部国际合作司欧洲处　李刚

电话：010 – 58881350

电子邮箱：lig@ most. cn

奥方联系人：奥地利联邦科研和经济部国际合作司

Mag. Stephan NEUH？ USER

电话：+ 43 – 1 – 53120 – 6714

电子邮件：stephan. neuhaeuser@ bmwfw. gv. at

网站：http：//www. bmwfw. gv. at

（二）项目建议受理工作

中国科学技术交流中心欧洲处 董克勤

电话：010 – 68513370

电子邮箱：dongkq@ cstec. org. cn

地址：北京市西城区三里河路 54 号

邮编：100045

奥方联系人：奥地利教育与研究国际合作署

Mag. Monika STALTNER

电话：+ 43 – 1 – 53408 – 445

电子邮件：wtz@ oead. at

网站：http：//www. oead. at/wtz

附件：1. 项目建议基本信息表

   2. 政府间科技合作项目建议书

科技部

2015 年 12 月 24

来源：http://www. most. gov. cn/mostinfo/xinxifenlei/fgzc/gfxwj/gfxwj2015/201512/t20151229_ 123211. htm

附件 1

项目建议基本信息表

建议项目名称	中文： 英文：
中方项目 建议书填报单位	中文： 英文：
中方项目 负责人及 联系方式	姓名：性别：职务职称： 电话：传真：手机： 通信地址： 邮编：电子信箱：
外方合作单位	中文： 英文：
外方项目 指南编号 负责人及 联系方式	指南编号： 姓名：性别：职务职称： 电话：传真：手机： 通信地址： 邮编：电子信箱：
项目建议涉及 的主要研究 内容（200 字以内）	

附件 2

项目序号 ＿＿＿＿＿＿＿＿

合作类型　政府间科技合作

政府间科技合作
项目建议书

项目名称：＿＿＿＿＿＿＿＿＿＿＿＿＿＿＿＿＿

提交单位：＿＿＿＿＿＿＿＿＿＿＿＿＿＿＿＿＿

负 责 人：＿＿＿＿＿＿＿＿＿＿＿＿＿＿＿＿＿

合作国别：＿＿＿＿＿＿＿＿＿＿＿＿＿＿＿＿＿

项目组织（推荐）部门：＿＿＿＿＿＿＿＿＿＿＿

申报日期：＿＿＿＿＿＿＿＿＿＿＿＿＿＿＿＿＿

中华人民共和国科学技术部

二〇一五年九月制

填报说明
(请认真阅读)

1. 政府间科技合作项目将主要支持我国政府和部门与外方政府和部门（多边机制）商定的有关国际科技合作与交流活动（包括技术引进消化吸收再创新、合作研发、先进适用技术产品设备标准走出去等，涉及产业化的项目一般指"××产业化技术/设备的研发"）。

2. 填写项目建议书的相关栏目时应突出国际合作的内容。

3. 项目建议书各项内容应实事求是，文字表述准确。外来语要同时用原文和中文表达，第一次出现的缩略词，须注明全称。

4. "项目名称"应反映合作的重点内容和目标，不宜过于宽泛（如"中加疫苗关键技术及产品合作研发"、"重大新发突发传染病诊治研究"），应能体现出通过国际合作解决的关键科技问题，字数不得超过25字，原则上不得出现外来语，应用中文表达。

5. "项目研发类型"是指申报哪类项目，请根据填报系统提示选择，不得自行填写。

6. "所属政府间协议"是指由合作双边或多边政府（包括中央和地方）牵头、组织签定的科技合作协定。

7. "项目合作协议/意向"是指合作双边或多边针对本项目合作具体工作签定的合作协议。

8. "项目建议提交单位"为依法在中国（大陆）境内设立，具有相应对外合作渠道和合作能力、科研条件和研发实力，并具备法人资格的科研机构、高等学校、企业。各级政府机关不得作为项目建议提交单位，也不可作为合作单位参与研究。"项目依托研究基地"中的"03国家国际科技合作基地"包括科技部授予的国际创新园、国际联合研究中心、国际技术转移中心和示范型国际科技合作基地。

9. "项目负责人"应是未来实际承担组织领导和主持本项目研究的科研人员，避免根据行政管理职务确定项目负责人。已作为项目负责人承担原国家基本科技计划项目的，如当年结题的可以提出申请，但需在研项目通过验收后方可承担新的项目。项目负责人和主要参加人员应遵守《国家科技计划项目承担人员管理的暂行办法》（国科发计字〔2002〕123号）的相关规定。

10. "合作外方"应为中国境外具有较强技术实力或较高科研水平的合作伙伴，并具备对华合作的意愿和能力。合作外方不得是外资在华设立的企业或研发机构（外资在华设立的企业或研发机构可作为"其他中方参加单位"），不得是中资机构在境外设立的企业或研发机构，不得是企业集团国内外分支机构之间的内部合作，合作外方必须是具有研发能力的实体机构，不得是在国外避税地设立的壳公司。外方合作伙伴如系政府机构、国际组织、科研院所或高等院校，必须详细到具体的部门、科研机构或大学院系，不能仅填写"美国能源部"、"世界卫生组织"、"加拿大国家研究理事会"、"澳大利亚联邦科工组织"、"美国国立卫生研究院"、"××大学"等；外方合作伙伴如系企业特别是跨国公司等大企业，必须详细到具体参与合作的分（子）公司、企业研发中心等，不能仅填写跨国公司名。请填写外方合作伙伴提交项目申请的序号。

11. "项目预期验收内容及考核指标"应如实填写，不得夸大虚报。如项目通过评审并正式立项，项目合同书的考核指标应与项目建议书相同不得随意删减，项目执行过程中合同书考核指标原则上不得调整；考核指标是项目结题验收的重要依据。列入验收内容及考核指标的成果均应与项目内容有关，属于通过开展本项目并在项目起止日期内产生，在验收时还需提交相关报告或证明（见第16条）。

12. "任务目标"项，用一句话概述项目的主要任务目标，限 50 字以内，例："合作解决太阳风离子探测关键技术"，"合作解决攻克制约我国月球探测的关键技术"，"研制甲型 H1N1 流感疫苗、有效应对全球甲型 H1N1 流感疫情"，"解决杂交水稻基因研究重大技术问题、共同应对粮食安全问题"等。

13. "成果导向"项，概述项目的成果应用及其产业化前景，经济社会效益，在解决关键科技问题和技术瓶颈，有效维护国家安全，响应政府部门、社会公众、行业企业对重大问题的关注，增强自主创新能力，支撑产业和地方发展等方面的作用，限 100 字以内，例："解决威胁我国煤矿安全生产的瓦斯和煤层爆炸技术难题"，"为开发新一代商用快堆等新一代核能提供技术支撑和设计制造能力"，"提升我高参数超超临界机组等高效发电技术与装备技术水平"，"加快解决目前封闭式组合电器的供需矛盾、确保国家电网改造及时完成"等。

14. 项目经费需求应与项目内容、预期验收内容及考核指标相匹配。项目预算表要求同时编制经费来源预算和支出预算，平衡公式为：经费支出预算合计＝经费来源预算合计。要结合项目申请书中有关研究内容、研究目标、参加人员、实施方案等内容认真编制预算，与项目有关的前期研究（包括阶段性成果）支出的各项经费不得列入预算。自筹经费是指国家科技计划项目专项经费以外的各种渠道来源资金，包括：其它财政拨款、单位自有货币资金和其他资金，自筹经费应在预算说明中列示。"国家科技计划项目自筹资金来源证明"中"3. 从承担单位获得的资助"指中方项目建议提交单位和其他参加单位对项目的资金投入。

15. 填写第五项第 1 条"预期取得的合作成果及考核指标"中的考核指标时，需对照基本信息表中的"项目预期验收内容及考核指标"进行详述：（1）对于新技术、新产品、新装置、新工艺、新材料等要有量化明细的检测指标及相关技术参数，需委托具备相关资质的第三方检测单位检测并出具报告。有标准的按相关国家和行业标准规范执行，没有标准的要事先约定检测方法；（2）论文必须是本项目起始日期后发表或收到期刊的稿件录用通知，专著必须是本项目起始日期后出版或收到出版社书面通知确定出版，均须注明得到有关专项的支持；（3）专利必须是本项目起始日期后或批准授权或申报；（4）技术标准必须是本项目起始日期后批准发布或申报并获受理；（5）人才培养和人才引进均必须是直接参与本项目的人员。其中，人才引进必须是在本项目起始日期后新引进的外籍人员或已在国外长期工作的海外人才。

16. 提交项目建议必须注册登陆"国家科技管理信息系统"（http://program. most. gov. cn/），按规定格式要求认真填写，进行网上填报并上传。专业领域、学科、方向请根据网上管理系统提供的选择项进行选择。涉密项目请下载相应填报软件填写、打印项目建议书，以机要形式上报，要求同时附上本单位保密办公室出具，项目组织（推荐）部门保密办公室审定的密级确定书，以及对外合作中采取有力措施保护知识产权、确保不泄密的保证书。

17. 请务必将合作协议/意向的复印件作为书面建议书附件一同上报，否则不予受理。

18. 项目建议书需加盖本单位和项目组织（推荐）部门公章，由项目组织（推荐）部门统一报送中国科学技术交流中心。未通过组织（推荐）部门上报的建议书，将不予受理。项目组织（推荐）部门是指根据中外政府间科技合作项目建议通知和要求，组织有关项目建议提交单位填报项目建议书的中央或地方科技管理部门，即项目建议提交单位所隶属的国务院各相关部门的主管司局，或所在省、自治区、直辖市和计划单列市科技厅（委、局），或相关的中央企业。

19. 项目基本信息

项目名称							
项目研发类型	01 基础研究；02 应用研究；03 试验发展；04 产业化；05 其他			建议密级	公开　秘密　机密　绝密		
所属政府间协议名称							
协议签署日期			协议有效期		年		
总体合作目标（可多选）	01 落实政府间科技合作协议；02 落实双方重大外交承诺；03 深化与主要发达国家科技合作；04 促进与周边和发展中国家协同发展；05 推动多边科技合作；06 深度参与国际大科学工程（计划）和国际组织；07 推动同港澳台地区合作；08 其他						
具体合作目标（可多选）	01 解决关键技术问题；02 填补国内外技术空白；03 促进人员交流、引进国际优秀人才；04 引进具有重大应用前景的前瞻技术；05 引进国家战略需求的关键技术、装备；06 解决国家科技计划\重大专项难点、瓶颈；07 分享国际前沿科技成果；08 其他（　　）						
合作方式（可多选）	01 开展联合研究 02 开展合作示范 03 购买全套技术及消化吸收；04 购买关键know-how；05 引进关键技术设备；06 分工合作技术开发；07 聘请专家来华工作；08 赴国外技术培训；09 利用国外资源；10 信息交流、技术咨询；11. 基地和平台建设项目 12. 其他（　　）						
项目合作协议/意向	名称：						
项目起止日期				合作国别		所属大洲	
所属专业领域 1			学科 1		方向 1		
所属专业领域 2			学科 2		方向 2		

项目建议提交单位	单位名称		组织机构代码		单位负责人	
	单位性质		所在地区		归口部门	
	项目依托研究基地（可多选）	01 国家实验室；02 国家重点实验室；03 国家国际科技合作基地；04 国家工程技术研究中心；05 国家级企业技术中心；06 部门或省级开放（重点）实验室；07 教育部 985 工程创新基地；08 省部级重点学科基地；09 国家工程实验室；10 其他				
	通讯地址				邮政编码	
	联系电话			传真		

（续表）

项目负责人	姓名		性别		出生日期	
	证件类型		证件号码		职务	
	学位		学历		职称		电话	
	手机		E-mail		传真	

项目联系人	姓名		性别		出生日期	
	手机			电话		
	E-mail			传真		

项目建议提交单位意见：

　　已按填报说明对拟参与项目人员的资格和建议书内容进行了审核，内容真实，数据准确，同意提交。建议项目如获资助，我单位保证对研究计划实施所需要的人力、物力和工作时间等条件给予保障，严格遵守国家科技计划管理有关规定，督促项目负责人和项目组成员以及本单位项目管理部门按照中外政府间科技合作项目有关要求及时报送相关材料。

　　　　　　　　　　　　　单位负责人（签章）：　　　　　　　（单位公章）
　　　　　　　　　　　　　　　　　　　　　　　　　　　　　　　年　 月　 日

其他中方参加单位	单位名称	组织机构代码

合作外方	机构名称及所属国别（中英文）		
	外方负责人（英文）		职称	
	外方项目序号		
	通讯地址		E-mail	
	传真		电话	

其他合作外方	单位名称及所属国别（中英文）	

经费需求	总经费：万元，自筹资金：万元，其中：从企业获得研发经费投入万元	拟申请中央财政经费	万元
		其它财政拨款（含部门、地方匹配）	万元
		单位自有货币资金	万元
		其他资金	万元

预期使用外方资源情况	使用外方经费	万元人民币（指外方投入的由中方支配和使用的货币资金）				
	利用外方关键技术（可填多项）		技术名称、该技术的费用估值及支付外方经费（万元人民币）			
	利用外方关键设备（可填多项）		设备名称、该设备的费用估值及支付外方经费（万元人民币）			
	使用外方特有资源	物种数	样本量	数据量	图纸数	其他（名称：　）

项目预期验收内容及考核指标	成果形式（可多选）		01 论文专著；02 研究（咨询）报告；03 新产品（或生物新品种）；04 新装置；05 新材料；06 新工艺（或新方法、新模式）；07 计算机软件；08 人才培养；09 人才引进；10 技术标准；11 基地建设；12 其它					
	引进关键技术	项	技术名称					
	技术形式		01 软件；02 计算方法；03 模型；04 专利；05 数据库；06 其他					
	技术先进性		01 世界独有；02 国际领先；03 国际先进；04 国内领先					
	技术成熟度		01 实验室成果；02 中试阶段；03 已产业化					
	引进关键设备	台	设备名称					
	引进特有资源		物种数	样本量	数据量	图纸数	其他（名称：　）	
	中文核心期刊论文篇数：			国外学术论文篇数：		其中，国际合著论文篇数：		
	中文专著数：				外文专著数：			
	国外发明专利	自主：项	国内发明专利	自主：项	实用新型专利	自主：项	其他专利	自主：项
		合作：项		合作：项		合作：项		合作：项
	预期取得技术标准	国际标准	自主：项	国家标准	项	国内行业标准	项	
			参加：项					
	其他知识产权数	计算机软件登记		集成电路布图设计		生物新品种登记		其他
		项数：		项数：		项数：		项数：
		名称：		名称：		名称：		名称：
	人才培养	博士后　人		博士　人		硕士　人		工程技术人员　人
	人才引进	总计：人	高级职称　人	博士后　人	博士　人	硕士　人	工程技术人员　人	
		总计来华工作：　人月			其中高级职称人员来华工作　人月			
	合作/引进成果知识产权归属		01 形成自主知识产权；02 共享知识产权，其中，中方占　%，外方　%（合计应为100%）；03 获得在华许可					

（续表）

项目简介					
任务目标 （50字以内）	目标：				
合作内容 合作理由 合作方式 合作必要性 （500字以内）					
成果导向 （100字以内）					
项目组织 （推荐）部门		联系人		电话	

项目组织（推荐）部门意见：
　　已对项目建议书内容进行了审核。如未来项目实施，我部门将认真履行政府间科技合作项目管理有关要求中管理部门的责任和义务，履行实施本项目所做的有关承诺。

　　　　　　　　　　　　　　部门负责人（签章）：　　　　　（单位公章）
　　　　　　　　　　　　　　　　　　　　　　　　　　　年　月　日

General Information of the Proposal for the Project
(For Chinese Principal Investigator/Project Manager)

Project Title		
Specialty Field		
Financial Support	Apply for RMB Financial Support from the Chinese Side	Foreign Investment: Euro ( )
Name of Cooperation Agreement		
Project Duration	From to (m/y)	

Proposed Project Manager / Applicant in China

Chinese Applicant			
Principal Investigator/ Project Manager			
Address		Zip Code	
Telephone Number		Mobile Number	
E-mail		Fax Number	

Overseas Project Manager / Organization

Overseas Project Organization					
Project Manager		E-mail		Nationality	
Address					
Fax Number		Telephone Number			
The objectives and contents of the research project are (maximum 500 words):					

项目经费需求

经费来源估算（万元）	来源总计：万元
拟申请中央财政经费	
自筹资金　其他财政拨款（含部门、地方匹配）	
自筹资金　单位自有货币资金	
自筹资金　其他资金	
外方投入资金（是指外方投入的由中方支配、使用的货币资金）	

经费支出（万元）		支出总计：万元		
科目	合计	专项经费	自筹资金	外方投入
（一）直接费用				
1. 设备费				
其中：购置设备费				
2. 材料费				
3. 测试化验加工费				
4. 燃料动力费				
5. 技术引进费				
6. 差旅费（指国内差旅费）				
7. 会议费				
8. 合作交流费				
国内人员出国费				
海外专家来华费				
9. 出版/文献/信息传播/知识产权事务费				
10. 劳务费				
国内人员劳务费				
海外专家劳务费				
11. 专家咨询费：				
国内专家咨询费				
海外专家咨询费				
12. 其他费用				
（二）间接费用				
其中：绩效支出				

注：1. "其他经费"专指是指在项目组织实施过程中围绕关键技术引进和优秀人才引进，且无法在上述科目列支的费用。专项经费严格控制其他费用支出，加强审核和监督。确有需要的，原则上采用后补助的方式资助，按照预算调整的有关程序报批。

2. 经费来源中有"自筹经费"的，需提供自筹经费来源证明。

3. 间接费用使用分段超额累退比例法计算并实行总额控制，按照不超过项目经费中直接费用扣除购置设备费后的一定比例核定，具体比例如下：

500 万元及以下部分不超过 20%；

超过 500 万元至 1 000 万元的部分不超过 13%；

超过 1 000 万元的部分不超过 10%。

间接费用中绩效支出不超过直接费用扣除购置设备费后的 5%。

自筹资金来源证明
（如自筹资金来自不同渠道或不同单位，应分别填写）

如未来项目建议获得批准，_____（单位全称），为____项目，提供____万元的自筹/配套资金，资金来源为____（1. 国家其他财政拨款　2. 地方财政拨款　3. 从承担单位获得的资助 4. 从其他渠道获得的资助）。

自筹资金主要用于：_____（填写具体支出科目）

特此证明！

出资单位（公章）：

年　月　日

1. 项目总经费概算、拟申请中央财政经费的必要说明

2. 合作外方投入（经费、关键技术、设备装备、资源等）说明

3. 国内项目承担单位自筹、部门（地方）配套资金说明

4. 拟申请专项经费的大型仪器设备购置费、技术引进费用、劳务费等的必要说明

5. 拟申请专项经费中"其他经费"的理由及必要说明

一、合作理由（限五号字二页以内）

1. 项目建议提出的背景及合作重要性、必要性：
　　（包括合作内容的国内外现状和发展趋势；项目合作在服务科技外交、保障国家安全、促进科技突破、提升经济和社会发展水平等方面的战略重要性及合作必要性、紧迫性；合作外方的选择理由及外方对项目实施所起的关键作用等）

2. 合作的优势互补性：
　　（指出中外各合作方的科学技术优势及合作外方拥有哪些我方所需的关键（核心）技术、应用成果、前沿理论或专有人才等智力资源、技术资源、自然资源或市场资源）

3. 若国内和国际上已开展与本项目建议内容类似的研究，请对比说明各自的水平、优势、特点或差距等。

二、合作基础与合作能力（限五号字二页以内）

1. 合作基础：
（指出合作各方是否有着良好的合作互信与合作渠道，是否已开展了富有成效的合作与交流，特别是针对本项目建议内容开展的前期合作与交流，具有稳定的国内外合作环境、合作条件与交流机制等。）

2. 合作可行性：
（从特有关系、人才、技术、资金及组织方式等方面简述合作可行性，能否保障项目顺利实施，达到预期目标）

3. 中方项目建议提交单位合作能力：
（包括中方项目承担/参加单位产、学、研简况及具有的合作经验与合作渠道；项目组人员的职称及在该领域的国内外学术地位、专业/技术优势）

项目组主要人员的成功案例
（1）近五年承担的和主持完成（已验收）的原国家国际科技合作专项项目名称、类型、编号、起止年月、资助经费、完成情况、后续研究进展，以及与本项目建议的关系。

（2）近五年承担的和主持完成（已验收）的其他国家科技计划项目名称、计划类型、编号、起止年月、资助经费、执行情况，以及与本项目建议的关系。

（3）近五年取得的三项代表性科技合作或技术引进消化吸收再创新案例及经济、社会、环境效益。

（4）近五年取得的三项代表性成果名录，包括论著、专利、标准等。

4. 外方合作能力：
（外方合作机构简况及外方在该领域的学术地位与技术优势；外方负责人及参加人员的学术水平、职称及在该领域的学术地位；是否提供必要的技术培训和服务。）

外方项目组人员近五年取得的五项代表性成果名录（包括论著、专利、标准等）

5. 合作协议签订情况：
（请给出协议或意向书名称、签定时间、地点、主要内容，并附协议或意向书复印件。）

三、合作目标和内容（限五号字二页以内）

1. 合作目标和主要内容：
   （目标要明确，内容要具体）

2. 主要合作要点
   （指出在推动科技外交工作层面的有关内容安排）

3. 主要创新性：
   （指出科学研究或技术开发等具体项目合作层面通过国际合作解决的主要瓶颈、难点，拟取得的突破或创新，以及合作前后相关技术指标的对比情况）

四、合作方案（限五号字三页以内）

1. 组织实施方案：
   （包括项目合作各方信息、人才、技术、资金、设施及合作渠道等资源的组织、集成、整合、投入和使用方式、方案，以及工作流程、合作各方任务分配、合作方式、人员交流计划等）

2. 技术方案：
   （包括联合研发或引进技术的消化吸收再创新方案和技术路线，要指出本项目建议所涉主要科学技术瓶颈、难点的合作或引进解决方案）

3. 项目的年度实施计划和年度目标：
   （合作项目实施期限可根据项目合作具体情况及实际需要调整，限两页内）

第一年度	
第二年度	
第三年度 及以后	

五、合作成果与知识产权保护（限五号字二页以内）

1. 预期取得的合作成果及考核指标：

（分项表述包括人才、技术、装备设备引进及论文著作、专利、标准、新技术、新产品［含生物新品种、计算机软件等］、新装置、新工艺、新材料等合作成果与知识产权，以及其它应考核指标的数量及水平；考核指标应合理、清楚、明确、量化、可考核；若项目最终获得立项，执行过程中考核指标原则上不予调整。考核指标方面务必阐述清楚，详见填报说明第 11、16 条）

2. 预期成果、知识产权等的权益归属、分享、保护、使用措施、方案，以及相关具体指标：

（措施、方案、指标要明确、具体、有效，并有约束性；对可能出现的知识产权纠纷的预防及解决方案）

3. 外方合作投入及具体指标：

（包括资金、人员、技术、材料、设备、信息数据及特有资源等，并注明是否投入到中方，是合作实施期间使用还是归中方所有）

4. 中方需投入的已有资源、知识产权的保护：

（包括中方已有的、需投入本合作项目的信息、数据、技术、材料、设备装备、特有资源等资源和知识产权及其使用、保护措施，能否有效维护国家利益，保障国家安全，措施要具体、有效；说明可能涉及我国的人类遗传资源、生物种质资源、生物安全、测绘、海洋、气象、水文、地质、矿产、环境、卫生、信息安全等领域的自然资源和科技数据合作情况。涉及以上领域的合作，需遵守我国在上述领域及科技保密、科技伦理、知识产权等方面的国内法律法规和其他管理办法。）

5. 遵守国际和国内相关法律法规、惯例、伦理情况：

（此项目合作内容、形式、成果等是否符合国际法及国际惯例，以及我国、合作方所在国的法律法规、伦理。特别是项目如可能涉及我国在人类遗传资源、生物种质资源、生物安全、测绘、海洋、气象、水文、地质、矿产、环境、卫生、信息安全等领域的合作，应遵守我国在上述领域及科技保密、科技伦理、知识产权、科技数据交换等方面的法律法规和其他管理办法。如有上述问题，请详细说明情况及拟采取的措施，是否已向相关部门申报并获批，如获批请附相关审批文件。）

六、预期效益（限五号字二页以内）

预期外交、经济和社会效益：

（包括合作成果对落实双边政府间科技合作的意义，以及对中外双方在商定的优先领域内科技水平和研发能力的提升作用；创新国际科技合作模式或合作机制；在科技外交工作的作用；在国家重大工程建设或重大装备开发中发挥的作用；与国内外同类产品或技术的竞争分析，成果应用和产业化情况，对促进相关产业技术进步、带动新兴产业发展、提升我国相关产业竞争力的作用；技术及产品应用所形成的市场规模、效益及促进就业情况等；项目实施中形成的示范基地、中试线、生产线及其规模等；对保障国家安全、改善民生、提高公共服务能力、促进社会可持续发展的作用等。属于产学研结合的项目，请给出对联合研发或引进技术的产学研联合机制、具体方案，以及企业参与、企业投入及企业技术应用方案等）

七、承诺及密级审核

项目是否存在涉密内容：（若是，请指出涉密内容及其密级）	
申请密级	公开　秘密　机密　绝密

负责人承诺：

　　如本项目建议未来获得批准，我保证项目建议书内容的真实性、准确性。项目密级是根据《中华人民共和国保守国家秘密法》、《科学技术保密规定》及《对外科技交流保密提醒制度》确定，我承诺在对外合作中不泄露国家秘密，并通过相关知识产权协议（条款）切实保护我方的知识产权。

　　此项目合作内容、形式、成果等符合国际法、国际惯例和我国及合作方所在国家的法律法规、伦理。如果获得资助，我将履行项目负责人职责，严格遵守国家科技计划管理有关规定，切实保证研究工作时间，认真开展工作，按时报送年度进展报告、成果进展信息、结题验收报告等有关材料，接受项目检查。若填报失实和违反规定，本人将承担全部责任。

　　执行此项目期间，因无法预料的原因所产生的后果由本人自负（如健康状况、经济纠纷、损失等）。

负责人签字

年　月　日

项目建议提交单位保密办公室承诺：

　　已对项目建议书内容和密级进行了审核，项目建议所定密级符合《中华人民共和国保守国家秘密法》、《科学技术保密规定》及《对外科技交流保密提醒制度》中的定级要求和条件。我单位保证严格遵守国家科技计划管理有关保密规定，根据相应密级的管理办法进行管理，并采取有效措施，保证在对外合作中不泄露国家秘密，切实维护国家利益，保障国家安全。

项目建议提交单位保密办公室盖章

年　月　日

项目组织（推荐）部门保密办公室承诺：

　　已对项目负责人的资格、项目建议书内容及密级进行了审核，项目建议所定密级符合《中华人民共和国保守国家秘密法》、《科学技术保密规定》及《对外科技交流保密提醒制度》中的定级要求和条件，同意报送。我单位保证严格遵守国家科技计划管理有关保密规定，根据相应密级的管理办法进行管理。

项目组织（推荐）部门保密办公室盖章

年　月　日

　　注：不管是公开或公开以上级别，均需项目建议提交单位和项目组织（推荐）部门的保密部门进行密级审核。如项目建议提交单位或项目组织（推荐）部门没有专门设立保密办或刻保密公章，务必由项目建议提交单位或项目组织（推荐）部门出具说明，说明保密职责由何部门承担并用单位或部门的公章代章，具体说明格式可从国家国际科技合作专项网（http：//www.istcp.org.cn/）"文件下载"栏下载。

7. 科技部关于征集2016年度中国 与捷克政府间科技合作项目建议的通知

科技部关于征集2016年度中国与捷克政府间科技合作项目建议的通知

国科发外〔2015〕449号

各省、自治区、直辖市及计划单列市科技厅（委、局），国务院各有关部门科技主管单位，各有关单位：

根据《中华人民共和国政府和捷克共和国政府科学技术合作协定》、《中华人民共和国和捷克共和国科学技术合作委员会第四十一届例会议定书》等政府间科技合作协议，为提升中捷科技合作水平，推动双方在科技领域开展务实大项目合作，现征集2016年度与捷克政府间科技合作项目建议。有关事项通知如下：

一、项目背景

随着中捷科技创新合作的不断发展，双方进一步深化科技创新及产业化合作的意愿不断加强。双方商定，在经费和科技投入对等、创新链条完整、有效保护知识产权的基础上优先开展有潜力的联合科研。本次征集主要是为落实中国与捷克签订的政府间科技合作协定、政府部门间科技合作协议等确定的合作任务，资助我国科研人员与捷克合作伙伴在相关重点领域共同开展基础性及应用性研究。

二、项目建议征集说明

根据上述政府间科技合作协议以及双方达成的共识，确定2016年拟支持的重点领域和经费额度如下：

（一）拟优先支持的重点领域

1. 材料科学，包括生物材料、纳米材料；

2. 能源科学技术，包括新能源发展、清洁煤利用、可再生能源利用等；

3. 环境科学技术，包括环境保护工程、水资源管理等；

4. 机械工程，包括轨道交通、航空航天制造等；

5. 食品科学技术，包括食品加工技术、食品安全等；

6. 天文学，包括天体测量学等；

7. 生物学，包括分子生物学、生物技术等；

8. 医学，包括健康和医学技术、现代医疗、中医学与中药学等；

9. 其他，包括电子与通信技术、核科学技术、遥感技术、畜牧、兽医科学、农学与农业技术、农业环境保护、鱼类养殖等。

（二）支持额度及年限

每个项目支持额度约为150～200万元人民币，拟支持6～8个项目。

实施期限为 2 至 3 年。

三、项目建议申报要求

（一）中外方项目建议提交单位需分别向中外方政府部门提交项目建议书。历届中捷政府间科技合作委员会例会所确定的项目建议优先考虑。

（二）项目合作要求意义重要、理由充分、目标明确、内容具体，合作方案合理可行，技术指标可考核。能有效利用国际科技资源，解决制约我国经济社会发展的技术瓶颈问题；能与产业和应用需求紧密结合，能形成知识产权或相关技术标准；可有力配合国家外交战略，支撑中捷政府间科技合作协议的实施。

（三）项目建议提出单位应为具有较强国际科技合作能力和条件、运行管理规范、在中国大陆境内注册 1 年以上、具有独立法人资格的科研机构、高等院校、内资或内资控股企业等。申报单位的同一项目只能通过 1 个推荐主体申报 1 次。国际科技合作基地申报的项目建议，将在同等条件下优先考虑。

（四）项目具备良好合作基础，中方项目建议提出单位具备相应的合作渠道和合作能力，并与外方合作单位保持良好的互信合作关系，中外合作双方签订有相关项目合作协议或意向书。

（五）项目负责人和主要参加人员应遵守《国家科技计划项目承担人员管理的暂行办法》（国科发计字〔2002〕123 号）的相关规定。作为项目负责人，须具有高级专业技术职务（职称），同期主持的国家基本科技计划项目数原则上不得超过 1 项；作为主要参加人员，同期参与承担的国家基本科技计划项目数（含负责主持的项目数）原则上不得超过 2 项。

（六）外方合作伙伴具有较强的技术实力或较高的科研水平，并具备对华合作的意愿和能力。外方合作伙伴可按照技术、资金、人员或信息资料、先进设备、专有资源等投入方式参与合作。

（七）项目实施中，能有效保护知识产权及涉及国家安全的相关信息资源等，合理分享合作研发成果。

（八）以企业为主体提出（或参加）的项目，要求企业必须有相关配套资金投入。

四、项目建议提交方式

（一）项目建议书需通过上一级组织推荐部门提交。组织推荐部门指项目建议的报送单位所在省、自治区、直辖市或计划单列市的科技厅（委、局），或申请单位所隶属的国务院部门主管司局。

（二）请按照项目建议书附件格式及要求填写，请勿更改原始文件的格式或另行制作文件填写。中方提交的项目建议基本信息必须与外方合作伙伴申报内容一致。

（三）请通过国家科技管理信息系统项目申报中心（http：//program. most. gov. cn）统一填报。网络填报的受理时间为本通知发布之日起至 2016 年 1 月 30 日 17：00（技术咨询电话：010 – 88659000）。

网上填报提交后，请于 2016 年 1 月 30 日前（以寄出时间为准）将加盖组织推荐部门公章的推荐函（纸质，一式 4 份）、项目建议基本信息表、项目建议书（通过系统直接生成打印，纸质，一式 4 份）寄送至中国科学技术交流中心。请不要现场报送。

五、联系方式

（一）政策咨询

1. 科技部国际合作司欧亚处　孙雪萍

电话：010 – 58881370

电子邮箱：sunxp@ most. cn

2. 捷克教育青年体育部 Josef Janda

电话：00420 – 234811720

电子邮箱：Josef. Janda@ msmt. cz

（二）建议书受理

中国科学技术交流中心亚非与独联体处　李姗姗

电话：010 – 68574085

电子邮箱：liss@ cstec. org. cn

地址：北京市西城区三里河路 54 号

邮编：100045

附件：1. 项目建议基本信息表

　　　2. 项目建议书

科技部

2015 年 12 月 24

来源：http://www. most. gov. cn/mostinfo/xinxifenlei/fgzc/gfxwj/gfxwj2015/201512/t20151229_ 123203. htm

附件1

项目建议基本信息表

中文表：			
项目名称			
项目推荐单位			
中方执行单位			
中方联系方式	地址：		
	电话：		传真：
	手机：		
	电子邮件：		
中方项目负责人			
外方执行单位			
外方联系方式	地址：		
	电话：		传真：
	电子邮件：		
外方项目负责人			

REGISTRATION FOR THE PROPOSAL
（Please fill in the blanks in English）

Project Title	
Cooperation Country	

Project Applicants

Chinese Side		Overseas Side	
Name		Name	
Organization		Organization	
Tel Mobile		Tel	
Fax		Fax	
E-mail		E-mail	
Address		Address	

附件 2

项目建议书信息表

项目名称	中文： 英文：
中方项目 建议书填报单位	中文： 英文：
中方项目 申请单位	中文： 英文：
外方合作单位	中文： 英文：
中方项目 负责人及 联系方式	姓名：　　　　　性别：　　　　　职称： 电话：　　　　　传真：　　　　　手机： 通信地址： 邮编：　　　　电子信箱：
加方项目 申请单位	中文： 英文：
加方项目 负责人及 联系方式	
主要研究内容 （200 字以内）	

8. 科技部关于征集 2016 年度
中国与匈牙利政府间科技合作项目建议的通知

科技部关于征集 2016 年度中国与匈牙利政府间科技合作项目建议的通知

国科发外〔2015〕433 号

各省、自治区、直辖市及计划单列市科技厅（委、局），国务院各有关部门科技主管单位，各有关单位：

根据《中华人民共和国政府和匈牙利共和国政府科学技术合作协定》、《中华人民共和国和匈牙利共和国科学技术合作委员会第六届例会议定书》等政府间科技合作协议，为提升中匈科技合作水平，推动双方在科技领域开展务实大项目合作，现征集 2016 年度与匈牙利政府间科技合作项目建议。有关事项通知如下：

一、项目背景

随着中匈科技创新合作的不断发展，双方进一步深化科技创新及产业化合作的意愿不断加强。双方商定，在经费和科技投入对等、创新链条完整、有效保护知识产权的基础上优先开展有潜力的联合科研。本次征集主要是为落实中国与匈牙利签订的政府间科技合作协定、政府部门间科技合作协议等确定的合作任务，资助我国科研人员与匈牙利合作伙伴在相关重点领域共同开展基础性及应用性研究。

二、项目建议征集说明

根据上述政府间科技合作协议以及双方达成的共识，确定 2016 年拟支持的重点领域和经费额度如下：

（一）拟支持的重点领域

1. 信息通讯技术。

2. 生命科学，包括健康和医学技术、生物技术、现代医疗、中医药。

3. 生物与纳米技术，包括新材料的研发应用。

4. 能源利用，包括发展新能源、可再生能源和绿色技术。

5. 环境保护、垃圾和水管理。

6. 农业，包括食品加工、食品安全、农业技术、农业环境保护、遥感、高抗耐性植物、畜牧业和鱼类养殖。

（二）支持额度及年限

每个项目支持额度约为 100 万元人民币，拟支持 4~5 个项目。

实施期限：2~3 年。

三、项目建议申报要求

（一）合作项目原则上应从中匈政府间科技合作委员会例会所确定的项目建议中产生。

（二）中外方项目建议提交单位需分别向中外方政府部门提交项目建议书，单方面提交无效。

（三）项目合作要求意义重要、理由充分、目标明确、内容具体，合作方案合理可行，技术指标可考核。能有效利用国际科技资源，解决制约我国经济社会发展的技术瓶颈问题；能与产业和应用需求紧密结合，能形成知识产权或相关技术标准；可有力配合国家外交战略，支撑中匈政府间科技合作协议的实施。

（四）项目建议提出单位应为具有较强国际科技合作能力和条件、运行管理规范、在中国大陆境内注册 1 年以上、具有独立法人资格的科研机构、高等学校、内资或内资控股企业等。申报单位的同一项目只能通过一个推荐主体申报一次。国际科技合作基地申报的项目建议，将在同等条件下优先考虑。

（五）项目具备良好合作基础，中方项目建议提出单位具备相应的合作渠道和合作能力，并与外方合作单位保持良好的互信合作关系，中外合作双方签订有相关项目合作协议或意向书。

（六）项目负责人和主要参加人员应遵守《国家科技计划项目承担人员管理的暂行办法》（国科发计字〔2002〕123 号）的相关规定。作为项目负责人，须具有高级专业技术职务（职称），同期主持的国家基本科技计划项目数原则上不得超过 1 项；作为主要参加人员，同期参与承担的国家基本科技计划项目数（含负责主持的项目数）原则上不得超过 2 项。

（七）外方合作伙伴具有较强的技术实力或较高的科研水平，并具备对华合作的意愿和能力。外方合作伙伴可按照技术、资金、人员或信息资料、先进设备、专有资源等投入方式参与合作。

（八）项目实施中，能有效保护知识产权及涉及国家安全的相关信息资源等，合理分享合作研发成果。

（九）以企业为主体提出（或参加）的项目，要求企业必须有相关配套资金投入。

四、项目建议提交方式

（一）项目建议书需通过上一级组织推荐部门提交。组织推荐部门指项目建议的报送单位所在省、自治区、直辖市或计划单列市的科技厅（委、局），或申请单位所隶属的国务院部门主管司局。

（二）请按照项目建议书附件格式及要求填写，请勿更改原始文件的格式或另行制作文件填写。中方提交的项目建议基本信息必须与外方合作伙伴申报内容一致。

（三）请通过国家科技管理信息系统项目申报中心（http：//program. most. gov. cn）统一填报。网络填报的受理时间为本通知发布之日起至 2016 年 1 月 30 日（技术咨询电话：010 - 88659000）。

网上填报提交后，请于 2016 年 1 月 30 日前（以寄出时间为准）将加盖组织推荐部门公章的推荐函（纸质，一式 4 份）、项目建议基本信息表、项目建议书（通过系统直接生成打印，纸质，一式 4 份）寄送至中国科学技术交流中心。请不要现场报送。

五、联系方式

（一）中方

政策咨询：科技部国际合作司欧亚处　孙雪萍

电话：010 - 58881370

电子邮箱：sunxp@ most. cn

建议书受理工作联系人：中国科学技术交流中心亚非与独联体处　李姗姗

电话：010 - 68574085

电子邮箱：liss@ cstec. org. cn

地址：北京市西城区三里河路 54 号

邮编：100045

（二）外方

匈牙利国家研发创新署国际合作司 Miklos Gyor

电话：0036-1-8963752

电子邮箱：miklos. gyor@ nkfih. gov. hu

附件：1. 项目建议基本信息表
　　　2. 项目建议书

科技部

2015 年 12 月 16

来源：http://www. most. gov. cn/mostinfo/xinxifenlei/fgzc/gfxwj/ gfxwj2015/201512/t20151218_ 123046. htm

附件 1

项目建议基本信息表

中文表：			
项目名称			
项目推荐单位			
中方执行单位			
中方联系方式	地址：		
	电话：	传真：	
	手机：		
	电子邮件：		
中方项目负责人			
外方执行单位			
外方联系方式	地址：		
	电话：	传真：	
	电子邮件：		
外方项目负责人			

REGISTRATION FOR THE PROPOSAL

（Please fill in the blanks in English）

Project Title	
Cooperation Country	

Project Applicants

Chinese Side		Overseas Side	
Name		Name	
Organization		Organization	
Tel Mobile		Tel	
Fax		Fax	
E-mail		E-mail	
Address		Address	

附件 2

项目序号 _____

合作类型 政府间科技合作

政府间科技合作
项目建议书

项目名称：_____

提交单位：_____

负 责 人：_____

合作国别：_____

项目组织（推荐）部门：_____

申报日期：_____

中华人民共和国科学技术部

二〇一五年九月制

填报说明
（请认真阅读）

1. 政府间科技合作项目将主要支持我国政府和部门与外方政府和部门（多边机制）商定的有关国际科技合作与交流活动（包括技术引进消化吸收再创新、合作研发、先进适用技术产品设备标准走出去等，涉及产业化的项目一般指"××产业化技术/设备的研发"）。

2. 填写项目建议书的相关栏目时应突出国际合作的内容。

3. 项目建议书各项内容应实事求是，文字表述准确。外来语要同时用原文和中文表达，第一次出现的缩略词，须注明全称。

4. "项目名称"应反映合作的重点内容和目标，不宜过于宽泛（如"中加疫苗关键技术及产品合作研发"、"重大新发突发传染病诊治研究"），应能体现出通过国际合作解决的关键科技问题，字数不得超过25字，原则上不得出现外来语，应用中文表达。

5. "项目研发类型"是指申报哪类项目，请根据填报系统提示选择，不得自行填写。

6. "所属政府间协议"是指由合作双边或多边政府（包括中央和地方）牵头、组织签定的科技合作协定。

7. "项目合作协议/意向"是指合作双边或多边针对本项目合作具体工作签定的合作协议。

8. "项目建议提交单位"为依法在中国（大陆）境内设立，具有相应对外合作渠道和合作能力、科研条件和研发实力，并具备法人资格的科研机构、高等学校、企业。各级政府机关不得作为项目建议提交单位，也不可作为合作单位参与研究。"项目依托研究基地"中的"03国家国际科技合作基地"包括科技部授予的国际创新园、国际联合研究中心、国际技术转移中心和示范型国际科技合作基地。

9. "项目负责人"应是未来实际承担组织领导和主持本项目研究的科研人员，避免根据行政管理职务确定项目负责人。已作为项目负责人承担原国家基本科技计划项目的，如当年结题的可以提出申请，但需在研项目通过验收后方可承担新的项目。项目负责人和主要参加人员应遵守《国家科技计划项目承担人员管理的暂行办法》（国科发计字［2002］123号）的相关规定。

10. "合作外方"应为中国境外具有较强技术实力或较高科研水平的合作伙伴，并具备对华合作的意愿和能力。合作外方不得是外资在华设立的企业或研发机构（外资在华设立的企业或研发机构可作为"其他中方参加单位"），不得是中资机构在境外设立的企业或研发机构，不得是企业集团国内外分支机构之间的内部合作，合作外方必须是具有研发能力的实体机构，不得是在国外避税地设立的壳公司。外方合作伙伴如系政府机构、国际组织、科研院所或高等院校，必须详细到具体的部门、科研机构或大学院系，不能仅填写"美国能源部"、"世界卫生组织"、"加拿大国家研究理事会"、"澳大利亚联邦科工组织"、"美国国立卫生研究院"、"××大学"等；外方合作伙伴如系企业特别是跨国公司等大企业，必须详细到具体参与合作的分（子）公司、企业研发中心等，不能仅填写跨国公司名。请填写外方合作伙伴提交项目申请的序号。

11. "项目预期验收内容及考核指标"应如实填写，不得夸大虚报。如项目通过评审并正式立项，项目合同书的考核指标应与项目建议书相同不得随意删减，项目执行过程中合同书考核指标原则上不得调整；考核指标是项目结题验收的重要依据。列入验收内容及考核指标的成果均应与项目内容有关，属于通过开展本项目并在项目起止日期内产生，在验收时还需提交相关报告或证明（见第16条）。

12. "任务目标"项，用一句话概述项目的主要任务目标，限50字以内，例："合作解决太阳风离子探测关键技术"，"合作解决攻克制约我国月球探测的关键技术"，"研制甲型H1N1流感疫苗、有效应对全球甲型H1N1流感疫情"，"解决杂交水稻基因研究重大技术问题、共同应对粮食安全问题"等。

13. "成果导向"项，概述项目的成果应用及其产业化前景，经济社会效益，在解决关键科技问题和技术瓶颈，有效维护国家安全，响应政府部门、社会公众、行业企业对重大问题的关注，增强自主创新能力，支撑产业和地方发展等方面的作用，限100字以内，例："解决威胁我国煤矿安全生产的瓦斯和煤层爆炸技术难题"，"为开发新一代商用快堆等新一代核能提供技术支撑和设计制造能力"，"提升我高参数超超临界机组等高效发电技术与装备技术水平"，"加快解决目前封闭式组合电器的供需矛盾、确保国家电网改造及时完成"等。

14. 项目经费需求应与项目内容、预期验收内容及考核指标相匹配。项目预算表要求同时编制经费来源预算和支出预算，平衡公式为：经费支出预算合计＝经费来源预算合计。要结合项目申请书中有关研究内容、研究目标、参加人员、实施方案等内容认真编制预算，与项目有关的前期研究（包括阶段性成果）支出的各项经费不得列入预算。自筹经费是指国家科技计划项目专项经费以外的各种渠道来源资金，包括：其它财政拨款、单位自有货币资金和其他资金，自筹经费应在预算说明中列示。"国家科技计划项目自筹资金来源证明"中"3.从承担单位获得的资助"指中方项目建议提交单位和其他参加单位对项目的资金投入。

15. 填写第五项第1条"预期取得的合作成果及考核指标"中的考核指标时，需对照基本信息表中的"项目预期验收内容及考核指标"进行详述：（1）对于新技术、新产品、新装置、新工艺、新材料等要有量化明细的检测指标及相关技术参数，需委托具备相关资质的第三方检测单位检测并出具报告。有标准的按相关国家和行业标准规范执行，没有标准的要事先约定检测方法；（2）论文必须是本项目起始日期后发表或收到期刊的稿件录用通知，专著必须是本项目起始日期后出版或收到出版社书面通知确定出版，均须注明得到有关专项的支持；（3）专利必须是本项目起始日期后或批准授权或申报；（4）技术标准必须是本项目起始日期后批准发布或申报并获受理；（5）人才培养和人才引进均必须是直接参与本项目的人员。其中，人才引进必须是在本项目起始日期后新引进的外籍人员或已在国外长期工作的海外人才。

16. 提交项目建议必须注册登陆"国家科技管理信息系统"（http://program.most.gov.cn/），按规定格式要求认真填写，进行网上填报并上传。专业领域、学科、方向请根据网上管理系统提供的选择项进行选择。涉密项目请下载相应填报软件填写、打印项目建议书，以机要形式上报，要求同时附上本单位保密办公室出具，项目组织（推荐）部门保密办公室审定的密级确定书，以及对外合作中采取有力措施保护知识产权、确保不泄密的保证书。

17. 请务必将合作协议/意向的复印件作为书面建议书附件一同上报，否则不予受理。

18. 项目建议书需加盖本单位和项目组织（推荐）部门公章，由项目组织（推荐）部门统一报送中国科学技术交流中心。未通过组织（推荐）部门上报的建议书，将不予受理。项目组织（推荐）部门是指根据中外政府间科技合作项目建议通知和要求，组织有关项目建议提交单位填报项目建议书的中央或地方科技管理部门，即项目建议提交单位所隶属的国务院各相关部门的主管司局，或所在省、自治区、直辖市和计划单列市科技厅（委、局），或相关的中央企业。

19. 项目基本信息

项目名称					
项目研发类型	01 基础研究；02 应用研究；03 试验发展；04 产业化；05 其他		建议密级		公开　秘密　机密　绝密
所属政府间协议名称					
协议签署日期			协议有效期		年
总体合作目标（可多选）	01 落实政府间科技合作协议；02 落实双方重大外交承诺；03 深化与主要发达国家科技合作；04 促进与周边和发展中国家协同发展；05 推动多边科技合作；06 深度参与国际大科学工程（计划）和国际组织；07 推动同港澳台地区合作；08 其他				
具体合作目标（可多选）	01 解决关键技术问题；02 填补国内外技术空白；03 促进人员交流、引进国际优秀人才；04 引进具有重大应用前景的前瞻技术；05 引进国家战略需求的关键技术、装备；06 解决国家科技计划\重大专项难点、瓶颈；07 分享国际前沿科技成果；08 其他（　　　）				
合作方式（可多选）	01 开展联合研究 02 开展合作示范 03 购买全套技术及消化吸收；04 购买关键 know-how；05 引进关键技术设备；06 分工合作技术开发；07 聘请专家来华工作；08 赴国外技术培训；09 利用国外资源；10 信息交流、技术咨询；11.基地和平台建设项目 12.其他（　　　）				
项目合作协议/意向	名称：				
项目起止日期			合作国别		所属大洲
所属专业领域 1		学科 1		方向 1	
所属专业领域 2		学科 2		方向 2	

项目建议提交单位	单位名称		组织机构代码		单位负责人	
	单位性质		所在地区		归口部门	
	项目依托研究基地（可多选）	01 国家实验室；02 国家重点实验室；03 国家国际科技合作基地；04 国家工程技术研究中心；05 国家级企业技术中心；06 部门或省级开放（重点）实验室；07 教育部 985 工程创新基地；08 省部级重点学科基地；09 国家工程实验室；10 其他				
	通讯地址				邮政编码	
	联系电话			传真		

（续表）

项目负责人	姓名		性别		出生日期		
	证件类型		证件号码		职务		
	学位		学历		职称	电话	
	手机		E-mail		传真		
项目联系人	姓名		性别		出生日期		
	手机			电话			
	E-mail			传真			

项目建议提交单位意见：

　　已按填报说明对拟参与项目人员的资格和建议书内容进行了审核，内容真实，数据准确，同意提交。建议项目如获资助，我单位保证对研究计划实施所需要的人力、物力和工作时间等条件给予保障，严格遵守国家科技计划管理有关规定，督促项目负责人和项目组成员以及本单位项目管理部门按照中外政府间科技合作项目有关要求及时报送相关材料。

　　　　　　　　　　　　　　　　单位负责人（签章）：　　　　　　　（单位公章）

　　　　　　　　　　　　　　　　　　　　　　　　　　　　　　　　　年　月　日

其他中方参加单位	单位名称	组织机构代码

合作外方	机构名称及所属国别（中英文）	
	外方负责人（英文）	职称
	外方项目序号	
	通讯地址	E-mail
	传真	电话

其他合作外方	单位名称及所属国别（中英文）	

经费需求	总经费：万元，自筹资金：万元，其中：从企业获得研发经费投入万元	拟申请中央财政经费	万元
		其它财政拨款（含部门、地方匹配）	万元
		单位自有货币资金	万元
		其他资金	万元

（续表）

<table>
<tr><td rowspan="4">预期使用外方资源情况</td><td>使用外方经费</td><td colspan="5">万元人民币（指外方投入的由中方支配和使用的货币资金）</td></tr>
<tr><td>利用外方关键技术
（可填多项）</td><td colspan="5">技术名称、该技术的费用估值及支付外方经费（万元人民币）</td></tr>
<tr><td>利用外方关键设备
（可填多项）</td><td colspan="5">设备名称、该设备的费用估值及支付外方经费（万元人民币）</td></tr>
<tr><td>使用外方特有资源</td><td>物种数</td><td>样本量</td><td>数据量</td><td>图纸数</td><td>其他（名称：　）</td></tr>
</table>

<table>
<tr><td rowspan="20">项目预期验收内容及考核指标</td><td colspan="2">成果形式
（可多选）</td><td colspan="7">01 论文专著；02 研究（咨询）报告；03 新产品（或生物新品种）；04 新装置；05 新材料；06 新工艺（或新方法、新模式）；07 计算机软件；08 人才培养；09 人才引进；10 技术标准；11 基地建设；12 其他</td></tr>
<tr><td>引进关键技术</td><td>项</td><td>技术名称</td><td colspan="6"></td></tr>
<tr><td colspan="2">技术形式</td><td colspan="7">01 软件；02 计算方法；03 模型；04 专利；05 数据库；06 其他</td></tr>
<tr><td colspan="2">技术先进性</td><td colspan="7">01 世界独有；02 国际领先；03 国际先进；04 国内领先</td></tr>
<tr><td colspan="2">技术成熟度</td><td colspan="7">01 实验室成果；02 中试阶段；03 已产业化</td></tr>
<tr><td>引进关键设备</td><td>台</td><td>设备名称</td><td colspan="6"></td></tr>
<tr><td colspan="2">引进特有资源</td><td>物种数</td><td>样本量</td><td>数据量</td><td>图纸数</td><td colspan="3">其他（名称：　）</td></tr>
<tr><td colspan="3">中文核心期刊论文篇数：</td><td colspan="2">国外学术论文篇数：</td><td colspan="4">其中，国际合著论文篇数：</td></tr>
<tr><td colspan="4">中文专著数：</td><td colspan="5">外文专著数：</td></tr>
<tr><td colspan="2" rowspan="2">国外发明专利</td><td colspan="2">自主：项</td><td rowspan="2">国内发明专利</td><td>自主：项</td><td rowspan="2">实用新型专利</td><td>自主：项</td><td rowspan="2">其他专利</td><td>自主：项</td></tr>
<tr><td colspan="2">合作：项</td><td>合作：项</td><td>合作：项</td><td>合作：项</td></tr>
<tr><td colspan="2" rowspan="2">预期取得技术标准</td><td colspan="2" rowspan="2">国际标准</td><td colspan="2">自主：项</td><td rowspan="2">国家标准</td><td rowspan="2">项</td><td rowspan="2">国内行业标准</td><td rowspan="2">项</td></tr>
<tr><td colspan="2">参加：项</td></tr>
<tr><td colspan="2" rowspan="3">其他知识产权数</td><td colspan="2">计算机软件登记</td><td colspan="2">集成电路布图设计</td><td colspan="2">生物新品种登记</td><td>其他</td></tr>
<tr><td colspan="2">项数：</td><td colspan="2">项数：</td><td colspan="2">项数：</td><td>项数：</td></tr>
<tr><td colspan="2">名称：</td><td colspan="2">名称：</td><td colspan="2">名称：</td><td>名称：</td></tr>
<tr><td colspan="2">人才培养</td><td colspan="2">博士后　人</td><td colspan="2">博士　人</td><td>硕士　人</td><td colspan="2">工程技术人员　人</td></tr>
<tr><td colspan="2" rowspan="2">人才引进</td><td>总计：　人</td><td>高级职称　人</td><td colspan="2">博士后　人</td><td>博士　人</td><td>硕士　人</td><td colspan="2">工程技术人员　人</td></tr>
<tr><td colspan="3">总计来华工作：　人月</td><td colspan="6">其中高级职称人员来华工作　人月</td></tr>
<tr><td colspan="2">合作/引进成果知识产权归属</td><td colspan="7">01 形成自主知识产权；02 共享知识产权，其中，中方占　%，外方　%（合计应为100%）；03 获得在华许可</td></tr>
</table>

（续表）

项目简介				
任务目标 （50 字以内）	目标：			
合作内容 合作理由 合作方式 合作必要性 （500 字以内）				
成果导向 （100 字以内）				
项目组织 （推荐）部门		联系人		电话	

项目组织（推荐）部门意见：
　　已对项目建议书内容进行了审核。如未来项目实施，我部门将认真履行政府间科技合作项目管理有关要求中管理部门的责任和义务，履行实施本项目所做的有关承诺。

　　　　　　　　　　　部门负责人（签章）：　　　　　　（单位公章）
　　　　　　　　　　　　　　　　　　　　　　　　　年　月　日

项目经费需求

经费来源估算（万元）		来源总计：万元
拟申请中央财政经费		
自筹资金	其他财政拨款（含部门、地方匹配）	
	单位自有货币资金	
	其他资金	
外方投入资金（是指外方投入的由中方支配、使用的货币资金）		

经费支出（万元）		支出总计：万元		
科目	合计	专项经费	自筹资金	外方投入
（一）直接费用				
1. 设备费				
其中：购置设备费				
2. 材料费				
3. 测试化验加工费				
4. 燃料动力费				
5. 技术引进费				
6. 差旅费（指国内差旅费）				
7. 会议费				
8. 合作交流费				
国内人员出国费				
海外专家来华费				
9. 出版/文献/信息传播/知识产权事务费				
10. 劳务费				
国内人员劳务费				
海外专家劳务费				
11. 专家咨询费：				
国内专家咨询费				
海外专家咨询费				
12. 其他费用				
（二）间接费用				
其中：绩效支出				

注：1. "其他经费"专指是指在项目组织实施过程中围绕关键技术引进和优秀人才引进，且无法在上述科目列支的费用。专项经费严格控制其他费用支出，加强审核和监督。确有需要的，原则上采用后补助的方式资助，按照预算调整的有关程序报批。

2. 经费来源中有"自筹经费"的，需提供自筹经费来源证明。

3. 间接费用使用分段超额累退比例法计算并实行总额控制，按照不超过项目经费中直接费用扣除购置设备费后的一定比例核定，具体比例如下：

500 万元及以下部分不超过 20%；

超过 500 万元至 1 000 万元的部分不超过 13%；

超过 1 000 万元的部分不超过 10%。

间接费用中绩效支出不超过直接费用扣除购置设备费后的 5%。

自筹资金来源证明

（如自筹资金来自不同渠道或不同单位，应分别填写）

如未来项目建议获得批准，_____（单位全称），为____项目，提供____万元的自筹/配套资金，资金来源为____（1. 国家其他财政拨款 2. 地方财政拨款 3. 从承担单位获得的资助 4. 从其他渠道获得的资助）。

自筹资金主要用于：_____（填写具体支出科目）

特此证明！

出资单位（公章）：

年　月　日

---

1. 项目总经费概算、拟申请中央财政经费的必要说明

2. 合作外方投入（经费、关键技术、设备装备、资源等）说明

3. 国内项目承担单位自筹、部门（地方）配套资金说明

4. 拟申请专项经费的大型仪器设备购置费、技术引进费用、劳务费等的必要说明

5. 拟申请专项经费中"其他经费"的理由及必要说明

一、合作理由（限五号字二页以内）

---

1. 项目建议提出的背景及合作重要性、必要性：
　　（包括合作内容的国内外现状和发展趋势；项目合作在服务科技外交、保障国家安全、促进科技突破、提升经济和社会发展水平等方面的战略重要性及合作必要性、紧迫性；合作外方的选择理由及外方对项目实施所起的关键作用等）

2. 合作的优势互补性：
　　（指出中外各合作方的科学技术优势及合作外方拥有哪些我方所需的关键（核心）技术、应用成果、前沿理论或专有人才等智力资源、技术资源、自然资源或市场资源）

3. 若国内和国际上已开展与本项目建议内容类似的研究，请对比说明各自的水平、优势、特点或差距等。

二、合作基础与合作能力（限五号字二页以内）

1. 合作基础：

（指出合作各方是否有着良好的合作互信与合作渠道，是否已开展了富有成效的合作与交流，特别是针对本项目建议内容开展的前期合作与交流，具有稳定的国内外合作环境、合作条件与交流机制等。）

2. 合作可行性：

（从特有关系、人才、技术、资金及组织方式等方面简述合作可行性，能否保障项目顺利实施，达到预期目标）

3. 中方项目建议提交单位合作能力：

（包括中方项目承担/参加单位产、学、研简况及具有的合作经验与合作渠道；项目组人员的职称及在该领域的国内外学术地位、专业/技术优势）

项目组主要人员的成功案例

（1）近五年承担的和主持完成（已验收）的原国家国际科技合作专项项目名称、类型、编号、起止年月、资助经费、完成情况、后续研究进展，以及与本项目建议的关系。

（2）近五年承担的和主持完成（已验收）的其他国家科技计划项目名称、计划类型、编号、起止年月、资助经费、执行情况，以及与本项目建议的关系。

（3）近五年取得的三项代表性科技合作或技术引进消化吸收再创新案例及经济、社会、环境效益。

（4）近五年取得的三项代表性成果名录，包括论著、专利、标准等。

4. 外方合作能力：

（外方合作机构简况及外方在该领域的学术地位与技术优势；外方负责人及参加人员的学术水平、职称及在该领域的学术地位；是否提供必要的技术培训和服务。）

外方项目组人员近五年取得的五项代表性成果名录（包括论著、专利、标准等）

5. 合作协议签订情况：

（请给出协议或意向书名称、签定时间、地点、主要内容，并附协议或意向书复印件。）

三、合作目标和内容（限五号字二页以内）

1. 合作目标和主要内容：
   （目标要明确，内容要具体）

2. 主要合作要点
   （指出在推动科技外交工作层面的有关内容安排）

3. 主要创新性
   （指出科学研究或技术开发等具体项目合作层面通过国际合作解决的主要瓶颈、难点，拟取得的突破或创新，以及合作前后相关技术指标的对比情况）

四、合作方案（限五号字三页以内）

1. 组织实施方案：
   （包括项目合作各方信息、人才、技术、资金、设施及合作渠道等资源的组织、集成、整合、投入和使用方式、方案，以及工作流程、合作各方任务分配、合作方式、人员交流计划等）

2. 技术方案：
   （包括联合研发或引进技术的消化吸收再创新方案和技术路线，要指出本项目建议所涉主要科学技术瓶颈、难点的合作或引进解决方案）

3. 项目的年度实施计划和年度目标：
   （合作项目实施期限可根据项目合作具体情况及实际需要调整，限两页内）

第一年度	
第二年度	
第三年度	

五、合作成果与知识产权保护（限五号字二页以内）

1. 预期取得的合作成果及考核指标：

（分项表述包括人才、技术、装备设备引进及论文著作、专利、标准、新技术、新产品 [含生物新品种、计算机软件等]、新装置、新工艺、新材料等合作成果与知识产权，以及其它应考核指标的数量及水平；考核指标应合理、清楚、明确、量化、可考核；若项目最终获得立项，执行过程中考核指标原则上不予调整。考核指标方面务必阐述清楚，详见填报说明第 11、16 条）

2. 预期成果、知识产权等的权益归属、分享、保护、使用措施、方案，以及相关具体指标：

（措施、方案、指标要明确、具体、有效，并有约束性；对可能出现的知识产权纠纷的预防及解决方案）

3. 外方合作投入及具体指标：

（包括资金、人员、技术、材料、设备、信息数据及特有资源等，并注明是否投入到中方，是合作实施期间使用还是归中方所有）

4. 中方需投入的已有资源、知识产权的保护：

（包括中方已有的、需投入本合作项目的信息、数据、技术、材料、设备装备、特有资源等资源和知识产权及其使用、保护措施，能否有效维护国家利益，保障国家安全，措施要具体、有效；说明可能涉及我国的人类遗传资源、生物种质资源、生物安全、测绘、海洋、气象、水文、地质、矿产、环境、卫生、信息安全等领域的自然资源和科技数据合作情况。涉及以上领域的合作，需遵守我国在上述领域及科技保密、科技伦理、知识产权等方面的国内法律法规和其他管理办法。）

5. 遵守国际和国内相关法律法规、惯例、伦理情况：

（此项目合作内容、形式、成果等是否符合国际法及国际惯例，以及我国、合作方所在国的法律法规、伦理。特别是项目如可能涉及我国在人类遗传资源、生物种质资源、生物安全、测绘、海洋、气象、水文、地质、矿产、环境、卫生、信息安全等领域的合作，应遵守我国在上述领域及科技保密、科技伦理、知识产权、科技数据交换等方面的法律法规和其他管理办法。如有上述问题，请详细说明情况及拟采取的措施，是否已向相关部门申报并获批，如获批请附相关审批文件。）

六、预期效益（限五号字二页以内）

预期外交、经济和社会效益：

（包括合作成果对落实双边政府间科技合作的意义，以及对中外双方在商定的优先领域内科技水平和研发能力的提升作用；创新国际科技合作模式或合作机制；在科技外交工作的作用；在国家重大工程建设或重大装备开发中发挥的作用；与国内外同类产品或技术的竞争分析，成果应用和产业化情况，对促进相关产业技术进步、带动新兴产业发展、提升我国相关产业竞争力的作用；技术及产品应用所形成的市场规模、效益及促进就业情况等；项目实施中形成的示范基地、中试线、生产线及其规模等；对保障国家安全、改善民生、提高公共服务能力、促进社会可持续发展的作用等。属于产学研结合的项目，请给出对联合研发或引进技术的产学研联合机制、具体方案，以及企业参与、企业投入及企业技术应用方案等）

七、承诺及密级审核

项目是否存在涉密内容：（若是，请指出涉密内容及其密级）	
申请密级	公开　秘密　机密　绝密

负责人承诺：

　　如本项目建议未来获得批准，我保证项目建议书内容的真实性、准确性。项目密级是根据《中华人民共和国保守国家秘密法》、《科学技术保密规定》及《对外科技交流保密提醒制度》确定，我承诺在对外合作中不泄露国家秘密，并通过相关知识产权协议（条款）切实保护我方的知识产权。

　　此项目合作内容、形式、成果等符合国际法、国际惯例和我国及合作方所在国家的法律法规、伦理。如果获得资助，我将履行项目负责人职责，严格遵守国家科技计划管理有关规定，切实保证研究工作时间，认真开展工作，按时报送年度进展报告、成果进展信息、结题验收报告等有关材料，接受项目检查。若填报失实和违反规定，本人将承担全部责任。

　　执行此项目期间，因无法预料的原因所产生的后果由本人自负（如健康状况、经济纠纷、损失等）。

负责人签字
年　月　日

项目建议提交单位保密办公室承诺：

　　已对项目建议书内容和密级进行了审核，项目建议所定密级符合《中华人民共和国保守国家秘密法》、《科学技术保密规定》及《对外科技交流保密提醒制度》中的定级要求和条件。我单位保证严格遵守国家科技计划管理有关保密规定，根据相应密级的管理办法进行管理，并采取有效措施，保证在对外合作中不泄露国家秘密，切实维护国家利益，保障国家安全。

项目建议提交单位保密办公室盖章
年　月　日

项目组织（推荐）部门保密办公室承诺：

　　已对项目负责人的资格、项目建议书内容及密级进行了审核，项目建议所定密级符合《中华人民共和国保守国家秘密法》、《科学技术保密规定》及《对外科技交流保密提醒制度》中的定级要求和条件，同意报送。我单位保证严格遵守国家科技计划管理有关保密规定，根据相应密级的管理办法进行管理。

项目组织（推荐）部门保密办公室盖章
年　月　日

　　注：不管是公开或公开以上级别，均需项目建议提交单位和项目组织（推荐）部门的保密部门进行密级审核。如项目建议提交单位或项目组织（推荐）部门没有专门设立保密办或刻保密公章，务必由项目建议提交单位或项目组织（推荐）部门出具说明，说明保密职责由何部门承担并用单位或部门的公章代章，具体说明格式可从国家国际科技合作专项网（http://www.istcp.org.cn/）"文件下载"栏下载。

9. 科技部关于征集 2016 年度中欧政府间科技合作项目建议的通知

科技部关于征集 2016 年度中欧政府间科技合作项目建议的通知

国科发外〔2015〕430 号

各省、自治区、直辖市及计划单列市科技厅（委、局），国务院各有关部门科技主管单位，各有关单位：

根据中华人民共和国政府与欧洲共同体科学技术合作协定、科技部与欧盟科研创新总司关于设立中欧科研创新共同资助机制的共识以及双方在中欧科技合作指导委员会第十二次会议上达成的协议，现征集 2016 年度对欧政府间科技合作项目建议。有关事项通知如下：

一、背景情况

中欧互为重要的科技与创新合作伙伴。欧盟经过改革于 2014 年正式启动了"地平线 2020 计划"，中国的科技计划管理改革正在进行中。改革期间，为继续落实好中欧政府间科技合作协议，促进和支持中欧科技创新及产业化合作，中国科技部与欧盟科研创新总司就建立科研与创新联合资助机制达成共识，双方形成了联合资助机制的指导原则，就联合资助机制下共同征集中欧政府间科技合作联合研究项目的方式、领域、资助额度等达成一致意见。

此次征集的政府间科技合作项目建议旨在支持双边高校、科研院所和企业在已有的合作基础上，就共同感兴趣并能使双方受益的课题开展合作研发。项目建议提出单位应本着平等合作、互利互惠、成果共享、尊重知识产权的原则同外方合作伙伴开展实质性合作。提出的项目建议需立足发展需求、体现优势互补、具备技术先进性和创新性。

二、项目建议征集说明

（一）项目建议征集范围

由于中央财政科技计划（专项、基金等）管理改革处于过渡阶段，且欧盟"地平线 2020 计划"已于 2014 年初启动，为贯彻改革精神，体现中欧共同资助原则，根据前述中欧政府间科技合作协议以及双方政府共识，本次项目建议征集设两个申报截止日期，第一个是 2016 年 3 月 31 日，第二个是 2016 年 7 月 31 日。征集范围包括以下三部分：

一是欧盟"地平线 2020 计划"已发布的 2014/2015 工作计划中已获得欧方成功立项的中方申请者，这一部分项目建议的申报截止日期为 2016 年 3 月 31 日。

二是"地平线 2020 计划"已发布的 2016/2017 年度工作计划中面向中国开放且最终申报截止日期在 2016 年 3 月 31 日之前的项目征集领域和方向（对于"地平线 2020 计划"征集指南中设有两阶段截止日期的，本截止日期只征集在 2016 年 3 月 31 日之前已完成第一阶段评审，且向欧方提交第二阶段申报书的项目）。

三是"地平线 2020 计划"已发布的 2016/2017 年度工作计划中面向中国开放且最终申报截

止日期在 2016 年 7 月 31 日之前的项目征集领域和方向（对于"地平线 2020 计划"征集指南中设有两阶段截止日期的，本截止日期只征集在 2016 年 7 月 31 日之前已完成第一阶段评审，且向欧方提交第二阶段申报书的项目）。

2016 年拟支持的重点领域和方向主要包括：农业（含食品）、生物技术、信息通信技术、空间、航空、能源、健康、交通、水资源、节能减排、先进制造、新材料、可持续城镇化、青年科学家交流活动等。

（二）经费及期限

根据双方政府部门共识，2016 年度中国对欧政府间科技合作项目中方拟资助总经费为 2 亿元人民币，单个项目中方拟资助额度原则上不超过 500 万元人民币。

项目执行期原则上不超过 3 年。

三、项目建议的撰写与提交

（一）编写要求

1. 对中外方项目建议提出单位要求。

（1）中外方项目建议提出单位需分别向中外方政府部门提交同一项目建议书，单方提交无效。由于 2015 年处于中央财政科技计划（专项、基金等）管理改革过渡阶段，经双方科技主管部门协商，欧盟方面已先于中方进行项目建议征集。

（2）中方项目建议提出单位应为依法在中国境内设立，具有相应对外合作渠道和合作能力、科研条件和研发实力，并具备法人资格的高等学校、科研机构和企业。

（3）中外双方合作单位应签署协议或意向书等项目合作文件。双方参与单位应明确在合作研发中的贡献和分工。对项目建议研究立项时将优先考虑能够提供相关证明的欧方已立项的项目。

（4）中方申报单位在提交项目建议书时，需写明申报"地平线 2020 计划"相应的指南编号。

（5）鼓励以企业为主体，产学研合作提交项目建议。

（6）同等条件下，国家国际科技合作基地优先。

2. 项目负责人和主要参加人员要求。

项目负责人和主要参加人员应遵守《国家科技计划项目承担人员管理的暂行办法》（国科发计字〔2002〕123 号）的相关规定。作为项目负责人，同期主持的国家基本科技计划项目数原则上不得超过 1 项；作为主要参与人员，同期参与承担的国家基本科技计划项目数（含负责主持的项目数）原则上不得超过 2 项。

3. 知识产权要求。

（1）项目建议中，应包含有效保护知识产权及涉及国家安全的相关信息资源的章节，应注意合理分享合作研究成果，维护中方利益。

（2）合作双方签署的合作协议或意向书，其中必须包括知识产权专门条款。否则，双方须另行签署专门的知识产权协议。

4. 其它要求。

凡此次提交项目建议的单位，不得一题多报、项目打包或申请重复资助。

（二）项目建议提交方式

1. 项目建议需通过上一级组织推荐部门提交项目建议书。组织推荐部门指项目建议的报送单位所在省、自治区、直辖市或计划单列市的科技厅（委、局），或申请单位所隶属的国务院部门主管司局。

2. 请按照项目建议书附件格式及要求填写，请勿更改原始文件的格式或另行制作文件填写。中方提交的项目建议基本信息必须与外方合作伙伴申报内容一致。

3. 请通过国家科技管理信息系统项目申报中心（http：//program. most. gov. cn）统一填报。对于申报第一个截止日期的项目建议，网络填报的受理时间为本通知发布之日起至 2016 年 3 月 31 日。申报第二个截止日期的项目建议，网络填报的受理时间为 2016 年 4 月 1 日起至 2016 年 7 月 31 日（技术咨询电话均为：010 – 88659000）。

网上填报提交后，请分别于 2016 年 3 月 31 日和 2016 年 7 月 31 日前（以寄出时间为准）将加盖组织推荐部门公章的推荐函（纸质，一式 4 份）、项目建议基本信息表、政府间科技合作项目建议书（通过系统直接生成打印，纸质，一式 4 份）寄送至中国科学技术交流中心，请不要现场报送。

四、联系方式

（一）政策咨询
科技部国际合作司欧洲处　李瑞国
电话：+86 10 58881356
电子邮箱：hzs_ ozc@ most. cn
（二）申报受理工作
中国科学技术交流中心欧洲处　董克勤
电话：+86 10 68513370
电子邮箱：dongkq@ cstec. org. cn
地址：北京市西城区三里河路 54 号
邮编：100045
（三）欧盟地平线 2020 计划申报网站
来源：http://ec. europa. eu/research/participants/portal/desktop/en/opportunities/index. html
附件：1. 项目建议基本信息表
　　　2. 政府间科技合作项目建议书

科技部

2015 年 12 月 14

来源：http://www. most. gov. cn/mostinfo/xinxifenlei/fgzc/gfxwj/gfxwj2015/201512/t20151216_ 122975. htm

附件 1

项目建议基本信息表

建议项目名称	中文： 英文：
中方项目 建议书填报单位	中文： 英文：
中方项目 负责人及 联系方式	姓名：　　　　　性别：　　　　　职务职称： 电话：　　　　　传真：　　　　　手机： 通信地址： 邮编：　　　　　电子信箱：
外方合作单位	中文： 英文：
外方项目 指南编号 负责人及 联系方式	指南编号： 姓名：　　　　　性别：　　　　　职务职称： 电话：　　　　　传真：　　　　　手机： 通信地址： 邮编：　　　　　电子信箱：
项目建议涉及 的主要研究内容 （200 字以内）	

附件2

项目序号 _____

合作类型 政府间科技合作

政府间科技合作
项目建议书

项目名称：_____

提交单位：_____

负 责 人：_____

合作国别：_____

项目组织（推荐）部门：_____

申报日期：_____

中华人民共和国科学技术部

二〇一五年九月制

填报说明
(请认真阅读)

1. 政府间科技合作项目将主要支持我国政府和部门与外方政府和部门（多边机制）商定的有关国际科技合作与交流活动（包括技术引进消化吸收再创新、合作研发、先进适用技术产品设备标准走出去等，涉及产业化的项目一般指"××产业化技术/设备的研发"）。

2. 填写项目建议书的相关栏目时应突出国际合作的内容。

3. 项目建议书各项内容应实事求是，文字表述准确。外来语要同时用原文和中文表达，第一次出现的缩略词，须注明全称。

4. "项目名称"应反映合作的重点内容和目标，不宜过于宽泛（如"中加疫苗关键技术及产品合作研发"、"重大新发突发传染病诊治研究"），应能体现出通过国际合作解决的关键科技问题，字数不得超过 25 字，原则上不得出现外来语，应用中文表达。

5. "项目研发类型"是指申报哪类项目，请根据填报系统提示选择，不得自行填写。

6. "所属政府间协议"是指由合作双边或多边政府（包括中央和地方）牵头、组织签定的科技合作协定。

7. "项目合作协议/意向"是指合作双边或多边针对本项目合作具体工作签定的合作协议。

8. "项目建议提交单位"为依法在中国（大陆）境内设立，具有相应对外合作渠道和合作能力、科研条件和研发实力，并具备法人资格的科研机构、高等学校、企业。各级政府机关不得作为项目建议提交单位，也不可作为合作单位参与研究。"项目依托研究基地"中的"03 国家国际科技合作基地"包括科技部授予的国际创新园、国际联合研究中心、国际技术转移中心和示范型国际科技合作基地。

9. "项目负责人"应是未来实际承担组织领导和主持本项目研究的科研人员，避免根据行政管理职务确定项目负责人。已作为项目负责人承担原国家基本科技计划项目的，如当年结题的可以提出申请，但需在研项目通过验收后方可承担新的项目。项目负责人和主要参加人员应遵守《国家科技计划项目承担人员管理的暂行办法》（国科发计字〔2002〕123 号）的相关规定。

10. "合作外方"应为中国境外具有较强技术实力或较高科研水平的合作伙伴，并具备对华合作的意愿和能力。合作外方不得是外资在华设立的企业或研发机构（外资在华设立的企业或研发机构可作为"其他中方参加单位"），不得是中资机构在境外设立的企业或研发机构，不得是企业集团国内外分支机构之间的内部合作，合作外方必须是具有研发能力的实体机构，不得是在国外避税地设立的壳公司。外方合作伙伴如系政府机构、国际组织、科研院所或高等院校，必须详细到具体的部门、科研机构或大学院系，不能仅填写"美国能源部"、"世界卫生组织"、"加拿大国家研究理事会"、"澳大利亚联邦科工组织"、"美国国立卫生研究院"、"××大学"等；外方合作伙伴如系企业特别是跨国公司等大企业，必须详细到具体参与合作的分（子）公司、企业研发中心等，不能仅填写跨国公司名。请填写外方合作伙伴提交项目申请的序号。

11. "项目预期验收内容及考核指标"应如实填写，不得夸大虚报。如项目通过评审并正式立项，项目合同书的考核指标应与项目建议书相同不得随意删减，项目执行过程中合同书考核指标原则上不得调整；考核指标是项目结题验收的重要依据。列入验收内容及考核指标的成果均应与项目内容有关，属于通过开展本项目并在项目起止日期内产生，在验收时还需提交相关报告或证明（见第 16 条）。

12. "任务目标"项，用一句话概述项目的主要任务目标，限 50 字以内，例："合作解决太阳风离子探测关键技术"，"合作解决攻克制约我国月球探测的关键技术"，"研制甲型 H1N1 流感疫苗、有效应对全球甲型 H1N1 流感疫情"，"解决杂交水稻基因研究重大技术问题、共同应对粮食安全问题"等。

13. "成果导向"项，概述项目的成果应用及其产业化前景，经济社会效益，在解决关键科技问题和技术瓶颈，有效维护国家安全，响应政府部门、社会公众、行业企业对重大问题的关注，增强自主创新能力，支撑产业和地方发展等方面的作用，限 100 字以内，例："解决威胁我国煤矿安全生产的瓦斯和煤层爆炸技术难题"，"为开发新一代商用快堆等新一代核能提供技术支撑和设计制造能力"，"提升我高参数超超临界机组等高效发电技术与装备技术水平"，"加快解决目前封闭式组合电器的供需矛盾、确保国家电网改造及时完成"等。

14. 项目经费需求应与项目内容、预期验收内容及考核指标相匹配。项目预算表要求同时编制经费来源预算和支出预算，平衡公式为：经费支出预算合计 = 经费来源预算合计。要结合项目申请书中有关研究内容、研究目标、参加人员、实施方案等内容认真编制预算，与项目有关的前期研究（包括阶段性成果）支出的各项经费不得列入预算。自筹经费是指国家科技计划项目专项经费以外的各种渠道来源资金，包括：其它财政拨款、单位自有货币资金和其他资金，自筹经费应在预算说明中列示。"国家科技计划项目自筹资金来源证明"中"3. 从承担单位获得的资助"指中方项目建议提交单位和其他参加单位对项目的资金投入。

15. 填写第五项第 1 条"预期取得的合作成果及考核指标"中的考核指标时，需对照基本信息表中的"项目预期验收内容及考核指标"进行详述：（1）对于新技术、新产品、新装置、新工艺、新材料等要有量化明细的检测指标及相关技术参数，需委托具备相关资质的第三方检测单位检测并出具报告。有标准的按相关国家和行业标准规范执行，没有标准的要事先约定检测方法；（2）论文必须是本项目起始日期后发表或收到期刊的稿件录用通知，专著必须是本项目起始日期后出版或收到出版社书面通知确定出版，均须注明得到有关专项的支持；（3）专利必须是本项目起始日期后或批准授权或申报；（4）技术标准必须是本项目起始日期后批准发布或申报并获受理；（5）人才培养和人才引进均必须是直接参与本项目的人员。其中，人才引进必须是在本项目起始日期后新引进的外籍人员或已在国外长期工作的海外人才。

16. 提交项目建议必须注册登陆"国家科技管理信息系统"（http://program. most. gov. cn/），按规定格式要求认真填写，进行网上填报并上传。专业领域、学科、方向请根据网上管理系统提供的选择项进行选择。涉密项目请下载相应填报软件填写、打印项目建议书，以机要形式上报，要求同时附上本单位保密办公室出具，项目组织（推荐）部门保密办公室审定的密级确定书，以及对外合作中采取有力措施保护知识产权、确保不泄密的保证书。

17. 请务必将合作协议/意向的复印件作为书面建议书附件一同上报，否则不予受理。

18. 项目建议书需加盖本单位和项目组织（推荐）部门公章，由项目组织（推荐）部门统一报送中国科学技术交流中心。未通过组织（推荐）部门上报的建议书，将不予受理。项目组织（推荐）部门是指根据中外政府间科技合作项目建议通知和要求，组织有关项目建议提交单位填报项目建议书的中央或地方科技管理部门，即项目建议提交单位所隶属的国务院各相关部门的主管司局，或所在省、自治区、直辖市和计划单列市科技厅（委、局），或相关的中央企业。

19. 项目基本信息

项目名称				
项目研发类型	01 基础研究；02 应用研究；03 试验发展；04 产业化；05 其他		建议密级	公开　秘密　机密　绝密
所属政府间协议名称				
协议签署日期		协议有效期		年
总体合作目标（可多选）	01 落实政府间科技合作协议；02 落实双方重大外交承诺；03 深化与主要发达国家科技合作；04 促进与周边和发展中国家协同发展；05 推动多边科技合作；06 深度参与国际大科学工程（计划）和国际组织；07 推动同港澳台地区合作；08 其他			
具体合作目标（可多选）	01 解决关键技术问题；02 填补国内外技术空白；03 促进人员交流、引进国际优秀人才；04 引进具有重大应用前景的前瞻技术；05 引进国家战略需求的关键技术、装备；06 解决国家科技计划\重大专项难点、瓶颈；07 分享国际前沿科技成果；08 其他（　　　）			
合作方式（可多选）	01 开展联合研究 02 开展合作示范 03 购买全套技术及消化吸收；04 购买关键 know-how；05 引进关键技术设备；06 分工合作技术开发；07 聘请专家来华工作；08 赴国外技术培训；09 利用国外资源；10 信息交流、技术咨询；11. 基地和平台建设项目 12．其他（　　　）			

项目合作协议/意向	名称：			
项目起止日期		合作国别		所属大洲
所属专业领域 1		学科 1	方向 1	
所属专业领域 2		学科 2	方向 2	

项目建议提交单位	单位名称		组织机构代码		单位负责人	
	单位性质		所在地区		归口部门	
	项目依托研究基地（可多选）	01 国家实验室；02 国家重点实验室；03 国家国际科技合作基地；04 国家工程技术研究中心；05 国家级企业技术中心；06 部门或省级开放（重点）实验室；07 教育部 985 工程创新基地；08 省部级重点学科基地；09 国家工程实验室；10 其他				
	通讯地址				邮政编码	
	联系电话			传真		

（续表）

项目负责人	姓名		性别		出生日期	
	证件类型		证件号码		职务	
	学位		学历		职称		电话	
	手机		E-mail		传真	
项目联系人	姓名		性别		出生日期	
	手机		电话			
	E-mail		传真			

项目建议提交单位意见：

　　已按填报说明对拟参与项目人员的资格和建议书内容进行了审核，内容真实，数据准确，同意提交。建议项目如获资助，我单位保证对研究计划实施所需要的人力、物力和工作时间等条件给予保障，严格遵守国家科技计划管理有关规定，督促项目负责人和项目组成员以及本单位项目管理部门按照中外政府间科技合作项目有关要求及时报送相关材料。

　　　　　　　　　　　　单位负责人（签章）：　　　　　　　（单位公章）

　　　　　　　　　　　　　　　　　　　　　　　　　　　　年　月　日

其他中方参加单位	单位名称	组织机构代码	
合作外方	机构名称及所属国别（中英文）		
	外方负责人（英文）		职称	
	外方项目序号		
	通讯地址		E-mail	
	传真		电话	
其他合作外方	单位名称及所属国别（中英文）		

经费需求	总经费：万元，自筹资金：万元，其中：从企业获得研发经费投入万元	拟申请中央财政经费	万元
		其它财政拨款（含部门、地方匹配）	万元
		单位自有货币资金	万元
		其他资金	万元

（续表）

预期使用外方资源情况	使用外方经费		万元人民币（指外方投入的由中方支配和使用的货币资金）
	利用外方关键技术（可填多项）		技术名称、该技术的费用估值及支付外方经费（万元人民币）
	利用外方关键设备（可填多项）		设备名称、该设备的费用估值及支付外方经费（万元人民币）
	使用外方特有资源	物种数　样本量　数据量　图纸数	其他（名称：　）

项目预期验收内容及考核指标	成果形式（可多选）		01 论文专著；02 研究（咨询）报告；03 新产品（或生物新品种）；04 新装置；05 新材料；06 新工艺（或新方法、新模式）；07 计算机软件；08 人才培养；09 人才引进；10 技术标准；11 基地建设；12 其他
	引进关键技术　项	技术名称	
	技术形式	01 软件；02 计算方法；03 模型；04 专利；05 数据库；06 其他	
	技术先进性	01 世界独有；02 国际领先；03 国际先进；04 国内领先	
	技术成熟度	01 实验室成果；02 中试阶段；03 已产业化	
	引进关键设备　台	设备名称	
	引进特有资源	物种数　样本量　数据量　图纸数	其他（名称：　）

（续下表）

（续表）

项目简介

任务目标 （50 字以内）	目标：
合作内容 合作理由 合作方式 合作必要性 （500 字以内）	
成果导向 （100 字以内）	

项目组织 （推荐）部门		联系人		电话	

项目组织（推荐）部门意见：

　　已对项目建议书内容进行了审核。如未来项目实施，我部门将认真履行政府间科技合作项目管理有关要求中管理部门的责任和义务，履行实施本项目所做的有关承诺。

部门负责人（签章）：　　　　　　　　　（单位公章）

年　　月　　日

General Information of the Proposal for the Project
(For Chinese Principal Investigator／Project Manager)

Project Title	
Specialty Field	
Financial Support	Apply for RMB Financial Support from the Chinese Side / Foreign Investment: Euro ( )
Name of Cooperation Agreement	
Project Duration	From to (m／y)

Proposed Project Manager / Applicant in China

Chinese Applicant			
Principal Investigator／Project Manager			
Address		Zip Code	
Telephone Number		Mobile Number	
E-mail		Fax Number	

Overseas Project Manager / Organization

Overseas Project Organization					
Project Manager		E-mail		Nationality	
Address					
Fax Number		Telephone Number			
The objectives and contents of the research project are (maximum 500 words):					

项目经费需求

经费来源估算（万元）		来源总计：万元
拟申请中央财政经费		
自筹资金	其他财政拨款（含部门、地方匹配）	
	单位自有货币资金	
	其他资金	
外方投入资金（是指外方投入的由中方支配、使用的货币资金）		

经费支出（万元）				支出总计：万元
科目	合计	专项经费	自筹资金	外方投入
（一）直接费用				
1. 设备费				
其中：购置设备费				
2. 材料费				
3. 测试化验加工费				
4. 燃料动力费				
5. 技术引进费				
6. 差旅费（指国内差旅费）				
7. 会议费				
8. 合作交流费				
国内人员出国费				
海外专家来华费				
9. 出版/文献/信息传播/知识产权事务费				
10. 劳务费				
国内人员劳务费				
海外专家劳务费				
11. 专家咨询费：				
国内专家咨询费				
海外专家咨询费				
12. 其他费用				
（二）间接费用				
其中：绩效支出				

注：1. "其他经费"专指是指在项目组织实施过程中围绕关键技术引进和优秀人才引进，且无法在上述科目列支的费用。专项经费严格控制其他费用支出，加强审核和监督。确有需要的，原则上采用后补助的方式资助，按照预算调整的有关程序报批。

2. 经费来源中有"自筹经费"的，需提供自筹经费来源证明。

3. 间接费用使用分段超额累退比例法计算并实行总额控制，按照不超过项目经费中直接费用扣除购置设备费后的一定比例核定，具体比例如下：

500 万元及以下部分不超过 20%；

超过 500 万元至 1 000 万元的部分不超过 13%；

超过 1 000 万元的部分不超过 10%。

间接费用中绩效支出不超过直接费用扣除购置设备费后的 5%。

自筹资金来源证明

（如自筹资金来自不同渠道或不同单位，应分别填写）

如未来项目建议获得批准，_____（单位全称），为____项目，提供____万元的自筹/配套资金，资金来源为____（1. 国家其他财政拨款　2. 地方财政拨款　3. 从承担单位获得的资助 4. 从其他渠道获得的资助）。

自筹资金主要用于：_____（填写具体支出科目）

特此证明！

出资单位（公章）：

年　月　日

---

1. 项目总经费概算、拟申请中央财政经费的必要说明

2. 合作外方投入（经费、关键技术、设备装备、资源等）说明

3. 国内项目承担单位自筹、部门（地方）配套资金说明

4. 拟申请专项经费的大型仪器设备购置费、技术引进费用、劳务费等的必要说明

5. 拟申请专项经费中"其他经费"的理由及必要说明

一、合作理由（限五号字二页以内）

---

1. 项目建议提出的背景及合作重要性、必要性：
   （包括合作内容的国内外现状和发展趋势；项目合作在服务科技外交、保障国家安全、促进科技突破、提升经济和社会发展水平等方面的战略重要性及合作必要性、紧迫性；合作外方的选择理由及外方对项目实施所起的关键作用等）

2. 合作的优势互补性：
   （指出中外各合作方的科学技术优势及合作外方拥有哪些我方所需的关键（核心）技术、应用成果、前沿理论或专有人才等智力资源、技术资源、自然资源或市场资源）

3. 若国内和国际上已开展与本项目建议内容类似的研究，请对比说明各自的水平、优势、特点或差距等。

二、合作基础与合作能力（限五号字二页以内）

1. 合作基础：

（指出合作各方是否有着良好的合作互信与合作渠道，是否已开展了富有成效的合作与交流，特别是针对本项目建议内容开展的前期合作与交流，具有稳定的国内外合作环境、合作条件与交流机制等。）

2. 合作可行性：

（从特有关系、人才、技术、资金及组织方式等方面简述合作可行性，能否保障项目顺利实施，达到预期目标）

3. 中方项目建议提交单位合作能力：

（包括中方项目承担/参加单位产、学、研简况及具有的合作经验与合作渠道；项目组人员的职称及在该领域的国内外学术地位、专业/技术优势）

项目组主要人员的成功案例

（1）近五年承担的和主持完成（已验收）的原国家国际科技合作专项项目名称、类型、编号、起止年月、资助经费、完成情况、后续研究进展，以及与本项目建议的关系。

（2）近五年承担的和主持完成（已验收）的其他国家科技计划项目名称、计划类型、编号、起止年月、资助经费、执行情况，以及与本项目建议的关系。

（3）近五年取得的三项代表性科技合作或技术引进消化吸收再创新案例及经济、社会、环境效益。

（4）近五年取得的三项代表性成果名录，包括论著、专利、标准等。

4. 外方合作能力：

（外方合作机构简况及外方在该领域的学术地位与技术优势；外方负责人及参加人员的学术水平、职称及在该领域的学术地位；是否提供必要的技术培训和服务。）

外方项目组人员近五年取得的五项代表性成果名录（包括论著、专利、标准等）

5. 合作协议签订情况：

（请给出协议或意向书名称、签定时间、地点、主要内容，并附协议或意向书复印件。）

三、合作目标和内容（限五号字二页以内）

---

1. 合作目标和主要内容：
   （目标要明确，内容要具体）

2. 主要合作要点
   （指出在推动科技外交工作层面的有关内容安排）

3. 主要创新性：
   （指出科学研究或技术开发等具体项目合作层面通过国际合作解决的主要瓶颈、难点，拟取得的突破或创新，以及合作前后相关技术指标的对比情况）

四、合作方案（限五号字三页以内）

---

1. 组织实施方案：
   （包括项目合作各方信息、人才、技术、资金、设施及合作渠道等资源的组织、集成、整合、投入和使用方式、方案，以及工作流程、合作各方任务分配、合作方式、人员交流计划等）

2. 技术方案：
   （包括联合研发或引进技术的消化吸收再创新方案和技术路线，要指出本项目建议所涉主要科学技术瓶颈、难点的合作或引进解决方案）

3. 项目的年度实施计划和年度目标：
   （合作项目实施期限可根据项目合作具体情况及实际需要调整，限两页内）

第一年度	
第二年度	
第三年度及以后	

五、合作成果与知识产权保护（限五号字二页以内）

1. 预期取得的合作成果及考核指标：

（分项表述包括人才、技术、装备设备引进及论文著作、专利、标准、新技术、新产品［含生物新品种、计算机软件等］、新装置、新工艺、新材料等合作成果与知识产权，以及其它应考核指标的数量及水平；考核指标应合理、清楚、明确、量化、可考核；若项目最终获得立项，执行过程中考核指标原则上不予调整。考核指标方面务必阐述清楚，详见填报说明第 11、16 条）

2. 预期成果、知识产权等的权益归属、分享、保护、使用措施、方案，以及相关具体指标：

（措施、方案、指标要明确、具体、有效，并有约束性；对可能出现的知识产权纠纷的预防及解决方案）

3. 外方合作投入及具体指标：

（包括资金、人员、技术、材料、设备、信息数据及特有资源等，并注明是否投入到中方，是合作实施期间使用还是归中方所有）

4. 中方需投入的已有资源、知识产权的保护：

（包括中方已有的、需投入本合作项目的信息、数据、技术、材料、设备装备、特有资源等资源和知识产权及其使用、保护措施，能否有效维护国家利益，保障国家安全，措施要具体、有效；说明可能涉及我国的人类遗传资源、生物种质资源、生物安全、测绘、海洋、气象、水文、地质、矿产、环境、卫生、信息安全等领域的自然资源和科技数据合作情况。涉及以上领域的合作，需遵守我国在上述领域及科技保密、科技伦理、知识产权等方面的国内法律法规和其他管理办法。）

5. 遵守国际和国内相关法律法规、惯例、伦理情况：

（此项目合作内容、形式、成果等是否符合国际法及国际惯例，以及我国、合作方所在国的法律法规、伦理。特别是项目如可能涉及我国在人类遗传资源、生物种质资源、生物安全、测绘、海洋、气象、水文、地质、矿产、环境、卫生、信息安全等领域的合作，应遵守我国在上述领域及科技保密、科技伦理、知识产权、科技数据交换等方面的法律法规和其他管理办法。如有上述问题，请详细说明情况及拟采取的措施，是否已向相关部门申报并获批，如获批请附相关审批文件。）

六、预期效益（限五号字二页以内）

预期外交、经济和社会效益：

（包括合作成果对落实双边政府间科技合作的意义，以及对中外双方在商定的优先领域内科技水平和研发能力的提升作用；创新国际科技合作模式或合作机制；在科技外交工作的作用；在国家重大工程建设或重大装备开发中发挥的作用；与国内外同类产品或技术的竞争分析，成果应用和产业化情况，对促进相关产业技术进步、带动新兴产业发展、提升我国相关产业竞争力的作用；技术及产品应用所形成的市场规模、效益及促进就业情况等；项目实施中形成的示范基地、中试线、生产线及其规模等；对保障国家安全、改善民生、提高公共服务能力、促进社会可持续发展的作用等。属于产学研结合的项目，请给出对联合研发或引进技术的产学研联合机制、具体方案，以及企业参与、企业投入及企业技术应用方案等）

七、承诺及密级审核

项目是否存在涉密内容：（若是，请指出涉密内容及其密级）	
申请密级	公开　秘密　机密　绝密

负责人承诺：

　　如本项目建议未来获得批准，我保证项目建议书内容的真实性、准确性。项目密级是根据《中华人民共和国保守国家秘密法》、《科学技术保密规定》及《对外科技交流保密提醒制度》确定，我承诺在对外合作中不泄露国家秘密，并通过相关知识产权协议（条款）切实保护我方的知识产权。

　　此项目合作内容、形式、成果等符合国际法、国际惯例和我国及合作方所在国家的法律法规、伦理。如果获得资助，我将履行项目负责人职责，严格遵守国家科技计划管理有关规定，切实保证研究工作时间，认真开展工作，按时报送年度进展报告、成果进展信息、结题验收报告等有关材料，接受项目检查。若填报失实和违反规定，本人将承担全部责任。

　　执行此项目期间，因无法预料的原因所产生的后果由本人自负（如健康状况、经济纠纷、损失等）。

负责人签字

年　月　日

项目建议提交单位保密办公室承诺：

　　已对项目建议书内容和密级进行了审核，项目建议所定密级符合《中华人民共和国保守国家秘密法》、《科学技术保密规定》及《对外科技交流保密提醒制度》中的定级要求和条件。我单位保证严格遵守国家科技计划管理有关保密规定，根据相应密级的管理办法进行管理，并采取有效措施，保证在对外合作中不泄露国家秘密，切实维护国家利益，保障国家安全。

项目建议提交单位保密办公室盖章

年　月　日

项目组织（推荐）部门保密办公室承诺：

　　已对项目负责人的资格、项目建议书内容及密级进行了审核，项目建议所定密级符合《中华人民共和国保守国家秘密法》、《科学技术保密规定》及《对外科技交流保密提醒制度》中的定级要求和条件，同意报送。我单位保证严格遵守国家科技计划管理有关保密规定，根据相应密级的管理办法进行管理。

项目组织（推荐）部门保密办公室盖章

年　月　日

　　注：不管是公开或公开以上级别，均需项目建议提交单位和项目组织（推荐）部门的保密部门进行密级审核。如项目建议提交单位或项目组织（推荐）部门没有专门设立保密办或刻保密公章，务必由项目建议提交单位或项目组织（推荐）部门出具说明，说明保密职责由何部门承担并用单位或部门的公章代章，具体说明格式可从国家国际科技合作专项网（http://www.istcp.org.cn/）"文件下载"栏下载。

10. 科技部关于征集 2016 年度中国—拉共体政府间联合研发实验室项目建议的通知

科技部关于征集 2016 年度中国—拉共体政府间联合研发实验室项目建议的通知

国科发外〔2015〕431 号

各省、自治区、直辖市及计划单列市科技厅（委、局），国务院各有关部门科技主管单位，各有关单位：

为贯彻落实《国务院印发关于深化中央财政科技计划（专项、基金等）管理改革方案的通知》（国发〔2014〕64 号）的精神，根据习近平主席 2014 年在中拉领导人会晤上关于设立"中拉科技伙伴计划"的倡议及中方与有关国家政府间科技合作协议精神，决定征集 2016 年度中国—拉共体政府间联合研发实验室，以促进和支持中拉科技创新及产业化合作，服务于建设平等互利、共同发展的中拉全面合作伙伴关系。有关事项通知如下：

一、项目背景

2014 年 7 月，习近平主席在访问拉美出席中拉领导人会晤期间正式提出设立"中拉科技伙伴计划"，宣布建立平等互利、共同发展的中拉全面合作伙伴关系，并将科技创新作为中拉合作六大重点领域之一。2015 年 1 月，中拉论坛首届部长级会议通过了《中国与拉美和加勒比国家合作规划（2015—2019）》，强调中拉要加强建筑装备、石化、农产品加工、清洁能源、机械设备、汽车、航空、船舶及海洋工程装备、交通装备、电子设备、数字医疗设备、信息通信技术、生物技术、食品、医药等领域合作。

此次政府间联合研发实验室征集旨在切实推动中拉科技创新合作，建立中国与拉美及加勒比地区国家务实高效、充满活力的科技创新合作伙伴关系，加强中拉科技合作资源集聚和整合。双方政府将支持双方高校、科研院所和企业基于已有合作基础，就共同感兴趣并能使双方受益的科学、技术和工程等问题开展联合研发，力争产生务实合作成果，打造创新合作典范。

二、项目建议征集说明

结合对拉合作重点需求，确定 2016 年拟支持的领域和经费额度如下：

（一）拟支持的领域

在信息通信技术、轨道交通、生物医药、半导体照明、食品 5 个领域各建立 1 个政府间联合研发实验室。

（二）支持额度及年限

预计对每个实验室提供约 600 万元人民币资助，实施期限为 2 至 3 年。

三、项目建议的撰写与提交

（一）编写要求

1. 联合研发实验室采取政府、企业与项目承担单位1：1：1三方配套出资方式。对企业配套出资比例高或获得金融机构融资的联合研发实验室，将在评审中给予优先考虑。

2. 联合研发实验室采取"≥2+2模式"组建，即中拉双方应各有两家以上的参与单位（拉方包含2个以上拉美建交国家），每方由一家牵头单位作为项目承担单位。中方必须有企业参与。

3. 联合研发实验室应具备完整的内部管理机制、议事规则和项目规划。项目合作要求意义重要、理由充分、目标明确、内容具体，合作方案合理可行，技术指标可考核。能有效利用国际科技资源，解决制约我国经济社会发展的技术瓶颈问题；能与产业和应用需求紧密结合，能形成知识产权或相关技术标准；可有力配合国家外交战略，支撑"中拉科技伙伴计划"的实施。

4. 项目建议提交单位应为具有较强国际科技合作能力和条件、运行管理规范、在中国大陆境内注册1年以上的、具有独立法人资格的科研机构、高等学校、内资或内资控股企业等。项目建议提交单位的同一项目建议只能通过一个推荐主体申报一次。

5. 项目具备良好合作基础，中方项目建议提交单位具备相应的合作渠道和合作能力，并与拉美合作单位保持良好的互信合作关系，双方签订有相关合作协议或意向书（在生效期内），并包含知识产权相关条款。协议中应明确双方将为该领域联合研究配套相应资源。所有实验室未来需在中拉双方国家挂牌。

6. 项目负责人和主要参加人员应遵守《国家科技计划项目承担人员管理的暂行办法》（国科发计字〔2002〕123号）的相关规定。作为项目负责人，须具有高级专业技术职务（职称），同期主持的国家基础科技计划项目数原则上不得超过1项；作为主要参加人员，同期参与承担的国家基本科技计划项目数（含负责主持的项目数）原则上不得超过2项。

7. 项目建议提交单位的拉方合作伙伴应获得拉方政府支持，并提供书面证明。

8. 项目建议提交单位的拉方合作伙伴应具有较强的技术实力或较高的科研水平，并具备对华合作的意愿和能力。

9. 项目实施中，有关单位应能有效保护知识产权及涉及国家安全的相关信息资源等，合理分享合作研发成果，维护中方利益。

10. 根据双方政府部门共识，要求项目合作研究内容应有较高的创新性和应用前景。优先考虑有明确产业化应用前景、社会经济效益良好的合作研发项目内容。联合实验室应成为中拉凝聚资源、培养人才的平台，应牵头中拉多家单位联合开展相应领域研究。项目建议提交单位应本着平等合作、互利互惠、成果共享、尊重知识产权的原则开展实质性合作。

（二）项目建议提交方式

1. 项目建议需通过上一级组织推荐部门提交。组织推荐部门指项目建议的报送单位所隶属的各省、自治区、直辖市及计划单列市科技厅（委、局），或国务院部门主管司局。请推荐部门依据行业发展重点和方向，严格把关，推荐优质项目。每个推荐部门推荐不超过5个项目。

2. 请按照项目建议书附件格式及要求填写，请勿更改原始文件的格式或另行制作文件填写。

3. 请通过国家科技管理信息系统项目申报中心（http://program. most. gov. cn）统一填报。网络填报的受理时间为本通知发布之日起至2016年1月10日（技术咨询电话：010 - 88659000）。

网上填报提交后，请于 2016 年 1 月 10 日前（以寄出时间为准）将加盖组织推荐部门公章的推荐函（纸质，一式 4 份）、项目建议基本信息表、政府间科技合作项目建议书（通过系统直接生成打印，纸质，一式 4 份）寄送至中国科学技术交流中心。请不要现场报送。

四、联系方式

（一）政策咨询

科技部国际合作司美大处　王莹石　郑迪

电话：010 – 58881337、58881333

（二）申报受理工作

中国科学技术交流中心美大处　李宁

电话：010 – 68598012、68511569

电子邮箱：lin@ cstec. org. cn

地址：北京市西城区三里河路 54 号

邮编：100045

附件：1. 项目建议基本信息表

　　　2. 项目建议书

科技部

2015 年 12 月 14

来源：http://www. most. gov. cn/mostinfo/xinxifenlei/fgzc/gfxwj/gfxwj2015/201512/t20151216_ 122977. htm

附件 1

项目建议基本信息表

建议项目名称	中文： 英文：		
中方项目 建议书填报单位	中文： 英文：		
中方项目 负责人及 联系方式	姓名： 电话： 通信地址： 邮编：	性别： 传真： 电子信箱：	职务职称： 手机：
外方合作单位	中文： 英文：		
外方项目 负责人及 联系方式	姓名： 电话： 通信地址： 邮编：	性别： 传真： 电子信箱：	职务职称： 手机：
项目建议涉及 的主要研究内容 （200 字以内）			

附件 2

项目序号 ＿＿＿＿＿＿＿＿

合作类型　政府间科技合作

政府间科技合作
项目建议书

项目名称：＿＿＿＿＿＿＿＿＿＿＿＿＿＿＿＿

提交单位：＿＿＿＿＿＿＿＿＿＿＿＿＿＿＿＿

负　责　人：＿＿＿＿＿＿＿＿＿＿＿＿＿＿＿＿

合作国别：＿＿＿＿＿＿＿＿＿＿＿＿＿＿＿＿

项目组织（推荐）部门：＿＿＿＿＿＿＿＿＿＿

申报日期：＿＿＿＿＿＿＿＿＿＿＿＿＿＿＿＿

中华人民共和国科学技术部

二〇一五年九月制

填报说明
（请认真阅读）

1. 政府间科技合作项目将主要支持我国政府和部门与外方政府和部门（多边机制）商定的有关国际科技合作与交流活动（包括技术引进消化吸收再创新、合作研发、先进适用技术产品设备标准走出去等，涉及产业化的项目一般指"××产业化技术/设备的研发"）。

2. 填写项目建议书的相关栏目时应突出国际合作的内容。

3. 项目建议书各项内容应实事求是，文字表述准确。外来语要同时用原文和中文表达，第一次出现的缩略词，须注明全称。

4. "项目名称"应反映合作的重点内容和目标，不宜过于宽泛（如"中加疫苗关键技术及产品合作研发"、"重大新发突发传染病诊治研究"），应能体现出通过国际合作解决的关键科技问题，字数不得超过25字，原则上不得出现外来语，应用中文表达。

5. "项目研发类型"是指申报哪类项目，请根据填报系统提示选择，不得自行填写。

6. "所属政府间协议"是指由合作双边或多边政府（包括中央和地方）牵头、组织签定的科技合作协定。

7. "项目合作协议/意向"是指合作双边或多边针对本项目合作具体工作签定的合作协议。

8. "项目建议提交单位"为依法在中国（大陆）境内设立，具有相应对外合作渠道和合作能力、科研条件和研发实力，并具备法人资格的科研机构、高等学校、企业。各级政府机关不得作为项目建议提交单位，也不可作为合作单位参与研究。"项目依托研究基地"中的"03国家国际科技合作基地"包括科技部授予的国际创新园、国际联合研究中心、国际技术转移中心和示范型国际科技合作基地。

9. "项目负责人"应是未来实际承担组织领导和主持本项目研究的科研人员，避免根据行政管理职务确定项目负责人。已作为项目负责人承担原国家基本科技计划项目的，如当年结题的可以提出申请，但需在研项目通过验收后方可承担新的项目。项目负责人和主要参加人员应遵守《国家科技计划项目承担人员管理的暂行办法》（国科发计字〔2002〕123号）的相关规定。

10. "合作外方"应为中国境外具有较强技术实力或较高科研水平的合作伙伴，并具备对华合作的意愿和能力。合作外方不得是外资在华设立的企业或研发机构（外资在华设立的企业或研发机构可作为"其他中方参加单位"），不得是中资机构在境外设立的企业或研发机构，不得是企业集团国内外分支机构之间的内部合作，合作外方必须是具有研发能力的实体机构，不得是在国外避税地设立的壳公司。外方合作伙伴如系政府机构、国际组织、科研院所或高等院校，必须详细到具体的部门、科研机构或大学院系，不能仅填写"美国能源部"、"世界卫生组织"、"加拿大国家研究理事会"、"澳大利亚联邦科工组织"、"美国国立卫生研究院"、"××大学"等；外方合作伙伴如系企业特别是跨国公司等大企业，必须详细到具体参与合作的分（子）公司、企业研发中心等，不能仅填写跨国公司名。请填写外方合作伙伴提交项目申请的序号。

11. "项目预期验收内容及考核指标"应如实填写，不得夸大虚报。如项目通过评审并正式立项，项目合同书的考核指标应与项目建议书相同不得随意删减，项目执行过程中合同书考核指标原则上不得调整；考核指标是项目结题验收的重要依据。列入验收内容及考核指标的成果均应与项目内容有关，属于通过开展本项目并在项目起止日期内产生，在验收时还需提交相关报告或证明（见第16条）。

12. "任务目标"项，用一句话概述项目的主要任务目标，限50字以内，例："合作解决太阳风离子探测关键技术"，"合作解决攻克制约我国月球探测的关键技术"，"研制甲型H1N1流感疫苗、有效应对全球甲型H1N1流感疫情"，"解决杂交水稻基因研究重大技术问题、共同应对粮食安全问题"等。

13. "成果导向"项，概述项目的成果应用及其产业化前景，经济社会效益，在解决关键科技问题和技术瓶颈，有效维护国家安全，响应政府部门、社会公众、行业企业对重大问题的关注，增强自主创新能力，支撑产业和地方发展等方面的作用，限100字以内，例："解决威胁我国煤矿安全生产的瓦斯和煤层爆炸技术难题"，"为开发新一代商用快堆等新一代核能提供技术支撑和设计制造能力"，"提升我高参数超超临界机组等高效发电技术与装备技术水平"，"加快解决目前封闭式组合电器的供需矛盾、确保国家电网改造及时完成"等。

14. 项目经费需求应与项目内容、预期验收内容及考核指标相匹配。项目预算表要求同时编制经费来源预算和支出预算，平衡公式为：经费支出预算合计＝经费来源预算合计。要结合项目申请书中有关研究内容、研究目标、参加人员、实施方案等内容认真编制预算，与项目有关的前期研究（包括阶段性成果）支出的各项经费不得列入预算。自筹经费是指国家科技计划项目专项经费以外的各种渠道来源资金，包括：其它财政拨款、单位自有货币资金和其他资金，自筹经费应在预算说明中列示。"国家科技计划项目自筹资金来源证明"中"3.从承担单位获得的资助"指中方项目建议提交单位和其他参加单位对项目的资金投入。

15. 填写第五项第1条"预期取得的合作成果及考核指标"中的考核指标时，需对照基本信息表中的"项目预期验收内容及考核指标"进行详述：（1）对于新技术、新产品、新装置、新工艺、新材料等要有量化明细的检测指标及相关技术参数，需委托具备相关资质的第三方检测单位检测并出具报告。有标准的按相关国家和行业标准规范执行，没有标准的要事先约定检测方法；（2）论文必须是本项目起始日期后发表或收到期刊的稿件录用通知，专著必须是本项目起始日期后出版或收到出版社书面通知确定出版，均须注明得到有关专项的支持；（3）专利必须是本项目起始日期后或批准授权或申报；（4）技术标准必须是本项目起始日期后批准发布或申报并获受理；（5）人才培养和人才引进均必须是直接参与本项目的人员。其中，人才引进必须是在本项目起始日期后新引进的外籍人员或已在国外长期工作的海外人才。

16. 提交项目建议必须注册登陆"国家科技管理信息系统"（http://program.most.gov.cn/），按规定格式要求认真填写，进行网上填报并上传。专业领域、学科、方向请根据网上管理系统提供的选择项进行选择。涉密项目请下载相应填报软件填写、打印项目建议书，以机要形式上报，要求同时附上本单位保密办公室出具，项目组织（推荐）部门保密办公室审定的密级确定书，以及对外合作中采取有力措施保护知识产权、确保不泄密的保证书。

17. 请务必将合作协议/意向的复印件作为书面建议书附件一同上报，否则不予受理。

18. 项目建议书需加盖本单位和项目组织（推荐）部门公章，由项目组织（推荐）部门统一报送中国科学技术交流中心。未通过组织（推荐）部门上报的建议书，将不予受理。项目组织（推荐）部门是指根据中外政府间科技合作项目建议通知和要求，组织有关项目建议提交单位填报项目建议书的中央或地方科技管理部门，即项目建议提交单位所隶属的国务院各相关部门的主管司局，或所在省、自治区、直辖市和计划单列市科技厅（委、局），或相关的中央企业。

19. 项目基本信息

<table>
<tr><td>项目名称</td><td colspan="5"></td></tr>
<tr><td>项目研发类型</td><td colspan="2">01 基础研究；02 应用研究；03 试验发展；04 产业化；05 其他</td><td>建议密级</td><td colspan="2">公开　秘密　机密　绝密</td></tr>
<tr><td>所属政府间协议名称</td><td colspan="5"></td></tr>
<tr><td>协议签署日期</td><td colspan="2"></td><td>协议有效期</td><td colspan="2">年</td></tr>
<tr><td>总体合作目标（可多选）</td><td colspan="5">01 落实政府间科技合作协议；02 落实双方重大外交承诺；03 深化与主要发达国家科技合作；04 促进与周边和发展中国家协同发展；05 推动多边科技合作；06 深度参与国际大科学工程（计划）和国际组织；07 推动同港澳台地区合作；08 其他</td></tr>
<tr><td>具体合作目标（可多选）</td><td colspan="5">01 解决关键技术问题；02 填补国内外技术空白；03 促进人员交流、引进国际优秀人才；04 引进具有重大应用前景的前瞻技术；05 引进国家战略需求的关键技术、装备；06 解决国家科技计划 \ 重大专项难点、瓶颈；07 分享国际前沿科技成果；08 其他（　　　）</td></tr>
<tr><td>合作方式（可多选）</td><td colspan="5">01 开展联合研究 02 开展合作示范 03 购买全套技术及消化吸收；04 购买关键 know-how；05 引进关键技术设备；06 分工合作技术开发；07 聘请专家来华工作；08 赴国外技术培训；09 利用国外资源；10 信息交流、技术咨询；11. 基地和平台建设项目 12. 其他（　　　）</td></tr>
<tr><td>项目合作协议/意向</td><td colspan="5">名称：</td></tr>
<tr><td>项目起止日期</td><td colspan="2"></td><td>合作国别</td><td></td><td>所属大洲</td></tr>
<tr><td>所属专业领域 1</td><td></td><td>学科 1</td><td></td><td>方向 1</td><td></td></tr>
<tr><td>所属专业领域 2</td><td></td><td>学科 2</td><td></td><td>方向 2</td><td></td></tr>
</table>

<table>
<tr><td rowspan="7">项目建议提交单位</td><td>单位名称</td><td>组织机构代码</td><td></td><td>单位负责人</td><td></td></tr>
<tr><td>单位性质</td><td>所在地区</td><td></td><td>归口部门</td><td></td></tr>
<tr><td>项目依托研究基地（可多选）</td><td colspan="4">01 国家实验室；02 国家重点实验室；03 国家国际科技合作基地；04 国家工程技术研究中心；05 国家级企业技术中心；06 部门或省级开放（重点）实验室；07 教育部 985 工程创新基地；08 省部级重点学科基地；09 国家工程实验室；10 其他</td></tr>
<tr><td>通讯地址</td><td colspan="2"></td><td>邮政编码</td><td></td></tr>
<tr><td>联系电话</td><td colspan="2"></td><td>传真</td><td></td></tr>
</table>

（续表）

项目负责人	姓名		性别		出生日期	
	证件类型		证件号码		职务	
	学位		学历		职称		电话	
	手机		E-mail		传真	
项目联系人	姓名		性别		出生日期	
	手机			电话		
	E-mail			传真		

项目建议提交单位意见：

　　已按填报说明对拟参与项目人员的资格和建议书内容进行了审核，内容真实，数据准确，同意提交。建议项目如获资助，我单位保证对研究计划实施所需要的人力、物力和工作时间等条件给予保障，严格遵守国家科技计划管理有关规定，督促项目负责人和项目组成员以及本单位项目管理部门按照中外政府间科技合作项目有关要求及时报送相关材料。

单位负责人（签章）：　　　　　　　　（单位公章）
　　　　　　　　　　　　　　　　　　年　月　日

其他中方参加单位	单位名称		组织机构代码	
合作外方	机构名称及所属国别（中英文）			
	外方负责人（英文）		职称	
	外方项目序号			
	通讯地址		E-mail	
	传真		电话	
其他合作外方	单位名称及所属国别（中英文）			
经费需求	总经费：万元，自筹资金：万元，其中：从企业获得研发经费投入万元	拟申请中央财政经费	万元
		其它财政拨款（含部门、地方匹配）	万元
		单位自有货币资金	万元
		其他资金	万元

（续表）

预期使用外方资源情况	使用外方经费	万元人民币（指外方投入的由中方支配和使用的货币资金）				
	利用外方关键技术（可填多项）		技术名称、该技术的费用估值及支付外方经费（万元人民币）			
	利用外方关键设备（可填多项）		设备名称、该设备的费用估值及支付外方经费（万元人民币）			
	使用外方特有资源	物种数	样本量	数据量	图纸数	其他（名称： ）

项目预期验收内容及考核指标	成果形式（可多选）		01 论文专著；02 研究（咨询）报告；03 新产品（或生物新品种）；04 新装置；05 新材料；06 新工艺（或新方法、新模式）；07 计算机软件；08 人才培养；09 人才引进；10 技术标准；11 基地建设；12 其它
	引进关键技术	项	技术名称
	技术形式		01 软件；02 计算方法；03 模型；04 专利；05 数据库；06 其他
	技术先进性		01 世界独有；02 国际领先；03 国际先进；04 国内领先
	技术成熟度		01 实验室成果；02 中试阶段；03 已产业化
	引进关键设备	台	设备名称

引进特有资源：物种数　样本量　数据量　图纸数　其他（名称： ）

中文核心期刊论文篇数：　　国外学术论文篇数：　　其中，国际合著论文篇数：

中文专著数：　　　　外文专著数：

国外发明专利 自主：项 合作：项　国内发明专利 自主：项 合作：项　实用新型专利 自主：项 合作：项　其他专利 自主：项 合作：项

预期取得技术标准 国际标准 自主：项 参加：项　国家标准 项　国内行业标准 项

其他知识产权数：计算机软件登记 项数： 名称：　集成电路布图设计 项数： 名称：　生物新品种登记 项数： 名称：　其他 项数： 名称：

人才培养 博士后 人　博士 人　硕士 人　工程技术人员 人

人才引进 总计：人 高级职称 人 博士后 人 博士 人 硕士 人 工程技术人员 人　总计来华工作：人月　其中高级职称人员来华工作 人月

合作/引进成果知识产权归属 01 形成自主知识产权；02 共享知识产权，其中，中方占 %，外方 %（合计应为100%）；03 获得在华许可

项目简介				
任务目标 （50字以内）	目标：			
合作内容 合作理由 合作方式 合作必要性 （500字以内）				
成果导向 （100字以内）				
项目组织 （推荐）部门		联系人		电话

项目组织（推荐）部门意见：
　　已对项目建议书内容进行了审核。如未来项目实施，我部门将认真履行政府间科技合作项目管理有关要求中管理部门的责任和义务，履行实施本项目所做的有关承诺。

部门负责人（签章）：　　　　　　（单位公章）

年　月　日

General Information of the Proposal for the Project
(For Chinese Principal Investigator/Project Manager)

Project Title		
Specialty Field		
Financial Support	Apply for RMB Financial Support from the Chinese Side	Foreign Investment： US $
Name of Cooperation Agreement		
Project Duration	From to (m/y)	

Proposed Project Manager / Applicant in China

Chinese Applicant		
Principal Investigator/ Project Manager		
Address		Zip Code
Telephone Number		Mobile Number
E-mail		Fax Number

Overseas Project Manager / Organization

Overseas Project Organization				
Project Manager		E-mail		Nationality
Address				
Fax Number		Telephone Number		
The objectives and contents of the research project are (maximum 500 words)：				

项目经费需求

经费来源估算（万元）			来源总计：万元
拟申请中央财政经费			
自筹资金	其他财政拨款（含部门、地方匹配）		
	单位自有货币资金		
	其他资金		
外方投入资金（是指外方投入的由中方支配、使用的货币资金）			

经费支出（万元）			支出总计：万元	
科目	合计	专项经费	自筹资金	外方投入
（一）直接费用				
1. 设备费				
其中：购置设备费				
2. 材料费				
3. 测试化验加工费				
4. 燃料动力费				
5. 技术引进费				
6. 差旅费（指国内差旅费）				
7. 会议费				
8. 合作交流费				
国内人员出国费				
海外专家来华费				
9. 出版/文献/信息传播/知识产权事务费				
10. 劳务费				
国内人员劳务费				
海外专家劳务费				
11. 专家咨询费：				
国内专家咨询费				
海外专家咨询费				
12. 其他费用				
（二）间接费用				
其中：绩效支出				

注：1. "其他经费"专指是指在项目组织实施过程中围绕关键技术引进和优秀人才引进，且无法在上述科
目列支的费用。专项经费严格控制其他费用支出，加强审核和监督。确有需要的，原则上采用后补
助的方式资助，按照预算调整的有关程序报批。

2. 经费来源中有"自筹经费"的，需提供自筹经费来源证明。

3. 间接费用使用分段超额累退比例法计算并实行总额控制，按照不超过项目经费中直接费用扣除购置
设备费后的一定比例核定，具体比例如下：

500 万元及以下部分不超过 20%；

超过 500 万元至 1 000 万元的部分不超过 13%；

超过 1 000 万元的部分不超过 10%。

间接费用中绩效支出不超过直接费用扣除购置设备费后的 5%。

自筹资金来源证明

（如自筹资金来自不同渠道或不同单位，应分别填写）

如未来项目建议获得批准，_____（单位全称），为____项目，提供____万元的自筹/配套资金，资金来源为____（1. 国家其他财政拨款　2. 地方财政拨款　3. 从承担单位获得的资助　4. 从其他渠道获得的资助）。

自筹资金主要用于：_____（填写具体支出科目）

特此证明！

出资单位（公章）：

年　　月　　日

---

1. 项目总经费概算、拟申请中央财政经费的必要说明

2. 合作外方投入（经费、关键技术、设备装备、资源等）说明

3. 国内项目承担单位自筹、部门（地方）配套资金说明

4. 拟申请专项经费的大型仪器设备购置费、技术引进费用、劳务费等的必要说明

5. 拟申请专项经费中"其他经费"的理由及必要说明

一、合作理由（限五号字二页以内）

---

1. 项目建议提出的背景及合作重要性、必要性：
　　（包括合作内容的国内外现状和发展趋势；项目合作在服务科技外交、保障国家安全、促进科技突破、提升经济和社会发展水平等方面的战略重要性及合作必要性、紧迫性；合作外方的选择理由及外方对项目实施所起的关键作用等）

2. 合作的优势互补性：
　　（指出中外各合作方的科学技术优势及合作外方拥有哪些我方所需的关键（核心）技术、应用成果、前沿理论或专有人才等智力资源、技术资源、自然资源或市场资源）

3. 若国内和国际上已开展与本项目建议内容类似的研究，请对比说明各自的水平、优势、特点或差距等。

二、合作基础与合作能力（限五号字二页以内）

1. 合作基础：
　　（指出合作各方是否有着良好的合作互信与合作渠道，是否已开展了富有成效的合作与交流，特别是针对本项目建议内容开展的前期合作与交流，具有稳定的国内外合作环境、合作条件与交流机制等。）

2. 合作可行性：
　　（从特有关系、人才、技术、资金及组织方式等方面简述合作可行性，能否保障项目顺利实施，达到预期目标）

3. 中方项目建议提交单位合作能力：
　　（包括中方项目承担/参加单位产、学、研简况及具有的合作经验与合作渠道；项目组人员的职称及在该领域的国内外学术地位、专业/技术优势）

　　项目组主要人员的成功案例
　　（1）近五年承担的和主持完成（已验收）的原国家国际科技合作专项项目名称、类型、编号、起止年月、资助经费、完成情况、后续研究进展，以及与本项目建议的关系。

　　（2）近五年承担的和主持完成（已验收）的其他国家科技计划项目名称、计划类型、编号、起止年月、资助经费、执行情况，以及与本项目建议的关系。

　　（3）近五年取得的三项代表性科技合作或技术引进消化吸收再创新案例及经济、社会、环境效益。

　　（4）近五年取得的三项代表性成果名录，包括论著、专利、标准等。

4. 外方合作能力：
　　（外方合作机构简况及外方在该领域的学术地位与技术优势；外方负责人及参加人员的学术水平、职称及在该领域的学术地位；是否提供必要的技术培训和服务。）

　　外方项目组人员近五年取得的五项代表性成果名录（包括论著、专利、标准等）

5. 合作协议签订情况：
　　（请给出协议或意向书名称、签定时间、地点、主要内容，并附协议或意向书复印件。）

三、合作目标和内容（限五号字二页以内）

1. 合作目标和主要内容：
   （目标要明确，内容要具体）

2. 主要合作要点
   （指出在推动科技外交工作层面的有关内容安排）

3. 主要创新性：
   （指出科学研究或技术开发等具体项目合作层面通过国际合作解决的主要瓶颈、难点，拟取得的突破或创新，以及合作前后相关技术指标的对比情况）

四、合作方案（限五号字三页以内）

1. 组织实施方案：
   （包括项目合作各方信息、人才、技术、资金、设施及合作渠道等资源的组织、集成、整合、投入和使用方式、方案，以及工作流程、合作各方任务分配、合作方式、人员交流计划等）

2. 技术方案：
   （包括联合研发或引进技术的消化吸收再创新方案和技术路线，要指出本项目建议所涉主要科学技术瓶颈、难点的合作或引进解决方案）

3. 项目的年度实施计划和年度目标：
   （合作项目实施期限可根据项目合作具体情况及实际需要调整，限两页内）

第一年度	
第二年度	
第三年度及以后	

五、合作成果与知识产权保护（限五号字二页以内）

1. 预期取得的合作成果及考核指标：
  （分项表述包括人才、技术、装备设备引进及论文著作、专利、标准、新技术、新产品［含生物新品种、计算机软件等］、新装置、新工艺、新材料等合作成果与知识产权，以及其它应考核指标的数量及水平；考核指标应合理、清楚、明确、量化、可考核；若项目最终获得立项，执行过程中考核指标原则上不予调整。考核指标方面务必阐述清楚，详见填报说明第11、16条）

2. 预期成果、知识产权等的权益归属、分享、保护、使用措施、方案，以及相关具体指标：
  （措施、方案、指标要明确、具体、有效，并有约束性；对可能出现的知识产权纠纷的预防及解决方案）

3. 外方合作投入及具体指标：
  （包括资金、人员、技术、材料、设备、信息数据及特有资源等，并注明是否投入到中方，是合作实施期间使用还是归中方所有）

4. 中方需投入的已有资源、知识产权的保护：
  （包括中方已有的、需投入本合作项目的信息、数据、技术、材料、设备装备、特有资源等资源和知识产权及其使用、保护措施，能否有效维护国家利益，保障国家安全，措施要具体、有效；说明可能涉及我国的人类遗传资源、生物种质资源、生物安全、测绘、海洋、气象、水文、地质、矿产、环境、卫生、信息安全等领域的自然资源和科技数据合作情况。涉及以上领域的合作，需遵守我国在上述领域及科技保密、科技伦理、知识产权等方面的国内法律法规和其他管理办法。）

5. 遵守国际和国内相关法律法规、惯例、伦理情况：
  （此项目合作内容、形式、成果等是否符合国际法及国际惯例，以及我国、合作方所在国的法律法规、伦理。特别是项目如可能涉及我国在人类遗传资源、生物种质资源、生物安全、测绘、海洋、气象、水文、地质、矿产、环境、卫生、信息安全等领域的合作，应遵守我国在上述领域及科技保密、科技伦理、知识产权、科技数据交换等方面的法律法规和其他管理办法。如有上述问题，请详细说明情况及拟采取的措施，是否已向相关部门申报并获批，如获批请附相关审批文件。）

六、预期效益（限五号字二页以内）

预期外交、经济和社会效益：
（包括合作成果对落实双边政府间科技合作的意义，以及对中外双方在商定的优先领域内科技水平和研发能力的提升作用；创新国际科技合作模式或合作机制；在科技外交工作的作用；在国家重大工程建设或重大装备开发中发挥的作用；与国内外同类产品或技术的竞争分析，成果应用和产业化情况，对促进相关产业技术进步、带动新兴产业发展、提升我国相关产业竞争力的作用；技术及产品应用所形成的市场规模、效益及促进就业情况等；项目实施中形成的示范基地、中试线、生产线及其规模等；对保障国家安全、改善民生、提高公共服务能力、促进社会可持续发展的作用等。属于产学研结合的项目，请给出对联合研发或引进技术的产学研联合机制、具体方案，以及企业参与、企业投入及企业技术应用方案等）

七、承诺及密级审核

项目是否存在涉密内容：（若是，请指出涉密内容及其密级）

申请密级	公开　秘密　机密　绝密

负责人承诺：

　　如本项目建议未来获得批准，我保证项目建议书内容的真实性、准确性。项目密级是根据《中华人民共和国保守国家秘密法》、《科学技术保密规定》及《对外科技交流保密提醒制度》确定，我承诺在对外合作中不泄露国家秘密，并通过相关知识产权协议（条款）切实保护我方的知识产权。

　　此项目合作内容、形式、成果等符合国际法、国际惯例和我国及合作方所在国家的法律法规、伦理。如果获得资助，我将履行项目负责人职责，严格遵守国家科技计划管理有关规定，切实保证研究工作时间，认真开展工作，按时报送年度进展报告、成果进展信息、结题验收报告等有关材料，接受项目检查。若填报失实和违反规定，本人将承担全部责任。

　　执行此项目期间，因无法预料的原因所产生的后果由本人自负（如健康状况、经济纠纷、损失等）。

负责人签字

年　月　日

项目建议提交单位保密办公室承诺：

　　已对项目建议书内容和密级进行了审核，项目建议所定密级符合《中华人民共和国保守国家秘密法》、《科学技术保密规定》及《对外科技交流保密提醒制度》中的定级要求和条件。我单位保证严格遵守国家科技计划管理有关保密规定，根据相应密级的管理办法进行管理，并采取有效措施，保证在对外合作中不泄露国家秘密，切实维护国家利益，保障国家安全。

项目建议提交单位保密办公室盖章

年　月　日

项目组织（推荐）部门保密办公室承诺：

　　已对项目负责人的资格、项目建议书内容及密级进行了审核，项目建议所定密级符合《中华人民共和国保守国家秘密法》、《科学技术保密规定》及《对外科技交流保密提醒制度》中的定级要求和条件，同意报送。我单位保证严格遵守国家科技计划管理有关保密规定，根据相应密级的管理办法进行管理。

项目组织（推荐）部门保密办公室盖章

年　月　日

　　注：不管是公开或公开以上级别，均需项目建议提交单位和项目组织（推荐）部门的保密部门进行密级审核。如项目建议提交单位或项目组织（推荐）部门没有专门设立保密办或刻保密公章，务必由项目建议提交单位或项目组织（推荐）部门出具说明，说明保密职责由何部门承担并用单位或部门的公章代章，具体说明格式可从国家国际科技合作专项网（http：//www.istcp.org.cn/）"文件下载"栏下载。

11. 科技部关于征集 2016—2018 年度中国与意大利双边政府间科技合作项目建议的通知

科技部关于征集 2016—2018 年度中国与意大利双边政府间科技合作项目建议的通知

国科发外〔2015〕416 号

各省、自治区、直辖市及计划单列市科技厅（委、局），国务院各有关部门科技主管单位，各有关单位：

根据 1978 年 10 月 6 日签署的《中华人民共和国与意大利共和国政府间科技合作协定》（长期有效），现征集 2016—2018 年度对意大利双边政府间科技合作项目建议。有关事项通知如下：

一、背景情况及任务目标

为落实双边政府间科技合作协议，促进和支持双边科技创新及产业化合作，中国科技部与意大利外交与国际合作部商定，共同征集双边政府间科技合作联合研究项目建议，并就合作方式、领域、资助额度等达成一致意见。

此次征集的政府间科技合作项目建议旨在支持双边高校、科研院所和企业在已有的合作基础上，就共同感兴趣并能使双方受益的课题开展合作研发。项目建议提出单位应本着平等合作、互利互惠、成果共享、尊重知识产权的原则同外方合作伙伴开展实质性合作。提出的项目建议需具备技术先进性和创新性，双方政府机构将对具有技术转移潜力或产业化前景的项目建议内容给予优先支持。

二、2016—2018 年度拟支持的重点领域与重点方向

根据前述政府间科技合作协议以及双方政府共识，确定 2016—2018 年拟支持的重点领域与重点方向如下：

1. 生物技术与医学（蛋白质组学与基因组学、癌症研究、神经组织退化疾病和心血管疾病、再生医学）

2. 环境（土壤修复、水质净化及污染检测）

3. 纳米科技及先进材料

4. 物理（高能物理）

5. 空间（遥感）

6. 可持续城镇化（智慧城市、物联网、ICT）

7. 航空航天（深空探测）

三、项目建议的撰写与提交

（一）编写要求

1. 对中外方项目建议提交要求。

（1）中外方项目建议提出单位需分别向中外方政府部门提交同一项目建议书，单方面提交

无效。由于2015年处于中央财政科技计划（专项、基金等）管理改革过渡阶段，经双方科技主管部门协商，意大利外交与国际合作部方面已先于中方进行项目建议征集，并将于12月15日完成初步征集工作。

（2）中方项目建议提出单位应为依法在中国境内设立，具有相应对外合作渠道和合作能力、科研条件和研发实力，并具备法人资格的高等院校、科研机构和企业。

（3）中外双方合作单位应签署协议或意向书等项目合作文件。双方参与单位应明确在合作研发中的贡献和分工。对项目建议研究立项时将优先考虑外方合作单位提供书面出资证明或出资承诺的项目。

（4）鼓励科研机构与企业相结合，产学研合作提交项目建议。要求中意双方项目建议提交单位中至少有一方为大学或科研机构，鼓励产学研结合。原则上要求企业提供至少与政府资助等额的配套出资，立项时将优先考虑有企业提供配套资金的项目。

（5）同等条件下，国家国际科技合作基地优先。

2. 关于对项目建议书中参与人员的要求。

项目负责人和主要参加人员应遵守《国家科技计划项目承担人员管理的暂行办法》（国科发计字〔2002〕123号）的相关规定。作为项目负责人，同期主持的国家基本科技计划项目数原则上不得超过1项；作为主要参与人员，同期参与承担的国家基本科技计划项目数（含负责主持的项目数）原则上不得超过2项。

3. 知识产权要求。

（1）项目建议中，应包含有效保护知识产权及涉及国家安全的相关信息资源的章节，应注意合理分享合作研究成果，维护中方利益。

（2）合作双方签署的合作协议或意向书，其中必须包括知识产权专门条款。否则，双方须另行签署专门的知识产权协议。

4. 其它要求。

（1）根据双方政府部门共识，要求项目合作研究内容应有较高的创新性和应用前景。后续立项时将优先考虑有明确产业化应用前景、社会经济效益良好的合作研发项目。

（2）凡此次提交项目建议的单位，不得一题多报、项目打包或申请重复资助。

（二）项目执行期

1. 中意双方拟为2016—2018年度中意政府间科技合作项目共同出资约250万欧元。其中，中方拟投入约1 000万元人民币。

2. 项目执行期为3年。

（三）项目建议提交方式

1. 项目建议提交单位需通过上一级组织推荐部门提交项目建议书。组织推荐部门指项目申报单位所在省、自治区、直辖市或计划单列市的科技厅（委、局），或申请单位所隶属的国务院部门主管司局。

2. 请按照项目建议书附件格式及要求填写，请勿更改原始文件的格式或另行制作文件填写。中方提交的项目建议基本信息必须与外方合作伙伴申报内容一致。

3. 请通过国家科技管理信息系统项目申报中心（http：//program. most. gov. cn）统一填报。网络填报的受理时间为本通知发布之日起至2015年12月15日（技术咨询电话：010 - 88659000）。

网上填报提交后，请于 2015 年 12 月 15 日前（以寄出时间为准）将加盖组织推荐部门公章的推荐函（纸质，一式 4 份）、项目建议基本信息表、政府间科技合作项目建议书（通过系统直接生成打印，纸质，一式 4 份）寄送至中国科学技术交流中心，请不要现场报送。

四、联系方式

（一）政策咨询

1. 科技部国际合作司欧洲处　杨詠　赵可

电话：010 - 58881351、58881358

电子邮箱：zhaok@ most. cn

2. 意方 电子邮件：DGSP. UST2@ esteri. it

意大利项目征集指南发布网站：

来源：http://web. esteri. it/pgr/sviluppo

（二）申报受理工作

中国科学技术交流中心欧洲处 董克勤

电话：86-10-68513370

电子邮箱：dongkq@ cstec. org. cn

地址：北京市西城区三里河路 54 号

邮编：100045

附件：1. 项目建议基本信息表

　　　2. 政府间科技合作项目建议书

科技部

2015 年 12 月 7

来源：http://www. most. gov. cn/mostinfo/xinxifenlei/fgzc/gfxwj/gfxwj2015/201512/t20151207_ 122740. htm

附件 1

项目建议基本信息表

建议项目名称	中文： 英文：
中方项目 建议书填报单位	中文： 英文：
中方项目 负责人及 联系方式	姓名：　　　　性别：　　　　职务职称： 电话：　　　　传真：　　　　手机： 通信地址： 邮编：　　　　电子信箱：
外方合作单位	中文： 英文：
外方项目 负责人及 联系方式	姓名：　　　　性别：　　　　职务职称： 电话：　　　　传真：　　　　手机： 通信地址： 邮编：　　　　电子信箱：
项目建议涉及的主 要研究内容 （200 字以内）	

附件 2

项目序号 ＿＿＿＿＿＿＿＿
合作类型 政府间科技合作

政府间科技合作
项目建议书

项目名称：＿＿＿＿＿＿＿＿＿＿＿＿＿＿＿＿＿

提交单位：＿＿＿＿＿＿＿＿＿＿＿＿＿＿＿＿＿

负 责 人：＿＿＿＿＿＿＿＿＿＿＿＿＿＿＿＿＿

合作国别：＿＿＿＿＿＿＿＿＿＿＿＿＿＿＿＿＿

项目组织（推荐）部门：＿＿＿＿＿＿＿＿＿＿

申报日期：＿＿＿＿＿＿＿＿＿＿＿＿＿＿＿＿＿

中华人民共和国科学技术部
二〇一五年九月制

填报说明
（请认真阅读）

1. 政府间科技合作项目将主要支持我国政府和部门与外方政府和部门（多边机制）商定的有关国际科技合作与交流活动（包括技术引进消化吸收再创新、合作研发、先进适用技术产品设备标准走出去等，涉及产业化的项目一般指"××产业化技术/设备的研发"）。

2. 填写项目建议书的相关栏目时应突出国际合作的内容。

3. 项目建议书各项内容应实事求是，文字表述准确。外来语要同时用原文和中文表达，第一次出现的缩略词，须注明全称。

4. "项目名称"应反映合作的重点内容和目标，不宜过于宽泛（如"中加疫苗关键技术及产品合作研发"、"重大新发突发传染病诊治研究"），应能体现出通过国际合作解决的关键科技问题，字数不得超过 25 字，原则上不得出现外来语，应用中文表达。

5. "项目研发类型"是指申报哪类项目，请根据填报系统提示选择，不得自行填写。

6. "所属政府间协议"是指由合作双边或多边政府（包括中央和地方）牵头、组织签定的科技合作协定。

7. "项目合作协议/意向"是指合作双边或多边针对本项目合作具体工作签定的合作协议。

8. "项目建议提交单位"为依法在中国（大陆）境内设立，具有相应对外合作渠道和合作能力、科研条件和研发实力，并具备法人资格的科研机构、高等学校、企业。各级政府机关不得作为项目建议提交单位，也不可作为合作单位参与研究。"项目依托研究基地"中的"03 国家国际科技合作基地"包括科技部授予的国际创新园、国际联合研究中心、国际技术转移中心和示范型国际科技合作基地。

9. "项目负责人"应是未来实际承担组织领导和主持本项目研究的科研人员，避免根据行政管理职务确定项目负责人。已作为项目负责人承担原国家基本科技计划项目的，如当年结题的可以提出申请，但需在研项目通过验收后方可承担新的项目。项目负责人和主要参加人员应遵守《国家科技计划项目承担人员管理的暂行办法》（国科发计字〔2002〕123 号）的相关规定。

10. "合作外方"应为中国境外具有较强技术实力或较高科研水平的合作伙伴，并具备对华合作的意愿和能力。合作外方不得是外资在华设立的企业或研发机构（外资在华设立的企业或研发机构可作为"其他中方参加单位"），不得是中资机构在境外设立的企业或研发机构，不得是企业集团国内外分支机构之间的内部合作，合作外方必须是具有研发能力的实体机构，不得是在国外避税地设立的壳公司。外方合作伙伴如系政府机构、国际组织、科研院所或高等院校，必须详细到具体的部门、科研机构或大学院系，不能仅填写"美国能源部"、"世界卫生组织"、"加拿大国家研究理事会"、"澳大利亚联邦科工组织"、"美国国立卫生研究院"、"××大学"等；外方合作伙伴如系企业特别是跨国公司等大企业，必须详细到具体参与合作的分（子）公司、企业研发中心等，不能仅填写跨国公司名。请填写外方合作伙伴提交项目申请的序号。

11. "项目预期验收内容及考核指标"应如实填写，不得夸大虚报。如项目通过评审并正式立项，项目合同书的考核指标应与项目建议书相同不得随意删减，项目执行过程中合同书考核指标原则上不得调整；考核指标是项目结题验收的重要依据。列入验收内容及考核指标的成果均应与项目内容有关，属于通过开展本项目并在项目起止日期内产生，在验收时还需提交相关报告或证明（见第 16 条）。

12. "任务目标"项，用一句话概述项目的主要任务目标，限50字以内，例："合作解决太阳风离子探测关键技术"，"合作解决攻克制约我国月球探测的关键技术"，"研制甲型H1N1流感疫苗、有效应对全球甲型H1N1流感疫情"，"解决杂交水稻基因研究重大技术问题、共同应对粮食安全问题"等。

13. "成果导向"项，概述项目的成果应用及其产业化前景，经济社会效益，在解决关键科技问题和技术瓶颈，有效维护国家安全，响应政府部门、社会公众、行业企业对重大问题的关注，增强自主创新能力，支撑产业和地方发展等方面的作用，限100字以内，例："解决威胁我国煤矿安全生产的瓦斯和煤层爆炸技术难题"，"为开发新一代商用快堆等新一代核能提供技术支撑和设计制造能力"，"提升我高参数超超临界机组等高效发电技术与装备技术水平"，"加快解决目前封闭式组合电器的供需矛盾、确保国家电网改造及时完成"等。

14. 项目经费需求应与项目内容、预期验收内容及考核指标相匹配。项目预算表要求同时编制经费来源预算和支出预算，平衡公式为：经费支出预算合计＝经费来源预算合计。要结合项目申请书中有关研究内容、研究目标、参加人员、实施方案等内容认真编制预算，与项目有关的前期研究（包括阶段性成果）支出的各项经费不得列入预算。自筹经费是指国家科技计划项目专项经费以外的各种渠道来源资金，包括：其它财政拨款、单位自有货币资金和其他资金，自筹经费应在预算说明中列示。"国家科技计划项目自筹资金来源证明"中"3. 从承担单位获得的资助"指中方项目建议提交单位和其他参加单位对项目的资金投入。

15. 填写第五项第1条"预期取得的合作成果及考核指标"中的考核指标时，需对照基本信息表中的"项目预期验收内容及考核指标"进行详述：（1）对于新技术、新产品、新装置、新工艺、新材料等要有量化明细的检测指标及相关技术参数，需委托具备相关资质的第三方检测单位检测并出具报告。有标准的按相关国家和行业标准规范执行，没有标准的要事先约定检测方法；（2）论文必须是本项目起始日期后发表或收到期刊的稿件录用通知，专著必须是本项目起始日期后出版或收到出版社书面通知确定出版，均须注明得到有关专项的支持；（3）专利必须是本项目起始日期后或批准授权或申报；（4）技术标准必须是本项目起始日期后批准发布或申报并获受理；（5）人才培养和人才引进均必须是直接参与本项目的人员。其中，人才引进必须是在本项目起始日期后新引进的外籍人员或已在国外长期工作的海外人才。

16. 提交项目建议必须注册登陆"国家科技管理信息系统"（http://program.most.gov.cn/），按规定格式要求认真填写，进行网上填报并上传。专业领域、学科、方向请根据网上管理系统提供的选择项进行选择。涉密项目请下载相应填报软件填写、打印项目建议书，以机要形式上报，要求同时附上本单位保密办公室出具，项目组织（推荐）部门保密办公室审定的密级确定书，以及对外合作中采取有力措施保护知识产权、确保不泄密的保证书。

17. 请务必将合作协议/意向的复印件作为书面建议书附件一同上报，否则不予受理。

18. 项目建议书需加盖本单位和项目组织（推荐）部门公章，由项目组织（推荐）部门统一报送中国科学技术交流中心。未通过组织（推荐）部门上报的建议书，将不予受理。项目组织（推荐）部门是指根据中外政府间科技合作项目建议通知和要求，组织有关项目建议提交单位填报项目建议书的中央或地方科技管理部门，即项目建议提交单位所隶属的国务院各相关部门的主管司局，或所在省、自治区、直辖市和计划单列市科技厅（委、局），或相关的中央企业。

19. 项目基本信息

项目名称					
项目研发类型	01 基础研究；02 应用研究；03 试验发展；04 产业化；05 其他		建议密级	公开　秘密　机密　绝密	
所属政府间协议名称					
协议签署日期			协议有效期	年	
总体合作目标（可多选）	01 落实政府间科技合作协议；02 落实双方重大外交承诺；03 深化与主要发达国家科技合作；04 促进与周边和发展中国家协同发展；05 推动多边科技合作；06 深度参与国际大科学工程（计划）和国际组织；07 推动同港澳台地区合作；08 其他				
具体合作目标（可多选）	01 解决关键技术问题；02 填补国内外技术空白；03 促进人员交流、引进国际优秀人才；04 引进具有重大应用前景的前瞻技术；05 引进国家战略需求的关键技术、装备；06 解决国家科技计划\重大专项难点、瓶颈；07 分享国际前沿科技成果；08 其他（　　　）				
合作方式（可多选）	01 开展联合研究 02 开展合作示范 03 购买全套技术及消化吸收；04 购买关键 know-how；05 引进关键技术设备；06 分工合作技术开发；07 聘请专家来华工作；08 赴国外技术培训；09 利用国外资源；10 信息交流、技术咨询；11. 基地和平台建设项目 12. 其他（　　　）				
项目合作协议/意向	名称：				
项目起止日期			合作国别		所属大洲	

所属专业领域 1		学科 1		方向 1	
所属专业领域 2		学科 2		方向 2	

项目建议提交单位	单位名称		组织机构代码		单位负责人	
	单位性质		所在地区		归口部门	
	项目依托研究基地（可多选）	01 国家实验室；02 国家重点实验室；03 国家国际科技合作基地；04 国家工程技术研究中心；05 国家级企业技术中心；06 部门或省级开放（重点）实验室；07 教育部 985 工程创新基地；08 省部级重点学科基地；09 国家工程实验室；10 其他				
	通讯地址				邮政编码	
	联系电话			传真		

（续表）

项目负责人	姓名		性别		出生日期	
	证件类型		证件号码		职务	
	学位		学历		职称		电话	
	手机		E-mail		传真	

项目联系人	姓名		性别		出生日期	
	手机			电话		
	E-mail			传真		

项目建议提交单位意见：

　　已按填报说明对拟参与项目人员的资格和建议书内容进行了审核，内容真实，数据准确，同意提交。建议项目如获资助，我单位保证对研究计划实施所需要的人力、物力和工作时间等条件给予保障，严格遵守国家科技计划管理有关规定，督促项目负责人和项目组成员以及本单位项目管理部门按照中外政府间科技合作项目有关要求及时报送相关材料。

单位负责人（签章）：　　　　　　　（单位公章）
年　月　日

其他中方参加单位	单位名称	组织机构代码

合作外方	机构名称及所属国别（中英文）	
	外方负责人（英文）		职称	
	外方项目序号	
	通讯地址		E-mail	
	传真		电话	

其他合作外方	单位名称及所属国别（中英文）	

经费需求	总经费：万元，自筹资金：万元，其中：从企业获得研发经费投入万元	拟申请中央财政经费	万元
		其它财政拨款（含部门、地方匹配）	万元
		单位自有货币资金	万元
		其他资金	万元

（续表）

预期使用外方资源情况	使用外方经费		万元人民币（指外方投入的由中方支配和使用的货币资金）				
	利用外方关键技术（可填多项）		技术名称、该技术的费用估值及支付外方经费（万元人民币）				
	利用外方关键设备（可填多项）		设备名称、该设备的费用估值及支付外方经费（万元人民币）				
	使用外方特有资源	物种数	样本量	数据量	图纸数	其他（名称：　　）	

项目预期验收内容及考核指标	成果形式（可多选）		01 论文专著；02 研究（咨询）报告；03 新产品（或生物新品种）；04 新装置；05 新材料；06 新工艺（或新方法、新模式）；07 计算机软件；08 人才培养；09 人才引进；10 技术标准；11 基地建设；12 其它						
	引进关键技术　项		技术名称						
	技术形式		01 软件；02 计算方法；03 模型；04 专利；05 数据库；06 其他						
	技术先进性		01 世界独有；02 国际领先；03 国际先进；04 国内领先						
	技术成熟度		01 实验室成果；02 中试阶段；03 已产业化						
	引进关键设备　台		设备名称						
	引进特有资源	物种数	样本量	数据量	图纸数	其他（名称：　　）			
	中文核心期刊论文篇数：		国外学术论文篇数：			其中，国际合著论文篇数：			
	中文专著数：			外文专著数：					
	国外发明专利	自主：项	国内发明专利	自主：项	实用新型专利	自主：项	其他专利	自主：项	
		合作：项		合作：项		合作：项		合作：项	
	预期取得技术标准	国际标准	自主：项	国家标准	项	国内行业标准	项		
			参加：项						
	其他知识产权数	计算机软件登记		集成电路布图设计		生物新品种登记		其他	
		项数：		项数：		项数：		项数：	
		名称：		名称：		名称：		名称：	
	人才培养	博士后　人		博士　人		硕士　人		工程技术人员　人	
	人才引进	总计：　人	高级职称　人	博士后　人	博士　人	硕士　人	工程技术人员　人		
		总计来华工作：　人月			其中高级职称人员来华工作　人月				
	合作/引进成果知识产权归属		01 形成自主知识产权；02 共享知识产权，其中，中方占　%，外方　%（合计应为100%）；03 获得在华许可						

项目简介				
任务目标 （50 字以内）	目标：			
合作内容 合作理由 合作方式 合作必要性 （500 字以内）				
成果导向 （100 字以内）				
项目组织 （推荐）部门		联系人		电话

项目组织（推荐）部门意见：
　　已对项目建议书内容进行了审核。如未来项目实施，我部门将认真履行政府间科技合作项目管理有关要求中管理部门的责任和义务，履行实施本项目所做的有关承诺。

　　　　　　　　　　　　　　　　部门负责人（签章）：　　　　　　　（单位公章）
　　　　　　　　　　　　　　　　　　　　　　　　　　　　　　　　　年　　月　　日

General Information of the Proposal for the Project
（For Chinese Principal Investigator／Project Manager）

Project Title	
Specialty Field	
Financial Support	Apply for RMB Financial Support from the Chinese Side Foreign Investment: Euro （ ）
Name of Cooperation Agreement	
Project Duration	From to （m／y）

Proposed Project Manager ／ Applicant in China

Chinese Applicant			
Principal Investigator／ Project Manager			
Address		Zip Code	
Telephone Number		Mobile Number	
E-mail		Fax Number	

Overseas Project Manager ／ Organization

Overseas Project Organization					
Project Manager		E-mail		Nationality	
Address					
Fax Number		Telephone Number			
The objectives and contents of the research project are （maximum 500 words）:					

项目经费需求

经费来源估算（万元）		来源总计：万元
拟申请中央财政经费		
自筹资金	其他财政拨款（含部门、地方匹配）	
	单位自有货币资金	
	其他资金	
外方投入资金（是指外方投入的由中方支配、使用的货币资金）		

经费支出（万元）		支出总计：万元		
科目	合计	专项经费	自筹资金	外方投入
（一）直接费用				
1. 设备费				
其中：购置设备费				
2. 材料费				
3. 测试化验加工费				
4. 燃料动力费				
5. 技术引进费				
6. 差旅费（指国内差旅费）				
7. 会议费				
8. 合作交流费				
国内人员出国费				
海外专家来华费				
9. 出版/文献/信息传播/知识产权事务费				
10. 劳务费				
国内人员劳务费				
海外专家劳务费				
11. 专家咨询费：				
国内专家咨询费				
海外专家咨询费				
12. 其他费用				
（二）间接费用				
其中：绩效支出				

注：1. "其他经费" 专指是指在项目组织实施过程中围绕关键技术引进和优秀人才引进，且无法在上述科目列支的费用。专项经费严格控制其他费用支出，加强审核和监督。确有需要的，原则上采用后补助的方式资助，按照预算调整的有关程序报批。

2. 经费来源中有 "自筹经费" 的，需提供自筹经费来源证明。

3. 间接费用使用分段超额累退比例法计算并实行总额控制，按照不超过项目经费中直接费用扣除购置设备费后的一定比例核定，具体比例如下：

500 万元及以下部分不超过20%；

超过 500 万元至 1 000 万元的部分不超过13%；

超过 1 000 万元的部分不超过10%。

间接费用中绩效支出不超过直接费用扣除购置设备费后的5%。

自筹资金来源证明

（如自筹资金来自不同渠道或不同单位，应分别填写）

如未来项目建议获得批准，＿＿＿＿（单位全称），为＿＿＿项目，提供＿＿＿万元的自筹/配套资金，资金来源为＿＿＿（1. 国家其他财政拨款　2. 地方财政拨款　3. 从承担单位获得的资助 4. 从其他渠道获得的资助）。

自筹资金主要用于：＿＿＿＿＿＿（填写具体支出科目）

特此证明！

出资单位（公章）：

年　月　日

---

1. 项目总经费概算、拟申请中央财政经费的必要说明

2. 合作外方投入（经费、关键技术、设备装备、资源等）说明

3. 国内项目承担单位自筹、部门（地方）配套资金说明

4. 拟申请专项经费的大型仪器设备购置费、技术引进费用、劳务费等的必要说明

5. 拟申请专项经费中"其他经费"的理由及必要说明

一、合作理由（限五号字二页以内）

---

1. 项目建议提出的背景及合作重要性、必要性：

（包括合作内容的国内外现状和发展趋势；项目合作在服务科技外交、保障国家安全、促进科技突破、提升经济和社会发展水平等方面的战略重要性及合作必要性、紧迫性；合作外方的选择理由及外方对项目实施所起的关键作用等）

2. 合作的优势互补性：

（指出中外各合作方的科学技术优势及合作外方拥有哪些我方所需的关键（核心）技术、应用成果、前沿理论或专有人才等智力资源、技术资源、自然资源或市场资源）

3. 若国内和国际上已开展与本项目建议内容类似的研究，请对比说明各自的水平、优势、特点或差距等。

二、合作基础与合作能力（限五号字二页以内）

1. 合作基础：
（指出合作各方是否有着良好的合作互信与合作渠道，是否已开展了富有成效的合作与交流，特别是针对本项目建议内容开展的前期合作与交流，具有稳定的国内外合作环境、合作条件与交流机制等。）

2. 合作可行性：
（从特有关系、人才、技术、资金及组织方式等方面简述合作可行性，能否保障项目顺利实施，达到预期目标）

3. 中方项目建议提交单位合作能力：
（包括中方项目承担/参加单位产、学、研简况及具有的合作经验与合作渠道；项目组人员的职称及在该领域的国内外学术地位、专业/技术优势）

项目组主要人员的成功案例
（1）近五年承担的和主持完成（已验收）的原国家国际科技合作专项项目名称、类型、编号、起止年月、资助经费、完成情况、后续研究进展，以及与本项目建议的关系。

（2）近五年承担的和主持完成（已验收）的其他国家科技计划项目名称、计划类型、编号、起止年月、资助经费、执行情况，以及与本项目建议的关系。

（3）近五年取得的三项代表性科技合作或技术引进消化吸收再创新案例及经济、社会、环境效益。

（4）近五年取得的三项代表性成果名录，包括论著、专利、标准等。

4. 外方合作能力：
（外方合作机构简况及外方在该领域的学术地位与技术优势；外方负责人及参加人员的学术水平、职称及在该领域的学术地位；是否提供必要的技术培训和服务。）

外方项目组人员近五年取得的五项代表性成果名录（包括论著、专利、标准等）

5. 合作协议签订情况：
（请给出协议或意向书名称、签定时间、地点、主要内容，并附协议或意向书复印件。）

三、合作目标和内容（限五号字二页以内）

1. 合作目标和主要内容：
   （目标要明确，内容要具体）

2. 主要合作要点
   （指出在推动科技外交工作层面的有关内容安排）

3. 主要创新性：
   （指出科学研究或技术开发等具体项目合作层面通过国际合作解决的主要瓶颈、难点，拟取得的突破或创新，以及合作前后相关技术指标的对比情况）

四、合作方案（限五号字三页以内）

1. 组织实施方案：
   （包括项目合作各方信息、人才、技术、资金、设施及合作渠道等资源的组织、集成、整合、投入和使用方式、方案，以及工作流程、合作各方任务分配、合作方式、人员交流计划等）

2. 技术方案：
   （包括联合研发或引进技术的消化吸收再创新方案和技术路线，要指出本项目建议所涉主要科学技术瓶颈、难点的合作或引进解决方案）

3. 项目的年度实施计划和年度目标：
   （合作项目实施期限可根据项目合作具体情况及实际需要调整，限两页内）

第一年度	
第二年度	
第三年度及以后	

五、合作成果与知识产权保护（限五号字二页以内）

1. 预期取得的合作成果及考核指标：

（分项表述包括人才、技术、装备设备引进及论文著作、专利、标准、新技术、新产品［含生物新品种、计算机软件等］、新装置、新工艺、新材料等合作成果与知识产权，以及其它应考核指标的数量及水平；考核指标应合理、清楚、明确、量化、可考核；若项目最终获得立项，执行过程中考核指标原则上不予调整。考核指标方面务必阐述清楚，详见填报说明第11、16条）

2. 预期成果、知识产权等的权益归属、分享、保护、使用措施、方案，以及相关具体指标：

（措施、方案、指标要明确、具体、有效，并有约束性；对可能出现的知识产权纠纷的预防及解决方案）

3. 外方合作投入及具体指标：

（包括资金、人员、技术、材料、设备、信息数据及特有资源等，并注明是否投入到中方，是合作实施期间使用还是归中方所有）

4. 中方需投入的已有资源、知识产权的保护：

（包括中方已有的、需投入本合作项目的信息、数据、技术、材料、设备装备、特有资源等资源和知识产权及其使用、保护措施，能否有效维护国家利益，保障国家安全，措施要具体、有效；说明可能涉及我国的人类遗传资源、生物种质资源、生物安全、测绘、海洋、气象、水文、地质、矿产、环境、卫生、信息安全等领域的自然资源和科技数据合作情况。涉及以上领域的合作，需遵守我国在上述领域及科技保密、科技伦理、知识产权等方面的国内法律法规和其他管理办法。）

5. 遵守国际和国内相关法律法规、惯例、伦理情况：

（此项目合作内容、形式、成果等是否符合国际法及国际惯例，以及我国、合作方所在国的法律法规、伦理。特别是项目如可能涉及我国在人类遗传资源、生物种质资源、生物安全、测绘、海洋、气象、水文、地质、矿产、环境、卫生、信息安全等领域的合作，应遵守我国在上述领域及科技保密、科技伦理、知识产权、科技数据交换等方面的法律法规和其他管理办法。如有上述问题，请详细说明情况及拟采取的措施，是否已向相关部门申报并获批，如获批请附相关审批文件。）

六、预期效益（限五号字二页以内）

预期外交、经济和社会效益：

（包括合作成果对落实双边政府间科技合作的意义，以及对中外双方在商定的优先领域内科技水平和研发能力的提升作用；创新国际科技合作模式或合作机制；在科技外交工作的作用；在国家重大工程建设或重大装备开发中发挥的作用；与国内外同类产品或技术的竞争分析，成果应用和产业化情况，对促进相关产业技术进步、带动新兴产业发展、提升我国相关产业竞争力的作用；技术及产品应用所形成的市场规模、效益及促进就业情况等；项目实施中形成的示范基地、中试线、生产线及其规模等；对保障国家安全、改善民生、提高公共服务能力、促进社会可持续发展的作用等。属于产学研结合的项目，请给出对联合研发或引进技术的产学研联合机制、具体方案，以及企业参与、企业投入及企业技术应用方案等）

七、承诺及密级审核

项目是否存在涉密内容：（若是，请指出涉密内容及其密级）

申请密级	公开　秘密　机密　绝密

负责人承诺：

如本项目建议未来获得批准，我保证项目建议书内容的真实性、准确性。项目密级是根据《中华人民共和国保守国家秘密法》、《科学技术保密规定》及《对外科技交流保密提醒制度》确定，我承诺在对外合作中不泄露国家秘密，并通过相关知识产权协议（条款）切实保护我方的知识产权。

此项目合作内容、形式、成果等符合国际法、国际惯例和我国及合作方所在国家的法律法规、伦理。如果获得资助，我将履行项目负责人职责，严格遵守国家科技计划管理有关规定，切实保证研究工作时间，认真开展工作，按时报送年度进展报告、成果进展信息、结题验收报告等有关材料，接受项目检查。若填报失实和违反规定，本人将承担全部责任。

执行此项目期间，因无法预料的原因所产生的后果由本人自负（如健康状况、经济纠纷、损失等）。

负责人签字

年　月　日

项目建议提交单位保密办公室承诺：

已对项目建议书内容和密级进行了审核，项目建议所定密级符合《中华人民共和国保守国家秘密法》、《科学技术保密规定》及《对外科技交流保密提醒制度》中的定级要求和条件。我单位保证严格遵守国家科技计划管理有关保密规定，根据相应密级的管理办法进行管理，并采取有效措施，保证在对外合作中不泄露国家秘密，切实维护国家利益，保障国家安全。

项目建议提交单位保密办公室盖章

年　月　日

项目组织（推荐）部门保密办公室承诺：

已对项目负责人的资格、项目建议书内容及密级进行了审核，项目建议所定密级符合《中华人民共和国保守国家秘密法》、《科学技术保密规定》及《对外科技交流保密提醒制度》中的定级要求和条件，同意报送。我单位保证严格遵守国家科技计划管理有关保密规定，根据相应密级的管理办法进行管理。

项目组织（推荐）部门保密办公室盖章

年　月　日

注：不管是公开或公开以上级别，均需项目建议提交单位和项目组织（推荐）部门的保密部门进行密级审核。如项目建议提交单位或项目组织（推荐）部门没有专门设立保密办或刻保密公章，务必由项目建议提交单位或项目组织（推荐）部门出具说明，说明保密职责由何部门承担并用单位或部门的公章代章，具体说明格式可从国家国际科技合作专项网（http://www.istcp.org.cn/）"文件下载"栏下载。

12. 科技部关于征集 2016 年度中国与乌兹别克斯坦政府间科技合作项目建议的通知

科技部关于征集 2016 年度中国与乌兹别克斯坦政府间科技合作项目建议的通知

国科发外〔2015〕427 号

各省、自治区、直辖市及计划单列市科技厅（委、局），国务院各有关部门科技主管单位，各有关单位：

根据《中华人民共和国政府和乌兹别克斯坦共和国政府科学技术合作协定》、《中华人民共和国科学技术部和乌兹别克斯坦共和国内阁科学技术发展协调委员会科技合作备忘录》、《中乌关于进一步发展和深化战略伙伴关系的联合宣言》、《中华人民共和国政府和乌兹别克斯坦共和国政府合作委员会科技合作分委会第二次会议纪要》等政府间科技合作协议，为配合"一带一路"建设，提升中乌科技合作水平，推动双方在科技领域开展务实大项目合作，现征集 2016 年度与乌兹别克斯坦政府间科技合作项目建议。有关事项通知如下：

一、项目背景

随着中乌战略伙伴关系的深入发展，双方进一步深化科技创新领域合作的意愿不断加强，双方商定，将支持中国与乌兹别克斯坦专家学者共同研发的互利科研项目。本次征集旨在落实中国与乌兹别克斯坦签订的政府间科技合作协定、政府部门间科技合作协议和备忘录等确定的合作任务，资助我国科研人员与乌兹别克斯坦合作伙伴在相关重点领域共同开展基础性及应用性研究。

二、项目建议征集说明

根据上述政府间科技合作协议以及双方政府共识，确定 2016 年拟支持的重点领域和经费额度如下：

（一）拟优先支持的领域

能源（可再生能源和非传统能源利用技术）、采矿、新材料（纳米材料和复合材料）、信息科学和技术、电子学和电工学、农业科研和农业技术、生物学和生物技术、药物和制药、医学和医疗设备、地球科学（地震学、地震防护技术和水资源利用技术）、生态学等。

（二）支持额度及年限

每个项目支持额度原则上不超过 100 万元人民币，拟支持 10~15 个项目。

实施期限为 2 年。

三、项目建议的撰写与提交

（一）编写要求

1. 合作项目中外执行单位需同时向各自政府部门提交项目建议书。历届中乌合作委员会科技合作分委会例会上所确定的政府间科技项目优先考虑。

2. 项目合作要求意义重要、理由充分、目标明确、内容具体，合作方案合理可行，技术指标可考核。能有效利用国际科技资源，解决制约我国经济社会发展的技术瓶颈问题；能与产业和应用需求紧密结合，能形成知识产权或相关技术标准；可有力配合国家外交战略，支撑中乌政府间科技合作协议的实施。

3. 项目建议提出单位应为具有较强国际科技合作能力和条件、运行管理规范、在中国大陆境内注册1年以上的、具有独立法人资格的科研机构、高等学校、内资或内资控股企业等。申报单位的同一项目只能通过一个推荐主体申报一次。国际科技合作基地申报的项目建议，将在同等条件下优先考虑。

4. 项目具备良好合作基础，中方项目建议提出单位具备相应的合作渠道和合作能力，并与外方合作单位保持良好的互信合作关系，中外合作双方签订有相关项目合作协议或意向书。

5. 项目负责人和主要参加人员应遵守《国家科技计划项目承担人员管理的暂行办法》（国科发计字〔2002〕123号）的相关规定。作为项目负责人，须具有高级专业技术职务（职称），同期主持的国家基本科技计划项目数原则上不得超过一项；作为主要参加人员，同期参与承担的国家基本科技计划项目数（含负责主持的项目数）原则上不得超过两项。

6. 外方合作伙伴具有较强的技术实力或较高的科研水平，并具备对华合作的意愿和能力。外方合作伙伴可按照技术、资金、人员或信息资料、先进设备、专有资源等投入方式参与合作。

7. 项目实施中，能有效保护知识产权及涉及国家安全的相关信息资源等，合理分享合作研发成果，维护中方利益。

8. 以企业为主体提出（或参加）的项目，要求企业必须有相关配套资金投入。

（二）项目建议提交方式

1. 项目建议需通过上一级组织推荐部门提交项目建议书。组织推荐部门指项目建议的报送单位所在省、自治区、直辖市或计划单列市的科技厅（委、局），或申请单位所隶属的国务院部门主管司局。

2. 请按照项目建议书附件格式及要求填写，请勿更改原始文件的格式或另行制作文件填写。中方提交的项目建议基本信息必须与外方合作伙伴申报内容一致（乌方政策咨询电话：00 - 998 - 71 - 2332453）。

3. 请通过国家科技管理信息系统项目申报中心（http：//program. most. gov. cn）统一填报。网络填报的受理时间为本通知发布之日起至2015年12月31日（技术咨询电话：010 - 88659000）。

网上填报提交后，请于2015年12月31日前（以寄出时间为准）将加盖组织推荐部门公章的推荐函（纸质，一式4份）、项目建议基本信息表、政府间科技合作项目建议书（通过系统直接生成打印，纸质，一式4份）寄送至中国科学技术交流中心。请不要现场报送。

四、联系方式

（一）政策咨询

科技部国际合作司欧亚处　马慧敏

电话：010 - 58881372

电子邮箱：mahm@ most. cn

（二）申报受理工作

中国科学技术交流中心亚非与独联体处　李姗姗

电话：010－68574085

电子邮箱：liss@cstec.org.cn

地址：北京市西城区三里河路 54 号

邮编：100045

附件：1. 项目建议基本信息表

　　　2. 政府间科技合作项目建议书

科技部

2015 年 12 月 14 日

来源：http://www.most.gov.cn/mostinfo/xinxifenlei/fgzc/gfxwj/gfxwj2015/201512/t20151216_122966.htm

附件 1

项目建议基本信息表

中文表：				
项目名称				
项目推荐单位				
中方执行单位				
中方联系方式	地址：			
	电话：		传真：	
	手机：			
	电子邮件：			
中方项目负责人				
外方执行单位				
外方联系方式	地址：			
	电话：		传真：	
	电子邮件：			
外方项目负责人				

俄文表：

1	Наименование проекта	
2	Китайский партнёр （полное название организации）	
3	Контактный почтовый адрес， телефон，факс，другие формы связи	
4	Ответственный от китайской организации	
5	Иностранный партнёр （полное название организации）	
6	Контактный почтовый адрес， телефон，факс，другие формы связи	
7	Ответственный от иностранной организации	
8	Наличие соглашения，договора， контракта между организациями	
9	Главное содержание сотрудничества	

附件 2

项目序号 _____

合作类型 　政府间科技合作

政府间科技合作
项目建议书

项目名称：_____

提交单位：_____

负 责 人：_____

合作国别：_____

项目组织（推荐）部门：_____

申报日期：_____

中华人民共和国科学技术部

二〇一五年九月制

填报说明
（请认真阅读）

1. 政府间科技合作项目将主要支持我国政府和部门与外方政府和部门（多边机制）商定的有关国际科技合作与交流活动（包括技术引进消化吸收再创新、合作研发、先进适用技术产品设备标准走出去等，涉及产业化的项目一般指"××产业化技术/设备的研发"）。

2. 填写项目建议书的相关栏目时应突出国际合作的内容。

3. 项目建议书各项内容应实事求是，文字表述准确。外来语要同时用原文和中文表达，第一次出现的缩略词，须注明全称。

4. "项目名称"应反映合作的重点内容和目标，不宜过于宽泛（如"中加疫苗关键技术及产品合作研发"、"重大新发突发传染病诊治研究"），应能体现出通过国际合作解决的关键科技问题，字数不得超过25字，原则上不得出现外来语，应用中文表达。

5. "项目研发类型"是指申报哪类项目，请根据填报系统提示选择，不得自行填写。

6. "所属政府间协议"是指由合作双边或多边政府（包括中央和地方）牵头、组织签定的科技合作协定。

7. "项目合作协议/意向"是指合作双边或多边针对本项目合作具体工作签定的合作协议。

8. "项目建议提交单位"为依法在中国（大陆）境内设立，具有相应对外合作渠道和合作能力、科研条件和研发实力，并具备法人资格的科研机构、高等学校、企业。各级政府机关不得作为项目建议提交单位，也不可作为合作单位参与研究。"项目依托研究基地"中的"03国家国际科技合作基地"包括科技部授予的国际创新园、国际联合研究中心、国际技术转移中心和示范型国际科技合作基地。

9. "项目负责人"应是未来实际承担组织领导和主持本项目研究的科研人员，避免根据行政管理职务确定项目负责人。已作为项目负责人承担原国家基本科技计划项目的，如当年结题的可以提出申请，但需在研项目通过验收后方可承担新的项目。项目负责人和主要参加人员应遵守《国家科技计划项目承担人员管理的暂行办法》（国科发计字〔2002〕123号）的相关规定。

10. "合作外方"应为中国境外具有较强技术实力或较高科研水平的合作伙伴，并具备对华合作的意愿和能力。合作外方不得是外资在华设立的企业或研发机构（外资在华设立的企业或研发机构可作为"其他中方参加单位"），不得是中资机构在境外设立的企业或研发机构，不得是企业集团国内外分支机构之间的内部合作，合作外方必须是具有研发能力的实体机构，不得是在国外避税地设立的壳公司。外方合作伙伴如系政府机构、国际组织、科研院所或高等院校，必须详细到具体的部门、科研机构或大学院系，不能仅填写"美国能源部"、"世界卫生组织"、"加拿大国家研究理事会"、"澳大利亚联邦科工组织"、"美国国立卫生研究院"、"××大学"等；外方合作伙伴如系企业特别是跨国公司等大企业，必须详细到具体参与合作的分（子）公司、企业研发中心等，不能仅填写跨国公司名。请填写外方合作伙伴提交项目申请的序号。

11. "项目预期验收内容及考核指标"应如实填写，不得夸大虚报。如项目通过评审并正式立项，项目合同书的考核指标应与项目建议书相同不得随意删减，项目执行过程中合同书考核指标原则上不得调整；考核指标是项目结题验收的重要依据。列入验收内容及考核指标的成果均应与项目内容有关，属于通过开展本项目并在项目起止日期内产生，在验收时还需提交相关报告或证明（见第16条）。

12. "任务目标"项，用一句话概述项目的主要任务目标，限50字以内，例："合作解决太阳风离子探测关键技术"，"合作解决攻克制约我国月球探测的关键技术"，"研制甲型H1N1流感疫苗、有效应对全球甲型H1N1流感疫情"，"解决杂交水稻基因研究重大技术问题、共同应对粮食安全问题"等。

13. "成果导向"项，概述项目的成果应用及其产业化前景，经济社会效益，在解决关键科技问题和技术瓶颈，有效维护国家安全，响应政府部门、社会公众、行业企业对重大问题的关注，增强自主创新能力，支撑产业和地方发展等方面的作用，限100字以内，例："解决威胁我国煤矿安全生产的瓦斯和煤层爆炸技术难题"，"为开发新一代商用快堆等新一代核能提供技术支撑和设计制造能力"，"提升我高参数超超临界机组等高效发电技术与装备技术水平"，"加快解决目前封闭式组合电器的供需矛盾、确保国家电网改造及时完成"等。

14. 项目经费需求应与项目内容、预期验收内容及考核指标相匹配。项目预算表要求同时编制经费来源预算和支出预算，平衡公式为：经费支出预算合计＝经费来源预算合计。要结合项目申请书中有关研究内容、研究目标、参加人员、实施方案等内容认真编制预算，与项目有关的前期研究（包括阶段性成果）支出的各项经费不得列入预算。自筹经费是指国家科技计划项目专项经费以外的各种渠道来源资金，包括：其它财政拨款、单位自有货币资金和其他资金，自筹经费应在预算说明中列示。"国家科技计划项目自筹资金来源证明"中"3. 从承担单位获得的资助"指中方项目建议提交单位和其他参加单位对项目的资金投入。

15. 填写第五项第1条"预期取得的合作成果及考核指标"中的考核指标时，需对照基本信息表中的"项目预期验收内容及考核指标"进行详述：（1）对于新技术、新产品、新装置、新工艺、新材料等要有量化明细的检测指标及相关技术参数，需委托具备相关资质的第三方检测单位检测并出具报告。有标准的按相关国家和行业标准规范执行，没有标准的要事先约定检测方法；（2）论文必须是本项目起始日期后发表或收到期刊的稿件录用通知，专著必须是本项目起始日期后出版或收到出版社书面通知确定出版，均须注明得到有关专项的支持；（3）专利必须是本项目起始日期后或批准授权或申报；（4）技术标准必须是本项目起始日期后批准发布或申报并获受理；（5）人才培养和人才引进均必须是直接参与本项目的人员。其中，人才引进必须是在本项目起始日期后新引进的外籍人员或已在国外长期工作的海外人才。

16. 提交项目建议必须注册登陆"国家科技管理信息系统"（http://program. most. gov. cn/），按规定格式要求认真填写，进行网上填报并上传。专业领域、学科、方向请根据网上管理系统提供的选择项进行选择。涉密项目请下载相应填报软件填写、打印项目建议书，以机要形式上报，要求同时附上本单位保密办公室出具，项目组织（推荐）部门保密办公室审定的密级确定书，以及对外合作中采取有力措施保护知识产权、确保不泄密的保证书。

17. 请务必将合作协议/意向的复印件作为书面建议书附件一同上报，否则不予受理。

18. 项目建议书需加盖本单位和项目组织（推荐）部门公章，由项目组织（推荐）部门统一报送中国科学技术交流中心。未通过组织（推荐）部门上报的建议书，将不予受理。项目组织（推荐）部门是指根据中外政府间科技合作项目建议通知和要求，组织有关项目建议提交单位填报项目建议书的中央或地方科技管理部门，即项目建议提交单位所隶属的国务院各相关部门的主管司局，或所在省、自治区、直辖市和计划单列市科技厅（委、局），或相关的中央企业。

19. 项目基本信息

<table>
<tr><td colspan="2">项目名称</td><td colspan="5"></td></tr>
<tr><td colspan="2">项目研发类型</td><td colspan="3">01 基础研究；02 应用研究；03 试验发展；04 产业化；05 其他</td><td>建议密级</td><td>公开　秘密　机密　绝密</td></tr>
<tr><td colspan="2">所属政府间协议名称</td><td colspan="5"></td></tr>
<tr><td colspan="2">协议签署日期</td><td colspan="2"></td><td>协议有效期</td><td colspan="2">年</td></tr>
<tr><td colspan="2">总体合作目标（可多选）</td><td colspan="5">01 落实政府间科技合作协议；02 落实双方重大外交承诺；03 深化与主要发达国家科技合作；04 促进与周边和发展中国家协同发展；05 推动多边科技合作；06 深度参与国际大科学工程（计划）和国际组织；07 推动同港澳台地区合作；08 其他</td></tr>
<tr><td colspan="2">具体合作目标（可多选）</td><td colspan="5">01 解决关键技术问题；02 填补国内外技术空白；03 促进人员交流、引进国际优秀人才；04 引进具有重大应用前景的前瞻技术；05 引进国家战略需求的关键技术、装备；06 解决国家科技计划 \ 重大专项难点、瓶颈；07 分享国际前沿科技成果；08 其他（　　　）</td></tr>
<tr><td colspan="2">合作方式（可多选）</td><td colspan="5">01 开展联合研究 02 开展合作示范 03 购买全套技术及消化吸收；04 购买关键 know-how；05 引进关键技术设备；06 分工合作技术开发；07 聘请专家来华工作；08 赴国外技术培训；09 利用国外资源；10 信息交流、技术咨询；11. 基地和平台建设项目 12. 其他（　　　）</td></tr>
<tr><td colspan="2">项目合作协议/意向</td><td colspan="5">名称：</td></tr>
<tr><td colspan="2">项目起止日期</td><td colspan="2"></td><td>合作国别</td><td>所属大洲</td><td></td></tr>
<tr><td colspan="2">所属专业领域 1</td><td colspan="2"></td><td>学科 1</td><td>方向 1</td><td></td></tr>
<tr><td colspan="2">所属专业领域 2</td><td colspan="2"></td><td>学科 2</td><td>方向 2</td><td></td></tr>
<tr><td rowspan="7">项目建议提交单位</td><td>单位名称</td><td colspan="2"></td><td>组织机构代码</td><td>单位负责人</td><td></td></tr>
<tr><td>单位性质</td><td colspan="2"></td><td>所在地区</td><td>归口部门</td><td></td></tr>
<tr><td>项目依托研究基地（可多选）</td><td colspan="5">01 国家实验室；02 国家重点实验室；03 国家国际科技合作基地；04 国家工程技术研究中心；05 国家级企业技术中心；06 部门或省级开放（重点）实验室；07 教育部 985 工程创新基地；08 省部级重点学科基地；09 国家工程实验室；10 其他</td></tr>
<tr><td>通讯地址</td><td colspan="3"></td><td>邮政编码</td><td></td></tr>
<tr><td>联系电话</td><td colspan="3"></td><td>传真</td><td></td></tr>
</table>

项目负责人	姓名		性别		出生日期	
	证件类型		证件号码		职务	
	学位		学历		职称		电话	
	手机		E-mail		传真	

项目联系人	姓名		性别		出生日期	
	手机			电话	
	E-mail			传真	

项目建议提交单位意见：

　　已按填报说明对拟参与项目人员的资格和建议书内容进行了审核，内容真实，数据准确，同意提交。建议项目如获资助，我单位保证对研究计划实施所需要的人力、物力和工作时间等条件给予保障，严格遵守国家科技计划管理有关规定，督促项目负责人和项目组成员以及本单位项目管理部门按照中外政府间科技合作项目有关要求及时报送相关材料。

单位负责人（签章）：　　　　　　　　（单位公章）

年　月　日

其他中方参加单位	单位名称		组织机构代码	

合作外方	机构名称及所属国别（中英文）			
	外方负责人（英文）		职称	
	外方项目序号			
	通讯地址		E-mail	
	传真		电话	

其他合作外方	单位名称及所属国别（中英文）	

经费需求	总经费：万元，自筹资金：万元，其中：从企业获得研发经费投入万元	拟申请中央财政经费	万元
		其它财政拨款（含部门、地方匹配）	万元
		单位自有货币资金	万元
		其他资金	万元

（续表）

预期使用外方资源情况	使用外方经费	万元人民币（指外方投入的由中方支配和使用的货币资金）	
	利用外方关键技术（可填多项）	技术名称、该技术的费用估值及支付外方经费（万元人民币）	
	利用外方关键设备（可填多项）	设备名称、该设备的费用估值及支付外方经费（万元人民币）	
	使用外方特有资源	物种数　样本量　数据量　图纸数　其他（名称：　）	

项目预期验收内容及考核指标

成果形式（可多选）		01 论文专著；02 研究（咨询）报告；03 新产品（或生物新品种）；04 新装置；05 新材料；06 新工艺（或新方法、新模式）；07 计算机软件；08 人才培养；09 人才引进；10 技术标准；11 基地建设；12 其它
引进关键技术	项	技术名称
技术形式		01 软件；02 计算方法；03 模型；04 专利；05 数据库；06 其他
技术先进性		01 世界独有；02 国际领先；03 国际先进；04 国内领先
技术成熟度		01 实验室成果；02 中试阶段；03 已产业化
引进关键设备	台	设备名称
引进特有资源		物种数　样本量　数据量　图纸数　其他（名称：　）

中文核心期刊论文篇数：	国外学术论文篇数：	其中，国际合著论文篇数：
中文专著数：	外文专著数：	

	自主：　项		自主：　项		自主：　项		自主：　项
国外发明专利	合作：　项	国内发明专利	合作：　项	实用新型专利	合作：　项	其他专利	合作：　项

预期取得技术标准	国际标准	自主：　项	国家标准	项	国内行业标准	项
		参加：　项				

其他知识产权数	计算机软件登记	集成电路布图设计	生物新品种登记	其他
	项数：	项数：	项数：	项数：
	名称：	名称：	名称：	名称：

人才培养	博士后　人	博士　人	硕士　人	工程技术人员　人

人才引进	总计：　人	高级职称　人	博士后　人	博士　人	硕士　人	工程技术人员　人
	总计来华工作：　人月			其中高级职称人员来华工作　人月		

合作/引进成果知识产权归属		01 形成自主知识产权；02 共享知识产权，其中，中方占　%，外方　%（合计应为100%）；03 获得在华许可

项目简介				
任务目标 （50字以内）	目标：			
合作内容 合作理由 合作方式 合作必要性 （500字以内）				
成果导向 （100字以内）				
项目组织 （推荐）部门		联系人		电话

项目组织（推荐）部门意见：
　　已对项目建议书内容进行了审核。如未来项目实施，我部门将认真履行政府间科技合作项目管理有关要求中管理部门的责任和义务，履行实施本项目所做的有关承诺。

　　　　　　　　　　部门负责人（签章）：　　　　　　　　（单位公章）
　　　　　　　　　　　　　　　　　　　　　　　　　　　　　年　月　日

General Information of the Proposal for the Project
(For Chinese Principal Investigator/Project Manager)

Project Title	
Specialty Field	
Financial Support	Apply for RMB Financial Support from the Chinese Side / Foreign Investment: USS $
Name of Cooperation Agreement	
Project Duration	From to (m/y)

Proposed Project Manager / Applicant in China

Chinese Applicant			
Principal Investigator/ Project Manager			
Address		Zip Code	
Telephone Number		Mobile Number	
E-mail		Fax Number	

Overseas Project Manager / Organization

Overseas Project Organization					
Project Manager		E-mail		Nationality	
Address					
Fax Number		Telephone Number			
The objectives and contents of the research project are (maximum 500 words) :					

项目经费需求

经费来源估算（万元）		来源总计：万元
拟申请中央财政经费		
自筹资金	其他财政拨款（含部门、地方匹配）	
	单位自有货币资金	
	其他资金	
外方投入资金（是指外方投入的由中方支配、使用的货币资金）		

经费支出（万元）		支出总计：万元		
科目	合计	专项经费	自筹资金	外方投入
（一）直接费用				
1. 设备费				
其中：购置设备费				
2. 材料费				
3. 测试化验加工费				
4. 燃料动力费				
5. 技术引进费				
6. 差旅费（指国内差旅费）				
7. 会议费				
8. 合作交流费				
国内人员出国费				
海外专家来华费				
9. 出版/文献/信息传播/知识产权事务费				
10. 劳务费				
国内人员劳务费				
海外专家劳务费				
11. 专家咨询费：				
国内专家咨询费				
海外专家咨询费				
12. 其他费用				
（二）间接费用				
其中：绩效支出				

注：1. "其他经费"专指是指在项目组织实施过程中围绕关键技术引进和优秀人才引进，且无法在上述科目列支的费用。专项经费严格控制其他费用支出，加强审核和监督。确有需要的，原则上采用后补助的方式资助，按照预算调整的有关程序报批。

2. 经费来源中有"自筹经费"的，需提供自筹经费来源证明。

3. 间接费用使用分段超额累退比例法计算并实行总额控制，按照不超过项目经费中直接费用扣除购置设备费后的一定比例核定，具体比例如下：

500 万元及以下部分不超过 20%；

超过 500 万元至 1 000 万元的部分不超过 13%；

超过 1 000 万元的部分不超过 10%。

间接费用中绩效支出不超过直接费用扣除购置设备费后的 5%。

自筹资金来源证明

（如自筹资金来自不同渠道或不同单位，应分别填写）

如未来项目建议获得批准，_____（单位全称），为____项目，提供____万元的自筹/配套资金，资金来源为____（1. 国家其他财政拨款 2. 地方财政拨款 3. 从承担单位获得的资助 4. 从其他渠道获得的资助）。

自筹资金主要用于：_____（填写具体支出科目）

特此证明！

出资单位（公章）：

年　　月　　日

---

1. 项目总经费概算、拟申请中央财政经费的必要说明

2. 合作外方投入（经费、关键技术、设备装备、资源等）说明

3. 国内项目承担单位自筹、部门（地方）配套资金说明

4. 拟申请专项经费的大型仪器设备购置费、技术引进费用、劳务费等的必要说明

5. 拟申请专项经费中"其他经费"的理由及必要说明

一、合作理由（限五号字二页以内）

---

1. 项目建议提出的背景及合作重要性、必要性：
　　（包括合作内容的国内外现状和发展趋势；项目合作在服务科技外交、保障国家安全、促进科技突破、提升经济和社会发展水平等方面的战略重要性及合作必要性、紧迫性；合作外方的选择理由及外方对项目实施所起的关键作用等）

2. 合作的优势互补性：
　　（指出中外各合作方的科学技术优势及合作外方拥有哪些我方所需的关键（核心）技术、应用成果、前沿理论或专有人才等智力资源、技术资源、自然资源或市场资源）

3. 若国内和国际上已开展与本项目建议内容类似的研究，请对比说明各自的水平、优势、特点或差距等。

二、合作基础与合作能力（限五号字二页以内）

1. 合作基础：
   　（指出合作各方是否有着良好的合作互信与合作渠道，是否已开展了富有成效的合作与交流，特别是针对本项目建议内容开展的前期合作与交流，具有稳定的国内外合作环境、合作条件与交流机制等。）

2. 合作可行性：
   　（从特有关系、人才、技术、资金及组织方式等方面简述合作可行性，能否保障项目顺利实施，达到预期目标）

3. 中方项目建议提交单位合作能力：
   　（包括中方项目承担/参加单位产、学、研简况及具有的合作经验与合作渠道；项目组人员的职称及在该领域的国内外学术地位、专业/技术优势）

   　项目组主要人员的成功案例
   　（1）近五年承担的和主持完成（已验收）的原国家国际科技合作专项项目名称、类型、编号、起止年月、资助经费、完成情况、后续研究进展，以及与本项目建议的关系。

   　（2）近五年承担的和主持完成（已验收）的其他国家科技计划项目名称、计划类型、编号、起止年月、资助经费、执行情况，以及与本项目建议的关系。

   　（3）近五年取得的三项代表性科技合作或技术引进消化吸收再创新案例及经济、社会、环境效益。

   　（4）近五年取得的三项代表性成果名录，包括论著、专利、标准等。

4. 外方合作能力：
   　（外方合作机构简况及外方在该领域的学术地位与技术优势；外方负责人及参加人员的学术水平、职称及在该领域的学术地位；是否提供必要的技术培训和服务。）

   　外方项目组人员近五年取得的五项代表性成果名录（包括论著、专利、标准等）

5. 合作协议签订情况：
   　（请给出协议或意向书名称、签定时间、地点、主要内容，并附协议或意向书复印件。）

三、合作目标和内容（限五号字二页以内）

1. 合作目标和主要内容：
    （目标要明确，内容要具体）

2. 主要合作要点
    （指出在推动科技外交工作层面的有关内容安排）

3. 主要创新性：
    （指出科学研究或技术开发等具体项目合作层面通过国际合作解决的主要瓶颈、难点，拟取得的突破或创新，以及合作前后相关技术指标的对比情况）

四、合作方案（限五号字三页以内）

1. 组织实施方案：
    （包括项目合作各方信息、人才、技术、资金、设施及合作渠道等资源的组织、集成、整合、投入和使用方式、方案，以及工作流程、合作各方任务分配、合作方式、人员交流计划等）

2. 技术方案：
    （包括联合研发或引进技术的消化吸收再创新方案和技术路线，要指出本项目建议所涉主要科学技术瓶颈、难点的合作或引进解决方案）

3. 项目的年度实施计划和年度目标：
    （合作项目实施期限可根据项目合作具体情况及实际需要调整，限两页内）

第一年度	
第二年度	
第三年度 及以后	

五、合作成果与知识产权保护（限五号字二页以内）

1. 预期取得的合作成果及考核指标：

（分项表述包括人才、技术、装备设备引进及论文著作、专利、标准、新技术、新产品［含生物新品种、计算机软件等］、新装置、新工艺、新材料等合作成果与知识产权，以及其它应考核指标的数量及水平；考核指标应合理、清楚、明确、量化、可考核；若项目最终获得立项，执行过程中考核指标原则上不予调整。考核指标方面务必阐述清楚，详见填报说明第11、16条）

2. 预期成果、知识产权等的权益归属、分享、保护、使用措施、方案，以及相关具体指标：

（措施、方案、指标要明确、具体、有效，并有约束性；对可能出现的知识产权纠纷的预防及解决方案）

3. 外方合作投入及具体指标：

（包括资金、人员、技术、材料、设备、信息数据及特有资源等，并注明是否投入到中方，是合作实施期间使用还是归中方所有）

4. 中方需投入的已有资源、知识产权的保护：

（包括中方已有的、需投入本合作项目的信息、数据、技术、材料、设备装备、特有资源等资源和知识产权及其使用、保护措施，能否有效维护国家利益，保障国家安全，措施要具体、有效；说明可能涉及我国的人类遗传资源、生物种质资源、生物安全、测绘、海洋、气象、水文、地质、矿产、环境、卫生、信息安全等领域的自然资源和科技数据合作情况。涉及以上领域的合作，需遵守我国在上述领域及科技保密、科技伦理、知识产权等方面的国内法律法规和其他管理办法。）

5. 遵守国际和国内相关法律法规、惯例、伦理情况：

（此项目合作内容、形式、成果等是否符合国际法及国际惯例，以及我国、合作方所在国的法律法规、伦理。特别是项目如可能涉及我国在人类遗传资源、生物种质资源、生物安全、测绘、海洋、气象、水文、地质、矿产、环境、卫生、信息安全等领域的合作，应遵守我国在上述领域及科技保密、科技伦理、知识产权、科技数据交换等方面的法律法规和其他管理办法。如有上述问题，请详细说明情况及拟采取的措施，是否已向相关部门申报并获批，如获批请附相关审批文件。）

六、预期效益（限五号字二页以内）

预期外交、经济和社会效益：

（包括合作成果对落实双边政府间科技合作的意义，以及对中外双方在商定的优先领域内科技水平和研发能力的提升作用；创新国际科技合作模式或合作机制；在科技外交工作的作用；在国家重大工程建设或重大装备开发中发挥的作用；与国内外同类产品或技术的竞争分析，成果应用和产业化情况，对促进相关产业技术进步、带动新兴产业发展、提升我国相关产业竞争力的作用；技术及产品应用所形成的市场规模、效益及促进就业情况等；项目实施中形成的示范基地、中试线、生产线及其规模等；对保障国家安全、改善民生、提高公共服务能力、促进社会可持续发展的作用等。属于产学研结合的项目，请给出对联合研发或引进技术的产学研联合机制、具体方案，以及企业参与、企业投入及企业技术应用方案等）

七、承诺及密级审核

项目是否存在涉密内容：（若是，请指出涉密内容及其密级）

申请密级	公开　秘密　机密　绝密

负责人承诺：

　　如本项目建议未来获得批准，我保证项目建议书内容的真实性、准确性。项目密级是根据《中华人民共和国保守国家秘密法》、《科学技术保密规定》及《对外科技交流保密提醒制度》确定，我承诺在对外合作中不泄露国家秘密，并通过相关知识产权协议（条款）切实保护我方的知识产权。

　　此项目合作内容、形式、成果等符合国际法、国际惯例和我国及合作方所在国家的法律法规、伦理。如果获得资助，我将履行项目负责人职责，严格遵守国家科技计划管理有关规定，切实保证研究工作时间，认真开展工作，按时报送年度进展报告、成果进展信息、结题验收报告等有关材料，接受项目检查。若填报失实和违反规定，本人将承担全部责任。

　　执行此项目期间，因无法预料的原因所产生的后果由本人自负（如健康状况、经济纠纷、损失等）。

负责人签字

年　月　日

项目建议提交单位保密办公室承诺：

　　已对项目建议书内容和密级进行了审核，项目建议所定密级符合《中华人民共和国保守国家秘密法》、《科学技术保密规定》及《对外科技交流保密提醒制度》中的定级要求和条件。我单位保证严格遵守国家科技计划管理有关保密规定，根据相应密级的管理办法进行管理，并采取有效措施，保证在对外合作中不泄露国家秘密，切实维护国家利益，保障国家安全。

项目建议提交单位保密办公室盖章

年　月　日

项目组织（推荐）部门保密办公室承诺：

　　已对项目负责人的资格、项目建议书内容及密级进行了审核，项目建议所定密级符合《中华人民共和国保守国家秘密法》、《科学技术保密规定》及《对外科技交流保密提醒制度》中的定级要求和条件，同意报送。我单位保证严格遵守国家科技计划管理有关保密规定，根据相应密级的管理办法进行管理。

项目组织（推荐）部门保密办公室盖章

年　月　日

　　注：不管是公开或公开以上级别，均需项目建议提交单位和项目组织（推荐）部门的保密部门进行密级审核。如项目建议提交单位或项目组织（推荐）部门没有专门设立保密办或刻保密公章，务必由项目建议提交单位或项目组织（推荐）部门出具说明，说明保密职责由何部门承担并用单位或部门的公章代章，具体说明格式可从国家国际科技合作专项网（http://www.istcp.org.cn/）"文件下载"栏下载。

13. 科技部关于征集 2016 年度内地与澳门联合资助研发项目建议的通知

科技部关于征集 2016 年度内地与澳门联合资助研发项目建议的通知
国科发外〔2015〕409 号

各省、自治区、直辖市及计划单列市科技厅（委、局），国务院各有关部门科技主管单位，各有关单位：

根据《中华人民共和国科学技术部与澳门科学技术发展基金关于开展联合资助研发项目的协议》，现征集 2016 年度内地与澳门联合资助研发项目建议。有关事项通知如下：

一、项目简介及目标

为促进和支持内地与澳门科技创新及产业化合作，2012 年内地与澳门科技合作委员会第六次会议提出了两地联合资助的构想，2013 年内地与澳门科技合作委员会第七次会议制定了联合资助的实施方案，2015 年内地与澳门科技合作委员会第九次会议签署了《中华人民共和国科学技术部与澳门科学技术发展基金关于开展联合资助研发项目的协议》，并就联合资助领域、资助经费、申请资格、申请及评审程序及其他与项目有关的事宜达成共识。

内地与澳门联合资助研发项目旨在支持双方高校、科研院所和企业基于已有合作基础，就共同感兴趣并能使双方受益的科学、技术和工程等问题开展联合研发。项目建议提交单位应本着平等合作、互利互惠、成果共享、尊重知识产权的原则开展实质性合作。项目需具备技术先进性和创新性，双方资助机构将对具有技术转移潜力或产业化前景的项目给予优先支持。

二、2016 年拟支持的重点领域与重点方向

根据两地科技合作委员会达成的共识，2016 年度项目建议征集将针对两地科技的优势和特点，结合澳门社会经济的发展需要，重点支持电子信息、生物医药、节能环保、新材料科学等涉及两地民生发展的合作领域，产业部门参与的项目优先。

三、项目建议的撰写与提交

（一）编写要求

1. 对项目建议提交单位的要求。

内地方项目建议提交单位应为在中国内地境内注册的科研院所、高等学校和企业等，具有法人资格，有较强的科研能力和条件，运行管理规范。以企业为主体申报（或参加）的项目，要求企业必须有相关配套资金投入。

2. 项目负责人和主要参加人员要求。

项目负责人和主要参加人员应遵守《国家科技计划项目承担人员管理的暂行办法》（国科发计字〔2002〕123 号）的相关规定。作为项目负责人，同期主持的国家基本科技计划、港澳台科技合作专项的项目数原则上不得超过 1 项；作为主要参与人员，同期参与承担的国家基本科技计划、港澳台科技合作专项的项目数（含负责主持的项目数）原则上不得超过 2 项。

3. 其他要求。

（1）内地与澳门相关主管部门各自发布征集通知，双方合作单位应分别向各自征集部门提交项目建议，单方提交的项目建议无效。

（2）双方建议书的项目名称、合作单位、项目负责人及项目执行年限等信息必须一致。

（3）内地项目建议单位应就该项目已经与澳门合作伙伴有了一定的合作基础。双方合作团队均需具备一定的技术优势，并且明确双方的分工。

（4）合作双方已经签署合作协议或意向书，其中必须包括知识产权专门条款。

（5）优先支持有港、澳、台地区的科研机构共同参与的研发项目。同等条件下，国家国际科技合作基地提交的项目建议优先。

（二）项目经费及期限

1. 单项项目经费上限及其他条件。

内地对于每个获资助的合作项目的资助上限为 100 万元人民币（约合 130 万澳门元），分期拨付。

2. 项目执行期。

项目执行期一般为 2～3 年。

（三）项目建议提交方法

1. 项目建议需通过上一级组织推荐部门提交。组织推荐部门指项目建议提交单位所在省、自治区、直辖市或计划单列市的科技厅（委、局），或申请单位所隶属的国务院部门科技主管单位等。

2. 请按照本通知附件 2 格式及要求填写，请勿更改原始文件的格式或另行制作文件填写。

3. 请通过国家科技管理信息系统项目申报中心（http：//program. most. gov. cn）统一填报。网络填报的受理时间为自本通知发布起至 2015 年 12 月 30 日。（技术咨询电话：010 - 88659000）

网上填报提交后，请于 2015 年 12 月 30 日前（以寄出时间为准）将加盖组织推荐部门公章的推荐函（纸质，一式 4 份）、项目建议书（通过系统直接生成打印，纸质，一式 4 份）寄送至中国科学技术交流中心，请不要现场报送。

四、联系方式

政策咨询：科技部国际合作司综合与计划处（港澳台处）　乐佳

电话：010 - 58881310

电子邮箱：lej@ most. cn

申报受理工作联系人：中国科学技术交流中心台港澳处　汪丽丽　许洪彬

电话：010 - 68598407 68598408

电子邮箱：thm@ cstec. org. cn

地址：北京市西城区三里河路 54 号

邮编：100045

附件：1. 项目建议基本信息表

　　　2. 内地与澳门联合资助项目建议书

科技部

2015 年 12 月 3 日

来源：http：//www. most. gov. cn/mostinfo/xinxifenlei/fgzc/gfxwj/gfxwj2015/201512/t20151203_ 122615. htm

附件1

项目建议基本信息表

建议项目名称	
内地方项目建议书填报单位	
内地方项目负责人及联系方式	姓名：　　　　性别：　　　　职务职称： 电话：　　　　传真：　　　　手机： 通信地址： 邮编：　　　　电子信箱：
澳门方合作单位	
澳门方项目负责人及联系方式	姓名：　　　　性别：　　　　职务职称： 电话：　　　　传真：　　　　手机： 通信地址： 邮编：　　　　电子信箱：
项目建议涉及的主要研究内容（200 字以内）	

项目序号_____
合作类型_____

内地与澳门联合资助
项目建议书

项目 名 称：＿＿＿＿＿＿＿＿＿＿＿＿＿＿＿＿＿＿

提 交 单 位：＿＿＿＿＿＿＿＿＿＿＿＿＿＿＿＿＿＿

项目负责人：＿＿＿＿＿＿＿＿＿＿＿＿＿＿＿＿＿＿

项目组织（推荐）部门：＿＿＿＿＿＿＿＿＿＿＿＿

申 报 日 期：＿＿＿＿＿年　月　日＿＿＿＿＿

中华人民共和国科学技术部

二〇一五年十一月制

填报说明
（请认真阅读）

1. 内地与澳门联合资助两地合作研发项目主要支持对澳门地区科技合作与交流内容（包括技术引进消化吸收再创新、合作研发、先进适用技术产品设备标准走出去等，涉及产业化的项目一般指"××产业化技术/设备的研发"），不支持基本建设、纯商业交易（包括纯技术购买和设备采购）项目，不是对从境外购买技术或采购设备的补贴；不支持政策和管理等软科学研究项目；不支持纯粹的人员交流与培训项目；不支持成熟技术、产品的产业化或市场推广；不支持国内的大规模示范推广应用项目。

2. 填写项目建议书的相关栏目时应突出对澳合作的内容。

3. 建议书各项内容应实事求是，文字表述准确。外来语要同时用原文和中文表达，第一次出现的缩略词，须注明全称。

4. "项目名称"应反映合作的重点内容和目标，不宜过于宽泛（如"疫苗关键技术及产品合作研发"、"重大新发突发传染病诊治研究"），应能体现出通过对外合作解决的关键科技问题，字数不得超过25字，原则上不得出现外来语，应用中文表达。

5. "项目研发类型"是指提交哪类项目，请根据填报系统提示选择，不得自行填写。

6. "项目合作协议/意向"是指合作双方针对本项目合作具体工作签定的合作协议。

7. "项目建议提交单位"为依法在中国境内设立，具有相应对外合作渠道和合作能力、科研条件和研发实力，并具备法人资格的科研机构、高等学校、企业。各级政府行政机构不得作为项目建议提交单位，也不可作为合作单位参与研究。"项目依托研究基地"中的"03 国家国际科技合作基地"包括科技部授予的国际创新园、国际联合研究中心、国际技术转移中心和示范型国际科技合作基地。

8. "项目负责人"应是实际承担组织领导和主持本项目研究的科研人员，应杜绝根据行政管理职务确定项目负责人的现象。已作为项目负责人承担国家港澳台科技合作专项和国际科技合作专项项目的，如当年结题的可以提出申请，但需在研项目通过验收后方可承担新的项目。项目负责人和主要参加人员应遵守《国家科技计划项目承担人员管理的暂行办法》（国科发计字[2002]123号）的相关规定。

9. "合作方"应为中国境外具有较强技术实力或较高科研水平的合作伙伴，并具备对华合作的意愿和能力。合作方不得是澳门在内地设立的企业或研发机构（澳门在境内设立的企业或研发机构可作为"其他中方参加单位"），不得是中资机构在境外设立的企业或研发机构，不得是企业集团境内外分支机构之间的内部合作，合作方必须是具有研发能力的实体机构，不得是在境外避税地设立的壳公司。合作伙伴如系政府机构、国际组织、科研院所或高等院校，必须详细到具体的部门、科研机构或大学院系，不能仅填写"××大学"等；合作伙伴如系企业特别是跨国公司等大企业，必须详细到具体参与合作的分（子）公司、企业研发中心等，不能仅填写跨国公司名。

10. "项目预期验收内容及考核指标"应如实填写，不得夸大虚报。如项目通过评审并正式立项，项目合同书的考核指标应与建议书相同不得随意删减，项目执行过程中合同书考核指标原则上不得调整；考核指标是项目结题验收的重要依据。列入验收内容及考核指标的成果均应与项目内容有关，属于通过开展本项目并在项目起止日期内产生，在验收时还需提交相关报告或证明

（见第 16 条）。

11."任务目标"项，用一句话概述项目的主要任务目标，限 50 字以内，例："合作解决太阳风离子探测关键技术"，"合作解决攻克制约我国月球探测的关键技术"，"研制甲型 H1N1 流感疫苗、有效应对全球甲型 H1N1 流感疫情"，"解决杂交水稻基因研究重大技术问题、共同应对粮食安全问题"等。

12."成果导向"项，概述项目的成果应用及其产业化前景，经济社会效益，在解决关键科技问题和技术瓶颈，有效维护国家安全，响应政府部门、社会公众、行业企业对重大问题的关注，增强自主创新能力，支撑产业和地方发展等方面的作用，限 100 字以内，例："解决威胁我国煤矿安全生产的瓦斯和煤层爆炸技术难题"，"为开发新一代商用快堆等新一代核能提供技术支撑和设计制造能力"，"提升我高参数超超临界机组等高效发电技术与装备技术水平"，"加快解决目前封闭式组合电器的供需矛盾、确保国家电网改造及时完成"等。

13. 项目经费预算应与项目内容、预期验收内容及考核指标相匹配。项目预算表要求同时编制经费来源预算和支出预算，平衡公式为：经费支出预算合计＝经费来源预算合计。要结合项目申请书中有关研究内容、研究目标、参加人员、实施方案等内容认真编制预算，与项目有关的前期研究（包括阶段性成果）支出的各项经费不得列入预算。自筹经费是指国家科技计划项目专项经费以外的各种渠道来源资金，包括：其它财政拨款、单位自有货币资金和其他资金，自筹经费应在预算说明中列示。"国家科技计划项目自筹资金来源证明"中"3. 从承担单位获得的资助"指中方项目申报单位和其他参加单位对项目的资金投入。

14. 填写第五项第 1 条"预期取得的合作成果及考核指标"中的考核指标时，需对照基本信息表中的"项目预期验收内容及考核指标"进行详述：（1）对于新技术、新产品、新装置、新工艺、新材料等要有量化明细的检测指标及相关技术参数，需委托具备相关资质的第三方检测单位检测并出具报告。有标准的按相关国家和行业标准规范执行，没有标准的要事先约定检测方法；（2）论文必须是本项目起始日期后发表或收到期刊的稿件录用通知，专著必须是本项目起始日期后出版或收到出版社书面通知确定出版，均须注明得到国家国际科技合作专项? 的支持；（3）专利必须是本项目起始日期后或批准授权或申报；（4）技术标准必须是本项目起始日期后批准发布或申报并获受理；（5）人才培养和人才引进均必须是直接参与本项目的人员。其中，人才引进必须是在本项目起始日期后新引进的外籍人员或已在境外长期工作的海外人才。

15. 提交项目建议项目必须注册登陆"国家科技计划项目申报中心"（http://program.most.gov.cn/），按规定格式要求认真填写，进行网上填报。

16. 请务必将合作协议/意向的复印件作为书面申请书附件一同上报，否则不予受理。

17. 项目建议书需加盖本单位和项目组织（推荐）部门公章，由项目组织（推荐）部门统一报送中国科学技术交流中心。未通过组织（推荐）部门上报的申报书，将不予受理。项目组织（推荐）部门是指根据内地与澳门联合资助研发项目建议通知和要求，组织有关项目建议提交单位填报项目建议书的中央或地方科技管理部门，即项目建议提交单位所隶属的国务院各相关部门的主管司局，或所在省、自治区、直辖市和计划单列市科技厅（委、局），或相关的中央企业。

18. 项目基本信息

项目名称		
项目研发类型 （可多选）		□01. 基础研究；□02. 应用研究；□03. 试验发展；□04. 产业化开发； □05. 其他
密级		□公开□秘密□机密□绝密
合作目标 （可多选）		□解决关键瓶颈技术；□填补国内技术空白；□引进国际优秀人才； □引进具有重大应用前景的前瞻技术； □引进国家战略需求的关键技术、装备； □解决国家科技计划＼重大专项难点、瓶颈；□分享国际前沿科技成果； □其他
合作方式 （可多选）		□购买全套技术及消化吸收；□购买关键 know-how； □引进关键技术设备；□分工合作研发；□聘请专家来华工作； □赴境外技术培训；□利用境外资源；□信息交流、技术咨询； □其他
项目合作 协议/意向		名称：
项目起止时间		年　　月至　　年　　月

所属专业领域1			所属专业领域2	
所属学科1			所属学科2	
所属方向1			所属方向2	

项目建议提交单位	单位名称			
	组织机构代码		归口部门	
	单位性质			
	所在地区		单位负责人	
	项目依托研究基地 （可多选）	□国家实验室；□国家重点实验室；□国家国际科技合作基地； □国家工程技术研究中心；□国家级企业技术中心； □部门或省级开放（重点）实验室；□教育部985工程创新基地； □教育部重点学科基地；□其他		
	通讯地址		邮政编码	
	联系电话		传真	

（续表）

<table>
<tr><td rowspan="5">项目负责人</td><td>姓名</td><td></td><td>性别</td><td></td><td>出生日期</td><td></td></tr>
<tr><td>证件类型</td><td></td><td>证件号码</td><td></td><td>职务</td><td></td></tr>
<tr><td>学位</td><td></td><td>学历</td><td></td><td>职称</td><td></td></tr>
<tr><td>电话</td><td></td><td colspan="2">手机</td><td></td><td></td></tr>
<tr><td>E-mail</td><td></td><td colspan="2">传真</td><td></td><td></td></tr>
</table>

项目建议提交单位意见：

　　已按填报说明对拟参与项目人员的资格和建议书内容进行了审核，内容真实，数据准确，同意提交。建议项目如获资助，我单位保证对研究计划实施所需要的人力、物力和工作时间等条件给予保障，严格遵守国家科技计划管理有关规定，督促项目负责人和项目组成员以及本单位项目管理部门按照内地与澳门联合资助项目有关要求及时报送相关材料。

单位负责人（签章）：　　　　　　　　　　　（单位公章）

年　月　日

<table>
<tr><td rowspan="3">项目联系人</td><td>姓名</td><td></td><td>性别</td><td></td><td>出生日期</td><td></td></tr>
<tr><td>手机</td><td></td><td>电话</td><td></td><td></td><td></td></tr>
<tr><td>E-mail</td><td></td><td>传真</td><td></td><td></td><td></td></tr>
</table>

<table>
<tr><td rowspan="3">其他内地参加单位</td><td colspan="4">单位名称</td><td>组织机构代码</td></tr>
<tr><td colspan="4">/</td><td>/</td></tr>
<tr><td colspan="4">/</td><td>/</td></tr>
</table>

<table>
<tr><td rowspan="4">境外合作方</td><td colspan="2">机构名称及所属地区</td><td></td><td></td><td></td></tr>
<tr><td colspan="2">合作方负责人</td><td></td><td>职称</td><td></td></tr>
<tr><td>通讯地址</td><td></td><td colspan="2">传真</td><td></td></tr>
<tr><td>E-mail</td><td></td><td colspan="2">电话</td><td></td></tr>
</table>

<table>
<tr><td>其他境外合作方</td><td>单位名称及所属地区</td><td></td></tr>
</table>

<table>
<tr><td rowspan="4">经费情况</td><td rowspan="4">总经费：0 万元
自筹资金：0 万元
其中：从企业获得研发经费投入 0 万元</td><td>申请中央财政经费</td><td>0 万元</td></tr>
<tr><td>其它财政拨款（含部门、地方匹配）</td><td>0 万元</td></tr>
<tr><td>单位自有货币资金</td><td>0 万元</td></tr>
<tr><td>其他资金</td><td>0 万元</td></tr>
</table>

（续表）

预期使用境外合作方资源情况						
使用合作方经费	0 万元人民币（指合作方投入的由我方支配和使用的货币资金）					
利用合作方关键技术	0	技术名称				
利用合作方关键设备	0	设备名称				
使用外方特有资源	物种数	样本量	数据量	图纸数	其他	
	0	0	0	0	0	

项目预期验收内容及考核指标								
成果形式（可多选）	□论文专著；□研究（咨询）报告；□新产品（或生物新品种）；□新装置；□新材料；□新工艺（或新方法、新模式）；□计算机软件；□人才培养；□人才引进；□技术标准；□基地建设；□其他							
引进关键技术	0 项	技术名称						
技术形式	□软件；□计算方法；□模型；□专利；□数据库；□其他							
技术先进性		01. 世界独有　02. 国际领先　03. 国际先进　04. 国内领先　05. 其他						
技术成熟度		01. 实验室成果　02. 中试阶段　03. 已经产业化						
引进关键设备	0 台	设备名称						
引进特有资源	物种数	样本量	数据量	图纸数	其他			
	0	0	0	0	0			
中文核心期刊论文	0 篇	境外学术论文	0 篇	其中，国际合著论文	0 篇			
中文专著数	0	外文专著数	0					
预期取得专利	境外发明专利	自主	0 项	境内发明专利	自主	0 项		
		合作	0 项		合作	0 项		
	实用新型专利	自主	0 项	其他专利	自主	0 项		
		合作	0 项		合作	0 项		
预期取得技术标准	国际标准	自主	0 项	国家标准	0 项	国内行业标准	0 项	
		参加	0 项					
其他知识产权	类别	项数	名称					
	计算机软件登记	0						
	集成电路布图设计	0						
	生物新品种登记	0						
	其他	0						
人才培养	博士后	0 人	博士	0 人	硕士	0 人	工程技术人员	0 人
人才引进	总计	高级职称	博士后	博士	硕士	工程技术人员		
	0 人	0 人	0 人	0 人	0 人	0 人		
	总计到境内工作时间	0 人月	其中高级职称人员到境内工作	0 人月				
合作/引进成果知识产权归属		01. 形成自主知识产权； 02. 共享知识产权；内地方占　%，澳门方占　% 03. 获得在境内许可						

（续表）

项目简介				
任务目标 （50 字以内）				
合作内容 合作理由 合作方式 合作必要性 （500 字以内）	1. 合作内容： 2. 合作理由： 3. 合作方式： 4. 合作必要性：			
成果导向 （100 字以内）				
项目组织 （推荐）部门	名称			
	联系人		电话	

General Information of the Project
（项目的英文基本信息表，内地方申请人填写）

Project Title				
Specialty Field				
Financial Support	Apply for 0 RMB Financial Support from the Chinese government		Macao Investment	0US $
Name of Cooperation Agreement	1			
Project Duration	From	2014－05－06	To	2014－05－21

● Proposed Project Manager／Applicant in mainland，China（内地申请方信息）

Chinese Applicant （申请单位）				
Principal Investigator/ Project Manager （申请人）				
Address			Zip Code	
Telephone Number		Mobile Number		
E-mail		Fax Number		

● Project Manager／Organization in Hong Kong，Macao Special Administrative Region or Taiwan （合作方信息）

Project Organization			
Project Manager		Nationality	
E-mail			
Address			
Fax Number		Telephone Number	
The objectives and contents of the research project are（maximum 500 words）:			

项目经费预算

经费来源预算（万元）	总计：0 万元
中央财政经费	0 万元

自筹资金	其他财政拨款（含部门、地方匹配）	0 万元
	单位自有货币资金	0 万元
	其他资金	0 万元

合作方投入资金（是指合作方投入的由我方支配、使用的货币资金）	0 万元

经费支出预算（万元）				总计：0 万元
预算科目	合计	专项经费	自筹资金	外方投入
（一）直接费用				
1. 设备费	0	0	0	0
其中：购置设备费	0	0	0	0
2. 材料费	0	0	0	0
3. 测试化验加工费	0	0	0	0
4. 燃料动力费	0	0	0	0
5. 技术引进费	0	0	0	0
6. 差旅费（指境内差旅费）	0	0	0	0
7. 会议费	0	0	0	0
8. 合作交流费				
境内人员出境考察费	0	0	0	0
境外专家入境交流费	0	0	0	0
9. 出版/文献/信息传播/知识产权事务费	0	0	0	0
10. 劳务费				
境内人员劳务费	0	0	0	0
境外专家劳务费	0	0	0	0
11. 专家咨询费				
境内专家咨询费	0	0	0	0
境外专家咨询费	0	0	0	0
12. 其他费用	0	0	0	0
（二）间接费用	0	0	0	0
其中：绩效支出	0	0	0	0

注：1. "其他经费"专指在项目组织实施过程中围绕关键技术引进和优秀人才引进，且无法在上述科目列支的费用。专项经费严格控制其他费用支出，加强审核和监督。确有需要的，原则上采用后补助的方式资助，按照预算调整的有关程序报批。

2. 经费来源中有"自筹经费"的，需提供自筹经费来源证明。

3. 间接费用使用分段超额累退比例法计算并实行总额控制，按照不超过项目经费中直接费用扣除设备购置费后的一定比例核定，具体比例如下：

500 万元及以下部分不超过20%；

超过 500 万元至 1 000万元的部分不超过13%；

超过 1 000万元的部分不超过10%。

间接费用中绩效支出不超过直接费用扣除购置设备费后的5%。

一、合作理由（限五号字二页以内）

1. 项目合作背景及合作重要性、必要性：
    （包括合作内容的境内外现状和发展趋势；项目合作在落实"一国两制"方针，促进两地科技突破、经济、社会发展、国家安全或外交工作等方面的战略重要性及合作必要性、紧迫性；合作方的选择理由及合作方对项目实施所起的关键作用等）

2. 合作的优势互补性：
    （指出合作各方的科学技术优势及合作方拥有哪些我方所需的关键（核心）技术、应用成果、前沿理论或专有人才等智力资源、技术资源、自然资源或市场资源）

3. 若国内和国际上已开展与本项目类似的研究，请对比说明各自的水平、优势、特点或差距等；若本项目研发内容在有关原国家科技重大专项、国家科技计划（863 计划、973 计划、支撑计划、科技基础条件平台建设等）、国家自然科学基金、行业科技专项、中科院创新工程、重大工程建设或重大装备开发中已有部署（特别是包含了国际合作内容的项目），请列出并说明相互关系、本项目的不同之处/创新点，并阐述通过本项目开展的引进消化吸收再创新或合作研发，对促进或完成上述科技专项/计划/基金/工程部署的相关项目所发挥的作用。

二、合作基础与合作能力（限五号字二页以内）

1. 合作基础：
    （指出合作各方是否有着良好的合作互信与合作渠道，是否已开展了富有成效的合作与交流，特别是针对本项目内容开展的前期合作与交流，具有稳定的境内外合作环境、合作条件与交流机制等。）

2. 合作可行性：
    （从特有关系、人才、技术、资金及组织方式等方面简述合作可行性，能否保障项目顺利实施，达到预期目标）

3. 我方合作能力：
    （包括我方项目承担/参加单位产、学、研简况及具有的合作经验与合作渠道；项目组人员的职称及在该领域的国内外学术地位、专业/技术优势）

    项目组主要人员的成功案例
    （1）近五年承担的和主持完成（已验收）的国家国际科技合作专项项目名称、类型、编号、起止年月、资助经费、完成情况、后续研究进展，以及与本申请项目的关系。

    近五年承担的和主持完成（已验收）的其他国家科技计划项目名称、计划类型、编号、起止年月、资助经费、执行情况，以及与本申请项目的关系。

    （3）近五年取得的三项代表性科技合作或技术引进消化吸收再创新案例及经济、社会、环境效益。

    （4）近五年取得的三项代表性成果名录，包括论著、专利、标准等。

4. 合作方合作能力：
    （合作方合作机构简况及合作方在该领域的学术地位与技术优势；合作方负责人及参加人员的学术水平、职称及在该领域的学术地位；是否提供必要的技术培训和服务。）

合作方项目组人员近五年取得的五项代表性成果名录（包括论著、专利、标准等）

5. 合作协议签订情况：
    （请给出协议或意向书名称、签定时间、地点、主要内容，并附协议或意向书复印件。）

三、合作目标和内容（限五号字二页以内）

1. 合作目标和主要内容：
   （目标要明确，内容要具体，请详细阐述引进消化吸收再创新或合作研发的内容）

2. 突破和创新：
   （指出通过与澳门合作解决的主要瓶颈、难点，拟取得的技术突破和技术创新，以及合作前后相关技术指标的对比情况）

合作前后相关技术指标对比表

关键指标名称	合作前的指标	合作后的指标

四、合作方案（限五号字三页以内）

1. 组织实施方案：

（包括项目合作各方信息、人才、技术、设施及合作渠道等资源的组织、集成、整合、投入和使用方式、方案，以及工作流程、合作各方任务分配、合作方式、人员交流计划等）

2. 技术方案：

（包括联合研发或引进技术的消化吸收再创新方案和技术路线，要指出本项目所涉主要科学技术瓶颈、难点的合作或引进解决方案）

五、合作成果与知识产权保护（限五号字二页以内）

1. 预期取得的合作成果及考核指标：

（分项分述包括人才、技术、装备设备引进及论文著作、专利、标准、新技术、新产品［含生物新品种、计算机软件等］、新装置、新工艺、新材料等合作成果与知识产权，以及其它应考核指标的数量及水平；考核指标应合理、清楚、明确、量化、可考核；若项目最终获得立项，执行过程中考核指标原则上不予调整。）

2. 预期成果、知识产权等的权益归属、分享、保护、使用措施、方案，以及相关具体指标：

（措施、方案、指标要明确、具体、有效，并有约束性；对可能出现的知识产权纠纷的预防及解决方案）

3. 合作方合作投入及具体指标：

（包括资金、人员、技术、材料、设备、信息数据及特有资源等，并注明是否投入到我方，是合作实施期间使用还是归我方所有）

4. 内地承担单位需投入的已有资源、知识产权的保护：

（包括承担单位已有的、需投入本合作项目的信息、数据、技术、材料、设备装备、特有资源等资源和知识产权及其使用、保护措施，能否有效维护国家利益，保障国家安全，措施要具体、有效；说明可能涉及我国的人类遗传资源、生物种质资源、生物安全、测绘、海洋、气象、水文、地质、矿产、环境、卫生、信息安全等领域的自然资源和科技数据合作情况。涉及以上领域的合作，需遵守国家在上述领域及科技保密、科技伦理、知识产权等方面的国内法律法规和其他管理办法。）

5. 遵守国际和国内相关法律法规、惯例、伦理情况：

（此项目合作内容、形式、成果等是否符合国际法及国际惯例，以及我国境内、合作方所在地区的法律法规、伦理。特别是项目如可能涉及国家在人类遗传资源、生物种质资源、生物安全、测绘、海洋、气象、水文、地质、矿产、环境、卫生、信息安全等领域的合作，应遵守国家在上述领域及科技保密、科技伦理、知识产权、科技数据交换等方面的法律法规和其他管理办法。如有上述问题，请详细说明情况及拟采取的措施，是否已向相关部门申报并获批，如获批请附相关审批文件。）

六、预期效益（限五号字二页以内）

预期经济、社会效益：

（合作成果对落实内地与澳门科技合作机制任务的意义，以及对两地在确定的优先领域内科技水平和研发能力的提升作用等。）

七、项目的年度实施计划和年度目标

(合作项目实施期限可根据项目合作具体情况及实际需要调整，限两页内)

第一年度	
第二年度	
第三年度 及以后	

八、承诺及密级审核

申请密级	□公开　□秘密　□机密　□绝密
保密年限	（原则上，秘密不超过 10 年，机密不超过 20 年，绝密不超过 30 年）

项目负责人承诺：

　　我保证项目建议书内容的真实性、准确性。项目密级是根据《中华人民共和国保守国家秘密法》、《科学技术保密规定》及《对外科技交流保密提醒制度》确定，我承诺在合作中不泄露国家秘密，并通过相关知识产权协议（条款）切实保护我方的知识产权。

　　此项目合作内容、形式、成果等符合国际法、国际惯例和我国及合作方所在地区的法律法规、伦理。如果获得资助，我将履行项目负责人职责，严格遵守国家科技计划管理有关规定，切实保证研究工作时间，认真开展工作，按时报送年度进展报告、成果进展信息、结题验收报告等有关材料，接受项目检查。若填报失实和违反规定，本人将承担全部责任。

　　执行此项目期间，因无法预料的原因所产生的后果由本人自负（如健康状况、经济纠纷、损失等）。

负责人签字
年　月　日

项目建议提交单位保密办公室承诺：

　　已对项目建议内容和密级进行了审核，项目建议所定密级符合《中华人民共和国保守国家秘密法》、《科学技术保密规定》及《对外科技交流保密提醒制度》中的定级要求和条件。我单位保证严格遵守国家科技计划管理有关保密规定，根据相应密级的管理办法进行管理，并采取有效措施，保证在合作中不泄露国家秘密，切实维护国家利益，保障国家安全。

项目建议提交单位保密办公室盖章
年　月　日

项目组织（推荐）部门保密办公室承诺：

　　已对项目负责人的资格、建议书内容及密级进行了审核，项目建议所定密级符合《中华人民共和国保守国家秘密法》、《科学技术保密规定》及《对外科技交流保密提醒制度》中的定级要求和条件，同意申请。我单位保证严格遵守国家科技计划管理有关保密规定，根据相应密级的管理办法进行管理。

项目组织（推荐）部门保密办公室盖章
年　月　日

　　注：不管是公开或公开以上级别，均需项目建议提交单位和项目组织（推荐）部门的保密部门进行密级审核。如项目建议提交单位或项目组织（推荐）部门没有专门设立保密办或刻保密公章，务必由项目建议提交单位或项目组织（推荐）部门出具说明，说明保密职责由何部门承担并用单位或部门的公章代章，具体说明格式可从（http://www.istcp.org.cn/site/）"文件下载"栏下载。

14. 科技部关于征集 2016 年度中英研究与创新桥计划合作项目建议的通知

科技部关于征集 2016 年度中英研究与创新桥计划合作项目建议的通知

国科发外〔2015〕408 号

各省、自治区、直辖市及计划单列市科技厅（委、局），国务院各有关部门科技主管单位，各有关单位：

根据 2015 年 9 月 17 日签署的《中华人民共和国科学技术部与大不列颠及北爱尔兰联合王国商务、创新和技能部关于研究与创新桥计划的谅解备忘录》（有效期 3 年），现征集 2016 年度中英研究与创新桥计划合作项目建议。有关事项通知如下：

一、背景情况及任务目标

为落实双边政府间科技合作协议，促进和支持双边科技创新及产业化合作，中国科技部与英国相关政府部门商定，共同征集中英研究与创新桥计划合作项目建议，并就合作方式、领域、资助额度等达成一致意见。

中英研究与创新桥计划旨在支持中英在科研成果转化领域的合作，为两国发展进程中所面临的具体挑战提供解决方案。项目建议提出单位应本着平等合作、互利互惠、成果共享、尊重知识产权的原则开展实质性合作。项目建议需具备技术先进性和创新性，双方政府将对具有技术转移潜力或产业化前景的项目建议内容给予优先支持。

二、2016 年拟支持的重点领域与重点方向

根据前述政府间科技合作协议以及双方政府共识，确定 2016 年拟支持的重点领域与重点方向如下：

（一）城镇化（智能交通、物联网、土壤及地下水修复）

（二）医疗保健（老龄人口医疗保健、平价医疗技术和医疗设备）

（三）农业技术和粮食生产（可持续集约化、农业遥感）

（四）能源（可再生能源技术和设备）

中英双方达成一致的重点合作领域详细表述见附件 1（中、英文），请参考，有针对性地提出项目建议。

三、项目建议的撰写与提交

（一）编写要求

1. 对中外方项目建议提交单位要求。

（1）中方项目建议提交单位应为依法在中国境内设立，具有相应对外合作渠道和合作能力、科研条件和研发实力，并具备法人资格的科研机构、高等学校和企业。

（2）中方项目建议提交单位的英方合作伙伴需向英方科技计划主管部门进行项目申报，单方申报无效。

（3）中外双方合作单位应签署协议或意向书等项目合作文件。双方参与单位应明确在合作研发中的贡献和分工。对项目建议研究立项时将优先考虑外方合作单位提供书面出资证明或出资承诺的项目。

（4）鼓励产学研结合，采取"2＋2"合作模式，即项目参与方包括一中方企业和科研机构、一英方企业和科研机构，原则上要求企业提供至少与政府资助等额的配套出资。

（5）同等条件下，国家国际科技合作基地优先。

2. 关于对项目建议书中参与人员的要求。

项目负责人和主要参加人员应遵守《国家科技计划项目承担人员管理的暂行办法》（国科发计字〔2002〕123 号）的相关规定。作为项目负责人，同期主持的国家基本科技计划项目数原则上不得超过 1 项；作为主要参与人员，同期参与承担的国家基本科技计划项目数（含负责主持的项目数）原则上不得超过 2 项。

3. 知识产权要求。

（1）项目建议中，应包含有效保护知识产权及涉及国家安全的相关信息资源的章节，应注意合理分享合作研究成果，维护中方利益。

（2）合作双方签署的合作协议或意向书，其中必须包括知识产权专门条款。否则，双方须另行签署专门的知识产权协议。

4. 其它要求。

（1）本轮项目建议征集面向具有明确的产业化应用前景、社会效益良好并为两国产业发展带来共赢的合作研发项目。

（2）凡此次提交项目建议的单位，不得一题多报、项目打包或申请重复资助。

（二）经费及期限

1. 中英研究与创新桥计划下开展的活动将由中英联合科学创新基金提供支持，每个项目申请中方财政经费资助额度原则上不超过 500 万元人民币。

2. 项目执行期原则上不超过 2 年。

3. 对于江苏省推荐的项目建议，根据江苏省科技厅与英国创新署（InnovateUK）签署的关于开展区域技术创新合作的谅解备忘录，江苏省科技厅将择优予以支持。

（三）项目建议提交方式

1. 项目建议提交单位需通过上一级组织推荐部门提交项目建议书。组织推荐部门指项目申报单位所在省、自治区、直辖市或计划单列市的科技厅（委、局），或申请单位所隶属的国务院部门主管司局。

2. 请按照项目建议书附件格式及要求填写，请勿更改原始文件的格式或另行制作文件填写。中方提交的项目建议基本信息必须与外方合作伙伴申报内容一致。

3. 请通过国家科技管理信息系统项目申报中心（http：//program. most. gov. cn）统一填报。网络填报的受理时间为本通知发布之日起至 2016 年 3 月 31 日（技术咨询电话：010 - 88659000）。

网上填报提交后，请于 2016 年 3 月 31 日前（以寄出时间为准）将加盖组织推荐部门公章的推荐函（纸质，一式 4 份）、项目建议基本信息表、项目建议书（通过系统直接生成打印，纸质，一式 4 份）寄送至中国科学技术交流中心。请不要现场报送。

四、联系方式

（一）中方

政策咨询：科技部国际合作司欧洲处　刘国靖

电话：010 - 58881357

电子邮箱：liugj@ most. cn

建议书受理工作联系人：中国科学技术交流中心欧洲处　董克勤

电话：010 - 68513370

电子邮箱：dongkq@ cstec. org. cn

地址：北京市西城区三里河路 54 号

邮编：100045

江苏省联系人：江苏省对外科技交流中心　王宇

电话：025-85485882

电子邮箱：bio-w@ 163. com

地址：江苏省南京市龙蟠路 175 号

邮编：210042

（二）英方

联系电话：0300 321 4357

电子邮箱：support@ innovateuk. gov. uk

申报网址：https：//interact. innovateuk. org

附件：1. 重点合作领域

　　　2. 项目建议基本信息表

　　　3. 项目建议书

科技部

2015 年 12 月 3 日

来源：http：//www. most. gov. cn/mostinfo/xinxifenlei/fgzc/gfxwj/gfxwj2015/201512/t20151203_ 122617. htm

附件 1

MoST-Innovate UK-RCUK
Scope of the Call
for Research and Innovation Bridges Programme

1. Agri-tech & food: sustainable intensification

Food production is one of the most vital uses of land, and indeed there is a very clear consensus that agricultural outputs will have to increase over the foreseeable future. This consensus derives from the observation of a confluence of factors increasing pressures on the global food system. These factors include ongoing increases in world population, greater demand for high input foodstuffs, and the dislocating effect of climate change with an increasing frequency and amplitude of weather extremes (i. e. changes in both mean and variability). One of the suggested mechanisms to increase agricultural output whilst minimising adverse outcomes is sustainable intensification.

Under this theme, proposals are invited which address the challenge of sustainable intensification in agriculture. For the purposes of this call, sustainable intensification is defined as the combination of enhanced yields and productivity (both crop and livestock) with improved resource use efficiency (using less inputs) and better environmental, social and economic outcomes, while balancing production with long-term maintenance of the natural capital on which it and other ecosystem services depend (not just "growing more with less").

- Proposals which adopt integrated systems approaches in order to address questions in broader multidisciplinary, interdisciplinary or trans-disciplinary contexts are particularly encouraged.
- Proposals for the application of agricultural technology (agri-tech, including the application of remote sensing to agriculture) to support sustainable intensification are particularly encouraged.

2. Energy

Transition and access to affordable, reliable and clean energy systems is vital for mitigating further climate change and moving towards sustainable models of urban and rural society. Improvements to existing technologies must be matched with understanding of the social and economic environment within which these technologies are deployed in new urban and rural developments. Along with retrofitting of existing developments and integration of new systems of energy production and distribution with existing infrastructures.

Under this theme proposals are invited specifically in the development of cleaner, more affordable and secure integrated energy systems including technologies and to improve the matching of energy supply with demand and localised energy systems. This could also include increased affordability, long term stability and integration of renewable energy devices and technologies, such as solar PV in buildings.

3. Healthcare

Medical devices are vital for healthcare delivery. However, despite significant science and technology advances, availability of and access to appropriate and affordable health technologies remains insufficient. Successful development of healthcare technologies for resource-poor settings and poor or marginalised communities requires an excellent understanding of the local needs and the specific social, economic, and cultural environment.

Many countries also face a major demographic shift towards an aging population, a social group which in some settings can be at higher risk of marginalisation and lack access to affordable health care while having a higher risk of serious health conditions.

Under this theme proposals are invited to support research and innovation activities which will lead to innovative, safe, effective and affordable medical technologies which address health problems and improve quality of life in resource-poor settings and for aging populations.

Under this theme, proposals are invited to:

- Improve the delivery of health and care services to the growing ageing population in China; and
- Develop affordable medical technologies and instruments. This could include solutions for prevention, diagnosis, monitoring, treatment and rehabilitation. Interdisciplinary proposals are encouraged.

4. Urbanisation

Like many other regions of the world China continues to rapidly urbanise and it is estimated that as many as 1 billion people will live in an urban environment in China by 2025. The speed of this urban development has led to significant challenges. In contrast cities in the UK continue to grow, but at a slower rate, and have different challenges of upgrading existing infrastructures and finding new ways to integrate different urban systems more efficiently.

Effective planning, design and implementation of new technologies like ICT solutions for sustainable, healthy and integrated urban infrastructures and land environment are vital to address the challenges of both British and Chinese cities. The development of Internet of Things is also expected to bring improved efficiency, accuracy and economic benefit for cities.

Under this theme proposals are invited which will develop new products and services to plan, manage and deliver sustainable urban infrastructures, and to improve urban land use and remediation, specifically:

- Integrated urban planning to deliver smart, efficient transportation infrastructure, such as, not limited to: automated road transport; integration of green vehicles in urban transport systems; autonomous driving in a connected environment, etc;
- Innovative ICT solutions to build the Internet of Things, including but not limited to: broadband networks and wireless technologies, automation, large scale deployment, etc; and
- Providing enough suitable land resources for regeneration and housing in major urban centres including the remediation of underused and abandoned land contaminated by former industrial activities or retrofitting of existing built environment and land resources for effective use.

（参考译文）

研究与创新桥重点合作领域

一、农业技术和粮食：可持续集约化

粮食生产是土地利用的关键，考虑到全球人口增长、粮食需求上涨、气候变化影响混乱、极端天气频繁出现等因素，粮食产量要在可预见的未来里实现持续增长。要想实现农业产出量的增长，同时减少不良影响的出现，一个可行的发展方向就是可持续集约化发展。

在该主题下，合作主要应对农业可持续集约化发展所面临的挑战。在该资助计划框架内，可持续集约化发展指的是提高粮食产量和家畜产品产量，提高资源利用率，实现较好的环境、社会和经济效益，平衡生产率的提高和自然资源的长期维护（而非通过消耗自然资源来实现产量的增加）。

可在以下领域开展合作：

- 鼓励采用综合系统方法，应对多学科、跨学科研究中的问题和挑战；
- 鼓励应用农业技术支持可持续集约化发展，农业技术可包括农业遥感等。

二、能源

建立平价、可靠、清洁的能源系统对于缓和气候变化、实现城镇和农村可持续发展至关重要。改善现有科技的同时，应充分意识到运用科技时所处的社会和经济背景，如城市和农村地区的发展新态势。应对现有能源系统进行改造，同时也应利用现有基础设施，开发整合新的能源生产及分配系统。

该主题下，旨在发展更清洁、更实惠、更安全的综合性能源系统，如完善能源供求平衡的技术以及能源系统本地化等。可在以下领域开展合作：

- 研发并整合平价的、有长期发展前景的可再生能源设备和技术，如建筑用太阳能光伏等。

三、医疗保健

医疗设备对于提供医疗保健服务至关重要。然而，尽管科技取得了较大进步，民众依旧难以享受平价的医疗技术服务。给资源匮乏及社会边缘人群提供医疗保健技术服务，需要充分理解当地的社会、经济和文化背景，以及具体需求。

此外，许多国家出现老龄化现象。老龄人口易成为边缘化人群，健康状况下降的同时，难以享受平价的医疗保健服务。

该主题下，旨在支持研究开发创新的、安全的、高效的、平价的医疗技术，用以应对医疗保健方面的挑战，并为资源匮乏人群和老龄人群提高生活质量。

合作可在以下领域展开：

- 为中国增长的老龄人群提高医疗保健服务质量；
- 开发平价医疗技术和医疗设备，涉及预防、诊断、检查、治疗和康复等环节。鼓励跨学科研究。

四、城镇化

如世界上其他地区一样，中国城镇化进程不断加快。据测算，2025 年中国城镇人口将达到 10 亿人。飞快的城镇化速度带来了诸多挑战。相较而言，英国城市发展速度减缓，如何改善升级现有基础设施，有效整合各城市系统，需要寻找可行的解决方案。

有效的规划、设计和实施包括信息通信技术（ICT）在内的新技术，建设可持续的、健康的、综合的城市基础设施和良好的土地环境，对于应对中英城市面临的挑战至关重要；同时，发展物联网会帮助城市发展提高效率和准确性，并带来经济效益。

在该主题下，合作主要针对规划、管理和提供可持续的城市基础设施，以及改善城市土地利用和再开发，可在以下领域开展合作：

● 综合型城市规划，建设智能、高效的交通基础设施，包括但不局限于：自动化道路运输、环保汽车、互联环境中的自动驾驶等；

● 为构建物联网开发 ICT 方案，包括但不局限于：宽带网络和无线技术、自动化、大规模部署拓扑等；

为城市改造和住房提供充足且合适的土地资源，措施可包括修复并重新利用搬迁工业遗留的废弃与污染土地，以及高效利用和改造现有建筑环境和土地资源。

附件 2

项目建议基本信息表

建议项目名称	中文：
	英文：
中方项目 建议书填报单位	中文：
	英文：
中方项目 负责人及 联系方式	姓名：　　　性别：　　　职务职称： 电话：　　　传真：　　　手机： 通信地址： 邮编：　　　电子信箱：
外方合作单位	中文：
	英文：
外方项目 负责人及 联系方式	姓名：　　　性别：　　　职务职称： 电话：　　　传真：　　　手机： 通信地址： 邮编：　　　电子信箱：
项目建议涉及的 主要研究内容 （200 字以内）	

附件 3

项目序号　＿＿＿＿＿＿＿＿

合作类型　政府间科技合作

政府间科技合作
项目建议书

项目名称：＿＿＿＿＿＿＿＿＿＿＿＿＿＿＿＿＿

提交单位：＿＿＿＿＿＿＿＿＿＿＿＿＿＿＿＿＿

负 责 人：＿＿＿＿＿＿＿＿＿＿＿＿＿＿＿＿＿

合作国别：＿＿＿＿＿＿＿＿＿＿＿＿＿＿＿＿＿

项目组织（推荐）部门：＿＿＿＿＿＿＿＿＿＿＿

申报日期：＿＿＿＿＿＿＿＿＿＿＿＿＿＿＿＿＿

中华人民共和国科学技术部

二〇一五年九月制

填报说明
（请认真阅读）

1. 政府间科技合作项目将主要支持我国政府和部门与外方政府和部门（多边机制）商定的有关国际科技合作与交流活动（包括技术引进消化吸收再创新、合作研发、先进适用技术产品设备标准走出去等，涉及产业化的项目一般指"××产业化技术/设备的研发"）。

2. 填写项目建议书的相关栏目时应突出国际合作的内容。

3. 项目建议书各项内容应实事求是，文字表述准确。外来语要同时用原文和中文表达，第一次出现的缩略词，须注明全称。

4. "项目名称"应反映合作的重点内容和目标，不宜过于宽泛（如"中加疫苗关键技术及产品合作研发"、"重大新发突发传染病诊治研究"），应能体现出通过国际合作解决的关键科技问题，字数不得超过25字，原则上不得出现外来语，应用中文表达。

5. "项目研发类型"是指申报哪类项目，请根据填报系统提示选择，不得自行填写。

6. "所属政府间协议"是指由合作双边或多边政府（包括中央和地方）牵头、组织签定的科技合作协定。

7. "项目合作协议/意向"是指合作双边或多边针对本项目合作具体工作签定的合作协议。

8. "项目建议提交单位"为依法在中国（大陆）境内设立，具有相应对外合作渠道和合作能力、科研条件和研发实力，并具备法人资格的科研机构、高等学校、企业。各级政府机关不得作为项目建议提交单位，也不可作为合作单位参与研究。"项目依托研究基地"中的"03国家国际科技合作基地"包括科技部授予的国际创新园、国际联合研究中心、国际技术转移中心和示范型国际科技合作基地。

9. "项目负责人"应是未来实际承担组织领导和主持本项目研究的科研人员，避免根据行政管理职务确定项目负责人。已作为项目负责人承担原国家基本科技计划项目的，如当年结题的可以提出申请，但需在研项目通过验收后方可承担新的项目。项目负责人和主要参加人员应遵守《国家科技计划项目承担人员管理的暂行办法》（国科发计字〔2002〕123号）的相关规定。

10. "合作外方"应为中国境外具有较强技术实力或较高科研水平的合作伙伴，并具备对华合作的意愿和能力。合作外方不得是外资在华设立的企业或研发机构（外资在华设立的企业或研发机构可作为"其他中方参加单位"），不得是中资机构在境外设立的企业或研发机构，不得是企业集团国内外分支机构之间的内部合作，合作外方必须是具有研发能力的实体机构，不得是在国外避税地设立的壳公司。外方合作伙伴如系政府机构、国际组织、科研院所或高等院校，必须详细到具体的部门、科研机构或大学院系，不能仅填写"美国能源部"、"世界卫生组织"、"加拿大国家研究理事会"、"澳大利亚联邦科工组织"、"美国国立卫生研究院"、"××大学"等；外方合作伙伴如系企业特别是跨国公司等大企业，必须详细到具体参与合作的分（子）公司、企业研发中心等，不能仅填写跨国公司名。请填写外方合作伙伴提交项目申请的序号。

11. "项目预期验收内容及考核指标"应如实填写，不得夸大虚报。如项目通过评审并正式立项，项目合同书的考核指标应与项目建议书相同不得随意删减，项目执行过程中合同书考核指标原则上不得调整；考核指标是项目结题验收的重要依据。列入验收内容及考核指标的成果均应与项目内容有关，属于通过开展本项目并在项目起止日期内产生，在验收时还需提交相关报告或证明（见第16条）。

12. "任务目标"项，用一句话概述项目的主要任务目标，限 50 字以内，例："合作解决太阳风离子探测关键技术"，"合作解决攻克制约我国月球探测的关键技术"，"研制甲型 H1N1 流感疫苗、有效应对全球甲型 H1N1 流感疫情"，"解决杂交水稻基因研究重大技术问题、共同应对粮食安全问题"等。

13. "成果导向"项，概述项目的成果应用及其产业化前景，经济社会效益，在解决关键科技问题和技术瓶颈，有效维护国家安全，响应政府部门、社会公众、行业企业对重大问题的关注，增强自主创新能力，支撑产业和地方发展等方面的作用，限 100 字以内，例："解决威胁我国煤矿安全生产的瓦斯和煤层爆炸技术难题"，"为开发新一代商用快堆等新一代核能提供技术支撑和设计制造能力"，"提升我高参数超超临界机组等高效发电技术与装备技术水平"，"加快解决目前封闭式组合电器的供需矛盾、确保国家电网改造及时完成"等。

14. 项目经费需求应与项目内容、预期验收内容及考核指标相匹配。项目预算表要求同时编制经费来源预算和支出预算，平衡公式为：经费支出预算合计＝经费来源预算合计。要结合项目申请书中有关研究内容、研究目标、参加人员、实施方案等内容认真编制预算，与项目有关的前期研究（包括阶段性成果）支出的各项经费不得列入预算。自筹经费是指国家科技计划项目专项经费以外的各种渠道来源资金，包括：其它财政拨款、单位自有货币资金和其他资金，自筹经费应在预算说明中列示。"国家科技计划项目自筹资金来源证明"中"3. 从承担单位获得的资助"指中方项目建议提交单位和其他参加单位对项目的资金投入。

15. 填写第五项第 1 条"预期取得的合作成果及考核指标"中的考核指标时，需对照基本信息表中的"项目预期验收内容及考核指标"进行详述：（1）对于新技术、新产品、新装置、新工艺、新材料等要有量化明细的检测指标及相关技术参数，需委托具备相关资质的第三方检测单位检测并出具报告。有标准的按相关国家和行业标准规范执行，没有标准的要事先约定检测方法；（2）论文必须是本项目起始日期后发表或收到期刊的稿件录用通知，专著必须是本项目起始日期后出版或收到出版社书面通知确定出版，均须注明得到有关专项的支持；（3）专利必须是本项目起始日期后或批准授权或申报；（4）技术标准必须是本项目起始日期后批准发布或申报并获受理；（5）人才培养和人才引进均必须是直接参与本项目的人员。其中，人才引进必须是在本项目起始日期后新引进的外籍人员或已在国外长期工作的海外人才。

16. 提交项目建议必须注册登陆"国家科技管理信息系统"（http://program. most. gov. cn/），按规定格式要求认真填写，进行网上填报并上传。专业领域、学科、方向请根据网上管理系统提供的选择项进行选择。涉密项目请下载相应填报软件填写、打印项目建议书，以机要形式上报，要求同时附上本单位保密办公室出具，项目组织（推荐）部门保密办公室审定的密级确定书，以及对外合作中采取有力措施保护知识产权、确保不泄密的保证书。

17. 请务必将合作协议/意向的复印件作为书面建议书附件一同上报，否则不予受理。

18. 项目建议书需加盖本单位和项目组织（推荐）部门公章，由项目组织（推荐）部门统一报送中国科学技术交流中心。未通过组织（推荐）部门上报的建议书，将不予受理。项目组织（推荐）部门是指根据中外政府间科技合作项目建议通知和要求，组织有关项目建议提交单位填报项目建议书的中央或地方科技管理部门，即项目建议提交单位所隶属的国务院各相关部门的主管司局，或所在省、自治区、直辖市和计划单列市科技厅（委、局），或相关的中央企业。

19. 项目基本信息

项目名称				
项目研发类型	01 基础研究；02 应用研究；03 试验发展；04 产业化；05 其他	建议密级		公开 秘密 机密 绝密
所属政府间协议名称				
协议签署日期		协议有效期		年
总体合作目标（可多选）	01 落实政府间科技合作协议；02 落实双方重大外交承诺；03 深化与主要发达国家科技合作；04 促进与周边和发展中国家协同发展；05 推动多边科技合作；06 深度参与国际大科学工程（计划）和国际组织；07 推动同港澳台地区合作；08 其他			
具体合作目标（可多选）	01 解决关键技术问题；02 填补国内外技术空白；03 促进人员交流、引进国际优秀人才；04 引进具有重大应用前景的前瞻技术；05 引进国家战略需求的关键技术、装备；06 解决国家科技计划\重大专项难点、瓶颈；07 分享国际前沿科技成果；08 其他（　　　）			
合作方式（可多选）	01 开展联合研究 02 开展合作示范 03 购买全套技术及消化吸收；04 购买关键 know-how；05 引进关键技术设备；06 分工合作技术开发；07 聘请专家来华工作；08 赴国外技术培训；09 利用国外资源；10 信息交流、技术咨询；11. 基地和平台建设项目 12. 其他（　　　）			
项目合作协议/意向	名称：			
项目起止日期		合作国别		所属大洲
所属专业领域 1		学科 1	方向 1	
所属专业领域 2		学科 2	方向 2	

项目建议提交单位	单位名称		组织机构代码		单位负责人	
	单位性质		所在地区		归口部门	
	项目依托研究基地（可多选）		01 国家实验室；02 国家重点实验室；03 国家国际科技合作基地；04 国家工程技术研究中心；05 国家级企业技术中心；06 部门或省级开放（重点）实验室；07 教育部 985 工程创新基地；08 省部级重点学科基地；09 国家工程实验室；10 其他			
	通讯地址				邮政编码	
	联系电话			传真		

（续表）

项目负责人	姓名		性别		出生日期	
	证件类型		证件号码		职务	
	学位		学历		职称	电话
	手机		E-mail		传真	
项目联系人	姓名		性别		出生日期	
	手机			电话		
	E-mail			传真		

项目建议提交单位意见：

　　已按填报说明对拟参与项目人员的资格和建议书内容进行了审核，内容真实，数据准确，同意提交。建议项目如获资助，我单位保证对研究计划实施所需要的人力、物力和工作时间等条件给予保障，严格遵守国家科技计划管理有关规定，督促项目负责人和项目组成员以及本单位项目管理部门按照中外政府间科技合作项目有关要求及时报送相关材料。

单位负责人（签章）：　　　　　（单位公章）
年　月　日　　　

其他中方参加单位	单位名称	组织机构代码

合作外方	机构名称及所属国别（中英文）		
	外方负责人（英文）		职称
	外方项目序号		
	通讯地址		E-mail
	传真		电话

其他合作外方	单位名称及所属国别（中英文）	

经费需求	总经费：万元，自筹资金：万元，其中：从企业获得研发经费投入万元	拟申请中央财政经费	万元
		其它财政拨款（含部门、地方匹配）	万元
		单位自有货币资金	万元
		其他资金	万元

（续表）

预期使用外方资源情况	使用外方经费		万元人民币（指外方投入的由中方支配和使用的货币资金）				
	利用外方关键技术（可填多项）		技术名称、该技术的费用估值及支付外方经费（万元人民币）				
	利用外方关键设备（可填多项）		设备名称、该设备的费用估值及支付外方经费（万元人民币）				
	使用外方特有资源		物种数	样本量	数据量	图纸数	其他（名称：　　）

项目预期验收内容及考核指标	成果形式（可多选）		01 论文专著；02 研究（咨询）报告；03 新产品（或生物新品种）；04 新装置；05 新材料；06 新工艺（或新方法、新模式）；07 计算机软件；08 人才培养；09 人才引进；10 技术标准；11 基地建设；12 其它					
	引进关键技术	项	技术名称					
	技术形式		01 软件；02 计算方法；03 模型；04 专利；05 数据库；06 其他					
	技术先进性		01 世界独有；02 国际领先；03 国际先进；04 国内领先					
	技术成熟度		01 实验室成果；02 中试阶段；03 已产业化					
	引进关键设备	台	设备名称					
	引进特有资源		物种数	样本量	数据量	图纸数	其他（名称：　　）	
	中文核心期刊论文篇数：			国外学术论文篇数：			其中，国际合著论文篇数：	
	中文专著数：				外文专著数：			
	国外发明专利	自主：项	国内发明专利	自主：项	实用新型专利	自主：项	其他专利	自主：项
		合作：项		合作：项		合作：项		合作：项
	预期取得技术标准	国际标准	自主：项	国家标准	项	国内行业标准	项	
			参加：项					
	其他知识产权数	计算机软件登记		集成电路布图设计		生物新品种登记		其他
		项数：		项数：		项数：		项数：
		名称：		名称：		名称：		名称：
	人才培养	博士后　人		博士　人		硕士　人		工程技术人员　人
	人才引进	总计：　人	高级职称　人	博士后　人	博士　人	硕士　人		工程技术人员　人
		总计来华工作：　人月			其中高级职称人员来华工作　人月			
	合作/引进成果知识产权归属		01 形成自主知识产权；02 共享知识产权，其中，中方占　%，外方　%（合计应为100%）；03 获得在华许可					

（续表）

项目简介				
任务目标 （50 字以内）	目标：			
合作内容 合作理由 合作方式 合作必要性 （500 字以内）				
成果导向 （100 字以内）				
项目组织 （推荐）部门		联系人		电话

项目组织（推荐）部门意见：

　　已对项目建议书内容进行了审核。如未来项目实施，我部门将认真履行政府间科技合作项目管理有关要求中管理部门的责任和义务，履行实施本项目所做的有关承诺。

　　　　　　　　　　　　　　部门负责人（签章）：　　　　　　　（单位公章）

　　　　　　　　　　　　　　　　　　　　　　　　　　　　　　年　月　日

General Information of the Proposal for the Project

（For Chinese Principal Investigator／Project Manager）

Project Title	
Specialty Field	
Financial Support	Apply for RMB Financial Support from the Chinese Side ／ Foreign Investment： GBP （£）
Name of Cooperation Agreement	
Project Duration	From　　　　to　　　　（m/y）

Proposed Project Manager ／ Applicant in China

Chinese Applicant			
Principal Investigator／ Project Manager			
Address		Zip Code	
Telephone Number		Mobile Number	
E-mail		Fax Number	

Overseas Project Manager ／ Organization

Overseas Project Organization				
Project Manager		E-mail		Nationality
Address				
Fax Number		Telephone Number		
The objectives and contents of the research project are （maximum 500 words）：				

项目经费需求

经费来源估算（万元）	来源总计：万元
拟申请中央财政经费	

自筹资金	其他财政拨款（含部门、地方匹配）	
	单位自有货币资金	
	其他资金	

外方投入资金（是指外方投入的由中方支配、使用的货币资金）	

经费支出（万元）				支出总计：万元

科目	合计	专项经费	自筹资金	外方投入
（一）直接费用				
1. 设备费				
其中：购置设备费				
2. 材料费				
3. 测试化验加工费				
4. 燃料动力费				
5. 技术引进费				
6. 差旅费（指国内差旅费）				
7. 会议费				
8. 合作交流费				
国内人员出国费				
海外专家来华费				
9. 出版/文献/信息传播/知识产权事务费				
10. 劳务费				
国内人员劳务费				
海外专家劳务费				
11. 专家咨询费				
国内专家咨询费				
海外专家咨询费				
12. 其他费用				
（二）间接费用				
其中：绩效支出				

注：1. "其他经费"专指是指在项目组织实施过程中围绕关键技术引进和优秀人才引进，且无法在上述科目列支的费用。专项经费严格控制其他费用支出，加强审核和监督。确有需要的，原则上采用后补助的方式资助，按照预算调整的有关程序报批。

2. 经费来源中有"自筹经费"的，需提供自筹经费来源证明。

3. 间接费用使用分段超额累退比例法计算并实行总额控制，按照不超过项目经费中直接费用扣除购置设备费后的一定比例核定，具体比例如下：

500 万元及以下部分不超过 20%；

超过 500 万元至 1 000 万元的部分不超过 13%；

超过 1 000 万元的部分不超过 10%。

间接费用中绩效支出不超过直接费用扣除购置设备费后的 5%。

自筹资金来源证明
（如自筹资金来自不同渠道或不同单位，应分别填写）

如未来项目建议获得批准，_____（单位全称），为____项目，提供____万元的自筹/配套资金，资金来源为____（1.国家其他财政拨款　2.地方财政拨款　3.从承担单位获得的资助 4.从其他渠道获得的资助）。

自筹资金主要用于：_____（填写具体支出科目）

特此证明！

出资单位（公章）：

年　月　日

---

1. 项目总经费概算、拟申请中央财政经费的必要说明

2. 合作外方投入（经费、关键技术、设备装备、资源等）说明

3. 国内项目承担单位自筹、部门（地方）配套资金说明

4. 拟申请专项经费的大型仪器设备购置费、技术引进费用、劳务费等的必要说明

5. 拟申请专项经费中"其他经费"的理由及必要说明

一、合作理由（限五号字二页以内）

---

1. 项目建议提出的背景及合作重要性、必要性：
　　（包括合作内容的国内外现状和发展趋势；项目合作在服务科技外交、保障国家安全、促进科技突破、提升经济和社会发展水平等方面的战略重要性及合作必要性、紧迫性；合作外方的选择理由及外方对项目实施所起的关键作用等）

2. 合作的优势互补性：
　　（指出中外各合作方的科学技术优势及合作外方拥有哪些我方所需的关键（核心）技术、应用成果、前沿理论或专有人才等智力资源、技术资源、自然资源或市场资源）

3. 若国内和国际上已开展与本项目建议内容类似的研究，请对比说明各自的水平、优势、特点或差距等。

二、合作基础与合作能力（限五号字二页以内）

1. 合作基础：
　　（指出合作各方是否有着良好的合作互信与合作渠道，是否已开展了富有成效的合作与交流，特别是针对本项目建议内容开展的前期合作与交流，具有稳定的国内外合作环境、合作条件与交流机制等。）

2. 合作可行性：
　　（从特有关系、人才、技术、资金及组织方式等方面简述合作可行性，能否保障项目顺利实施，达到预期目标）

3. 中方项目建议提交单位合作能力：
　　（包括中方项目承担/参加单位产、学、研简况及具有的合作经验与合作渠道；项目组人员的职称及在该领域的国内外学术地位、专业/技术优势）

　　项目组主要人员的成功案例
　　（1）近五年承担的和主持完成（已验收）的原国家国际科技合作专项项目名称、类型、编号、起止年月、资助经费、完成情况、后续研究进展，以及与本项目建议的关系。

　　（2）近五年承担的和主持完成（已验收）的其他国家科技计划项目名称、计划类型、编号、起止年月、资助经费、执行情况，以及与本项目建议的关系。

　　（3）近五年取得的三项代表性科技合作或技术引进消化吸收再创新案例及经济、社会、环境效益。

　　（4）近五年取得的三项代表性成果名录，包括论著、专利、标准等。

4. 外方合作能力：
　　（外方合作机构简况及外方在该领域的学术地位与技术优势；外方负责人及参加人员的学术水平、职称及在该领域的学术地位；是否提供必要的技术培训和服务。）

　　外方项目组人员近五年取得的五项代表性成果名录（包括论著、专利、标准等）

5. 合作协议签订情况：
　　（请给出协议或意向书名称、签定时间、地点、主要内容，并附协议或意向书复印件。）

三、合作目标和内容（限五号字二页以内）

<table>
<tr><td>

1. 合作目标和主要内容：
　　（目标要明确，内容要具体）

2. 主要合作要点
　　（指出在推动科技外交工作层面的有关内容安排）

3. 主要创新性：
　　（指出科学研究或技术开发等具体项目合作层面通过国际合作解决的主要瓶颈、难点，拟取得的突破或创新，以及合作前后相关技术指标的对比情况）

</td></tr>
</table>

四、合作方案（限五号字三页以内）

<table>
<tr><td colspan="2">

1. 组织实施方案：
　　（包括项目合作各方信息、人才、技术、资金、设施及合作渠道等资源的组织、集成、整合、投入和使用方式、方案，以及工作流程、合作各方任务分配、合作方式、人员交流计划等）

2. 技术方案：
　　（包括联合研发或引进技术的消化吸收再创新方案和技术路线，要指出本项目建议所涉主要科学技术瓶颈、难点的合作或引进解决方案）

3. 项目的年度实施计划和年度目标：
　　（合作项目实施期限可根据项目合作具体情况及实际需要调整，限两页内）

</td></tr>
<tr><td>第一年度</td><td></td></tr>
<tr><td>第二年度</td><td></td></tr>
<tr><td>第三年度
及以后</td><td></td></tr>
</table>

五、合作成果与知识产权保护（限五号字二页以内）

1. 预期取得的合作成果及考核指标：
   （分项表述包括人才、技术、装备设备引进及论文著作、专利、标准、新技术、新产品［含生物新品种、计算机软件等］、新装置、新工艺、新材料等合作成果与知识产权，以及其它应考核指标的数量及水平；考核指标应合理、清楚、明确、量化、可考核；若项目最终获得立项，执行过程中考核指标原则上不予调整。考核指标方面务必阐述清楚，详见填报说明第11、16条）

2. 预期成果、知识产权等的权益归属、分享、保护、使用措施、方案，以及相关具体指标：
   （措施、方案、指标要明确、具体、有效，并有约束性；对可能出现的知识产权纠纷的预防及解决方案）

3. 外方合作投入及具体指标：
   （包括资金、人员、技术、材料、设备、信息数据及特有资源等，并注明是否投入到中方，是合作实施期间使用还是归中方所有）

4. 中方需投入的已有资源、知识产权的保护：
   （包括中方已有的、需投入本合作项目的信息、数据、技术、材料、设备装备、特有资源等资源和知识产权及其使用、保护措施，能否有效维护国家利益，保障国家安全，措施要具体、有效；说明可能涉及我国的人类遗传资源、生物种质资源、生物安全、测绘、海洋、气象、水文、地质、矿产、环境、卫生、信息安全等领域的自然资源和科技数据合作情况。涉及以上领域的合作，需遵守我国在上述领域及科技保密、科技伦理、知识产权等方面的国内法律法规和其他管理办法。）

5. 遵守国际和国内相关法律法规、惯例、伦理情况：
   （此项目合作内容、形式、成果等是否符合国际法及国际惯例，以及我国、合作方所在国的法律法规、伦理。特别是项目如可能涉及我国在人类遗传资源、生物种质资源、生物安全、测绘、海洋、气象、水文、地质、矿产、环境、卫生、信息安全等领域的合作，应遵守我国在上述领域及科技保密、科技伦理、知识产权、科技数据交换等方面的法律法规和其他管理办法。如有上述问题，请详细说明情况及拟采取的措施，是否已向相关部门申报并获批，如获批请附相关审批文件。）

六、预期效益（限五号字二页以内）

预期外交、经济和社会效益：
（包括合作成果对落实双边政府间科技合作的意义，以及对中外双方在商定的优先领域内科技水平和研发能力的提升作用；创新国际科技合作模式或合作机制；在科技外交工作的作用；在国家重大工程建设或重大装备开发中发挥的作用；与国内外同类产品或技术的竞争分析，成果应用和产业化情况，对促进相关产业技术进步、带动新兴产业发展、提升我国相关产业竞争力的作用；技术及产品应用所形成的市场规模、效益及促进就业情况等；项目实施中形成的示范基地、中试线、生产线及其规模等；对保障国家安全、改善民生、提高公共服务能力、促进社会可持续发展的作用等。属于产学研结合的项目，请给出对联合研发或引进技术的产学研联合机制、具体方案，以及企业参与、企业投入及企业技术应用方案等）

七、承诺及密级审核

项目是否存在涉密内容：（若是，请指出涉密内容及其密级）

申请密级	公开　秘密　机密　绝密

负责人承诺：

　　如本项目建议未来获得批准，我保证项目建议书内容的真实性、准确性。项目密级是根据《中华人民共和国保守国家秘密法》、《科学技术保密规定》及《对外科技交流保密提醒制度》确定，我承诺在对外合作中不泄露国家秘密，并通过相关知识产权协议（条款）切实保护我方的知识产权。

　　此项目合作内容、形式、成果等符合国际法、国际惯例和我国及合作方所在国家的法律法规、伦理。如果获得资助，我将履行项目负责人职责，严格遵守国家科技计划管理有关规定，切实保证研究工作时间，认真开展工作，按时报送年度进展报告、成果进展信息、结题验收报告等有关材料，接受项目检查。若填报失实和违反规定，本人将承担全部责任。

　　执行此项目期间，因无法预料的原因所产生的后果由本人自负（如健康状况、经济纠纷、损失等）。

负责人签字
年　月　日

项目建议提交单位保密办公室承诺：

　　已对项目建议书内容和密级进行了审核，项目建议所定密级符合《中华人民共和国保守国家秘密法》、《科学技术保密规定》及《对外科技交流保密提醒制度》中的定级要求和条件。我单位保证严格遵守国家科技计划管理有关保密规定，根据相应密级的管理办法进行管理，并采取有效措施，保证在对外合作中不泄露国家秘密，切实维护国家利益，保障国家安全。

项目建议提交单位保密办公室盖章
年　月　日

项目组织（推荐）部门保密办公室承诺：

　　已对项目负责人的资格、项目建议书内容及密级进行了审核，项目建议所定密级符合《中华人民共和国保守国家秘密法》、《科学技术保密规定》及《对外科技交流保密提醒制度》中的定级要求和条件，同意报送。我单位保证严格遵守国家科技计划管理有关保密规定，根据相应密级的管理办法进行管理。

项目组织（推荐）部门保密办公室盖章
年　月　日

　　注：不管是公开或公开以上级别，均需项目建议提交单位和项目组织（推荐）部门的保密部门进行密级审核。如项目建议提交单位或项目组织（推荐）部门没有专门设立保密办或刻保密公章，务必由项目建议提交单位或项目组织（推荐）部门出具说明，说明保密职责由何部门承担并用单位或部门的公章代章，具体说明格式可从国家国际科技合作专项网（http://www.istcp.org.cn/）"文件下载"栏下载。

15. 科技部关于征集 2016 年度中国与日本双边政府间科技合作项目建议的通知

科技部关于征集 2016 年度中国与日本双边政府间科技合作项目建议的通知

各省、自治区、直辖市及计划单列市科技厅（委、局），国务院各有关部门科技主管单位，各有关单位：

根据中日双边政府间及有关机构间的协议，现征集 2016 年度对日科技合作项目建议。有关事项通知如下：

一、项目简介及目标

经中日两国政府部门及有关机构协商，2016 年度拟征集联合研究项目建议。联合研究项目旨在支持两国高校、科研院所和企业在已有的合作基础上，就共同感兴趣并能使双方受益的课题开展合作研究开发。项目须具备技术先进性和较强的创新性，具有技术输出或产业化前景的项目优先。

二、项目建议编写要求

（一）对中外方项目建议提交要求

1. 中外方项目建议提交单位需分别向中外方政府部门及有关机构提交内容相同的项目建议，单方面提交无效。

2. 中方项目建议提交单位应为依法在中国境内设立，具有相应对外合作渠道和合作能力、科研条件和研发实力，并具备法人资格的科研机构、高等学校、企业。

3. 中外双方合作单位应签署协议或意向书等项目合作文件。双方参与单位应明确在合作研发中的贡献和分工。

（二）项目负责人和主要参加人员要求

项目负责人和主要参加人员应遵守《国家科技计划项目承担人员管理的暂行办法》（国科发计字〔2002〕123 号）的相关规定。作为项目负责人，同期主持在研的国家基本科技计划项目数原则上不得超过 1 项；作为主要参与人员，同期参与承担的国家基本科技计划项目数（含负责主持的项目数）原则上不得超过 2 项。

（三）知识产权要求

1. 项目建议中，应有有效保护知识产权及涉及国家安全的相关信息资源的章节，合理分享合作研究成果，维护中方利益。

2. 合作双方签署的合作协议或意向书，其中必须包括知识产权专门条款。否则，双方须另行签署专门的知识产权协议。

（四）其它要求

凡此次提交项目建议的单位，不得一题多报、项目打包或申请重复资助。

三、项目类型与项目建议提交

2016 年度中日政府间科技合作项目依据的协议及项目建议提交方法如下：

（一）中日政府间科技合作联委会联合研究项目

根据 2015 年 4 月 28 日召开的第 15 届中日政府间科技合作联委会会议纪要及此后科技部与日本驻华大使馆的换文，2016 年度拟在中日两国大学、科研院所之间（鼓励双方企业参与）征集联合研究项目建议，领域不限，每个项目的申报额度定为 300 万元人民币。中方申请者除需完成网上申报外，还需督促日方合作伙伴通过其主管部门向日本外务省中国和蒙古第二课按其要求申报。2016 年度双方拟支持 30 个项目。

（二）与日本科技振兴机构（JST）大型联合研究项目

根据中国科技部国际合作司与日本 JST 的协议，2016 年度拟在中日两国产学研机构之间联合征集节能和环境领域的联合研究项目建议。每个项目的申报额度定为 600 万元人民币。此为联合申报，中方申请者除需要完成网上申报外，还需督促日方合作伙伴及时向日本 JST 申请（JST 申报网址为：http：//www.jst.go.jp/sicp/guidelines_ch_most2015.pdf），按照附件 3 的说明，共同完成英文申报材料附件 4（此为日方合作者向 JST 提交的申报材料，可以共用），并于规定时间内提交纸质版一式 10 份，用于中日联合评审。2016 年度双方拟支持 10 个项目。

（三）与日本理化学研究所（RIKEN）联合研究项目

根据中国科技部国际合作司与日本 RIKEN 的协议，2016 年度拟征集中国产学研机构和日本 RIKEN 之间的联合研究项目建议。合作的领域不限，但日方合作伙伴必须是日本 RIKEN 及其下属研究机构的研究人员。每个项目的申报额度定为 200 万元人民币。申报除需要完成网上申报外，还需督促日方合作伙伴向日本 RIKEN 外务部国际课按其要求申报。2016 年度双方拟支持 10 个项目。

（四）与日本产业技术综合研究机构（AIST）合作项目

根据中国科技部国际合作司与日本 AIST 环境部门的换文，2016 年度双方拟出资在中国和日本 AIST 之间联合开展"水的安全利用"研究，项目申报额度为 2 000 万人民币。中方申请者除需完成网上申报外，还需督促日方合作伙伴向 AIST 环境部申报。2016 年度双方拟支持 1 个项目。

上述所有项目执行期限一般为 3 年，以批准后签订项目执行合同时起算。

四、网上申报与提交

所有类别的项目均需在网上完成附件 1《项目建议基本信息表》和附件 2《政府间科技合作项目建议书》，未完成网上申报者视为无效申报。

（一）请通过国家科技管理信息系统项目申报中心（http：//program.most.gov.cn）统一填报（技术咨询电话：010 - 88659000）。网络填报的受理时间为本通知发布之日起至 2016 年 1 月 8 日 17：00 时。

网上填报提交后，请于 2016 年 1 月 8 日 17：00 时前（以寄出时间为准）将加盖组织推荐部门公章的推荐函（纸质，一式 4 份）、《项目建议基本信息表》和《政府间科技合作项目建议书》

（均通过系统直接生成打印，纸质，一式4份）寄送至中国科学技术交流中心日本处。与JST的大型联合研究项目另需提交附件4纸质版一式10份。请不要现场报送。

（二）上述材料必须通过上一级组织推荐部门提交。组织推荐部门指项目单位所在省、自治区、直辖市或计划单列市的科技厅（委、局），或申请单位所隶属的国务院部门科技主管司局。

五、联系方式

政策咨询：

中国科技部国际合作司亚非处　姜小平

电话：010–58881342 电子邮箱：jiangxp@ most. cn

项目建议受理联系人

中国科学技术交流中心日本处　吴香雷

电话：010–68526629 电子邮箱：wuxl@ most. cn

地址：北京市西城区三里河路54号　邮编：100045

附件：1. 项目建议基本信息表

　　　2. 政府间科技合作项目建议书

　　　3. 与日本JST能源环境领域合作项目建议征集说明（英文）

　　　4. 与日本JST能源环境领域合作项目共同建议书（英文）

科技部

2015 年 11 月 30 日

来源：http://www. most. gov. cn/tztg/201512/t20151201_ 122566. htm

附件1

项目建议基本信息表

建议项目名称	中文： 英文：		
中方项目 建议书填报单位	中文： 英文：		
中方项目 负责人及 联系方式	姓名：　　　　性别：　　　　职务职称： 电话：　　　　传真：　　　　手机： 通信地址： 邮编：　　　　电子信箱：		
外方合作单位	中文： 英文：		
外方项目 负责人及 联系方式	姓名：　　　　性别：　　　　职务职称： 电话：　　　　传真：　　　　手机： 通信地址： 邮编：　　　　电子信箱：		
项目建议涉及的 主要研究内容 （200 字以内）			

附件2

项目序号　＿＿＿＿＿＿＿＿

合作类型　政府间科技合作

政府间科技合作
项目建议书

项目名称：＿＿＿＿＿＿＿＿＿＿＿＿＿＿＿

提交单位：＿＿＿＿＿＿＿＿＿＿＿＿＿＿＿

负　责　人：＿＿＿＿＿＿＿＿＿＿＿＿＿＿＿

合作国别：＿＿＿＿＿＿＿＿＿＿＿＿＿＿＿

项目组织（推荐）部门：＿＿＿＿＿＿＿＿＿

申报日期：＿＿＿＿＿＿＿＿＿＿＿＿＿＿＿

中华人民共和国科学技术部

二〇一五年九月制

填报说明
（请认真阅读）

1. 政府间科技合作项目将主要支持我国政府和部门与外方政府和部门（多边机制）商定的有关国际科技合作与交流活动（包括技术引进消化吸收再创新、合作研发、先进适用技术产品设备标准走出去等，涉及产业化的项目一般指"××产业化技术/设备的研发"）。

2. 填写项目建议书的相关栏目时应突出国际合作的内容。

3. 项目建议书各项内容应实事求是，文字表述准确。外来语要同时用原文和中文表达，第一次出现的缩略词，须注明全称。

4. "项目名称"应反映合作的重点内容和目标，不宜过于宽泛（如"中加疫苗关键技术及产品合作研发"、"重大新发突发传染病诊治研究"），应能体现出通过国际合作解决的关键科技问题，字数不得超过 25 字，原则上不得出现外来语，应用中文表达。

5. "项目研发类型"是指申报哪类项目，请根据填报系统提示选择，不得自行填写。

6. "所属政府间协议"是指由合作双边或多边政府（包括中央和地方）牵头、组织签定的科技合作协定。

7. "项目合作协议/意向"是指合作双边或多边针对本项目合作具体工作签定的合作协议。

8. "项目建议提交单位"为依法在中国（大陆）境内设立，具有相应对外合作渠道和合作能力、科研条件和研发实力，并具备法人资格的科研机构、高等学校、企业。各级政府机关不得作为项目建议提交单位，也不可作为合作单位参与研究。"项目依托研究基地"中的"03 国家国际科技合作基地"包括科技部授予的国际创新园、国际联合研究中心、国际技术转移中心和示范型国际科技合作基地。

9. "项目负责人"应是未来实际承担组织领导和主持本项目研究的科研人员，避免根据行政管理职务确定项目负责人。已作为项目负责人承担原国家基本科技计划项目的，如当年结题的可以提出申请，但需在研项目通过验收后方可承担新的项目。项目负责人和主要参加人员应遵守《国家科技计划项目承担人员管理的暂行办法》（国科发计字〔2002〕123 号）的相关规定。

10. "合作外方"应为中国境外具有较强技术实力或较高科研水平的合作伙伴，并具备对华合作的意愿和能力。合作外方不得是外资在华设立的企业或研发机构（外资在华设立的企业或研发机构可作为"其他中方参加单位"），不得是中资机构在境外设立的企业或研发机构，不得是企业集团国内外分支机构之间的内部合作，合作外方必须是具有研发能力的实体机构，不得是在国外避税地设立的壳公司。外方合作伙伴如系政府机构、国际组织、科院所或高等院校，必须详细到具体的部门、科研机构或大学院系，不能仅填写"美国能源部"、"世界卫生组织"、"加拿大国家研究理事会"、"澳大利亚联邦科工组织"、"美国国立卫生研究院"、"××大学"等；外方合作伙伴如系企业特别是跨国公司等大企业，必须详细到具体参与合作的分（子）公司、企业研发中心等，不能仅填写跨国公司名。请填写外方合作伙伴提交项目申请的序号。

11. "项目预期验收内容及考核指标"应如实填写，不得夸大虚报。如项目通过评审并正式立项，项目合同书的考核指标应与项目建议书相同不得随意删减，项目执行过程中合同书考核指标原则上不得调整；考核指标是项目结题验收的重要依据。列入验收内容及考核指标的成果均应与项目内容有关，属于通过开展本项目并在项目起止日期内产生，在验收时还需提交相关报告或证明（见第 16 条）。

12. "任务目标"项，用一句话概述项目的主要任务目标，限 50 字以内，例："合作解决太阳风离子探测关键技术"，"合作解决攻克制约我国月球探测的关键技术"，"研制甲型 H1N1 流感疫苗、有效应对全球甲型 H1N1 流感疫情"，"解决杂交水稻基因研究重大技术问题、共同应对粮食安全问题"等。

13. "成果导向"项，概述项目的成果应用及其产业化前景，经济社会效益，在解决关键科技问题和技术瓶颈，有效维护国家安全，响应政府部门、社会公众、行业企业对重大问题的关注，增强自主创新能力，支撑产业和地方发展等方面的作用，限 100 字以内，例："解决威胁我国煤矿安全生产的瓦斯和煤层爆炸技术难题"，"为开发新一代商用快堆等新一代核能提供技术支撑和设计制造能力"，"提升我高参数超超临界机组等高效发电技术与装备技术水平"，"加快解决目前封闭式组合电器的供需矛盾、确保国家电网改造及时完成"等。

14. 项目经费需求应与项目内容、预期验收内容及考核指标相匹配。项目预算表要求同时编制经费来源预算和支出预算，平衡公式为：经费支出预算合计 = 经费来源预算合计。要结合项目申请书中有关研究内容、研究目标、参加人员、实施方案等内容认真编制预算，与项目有关的前期研究（包括阶段性成果）支出的各项经费不得列入预算。自筹经费是指国家科技计划项目专项经费以外的各种渠道来源资金，包括：其它财政拨款、单位自有货币资金和其他资金，自筹经费应在预算说明中列示。"国家科技计划项目自筹资金来源证明"中"3. 从承担单位获得的资助"指中方项目建议提交单位和其他参加单位对项目的资金投入。

15. 填写第五项第 1 条"预期取得的合作成果及考核指标"中的考核指标时，需对照基本信息表中的"项目预期验收内容及考核指标"进行详述：（1）对于新技术、新产品、新装置、新工艺、新材料等要有量化明细的检测指标及相关技术参数，需委托具备相关资质的第三方检测单位检测并出具报告。有标准的按相关国家和行业标准规范执行，没有标准的要事先约定检测方法；（2）论文必须是本项目起始日期后发表或收到期刊的稿件录用通知，专著必须是本项目起始日期后出版或收到出版社书面通知确定出版，均须注明得到有关专项的支持；（3）专利必须是本项目起始日期后或批准授权或申报；（4）技术标准必须是本项目起始日期后批准发布或申报并获受理；（5）人才培养和人才引进均必须是直接参与本项目的人员。其中，人才引进必须是在本项目起始日期后新引进的外籍人员或已在国外长期工作的海外人才。

16. 提交项目建议必须注册登陆"国家科技管理信息系统"（http://program. most. gov. cn/），按规定格式要求认真填写，进行网上填报并上传。专业领域、学科、方向请根据网上管理系统提供的选择项进行选择。涉密项目请下载相应填报软件填写、打印项目建议书，以机要形式上报，要求同时附上本单位保密办公室出具，项目组织（推荐）部门保密办公室审定的密级确定书，以及对外合作中采取有力措施保护知识产权、确保不泄密的保证书。

17. 请务必将合作协议/意向的复印件作为书面建议书附件一同上报，否则不予受理。

18. 项目建议书需加盖本单位和项目组织（推荐）部门公章，由项目组织（推荐）部门统一报送中国科学技术交流中心。未通过组织（推荐）部门上报的建议书，将不予受理。项目组织（推荐）部门是指根据中外政府间科技合作项目建议通知和要求，组织有关项目建议提交单位填报项目建议书的中央或地方科技管理部门，即项目建议提交单位所隶属的国务院各相关部门的主管司局，或所在省、自治区、直辖市和计划单列市科技厅（委、局），或相关的中央企业。

19. 项目基本信息

项目名称					
项目研发类型	01 基础研究；02 应用研究；03 试验发展；04 产业化；05 其他		建议密级	公开　秘密　机密　绝密	
所属政府间协议名称					
协议签署日期			协议有效期	年	
总体合作目标（可多选）	01 落实政府间科技合作协议；02 落实双方重大外交承诺；03 深化与主要发达国家科技合作；04 促进与周边和发展中国家协同发展；05 推动多边科技合作；06 深度参与国际大科学工程（计划）和国际组织；07 推动同港澳台地区合作；08 其他				
具体合作目标（可多选）	01 解决关键技术问题；02 填补国内外技术空白；03 促进人员交流、引进国际优秀人才；04 引进具有重大应用前景的前瞻技术；05 引进国家战略需求的关键技术、装备；06 解决国家科技计划\重大专项难点、瓶颈；07 分享国际前沿科技成果；08 其他（　　）				
合作方式（可多选）	01 开展联合研究 02 开展合作示范 03 购买全套技术及消化吸收；04 购买关键 know-how；05 引进关键技术设备；06 分工合作技术开发；07 聘请专家来华工作；08 赴国外技术培训；09 利用国外资源；10 信息交流、技术咨询；11. 基地和平台建设项目 12. 其他（　　　）				
项目合作协议/意向	名称：				
项目起止日期			合作国别		所属大洲
所属专业领域 1		学科 1		方向 1	
所属专业领域 2		学科 2		方向 2	

项目建议提交单位	单位名称		组织机构代码		单位负责人	
	单位性质		所在地区		归口部门	
	项目依托研究基地（可多选）		01 国家实验室；02 国家重点实验室；03 国家国际科技合作基地；04 国家工程技术研究中心；05 国家级企业技术中心；06 部门或省级开放（重点）实验室；07 教育部 985 工程创新基地；08 省部级重点学科基地；09 国家工程实验室；10 其他			
	通讯地址				邮政编码	
	联系电话			传真		

（续表）

项目负责人	姓名		性别		出生日期	
	证件类型		证件号码		职务	
	学位		学历		职称		电话	
	手机		E-mail		传真	

项目联系人	姓名		性别		出生日期	
	手机			电话		
	E-mail			传真		

项目建议提交单位意见：

　　已按填报说明对拟参与项目人员的资格和建议书内容进行了审核，内容真实，数据准确，同意提交。建议项目如获资助，我单位保证对研究计划实施所需要的人力、物力和工作时间等条件给予保障，严格遵守国家科技计划管理有关规定，督促项目负责人和项目组成员以及本单位项目管理部门按照中外政府间科技合作项目有关要求及时报送相关材料。

单位负责人（签章）：　　　　　　　（单位公章）

年　月　日

其他中方参加单位	单位名称		组织机构代码	

合作外方	机构名称及所属国别（中英文）	
	外方负责人（英文）		职称	
	外方项目序号	
	通讯地址		E-mail	
	传真		电话	

其他合作外方	单位名称及所属国别（中英文）	

经费需求	总经费：万元，自筹资金：万元，其中：从企业获得研发经费投入万元	拟申请中央财政经费	万元
		其它财政拨款（含部门、地方匹配）	万元
		单位自有货币资金	万元
		其他资金	万元

（续表）

预期使用外方资源情况	使用外方经费		万元人民币（指外方投入的由中方支配和使用的货币资金）				
	利用外方关键技术（可填多项）		技术名称、该技术的费用估值及支付外方经费（万元人民币）				
	利用外方关键设备（可填多项）		设备名称、该设备的费用估值及支付外方经费（万元人民币）				
	使用外方特有资源		物种数	样本量	数据量	图纸数	其他（名称： ）

项目预期验收内容及考核指标	成果形式（可多选）		01 论文专著；02 研究（咨询）报告；03 新产品（或生物新品种）；04 新装置；05 新材料；06 新工艺（或新方法、新模式）；07 计算机软件；08 人才培养；09 人才引进；10 技术标准；11 基地建设；12 其它						
	引进关键技术	项	技术名称						
	技术形式		01 软件；02 计算方法；03 模型；04 专利；05 数据库；06 其他						
	技术先进性		01 世界独有；02 国际领先；03 国际先进；04 国内领先						
	技术成熟度		01 实验室成果；02 中试阶段；03 已产业化						
	引进关键设备	台	设备名称						
	引进特有资源		物种数	样本量	数据量	图纸数	其他（名称： ）		

中文核心期刊论文篇数：		国外学术论文篇数：		其中，国际合著论文篇数：

中文专著数：			外文专著数：	

国外发明专利	自主：项	国内发明专利	自主：项	实用新型专利	自主：项	其他专利	自主：项
	合作：项		合作：项		合作：项		合作：项

预期取得技术标准	国际标准	自主：项	国家标准	项	国内行业标准	项
		参加：项				

其他知识产权数	计算机软件登记	集成电路布图设计	生物新品种登记	其他
	项数：	项数：	项数：	项数：
	名称：	名称：	名称：	名称：

人才培养	博士后 人	博士 人	硕士 人	工程技术人员 人	
人才引进	总计： 人	高级职称 人	博士后 人	博士 人	硕士 人	工程技术人员 人
	总计来华工作： 人月			其中高级职称人员来华工作 人月	

合作/引进成果知识产权归属	01 形成自主知识产权；02 共享知识产权，其中，中方占 %，外方 %（合计应为 100%）；03 获得在华许可

（续表）

	项目简介
任务目标 （50 字以内）	目标：
合作内容 合作理由 合作方式 合作必要性 （500 字以内）	
成果导向 （100 字以内）	

项目组织 （推荐）部门		联系人		电话	

项目组织（推荐）部门意见：

　　已对项目建议书内容进行了审核。如未来项目实施，我部门将认真履行政府间科技合作项目管理有关要求中管理部门的责任和义务，履行实施本项目所做的有关承诺。

部门负责人（签章）：　　　　　　　（单位公章）

年　月　日

General Information of the Proposal for the Project
(For Chinese Principal Investigator/Project Manager)

Project Title		
Specialty Field		
Financial Support	Apply for RMB Financial Support from the Chinese Side	Foreign Investment: US $
Name of Cooperation Agreement		
Project Duration	From to (m/y)	

Proposed Project Manager / Applicant in China

Chinese Applicant			
Principal Investigator/ Project Manager			
Address		Zip Code	
Telephone Number		Mobile Number	
E-mail		Fax Number	

Overseas Project Manager / Organization

Overseas Project Organization				
Project Manager		E-mail	Nationality	
Address				
Fax Number		Telephone Number		
The objectives and contents of the research project are (maximum 500 words):				

项目经费需求

经费来源估算（万元）	来源总计：万元
拟申请中央财政经费	
自筹资金 其他财政拨款（含部门、地方匹配）	
单位自有货币资金	
其他资金	
外方投入资金（是指外方投入的由中方支配、使用的货币资金）	

经费支出（万元）		支出总计：万元		
科目	合计	专项经费	自筹资金	外方投入
（一）直接费用				
1. 设备费				
其中：购置设备费				
2. 材料费				
3. 测试化验加工费				
4. 燃料动力费				
5. 技术引进费				
6. 差旅费（指国内差旅费）				
7. 会议费				
8. 合作交流费				
国内人员出国费				
海外专家来华费				
9. 出版/文献/信息传播/知识产权事务费				
10. 劳务费				
国内人员劳务费				
海外专家劳务费			.	
11. 专家咨询费				
国内专家咨询费				
海外专家咨询费				
12. 其他费用				
（二）间接费用				
其中：绩效支出				

注：1. "其他经费"专指是指在项目组织实施过程中围绕关键技术引进和优秀人才引进，且无法在上述科目列支的费用。专项经费严格控制其他费用支出，加强审核和监督。确有需要的，原则上采用后补助的方式资助，按照预算调整的有关程序报批。

2. 经费来源中有"自筹经费"的，需提供自筹经费来源证明。

3. 间接费用使用分段超额累退比例法计算并实行总额控制，按照不超过项目经费中直接费用扣除购置设备费后的一定比例核定，具体比例如下：

500万元及以下部分不超过20%；

超过500万元至1 000万元的部分不超过13%；

超过1 000万元的部分不超过10%。

间接费用中绩效支出不超过直接费用扣除购置设备费后的5%。

自筹资金来源证明

（如自筹资金来自不同渠道或不同单位，应分别填写）

如未来项目建议获得批准，_____（单位全称），为____项目，提供____万元的自筹/配套资金，资金来源为____（1. 国家其他财政拨款　2. 地方财政拨款　3. 从承担单位获得的资助 4. 从其他渠道获得的资助）。

自筹资金主要用于：____（填写具体支出科目）

特此证明！

出资单位（公章）：

年　月　日

---

1. 项目总经费概算、拟申请中央财政经费的必要说明

2. 合作外方投入（经费、关键技术、设备装备、资源等）说明

3. 国内项目承担单位自筹、部门（地方）配套资金说明

4. 拟申请专项经费的大型仪器设备购置费、技术引进费用、劳务费等的必要说明

5. 拟申请专项经费中"其他经费"的理由及必要说明

一、合作理由（限五号字二页以内）

---

1. 项目建议提出的背景及合作重要性、必要性：
（包括合作内容的国内外现状和发展趋势；项目合作在服务科技外交、保障国家安全、促进科技突破、提升经济和社会发展水平等方面的战略重要性及合作必要性、紧迫性；合作外方的选择理由及外方对项目实施所起的关键作用等）

2. 合作的优势互补性：
（指出中外各合作方的科学技术优势及合作外方拥有哪些我方所需的关键（核心）技术、应用成果、前沿理论或专有人才等智力资源、技术资源、自然资源或市场资源）

3. 若国内和国际上已开展与本项目建议内容类似的研究，请对比说明各自的水平、优势、特点或差距等。

二、合作基础与合作能力（限五号字二页以内）

1. 合作基础：
   （指出合作各方是否有着良好的合作互信与合作渠道，是否已开展了富有成效的合作与交流，特别是针对本项目建议内容开展的前期合作与交流，具有稳定的国内外合作环境、合作条件与交流机制等。）

2. 合作可行性：
   （从特有关系、人才、技术、资金及组织方式等方面简述合作可行性，能否保障项目顺利实施，达到预期目标）

3. 中方项目建议提交单位合作能力：
   （包括中方项目承担/参加单位产、学、研简况及具有的合作经验与合作渠道；项目组人员的职称及在该领域的国内外学术地位、专业/技术优势）

   项目组主要人员的成功案例
   （1）近五年承担的和主持完成（已验收）的原国家国际科技合作专项项目名称、类型、编号、起止年月、资助经费、完成情况、后续研究进展，以及与本项目建议的关系。

   （2）近五年承担的和主持完成（已验收）的其他国家科技计划项目名称、计划类型、编号、起止年月、资助经费、执行情况，以及与本项目建议的关系。

   （3）近五年取得的三项代表性科技合作或技术引进消化吸收再创新案例及经济、社会、环境效益。

   （4）近五年取得的三项代表性成果名录，包括论著、专利、标准等。

4. 外方合作能力：
   （外方合作机构简况及外方在该领域的学术地位与技术优势；外方负责人及参加人员的学术水平、职称及在该领域的学术地位；是否提供必要的技术培训和服务。）

   外方项目组人员近五年取得的五项代表性成果名录（包括论著、专利、标准等）

5. 合作协议签订情况：
   （请给出协议或意向书名称、签定时间、地点、主要内容，并附协议或意向书复印件。）

三、合作目标和内容（限五号字二页以内）

1. 合作目标和主要内容：
   （目标要明确，内容要具体）

2. 主要合作要点
   （指出在推动科技外交工作层面的有关内容安排）

3. 主要创新性：
   （指出科学研究或技术开发等具体项目合作层面通过国际合作解决的主要瓶颈、难点，拟取得的突破或创新，以及合作前后相关技术指标的对比情况）

四、合作方案（限五号字三页以内）

1. 组织实施方案：
   （包括项目合作各方信息、人才、技术、资金、设施及合作渠道等资源的组织、集成、整合、投入和使用方式、方案，以及工作流程、合作各方任务分配、合作方式、人员交流计划等）

2. 技术方案：
   （包括联合研发或引进技术的消化吸收再创新方案和技术路线，要指出本项目建议所涉主要科学技术瓶颈、难点的合作或引进解决方案）

3. 项目的年度实施计划和年度目标：
   （合作项目实施期限可根据项目合作具体情况及实际需要调整，限两页内）

第一年度	
第二年度	
第三年度及以后	

五、合作成果与知识产权保护（限五号字二页以内）

1. 预期取得的合作成果及考核指标：

（分项表述包括人才、技术、装备设备引进及论文著作、专利、标准、新技术、新产品［含生物新品种、计算机软件等］、新装置、新工艺、新材料等合作成果与知识产权，以及其它应考核指标的数量及水平；考核指标应合理、清楚、明确、量化、可考核；若项目最终获得立项，执行过程中考核指标原则上不予调整。考核指标方面务必阐述清楚，详见填报说明第 11、16 条）

2. 预期成果、知识产权等的权益归属、分享、保护、使用措施、方案，以及相关具体指标：

（措施、方案、指标要明确、具体、有效，并有约束性；对可能出现的知识产权纠纷的预防及解决方案）

3. 外方合作投入及具体指标：

（包括资金、人员、技术、材料、设备、信息数据及特有资源等，并注明是否投入到中方，是合作实施期间使用还是归中方所有）

4. 中方需投入的已有资源、知识产权的保护：

（包括中方已有的、需投入本合作项目的信息、数据、技术、材料、设备装备、特有资源等资源和知识产权及其使用、保护措施，能否有效维护国家利益，保障国家安全，措施要具体、有效；说明可能涉及我国的人类遗传资源、生物种质资源、生物安全、测绘、海洋、气象、水文、地质、矿产、环境、卫生、信息安全等领域的自然资源和科技数据合作情况。涉及以上领域的合作，需遵守我国在上述领域及科技保密、科技伦理、知识产权等方面的国内法律法规和其他管理办法。）

5. 遵守国际和国内相关法律法规、惯例、伦理情况：

（此项目合作内容、形式、成果等是否符合国际法及国际惯例，以及我国、合作方所在国的法律法规、伦理。特别是项目如可能涉及我国在人类遗传资源、生物种质资源、生物安全、测绘、海洋、气象、水文、地质、矿产、环境、卫生、信息安全等领域的合作，应遵守我国在上述领域及科技保密、科技伦理、知识产权、科技数据交换等方面的法律法规和其他管理办法。如有上述问题，请详细说明情况及拟采取的措施，是否已向相关部门申报并获批，如获批请附相关审批文件。）

六、预期效益（限五号字二页以内）

预期外交、经济和社会效益：

（包括合作成果对落实双边政府间科技合作的意义，以及对中外双方在商定的优先领域内科技水平和研发能力的提升作用；创新国际科技合作模式或合作机制；在科技外交工作的作用；在国家重大工程建设或重大装备开发中发挥的作用；与国内外同类产品或技术的竞争分析，成果应用和产业化情况，对促进相关产业技术进步、带动新兴产业发展、提升我国相关产业竞争力的作用；技术及产品应用所形成的市场规模、效益及促进就业情况等；项目实施中形成的示范基地、中试线、生产线及其规模等；对保障国家安全、改善民生、提高公共服务能力、促进社会可持续发展的作用等。属于产学研结合的项目，请给出对联合研发或引进技术的产学研联合机制、具体方案，以及企业参与、企业投入及企业技术应用方案等）

七、承诺及密级审核

项目是否存在涉密内容：（若是，请指出涉密内容及其密级）

申请密级	公开　秘密　机密　绝密

负责人承诺：

　　如本项目建议未来获得批准，我保证项目建议书内容的真实性、准确性。项目密级是根据《中华人民共和国保守国家秘密法》、《科学技术保密规定》及《对外科技交流保密提醒制度》确定，我承诺在对外合作中不泄露国家秘密，并通过相关知识产权协议（条款）切实保护我方的知识产权。

　　此项目合作内容、形式、成果等符合国际法、国际惯例和我国及合作方所在国家的法律法规、伦理。如果获得资助，我将履行项目负责人职责，严格遵守国家科技计划管理有关规定，切实保证研究工作时间，认真开展工作，按时报送年度进展报告、成果进展信息、结题验收报告等有关材料，接受项目检查。若填报失实和违反规定，本人将承担全部责任。

　　执行此项目期间，因无法预料的原因所产生的后果由本人自负（如健康状况、经济纠纷、损失等）。

负责人签字

年　月　日

项目建议提交单位保密办公室承诺：

　　已对项目建议书内容和密级进行了审核，项目建议所定密级符合《中华人民共和国保守国家秘密法》、《科学技术保密规定》及《对外科技交流保密提醒制度》中的定级要求和条件。我单位保证严格遵守国家科技计划管理有关保密规定，根据相应密级的管理办法进行管理，并采取有效措施，保证在对外合作中不泄露国家秘密，切实维护国家利益，保障国家安全。

项目建议提交单位保密办公室盖章

年　月　日

项目组织（推荐）部门保密办公室承诺：

　　已对项目负责人的资格、项目建议书内容及密级进行了审核，项目建议所定密级符合《中华人民共和国保守国家秘密法》、《科学技术保密规定》及《对外科技交流保密提醒制度》中的定级要求和条件，同意报送。我单位保证严格遵守国家科技计划管理有关保密规定，根据相应密级的管理办法进行管理。

项目组织（推荐）部门保密办公室盖章

年　月　日

　　注：不管是公开或公开以上级别，均需项目建议提交单位和项目组织（推荐）部门的保密部门进行密级审核。如项目建议提交单位或项目组织（推荐）部门没有专门设立保密办或刻保密公章，务必由项目建议提交单位或项目组织（推荐）部门出具说明，说明保密职责由何部门承担并用单位或部门的公章代章，具体说明格式可从国家国际科技合作专项网（http：//www.istcp.org.cn/）"文件下载"栏下载。

附件 **3**

Japanese-Chinese Research Cooperative Program on "Research and Development to Find Solutions to Environmental and Energy Issues in Urban Areas"

This Joint Call for Proposals to be submitted
by January 8th, 2016

1. Aim of the Program and Research Field

Based on the Memorandum of Cooperation concluded between the Ministry of Education, Culture, Sports, Science and Technology (MEXT) and the Ministry of Science and Technology, P. R. China (MOST), the Japan Science and Technology Agency (JST) and MOST have decided to implement a Program in the field of "Research and Development to Find Solutions to Environmental and Energy Issues in Urban Areas" for joint funding of JST-MOST cooperative research projects (hereinafter referred to as the "Program"). This program is aimed at supporting Japan – China joint research projects in the research field. The design of this program is based on application of? the substantial funding mechanisms of JST and MOST. JST applies its "Strategic International Collaborative Research Program", and MOST applies its Joint Research Program. The intention of this approach is to facilitate new international research projects between Japan and China as well as to enhance the potential of research projects already existing in each country.

The research field of this program is focused on

"Research and Development to Find Solutions to Environmental and Energy Issues in Urban Areas"

For example,

- · Approaches in view of Smart-Cities and Information and Communication Technology
- · Transdisciplinary Approaches whose outcomes lead to utilization in urban areas

Proposals for medical research, e. g. medicine, drug development and study of disease are not eligible in this Call for Proposals

1.3 Prospective Applicants

JST and MOST invite Japanese and Chinese researchers to submit proposals for cooperative research projects in the research areas described above. All applicants must fulfill national eligibility rules for research grant application. An important criterion of the proposed collaboration is that it should build on and reinforce on-going research activities in each team and significantly add value to them.

The Japanese applicant should be the Japan based Principal Investigator (leading scientist, who should be representative of research team in each country, hereinafter referred to as the "PI"), and must belong to a university, public research institute or industrial (private) research institute in Japan.

The Chinese applicant should be the China based PI must belong to a university, public research institute or industrial (private) research institute in China. Please read the Chinese version of guidelines for details on the eligibility for Chinese applicants.

The Japan based PI and the China based PI in an Japan-China joint research project shall submit a common application (English version) and Japanese summary or Chinese application to both JST and MOST in parallel. In case of no submission to both JST and MOST, the proposal shall not be accepted and not be brought to the evaluation process.

2. Support by JST and MOST

JST and MOST plan to support cooperative activities including exchange of researchers with the counterpart country. JST will provide support to the Japanese research team, and MOST will support the Chinese research team.

2.1 Number of Adopted Projects

It is anticipated that up to 10 joint projects will be funded (dependant on the number and quality of proposals submitted).

2.2 Funding Period

The funding period shall be around three years in total. JST and MOST plan to begin support from April 2016, and will conclude its support at the end of March 2019.

2.3 Budget for Cooperative Research Projects

2.3.1 JST

Financial support will be implemented according to a research contract concluded between JST and the university or research institute, etc. with which the Japan-based PI is affiliated.

The budget from JST is estimated be to from 18 to 30 million yen including 30% overhead expenses in principle over a full 3-year (i. e. 36 months) for each project, but the total budget for the Japanese research team should not exceed 30 million yen. The budget for a project may differ each year, depending on the content of activities, for example: a proposal may envisage a budget of 5 million yen for the first fiscal year, 7 million yen for the second fiscal year, and 6 million yen for the final fiscal year.) According to the budgetary limitations for this Program, the amounts will be adjusted each year.

2.3.2 MOST

The budget from MOST is 6 million RMB over a full 3-year period (i. e. 36 months) for each project.

2.4 Funded Expenses for Cooperative Research Projects

Funding provided within this call is intended to enhance the capacity of the applicants to collaborate. Funding will therefore be provided mainly in support of collaborative activities and may cover some of the local research expenses necessary for the collaboration.

(1) Expenses for research exchanges

a) Travel expenses

In principle, provision of travel expenses should be based on the rules of the institution to which the Japan based PI or the China based PI belongs. JST will provide travel expenses only for the Japanese researchers, and MOST will provide them only for the Chinese researchers.

b) Expenses for holding symposia, seminars and meetings

(2) Expenses for research activities

a）Expenses for facilities， equipment and consumables

b）Expenses for personnel

·Stipend for a PhD student， or stipend or salary for a post-doctoral fellow

＊The cost of accident insurance and travel insurance are not covered.

c）Others

Expenses for creating software， renting or leasing equipment， transporting equipment， etc.

（3）Overhead expenses

a）JST

Overhead expenses should be， in principle， 30% of direct expenses as shown in（1）and（2）. Overhead expenses should be provided for within the total budget.

b）MOST

Overhead expenses should be， in principle， about 5% of direct expenses as shown in（1）and（2）. Overhead expenses should be provided for within the total budget.

（4）Expenses not covered/funded in the Program

The expenses stated below shall not be covered under this Program：

a）Expenses related to acquiring real estate or constructing buildings or other facilities

b）Expenses related to procurement of major equipment

c）Expenses related to dealing with accidents or disasters which occur during cooperative research periods

d）Other expenses unrelated to implementation of this cooperative research project

2. 5　Contract

2. 5. 1　JST

JST's support will be implemented according to a multiple-year contract for commissioned research entered into between JST and the university or research institute， or similar institution（hereinafter referred to as the "institution"）to which the Japan based PI belongs.

Since the contract is agreed on condition that all administrative procedures related to this project are handled within the institution， the Japan based PI should consult with the relevant department（s）at his/her institution.

The contract between the Japanese institution and JST will stipulate that Article 19 of the Industrial Technology Enhancement ACT（Japanese version of the Bayh-Dole Act）and Article 25 of the ACT on Promotion of Creation， Protection and Exploitation of Content（tentative translation）shall be applied to all intellectual property rights（patents， utility model or design rights， rights to programs， databases and other intangible property and know-how， and so on）generated as a result of this project， and that these can be the property of the institution with which the Japan based PI is affiliated.

2. 5. 2　MOST

Please make sure of MOST's guidelines for its "Program of International S&T Cooperation" written in Chinese.

2. 6　Contract between Researchers – Intellectual Property

The project participants' organizations should enter into a Collaboration Agreement to specify at least how Intellectual Property Rights and non-disclosure agreements will be handled. A Collaboration Agreement will need to be signed among project participants after the grant notification has been made by JST and

MOST.

Please summarize the outline of the discussion between Japanese and Chinese institutions in the Application Form.

3. Application

The application procedure for the Japan based PIs applying to JST is different from that for the China PIs applying to MOST. This reflects the different circumstances of the funding organizations, applicants and the relations between them.

The Japan based PIs must submit their application forms to JST through the cross-ministerial R&D Management System (e. Rad).

The China based PIs must apply their applications to MOST through its on-line application system.

To prevent duplication of effort for PIs are only required to fill in one English form & submit this to both JST & MOST. Japan based PIs are also required to submit additional Japanese forms, while China based PIs are also required to submit additional Chinese forms which are designated by MOST.

In case that the submission is not recognized by both JST and MOST, the proposal shall not be accepted and not be brought to the evaluation process.

Both applications to JST and to MOST must contain:

a) A project description stating how the collaboration will be conducted, with clear statements of what roles the Japanese research team and the Chinese research team will play in the project. Opportunities for the involvement of early stage researchers should also be stated.

b) The expected outcome (s) of the proposed project, including scientific objectives, and the relevance to industry and society.

c) The ongoing activities and specific expertise of the Chinese and Japanese teams, which form the basis for the proposed joint project, including how the skills, technologies and other resources in each team complement each other. Details of any existing links between the teams should also be included.

d) The expected added value from the proposed joint project, including how the competence, technology and other resources in each team complement each other, the multidisciplinary approach, and how this will help to strengthen research cooperation between Japan and China in the long term.

e) Discussion of how the proposed joint project compares with other comparable activities worldwide.

f) A breakdown of the costs involved including details of any funds sought or provided from other sources that support the existing on-going activities .

3.1 Application Forms

The following application forms must be prepared in English (E) by the Japan based PI and the China based PI of a joint project after their consultation.

Japan based PIs are also required to submit summery in Japanese, while China based PIs are required to submit additional Chinese forms which are designated by MOST's Call for Proposals.

Form 1E   Application outline (title of joint research project, thematic area of the proposal, keywords, names of PIs)

Form 2E   Summary (objectives, added value to state of the art, technical approach, expected research results, short abstract, illustrations)

Form 3E   Description of joint research project, work plan, research networking plan, research infrastructures and management of intellectual property)

Form 4E　Budget plan for the project (for Japanese side and Chinese side)

Form 5E　Information on PIs (their CVs*)

Form 6E　List of the names of individuals committed to the joint research project in Japan and China

* *This information should include short Curriculum Vitae (CV) from both Japanese and Chinese PIs, which include basic information on education, past and present positions held, membership of relevant organizations/associations, and their five most significant papers over the past 5 years. Each description should be no more than 1 page of A4.*

3.2　JST

The Japan based PIs must apply and send their application forms to JST through e. Rad:

http: //www. e-rad. go. jp/jigyolist/present/index. html

Guidance and application forms can be found at

http: //www. jst. go. jp/sicp/announce_ ch_ MOST1st. 2015. html

3.3　MOST

The China based PIs must apply and send their application forms to MOST through its online system.

3.4　Submission of Application Forms for Japan based and China based PIs

Applicants to this call for proposals should send their applications by January 8th, 2015.

The deadline for submission by Japanese applicants is 17: 00 (Japanese Standard Time) on January 8th, 2015.

The deadline for submission by Chinese applicants is 17: 00 (China Standard Time) on January 8th, 2015.

4. Evaluation of Project Proposals

4.1　Evaluation Procedure

Committees consisting of experts selected by JST and MOST respectively will evaluate all proposals. Based on the results of the evaluation, JST and MOST will make a joint decision regarding funding of the selected proposals.

4.2　Evaluation Criteria

The following general evaluation criteria will apply to each application:

a) Conformity with Program aims and designated research fields

　The proposed activity shall conform to the aims of the Program and the designated research fields. In addition, the applicants shall already have a good research foundation for their proposed activity.

b) Capability of research leaders (PIs)

　The research leaders (PIs) in both countries shall have the insight or experience (or potential, in the case of younger researchers) necessary for pursuing the activity, and the ability to manage the cooperation and to achieve the project goals during this Program's period of support.

c) Effectiveness and synergy of the joint research project

　The proposed research activity shall be eminent, creative and at an internationally high level in an attempt to produce a significant impact on the development of future science and technology or to resolve global and regional common issues, or to create innovative technological seeds that can contribute to the creation of new industries in the future.

Moreover, proposed research activities that are expected to create synergy from the collaborative research with the counterpart institution are preferred. For example, synergistic effects could be attained through the acquisition and/or application of knowledge, skills and/or know-how of the counterpart researchers.

d) Validity of the research plan

The share of research activities with the counterpart research institute and the budgetary plan for research expenses shall be adequate to realize the proposed research activity.

e) Effectiveness and continuity of exchange

Activities characterized by the following examples shall be involved to enhance sustainable research exchange and networking.

- Nurturing researchers through human resource exchanges
- Sustainable development of future research exchange with the counterpart country, initiated by this research activity
- Enhancing research networks between the counterpart countries, including links among researchers other than the research leaders (PIs) and members of this activity
-Improving the presence of science and technology in Japan and China.

f) Validity of the exchange plan

The plan for exchange activities and their related expenses with the counterpart research institute shall be adequate to realize the proposed research activity.

4. 3   Announcement of Decision

Applicants will be notified of the final decision around the middle of April 2016, regarding which projects will be supported.

5. Responsibilities of PIs after Proposals are Approved

Once a proposal has been approved, its PIs and their affiliated institutions shall observe the following when carrying out the cooperative research and utilising provided funding.

5. 1   For the Japan based PIs

5. 1. 1   Progress Report for JST

At the end of each fiscal year, the Japan based PI shall promptly submit to JST an annual report on the progress of the research collaboration, and the institution with which the PI is affiliated shall promptly submit a financial report to JST.

5. 1. 2   Final Report for JST

At the end of the period of international research exchange and after completion of the joint research activities, the Japan based PI shall promptly submit to JST respectively a final report which shall include a financial report and a description of the research activities. The report submitted to JST shall include a general summary (maximum five A4 pages) compiled jointly by both the Japanese and the Chinese research teams. If papers describing results of the research activities are presented to academic journals, societies and so on, a list of those papers and other related information should be attached to the final report. Detailed instructions for preparation of the final report will be provided to the the Japan based PI during the final year of project.

5.2　For the China based PIs

5.2.1　Annual Progress Report（MOST）

At the end of each fiscal year, the China based PI shall promptly submit a progress report to MOST.

5.2.2　Final Report（MOST）

After completion of the period of cooperative research, the China based PI shall promptly submit a final report to MOST.

Japanese applicants should contact the following for further information:

For Additional information: See（Annex）Additional Requirements for Japanese-side Researchers（only in Japanese）

Mr. Minowa Dai,　　Dr. Daiji NAKA（Mr.）

Department of International Affairs

Japan Science and Technology Agency

Tel. +81（0）3 – 5214 – 7375　　　　Fax +81（0）3 – 5214 – 7379

E-mail: jointcn@ jst. go. jg

Chinese applicants should contact the following for further information:

MOST　Department of International Cooperation
Ministry of Science and Technology, P. R. China

Dr. Jiang Xiaoping

Department of International Cooperation

Ministry of Science and Technology, P. R. China

Tel. +86 – 10 – 5888 – 1342　　　　Fax +86 – 10 – 5888 – 1344

E-mail: jiangxp@ most. cn

附件 **4**

FY2015 Japanese-China Research Cooperative Program
Application Forms
Joint Research Activities in

"Research and Development to Find Solutions to Environmental and Energy Issues in Urban Areas"

Form $-1E$ (within one page)

Title of the proposal in English	
Thematic area of the proposal	1. *Can be more than one* 2.
Keyword	*Up to 10 keyword to describe the project*
Type of research	☐Basic Research ☐Industrial Research ☐Experimental Development
Duration of the Joint Project	around 3 years

Japan based Principal Investigator (PI)

Name	(Given) (Family)
Organization Division/Department	
Title	
Address	
Tel/Fax	
E-mail	

China based Principal Investigator (PI)

Name	(Given) (Family)
Organization Division/Department	
Title	
Address	
Tel/Fax	
E-mail	

Form – 2E （within 1 or 2 pages）

Summary of the joint research project

Objectives	
Added value to state of the art	
Technical approach	
Expected research results at the end of this funding （about 3 years）	
Expected prospect of the results in the future （10 ~ 20 years later from now）	
Short abstract of the joint project	1. This study aims at······ 2. The Japanese team will······ 　　The Chinese team will······ 3. This collaboration is expected to······

Form – 2E

Please show some illustrations which helps to understand the joint research project （Please reduce the file size） -within a half-page or 1 page.

Form – 3E

1　Derailed Scientific Descriptions of the Joint Research Project

-maximum 6 ~ 8 pages，*Please refer to the evaluation criteria in the guidelines.*

1. 1　Main Objectives of the project

Please describe the overall airn and specific objectives in detail.

-Scientific issues and context，and their relevance to the call，which the project will study in the proposal.

-State of the art.

Describe also the expected results of the project.

-Expected result at the end of this funding （about 3 years）.

-Expected prospect of the project in the future （10 ~ 20 years later from now）.

1. 2　The joint research project description

Please explain the scientific/technical project.

-Relevance of the proposals to the call.

-Introduce the scientific ideas and breakthrough highlighting the originality and novelty.

-Describe the technical approach and how the project will address the problem.

1. 3　Scientific excellence of the project and the project partners

Please explain what makes up the excellence of the proposal and the project，and its innovative aspect with clear statements of <u>*what roles Japanese and Chinese researchers will play respectively in the project.*</u>

<u>*Synergy of the project*</u> *（including how the partners complement each other，expected added value from the*

proposed joint project）.

1.4　Project coordination and management

Please describe how the project will be coordinated，*and what will be the tasks of each partners.*

-Description on the expected added value from the proposed jont project，*including how the competence*，*technology and other resources in each group complement each other and eventual multidisciplinary approach.*

-Describe the plan to exchange young researchers between each side and the training activities planned.

2　Work plan/schedule

2.1　Proposed research work plan and description of the work packages

For each task，*describe*：

-The objectives of each <u>work package</u> and <u>its subtasks</u>（<u>if necessary</u>）its main milestone and possible indicators of success.

-The leaderforganization of each work package and the partners involved.

-Every partners' technical contributions and manpower（*e. g. man-months*）.

-Description of methods and technical options and how the solutions will be made.

・Work Package 1

・Work Package 2

Etc

2.2　Research work plan（timetable/Gantt chart）

-Present a timetable/Gantt chart of <u>work packages</u> and <u>its subtasks</u> and their dependencies.

-Present a summary table of the deliverables of each work package（*title*，*partners*，*deliverable*，*job number*，*term*）

2.3　Research networking plan

Clear description of plan for joint workshops，*researcher exchanges etc in each year*，*purposes of and expected outcome through these activities.*

3　Research Infrastructures for this Research

3.1　Fund from other sources（including JST）that support the existing on-going

activites.（Japan based Principal Investigator only. If you do not have these sources，no need to write）.

Name of Source and it's Research Title	Research Period	Total Amount of Grant（yen）
Describe how proposed research cooperative project will be related to these on-going activities.		

3.2　Fund from other sources（including MOST）that support the existing on-going activities，（China based Principal Investigator only. If you do not have these sources，no need to write. ）

Name of Source and it's Research Title	Research Period	Total Amount of Grant（yuan）
Describe how proposed research cooperative project will be related to these on-going activities.		

3.3　Characteristic equipment and so on for carrying out this Cooperative Project.

Japanese-side

Chinese-side

4　Management of intellectual property etc

Describe the management of intellectual property rights related to the proposed joint project.

Form −4E

Budget plan for the project（one for the Japanese side and one for the Chinese side）.

＊Japanese Fiscal Year（JFY）starts in April and ends in Next March.

✤Japanese side（yen）

	Expense item	JFY2016	JFY2017	JFY2018
direct expense	Facilities Equipment and Consumables			
	Salaries for Japanese Researchers			
	Travel Expenses			
	Organizing workshops symposium etc.			
	Other			
	Overhead Expenses※			
	Total			

　　※ 30% of the sum of each "direct expense".

Chinese side（yuan）

	Expense item	1st year	2nd year	3rd year
direct expense	Facilities Equipment and Consumables			
	Salaries for Chinese Researchers			
	Travel Expenses			
	Organizing workshops symposium etc.			
	Other			
	Overhead Expenses※			
	Total			

　　※ About 5% of the sum of each "direct expense".

Form －5E

The Curriculum Vitae of Japan based Principal Investigator（Research Leader）*and the five best papers only in the last 5 years*-maximum 1 paqe

Form －6E

Researchers in Japanese Research Team

Name	Organization，Division	Title	Degree	Specialty
（PI）				
（Researchers）				

Researchers in Chinese Research Team

Name	Organization，Division	Title	Degree	Specialty
（PI）				
（Researchers）				

Form －1J

平成 27 年度

国際科學技術共同研究推進事業　申請樣式（日本語で）

日本－中国共同研究

「都市こよける環境問題または都市こよけるエネルギ－問題こ関する研究」

申請する國際共同研究の研究題名

申請する國際共同研究の研究題名	
上記の研究領域	1. 2.
ギ－ワ－ト	

日本側研究代表者

氏名（ふりがな）（姓）　　　　　　　（名） 　　　　　　（漢字） 所属機關名 所属部署　　　　　　　　　　　　　役職名： 連絡先住所　〒 電話番号　　　　　　　　　FAX 番号 E-mailアトしス 本事業以外の競争的資金制度等こよける応募資格制限の有無：有/無（該当しない方を消去） 所属機関契約担当部署 担当者名 連絡先（Tel/Fax/E-mail）

中国側研究代表者

国名 氏名（カナ表記）（姓）　　　　　　　（名） 所属機関名 所属部署　　　　　　　　　　　　　役職名： 連絡先住所 電話番号　　　　　　　　　FAX 番号 E-mailアトしス

Form－2J

<h3 style="text-align:center">研究概要（1ページ以内）</h3>

目的	（日本語で150 字程度を目安）
最先端研究 に対する本研究 の付加面値	
方法	
支援終了時 （約 3 年後）にる 期待される 研究成果	
研究成果 の展望 （10～20 年後）	
共同研究概要の まとの （右記の要領で記載）	（日本語て800 字程度を目安） 「本研究は〇〇を目的とする」 －実際に達成する事柄を簡潔に記載 ②「具体的には、日本側は〇〇を行い、（相手国名）側は△△を行う」 －双方の分担及び研究内容を具体的に記載 ③「本研究で日本と（相手国名）が交流を通じて相互的に取り組むことで、 〇〇が期待される」 －本研究により当該分野で将来期待される事柄を簡潔に記載

16. 科技部关于征集 2016 年度中国同
澳大利亚、新西兰、加拿大（安大略省）
双边政府间科技合作项目建议的通知

科技部关于征集 2016 年度中国同澳大利亚、
新西兰、加拿大（安大略省）双边政府间科技合作项目建议的通知

各有关单位：

根据《中华人民共和国科学技术部与澳大利亚工业部关于中澳科学与研究基金管理的谅解备忘录》、《中国-新西兰科学技术合作五年路线图协议》、《中华人民共和国科学技术部与加拿大安大略省政府研究与创新合作谅解备忘录》、《中华人民共和国科学技术部与加拿大安大略省政府关于研究与创新合作的补充谅解备忘录》等政府间科技合作协议，现征集 2016 年度对澳大利亚、新西兰、加拿大（安大略省）双边政府间科技合作项目建议。有关事项通知如下：

一、背景情况及任务目标

为落实双边政府间科技合作协议，促进和支持双边科技创新及产业化合作，中国科技部分别与澳大利亚、新西兰、加拿大安大略省相关政府部门商定，共同征集双边政府间科技合作联合研究项目建议，并就合作方式、领域、资助额度等达成一致意见。

此次征集的政府间科技合作项目建议旨在支持双方高校、科研院所和企业基于已有合作基础，就共同感兴趣并能使双方受益的科学、技术和工程等问题开展联合研发。项目建议提出单位应本着平等合作、互利互惠、成果共享、尊重知识产权的原则同外方合作伙伴开展实质性合作。提出的项目建议需具备技术先进性和创新性，双方政府机构将对具有技术转移潜力或产业化前景的项目建议内容给予优先支持。

二、2016 年拟支持的重点领域与重点方向

根据前述政府间科技合作协议以及双方政府共识，确定 2016 年拟支持的重点领域与重点方向如下：

（一）对澳大利亚合作项目建议重点领域为：食品与农业经济，采矿技术、设备与服务，海洋科学与工程。

（二）对新西兰合作项目建议重点领域为：食品安全与食品保障，水资源，非传染性疾病。

（三）对加拿大安大略省合作项目建议重点领域为：土壤修复。

三、项目建议的撰写与提交

（一）编写要求

1. 对中外方项目建议提出单位要求。

（1）中外方项目建议提出单位需分别向中外方政府部门提交同一项目建议书，单方申报无效。由于 2015 年处于中央财政科技计划（专项、基金等）管理改革过渡阶段，经双方科技主管部门协商，

澳大利亚、新西兰、加拿大安大略省方面先于中方进行项目建议征集，并已完成初步征集工作。

中方根据澳大利亚、新西兰、加拿大安大略省方面确定的初步项目建议清单进行定向择优征集，即只有已列入外方初步征集项目建议清单的中方合作单位才可提交项目建议书。

（2）中外方项目建议提出单位应为依法在中国境内设立，具有相应对外合作渠道和合作能力、科研条件和研发实力，并具备法人资格的高等学校、科研机构和企业。

（3）中外双方合作单位应签署协议或意向书等项目合作文件。双方参与单位应明确在合作研发中的贡献和分工。对项目建议研究立项时将优先考虑外方合作单位提供书面出资证明或出资承诺的项目。

（4）鼓励产学研结合，项目建议书中需明确中方合作团队中须有至少 1 家企业参与。原则上要求企业提供至少与政府资助等额的配套出资，立项时将优先考虑有企业提供配套资金的项目。

（5）同等条件下，国家国际科技合作基地优先。

2. 关于对项目建议书中参与人员的要求。

项目负责人和主要参加人员应遵守《国家科技计划项目承担人员管理的暂行办法》（国科发计字〔2002〕123 号）的相关规定。作为项目负责人，同期主持的国家基本科技计划项目数原则上不得超过 1 项；作为主要参与人员，同期参与承担的国家基本科技计划项目数（含负责主持的项目数）原则上不得超过 2 项。

3. 知识产权要求。

（1）项目建议中，应包含有效保护知识产权及涉及国家安全的相关信息资源的章节，应注意合理分享合作研究成果，维护中方利益。

（2）合作双方签署的合作协议或意向书，其中必须包括知识产权专门条款。否则，双方须另行签署专门的知识产权协议。

4. 其它要求。

（1）根据双方政府部门共识，要求项目合作研究内容应有较高的创新性和应用前景。后续立项时将优先考虑有明确产业化应用前景、社会经济效益良好的合作研发项目。

（2）凡此次提交项目建议的单位，不得一题多报、项目打包或申请重复资助。

（二）经费及期限

1. 单项项目经费上限、其它条件。

根据双方政府部门共识，项目建议中提出的经费需求应满足以下原则：

（1）对澳大利亚合作项目：每个项目申请中方财政经费资助额度不超过 470 万元人民币（约合 100 万澳元）。

（2）对新西兰合作项目：每个项目申请中方财政经费资助额度不超过 150 万元人民币（约合 33 万新元）。

（3）对加拿大安大略省合作项目：每个项目申请中方财政经费资助额度不超过 140 万元人民币（约合 25 万加元）。

2. 项目执行期。

项目执行期原则上不超过 3 年。

（三）项目建议提交方式

1. 项目建议需通过上一级组织推荐部门提交项目建议书。组织推荐部门指项目建议的报送单位所在省、自治区、直辖市或计划单列市的科技厅（委、局），或申请单位所隶属的国务院部门主管司局。

2. 请按照项目建议书附件格式及要求填写，请勿更改原始文件的格式或另行制作文件填写。中方提交的项目建议基本信息必须与外方合作伙伴申报内容一致。

3. 请通过国家科技管理信息系统项目申报中心（http：//program. most. gov. cn）统一填报。网络填报的受理时间为本通知发布之日起至 2015 年 11 月 13 日（技术咨询电话：010 - 88659000）

网上填报提交后，请于 2015 年 11 月 13 日前（以寄出时间为准）将加盖组织推荐部门公章的推荐函（纸质，一式 4 份）、项目建议基本信息表、项目建议书（通过系统直接生成打印，纸质，一式 4 份）寄送至中国科学技术交流中心，请不要现场报送。

四、联系方式

政策咨询：科技部国际合作司美大处　郑迪　陈江睿

电话：010 - 58881333、58881330

电子邮箱：zhengd@ most. cn、chenjr@ most. cn

建议书受理工作联系人：中国科学技术交流中心美大处　李宁　李欣

电话：010 - 68598012、68511569

电子邮箱：lin@ cstec. org. cn

地址：北京市西城区三里河路 54 号

邮编：100045

附件：1. 项目建议基本信息表
　　　2. 项目建议书

科技部

2015 年 10 月 26 日

来源：http：//www. most. gov. cn/tztg/201510/t20151028_ 122183. htm

附件 1

项目建议基本信息表

建议项目名称	中文： 英文：		
中方项目 建议书填报单位	中文： 英文：		
中方项目 负责人及 联系方式	姓名： 电话： 通信地址： 邮编：	性别： 传真： 电子信箱：	职务职称： 手机：
外方合作单位	中文： 英文：		
外方项目 负责人及 联系方式	姓名： 电话： 通信地址： 邮编：	性别： 传真： 电子信箱：	职务职称： 手机：
项目建议涉及的 主要研究内容 （200 字以内）			

附件 2

项目序号 _____

合作类型   政府间科技合作

政府间科技合作
项目建议书

项目名称：_____

提交单位：_____

负 责 人：_____

合作国别：_____

项目组织（推荐）部门：_____

申报日期：_____

中华人民共和国科学技术部

二〇一五年九月制

填报说明
(请认真阅读)

1. 政府间科技合作项目将主要支持我国政府和部门与外方政府和部门（多边机制）商定的有关国际科技合作与交流活动（包括技术引进消化吸收再创新、合作研发、先进适用技术产品设备标准走出去等，涉及产业化的项目一般指"××产业化技术/设备的研发"）。

2. 填写项目建议书的相关栏目时应突出国际合作的内容。

3. 项目建议书各项内容应实事求是，文字表述准确。外来语要同时用原文和中文表达，第一次出现的缩略词，须注明全称。

4. "项目名称"应反映合作的重点内容和目标，不宜过于宽泛（如"中加疫苗关键技术及产品合作研发"、"重大新发突发传染病诊治研究"），应能体现出通过国际合作解决的关键科技问题，字数不得超过25字，原则上不得出现外来语，应用中文表达。

5. "项目研发类型"是指申报哪类项目，请根据填报系统提示选择，不得自行填写。

6. "所属政府间协议"是指由合作双边或多边政府（包括中央和地方）牵头、组织签定的科技合作协定。

7. "项目合作协议/意向"是指合作双边或多边针对本项目合作具体工作签定的合作协议。

8. "项目建议提交单位"为依法在中国（大陆）境内设立，具有相应对外合作渠道和合作能力、科研条件和研发实力，并具备法人资格的科研机构、高等学校、企业。各级政府机关不得作为项目建议提交单位，也不可作为合作单位参与研究。"项目依托研究基地"中的"03国家国际科技合作基地"包括科技部授予的国际创新园、国际联合研究中心、国际技术转移中心和示范型国际科技合作基地。

9. "项目负责人"应是未来实际承担组织领导和主持本项目研究的科研人员，避免根据行政管理职务确定项目负责人。已作为项目负责人承担原国家基本科技计划项目的，如当年结题的可以提出申请，但需在研项目通过验收后方可承担新的项目。项目负责人和主要参加人员应遵守《国家科技计划项目承担人员管理的暂行办法》（国科发计字〔2002〕123号）的相关规定。

10. "合作外方"应为中国境外具有较强技术实力或较高科研水平的合作伙伴，并具备对华合作的意愿和能力。合作外方不得是外资在华设立的企业或研发机构（外资在华设立的企业或研发机构可作为"其他中方参加单位"），不得是中资机构在境外设立的企业或研发机构，不得是企业集团国内外分支机构之间的内部合作，合作外方必须是具有研发能力的实体机构，不得是在国外避税地设立的壳公司。外方合作伙伴如系政府机构、国际组织、科研院所或高等院校，必须详细到具体的部门、科研机构或大学院系，不能仅填写"美国能源部"、"世界卫生组织"、"加拿大国家研究理事会"、"澳大利亚联邦科工组织"、"美国国立卫生研究院"、"××大学"等；外方合作伙伴如系企业特别是跨国公司等大企业，必须详细到具体参与合作的分（子）公司、企业研发中心等，不能仅填写跨国公司名。请填写外方合作伙伴提交项目申请的序号。

11. "项目预期验收内容及考核指标"应如实填写，不得夸大虚报。如项目通过评审并正式立项，项目合同书的考核指标应与项目建议书相同不得随意删减，项目执行过程中合同书考核指标原则上不得调整；考核指标是项目结题验收的重要依据。列入验收内容及考核指标的成果均应与项目内容有关，属于通过开展本项目并在项目起止日期内产生，在验收时还需提交相关报告或证明（见第16条）。

12. "任务目标"项，用一句话概述项目的主要任务目标，限 50 字以内，例："合作解决太阳风离子探测关键技术"，"合作解决攻克制约我国月球探测的关键技术"，"研制甲型 H1N1 流感疫苗、有效应对全球甲型 H1N1 流感疫情"，"解决杂交水稻基因研究重大技术问题、共同应对粮食安全问题"等。

13. "成果导向"项，概述项目的成果应用及其产业化前景，经济社会效益，在解决关键科技问题和技术瓶颈，有效维护国家安全，响应政府部门、社会公众、行业企业对重大问题的关注，增强自主创新能力，支撑产业和地方发展等方面的作用，限 100 字以内，例："解决威胁我国煤矿安全生产的瓦斯和煤层爆炸技术难题"，"为开发新一代商用快堆等新一代核能提供技术支撑和设计制造能力"，"提升我高参数超超临界机组等高效发电技术与装备技术水平"，"加快解决目前封闭式组合电器的供需矛盾、确保国家电网改造及时完成"等。

14. 项目经费需求应与项目内容、预期验收内容及考核指标相匹配。项目预算表要求同时编制经费来源预算和支出预算，平衡公式为：经费支出预算合计＝经费来源预算合计。要结合项目申请书中有关研究内容、研究目标、参加人员、实施方案等内容认真编制预算，与项目有关的前期研究（包括阶段性成果）支出的各项经费不得列入预算。自筹经费是指国家科技计划项目专项经费以外的各种渠道来源资金，包括：其他财政拨款、单位自有货币资金和其他资金，自筹经费应在预算说明中列示。"国家科技计划项目自筹资金来源证明"中"3. 从承担单位获得的资助"指中方项目建议提交单位和其他参加单位对项目的资金投入。

15. 填写第五项第 1 条"预期取得的合作成果及考核指标"中的考核指标时，需对照基本信息表中的"项目预期验收内容及考核指标"进行详述：（1）对于新技术、新产品、新装置、新工艺、新材料等要有量化明细的检测指标及相关技术参数，需委托具备相关资质的第三方检测单位检测并出具报告。有标准的按相关国家和行业标准规范执行，没有标准的要事先约定检测方法；（2）论文必须是本项目起始日期后发表或收到期刊的稿件录用通知，专著必须是本项目起始日期后出版或收到出版社书面通知确定出版，均须注明得到有关专项的支持；（3）专利必须是本项目起始日期后或批准授权或申报；（4）技术标准必须是本项目起始日期后批准发布或申报并获受理；（5）人才培养和人才引进均必须是直接参与本项目的人员。其中，人才引进必须是在本项目起始日期后新引进的外籍人员或已在国外长期工作的海外人才。

16. 提交项目建议必须注册登陆"国家科技管理信息系统"（http://program. most. gov. cn/），按规定格式要求认真填写，进行网上填报并上传。专业领域、学科、方向请根据网上管理系统提供的选择项进行选择。涉密项目请下载相应填报软件填写、打印项目建议书，以机要形式上报，要求同时附上本单位保密办公室出具，项目组织（推荐）部门保密办公室审定的密级确定书，以及对外合作中采取有力措施保护知识产权、确保不泄密的保证书。

17. 请务必将合作协议/意向的复印件作为书面建议书附件一同上报，否则不予受理。

18. 项目建议书需加盖本单位和项目组织（推荐）部门公章，由项目组织（推荐）部门统一报送中国科学技术交流中心。未通过组织（推荐）部门上报的建议书，将不予受理。项目组织（推荐）部门是指根据中外政府间科技合作项目建议通知和要求，组织有关项目建议提交单位填报项目建议书的中央或地方科技管理部门，即项目建议提交单位所隶属的国务院各相关部门的主管司局，或所在省、自治区、直辖市和计划单列市科技厅（委、局），或相关的中央企业。

19. 项目基本信息

<table>
<tr><td colspan="2">项目名称</td><td colspan="4"></td></tr>
<tr><td colspan="2">项目研发类型</td><td colspan="2">01 基础研究；02 应用研究；03 试验发展；
04 产业化；05 其他</td><td>建议
密级</td><td>公开　秘密　机密　绝密</td></tr>
<tr><td colspan="2">所属政府间
协议名称</td><td colspan="4"></td></tr>
<tr><td colspan="2">协议签署日期</td><td colspan="2"></td><td>协议有效期</td><td>年</td></tr>
<tr><td colspan="2">总体合作目标
（可多选）</td><td colspan="4">01 落实政府间科技合作协议；02 落实双方重大外交承诺；03 深化与主要发达国家科技合作；04 促进与周边和发展中国家协同发展；05 推动多边科技合作；06 深度参与国际大科学工程（计划）和国际组织；07 推动同港澳台地区合作；08 其他</td></tr>
<tr><td colspan="2">具体合作目标
（可多选）</td><td colspan="4">01 解决关键技术问题；02 填补国内外技术空白；03 促进人员交流、引进国际优秀人才；04 引进具有重大应用前景的前瞻技术；05 引进国家战略需求的关键技术、装备；06 解决国家科技计划 \ 重大专项难点、瓶颈；07 分享国际前沿科技成果；
08 其他（　　　）</td></tr>
<tr><td colspan="2">合作方式
（可多选）</td><td colspan="4">01 开展联合研究 02 开展合作示范 03 购买全套技术及消化吸收；04 购买关键 know-how；05 引进关键技术设备；06 分工合作技术开发；07 聘请专家来华工作；08 赴国外技术培训；09 利用国外资源；10 信息交流、技术咨询；11. 基地和平台建设项目 12. 其他（　　　）</td></tr>
<tr><td colspan="2">项目合作协议/意向</td><td colspan="4">名称：</td></tr>
<tr><td colspan="2">项目起止日期</td><td colspan="2"></td><td>合作国别</td><td>所属大洲</td></tr>
<tr><td colspan="2">所属专业领域 1</td><td></td><td>学科 1</td><td></td><td>方向 1</td></tr>
<tr><td colspan="2">所属专业领域 2</td><td></td><td>学科 2</td><td></td><td>方向 2</td></tr>
<tr><td rowspan="6">项目建议提交单位</td><td>单位名称</td><td></td><td>组织机构代码</td><td colspan="2">单位负责人</td></tr>
<tr><td>单位性质</td><td></td><td>所在地区</td><td colspan="2">归口部门</td></tr>
<tr><td>项目依托
研究基地
（可多选）</td><td colspan="4">01 国家实验室；02 国家重点实验室；03 国家国际科技合作基地；04 国家工程技术研究中心；05 国家级企业技术中心；06 部门或省级开放（重点）实验室；07 教育部 985 工程创新基地；08 省部级重点学科基地；09 国家工程实验室；10 其他</td></tr>
<tr><td>通讯地址</td><td colspan="3"></td><td>邮政编码</td></tr>
<tr><td></td><td colspan="4"></td></tr>
<tr><td>联系电话</td><td colspan="2"></td><td>传真</td><td></td></tr>
</table>

项目负责人	姓名		性别		出生日期	
	证件类型		证件号码		职务	
	学位		学历		职称		电话	
	手机		E-mail		传真	

项目联系人	姓名		性别		出生日期	
	手机			电话		
	E-mail			传真		

项目建议提交单位意见：

　　已按填报说明对拟参与项目人员的资格和建议书内容进行了审核，内容真实，数据准确，同意提交。建议项目如获资助，我单位保证对研究计划实施所需要的人力、物力和工作时间等条件给予保障，严格遵守国家科技计划管理有关规定，督促项目负责人和项目组成员以及本单位项目管理部门按照中外政府间科技合作项目有关要求及时报送相关材料。

单位负责人（签章）：　　　　　　　（单位公章）

年　月　日

其他中方参加单位	单位名称	组织机构代码

合作外方	机构名称及所属国别（中英文）	
	外方负责人（英文）		职称	
	外方项目序号	
	通讯地址		E-mail	
	传真		电话	

其他合作外方	单位名称及所属国别（中英文）	

经费需求	总经费：万元，自筹资金：万元，其中：从企业获得研发经费投入万元	拟申请中央财政经费	万元
		其它财政拨款（含部门、地方匹配）	万元
		单位自有货币资金	万元
		其他资金	万元

（续表）

预期使用外方资源情况	使用外方经费	万元人民币（指外方投入的由中方支配和使用的货币资金）
	利用外方关键技术（可填多项）	技术名称、该技术的费用估值及支付外方经费（万元人民币）
	利用外方关键设备（可填多项）	设备名称、该设备的费用估值及支付外方经费（万元人民币）
	使用外方特有资源	物种数　样本量　数据量　图纸数　其他（名称：　）

项目预期验收内容及考核指标	成果形式（可多选）	01 论文专著；02 研究（咨询）报告；03 新产品（或生物新品种）；04 新装置；05 新材料；06 新工艺（或新方法、新模式）；07 计算机软件；08 人才培养；09 人才引进；10 技术标准；11 基地建设；12 其它
	引进关键技术　项　技术名称	
	技术形式	01 软件；02 计算方法；03 模型；04 专利；05 数据库；06 其他
	技术先进性	01 世界独有；02 国际领先；03 国际先进；04 国内领先
	技术成熟度	01 实验室成果；02 中试阶段；03 已产业化
	引进关键设备　台　设备名称	
	引进特有资源	物种数　样本量　数据量　图纸数　其他（名称：　）

中文核心期刊论文篇数：　　国外学术论文篇数：　　其中，国际合著论文篇数：

中文专著数：　　　　　　　　　外文专著数：

国外发明专利	自主：项	国内发明专利	自主：项	实用新型专利	自主：项	其他专利	自主：项
	合作：项		合作：项		合作：项		合作：项

预期取得技术标准	国际标准	自主：项	国家标准	项	国内行业标准	项
		参加：项				

其他知识产权数	计算机软件登记	集成电路布图设计	生物新品种登记	其他
	项数：	项数：	项数：	项数：
	名称：	名称：	名称：	名称：

人才培养	博士后　人	博士　人	硕士　人	工程技术人员　人

人才引进	总计：人	高级职称 人	博士后 人	博士 人	硕士 人	工程技术人员 人
	总计来华工作：　人月			其中高级职称人员来华工作　人月		

合作/引进成果知识产权归属	01 形成自主知识产权；02 共享知识产权，其中，中方占　%，外方　%（合计应为100%）；03 获得在华许可

（续表）

<table>
<tr><td colspan="4" align="center">项目简介</td></tr>
<tr><td>任务目标
（50 字以内）</td><td colspan="3">目标：</td></tr>
<tr><td>合作内容
合作理由
合作方式
合作必要性
（500 字以内）</td><td colspan="3"></td></tr>
<tr><td>成果导向
（100 字以内）</td><td colspan="3"></td></tr>
<tr><td>项目组织
（推荐）部门</td><td>联系人</td><td>电话</td><td></td></tr>
<tr><td colspan="4">项目组织（推荐）部门意见：
　　已对项目建议书内容进行了审核。如未来项目实施，我部门将认真履行政府间科技合作项目管理有关要求中管理部门的责任和义务，履行实施本项目所做的有关承诺。

　　　　　　　　　部门负责人（签章）：　　　　　　　（单位公章）
　　　　　　　　　　　　　　　　　　　　　　　　　年　月　日</td></tr>
</table>

General Information of the Proposal for the Project
(For Chinese Principal Investigator/Project Manager)

Project Title	
Specialty Field	
Financial Support	Apply for RMB Financial Support from the Chinese Side / Foreign Investment: US $
Name of Cooperation Agreement	
Project Duration	From to (m/y)

Proposed Project Manager / Applicant in China

Chinese Applicant		
Principal Investigator/ Project Manager		
Address		Zip Code	
Telephone Number		Mobile Number	
E-mail		Fax Number	

Overseas Project Manager / Organization

Overseas Project Organization			
Project Manager		E-mail	Nationality
Address			
Fax Number		Telephone Number	

The objectives and contents of the research project are (maximum 500 words) :

项目经费需求

经费来源估算（万元）		来源总计：万元
拟申请中央财政经费		
自筹资金	其他财政拨款（含部门、地方匹配）	
	单位自有货币资金	
	其他资金	
外方投入资金（是指外方投入的由中方支配、使用的货币资金）		

经费支出（万元）			支出总计：万元	
科目	合计	专项经费	自筹资金	外方投入
（一）直接费用				
1. 设备费				
其中：购置设备费				
2. 材料费				
3. 测试化验加工费				
4. 燃料动力费				
5. 技术引进费				
6. 差旅费（指国内差旅费）				
7. 会议费				
8. 合作交流费				
国内人员出国费				
海外专家来华费				
9. 出版/文献/信息传播/知识产权事务费				
10. 劳务费				
国内人员劳务费				
海外专家劳务费				
11. 专家咨询费				
国内专家咨询费				
海外专家咨询费				
12. 其他费用				
（二）间接费用				
其中：绩效支出				

注：1. "其他经费"专指是指在项目组织实施过程中围绕关键技术引进和优秀人才引进，且无法在上述科目列支的费用。专项经费严格控制其他费用支出，加强审核和监督。确有需要的，原则上采用后补助的方式资助，按照预算调整的有关程序报批。

2. 经费来源中有"自筹经费"的，需提供自筹经费来源证明。

3. 间接费用使用分段超额累退比例法计算并实行总额控制，按照不超过项目经费中直接费用扣除购置设备费后的一定比例核定，具体比例如下：

500 万元及以下部分不超过 20%；

超过 500 万元至 1 000 万元的部分不超过 13%；

超过 1 000 万元的部分不超过 10%。

间接费用中绩效支出不超过直接费用扣除购置设备费后的 5%。

自筹资金来源证明

（如自筹资金来自不同渠道或不同单位，应分别填写）

　　如未来项目建议获得批准，＿＿＿＿（单位全称），为＿＿＿项目，提供＿＿＿万元的自筹/配套资金，资金来源为＿＿＿（1. 国家其他财政拨款　2. 地方财政拨款　3. 从承担单位获得的资助 4. 从其他渠道获得的资助）。

　　自筹资金主要用于：＿＿＿＿＿＿＿（填写具体支出科目）

　　特此证明！

出资单位（公章）：

年　月　日

---

1. 项目总经费概算、拟申请中央财政经费的必要说明

2. 合作外方投入（经费、关键技术、设备装备、资源等）说明

3. 国内项目承担单位自筹、部门（地方）配套资金说明

4. 拟申请专项经费的大型仪器设备购置费、技术引进费用、劳务费等的必要说明

5. 拟申请专项经费中"其他经费"的理由及必要说明

一、合作理由（限五号字二页以内）

---

1. 项目建议提出的背景及合作重要性、必要性：
　　（包括合作内容的国内外现状和发展趋势；项目合作在服务科技外交、保障国家安全、促进科技突破、提升经济和社会发展水平等方面的战略重要性及合作必要性、紧迫性；合作外方的选择理由及外方对项目实施所起的关键作用等）

2. 合作的优势互补性：
　　（指出中外各合作方的科学技术优势及合作外方拥有哪些我方所需的关键（核心）技术、应用成果、前沿理论或专有人才等智力资源、技术资源、自然资源或市场资源）

3. 若国内和国际上已开展与本项目建议内容类似的研究，请对比说明各自的水平、优势、特点或差距等。

二、合作基础与合作能力（限五号字二页以内）

1. 合作基础：

（指出合作各方是否有着良好的合作互信与合作渠道，是否已开展了富有成效的合作与交流，特别是针对本项目建议内容开展的前期合作与交流，具有稳定的国内外合作环境、合作条件与交流机制等。）

2. 合作可行性：

（从特有关系、人才、技术、资金及组织方式等方面简述合作可行性，能否保障项目顺利实施，达到预期目标）

3. 中方项目建议提交单位合作能力：

（包括中方项目承担/参加单位产、学、研简况及具有的合作经验与合作渠道；项目组人员的职称及在该领域的国内外学术地位、专业/技术优势）

项目组主要人员的成功案例

（1）近五年承担的和主持完成（已验收）的原国家国际科技合作专项项目名称、类型、编号、起止年月、资助经费、完成情况、后续研究进展，以及与本项目建议的关系。

（2）近五年承担的和主持完成（已验收）的其他国家科技计划项目名称、计划类型、编号、起止年月、资助经费、执行情况，以及与本项目建议的关系。

（3）近五年取得的三项代表性科技合作或技术引进消化吸收再创新案例及经济、社会、环境效益。

（4）近五年取得的三项代表性成果名录，包括论著、专利、标准等。

4. 外方合作能力：

（外方合作机构简况及外方在该领域的学术地位与技术优势；外方负责人及参加人员的学术水平、职称及在该领域的学术地位；是否提供必要的技术培训和服务。）

外方项目组人员近五年取得的五项代表性成果名录（包括论著、专利、标准等）

5. 合作协议签订情况：

（请给出协议或意向书名称、签定时间、地点、主要内容，并附协议或意向书复印件。）

三、合作目标和内容（限五号字二页以内）

1. 合作目标和主要内容：
   （目标要明确，内容要具体）

2. 主要合作要点
   （指出在推动科技外交工作层面的有关内容安排）

3. 主要创新性：
   （指出科学研究或技术开发等具体项目合作层面通过国际合作解决的主要瓶颈、难点，拟取得的突破或创新，以及合作前后相关技术指标的对比情况）

四、合作方案（限五号字三页以内）

1. 组织实施方案：
   （包括项目合作各方信息、人才、技术、资金、设施及合作渠道等资源的组织、集成、整合、投入和使用方式、方案，以及工作流程、合作各方任务分配、合作方式、人员交流计划等）

2. 技术方案：
   （包括联合研发或引进技术的消化吸收再创新方案和技术路线，要指出本项目建议所涉主要科学技术瓶颈、难点的合作或引进解决方案）

3. 项目的年度实施计划和年度目标：
   （合作项目实施期限可根据项目合作具体情况及实际需要调整，限两页内）

第一年度	
第二年度	
第三年度 及以后	

五、合作成果与知识产权保护（限五号字二页以内）

1. 预期取得的合作成果及考核指标：
   （分项表述包括人才、技术、装备设备引进及论文著作、专利、标准、新技术、新产品 [含生物新品种、计算机软件等]、新装置、新工艺、新材料等合作成果与知识产权，以及其它应考核指标的数量及水平；考核指标应合理、清楚、明确、量化、可考核；若项目最终获得立项，执行过程中考核指标原则上不予调整。考核指标方面务必阐述清楚，详见填报说明第 11、16 条）

2. 预期成果、知识产权等的权益归属、分享、保护、使用措施、方案，以及相关具体指标：
   （措施、方案、指标要明确、具体、有效，并有约束性；对可能出现的知识产权纠纷的预防及解决方案）

3. 外方合作投入及具体指标：
   （包括资金、人员、技术、材料、设备、信息数据及特有资源等，并注明是否投入到中方，是合作实施期间使用还是归中方所有）

4. 中方需投入的已有资源、知识产权的保护：
   （包括中方已有的、需投入本合作项目的信息、数据、技术、材料、设备装备、特有资源等资源和知识产权及其使用、保护措施，能否有效维护国家利益，保障国家安全，措施要具体、有效；说明可能涉及我国的人类遗传资源、生物种质资源、生物安全、测绘、海洋、气象、水文、地质、矿产、环境、卫生、信息安全等领域的自然资源和科技数据合作情况。涉及以上领域的合作，需遵守我国在上述领域及科技保密、科技伦理、知识产权等方面的国内法律法规和其他管理办法。）

5. 遵守国际和国内相关法律法规、惯例、伦理情况：
   （此项目合作内容、形式、成果等是否符合国际法及国际惯例，以及我国、合作方所在国的法律法规、伦理。特别是项目如可能涉及我国在人类遗传资源、生物种质资源、生物安全、测绘、海洋、气象、水文、地质、矿产、环境、卫生、信息安全等领域的合作，应遵守我国在上述领域及科技保密、科技伦理、知识产权、科技数据交换等方面的法律法规和其他管理办法。如有上述问题，请详细说明情况及拟采取的措施，是否已向相关部门申报并获批，如获批请附相关审批文件。）

六、预期效益（限五号字二页以内）

预期外交、经济和社会效益：
（包括合作成果对落实双边政府间科技合作的意义，以及对中外双方在商定的优先领域内科技水平和研发能力的提升作用；创新国际科技合作模式或合作机制；在科技外交工作的作用；在国家重大工程建设或重大装备开发中发挥的作用；与国内外同类产品或技术的竞争分析，成果应用和产业化情况，对促进相关产业技术进步、带动新兴产业发展、提升我国相关产业竞争力的作用；技术及产品应用所形成的市场规模、效益及促进就业情况等；项目实施中形成的示范基地、中试线、生产线及其规模等；对保障国家安全、改善民生、提高公共服务能力、促进社会可持续发展的作用等。属于产学研结合的项目，请给出对联合研发或引进技术的产学研联合机制、具体方案，以及企业参与、企业投入及企业技术应用方案等）

七、承诺及密级审核

项目是否存在涉密内容：（若是，请指出涉密内容及其密级）	
申请密级	公开　秘密　机密　绝密

负责人承诺：

　　如本项目建议未来获得批准，我保证项目建议书内容的真实性、准确性。项目密级是根据《中华人民共和国保守国家秘密法》、《科学技术保密规定》及《对外科技交流保密提醒制度》确定，我承诺在对外合作中不泄露国家秘密，并通过相关知识产权协议（条款）切实保护我方的知识产权。

　　此项目合作内容、形式、成果等符合国际法、国际惯例和我国及合作方所在国家的法律法规、伦理。如果获得资助，我将履行项目负责人职责，严格遵守国家科技计划管理有关规定，切实保证研究工作时间，认真开展工作，按时报送年度进展报告、成果进展信息、结题验收报告等有关材料，接受项目检查。若填报失实和违反规定，本人将承担全部责任。

　　执行此项目期间，因无法预料的原因所产生的后果由本人自负（如健康状况、经济纠纷、损失等）。

负责人签字

年　月　日

项目建议提交单位保密办公室承诺：

　　已对项目建议书内容和密级进行了审核，项目建议所定密级符合《中华人民共和国保守国家秘密法》、《科学技术保密规定》及《对外科技交流保密提醒制度》中的定级要求和条件。我单位保证严格遵守国家科技计划管理有关保密规定，根据相应密级的管理办法进行管理，并采取有效措施，保证在对外合作中不泄露国家秘密，切实维护国家利益，保障国家安全。

项目建议提交单位保密办公室盖章

年　月　日

项目组织（推荐）部门保密办公室承诺：

　　已对项目负责人的资格、项目建议书内容及密级进行了审核，项目建议所定密级符合《中华人民共和国保守国家秘密法》、《科学技术保密规定》及《对外科技交流保密提醒制度》中的定级要求和条件，同意报送。我单位保证严格遵守国家科技计划管理有关保密规定，根据相应密级的管理办法进行管理。

项目组织（推荐）部门保密办公室盖章

年　月　日

　　注：不管是公开或公开以上级别，均需项目建议提交单位和项目组织（推荐）部门的保密部门进行密级审核。如项目建议提交单位或项目组织（推荐）部门没有专门设立保密办或刻保密公章，务必由项目建议提交单位或项目组织（推荐）部门出具说明，说明保密职责由何部门承担并用单位或部门的公章代章，具体说明格式可从国家国际科技合作专项网（http：//www.istcp.org.cn/）"文件下载"栏下载。

17. 关于组织申报第二批促进科技和金融结合试点的通知

国科办资〔2015〕67号

各有关省、自治区、直辖市及计划单列市科技厅（委、局），新疆生产建设兵团科技局，中国人民银行上海总部、各分行、营业管理部、省会（首府）城市中心支行、副省级城市中心支行，各有关省、自治区、直辖市银监局、证监局、保监局：

为全面贯彻落实党的十八大和十八届三中、四中、五中全会精神，加快实施创新驱动发展战略，推进大众创业、万众创新，促进科技和金融紧密结合，支持地方开展科技金融创新实践，科技部、中国人民银行、中国银监会、中国证监会、中国保监会，决定开展"第二批促进科技和金融结合试点"工作。

现将《第二批促进科技和金融结合试点方案》（见附件1）印发你们，启动第二批促进科技和金融结合试点的申报工作，请你们积极组织有关地方申报试点。现将有关事项通知如下：

1. 申报试点的地方应是科技资源、科技成果和科技型企业相对密集，金融生态良好，产业特色鲜明的计划单列市、副省级城市和地市级城市。

2. 每个省（自治区、直辖市）限推荐1个城市申报试点，计划单列市可单独申报。第一批试点已包括的省（自治区、直辖市）不再组织申报。

3. 申报城市应根据《地方促进科技和金融结合试点方案提纲》（见附件2）内容，紧密结合本地科技资源和金融资源现状、特点和优势，立足本地产业特色，研究提出试点方案。

4. 申报城市试点方案应经省（自治区、直辖市、计划单列市）科技管理部门征求同级人民银行分支机构以及银监局、证监局、保监局意见，报省（自治区、直辖市、计划单列市）政府批准后，联合推荐报送科技部、中国人民银行、中国银监会、中国证监会、中国保监会。

5. 申报材料（一式六份及电子版）请于2016年1月15日前报送至科技部中国科学技术发展战略研究院科技投资研究所（地址：北京市海淀区玉渊潭南路8号，邮编：100038，联系人：张明喜010-58884608、郭永济010-58884606）。

联系人：科技部
朱星华 010-58881696　沈文京 010-58881686
中国人民银行
车士义 010-66195442
中国银监会
王梦熊 010-66278377
中国证监会
王 飞 010-88060712
中国保监会
高大宏 010-66286559

附件：1. 第二批促进科技和金融结合试点方案
　　　2. 地方促进科技和金融结合试点方案提纲

科技部办公厅 中国人民银行办公厅 中国银监会办公厅
中国证监会办公厅 中国保监会办公厅
2015年12月2日

来源：http://www.most.gov.cn/fggw/zfwj/zfwj2015/201512/t20151214_122906.htm

附件 1

第二批促进科技和金融结合试点方案

为全面贯彻落实党的十八大和十八届三中、四中、五中全会精神，根据《中共中央 国务院关于深化体制机制改革加快实施创新驱动发展战略的若干意见》（中发〔2015〕8 号）、《国务院关于深化中央财政科技计划（专项、基金等）管理改革的方案》（国发〔2014〕64 号）、《国务院关于加快科技服务业发展的若干意见》（国发〔2014〕49 号）、《国务院关于大力推进大众创业万众创新若干政策措施的意见》（国发〔2015〕32 号）等文件要求，通过改革创新深化科技金融工作，推进大众创业、万众创新（以下简称"双创"），加快实施创新驱动发展战略，科技部、中国人民银行、中国银监会、中国证监会、中国保监会联合开展"第二批促进科技和金融结合试点"工作，试点方案如下。

一、总体要求

通过改革创新，充分发挥金融资源在支持科技创新创业中的积极作用。通过深化科技和金融结合试点，深刻把握科技创新和金融创新的客观规律，找到符合中国国情、适合科技创业企业发展的金融模式，为双创建立可持续、多层次的投融资体制。

（一）指导思想

以邓小平理论、"三个代表"重要思想、科学发展观为指导，贯彻落实"四个全面"战略布局，围绕加快转变发展方式，优化经济结构，积极整合区域科技金融资源，推进科技金融改革创新，探索金融服务科技创新新途径，构建科技金融服务体系，为实施创新驱动发展战略提供支持。

（二）基本原则

1. 加强引导，协同推进。进一步发挥促进科技和金融结合试点工作部际协调指导小组的作用，加强顶层设计和统筹布局，发挥各部门的优势，形成政策合力，支持科技金融创新政策在试点地区先行先试，突出地方主体作用，为地方打开实践的政策空间。

2. 创新机制，优化方法。结合科技计划（专项、基金等）管理改革和金融创新实践，从需求出发，着力在科技金融产品、服务模式和对接机制等方面形成可复制、可推广、有特色的范本，放大政策效果，优化政策工具。

3. 营造环境，公平竞争。始终坚持发挥市场在资源配置中的决定性作用，科技金融结合立足于弥补市场失灵，不干预市场正常运行，通过政府引导，激发金融机构创新的内生动力，为双创创造良好金融环境，促进公平竞争。

4. 总结推广，发挥示范。及时总结推广国家自主创新示范区、综合改革试验区以及首批试点地区形成的成功经验和做法，支持地方实施各具特色的试点实施方案，完善科技金融统计监测指标体系，加强评估和指导，发挥试点的示范作用。

（三）总体目标

1. 支持地方政府开展科技金融创新，选择 10 个试点城市，推动科技金融政策和创新举措在地方落地，促进科技成果转化，培育众创空间等新型科技企业孵化器和科技型中小企业，为区域经济转型升级提供良好的投融资环境。

2. 发挥试点地区的示范带动作用，建立和完善区域性科技金融服务体系，发展科技金融服务业，有效引导金融资本投入科技创新，缓解与突破科技型中小企业融资难、融资贵的问题和瓶颈，加快形成多元化、多层次、多渠道的投融资体系。

3. 研究与总结试点经验和模式，在更大范围内推广和应用可复制的范本，为中央和国务院制定科技金融创新政策奠定实践基础和提供政策储备。

二、试点内容

面对经济发展的新常态，针对科技支撑引领经济发展面临的新形势、新任务，通过创新财政科技投入方式，引导和促进各类资本创新金融组织、产品和服务，优化科技金融生态环境，实现产业链、创新链与资金链的有机结合，为处于各生命周期的科技企业提供差异化的金融服务。试点地区可根据自身发展特点和条件，在规范发展的前提下，突出特色，大胆探索，先行先试。相关金融机构的总部（行）在内部管理流程、政策制度等方面应为试点提供必要的配套支持。在试点期内，试点地区应着重推进以下工作：

（一）创新科技投入方式与机制

深化财政科技计划（专项、基金等）管理改革。综合运用无偿资助、创投资金、风险补偿、贷款贴息、后补助、综合奖补、偿还性资助等方式，发挥财政资金的杠杆作用，引导和带动社会资本参与科技创新，推动建立以企业为主体、市场为导向、产学研相结合的技术创新体系，促进科技成果转移转化和资本化、产业化。

扩大政府创业投资引导基金规模，引导创业投资基金和天使投资人对处在种子期、初创期创业企业的投入。创新国有创投管理体制，允许符合条件的国有创投机构按市场化经营模式确定考核目标和薪酬水平，在资产评估中使用估值报告和实行事后备案。

提高普惠性财税政策支持力度，构建以政府投入为引导、企业投入为主体，政府资金与社会资金、债权资金与股权资金、间接融资与直接融资有机结合的科技投融资体系。统筹协调科技金融资源，搭建科技金融服务平台，更新投融资观念，发挥试点地区先行先试的作用，培育创新型企业，提升区域经济活力和创新活力。

（二）完善科技金融组织体系

大力发展商业性科技金融服务平台，培育科技金融中介服务体系。在加强监管的前提下，允许具备条件的民间资本通过依法设立民营银行等金融机构来开展科技创新创业企业金融服务。探索设立科技创业证券公司，专门为科技创业企业提供投资银行服务。

支持按准入条件和程序设立资产管理机构、以服务科技产业为主的金融租赁公司、汽车金融公司、企业财务公司、支付机构、科技保险公司等，发展会计师事务所、律师事务所、证券投资咨询机构等中介机构。支持证券公司依托互联网依法开展业务创新和产品创新。

（三）深化科技金融产品和服务创新

创新科技信贷产品和服务模式。引导银行业金融机构创新金融产品、改进服务模式、搭建服务平台，具备条件的可以合规、有序开发跨机构、跨市场、跨领域的金融产品和金融服务，在国务院授权批准的前提下和健全有效风险补偿机制的基础上，开展投贷联动模式、银保联动模式和科技型企业直投业务。

针对科技企业特征，提高信贷专业化水平，从考核机制、风险分担等方面进行创新。扩大应收账款质押、动产质押、知识产权质押、股权质押、订单质押、仓单质押、保单质押等抵质押贷款规模。在国务院授权批准的前提下，推动银行与其他金融机构加强合作，对创新创业活动给予有针对性的股权和债券融资支持。对科技金融专营机构实施差别化的信贷管理制度和监督、考核机制。发展科技金融服务业，认定和培育发展一批科技金融服务中心。

推动互联网金融服务创新。加快互联网技术的研发与应用，鼓励金融机构开发基于互联网技术的新产品和新服务。支持互联网企业依法合规设立互联网支付机构、网络借贷平台、股权众筹融资平台、网络金融产品销售平台。支持互联网企业与金融机构、创业投资机构、产业投资基金等深度合作，整合资源优势，推动传统金融业转型升级，培育新型互联网金融业态，形成互联网金融产业链联盟，为科技型、创新型企业提供全方位融资服务。

（四）拓宽科技创新发展的融资渠道

拓宽科技型、创新型企业的多元化融资渠道。整合各类金融资源，发挥金融工具协同效应，建立完善覆盖科技型企业全生命周期的融资服务体系。打造科技型企业全链条股权融资链，鼓励社会资本投资科技型中小企业，促进科技成果转化和产业化。加强国家中小企业发展基金、国家科技成果转化引导基金、国家新兴产业创业投资引导基金等与试点地区开展合作。支持外资股权投资企业在试点地区落户。允许符合条件的科技型中小企业从境外融入人民币资金。

支持符合条件的科技型企业上市融资、再融资和开展并购重组。鼓励科技型企业进行股份制改造，完善公司治理。鼓励上市公司建立市值管理制度。完善扶持政策，推动更多优质科技型后备企业在主板、中小板、创业板、"新三板"以及场外交易市场挂牌融资。

进一步完善债券市场。探索研究科技创业企业发行可转换债务融资工具等创新型金融工具进行融资。加强对科技型中小企业的债务融资"一对一"辅导，鼓励和引导符合条件的科技型企业发行公司债、集合债券、非金融企业融资工具和资产支持证券等。建立健全科技型企业债务融资增信机制，降低科技型企业债务成本和债务融资风险。开展高新技术企业发行高收益债券试点。

（五）创新科技金融市场体系

规范发展区域性产权、股权、技术产权和资源要素市场。支持试点地区在依法合规的前提下，探索优化要素市场准入门槛、参与主体资格、交易产品、交易方式等。支持区域股权交易市场依法开展股权登记托管、股权质押融资和股权非公开转让等业务，提升金融服务水平。积极开展各类新型要素市场建设，充分发挥市场在资源配置中的决定性作用。

规范发展知识产权交易流转市场。加强知识产权保护法规建设，保护知识产权权利人合法权益。完善试点区域知识产权评估、等级、托管和流转体系。积极开展知识产权质押融资，设立小微企业贷款风险补偿基金，对知识产权质押项目提供重点支持。加快知识产权质押融资产品和服务模式创新，建立保险、担保、投资和融资相结合的服务模式。在试点地区建立知识产权质物处置平台，探索专利许可、拍卖、出资入股等多元化价值实现形式，支持金融机构对质物权利的有效处置。开展备案发行知识产权专项债券试点工作，支持发行知识产权信托产品。

（六）加快推进科技保险发展

支持设立科技保险机构。支持保险公司设立科技保险专营机构，为科技企业降低风险损失、实现稳健经营提供专门保障。探索建立科技再保险制度，鼓励有条件的机构发起设立再保险公司，建设区域性再保险中心。探索建立服务科技保险发展的综合性保险中介服务集团。

完善科技保险服务。加快创新科技保险产品，提高科技保险服务质量，地方财政要加大科技保险保费支持力度。扩大小额贷款保证保险、贷款担保责任保险、信用保险、知识产权质押融资保险、知识产权综合责任保险等规模，探索发展债券信用保险。完善国产首台（套）装备的保险风险补偿机制。鼓励保险机构发起或参与设立创业投资基金，探索保险资金参与重大科技项目投资的方式，支持保险资金通过股权和债权等方式支持国家高新技术产业开发区和科技型企业发展。

（七）充实科技金融服务体系

加强金融服务创新创业的基础建设。明确科技创业企业的认定条件与标准，为金融机构提供明确的服务对象。搭建全面的科技创业企业信息共享平台，整合工商、税务、法院、银行、担保等数据，发布投融资信息，提高投融资供需匹配度。围绕科技企业数据库，配套科技人才及海外科技人才数据库。对科研、观测、检测、试验等科学数据资源进行全面规划和组织。

全面推进社会信用体系建设。在试点地区建立促进科技创新的信用增进机制、科技担保和再担保体系，探索设立由政府出资控股的集信用评级与担保为一体的综合服务平台，充分发挥政府在科技型企业征信中的作用。发挥行业协会的作用，积极开展信用宣传和培育，鼓励企业使用信用产品、建立信用记录。鼓励金融机构、中介组织和科技企业发起设立企业信用促进会等促进科技企业增信的社会组织。鼓励银行、担保等在信贷评审中使用企业信用报告。完善科技企业和信用挂钩的融资机制，建立政府与银行、保险、证券、创投和担保等金融机构之间的信息共享机制。

三、组织实施

（一）加强试点工作的组织领导

完善科技部、中国人民银行、中国银监会、中国证监会、中国保监会促进科技和金融结合试点工作部际协调指导小组工作机制，定期召开协调指导小组和部门联络员会议，研究决定试点的重大事项，统筹规划科技与金融资源，督促检查试点进展，组织开展调查研究，总结推广试点经验，共同指导地方开展创新实践，组织开展第三方绩效评估。

（二）形成上下联动的试点工作推进机制

试点地方要成立以主要领导同志为组长，科技、财政、税务、金融部门和机构参加的试点工作领导小组，加强组织保障，创造政策环境，结合试点地方经济社会发展水平，合理确定目标任务，研究制定试点工作实施方案，扎实推进试点工作，形成上下联动、协同推进的工作格局。试点实施方案报批后，要研究制定实施细则，明确分工，落实责任。

（三）建立部门协同、分工负责机制

根据实施方案，结合相关部门职能，发挥各自优势，落实相应责任。各部门及其地方分支机构加强对试点地区的对口工作指导和支持。在符合金融监管政策前提下，各部门制定的鼓励和支持金融领域的创新政策应在试点地区先行先试。加强部门间的协调配合，针对试点中出现的新情况、新问题，及时研究采取有效措施。

（四）加强试点工作的研究、交流和经验推广

加强对试点重大问题的调查研究，为深化试点提供理论指导和政策支持。建立试点工作定期交流研讨制度，及时交流试点开展情况和有关工作进展，对重点问题进行讨论，总结工作经验。同时，加大对试点地方典型经验的宣传和推广，发挥试点地区的示范作用，带动更多地方促进科技和金融结合。

继续实施试点监督检查机制，对在试点建设过程中表现突出的个人和机构给予表彰及奖励，对工作实施落实不到位、试点进展缓慢的地区加强督导，直至取消试点资格。

附

第二批促进科技和金融结合试点考核指标

主要指标	主要内容
一、现行科技和金融资源情况	
科技创新基础	科技型中小企业数量（家）、高新技术企业数量（家）、研究与发展（R&D）人员数（全时当量）（人年）、全社会研究与试验发展（R&D）经费支出（亿元）等
金融资源基础	辖区内金融机构数量（家）、贷款余额（亿元）、境内外上市公司数量（家）、保费收入（亿元）、地区财政科技投入（亿元）、高新技术企业所得税减免、企业研发费用加计扣除等税式支出额等
二、示范目标	
经济目标	地区生产总值（亿元）、高技术产业总产值（亿元）、新增高新技术企业数量（家）
创新目标	万元GDP综合能耗（吨标准煤/万元）、技术市场合同成交额（亿元）、有效发明专利（万件）、国际科技论文数（万篇）
社会目标	科技型企业新增就业人数（万人）、新增科技型中小企业数量（家）、信用体系登记服务企业数量（家）
三、示范内容	
财政科技投入机制与方式创新	财政科技金融专项经费（亿元）、当期政府创业风险投资引导基金出资（亿元）、当期政府支持资本市场融资的专项资金新增投入（亿元）、当期政府支持科技信贷的专项资金新增投入（亿元）、当期政府支持科技保险的专项资金新增投入（亿元）、当期政府支持科技金融服务平台的专项资金新增投入（亿元）等
天使投资人	天使投资人数量（人）、天使投资规模（亿元）、当年投资科技企业（项目）数量（家）、当年投资科技企业（项目）金额（亿元）
创业投资基金	创业投资管理机构数量（家）、创业投资基金数量（支）、创业投资基金资本规模（亿元）、当年投资科技企业（项目）数量（家）、当年投资科技企业（项目）金额（亿元）
资本市场	境内外上市公司总市值（亿元）、获得创业风险投资支持的上市公司数量（家）、新增完成股份制改造的企业数量（家）、资本市场上市（挂牌）企业数量（家）、完成的融资额（亿元）、通过企业债等债务融资工具融资额（亿元）
科技信贷	当期科技贷款发生额（亿元）、科技贷款余额（亿元）、当期发放科技贷款支持企业数量（家）、首次获得融资的企业数量（家）、企业平均融资成本（%）、科技分（支）行数量（个）、科技分（支）行贷款余额（亿元）、科技小额贷款公司数（家）、科技担保机构数量（个）等
科技保险	科技保险保额（亿元）、科技保险保费收入（亿元）、科技保险赔付金额（亿元）、贷款保证保险等融资类保险帮助企业融资额（亿元）等
其他科技金融创新	融资租赁企业数量（家）、科技企业融资租赁合同余额（亿元）、信托投向科技企业金额（亿元）、保理支持科技企业融资额（亿元）等

（续表）

主要指标	主要内容
科技金融服务平台	科技金融服务平台数量（个）、科技金融服务平台进驻金融机构数量（家）、科技金融服务平台服务企业数量（家）、科技金融服务平台融资额（亿元）等
四、保障措施	
	组织保障、资金保障、其它保障措施等

注：对于名称中带有"天使投资"的基金，其开展的创业投资活动，纳入创业投资基金相关指标进行统计。

2015 年 12 月 2 日

来源：http://www.most.gov.cn/fggw/zfwj/zfwj2015/201512/t20151214_122906.htm

附件 2

20151202 地方促进科技和金融结合试点方案提纲

申报城市应根据《第二批促进科技和金融结合试点方案》要求，结合本地区科技资源和金融资源现状及特点，加强组织领导，集成相关资源，研究制定本地促进科技和金融结合试点方案。试点方案提纲如下：

一、指导思想和原则

申报城市研究提出开展促进科技和金融结合试点的指导思想和原则。

二、试点目标

紧密结合当地经济和科技发展实际情况，研究提出本地通过开展试点预期达到的主要目标。试点目标要切实可行，兼顾科技、银行、证券、保险、创投等领域。

三、试点内容

根据地方试点目标和当地经济发展实际情况，突出地域特色，研究提出地方试点工作的主要内容。

（一）科技基础

说明截至 2014 年底，申报城市的高新技术企业数量及占规模以上企业数比例、科技型中小企业数量、信用体系登记服务企业数量，科技金融服务机构、科技评估、管理咨询、成果转化等科技中介机构建设情况等当地科技基础情况。2014 年度申报城市的 R&D 经费支出额及占 GDP 比例，高新技术企业工业增加值及占 GDP 的比例，地方财政收入及地方财政科技投入额，财政科技金融专项经费投入额以及分别对创业投资、资本市场融资、科技信贷、科技保险、科技金融服务平台建设等方面的投入情况，高新技术企业所得税减免，企业研发费用加计扣除等税式支出额等。

（二）金融基础

说明截至 2014 年底，申报城市的存贷款余额及人均数、金融服务网点数（银行）、各类金融机构数量及资产总额、资产证券化率、产权交易所与技术交易所数量及其交易情况。2014 年度申报城市的天使投资人、创业投资基金的数量与规模，以及所投资科技企业（项目）数量及金额；资本市场上市（挂牌）企业数量及融资额，通过公司债、集合债券等债务融资工具融资额；银行业金融机构科技贷款发放情况、科技分（支）行数量及贷款余额；科技小额贷款公司数量及贷款额；科技担保机构数量及担保额；科技保险保额、科技保险保费收入、科技保险赔付金额、贷款保证保险等融资类保险帮助企业融资额等；科技企业通过融资租赁、信托、保理进行融资的情况等。

（三）试点内容

说明在试点期间，申报城市拟开展的促进科技和金融结合的内容、措施及预期目标等。试点内容要有重点、有优势、有特色，采取的措施要有针对性和可操作性，预期目标要具体、量化。

可选择的试点内容主要有：创新财政科技投入方式和机制，深化财政科技计划（专项、基金等）管理改革，设立和扩大政府创业投资引导基金，创新国有创投管理体制，落实税收政策支持，设立支持科技创新创业的民营银行、科技创业证券公司、金融租赁公司、科技保险公司、科技担保公司等专业机构，支持银行业金融机构开展投贷联动、银保联动，扩大知识产权质押、股权质押等抵质押贷款规模，推动互联网金融服务创新，鼓励科技企业股份制改造，支持科技企业在主板、中小板、创业板上市融资及"新三板"、场外交易市场挂牌融资，引导符合条件的科技企业通过债券市场融资，规范发展区域性产权、股权、技术产权和资源要素市场，创新科技保险产品、服务和资金使用，探索建立科技再保险制度等。

（四）服务体系

说明申报城市促进科技和金融结合的中介机构、科技金融服务平台、科技企业信用体系等的建设情况，以及在建立和完善科技金融服务体系过程中制定的政策、采取的措施等。

（五）保障措施

说明为完成试点工作所采取的保障措施，包括组织保障（成立试点工作领导小组）、人员部署、机构设置、部门间沟通协调机制、促进科技和金融结合的财政投入政策等情况。

（六）计划进度和阶段目标

试点周期三年。请根据申报城市发展规划，研究提出试点期间的工作进度安排和各阶段预期达到的目标。

2015 年 12 月 2 日

18. 科技部办公厅关于印发国家可持续
发展实验区 2015 年度工作要点的通知

科技部办公厅关于印发国家可持续发展实验区 2015 年度工作要点的通知

国科办社〔2015〕29 号

各省、自治区、直辖市科技厅（委），各国家可持续发展实验区，国家可持续发展实验区专家委员会：

为深入贯彻落实党的十八大和十八届三中、四中全会精神，按照 2015 年全国科技工作会议部署，大力推进国家可持续发展实验区建设，发挥其依靠科技进步促进区域全面、协调、可持续发展的实践探索和先进示范作用，经研究，我部制定了《国家可持续发展实验区 2015 年度工作要点》。现印发给你们，供工作参考，并请按要求认真做好相关工作。

科技部办公厅

2015 年 5 月 25 日

来源：http://www.most.gov.cn/fggw/zfwj/zfwj2015/201505/t20150528_119737.htm

附件

国家可持续发展实验区 2015 年度工作要点

2015 年国家可持续发展实验区（以下简称"实验区"）将继续以科学发展观为统领，全面深化改革，深入贯彻落实创新驱动发展战略，转变政府职能，创新工作机制，营造大众创业万众创新良好环境，加强绿色、低碳、智慧城镇建设，为推进人口与经济社会全面协调可持续发展，实现美丽中国梦不懈探索。

一、组织筹建实验区协同创新战略联盟，推进实验区大众创业万众创新发展

根据《国务院办公厅关于发展众创空间推进大众创新创业的指导意见》（国办发〔2015〕9 号）精神和科技部关于科技创业者行动的总体部署，组织筹建实验区协同创新战略联盟（以下简称"联盟"），转变政府职能，推动实验区社会化管理，充分发挥市场在资源配置中的作用。联盟旨在搭建实验区创业创新服务平台，加强实验区的政策联动、信息共享、产业互动，推动科技成果转化应用，落实国家可持续发展战略和创新驱动发展战略，营造大众创业、万众创新的局面。同时联盟还将建立与国家农业科技园区、国家高新技术开发区的协同创新机制，鼓励和支持科技特派员、大学生等在实验区内创新创业。

二、持续开展实验区创新能力监测和评价，形成促进实验区创新驱动发展的长效机制

按照科技部对国家创新调查制度建设工作的总体部署，实验区作为典型创新密集区之一，2014 年，根据网络公示的实验区创新能力监测和评价指标体系，通过监测数据征集，所编制完成的《2014 年度实验区创新能力监测报告》和《2014 年度实验区创新能力评价报告》将根据我部要求，修改完善后统一发布。2015 年，将继续开展年度实验区创新能力调查工作，并将该项工作作为一项长期工作任务，形成长效机制，以此引导和促进实验区创新驱动发展，提升实验区建设水平。

三、研究编制《国家可持续发展实验区"十三五"建设和发展规划》，做好实验区发展顶层设计

根据新时期实验区建设的新形势和新要求，结合实验区管理办法修订、实验区评估、实验区

创新能力调查等工作，开展"十三五"实验区建设和发展规划研究，做好实验区长远发展战略部署，进一步理清思路、明确目标、完善机制、丰富内涵、聚焦重点，进行实验区发展顶层设计，优化实验区布局，发展众创空间、营造良好环境，突出科技创新创业在实验区建设中的引领带动作用，促进实验区发展由数量扩张向能力提升转变。各地和各实验区要从本地实际出发，研究制订具体的"十三五"工作方案，切实提高实验区建设、管理与服务水平。

四、继续做好实验区新区发展、中期检查和总结验收工作，促进实验区健康发展

1. 新区发展工作。组织开展 2015 年度实验区新区申报、实地考察和评审工作。请各省级科技主管部门按照本区域实验区发展规划部署，认真组织、择优推荐。推荐工作要与落实部省会商任务、地方开展深化改革和实施创新驱动发展等重点工作相结合，鼓励西部地区积极创建和加强实验区建设。实验区新区申报截止日期为 7 月 30 日。

请各省级科技主管部门根据本地区实际情况，按照《国家可持续发展实验区管理办法》的有关要求，认真组织申报工作，于截止日期前将推荐函和申报材料一式两份及电子光盘寄送至实验区办公室。实验区办公室将对申报材料进行审核，确定参加新区遴选名单，并安排实地考察等工作。

2. 中期检查工作。做好实验区建设满三年的黑龙江省牡丹江市阳明区、江苏省南京市鼓楼区、江苏省南京市江宁区、浙江省嘉兴市南湖区、浙江省遂昌县、安徽省歙县、福建省厦门市思明区、山东省沂源县、山东省龙口市、山东省德州市德城区、湖北省长阳县、湖南省邵东县、广东省佛山市禅城区、四川省丹棱县、云南省临沧市等国家可持续发展实验区的中期检查工作，中期检查工作由各省级科技主管部门组织开展。各有关单位要认真做好中期总结和自查工作，要以实验区建设规划确定的目标任务和考核指标为依据，认真组织，不走过场。

3. 总结验收工作。做好 2015 年度实验区总结验收工作，组织开展实验区验收申报、网上公示、实地考察和评审工作。请各省级科技主管部门组织做好实验区总结梳理、验收材料编制等工作。拟验收实验区应按照相关要求填写验收材料，由当地人民政府提出验收申请，经省级科技主管部门审核后，首先将验收材料在当地本级政府网站主页上予以公示一个月，接受公众监督，指定接收监督意见或建议的方式（电话、信箱或电子邮箱），并公布省级科技主管部门和国家可持续发展实验区办公室联系方式；同时由省级科技主管部门将总结验收材料电子版、公示网址和时间等报实验区办公室；待公示结束后，由省级科技主管部门将公示期间收到的有关意见建议及修改后的验收材料纸质版一式两份和电子光盘报实验区办公室。实验区办公室将按照成熟一个验收一个的原则开展相关验收工作。目前建设期满 5 年拟验收的实验区共计 18 个：

（1）山西省长治市
（2）山西省朔州市右玉县
（3）辽宁省沈阳市铁西区
（4）辽宁省本溪市南芬区
（5）浙江省湖州市安吉县
（6）湖北省宜昌市点军区
（7）湖北省襄阳市谷城县
（8）陕西省榆林市
（9）广东省江门市新会区

（10）北京市石景山区

（11）河北省承德市平泉县

（12）河北省唐山市迁安市

（13）上海市崇明县

（14）山东省黄河三角洲

（15）广东省云浮市云安县

（16）贵州省贵阳市白云区

（17）贵州省贵阳市清镇市

（18）甘肃省酒泉市敦煌市

五、做好实验区年度报告和 30 周年总结，加强实验区工作总结和宣传

1. 实验区年度报告工作。为更好地跟踪掌握实验区建设与发展情况，凝练总结实验区建设成效，将年度报告编制工作作为一项长效机制，各省级科技主管部门及各实验区应按有关要求提交年度工作总结报告，实验区办公室及时梳理总结并发布实验区年度报告。

2. 开展实验区 30 周年总结宣传工作。2016 年是实验区创建 30 周年，为加强实验区工作宣传，总结推广实验区建设经验和模式，实验区办公室将于 2015 年筹备实验区建设 30 周年总结宣传工作，针对不同地区、不同类型实验区进行典型案例总结提炼和宣传。请各省级科技主管部门以及各实验区积极参加活动，收集整理相关素材，总结和宣传先进经验。

3. 实验区工作简讯。实验区工作简讯将继续按期编制发放，作为实验区工作交流和成果宣传的重要载体，实时展示实验区建设成效和工作进展。请各实验区结合自身主题特色和建设经验积极投稿。

六、不断提升实验区可持续发展科技支撑能力，加强实验区能力建设

1. 加强实验区科技需求凝练和科技项目组织实施能力。各实验区要按照国家科技计划管理改革的要求，结合实验区建设发展实际，提出重大科技需求，主动参与并积极推荐科技项目，推动先进适用技术在实验区的集成研究和示范应用，着力提升实验区的科技支撑能力。正在承担国家科技计划项目或其他科技示范工程的实验区，要积极做好项目组织实施、示范工程的落实和建设等工作，规范专项经费使用，确保项目任务顺利完成。

2. 加强实验区能力建设。围绕《国家可持续发展实验区管理办法》修订、大众创业、万众创新、国家科技计划管理改革、应对气候变化能力建设、国家可持续发展实验区组织管理系统等开展培训，各实验区届时请积极报名参加。

3. 实验区专家委员会应结合本年度实验区工作要点和重点任务，深入开展可持续发展实验相关理论和政策研究；参与实验区 30 周年典型案例总结和宣传工作；参与实验区新区发展和验收等过程管理工作，积极为实验区建设与发展提供咨询、培训和指导。

19. 科技部关于发布国家重点研发计划试点专项2016年度第一批项目申报指南的通知

国科发资〔2015〕384号

各省、自治区、直辖市及计划单列市科技厅（委、局），新疆生产建设兵团科技局，国务院各有关部门科技司，各有关单位：

《国务院关于深化中央财政科技计划（专项、基金等）管理改革的方案》（国发〔2014〕64号，以下简称国发64号文件）明确规定，国家重点研发计划面向事关国计民生需要长期演进的重大社会公益性研究，以及事关产业核心竞争力、整体自主创新能力和国家安全的重大科学问题、重大共性关键技术和产品、重大国际科技合作，按照重点专项的方式组织实施，加强跨部门、跨行业、跨区域研发布局和协同创新，为国民经济和社会发展主要领域提供持续性的支撑和引领。

重点专项是国家重点研发计划组织实施的载体，是聚焦国家重大战略任务、围绕解决当前国家发展面临的瓶颈和突出问题、以目标为导向的重大项目群。重点专项下设项目，根据项目不同特点可设任务（课题），指南以项目形式进行征集。按照国发64号文件关于先期启动5～10个试点专项的要求，科技部、财政部、发展改革委会同相关部门凝练形成了"干细胞及转化研究"、"数字诊疗装备研发"、"大气污染成因与控制技术研究"、"新能源汽车"、"化学肥料和农药减施增效综合技术研发"、"七大农作物育种"6个试点专项，已经国家科技计划（专项、基金等）管理战略咨询与综合评审特邀委员会（以下简称"特邀咨评委"）和部际联席会议审议通过。

根据国家科技计划管理改革的总体部署，现将"干细胞及转化研究"等6个试点专项2016年度第一批项目申报指南予以公布，并附上各试点专项的指南编制专家名单，请根据指南要求组织项目申报工作。有关事项通知如下：

一、组织申报的推荐单位

1. 国务院有关部门科技主管机构；
2. 各省、自治区、直辖市、计划单列市及新疆生产建设兵团科技主管部门；
3. 原工业部门转制成立的行业协会；
4. 纳入科技部试点范围并评估结果为A类的产业技术创新战略联盟。

各推荐单位应在本单位职能和业务范围内推荐，并对所推荐项目的真实性等负责。国务院有关部门限推荐与其有行政隶属或者人事管理关系的单位，行业协会和产业技术创新战略联盟限推荐其会员单位，省级科技主管部门限推荐其行政区划内的单位。

二、申请资格要求

1. 申报单位应为中国大陆境内注册1年以上的科研院所、高等学校和企业等，具有独立法人资格，有较强的科技研发能力和条件，运行管理规范。申报单位同一项目须通过单个推荐单位申报，不得多头申报和重复申报。

2. 项目（含任务或课题）负责人申报项目当年不超过60周岁（1955年1月1日以后出

生），工作时间每年不得少于 6 个月；对于部分试点专项设立的青年项目，项目（含任务或课题）负责人申报项目当年不超过 40 周岁（1975 年 1 月 1 日以后出生）。项目或青年项目（含任务或课题）负责人均须具有高级职称或博士学位。

3. 项目（含任务或课题）负责人限申报一个项目，国家重点基础研究发展计划（973 计划）、国家高技术研究发展计划（863 计划）、国家科技支撑计划、国家国际科技合作专项、国家重大科学仪器设备开发专项、公益性行业科研专项（以下简称"改革前计划"）在研项目（含任务或课题）负责人不得申报国家重点研发计划试点专项项目；项目主要参加人员的申报项目和改革前计划在研项目总数不得超过两个；改革前计划的在研项目（含任务或课题）负责人不得因申报国家重点研发计划试点专项项目而退出目前承担的项目（含任务或课题）。计划任务书执行期到 2016 年 6 月底前的在研项目（含任务或课题）不在限项范围内。

4. 特邀咨评委委员及参与 6 个试点专项咨询评议的专家，不能申报本人参与咨询和论证过的试点专项项目（含任务或课题）；参与试点专项实施方案或指南编制的专家，不能申报该试点专项项目（含任务或课题）。

5. 受聘于内地单位的外籍科学家及港、澳、台地区科学家可作为试点专项的项目负责人，全职受聘人员须由内地聘用单位提供全职聘用的有效证明，非全职受聘人员须由内地聘用单位和境外单位同时提供聘用的有效证明，并随纸质项目申报书一并报送。

6. 申报项目受理后，原则上不能更改申报单位和负责人。

7. 对于项目的具体申报要求，请详见各试点专项的申报指南。

各申报单位在正式提交项目申报书前可利用国家科技管理信息系统公共服务平台查询相关参与人员承担改革前科技计划在研项目和课题情况，避免重复申报。科技部将组织对项目申报人资格进行复查，如发现违反以上规定者，取消申报项目，并纳入诚信记录。

三、申报方式

1. 网上填报。请组织申报单位按要求进行网上申报，项目申报书具体格式在国家科技管理信息系统公共服务平台相关专栏下载。网络填报的受理时间为：2015 年 12 月 1 日 8：00 至 2016 年 1 月 4 日 17：00。其中，"干细胞及转化研究"试点专项申报工作有特殊要求，请详见该专项的项目申报指南。

国家科技管理信息系统公共服务平台：http：//service. most. gov. cn；

技术咨询电话：010 – 88659000（中继线）；

技术咨询邮箱：program@ most. cn。

2. 组织推荐。请各推荐单位参考往年推荐规模，加强对所推荐的项目申请者及其合作方的资质、科研能力的审核把关，并出具推荐函。

请各推荐单位于 2016 年 1 月 6 日前（以寄出时间为准），将加盖推荐单位公章的推荐函（纸质，一式 2 份）、推荐项目清单（网上通过系统直接生成打印，纸质，一式 2 份）及光盘（Excel 格式）寄送科技部信息中心。

寄送地址：北京市海淀区木樨地茂林居 18 号写字楼，科技部信息中心协调处，邮编：100038。

联系电话：王楠，010 – 88654074。

3. 材料报送和业务咨询。请各申报单位于 2016 年 1 月 6 日前（以寄出时间为准），将加盖申报单位公章的项目申报书（网上通过系统直接生成打印，纸质，一式 2 份），寄送承担项目所属试点专项管理的专业机构。各专业机构寄送地址及咨询电话如下。

（1）"干细胞及转化研究"试点专项：中国生物技术发展中心，咨询电话：010 - 88225198；010 - 88225196。

"数字诊疗装备研发"试点专项：中国生物技术发展中心，咨询电话：010 - 88225128；010 - 88225138。

寄送地址：北京市海淀区西四环中路 16 号院 4 号楼，邮编：100039。

（2）"大气污染成因与控制技术研究"试点专项：中国 21 世纪议程管理中心，咨询电话：010 - 58884866；010 - 58884865。

寄送地址：北京市海淀区玉渊潭南路 8 号，邮编：100038。

（3）"新能源汽车"试点专项：科学技术部高技术研究发展中心，咨询电话：010 - 88375474；010 - 68343411。

寄送地址：北京市三里河路一号 9 号楼，邮编：100044。

（4）"化学肥料和农药减施增效综合技术研发"试点专项：农业部科技发展中心，咨询电话：010 - 59199379。

寄送地址：北京市朝阳区东三环南路 96 号农丰大厦，邮编：100122。

（5）"七大农作物育种"试点专项：中国农村技术开发中心，咨询电话：010 - 68511848。

寄送地址：北京市西城区三里河路 54 号，邮编：100045。

附件：1. "干细胞及转化研究"试点专项 2016 年度第一批项目申报指南

2. "数字诊疗装备研发"试点专项 2016 年度第一批项目申报指南

3. "大气污染成因与控制技术研究"试点专项 2016 年度第一批项目申报指南

4. "新能源汽车"试点专项 2016 年度第一批项目申报指南

5. "化学肥料和农药减施增效综合技术研发"试点专项 2016 年度第一批项目申报指南

6. "七大农作物育种"试点专项 2016 年度第一批项目申报指南

科技部

2015 年 11 月 12 日

来源：http://www.most.gov.cn/fggw/zfwj/zfwj2015/201511/t20151116_ 122384.htm

附件 1

"干细胞及转化研究"试点专项
2016 年度第一批项目申报指南

为提升我国干细胞研究水平并推动相关研究成果的转化应用，按照《国家中长期科技发展规划纲要（2006—2020 年）》部署，根据《国务院关于深化中央财政科技计划（专项、基金等）管理改革的方案》，科技部会同教育部、卫生计生委、中国科学院、自然科学基金会及总后卫生部等部门组织专家编制了干细胞及转化研究试点专项实施方案。

干细胞及转化研究试点专项按照面向转化、夯实基础、突破瓶颈、实现引领的思路，以增强我国干细胞转化应用的核心竞争力为目标，以我国多发的神经、血液、心血管、生殖等系统和肝、肾、胰等器官的重大疾病治疗为需求牵引，面向国际干细胞研究发展前沿，聚焦干细胞及转化研究的重大基础科学问题和瓶颈性关键技术，争取在优势重点领域取得科学理论和核心技术的原创性突破，推动干细胞研究成果向临床应用的转化，整体提升我国干细胞及转化医学领域技术水平。

专项实施方案部署 8 个方面的研究任务：1. 多能干细胞建立与干性维持；2. 组织干细胞获得、功能和调控；3. 干细胞定向分化及细胞转分化；4. 干细胞移植后体内功能建立与调控；5. 基于干细胞的组织和器官功能再造；6. 干细胞资源库；7. 利用动物模型的干细胞临床前评估；8. 干细胞临床研究。

1　多能干细胞建立与干性维持

1.1　多能干细胞自我更新与维持的调控机制 *

研究内容：多能干细胞自我更新与维持的细胞及分子生物学基础。

考核指标：构建基于生物信息学和计算生物学的多能干细胞自我更新、多能性维持分子模型；明确调控干细胞多能性的主要信号转导机制；确定多能性不同状态（Naïve 和 Primed）及动态变化的分子基础和调控机制，为体外培养和分化提供理论基础。

1.2　大动物初始态多能干细胞 *

研究内容：大动物（如猪）初始态多能干细胞获得与维持的技术体系及分子机制。

考核指标：建立稳定可重复获得初始态多能干细胞的培养体系；获得 5 株以上具有生殖嵌合能力的多能干细胞系；根据嵌合能力、体内发育和体外分化潜能、特有分子标记来评价初始态干细胞的质量；阐明初始态多能干细胞建立和维持的关键分子机制以及特有的调控网络；明确若干初始态多能干细胞特有分子标记。

1.3　多能干细胞命运调控的细胞生物学事件及其意义 *

研究内容：多能干细胞命运获取，自我更新和定向分化过程中的关键细胞生物学事件，及其对多能干细胞干性的调控机制。

考核指标：阐明多能干细胞命运调控过程中细胞极性建立、不对称分裂、代谢、囊泡运输及自噬等关键细胞生物学事件；明确上述事件在细胞命运转变过程中的分子调控机制及其生物学意义。

1.4　多能性退出及谱系分化的机制与应用 *

研究内容：多能性退出与谱系决定的协同机理；神经、血液等谱系分化的共性规律以及各谱系特异的调控机制。

考核指标：建立多能干细胞向多谱系分化的分子模型；阐明多能性退出和谱系决定的协同调控机制；建立通过定向分化高效获取功能细胞新方法、新体系及纯化策略；为细胞移植与组织再生提供功能种子细胞。

1.5　干细胞命运决定中组蛋白与 DNA 修饰相互关联及动态调控 *

研究内容：干细胞编程和重编程过程中组蛋白与 DNA 修饰模式及其对干细胞命运转变的调控作用及机制。

考核指标：鉴定新型的表观遗传修饰模式及相应的修饰酶体系；明确组蛋白与 DNA 修饰对染色质结构的影响及作用；揭示组蛋白与 DNA 修饰相互关联在干细胞命运转变中的调控作用及机制；揭示这些修饰及修饰间相互关联的动态变化规律。

1.6　细胞周期对多能干细胞命运调控 *

研究内容：多能干细胞自我更新、定向分化等过程中细胞周期的变化、功能及机制。

考核指标：确定细胞周期调控对干细胞多能性维持和退出的调控模式；鉴定影响多能干细胞细胞周期变化及细胞分裂模式的关键因子；确立这些因子对多能干细胞细胞周期、细胞分裂模式的调控机制及作用机理。

2 组织干细胞的获得、功能和调控

2.1 成体组织干细胞生物学功能 *

研究内容：成体组织干细胞的起源、发育、分化潜能、功能维持及与微环境的相互作用。

考核指标：阐明组织干细胞的起源、分化、体内维持、增殖的分子机理；建立相关技术体系，获得具有体外扩增能力和体内修复能力的组织干细胞系，为临床应用提供支撑。

2.2 微环境与干细胞的相互作用及调控机制 *

研究内容：成体组织微环境与干细胞之间的相互作用机制及对干细胞功能的影响。

考核指标：阐明肝、心、神经等成体组织微环境的组成、结构，及微环境对成体组织干细胞干性维持、组织发育的作用及机制；明确微环境在损伤、衰老以及恶性转化等病理条件下的变化；揭示微环境与干细胞相互作用在疾病发生和损伤修复中的作用。

3 干细胞定向分化及细胞转分化

3.1 小分子调控细胞命运转变 *

研究内容：小分子化合物诱导体细胞向多能干细胞和组织干细胞重编程。

考核指标：阐明小分子化合物及其组合调控细胞命运转换的表观遗传学及化学生物学机理；完善小分子诱导生成神经、血液和肝脏干细胞的技术体系；建立小分子诱导体内细胞命运转化的有效策略。

3.2 非编码 RNA 对细胞命运的调控 *

研究内容：非编码 RNA 在干细胞编程和重编程中对细胞命运决定的作用及调控机制。

考核指标：建立研究非编码 RNA 的基因修饰小鼠及相应的遗传示踪系统；阐明非编码 RNA 在细胞命运决定中的生物学功能，以及在此过程中非编码 RNA 调控染色质高级结构的分子机制，建立基于非编码 RNA 的干细胞命运调控技术体系。

3.3 内源性成体干细胞的动员及功能修复机制

研究内容：动员内源性特定成体干细胞（如神经干细胞）参与组织修复。

考核指标：阐明体内成体干细胞动员的机制；阐明光、电、磁、热等物理因素对神经干细胞的作用及机制，建立动员内源性干细胞进行再生和修复的新策略；结合现代康复技术，建立利用体内干细胞进行相关疾病治疗的综合技术体系。

4 干细胞移植后体内功能建立与调控

4.1 移植后干细胞的组织示踪及功能分析

研究内容：针对移植细胞在特定组织内增殖、分化、迁移等生物学行为的分子影像和示踪技术。

考核指标：建立在体检测移植细胞命运及功能、在体调控移植细胞命运的技术体系；建立适合长期研究的无创性成像及功能分析平台；系统评估移植细胞的生物学特征、命运转化和功能整合。

4.2 人类干细胞移植的免疫学问题及解决方案

研究内容：人类干细胞移植治疗中与宿主免疫系统相互作用的关键科学问题。

考核指标：建立针对免疫排斥诱导机体产生免疫耐受的关键技术与方法；明确干细胞在免疫相关疾病中的免疫调控作用及机制；建立基于干细胞免疫调控的疾病治疗新策略。

5 基于干细胞的组织和器官功能重建

5.1 干细胞的体外自动化、规模化培养及扩增系统

研究内容：结合人体组织器官微环境特点，建立规模化、自动化的干细胞培养、扩增和功能细胞获取技术体系。

考核指标：遴选适合干细胞体外培养的新型材料，研发干细胞规模化制备技术，建立相应操作规范；分级实现工艺放大，建立具有10～20升规模的通用性干细胞扩增系统；建立功能细胞获取、诱导和培养的自动化系统及技术体系。

5.2 基于干细胞的体外类器官建立

研究内容：结合三维培养及打印等新技术，利用多能干细胞或成体干细胞建立类器官结构。

考核指标：揭示干细胞体外分化及自组装规律；建立利用人类干细胞进行体外3D构建和长期培养的技术体系；获得人体脏器的功能性组织模块；系统比较体外类器官形成与体内器官发育过程的异同，明确类器官和功能组织模块体内移植用于治疗的可行性。

5.3 组织干细胞的正常发育与变异机理

研究内容：组织干细胞的起始与演进规律，增殖过程中基因突变积累对肿瘤发生的影响；组织干细胞异常与恶性转变的机制。

考核指标：阐明组织干细胞形成、维持与衰老的机制；明确正常细胞或干细胞的恶性转变、干性重新获得与维持、治疗耐受的关键功能分子及调控规律；揭示肿瘤干细胞理论及其对相关疾病诊疗的意义。

6 干细胞资源库

6.1 组织干细胞与病理组织库的建立与示范应用

研究内容：依托具有相关学科优势的三甲医院，建立示范性的人体组织干细胞和病理组织库。

考核指标：建设人体组织干细胞和病理组织库，针对专项研究范围内的3种以上重大疾病，收集300例以上的疾病组织或细胞，及相应规模的对照细胞；建立人体组织干细胞和病理组织的分离、鉴定、功能维持和制备的技术标准；建立基于现代化信息平台的区域协同的标本采集、组织管理和资源共享机制；为干细胞与转化研究提供细胞组织材料与技术支撑。

7 利用动物模型进行干细胞临床前评估

7.1 干细胞与转化研究相关大动物模型

研究内容：基于基因靶向编辑技术的大动物（猴或猪）人类神经系统重大疾病模型，及基于这些模型的干细胞安全性和有效性评估。

考核指标：建立人类神经系统重大疾病的大动物模型；基于以上模型完成至少3种疾病的干细胞移植、组织和器官修复治疗的临床前研究。

8 干细胞临床研究

8.1 临床级别干细胞标准化评估体系

研究内容：临床级别干细胞的评估体系及质控标准。

考核指标：针对3种以上干细胞，建立临床级干细胞的标准评估体系，包括生物标志物、细胞模型、微生物检测等制备质量指标，以及干细胞移植后体内分布、动态变化、致瘤性等功能性指标，形成相应的干细胞质控标准。

8.2 干细胞的临床转化研究

研究内容：依托有国家资质的干细胞基础及临床研究基地进行干细胞临床试验，评价干细胞

治疗的临床有效性、安全性。

考核指标：建立干细胞治疗的临床转化示范体系，明确包括适应症、移植途径、细胞剂量、疗程等主要技术指标；建立对副作用的有效评估、预防和治疗方案；形成规范的伦理评价体系，为干细胞治疗的临床转化奠定基础。

申报要求及评审说明

根据专项实施方案和"十二五"期间有关部署，2016年拟优先支持20个研究方向，每个方向原则上支持一个项目。此外，设立青年科学家专题，标"＊"的研究方向同时受理青年科学家专题项目申请，拟择优立项10个项目。

1 项目组织要求

1.1 针对指南支持方向的研究内容以项目为单位组织申报，由申报单位推荐一名本单位科研人员作为项目首席科学家。优先依托国家重点实验室等重要科研基地组织项目。项目应根据考核指标提出明确、可考核的预期目标。基础研究类方向应聚焦重大科学问题和核心关键技术的原创性突破；转化应用类方向应整合基础研究、关键技术、临床转化的优势队伍。

1.2 按照集中优势、提高效率的原则，申报单位参考以往项目资助强度，根据研究实际需要和经费管理要求提出申请经费额度。项目执行期一般为5年，参加人员人均资助强度应在40万元/年以上。

1.3 项目下设课题数不超过3个，承担单位不超过4个，每个课题设1名负责人，推荐项目首席科学家应是课题负责人之一。项目参加人员不超过15人，其中，主要学术骨干（PI）不超过8人。

1.4 青年科学家专题项目不设课题，承担单位不超过2个，设1名项目负责人，项目参加人员不超过3人，其中，主要学术骨干（PI）不超过2人。

1.5 相关研究工作须遵守《干细胞临床研究管理办法（试行）》（国卫科教发〔2015〕48号）规范、有序开展。

2 项目申报评审流程

试点改革2016年项目申报评审工作，项目申报采取填写建议书、申报书两步申报评审的方式进行。

2.1 申报项目需在30日内通过国家科技管理信息系统填写并提交项目建议书（格式在国家科技管理信息系统公共服务平台相关专栏下载），网络填报的受理时间为：2015年12月1日8：00至12月15日17：00。

请各推荐单位于2015年12月17日前（以寄出时间为准），将加盖推荐单位公章的推荐函（纸质，一式2份）、推荐项目清单（网上通过系统直接生成打印，纸质，一式2份）及光盘（Excel格式）寄送科技部信息中心。各申报单位于2015年12月17日前（以寄出时间为准），将加盖申报单位公章的项目建议书（网上通过系统直接生成打印，纸质，一式2份），寄送中国生物技术发展中心。

2.2 项目建议书通过形式审查后，参加初评。根据专家评审结果确定进入复评的项目。

2.3 进入复评的项目应在接到通知20日内通过国家科技管理信息系统填写并提交项目申报书（格式在国家科技管理信息系统公共服务平台相关专栏下载）。

2.4 进入复评的项目申报书通过形式审查后，参加网络视频评审。推荐项目首席科学家通过网络视频进行报告答辩。根据专家评议情况择优建议立项。

"干细胞及转化研究"试点专项指南编制专家名单

序号	姓 名	单 位	职称/职务
1	裴 钢	同济大学	教授
2	曹雪涛	中国医学科学院	研究员
3	裴端卿	中国科学院广州生物医药与健康研究院	研究员
4	季维智	中国科学院昆明动物研究所	研究员
5	曾凡一	上海交通大学	研究员
6	金 亮	中国药科大学	教授
7	黄 河	浙江大学	教授
8	王佑春	中国食品药品检定研究院	研究员
9	胡宝洋	中国科学院动物研究所	研究员

附件 2

"数字诊疗装备研发"试点专项
2016 年度第一批项目申报指南

数字诊疗装备是医疗服务体系、公共卫生体系建设中最为重要的基础装备，也是催生新一轮健康经济发展的核心引擎，具有高度的战略性、带动性和成长性。由于技术创新能力不强，产学研用结合不紧密，创新链和产业链不完整等，我国医疗器械特别是高端影像诊断和大型治疗等数字诊疗装备的技术竞争力薄弱，高端数字诊疗装备主要依赖进口。

为增强我国数字诊疗装备的技术竞争力，推动医疗器械产业发展，全面落实《国家中长期科学和技术发展规划纲要（2006—2020 年）》和"中国制造2025"的相关任务，经国家科技计划（专项、基金等）战略咨询与综合评审特邀委员会、部际联席会议审议，"数字诊疗装备研发"重点专项列为首批启动的 6 个试点专项之一并正式进入实施阶段。

本专项旨在抢抓健康领域新一轮科技革命的契机，以早期诊断、精确诊断、微创治疗、精准治疗为方向，以多模态分子成像、大型放疗设备等十个重大战略性产品为重点，系统加强核心部件和关键技术攻关，重点突破一批引领性前沿技术，协同推进检测技术提升、标准体系建设、应用解决方案、示范应用评价研究等工作，加快推进我国医疗器械领域创新链与产业链的整合，促进我国数字诊疗装备整体进入国际先进行列。

本专项按照全链条部署、一体化实施的原则，设置了前沿和共性技术创新、重大装备研发、应用解决方案研究、应用示范和评价研究 4 项任务，下设 20 个重点方向。本指南为数字诊疗装备试点专项的第一批指南，部署其中的 9 个重点方向。

1 前沿和共性技术创新

1.1 新型成像前沿技术

研究内容：光声、太赫兹波、单分子示踪等基于新原理、新机制、新材料、新发现的新型成像技术研究及其实现；探索心脏、血管、骨、脑和神经复杂结构、特性和功能及其在临床应用中的相关难点问题的新型成像原理、算法和技术研究。

考核指标：每个项目至少有 1 项新型成像前沿技术实现首创或达到同类技术的国际领先水平，提交证明该技术先进性和实用性的技术测试报告、在具体产品应用的验证报告和科技成果鉴定报告；申请/获得不少于 2 项核心发明专利。

实施年限：2016—2018 年。

拟支持项目数：不超过 30 个（包括青年科学家专题）。

有关说明：鼓励产学研医检联合申报，鼓励创新团队参与申报或与海外团队合作申报。单位自有货币资金与国拨经费投入比例不小于 1∶1。本方向设立青年科学家专题，拟小额支持一批青年科学家项目，重点支持开展新理论、新方法和新技术研究，申请人年龄在 40 周岁以下，具有副高级（含）以上专业技术职称。

1.2 质控和检验标准化技术

研究内容：围绕数字诊疗装备质量保证和安全评价中尚未解决的共性关键技术问题，开展放射类产品低剂量控制评价和应用规范研究；开发人工心脏等有源植入物性能测试及专用电磁兼容测试平台；研发标定影像设备和医用光学设备检测用体模和标准器，系统提升我国重大数字诊疗装备质量控制和安全保障能力。

考核指标：每个项目均需形成至少 3 个检测/应用规范；完成相关检测设备/体模研发，提交其技术测试报告和应用于具体产品的验证报告；申请/获得不少于 1 项核心发明专利。

实施年限：2016—2018 年。

拟支持项目数：不超过 5 个。

有关说明：鼓励产学研医检联合申报，鼓励创新团队参与申报或与海外团队合作申报。单位自有货币资金与国拨经费投入比例不小于 1∶1。

2 重大装备研发

2.1 多模态分子成像系统研发

2.1.1 PET-荧光双模融合分子影像系统

研究内容：研发 PET-荧光双模融合分子影像系统；实现新型闪烁晶体与光电器件、分子成像专用集成电路、高灵敏度荧光数据采集装置、高分辨 PET 探测器等核心部件国产化。

考核指标：整机产品获得产品注册证，综合空间分辨率不大于 1.5mm，系统肿瘤定位精度不大于 1mm，系统时间分辨率 5～20fps；整机产品中主要核心部件需实现国产化；提供核心部件、整机的可靠性设计和失效模型设计文件及相关第三方测试报告；申请/获得不少于 1 项相关技术发明专利。

实施年限：2016—2020 年。

拟支持项目数：不超过 2 个。

有关说明：企业牵头申报，鼓励产学研医检合作，牵头单位须具备较好的研究基础和较强的产业化能力，临床机构须承担临床验证任务；实施过程中将根据项目执行情况进行动态调整。单位自有货币资金与国拨经费投入比例不小于 2∶1。

2.1.2 PET-核磁共振分子影像系统

研究内容：研发 PET-核磁共振分子影像系统；实现新型闪烁晶体与光电器件、分子成像专用集成电路、高灵敏度荧光数据采集装置、高分辨 PET 探测器等核心部件国产化。

考核指标：整机产品获得产品注册证，综合空间分辨率不大于 1.5mm；整机产品中主要核心部件需实现国产化；提供核心部件、整机的可靠性设计和失效模型设计文件及相关第三方测试报告；申请/获得不少于 1 项相关技术发明专利。

实施年限：2016—2020 年。

拟支持项目数：不超过 2 个。

有关说明：企业牵头申报，鼓励产学研医检合作，牵头单位须具备较好的研究基础和较强的产业化能力，临床机构须承担临床验证任务；实施过程中将根据项目执行情况进行动态调整。单位自有货币资金与国拨经费投入比例不小于 2∶1。

2.1.3　多模态光学分子影像系统

研究内容：研发多模态光学分子影像系统；实现新型闪烁晶体与光电器件、分子成像专用集成电路、高灵敏度荧光数据采集装置、高分辨探测器等核心部件国产化。

考核指标：整机产品获得产品注册证，光学术中定位精度误差不大于 1.0mm，在体光学-荧光-光声多模态影像诊断系统光学空间分辨率不大于 5mm，超声空间分辨率不大于 0.1mm；整机产品中主要核心部件需实现国产化；提供核心部件、整机的可靠性设计和失效模型设计文件及相关第三方测试报告；申请/获得不少于 1 项相关技术发明专利。

实施年限：2016—2020 年。

拟支持项目数：不超过 2 个。

有关说明：企业牵头申报，鼓励产学研医检合作，牵头单位须具备较好的研究基础和较强的产业化能力，临床机构须承担临床验证任务；实施过程中将根据项目执行情况进行动态调整。单位自有货币资金与国拨经费投入比例不小于 2∶1。

2.1.4　新一代临床全数字 PET 成像系统

研究内容：研发新一代临床全数字 PET 成像系统；实现新型闪烁晶体与光电器件、分子成像专用集成电路、高灵敏度荧光数据采集装置、高分辨全数字 PET 探测器等核心部件国产化。

考核指标：整机产品获得产品注册证，空间分辨率不大于 2.0mm，时间分辨率不大于 400ps，探测灵敏度不大于 1.5%；整机产品中主要核心部件需实现国产化；提供核心部件、整机的可靠性设计和失效模型设计文件及相关第三方测试报告；申请/获得不少于 1 项相关技术发明专利。

实施年限：2016—2020 年。

拟支持项目数：不超过 2 个。

有关说明：企业牵头申报，鼓励产学研医检合作，牵头单位须具备较好的研究基础和较强的产业化能力，临床机构须承担临床验证任务；实施过程中将根据项目执行情况进行动态调整。单位自有货币资金与国拨经费投入比例不小于 2∶1。

2.2　新型断层成像系统

2.2.1　新型 X-射线计算机断层成像系统

研究内容：研发应用了国产核心部件的新型多排 CT；实现 CT 系统的高性能探测器、大容量 X 射线管、高速数据采集传输模块、高速滑环等核心部件国产化，并全部实现产业化。

考核指标：整机产品获得产品注册证，128 排以上 CT 系统，扫描时间不大于 0.2s，扫描范围不小于 16cm，X 射线球管热容量不小于 8MHU；整机产品中主要核心部件需实现国产化；提供核心部件、整机的可靠性设计和失效模型设计文件及相关第三方测试报告；申请/获得不少于 1 项相关技术发明专利。

实施年限：2016—2020 年。

拟支持项目数：不超过 2 个。

有关说明：企业牵头申报，鼓励产学研医检合作，牵头单位须具备较好的研究基础和较强的产业化能力，临床机构须承担临床验证任务；实施过程中将根据项目执行情况进行动态调整。单位自有货币资金与国拨经费投入比例不小于 2∶1。

2.3　新一代超声成像系统

2.3.1　多功能动态实时三维超声成像系统

研究内容：研发多功能动态实时三维超声成像系统；实现新型高密度/高频宽带/高灵敏度的二维超声换能器、超声专用集成芯片等核心部件国产化，并全部实现产业化。

考核指标：整机产品获得产品注册证，单晶面阵探头密度不小于 64×64 阵元，帧频不小于 25 帧/s，多波束成像 192 通道；整机产品中主要核心部件需实现国产化；提供核心部件、整机的可靠性设计和失效模型设计文件及相关第三方测试报告；申请/获得不少于 1 项相关技术发明专利。

实施年限：2016—2020 年。

拟支持项目数：不超过 2 个。

有关说明：企业牵头申报，鼓励产学研医检合作，牵头单位须具备较好的研究基础和较强的产业化能力，临床机构须承担临床验证任务；实施过程中将根据项目执行情况进行动态调整。单位自有货币资金与国拨经费投入比例不小于 2∶1。

2.3.2　掌上超声成像系统

研究内容：研发掌上超声成像系统；实现新型高密度/高频宽带/高灵敏度的二维超声换能器、超声专用集成芯片等核心部件国产化，并全部实现产业化。

考核指标：整机产品获得产品注册证，通道数不小于 64 通道，无线探头传输距离不小于 8m，采用单晶/复合陶瓷探头，3 种探头（腹部、心脏、小器官）可选；整机产品中主要核心部件需实现国产化；提供核心部件、整机的可靠性设计和失效模型设计文件及相关第三方测试报告；申请/获得不少于 1 项相关技术发明专利。

实施年限：2016—2020 年。

拟支持项目数：不超过 2 个。

有关说明：企业牵头申报，鼓励产学研医检合作，牵头单位须具备较好的研究基础和较强的产业化能力，临床机构须承担临床验证任务；实施过程中将根据项目执行情况进行动态调整。单位自有货币资金与国拨经费投入比例不小于 2∶1。

2.4　大型放射治疗装备

2.4.1　多模式引导的一体化光子放射治疗装备

研究内容：研发多模式引导的一体化光子放射治疗装备；实现小型化/高稳定性放射源、自适应 TPS、动态 MLC、支持多中心互联的放疗网络系统等核心部件国产化。

考核指标：整机产品获得产品注册证，定位误差不大于 1mm，剂量引导误差不大于 3%，高稳定性放射源满功率连续稳定工作 30min，TPS 具备自适应功能；整机产品中主要核心部件需实现国产化；提供核心部件、整机的可靠性设计和失效模型设计文件及相关第三方测试报告；申请/获得不少于 1 项相关技术发明专利。

实施年限：2016—2020 年。

拟支持项目数：不超过 2 个。

有关说明：企业牵头申报，鼓励产学研医检合作，牵头单位须具备较好的研究基础和较强的产业化能力，临床机构须承担临床验证任务；实施过程中将根据项目执行情况进行动态调整。单位自有货币资金与国拨经费投入比例不小于 2∶1。

2.4.2　质子放疗系统

研究内容：研发质子放疗系统；实现粒子注入器、大型高场永磁/超导磁体、真空加速腔体、真空束流输运系统、大功率高频电源、旋转机架和治疗头等核心部件国产化。

考核指标：整机产品获得产品注册证，最大能量不小于 230MeV，最大剂量率不小于 3Gy/min，能量稳定度不超过 ±0.1%；整机产品中主要核心部件需实现国产化；提供核心部件、整机的可靠性设计和失效模型设计文件及相关第三方测试报告；申请/获得不少于 1 项相关技术发明专利。

实施年限：2016—2020 年。

拟支持项目数：不超过 2 个。

有关说明：企业牵头申报，鼓励产学研医检合作，牵头单位须具备较好的研究基础和较强的产业化能力，临床机构须承担临床验证任务；实施过程中将根据项目执行情况进行动态调整。单位自有货币资金与国拨经费投入比例不小于 2∶1。

2.5　医用有源植入式装置

2.5.1　植入式脊髓刺激器

研究内容：研发植入式脊髓刺激器；实现核磁相容电极、超低功耗集成电路、高密度馈通/高密度电极等核心部件国产化。

考核指标：整机产品获得产品注册证，植入式脊髓刺激器低功耗神经刺激器集成电路输出电压 0~10V，输出电流 0~20mA，静态功耗 <15μW，高密度馈通 16 通道，高密度电极 8 触点，核磁相容 3T；整机产品中主要核心部件需实现国产化；提供核心部件、整机的可靠性设计和失效模型设计文件及相关第三方测试报告；申请/获得不少于 1 项相关技术发明专利。

实施年限：2016—2020 年。

拟支持项目数：不超过 2 个。

有关说明：企业牵头申报，鼓励产学研医检合作，牵头单位须具备较好的研究基础和较强的产业化能力，临床机构须承担临床验证任务；实施过程中将根据项目执行情况进行动态调整。单位自有货币资金与国拨经费投入比例不小于 2∶1。

3　应用解决方案研究

3.1　新型诊疗技术解决方案

研究内容：围绕早期筛查、精确诊断、微创治疗、精准治疗等新的技术方向，研发心脑血管介入治疗、肿瘤微创治疗/精确放疗、骨科精准治疗、脑植入电刺激等新型诊疗技术集成解决方案（包括核心产品、配套产品、软件产品等），系统加强产品集成及不同层级医疗机构的临床应用规范研究，强化应用为导向的研究。

考核指标：每个项目完成至少 1 种以国产数字诊疗装备为核心的创新性解决方案，并完成循证评价研究，进入临床指南。

实施年限：2016—2018 年。

拟支持项目数：不超过 10 个。

有关说明：鼓励产学研医检合作，申报项目牵头单位须具备较强的创新能力和组织能力，能够组织不同地区各级医疗机构、核心装备制造商、检验机构共同参与研究。需要单位自有货币资金、地方财政和国拨经费共同投入，单位自有货币资金及其地方财政的投入与国拨经费投入比例不小于 1：1。

4　应用示范和评价研究

4.1　创新诊疗装备产品评价

研究内容：系统开展 PET-CT、MRI、立体定向放疗及医用电子仪器的临床效果、临床功能及适用性、可靠性、技术性能和服务体系等评价研究。所评价的产品须为覆盖不同区域不同级别医疗机构的、不同使用年限的、不同厂家的代表性产品。

考核指标：系统建立科学合理的评价规范和评价体系，每种产品完成不少于 5 个型号的评价，每个型号在不少于 3 家三甲医疗机构和 3 家基层医疗机构完成评价。针对上述某 1 种产品形成需求分析报告、产品评价规范和产品评价报告，完成评价体系文件、方法和工具的研究。

实施年限：2016—2018 年。

拟支持项目数：不超过 5 个。

有关说明：三甲医院牵头，不同区域不同级别医疗机构、评价机构、第三方服务机构参与；牵头单位须具备较强的应用能力和组织能力，能独立进行统计评价。应积极争取地方财政的支持，地方财政和国拨经费投入比例不小于 1：1。

"数字诊疗装备研发"试点专项指南编制专家名单

序号	姓　名	单　位	职称/职务
1	俞梦孙	空军航空医学研究所	教授
2	李秀清	中国物理学会粒子加速器学会	副主任委员
3	王卫东	解放军总医院医学工程保障中心	研究员
4	樊瑜波	北京航空航天大学	教授
5	唐玉国	中国科学院苏州生物医学工程技术研究所	研究员
6	杨昭鹏	中国食品药品检定研究院医疗器械检定所	所长
7	董　放	国家食品药品监督管理总局药品评价中心	处长
8	刘晓燕	国家食品药品监督管理总局医疗器械技术审评中心	处长
9	伍瑞昌	军事医学科学院卫生装备研究所	研究员
10	董秀珍	解放军第四军医大学	教授
11	池　慧	中国医学科学院医学信息研究所	研究员
12	蔡　葵	北京医院	主任医师
13	欧阳劲松	机械工业仪器仪表综合技术经济研究所	教授级高级工程师
14	王晓庆	中关村医疗器械产业技术创新联盟	常务副理事长
15	孙京昇	北京市医疗器械检验所	副所长
16	张　强	上海联影医疗科技有限公司	总裁
17	赵大哲	东软集团	副总裁
18	王炳强	威海威高齐全医疗设备有限公司	总经理

附件3

"大气污染成因与控制技术研究"试点专项
2016年度第一批项目申报指南

为贯彻落实党中央《关于加快推进生态文明建设的意见》、国务院《大气污染防治行动计划》等相关部署，按照《国务院关于深化中央财政科技计划（专项、基金等）管理改革的方案》要求，科技部会同环境保护部等13个部门及北京等5个地方科技主管部门，制定了国家重点研发计划《大气污染成因与控制技术研究》重点专项实施方案，组织开展监测预报预警技术、雾霾和光化学烟雾形成机制、污染源全过程控制技术、大气污染对人群健康的影响、空气质量改善管理支持技术和大气污染联防联控技术示范等6项重点任务科研攻关，为大气污染防治和发展节能环保产业提供科技支撑。

本专项总体目标是：深入落实《大气污染防治行动计划》和《加强大气污染防治科技工作支撑方案》，聚焦雾霾和光化学烟雾污染防治科技需求，通过"统筹监测预警、厘清污染机理、关注健康影响、研发治理技术、完善监管体系、促进成果应用"，构建我国大气污染精细认知-高效治理-科学监管的区域雾霾和光化学研究防治技术体系，开展重点区域大气污染联防联控技术示范，形成可考核可复制可推广的污染治理技术方案，培育和发展大气环保产业，提升环保技术市场占有率，支撑重点区域环境质量有效改善，保障国家重大活动空气质量。

各任务以项目形式落实，将适当安排一批青年项目。2016年第一批项目支持任务不超过总任务的30%。项目主要聚集于国家大气污染防治和节能环保产业发展的重大科技需要，项目执行期3～5年。本专项设立蓝天科研行动、蓝天科技产业行动和蓝天科技区域行动等三大行动计划以统筹各重点任务的实施，引导各任务在重点区域实现基础研究-共性技术-应用示范的融合。青年项目聚焦于前沿科学问题、新技术、新方法和新模型，突出原创性，同时培养青年人才，青年项目资助强度约为项目的1/15左右，申请人年龄不超过40岁，具有博士学位或副高（含）以上专业职称，项目执行期原则上为3年。

本专项2016年第一批项目申报指南如下：

1 监测预报预警技术

1.1 大气有机物集成化在线测量技术

研究内容：研发适用于大气低浓度有机物的前处理及富集技术，研制挥发性、半挥发性和颗粒有机物高灵敏分析技术与设备，开展典型污染过程中主要大气有机成份集成化在线测量。

考核指标：建成一套在线测量系统，形成相应的技术规范、质量控制和质量保证体系。

1.2 大气污染多平台一体化监测技术

研究内容：研制大气污染多参数地基高分辨在线集成测量技术、车（船）载和机载走航观测技术、自由对流层与边界层物质能量交换的探测技术、卫星遥测技术，开展多尺度大气污染过程天空地一体化实时监控的技术示范，支撑国家生态环境监测网络建设。

考核指标：建成大气污染立体监测多平台融合的技术系统与技术规范，形成相关的质量控制和数据集成的关键技术体系。

拟支持项目数：拟针对不同区域并采取不同技术路线部署项目2项。

有关说明：每份申报书只能针对复杂地形和沿海区域中的一项进行申报。

1.3 重点行业多组分大气污染源排放高精度在线监测技术

研究内容：研发固定污染源超细颗粒物、VOCs、恶臭、NH3 和 Hg 等关键污染物排放在线监测技术和设备；研发移动污染源超细颗粒物和 VOCs 等在线测量和机动车超标排放快速识别技术；在重点区域开展技术示范，有效支撑环境监管需求。

考核指标：满足国家行业最新标准和超低排放监测的要求，形成相应的技术规范。

拟支持项目数：拟部署项目 2 项。

有关说明：每份申报书只能针对移动源和固定源中的一项进行申报。

1.4 精细网格大气动态污染源清单技术

研究内容：突破基于物质流分析的人为源全过程排放定量技术，研发源清单多维校验与同化技术、源排放清单动态模式与精细网格排放交换信息平台，研究天然源排放规律与影响因子，在重点区域开展示范。

考核指标：主要污染物排放清单的不确定性小于 30%，满足国家大气污染预报预警及控制决策对排放清单的要求。

1.5 大气环境监测数据共享技术及应用

研究内容：围绕京津冀、长三角和珠三角等东部地区城市群开展气象过程和化学过程多参数同步长期测量，组织实施大气复合污染大型综合观测实验，研究不同类型数据质控技术、同化技术和大数据分析技术，为研究大气环境变化和制定污染防治政策提供标准化共享数据集，满足大气环境科研、业务和管理的需求。

考核指标：形成环保、气象和科研院所间的数据共享机制和联网平台，实现观测数据及相关信息的分级管理和实时共享。

拟支持项目数：拟部署项目 3 项。

有关说明：在本专项框架下建立 3 个项目同步实施的协调机制，每份申报书根据环保、气象和科研的需求只能申报其中的 1 项，并要求承诺实现数据共享。

2 雾霾和光化学烟雾形成机制

2.1 大气反应性有机物降解转化机制及环境效应

研究内容：重点研究大气反应性挥发性有机物的降解机制，开展典型区域反应性有机物与臭氧和 PM2.5 的量化研究，弄清其对光化学烟雾及雾霾形成的区域影响。

考核指标：获得典型区域反应性有机物与臭氧和 PM2.5 的量化关系，改善空气质量预报模式的有机物降解机制。

2.2 细颗粒物爆发增长机制与调控原理

研究内容：研究二次颗粒物形成的耦合过程及主控因子，定量评估重点行业对细颗粒物爆发增长的贡献，提出减缓颗粒物重污染的应急调控原理和方法。

考核指标：建立二次颗粒物生成反应机理与适用于空气质量模式的参数化方案。

2.3 重污染累积与天气及气候过程的双向反馈机制

研究内容：研究不同地区的大气重污染的促发因子，污染物累积与变化特征，不同时间尺度大气重污染与大气热力、动力以及降水交互影响的机理，获得区域污染和气象要素变化之间的定量关系，提升我国区域模式对重污染的预报能力。

考核指标：阐明重污染与天气过程的双向反馈机制，获得适用于空气质量模式的参数化方案。

3 污染源全过程控制技术

3.1 燃煤电站低成本超低排放控制技术及规模装备

研究内容：重点研究燃煤电站低投资、低能耗、污染物超低和超超低排放技术与装备，突破重金属富集、可凝结颗粒物治理、劣质煤利用等关键技术，并在国家大气污染防治重点区域内的 600 MW 等级以上机组开展工程应用示范。

考核指标：超低排放技术达到燃烧天然气排放标准，适应劣质煤原料，实现长期稳定运行；超超低排放在燃烧天然气排放标准基础上 SO_2、NOx、SO_3、粉尘、重金属等污染物排放浓度进一步降低 50%。

拟支持项目数：拟针对不同技术路线和研究内容部署项目 2 项。

有关说明：由企业牵头申报，申报企业条件见相关要求。

3.2 燃煤工业锅炉超低排放控制技术

研究内容：重点研究燃煤工业锅炉超低排放控制技术，实现烟气污染物排放达到燃烧天然气排放标准，并在国家大气污染防治重点区域开展工程示范。

考核指标：烟尘排放浓度 $\leqslant 5 \ mg/m^3$，SO_2 排放浓度 $\leqslant 35 \ mg/m^3$ 和 NOX 排放浓度 $\leqslant 50 mg/m^3$。完成 2 ~ 3 个工程示范。

拟支持项目数：拟针对不同技术路线和研究内容部署项目 1 ~ 2 项。

有关说明：由企业牵头申报，申报企业条件见相关要求。

3.3 化工等行业挥发性有机物（VOCs）控制及替代技术与装备

研究内容：针对化工、涂装、医药、包装、印刷等行业，重点研制有机挥发物气体净化的新材料、新技术及源头挥发性溶剂替代技术，形成全过程系统解决方案，并在国家大气污染防治重点区域开展工程示范。

考核指标：VOCs 一次去除率 >95%，污染物排放优于国家最新标准，不产生二次污染，完成 3 ~ 4 个长期稳定运行的示范工程，处理风量 20 000Nm³/h 以上；挥发性溶剂替代技术实现规模化生产，关键材料与技术形成自主知识产权。

拟支持项目数：拟根据不同技术路线和研究内容部署项目 3 项，其中控制技术 2 项，源头替代技术 1 项。

有关说明：每份申报书只能针对以上行业中的一个行业进行申报。由企业牵头申报，申报企业条件见相关要求。

3.4 替代燃料与摩托车污染排放控制技术与系统

研究内容：突破替代燃料车和摩托车排放常规和非常规污染物净化等关键技术，形成排气后处理技术系统及成熟产品，在国家大气污染防治重点区域开展示范，实现规模化生产。

考核指标：替代燃料车排放满足国六标准（相当于欧六标准）的要求，摩托车排放满足国四要求。

有关说明：由企业牵头申报，申报企业条件见相关要求。

3.5 船舶污染排放控制技术与示范

研究内容：研究船用清洁燃料和岸电使用技术，重点突破脱硫、脱硝及排气后处理系统与大功率柴油机匹配设计等关键技术。在国家大气污染防治重点区域开展技术集成示范。

考核指标：满足国际三排放标准要求。

有关说明：由企业牵头申报，申报企业条件见相关要求。

3.6 居民燃煤和城市扬尘控制技术及应用示范

研究内容：研制新型燃煤技术、清洁燃烧装置与灶具；开发扬尘抑制新材料与全过程治理关键技术，在国家大气污染防治重点区域开展示范。完成区域性示范应用与经济环境评价。

考核指标：实现居民燃煤污染排放减少40%以上，示范区域扬尘排放减少90%以上。

拟支持项目数：拟部署项目2项。

有关说明：每份申报书只能针对居民燃煤和城市扬尘中的一项进行申报。由企业牵头申报，申报企业的要求见相关附件。

4 大气污染对人群健康的影响

4.1 大气污染暴露测量技术

研究内容：研发高时空分辨率的主要气态污染物和多粒径颗粒物及组分的个体和人群暴露测量技术，实时识别健康风险的大气污染源解析技术，以及人体生物样品中大气污染的暴露标志测量技术。

考核指标：一套高时空分辨率个体和人群暴露监测与健康风险源解析技术体系，个体暴露监测技术的时间分辨率<1小时、人群暴露测量与模拟的空间分辨率<200m。

4.2 大气污染的急性健康风险

研究内容：针对我国大气污染暴露水平高、组分和来源复杂的特点，研究大气污染急性暴露对我国典型区域居民呼吸系统和心脑血管系统健康影响的暴露-反应关系。

考核指标：建立符合中国实际情况的大气污染急性健康效应暴露-反应关系。

4.3 室内公共场所污染快速检测、形成机制及干预技术

研究内容：开发室内公共场所典型化学污染物快速检测技术、有毒有害微生物和致敏源监测技术，研究室内SVOCs等新型污染物的形成机制及主控因子。开发健康防护与空气质量调控新技术、新产品，完成技术应用示范，形成室内空气污染防治策略与评价技术体系。

考核指标：实现典型气体和固体污染物的实时检测与动态表征、和有毒有害污染物1小时内的快速检测，关键技术与材料达到规模生产能力，形成室内SVOCs等污染物与产品健康评价体系。

5 空气质量改善管理支持技术

5.1 我国分区分阶段的空气质量改善路线图研究

研究内容：针对我国环境空气质量改善总体战略，开展"总量-质量"相衔接的空气质量改善目标、监管和减排方案等研究，设计"国家-区域-省市"中长期空气质量改善路线图。

考核指标：提出2020—2030年我国分区域分阶段空气质量达标路线图与时间表、达标减排方案与保障措施。

5.2 大气污染损害评估技术和制度研究

研究内容：开展情景费效分析模型、法规空气质量模型、空气质量统计诊断模型等研究，构建大气污染及其防治政策法规对国民经济和公众健康影响的量化评估技术体系，选择典型区域开展技术示范。

考核指标：提出我国大气污染损害评估技术规范（建议稿），建成相配套的模型体系。

拟支持项目数：拟部署项目3项。

有关说明：每份申报书只能针对情景费效分析模型、法规空气质量模型和空气质量统计诊断模型中的一项进行申报。

5.3 大气污染源排放标准评估和制修订的技术方法体系研究

研究内容：调查分析污染源排放现状及减排潜力，开展现行排放标准体系的实施情况和环境、技术、经济评估，研究重点工业源、移动源、典型面源的法规控制污染物、标准检测方法和排放限值等，建立排放标准制修订的关键技术方法体系。

考核指标：建成排放标准制、修订的技术方法体系，形成8~10项主要污染源排放标准的征求意见稿。

拟支持项目数：拟部署项目3项。

有关说明：每份申报书只能针对重点工业源、移动源和典型面源中的一项进行申报。

5.4 大气污染源排放现场执法监管的技术方法体系研究

研究内容：面向强化污染源排放监管的需求，完善用于污染源现场执法监管的遥感遥测、便携检测等快捷技术方法，建立标准化、规范化的技术方法体系，并在2~3个重点行业示范应用。

考核指标：形成6~8项用于现场执法监管的方法标准、指南和规范（征求意见稿）。

拟支持项目数：拟部署项目2项。

有关说明：每份申报书只能针对固定源（包括点源和面源）和移动源中的一项进行申报。

5.5 排污许可证管理政策和支撑技术研究

研究内容：研究主要大气污染源的重点污染物排放量核算技术方法，提出重点污染物排放量核算技术指南，建立以排污许可证管理制度为核心的大气环境管理政策和支撑技术体系，并在2~3个重点行业示范应用。

考核指标：形成重点污染物排放量核算技术指南（建议稿）及配套技术方法，以排污许可制度为核心的大气环境管理制度建设方案（建议稿）。

6 大气污染联防联控技术示范

6.1 大气污染多组分在线源解析集成技术

研究内容：建立我国颗粒物源排放化学特征和示踪物谱库，突破颗粒物理化特征在线集成观测技术，构建颗粒物源解析的优化算法，实现细颗粒物来源在线动态解析。研究区域大气复合污染源解析同化新技术，开展排放源清单、源追踪数值模拟和受体模型多种技术融合的动态源解析技术集成研究，在典型地区进行技术示范。

考核指标：形成在线源解析集成技术体系和系列工具包，在线源解析技术时间分辨率<1小时，不同技术解析结果的一致性>80%。

6.2 区域大气复合污染动态调控与多目标优化决策技术

研究内容：研发区域经济-能源利用-排放控制-空气质量-控制费效的动态响应模拟和多维环境效应评估模型，构建区域大气复合污染多目标综合决策与优化技术。研究高时空分辨率排放清单、实时预测研判、动态决策管理、措施实施监管、应急效果评价、应急预案优化等多项技术融合的大气重污染应急管理决策技术，提出重污染科学防治及空气质量改善整体解决技术方案。

考核指标：形成决策支撑技术系列工具包，动态响应模拟技术的时空分辨率达到<24小时和1~3公里的要求，形成大气重污染过程应急管理决策业务化平台，在国家大气污染防治重点区域开展示范。

拟支持项目数：针对不同地域和不同产业结构特点的区域，拟部署项目2项，需由相关地方政府推荐后择优支持。

6.3 大气环保产业园创新创业政策研究及应用

研究内容：研究大气污染防治技术评价方法和指标体系，开展大气污染防治技术筛选与评估，研发一批支撑大气环保产业发展的配套技术，制定一批技术规范和标准。研究适于不同需求的大气污染防治技术的商业化模式，研究大气环保产业园创新链布局，构建具有区域特色和产业聚集特点的大气环保科技创新服务平台，采取有效措施推动《大气污染防治先进技术汇编》中适宜技术在园区产业化，打造具有创新优势、集群优势、服务优势的大气环保产业园。

考核指标：形成一批适合环保产业发展的技术规范、标准和技术服务平台，建成规模化的大气环保产业园或产业集聚区。

拟支持项目数：拟根据大气环保产业区域特色和创新优势部署项目 2 ~ 3 项。

有关说明：要求依托正式批复的 1 年以上省级及以上大气环保产业园实施。

申报要求

1. 牵头企业应具备为行业和社会提供技术和产品服务的能力，企业成立时间不少于三年，申报材料中应提供企业规模、税务部门提供的最近三年纳税、银行出具的最近三年资金状况、研发实力（包括机构、人员和投入）、承担重大科研任务情况等信息，保证项目申报的质量；

2. 对于涉及大气污染对人群健康影响的指南方向，项目立项后产生的研究成果需经必要的审核后方可发表；

3. 青年项目不受申请主体属性的限制，科研院所、高校和企业都可以申报。研究内容需依据本指南所列内容进行申报，应突出原创性，优先资助具有良好应用前景的研究项目。每个项目的申报单位为 1 ~ 2 个，执行期限原则上 3 ~ 4 年；除项目负责人外，项目参加人员不超过 5 人（含 5 人）；项目负责人及参加人员投入本项目研究时间不得少于 9 个月/年，申报时应在申请书封面项目名称后加注“（青年项目）”字样；

4. 如未加特别说明，每条指南方向拟部署项目 1 项，每份申报书需针对其指南方向的全部内容进行申报。

“大气污染成因与控制技术研究”试点专项指南编制专家名单

序号	姓　名	单　位	职称/职务
1	郝吉明	清华大学	教授
2	江桂斌	中国科学院生态环境研究中心	研究员
3	张远航	北京大学	教授
4	阚海东	复旦大学	教授
5	柴发合	中国环境科学研究院	研究员
6	龚山陵	中国气象科学研究院	研究员
7	苗艳青	国家卫生计生委卫生发展研究中心	研究员
8	王小明	国电科学技术研究院	研究员
9	王自发	中国科学院大气物理研究所	研究员
10	邢卫红	南京工业大学	研究员

附件 4

"新能源汽车"试点专项
2016 年度第一批项目申报指南

依据《国家中长期科学和技术发展规划纲要（2006—2020 年）》、《节能与新能源汽车产业发展规划（2012—2020 年）》，以及国务院《关于加快新能源汽车推广应用的指导意见》等，科技部会同有关部门组织开展了《国家重点研发计划新能源汽车试点专项实施方案》编制工作，在此基础上启动新能源汽车试点专项 2016 年度项目，并发布本指南。

本专项总体目标是：继续深化实施新能源汽车"纯电驱动"技术转型战略；升级新能源汽车动力系统技术平台；抓住新能源、新材料、信息化等科技带来的新能源汽车新一轮技术变革机遇，超前部署研发下一代技术；到 2020 年，建立起完善的新能源汽车科技创新体系，支撑大规模产业化发展。

本专项重点围绕动力电池与电池管理、电机驱动与电力电子、电动汽车智能化、燃料电池动力系统、插电/增程式混合动力系统和纯电动力系统等 6 个创新链（技术方向）部署 38 个重点研究任务。

按照分步实施、重点突出原则，2016 年首批在 6 个技术方向启动 19 个项目。

1 动力电池与电池管理系统

1.1 动力电池新材料新体系（基础前沿类）

研究内容：探索锂离子电池极限能量密度及其实现途径，研究新型高性能储锂电极及其反应机制、低成本合成和应用技术；研究材料的结构演化机制和性能改善策略。探索动力电池新体系，研究关键电极材料及其反应过程、反应动力学、性能演变等基础科学问题。研究电池极化模型和仿真设计方法；发展电极微结构和电极表界面的原位表征方法；研究新型高性能隔膜和电解液；开展电池安全性和环境适应性等问题的相关基础研究。

考核指标：新型锂离子电池样品能量密度 ≥400Wh/kg，新体系电池样品能量密度 ≥500Wh/kg。

支持年限：2016 年 1 月—2020 年 12 月

拟支持项目数：2 项

1.2 高比能量锂离子电池技术（重大共性关键技术类）

研究内容：研发高容量/高电压正极材料、碳/合金类高容量负极材料、高安全性隔膜和功能性电解液；发展基于模型的极片/电池设计技术、新型制造技术、工艺及装备等；开展高比能量锂离子电池热失控机理和防范机制、均一性和寿命的影响因素及工程化改善技术研究，开发高安全性、长寿命高能量密度锂离子电池，实现装车应用。

考核指标：电池单体能量密度 ≥300Wh/kg，循环寿命 ≥1500 次，成本 ≤0.8 元/Wh，安全性等达到国标要求；年生产能力 ≥2 亿瓦时，产品累计销售 ≥3 000 万瓦时或装车数量 ≥1 000 套。

支持年限：2016 年 1 月—2020 年 12 月

拟支持项目数：3 项

申报要求：电池企业牵头申报

2 电机驱动与电力电子总成

2.1 高温电力电子学及系统评测方法研究（基础前沿类）

研究内容：研究高温电力电子芯片与模块的设计理论、建模方法及测试技术，包括高温芯片和高温模块的设计理论与制造工艺、高温无源器件和高温驱动电路的设计理论，高温失效机理、可靠性评估和寿命预测以及高温测试技术。建立多物理场耦合的高温功率芯片、模块、无源器件、控制芯片的模型。研究高温、高功率密度电机控制器设计理论，以及建模和评测技术，形成综合评估方法。

考核指标：形成车用高温电力电子器件及系统的行业技术评测规范；电机控制器样机峰值功率密度≥36kW/L（105℃），匹配电机额定功率20~60 kW，最高效率≥98.5%，通过高温适应性和耐久性评测。

支持年限：2016年1月—2020年12月

拟支持项目数：1项

2.2 电机驱动控制器功率密度倍增技术（重大共性关键技术类）

研究内容：研究IGBT芯片、驱动电路、电量传感器、温度传感器等部件关键技术，高可靠性、高功率密度的电力电子总成技术；研发高效率、高功率密度的功率半导体器件，低感、低热阻无源器件，高集成度的功率组件和高功率密度电机控制器。

考核指标：电机控制器峰值功率密度≥17kW/L，最高效率≥98.5%，匹配电机额定功率20~60kW，功能安全满足ISO26262标准ASCIL C级的要求，设计寿命达到15年或40万公里；装车应用≥10 000套。

支持年限：2016年1月—2020年12月

拟支持项目数：2项

有关说明：企业牵头申报

3 电动汽车智能化技术

3.1 智能电动汽车信息感知与控制关键基础问题研究（基础前沿类）

研究内容：研究智能电动汽车信息安全理论与方法，车辆全状态参数辨识、复杂环境感知与多源信息融合方法，自主驾驶决策方法及人机共驾交互理论，智能电动汽车复杂耦合系统动力学及运动规划与控制理论。

考核指标：建立智能电动汽车信息安全、复杂环境感知、人机交互、运动规划、决策与控制设计方法；在样车上应用，基于车载环境感知系统，行人及障碍物识别率≥95%，周边车辆驾驶行为识别率≥90%；生成动态可行驶路径准确率≥95%，实现100ms内最优运动轨迹规划，车辆轨迹跟踪误差≤20cm。

支持年限：2016年1月—2020年12月

拟支持项目数：1项

3.2 电动汽车智能辅助驾驶技术（重大共性关键技术类）

研究内容：研发满足从结构化道路到非结构化道路等复杂条件下对多目标分离、检测、识别与稳定跟踪的车用雷达及其信号处理算法技术；开展车用雷达与相机一体化信息融合技术研究；突破智能电动汽车线控动器关键技术；研究基于驾驶行为分析的各驾驶辅助功能算法，系统集成及整车应用匹配技术和测试评价方法。

考核指标：开发出车用毫米波雷达和激光雷达，满足产业化应用要求，纵向可测距离≥140m，横向分辨距离≥60m；开发出雷达与相机多传感器一体化信息融合技术和环境感知系统，装备车辆后行人识别距离≥60m，车辆识别距离≥100m；突破各驾驶辅助技术控制与系统集成技术，线控制动液压力控制精度≤0.1MPa，10MPa主动建压时间≤170ms，样车具有先进的自适应巡航、自动紧急刹车、碰撞预警、车道线偏离报警等智能辅助驾驶功能；实现千辆级新能源汽车应用。

支持年限：2016年1月—2018年12月

拟支持项目数：2项

有关说明：企业牵头申报

4 燃料电池动力系统

4.1 燃料电池基础材料与过程机理研究（基础前沿类）

研究内容：新型低铂或非铂催化原理研究与催化剂研制，高稳定性固体电解质离子传导机理研究与膜材料研制，高性能、低成本气体扩散层传质机理研究与扩散层材料研制，金属双极板低成本、耐蚀导电改性层材料及制备技术研究，多维度、微尺寸金属薄板精密成型方法研究；单电池工程及结构、流体综合仿真技术研究，燃料电池极低温特性及启动策略研究，空气杂质对燃料电池影响机理及对策研究。

考核指标：样品膜电极铂用量≤0.125g/kW，功率密度≥1.4W/cm²，耐久性≥10 000h；建立电堆−30℃储存与启动技术方法、三级空气质量耐受性技术方法。

支持年限：2016年1月—2020年12月

拟支持项目数：1项

4.2 高性能低成本燃料电池关键材料及电堆的关键技术研究与工程化开发（重大共性关键技术类）

研究内容：研发扩散层（碳纸、碳布）、复合膜、低铂催化剂、膜电极（MEA）的制造工艺关键技术；研究金属双极板制造工艺和测试评价技术；研究全尺寸单电池流场与流体分配的优化技术，电堆结构、组装工艺及电堆一致性保障技术，无外增湿电堆关键技术，以及电堆耐久性提升技术。

考核指标：膜电极铂用量≤0.2g/kW，耐久性≥10 000h；金属双极板厚度1~1.5mm，腐蚀电流1μA/cm²，耐久性≥5 000h；电堆比功率≥3.1kW/L，耐久性≥5 000h。形成小批量生产工艺，实现试生产。开发的膜电极和电堆等部件应用于不同类型燃料电池发动机。

支持年限：2016年1月—2020年12月

拟支持项目数：1项

有关说明：企业牵头申报

5 插电/增程式混合动力系统

5.1 插电/增程式混合动力系统构型与动态控制方法研究（基础前沿类）

研究内容：研究典型的混合动力系统构型和性能，建立混合动力系统硬件在环仿真及测试平台、整车测试评价平台，开展测试评价；研究混合动力系统动态建模、分析优化的理论和方法，形成开发工具软件；研究动态控制理论和算法、能量管理方法，并实现整车应用。

考核指标：完成3款车型动力系统的测试评价，发布年度研究报告。形成1套开发工具软件和控制方法，并至少用于2款插电/增程式混合动力车型。

支持年限：2016年1月—2020年12月

拟支持项目数：1项

5.2 主流插电式轿车混合动力性能优化（重大共性关键技术类）

研究内容：开展混合动力总成及控制系统优化，包含驱动电机及其控制系统、变速箱及其控制系统等优化；开展电池组与电池管理系统优化，开展整车控制和集成优化，实现插电式混合动力整车性能优化；开发 1 款插电式混合动力轿车和 1 款插电式混合动力 SUV。

考核指标：0～50km/h 加速时间≤2.5s；最大爬坡度≥30%（轿车），≥60%（SUV）；燃油消耗量（不含电能转化的燃料消耗量）较第四阶段油耗限值（GB 19578—2014）降低比例≥40%（轿车），≥30%（SUV）；百公里综合油耗≤1.3L（轿车），≤1.8L（SUV）；综合工况纯电续驶里程≥70km；实现销售 ≥5 000 台。

支持年限：2016 年 1 月—2020 年 12 月

拟支持项目数：1 项

有关说明：企业牵头申报

6 纯电动力系统

6.1 电动汽车结构轻量化共性技术（重大共性关键技术类）

研究内容：开展电动汽车轻量化材料（复合材料、铝合金、镁合金、高强度钢）性能评价、成形工艺与零部件轻量化结构设计等应用基础研究；研究碳纤复合材料界面与零部件各向异性设计方法；研究全新架构材料－结构－性能一体化设计方法；研究多材料连接数学模型与疲劳设计技术；研究典型零部件与整车轻量化综合评估模型和评价体系。

考核指标：建立轻量化基础数据库与典型零部件轻量化评估模型；完成相关标准和规范 15 项以上；实现高强度钢、轻合金至少在 2 款车上系统性应用；实现碳纤维材料至少在 1 款车上系统性应用。

支持年限：2016 年 1 月—2020 年 12 月

拟支持项目数：1 项

6.2 轻量化纯电动轿车集成开发技术（重大共性关键技术类）

研究内容：开展全新材料与结构形式下的载荷分布与结构优化技术研究，开展车用碳纤维低成本原材料和工艺技术研究，突破碳纤维增强复合材料车体和铝合金电池框架一体化集成设计技术，实现多种轻质材料及多种先进成形工艺集成应用，掌握轻量化的新能源轿车整车试验验证和评价等核心技术，开发出 1 款轻量化纯电动轿车。

考核指标：轻量化纯电动轿车与传统钢结构的同尺寸、同配置车型相比，车身与底盘共计减重 30% 以上，最高车速≥150km/h，安全性达到 C－NCAP 五星要求。

支持年限：2016 年 1 月—2020 年 12 月

拟支持项目数：1 项

有关说明：企业牵头申报

6.3 电动汽车基础设施运行安全与互联互通技术（应用示范类）

研究内容：研究电动汽车基础设施运行安全关键技术，包括：交、直流充电过程中的电池状态安全监测、预警和智能控制技术（主要指充电机通过与 BMS 通信，读取、存储动力电池性能参数，检测电池性能参数是否异常，基于存储历史数据库，研究对动力电池安全隐患预测的方法），交、直流充电设备的电气安全保护（漏电保护、短路保护、过流保护、输入/输出电压异常保护等），建立电池、供电与充电等系统的一体化安全评估体系；研发电动汽车与智能电网、分布式能源融合关键技术，并进行综合示范；研发电动汽车充电设施互联互通关键技术，建立充电设施互联互通数据平台，开展应用示范。

考核指标：充电设施对 BMS 保护需求的响应率达 100%；充电设备的电气安全保护合格率达 100%；对充电过程中动力电池安全事故的预警率达 100%；应用以上技术的示范车辆规

模≥5 000辆；提出动力电池安全性隐患预测方法，形成运行安全性技术等相关技术规范和标准5项以上。

支持年限：2016年1月—2017年12月

拟支持项目数：2项

有关说明：企业牵头申报。

1. 申报说明

各申报单位统一按指南二级标题（如1.1）的研究方向进行申报，申报内容必须涵盖该二级标题下指南所列的全部研究内容和考核指标。鼓励各申报单位自筹资金配套。

2. 申报咨询

联系人：李阳、王澎、金茂菁

电　话：010-88375474、010-68338934、010-68343411

电子邮件：liy@htrdc.com、wangp@htrdc.com、jin@htrdc.com

"新能源汽车"试点专项指南编制专家名单

序号	姓　名	单　位	职称/职务
1	欧阳明高	清华大学	教授
2	赵福全	清华大学	教授
3	艾新平	武汉大学	教授
4	肖成伟	中国电子科技集团公司第十八研究所	研究员
5	郭淑英	湖南南车时代电动汽车股份有限公司	教授级高级工程师
6	贡　俊	上海电驱动股份有限公司	研究员级高级工程师
7	余卓平	同济大学	教授
8	吴志新	中国汽车技术研究中心	研究员级高级工程师
9	章　桐	同济大学	教授
10	张进华	中国汽车工程学会	秘书长
11	孙逢春	北京理工大学	教授
12	刘　波	重庆长安汽车股份有限公司	高级工程师
13	李开国	中国汽车工程研究院股份有限公司	研究员级高级工程师
14	廉玉波	比亚迪股份有限公司	副总裁

附件5

"化学肥料和农药减施增效综合技术研发"试点专项
2016年度第一批项目申报指南

我国化学肥料和农药过量施用严重，由此引起环境污染和农产品质量安全等重大问题。化肥和农药过量施用的主要原因：一是对不同区域不同种植体系肥料农药损失规律和高效利用机理缺乏深入的认识，制约了肥料农药限量标准的制订；二是化肥和农药的替代产品研发相对落后，施肥施药装备自主研发能力薄弱，肥料损失大，农药跑冒滴漏严重；三是针对不同种植体系肥料和农药减施增效的技术研发滞后，亟需加强技术集成，创新应用模式。因此，制定化肥农药施用限量标准，发展肥料有机替代和绿色防控技术，创制新型肥料和农药，研发大型智能精准机具，以及加强技术集成创新与应用是我国实现化肥和农药减施增效的关键。

按照 2015 年中央 1 号文件关于农业发展"转方式、调结构"的战略部署，根据《国务院关于深化中央财政科技计划（专项、基金等）管理改革方案》精神，组织实施国家重点研发计划试点专项"化学肥料和农药减施增效综合技术研发"，旨在立足我国当前化肥农药减施增效的战略需求，按照《全国优势农产品区域布局规划》《特色农产品区域布局规划》，聚焦主要粮食作物、大田经济作物、蔬菜、果树化肥农药减施增效的重大任务，按照"基础研究、共性关键技术研究、技术集成创新研究与示范"全链条一体化设计，强化产学研用协同创新，解决化肥、农药减施增效的重大关键科技问题，为保障国家生态环境安全和农产品质量安全，推动农业发展"转方式、调结构"，促进农业可持续发展提供有力的科技支撑。

本专项主要通过化学肥料和农药高效利用机理与限量标准、肥料农药技术创新与装备研发、化肥农药减施增效技术集成与示范应用研究，构建化肥农药减施增效与高效利用的理论、方法和技术体系，到 2020 年，项目区氮肥利用率由 33% 提高到 43%，磷肥利用率由 24% 提高到 34%，化肥氮磷减施 20%；化学农药利用率由 35% 提高到 45%，化学农药减施 30%；农作物平均增产 3%，实现作物生产提质、节本、增效。

本专项围绕化肥农药减施增效的理论基础、产品装备、技术研发、技术集成、示范应用等环节，对专项一体化设计，拟设置化肥农药减控基础与限量标准，重大技术、产品及装备研发，技术集成创新与应用三个任务方向共 42 个项目。化肥农药减控基础与限量标准任务方向包括项目 1～8 共 8 个项目，该部分研究为化肥农药减施增效技术、产品及装备研发提供理论基础，为主要农区不同作物化肥和农药减施增效提供技术标准；重大技术、产品及装备研发任务方向包括项目 9～18 共 10 个项目，该部分研究为化肥农药减施增效提供重大技术、产品及装备；技术集成创新与应用任务方向包括项目 19～42 共 24 个项目，该部分研究为全面实现化肥农药减施增效的专项总体目标提供集成技术模式，并示范应用。2016 年度首批指南发布三个任务方向共 13 个项目，项目实施周期为 2016 年 1 月 1 日—2020 年 12 月 31 日。

1 化肥农药减控基础与限量标准

1.1 肥料养分推荐方法与限量标准

研究内容：以我国主要农区为研究区域，研究主要粮食作物、经济作物、蔬菜和果树氮磷钾养分需求特征参数，土壤养分供应与肥料农学效率的量化关系，农田尺度和区域尺度养分推荐方法；研究钾、锌、硼有效性及与氮磷协同增效的机制；秸秆还田和畜禽有机肥微生物转化及替代化学养分的机制；提出化肥施用限量标准与调控途径。

考核指标：【约束性指标】提出区分作物的肥料施用限量标准草案 23 项。【预期性指标】发表高水平论文 50 篇。

拟支持项目数：1 项

1.2 化学农药在不同种植体系的归趋特征与限量标准

研究内容：以我国主要农区为研究区域，研究主要粮食作物、经济作物、蔬菜和果树中不同类型化学农药迁移转化、定向累积原理及降解代谢机制；不同类型种植体系中农药的吸附淋溶、光解水解、微生物降解等流失规律、关键因素与调控途径；主要粮食作物、经济作物、蔬菜和果树体系有害生物有效防控剂量需求及施药阈值；明确施药方式及环境因子对农药高效利用的影响及农药增效调控途径；提出化学农药施用限量标准。

考核指标：【约束性指标】提出农药施用限量标准草案 40 项。【预期性指标】发表高水平论文 50 篇。

拟支持项目数：1 项

1.3 耕地地力影响化肥养分利用的机制与调控

研究内容：研究不同耕地肥力水平下化肥养分利用效率时空变化特征及驱动因素，土壤酸化、盐碱化、连作障碍、板结粘闭、耕层变浅等对养分资源利用的影响及调控机制；耕地培肥与管理对化肥养分利用效率的影响，耕地土壤-植物-微生物互作机理，建立耕地质量、耕地管理模式与化肥养分利用效率关系的大数据平台；提出基于耕地地力的化肥减施增效途径。

考核指标：【约束性指标】建立耕地质量、耕地管理模式与化肥养分利用效率关系大数据平台 1 个，提出基于耕地地力的化肥减施增效技术 10 项。【预期性指标】发表高水平论文 70 篇。

拟支持项目数：1 项

2 重大技术、产品及装备研发

（本部分项目 2.1～2.4 应有科技型龙头企业参加，且企业必须提供配套资金，配套资金不得低于申请项目总经费的 30%。）

2.1 新型复混肥料及水溶肥料研制

研究内容：研究不同区域土壤、种植体系下，大量元素、中量元素、微量元素配比、养分形态配伍，研发环保型肥料增效剂，研制增效复混肥料系列新产品和作物专用配方肥料，建立生产技术工艺包；筛选和研制溶解度高、组分之间无化学反应沉淀、低盐指数的水溶肥生产材料，建立不同作物专用的多功能、性质稳定、成本低廉的高效水溶肥料和液体肥料生产工艺技术；制定生产技术标准和质量标准；实现增效复混肥料、配方肥料、新型水溶肥料和液态肥料产业化，并规模化田间应用。

考核指标：【约束性指标】申请发明专利 20 项，研发新型增效复混肥料、配方肥料、水溶肥料及液体肥料共 25 种，获肥料登记证 10～15 种；开展新型肥料实验示范，实现比常规化肥减量施用 10%～25%，养分利用率提高 5～10 个百分点。【预期性指标】发表高水平论文 15 篇。

拟支持项目数：1 项

2.2 化学农药协同增效关键技术及产品研发

研究内容：研究主要农区和不同种植体系中有害生物敏感性时空变异检测及精准快速选药新技术和产品；研究不同作用分子靶标位点农药组合、剂型配方、功能助剂、施药技术与防效的协同增效技术及产品；研究靶标差异组方及对靶精准智能释放新技术及产品；评价新型协同增效产品和对靶精准智能释放产品的环境风险；制定产品标准与技术规程，实现化学农药有效利用率提升和施用量的减少。

考核指标：【约束性指标】申请发明专利 17 项，精准快速选药试剂盒 50 个；多分子靶标协同增效组合 100 个；对靶精准智能释药产品 10 个；2～3 个新产品获得农药登记；开展新型防控技术及产品试验示范，实现化学农药减量施用 15%～18%，农药利用率提高 5～7 个百分点。【预期性指标】发表高水平论文 15 篇。

拟支持项目数：1 项

2.3 智能化精准施肥及肥料深施技术及其装备

研究内容：针对规模经营条件下的粮食作物和经济作物空间变异，研发精准变量施肥技术及其装备，主要包括：基于 3S 技术的作物基肥变量施用技术与装备，基于传感器的变量施肥技术与装备，基于低空遥感的作物追肥变量管理技术与装备；研发宽行距作物精准对行分层深施技术与装备、种行肥行精准拟合与判断关键技术与装备、精量播种关键技术与装备；研究同时实现精量播种和精密化肥深施的关键技术，创制技术配套的播种施肥装备；研制智能化中耕施肥机械。研发适于不同作物和不同生产条件的智能化精准施肥技术和多用途肥料深施技术，并进行规模化田间应用。

考核指标：【约束性指标】申请发明专利 23 项，研发智能化精准施肥与深施技术 16 项，研制新型装备 8 套；开展新型精准施肥及深施装备试验示范，实现精准施肥与深施技术比习惯施肥化肥减量施用 10% ~ 12%，化肥利用率提高 5 ~ 6 个百分点，智能化施肥效率是人工施肥的 10 倍以上。【预期性指标】发表高水平论文 15 篇。

拟支持项目数：1 项

2.4 地面与航空高工效施药技术及智能化装备

研究内容：研究作物 - 施药参数 - 药效 - 环境之间的关系，研制高工效农药制剂；研发水田自走式喷杆施药技术与智能化装备；研发自走式高秆作物喷杆施药技术与智能化装备；研究密植果园风送式低容量喷雾技术及智能化装备；研究航空植保施药技术参数及智能化装备控制因素及性能指标，研发和完善农业航空植保智能化装备关键部件，研究农业航空低空低容量喷雾技术；研发设施农业高工效施药技术与智能化装备。

考核指标：【约束性指标】申请发明专利 17 项，研发高工效智能化装备 10 套；制订地面和航空高工效施药作业规程 10 ~ 20 项；开展智能化施药技术及装备试验示范，实现田间防治效率大于 50 亩/小时，节省劳动力成本 60%，实现化学农药减量施用 20%，农药利用率提高 10%。【预期性指标】发表高水平论文 15 篇。

拟支持项目数：1 项

3 技术集成创新与应用

（本部分项目 3.1 ~ 3.4 申报要求化肥农药减施增效技术集成的研究经费不得低于 70%，化肥农药减施增效技术示范的经费不得高于 30%。）

3.1 长江中下游水稻化肥农药减施增效技术集成研究与示范

研究内容：以长江中下游稻区江西、湖南、湖北、安徽、江苏、浙江、上海等为研究区域，基于水稻养分需求特性与限量标准、有害生物防治指标与化学农药限量标准，针对水稻种植不同耕作制度，集成配套与区域生产相适应的高效新型肥料、高效安全农药新产品、智能化化肥机械深施、水肥一体化、地面高秆喷雾、航空植保等先进专业化统防统治技术，优化与融合绿肥、畜禽粪肥利用、秸秆还田等化肥替代技术，及物理防控、生物防治等绿色防控技术，结合养分高效品种和高产栽培技术，形成长江中下游稻区水稻化肥农药减施增效技术模式，并建立相应技术规程。通过基地示范、新型经营主体和现代职业农民培训，在长江中下游水稻主产区大面积推广应用。

考核指标：【约束性指标】提出长江中下游水稻化肥农药减施增效技术 8 项；集成区域性化肥农药减施增效综合技术模式 8 个、制定配套技术规程 8 个；综合技术模式推广示范 1 000 万亩，示范区肥料利用率提高 8 个百分点、化肥减量施用 17%、化学农药利用率提高 11 个百分点、农药减量施用 30%，水稻平均增产 3%，其中化学肥料减施增产 1%，化学农药减施增产 2%。【预期性指标】综合技术模式辐射 2 300 万亩，培训农技人员 7 000 人次。

拟支持项目数：1 项

3.2 茶园化肥农药减施增效技术集成研究与示范

研究内容：以华南及西南茶叶产区（云南、四川、福建、广东、贵州、重庆等）和华东及华中茶叶产区（浙江、安徽、湖南、江西、湖北、河南、江苏）为研究区域，基于茶树养分需求特性与限量标准、有害生物防治指标与化学农药限量标准，集成配套与区域生产相适应的高效新型肥料、高效安全农药新产品、智能化化肥机械深施、水肥一体化、地面高杆喷雾等先进专业化统防统治技术，优化与融合绿肥、畜禽粪肥利用、秸秆还田等化肥替代技术，及物理防控、生物防治等绿色防控技术，结合高产栽培技术，形成我国茶叶优势产区化肥农药减施增效技术模式，并建立相应技术规程。通过基地示范、新型经营主体和现代职业农民培训，在茶叶主产区大面积推广应用。

考核指标：【约束性指标】提出茶园化肥农药减施增效技术 10 项，集成区域性化肥农药减施增效技术模式 10 套，形成配套技术规程 10 个；综合技术模式推广示范 200 万亩，项目示范区内实现肥料利用率提高 12 个百分点、化肥减量施用 25%，化学农药利用率提高 8 个百分点、农药减量施用 25%，茶叶平均增产 3%，其中化学肥料减施增产 1%，化学农药减施增产 2%。【预期性指标】综合技术模式辐射 400 万亩，培训农技人员 2 000 人次。

拟支持项目数：1 项

3.3 设施蔬菜化肥农药减施增效技术集成研究与示范

研究内容：以南方设施蔬菜和北方设施蔬菜为研究对象，依据设施蔬菜养分需求特性与限量标准，减氮、控磷、稳钾；筛选与优化设施蔬菜的化学肥料减施增效与替代技术、专用新型化肥、新型高效精准施肥装备；充分利用畜禽养殖粪便和商品有机肥，发展水肥一体化施肥技术；依据有害生物防治指标与化学农药限量标准，筛选与优化蔬菜的农药减施增效与替代技术、新型农药、新型高效精准施药装备；熟化设施蔬菜水肥药协同共效技术、化肥农药的叶面高效精准施用技术以及物理、生物、栽培、非接触性化学防治等与化学防治协调控害技术；发展物理诱杀和引诱剂诱杀害虫方法，优先选用生物农药或高效低毒低残留化学农药；结合高产栽培技术，形成我国设施蔬菜优势产区化肥农药减施增效技术模式，并建立相应技术规程。通过基地示范、新型经营主体和现代职业农民培训，在设施蔬菜主产区大面积推广应用。

考核指标：【约束性指标】提出设施蔬菜化肥农药减施增效技术 10 项；集成区域性设施蔬菜化肥农药减施增效技术模式 10 项，形成配套技术规程 10 个；综合技术模式推广示范 400 万亩，示范区肥料利用率提高 15 个百分点、化肥减量施用 30%，化学农药利用率提高 12 个百分点、农药减量施用 35%，蔬菜平均增产 3%，其中化学肥料减施增产 1%，化学农药减施增产 2%。【预期性指标】综合技术模式辐射 800 万亩，培训农技人员 3 000 人次。

拟支持项目数：1 项

3.4 苹果化肥农药减施增效技术集成研究与示范

研究内容：以环渤海苹果产区山东、辽宁、河北、北京、天津和黄土高原苹果产区陕西、山西、甘肃为研究区域，基于苹果养分需求特性与限量标准、有害生物防治指标与化学农药限量标准，集成配套与区域生产相适应的高效新型肥料、高效安全农药新产品、智能化化肥机械深施、水肥一体化、地面高杆喷雾等先进专业化统防统治技术，优化和融合绿肥、畜禽粪肥利用、秸秆还田等化肥替代技术，及物理防控、生物防治等绿色防控技术，结合高产栽培技术，形成苹果优势产区化肥农药减施增效技术模式，并建立相应技术规程。通过基地示范、新型经营主体和现代职业农民培训，在我国苹果主产区大面积推广应用。

考核指标：【约束性指标】提出苹果化肥农药减施增效技术 8 项，集成区域性化肥农药减施增效技术模式 8 套，形成配套技术规程 8 个；综合技术模式推广示范 500 万亩，示范区肥料利用率提高 13 个百分点、化肥减量施用 25%，化学农药利用率提高 12 个百分点、农药减量施用 35%，苹果平均增产 3%，其中化学肥料减施增产 1%，化学农药减施增产 2%。【预期性指标】综合技术模式辐射 1 000 万亩，培训农技人员 3 500 人次。

拟支持项目数：1 项

3.5　化肥农药减施增效的环境效应评价

研究内容：在项目区选择有代表性的区域和种植制度建立化肥农药减施增效技术环境效益监测网络系统，研究化肥农药使用基线与环境效益的关系，开展化肥农药减施增效技术环境效益评价，构建不同尺度评估的指标体系和技术方法，并在典型区域开展示范验证。从农田生态系统和区域生态环境两个尺度，对不同产区、不同类型作物化肥农药减施增效技术示范区的农产品、产地环境、区域大气、水和土壤环境进行生态环境效应评估。

考核指标：【约束性指标】建立化肥农药减施增效环境效益评估技术方法体系 4 套，提出基于环境友好的高效减施增效技术模式 10 套，形成评价报告 10 件以上。【预期性指标】发表论文 20 篇。

拟支持项目数：1 项

3.6　化肥农药减施增效技术应用及评估研究

研究内容：针对我国不同区域的社会经济特点与种植制度的差异性，以及种植大户、专业合作社、小农户等不同经营主体的技术需求与生产管理特点，建立化肥农药减施增效技术推广和培训新模式；研发化肥农药减施增效技术的信息化服务平台，以及基于互联网＋模式的减施增效成果应用系统；建立化肥和农药管理数据库，创制约与激励并重的减施增效管理政策，并试点实施，形成国家化肥农药减施增效管理政策建议；在项目区选择有代表性的区域和种植制度，建立化肥农药减施增效技术效果监测网络，对化肥农药使用情况、生产成本控制、作物产量及经济效益影响等进行评估，为技术优化提供科学支撑。

考核指标：【约束性指标】建立适应不同生产特点的减施增效技术推广培训模式 10 套，研发基于互联网＋模式的减施增效成果应用系统 2 套；建立化肥和农药管理数据库 2 套，形成国家化肥农药减施增效管理政策建议；建立化肥农药减施增效效益评估监测点 100 个，形成化肥农药减施增效技术评估报告。【预期性指标】发表论文 20 篇，提交政府咨询报告 5 件。

拟支持项目数：1 项。

申报要求

1. 同一法人单位同一项目限申报 1 项。

2. 项目申报内容需涵盖该项目全部研究内容与考核指标。

3. 同一项目合作的单位数量、参加人员数量，由申报的法人单位视项目内容、考核指标和自身情况自行确定。

4. 项目参加人员 1970 年 1 月 1 日以后出生的科技人员比例原则上不低于 50%。

5. 同一人员申报主持或参加的项目限 1 项。

2015 年 11 月 12 日

来源：http://www.most.gov.cn/fggw/zfwj/zfwj2015/201511/t20151116_122384.htm

"化肥农药减施增效"试点专项指南编制专家名单

序号	姓名	单位	职称/职务
1	吴孔明	中国农业科学院	研究员
2	张佳宝	中国科学院南京土壤研究所	研究员
3	张福锁	中国农业大学	教授
4	郑永权	中国农业科学院植物保护研究所	研究员
5	香宝	中国环境科学研究院	研究员
6	刘宏斌	中国农业科学院农业资源与农业区划研究所	研究员
7	张贵龙	农业部环境保护科研监测所	副研究员

附件 6

"七大农作物育种"试点专项 2016 年度第一批项目申报指南

　　保障国家粮食安全和生态安全是关系我国国民经济发展和社会稳定的全局性重大战略问题。农作物优良品种是农业增产的核心要素，是种子产业发展的命脉。大力发展现代农作物育种技术，强化科技创新，创制重大新品种，对驱动我国农业生产方式转型发展、提升种业国际竞争力、保障粮食安全和农产品有效供给具有重大战略意义。为深入贯彻落实《国务院关于加快推进现代农作物种业发展的意见》（国发〔2011〕8 号）和《国务院办公厅关于深化种业体制改革提高创新能力的意见》（国办发〔2013〕109 号），依据《国家中长期科学与技术发展规划纲要（2006—2020 年）》、《国家粮食安全中长期规划纲要（2008—2020 年)》和《国务院关于深化中央财政科技计划（专项、基金等）管理改革方案的通知》（国发〔2014〕64 号），启动实施水稻、玉米、小麦、大豆、棉花、油菜、蔬菜等七大农作物育种试点专项。

　　专项按照"加强基础研究、突破前沿技术、创制重大品种、引领现代种业"的总体思路，以七大农作物为对象，围绕种质创新、育种新技术、新品种选育、良种繁育等科技创新链条，重点突破基因挖掘、品种设计和种子质量控制等核心技术，获得具有育种利用价值和知识产权的重大新基因，创制优异新种质，形成高效育种技术体系，主要农作物新品种选育效率提高 50%，培育重大新品种并推广应用，推动良种对增产的贡献率由 43% 提高到 50%。

　　专项依据总体目标部署五大任务，即优异种质资源鉴定与利用、主要农作物基因组学研究、育种技术与材料创新、重大品种选育、良种繁育与种子加工。围绕种业科技创新链条系统设计并分解为主要农作物优异种质资源精准鉴定与创新利用、主要农作物优异种质资源形成与演化规律、重要性状形成的分子基础、功能基因组学研究与应用、主要农作物杂种优势利用技术及强优势杂交种创制、主要农作物分子设计育种、主要农作物染色体细胞工程、主要农作物诱变育种、水稻优质高产高效新品种培育、玉米抗逆高产环境友好新品种培育、小麦优质节水高产新品种培育、大豆优质高产广适新品种培育、油菜高产优质适于机械化新品种培育、棉花优质高产适于机械化新品种培育、蔬菜优质多抗适应性强新品种培育、主要农作物良种繁育关键技术研究与示范、主要农作物种子加工与质量控制、主要农作物种子分子指纹检测技术研究与应用等 40 余个项目。

根据试点专项的统一部署，结合农作物育种创新链条的特点和育种规律，2016 年度首批指南发布三个方向任务共 15 个项目，即优异种质资源鉴定与利用任务方向的"主要粮食作物种质资源精准鉴定与创新利用"和"主要经济作物种质资源精准鉴定与创新利用"等 2 个项目；主要农作物基因组学研究任务方向的"主要农作物优异种质资源形成与演化规律、主要农作物产量性状形成的分子基础、主要农作物品质性状形成的分子基础、主要农作物抗病虫抗逆性状形成的分子基础、主要农作物养分高效利用性状形成的分子基础、主要农作物杂种优势形成与利用机理、水稻功能基因组研究与应用、小麦等作物功能基因组研究与应用"等 8 个项目；育种技术与材料创新任务方向的"主要农作物杂种优势利用技术与强优势杂交种创制、主要粮食作物分子设计育种、主要经济作物分子设计育种、主要农作物染色体细胞工程育种和主要农作物诱变育种"等 5 个项目。项目实施周期为 2016 年 1 月 1 日—2020 年 12 月 31 日。

1 主要农作物优异种质资源鉴定与利用

1.1 主要粮食作物种质资源精准鉴定与创新利用

研究内容：研究水稻、小麦、玉米初筛特异种质和应用核心种质的表型和基因型特点，重点开展产量、品质、抗病虫、抗逆、养分高效、适于机械化等性状的多年多点表型精准鉴定，以及全基因组水平基因型鉴定，建立表型和基因型数据库；研究优异种质重要性状的遗传规律，建立种质资源高效创新技术体系，创制携带地方品种和近缘种优异特性、具有育种利用价值的新种质，并提供育种利用；开展种质资源国际合作研究。

考核指标：【约束性指标】完成 8 000 份水稻、小麦、玉米种质资源表型精准鉴定和基因型鉴定，筛选遗传背景清楚的优异种质 800 份；创制优异远缘杂交中间材料 700 份、有育种利用价值的地方品种纯系和导入系 1 500 份，创新目标性状突出且综合性状较好的优异种质 300 份，其中 50 份创新种质得到育种利用。【预期性指标】建立规模化种质资源精准鉴定技术体系，研制种质资源精准鉴定技术规范 3 套；引进交流种质资源；申请或获得植物新品种保护权及发明专利 50 项以上；发表高水平学术论文 15 篇以上。

支持年限：2016—2020

拟支持项目数：1 项

1.2 主要经济作物种质资源精准鉴定与创新利用

研究内容：研究大豆、油菜、棉花和蔬菜初筛特异种质和应用核心种质的表型和基因型特点，重点开展产量、品质、抗病虫、抗逆等育种性状的多年多点表型精准鉴定，以及全基因组水平基因型鉴定；建立表型和基因型数据库；研究优异种质重要性状的遗传规律，创制携带野生近缘种和地方品种优异特性并具有育种利用价值的新种质，并提供利用；开展种质资源国际合作研究。

考核指标：【约束性指标】完成 7 000 份大豆、油菜、棉花和蔬菜种质资源重要性状表型精准鉴定和基因型鉴定，筛选遗传背景清楚的优异种质 600 份；创制经分子鉴定确证的优异远缘育种杂交中间材料 500 份，获得有育种利用价值的地方品种纯系和导入系 1 200 份，创新目标性状突出且综合性状较好的优异种质 500 份，其中 100 份创新种质得到育种利用。【预期性指标】建立规模化种质资源精准鉴定技术体系，研制种质资源精准鉴定技术规范 6 套以上；引进交流种质资源；申请或获得植物新品种保护权及发明专利 50 项以上；发表高水平学术论文 15 篇以上。

支持年限：2016—2020

拟支持项目数：1 项

2　主要农作物基因组学研究

2.1　主要农作物优异种质资源形成与演化规律

研究内容：开展水稻、小麦、玉米、大豆、棉花、油菜和蔬菜等主要农作物种质资源变异和演化研究，分析野生近缘种和栽培种的基因组多样性；研究种质资源从野生近缘种、地方品种到现代品种演变过程中的选择信号，鉴定驯化与改良过程中受选择的基因组区段、单倍型和基因及其功能；研究重要性状关键基因组区段、单倍型和基因的演化规律，挖掘有利等位基因，明确其遗传效应；解析主要农作物骨干亲本、主栽品种与优异种质资源的遗传组成与典型性状的关系，阐明其形成的生物学基础。

考核指标：【约束性指标】阐明水稻、小麦、玉米、大豆、棉花、油菜和蔬菜等主要农作物种质资源30个以上重要性状形成和演化规律，确定80个以上有育种利用价值的关键基因组区段，发掘优异单倍型和等位基因200个以上；发表高水平学术论文50篇以上。【预期性指标】建立预测和筛选未来骨干亲本和主栽品种的技术体系，申请或获得发明专利40项以上。

支持年限：2016—2020

拟支持项目数：1项

2.2　主要农作物产量性状形成的分子基础

研究内容：应用遗传学、组学与分子生物学方法，克隆源-库-流、株型、衰老、营养器官、产量构成因素、光能有效利用等性状的基因及调控元件，解析其功能及调控网络，阐明产量性状形成的分子基础；发掘有育种利用价值的产量性状优异等位基因，并应用于育种。

考核指标：【约束性指标】阐明主要农作物产量性状形成的分子机理和遗传调控网络；克隆具有育种利用价值的产量性状基因40个以上，其中单个基因在当前主栽品种的背景下提高产量5%以上的基因5个；发表高水平学术论文40篇以上。【预期性指标】申请或获得发明专利50项以上；获得有育种利用价值的产量性状优异等位基因40个以上，并应用于育种；创制高产新材料10份以上。

支持年限：2016—2020

拟支持项目数：1项

2.3　主要农作物品质性状形成的分子基础

研究内容：应用遗传学、组学与分子生物学和生物化学方法，克隆主要农作物外观品质、营养品质、加工品质和健康功能品质等性状的基因及调控元件，明确其对品质性状的遗传贡献，解析其功能及调控网络，阐明品质性状形成的分子基础；发掘有育种利用价值的品质性状优异等位基因，并应用于育种。

考核指标：【约束性指标】阐明主要农作物品质性状形成的分子机理和遗传调控网络；克隆调控外观品质、营养品质、加工品质和健康功能品质等性状且具有重要育种利用价值的基因40个以上；发表高水平学术论文40篇以上。【预期性指标】申请或获得发明专利40项以上；获得有育种利用价值的品质性状优异等位基因40个以上，并应用于育种；创制优质新材料10份以上。

支持年限：2016—2020

拟支持项目数：1项

2.4　主要农作物抗病虫抗逆性状形成的分子基础

研究内容：克隆抗病（如水稻稻瘟病、黑条矮缩病、稻曲病等，小麦赤霉病、白粉病、锈病、纹枯病等，玉米灰斑病、茎腐病、粗缩病等，大豆胞囊线虫病等，油菜菌核病等）、抗虫

（如水稻螟虫和飞虱、小麦蚜虫、玉米螟和粘虫、大豆食心虫等），抗逆（旱、涝、极端温度、盐、重金属等），水分高效利用等关键基因/QTL，鉴定其功能；揭示作物感知、传递、应答和适应病、虫和逆境胁迫的分子遗传机制及调控网络；发掘有育种利用价值的抗性优异等位基因，提出利用途径。

考核指标：【约束性指标】阐明主要农作物抗病、抗虫、抗逆性状形成的分子机理和遗传调控网络；克隆具有育种利用价值的抗病、抗虫和抗逆基因40个以上，揭示抗病、抗虫和抗逆境胁迫调控网络3个；发表高水平学术论文35篇以上。【预期性指标】申请或获得发明专利40项以上；获得有育种利用价值的抗性优异等位基因40个以上，并应用于育种；创制抗病、抗虫和抗逆新材料10份以上。

支持年限：2016—2020

拟支持项目数：1项

2.5 主要农作物养分高效利用性状形成的分子基础

研究内容：克隆氮、磷、钾等养分高效利用的关键调控基因，解析养分高效利用的分子机制和遗传调控网络；研究氮、磷、钾等主要营养元素及重金属吸收积累及与光合作用和逆境因子的相互作用关系，阐明其作用机理；克隆提高农作物生物固氮效率的关键基因，明确其调控分子机制；克隆养分高效利用相关器官发育的关键调控基因，阐明器官发育与养分高效利用之间的相互作用机制；发掘有育种利用价值的养分高效利用性状优异等位基因，提出利用途径。

考核指标：【约束性指标】阐明主要农作物氮、磷、钾等养分高效利用形成的分子机理和遗传调控网络；克隆具有育种利用价值的养分高效利用基因30个以上，揭示调控网络3个以上；发表高水平学术论文30篇以上。【预期性指标】申请或获得发明专利30项以上；获得有育种利用价值的养分高效利用性状优异等位基因30个以上，并应用于育种；创制养分高效利用新材料10份以上。

支持年限：2016—2020

拟支持项目数：1项

2.6 主要农作物杂种优势形成与利用机理

研究内容：研究主要农作物杂种优势利用的种质基础，发掘并创建杂种优势群及其利用模式；揭示杂种不育和种（亚种）间杂种优势的分子遗传机理，创新品种、亚种、远缘种间杂种优势利用技术；开展基因组、转录组、表观组等水平的杂种优势机理研究，研发杂种优势预测与利用方法，建立杂种优势分子育种体系；创制新型雄性不育系及恢复系，以及组配强优势杂交种的突破性新材料。

考核指标：【约束性指标】阐明主要农作物杂种优势形成的分子机理，研制主要农作物杂种优势利用新技术新方法10项；创制新型不育系80份和恢复系100份；发表高水平学术论文20篇以上。【预期性指标】创建和优化主要农作物的杂种优势类群；申请或获得发明专利20项以上。

支持年限：2016—2020

拟支持项目数：1项

2.7 水稻功能基因组研究与应用

研究内容：创新水稻功能基因组学的研究方法和技术；针对水稻生产上重要的生物学问题，解析产量、品质、抗逆、抗病虫、养分高效利用等复杂性状的遗传基础，深入开展基于水稻全基因组变异的重要农艺性状全基因组关联分析，开展表观组、蛋白组、代谢组、转录组等研究，初步探索水稻3D、4D基因组，阐明复杂性状形成的分子机制和调控网络；创制优异遗传育种材料；开展国际合作研究。

考核指标：【约束性指标】解析重要性状形成的分子网络30项；获得具有育种利用价值和自主知识产权的新基因70个以上；创制优异新种质1 000份，其中100份应用于新品种培育；发表高水平学术论文50篇以上。【预期性指标】建立高通量的功能基因组研究技术体系和基因资源平台；建立规模化基因鉴定利用与基因组育种技术平台；申请或获得发明专利80项以上。

支持年限：2016—2020

拟支持项目数：1项

2.8 小麦等作物功能基因组研究与应用

研究内容：建立小麦、玉米、大豆、棉花、油菜和蔬菜等主要农作物重要农艺性状分析的功能基因组研究平台；开展重要性状的全基因组关联分析研究，发掘具有重要利用价值的功能基因和调控元件，明确其功能及其作用的分子机制；开展重要性状的转录组、表观组、蛋白组与代谢组研究，解析产量及品质形成、逆境胁迫应答、资源高效利用等重要生物学过程的调控网络；开展全基因组优异基因的高效组合，创制优异遗传育种材料；开展国际合作研究。

考核指标：【约束性指标】阐明产量、品质、抗病虫、抗逆、资源高效利用、生长发育等重要性状形成的调控网络30项；克隆具有重要生物学和经济价值的基因40个以上；创制优异新种质1 000份，其中100份应用于新品种培育；发表高水平学术论文50篇以上。【预期性指标】建立高通量的功能基因组研究技术体系和基因资源平台；建立规模化基因鉴定利用与基因组育种技术平台；申请或获得发明专利50项以上。

支持年限：2016—2020

拟支持项目数：1项

3 育种技术与材料创新

3.1 主要农作物杂种优势利用技术与强优势杂交种创制

研究内容：创新水稻、玉米、油菜、棉花、大豆、小麦、蔬菜等主要农作物杂种优势利用核心种质，发掘并创建杂种优势群及其利用模式；研究种、亚种、近缘种、生态远缘种、亚基因组间杂种优势利用新技术，强优势杂交种亲本快速选育技术，杂交种组配模式和杂种优势预测与利用技术，建立和完善杂种优势利用技术体系；创制强优势突破性新材料，以及新型雄性不育系及恢复系，选育和示范应用主要农作物强优势杂交种。

考核指标：【约束性指标】创建和优化主要农作物的杂种优势类群；研制主要农作物杂种优势利用新技术、新方法70项以上；创制优良亲本300份以上，其中新型不育系80份以上和恢复系100份以上；培育强优势农作物杂交新品种150个，比区试对照品种增产8%以上，示范推广面积3 000万亩以上。【预期性指标】申请或获得植物新品种保护权150项、发明专利40项以上；发表高水平学术论文30篇以上。

分作物考核指标如下：

作物名称	约束性指标	预期性指标
水稻	创建水稻杂种优势类群；研制水稻杂种优势利用新技术、新方法10项；创制优良亲本50份，其中新型不育系15份和恢复系20份以上；培育水稻强优势杂交种30个以上，比对照品种增产8%以上；示范推广面积900万亩以上。	申请或获得植物新品种保护权25项；申请或获得发明专利8项；发表高水平论文6篇以上。

（续表）

作物名称	约束性指标	预期性指标
玉米	创建玉米杂种优势新类群；研制玉米杂种优势利用新技术、新方法10项；创制优良亲本50份，其中"三高"自交系15份以上；培育玉米强优势杂交种30个以上，比对照品种增产8%以上；示范推广面积900万亩以上。	申请或获得植物新品种保护权25项；申请或获得发明专利8项；发表高水平论文6篇以上。
油菜	创建油菜杂种优势类群；研制油菜杂种优势利用新技术、新方法10项；创制优良亲本50份，其中新型不育系15份和恢复系20份以上；培育油菜强优势杂交种25个以上，比对照品种增产8%以上；示范推广面积500万亩以上。	申请或获得植物新品种保护权25项；申请或获得发明专利8项；发表高水平论文6篇以上。
棉花	创建棉花杂种优势类群；研制棉花杂种优势利用新技术、新方法10项；创制优良亲本50份，其中新型不育系15份和恢复系20份以上；培育棉花强优势杂交种25个以上，比对照品种增产10%以上；示范推广面积400万亩以上。	申请或获得植物新品种保护权25项；申请或获得发明专利6项；发表高水平论文6篇以上。
大豆	创建大豆杂种优势类群；研制大豆杂种优势利用新技术、新方法10项；创制优良亲本50份，其中新型不育系10份和恢复系15份以上；培育大豆强优势杂交种15个以上，比对照品种增产12%以上；示范推广面积50万亩以上。	申请或获得植物新品种保护权20项；申请或获得发明专利6项；发表高水平论文5篇以上。
小麦	创建小麦杂种优势类群；研制小麦杂种优势利用新技术、新方法10项；创制优良亲本50份，其中新型不育系15份和恢复系20份以上；培育小麦强优势杂交种15个以上，比对照品种增产15%以上；示范推广面积150万亩以上。	申请或获得植物新品种保护权20项；申请或获得发明专利6项；发表高水平论文5篇以上。
蔬菜	研制主要蔬菜作物杂种优势利用新技术和新方法8项，创制优良亲本材料50份，其中优良不育系10份，优良自交亲和系及雌性系20份；培育优势蔬菜杂交新品种30个，比对照品种增产8%以上，示范推广100万亩以上。	申请或获得植物新品种权30项；申请或获得发明专利5项；发表高水平论文5篇以上。

支持年限：2016—2020

拟支持项目数：7项

有关说明：申请单位应按水稻、玉米、油菜、棉花、大豆、小麦、蔬菜等分作物申报。

3.2 主要粮食作物分子设计育种

研究内容：开发新型功能分子标记，精细定位高产、优质、抗病虫、耐逆、养分高效利用等重要性状基因/主效QTL，获得经济实用的分子标记；整合重要性状的表型和基因组等数据库，研制分子设计育种软件，构建粮食作物分子设计信息系统；研究复杂性状主效基因选择、全基因组选择等技术，建立高效品种分子设计育种技术体系；通过基因聚合，创造有重大育种利用价值的新材料，创制并示范高产优质多抗新品种；开展国际合作研究。

考核指标：【约束性指标】建立水稻、玉米、小麦等主要粮食作物品种分子设计信息系统和高效育种技术体系；定位和标记重要性状基因120个以上，获得育种利用的分子标记220个以上；研制多性状分子聚合技术8项以上；创制育种新材料150份以上，优异亲本40个以上，选育新品种 40 个以上，比对照品种增产 5% 以上，抗当地三种以上主要病虫害；新品种示范推广 1 500 万亩以上；申请或获得发明专利 50 项以上；发表高水平学术论文 80 篇以上。【预期性指标】开发新型功能标记 1 200 个；建立重要性状的表型、基因组数据库 5 个以上，并实现信息共享；申请或获得植物新品种保护权 30 项以上。

支持年限：2016—2020

拟支持项目数：1 项

3.3 主要经济作物分子设计育种

研究内容：定位和标记高产、优质、抗病虫、抗逆、养分高效利用等重要性状基因/主效 QTL，获得紧密连锁的分子标记；构建低成本、高通量、高效率的 SNP 前景选择技术及背景选择技术、全基因组选择技术，完善经济作物分子设计育种技术体系；整合重要性状的表型、基因组等数据库，构建经济作物分子设计育种信息系统；聚合优异基因创制育种新材料，培育并示范优质、高产、多抗、广适新品种；开展国际合作研究。

考核指标：【约束性指标】建立大豆、棉花、油菜、蔬菜等主要经济作物品种分子设计信息系统和高效育种技术体系；定位和标记重要性状基因 80 个以上，获得育种利用的分子标记 180 个以上；研制多性状分子聚合技术 10 项以上；创造育种新材料 150 份以上，优异亲本 20 个以上，创制新品种 40 个以上，产量比对照品种增产 5%，抗当地二种以上主要病虫害；新品种示范推广 1 000 万亩以上；申请或获得发明专利 20 项以上；发表高水平学术论文 30 篇以上。【预期性指标】开发新型功能标记 800 个；建立重要性状的表型、基因组数据库 3 个以上，并实现信息共享；申请或获得植物新品种保护权 20 项以上。

支持年限：2016—2020

拟支持项目数：1 项

3.4 主要农作物染色体细胞工程育种

研究内容：研发小麦、水稻、玉米、棉花等主要农作物染色体和染色体片段准确识别和分子跟踪选择新技术，建立新的外源染色体片段或基因定向转移新技术，完善分子染色体工程育种技术体系，挖掘鉴定远缘属种中可用于主要农作物品种改良的新基因源；研究染色体片段易位与渗入机理，构建以远缘杂交材料和染色体片段渗入系群体为核心的育种材料，聚合优异基因，创制育种新材料，培育新品种；开展大小孢子培养、高频率诱导等单倍体育种技术及体细胞融合研究，并用于快速获得纯合育种新材料；开展国际合作研究。

考核指标：【约束性指标】研发小麦、水稻、玉米、棉花等主要农作物染色体工程育种技术 2 项以上、单倍体育种技术 1 项以上、体细胞融合育种技术 1 项以上，大小孢子培养育种技术 1 项以上；建立染色体研究新技术 1 项以上；创制主要性状优异的双二倍体、附加系、代换系、易位系等非整倍体材料 2 000 份以上，高频率诱导系 5 个以上；构建主要农作物各 8 种以上重要基因型的染色体片段渗入系群体；创制优异育种新材料 100 份以上、优异亲本 5 份以上；培育优良新品种 10 个以上；新品种示范推广 600 万亩以上。【预期性指标】申请或获得植物新品种保护权 8 项以上、发明专利 10 项以上；发表高水平学术论文 20 篇以上。

支持年限：2016—2020

拟支持项目数：1 项

3.5 主要农作物诱变育种

研究内容：研究高能重离子辐射、空间诱变、地面模拟等诱发小麦、水稻、玉米、大豆等主要农作物变异的分子生物学效应，解析 DNA 损伤修复与突变发生的分子机理；研究提高诱变频率和诱变育种效率的新途径、新方法；创制大容量、呈梯度的主要农作物主栽品种突变库，建立目标突变基因高通量定向发掘平台，创制产量、品质、抗病、抗逆、株型等重要性状突变新材料，培育和示范高产、优质、多抗新品种；开展国际合作研究；探索诱变技术知识产权评价、技术服务机制与育种发展模式。

考核指标：【约束性指标】研发小麦、水稻、玉米、大豆等主要农作物诱变技术及突变体筛选技术4项以上；阐明不同诱变因素诱发主要农作物变异的分子机理；创建主栽品种的突变体库3个以上；创制优异育种新材料100份以上、优异亲本5份以上，培育优良新品种10个以上；新品种示范推广600万亩以上。【预期性指标】申请或获得植物新品种保护权8项以上、发明专利10项以上；发表高水平学术论文20篇以上。

支持年限：2016—2020

拟支持项目数：1项。

申报要求

1. 以项目为单元申报，内容需覆盖该项目全部研究内容和考核指标。

2. 项目申报单位（包括参与申报单位）、申报人（包括参与申报人），对同一项目不得进行重复或交叉申报与参与。

3. 鼓励产学研联合申报；鼓励项目的示范推广与国家农业科技园区等相结合。

"七大农作物育种"试点专项指南编制专家名单

序号	姓名	单位	职称/职务
1	万建民	中国农业科学院作物科学研究所	教授
2	戴陆园	云南省农业科学院	研究员
3	李云海	中国科学院遗传与发育研究所	研究员
4	余四斌	华中农业大学	教授
5	马殿荣	沈阳农业大学	教授
6	孙其信	西北农林科技大学	教授
7	李建生	中国农业大学	教授
8	赵团结	南京农业大学	教授
9	李文滨	东北农业大学	教授
10	宋美珍	中国农业科学院棉花研究所	研究员
11	吴江生	华中农业大学	教授
12	李云昌	中国农业科学院油料作物研究所	研究员
13	杜永臣	中国农业科学院蔬菜花卉研究所	研究员
14	李国景	浙江省农业科学院	研究员
15	田冰川	中国种子集团有限公司	副总经理
16	宋维平	北京大北农科技集团股份有限公司	副总经理
17	张立阳	袁隆平农业高科技股份有限公司	研究员
18	杨庆文	中国农业科学院作物科学研究所	研究员
19	龚继明	中国科学院上海生命科学研究院	研究员

20. 科技部关于批准建设
第三批企业国家重点实验室的通知

国科发基〔2015〕329 号

北京市、天津市、河北省、山西省、内蒙古自治区、辽宁省、黑龙江省、上海市、江苏省、浙江省、安徽省、福建省、江西省、山东省、河南省、湖北省、湖南省、广东省、海南省、四川省、贵州省、云南省、陕西省、甘肃省、青海省、宁夏回族自治区、青岛市、深圳市科技厅（委、局），国务院国有资产监督管理委员会：

企业国家重点实验室是国家技术创新体系的重要组成部分，主要任务是面向社会和行业未来发展的需求，开展应用基础研究和竞争前共性技术研究，研究制定国际标准、国家和行业标准，聚集和培养优秀人才，引领和带动行业技术进步。

为进一步完善企业国家重点实验室布局，科技部 2014 年启动第三批企业国家重点实验室的建设工作。根据专家评审结果和征求意见情况，经科技部部务会议审议通过，现决定批准建设"白云鄂博稀土资源研究与综合利用国家重点实验室"等 75 个实验室（名单见附件）。

请你们按照《依托企业建设国家重点实验室管理暂行办法》（国科发基〔2012〕716 号）的规定和要求，落实有关政策和建设经费，组织相关单位凝炼实验室发展目标、明确主要研究方向和重点、组织科研队伍、引进和培养优秀人才、完善和提升实验研究条件、建立"开放、流动、联合、竞争"的运行机制，开展企业国家重点实验室建设工作。

附件：批准建设的企业国家重点实验室名单（第三批）

科技部

2015 年 9 月 30 日

来源：http://www.most.gov.cn/fggw/zfwj/zfwj2015/201510/t20151014_121983.htm

附件

批准建设的企业国家重点实验室名单（第三批）
（按拼音排序）

序号	实验室名称	依托单位	推荐部门
1	白云鄂博稀土资源研究与综合利用国家重点实验室	包头稀土研究院	内蒙古自治区科技厅
2	长寿命高温材料国家重点实验室	东方电气集团东方汽轮机有限公司	四川省科技厅
3	超硬材料磨具国家重点实验室	郑州磨料磨具磨削研究所有限公司	河南省科技厅
4	创新天然药物与中药注射剂国家重点实验室	江西青峰药业有限公司	江西省科技厅

（续表）

序号	实验室名称	依托单位	推荐部门
5	创新药物与高效节能降耗制药设备国家重点实验室	江西江中制药（集团）有限责任公司/江西本草天工科技有限责任公司	江西省科技厅
6	创新中药关键技术国家重点实验室	天士力制药集团股份有限公司	天津市科委
7	大功率交流传动电力机车系统集成国家重点实验室	南车株洲电力机车有限公司	湖南省科技厅
8	大黄鱼育种国家重点实验室	福建福鼎海鸥水产食品有限公司	福建省科技厅
9	大型电气传动系统与装备技术国家重点实验室	天水电气传动研究所有限责任公司	甘肃省科技厅
10	大型先进智能冲压设备国家重点实验室	济南二机床集团有限公司	山东省科技厅
11	电网环境保护国家重点实验室	中国电力科学研究院武汉分院	湖北省科技厅
12	电网输变电设备防灾减灾国家重点实验室	国网湖南省电力公司	湖南省科技厅
13	动物基因工程疫苗国家重点实验室	青岛易邦生物工程有限公司	青岛市科技局
14	废旧塑料资源高效开发及高质利用国家重点实验室	金发科技股份有限公司	广东省科技厅
15	氟氮化工资源高效开发与利用国家重点实验室	西安近代化学研究所	国务院国有资产监督管理委员会
16	钢铁工业环境保护国家重点实验室	中冶建筑研究总院有限公司	国务院国有资产监督管理委员会
17	高端工程机械智能制造国家重点实验室	徐州工程机械集团有限公司	江苏省科技厅
18	高端装备轻合金铸造技术国家重点实验室	沈阳铸造研究所	辽宁省科技厅
19	高寒高海拔地区道路工程安全与健康国家重点实验室	中交第一公路勘探设计研究院有限公司	国务院国有资产监督管理委员会
20	高效清洁燃煤电站锅炉国家重点实验室	哈尔滨锅炉厂有限责任公司	黑龙江省科技厅
21	共伴生有色金属资源加压湿法冶金技术国家重点实验室	云南冶金集团股份有限公司	云南省科技厅
22	轨道交通工程信息化国家重点实验室	中铁第一勘察设计院集团有限公司	陕西省科技厅
23	特种玻璃国家重点实验室	海南中航特玻材料有限公司	海南省科技厅
24	海洋装备用金属材料及其应用国家重点实验室	鞍钢集团公司	辽宁省科技厅
25	海藻活性物质国家重点实验室	青岛明月海藻集团有限公司	青岛市科技局
26	含氟功能膜材料国家重点实验室	山东华夏神舟新材料有限公司	山东省科技厅
27	含氟温室气体替代及控制处理国家重点实验室	浙江省化工研究院有限公司	浙江省科技厅
28	航空精密轴承国家重点实验室	洛阳 LYC 轴承有限公司	河南省科技厅

（续表）

序号	实验室名称	依托单位	推荐部门
29	核电安全监控技术与装备国家重点实验室	中广核工程有限公司	深圳市科技创新委员会
30	节能液压元件及系统国家重点实验室	山东常林机械集团股份有限公司	山东省科技厅
31	聚烯烃催化技术与高性能材料国家重点实验室	上海化工研究院	上海市科委
32	抗感染新药研发国家重点实验室	广东东阳光药业有限公司	广东省科技厅
33	空调设备及系统运行节能国家重点实验室	珠海格力电器股份有限公司	广东省科技厅
34	空间电源技术国家重点实验室	上海空间电源研究所	上海市科委
35	空中交通管理系统与技术国家重点实验室	中国电子科技集团公司第二十八研究所	国务院国有资产监督管理委员会
36	宽禁带半导体电力电子器件国家重点实验室	中国电子科技集团公司第五十五研究所	国务院国有资产监督管理委员会
37	矿山采掘装备及智能制造国家重点实验室	太原重型机械集团有限公司	山西省科技厅
38	矿冶过程自动控制技术国家重点实验室	北京矿冶研究总院	北京市科委
39	炼焦煤资源开发及综合利用国家重点实验室	中国平煤神马能源化工集团有限责任公司	河南省科技厅
40	绿色化工与工业催化国家重点实验室	中国石油化工股份有限公司上海石油化工研究院	国务院国有资产监督管理委员会
41	络病研究与创新中药国家重点实验室	石家庄以岭药业股份有限公司	河北省科技厅
42	煤炭开采水资源保护与利用国家重点实验室	神华神东煤炭集团有限责任公司	国务院国有资产监督管理委员会
43	煤与煤层气共采国家重点实验室	山西晋城无烟煤矿业集团有限责任公司	山西省科技厅
44	膜材料与膜应用国家重点实验室	天津膜天膜科技股份有限公司	天津市科委
45	内燃机可靠性国家重点实验室	潍柴动力股份有限公司	山东省科技厅
46	镍钴资源综合利用国家重点实验室	金川集团股份有限公司	甘肃省科技厅
47	桥梁结构健康与安全国家重点实验室	中铁大桥局集团有限公司	湖北省科技厅
48	清洁高效燃煤发电与污染控制国家重点实验室	国电科学技术研究院	国务院国有资产监督管理委员会
49	深海载人装备国家重点实验室	中国船舶重工集团公司第七〇二研究所	国务院国有资产监督管理委员会
50	石油管材及装备材料服役行为与结构安全国家重点实验室	中国石油集团石油管工程技术研究院	陕西省科技厅
51	石油石化污染物控制与处理国家重点实验室	中国石油安全环保技术研究院	国务院国有资产监督管理委员会
52	蔬菜种质创新国家重点实验室	天津科润农业科技股份有限公司	天津市科委

（续表）

序号	实验室名称	依托单位	推荐部门
53	特种表面保护材料及应用技术国家重点实验室	武汉材料保护研究所	国务院国有资产监督管理委员会
54	特种车辆及其传动系统智能制造国家重点实验室	内蒙古第一机械集团有限公司	内蒙古自治区科技厅
55	特种功能防水材料国家重点实验室	北京东方雨虹防水技术股份有限公司	北京市科委
56	特种化学电源国家重点实验室	贵州梅岭电源有限公司	贵州省科技厅
57	拖拉机动力系统国家重点实验室	中国一拖集团有限公司	河南省科技厅
58	稀土永磁材料国家重点实验室	安徽大地熊新材料股份有限公司	安徽省科技厅
59	稀有金属特种材料国家重点实验室	西北稀有金属材料研究院	宁夏回族自治区科技厅
60	先进输电技术国家重点实验室	国网智能电网研究院	北京市科委
61	新能源与储能运行控制国家重点实验室	中国电力科学研究院	国务院国有资产监督管理委员会
62	新型电子元器件关键材料与工艺国家重点实验室	广东风华高新科技股份有限公司	广东省科技厅
63	新型功率半导体器件国家重点实验室	株洲南车时代电气股份有限公司	湖南省科技厅
64	养分资源高效开发与综合利用国家重点实验室	金正大生态工程集团股份有限公司	山东省科技厅
65	页岩油气富集机理与有效开发国家重点实验室	中国石化石油勘探开发研究院	国务院国有资产监督管理委员会
66	玉米生物育种国家重点实验室	辽宁东亚种业有限公司	辽宁省科技厅
67	在役长大桥梁安全与健康国家重点实验室	江苏省交通科学研究院股份有限公司	江苏省科技厅
68	藏药新药开发国家重点实验室	青海金诃藏医药集团有限公司	青海省科技厅
69	轧辊复合材料国家重点实验室	中钢集团邢台机械轧辊有限公司	河北省科技厅
70	直流输电技术国家重点实验室	南方电网科学研究院有限责任公司	国务院国有资产监督管理委员会
71	智能传感功能材料国家重点实验室	北京有色金属研究总院	国务院国有资产监督管理委员会
72	智能电网保护和运行控制国家重点实验室	南京南瑞集团公司	江苏省科技厅
73	中低品位磷矿及其共伴生资源高效利用国家重点实验室	瓮福（集团）有限责任公司	贵州省科技厅
74	转化医学与创新药物国家重点实验室	江苏先声药业有限公司	江苏省科技厅
75	作物育种技术创新与集成国家重点实验室	中国种子集团有限公司	国务院国有资产监督管理委员会

21. 科技部关于发布第一批国家
现代农业科技示范区的通知

国科发农〔2015〕256号

各省、自治区、直辖市及计划单列市科技厅（委、局），新疆生产建设兵团科技局：

为贯彻落实《中共中央 国务院关于加大改革创新力度加快农业现代化建设的若干意见》（中发〔2015〕1号）精神，加快体制机制创新，加大科技成果转化应用力度，推动建设产出高效、产品安全、资源节约、环境友好的现代农业，促进城乡一体化发展，在有关省市推荐的基础上，经研究，现发布第一批国家现代农业科技示范区（具体名单见附件）。

各地科技主管部门要高度重视、精心组织、周密部署、科学规划、加强引导、积极推进，将现代农业科技示范区打造成为创新驱动城乡一体化发展的示范区、一二三产融合全链条增值现代农业的先行区、大众创业万众创新的聚集区。

科技部将结合中央财政科技计划（专项、基金等）管理改革，坚持以省为主、部省共建的原则，充分发挥市场对资源配置的决定性作用，通过建设科技金融、农业信息、创新品牌等公共服务平台，支持国家现代农业科技示范区建设和发展。

附件：第一批国家现代农业科技示范区

科技部
2015年8月14日

来源：http://www.most.gov.cn/fggw/zfwj/zfwj2015/201508/t20150824_121249.htm

附件

第一批国家现代农业科技示范区

1. 北京现代农业科技城
2. 河北环首都现代农业科技示范带
3. 安徽皖江现代农业科技示范区
4. 山东黄河三角洲现代农业科技示范区
5. 河南中原现代农业科技示范区
6. 湖北江汉平原现代农业科技示范区
7. 湖南环洞庭湖现代农业科技示范区
8. 新疆现代农业科技城

22. 关于征集2016年度国家科学技术
学术著作出版基金项目的通知

为繁荣科技出版事业，促进科技创新，推动国家创新驱动发展战略实施，根据国家科学技术学术著作出版基金（以下简称"学术著作出版基金"）工作安排，现发布 2016 年度学术著作出版基金项目资助申请指南（见附件）。

项目申报时间：2015 年 8 月 1 日至 9 月 30 日。

特此通知。

附件：国家科学技术学术著作出版基金项目资助申请指南（2016 年度）

国家科学技术学术著作出版基金委员会办公室

2015 年 7 月 15 日

来源：http://www.most.gov.cn/tztg/201507/t20150721_ 120829.htm

附件

2016 年度国家科学技术学术著作出版基金项目资助申请指南

为做好 2016 年度国家科学技术学术著作出版基金（以下简称"学术著作出版基金"）项目的申请组织工作，根据《国家科学技术学术著作出版基金管理办法》，特制订本指南。

一、资助原则

学术著作出版基金贯彻国家科技政策和出版方针，坚持"有限目标，突出重点，打造精品，走向世界"的发展目标，按照"自由申请、公平竞争、专家评议、择优支持"的原则，资助基础性、前瞻性和战略性科技学术著作，繁荣科技出版事业，推动国家创新驱动发展战略实施。

二、资助范围

学术著作出版基金面向全国，资助自然科学和技术科学方面优秀的和重要的学术著作的出版。

学术著作出版基金资助范围包括：

1. 学术专著：作者在某一学科领域内从事多年系统深入的研究，撰写的在理论上具有创新或实验上有重大发现的学术著作。

2. 基础理论著作：作者在某一学科领域基础理论方面从事多年深入探索研究，借鉴国内外已有资料和前人成果，经过分析论证，撰写的具有理论创新的，对科学发展或培养科技人才有重要作用的系统性理论著作。

3. 应用技术著作：作者把已有科学理论应用于生产实践的先进技术和经验，撰写的能促进产业进步并给社会带来较大经济效益的著作。

重点资助：

1. 在基础科学研究领域和战略性新兴产业（节能环保、新一代信息技术、生物、高端装备制造、新能源、新材料和新能源汽车）等领域取得的重要研究成果形成的学术著作；

2. 推动西部开发和有助于提高少数民族科技发展的优秀科技学术著作；

3. 英文版优秀科技学术著作。

下列情况暂不属于资助范围：

1. 译著、论文集、再版著作（同一作者撰写的学术著作，从正式出版之日起 5 年内再次申请相同或相近内容学术著作视为再版学术著作，超过五年且增加了最新研究成果内容的相同或相近题目学术著作视为新书）；

2. 科普读物；

3. 教科书、工具书。

三、申请办法

（一）基本要求

1. 著作者须完成80%以上或全部书稿后，方可提出申请。

2. 著作者一次只允许申请一个项目，在获准资助项目出版之后，方可申请下一个项目。

3. 丛书中的每一本著作，均须分别按单个项目独立申请。

4. 已出版的学术著作不能申请。

5. 上一年度申请学术著作出版基金但未获得资助的项目，不得在第二年度申请。申请者可根据专家意见对书稿认真修改后，于第三年度提出申请。

（二）申请程序

学术著作出版基金申请程序由网上提交申请材料和邮寄纸质材料两个环节组成。

1. 系统注册和浏览器配置

（1）登陆国家科学技术学术著作出版基金项目申报系统（以下简称"申报系统"）http：//168.160.18.201/pfp进行注册（请使用IE8浏览器打开申报系统）。

（2）系统注册完成1个工作日后，经学术著作出版基金办公室审核后，再登录进入申报系统。

（3）进入申报系统后，请先按照系统首页要求配置浏览器。下载ActiveX控件，运行Setup-OCX文件，重新启动计算机后，再进入申报系统。

2. 网上填报申请书

点击申报系统首页上"项目申报"中的"填写项目申请书"，按照申报系统流程逐项填写。

学科代码请在系统提供的《国家自然科学基金申请代码》中选至3级类目，如"代数几何"的申请代码填"A010207"。

具体要求请在申报系统首页点击查看《国家科学技术学术著作出版基金申请书填写说明》。

3. 网上提交申请材料

网上提交的申请材料包括：评审材料、样章和附录。

（1）评审材料内容包括本书稿的前言、目录（至少到节一级）和主要参考文献，按顺序合成一个PDF格式文件后上传，文件总长度不超过10MB。系统自动生成文件名为"×××评审材料"（×××为申请人姓名，下同）。

（2）样章内容包括本书稿的重要核心章节。样章按顺序合成一个PDF格式文件后上传，文件总长度不超过50MB。在文件长度不超过50MB的条件下，提供样章数量应为50页以上。系统自动生成文件名为"×××样章"。

（3）附录内容包括与本书稿内容相关的省部级以上奖励和鉴定材料等扫描文件。该文件不是必须提交文件，如没有相关文件可以不提交。附录精选并合成一个PDF格式文件后上传，文件总长度不超过10MB。系统自动生成文件名为"×××附录"。

请严格按照以上文件格式和文件长度规定提交申请材料。

4. 查看申报项目状态

（1）按照以上第1～3项要求在网上提交申请材料后，返回首页查看"申报项目列表"中的"状态"，项目状态为"待审查"时表示申请材料已提交成功。

（2）网上提交完成3个工作日后，再次查看申报项目状态。如果状态为"审查通过"，表示已完成网上申报；状态为"审查返回修改"，按照审查意见修改后重新提交。

5. 邮寄提交（或直接送交）材料（用于存档）

提交材料包括：《申请书》1份、《国家科学技术学术著作出版基金出版意向协议书》1份、《国家科学技术学术著作出版基金申请人承诺书》1份、《国家科学技术学术著作出版基金出版单位承诺书》1份、80%以上或全部书稿光盘1份。邮寄材料寄至项目申请受理机构。

申请材料原则上一律不退还，请申请者自行留底。

邮寄提交《申请书》有关注意事项：

（1）网上提交工作完成后，用A4纸打印《申请书》。

（2）《申请书》中合著者签字、推荐专家签字和出版社盖章均须为原件。

（3）纸质专家推荐意见可另附，但推荐意见内容须与网上提交内容一致，专家签字应与推荐意见在同一页纸上不能分离。推荐专家须为三个不同单位，且具有正高级以上专业技术职称。

（4）《国家科学技术学术著作出版基金出版意向协议书》、《国家科学技术学术著作出版基金申请人承诺书》和《国家科学技术学术著作出版基金出版单位承诺书》从申报系统首页的"申请文件"栏目中下载打印。

签订《国家科学技术学术著作出版基金出版意向协议书》有关注意事项：

（1）协议书由著作者与出版社正式签订。

（2）协议书中应明确申请项目的书名、第一作者。申请项目经学术著作出版基金办公室受理进入评审程序后，书名和第一作者将不能更改。

（3）申请项目获得资助后，著作者有配合出版社严格按照国家新闻出版广电总局图书稿件三审责任制度、责任编辑制度、责任校对制度等有关图书出版管理规定完成出版任务的责任，如出现出版质量检查不合格情况，应配合出版社收回报废已出版图书。出版社有严格按照国家新闻出版广电总局图书稿件三审责任制度、责任编辑制度、责任校对制度等有关图书出版管理规定完成出版任务的责任，如出现出版质量检查不合格情况，除收回和报废已出版图书，经重新审校修订并按照签订出版协议重新印制外，收回资助资金。

（三）审批程序

1. 学术著作出版基金办公室组织项目形式审查和专家学术评审。

2. 学术著作出版基金委员会根据专家评审结果确定当年资助项目。

3. 学术著作出版基金办公室在科技部网站上公示当年资助项目。公示结束后，公布最终资助项目并书面通知申请者。

（四）申请受理时间

2015年8月1日至2015年9月30日。

四、通讯地址

（一）项目申请受理机构

中国科学技术信息研究所科研处

北京市复兴路15号（公主坟，中央电视台西侧）100038

联系电话（传真）：010 – 58882505

（二）学术著作出版基金办公室

科学技术部资源配置与管理司

北京市复兴路乙 15 号 100862

联系电话：010 - 58881698

国家科学技术学术著作出版基金委员会

办公室

2015 年 7 月 15 日

23. 关于组织申报小微企业创业
创新基地城市示范的通知

各省、自治区、直辖市、计划单列市财政厅（局）、中小企业主管部门、科技厅（委、局）、商务主管部门、工商行政管理局：

根据财政部、工业和信息化部、科技部、商务部、国家工商行政管理总局（以下简称五部门）联合印发的《关于支持开展小微企业创业创新基地城市示范工作的通知》（财建〔2015〕114 号），五部门决定启动"小微企业创业创新基地城市示范"申报工作。现将有关事项通知如下：

一、申请城市示范的省（自治区、直辖市、计划单列市，下同），由省级财政部门联合工信、科技、商务、工商等部门向五部门提出申请。各省限推荐 1 个城市（省会城市、一般地级城市、直辖市所属区县），计划单列市单独申报。

二、各省推荐的城市应按《2015 年小微企业创业创新基地城市示范实施方案编制指南》（详见附件）的要求编制实施方案，应以推进"大众创业、万众创新"为主线，充分体现"企业主导、政府服务、政策集成、机制创新"的原则，科学谋划支持创业创新的总体思路，详细编制 2015—2017 年三年示范目标、示范内容、保障措施，突出区域特色，明确部门职责分工。

三、各省应在 2015 年 5 月 25 日前提交申请文件和推荐城市的实施方案（含电子版）。五部门将组织开展资料审核、竞争性选拔工作。

联系方式：财政部经济建设司　010 - 68552506

chenjiao@ mof. gov. cn

附件：1. 2015 年小微企业创业创新基地城市示范实施方案编制指南

　　　2. 小微企业创业创新基地城市示范实施方案表

　　　3. 主要名词解释

财政部办公厅工业和信息化部办公厅科技部办公厅

商务部办公厅　　国家工商行政管理总局办公厅

2015 年 5 月 4 日

来源：http://www. most. gov. cn/tztg/201505/t20150507_ 119272. htm

附件 1

2015 年小微企业创业创新基地城市示范实施方案编制指南

实施方案应以推进"大众创业、万众创新"为主线，充分体现"企业主导、政府服务、政策集成、机制创新"的原则，结合现行支持小微企业发展的政策措施，科学谋划支持创业创新的总体思路，详细编制 2015—2017 年三年示范目标、示范内容、保障措施等，突出区域经济特色，明确部门职责分工。

一、城市现行支持小微企业发展的有关情况

明确推荐城市名称和行政级别（分为计划单列市、省会城市、一般地级城市、直辖市所属区县）。详细说明目前推荐城市小微企业发展状况，以及政府在为小微企业提供创业创新空间和公共服务、落实商事制度改革、对接创业创新扶持政策等方面采取的措施、投入的资金等。

（一）创业创新基地发展情况

分类说明城市内创业创新基地（包括众创空间、小企业创业基地、科技孵化器、商贸企业集聚区、微型企业孵化园）的数量与面积，入驻企业享受的租金、税费等减免政策，财政投入等。

（二）公共服务体系建设情况

分类说明政府为小微企业提供的公共服务及提供方式、财政资金投入与安排使用情况等。

（三）商事制度改革等落实情况

说明先照后证、注册资本认缴登记制、企业年报公示制等改革进展情况以及其他方面改革落实情况。

（四）其他促进小微企业发展的政策措施

说明政府在解决小微企业融资难方面已采取的措施以及其他支持创业创新的有效做法。

二、示范目标

申请示范的城市应明确提出工作目标，目标分为就业、创业、创新三个方面，指标应量化、可考核，既反映城市整体创业创新发展情况，也突出小微企业创业创新发展情况，以 2014 年为基准年，逐项说明各指标要在 2015 年、2016 年、2017 年分别达到的目标值，并明确数据监测部门。

（一）就业目标

包括城镇新增就业人数与小微企业新增就业人数等。

（二）创业目标

包括城市新登记注册市场主体数量与新增小微企业数量、小微企业营业收入与营业利润、实现的税金总额等。

（三）创新目标

包括城市新增高新技术企业数量、城市技术合同成交额与小微企业技术合同成交额、城市拥有授权专利数与小微企业拥有授权专利数等。

三、示范内容

明确本次城市示范的范围（附图），可以以创业创新基地辐射带动整个城市提高创业创新发展水平。详细说明示范期内城市在优化创业创新空间、加强公共服务、对接创业创新扶持政策、推进体制机制创新等方面进一步采取的措施、拟投入的资金等，逐项明确部门分工。

（一）创业创新空间方面

详细说明示范期内城市在充分利用闲置库房、工业厂房以及新增场地方面将采取哪些措施，

为更多的小微企业提供创业创新空间；在租金、税费等方面还将实施哪些政策，支持创新工场、车库咖啡等众创空间发展。要对工作内容进行量化并提出明确的保障措施。

（二）公共服务方面

详细说明示范期内城市在改进小微企业公共服务方面的政策措施、财政投入等，即人才培训、创业辅导、法律维权、管理咨询、财务指导、检验检测认证、知识产权保护、技术服务、研发设计、会展服务和重点展会参与等方面，以及在促进服务平台互联互通、协同服务等方面采取的政策措施。

（三）税费、融资等方面支持政策

详细说明示范期内城市在落实税费优惠政策方面的具体措施，惠及的企业数量、预计减免税额等；在融资支持方面的政策措施，包括设立针对中小企业的基金、支持融资担保、建立贷款风险分担机制等，以有效动员社会资金破解融资难和贵的问题。

（四）体制机制创新方面

详细说明示范期内城市在商事制度改革、投融资机制改革、科技成果转化机制、涉企收费管理机制、贸易便利化机制等方面将采取的措施。着重说明"三证合一"、"一照一号"、企业信息公示制度、企业简易注销登记制等商事制度改革的具体打算，以进一步促进简政放权、激发市场活力。

（五）其他促进小微企业发展的政策措施

详细说明示范期内城市结合自身特点在促进大众创业、万众创新、培育小微企业方面将采取的其他特色、有效政策措施和制度建设及机制创新。

四、保障措施

（一）组织保障
包括成立领导组织机构等措施。

（二）资金保障
包括安排财政资金和设立基金等措施。

（三）信息公开
城市应加快建立健全预算公开等信息公开机制。

（四）其他保障措施

（五）申请中央财政资金额度

五、其他需要说明的事项

附：1. 小微企业创业创新基地城市示范实施方案表
2. 主要名词解释

附件 2

小微企业创业创新基地城市示范实施方案表

序号			主要内容	说明	备注
一	现行支持小微企业发展的有关情况	小微企业发展情况	详细说明截至 2014 年底，小微企业数量（单位：户）及在城市市场主体中占比、产业分布，吸纳就业人数（单位：万人）及在城镇就业人数中占比，营业收入（单位：万元），税金总额（单位：万元），技术合同成交额（单位：万元）及在城市中占比，拥有授权专利数（单位：项）及在城市中占比，电子商务交易额（单位：万元）及在城市中占比，营销模式和品牌创新情况等。		
		创业创新基地发展情况	分别说明现有创业创新基地数量（单位：个），基地地上总建筑面积（单位：平方米），空间使用费用减免额度（单位：万元）等。		
		公共服务体系建设情况	1. 地方政府投入在基地建设、运维方面的投入，政府对小微企业空间使用费用的补助等。 2. ……		
			1. 说明服务事项，政府提供公共服务的方式，享受各类公共服务的小微企业数量等。 2. 省级及以上公共服务示范平台数量（单位：个）等。 3. 地方政府投入资金（单位：万元），折算政府提供公共服务的财政资金支持。 4. ……		
		商事制度改革落实情况	1. 商事制度改革方面。 （1）先照后证。 （2）注册资本认缴登记制。 （3）企业年报公示制。 （4）…… 2. 其他方面。		

（续表）

序号		主要内容	说明	备注
一	现行支持小微企业发展的有关情况	其他促进小微企业发展的政策措施	1. 政府在解决小微企业融资难方面已采取的措施。 2. 在支持创业方面采取的其他有效做法。 3. 在支持创新方面采取的其他有效做法。 4. 地方政府投入资金（单位：万元）。 5. ……		
二	示范目标	就业目标	分别说明"城镇新增就业人数"、"小微企业新增就业人数"（单位：万人）在 2015 年、2016 年、2017 年要达到的目标值（下同）。		
		创业目标	1. "新登记注册市场主体数量"、"新增小微企业数量"（单位：户）。 2. "小微企业营业收入"、"小微企业利润"、"小微企业实现的税金总额"（单位：万元）。		
		创新目标	1. "城市新增高新技术企业数量"（单位：户）。 2. "城市新增技术合同成交额"、"小微企业技术合同成交额"（单位：万元）。 3. "城市拥有授权专利数"、"小微企业拥有授权专利数"（单位：项）。		
三	示范内容	创业创新空间方面	1. 在无法利用闲置库房、工业厂房以及新增场地方面将采取哪些措施，在租金、税费等方面还将实施哪些政策。 2. 分别说明 2015 年、2016 年、2017 年预计新增基地数量（单位：个）、新增基地地上总建筑面积（单位：平方米）、空间使用费减免额度（单位：万元）等。 3. ……		

（续表）

序号	示范内容	主要内容	说明	备注
三	公共服务方面	1. 在改进小微企业公共服务方面的政策措施，即人才培训、创业辅导、法律维权、管理咨询、财务指导、知识产权保护、技术服务、研发设计、会展服务和重点会展参与等方面；在促进服务平台互联互通、协同服务平台互联互通平台个数等方面采取的政策措施。 2. 分别说明2015年、2016年、2017年预计新增公共服务事项，新增互联互通平台个数等。 3. ……		
	税费、融资等支持政策方面	1. 在落实税费优惠政策方面的具体措施，分别说明2015年、2016年、2017年预计享受税收优惠的小微企业数量，减免税额等。 2. 在融资支持方面的政策措施（例如：银行信贷、融资担保、创投基金、中小企业基金、创投基金企业（单位：万元），2016年、2017年预计增加的小微企业贷款余额（单位：万元）及在城市贷款余额中占比、申贷获得率、增设基金总数额（单位：万元）等。		
	体制机制创新方面	1. 商事制度创新方面。 (1) 推进"三证合一"。 (2) 推进"一照一号"。 (3) 实施"企业信息公示制度"。 (4) 实施"企业简易注销登记制"。 (5) …… 2. 投融资机制创新方面。 (1) 进一步降低创业投资门槛。 (2) 在企业、银行、担保机构之间建立健全激励相容与风险分担机制。		

（续表）

序号		主要内容	说明	备注
三	示范内容	体制机制创新方面 （3）推进政府购买第三方服务。 （4）…… 3. 科技成果转化机制创新方面。 （1）推进科技成果使用处置和收益管理改革。 （2）建立健全科技人员股权和分红激励机制。 （3）…… 4. 建立健全涉企收费目录清单管理机制。 5. 建立贸易便利化机制，小微企业发展电子商务情况和连锁化率、拥有自创品牌数量。 6. ……		
		其他促进小微企业发展的政策措施 在促进大众创业、万众创新，培育小微企业方面将采取的其他特色、有效政策措施和制度。		
四	保障措施	组织保障方面 包括成立领导组织机构等措施。		
		资金保障方面 1. 创业创新空间方面拟投入的财政资金与安排使用计划。 2. 公共服务方面拟投入的财政资金与安排使用计划。 3. 其他方面拟投入的财政资金与安排使用计划。		
		信息公开方面 加快建立健全预算公开等信息公开机制。		
		其他保障措施 ……		
		申请中央财政资金额度 ……		

附件 3

主要名词解释

一、小微企业

根据工业和信息化部、统计局、发展改革委、财政部联合印发的《中小企业划型标准规定》（工信部联企业〔2011〕300 号）划分的小型、微型企业，不含个体工商户。

二、众创空间

是顺应新时期创业创新特点和需求，通过市场化机制、专业化服务和资本化途径构建的低成本、便利化、全要素、开放式的新型创业服务平台。以科技部门为主提供相关信息。

三、小企业创业基地

是指为初创期各类小微企业集中提供固定的创业场所，并集聚各类创业服务资源，为创业企业提供有效服务和支撑的各类载体。基地内小微企业应在入驻企业中占多数。以中小企业管理部门为主提供相关信息。

四、科技孵化器

即科技企业孵化器（也称高新技术创业服务中心）。根据科技部印发的《科技企业孵化器认定和管理办法》（国科发高〔2010〕680 号）规定，是以促进科技成果转化、培养高新技术企业和企业家为宗旨的科技创业服务载体。以科技部门为主提供相关信息。

五、商贸企业集聚区

是指商贸流通业企业集聚发展的各类商业街区、商圈及商贸物流园区等。以商务主管部门为主提供相关信息。

六、微型企业孵化园

是指为各类微型企业提供服务的孵化平台。以工商行政管理部门为主提供相关信息。

七、城镇新增就业人数

是指当年城镇累计就业人数减去累计自然减员人数，主要反映当年城镇就业状况和国家就业政策落实情况。以统计部门为主提供相关数据。

八、小微企业新增就业人数

是指当年小微企业累计吸纳就业人数减去累计自然减员人数，主要反映小微企业吸纳就业的能力。以统计部门为主提供相关数据。

九、新登记注册市场主体数量

是指当年在工商行政管理部门登记注册的企业、个体工商户和农民专业合作社总户数，主要反映各类市场主体创业活跃程度。以工商行政管理部门为主提供相关数据。

十、新增小微企业数量

是指小微企业年度新增户数，主要反映小微企业创业活跃程度。以工商行政管理部门为主提供相关数据。

十一、小微企业营业收入

是指小微企业在生产经营活动中，因销售产品或提供劳务而取得的各项收入，包括主营业务收入和其他业务收入，主要反映小微企业生产经营状况。以统计、税务部门为主提供相关数据。

十二、小微企业营业利润

是指小微企业从事生产经营活动所取得的利润，主要反映小微企业盈利状况。以统计、税务部门为主提供相关数据。

十三、小微企业税金总额

是指小微企业应缴纳的各种税金总和，包括产品销售税金及附加、增值税、所得税、以及房产税、印花税、车船使用税和土地使用税等，主要反映小微企业税负情况。以税务部门为主提供相关数据。

十四、新增高新技术企业数量

是指根据《高新技术企业认定管理办法》（国科发火〔2008〕172号）认定的高新技术企业年度新增户数，主要反映城市技术研发整体能力。以高新技术企业认定管理机构为主提供相关数据。

十五、城市技术合同成交总额

是指城市内根据《技术合同认定登记管理办法》（国科发政字〔2000〕063号）、《技术合同认定规则》（国科发政字〔2001〕253号）认定登记输出和吸纳的技术合同成交项目总金额，主要反映技术成果市场化情况。以技术合同登记机构为主提供相关数据。

十六、小微企业技术合同成交总额

是指小微企业输出和吸纳的技术交易总金额，主要反映小微企业技术成果市场化情况或应用技术成果情况。以技术合同登记机构为主提供相关数据。

十七、城市拥有授权专利数

是指城市内对专利申请无异议或经审查异议不成立的，作出授予专利权决定，发给专利证书，并将有关事项予以登记和公告的专利数。主要反映城市整体创新能力。以专利行政管理部门为主提供相关数据。

十八、小微企业拥有授权专利数

是指小微企业获得的专利证书数量，主要反映小微企业创新情况。以专利行政管理部门为主提供相关数据。

十九、重点展会

是指在我国境内举办的各类展览、展销和展示活动，包括展览会、博览会、交易会、洽谈会、展示会、展销会、订货会等，以商务主管部门定期发布的展会目录为准。

二十、城市企业年末贷款余额

是指年末城市内各类银行向城市辖区内登记注册企业提供的贷款余额，主要反映城市内各类企业通过银行贷款融资的情况。以银行业监督管理部门为主提供相关数据。

二十一、小微企业年末贷款余额

是指年末城市内各类银行向城市辖区内小微企业提供的贷款余额，主要反映小微企业通过银行贷款融资的情况。以银行业监督管理部门为主提供相关数据。

二十二、小微企业申贷获得率

是指获得银行贷款的小微企业数量在申请贷款的小微企业数量中所占比重，主要反映小微企业通过银行贷款融资的难易程度。以银行业监督管理部门为主提供相关数据。

二十三、小微企业连锁化率

是指连锁经营的小微企业商品交易额占行业总交易额的比重，主要反映小微企业组织化程度。以统计、商务主管部门为主提供相关数据。

二十四、小微企业拥有自创品牌数量

是指小微企业拥有并实际使用注册商标的数量，主要反映小微企业品牌创新情况。以商务主管部门为主提供相关数据。

24. 科技部关于发布创新方法工作
专项 2015 年度项目指南的通知

国科发资〔2015〕86 号

各省、自治区、直辖市及计划单列市科技厅（委、局），新疆生产建设兵团科技局，国务院各有关部门科技司（局），各有关单位：

创新方法是科学思维、科学方法和科学工具的总称。加强创新方法工作，切实做好相关领域的研究与应用具有重要意义。创新方法工作是一项基础性、长期性的科技工作，是从源头上增强自主创新能力和推进创新型国家建设的重要举措。创新方法工作专项主要支持提升科技效率与企业技术创新能力的方法研究与应用。

2015 年创新方法工作将贯彻落实《中共科学技术部党组关于落实创新驱动发展战略 加快科技改革发展的意见》（国科党组发〔2015〕1 号）中提出的重点任务，聚焦实施创新驱动发展战略，通过推广应用创新方法，提升企业技术创新能力。现将 2015 年度项目申报指南（附件 1）予以公布，请各单位按照创新方法工作的定位、指南方向和具体申报要求（附件 2）组织项目申报工作。现将有关事项通知如下：

一、项目推荐部门

1. 国务院有关部门（直属机构、直属事业单位）科技主管机构；

2. 各省、自治区、直辖市、计划单列市及新疆生产建设兵团科技主管部门。

申报单位需通过推荐部门向科技部申报，不受理个人申报。同一项目只能通过一个推荐单位申报一次。

各推荐单位对所推荐项目推荐书的真实性等负责，推荐项目数量不限。

二、申报程序

（一）网上申报。

1. 申报方式。请组织申报单位按要求进行网上申报，项目申请书具体格式在国家科技计划项目申报中心相关专栏下载。

项目申报中心网址：http：//program. most. gov. cn

技术咨询电话：010 - 88659000（中继线）

技术咨询邮箱：program@ most. cn

2. 受理期限。2015 年 5 月 25 日 17：00 前。

（二）推荐及材料报送。

1. 组织推荐。申报单位需按照指南要求完成网上申报，并通过各推荐部门报送正式文件。各推荐部门按照指南要求，加强对推荐的项目申请人及其合作方的资质、科研能力的审核把关，并以公函形式进行推荐。

2. 材料报送。各推荐部门于 6 月 5 日前，将以下材料寄至中国 21 世纪议程管理中心，请不要现场报送。

（1）加盖推荐单位公章的推荐函（纸质，一式 2 份）。

（2）推荐项目清单（纸质，一式 2 份）及光盘（Excel 格式）。

（3）网上直接生成并打印盖章的项目申请书（纸质，一式 4 份、双面打印，无线胶订）。

邮寄地址：北京市海淀区玉渊潭南路 8 号，邮编：100038。

（三）联系人及联系方式。

中国 21 世纪议程管理中心

联系人：栾芸、常影

联系电话：010 - 58884885、58884887

传真：010 - 58884889

科技部资源配置与管理司

联系人：李文雅、沈文京

联系电话：010 - 58881691、58881686

附件：1. 创新方法工作专项 2015 年度项目申报指南
　　　 2. 创新方法工作专项 2015 年度项目申报要求

科技部

2015 年 3 月 31 日

来源：http://www.most.gov.cn/fggw/zfwj/zfwj2015/201504/t20150402_118885.htm

附件 1

创新方法工作专项 2015 年度项目申报指南

一、创新方法、创新工具研究与应用示范

1. 技术创新方法研究与应用示范。

针对建立以企业为主体的技术创新体系的重大需求，以"理论上相对完整、技术上相对实用、实践中行之有效"为原则，选择 1~2 种除 TRIZ 外，适合我国企业发展现状、具有一定普适性、推广前景广阔的技术创新方法，为企业打破研发定式、提高研发质量与成功率或缩短研发周期提供相关技术方法支撑；提出方法推广与应用体系，并研究开发相关的软件工具；在不少于 5 家企业中开展系统化应用并取得应用成效。

申报条件：由符合条件的科研院所、高校等牵头，联合企业共同申报。

2. 大数据环境下的创新方法研究与应用示范。

针对企业创新跨领域的知识融合，以及对实时、动态知识的需求，研发多源异构海量数据的融合展示、度量与计算分析的方法，提出大数据环境下企业研发与管理的方法和应用模式；研发相应的工具集；在不少于 5 家企业中进行应用示范并取得成效。

申报条件：由符合条件的科研院所、高校等牵头，联合企业共同申报。

二、企业创新方法集成应用与推广

3. 基于创新链的多方法融合与应用示范。

为提升企业自主创新能力，聚焦企业创新链不同环节的方法支撑，提出多种创新方法融合推动企业创新的应用模式，研制相应的方法集与综合成效评估工具；在不少于 5 家企业开展应用示范，展现多方法的叠加效应，并产生明确的经济效益。

申报条件：由符合条件的企业牵头，联合科研院所、高校等共同申报。

4. 面向科技型中小企业的创新方法公共服务平台建设及应用。

针对我国科技型中小企业提升创新能力的实际需求，从技术创新、管理优化等方面开发方法库，提出面向科技型中小企业的创新方法公共服务平台的框架、内容、服务模式及运行机制等，构建并实现这一平台的主要功能，选取不少于 50 家科技型中小企业进行示范服务和应用，并进行成效评估。

申报条件：由符合条件的科技咨询服务机构、科研院所、高校等申报，有明确的科技型中小企业应用服务对象。

5. 面向众创空间的创新创业方法服务系统研究及应用。

顺应大众创业、万众创新的新趋势，研究服务于"低成本、便利化、全要素、开放式的众创空间"的系列创新创业方法，开发融合精益创业、迭代创新、商业模式评估等多元、全链条创新创业方法及相关信息服务的综合服务系统或网络服务平台，并力争在1~2个众创空间实验性应用。

申报条件：由符合条件的高校、科研院所及科技咨询服务机构等申报，有具体的应用服务对象。

6. 基于知识工程的企业创新资源集成方法研究与应用示范。

知识工程是应用人工智能的原理和方法，对那些需要专家知识才能解决的应用难题提供求解的手段。系统评估我国企业知识管理方法与工程的应用现状，提出支持企业创新的知识资源管理框架及知识管理模板；制定适合我国不同类型企业的知识工程导入模式与流程；编制基于知识工程的企业创新资源集成应用软件工具包与测评方法体系；在不少于10家企业开展示范应用，并取得应用成效。

申报条件：由符合条件的科技咨询服务机构、科研院所、高校、企业等申报，有明确的企业应用对象。

三、若干产业、行业创新方法的推广应用

7. 部分产业创新方法应用研究与示范。

在新能源、新能源汽车、节能环保、生命健康等领域中选取一个细分产业，分析在研发与生产等环节中存在的关键核心技术难题及方法需求，遴选不少于10个关键核心技术问题应用创新方法予以解决，并取得实际应用成效；研究并提出应用创新方法解决产业内关键核心技术难题的模式，研制面向产业技术创新需求的问题方法库，构建应用创新方法解决产业关键核心技术难题的合作平台。

申报条件：由符合条件的科研院所、高校等牵头，联合行业协会或行业领军企业共同申报。

8. 现代服务业创新方法研究与应用示范。

在关系民生的交通、物流、医疗卫生等服务行业中，选取一个行业，分析其创新特征及创新方法需求，应用现代信息技术，研究与开发适宜于现代服务业的创新方法及工具，以提升其增值服务能力；初步建立面向现代服务业的创新方法推广方案与应用模式，并开展实际应用与效果验证。

申报条件：由符合条件的科研院所、高校、咨询机构等牵头，联合相关服务业机构共同申报。

9. 智能制造方法的研究与应用示范。

面对制造业小批量、定制化的发展趋势，以缩短从订单到交付周期为目标，研究智能制造环境下支撑产品创新设计与研发、生产组织和管理、资源效率评估与改善、物流与供应链管理等各环节方法的综合集成与应用，提出智能制造方法体系、应用流程和工具平台，提高企业的市场响应速度和竞争力；在不少于3家制造企业中应用示范并取得成效。

申报条件：由制造企业牵头，联合高校、科研院所申报。

四、创新方法人才培养与基地建设

10. 大学生创新创业训练体系构建与应用示范。

提出大学生创新方法训练、应用的基本要求；探索能够有效评价大学生创新方法应用能力的

理论、方法与标准；构建覆盖全校学生并与人才培养方案有机融合的创新方法培养体系，开展创新方法应用与教学方法改革相结合的课程教学探索，在不少于 10 所高校中开展示范应用。

申报条件：由符合条件的高校申报。

11. 创新方法咨询基地建设与实训。

根据企业对创新方法咨询服务的需求，提出创新方法咨询基地的建设框架、任务与运行机制等，并完成初步建设；以提升企业创新方法需求诊断能力与难题解决能力为目标，制定创新咨询师培育与实训方案及其考评体系，以学习、研究与实用相结合的方式，开展不低于 50 名的能通过相关能力评估的创新咨询师的实训，并取得相应的咨询服务成果；为中小企业培养不低于 100 名能通过较高等级相关能力评估的创新工程师。

申报条件：由符合条件的高校、科研院所、科技咨询服务机构等申报，有明确的培训对象，有实训组织能力。

12. 区域创新方法推广应用基地建设及企业应用示范。

结合本区域创新方法应用现状及推广需求，明确推广的重点领域及目标企业，制定本区域创新方法推广应用规划、工作与成效评估方案；开展本区域创新方法推广应用基地建设；在不少于 5 家企业开展创新方法推广应用并取得成效。

申报条件：未开展创新方法推广应用的区域（省、自治区、直辖市），由其科技行政主管部门的下属事业单位联合企业共同申报。

2015 年 3 月 31 日

附件 2

创新方法工作专项 2015 年度项目申报要求

一、基本要求

2015 年创新方法工作专项项目重点聚焦企业创新需求，围绕创新链构建方法支撑服务体系，提升企业研发效率和市场成功率，从源头上提升企业竞争力与持续创新能力，落实创新驱动发展战略。重点支持有利于企业改善技术创新的流程、效率和绩效方法研究与示范应用。

1. 申报项目必须符合 2015 年度指南方向，具有较好的工作基础和相关支撑条件。

2. 专项项目执行期为 1~2 年，可根据实际情况设置执行年限。

3. 项目完成后所有成果要按照有关要求实行开放共享与宣传推广。

二、申报资质要求

1. 申报单位应为具有较强科研能力和条件、运行管理规范，在中国大陆境内注册 1 年以上的、具有独立法人资格的科研院所、高等院校、企业等。申报单位须通过推荐部门向科技部申报，不受理个人申报。同一项目只能通过一个推荐单位申报一次。

2. 申报项目负责人和参与人员应符合《国家科技计划项目承担人员管理的暂行办法》（国科发计字〔2002〕123 号）有关规定。已作为项目（课题）负责人承担国家科技计划在研项目的人员不能作为项目（课题）负责人申报项目；项目负责人需为项目申报单位在职人员，限申报一个项目，在研项目（课题）负责人不得因申报新项目而退出目前承担的项目（课题）；项目主要参加人员的申请项目和在研项目总数不超过两个。

各单位正式提交申请前可使用科技部网站项目申报中心查询相关人员承担在研科技计划项目情况，避免重复申报。科技部将组织对项目申请人资格进行复查，如发现违反以上规定者，取消申报项目。

3. 以下人员不能参与项目申报：

（1）中央和地方各级政府公务员、专职科研管理人员；

（2）承担国家科技计划项目总工作时间已满负荷的人员；

（3）因违规被取消申报资格和其他不能保证履行规定义务者。

4. 申报项目受理后，原则上不能更改申报单位和负责人。

三、组织项目的有关要求

1. 申报单位按指南二级标题的研究方向进行申报，提出明确的研究目标和考核指标，提炼需要解决的核心和关键问题，突出工作重点。

2. 申报单位应组织跨部门、跨学科，以及年龄结构合理的队伍，整合国内相关优势单位力量，提出项目负责人。

3. 申报项目应如实反映项目申报单位已有的工作基础和研究条件，如实说明项目负责人的研究背景、近五年主持或承担的与申请项目有关的国家科技计划（含国家自然科学基金）项目情况、与申请项目有关的代表性研究成果及专利、奖励等情况。

4. 项目牵头单位应该为项目的组织实施提供人员、经费、工作条件等方面的支持，必要时还要通过主管部门开展组织协调工作。

5. 由多家单位共同申报的，项目牵头单位应该提供与主要参与单位的联合申报合作协议，附在项目申请书之后一并提交。

6. 本次项目申报时，不预先对申报项目设定预算控制额度，项目申报单位应根据项目研究实际需求，结合目前现有的支撑条件和自身情况，实事求是的提出项目经费需求。各单位提出的项目经费需求将作为立项评审的重要参考因素，以及立项后进一步细化编制项目概预算方案的重要依据。

7. 申报项目若提出回避专家申请的，须在提交项目申报书的同时，由申报单位出具公函提出回避专家名单，并说明理由。每个项目申请回避专家人数不超过 3 人。对于理由不充分或逾期提出申请的，不予考虑。

8. 项目申报者应遵守《国家科技计划项目评估评审行为准则与督查办法》（科学技术部令 2003 年第 7 号），如有违规，科技部将记录在册，并按相关规定处理。

四、申报受理程序

1. 申报单位需先在科技部门户网站"国家科技计划项目申报中心"专栏（http：//program. most. gov. cn）进行单位及用户注册（已进行过其他计划项目申报的单位，无需重复注册）。登录申报系统后，点击进入"选择计划类型"界面，在申报内容栏目中选择"科技基础性工作专项"，按照有关提示进行操作。申报单位必须如实填写，认真校对每一项内容，确认无误后再网上提交推荐部门。

2. 申报单位必须在线打印已正式提交的《创新方法工作专项项目申请书》，并按要求装订以上内容和相关附件材料，加盖单位公章后正式报送推荐部门审核。非在线打印的正式提交材料一律无效。

3. 推荐部门须对申报材料进行审查，并登录"国家科技计划项目申报中心"，按照相关提示对申报单位提交的申报材料进行网上审核，并将确定推荐的申报项目清单、推荐函、项目纸质版材料正式向科技部提交。

4. 具有下列情况之一的项目不予受理：

（1）不符合专项的基本要求和申报资质要求的；

（2）申请书编写不符合规定格式要求的；

（3）申报手续不完备，不符合规定申报程序的；

（4）在国家其他科技计划中有支持渠道的。

5. 项目申请书（包括不受理的项目申请书）不予退回，由科技部统一处置。

2015 年 3 月 31 日

25. 科技部关于组织申报 2015 年度 国家星火计划、火炬计划项目的通知

国科发资〔2015〕69 号

各省、自治区、直辖市及计划单列市科技厅（委、局），新疆生产建设兵团科技局，国务院各有关部门，各有关单位：

根据"十二五"国家科技计划工作总体部署，为组织好 2015 年度国家星火计划、火炬计划项目申报工作，现将有关要求通知如下。

一、请各单位在总结历年工作经验的基础上，按照各计划的具体申报要求（见附件），认真做好组织申报工作。

二、2015 年度国家星火计划、火炬计划通过国家科技计划项目申报中心（以下简称"申报中心"，域名 http://program.most.gov.cn/）实行网上统一申报。

（一）申请单位操作流程

1. 注册。申请单位需要在申报中心网站进行注册，具体注册及审核过程请阅读网站说明，并按照有关要求将相关审核资料寄送至科技部信息中心。科技部信息中心收到资料后，将在 2 个工作日内完成对单位注册信息的审核。

往年已经在申报中心登记注册的申报单位，仍用原单位管理员账号和密码登陆，不需要重新注册。

2. 在线填写申请材料。根据申请材料填写说明，在网上填写，确认无误后在线提交至申报部门。

（二）申报部门操作流程

各地方科技厅（委、局）和国务院各有关部门登陆申报中心网站，受理申请单位电子文档，对申请单位上报材料进行形式审查，并对有关文件、数据核对、审查。在报送书面申报材料的同

时，将拟推荐的项目通过申报中心进行网上推荐。

（三）纸质材料须与电子数据内容一致

申报书可从系统中打印，申报材料按要求顺序装订。

申报中心随时公布最新的申报注意事项及工作动态，请及时查询。技术支持联系方式如下：

电话：010 - 88659000（中继线），010 - 51292636

传真：010 - 68523108、68520906、88654001、88654002、88654003

邮箱：program@ most. cn

三、国家星火计划、火炬计划项目书面申报材料和网上推荐截止时间为 2015 年 5 月 22 日 17：00。申报单位填报项目截止时间由各项目推荐单位根据实际工作进展情况自行决定。由于报送时间相对集中，请各单位做好组织工作，避免网络拥堵。

各单位要加强管理和协调，严格把关，杜绝项目多渠道、跨计划重复申报。

特此通知。

科技部

2015 年 3 月 13 日

附件：1. 2015 年度国家星火计划项目申报要求

2. 2015 年度国家火炬计划项目申报要求

来源：http://www. most. gov. cn/fggw/zfwj/zfwj2015/201503/t20150326_ 118760. htm

附件1

2015 年度国家星火计划项目申报要求

2015 年度国家星火计划突出体现"科技创业、技术示范、职业培育、惠农富农"宗旨，着力推进科技特派员农村科技创业，充分发挥农业科技园区、大学新农村发展研究院、农村中小微型企业等创新创业主体的作用，围绕科技强农惠农富农，加快科技成果向农村转移，支持涉农中小微企业技术转型升级，加快农业农村发展方式转变，推动农村科技进步，增强农村发展活力，营造大众创业、万众创新氛围，为"四化同步"和城乡统筹发展提供科技支撑。有关要求如下。

一、支持重点

重点支持先进成熟适用的新产品、技术、农艺等在大面积推广应用前的技术示范项目和市场前景广阔，能带动农民创业，实现增收致富，促进县域经济社会发展的科技创业项目。

二、项目类型

项目分为重点项目和引导项目两类，项目实施期一般为 2 年。

1. 关于重点项目。每项重点项目可申请中央财政经费 60 万元至 100 万元无偿资助。根据科技计划经费管理相关要求，以项目经费方式下拨，所有支出科目都需符合科技计划经费使用有关规定。各省、自治区、直辖市和新疆生产建设兵团推荐不超过 10 项，计划单列市不超过 4 项；部门项目和科技扶贫项目按惯例推荐，其中科技扶贫项目重点突出对"一县一品"特色产业科技创业的支持。

2. 关于引导项目。引导项目中央财政无经费支持。为确保该类项目的引导意义，请各推荐单位对项目的质量和数量进行严格把关，慎重推荐。

三、项目组织要求

（一）推荐要求

本年度星火计划项目围绕科技特派员农村科技创业进行组织实施，具体要求有：

1. 符合国家产业政策、技术政策和行业发展有关规定；

2. 项目所涉技术必须成熟可靠，具产业化前景，有利于农业和农村可持续发展；

3. 项目名称应体现星火计划定位特点，不得出现公司名称和品牌，以及"基地建设"、"平台建设"等字眼；

4. 项目申报主体必须为具有独立法人资格的非行政单位；

5. 项目申报单位应具备有良好的金融、商业和社会道德信誉，较高的技术开发和应用能力以及完成项目所需的其他相关条件；

6. 各地推荐项目时需包含国家农业科技园区、大学新农村发展研究院推荐或申报的项目，对评估结果为优秀或良好的国家农业科技园区予以重点倾斜；对于促进贫困地区发展和农民工职业技能培训的项目请优先推荐；

7. 同一项目不得通过不同渠道重复申报，重复申报项目不予受理。

（二）项目推荐单位

各省、自治区、直辖市、计划单列市和新疆生产建设兵团科技特派员管理办公室和科技特派员农村科技创业行动协调指导小组办公室部分成员单位为星火计划项目推荐单位，地方推荐的项目需加盖科技特派员管理办公室公章，如无公章可以由省（区、市）、新疆兵团科技厅（委、局）代章。

（三）项目组织申报程序

重点项目须填报《国家星火计划项目申报书》、《国家星火计划项目可行性报告》。引导项目只须填报《国家星火计划项目申报书》。各推荐单位经审核论证后，通过申报中心将电子版报送科技部。各推荐单位还须向科技部报送推荐意见（加盖公章）和推荐项目汇总表（每页均须加盖公章）各一份。推荐意见应写明申报总体情况和组织审核论证的过程等。

各类表格在申报中心（http://program.most.gov.cn/）或星火网（http://www.cnsp.org.cn）下载。

（四）联系方式

1. 项目申报咨询电话

科技部农村中心：于双民，010-68510207、68514065；科技部农村司：秦卫东，010-58881412。

2. 项目推荐材料寄送地址：北京市西城区三里河路54号，科技部农村中心星火与信息处（邮编：100045）。

2015 年 3 月 13 日

来源：http://www.most.gov.cn/fggw/zfwj/zfwj2015/201503/t20150326_118760.htm

附件 2

2015 年度国家火炬计划项目申报要求

一、申报方向

（一）面上项目

面上项目是指符合行业和地方发展需求，服务行业和地方发展、支撑行业和地方重点产业发展的高新技术产业化及其环境建设项目。面上项目分为产业化环境建设、产业化示范两个方向。

1. 产业化环境建设项目。

高新区和基地。重点支持国家高新区、国家高新技术产业化基地、国家现代服务业产业化基地、国家火炬计划特色产业基地、国家火炬计划软件产业基地和科技兴贸创新基地内围绕产业集群技术升级开展的关键及共性技术研发平台建设和公共服务平台建设等。

科技中介机构。支持国家级示范生产力促进中心服务产业集群、服务基层科技专项行动的实施；支持国家级科技企业孵化器（含新型孵化器和众创空间）、国家大学科技园和国家技术转移示范机构公共技术服务体系建设；支持中国创新驿站站点服务能力提升；支持高新技术产业化培训、科技金融服务、成果推广应用的平台建设。

2. 产业化示范项目。

高新技术产业化示范。支持属于国家鼓励发展的重点振兴产业和战略性新兴产业领域，对"转方式、调结构"及地方产业优化升级有带动和示范效应的高新技术项目，有自主知识产权、推动产学研结合的科技成果产业化项目。

科技兴贸示范。支持具有自主知识产权和自主品牌，面向东盟、中亚、独联体、非洲等新兴市场以及其他国际市场，未来能形成较强国际竞争力、技术含量高、能够促进我国外贸增长方式转变和结构调整的科技兴贸出口示范项目。

（二）重大项目

重大项目是指符合国家重点战略需求，对行业和地方高新技术产业化发展有较强带动作用的项目。分为创新型产业集群和科技服务体系两个方向。

1. 创新型产业集群。

支持国家高新区的创新型产业集群，支持集群企业创新发展。支持领域包括节能环保产业、新一代信息技术产业、生物产业、高端装备制造产业、新能源产业、新材料产业和新能源汽车产业的企业及产业链配套企业。

2. 科技服务体系。

支持区域科技服务体系发展，支持研发设计和技术转移、科技创业支撑、产业促进、人才培训、科技金融等服务平台建设；支持中国创新服务网络（中国创新驿站）的国家站点、区域站点、基层站点建设。

二、申报条件

（一）基本条件

申报单位应是在中华人民共和国境内注册、具有独立法人资格的企事业单位。

（二）其他条件

1. 产业化环境建设。

申报高新区和基地方向项目的单位，应是国家高新区、国家高新技术产业化基地、国家现代服务业产业化基地、国家火炬计划特色产业基地、国家火炬计划软件产业基地、科技兴贸创新基地内的服务机构。

申报科技中介机构方向项目的单位，应是国家级示范生产力促进中心、国家级科技企业孵化器（含新型孵化器和众创空间）、国家大学科技园、国家技术转移示范机构、企业国际化发展机构、科技金融服务机构。

2. 产业化示范。

申报高新技术产业化示范方向项目的单位，应是地方科技部门重点支持的企业或国家火炬计划重点高新技术企业。

申报科技兴贸示范项目的单位，应是地方科技部门重点支持的企业和国家火炬计划重点高新技术企业；申报的项目产品已出口且出口规模不超过 500 万美元。

3. 创新型产业集群。

申报单位应在经批准开展试点的创新型产业集群内。

4. 科技服务体系。

申报单位应在经批准开展科技服务体系火炬创新工程试点地区内的科技中介机构。原则上应是国家级示范生产力促进中心、国家级科技企业孵化器（含新型孵化器和众创空间）、国家大学科技园、国家技术转移示范机构、企业国际化发展机构以及相关金融服务机构等。

三、申报组织

（一）面上项目

1. 产业化环境建设项目通过地方科技厅（委、局）推荐申报。

2. 产业化示范项目由地方科技厅（委、局）组织专家评审后择优推荐上报。推荐项目数量原则上不超过本省（区、市）2014 年度火炬计划产业化示范项目的立项数 120%。

3. 产业化环境建设、产业化示范项目是由国务院有关部门管理的机构承担的，也可通过国务院有关部门科技主管司局申报。

（二）重大项目

1. 创新型产业集群项目。

被认定为创新型产业集群建设试点的国家高新区管理机构或地市级科技部门负责提出项目建议，组织编写项目申报书和概算说明书，每个集群各推荐 1 个项目。

省级科技部门负责组织本辖区内的项目推荐，审核项目申报书和概算说明书，并出具推荐函。

2. 科技服务体系项目。

被认定为科技服务体系火炬创新工程试点的国家高新区管理机构或地市级科技部门负责提出项目建议，组织编写项目申报书和概算说明书，每个单位各推荐 1 个项目。

省级科技部门负责组织本辖区内的项目推荐，审核项目申报书和概算说明书，并出具推荐函。

（三）其他要求

1. 同一单位当年度只能申报一项火炬计划项目。同一项目不得以相同或不同名称重复申报或多头申报其它科技计划。

2. 正在承担国家火炬计划重点项目但尚未完成验收的单位原则上不得申报火炬计划项目。

四、支持方式

（一）面上项目

产业化环境建设项目。择优给予国拨经费支持。项目实施期限为 1 年。

产业化示范项目。以示范、引导为重点，科技部将与地方科技行政管理部门合作，提供市场推广、培训、国际化、信息化、宣传等服务。项目实施期限为 1 年。

（二）重大项目

创新型产业集群项目。项目实施周期原则上为 1 年。

科技服务体系项目。项目实施周期原则上为 1 年。

五、申报流程

国家火炬计划项目的申报采用电子数据和书面材料相结合的方式。国家科技计划项目申报中心网站：http://program.most.gov.cn/。

（一）面上项目

申请单位按要求进行网上注册并填写申报材料。地方或行业科技部门受理并审查后，报送以下材料：项目报送函、面上项目汇总表、国家火炬计划项目地方推荐意见（请附在项目申请材料内）、申报纸质材料（一式一份，加盖公章）、申报项目电子汇总数据。其中，报送函报高新司 1 份、火炬中心 1 份；其余材料报送火炬中心。

（二）重大项目

1. 国家高新区管理机构或地市级科技部门在申报中心进行注册备案后登陆申报系统，按相应格式填写项目申报书和概算说明书。报经省级科技部门审核后，将网上生成的推荐书打印 1 份（A4 纸，均为正本），装订成册，并由国家高新区管理机构或地市级科技部门、省级科技部门分别加盖公章。

2. 省级科技部门将正式推荐函和项目申报书、概算说明书纸质材料一并报送科技部。其中，推荐函报送高新司 1 份、火炬中心 1 份；项目申报书、概算说明书一式 1 份，报送火炬中心。

六、联系方式及技术咨询

（一）申报受理

1. 科技部高新司

电话：010 – 58881560、58881565。

地址：北京市海淀区复兴路乙 15 号（邮编：100862）。

2. 科技部火炬中心。

电话：010 – 88656150、88656153、88656155。

地址：北京市三里河二区甲 18 号，科技部火炬高技术产业开发中心综合计划处（邮编：100045）。

（二）软件及网上申报咨询

1. 科技部火炬中心电话：010 – 88656312。

2. 科技部信息中心 010 – 88659000（中继线）、51292636。

2015 年 3 月 13 日

来源：http://www.most.gov.cn/fggw/zfwj/zfwj2015/201503/t20150326_ 118760.htm

26. 科技部关于开展"十三五"国家重点研发计划优先启动重点研发任务建议征集工作的通知

国科发资〔2015〕52 号

各省、自治区、直辖市及计划单列市科技厅（委、局），新疆生产建设兵团科技局，国务院有关部门科技主管单位，各有关单位：

2015 年是贯彻落实国务院《关于深化中央财政科技计划（专项、基金等）管理改革的方案》（国发〔2014〕64 号，以下简称国发 64 号文件）的开局之年，是全面完成"十二五"科技规划的收官之年，也是启动面向"十三五"科技重点任务部署的关键之年。为深入实施创新驱动发展战略，全面落实《国家中长期科学和技术发展规划纲要（2006—2020 年)》，按照国发 64 号文件的总体要求，结合"十三五"科技创新规划战略研究工作，现面向各部门（行业）、各地方及有关单位，开展"十三五"优先启动的重点研发任务建议征集工作。对于符合条件的任务建议，按程序凝练统筹并报批后纳入国家重点研发计划给予支持，2016 年启动实施。有关事项通知如下：

一、国家重点研发计划及组织实施方式

国发 64 号文件明确要求，聚焦国家重大战略任务，遵循研发和创新活动的规律和特点，将国家重点基础研究发展计划、国家高技术研究发展计划、国家科技支撑计划、国际科技合作与交流专项、产业技术研究与开发资金、公益性行业科研专项等，整合形成国家重点研发计划。

国家重点研发计划面向事关国计民生需要长期演进的重大社会公益性研究，以及事关产业核心竞争力、整体自主创新能力和国家安全的重大科学问题、重大共性关键技术和产品、重大国际科技合作，按照重点专项的方式组织实施，加强跨部门、跨行业、跨区域研发布局和协同创新，为国民经济和社会发展主要领域提供持续性的支撑和引领。

重点专项是国家重点研发计划组织实施的载体，是聚焦国家重大战略任务、围绕解决当前国家发展面临的瓶颈和突出问题、以目标为导向的重大项目群。重点专项要针对不同研发任务的特点和规律进行全链条创新设计，一体化组织实施；要目标具体、边界清晰、周期明确；要强化项目、人才与基地建设的统筹。

科技部、财政部正在根据国发 64 号文件精神，研究制定国家重点研发计划管理办法和经费管理办法。初步考虑，管理流程将包括：

——面向各部门（行业）、各地方及有关单位征集重点研发任务建议；

——根据国家重大部署和研发任务征集情况，科技部会同相关部门和地方等，按照"自上而下"和"自下而上"相结合、中央及地方财政和企业共同投入的原则，凝练提出重点专项动议，并根据竞争择优原则，遴选提出相关专业机构建议；

——提请战略咨询与综合评审委员会对重点专项动议提出咨询意见，据此进一步修改完善，形成重点专项建议；

——提请部际联席会议审议重点专项和相关专业机构建议，审定后按程序报批；

——对经批准的重点专项，编制细化实施方案，统一发布年度项目申报通知，并委托专业机构开展后续组织实施工作；

——在国家重点研发计划管理的各个环节，科技部会同相关部门强化重点专项组织实施的协调保障和监督评估，确保完成重点专项的既定目标和任务。

为做好"十三五"国家重点研发计划的任务部署，将依据上述流程和相关经费预算安排，形成一批"十三五"优先启动的重点专项，在 2016 年组织实施。

二、本次征集的重点方向

目前，各部门（行业）、各地方正在开展"十三五"科技创新规划战略研究工作，并已初步形成了一批重点任务。请按照国发 64 号文件的精神和要求，结合本部门（行业）、地方"十三五"规划战略研究，进一步凝练需求、聚焦重点，从以下几个方向提出"十三五"优先启动的重点研发任务建议，作为形成重点专项的重要基础。其余未涉及的，将根据"十三五"科技创新规划明确的重点方向再次广泛征集。

1. 支撑引领现代农业发展的重点研发任务，包括粮食丰产提质增效、农业面源污染防控、农田重金属污染修复，智能农机装备、畜禽养殖安全、食品加工贮运，海洋渔业，林业资源高效利用，以及宜居村镇等方面的基础前沿研究、重大共性关键技术（产品）开发及应用示范；

2. 支撑引领节能环保和新能源发展的重点研发任务，包括煤炭清洁高效燃烧、转化及排放控制，可再生能源与新能源、核能与核安全，以及智能电网等方面的基础前沿研究、重大共性关键技术（产品）开发及应用示范；

3. 支撑引领产业转型升级的重点研发任务，包括智能制造、重点基础材料和新材料、精密基础件和通用件、极端制造工艺、重大成套装备，大数据与云计算、宽带通信与物联网、网络信息安全、遥感与导航，以及科技服务业和文化科技创新等方面的基础前沿研究、重大共性关键技术（产品）开发及应用示范；

4. 支撑引领资源环境和生态保护的重点研发任务，包括水安全、土壤安全、生态修复、有毒有害化学品治理，深地、深水等油气和矿产资源勘探开发，废弃物资源化，海洋工程装备，以及重大自然灾害监测预警、应对气候变化等方面的基础前沿研究、重大共性关键技术（产品）开发及应用示范；

5. 支撑引领人口健康发展的重点研发任务，包括重大疾病防控、疫苗研制、药物早期研发、中医药现代化、生殖健康、体外诊断、生物医用材料、移动医疗，重大化工产品生物制造，以及食品安全等方面的基础前沿研究、重大共性关键技术（产品）开发及应用示范；

6. 支撑引领新型城镇化创新发展的重点研发任务，包括智慧城市、绿色建筑及其工业化，综合运输与智能交通、轨道交通，以及公共安全保障与应急救援等方面的基础前沿研究、重大共性关键技术（产品）开发及应用示范；

7. 面向国家战略需求的基础研究，包括纳米、干细胞、蛋白质、发育与生殖、量子调控和全球变化等方向的重大科学研究，能够充分发挥大科学装置优势的前沿研究，未来 10 年可能产生颠覆性技术的前瞻性科学研究，以及深空、深海、深地、深蓝等战略性科学研究等方面；

8. 重大国际科技合作，包括对于融入全球创新网络具有重大关键作用、已纳入或应纳入双多边政府间合作协议的重大科技合作任务，共性关键技术转移国际合作任务，以及发起或参与国际重大科学工程等方面的合作任务。

三、工作要求

请各部门（行业）、各地方以及各有关单位做好优先启动重点研发任务建议征集的组织和推荐工作，具体要求如下：

1. 深入研究和科学论证。各部门（行业）、各地方要立足经济社会发展的重大需求，跨部门、跨区域联合提出重点研发任务建议，组织专家做好重点研发任务建议的系统论证，从基础研究、重大共性关键技术到应用示范的纵向创新链以及横向协作的产业链进行全链条一体化设计。注重加强与科技重大专项的衔接，避免重复交叉。

2. 重点研发任务建议应符合以下要求：一是边界清晰，5 年内的任务目标应具体明确；二是清晰说明需要攻克的关键科技问题、商业模式创新、预期达到的目标和成效，并综合考虑预期可形成的产业、产品、服务及其市场（应用）前景；三是提出解决科技问题的组织方式、工作机制和保障措施的建议，强化项目、人才、基地建设的统筹；四是提出预期解决科技问题经费投入的考虑，包括中央、地方财政资金以及相关渠道资金。

3. 如推荐的重点研发任务建议超过 1 项，请结合各方意见，遴选出共识度高、前期基础好的任务，按照优先度和重要性进行排序。每项重点研发任务建议的文字材料不超过 5 000 字。

四、征集方式和时间

（一）网上填报

请各部门（行业）、各地方以及有关单位通过国家科技管理信息系统项目申报中心（http：//program. most. gov. cn）统一填报。网络填报的受理时间为 2015 年 2 月 27 日 10：00 至 3 月 26 日 15：00。

技术咨询电话：010 – 88659000。

技术咨询邮箱：program@ most. cn。

（二）推荐材料报送

网上填报提交后，请于 2015 年 3 月 30 日前（以寄出时间为准）将加盖公章的推荐函（纸质，一式 5 份）、重点研发任务建议清单（网上通过系统直接生成打印，纸质，一式 5 份）寄送至科技部信息中心，请不要现场报送。

寄送地址：北京市海淀区木樨地茂林居 18 号写字楼，科技部信息中心协调处，邮编：100038。

联系电话：申老师，010 – 88654074。

（三）业务联系

联系人：李春景，赵静。

联系电话：010 – 58881662，58881677。

附件：1. 重点研发任务建议填报信息表

2. 重点研发任务建议文字材料格式

3. 重点研发任务建议清单

科技部

2015 年 2 月 13 日

（此件主动公开）

来源：http://www. most. gov. cn/mostinfo/xinxifenlei/fgzc/gfxwj/gfxwj2015/201502/t20150216_118249. htm

附件 1

重点研发任务建议填报信息表

重点研发任务 建议名称	
领域特征 （可多选）	☐信息与空间 ☐农业 ☐人口与健康（生物医药） ☐交通运输 ☐材料 ☐城镇化 ☐制造业 ☐现代服务业 ☐能源 ☐公共安全 ☐资源环境 ☐其他_____ ☐海洋
研发阶段 （可多选）	☐基础前沿 ☐重大共性关键技术 ☐应用示范 ☐全链条创新设计 ☐其他_____
国际合作	☐拟开展（国别：_____） ☐无相关需求
实施年限	
预期所需资金 （万元）	总量资金：_____中央财政资金：_____地方财政资金：_____其他资金：_____
推荐渠道	☐部门 ☐地方 ☐行业协会
简　介	简要说明启动该重点研发任务的重要意义、我国的研究基础与国外的差距、任务部署的考虑、预期成果形成及产业化前景等，不超过500字

附件 2

重点研发任务建议文字材料格式
重点研发任务建议的名称

一、重要意义

组织开展该重点研发任务的重要意义，如符合国家重大战略需求，在推动产业结构战略性调整、解决经济社会发展重大瓶颈问题等方面的重要意义。

二、研究基础

关于国内外发展现状与趋势，如与该项研发任务相关联的上下游产业链与产品、国际研究前沿、我国当前具备的研究基础、与国际的差距以及我国开展该项研发任务的优势、创新点及产业化前景。

三、总体目标与重点任务

关于总体目标与任务部署的考虑，如着重在基础前沿部署、重大共性关键技术开发部署、应用示范上开展部署，或者围绕任务目标开展全链条创新设计、一体化部署。对需要开展国际科技合作的任务作出专门说明。

四、预期成果形式

预期取得的知识产权、技术标准以及商业模式，重点要说明预期形成的产业、产品及其市场应用前景。

五、组织保障

预计所需资金的考虑，包括总量资金、中央和地方财政资金和其他渠道资金等。提出组织各方力量开展产学研联合攻关、以及跨部门、跨区域的政策与组织保障需求。

附件3

重点研发任务建议清单

推荐单位（加盖公章）：　　　　　联系人：　　　　　电话：

优先度排序	重点研发任务建议名称	所属领域	总资金（万元）	中央财政资金（万元）	备注

注：1. 如推荐单位提出的重点研发任务建议超过1项，请根据组织实施的优先度排序；
　　2. 此表单由系统自动生成。

三、工业和信息化部

关于开展 2015 年扶助小微企业专项行动的通知

关于开展 **2015 年扶助小微企业专项行动的通知**

工信部企业〔2015〕50 号

各省、自治区、直辖市及计划单列市、新疆生产建设兵团中小企业主管部门：

为深入贯彻党的十八大和十八届三中、四中全会以及中央经济工作会议精神，落实好各项支持小微企业发展政策，助力小微企业激发创业创新活力，促进中小企业和非公有制经济平稳健康发展，我部决定 2015 年继续开展扶助小微企业专项行动。

各地要按照《2015 年扶助小微企业专项行动实施方案》提出的目标和重点工作，结合本地区实际，确定工作目标和重点任务，细化工作安排，明确责任分工，加强组织领导，确保专项行动取得实效。

请就本地区扶助小微企业的具体工作安排填写《各地扶助小微企业专项行动工作安排表》，于 3 月 5 日前报工业和信息化部（中小企业司）。

联系电话：010 – 68205333

传真：010 – 68205316

邮箱：zcgh@ sme. gov. cn

工业和信息化部

2015 年 2 月 10 日

附件：1. 2015 年扶助小微企业专项行动实施方案

    2. 扶助小微企业专项行动重点工作部内分工安排

    3. 各地扶助小微企业专项行动工作安排表

来源：http://www.zckj8.com/bomomm/vip_ doc/1323503.html

附件1

2015年扶助小微企业专项行动实施方案

2015年，针对小微企业发展中出现的新情况、新问题，我部将继续实施扶助小微企业专项行动，为促进中小企业和非公有制经济平稳健康发展营造良好的社会氛围。具体实施方案如下：

一、指导思想

深入贯彻党的十八大和十八届三中、四中全会以及中央经济工作会议精神，围绕扶助小微企业，推动大众创业、万众创新，以落实好支持小微企业发展政策为重点，以"加强帮扶、强化服务"为主题，更加注重改革创新、转变职能、改善服务，助力小微企业激发创业创新活力，促进中小企业和非公有制经济平稳健康发展。

二、主要目标

加强政策宣传，抓好支持小微企业发展的政策落实；开展百场小微企业政策宣传与现场咨询活动；加快中小企业公共服务平台网络建设，年服务小微企业不少于50万家；支持担保（再担保）机构为不少于15万家小微企业提供担保服务；完成50万人次小微企业经营管理人员和1 000人次以上领军人才培训；组织开展市场开拓及服务对接等活动；推动行政审批前置服务项目及收费清单公布，建设全国涉企收费项目库并接受社会监督。

三、重点工作

（一）狠抓政策落实，营造大众创业万众创新环境

一是抓好政策落实。充分发挥国务院促进中小企业发展工作领导小组办公室的组织协调作用，加强对各地区、各部门贯彻落实2012年国发14号文件和2014年国发52号文件情况的跟踪检查和效果评估。各级中小企业主管部门要简化办事流程，提高服务效率，积极帮助小微企业解决政策落实中的问题，切实让中央政策落地生根。

二是加大惠企政策宣传。通过各类媒体，多渠道、多形式，解读和宣传国家鼓励、支持小微企业发展的方针政策，宣传各地、各部门落实小微企业政策的成绩和经验，切实提高小微企业政策知晓度。鼓励各地继续采取有效措施，扩大政策宣传覆盖面，各省（自治区、直辖市）组织开展小微企业政策宣讲与咨询活动应不少于20场（次），受众人数不少于3 000人次，使小微企业了解政策、用足政策；大力宣传推广本地区优秀小微企业典型做法，提振企业信心，营造有利于大众创业、万众创新的社会氛围。

（二）加强中小企业公共服务平台建设，支持小微企业创业发展

一是推进小企业创业基地建设。利用闲置厂房、各类工业园区、孵化基地等推进小企业创业基地建设。引入风险投资、贷款风险补偿机制等融资支持方式鼓励小微企业创业发展，组织开展创业培训、创业辅导，提高小微企业创业成功率。

二是推进中小企业公共服务平台网络建设。做好平台网络项目建设、验收，以及平台网络互联互通和建设进度季度报送、服务信息即时报送等工作，促进平台网络完善服务功能，提高服务

能力，创新服务模式，扩大服务规模，更好地为小微企业提供找得着、用得起、有保证的服务。

三是加强国家中小企业公共服务示范平台动态管理，做好示范平台年度检查工作。鼓励和指导示范平台提高服务质量，发挥示范带动作用，为小微企业创立和发展提供优质服务。

四是继续组织大学生百日招聘活动，促进大学生创业就业。各地可依托公共服务平台、小企业创业基地和产业集群等，组织开展中小企业服务日、专家下企业和线下大学生招聘等活动，帮助大学生自主创业，帮助企业解决生产、吸纳人才等方面实际问题。

（三）加强两化融合，提高小微企业创新能力

一是深入开展中小企业信息化推进工程。支持引导信息化服务商开发适合小微企业需求的信息化产品，推广面向小微企业的云计算、移动互联网等应用，支持小微企业运用信息化技术发展核心业务，探索小微企业加深两化融合，提高创新能力的有效途径。

二是加强创新服务，助力小微企业专精特新发展。推动创新资源向小微企业集聚，鼓励检验检测、工业设计、设备共享、知识产权、技术转移等技术创新服务平台以及大专院校、科研院所等开放资源，支持小微企业发挥创新主体作用，不断加大研发投入和技术改造力度，增强技术创新能力，实现专业化、精细化、特色化、新颖化发展。

三是推动小微企业与大企业协同创新。鼓励大企业带动产业链上的小微企业加强技术创新与产品创新。充分利用现有的中小企业公共服务平台，构建大企业与小企业间的创新合作机制，让小微企业创新成果能够与大企业进行便捷有效的衔接，促进小微企业与大企业合作共赢、创新发展。

四是开展质量品牌诊断、推广先进质量管理方法、培育工业品牌等活动，引导小微企业加强质量品牌能力建设。强化专业服务，提升小微企业运用和保护知识产权能力。加快创新人才引进，优化企业人才结构，促进小微企业转型升级。

（四）加强管理人员培训，提升小微企业管理水平

一是深入实施中小企业银河培训工程和企业经营管理人才素质提升工程，以小微企业为重点，进一步优化培训内容，广泛开展政策法规、战略管理、会计准则、品牌管理及安全生产等多方面培训，完成50万人次小微企业经营管理人员和1 000人次以上领军人才培训。

二是完善中小企业管理咨询专家库，组织开展管理咨询专家对小微企业服务对接活动。鼓励和引导管理咨询机构开展中小企业管理诊断和管理咨询服务，提升中小企业管理水平。

（五）加强中小企业信用担保体系建设，缓解小微企业融资难、担保难

一是加强中小企业信用担保体系建设。积极推动政府支持的担保（再担保）机构发展。引导担保（再担保）机构聚焦主业、增强实力、创新机制、合规经营，针对小微企业缺信息、缺抵质押物、缺信用等问题，不断创新和丰富担保产品和服务，为小微企业提供低门槛、低成本、更便捷的担保增信服务。

二是加大财税支持小微企业担保业务力度。运用税收减免、资金补助等方式，鼓励担保（再担保）机构提高小微企业担保业务规模，降低对小微企业担保收费，为不少于15万家小微企业提供担保服务。推动建立小微企业贷款风险分担机制。

三是继续深化与农业银行、建设银行、交通银行、国家开发银行和平安银行等银行业金融机构的合作，推动建立与金融机构间的中小企业信息交流机制，鼓励地方开展政银合作和银企对接等融资服务活动。

（六）深化多双边政策对话和交流，加强对外合作，支持小微企业开拓海内外市场

推动落实《关于促进中小企业创新发展的南京宣言》，深化拓展APEC框架下中小企业领域

的交流与合作。办好2015年第二届中阿中小企业合作论坛和第12届中国国际中小企业博览会。以两岸经济合作委员会中小企业工作组为平台，推进两岸中小企业合作，继续深化双边和多边中小企业国际合作机制下的交流合作，支持小微企业产品和服务"走出去"。

（七）进一步减轻小微企业负担

全面落实已出台的各项收费减免措施，推动公布全国和各省市涉企行政审批前置服务收费清单，建设全国涉企收费项目库并公开接受社会监督，进一步清理取消没有法律法规依据的涉企收费项目，通过清理取消、整合规范进一步减少涉企收费项目，降低收费标准，健全减轻小微企业负担的长效机制。要组织专项督查行动，加强对清单之外违规收费的监督检查。

四、进度安排

（一）2015年2月，启动2015年扶助小微企业专项行动，印发专项行动实施方案。

（二）2015年7月，组织开展中期检查。依据专项行动实施方案确定的各项重点工作，由各地中小企业主管部门、部相关司局对工作进展情况进行自查，汇总自查情况，形成阶段性工作小结。

（三）2015年11月，开展年度工作总结。检查专项行动实施方案确定的各项重点工作和目标任务完成情况，总结经验、查找不足，提出下一步工作建议。

五、保障措施

（一）加强工作指导

充分发挥国务院促进中小企业发展工作领导小组办公室组织协调作用，加强协同配合，定期督促检查，统筹做好各项工作。各级中小企业主管部门要按照专项行动的工作要求，结合本地实际，确定工作目标，明确工作重点，制定工作安排，确保专项行动取得积极成效。

（二）加强政策支持与服务

各级中小企业主管部门要转变政府职能，改进工作作风，增强服务小微企业的责任意识，把工作重心放到改善小微企业发展环境、支持大众创业、万众创新工作上来，加强政策支持与服务。坚持专项行动政府倡导、社会参与、协同推进的原则，充分发挥部属单位、大专院校、行业协会以及中小企业服务机构等方面的作用，组织带动社会服务资源，共同提供有效服务。充分利用财税政策及各级中小企业专项资金，创新支持方式，促进各类服务机构提供优质服务，支持小微企业健康发展。

（三）营造舆论氛围

围绕扶助小微企业专项行动重点工作，通过"两会"期间的宣传报道、工业通信业发展情况新闻发布会等多种途径，进行全方位立体式宣传，扩大专项行动社会影响力。鼓励各地灵活采用多种方式，加大宣传力度，营造良好社会氛围。

工业和信息化部

2015年2月10日

附件2　扶助小微企业专项行动重点工作部内分工安排（略）

附件3　各地扶助小微企业专项行动工作安排表（略）

四、水利部

水利部办公厅关于做好 2016 年中央财政农田水利设施建设补助资金项目有关工作的通知

办农水函〔2015〕1582 号

各省、自治区、直辖市水利（水务）厅（局），大连、宁波、青岛市水利（水务）局：

2015 年 9 月 30 日，财务部《关于提前下达 2016 年农田水利设施建设和水土保护保持补助资金预算指标的通知》（财农〔2015〕186 号）已将 2016 年农田水利设施建设专项资金预拨下达你省（自治区、直辖市、计划单列市，以下简称省）。为提高资金使用效益，做好 2016 年农田水利项目建设与管理工作，现就有关要求通知如下：

一、尽快分解下达资金

请你厅（局）抓紧与省财政厅（局）联系，按照《水利部办公厅关于加快推进 2016 年中央财政农田水利设施建设补助资金项目前期工作的通知》（办农水函〔2015〕1265 号）的有关要求，坚持"集中投入、整合资金、竞争立项、连片推进"的管理模式，按照每个项目县年度中央补助资金额度原则上不低于 1 000 万元的标准，尽早完成项目县竞争立项、实施方案审查审批等工作，尽快将预拨资金指标分解下达到项目县，督促项目县做好招投标及项目实施工作。

各省在选择项目县、分配中央补助资金时，要按照建管并重的要求，坚持先建机制后建工程、不建机制不建工程，重点向管理体制机制改革、基层水利服务体系建设、水价综合改革等工作力度大的县（区、市）倾斜。贯彻落实中央扶贫工作有关精神，注重向集中连片贫困地区倾斜，推进贫困地区农田水利基础设施建设。未完成基层水利服务机构建设任务或近三年因小农水资金违纪违规，受到到审计机关、财政监督检查、水利工程建设稽察等处理、通报或被媒体曝光并核实的，暂不列入项目县。

二、明确项目建设重点

根据中央全面实施区域规模化高效节水灌溉行动的要求，突出高效节水灌溉工作，按照水利部印发的《西北地区节水增效高效节水灌溉发展总体方案》《华北地区节水压采高效节水灌溉发展总体方案》《南方地区节水减排总体方案》，抓紧修改完善省级实施方案，以省级实施方案为依据，加快推进西北节水增效、华北节水压采、南方节水减排等区域规模化高效节水灌溉工作。

内蒙古、辽宁、吉林、黑龙江等东北四省（区）在做好"节水增粮行动"收尾工作的同时，按照重点县建设管理模式，开展小型农田水利项目县建设，以县为单元集中连片发展节水灌溉，适当开展高标准农田水利、1~5万亩灌区配套改造、农村河塘整治以及牧区灌溉饲草料地建设。内蒙古中西部地区按照《西北地区节水增效高效节水灌溉发展总体方案》确定的区域和重点，集中连片建设高效节水灌溉工作。

陕西、甘肃、青海、宁夏、新疆等西北五省（区），按照《西北地区节水增效高效节水灌溉发展总体方案》确定的区域和重点，集中连片建设高效节水灌溉工程，促进农业种植结构调整，节约农业用水，适当开展高标准农田水利、1~5万亩灌区配套改造、农村河塘整治、山丘区"五小水利"以及牧区灌溉饲草料地建设。

北京、天津、河北、山西、山东、河南等华北六省（市），按照《华北地区节水压采高效节水灌溉发展总体方案》确定的区域和重点，在地下水超采区大力开展管道输水灌溉、喷灌、微灌等高效节水灌溉工程建设，进一步提高灌溉水利用效率，压减农业灌溉地下水开采量，适当兼顾高标准农田水利建设、1~5万亩灌区配套改造、农村河塘整治等。

上海、江苏、浙江、安徽、福建、江西、湖北、湖南、广东、广西、海南、重庆、四川、贵州、云南、西藏等16省（区、市），按照《南方地区节水减排总体方案》确定的区域和重点，着力发展高效节水灌溉、水稻控制灌溉，合理安排高标准农田水利建设、1~5万亩灌区配套改造、农村河塘整治、"五小水利"和牧区灌溉饲草料地建设等。

各类建设项目将建立合理的农业水价形成机制作为重要内容，要按照经济实用、应设必设的原则，配套适宜的供水计量设施，与工程建设同步规划、同步实施、同步验收。

三、切实加强建设管理

各省要切实加强项目前期设计、质量管理、监督检查、工程验收等各环节工作。深入做好工程现场勘测，充分听取受益群众意见，加强实施方案审查论证，保证实施方案质量。建立健全质量保证体系，加强原材料、设备进场检验，强化中间产品、隐蔽工程质量监管。强化政府有关部门监督责任，积极推行工程监理制和群众质量监督员制度。切实加快建设进度，按照当年完成中央投资80%以上的进度目标，细化和优化施工方案，做好节点控制，确保2016年度建设任务按期完成。加快项目验收工作，及时办理移交，做到建设一片、验收一片、交付一片、发挥效益一片。建立验收销号制度和标识确界登记制度，避免重复申报和投资。对于检查、验收中发现的问题，要制定切实可行的整改方案，确保整改到位。对整改不力的县，要在省级对县级绩效考评中扣减相应分数，情节严重的，3年内不得申报中央财政农田水利设施建设项目。

四、着力加强资金使用管理

严格资金使用范围。农田水利设施建设资金用于农田及牧区灌排工程设施建设、农村河塘整治、节水灌溉设备及量测水设备购置、必要的灌溉信息化及灌溉试验设备仪器购置、与农田水利设施配套的田间机耕道、生产桥建设。维修养护经费统筹用于农田水利工程和县级以下国有公益性水利工程的维修及日常养护、农业水价综合改革相关支出等。农田水利工程维修养护经费按照《水利部办公厅关于做好农田水利工程维修养护工作的通知》（办农水〔2015〕172号）使用管理。

加快资金支付进度。按照财政国库管理有关规定做好资金支付工作，加快资金的预算执行，提高资金使用效益，确保建设任务按期完成。对农户、村组集体和新型农业经营主体申报和实施的项目以及按规定采用政府和社会资本合作（PPP）模式的，加大支持力度，鼓励农户和新型农业经营主体自建、自管、自运营。

五、其他要求

请各省在 2012 年 12 月 31 日前，将 2016 年中央财政农田水利设施建设专项预拨资金安排情况报水利部、财政部。项目县主要建设内容、效益目标等通过小型农田水利信息管理系统报送。

联系人：王欢　010 - 63204416

中华人民共和国水利部办公厅

2015 年 11 月 3 日

来源：http://ncsl.mwr.gov.cn/tztg/201511/t20151105_ 725139.html

五、农业部

1. 农业部农产品质量安全重点实验室开放课题申请指南

农业部农产品质量安全综合性重点实验室依托中国农业科学院农业质量标准与检测技术研究所建设，是 2011 年由中华人民共和国农业部批准成立的 30 个综合性重点实验室之一，是农业部农产品质量安全重点实验室学科群的牵头单位。实验室重点开展危害物污染机理、农产品质量安全分析理论和方法等方面的研究。依据农业部重点开放实验室"开放、流动、联合、竞争"的运行机制，现面向社会发布 2016 年度实验室开放课题申请指南，欢迎相关单位科研人员踊跃申报。具体如下：

一、课题申请对象

1976 年 7 月 1 日后出生 40 周岁以下，具有中级以上技术职称或博士学位的国内外高校、科研机构、企业和其他单位的科研人员，均可申请。

二、课题申请时间

2016 年度申请书受理截止日期为 2016 年 6 月 15 日（以当地邮戳为准），实验室在 7 月组织专家进行评审，8 月通知评审结果，签订课题任务书。

三、课题申请须知

1. 申请者通过网站（http：//www. iqstap. com）下载开放课题申请书，按要求认真填写，须向实验室提交签字盖章的纸质申请书原件一式 4 份，同时提供内容一致的电子版材料 1 份。

2. 开放课题研究周期一般为 1 年，经费资助强度每项一般为 10 万元，实行来所报帐核销制管理。

3. 申请书由实验室学术委员会评审，评审意见将及时通知申请者，对获准资助的项目签订课题计划任务书。

4. 来本实验室工作的课题负责人及参加人员均以实验室客座人员对待。获开放课题资助的客座人员，需遵守实验室有关规章制度，并按管理要求向实验室汇报课题研究进展。

四、研究方向设置

1. 基于新型化学或生物材料的食品安全快速检测技术；

2. 农产品中化学污染物行为；

3. 动物源产品污染物快速检测技术；

4. 动物源产品溯源鉴别技术；

5. 饲料毒理学；

6. 基于新材料的饲料快速检测技术；

7. 农业领域 POPs 分析毒理；

8. 农产品混合污染物联合毒性效应；

9. 农产品混合污染物消长变化中的互作影响机制；

10. 典型农产品混合污染物非定向筛查技术；

11. 标准物质高准确度定值；

12. 禁限用药物在食用动物体内残留靶标监测技术；

13. 基于固体进样的重金属检测技术。

五、有关要求

1. 项目结题时，须以本实验室为第一完成单位发表 SCI 论文一篇，署名为"中国农业科学院农业质量标准与检测技术研究所农业部农产品质量安全重点实验室"（英文"Key Laboratory of Agrifood Safety and Quality，Ministry of Agriculture of China，Beijing，100081，P. R. China）。

2. 课题申请获准后，应与实验室签订正式的开放课题任务书。无正当理由逾期未签订任务书视为自动放弃接受资助。

欢迎国内外从事相关学科的专业人员提出课题申请。

开放课题申请书邮寄地址：北京市海淀区中关村南大街 12 号中国农业科学院农业质量标准与检测技术研究所

联系人：戚亚梅

联系电话：010 – 82106507

E-mail：ywglc@ 126. com

Http：// www. iqstap. com

（邮寄时，请在信封上注明"开放课题申请"字样。）

附件：

1. 农业部农产品质量安全重点实验室开放课题申请书

2. 重点实验室开放课题管理办法

农业部农产品质量安全重点实验室

2016 年 5 月 11 日

来源：http://www. iqstap. com/Html/2016_ 05_ 11/71036_ 71182_ 2016_ 05_ 11_ 110071. html

附件1

农业部农产品质量安全重点实验室
Key Laboratory of Agrifood Safety and Quality，MOA

开放课题申请书

课 题 名 称：_____

申　请　人：_____

工 作 单 位：_____

通 讯 地 址：_____

邮　　　编：_____

电话及传真：_____

E - m a i l：_____

2016 年 5 月

填报说明

1. 填写申请书前，请先查阅《农业部农产品质量安全重点实验室开放课题申请指南》；课题名称应与申请指南中所列方向吻合，并能够确切反映资助期内的研究内容；申请书各项内容要实事求是，逐条认真填写，表达明确、严谨；字迹要清晰易辨；外来语同时用原文和中文表达，第一次出现的缩写词，须标注全称；研究课题摘要表达应通俗，精练，总字数不要超过 200 字。

2. 申请书为 A4 开本，复印时用 A4 复印纸，于左侧装订成册。第 3 页以后各栏空格不够时，请自行加页。申请书一式 4 份，由所在单位签字盖章，报送农业部农产品质量安全重点实验室。

3. 第一申请者和项目组主要成员申请（含参加）项目数，连同尚在进行的本实验室基金资助项目数，不得超过一项。

4. 项目结题时，须以本实验室为第一完成单位发表 SCI 论文一篇，署名为"中国农业科学院农业质量标准与检测技术研究所农业部农产品质量安全重点实验室"（英文"Key Laboratory of Agrifood Safety and Quality，Ministry of Agriculture of China，Beijing，100081，P. R. China）。

5. 课题申请获准后，应与实验室签订正式的开放课题任务书。无正当理由逾期未签订任务书视为自动放弃接受资助。

一、课题简要信息表

<table>
<tr><td rowspan="2">研究课题</td><td>名称</td><td colspan="6"></td></tr>
<tr><td>起止年月</td><td colspan="2"></td><td>申请金额</td><td colspan="2">（万元）</td></tr>
<tr><td rowspan="5">申请人</td><td>姓名</td><td>性别</td><td></td><td>出生年月</td><td>民族</td><td></td></tr>
<tr><td>职称</td><td>学位</td><td></td><td>职务</td><td>专业</td><td></td></tr>
<tr><td>所在单位</td><td colspan="2"></td><td>性质</td><td colspan="2">A. 高校 B. 科研单位 C. 其他</td></tr>
<tr><td>身份证或护照号</td><td colspan="2"></td><td>社会兼职</td><td colspan="2"></td></tr>
</table>

<table>
<tr><td rowspan="2">项目组</td><td>总人数</td><td>高级</td><td>中级</td><td>初级</td><td>博士后</td><td>博士生</td><td>硕士生</td><td>其他</td></tr>
<tr><td></td><td></td><td></td><td></td><td></td><td></td><td></td><td></td></tr>
<tr><td>研究课题主要内容意义及预期成果摘要</td><td colspan="8"></td></tr>
<tr><td>关键词（最多六个）</td><td colspan="8"></td></tr>
</table>

二、课题详细信息

1. 研究目的、意义和国内外概况（附主要参考文献）
2. 研究目标、内容及技术路线
3. 本项目拟解决的关键问题与创新之处
4. 研究工作总体安排、进度（含本实验室工作的计划）
5. 预期成果（成果内容、形式）及考核指标
6. 与本项目相关的工作基础及已发表的主要学术论文

7. 申请经费总额预算及理由

预算支出	金额（元）	计算根据及理由
合计		
（1）材料费		
（2）测试化验加工费		
（3）差旅费		
（4）会议费		
（5）出版/文献/信息传播/知识产权事务费		
（6）劳务费		
（7）专家咨询费		
（8）其他费用		

备注：按照规定，重点实验室开放课题经费不允许外拨，一律采取实报实销方式支出。

8. 申请者正在承担的其它研究项目及承担（含负责或参加）本基金资助课题

9. 是否有其他相关课题支持，如果有请简要说明

10. 申请者简介

11. 申请者承诺

　　我保证申请书内容的真实性。如果获得基金资助，我将履行项目负责人职责，严格遵守农业部农产品质量安全重点实验室开放课题的有关规定，切实保证研究工作时间，认真开展工作，按时报送有关材料。若填报失实和违反规定，本人将承担全部责任。

　　　　签字：

　　　　　　　　　　　年　月　日

12. 项目组主要成员承诺

　　我保证有关申报内容的真实性。如果获得基金资助，我将严格遵守农业部农产品质量安全重点实验室开放课题的有关规定，切实保证研究工作时间，加强合作、信息资源共享，认真开展工作，及时向项目负责人报送有关材料。若个人信息失实、执行项目中违反规定，本人将承担相关责任。

姓名	职称、学位	性别	年龄	身份证	工作单位	签名

三、推荐意见

申请者工作单位意见：
  　　单位领导（签字）　　　　　　　单位（公章）   　　　　　　　　　　　　　　　　　　　　　　　年　月　日

四、批准与审核

重点开放实验室学术委员会审查意见：   　　　　　　　　　　　　　实验室学术委员会主任（签字）   　　　　　　　　　　　　　　　　　　　　　　年　月　日
重点开放实验室负责人意见及建议资助经金费额度：   　　负责人（签字）　　　　　　　单位（公章）   　　　　　　　　　　　　　　　　　　　　　　年　月　日

附件**2**

农业部农产品质量安全重点实验室开放课题管理办法

第一章 总则

第一条 为贯彻农业部重点实验室"开放、流动、联合、竞争"的运行机制，吸引国内外优秀学者开展合作研究，促进实验设施和科研条件共享，推动实验室成为高水平科学研究和学术交流的基地，特设立实验室开放课题。

第二条 实验室开放课题经费主要由中国农业科学院农业质量标准与检测技术研究所和上级主管部门拨给，部分从其它渠道筹集。

第二章 申请与审批

第三条 申请的开放课题须符合实验室研究方向。

第四条 实验室开放课题对相关学科的研究人员实行全方位开放。具有中级以上技术职称或博士学位的国内外高校、科研机构、企业和其他单位的科研人员，均可直接提出资助申请。

第五条 开放课题每年申报一次，项目完成期限为1年，每个申请人最多可连续申请2次。获准资助的人员在未完成项目任务时不得申请新的开放课题。

第六条 已获得资助者再次申请时，申请书须附已资助课题的结题报告以及主要研究成果。

第七条 实验室对受理的申请课题进行初审，初审合格者提交实验室学术委员会评审，根据择优资助的原则确定批准资助的课题，并接受申请者为本实验室流动研究人员。

第八条 课题申请获准后，应与实验室签订正式的开放课题任务书。无正当理由逾期未签订任务书视为自动放弃接受资助。

第三章 课题日常管理

第九条 实验室成立开放课题管理工作组（成员包括实验室主任、学术委员会、管理人员），指派专门人员对项目进行管理。

第十条 课题执行期满，课题负责人须向实验室报送结题报告相关材料，包括研究论文和相关原始材料等。

第十一条 课题执行过程中，项目负责人原则上不得代理或更换。如遇特殊情况，所在单位应安排合适代理人并报实验室备案。

第十二条 开放课题形成的成果由重点实验室和研究者所在单位共享。须以本实验室为第一完成单位发表SCI论文1篇，署名为"中国农业科学院农业质量标准与检测技术研究所农业部农产品质量安全重点实验室"（英文"Key Laboratory of Agrifood Safety and Quality, Ministry of Agriculture of China, Beijing, 100081, P. R. China）。

第十三条 课题结题时，实验室组织学术委员会根据研究水平和科研产出对项目进行综合评价，通报项目负责人所在单位。评价分为"优秀（A）、良好（B）、合格（C）、不合格（D）"4 个档次，对于曾在本实验室取得优秀档次的申请者，下次申请可获得优先资助，取得过"不合格"格次的项目申请者，5 年内不得再次申请。

第四章　经费使用管理

第十四条　开放课题经费管理严格按照研究所有关财务规章制度执行，专款专用，实行报账制管理。

第十五条　开放课题支出主要用于材料费、测试化验加工费、差旅费、会议费、出版/文献/信息传播/知识产权事务费、劳务费、专家咨询费和其他相关费用等，按照国家相应的科研经费支出标准测算，不可用于支付相关人员工资。

第五章　附则

第十六条　本办法由研究所科技管理处负责解释。

2. 农业部麻类生物学与加工重点实验室 2016 年开放课题申请指南

农业部麻类生物学与加工重点实验室重点实验室以应用基础研究为主，以"开放、流动、联合、竞争"的运行机制，面向社会设立开放课题基金，资助符合实验室研究方向的科研课题。

一、重点资助方向

（1）麻类优异资源挖掘与创新利用研究；
（2）麻类作物遗传育种研究；
（3）麻类生物质高效生产机理与技术研究；
（4）麻产品加工技术研究；
（5）韧皮和叶纤维提取方法及其新用途开发研究；
（6）麻类作物多用途利用技术研究。

二、课题申请对象

凡具有高级专业技术职称或博士学位的国内、外科技工作者，均可直接提出资助申请；硕士毕业 3 年以上具有中级技术职称的人员，经两名具有高级职称的同行专家推荐也可提出申请。

三、申报要求

1. 课题资助对象、申报、审批等程序将按照《农业部麻类生物学与加工重点实验室开放课题管理办法》的有关规定执行。
2. 申报单位须对申报课题进行初审，并签署审核意见。
3. 本基金不受理自然人提交的课题申请。

四、课题申请须知

1. 资助规模为 6 ~ 8 万元/项，研究周期 1 ~ 2 年，实行来所报帐核销制管理。

2. 申请书由实验室学术委员会评审，评审意见将及时通知申请者，对获准资助的项目签发课题计划任务书。

3. 来本实验室工作的课题负责人及参加人员均以实验室客座人员对待。获开放课题资助的客座人员，需遵守实验室有关规章制度，并按管理要求向实验室汇报课题研究进展。

五、申请程序及申报时间

1. 申请人根据实验室开放基金的重点资助方向，填写《农业部麻类生物学与加工重点实验室开放课题申请书》（在附件中下载），一式 4 份，经所在单位主管领导签署意见并加盖公章后，向本实验室提出申请，同时请发送电子版本至 ibfckyc@163.com（请在信封和电邮主题内注明"开放课题"）。

2. 自本"开放课题申请指南"公布之日起，开始受理课题申请，本年度截止日期为 2016 年 6 月 8 日。

六、联系方式

联系人：刘志远 唐守伟

通讯地址：湖南省长沙市咸嘉湖西路 348 号，中国农业科学院麻类研究所（农业部麻类生物学与加工重点实验室）。邮编：410205。

电话：0731 - 88998507

农业部麻类生物学与加工重点实验室

2016 年 5 月 30 日

来源：http://www.caas.net.cn/ggfw/tzgg/271132.shtml

3. 2016 年农业部饲料生物技术重点
实验室开放课题申请指南

农业部饲料生物技术重点实验室依托于中国农业科学院饲料研究所，为国内饲料科学研究中第一个分子生物学和基因工程实验室，主要开展将微生物基因工程、蛋白质工程、代谢工程等高新技术应用到传统饲料工业中这一开拓性的研究工作。研究重点包括：饲料生物制剂的高通量筛选及蛋白质工程研究；多种微生物及重组微生物生物反应器的构建以及利用生物反应器生产多种酶制剂和生物活性添加剂；饲料生物制剂作用机理的分子营养学和分子免疫学研究；饲料生物活性物质应用评价和应用体系的研究。实验室现有价值 2 000 多万元的实验设备和设施，包括高效液相色谱仪、质谱仪、荧光定量 PCR 仪、高速冷冻离心机、双向电泳系统、大分子纯化系统等。

为充分发挥本实验室的学科优势和实验室良好的科研条件，推动和促进国内相关领域的研究水平，吸引、凝聚国内外学者，特别是优秀的年轻学者共同研究，联合培养高层次科技人才，促进高水平成果产出，实验室特设立重点实验室开放课题基金，资助与实验室研究方向有关的具有重要科学意义的研究项目。现将本年度的申请指南公布如下：

一、本年度重点资助方向

1. 重要生物饲料添加剂创制；
2. 断奶应激对幼畜遗传基因表达的影响及差异蛋白的确定；
3. 反刍动物饲料投入品的监控与畜产品的安全隐患；
4. 新型生物饲料资源挖掘与高效利用技术；
5. 单胃动物、水产动物生物饲料集成应用技术；
6. 生物饲料安全控制和加工技术研究。

二、申请须知

1. 凡具有助研、讲师或同等职称（博士）以上且为本实验室固定人员以外的科研、教学人员均可提出开放基金申请，年龄在 45 岁以下者优先。

2. 申请人首先需阅读本实验室开放基金管理办法，填写开放课题申请表（点击附件下载），并根据本实验室的主要资助方向提出申请（本资助方向之外的也会择优资助）。

3. 申请人需按要求认真填写申请书。中级职称人员申请需经两名具有高级职称的人员推荐。申请书需经本单位签章同意方可有效。

4. 开放课题经费开支项目包括：材料费、测试化验加工费、会议费、差旅费。

5. 开放课题受资助人员在本实验室工作期间，实验室安排有关人员给予技术、设备使用等方面的指导帮助。

6. 开放基金受资助人员需遵守本实验室有关规章制度，并按要求汇报研究进展。课题结束时，应提交研究课题总结报告，在课题结题后 1 年内至少在国内核心期刊发表论文 2 篇，或在 SCI 刊物至少发表 1 篇。

7. 开放课题研究成果按照开放课题管理办法规定执行。

8. 开放课题资助一般为 1~2 年。课题资助金额一般为 10~20 万元，有重大意义和应用价值的可适当增加资助额度。申请书受理截止日期为 2016 年 5 月 31 日（以当地邮戳为准），批准通知于 2016 年 6 月底前下达。

三、通讯地址及联系方式

开放课题申请书请寄：

北京市海淀区中关村南大街 12 号中国农业科学院饲料研究所，100081

农业部饲料生物技术重点实验室

（注：请在信封上注明"开放课题申请"字样。）

联系人：任冰

联系电话：（010）62159288

传真：（010）82106054

E-mail：renbing@ caas. cn

来源：http://www. caasfri. com. cn/Html/2016_ 05_ 11/3165_ 3289_ 2016_ 05_ 11_ 110070. html

附件 1

编号	收文日期
	年　月　日

中国农业科学院饲料研究所
农业部饲料生物技术重点实验室
开放课题

申请书

项目名称：＿＿＿＿＿＿＿＿＿＿＿＿＿

申　请　人：＿＿＿＿＿＿＿＿＿＿＿＿＿

工作单位：＿＿＿＿＿＿＿＿＿＿＿＿＿

通信地址：＿＿＿＿＿＿＿＿＿＿＿＿＿

邮政编码：＿＿＿＿＿＿＿＿＿＿＿＿＿

电　　话：＿＿＿＿＿＿＿＿＿＿＿＿＿

传　　真：＿＿＿＿＿＿＿＿＿＿＿＿＿

E-mail：＿＿＿＿＿＿＿＿＿＿＿＿＿

申请日期：＿＿＿＿＿＿＿＿＿＿＿＿＿

农业部饲料生物技术重点实验室
二〇一六年五月制

填报说明

一、填写申请书前，请先查阅本重点实验室开放研究课题基金的有关申请办法及指南。申请书各项内容，要实事求是，逐条认真填写。表达要明确、严谨，字迹要清晰易辨。外来语要同时用原文和中文表达。第一次出现的缩写词，须注出全称。

二、申请书为十六开本，复印时用 A4 复印纸，于左侧装订成册。各栏空格不够时，请自行加页。一式二份（原件），应由所在单位审查签署意见。

三、封面右上角"项目编号"，申请者不用填写。

四、下列人员不得作为申请项目的负责人提出申请，但可作为项目组成员参加研究：

　　—在读（含在职）研究生；

　　—已离退休的科研人员；

　　—申请单位的兼职科研人员。

一、简表

项目名称					
申请人姓名		性别		出生年月	
职称职务				专业	
工作单位					
联系地址				联系电话	
电子邮件					
课题起止时间	年　月至　年　月				
本室合作者				申请资助经费	
项目组主要成员（含申请者）					

二、立论依据

1. 项目研究目的、意义及应用前景
2. 国内外研究概况、水平和发展趋势
3. 主要参考文献：

三、研究方案

1. 研究内容
2. 预期研究目标和考核指标
3. 需解决的关键问题和技术难点
4. 拟采取的研究方法和技术路线（须具体详实）
5. 研究进度计划和阶段目标
6. 申请项目的特色或创新之处

四、已具备的研究条件

申请者与本项目有关的研究工作基础

五、经费预算

项目经费来源	金额
申请重点实验室资助	
课题经费支出预算表单位：千元	

序号	金额	计算明细
1. 材料费		
2. 测试化验与加工费		
3. 会议费		
4. 差旅费		
总计		

六、申请者正在承担的其它研究项目

项目名称、任务来源、起止年月、负责或参加以及与本申请项目的关系等情况

七、申请人的承诺和保证

我保证上述填报内容的真实性。如果获得资助，我与本项目组成员将严格遵守中国农业科学院饲料研究所农业部饲料生物技术重点开放实验室的有关规定，切实保证研究工作时间，按计划认真开展研究工作。

申请者签名（亲笔）

年　月　日

八、申请者所在单位的审查与保证

申请者所在单位的审查意见（包括：对课题的意义、特色和创新之处及申请者的研究水平与学风以及对本实验室关于开放课题成果共享管理条例的承诺签署具体意见）

单位领导（签字）

单位（盖章）

年　月　日

九、重点实验室审批意见

实验室主任签名 年　月　日	学术委员会主任签名 年　月　日

附件2

农业部饲料生物技术重点实验室开放课题管理办法

一、总则

1. 为实行"开放、流动、联合、竞争"的运行机制，吸引国内外优秀学者在饲料生物技术领域开展高水平的基础研究和应用基础研究，培养高层次科技人才，实现资源共享，充分发挥重点实验室资源优势，促进我国在该领域的发展，设立开放课题，并制订本办法。

2. 实验室学术委员会每年根据实验室的研究领域，提出开放课题指南。国内外从事饲料生物技术、微生物工程等农业应用研究的同行均可根据课题指南提出申请。对已获各级自然科学基金、科技攻关、"863"、"973"及其它基金支持的项目将予以优先考虑。

3. 实验室定期接受开放课题申请，课题周期一般为1~2年。

4. 获批准课题资助的开放基金原则上在本重点实验室使用，本室向获得基金的研究人员提供实验室及相应工作生活条件，对自带课题和经费的客座研究人员提供必要生活保障。

二、开放对象

实验室开放课题对国内外相关学科的研究人员实行全方位开放。凡国内外研究机构、大专院校、农业相关产业部门中具有高级技术职称的科技工作者均可申请资助；中级技术职称以及获得硕士学位的青年科技工作者也可提出申请，但需由两名同行高级职称科技人员推荐。实验室学术委员会根据申请择优资助。

三、申请、审批程序

1. 申请者填写课题申请书一式四份，由所在单位同意并加盖公章后寄交实验室。

2. 实验室将"申请书"分送同行三人评议。

3. 实验室学术委员会根据运行费的总额及评议情况择优批准，并将结果通知申请人。

4. 项目申请获准后，由项目承担者填写项目计划任务书，确定研究方案、工作进度、安排来实验室工作时间及所需的仪器设备条件，并在实验室立项开题。

四、课题管理办法

1. 实验室对各项研究课题的进度进行定期检查，各课题组提交执行情况报告，由实验室汇总，分送学术委员会进行书面评审，视评审结果给予表彰或批评。

2. 课题完成后需写出总结报告并进行答辩，由学术委员会对课题完成质量和学术水平进行评价，写出鉴定意见报上级有关部门，并通报研究人员原所在单位。实验室对完成课题优秀的申请者按有关规定实行奖励。

3. 若需组织成果鉴定的项目，可向重点实验室提出申请，所需费用由实验室负担。

五、经费的使用及管理

1. 经批准的课题按研究计划及进度提出经费使用计划，由实验室按计划和课题进展情况划拨经费，设立课题帐号，专款专用。

2. 实验室批准给予的基金及其它途径获得的基金并入同一课题账号，用于下列项目开支：科研工作直接使用的小型仪器、材料、数据的购置；课题组成员必要的业务出差，参加学术会议（限国内）费用；协作加工，测试费用，资料费；论文发表版面费；客座人员的交通、津贴费用等。

3. 各课题负责人定期提交计划执行情况报告及经费使用结算报告，分送学术委员会进行书面评阅。对于进展不良或不按实验室有关规定执行的开放课题，经实验室主任批准，可中断或取消其经费的使用。

六、成果管理

1. 实验室开放课题的研究成果，其知识产权为本实验室所有。

2. 论文、其技术文件及研究成果署实验室名称"农业部饲料生物技术重点实验室，北京100081"〔英文：Key Laboratory of Feed Biotechnology，The Ministry of Agriculture of the People's Republic of China，Beijing 100081〕，或在其首页之处标注"农业部饲料生物技术重点实验室开放课题资助或部分资助"〔英文：Supported（or Partially Supported）by the Open Project Program of Key Laboratory of Feed Biotechnology，The Ministry of Agriculture of the People's Republic of China〕。

七、附则

1. 本办法自公布之日起实施。以往有关文件或规定如有与本"管理办法"不符的，以本办法为准。

2. 本办法由本实验室负责解释。

二〇〇九年十一月六日

4. 2016 年农业部畜禽遗传资源与种质创新重点实验室开放基金申请指南

农业部畜禽遗传资源与种质创新重点实验室，依托单位中国农业科学院北京畜牧兽医研究所，成立于 2011 年。重点实验室围绕畜禽遗传资源保护与利用、遗传修饰动物育种两个研究方向开展工作。

按照农业部重点实验室管理办法，遵循"开放、流动、联合、竞争"的原则，与国内外有关单位开展学术交流和合作。为促进动物遗传育种与繁殖学科的研究与发展，增进学术交流，在依托单位的支持下设立开放课题基金，欢迎国内外从事动物遗传育种与繁殖的科技工作者申请。

一、资助的主要研究方向

1. 畜禽遗传资源保护与利用

重点支持畜禽基因资源发掘和功能鉴定。

2. 遗传修饰动物育种

重点支持基因编辑技术在畜禽育种中的应用及研究。

二、申请条件

凡具有中级职称以上的科研和教学人员均可提出申请，年龄在 45 岁以下者优先。

三、申请须知

1. 申请课题的研究内容必须符合本实验室研究方向，申请课题应在学术上具有一定的先进性，研究计划切实可行，申请者在所申请的领域内已具有足够的研究基础。

2. 每项课题申请经费额度为 3~4 万元，包括试验材料费、测试化验加工费、差旅费等，执行年限为 1 年，实行来所报帐核销制管理。批准的开放基金课题，须依托本实验室的相关团队开展工作。

3. 来本实验室工作的课题负责人及参加人员均以实验室客座人员对待。获开放课题资助的客座人员，需遵守实验室有关规章制度，并按管理要求汇报研究进展。开放课题完成后，固定财产和结余试剂、用品等归属实验室。

4. 开放课题结束时，申请者向实验室提交课题档案，包括研究报告、学术论文以及相关的原始资料。开放基金课题研究成果为本实验室与客座人员所在单位共享，应署本实验室的名称，标注资助课题的编号（nzdsys2016—x）。实验室的名称为：农业部畜禽遗传资源与种质创新重点实验室。英文名称为 Key Laboratory of Farm Animal Genetic Resources and Germplasm Innovation, Ministry of Agriculture。

四、申请程序

1. 有意申请者可从附件下载申请书，并按要求认真填写，申请者须将签字盖章的纸质申请书一式 4 份（A4 双面）于 2016 年 5 月 30 日前报送，申请书须经申请人单位同意签章方为有效，并将电子版（Word 格式）通过电子邮件发送到联系人邮箱。

2. 申请书经评审通过后，对获准资助的评审项目将及时通知申请者。经复核后将正式列为本实验室开放研究课题。

五、联系方式

联系人：潘登科

电　　话：010 – 62815893

E-mail：pandengke2002@163.com

联系地址：北京市海淀区圆明园西路 2 号，中国农业科学院北京畜牧兽医研究所，100193

来源：http://www.iascaas.net.cn/Html/2016_04_21/54758_54905_2016_04_21_109584.html

5. 农业部果树育种技术重点实验室
开放课题申请指南

农业部果树育种技术重点实验室是中国农业科学院郑州果树研究所组建的部级重点实验室。实验室以应用基础研究为主，以"开放、流动、联合、竞争"的运行机制，面向社会设立开放课题基金，资助符合实验室研究方向的科研课题。

一、课题申请对象

凡具有高级专业技术职称或博士学位的国内、外科技工作者，均可直接提出资助申请；硕士毕业 5 年以上具有中级技术职称的人员，经两名具有高级职称的同行专家推荐也可提出申请。

二、课题申请的时间

实验室开放基金项目自由申请，开放课题的研究方向每个季度发布一次。本次课题申请截止日期为 2016 年 4 月 15 日。

三、课题申请须知

1. 申请者通过网站（www. zzgss. cn）下载开放课题申请书，按要求认真填写，须向实验室提交签字盖章的纸质申请书原件一式 3 份，同时提供内容一致的电子版材料 1 份。

2. 开放课题研究周期 1～2 年，实行来所报帐核销制管理。

3. 申请书由实验室学术委员会评审，评审意见将及时通知申请者，对获准资助的项目签发课题计划任务书。

4. 来本实验室工作的课题负责人及参加人员均以实验室客座人员对待。获开放课题资助的客座人员，需遵守实验室有关规章制度，并按管理要求向实验室汇报课题研究进展。

四、研究方向设置

1. 新疆南疆桃种质资源考察与收集
2. 高温多湿地区核桃砧木选育及亲和性机理研究
3. 基于 SNP 标记的梨果实芳香物质 QTL 分析
4. 猕猴桃基因转化体系建立

欢迎从事相关学科的专业人员向实验室咨询并提出课题申请！

开放课题申请书邮寄地址：河南省郑州市未来路南端中国农业科学院郑州果树研究所科研处 216 室

联系人：田莉莉

联系电话：（0371）55906981

传 真：（0371）65330987

E-mail：tianlili@ caas. cn

来源：Http://www. zzgss. cn

（邮寄时，请在信封上注明"开放课题申请"字样。）

农业部果树育种技术重点实验室

2016 年 3 月 9 日

来源：http://www. caas. net. cn/ggfw/tzgg/268260. shtml

6. 农业部现代农业装备重点实验室 2016 年开放课题申请指南

农业部现代农业装备重点实验室依托农业部南京农业机械化研究所建设，重点开展农业机械化基础研究、应用基础研究和关键共性技术研究。根据农业部重点开放实验室"开放、流动、联合、竞争"的要求，为创造协同创新的学术氛围，吸引凝聚国内外优秀学者，联合研究攻关，促进高水平成果产出，现公开发布 2016 年度开放课题申请指南。

一、拟资助选题

1. 微耕机刀辊切土减阻降振方法及刀具优化研究；
2. 南方粘重、流变土壤与种植机械互作机理研究；
3. 稻麦联合收获机谷物品质（水分、蛋白质和产量等）在线检测技术研究；
4. 垄作土下果实收获机械自动对行技术及控制系统研究；
5. 刷辊式采棉机刷棉参数研究与优化；
6. 喷杆喷雾机喷杆系统建模及振动主被动控制技术研究；
7. 多传感器融合的农业机械柔性导航模型研究；
8. 棉秆等硬质茎秆压捆质量影响机理研究；
9. 花生荚果后熟干燥过程特性及品质控制研究；
10. 双螺杆挤压技术对谷物品质的影响机理研究；
11. 基于离散元法的联合收获脱出物仿真建模技术研究；
12. 实时农药雾滴收集技术与传感器研究。

二、申请对象

凡具有博士学位或中级（含）职称以上的国内外高校、科研机构、企业和其他单位的科研人员（本重点实验室固定人员除外），均可申请。优先支持 35 周岁以下博士后和刚毕业博士申请本课题。优先支持申请人与重点实验室固定研究人员开展合作研究。

三、申请时间

申请书受理截止日期为 2016 年 3 月 8 日（以当地邮戳为准）。

四、申报须知

1. 申请人下载课题申请书（附件 1）后，根据本实验室的主要资助方向，按要求填写申请书。纸质材料经所在单位签署意见盖章后，一式四份寄交本实验室；并将电子版（Word 格式），通过电子邮件发送到指定邮箱。

2. 本实验室在收到开放课题申请书后，经重点实验室开放课题评审委员会评审，择优资助。批准立项后，申请人须与实验室签订合同，确保按期保质完成研究任务。

3. 开放课题分重点项目和面上项目两类，资助金额分别为 20 万元和 10 万元。课题研究年限为 2016 年 3 月至 2018 年 3 月。课题经费根据研究进展，分年度拨付。

4. 重点实验室开放课题资助获得的学术论文、专著、专利和软件著作权等科研成果，由重点实验室依托单位和开放课题负责人所在单位共有。

5. 课题结题验收时，重点项目应该至少在中国农业科学院院选 EI 或 SCI 核心期刊发表学术论文 4 篇；面上项目应该至少在中国农业科学院院选核心期刊上发表 EI 或 SCI 论文 2 篇。实验室资助发表的科研学术文章通讯作者，原则上为重点实验室固定研究人员。

6. 科研成果应注明实验室开放课题资助，重点实验室为第一完成单位。实验室中英文标注为："农业部现代农业装备重点实验室"（Key Laboratory of Modern Agricultural Equipment，Ministry of Agriculture，P. R. China）。

五、通讯地址及联系方式

邮寄地址：江苏省南京市中山门外柳营 100 号，农业部现代农业装备重点开放实验室

邮编：210014

联系人：常春

E-mail：xdnyzb@ 163. com

电话：（025）58619520

传真：（025）84432672

（注：请在信封上注明"开放课题申请"字样。）

附件 1：农业部现代农业装备重点实验室开放课题申请书

附件 2：农业部现代农业装备重点实验室开放课题管理办法（2016 年）

附件 3：中国农业科学院院选核心期刊目录

农业部现代农业装备重点实验室

2016 年 2 月 4 日

来源：http://www. amic. agri. gov. cn/nxtwebfreamwork/detail. jsp? articleId = ff80808152778f54015-2b018282d0f45

附件1

项目编号：

农业部现代农业装备重点实验室
Key Laboratory of Modern Agricultural Equipment, Ministry of Agriculture, P. R. China

开放基金课题申请书

课 题 名 称：＿＿＿＿＿＿＿＿＿＿＿＿＿＿＿＿

申　请　人：＿＿＿＿＿＿＿＿＿＿＿＿＿＿＿＿

工 作 单 位：＿＿＿＿＿＿＿＿＿＿＿＿＿＿＿＿

通 讯 地 址：＿＿＿＿＿＿＿＿＿＿＿＿＿＿＿＿

邮　　　编：＿＿＿＿＿＿＿＿＿＿＿＿＿＿＿＿

电话及传真：＿＿＿＿＿＿＿＿＿＿＿＿＿＿＿＿

E-mail：＿＿＿＿＿＿＿＿＿＿＿＿＿＿＿＿

2016 年 3 月

填报说明

1. 填写申请书前，请先查阅《农业部现代农业装备重点实验室开放课题申请指南》；课题名称应与指南中所列的方向吻合，并能够确切反应资助期内的研究内容；申请书各项内容要实事求是，逐条认真填写，表达要明确、严谨；外来语要同时用原文和中文表达，第一次出现的缩写词，须注出全称；研究课题摘要表达应通俗，精练，总字数不要超过 200 字。

2. 申请书为 A4 开本，复印时用 A4 复印纸，于左侧装订成册。第 3 页以后各栏空格不够时，请自行加页。申请书一式 4 份（至少 1 份为原件），由所在单位审查签署意见后，报送农业部现代农业装备重点实验室。

3. 封面上"项目编号"申请者不要填写。第一申请者和项目组主要成员申请（含参加）项目数，连同尚在进行的本实验室基金资助项目数，不得超过 2 项。

4. 关于经费开支范围，课题研究必需召开的国内技术研讨和学术交流等会议费、业务资料、报告、论文印刷费和研究成果评议鉴定费等，具体规定请查阅《农业部现代农业装备重点实验室开放课题管理办法》。

一、项目简要信息表

研究课题	名称							
	起止年月			申请金额		（万元）		
申请人	姓名		性别		出生年月		民族	
	职称		学位		职务		专业	
	所在单位				性质		A. 高校 B. 科研单位 C. 其他	
	身份证或护照号				社会兼职			

项目组	总人数	高级	中级	初级	博士后	博士生	硕士生	其他

研究课题主要内容意义及预期成果摘要	
关键词（最多六个）	

二、项目申请书

1. 研究目的、意义和国内外概况（附主要参考文献）
2. 研究目标、内容及技术路线
3. 本项目拟解决的关键问题与创新之处
4. 研究工作总体安排、进度（含本实验室工作的计划）
5. 预期成果（成果内容、形式）及考核指标
6. 与本项目相关的工作基础及已发表的主要学术论文
7. 申请经费总额预算及理由

预算科目名称	经费预算（万元）	计算根据及理由
合计		
（1）科研业务费		

（续表）

预算科目名称	经费预算（万元）	计算根据及理由
（2）实验材料费		
（3）测试化验加工费		
（4）专利论文发表费用		
（5）差旅费		
（6）其它（注明用途）		

8. 申请者简介

9. 申请者正在承担的其它研究项目及承担（含负责或参加）本实验室基金资助课题与本课题关系，如有请简要说明

10. 申请者承诺

  我保证申请书内容的真实性。如果获得基金资助，我将履行项目负责人职责，严格遵守农业部现代农业装备重点实验室开放课题的有关规定，切实保证研究工作时间，认真开展工作，按时报送有关材料。若填报失实和违反规定，本人将承担全部责任。

签字：

年 月 日

11. 项目组主要成员承诺

  我保证有关申报内容的真实性。如果获得基金资助，我将严格遵守农业部现代农业装备重点实验室开放课题的有关规定，切实保证研究工作时间，加强合作、信息资源共享，认真开展工作，及时向项目负责人报送有关材料。若个人信息失实、执行项目中违反规定，本人将承担相关责任。

姓名	年龄	工作单位	职称	签名

三、单位推荐意见

申请者工作单位意见：

单位负责人：（签字）　　　　　单位：（公章）

年　月　日

四、批准与审核

重点开放实验室负责人意见及建议资助经费金额：

负责人：（签字）　　　　　单位：（公章）

年　月　日

重点开放实验室学术委员会审查意见：

实验室学术委员会（签章）

年　月　日

附件**2**

农业部现代农业装备重点实验室
开放课题管理办法

第一条　为充分发挥重点实验室资源优势，提升现代农业装备技术领域研究水平，吸引和凝聚国内外优秀学者，开展高水平的基础研究、应用基础研究及关键技术研究，实现重点实验室"开放、流动、联合、竞争"，特设立农业部现代农业装备重点实验室开放课题，并制订开放课题管理办法。

第二条　重点实验室开放课题面向国内外本学科领域研究人员开放。具有博士学位或中级（含）职称以上的国内外从事农业装备基础研究和应用基础研究的国内外高校、科研机构、企业和其他单位的科研人员（重点实验室固定人员除外），均可提出申请，优先支持35周岁以下博士后或刚毕业博士开展与重点实验室研究方向一致的课题研究。优先支持申请人与重点实验室固定研究人员开展合作研究。

　　第三条　重点实验室学术委员会根据研究领域和研究重点，凝练科研选题方向，定期发布重点实验室开放课题申请指南。

　　第四条　经形式审查合格的课题申请书，由重点实验室开放课题评审委员会（以下简称评委会）审议，确定资助项目及资助额度，并由重点实验室主任批准签发立项。

　　第五条　开放课题立项基本条件：（1）符合项目指南所规定的研究内容范围与要求；（2）有较好研究工作基础，具备基本研究条件，研究人员结构合理，研究方案、目标明确，具备实施该课题时间保证；（3）申请经费预算合理。

　　第六条　重点实验室开放课题实施周期一般为2年，期满未能结题者，需提前2个月向重点实验室提出延期申请，由评委会审议。每项课题只能延期1次，且总执行时间不应超过3年。

　　第七条　课题执行过程中，课题负责人应按计划开展研究工作，在课题实施1年后，课题承担人应向重点实验室提交课题执行进展情况。如需改变或推迟计划，应征得重点实验室的同意。对未经同意便改变、推迟计划的课题，重点实验室将中止对其的支持。

　　第八条　课题负责人应在完成课题后3个月内提交结题验收申请，并向重点实验室提交相关归档材料。材料包括：（1）开放课题研究报告；（2）学术论文、专著、专利和软件著作权等科研成果证明材料；（3）有关的软硬件原始资料。

　　第九条　对提交的开放课题研究报告，由评委会对课题完成情况考核评估。在后续重点实验室开放课题申报中，优先资助完成质量高、取得优秀成果的课题申请者。

　　第十条　开放课题经费的管理按照国家科技部、财政部、农业部和中国农业科学院以及重点实验室依托单位有关财务规章制度执行。获批准资助的经费单独建帐，专款专用。

　　第十一条　对于课题研究进展不良或未按重点实验室课题经费使用有关规定执行的开放课题，经实验室主任批准，可中断或取消经费支持。

　　第十二条　重点实验室开放课题资助获得的学术论文、专著、专利和软件著作权等科研成果，由重点实验室依托单位和开放课题负责人所在单位共有。

　　第十三条　课题结题验收时，重点项目应该至少在中国农业科学院院选EI或SCI核心期刊发表学术论文4篇；面上项目应该至少在中国农业科学院院选核心期刊上发表EI或SCI论文2篇。重点实验室资助发表的科研学术文章通讯作者，原则上为重点实验室固定研究人员。

　　第十三条　由开放课题资助所取得的科研成果，应注明开放课题资助，重点实验室为第一完成单位。重点实验室中英文标注为："农业部现代农业装备重点实验室"（Key Laboratory of Modern Agricultural Equipment, Ministry of Agriculture, P. R. China）。

农业部现代农业装备重点实验室

2016 年 2 月 3 日

附件 3

中国农业科学院院选 SCI 核心期刊目录

一、SCI 顶尖核心期刊（19 种）

	刊名	ISSN	出版商	频率	影响因子	收录	SCI 学科	学科集合影响因子
1	NATURE	0028－0836	Nature Publishing Group	周刊	36.28	SCI	MULTIDISCIPLINARY SCIENCES	9.392
2	NATURE GENETICS	1061－4036	Nature Publishing Group	月刊	35.532	SCI	GENETICS & HEREDITY	4.355
3	CELL	0092－8674	Cell Press	双周刊	32.403	SCI	CELL BIOLOGY	4.276
4	SCIENCE	0036－8075	American Association for the Advancement of Science	周刊	31.201	SCI	MULTIDISCIPLINARY SCIENCES	9.392
5	NATURE IMMUNOLOGY	1529－2908	Nature Publishing Group	月刊	26.008	SCI	IMMUNOLOGY	4.426
6	NATURE BIOTECHNOL-OGY	1087－0156	Nature Publishing Group	月刊	23.268	SCI	BIOTECHNOLOGY & APPLIED MICROBIOLO-GY	3.257
7	NATURE CHEMISTRY	1755－4330	Nature Publishing Group	月刊	20.524	SCI	CHEMISTRY, MULTI-DISCIPLINARY	4.732
8	NATURE CELL BIOLO-GY	1465－7392	Nature Publishing Group	月刊	19.488	SCI	CELL BIOLOGY	5.779
9	NATURE CHEMICAL BI-OLOGY	1552－4450	Nature Publishing Group	月刊	14.69	SCI	BIOCHEMISTRY & MO-LECULAR BIOLOGY	4.276
10	MOLECULAR CELL	1097－2765	Cell Press	半月刊	14.178	SCI	BIOCHEMISTRY & MO-LECULAR BIOLOGY	4.276
11	GENOME RESEARCH	1088－9051	Cold Spring Harbor Labo-ratory Press	月刊	13.608	SCI	BIOTECHNOLOGY & APPLIED MICROBIOLO-GY	4.276

（续表）

	刊名	ISSN	出版商	频率	影响因子	收录	SCI学科	学科集合影响因子
12	CELL HOST & MICROBE	1931-3128	Cell Press	月刊	13.5	SCI	MICROBIOLOGY	3.673
13	GENES AND DEVELOPMENT	0890-9369	Cold Spring Harbor Laboratory Press	半月刊	11.659	SCI	GENETICS & HEREDITY	4.355
14	PLOS BIOLOGY (Online)	1545-7885	Public Library of Science	月刊	11.452	SCI	BIOLOGY	3.18
15	STUDIES IN MYCOLOGY	0166-0616	Centraalbureau voor Schimmelcultures	不定期	10.625	SCI	MYCOLOGY	1.992
16	PROCEEDINGS OF THE NATIONAL ACADEMY OF SCIENCES OF THE UNITED STATES OF AMERICA	0027-8424	National Academy of Sciences	周刊	9.681	SCI	MULTIDISCIPLINARY SCIENCES	9.392
17	PLOS PATHOGENS (Online)	1553-7374	Public Library of Science	月刊	9.127	SCI	VIROLOGY	3.425
18	FRONTIERS IN ECOLOGY AND THE ENVIRONMENT	1540-9295	Ecological Society of America	每年10期	9.113	SCI	ENVIRONMENTAL SCIENCES	2.644
19	PLANT CELL	1040-4651	American Society of Plant Biologists	月刊	8.987	SCI	PLANT SCIENCES	2.629

二、SCI核心期刊（217种）

1. 综合类（38种）

	刊名	ISSN	出版商	频率	影响因子	收录	SCI学科	学科集合影响因子
1	GENOME BIOLOGY (Online)	1474-760X	BioMed Central Ltd.	双月刊	9.036	SCI	BIOTECHNOLOGY & APPLIED MICROBIOLOGY	3.257

（续表）

	刊名	ISSN	出版商	频率	影响因子	收录	SCI 学科	学科集合影响因子
2	PLOS GENETICS	1553－7404	Public Library of Science	周刊	8.694	SCI	GENETICS & HEREDITY	4.355
3	CELL RESEARCH	1001－0602	Nature Publishing Group/中国科学院上海生命科学研究院	月刊	8.19	SCI	CELL BIOLOGY	5.779
4	NUCLEIC ACIDS RES	0305－1048	Oxford University Press	每年 22 期	8.026	SCI	BIOCHEMISTRY & MOLECULAR BIOLOGY	4.276
5	JOURNAL OF MOLECULAR CELL BIOLOGY	1674－2788	Oxford University Press/中国科学院上海生命科学研究院	双月刊	7.667	SCI	CELL BIOLOGY	5.779
6	MOLECULAR & CELLULAR PROTEOMICS	1535－9476	American Society for Biochemistry and Molecular Biology, Inc.	月刊	7.398	SCI	BIOCHEMICAL RESEARCH METHODS	3.58
7	NATURE COMMUNICATION	2041－1723	Nature Publishing Group	月刊	7.396	SCI	MULTIDISCIPLINARY SCIENCES	9.392
8	GREEN CHEMISTRY	1463－9262	Royal Society of Chemistry	双月刊	6.32	SCI	CHEMISTRY, MULTIDISCIPLINARY	4.732
9	BIOTECHNOLOGY FOR BIOFUEL（Online）	1754－6834	BioMed central Ltd.	不定期	6.088	SCI	BIOTECHNOLOGY & APPLIED MICROBIOLOGY	3.257
10	ANALYTICAL CHEMISTRY	0003－2700	American Chemical Society	半月刊	5.856	SCI	CHEMISTRY, ANALYTICAL	2.946
11	LAB ON A CHIP	1473－0197	Royal Society of Chemistry	半月刊	5.67	SCI	BIOCHEMICAL RESEARCH METHODS	3.58
12	METABOLIC ENGINEERING	1096－7176	Elsevier（Academic Press）	每年 6 期	5.614	SCI	BIOTECHNOLOGY & APPLIED MICROBIOLOGY	3.257
13	BIOSENSORS & BIOELECTRONICS	0956－5663	Elsevier	月刊	5.602	SCI	CHEMISTRY, ANALYTICAL	2.946
14	MOLECULAR ECOLOGY	0962－1083	Wiley-Blackwell	半月刊	5.522	SCI	ECOLOGY	3.114

（续表）

	刊名	ISSN	出版商	频率	影响因子	收录	SCI 学科	学科集合影响因子
15	BIOINFORMATICS	1367 - 4803	Oxford University Press	半月刊	5.468	SCI	MATHEMATICAL & COMPUTATIONAL BIOLOGY	2.737
16	PLOS COMPUTATIONAL BIOLOGY（Online）	1553 - 734X	Public Library of Science	月刊	5.215	SCI	MATHEMATICAL & COMPUTATIONAL BIOLOGY	2.737
17	BRIEFINGS IN BIOINFORMATICS	1467 - 5463	Oxford University Press	双月刊	5.202	SCI	MATHEMATICAL & COMPUTATIONAL BIOLOGY	2.737
18	DNA RESEARCH	1340 - 2838	Oxford University Press	双月刊	5.164	SCI	GENETICS & HEREDITY	4.355
19	JOURNAL OF PROTEOME RESEARCH	1535 - 3893	American Chemical Society	月刊	5.113	SCI	BIOCHEMICAL RESEARCH METHODS	3.58
20	JOURNAL OF PROTEOMICS	1874 - 3919	Elsevier	月刊	4.878	SCI	BIOCHEMICAL RESEARCH METHODS	3.58
21	HEREDITY	0018 - 067X	Nature Publishing Group	月刊	4.597	SCI	ECOLOGY	3.114
22	JOURNAL OF CHROMATOGRAPHY A	0021 - 9673	Elsevier	每年 53 期	4.531	SCI	CHEMISTRY, ANALYTICAL	2.946
23	PROTEOMICS	1615 - 9853	Wiley-Blackwell	半月刊	4.505	SCI	BIOCHEMICAL RESEARCH METHODS	3.58
24	ANALYST	0003 - 2654	Royal Society of Chemistry	半月刊	4.23	SCI	CHEMISTRY, ANALYTICAL	2.946
25	PlOS ONE（Online）	1932 - 6203	Public Library of Science	不定期	4.092	SCI	BIOLOGY	3.18
26	BMC GENOMICS（Online）	1471 - 2164	BioMed Central Ltd.	不定期	4.073	SCI	BIOTECHNOLOGY & APPLIED MICROBIOLOGY	3.257
27	GENETICS	0016 - 6731	Genetics Society of America	月刊	4.007	SCI	GENETICS & HEREDITY	4.355
28	BIOTECHNOLOGY AND BIOENGINEERING	0006 - 3592	Wiley-Blackwell	每年 18 期	3.946	SCI	BIOTECHNOLOGY & APPLIED MICROBIOLOGY	3.257
29	ANALYTICAL AND BIOANALYTICAL CHEMISTRY	1618 - 2642	Springer	半月刊	3.778	SCI	CHEMISTRY, ANALYTICAL	2.946

（续表）

	刊名	ISSN	出版商	频率	影响因子	收录	SCI 学科	学科集合影响因子
30	ELECTROPHORESIS	0173 - 0835	Wiley-Blackwell	半月刊	3.303	SCI	CHEMISTRY, ANALYTICAL	2.946
31	AGRICULTURE ECOSYSTEMS & ENVIRONMENT	0167 - 8809	Elsevier	每年 16 期	3.004	SCI	AGRICULTURE, MULTIDIS-CIPLINARY	1.439
32	AGRICULTURAL SYSTEMS	0308 - 521X	Elsevier	月刊	2.899	SCI	AGRICULTURE, MULTIDIS-CIPLINARY	1.439
33	JOURNAL OF AGRICUL-TURAL AND FOOD CHEMISTRY	0021 - 8561	American Chemical Socie-ty	周刊	2.823	SCI	AGRICULTURE, MULTIDIS-CIPLINARY	1.439
34	BMC BININFORMATICS (Online)	1471 - 2105	BioMed Central Ltd.	不定期	2.751	SCI	MATHEMATICAL & COMPU-TATIONAL BIOLOGY	2.737
35	PROCESS BIOCHEMIS-TRY	1359 - 5113	Elsevier	月刊	2.627	SCI	ENGINEERING, CHEMICAL	2.158
36	AICHE JOURNAL	0001 - 1541	Wiley-Blackwell	月刊	2.261	SCI	ENGINEERING, CHEMICAL	2.158
37	JOURNAL OF AGRICUL-TURAL SCIENCE	0021 - 8596	Cambridge University Press	双月刊	2.041	SCI	AGRICULTURE, MULTIDIS-CIPLINARY	1.439
38	JOURNAL OF INTEGRA-TIVE AGRICULTURE （《中国农业科学》英文版）	2095 - 3119	Elsevier Ltd/中国农业科学院	月刊	0.449	SCI	AGRICULTURE, MULTIDIS-CIPLINARY	1.439

2. 作物科学类（33 种）

	刊名	ISSN	出版商	频率	影响因子	收录	SCI 学科	学科集合影响因子
1	NEW PHYTOLOGIST	0028 - 646X	Wiley-Blackwell	每年 16 期	6.645	SCI	PLANT SCIENCES	2.629

（续表）

	刊名	ISSN	出版商	频率	影响因子	收录	SCI 学科	学科集合影响因子
2	PLANT PHYSIOLOGY	0032－0889	American Society of Plant Biologists	月刊	6.535	SCI	PLANT SCIENCES	2.629
3	PLANT JOURNAL	0960－7412	Wiley-Blackwell	半月刊	6.16	SCI	PLANT SCIENCES	2.629
4	MOLECULAR PLANT	1674－2052	Oxford University Press/中国科学院上海生命科学研究院	双月刊	5.546	SCI	PLANT SCIENCES	2.629
5	PLANT BIOTECHNOLO-GY JOURNAL	1467－7644	Wiley-Blackwell	每年 9 期	5.442	SCI	PLANT SCIENCES	2.629
6	JOURNAL OF EXPERI-MENTAL BOTANY	0022－0957	Oxford University Press	每年 15 期	5.364	SCI	PLANT SCIENCES	2.629
7	PLANT CELL AND ENVIRONMENT	0140－7791	Wiley-Blackwell	月刊	5.215	SCI	PLANT SCIENCES	2.629
8	PLANT AND CELL PHYSIOLOGY	0032－0781	Oxford University Press	月刊	4.702	SCI	PLANT SCIENCES	2.629
9	PLANT MOLECULAR BI-OLOGY	0167－4412	Springer	每年 18 期	4.15	SCI	PLANT SCIENCES	2.629
10	ANNALS OF BOTANY	0305－7364	Oxford University Press	月刊	4.03	SCI	PLANT SCIENCES	2.629
11	BMC PLANT BIOLOGY（Online）	1471－2229	BioMed Central Ltd.	月刊	3.447	SCI	PLANT SCIENCES	2.629
12	PHYTOCHEMISTRY	0031－9422	Elsevier（Pergamon）	每年 18 期	3.351	SCI	PLANT SCIENCES	2.629
13	THEORETICAL AND AP-PLIED GENETICS	0040－5752	Springer	每年 16 期	3.297	SCI	AGRONOMY	1.452
14	JOURNAL OF NATURAL PRODUCTS	0163－3864	American Chemical Socie-ty	月刊	3.128	SCI	PLANT SCIENCE	2.629

（续表）

	刊名	ISSN	出版商	频率	影响因子	收录	SCI 学科	学科集合影响因子
15	PHYSIOLOGIA PLANTARUM	0031－9317	Wiley-Blackwell	月刊	3.112	SCI	PLANT SCIENCES	2.629
16	RICE	1939－8425	Springer	季刊	3.105	SCI	AGRONOMY	1.452
17	PLANTA	0032－0935	Springer	每年16期	3	SCI	PLANT SCIENCES	2.629
18	ENVIRONMENTAL AND EXPERIMENTAL BOTANY	0098－8472	Elsevier	每年9期	2.985	SCI	PLANT SCIENCES	2.629
19	PLANT SCIENCE	0168－9452	Elsevier	月刊	2.945	SCI	PLANT SCIENCES	2.629
20	TREE PHYSIOLOGY	0829－318X	Oxford University Press	月刊	2.876	SCI	FORESTRY	1.557
21	JOURNAL OF PLANT GROWTH REGULATION	0721－7595	Springer	季刊	2.859	SCI	PLANT SCIENCES	2.629
22	MOLECULAR BREEDING	1380－3743	Springer	每年8期	2.852	SCI	AGRONOMY	1.452
23	PLANT PHYSIOLOGY AND BIOCHEMISTRY	0981－9428	Elsevier	月刊	2.838	SCI	PLANT SCIENCES	2.629
24	JOURNAL OF PLANT PHYSIOLOGY	0176－1617	Elsevier（Urban und Fischer Verlag）	每年18期	2.791	SCI	PLANT SCIENCES	2.629
25	EUROPEAN JOURNAL OF AGRONOMY	1161－0301	Elsevier	每年8期	2.477	SCI	AGRONOMY	1.452
26	FIELD CROPS RESEARCH	0378－4290	Elsevier	每年15期	2.474	SCI	AGRONOMY	1.452
27	JOURNAL OF AGRONOMY AND CROP SCIENCE	0931－2250	Wiley-Blackwell	双月刊	2.433	SCI	AGRONOMY	1.452
28	POSTHARVEST BIOLOGY AND TECHNOLOGY	0925－5214	Elsevier	月刊	2.411	SCI	HORTICULTURE	1.28
29	TREE GENETICS & GENOMES	1614－2942	Springer	季刊	2.335	SCI	HORTICULTURE	1.28

（续表）

	刊名	ISSN	出版商	频率	影响因子	收录	SCI 学科	学科集合影响因子
30	JOURNAL OF CEREAL SCIENCE	0733－5210	Elsevier（Academic Press）	双月刊	2.073	SCI	FOOD SCIENCE & TECH-NOLOGY	1.898
31	AGRONOMY JOURNAL	0002－1962	American Society of Agronomy, Inc.	双月刊	1.794	SCI	AGRONOMY	1.452
32	CROP SCIENCE	0011－183X	Crop Science Society of America	双月刊	1.641	SCI	AGRONOMY	1.452
33	SCIENTIA HORTICULTURAE	0304－4238	Elsevier	每年 16 期	1.527	SCI	HORTICULTURE	1.28

3. 畜牧类（24 种）

	刊名	ISSN	出版商	频率	影响因子	收录	SCI 学科	学科集合影响因子
1	WILDLIFE MONOGRAPHS	0084－0173	The Wildlife Society	不定期	5.333	SCI	ZOOLOGY	1.547
2	JOURNAL OF ANIMAL ECOLOGY	0021－8790	Wiley-Blackwell	双月刊	4.937	SCI	ZOOLOGY	1.547
3	FRONTIERS IN ZOOLO-GY（Online）	1742－9994	BioMed Central Ltd.	不定期	4.46	SCI	ZOOLOGY	1.547
4	JOURNAL OF NUTRITION	0022－3166	American Society for Nutrition	月刊	3.916	SCI	NUTRITION & DIETETICS	2.975
5	JOURNAL OF NUTRI-TIONAL BIOCHEMISTRY	0955－2863	Elsevier	月刊	3.891	SCI	NUTRITION & DIETETICS	2.975
6	Animal Behaviour	0003－3472	Elsevier	月刊	3.493	SCI	ZOOLOGY	1.547
7	GENETICS SELECTION EVOLUTION	0999－193X	BioMed Central Ltd.	双月刊	2.885	SCI	AGRICULTURE, DAIRY & ANIMAL SCIENCE	1.296
8	JOURNAL OF DAIRY SCIENCE	0022－0302	Elsevier	月刊	2.564	SCI	AGRICULTURE, DAIRY & ANIMAL SCIENCE	1.296
9	JOURNAL OF EXPERI-MENTAL ZOOLOGY PART B	1552－5007	Wiley-Blackwell	季刊	2.416	SCI	ZOOLOGY	1.547

（续表）

	刊名	ISSN	出版商	频率	影响因子	收录	SCI 学科	学科集合影响因子
10	ANIMAL GENETICS	0268-9146	Wiley-Blackwell	双月刊	2.403	SCI	AGRICULTURE, DAIRY & ANIMAL SCIENCE	1.296
11	MEAT SCIENCE	0309-1740	Elsevier	月刊	2.275	SCI	FOOD SCIENCE & TECHNOLOGY	1.898
12	APIDOLOGIE	0044-8435	Springer	双月刊	2.266	SCI	ENTOMOLOGY	1.34
13	JOURNAL OF ANIMAL SCIENCE	0021-8812	American Society of Animal Science	月刊	2.096	SCI	AGRICULTURE, DAIRY & ANIMAL SCIENCE	1.296
14	DOMESTIC ANIMAL ENDOCRINOLOGY	0739-7240	Elsevier	每年 8 期	2.056	SCI	AGRICULTURE, DAIRY & ANIMAL SCIENCE	1.296
15	APPLIED ANIMAL BEHAVIOUR SCIENCE	0168-1591	Elsevier	每年 28 期	1.918	SCI	AGRICULTURE, DAIRY & ANIMAL SCIENCE	1.296
16	ANIMAL REPRODUCTION SCIENCE	0378-4320	Elsevier	每年 28 期	1.75	SCI	AGRICULTURE, DAIRY & ANIMAL SCIENCE	1.296
17	ANIMAL	1751-7311	Cambridge University Press	月刊	1.744	SCI	AGRICULTURE, DAIRY & ANIMAL SCIENCE	1.296
18	POULTRY SCIENCE	0032-5791	Poultry Science Association Inc.	月刊	1.728	SCI	AGRICULTURE, DAIRY & ANIMAL SCIENCE	1.296
19	ANIMAL FEED SCIENCE AND TECHNOLOGY	0377-8401	Elsevier	每年 32 期	1.691	SCI	AGRICULTURE, DAIRY & ANIMAL SCIENCE	1.296
20	JOURNAL OF DAIRY RESEARCH	0022-0299	Cambridge University Press	季刊	1.566	SCI	AGRICULTURE, DAIRY & ANIMAL SCIENCE	1.296
21	LIVESTOCK SCIENCE	1871-1413	Elsevier	每年 21 期	1.506	SCI	AGRICULTURE, DAIRY & ANIMAL SCIENCE	1.296
22	JOURNAL OF REPRODUCTION AND DEVELOPMENT	0916-8818	Japanese Society of Animal Reproduction	双月刊	1.459	SCI	AGRICULTURE, DAIRY & ANIMAL SCIENCE	1.296
23	JOURNAL OF ANIMAL BREEDING AND GENETICS	0931-2668	Wiley-Blackwell	双月刊	1.455	SCI	AGRICULTURE, DAIRY & ANIMAL SCIENCE	1.296
24	REPRODUCTION IN DOMESTIC ANIMALS	0936-6768	Wiley-Blackwell	双月刊	1.356	SCI	AGRICULTURE, DAIRY & ANIMAL SCIENCE	1.296

4. 兽医类（24 种）

	刊名	ISSN	出版商	频率	影响因子	收录	SCI 学科	学科集合影响因子
1	THE JOURNAL OF INFECTIOUS DISEASES	0022-1899	Oxford University Press	半月刊	6.41	SCI	INFECTIOUS DISEASES	3.74
2	EMERGING INFECTIOUS DISEASES	1080-6040	U. S. Department of Health and Human Services Centers for Disease Control and Prevention	月刊	6.169	SCI	IMMUNOLOGY	4.426
3	JOURNAL OF IMMUNOLOGY	0022-1767	American Association of Immunologists	半月刊	5.788	SCI	IMMUNOLOGY	4.426
4	JOURNAL OF VIROLOGY	0022-538X	American Society for Microbiology	半月刊	5.402	SCI	VIROLOGY	4.261
5	EUROPEAN JOURNAL OF IMMUNOLOGY	0014-2980	Wiley-Blackwell	月刊	5.103	SCI	IMMUNOLOGY	4.426
6	ANTIVIRAL RESEARCH	0166-3542	Elsevier	月刊	4.301	SCI	VIROLOGY	4.261
7	VETERINARY RESEARCH	0928-4249	BioMed Central Ltd.	双月刊	4.06	SCI	VETERINARY SCIENCES	1.228
8	DRUG METABOLISM AND DISPOSITION	0090-9556	AMERICAN SOCIETY FOR PHARMACOLOGY AND EXPERIMENTAL THERAPEUTICS	月刊	3.733	SCI	PHARMACOLOGY & PHARMACY	2.943
9	VETERINARY MICROBIOLOGY	0378-1135	Elsevier	每年 28 期	3.327	SCI	VETERINARY SCIENCES	1.228
10	EUROPEAN JOURNAL OF PHARMACEUTICAL SCIENCES	0928-0987	ELSEVIER	每年 15 期	3.212	SCI	PHARMACOLOGY & PHARMACY	2.943
11	JOURNAL OF ETHNOPHARMACOLOGY	0378-8741	ELSEVIER	每年 18 期	3.014	SCI	INTEGRATIVE & COMPLEMENTARY MEDICINE	2.195
12	VETERINARY PARASITOLOGY	0304-4017	Elsevier	每年 32 期	2.579	SCI	VETERINARY SCIENCES	1.228

（续表）

	刊名	ISSN	出版商	频率	影响因子	收录	SCI 学科	学科集合影响因子
13	COMPARATIVE IMMU-NOLOGY, MICROBIOL-OGY & INFECTIOUS DISEASES	0147 – 9571	Elsevier	双月刊	2.337	SCI	VETERINARY SCIENCES	1.228
14	VETERINARY JOURNAL	1090 – 0233	Elsevier	月刊	2.239	SCI	VETERINARY SCIENCES	1.228
15	VETERINARY IMMU-NOLOGY AND IMMUNO-PATHOLOGY	0165 – 2427	Elsevier	双月刊	2.076	SCI	VETERINARY SCIENCES	1.228
16	PREVENTIVE VETER-INARY MEDICINE	0167 – 5877	Elsevier	每年 20 期	2.046	SCI	VETERINARY SCIENCES	1.228
17	BMC VETERINARY RE-SEARCH（Online）	1746 – 6148	BioMed Central Ltd.	不定期	2	SCI	VETERINARY SCIENCES	1.228
18	VETERINARY PATHOL-OGY	0300 – 9858	Sage Publications, Inc.	双月刊	1.945	SCI	VETERINARY SCIENCES	1.228
19	MEDICAL AND VETERI-NARY ENTOMOLOGY	0269 – 283X	Wiley-Blackwell	季刊	1.91	SCI	VETERINARY SCIENCES	1.228
20	ZOONOSES AND PUBLIC HEALTH	1863 – 1959	Wiley-Blackwell	每年 10 期	1.895	SCI	VETERINARY SCIENCES	1.228
21	TRANSBOUNDARY AND EMERGING DISEASES	1865 – 1674	Wiley-Blackwell	每年 10 期	1.809	SCI	VETERINARY SCIENCES	1.228
22	JAVMA-JOURNAL OF THE AMERICAN VET-ERINARY MEDICAL AS-SOCIATION	0003 – 1488	American Veterinary Medical Association	半月刊	1.791	SCI	VETERINARY SCIENCES	1.228
23	AVIAN PATHOLOGY	0307 – 9457	Taylor & Francis Ltd.	双月刊	1.711	SCI	VETERINARY SCIENCES	1.228
24	AVIAN DISEASES	0005 – 2086	American Association of Avian Pathologists, Inc.	季刊	1.462	SCI	VETERINARY SCIENCES	1.228

5. 植物保护类（16 种）

	刊名	ISSN	出版商	频率	影响因子	收录	SCI 学科	学科集合影响因子
1	MOLECULAR PLANT-MICROBE INTERAC-TIONS	0894－0282	American Phytopathological So-ciety	月刊	4.431	SCI	PLANT SCIENCES	2.629
2	MOLECULAR PLANT PATHOLOGY	1464－6722	Wiley-Blackwell	双月刊	3.899	SCI	PLANT SCIENCES	2.629
3	INSECT BIOCHEMISTRY AND MOLECULAR BI-OLOGY	0965－1748	Elsevier（Pergamon）	月刊	3.246	SCI	ENTOMOLOGY	1.34
4	SYSTEMATIC ENTO-MOLOGY	0307－6970	Wiley-Blackwell	季刊	2.943	SCI	ENTOMOLOGY	1.34
5	PHYTOPATHOLOGY	0031－949X	American Phytopathological So-ciety	月刊	2.799	SCI	PLANT SCIENCES	2.629
6	INSECT MOLECULAR BIOLOGY	0962－1075	Wiley-Blackwell	双月刊	2.529	SCI	ENTOMOLOGY	1.34
7	PEST MANAGEMENT SCIENCE	1526－498X	Wiley-Blackwell	月刊	2.251	SCI	ENTOMOLOGY	1.34
8	JOURNAL OF INSECT PHYSIOLOGY	0022－1910	Elsevier（Pergamon）	月刊	2.236	SCI	ENTOMOLOGY	1.34
9	PLANT PATHOLOGY	0032－0862	Wiley-Blackwell	双月刊	2.125	SCI	AGRONOMY	1.452
10	JOURNAL OF INVERTE-BRATE PATHOLOGY	0022－2011	Elsevier（Academic Press）	每年 9 期	2.064	SCI	ZOOLOGY	1.547
11	BIOLOGICAL CONTROL	1049－9644	Elsevier（Academic Press）	月刊	2.003	SCI	ENTOMOLOGY	1.34
12	BIOCONTROL	1386－6141	Springer	双月刊	1.927	SCI	ENTOMOLOGY	1.34
13	BULLETIN OF ENTOMO-LOGICAL RESEARCH	0007－4853	Cambridge University Press	双月刊	1.882	SCI	ENTOMOLOGY	1.34
14	WEED SCIENCE	0043－1745	Weed Science Society of Amer-ica	双月刊	1.733	SCI	AGRONOMY	1.452
15	PESTICIDE BIOCHEMIS-TRY AND PHYSIOLOGY	0048－3575	Elsevier（Academic Press）	每年 9 期	1.713	SCI	ENTOMOLOGY	1.34
16	JOURNAL OF ECONOM-IC ENTOMOLOGY	0022－0493	Entomological Society of Amer-ica	双月刊	1.699	SCI	ENTOMOLOGY	1.34

6. 土壤与肥料类（10 种）

	刊名	ISSN	出版商	频率	影响因子	收录	SCI 学科	学科集合影响因子
1	SOIL BIOLOGY & BIO-CHEMISTRY	0038-0717	Elsevier（Pergamon）	月刊	3.504	SCI	SOIL SCIENCE	1.78
2	WATER RESOURCES RESEARCH	0043-1397	American Geophysical Union	月刊	2.957	SCI	WATER RESOURCES	1.803
3	PLANT AND SOIL	0032-079X	Springer	半月刊	2.733	SCI	SOIL SCIENCE	1.78
4	SOIL & TILLAGE RE-SEARCH	0167-1987	Elsevier	每年 10 期	2.425	SCI	SOIL SCIENCE	1.78
5	APPLIED SOIL ECOLO-GY	0929-1393	Elsevier	每年 9 期	2.368	SCI	SOIL SCIENCE	1.78
6	European Journal of Soil Science	1351-0754	Wiley-Blackwell	双月刊	2.34	SCI	SOIL SCIENCE	1.78
7	BIOLOGY AND FERTILI-TY OF SOILS	0178-2762	Springer	双月刊	2.319	SCI	SOIL SCIENCE	1.78
8	GEODERMA	0016-7061	Elsevier	半月刊	2.318	SCI	SOIL SCIENCE	1.78
9	AGRICULTURAL WA-TER MANAGEMENT	0378-3774	Elsevier	月刊	1.998	SCI	WATER RESOURCES	1.803
10	SOIL SCIENCE SOCIETY OF AMERICA JOURNAL	0361-5995	Soil Science Society of America	双月刊	1.979	SCI	SOIL SCIENCE	1.78

7. 农业应用微生物类（10 种）

	刊名	ISSN	出版商	频率	影响因子	收录	SCI 学科	学科集合影响因子
1	ENVIRONMENTAL MICROBIOLOGY	1462-2912	Wiley-Blackwell	年刊	5.843	SCI	MICROBIOLOGY	3.673
2	CELLULAR MICROBIOL-OGY	1462-5814	Wiley-Blackwell	月刊	5.458	SCI	MICROBIOLOGY	3.673
3	MOLECULAR MICROBI-OLOGY	0950-382X	Wiley-Blackwell	半月刊	5.01	SCI	MICROBIOLOGY	3.673

（续表）

	刊名	ISSN	出版商	频率	影响因子	收录	SCI 学科	学科集合影响因子
4	FUNGAL DIVERSITY	1560－2745	Springer/中国科学院昆明植物研究所	年刊	4.769	SCI	MYCOLOGY	1.992
5	APPLIED AND ENVI-RONMENTAL MICROBI-OLOGY	0099－2240	American Society for Microbiology	半月刊	3.829	SCI	BIOTECHNOLOGY & APPLI-ED MICROBIOLOGY	3.257
6	JOURNAL OF BACTERI-OLOGY	0021－9193	American Society for Microbiology	半月刊	3.825	SCI	MICROBIOLOGY	3.673
7	FUNGAL GENETICS AND BIOLOGY	1087－1845	Academic Press	月刊	3.737	SCI	MYCOLOGY	1.992
8	MICROBIAL CELL FAC-TORIES（Online）	1475－2859	BioMed Central Ltd.	不定期	3.552	SCI	BIOTECHNOLOGY & APPLI-ED MICROBIOLOGY	3.257
9	APPLIED MICROBIOLO-GY AND BIOTECHNOL-OGY	0175－7598	Springer	每年 18 期	3.425	SCI	BIOTECHNOLOGY & APPLI-ED MICROBIOLOGY	3.257
10	FOOD MICROBIOLOGY	0740－0020	Elsevier（Academic Press）	每年 8 期	3.283	SCI	FOOD SCIENCE & TECH-NOLOGY	1.898

8. 农业资源环境类（22 种）

	刊名	ISSN	出版商	频率	影响因子	收录	SCI 学科	学科集合影响因子
1	GLOBAL ENVIRONMEN-TAL CHANGE	0959－3780	Elsevier（Pergamon）	季刊	6.868	SCI	ENVIRONMENTAL SCIENCES	2.644
2	GLOBAL CHANGE BIOL-OGY	1354－1013	Wiley-Blackwell	月刊	6.862	SCI	ENVIRONMENTAL SCIENCES	2.644
3	ENVIRONMENT INTER-NATIONAL	0160－4120	Elsevier（Pergamon）	每年 8 期	5.297	SCI	ENVIRONMENTAL SCIENCES	2.644
4	ENVIRONMENTAL SCI-ENCE & TECHNOLOGY	0013－936X	American Chemical Society	半月刊	5.228	SCI	ENVIRONMENTAL SCIENCES	2.644
5	ECOLOGICAL APPLICA-TIONS	1051－0761	Ecological Society of America	每年 8 期	5.102	SCI	ENVIRONMENTAL SCIENCES	2.644

（续表）

	刊名	ISSN	出版商	频率	影响因子	收录	SCI 学科	学科集合影响因子
6	WATER RESEARCH	0043 - 1354	I W A Publishing	每年 20 期	4.865	SCI	WATER RESOURCES	1.803
7	GLOBAL BIOGEOCHEMICAL CYCLES	0886 - 6236	American Geophysical Union	季刊	4.785	SCI	ENVIRONMENTAL SCIENCES	2.644
8	JOURNAL OF HAZARDOUS MATERIALS	0304 - 3894	Elsevier	每年 33 期	4.173	SCI	ENVIRONMENTAL SCIENCES	2.644
9	ENVIRONMENTAL POLLUTION	0269 - 7491	Elsevier（Pergamon）	月刊	3.746	SCI	ENVIRONMENTAL SCIENCES	2.644
10	ENVIRONMENTAL RESEARCH LETTERS（Online）	1748 - 9326	Institute of Physics Publishing Ltd.	年刊	3.631	SCI	ENVIRONMENTAL SCIENCES	2.644
11	ATMOSPHERIC ENVIRONMENT	1352 - 2310	ELSEVIER（Pergamon）	每年 40 期	3.465	SCI	METEOROLOGY & ATMOSPHERIC SCIENCES	2.579
12	AGRICULTURAL AND FOREST METEOROLOGY	0168 - 1923	Elsevier	月刊	3.389	SCI	AGRONOMY	1.452
13	CLIMATIC CHANGE	0165 - 0009	Springer	每年 24 期	3.385	SCI	METEOROLOGY & ATMOSPHERIC SCIENCES	2.579
14	SCIENCE OF THE TOTAL ENVIRONMENT	0048 - 9697	Elsevier	半月刊	3.286	SCI	ENVIRONMENTAL SCIENCES	2.644
15	JOURNAL OF ENVIRONMENTAL MANAGEMENT	0301 - 4797	Elsevier（Academic Press）	月刊	3.245	SCI	ENVIRONMENTAL SCIENCES	2.644
16	CHEMOSPHERE	0045 - 6535	Elsevier	每年 44 期	3.206	SCI	ENVIRONMENTAL SCIENCES	2.644
17	ENVIRONMENTAL MODELLING & SOFTWARE	1364 - 8152	ELSEVIER（Pergamon）	月刊	3.114	SCI	COMPUTER SCIENCE, INTERDISCIPLINARY APPLICATIONS	1.737
18	MICROBIAL ECOLOGY	0095 - 3628	Springer	每年 8 期	2.912	SCI	ECOLOGY	3.114

（续表）

	刊名	ISSN	出版商	频率	影响因子	收录	SCI 学科	学科集合影响因子
19	INTERNATIONAL JOURNAL OF CLIMATOLOGY	0899 – 8418	Wiley-Blackwell	每年 15 期	2.906	SCI	METEOROLOGY & ATMOSPHERIC SCIENCES	2.579
20	ENVIRONMENTAL TOXICOLOGY AND CHEMISTRY	0730 – 7268	Wiley-Blackwell	月刊	2.809	SCI	ENVIRONMENTAL SCIENCES	2.644
21	CLEANER PRODUCTION	0959 – 6526	Elsevier	每年 18 期	2.727	SCI	ENVIRONMENTAL SCIENCES	2.644
22	LANDSCAPE AND URBAN PLANNING	0169 – 2046	Elsevier	每年 20 期	2.173	SCI	ECOLOGY	3.114

9. 农产品加工与农业质量检验检测类（14 种）

	刊名	ISSN	出版商	频率	影响因子	收录	SCI 学科	学科集合影响因子
1	MOLECULAR NUTRITION & FOOD RESEARCH	1613 – 4125	Wiley-Blackwell	月刊	4.301	SCI	FOOD SCIENCE & TECHNOLOGY	1.898
2	FOOD CHEMISTRY	0308 – 8146	Elsevier	半月刊	3.655	SCI	FOOD SCIENCE & TECHNOLOGY	1.898
3	CARBOHYDRATE POLYMERS	0144 – 8617	Elsevier（Pergamon）	每年 16 期	3.628	SCI	CHEMISTRY, APPLIED	2.323
4	FOOD HYDROCOLLOIDS	0268 – 005X	Elsevier	每年 8 期	3.473	SCI	FOOD SCIENCE & TECHNOLOGY	1.898
5	INTERNATIONAL JOURNAL OF FOOD MICROBIOLOGY	0168 – 1605	Elsevier	半月刊	3.327	SCI	FOOD SCIENCE & TECHNOLOGY	1.898
6	FOOD RESEARCH INTERNATIONAL	0963 – 9969	Elsevier（Pergamon）	每年 10 期	3.15	SCI	FOOD SCIENCE & TECHNOLOGY	1.898
7	INNOVATIVE FOOD SCIENCE AND EMERGING TECHNOLOGY	1466 – 8564	Elsevier	季刊	3.03	SCI	FOOD SCIENCE & TECHNOLOGY	1.898

（续表）

	刊名	ISSN	出版商	频率	影响因子	收录	SCI学科	学科集合影响因子
8	FOOD AND CHEMICAL TOXICOLOGY	0278-6915	Elsevier (Pergamon)	月刊	2.999	SCI	FOOD SCIENCE & TECHNOLOGY	1.898
9	SEPARATION AND PURIFICATION TECHNOLOGY	1383-5866	Elsevier (Pergamon)	每年18期	2.921	SCI	ENGINEERING, CHEMICAL	2.158
10	FOOD CONTROL	0956-7135	Elsevier (Pergamon)	月刊	2.656	SCI	FOOD SCIENCE & TECHNOLOGY	1.898
11	LWT-FOOD SCIENCE AND TECHNOLOGY	0023-6438	Elsevier (Academic Press)	每年11期	2.545	SCI	FOOD SCIENCE & TECHNOLOGY	1.898
12	JOURNAL OF FUNCTIONAL FOODS	1756-4646	Elsevier	季刊	2.446	SCI	FOOD SCIENCE & TECHNOLOGY	1.898
13	JOURNAL OF FOOD ENGINEERING	0260-8774	Elsevier	半月刊	2.414	SCI	FOOD SCIENCE & TECHNOLOGY	2.158
14	JOURNAL OF FOOD COMPOSITION AND ANALYSIS	0889-1575	Elsevier (Academic Press)	每年8次	2.079	SCI	FOOD SCIENCE & TECHNOLOGY	1.898

10. 农业工程与机械类（10种）

	刊名	ISSN	出版商	频率	影响因子	收录	SCI学科	学科集合影响因子
1	APPLIED ENERGY	0306-2619	Elsevier (Pergamon)	月刊	5.106	SCI	ENGINEERING, CHEMICAL	2.158
2	BIORESOURCE TECHNOLOGY	0960-8524	Elsevier	半月刊	4.98	SCI	AGRICULTURAL ENGINEERING	3.193
3	BIOMASS & BIOENERGY	0961-9534	Elsevier (Pergamon)	月刊	3.646	SCI	AGRICULTURAL ENGINEERING	3.193
4	FUEL	0016-2361	ELSEVIER	月刊	3.248	SCI	ENERGY & FUELS	3.234
5	JOURNAL OF HYDROLOGY	0022-1694	Elsevier	每年64期	2.656	SCI	WATER RESOURCES	1.803

（续表）

	刊名	ISSN	出版商	频率	影响因子	收录	SCI 学科	学科集合影响因子
6	HYDROLOGICAL PROCESSES	1099 – 1085	Wiley-Blackwell	半月刊	2.488	SCI	WATER RESOURCES	1.803
7	INDUSTRIAL CROPS AND PRODUCTS	0926 – 6690	Elsevier	双月刊	2.469	SCI	AGRICULTURAL ENGINEERING	3.193
8	IRRIGATION SCIENCE	0342 – 7188	Springer	季刊	1.635	SCI	AGRONOMY	1.452
9	BIOSYSTEMS ENGINEERING	1537 – 5110	Academic Press	月刊	0.983	SCI	AGRICULTURAL ENGINEERING	3.193
10	TRANSACTIONS OF THE ASABE	0001 – 2351	American Society of Agricultural and Biological Engineers	双月刊	0.822	SCI	AGRICULTURAL ENGINEERING	3.193

11. 农业信息类（10 种）

	刊名	ISSN	出版商	频率	影响因子	收录	SCI 学科	学科集合影响因子
1	REMOTE SENSING OF ENVIRONMENT	0034 – 4257	Elsevier	月刊	4.574	SCI	REMOTE SENSING	1.9
2	MIS QUARTERLY	0276 – 7783	MIS Research Center	季刊	4.447	SCI	COMPUTER SCIENCE, INFORMATION SYSTEMS	1.351
3	KNOWLEDGE AND INFORMATION SYSTEMS	0219 – 1377	Springer	每年 8 期	2.225	SCI	COMPUTER SCIENCE, ARTIFICIAL INTELLIGENCE	1.351
4	JOURNAL OF AMERICAN SOCIETY FOR INFORMATION SCIENCE AND TECHNOLOGY	1532 – 2882	Wiley-Blackwell	月刊	2.081	SCI + SSCI	COMPUTER SCIENCE, INFORMATION SYSTEMS	1.351
5	SCIENTOMETRICS	0138 – 9130	Springer	季刊	1.966	SCI + SSCI	COMPUTER SCIENCE, INTERDISCIPLINARY APPLICATIONS	1.737
6	COMPUTERS AND ELECTRONICS IN AGRICULTURE	0168 – 1699	Elsevier	每年 10 期	1.846	SCI	AGRICULTURE, MULTIDISCIPLINARY	1.439

（续表）

	刊名	ISSN	出版商	影响因子	收录	SCI 学科	学科集合影响因子
7	SENSORS	1424 – 8220	MDPIAG	1.739	SCI	INSTRUMENTS & INSTRUMENTATION	1.795
8	LIBRARY & INFORMATION SCIENCE RESEARCH	0740 – 8188	Elsevier（Pergamon）	1.625	SSCI	INFORMATION SCIENCE & LIBRARY SCIENCE	1.235
9	PRECISION AGRICULTURE	1385 – 2256	Springer	1.549	SCI	AGRICULTURE, MULTIDISCIPLINARY	1.439
10	JOURNAL OF WEB SEMANTICS	1570 – 8268	Elsevier	1.302	SCI	COMPUTER SCIENCE, SOFTWARE ENGINEERING	1.044

12. 农业经济与农村发展类（6 种）

	刊名	ISSN	出版商	影响因子	收录	SCI 学科	学科集合影响因子
1	LAND USE POLICY	0264 – 8377	Elsevier（Pergamon）	2.292	SSCI	ENVIRONMENTAL STUDIES	1.792
2	FOOD POLICY	0306 – 9192	Elsevier（Pergamon）	2.054	SCI + SSCI	AGRICULTURAL ECONOMICS & POLICY	1.069
3	ENVIRONMENTAL MANAGEMENT	0364 – 152X	Springer	1.744	SCI	ENVIRONMENTAL SCIENCES	2.644
4	JOURNAL OF AGRICULTURAL ECONOMICS	0021 – 857X	Wiley-Blackwell	1.551	SCI + SSCI	AGRICULTURAL ECONOMICS & POLICY	1.069
5	EUROPEAN REVIEW OF AGRICULTURAL ECONOMICS	0165 – 1587	Oxford University Press	1.383	SCI + SSCI	AGRICULTURAL ECONOMICS & POLICY	1.069
6	AMERICAN JOURNAL OF AGRICULTURAL ECONOMICS	0002 – 9092	Oxford University Press	1.169	SCI + SSCI	AGRICULTURAL ECONOMICS & POLICY	1.069

中国农业科学院遴选中文核心期刊目录

类别		刊名	ISSN	主办单位	频率	中文核心排名	CNKI影响因子	
综合类	1	植物生态学报	1005-264X	中国植物学会；中国科学院植物研究所	月刊	1	3.189
	2	生态学报	1000-0933	中国生态学会	半月	1	2.821
	3	应用生态学报	1001-9332	中国生态学会；中国科学院沈阳应用生态研究所	月刊	3	2.759
	4	中国农业科学	0578-1752	中国农业科学院	半月刊	1	2.218
	5	遗传	0253-9772	中国遗传学会；中国科学院遗传与发育生物学研究所	月刊	5	1.924
	6	中国软科学	1002-9753	中国软科学研究会	月刊	5	1.795
	7	生物多样性	1005-0094	中国科学院生物多样性委员会；中国植物学会；动物研究所；微生物研究所	双月刊	2	2.329
	8	畜牧兽医学报	0366-6964	中国畜牧兽医学会	月刊	1	1.229
物科学类	9	作物学报	0496-3490	中国作物学会	月刊	1	2.703
	10	植物学报	1674-3466	中国科学院植物研究所；中国植物学会	双月刊	5	1.6
	11	植物遗传资源学报	1672-1810	中国农业科学院作物科学研究所	双月刊	11	1.695
	12	中国水稻科学	1001-7216	中国水稻研究所	双月刊	2	2.306
	13	园艺学报	0513-353X	中国园艺学会；中国农业科学院蔬菜花卉研究所	月刊	1	1.78
	14	中国油料作物学报	1007-9084	中国农业科学院油料作物研究所	双月刊	7	1.645
畜牧类	15	棉花学报	1002-7807	中国农学会	双月刊	4	1.561
	16	草业学报	1004-5759	中国草业学会	双月刊	6	3.939
	17	动物营养学报	1006-267X	中国畜牧兽医学会	月刊	12	1.489
兽医类	18	中国兽医科学	1673-4696	中国农业科学院兰州兽医研究所	月刊	3	1.044
	19	中国预防兽医学报	1008-0589	中国农业科学院哈尔滨兽医研究所	月刊	4	1.038

（续表）

序号	类别	刊名	ISSN	主办单位	频率	中文核心排名	CNKI影响因子
20	植物保护类	植物病理学报	0412-0914	中国植物病理学会	双月刊	1	1.67
21		昆虫学报	0454-6296	中国科学院动物所；中国昆虫学会	月刊	2	1.359
22		植物保护学报	0577-7518	中国植物保护学会	双月刊	3	1.303
23	土壤与肥料类	土壤学报	0564-3929	中国土壤学会	双月刊	1	2.76
24		植物营养与肥料学报	1008-505X	中国植物营养与肥料学会	双月刊	5	2.141
25	农业应用微生物类	微生物学报	1000-6389	中国科学院微生物研究所；中国微生物学会	月刊	4	1.27
26		中国环境科学	1000-6923	中国环境科学学会	月刊	3	2.275
27	农业资源环境类	遥感学报	1007-4619	中国科学院遥感应用研究所；中国地理学会环境遥感分会	双月刊	6	1.388
28		农业环境科学学报	1672-2043	农业部环境保护科研监测所；中国农业生态环境保护协会	月刊	5	1.798
29		地理学报	0375-5444	中国地理学会；中国科学院地理资源与科学研究所	月刊	1	4.152
30		分析化学	0253-3820	中国化学会；中国科学院长春应用化学研究所	月刊	1	2.237
31	农产品加工与质量检验检测类	分析测试学报	1004-4957	中国广州分析测试中心；中国分析测试协会	月刊	9	1.624
32		中国食品学报	1009-7848	中国食品科学技术学会	月刊	10	1.194
33	农业工程类	农业工程学报	1002-6819	中国农业工程学会	半月刊	1	2.39
34		农业机械学报	1000-1298	中国农业机械学会	月刊	3	1.418
35	农业信息类	计算机应用	1001-9081	中国科学院成都计算机应用研究所	月刊	12	1.056
36	农业经济与农村发展类	中国农村经济	1002-8870	中国社会科学院农村发展研究所	月刊	1	3.018
37		农业经济问题	1000-6389	中国农业科学院农业经济研究所；中国农业经济学会	月刊	2	2.478

7. 农业部办公厅关于开展 2014—2016 年度 全国农牧渔业丰收奖申报工作的通知

农业部办公厅关于开展 2014—2016 年度全国农牧 渔业丰收奖申报工作的通知

农办科〔2016〕1号

各省、自治区、直辖市、计划单列市农业（农牧、农村经济）厅（局、委），黑龙江农垦总局，广东农垦总局，新疆生产建设兵团农业局，有关单位：

为深入贯彻落实《中华人民共和国农业技术推广法》，调动广大农业科研与技术推广人员的积极性和创造性，促进农业科技成果快速转化应用，根据《全国农牧渔业丰收奖奖励办法》（以下简称《办法》）和《全国农牧渔业丰收奖奖励办法实施细则》（以下简称《细则》）有关精神，我部定于 2016 年 4～9 月组织开展 2014—2016 年度全国农牧渔业丰收奖（以下简称"丰收奖"）申报与奖励工作。现将有关事项通知如下。

一、奖励范围和数量

丰收奖包括农业技术推广成果奖、农业技术推广贡献奖和农业技术推广合作奖三个奖项。

（一）农业技术推广成果奖

奖励取得显著经济、社会和生态效益的农业技术推广项目，奖励数不超过 400 项。

（二）农业技术推广贡献奖

奖励长期在农业生产一线从事技术推广或直接从事农业科技示范工作，并做出突出贡献的农业技术推广人员和农业科技示范户，奖励数不超过 500 人。

（三）农业技术推广合作奖

奖励在农业技术推广活动中做出重要贡献的农科教、产学研、相关组织等合作团队，奖励数不超过 20 项。

在综合考虑各级农业科技力量、各地农技推广人员规模以及种植、畜牧、渔业等主导产业布局基础上，我们研究确定了 2014—2016 年度农业技术推广成果奖、贡献奖和合作奖推荐名额，请各单位在申报时进入"丰收奖管理信息系统"查阅。

二、有关要求

（一）各单位要高度重视丰收奖申报工作，在组织申报前要认真学习《细则》的有关精神和具体要求，切实保证申报质量。

（二）本次申报农业技术推广成果奖的成果验收或评价（鉴定）时间为 2013 年 4 月 1 日至 2016 年 3 月 31 日。

（三）请各单位接到通知后，尽快登陆"中国农业推广网"http：//www.farmers.org.cn，进入"丰收奖管理信息系统"模块，完善联系人信息，查阅《丰收奖用户操作手册》及推荐名额分配表，组织有关单位和人员开展网上申请书填报工作，并于 2016 年 5 月 15 日前完成评审、公示及网上填报工作，同时下载打印申报书和附件，一并装订，一式两份，连同推荐函寄送农业部科技教育司技术推广处，过期不予受理。推荐函内容包括推荐项目数量、名称、第一完成单位、第一完成人、奖别、等级以及公示情况等。

三、联系方式

（一）农业部科技教育司技术推广处

赵美玉 010 - 59192906　59193003（传真）

徐利群 010 - 59192911

通讯地址：北京朝阳区农展南里 11 号，邮编：100125

（二）丰收奖管理信息系统技术支持

杨勇 010 - 82109823

尹敏 010 - 82105214　13121353717

周静 010 - 82105112

邮箱：kjtg_ 2011@ 163. com

农业部办公厅

2016 年 1 月 11 日

来源：http://www. farmers. org. cn/Article/ShowArticle. asp? ArticleID = 680657

8. 农业部油料作物生物学与遗传育种重点实验室 2016 年开放课题指南

农业部油料作物生物学与遗传育种重点实验室依托中国农业科学院油料作物研究所，为本学科群的综合性重点实验室，牵头建设农业部油料作物生物学与遗传育种学科群，其主要研究方向为油料作物种质资源及基因挖掘、油料作物品质及特殊代谢物的合成调控与测试技术、油料作物基因组学、油料作物分子设计育种理论与技术、油料高产高效生理基础、油料作物逆境生物学等。实验室具有良好的开放研究合作团队、开放共享的共用仪器平台、设施配套的支撑服务条件。为鼓励油料科技创新与探索，加强油料学科群内外学术与人员交流，现发布 2016 年本重点实验室开放课题指南，欢迎从事油料相关研究人员申报本年度开放课题。

一、主要资助方向

1. 油料作物种质资源及基因挖掘
2. 油料作物品质及特殊代谢物的合成调控与测试技术
3. 油料作物基因组学
4. 油料作物分子设计育种理论与技术
5. 油料高产高效生理基础
6. 油料作物逆境生物学

二、资助额度及研究年限

1. 资助额度：每项 8～15 万元。
2. 研究年限：研究年限 1～2 年。

三、申请条件

具有博士以上学位并在国内外高等院校、科研机构从事与本指南资助方向研究相关的科技人员，年龄原则上不超过 40 周岁。

四、申请程序

申请指南网上发布后，申请人应首先与油料所相关团队联系，取得团队负责人同意，方可向重点实验室管理办公室提交项目申报材料。申报书提交实验室学术委员会评议，择优确定拟资助项目，网上公示通过后签订开放课题任务书。

五、申请须知

1. 申请前请认真阅读开放课题申请指南及管理办法。申请者请登陆中国农业科学院油料作物研究所网址（http：//www. oilcrops. cn/）下载申请书、任务书。

2. 每名申请者限申报 1 项。同一个研究所的申请书不超过 2 项，同一个大学不超过 3 项。上轮承担开放课题未按期结题或逾期提交结题报告的不得申报，完成效果较好的将在本轮给予优先资助。

3. 开放课题指南发布之日起受理申报，2015 年 11 月 20 日截止申报。

4. 申请人须在截止申报日期之前向农业部油料作物生物学与遗传育种重点实验室提交纸质申请书一式两份，同时将对应的电子版发送至联系邮箱。申请书须经所在单位法人签字同意，并加盖单位公章。

六、通讯地址及联系方式

联系人：夏伏建　13647200628

电　话：027-86711552

E-mail：xiafj@ oilcrops. cn

通讯地址：湖北省武汉市武昌区徐东二路 2 号 中国农业科学院油料作物研究所 农业部油料作物生物学与遗传育种重点实验室

邮政编码：430062

2015 年 10 月 23 日

相关附件下载：

附件 1：油料所创新团队名单

附件 2：2015 开放课题申请书格式

附件 3：2015 开放课题任务书格式

来源：http：//www. oilcrops. com. cn/ArticleView. aspx?id=1617

附件1

中国农业科技创新工程油料所创新团队

序号	创新团队名称	首席	联系人	办公电话	邮箱
1	油菜遗传育种	王汉中	王新发	027-86836265	zyzy12@126.com
2	南方大豆遗传育种	周新安	袁松丽	027-86818252	yyyy-0909@163.com
3	花生遗传育种	廖伯寿	雷永	027-86812725	leiyong@caas.cn
4	芝麻与特色油料遗传育种	张秀荣	王林海	027-86711856	linhai827@163.com
5	油料作物功能基因组学	刘胜毅	董彩华	027-86828403	dongch@oilcrops.cn
6	油料质量安全与风险评估	李培武	张文	027-86711839	Zhangwen@oilcrops.cn
7	油料品质化学与营养	黄凤洪	李文林	027-86827874	wenlinli2005@163.com
8	油料作物环境生物学	张学昆	乔醒	027-86711530	qx456888@163.com
9	油料基因工程与转基因安全评价	矫永庆	武玉花	027-86711501	wuyuhua02@caas.cn
10	油菜分子改良理论与技术	华玮	华玮	027-86711806	huawei@oilcrops.cn
11	油菜种质资源	伍晓明	高桂珍	027-86711561	gaogz@oilcrops.cn
12	油料作物营养与耕作栽培	张春雷	张利艳	027-86739796	liyanzhangvip@126.com

附件 2

中国农业科学院油料作物研究所
农业部油料作物生物学与遗传
育种综合性重点实验室

开放课题申请书

项目名称：_____

申 请 者：_____

工作单位：_____

通讯地址：_____

电　　话：_____

传　　真：_____

电子信箱（**E-mail**）：_____

申请日期：_____

农业部油料作物生物学与遗传育种综合性重点实验室
2015 年制

填表说明

1. 填表前请认真阅读表中内容。所填写的各项内容，必须真实。文字表达要简洁、明确、严谨。不受理内容含糊不清、手续不全的申请书。

2. 外来语要同时用原文和中文表达。第一次出现的缩写词要注明全称。

3. 表中主要参加人员指承担项目的主要研究人员。

4. 报送的申请书统一为 A4 幅面仿宋四号字双面打印，各栏空格不够时，请自行加页，左侧装订成册（不要采用胶圈、塑料封皮、文件夹等带有突出棱边的装订方式）。一式 2 份。

一、主要信息表

<table>
<tr><td rowspan="4">研究项目（300字左右）</td><td rowspan="2">名称</td><td>中文</td><td colspan="5"></td></tr>
<tr><td>英文</td><td colspan="5"></td></tr>
<tr><td rowspan="2">摘要</td><td colspan="6"></td></tr>
<tr><td colspan="6"></td></tr>
<tr><td colspan="2">申请金额</td><td>万元</td><td>起止年月</td><td colspan="3">　　年　　月至　　年　　月</td></tr>
<tr><td rowspan="4">项目申请人</td><td>姓名</td><td colspan="2">电子信箱</td><td></td><td>电话</td><td></td></tr>
<tr><td>性别</td><td></td><td>民族</td><td></td><td>证件号码</td><td></td></tr>
<tr><td rowspan="2">学位</td><td rowspan="2">1. 博士
2. 硕士
3. 其它</td><td rowspan="2"></td><td colspan="2">学位授予国别（或地区）</td><td></td></tr>
<tr><td colspan="2">专业技术职称</td><td></td></tr>
<tr><td rowspan="5">主要参加人员</td><td>姓名</td><td>身份证（或其它证件）号码</td><td>职称</td><td>现工作部门</td><td colspan="2">签字</td></tr>
<tr><td></td><td></td><td></td><td></td><td colspan="2"></td></tr>
<tr><td></td><td></td><td></td><td></td><td colspan="2"></td></tr>
<tr><td></td><td></td><td></td><td></td><td colspan="2"></td></tr>
<tr><td></td><td></td><td></td><td></td><td colspan="2"></td></tr>
</table>

二、立项依据

1. 研究的意义
2. 主要研究内容
3. 拟解决的科学问题和技术难点
4. 主要创新点

三、预期达到的目标与主要技术指标

1. 预期达到的目标
2. 主要技术经济指标
3. 获得的成果及效益
4. 各年度目标及考核指标

四、研究方案和技术路线

1. 研究方案
2. 技术路线

五、研究队伍的工作基础

1. 研究工作基础

2. 申请者和主要研究人员简介

六、研究工作进度和经费预算

1. 研究工作进度
2. 经费预算

经费投入（万元）		经费支出预算（万元）		
科目	预算	科目	预算	支出理由及计算依据
投入合计		支出合计		

七、审查意见

申请 单位 意见	 签字（盖章） 年　月　日
油料所 依托 团队 意见	 签字（盖章） 年　月　日
重点 实验室 审查 意见	 签字 年　月　日
学委会 评审 意见	 主任签字 年　月　日

附件 3

课题任务书编号：

农业部油料作物生物学与遗传育种重点实验室

开放课题任务书

课 题 名 称：＿＿＿＿＿＿＿＿＿＿＿＿＿＿＿＿＿

课 题 申 请 人：＿＿＿＿＿＿＿＿＿＿＿＿＿＿＿＿

申请人单位（章）：＿＿＿＿＿＿＿＿＿＿＿＿＿＿

联 系 电 话：＿＿＿＿＿＿＿＿＿＿＿＿＿＿＿＿

电 子 信 箱：＿＿＿＿＿＿＿＿＿＿＿＿＿＿＿＿

通 讯 地 址：＿＿＿＿＿＿＿＿＿＿＿＿＿＿＿＿

邮 编：＿＿＿＿＿＿＿＿＿＿＿＿＿＿＿＿

起 止 年 限：＿＿＿＿年 月—＿＿＿年 月

农业部油料作物生物学与遗传育种重点实验室

年 月

填写说明

1. 本任务书用于农业部油料作物生物学与遗传育种重点实验室开放课题研究管理。

2. 任务书为开放课题验收的依据，其各项内容应尽可能详细填写。考核目标应尽可能具体，便于考核评估。

3. 课题研究期限为 1~2 年，启动时间从任务书正式签订之日算起，课题执行过程中，如需要修改任务书的某项条款，需提交书面意见材料。如遇特殊情况不能及时结题，课题负责人须提前 3 个月提出延期申请，并需获得本重点实验室主任批准。

4. 实验室开放课题应严格按本实验室开放课题管理规定执行，经费使用应严格按有关经费管理办法执行。项目结束后一个月内，课题申请人应向实验室提交申请验收报告及完整的总结材料。

5. 在填写任务书时，应明确知识产权共享方式，发表的科技论文和提交的技术报告均需同时署名"农业部油料作物生物学与遗传育种重点实验室"和申请人所在单位。

6. 本任务书一式四份，提交农业部油料作物生物学与遗传育种重点实验室二份、开放课题申请人及所在单位主管部门各保存一份。

7. 本任务书统一用计算机打印填报（A4 纸正反面），亲笔签名。

8. 课题任务书编号以农业部油料作物生物学与遗传育种重点实验室开放课题公布编号为准。

任务书内容：

（1）项目研究人员基本信息

课题申请单位：						
课题申请人						
姓名	性别	年龄	职务/职称	专业	为本课题工作时间（%）	主要工作内容
参与研究主要人员						
姓名	性别	年龄	职务/职称	专业	为本课题工作时间（%）	任务分工

（2）课题的主要技术路线、计划安排和考核目标

技术路线	
计划安排	
考核目标	

（3）课题的经费预算及用款计划

开放课题批准经费（万元）				
支出科目	年		年	
	金额（万元）	预算根据及理由	金额（万元）	预算根据及理由
合　计				
科研业务费				
实验材料费				
差旅费				

注：1. 科研业务费（包括仪器测试费、资料费、参加国内学术会议费用等）。

2. 如一年期项目只需按一年填报。

（4）知识产权共享需说明的部分

知识产权 共享及 说明的部分	

（5）共同条款

申请者承担本实验室开放课题应遵守农业部油料作物生物学与遗传育种重点实验室开放课题管理办法。

①获得实验室资助的开放课题，每年度必须按年度计划提交执行情况报告。

②课题结束后，必须按期向实验室提交结题报告，学术论文和相关成果的复印件。

③在发表文章时第一署名单位应为"农业部油料作物生物学与遗传育种重点实验室（Key Laboratory of Biology and Genetic Improvement of Oil Crops, Ministry of Agriculture, P. R. China），同时注明本研究得到"农业部油料作物生物学与遗传育种重点实验室开放课题基金资助（开放课题编号：××××）"。

④课题执行过程中，申请人如需调整任务，应向合作团队提出变更内容及其理由的申请报告。未接到正式批准书以前，双方须按原任务书履行。

⑤申请人因某种原因（如：与研究内容有出入、挪用经费、技术措施或某些条件不落实）致使计划无法执行，而要求中止任务，应视不同情况，部分、全部退还经费，重点实验室有权向申请人所在单位提出书面情况说明；如申请人没有提出中止任务的要求，实验室可根据调查情况有权提出中止任务的处理建议。

⑥实验室根据开放课题经费开支的规定，监督经费的使用情况。凡不符合规定的开支一律不予支出。

（6）任务书签定各方意见

课题承担单位

课题负责人（签字）   （公　章）

所在单位负责人（签字）   年　月　日

农业部油料作物生物学与遗传育种重点实验室审定意见

                                                        （公　章）

实验室主任（签字）   年　月　日

9. 关于征集 2016 年种植业领域
农业行业标准项目立项建议的通知

关于征集 2016 年种植业领域农业行业标准项目立项建议的通知
农农（综合）〔2015〕第 46 号

各省、自治区、直辖市、计划单列市农业（农牧、农村经济）厅（委、局），新疆生产建设兵团农业局，农业部及中国农业科学院相关单位：

为做好种植业领域标准制定和修订工作，推进种植业标准体系建设，提高种植业标准化水平，现就征集 2016 年种植业领域农业行业标准项目立项建议通知如下：

一、立项原则

贯彻落实国务院关于深化标准化工作改革的决策部署，适应市场需求，围绕转方式调结构，推进种植业持续健康发展，以优势、特色农产品区域布局规划确定的主导产品为重点，依托园艺作物"三品"提升行动和园艺作物标准园建设等重大项目实施所产生的最新农业科技成果，围绕粮食等大宗农产品稳产增产、蔬菜等经济作物品种改良和品质提升、绿色增产模式攻关，增加标准供应，提高标准质量，加快推进现代种植业标准体系建设。

二、内容范围

（一）产地类标准。包括产地环境要求、耕地质量、农田建设标准等。

（二）流通类标准。包括等级规格、包装标识、贮藏运输、检验检测和评价方法等。

（三）生产管理技术类标准。包括农业防灾减灾、水肥管理、生产管理和质量控制，以及高产创建技术模式、标准园建设和管理、农机农艺结合操作规程、良好农业规范等。

（四）投入品管理类标准。包括农药、肥料、农膜等农业投入品质量要求、检测方法及安全使用准则等。

（五）其他。包括水肥一体化设施、设备，农情、墒情等，需要在全国范围统一的技术要求和规范。

三、有关要求

（一）协调配套。所提出的立项建议不得与在制和已发布标准相重叠、交叉、矛盾，要与现行法律法规及相关标准相协调、相衔接。

（二）加快更新。要积极推进"高龄"标准的修订和清理工作，适应消费和生产需求，加速标准体系更新。

（三）广泛动员。积极组织相关标准研究机构和标准应用部门参与立项建议工作。

（四）科学论证。充分听取各方面意见和建议，对立项必要性和可行性进行详细论证。

请在广泛征集、认真审查和科学论证基础上，提出 2016 年种植业领域农业行业标准项目立项建议，并填写立项建议书（格式见附件），于2015年6月5日前，将纸质文本和电子文本一并报送农业部优质农产品开发服务中心。

联系人：农业部优质农产品开发服务中心

质量标准处　路馨丹　孔巍

地址：北京市朝外大街223号

邮编：100020

电话：010-65521816，18910963282，13520331327

传真：010-65521816

电子邮箱：luxindan@agri.gov.cn

附件：种植业领域农业行业标准立项建议书

2015年3月23日

来源：http://www.zzys.moa.gov.cn/dongtai1/201504/t20150428_4566919.htm

附件

种植业领域农业行业标准立项建议书

建议项目名称				
制定/修订	制定□	修订□	被修订标准名称及标准号	
项目提出单位				（盖章）
立项目的意义				
主要技术内容				
项目预算				
项目联系人姓名和电话				
备　注				
主管部门推荐意见				（盖章） 年　月　日

10. 农业部办公厅关于印发 2016 年农业部部门预算项目指南的通知

农业部办公厅关于印发 2016 年农业部部门预算项目指南的通知

农办财〔2015〕58 号

各省（自治区、直辖市）及计划单列市农业（农牧、农村经济）、农机、畜牧、兽医、农垦、加工、渔业厅（局、委、办），新疆生产建设兵团农业局，其他有关单位：

为做好 2016 年农业部部门预算编制工作，现将 2016 年农业部部门预算项目指南印发给你们，请按指南和相关要求（见附件），认真组织做好项目申报等工作。现就有关事项通知如下。

一、2016 年农业部部门预算项目申报工作按照公开申报、自下而上、逐级编制的原则，由符合相关资质和条件的项目申报单位（以下简称各单位）按照项目指南的要求，编报项目申报书。各级主管部门不得代编代报。农业部部属预算单位已在"一上"环节编报了 2016 年有关项目预算，本次不再申报。

二、各单位要按照项目指南要求认真编报，合理测算、编报项目支出，资金经济分类预算表中的支出科目不得随意调整。资金经济分类预算表中没有列支的支出科目，一律不得编报。各级主管部门要认真审核，避免无效申报。

三、各单位要认真贯彻落实党中央、国务院关于厉行节约的相关规定，各单位均不得编报"三公经费"和会议费等预算。除个别项目确需列支船舶维修费、停靠港费等其他交通费用外，各单位均不得在项目中安排"其他交通费用"支出。

四、各省级主管部门及有关单位要组织做好审核、汇总工作，所有申报文件要统一以财（计财）字号文件，于 2015 年 11 月 15 日前将有关材料按项目指南要求报送我部有关业务司局和单位，同时抄送农业部财会服务中心（1 份），超过上报时限将不予受理。项目指南中对申报时间另有要求的，以指南中要求的申报时间为准。

五、各单位需同时通过农业财政项目管理系统（网址：http//www.caiwumis.com）申报，申报时间为 2015 年 10 月 8 日到 11 月 15 日，超过时限将不予受理。

六、未尽事宜请与农业部财会服务中心、财务司等联系。

联系方式：农业部财会服务中心项目评审处佘芳、李佳蔚，电话：010 - 59194269、59194235，地址：北京市朝阳区麦子店街 20 号楼 330 房间，邮编：100125

农业部财务司部门项目处朱子顺，电话：010 - 59192545

附件：2016 年农业部部门预算项目指南

农业部办公厅

2015 年 9 月 29 日

来源：http://www.moa.gov.cn/zwllm/cwgk/zdxm/201509/t20150930_ 4853427.htm

附件

2016 年农业部部门预算项目指南

目　　录

附件 1

农业标准化实施示范（海峡两岸农业合作）项目指南

一、项目目标

本项目旨在通过中央财政资金扶持，促进台湾农民创业园、海峡两岸农业合作试验区（以下简称园区）深耕台湾基层，加强对在大陆创业的台农台商服务，吸引更多台湾农民到大陆投资创业，深化两岸农业交流和人员往来；推动对台农业合作重点地区主导产业升级和产业链拓展，扩大两岸农产品贸易，全面提升两岸农业合作水平。

二、项目内容

（一）深耕台湾基层，做台湾农民工作。依托创业园区，组织台湾农民团体或协会来祖国大陆，围绕现代农业发展、农耕文化传承、休闲农业开发、两岸精品农产品展示等主题，开展点对点的考察交流，吸引台湾农民了解大陆发展现状、农业政策、风土人情等，进一步增强台湾农民对祖国大陆的向心力，切实加强争取台湾民心特别是做台湾农民工作的力度。

（二）加强对台创园内台农和台资企业的扶持。围绕农业先进实用技术、专业合作组织管理、农产品市场运销等主要内容，邀请两岸农业专家学者对创业台农、台商及当地农民和新型经营主体开展指导和服务，实现农业科技创新、管理理念、经营模式的经验分享。选择部分省份开展台创园内台湾农民和台资企业贷款财政贴息试点。

（三）组织开展两岸农业经贸交流活动。以园区为平台、以产业为依托，分区域板块、分专题领域开展多层次多形式、内容丰富的农产品推介展示活动，举办两岸精品农业展示展销会、两岸农业合作产品推介会等经贸交流活动。加强与台湾农产品市场营销促销计划对接，推动园区企业品牌和产品品牌建设，进一步拓展大陆销售市场。

（四）台湾农业"五新"科技成果的引进、示范、集成和推广。有针对性地引进台湾农业高产、优质、高效、生态、安全的新品种、新技术、新农药、新肥料、新机具等"五新"科技成果，以农科教结合和产学研协作的方式，进行试验、示范、集成和推广，扩大两岸农业合作对当地现代农业建设的促进和提升作用。

三、实施区域和单位

农业部和国台办在黑龙江、上海、江苏、浙江、安徽、福建、山东、河南、湖北、湖南、广东、广西、海南、重庆、四川、云南、陕西17省（市）批准设立的台湾农民创业园和海峡两岸农业合作试验区。其它对台农业合作重点地区。

四、资金使用方向

项目资金主要用于实施项目过程中所产生的印刷费、租赁费、差旅费、委托业务费、劳务费、专用材料费及其他商品和服务支出等。项目资金不得用于赴台考察等"三公经费"、会议费、办公及福利补助等方面支出。

五、申报条件

（一）要求申报项目的园区和地方要有明确的两岸农业合作意向并有一定的发展基础，园区管委会或地方农业部门具有与台湾开展农业交流合作的经验，项目组织管理能力强，财务管理严格规范，能够满足本项目实施的产业基础和组织保障条件。

（二）要求组织开展的两岸农业人员交流活动，立足于建平台、构机制、促合作，可持续、可放大、有实效。

（三）要求引进、示范、推广的科技成果与园区和当地农业主导产业紧密对接。

六、申报程序和有关要求

（一）省级农业行政主管部门根据本项目指南要求，负责组织、指导本地区项目的评审和上报工作。项目承担单位为园区管委会或地方农业主管部门。每个项目执行期不超过1年。

（二）项目承担单位应按照农业部有关财政专项管理办法和本项目指南的要求，认真填写项目申报书，科学合理编制申请资金经济分类明细表。

（三）省级农业行政主管部门需制发财（计财）字文号的文件，附项目申报登记表（附件1-1）和项目申报书（附件1-2），寄送农业部对台湾农业事务办公室2份。文件电子版材料请刻成光盘同时寄送。

七、联系方式

通讯地址：北京市朝阳区农展南里11号
农业部办公厅台湾事务工作处
邮政编码：100125
联系电话：010-59192397
传　　真：010-59192308
联系人：张丹
电子邮箱：bgttwc@ agri. gov. cn

附件 1－1

＊＊省（区、市）2016 年农业标准化实施示范（海峡两岸农业合作）项目申报登记表

省级主管部门	项目承担单位	项目名称	任务简介	申请金额（万元）

备注：此表由省级农业行政主管部门填写，项目排序将作为农业部评审的重要依据。

附件 1-2

农业标准化实施示范（海峡两岸农业合作）

项目申报书

项目任务：＿＿＿＿＿＿＿＿＿＿＿＿＿＿＿＿

项目单位：＿＿＿＿＿＿＿＿＿＿＿＿＿＿＿＿

通讯地址：＿＿＿＿＿＿＿＿＿＿＿＿＿＿＿＿

邮政编码：＿＿＿＿＿＿＿＿＿＿＿＿＿＿＿＿

联系电话：＿＿＿＿＿＿＿＿＿＿＿＿＿＿＿＿

联 系 人：＿＿＿＿＿＿＿＿＿＿＿＿＿＿＿＿

主管部门（单位）：＿＿＿＿＿＿＿＿＿＿＿＿

通讯地址：＿＿＿＿＿＿＿＿＿＿＿＿＿＿＿＿

邮政编码：＿＿＿＿＿＿＿＿＿＿＿＿＿＿＿＿

联系电话：＿＿＿＿＿＿＿＿＿＿＿＿＿＿＿＿

联 系 人：＿＿＿＿＿＿＿＿＿＿＿＿＿＿＿＿

填制日期：＿＿＿＿＿＿＿＿＿＿＿＿＿＿＿＿

中华人民共和国农业部制

一、2015 年项目执行进展及下一步进度安排

（2015 年未安排执行本项目的，不填写此栏目）

二、2016 年项目任务计划

（一）项目任务来由（背景）

（二）年度目标与预期效益

（三）项目内容及金额

（四）时间进度（范围为 2016 年 1～12 月）

（五）涉及的相关单位（包括与实施项目有关的基层单位、科研院校、农资生产经营企业以及项目单位所属独立法人等）及事项

三、项目单位情况

（一）单位类型、隶属关系、职能业务范围。

（二）技术设备条件、财务收支资产状况、内部管理制度建设情况。

（三）有无不良记录。（财政部门及审计机关处理处罚决定、行业通报批评、媒体曝光等）

四、人员分工

姓名	性别	工作单位	职务/职称	项目分工	联系电话

五、申请资金经济分类明细表

项目单位财务专用章：

单位：万元

项目内容	合计	商品和服务支出								对企事业单位的补贴
		印刷费	邮电费	差旅费	租赁费	专用材料费	劳务费	委托业务费	其他商品和服务支出	财政贴息
合计										

注：经济分类科目参见《2016 年政府收支分类科目》。

六、申报意见表

项目单位 意　见	本单位对以上内容的真实性和准确性负责，特申请立项。 　　　　　　　　　　　负责人签名：　　　　　（单位公章） 　　　　　　　　　　　　　　年　月　日
主管部门 （单位） 意　见	经审核，同意报送。 　　　　　　　　　　　负责人签名：　　　　　（单位公章） 　　　　　　　　　　　　　　年　月　日
备　注	

七、项目单位账号

项目单位财务专用章：

项目单位 账　户	收款单位：（本单位在银行类金融机构所开户头的全称）
	开户银行：××银行××省××市××县（区）分行（支行）××营业部（分理处）或 ××省××市××县（区）××乡（镇）农村信用社
	账　号：

附件 **2**

农业技术试验示范
（农村实用人才带头人培训）项目指南

一、项目目标

通过实施农村实用人才带头人培训项目，积极探索农村实用人才带头人培养模式，组织开展特点鲜明、针对性强的培训工作，示范带动各地加大农村实用人才培养力度，不断提高农村实用人才带头人带领群众艰苦创业、发展生产、勤劳致富的能力，为发展现代农业、建设社会主义新农村提供有力人才支撑和智力保障。

二、项目内容

紧紧围绕中央"三农"工作重点，农村实用人才培训基地，按照"村庄是教室、村官是教师、现场是教材"的培训模式，组织村"两委"班子成员、农民合作社负责人、家庭农场经营者（种养殖大户）、大学生村官等服务农村基层的实用人才带头人到培训基地学习培训、参观考察、研讨交流，着力提高他们带领农民群众发展生产的能力。

三、项目单位

农村实用人才带头人培训项目由农业部人事劳动司牵头管理，委托农业部农村社会事业发展中心、中央农业广播电视学校负责培训项目的具体组织、实施和监管。由农业部农村实用人才培训基地和经我部备案的省级农村实用人才培训基地承担具体培训任务。

农业部农村实用人才培训基地须经农业部正式授牌，目前共有 **25** 个，分别是：北京市房山区韩村河村、天津市蓟县毛家峪村、河北省承德市滦平县周台子村、河北省唐山市玉田县刘现庄村、黑龙江省齐齐哈尔市甘南县兴十四村、上海市嘉定区太平村、江苏省无锡市江阴市华西村、浙江省嘉兴市嘉善县缪家村、安徽省滁州市凤阳县小岗村、福建省泉州市南安市兰田村、江西省现代生态农业示范园凤凰村、山东省威海市荣成市西霞口村、河南省新乡市新乡县刘庄村、湖北省武汉市蔡甸区星光村、湖北省宜昌市宜都市南桥村、湖南省怀化市沅陵县老街村、广东省韶关市仁化县平甫村、广西壮族自治区百色市田阳县那生屯、四川省成都市郫县农科村、贵州省遵义市湄潭县核桃坝村、云南省玉溪市红塔区大营街街道大营街社区、西藏自治区曲水县才纳村、陕西省西安市户县东韩村、甘肃省张掖市甘州区前进村、新疆维吾尔自治区塔城地区沙湾县三道沟村。省级农村实用人才培训基地是省级农业行政主管部门确定并报农业部备案的，目前共有 **11** 个，分别是：山西贾家庄、内蒙古富吉村、辽宁大梨树村、黑龙江正兰三村、山东常山庄村、山东寿光党校、广西红岩村、海南翁毛村、重庆上河村、青海小庄村、宁夏新平村。2016 年拟新增若干农村实用人才培训基地。基地所在省级农业行政主管部门是指培训基地所在省（区、市）农（牧）业厅（委）。

四、资金规模和使用方向

农村实用人才带头人培训补助标准为 **2 700** 元/人·期。使用方向为：

（一）农村实用人才培训基地

2 500元/人·期。主要用于农村实用人才培训基地承办培训具体工作，包括学员和授课教师接送、食宿、学习、考察等活动的组织；学员培训交通费及教师讲课费，购买培训设备等。

（二）基地所在省级农业行政主管部门

200元/人·期。主要用于培训具体组织工作和学员考核，参与落实培训师资，督促基地所在县级农业行政主管部门参与基地建设和管理，委派有关单位参与培训班管理和跟班服务等。

五、申报程序

（一）农村实用人才培训基地和基地所在省级农业行政主管部门，以 2015 年培训任务为基础，提出 2016 年培训任务建议，填写项目申报书，各省（区、市）农业行政主管部门统一行财（计财）字号文件报送农业部（一式 2 份），同时抄报农业部有关单位（1 份）。其中：北京、河北、山西、内蒙古、江苏、浙江、福建、江西、山东、海南、四川、贵州、云南、西藏、陕西、青海等 16 个省（区、市）抄报农业部农村社会事业发展中心，天津、辽宁、黑龙江、上海、安徽、河南、湖北、湖南、广东、广西、重庆、甘肃、宁夏、新疆等 14 个省（区、市）抄报中央农业广播电视学校。

（二）农业部农村社会事业发展中心、中央农业广播电视学校汇总审核相关省份和基地的申报情况后，行财（计财）字号文件报送农业部（一式 2 份）。

六、联系方式

联系部门：农业部人事劳动司人才工作处

联系人：任彬元　龚一飞

电话：010 - 59192676　59191651

传真：010 - 59193301

电子邮箱：rssrcgzc@ agri. gov. cn

地址：北京市朝阳区农展南里 11 号

邮编：100025

附件 2 – 1

农业技术试验示范
（农村实用人才带头人培训）

项目申报书

项目任务：＿＿＿＿＿＿＿＿＿＿＿＿＿＿＿

项目单位：＿＿＿＿＿＿＿＿＿＿＿＿＿＿＿

通讯地址：＿＿＿＿＿＿＿＿＿＿＿＿＿＿＿

邮政编码：＿＿＿＿＿＿＿＿＿＿＿＿＿＿＿

联系电话：＿＿＿＿＿＿＿＿＿＿＿＿＿＿＿

联 系 人：＿＿＿＿＿＿＿＿＿＿＿＿＿＿＿

主管部门（单位）：＿＿＿＿＿＿＿＿＿＿＿

通讯地址：＿＿＿＿＿＿＿＿＿＿＿＿＿＿＿

邮政编码：＿＿＿＿＿＿＿＿＿＿＿＿＿＿＿

联系电话：＿＿＿＿＿＿＿＿＿＿＿＿＿＿＿

联 系 人：＿＿＿＿＿＿＿＿＿＿＿＿＿＿＿

填制日期：＿＿＿＿＿＿＿＿＿＿＿＿＿＿＿

中华人民共和国农业部制

一、2015 年项目执行进展及下一步进度安排

（2015 年未安排执行本项目的，不填写此栏目）

二、2016 年项目任务计划

（一）项目任务来由（背景）
（二）年度目标与预期效益
（三）项目内容及金额
（四）时间进度（范围为 2016 年 1～12 月）
（五）涉及的相关单位（包括与实施项目有关的基层单位、科研院校、农资生产经营企业以及项目单位所属独立法人等）及事项

三、项目单位情况

（一）单位类型、隶属关系、职能业务范围
（二）技术设备条件、财务收支资产状况、内部管理制度建设情况
（三）有无不良记录（财政部门及审计机关处理处罚决定、行业通报批评、媒体曝光等）

四、人员分工

姓名	性别	工作单位	职务/职称	项目分工	联系电话

五、申请资金经济分类明细表

项目单位财务专用章：

单位：万元

项目内容	合计	商品和服务支出							
		印刷费	邮电费	差旅费	租赁费	专用材料费	劳务费	委托业务费	其他商品和服务支出
合计									

注：经济分类科目参见《2016 年政府收支分类科目》

六、申报意见表

项目单位 意　见	本单位对以上内容的真实性和准确性负责，特申请立项。 　　　　　　　　　负责人签名：　　　　（单位公章） 　　　　　　　　　　　　　　　　　　年　月　日
主管部门 （单位） 意　见	经审核，同意报送。 　　　　　　　　　负责人签名：　　　　（单位公章） 　　　　　　　　　　　　　　　　　　年　月　日
备　注	

七、项目单位账号

项目单位财务专用章：

项目单位 账　户	收款单位：（本单位在银行类金融机构所开户头的全称）
	开户银行：××银行××省××市××县（区）分行（支行）××营业部（分理处）或××省××市××县（区）××乡（镇）农村信用社
	账　　号：

附件**3**

农业农村资源等监测统计经费
（全国农业系统国有单位人事劳动统计）
项目指南

一、项目目标

开展农业人事劳动统计业务技术培训，建立全国农业系统国有单位机构信息数据库，实现统计直报系统与各级农业综合管理部门的网络数据传输，及时对农业人事劳动形势进行分析研究，不断提高农业系统人事劳动统计数据质量。

二、项目内容

2016 年项目实施的主要内容包括以下六项：

（一）农业人事劳动统计信息采集汇总

2016 年 1 月，各填报单位将 2015 年度人事劳动统计信息录入到软件中，形成统计数据文件后上报到上级统计汇总单位；3 月，省（区、市）农业管理部门将本地区、本领域逐级汇总上来的数据文件导入到网上直报系统中，形成省级汇总数据；4 月，农业部人力资源开发中心通过统计直报系统直接调取各地的统计数据，经汇总审核后报农业部人事劳动司。

（二）农业人事劳动统计数据会审

2016 年 3 月，各省（区、市）农业管理部门开展 2015 年度人事劳动统计会审工作，会商本地区、本领域的统计数据，形成年度分析报告。5 月，农业部人事劳动司开展全国统计会审工作，会商全国农业系统国有单位人事劳动统计信息，形成年度统计汇编和分析报告。

（三）农业人事劳动统计工作布置

2016 年 9 月，农业部人事劳动司布置 2016 年度全国农业系统国有单位人事劳动统计工作，委托各省（区、市）农业管理部门组织开展本地区、本领域的人事劳动统计工作；各省（区、市）农业管理部门将统计任务布置给地（市）、县（市）等基层农业管理部门；2016 年 12 月，基层农业管理部门将统计任务布置到各基层填报单位。

（四）全面提升统计工作手段

实现统计直报系统与各级农业综合管理部门的网络数据传输，建成较为完善的中央、省、地、县、乡 5 个层次农业人事劳动统计信息监测体系和管理系统，能及时对农业人事劳动形势进行分析研究，为领导决策参考提供更为及时可靠的数据信息，为农业人才队伍建设提供更有力的信息服务。

（五）统计信息员队伍建设与业务技术培训

开展全国农业系统国有单位人事劳动统计信息员数据库建设，除在每年统计会审会期间安排业务培训外，每年对省级统计信息员开展一次专门的技术培训。各省（区、市）农业管理部门组织本地区、本领域的统计人员队伍建设与业务技术培训工作。

（六）人事劳动统计软件升级与维护

农业人事劳动统计汇总软件和农业人事人才管理软件放在中国农业人才网上，供全国 10 多万个基层填报单位下载使用。各级农业管理部门可根据实际需求升级农业人事人才管理软件，自动提取统计数据，直接生成各类统计报表。

三、实施区域和单位范围

（一）实施区域

全国 31 个省、自治区、直辖市及新疆生产建设兵团。

（二）实施单位

农业部有关单位，有关省级农业管理部门（单位）。

四、资金使用方向

（一）农业人事劳动统计队伍建设

1. 统计单位机构及人员数据库建设。开展农业人事劳动统计机构信息数据库建设工作，建立全国农业人事劳动统计信息员数据库。

2. 统计信息员业务技术培训。委托省级农业管理部门组织开展农业人事劳动统计业务技术培训。

（二）开展农业人事劳动统计分析

委托有关省级农业管理部门（单位）组织开展本辖区、本领域农业人事劳动统计分析和调研活动。

（三）农业人事劳动统计软件升级与维护

根据 2016 年农业部、人力资源和社会保障部等有关部门下发的最新统计报表制度，升级维护农业人事人才管理软件的统计功能。

五、申报程序

请有关主管部门（单位）组织指导项目单位抓紧填制项目申报材料（详见附件，电子版可从中华人民共和国农业部网站（http：//www. moa. gov. cn）政务区财政公开专栏下载），并将申报文件、项目申报材料（盖章后）于 2015 年 10 月 20 日前统一报送农业部人事劳动司（1 份），同时发送电子邮件至：rssldgzc@ agri. gov. cn。

六、联系方式

农业部人事劳动司劳动工资处联系人：杨楠　刘庆宇
联系电话：010 – 59192531、59192512，59192551（传真）
通讯地址：北京市朝阳区农展南里 11 号
邮政编码：100125

附件 3 - 1

农业农村资源等监测统计经费
（全国农业系统国有单位人事劳动统计）

项目申报书

项目任务：_____

项目单位：_____

通讯地址：_____

邮政编码：_____

联系电话：_____

联 系 人：_____

主管部门（单位）：_____

通讯地址：_____

邮政编码：_____

联系电话：_____

联 系 人：_____

填制日期：_____

中华人民共和国农业部制

一、2015 年项目执行进展及下一步进度安排

（2015 年未安排执行本项目的，不填写此栏目）

二、2016 年项目任务计划

（一）项目任务来由（背景）
（二）年度目标与预期效益
（三）项目内容及金额
（四）时间进度（范围为 2016 年 1～12 月）
（五）涉及的相关单位（包括与实施项目有关的基层单位、科研院校、农资生产经营企业以及项目单位所属独立法人等）及事项

三、项目单位情况

（一）单位类型、隶属关系、职能业务范围
（二）技术设备条件、财务收支资产状况、内部管理制度建设情况
（三）有无不良记录（财政部门及审计机关处理处罚决定、行业通报批评、媒体曝光等）

四、人员分工

姓名	性别	工作单位	职务/职称	项目分工	联系电话

五、申请资金经济分类明细表

项目单位财务专用章：

单位：万元

项目内容	合计	商品和服务支出							
		印刷费	邮电费	差旅费	租赁费	专用材料费	劳务费	委托业务费	其他商品和服务支出
合计									

注：经济分类科目参见《2016 年政府收支分类科目》。

六、申报意见表

项目单位 意　见	本单位对以上内容的真实性和准确性负责,特申请立项。 负责人签名:　　　　　　(单位公章) 　　　　　　　　　　　　年　月　日
主管部门 (单位) 意　见	经审核,同意报送。 负责人签名:　　　　　　(单位公章) 　　　　　　　　　　　　年　月　日
备　注	

七、项目单位账号

项目单位财务专用章:

项目单位 账　户	收款单位:(本单位在银行类金融机构所开户头的全称)
	开户银行:××银行××省××市××县(区)分行(支行)××营业部(分理处)或 ××省××市××县(区)××乡(镇)农村信用社
	账　号:

附件 **4**

农业农村资源等监测统计经费
（农村改革试验区与农村固定观察点监测）
项目指南

一、项目目标

围绕 58 个农村改革试验区的试验主题和试验任务，深入研究改革试验面临的重大问题，及时跟踪改革试验进展情况，密切关注改革试验运行对农村经济社会发展带来的影响，总结经验，发现潜在问题并予以纠正。开展改革试验评估，由主管部门和相关领域权威专家学者针对每个试验区的试验任务设置评估测算标准，制定评估办法，实事求是、客观分析试验试点情况，对试验任务进行评估并形成评估报告。开展体制机制创新重大问题调研，围绕农村改革中的基础性、战略性和重点、难点问题，开展专题调研并总结提炼经验。

通过农村固定观察点系统，加强对农民收入和农村劳动力就业情况的监测调查与分析，反映农民就业增收出现的新特点、新情况和新问题，反映农业农村经济发展形势，为制定和调整政策提供准确及时的参考信息。开展农民增收和农村劳动力就业调研，了解农民收入增长和转移就业基本情况，推广各地统筹城乡劳动就业、缩小城乡收入差距的好做法、好经验，提出多渠道促进农民就业增收的政策建议，为领导决策提供参考。

二、项目内容

（一）农村改革试验区工作

一是开展农村改革试验区规范运行管理体系建设。组织 58 个试验区开展规范运行管理体系建设。委托有关单位对改革试验涉及的重大制度问题和主要改革试验内容开展专题研究，对试验区规范运行管理体系建设情况进行调研指导，研究制定改革试验工作考评办法，开展改革试验动态监测，进行数据汇总和分析。

二是开展改革试验任务跟踪评估。委托 30 个试验区所在地省级主管部门开展改革试验任务跟踪调查评估，汇总报送相关情况。委托相关领域权威专家学者分别组成专家组，对试验区改革试验进展、成效以及存在的问题和潜在的风险等进行跟踪评估并形成报告。

（二）农民收入和农村劳动力就业监测分析

一是调查设计和数据汇总分析工作。针对不同调研目的和调研任务，设计调查问卷。通过农村固定观察点系统进行数据收集、汇总和分析，进一步完善农民收入和农村劳动力就业情况监测工作方式方法，为制定和调整政策提供准确及时的参考信息。

二是县级观察点调查员培训工作。针对问卷指标、数据填报、系统操作等调查相关内容，对全国农村固定观察点县级调查员开展培训，提升基层调查员的工作能力，保障上报数据的准确性。

三是统计软件升级与统计系统维护。实现全国农村固定观察点办公室与 31 个省（区、市）级观察点主管部门和 360 多个县级观察点主管部门之间的网络数据传输，建成完善的中央、省、县 3 级信息监测体系和管理系统。

四是开展农民增收和农村劳动力就业实地调研。深入基层，开展农民收入和农村劳动力就业情况调研，掌握不同地区、不同经营类型、不同收入水平农户的收入增长情况，与大样本调查相互补充，研究分析农村劳动力转移就业出现的新情况、新趋势和新问题，总结经验和做法，提出政策建议。

五是开展农民收入和农村劳动力转移案例研究。委托地方观察点主管部门围绕各地农民收入和农村劳动力转移的情况与特点，撰写案例研究报告，提出相关政策建议。

三、资金使用方向

（一）农村改革试验区工作

一是农村改革试验区规范运行管理体系建设。经费主要用于全国 58 个试验区规范运行管理体系建设和开展专题研究所需的印刷、咨询、邮电、差旅、场租、耗材、劳务等费用支出。

二是改革试验任务评估。经费主要用于项目跟踪评估和调研督导所需的印刷、咨询、邮电、差旅、场租、耗材、劳务等费用支出。

（二）农民收入和农村劳动力就业监测分析

一是调查设计和数据汇总分析工作。主要用于组织专家会商设计调查问卷，召开统计数据审核会、分析会，定期编制分析报告所需的印刷、邮电、交通、差旅等费用的支出。

二是县级观察点调查员培训工作。主要用于举办县级观察点调查员培训班所需的差旅、印刷和授课劳务费及学员部分交通补贴等费用的支出。

三是统计软件升级与统计系统维护。主要用于建设完善全国农村固定观察点信息系统、31个省（区、市）级观察点主管部门和 360 多个县级观察点主管部门的 3 级信息监测体系和管理系统所需的数据购买、系统开发维护、数据评估咨询、劳务等费用的支出。

四是开展农民增收和农村劳动力就业实地调研。主要用于调研所需的差旅、专家咨询等费用，以及依托科研院所、高校等部门开展专题研究所需的印刷、邮电、差旅等费用的支出。

五是开展农民收入和农村劳动力转移案例研究。主要用于委托部分省（区、市）开展实地案例研究的差旅、劳务等费用和委托科研院所、高校等研究机构开展案例研究所需的印刷、邮电、差旅等费用的支出。

四、申报单位

（一）农村改革试验区工作

1. 58 个农村改革试验区。

2. 30 农村改革试验区省级主管部门。

3. 具有改革实践研究工作基础的科研院所等单位。

（二）农民收入和农村劳动力就业监测分析

1. 农村固定观察点省级主管部门。

2. 有农民增收和农村劳动力转移就业分析工作基础的科研院所等单位。

五、申报程序及有关要求

各申报单位根据本指南（申报书格式见附件），认真编制所申请项目的项目申报材料，经主管部门（单位）盖章后，以正式文件将申报材料（一式两份）按所申请的项目，报送至相应部门：

（一）农村改革试验区项目

相关申报材料统一报送至农业部产业政策与法规司试验区管理处，电子稿同时发送至 syqglc@163.com。

联系人：农业部产业政策与法规司试验区管理处

联系电话：010 – 59192752；59192733

通讯地址：北京市朝阳区农展馆南里 11 号政法司

邮政编码：100125

（二）农民收入和农村劳动力就业监测分析项目

相关申报材料统一报送至农业部产业政策与法规司体制改革处，电子稿同时发送至 zfstzggc@163.com。

联系人：农业部产业政策与法规司体制改革处

联系电话：010 – 59193383

通讯地址：北京市朝阳区农展馆南里 11 号政法司

邮政编码：100125

附件 4 - 1

农业农村资源等监测统计经费
（农村改革试验区与农村固定观察点监测）

项目申报

项目任务：_____

项目单位：_____

通讯地址：_____

邮政编码：_____

联系电话：_____

联 系 人：_____

主管部门（单位）：_____

通讯地址：_____

邮政编码：_____

联系电话：_____

联 系 人：_____

填制日期：_____

中华人民共和国农业部制

一、2015年项目执行进展及下一步进度安排

（2015年未安排执行本项目的，不填写此栏目）

二、2016年项目任务计划

（一）项目任务来由（背景）

（二）年度目标与预期效益

（三）项目内容及金额

（四）时间进度（范围为2016年1～12月）

（五）涉及的相关单位（包括与实施项目有关的基层单位、科研院校、农资生产经营企业以及项目单位所属独立法人等）及事项

三、项目单位情况

（一）单位类型、隶属关系、职能业务范围

（二）技术设备条件、财务收支资产状况、内部管理制度建设情况

（三）有无不良记录（财政部门及审计机关处理处罚决定、行业通报批评、媒体曝光等）

四、人员分工

姓名	性别	工作单位	职务/职称	项目分工	联系电话

五、申请资金经济分类明细表

项目单位财务专用章：

单位：万元

项目内容	合计	商品和服务支出							
		印刷费	邮电费	差旅费	租赁费	专用材料费	劳务费	委托业务费	其他商品和服务支出
合计									

注：经济分类科目参见《2016年政府收支分类科目》。

六、申报意见表

项目单位 意　见	本单位对以上内容的真实性和准确性负责，特申请立项。 　　　　　　　　负责人签名：　　　（单位公章） 　　　　　　　　　　　　　　　　　年　月　日
主管部门 （单位） 意　见	经审核，同意报送。 　　　　　　　　负责人签名：　　　（单位公章） 　　　　　　　　　　　　　　　　　年　月　日
备　注	

七、项目单位账号

项目单位财务专用章：

项目单位 账　户	收款单位：（本单位在银行类金融机构所开户头的全称）
	开户银行：××银行××省××市××县（区）分行（支行）××营业部（分理处）或 ××省××市××县（区）××乡（镇）农村信用社
	账　　号：

附件 5

农业标准化实施示范
（农民专业合作组织）项目指南

一、项目目标

本项目旨在通过中央财政资金扶持，开展农民合作社贷款担保保费补助试点，支持试点地区农业担保机构对农民合作社提供担保服务，扩大对农民合作社担保业务，创新财政资金支农方式，撬动更多金融资本、社会资本投向合作社，探索解决合作社融资难题的新路子，改善合作社融资环境，不断增强农民合作社的引领带动能力和市场竞争能力。

二、项目内容

本项目 2016 年主要选择农民合作社发展条件较好、有一定农业担保业务基础的省份作为试点地区，开展农民合作社贷款担保保费补助试点，鼓励试点地区省级或地市级农业担保机构为农民合作社提供低费率担保服务。

三、实施区域

本项目 2016 年选择山东、河南、重庆、四川、甘肃 5 省（市）作为试点地区，在试点地区范围内实施。

四、资金使用方向

本项目资金使用方向为试点地区列为补助对象的农业担保机构，在不提高其他费用标准的前提下，对其担保费率低于银行同期贷款基准利率 50% 左右的农民合作社担保业务给予补助，补助比例不超过银行同期贷款基准利率 50% 与实际担保费率之差。

五、申报条件和数量

（一）申报条件

申报本项目的农业担保机构应当符合以下条件：

1. 依据国家有关法律、法规设立和经营，具有独立企业法人资格，取得融资性担保机构经营许可证；

2. 经营担保业务 1 年及以上，无不良信用记录；

3. 对农民合作社平均年担保费率不超过银行同期贷款基准利率的 50%；

4. 内部管理制度健全，运作规范，按规定提取准备金，并及时向省级农民合作社主管部门报送为农民合作社担保的有关报告；

5. 近年来没有因财政、财务或其他违法、违规行为受到监管部门的处理处罚。

（二）申报数量

试点地区申报项目数量各 1 个，不得超过限额。每个试点地区申报项目资金 220 万元左右。

六、申报程序

（一）省级农民合作社主管部门会同财务部门根据本指南要求，组织指导本地区申报工作。

（二）省级或地市级担保机构根据本指南要求报送项目申报书（格式附后），同时提供下列资料的复印件：

1. 营业执照及章程；

2. 经会计师事务所审计的会计报表和审计报告。

（三）省级农民合作社主管部门根据本指南申报要求，组织指导担保机构编制申报书，在农业财政项目管理系统中完成电子申报，并将申报文件以财（计财）字文件（一式3份）报送农业部农村经济体制与经营管理司审核。

七、项目单位确定方式

省级农民合作社主管部门负责对项目单位进行初审和申报工作，农业部农村经济体制与经营管理司组织专家评审，审核确定项目单位。

八、有关要求

（一）省级农民合作社主管部门负责对担保试点情况进行监督检查，在担保机构业务信息报送工作基础上，建立项目资金使用跟踪问效机制。省级合作社主管部门要对本省份合作社贷款需求进行摸底调查，筛选发展层次较高、经营效益较好、辐射带动能力较强、信用状况良好的合作社，以名单制形式推荐给承担试点的担保机构。试点省市要充分发挥省级农民合作社联合会的作用，依托联合会沟通协调担保机构，加强服务和指导。担保机构对纳入名单的合作社可以集中进行贷款担保，要按财务规定妥善保存有关原始票据及凭证备查，自觉接受并积极配合同级及上级农民合作社主管部门的专项检查。

（二）省级农民合作社主管部门要按照附件的统一格式，报送纸质文件和电子文档。

通讯地址：北京市朝阳区农展南里11号

农业部农村经济体制与经营管理司专业合作处

邮政编码：100125   联系人：张海姣

电子邮箱：zyhzc@ agri. gov. cn   联系电话：010 – 59191893

附件 5 - 1

农业标准化实施示范
（农民专业合作组织）

项目申报书

项目任务：_____

项目单位：_____

通讯地址：_____

邮政编码：_____

联系电话：_____

联 系 人：_____

主管部门（单位）：_____

通讯地址：_____

邮政编码：_____

联系电话：_____

联 系 人：_____

填制日期：_____

中华人民共和国农业部制

一、2015 年项目执行进展及下一步进度安排

（2015 年未安排执行本项目的，不填写此栏目）

二、2016 年项目任务计划

（一）项目任务来由（背景）
（二）年度目标与预期效益
（三）项目内容及金额
（四）时间进度（范围为 2016 年 1～12 月）
（五）涉及的相关单位（包括与实施项目有关的基层单位、科研院校、农资生产经营企业以及项目单位所属独立法人等）及事项

三、项目单位情况

（一）单位类型、隶属关系、职能业务范围
（二）技术设备条件、财务收支资产状况、内部管理制度建设情况
（三）有无不良记录（财政部门及审计机关处理处罚决定、行业通报批评、媒体曝光等）

四、人员分工

姓名	性别	工作单位	职务/职称	项目分工	联系电话

五、申请资金经济分类明细表

项目单位财务专用章：

单位：万元

科目	对企事业单位的补贴	商品和服务支出												其他资本性支出		
	其他对企事业单位的补贴支出	小计	印刷费	咨询费	手续费	邮电费	租赁费	差旅费	培训费	专用材料费	劳务费	委托业务费	其他商品和服务支出	小计	专用设备购置	信息网络购建
金额																

注：经济分类科目参见《2016 年政府收支分类科目》。

六、申报意见表

项目单位 意　见	本单位对以上内容的真实性和准确性负责，特申请立项。 　　　　　　　　　负责人签名：　　　（单位公章） 　　　　　　　　　　　　　　　　　年　月　日
主管部门 （单位） 意　见	经审核，同意报送。 　　　　　　　　　负责人签名：　　　（单位公章） 　　　　　　　　　　　　　　　　　年　月　日
备　注	

七、项目单位账号

项目单位财务专用章：

项目单位 账　户	收款单位：（本单位在银行类金融机构所开户头的全称）
	开户银行：××银行××省××市××县（区）分行（支行）××营业部（分理处）或××省××市××县（区）××乡（镇）农村信用社
	账　　号：

附件 6

农业产业化项目指南

一、项目目标

通过项目实施，鼓励农业产业化龙头企业（包括其控股子公司）为农户（包括家庭农场）提供贷款担保，帮助农户解决农业生产资金不足问题，完善龙头企业与农户利益联结关系，促进农民就业增收和农业生产发展，提升农业产业化水平。项目安排坚持效益优先、突出重点、集中扶持、科学公正的原则。

二、项目内容和资金使用方向

对农业产业化国家重点龙头企业为农户发展农业生产提供贷款担保服务给予奖励。奖励的金额按照 2014 年 6 月—2015 年 5 月期间，农户银行账户实际到账资金的 2% 计算，且这期间，获得龙头企业担保的所有农户银行账户实际到账资金总额不得低于 500 万元。每个龙头企业申请的奖励资金最多不超过 100 万元。担保农户户数最多、担保费用和贷款利率低的国家重点龙头企业可以依次优先申报该项目。

国家重点龙头企业要在项目申报书中详细测算和说明申请的奖励资金使用方向。奖励资金要继续用于为农户提供贷款担保等服务农户的相关工作，包括：弥补担保产生的坏账损失、开展担保的工作经费、帮助支付农户贷款利息、资助农户购买农业生产相关的保险、为农户提供免费或低价的技术培训、技术服务、生产资料等。奖励资金的支出使用要设立专账，保留有关原始凭证，以备审计。

三、实施区域和实施方式

（一）根据各地已上报的国家重点龙头企业为农户提供贷款担保情况，同时兼顾东中西部和产业平衡等因素，优先在发展基础比较好的省份实施 2016 年农业产业化项目。各有关省（区、市）按照项目指南要求组织符合条件的企业申报，申报的企业数量最多不超过 6 个。

（二）申报项目的国家重点龙头企业向省级农业产业化主管部门提交的材料包括：1.《农业产业化项目申报书》（格式见附件 6－1）；2.《企业为农户提供贷款担保情况明细表》（格式见附件 6－2）；3. 与附件 6－2 反映的情况相一致的贷款合同、担保合同、农户个人信用报告等实物材料（凭农户的书面授权材料、身份证原件和复印件，可向中国人民银行分支行、征信分中心查询农户个人信用报告）。鼓励企业将附件 6－2 中涉及的所有农户的全部实物材料按顺序逐一附上，以备抽查。

（三）对申报项目的每个国家重点龙头企业，省级农业产业化主管部门组织抽查的农户不少于 5 户，重点检查企业、农户、银行之间的担保合同、贷款合同，以及农户个人信用报告反映的贷款情况等是否与附件 6－2 反映的情况一致。省级农业产业化主管部门还应审查奖励资金的使用计划等项目申报内容，确保奖励资金用于为农户提供贷款担保等服务农户的相关工作。经审查没问题的，省级农业产业化主管部门应在当地省级农业信息网上公示拟申报企业有关情况（格式见附件 6－3），经公示无异议的，报农业部。

四、申报要求

（一）项目申报材料包括：《农业产业化项目申报书》《企业为农户提供贷款担保情况明细表》《农业产业化项目汇总表》和省级农业产业化主管部门抽查的实物材料（含担保合同、贷款合同、农户个人信用报告）。涉及龙头企业控股子公司的，申报材料还要对母公司与子公司的关系作出详细说明。上述材料与省级农业产业化主管部门的正式申报文件各 1 份，应于 11 月 8 日前寄送到农业部农村经济体制与经营管理司。各项目申报单位和省级农业产业化主管部门要在农业部"农业财政项目管理系统"报送电子版材料，确保电子材料的内容与纸质材料一致。

（二）省级农业产业化主管部门要严格把关，对项目的申报情况负责。国家重点龙头企业申报实施农业产业化项目的所有原始凭证要保留 3 年以上，以备核查。对弄虚作假的，取消项目申报资格，已经下达的项目资金要追回，所在省（区、市）取消 3 年内农业产业化项目的申报资格。

（三）项目资金下达后，国家重点龙头企业要按照项目资金下达文件、项目申报书和有关财务制度要求，认真组织项目实施；项目实施完成后，要向省级农业产业化主管部门提出检查申请。省级农业产业化主管部门检查合格后，要将结果报送农业部农村经济体制与经营管理司。

另外，任务类项目由有关单位按照以往惯例和 2016 年工作计划直接向农业部申报，项目申报书参照附件 6－1 格式。

通讯地址：北京市朝阳区农展馆南里 11 号，邮政编码：100125

联系人及电话：农业部农村经济体制与经营管理司康志华，010－59193163

附件 6 – 1

农业产业化项目申报书

项目任务：龙头企业为农户提供贷款担保奖补

项目单位：_____

通讯地址：_____

邮政编码：_____

联系电话：_____

联 系 人：_____

省级农业产业化主管部门：_____

通讯地址：_____

邮政编码：_____

联系电话：_____

联 系 人：_____

填制日期：_____

中华人民共和国农业部制

一、2015 年项目执行进展及下一步进度安排

获得 2015 年农业部农业产业化项目的填写，没有项目的不填写。

二、2016 年项目任务计划

（一）项目任务来由（背景）

填写龙头企业为农户提供贷款担保的必要性、具体操作方式、以往的工作经验等。

（二）年度目标与预期效益

包括两部分：

1. 填写 2014 年 6 月—2015 年 5 月期间，龙头企业通过为农户贷款担保，已经产生的效果，包括对龙头企业的作用和对农户的作用等方面。

2. 填写申请的奖励资金在支出使用后，预计获得的成效。

（三）项目内容及金额

1. 填写申请奖励资金的额度和申请奖励资金的依据。

2. 填写申请奖励资金的具体用途（须为农户提供贷款担保等服务农户的相关工作）和使用资金量的测算依据。

（四）时间进度（范围为 2016 年 1 月—12 月）

填写 2016 年项目实施时间进度，包括奖励资金的使用进度和为农户提供贷款担保等服务农户的相关工作进度。

（五）涉及的相关单位及事项

填写龙头企业下属控股子公司和发放贷款银行等情况。

三、项目单位情况

（一）单位类型、隶属关系、职能业务范围

填写龙头企业带动农户发展农业产业化的基本情况。

（二）技术设备条件、财务收支资产状况、内部管理制度建设情况

（三）有无不良记录（财政部门及审计机关处理处罚决定、行业通报批评、媒体曝光等）

四、人员分工

姓名	性别	工作单位	职务/职称	项目分工	联系电话
				总负责人（了解知悉相关情况，承担申报本项目主要责任）	
				原始凭证审核	
				原始凭证复核	
				原始凭证存档备查	
				申报材料撰写	

注：人员分工至少包括申报项目总负责人，以及审核、复核、存档担保合同、贷款合同等实物材料的人员。

五、申请资金经济分类明细表

申报单位（盖财务专用章）

单位：万元

科目	企业政策性补贴	商品和服务支出								
		印刷费	咨询费	手续费	邮电费	差旅费	培训费	劳务费	委托业务费	其他商品和服务支出
金额										

注：国家重点龙头企业申报贷款担保奖补项目只填写"企业政策性补贴"一栏，金额应在 10 万～100 万元，且其他栏均不得填写。其他有关单位申报任务类项目只填写"商品和服务支出"下的子科目，如有"其他商品和服务支出"应写明指出的具体内容。

六、申报意见表

项目单位 意　见	本单位对以上内容的真实性和准确性负责，特申请立项。 　　　　　　　　　　　负责人签名：　　　　（单位公章） 　　　　　　　　　　　　　　　　　　　年　月　日
主管部门 （单位） 意　见	经审核，同意报送。 　　　　　　　　　　　负责人签名：　　　　（单位公章） 　　　　　　　　　　　　　　　　　　　年　月　日
备　注	

七、项目单位账号

项目单位财务专用章：

项目单位 账　户	收款单位：（本单位在银行类金融机构所开户头的全称）
	开户银行：××银行××省××市××县（区）分行（支行）××营业部（分理处）或 ××省××市××县（区）××乡（镇）农村信用社
	账　号：

附件 6－2

2014 年 6 月—2015 年 5 月
企业为农户提供贷款担保情况明细表

序号	提供担保企业名称	农户姓名	农户身份证号码	银行向农户支付贷款（万元）	贷款到账的年、月、日	是否提供证明材料	省级抽查的，请打"√"
合计	——	——	——				——

注：1. 提供担保的企业包括国家重点龙头企业及其控股子公司。

2. 无法提供担保贷款合同和农户个人信用报告的，不计入和申报。

3. 合同或信用报告显示贷款用于非农生产用途的，不计入和申报。

4. 没有直接给农户担保，而是给农民合作社担保的，不计入和申报。

5. 单个农户贷款金额低于 1 万元或者高于 200 万元的，不计入和申报。

6. 贷款到账日期不在 2014 年 6 月—2015 年 5 月期间的，不计入和申报。

附件6-3

关于×××等企业有关情况的公示

根据2016年农业部农业产业化项目指南要求，现将×××等企业有关情况的公示如下。公示期为×月×日至×月×日（3个工作日），欢迎社会各界监督。

联系人：×××　联系电话：××××××

×××省（区、市）农业产业化办公室

×年×月×日

国家重点龙头企业名称	企业贷款担保农户总数（户）	银行向获得企业担保的农户实际发放贷款总额（万元）

注：以上数据包括国家重点龙头企业控股子公司数据，数据有效期间为2014年6月至2015年5月。

附件6-4

农业产业化项目汇总表

	国家重点龙头企业名称	2014年6月—2015年5月（已经完成）		申请奖励资金的使用方向
		企业担保农户总数（户）	银行向获得企业担保的农户实际发放贷款总额（万元）	

注：省级农业产业化部门汇总后，发送至农业部农业产业化办公室邮箱。

附件 7

农产品促销项目指南

一、项目目标

农产品促销项目，旨在帮助农产品生产经营者搞好产销衔接，强化营销宣传推介，促进区域性、结构性、季节性农产品滞销问题的解决，促进优势农产品扩大出口，促进大宗农产品和特色农产品拓宽市场销路，推进农业品牌建设，更有效地占领国内外市场，促进农民增收。

二、项目内容

（一）展会促销

支持在国内举办一些具有全国性或区域性影响的农业综合展会或专业展会、农产品大型展示促销活动，为相关行业生产、流通、加工、贸易企业提供促销服务平台；支持农业部部属相关单位统一组团参加国外大型农业展会，扩大宣传推介，开拓市场。

（二）产销对接

支持组织利用公共媒体，开展农产品促销专题宣传推介活动，加大对优势产区农产品产销情况的宣传力度，帮助提高市场知名度，培育和打造名牌农产品，引导和扩大消费。

（三）应急促销

针对市场突发波动造成较大范围、较强程度的农产品滞销问题，支持开展应急促销活动，动员组织主销区采购商前往事发地区与当地专业合作社、经纪人、专业大户等进行产销对接，拓宽销售渠道。培育农产品经销商，有效应对卖难问题。

（四）网络促销

支持维护完善全国农产品促销网络公共服务平台，组织收集、整理、分析、发布各地农产品预供求与价格等信息，开展网上对接产销服务。

（五）推动京津冀农产品流通与营销协作

支持京津冀地区加强农产品产销对接，帮助做好产销对接服务；加强三地农产品经销商和经纪人队伍建设。

（六）产销研究

支持开展产销形势研商，加强农产品流通管理体制和政策法律法规方面的研究，加强农产品公平交易方式和冷链物流标准等方面的研究，为生产经营者确定目标市场、有效组织促销活动提供服务。

（七）品牌建设

支持建立农业品牌目录制度，加强品牌营销推介，建立协同运行的全国农业品牌推介平台，打造一批有影响力、有文化内涵的农业品牌。

三、实施区域

项目覆盖区域为全国各省、区、市农业系统。

四、资金使用方向

展会促销项目资助范围可包括展会宣传、资料印刷、展商邀请、展位费补贴、公共布展、产品推介、筹备工作及展会公务活动等项开支。产销对接项目资助范围可包括实地调查、情况收集、座谈分析、专家会商及调研差旅费等项开支。应急促销项目资助范围可包括产销对接会客商邀请与接待、对接组织、产地对接及实地考察差旅费等项开支。网络促销项目资助范围可包括信息采集、数据整理、分析预测、对外发布及促销网络平台建设、运行维护等开支。推动京津冀农产品流通与营销项目资助范围可包括展会宣传、产品推介、产销对接客商邀请与接待、田头市场示范点建设等开支。品牌建设项目资助范围可包括产品资料收集、分析比对、专家会商、品牌调查差旅费、农业品牌节目制作、播出时段补贴等公益宣传开支。

五、申报条件和数量

申请农产品促销资助项目的单位包括各省（自治区、直辖市）农业行政主管部门、农业部直属事业单位、国家级农业协会（组织）等。应具备以下条件：

（一）依法取得法人资格；

（二）本单位具有农产品市场流通相关职能且有开展农产品促销活动的条件；

（三）具有健全的财务管理制度和良好的财务管理记录；

（四）对将要承担的促销项目有明确的实施计划和工作安排。

（五）国际市场促销项目还要求组织单位在行业中要有影响力，有组织出国参展的经验，熟悉中国农产品在展会举办国的消费等情况。

（六）原则上每个单位申请 1~2 个项目，且其中国际市场促销项目不超过 1 个。

六、申报程序与有关要求

省级农业行政主管部门、部属事业单位与行业协会根据本指南要求，统一组织申报（项目申报书格式见附件），认真填写相关材料。请将申报文件、项目申报书及相关材料（单位有关证明性文件或营业执照复印件）寄农业部市场与经济信息司和财务司。

地　　址：北京市朝阳区农展南里 11 号（邮编：100125）农业部市场与经济信息司市场流通处（1 份）和财务司（1 份），同时将上述文件电子版材料发送到电子邮箱。

联系人：农业部市场与经济信息司市场流通处 段成立

电　　话：010 - 59193279，010 - 59193147（传真）

E-mail：nybscc@ 126. com

附件 7 - 1

农产品促销项目申报书

项目任务：_____

项目单位：_____

通讯地址：_____

邮政编码：_____

联系电话：_____

联 系 人：_____

主管部门（单位）：_____

通讯地址：_____

邮政编码：_____

联系电话：_____

联 系 人：_____

填制日期：_____

中华人民共和国农业部制

一、2015 年项目执行进展及下一步进度安排

（2015 年未安排执行本项目的，不填写此栏目）

二、2016 年项目任务计划

（一）项目任务来由（背景）

（二）年度目标与预期效益

（三）项目内容及金额

（四）时间进度（范围为 2016 年 1～12 月）

（五）涉及的相关单位（包括与实施项目有关的基层单位、科研院校、农资生产经营企业以及项目单位所属独立法人等）及事项

三、项目单位情况

（一）单位类型、隶属关系、职能业务范围

（二）技术设备条件、财务收支资产状况、内部管理制度建设情况

（三）有无不良记录（财政部门及审计机关处理处罚决定、行业通报批评、媒体曝光等）

四、人员分工

姓名	性别	工作单位	职务/职称	项目分工	联系电话

五、申请资金经济分类明细表

项目单位财务专用章：　　　　　　　　　　　　　　　　　　　　单位：万元

项目内容	合计	商品和服务支出有关科目														其他资本性支出有关科目			
		小计	印刷费	咨询费	水费	电费	邮电费	差旅费	维修（护）费	租赁费	培训费	专用材料费	劳务费	委托业务费	其他商品和服务支出	小计	专用设备购置	信息网络购建	其他资本性支出
（项目内容1）																			
（项目内容2）																			
（项目内容3）																			
合计																			

注：经济分类科目参见《2016 年政府收支分类科目》。

六、申报意见表

项目单位 意　见	本单位对以上内容的真实性和准确性负责，特申请立项。 　　　　　　　　　　　负责人签名：　　　（单位公章） 　　　　　　　　　　　　　　　　　　年　月　日
主管部门 （单位） 意　见	经审核，同意报送。 　　　　　　　　　　　负责人签名：　　　（单位公章） 　　　　　　　　　　　　　　　　　　年　月　日
备　注	

七、项目单位账号

项目单位财务专用章：

项目单位 账　户	收款单位：（本单位在银行类金融机构所开户头的全称）
	开户银行：××银行××省××市××县（区）分行（支行）××营业部（分理处）或××省××市××县（区）××乡（镇）农村信用社
	账　　号：

附件 8

农业农村资源等监测统计经费
（农业信息）项目指南

一、项目目标

本着夯实基础、稳步推进的原则，依托各级农业行政管理部门和现有农业信息体系基础，加强农业部门基础数据建设和资源共享，进一步完善农业信息采集体系，提升农业信息采集水平，全面提高信息服务能力；建立健全农业监测预警系统、信息发布与服务系统，推动建立开展全产业链农业信息预警分析机制，加快构建中国农业展望和强农惠农政策实施效果评估的研究分析平台，提升服务宏观决策和引导微观生产经营的水平。2016 年农业信息预警项目的重点是：加强农业部门信息资源共享，建立国家基础农业数据公共平台。开展农业市场化、信息化战略研究，统筹规划我国农业市场化信息化中长期发展目标；强化农业市场信息体系建设，持续提升市场信息队伍工作能力和业务水平；进一步完善农业信息采集体系，根据产业布局和产品布局合理调整信息采集基点，调整调查频度，提高数据质量，构建涵盖种植意向、生产进度、投入产出和市场动态的信息采集体系，并大力加强应急信息采集体系建设；做好农产品市场分析预警，加强分析师团队建设，完善重要农产品供需平衡分析，开展重要农产品全产业链农业信息预警分析试点，及时发现趋势性、苗头性市场异动，强化农产品市场重大热点问题研究，拓展信息发布内容和形式，积极推进中国农业展望工作；加强都市现代农业综合发展水平评价指标体系建设和评价方法研究；强化"菜篮子"市长负责制，全面推进新一轮"菜篮子"工程建设。深入贯彻落实党的十八大"四化"同步发展要求，加快推进"互联网＋"现代农业行动，以实现信息化与农业现代化、与农民生产生活相融合为目标，加快推进信息技术改造传统农业进展，引领农业产业升级；全面提升农业信息服务能力和水平，为农民提供灵活便捷的信息服务；强化农业信息化基础建设，提高农业信息化研究和应用水平，全面支撑现代农业和城乡一体化发展。

二、项目内容

（一）农业市场化信息化战略研究

围绕我部重点工作，积极开展农业市场化和信息化基础性、前瞻性、战略性研究。加强顶层建设，持续提升市场信息队伍工作能力和业务水平。

（二）农业部门综合统计与意向调查

开展农业与农村经济分县卡片年度调查，通过全国农业农村县域数据采集，汇集各行业数据，完善县域数据分类指标集、加强行业间数据汇总比对，建立农业基础样本名录库，健全农业部综合统计报表制度，推动农业部门信息资源共建共享。根据我部现有调查制度要求，按时完成有关定期报表，掌握生产意向及生产进度信息。

（三）农产品成本调查

强化成本调查体系建设，加强对基层调查员的指导培训与工作保障；根据农作物生长季节特性灵活调查有关投入和收益信息，提升成本收益调查对国家政策的支撑能力。结合目标价格政策改革试点增加棉花、大豆、油菜籽、食糖等品种调查频度，扩大调查范围，开展业务培训，进行目标价格监测。

（四）农产品价格调查

构建常规调查与应急调查相互补充的物价调查系统，提升现有农业物价基点调查工作水平，提高数据的准确性和及时性；加强批发市场信息采集力度，扩大采集覆盖面，提升数据的代表性。开展生产者价格采集工作，完善价格监测链条。按照重要农产品全产业链监测要求，统筹农业生产者、批发市场、集贸市场价格统计，开展生猪等重要农产品全产业链市场信息采集调查试点。

（五）信息资源共享建设

为加强部内统计业务协同和资源共享，在研究农业部经济信息资源共建共享方案基础上，建立重要农产品国家农业数据平台；形成部内数据定期会商工作机制；完善农业信息发布制度，实现集中统一的对外发布窗口。

（六）农产品市场分析预警与综合会商

以产品为主线，在生产、流通、加工等环节遴选产业信息员，与省级分析师、首席分析师紧密对接，建设全产业链农业信息分析预警团队。根据本产品市场运行特点，研究制定年度会商、调研和重大问题研究计划，探索建立符合本品种、面向全球市场的全产业链信息分析会商机制。2016年选择水稻、小麦、玉米、大豆、棉花、猪肉、牛羊肉、蔬菜8个品种进行全产业链农业信息分析预警团队试点，并视情况扩大至其他重要农产品。同时，各品种继续开展市场预警分析与综合会商，构建协同研究团队，及时、全面监测国内外农产品各环节动态数据和信息并组织调研，形成调研报告。开展重要农产品平衡表、价格形成机制等重大问题研究。组织开展重要农产品国内外市场形势分析会商，提出主要农产品市场预警调控建议。

（七）信息发布与服务

按照《农业部经济信息发布日历》制度，充分利用报纸、杂志、广播、电视、网络等媒体，建立固定发布窗口，及时发布农业监测预警信息，努力扩大信息覆盖面，面向政府、企业、农户提供服务。组织专家就市场热点问题及时撰文回应，正确引导社会舆论，稳定市场预期。

（八）中国农业展望

加快建立完善中国农业展望工作制度，召开2016年中国农业展望大会，扩大国际参与，强化国际影响。组织研究并发布《中国农业展望报告（2016—2025年）》，从稳定农产品市场和促进农民增收出发，适时、主动引导社会舆论。邀请国内外专家开展农业展望方法与模型研讨和农业热点问题专题研讨。

（九）都市现代农业评价研究

加大对都市现代农业内涵、模式和发展路径的宣传，总结可复制推广经验。进一步修改完善指标评价体系，加强都市现代农业综合发展水平评价指标体系建设和评价方法研究，综合评估全国发展情况并形成专题报告。建立健全"菜篮子"市长负责制考核激励机制，加强"菜篮子"产品调控目录制度建设，深入推进"新一轮"菜篮子工程建设。

（十）"互联网＋"现代农业试点示范

支持地方和有关单位探索"互联网＋"与农业、农村、农民融合发展的路径，与农业生产、经营、管理、服务四大环节融合的方式、路径，如何利用"互联网＋"，实现农业资源要素的数据化集成，实现农业传统行业的在线化改造。

（十一）农业电子商务试点

在大城市周边省（区、市），以水产品、水果、蔬菜等为突破口，开展鲜活农产品电子商务试点，探索生鲜农产品高端城市社区直配模式；在粮食主产省，开展化肥、种子、农药等生产资料电子商务试点，探索放心农资进田头模式。

（十二）信息进村入户试点

启动第三批信息进村入户试点工作，推进 12316 服务体系延伸到乡村，主要建设内容包括：村级信息服务站、村级信息员队伍、12316 标准化改造，实现普通农户不出村、新型农业经营主体不出户就可享受到便捷、经济、高效的生产生活信息服务。

（十三）农业物联网区域试验工程

继续开展区域试验工作，重点支持畜禽水产养殖、农产品质量安全追溯、大田苗情、智能化育秧、设施农业等领域的应用模式定型和技术产品熟化。支持一批生产经营主体开展农业物联网应用示范。

（十四）网络与信息安全管理及农业信息化基础工作

开展网络与信息安全基础研究工作，开展防渗测试、漏洞扫描、培训、专项检查及相关制度建设；开展网络安全联络员培训；组织网络安全专项检查；开展农业信息化测评；开展相关标准研究和制定、示范基地应用创新工作及农业信息化成果展；开展农业信息化发展战略研究；开展"互联网＋"现代农业战略研究、农业物联网和农业电子商务基础性研究、信息进村入户理论研究。

三、实施区域

各省级农业行政管理部门及有关业务支撑单位，农业部定点批发市场。

四、资金使用方向

资金应用于开展农业信息预警工作所发生的各种交通、差旅、培训、数据购买、系统开发和调查补助等支出。

五、申报条件

1. 承担农业部监测预警及农业信息化工作任务的各省级农业行政管理部门。
2. 农业部定点批发市场。
3. 农业监测预警及农业信息化工作业务支撑单位及有关科研院所。

六、有关要求

1. 各项目实施单位应具备开展农业信息预警工作所必备的人员、机构、制度等条件，能够完成年度工作任务。

2. 各实施单位主管部门要认真审核，严格把关，按程序组织申报，加强对项目实施单位的监管。

3. 各项目实施单位应建立严格的资金管理制度，合理安排资金使用方向，不得挪用、截留、挤占，确保资金专款专用和资金安全。

七、申报程序

请有关主管部门（单位）根据本项目申报要求，组织指导项目单位抓紧编制项目申报书（格式见本《通知》附件），以财（计财）字文件统一报送我部市场与经济信息司 2 份，同时发送电子邮件至 scsxxc@ agri. gov. cn，scsyxc@ agri. gov. cn。

联系电话：农业部市场与经济信息司信息统计处、运行调控处 010 – 59191561，59191531。

农业部通讯地址：北京市朝阳区农展馆南里 11 号

邮政编码：100125

附件 8 - 1

农业农村资源等监测统计经费
（农业信息）

项目申报书

项目任务： _____

项目单位： _____

通讯地址： _____

邮政编码： _____

联系电话： _____

联 系 人： _____

主管部门（单位）： _____

通讯地址： _____

邮政编码： _____

联系电话： _____

联 系 人： _____

填制日期： _____

中华人民共和国农业部制

一、2015 年项目执行进展及下一步进度安排

（2015 年未安排执行本项目的，不填写此栏目）

二、2016 年项目任务计划

（一）项目任务来由（背景）

（二）年度目标与预期效益

（三）项目内容及金额

（四）时间进度（范围为 2016 年 1～12 月）

（五）涉及的相关单位（包括与实施项目有关的基层单位、科研院校、农资生产经营企业以及项目单位所属独立法人等）及事项

三、项目单位情况

（一）单位类型、隶属关系、职能业务范围

（二）技术设备条件、财务收支资产状况、内部管理制度建设情况

（三）有无不良记录（财政部门及审计机关处理处罚决定、行业通报批评、媒体曝光等）

四、人员分工

姓名	性别	工作单位	职务/职称	项目分工	联系电话

五、申请资金经济分类明细表

项目单位财务专用章：   单位：万元

项目内容	合计	商品和服务支出有关科目												其他资本性支出有关科目			
		小计	印刷费	咨询费	水费	电费	邮电费	差旅费	维修（护）费	租赁费	培训费	专用材料费	劳务费	委托业务费	其他商品和服务支出	小计	专用设备购置	信息网络建设	其他资本性支出
（项目内容1）																			
（项目内容2）																			
（项目内容3）																			
合计																			

注：经济分类科目参见《2016 年政府收支分类科目》。

六、申报意见表

项目单位 意　　见	本单位对以上内容的真实性和准确性负责，特申请立项。 　　　　　　　　负责人签名：　　　（单位公章） 　　　　　　　　　　　　　　　　年　月　日
主管部门 （单位） 意　　见	经审核，同意报送。 　　　　　　　　负责人签名：　　　（单位公章） 　　　　　　　　　　　　　　　　年　月　日
备　　注	

七、项目单位账号

项目单位财务专用章：

项目单位 账　　户	收款单位：（本单位在银行类金融机构所开户头的全称）
	开户银行：××银行××省××市××县（区）分行（支行）××营业部（分理处）或××省××市××县（区）××乡（镇）农村信用社
	账　　号：

附件 9

农业农村资源等监测统计经费
（发展计划）项目指南

一、项目目标

（一）农业遥感监测与评价

2016 年，按照全国农业遥感业务化运行的要求，进一步改进和完善农业遥感监测的技术标准和规程，强化数据质量控制和监督，提高农业遥感监测工作的及时性、准确性、可靠性和权威性。在提高监测精度和实现监测过程自动化程度的基础上，定期监测全国土壤墒情和农作物长势，适时监测重大农业自然灾害，准确预测 2016 年全国水稻、小麦、玉米、大豆和棉花播种面积、长势、墒情、单产、总产量变化情况以及甘蔗、油菜种植面积变化情况。开展东北三省及内蒙古东四盟地区农作物空间分布本底调查，加大农作物空间数据库建设和应用力度。着力开展国外主要农区重点作物监测试点工作，为农业宏观决策提供实时、准确的信息服务。

（二）农村资源调查与区划

按照《农业法》中关于制定农业资源合理利用和保护的区划、建立农业资源监测制度、促进形成合理的农业生产区域布局、指导和协调农业和农村经济结构调整的要求，2016 年重点开展农业资源专题调查，对农业基本资源进行综合监测和评价，为促进农业资源合理配置、指导农业结构调整提供科学依据；结合区域发展战略和农业功能区划，开展区域农业发展政策、区域发展规划、特定地区产业和科技等方面研究，总结区域现代农业发展模式，优化农业空间布局，指导区域农业发展；强化农业资源监测能力和数据库平台建设，开展农业资源数据库示范试点，提高农业资源信息的科学管理水平；总结区域资源高效利用方式和发展经验，为不同区域农业资源合理利用，发展现代农业提供支撑。

二、主要内容

（一）农业遥感监测与评价

1. 相关作物收获前完成全国水稻（包括早稻、中稻和一季晚稻、双季晚稻）、小麦（冬小麦、春小麦）、玉米、大豆和棉花种植面积、产量的遥感监测和预报。

2. 相关作物收获前完成全国甘蔗、油菜种植面积变化情况的遥感监测。

3. 全国五大作物（水稻、小麦、玉米、大豆和棉花）长势遥感监测，每隔 10 天监测一次；单产遥感监测，每个月监测一次。

4. 全国耕地土壤墒情遥感监测，每隔 10 天监测一次。

5. 东北三省及内蒙古东四盟地区农作物（水稻、玉米、大豆、春小麦等）空间分布本底调查。

6. 草原等农业资源变化遥感监测。

7. 地面网点县监测，每 10 天进行一次数据采集和上报。

8. 不定期开展重大农业自然灾害对农业生产影响监测，并提供相关分析报告。

9. 美国玉米、小麦、大豆，巴西、阿根廷大豆种植面积、长势、产量等监测试点。

10. 农业遥感监测技术研究。

（二）农村资源调查与区划

1. 农业可持续发展研究，为推进生态文明建设服务。继续开展农业可持续发展指标体系研究，指导全国农业可持续发展和资源可持续利用。开展全国农业可持续发展成功模式分析和全国农业可持续发展报告编制工作，加强农业可持续发展研究工作。开展水土等农业资源高效利用、中国传统农耕文明、国外农业可持续发展的经验与启示等重点课题研究。

2. 农业资源监测与评价工作，为及时掌握农业资源现状与问题服务。拟重点在耕地质量建设、农业污染及防治对策、农业废弃物状况、资源合理利用、农业灾害性气候对农业生产影响、区域耕地占补平衡等方面进行综合研究和监测。加强监测评价资料的分析整理，编制农业资源状况报告。探索加强农业资源综合管理的有效手段和方法。结合"十三五"农业发展规划编制，适时开展相关工作。

3. 农业资源区划资料数据库建设，为优化农业区域布局服务。开展农业基本数据、基础资料的搜集整理，进一步修改完善全国农业资源区划数据库，为全国农业资源区划管理部门、研究单位以及其它相关机构提供信息交流共享的平台，提高决策支持和公共服务的能力。同时，对农业资源区划数据库已有一定工作基础的部分省农业区划办资料收集及运行给予适当支持。

4. 区域农业发展政策及相关重点问题研究，为支持和指导区域农业发展提供支撑。重点围绕国家区域发展战略及近年来针对连片特困地区、新疆、西藏等特殊区域经济社会发展相关指导意见的实施，开展区域农业农村发展、农业科技推广、城乡统筹发展深化研究，力求及时掌握上述地区农业资源及开发利用状况、农牧业和农村发展基本情况，分析存在的问题、限制因素及发展优势与潜力，为政府决策部署提供科学依据。

5. 农业资源区划示范试点工作，为提高农业资源利用率服务。通过示范试点，对各地农业资源可持续利用和综合开发模式进行系统归纳和总结，逐步积累了一批较为成熟的农业资源综合利用技术与模式，为在全国大规模推广提供实践经验。

三、实施地域和单位

（一）农业遥感监测与评价

在全国水稻、小麦、玉米、大豆和棉花五大作物产区，以及甘蔗、油菜产区，由农业部遥感应用中心、各分部、区域分中心及有关支撑单位、有关省（区、市）农业资源区划部门等实施。

（二）农村资源调查与区划

全国农业资源区划办公室，各省（区、市）农业资源区划办公室，以及农业资源区划工作有关业务支撑单位。

四、资金使用方向

（一）农业遥感监测与评价

1. 五大作物（水稻、小麦、玉米、大豆和棉花）面积、长势、墒情、产量以及甘蔗与油菜种植面积监测，草原长势、产草量与草畜平衡监测，东北三省及内蒙古东四盟地区农作物空间分布本底调查。监测范围覆盖我国粮食主要产区及主要牧区，资金主要用于地面样方调查、数据接收与处理、遥感图像和其他有关数据购置、遥感图像解译、模型构置和分析、模型分析、数据汇总分析与报告编写等。本项工作分别由农业部遥感应用中心应用部（农业部规划设计研究院）或研究部（中国农业科学院农业资源与农业区划研究所）牵头，太原分中心、成都分中心、哈尔滨分中心、南京分中心、呼和浩特分中心、南宁分中心、合肥分中心、郑州分中心、兰州分中心、武汉分中心、乌鲁木齐分中心，以及其他相关单位参加。

2. 地面网点县监测。组织 200 个国家级地面样方监测网点县，定期开展土壤墒情、作物长势、灾害的地面调查和测量工作，并及时上报与汇总分析，为遥感监测提供地面实测信息。资金主要用于野外数据采集与分析。本项工作由 200 个地面网点县所在的 26 个省（区）农业区划办和农业部遥感应用中心应用部承担。

3. 美国玉米、小麦、大豆，巴西、阿根廷大豆种植面积、长势、产量等监测试点。

4. 项目管理、技术研究和技术培训等。

（二）农村资源调查与区划

资金用于开展农业资源区划课题研究所发生的差旅、培训、咨询、劳务费和印刷费等支出。

五、有关要求

（一）各课题承担单位应具备项目实施所必备的人员、机构、制度等条件，能够完成年度工作任务。

（二）各实施单位主管部门要认真审核，严格把关，按程序组织申报，加强对项目实施单位的监管。

（三）各课题承担单位应建立严格的资金管理制度，合理安排资金使用方向，不得挪用、截留、挤占，确保资金专款专用和资金安全。

六、申报程序

请有关主管部门（单位）组织指导项目单位抓紧填制项目申报材料（详见附件，电子版可从中华人民共和国农业部网站（http：//www. moa. gov. cn）信息公开专栏下载），并将申报文件、项目申报材料（签字盖章后）统一报送农业部发展计划司（2 份），同时发送电子邮件至 jhskfch@ agri. gov. cn，联系电话：农业部发展计划司可持续发展推进处 马尚杰 010－59192527，59192569（传真）；唐鹏钦 010－59192549，59192569（传真）。

通讯地址：北京市朝阳区农展馆南里 11 号

邮政编码：100125

附件 9 – 1

农业农村资源等监测统计经费
（发展计划）

项目申报书

项目任务：_____

项目单位：_____

通讯地址：_____

邮政编码：_____

联系电话：_____

联 系 人：_____

主管部门（单位）：_____

通讯地址：_____

邮政编码：_____

联系电话：_____

联 系 人：_____

填制日期：_____

中华人民共和国农业部制

一、2015 年项目执行进展及下一步进度安排

（2015 年未安排执行本项目的，不填写此栏目）

二、2016 年项目任务计划

（一）项目任务来由（背景）

（二）年度目标与预期效益

（三）项目内容及金额

（四）时间进度（范围为 2016 年 1～12 月）

（五）涉及的相关单位（包括与实施项目有关的基层单位、科研院校、农资生产经营企业以及项目单位所属独立法人等）及事项

三、项目单位情况

（一）单位类型、隶属关系、职能业务范围

（二）技术设备条件、财务收支资产状况、内部管理制度建设情况

（三）有无不良记录（财政部门及审计机关处理处罚决定、行业通报批评、媒体曝光等）

四、人员分工

姓名	性别	工作单位	职务/职称	项目分工	联系电话

五、申请资金经济分类明细表

项目单位财务专用章：
单位：万元

项目内容	合计	商品和服务支出															其他资本性支出
		小计	印刷费	咨询费	水费	电费	邮电费	差旅费	维修（护）费	租赁费	培训费	专用材料费	专用燃料费	劳务费	委托业务费	其他商品和服务支出	专用设备购置
合计																	

注：经济分类科目参见《2016 年政府收支分类科目》。

六、申报意见表

项目单位 意　　见	本单位对以上内容的真实性和准确性负责，特申请立项。 　　　　　　　　　　　负责人签名：　　（单位公章） 　　　　　　　　　　　　　　　　　　　年　月　日
主管部门 （单位） 意　　见	 　　　　　　　　　　　负责人签名：　　（单位公章） 　　　　　　　　　　　　　　　　　　　年　月　日
委托单位 意　　见	1. 处审核意见　　　　　　　　　　　负责人签名： 　　　　　　　　　　　　　　　　　　年　月　日 2. 司审核意见 　　　　　　　　　　　负责人签名：　　（单位公章） 　　　　　　　　　　　　　　　　　　　年　月　日

七、项目单位账号

项目单位财务专用章：

项目单位 账　　户	收款单位：（本单位在银行类金融机构所开户头的全称）
	开户银行：××银行××省××市××县（区）分行（支行）××营业部（分理处）或××省××市××县（区）××乡（镇）农村信用社
	账　　号：

附件 10

农产品促销
（出口促进）项目指南

一、项目目标

紧紧围绕服务国内农业产业发展和国家经济发展战略目标，统筹利用好两个市场、两种资源，根据农业部党组关于农业国际合作的统一部署，完善农业贸易促进体系建设，大力推动农产品海外推介，促进优势特色农产品出口，提高农产品国际市场竞争力，带动农业发展与农民增收。

二、项目内容

（一）参加境外国际著名农业展览会和展销会

加强优势农产品海外推介，支持重点农产品出口省（区、市）及出口企业参加境外国际著名涉农展销会及农业展会，支持企业举办我国优势农产品推介会，帮助其开拓海外市场，提高我国农产品出口影响力。

（二）开展优势农产品出口示范和品牌建设

一是支持重点农产品出口省（区、市）依托出口农产品生产基地开展农产品出口示范，支持我国大中型农产品生产加工贸易企业及行业协会开展农产品出口促进，包括开展农产品出口示范、加强农产品营销促销等。二是推进实施农业品牌战略，开展特色农产品品牌建设和保护。鼓励和引导企业强化品牌发展定位、品牌识别设计和品牌运作筹划，打造农业国际知名品牌，同时做好国际化运营体系及队伍建设。

（三）农产品境外展示窗口建设、产品推介及广告宣传

支持重点农产品出口省（区、市）大中型农产品生产加工贸易企业在境外建立优质农产品展示窗口，打造农产品国际市场直销通道，对我国优势农产品进行广告宣传，提高海外认知度和国际竞争力。

三、实施区域

重点农产品出口省（区、市）、主要农业行业协会。

四、资金使用方向

主要用于实施项目所需的印刷、咨询、邮电、差旅、租赁、劳务和宣传等费用支出。

五、申报条件

（一）具有所申报领域的相关资质、技术水平、设备条件、管理能力的企业、事业及社团法人单位。

（二）长期专门从事农业外事外经外贸业务，具有从事农业国际合作的机构和专业人员，对开展农业国际合作和农产品贸易促进活动有明确的工作安排和合理计划。

（三）具有健全的财务管理制度，无不良记录。

六、申报程序及要求

请有关主管部门（单位）根据本项目指南，组织指导项目单位抓紧编制项目申报书（格式附后），以财（计财）字号文件报送农业部国际合作司（2份），抄送农业部贸促中心（1份），并登陆农业部财政项目管理系统，填报项目申报材料。逾期申报不予受理。

联系人：张姝　王丹

电话：010－59193324、59194404

传真：010－65003752

电子邮箱：wangdan@ agri. gov. cn

地址：北京市朝阳区农展南里11号

邮编：100125

附件 10 - 1

农产品促销
（出口促进）

项目申报书

项目任务：＿＿＿＿＿＿＿＿＿＿＿＿＿＿＿

项目单位：＿＿＿＿＿＿＿＿＿＿＿＿＿＿＿

通讯地址：＿＿＿＿＿＿＿＿＿＿＿＿＿＿＿

邮政编码：＿＿＿＿＿＿＿＿＿＿＿＿＿＿＿

联 系 人：＿＿＿＿＿＿＿＿＿＿＿＿＿＿＿

联系电话：＿＿＿＿＿＿＿＿＿＿＿＿＿＿＿

电子邮箱：＿＿＿＿＿＿＿＿＿＿＿＿＿＿＿

填制日期：＿＿＿＿＿＿＿＿＿＿＿＿＿＿＿

中华人民共和国农业部制

一、2015 年项目执行进展及下一步进度安排

（2015 年未安排执行本项目的，不填写此栏目）

二、2016 年项目任务计划

（一）项目任务来由（背景）

（二）项目可行性研究或市场分析

（三）年度目标与预期效益

（四）成果指标

（五）项目内容及金额

（六）时间进度（范围为 2016 年 1～12 月）

（七）涉及的相关单位（包括与实施项目有关的基层单位、科研院校、农资生产经营企业以及项目单位所属独立法人等）及事项。

三、项目单位情况

（一）单位性质、隶属关系、职能业务范围

（二）技术设备条件、财务收支资产状况、内部管理制度建设情况

（三）有无不良记录（财政部门及审计机关处理处罚决定、行业通报批评、媒体曝光等）

四、人员分工

姓名	性别	工作单位	职务/职称	项目分工	联系电话

五、申请资金经济分类明细表

项目单位财务专用章：

项目名称	合计	商品和服务支出								
		小计	印刷费	咨询费	邮电费	差旅费	租赁费	劳务费	委托业务费	其他商品和服务支出

六、申报意见表

项目单位 意　见	本单位对以上内容的真实性和准确性负责，特申请立项。 负责人签名：　　　　（单位公章） 　　　　　　　　　　年　月　日
主管部门 （单位） 意　见	经审核，同意报送。 负责人签名：　　　　（单位公章） 　　　　　　　　　　年　月　日
备　　注	

七、项目单位账号

项目单位财务专用章：

项目单位 账　户	收款单位：（本单位在银行类金融机构所开户头的全称）
	开户银行：××银行××省××市××县（区）分行（支行）××营业部（分理处）或××省××市××县（区）××乡（镇）农村信用社
	账　　号：

附件 11

农业农村资源等监测统计经费
（农业产业损害监测预警）项目指南

一、项目目标

农业产业损害监测预警项目的目标是建立覆盖全国的农业产业损害监测预警体系和国际农业监测体系，为农产品贸易政策制定和调整提供技术和信息支持，为农产品贸易救济措施提供技术支撑。构建农业产业监测预警指标体系，建立政府-协会-重点农业企业-监测机构多位一体的产业和贸易动态信息收集、评估和发布体系。建立监测预警信息数据库，不定期发布监测产品的监测预警分析报告，定期发布各地区监测产品监测预警分析报告和全国范围内各相关产业的产业安全评估报告。构建国际农业监测体系，及时跟踪国际农业发展及政策变化给国内产业带来的影响，提高统筹利用国际国内两个市场两种资源的能力。

二、项目内容

（一）农业产业损害监测预警体系

实时监测和采集重点产品贸易、生产、价格和成本等信息，以整理和分析农产品贸易对我国农业产业损害的影响，及时发布农产品进出口监测预警信息，提出应对建议。项目内容包括以下3个方面：

1. 监测对象选择和范围确定。对进口贸易影响监测以2类产品作为监测重点：一是受进出口贸易影响较大的农产品，包括大豆、棉花、羊毛、热带水果和牛奶等；二是关系国计民生的重要的农产品，如水稻、玉米、小麦、油菜和糖料等。对出口的贸易影响监测以出口大省为监测目标。

监测地点的选择与监测产品相对应，不论哪种产品，对进口产品均监测其主要产地及进口地的情况，对出口产品主要监测主产地、贸易集中地的情况。对于受进口冲击严重的农产品，选择其生产大省的典型县生产贸易情况等进行监测；对于主要出口农产品，选择生产大省的典型县、加工企业集中地和出口企业集中地进行监测。

2. 构建监测指标体系，收集监测数据。结合贸易救济产业损害调查的要求，监测指标由3部分构成：产业数据（包括生产规模数据和成本数据）、国内市场数据和贸易数据。从数据收集频率及来源来看，国内市场类数据及贸易数据需要全年定期实时跟踪监测，最低频度为月度数据，种植数据和成本数据则主要在收获季节之后通过调查获得数据。

3. 在农业产业损害监测预警分析和产业安全评估基础上，发布监测预警分析报告和产业安全评估报告。结合农业产业特点，构建和运行农业产业监测预警和安全量化评估系统。综合历史生产、贸易及市场情况，结合不同产业的特征和发展现状，实时通报监测预警信息，发布监测预警报告、安全评估报告以及农产品贸易救济案例等。

（二）国际农业监测体系

国际农业监测体系对主要国家的农业产业、农业政策进行系统持续的跟踪分析，提供一系列具有权威性、时效性和针对性的国际农业监测分析报告，包括以下方向：

1. 主要农产品市场、贸易及产业政策跟踪监测。跟踪粮棉油糖、果蔬、畜产品、水产品等主要农产品国际和国内供需、贸易、价格、竞争力以及相关产业政策等情况，分析预测其中长期的供需变化；针对当年市场、贸易及产业安全情况进行分析并提出相应的对策建议。

2. 主要国家农业产业发展与政策跟踪监测。密切跟踪美国、欧盟、日本、韩国等主要国家农业产业的发展和农业政策变化，分析其趋势，深入研究各国农业发展及政策变化给我国农业带来的影响并提出相应的政策建议。

3. 国际农业及贸易领域重大问题跟踪。针对国际农业及贸易领域重大问题，如农产品贸易形势分析、我国农业产业安全评估、农产品贸易对农民就业收入的影响等，分析其动因及对我国农业的影响，借鉴国外应对经验，为我国制定相关政策提出政策建议。

三、实施区域

各主要农产品生产大省、主产县、协会，农产品出口大省、大县，其他相关事业单位以及技术支撑单位。

四、资金使用方向

主要用于项目所需的印刷、咨询、邮电、差旅和劳务等费用支出。

五、申报条件

项目申报范围包括：

（一）各省农业厅及下属事业单位。

（二）高校、科研院所等技术支撑单位。

申报单位资质和条件：

（一）项目承担单位应具有独立法人资格。

（二）监测预警项目承担单位应具备一定的监测预警工作基础和分析研究能力；国际农业监测项目主持人应具有承担课题的经历，具有高级专业技术职务（职称）或者具有博士学位。

（三）无不良记录。

申报数量和金额：农业产业损害监测预警项目，监测产品在 2 个及其以上的，每个单位申报金额不得超过 25 万元；协会或监测产品只有 1 个的，每个单位申报金额不得超过 10 万元。国际农业监测体系项目中，"主要农产品市场、贸易及产业政策跟踪监测"和"主要国家农业产业发展与政策跟踪监测"类项目申请金额不得高于 10 万元；"国际农业及贸易领域重大问题跟踪"类项目申请金额原则上不得高于 15 万元。

六、有关要求

（一）各项目实施单位应具备开展农业产业损害监测预警或国内外农业政策监测工作所必备的人员、机构、制度等条件，能够完成年度工作任务。

（二）各实施单位主管部门要对申请材料的真实性和完整性认真审核，对申请单位或申请人的申请资格严格把关，按程序组织申报，加强对项目实施单位的监管。

（三）各项目实施单位应建立严格的资金管理制度，合理安排资金使用方向，不得挪用、截留、挤占，确保资金专款专用和资金安全。

七、申报程序

请有关主管部门（单位）根据本项目申报要求，组织指导项目单位抓紧编制项目申报书（格式见附件），以财（计财）字文件（一式3份）统一报送农业部国际合作司，并登陆农业部财政项目管理系统，填报项目申报材料。逾期申报不予受理。

联系人：张永霞（农业产业损害监测预警体系）

刘武兵（国际农业监测体系）

联系电话：010－59194580、59194572

传真：010－59194565、59194693

通讯地址：朝阳区麦子店街20号楼820

邮政编码：100125

附件 11 - 1

农业农村资源等监测统计经费
（农业产业损害监测预警）

项目申报书

项目任务：_____

项目单位：_____

通讯地址：_____

邮政编码：_____

联 系 人：_____

联系电话：_____

电子邮箱：_____

填制日期：_____

中华人民共和国农业部制

一、2015 年项目执行进展及下一步进度安排

（2015 年未安排执行本项目的，不填写此栏目）

二、2016 年项目任务计划

（一）项目任务来由（背景）
（二）年度目标与预期效益
（三）项目内容及金额
（四）时间进度（范围为 2016 年 1～12 月）
（五）涉及的相关单位（包括与实施项目有关的基层单位、科研院校、农资生产经营企业以及项目单位所属独立法人等）及事项

三、项目单位情况

（一）单位类型、隶属关系、职能业务范围
（二）技术设备条件、财务收支资产状况、内部管理制度建设情况
（三）有无不良记录（财政部门及审计机关处理处罚决定、行业通报批评、媒体曝光等）

四、人员分工

姓名	性别	工作单位	职务/职称	项目分工	联系电话

五、申请资金经济分类明细表

项目单位财务专用章：

单位：万元

项目内容	合计	商品和服务支出有关科目						
		小计	印刷费	咨询费	邮电费	差旅费	劳务费	委托业务费
合计								

六、申报意见表

项目单位 意　见	本单位对以上内容的真实性和准确性负责，特申请立项。 　　　　　　负责人签名：　　　（单位公章） 　　　　　　　　　　　　　年　月　日
主管部门 （单位） 意　见	经审核，同意报送。 　　　　　　负责人签名：　　　（单位公章） 　　　　　　　　　　　　　年　月　日
备　　注	

七、项目单位账号

项目单位财务专用章：

项目单位 账　户	收款单位：（本单位在银行类金融机构所开户头的全称）
	开户银行：××银行××省××市××县（区）分行（支行）××营业部（分理处）或 ××省××市××县（区）××乡（镇）农村信用社
	账　　号：

附件 12

农业生态环境保护项目指南

一、项目目标

农业生态环境保护是农产品质量安全的源头保障，是农业可持续发展的基础，也是我国生态文明建设的重要组成部分。通过 2016 年项目实施，组织开展农产品产地土壤重金属污染监测预警，构建农业面源污染监测网络，开展一批畜禽养殖废弃物及农业氮磷污染综合防治示范区建设、农业清洁生产技术示范区建设、现代生态农业创新示范基地建设，组织推动可降解地膜示范推广及标准地膜回收利用等。

二、项目内容

2016 年农业生态环境保护项目重点开展以下六个方面的工作：

（一）农产品产地土壤重金属污染监测预警

在布设的农产品产地土壤重金属污染国控点开展监测预警，按照分步骤分区域轮流推进的原则，每个监测点每三年监测一次，根据不同区域、不同种植制度，在已布设的国控监测点农作物受污染的高风险区，按照 30% 比例采集农作物样品，开展农产品产地土壤重金属污染监测预警和农作物重金属污染风险管控。

（二）农业面源污染监测

主要开展农田氮磷污染监测、农田地膜残留调查监测、畜禽养殖废弃物产排污系数更新监测，构建监测网络和数据平台等。在已建设的农业面源污染国控监测点开展农业面源污染的采样、分析及监测点的运行管理，监测分析氮、磷等农业面源污染物的产生排放数量。在地膜用量大、时间长、污染较重的地区开展调查监测。选择典型规模化养殖场进行定点监测，更新畜禽养殖废弃物产排污系数，开展畜禽养殖废弃物产排污定位监测。开展循环农业示范市建设。

（三）畜禽养殖废弃物及农业氮磷污染综合防治示范区建设

在太湖、巢湖、洱海等典型流域以及三峡库区建设 4 个畜禽养殖废弃物及农业氮磷污染综合防治示范区，开展养殖场粪污固液分离、贮存，养殖污水高效处理、循环利用等设施，畜禽粪便收集处理中心、固体无害化处理和堆肥设施建设；推广分区限量施肥、以碳控氮、缓控释肥料等技术，实施化肥、农药控施替代，建设径流集蓄与再利用设施，养殖肥水田间贮存池及施用配套设施、农田固体废弃物收集池、蔬菜残体发酵池、农田尾水生态拦截沟、渠、塘等设施及配套设备，控制农田氮磷流失，减少农业自身污染。

（四）农业清洁生产技术示范区建设

主要开展畜禽养殖业清洁生产示范建设，进行种养一体化、粪便集中处理、生态养殖减排、养殖物水深度处理等工程建设和技术示范等；开展种植业清洁生产示范建设，进行规模化果园、茶园、设施蔬菜、水稻、小麦、玉米清洁生产示范等；开展农业清洁生产技术指导与示范培训。

（五）现代生态农业创新示范基地建设

建设一批现代生态农业创新示范基地，在示范基地配置低碳、节水、节肥、节药和面源污染防治设施、设备和物料，开展农业清洁生产技术的试验、示范与应用，在生态农业基地生产的关键环节设置传感器、探头、传输设备等，对土壤、水、投入品等进行动态监测。

（六）可降解地膜示范推广及标准地膜回收利用

在农田残膜污染严重的区域开展一批对比实验，主要对比可降解地膜和非降解地膜的使用成本、地膜残留、回收率、对作物生长效果等，在地膜使用量大的省区建设标准地膜回收利用示范点，对现有地膜残膜的回收利用技术进行示范推广。

三、实施区域

农产品产地土壤重金属污染监测预警、农业面源污染监测在全国有工作基础、已布设点位的地区内实施；畜禽养殖废弃物及农业氮磷污染综合防治示范区建设在太湖、巢湖、洱海等典型流域以及三峡库区等典型区域实施；农业清洁生产技术示范区建设优先在水果、茶、蔬菜等主产区和规模化养殖区实施；现代生态农业创新示范基地建设在生态农业发展基础较好地区实施；可降解地膜示范推广及标准地膜回收利用在地膜使用量大、污染严重区域实施。

四、资金使用方向

农产品产地土壤重金属污染监测预警、农业面源污染监测，资金使用方向主要是差旅费、劳务费、样品封存与制备费、测试费、必要设备购置费、试剂与耗材购置费、培训费和材料印刷费等；畜禽养殖废弃物及农业氮磷污染综合防治示范区建设资金使用方向主要包括水泥、钢筋、砖等设施建设材料以及配套设备购置补贴，差旅、劳务、培训和材料印刷等支出；农业清洁生产技术示范和现代生态农业创新示范基地建设资金使用方向主要包括监测、示范、规划编制及技术培训等所需的设施、设备和物料购置补贴、差旅、劳务、咨询、培训、印刷等支出；可降解地膜示范推广及标准地膜回收利用资金使用方向主要包括样品采集和检测及技术培训等所需的设备和材料购置补贴、差旅、劳务、咨询、培训、印刷等支出。

五、申报条件

农产品产地土壤重金属污染监测预警、农业面源污染监测、畜禽养殖废弃物及农业氮磷污染综合防治示范区建设、农业清洁生产技术示范区建设、现代生态农业创新示范基地建设、可降解地膜示范推广及标准地膜回收利用项目原则上由省级以上农业资源环境主管部门承担。相关技术标准宣贯及宣传培训原则上由长期从事农业生态环境保护研究的省级以上农业科研院校、有工作基础的省级以上农业资源环境主管部门承担。

六、申报程序

请有关主管部门（单位）根据本项目申报要求及资金经济分类明细表（附后），组织指导项目单位抓紧编制项目申报书，以财（计财）字文件报送农业部科技教育司（申报材料一式3份寄至农业部农业生态与资源保护总站）。

联系人和联系方式：

农业部科技教育司资源环境处　李晓华

电话：010－59193038

农业部农业生态与资源保护总站　徐志宇

电话：010－59196397

通讯地址：北京市朝阳区麦子店街24号楼，农业部农业生态与资源保护总站环境保护处

邮编：100125

附件 12 −1

农业生态环境保护

项目申报书

项目任务：_____

项目单位：_____

通讯地址：_____

邮政编码：_____

联系电话：_____

联　系　人：_____

主管部门（单位）：_____

通讯地址：_____

邮政编码：_____

联系电话：_____

联　系　人：_____

填制日期：_____

中华人民共和国农业部制

一、2015 年项目执行进展及下一步进度安排

（2015 年未安排执行本项目的，不填写此栏目）

二、2016 年项目任务计划

（一）项目任务来由（背景）

（二）年度目标与预期效益

（三）项目内容及金额

（四）时间进度（范围为 2016 年 1～12 月）

（五）涉及的相关单位（包括与实施项目有关的基层单位、科研院校、农资生产经营企业以及项目单位所属独立法人等）及事项

三、项目单位情况

（一）单位类型、隶属关系、职能业务范围

（二）技术设备条件、财务收支资产状况、内部管理制度建设情况

（三）有无不良记录（财政部门及审计机关处理处罚决定、行业通报批评、媒体曝光等）

四、人员分工

姓名	性别	工作单位	职务/职称	项目分工	联系电话

五、申请资金经济分类明细表

项目单位财务专用章：

单位：万元

项目内容	合计	商品和服务支出												其他资本性支出
		小计	印刷费	咨询费	邮电费	差旅费	维修（护）费	租赁费	培训费	专用材料费	劳务费	委托业务费	其他商品和服务支出	小计	专用设备购置
（项目内容1）														
（项目内容2）														
（项目内容3）														
合计														

六、申报意见表

项目单位 意　见	本单位对以上内容的真实性和准确性负责，特申请立项。 　　　　　　　　　　　　负责人签名：　　　　（单位公章） 　　　　　　　　　　　　　　　　　　　　　　年　月　日
主管部门 （单位） 意　见	经审核，同意报送。 　　　　　　　　　　　　负责人签名：　　　　（单位公章） 　　　　　　　　　　　　　　　　　　　　　　年　月　日
备　　注	

七、项目单位账号

项目单位财务专用章：

项目单位 账　户	收款单位：（本单位在银行类金融机构所开户头的全称）
	开户银行：××银行××省××市××县（区）分行（支行）××营业部（分理处）或 ××省××市××县（区）××乡（镇）农村信用社
	账　　号：

填报说明

1. 印刷费：指项目有关报告、材料等印刷支出。

2. 咨询费：指为项目实施而开展的专家咨询所需要的支出。

3. 邮电费：指项目实施过程中的信函、包裹、货物等物品的邮寄费及电话费、电报费、网络通信费等。

4. 差旅费：指项目承担人员出差的差旅支出。

5. 维修（护）费：指固定资产（不包括车船等交通工具）修理和维护费用，网络信息系统运行与维护费用等。

6. 租赁费：指项目实施所必须租赁的用房、专用通信设备网、仪器及其他设备等发生的费用。

7. 培训费：指为项目实施所开展的技术人员和农民培训等支出。

8. 专用材料费：指项目实施过程中购买材料、试剂药品等有关材料发生的费用。

9. 劳务费：指临时聘用人员所发生的劳务支出。

10. 委托业务费：指在项目实施过程中必须委托非预算单位办理的业务而支付的费用。

11. 其他商品和服务支出：指项目实施过程中可能发生但现在无法预知的其他费用支出。

12. 专用设备购置费：指在项目实施过程中必备购置的纳入固定资产管理的小型仪器设备购置支出。

附件 13

农作物病虫鼠害疫情监测与防治经费
（农业外来入侵生物防治）项目指南

一、项目目标

针对目前我国农业外来生物入侵的严峻形势，以及入侵生物种类、分布、扩散和危害特点，利用调查监测、防控灭除、应急处置、综合利用、技术服务、监督管理和宣传培训等多种形式途径，组织开展外来生物入侵防控工作，保障我国农业生产生态安全，全力推进国家生态文明建设。2016 年，重点对列入《国家重点管理外来入侵名录（第一批）》中危害严重的水花生、水葫芦等入侵物种开展调查、监测预警；对局部区域爆发的重大危险性农业外来入侵生物开展集中灭除；建立生态控制示范基地和天敌生物防治基地，开展外来入侵物种综合防治技术示范推广。

二、项目内容

2016 年，外来入侵生物防治项目主要开展以下三项工作。

（一）危险性外来入侵物种调查监测

针对水花生、水葫芦、银胶菊、刺萼龙葵等危险性外来入侵物种开展本底调查，系统调查在重点发生省份的危害面积、传播扩散途径、危害影响方式、经济损失程度、生态环境影响，完善、更新全国外来入侵物种数据库，提出外来入侵植物对农业生产、生物多样性的经济与生态影响预警报告，提出控制预案；开展重点生物多样性富集区入侵生物调查研究，在我国外来生物入侵的高风险区、生物多样性富集区和生态脆弱区，开展外来入侵生物入侵状况调查和监测预警，为建立外来入侵生物综合监测点提供技术支撑。

（二）外来入侵物种集中灭除

在外来入侵物种集中分布区，利用物理、化学、生物等灭除手段，对豚草、刺萼龙葵、少花蒺藜等重大外来入侵物种开展集中灭除，集中灭除外来物种。

（三）外来入侵物种综合防治技术示范推广

在全国建立一批生态控制示范基地和天敌生物防治基地，开展外来入侵物种综合防治技术示范推广。

三、实施区域

重点在我国农业外来生物入侵事件危害严重、爆发频繁的省（自治区、直辖市），开展实施外来入侵生物物种调查、监测和集中灭除、综合防治技术示范推广。

四、资金使用方向

危险性外来入侵物种调查监测经费主要用于调查监测过程中产生的差旅费，标本采集和分析鉴定，气象资料购买，资料收集整理和信息数据库建设费用等。外来入侵生物集中灭除资金主要用于天敌引进、饲养和释放费、差旅费、技术推广和技术指导、宣传资料印刷费和发放等。外来入侵物种综合防治技术示范推广资金主要用于原材料购置、微生物分离、发酵和剂型开发、生态区域调查和替代物种筛选、温室和田间试验、技术开发和产品试制等。

五、申报条件

外来入侵物种调查监测和集中灭除原则上由有工作基础的省级以上农业环境保护主管部门承担。外来入侵物种综合防治技术示范推广原则上由长期从事外来入侵生物防治研究的农业科研院校、有工作基础的省级以上农业环境保护主管部门承担。

六、申报程序

请有关主管部门（单位）根据本项目申报要求及资金经济分类明细表（附后），组织指导项目单位抓紧编制项目申报书（格式见附件），将申报文件、项目申报书以财（计财）字文件报送农业部科技教育司（申报材料一式 3 份寄至农业部农业生态与资源保护总站资源保护处）。

联系人和联系方式

农业部科技教育司资源环境处　李晓华

电话：010 - 59193038

农业部农业生态与资源保护总站资源保护处　孙玉芳

电话：010 - 59196381

通讯地址：北京市朝阳区麦子店街 24 号楼，农业部农业生态与资源保护总站资源保护处，邮编：100125

附件 13 - 1

农作物病虫鼠害疫情监测与防治经费
（农业外来入侵生物防治）

项目申报书

项目任务：_____

项目单位：_____

通讯地址：_____

邮政编码：_____

联系电话：_____

联 系 人：_____

主管部门（单位）：_____

通讯地址：_____

邮政编码：_____

联系电话：_____

联 系 人：_____

填制日期：_____

中华人民共和国农业部制

一、2015 年项目执行进展及下一步进度安排

（2015 年未安排执行本项目的，不填写此栏目）

二、2016 年项目任务计划

（一）项目任务来由（背景）
（二）年度目标与预期效益
（三）项目内容及金额
（四）时间进度（范围为 2016 年 1～12 月）
（五）涉及的相关单位（包括与实施项目有关的基层单位、科研院校、农资生产经营企业以及项目单位所属独立法人等）及事项

三、项目单位情况

（一）单位类型、隶属关系、职能业务范围
（二）技术设备条件、财务收支资产状况、内部管理制度建设情况
（三）有无不良记录（财政部门及审计机关处理处罚决定、行业通报批评、媒体曝光等）

四、人员分工

姓名	性别	工作单位	职务/职称	项目分工	联系电话

五、申请资金经济分类明细表

项目单位财务专用章：

单位：万元

项目内容	合计	商品和服务支出												其他资本性支出	
		小计	印刷费	咨询费	邮电费	差旅费	维修（护）费	租赁费	培训费	专用材料费	劳务费	委托业务费	其他商品和服务支出	小计	专用设备购置费
（项目内容1）															
（项目内容2）															
（项目内容3）															
合计															

六、申报意见表

项目单位 意　见	本单位对以上内容的真实性和准确性负责，特申请立项。 　　　　　　　负责人签名：　　　　　（单位公章） 　　　　　　　　　　　　　　　　　　年　月　日
主管部门 （单位） 意　见	经审核，同意报送。 　　　　　　　负责人签名：　　　　　（单位公章） 　　　　　　　　　　　　　　　　　　年　月　日
备　　注	

七、项目单位账号

项目单位财务专用章：

项目单位 账　户	收款单位：（本单位在银行类金融机构所开户头的全称）
	开户银行：××银行××省××市××县（区）分行（支行）××营业部（分理处）或 ××省××市××县（区）××乡（镇）农村信用社
	账　　号：

填报说明

1. 印刷费：指项目有关报告、材料等印刷支出。

2. 咨询费：指为项目实施而开展的专家咨询所需要的支出。

3. 邮电费：指项目实施过程中的信函、包裹、货物等物品的邮寄费及电话费、电报费、网络通信费等。

4. 差旅费：指项目承担人员出差的差旅支出。

5. 维修（护）费：指固定资产（不包括车船等交通工具）修理和维护费用，网络信息系统运行与维护费用等。

6. 租赁费：指项目实施所必须租赁的用房、专用通信设备网、仪器及其他设备等发生的费用。

7. 培训费：指为项目实施所开展的技术人员和农民培训等支出。

8. 专用材料费：指项目实施过程中购买材料、试剂药品等有关材料发生的费用。

9. 劳务费：指临时聘用人员所发生的劳务支出。

10. 委托业务费：指在项目实施过程中必须委托非预算单位办理的业务而支付的费用。

11. 其他商品和服务支出：指项目实施过程中可能发生但现在无法预知的其他费用支出。

12. 专用设备购置费：指在项目实施过程中必备购置的纳入固定资产管理的小型仪器设备购置支出。

附件 14

农业技术试验示范专项经费（农业科技成果转化与推广应用）项目指南

一、项目目标

为切实保障国家粮食安全、主要农产品产业竞争力提升和国家生态安全等重大国家目标，重点依托优势农业科研、教学和推广单位及国家农业科技创新与集成示范基地，围绕超级稻、小麦等主要粮食作物和畜禽水产特色农产品等，开展农牧结合、农田种养结合、基于移动互联和社会化服务的设施栽培高效肥水利用、农业科技成果转移服务的手段和机制、生态友好的绿色生产技术模式等示范推广，通过点面结合，技术规范、模式和机制的构建，科技创新体系、基层农技推广体系、新型经营主体等长效机制的对接，探索实现技术到位的有效模式、机制，为建立符合我国国情的新型农业技术推广服务体制、机制做出贡献。

二、项目内容

（一）农业产、学、研一体化建设，促进全产业链技术的规范化和模块化。在粮食主产省，围绕当地主导产业和生产经营主体技术需求，通过大学、科研单位与基层农技推广体系的有效对接，对技术进行组装，实现全产业链技术的规范化和模块化，为实现技术到位创造条件。

（二）探索高效、环保、优质的种养模式和农牧结合模式。结合超级稻推广示范，开展稻田养鱼、养蟹等种养殖结合模式，探索国家粮食安全与农民增收目标有效衔接的技术体系、模式和中央财政支持方式。在环境敏感地区，探索农牧一体化技术体系、模式和中央财政支持方式。在水稻主产区探索新型种养模式，提出中央财政大规模支持扶持方式。

（三）支持超级稻"双增一百"工作。在长江流域稻区、华南稻区和东北稻区推广超级稻品种和配套技术，建立超级稻试验示范核心区和示范区。

（四）探索新型设施农业技术体系、模式和中央财政支持方式。探索基于移动互联、水肥一体化、统一的社会化服务模式为一体的设施农业技术体系、模式和中央财政支持方式。

（五）对事关国家农业未来发展的重要技术示范、推广。根据国家粮食安全、生态安全和产业竞争力提升的需求，在全国主要地区筛选相关重要的有苗头的技术进行示范和小面积推广，总结筛选编制科普类书籍进行技术宣传推广。

（六）探索农业科技成果转化交易服务组织以及农业科技推广服务云平台建设，鼓励和引导农业科研教学单位加强科技成果的验证和信息发布，建立科技成果价值评估体系，推动科技成果公开交易。

三、申报条件

（一）申报内容符合指南要求。

（二）申报单位高度重视农业科技成果转化和推广工作，在相关领域业绩突出，积极给予配套支持。

（三）鼓励跨学科、跨领域、跨区域、跨部门的单位和专家联合申报。

（四）参与超级稻"双增一百"、国家基地建设、基层农技推广体系改革与建设以及农业科技成果转化交易平台建设的单位和专家优先考虑。

四、材料报送

（一）根据我部印发的专项指南，各省（区、市）农业行政主管部门组织相关单位和人员，编制项目申报书（格式见附件）。

（二）项目申报书经省级农业行政主管部门审核后，分别报送我部科技教育司（2份）和财务司（1份），同时发送电子邮件。教育部直属大学可根据指南，自行编制项目申报书，经单位盖章后直接报送。

（三）项目申报书须用A4纸双面印刷装订成册（勿用塑料封皮等其他装订方法）。

五、联系方式

通讯地址：北京市朝阳区农展馆南里11号农业部科教司技术推广处

邮政编码：100125

联系人：徐利群　王青立

联系电话：010-59192911/3023，59193003（传真）

E-mail：kjstgch@ agri. gov. cn

附件 14 – 1

农业技术试验示范
（农业科技成果转化与推广应用）

项目申报书

项目任务：_____

项目单位：_____

通讯地址：_____

邮政编码：_____

联系电话：_____

联系邮箱：_____

联 系 人：_____

主管部门（单位）：_____

通讯地址：_____

邮政编码：_____

联系电话：_____

联 系 人：_____

填制日期：_____

中华人民共和国农业部制

一、2015 年项目执行进展及下一步进度安排

（2015 年未安排执行本项目的，不填写此栏目）

二、2016 年项目任务计划

（一）项目任务来由（背景）

（二）年度目标与预期效益

（三）项目内容及金额

（四）时间进度（范围为 2016 年 1～12 月）

（五）涉及的相关单位（包括与实施项目有关的基层单位、科研院校、农资生产经营企业以及项目单位所属独立法人等）及事项

三、项目单位情况

（一）单位类型、隶属关系、职能业务范围

（二）技术设备条件、财务收支资产状况、内部管理制度建设情况

（三）有无不良记录（财政部门及审计机关处理处罚决定、行业通报批评、媒体曝光等）

四、人员分工

姓名	性别	工作单位	职务/职称	项目分工	联系电话

五、申请资金经济分类明细表

项目单位财务专用章：

单位：万元

项目内容	合计	商品和服务支出科目											其他资本性支出科目	
		小计	印刷费	咨询费	水电费	邮电费	差旅费	租赁费	培训费	专用材料费	劳务费	委托业务费	其他商品和服务支出	小计	专用设备购置费
合计															

六、申报意见表

项目单位 意　见	本单位对以上内容的真实性和准确性负责，特申请立项。 　　　　　　　　　　负责人签名：　　　（单位公章） 　　　　　　　　　　　　　　　　　　　年　月　日
主管部门 （单位） 意　见	经审核，同意报送。 　　　　　　　　　　负责人签名：　　　（单位公章） 　　　　　　　　　　　　　　　　　　　年　月　日
备　　注	

七、项目单位账号

项目单位财务专用章：

项目单位 账　户	收款单位：（本单位在银行类金融机构所开户头的全称）
	开户银行：××银行××省××市××县（区）分行（支行）××营业部（分理处）或××省××市××县（区）××乡（镇）农村信用社
	账　　号：

附件 15

农村能源综合建设项目指南

一、项目目标

本项目拟通过在全国不同类型地区开展秸秆综合利用试点示范，沼气转型升级试点示范，农村能源政策研究、技术示范、监督管理、宣传培训与国际合作等工作，探索模式、完善机制、示范技术，全面提升农村能源管理、推广、服务能力和水平，提高农民生活质量、改善农村生态环境，为美丽乡村建设和农业可持续发展提供支撑。

二、项目内容

（一）秸秆综合利用试点示范

一是开展秸秆成型燃料代煤试点示范。针对我国"京津冀"地区农户冬季以烧煤取暖为主，大量秸秆没有出口，露天焚烧现象比较普遍，造成大气严重污染，拟在"京津冀"地区遴选试点村，以县为单位组织申报，以村或乡镇为单位实施秸秆成型燃料代煤试点示范。该试点项目通过建立四统一（统一收集储运秸秆、统一组织建设秸秆成型燃料加工厂、统一给农户购置全自动生物质锅炉、统一给农户分配成型燃料）的秸秆成型燃料代煤机制，探索可持续、可推广、可复制的秸秆综合利用商业模式。二是开展秸秆炭还田改土试点示范。针对秸秆直接还田存在的病虫害增加等问题，拟在典型区域安排试点。该项目通过分段式连续热裂解炭化工艺，生产出可作土壤改良肥料的秸秆炭、可供叶面喷施的液体有机调理剂和可供农村使用的生物质可燃气等产品。三是开展秸秆生物燃料制备试点示范。为探索粮食主产区秸秆能源化、工业化利用新途径，提高秸秆综合利用附加值，全面开展秸秆生产生物燃料的经济性和环境评估，拟遴选并启动秸秆生物燃料制备试点项目。

（二）沼气转型升级试点示范

一是沼气五位一体智慧农业试点示范等。为探索沼气循环农业发展新模式，大幅提高土地利用水平，大幅提高绿色有机农产品生产和销售水平，大幅度增加农民收入，拟在全国遴选并启动沼气五位一体（中型沼气池、畜舍、蔬菜大棚、温度控制系统、智能控制系统）智慧农业试点示范。该试点项目通过建设三个系统（沼气为纽带的种养循环利用系统，绿色有机农产品生产操作系统，智能电商控制系统），探索建立"产出高效、产品安全、资源节约、环境友好"的现代生态智慧农业发展模式，切实解决农产品卖难问题，大幅度提高项目盈利水平。其他行之有效的模式也可以申报。二是沼气全面替代农户家庭商品用能示范。针对沼气冬天供气不足不能周年使用、利用设施简陋不配套、使用不方便等制约用户使用的问题，为提高沼气的产气水平、智能化水平，发挥沼气在炊事、采暖、用电等方面的多功能集成作用，实现农户用能清洁化、全替代，推进农村节能减排，拟在全国遴选并启动沼气全面替代农户家庭商品用能模式试点示范。试点结束后，项目实施单位除按要求报送相关总结和成果外，还要将沼气全面替代农户家庭商品用能实施规范一并报送。

（三）农村能源政策研究、技术示范、监督管理等

开展农村能源政策研究、技术研发和试点示范，农村能源工程监督管理、政策宣传与国际管

理合作，规模化沼气工程在线监测示范，沼气转型升级试点示范，秸秆利用商业模式探索，调研和编写国内外有关农村沼气、秸秆利用、生态农业的宣传材料和专著等工作。

三、实施区域

（一）秸秆综合利用试点示范，秸秆成型燃料代煤试点示范在"京津冀"地区开展，秸秆炭还田改土试点示范、秸秆生物燃料制备试点示范拟在具有相应工作基础的地区开展，并选择从事秸秆综合利用工作的单位承担。

（二）沼气转型升级试点示范。沼气五位一体智慧农业试点示范，拟在内蒙古及新疆等牧区、粮菜主产区、西北干旱区等区域，选择从事农村能源综合建设的单位承担。沼气全面替代农户家庭商品用能示范，拟在具有相应工作基础的县，委托长期从事农村能源工作的单位承担。

（三）农村能源政策研究、技术示范、监督管理等，主要面向农村能源政策研究、技术推广和新社会组织等单位。

四、资金使用方向

主要用于以下几个方面：一是技术示范、检查审计、技术培训、专用材料和设备购置等经费；二是设计费、咨询费、劳务费等经费（其中地方单位不能列支会议费）；三是调研、宣传、总结和验收等经费。

五、申报条件和数量

（一）示范类项目主要面向有关省级农村能源管理部门及具有相应工作基础的单位申报，申报单位可根据本地资源条件、工作基础、发展需求等，有针对性地申报。

（二）开发、服务类项目主要面向从事农村能源工作的有关科研单位、事业单位、大专院校、新社会组织和实力企业，有关单位可根据自身优势，申报相应的项目。

（三）每个单位原则上限报 1 个项目。

六、申报程序

请省级主管部门（单位）根据本项目申报要求，组织指导项目单位抓紧编制项目申报材料，将申报文件、项目申报材料（详见附件）以财（计财）字文件报送农业部科技教育司能源生态处一式 2 份，同时发送至电子邮箱 kjsnyc@126.com。联系人：李景平，联系电话：010 - 59193032，传真：010 - 59193076，地址：北京市朝阳区农展馆南里 11 号，邮编：100125。

七、有关要求

申报示范类项目的单位，应寻找合适的技术依托单位，提高试点示范推广的成功率。申报开发类项目的单位，应与推广、管理单位紧密结合，便于选择合适的示范地点，并为日后的成果转化与推广创造条件；申报服务类项目的单位，应明确服务对象或范围，积极创造条件，与被服务者良性互动。

附件 15 – 1

农村能源综合建设

项目申报书

项目任务：＿＿＿＿＿＿＿＿＿＿＿＿＿＿＿＿＿

项目单位：＿＿＿＿＿＿＿＿＿＿＿＿＿＿＿＿＿

通讯地址：＿＿＿＿＿＿＿＿＿＿＿＿＿＿＿＿＿

邮政编码：＿＿＿＿＿＿＿＿＿＿＿＿＿＿＿＿＿

联系电话：＿＿＿＿＿＿＿＿＿＿＿＿＿＿＿＿＿

联 系 人：＿＿＿＿＿＿＿＿＿＿＿＿＿＿＿＿＿

主管部门（单位）：＿＿＿＿＿＿＿＿＿＿＿＿＿

通讯地址：＿＿＿＿＿＿＿＿＿＿＿＿＿＿＿＿＿

邮政编码：＿＿＿＿＿＿＿＿＿＿＿＿＿＿＿＿＿

联系电话：＿＿＿＿＿＿＿＿＿＿＿＿＿＿＿＿＿

联 系 人：＿＿＿＿＿＿＿＿＿＿＿＿＿＿＿＿＿

填制日期：＿＿＿＿＿＿＿＿＿＿＿＿＿＿＿＿＿

中华人民共和国农业部制

一、2015 年项目执行进展及下一步进度安排

（2015 年未安排执行本项目的，不填写此栏目）

二、2016 年项目任务计划

（一）项目任务来由（背景）
（二）年度目标与预期效益
（三）项目内容及金额
（四）时间进度（范围为 2016 年 1～12 月）
（五）涉及的相关单位（包括与实施项目有关的基层单位、科研院校、农资生产经营企业以及项目单位所属独立法人等）及事项

三、项目单位情况

（一）单位类型、隶属关系、职能业务范围
（二）技术设备条件、财务收支资产状况、内部管理制度建设情况
（三）有无不良记录（财政部门及审计机关处理处罚决定、行业通报批评、媒体曝光等）

四、人员分工

姓名	性别	工作单位	职务/职称	项目分工	联系电话

五、申请资金经济分类明细表

项目单位财务专用章：

单位：万元

项目内容	合计	商品和服务支出														其他资本性支出		
		小计	印刷费	咨询费	水费	电费	邮电费	差旅费	维修(护)费	租赁费	培训费	专用材料费	劳务费	委托业务费	其他商品和服务支出	小计	专用设备购置	其他资本性支出
（项目内容1）																		
（项目内容2）																		
（项目内容3）																		
合计																		

六、申报意见表

项目单位 意　见	本单位对以上内容的真实性和准确性负责，特申请立项。 　　　　　　　负责人签名：　　　（单位公章） 　　　　　　　　　　　　　　　年　月　日
主管部门 （单位） 意　见	经审核，同意报送。 　　　　　　　负责人签名：　　　（单位公章） 　　　　　　　　　　　　　　　年　月　日
备　　注	

七、项目单位账号

项目单位财务专用章：

项目单位 账　户	收款单位：（本单位在银行类金融机构所开户头的全称）
	开户银行：××银行××省××市××县（区）分行（支行）××营业部（分理处）或××省××市××县（区）××乡（镇）农村信用社
	账　　号：

附件16

物种资源保护费（农业野生植物资源保护）
项目指南

一、项目目标

针对列入及拟列入《国家重点保护野生植物名录》并在粮食、果蔬、经济作物等育种开发中具有重要潜在价值的物种，通过农业野生植物资源调查与抢救性收集、农业野生植物原生境保护区管护、新形势下农业野生植物原生境保护区建设探索及农业野生植物资源化利用试点，有效改善农业野生植物资源濒危形势严峻的现状，为我国育种科学原始创新提供基础物质保障，为国家粮食安全、生态安全、农业可持续发展和农民增收提供科学技术支撑。

二、项目内容

2016年农业野生植物资源保护项目的主要工作内容如下：

（一）农业野生植物资源调查与抢救性收集

开展野生稻、野大豆、小麦近缘野生植物和野生蔬菜、野生花卉、野生果树及其他重要野生经济作物等物种的调查，补充完善空间信息数据库。抢救性收集具有代表性的农业野生植物种质资源，妥善科学保存。

（二）农业野生植物原生境保护区管护

对已建设的农业野生植物原生境保护点（区）加强管护，包括保护设施及相关仪器设备（包括隔离设施、基础设施、实验设备等）进行维护和维修，根据生境变化需要，科学合理调整保护点（区）内及周边的植物分布，排除生境威胁因素，清除威胁保护点（区）生境及被保护物种的外来物种，强化保护点所在地村民及管护人员保护知识和意识的教育培训，确保原生境保护点（区）资源和生态环境稳定、保护设施设备运转正常、野生植物保护的可持续性；开展农业野生植物保护监测技术指导和检查等。

（三）新形势下农业野生植物原生境保护区建设探索及农业野生植物资源化利用试点

针对新形势下的农业野生植物保护区发展进行研究探索，特别是在分布范围集中、连片，面积较大的保护区，在建设模式、管理机制、监测信息化等方面进行探索。在严格保护前提下，开展资源开发利用试点工作。

三、实施区域

农业野生植物资源调查与抢救性收集、农业野生植物原生境保护区监测及管护、农业野生植物原生境保护区建设探索主要在具有目标物种的省、自治区和直辖市实施；农业野生植物资源化利用试点主要在具有科研、开发能力的单位所在地开展。

四、资金使用方向

农业野生植物资源调查与抢救性收集经费主要用于农业野生植物物种资源的调查，抢救性收集和异地保存等工作，资金使用方向包括野外作业、差旅、标本和样本采集、种子处理、包装运输、保存、配套设备购置和信息系统建设等支出。农业野生植物原生境保护区监测及管护经费主要用于已建农业野生植物原生境保护点（区）资源和生态环境变化进行动态监测和管理维护，资金使用方向包括原生境保护区设施设备简易维修；资源和环境监测的试剂、耗材和检测等；物种调查、生境保护、铲除和清理外来物种等工具及更新等；对保护目标物种的保育等日常管理和应急处理。农业野生植物原生境保护区建设探索及农业野生植物资源化利用试点经费主要用于农业野生植物原生境保护区建设探索及农业野生植物资源化利用试点过程中试剂、耗材用具购置，样品检测，差旅、研讨、资料收集等。

五、申报条件

农业野生植物资源调查和农业野生植物原生境保护区监测及管护原则上由省级以上农业资源环境保护主管部门承担。农业野生植物原生境保护区建设探索及农业野生植物资源化利用试点原则上由长期从事农业野生植物资源保护研究的省级以上农业科研院校或有工作基础的省级以上农业资源环境保护主管部门承担。

六、申报程序

请有关主管部门（单位）根据本项目申报要求及资金经济分类明细表（格式附后），组织指导项目单位抓紧编制项目申报书，将申报文件、项目申报书以财（计财）字文件报送农业部科技教育司（申报材料一式3份寄至农业部农业生态与资源保护总站资源保护处）。

联系人和联系方式：

农业部科技教育司资源环境处　李晓华

电话：010－59193038

农业部农业生态与资源保护总站资源保护处 孙玉芳

电话：010－59196381

通讯地址：北京市朝阳区麦子店街24号楼，农业部农业生态与资源保护总站资源保护处，邮编：100125

附件 16 – 1

物种资源保护（农业野生植物资源保护）

项目申报书

项目任务：_____

项目单位：_____

通讯地址：_____

邮政编码：_____

联系电话：_____

联 系 人：_____

主管部门（单位）：_____

通讯地址：_____

邮政编码：_____

联系电话：_____

联 系 人：_____

填制日期：_____

中华人民共和国农业部制

一、2015 年项目执行进展及下一步进度安排

（2015 年未安排执行本项目的，不填写此栏目）

二、2016 年项目任务计划

（一）项目任务来由（背景）
（二）年度目标与预期效益
（三）项目内容及金额
（四）时间进度（范围为 2016 年 1～12 月）
（五）涉及的相关单位（包括与实施项目有关的基层单位、科研院校、农资生产经营企业以及项目单位所属独立法人等）及事项

三、项目单位情况

（一）单位类型、隶属关系、职能业务范围、项目参与人员
（二）技术设备条件、财务收支资产状况、内部管理制度建设情况
（三）有无不良记录（财政部门及审计机关处理处罚决定、行业通报批评、媒体曝光等）

四、人员分工

姓名	性别	工作单位	职务/职称	项目分工	联系电话

五、申请资金经济分类明细表

项目单位财务专用章：

单位：万元

项目内容	合计	商品和服务支出													其他资本性支出	
		小计	印刷费	咨询费	水费	电费	邮电费	差旅费	维修（护）费	租赁费	培训费	专用材料费	劳务费	委托业务费	其他商品和服务支出	小计	专用设备购置
（项目内容1）																	
（项目内容2）																	
（项目内容3）																	
合计																	

六、申报意见表

项目单位 意　见	本单位对以上内容的真实性和准确性负责，特申请立项。 　　　　　　　　　　负责人签名：　　　（单位公章） 　　　　　　　　　　　　　　　　　　　年　月　日
主管部门 （单位） 意　见	经审核，同意报送。 　　　　　　　　　　负责人签名：　　　（单位公章） 　　　　　　　　　　　　　　　　　　　年　月　日
备　注	

七、项目单位账号

项目单位财务专用章：

项目单位 账　户	收款单位：（本单位在银行类金融机构所开户头的全称）
	开户银行：××银行××省××市××县（区）分行（支行）××营业部（分理处）或××省××市××县（区）××乡（镇）农村信用社
	账　号：

填报说明

1. 印刷费：指项目有关报告、材料等印刷支出。

2. 咨询费：指为项目实施而开展的专家咨询所需要的支出。

3. 邮电费：指项目实施过程中的信函、包裹、货物等物品的邮寄费及电话费、电报费、网络通信费等。

4. 差旅费：指项目承担人员出差的差旅支出。

5. 维修（护）费：指固定资产（不包括车船等交通工具）修理和维护费用，网络信息系统运行与维护费用等。

6. 租赁费：指项目实施所必须租赁的用房、专用通信设备网、仪器及其他设备等发生的费用。

7. 培训费：指为项目实施所开展的技术人员和农民培训等支出。

8. 专用材料费：指项目实施过程中购买材料、试剂药品等有关材料发生的费用。

9. 劳务费：指临时聘用人员所发生的劳务支出。

10. 委托业务费：指在项目实施过程中必须委托非预算单位办理的业务而支付的费用。

11. 其他商品和服务支出：指项目实施过程中可能发生但现在无法预知的其他费用支出。

12. 专用设备购置费：指在项目实施过程中必备购置的纳入固定资产管理的小型仪器设备购置支出。

附件 17

农作物病虫害疫情监测与防治
项目指南

一、项目目标

通过项目实施，提高农作物重大病虫草鼠和植物重大疫情监测预警能力、重大病虫草鼠预防控制能力、植物重大疫情阻截防控能力，有效控制重大病虫暴发，农药减量控害，保障农业生产安全、农产品质量安全和生态环境安全。

二、项目内容及实施区域

在全国范围内实施农作物重大病虫草鼠和植物重大疫情监测调查，组织防控技术组装集成、试验示范和培训指导。

一是农作物重大病虫草鼠和植物疫情监测预警。在全国 31 个省（区、市）开展蝗虫、小麦条锈病和稻飞虱等农作物重大病虫草鼠系统监测和植物疫情专项调查；在西北、东北、西南和东南等沿边沿海重大疫情阻截带开展重大植物疫情监测调查；在主要农作物产区重点县开展农药使用情况调查。

二是重大病虫害和疫情防控关键技术模式攻关集成。集成示范稻水象甲、苹果蠹蛾、柑橘黄龙病、马铃薯甲虫等重大植物疫情封锁、扑灭和防控关键技术，熟化集成与组装配套农作物重大病虫害专业化统防统治、绿色防控技术，示范推广农区统一灭鼠技术。

三是组织管理与技术支撑。组织实施、督查指导重大病虫防控、到 2020 年农药使用量零增长行动、植物检疫执法、植物有害生物鉴定与防控专家组活动，组织开展植保植检专题调研和宣传，组织植保植检国家标准制修订情况评估，农作物病虫害资料汇编，履行《国际植物保护公约》相关义务等。

三、申报单位和条件

项目承担单位为省（区、市）植保植检站（局、农技推广中心），长期承担农业部农作物病虫疫情监测、鉴定与防治技术支撑服务的科研和教学单位。

四、资金使用方向

项目资金主要用于开展农作物重大病虫草鼠和植物疫情监测、防控及封锁扑灭等工作所需专用材料费、专用设备购置费、差旅费、培训费、咨询费、劳务费、邮电费、印刷费等支出。本项目中差旅费是指执行项目任务需要参加病虫害田间调查、调研督导、检疫执法检查、专家会商会议等公务活动所需食宿和交通费用。

五、申报程序及要求

（一）请各省（区、市）农业厅（委、局）及相关主管部门根据项目申报指南，组织指导项目承担单位，开展项目申报工作（申报书格式附后）。项目经济分类明细预算未经同意，不得擅自更改。

（二）各省（区、市）植保植检站（局、农技推广中心）负责组织农业部在本省（区、市）建立的县级农作物病虫害预警与控制区域站、技术示范区（点）的项目任务信息汇总、编制、实施指导、总结评估等工作。全国农业技术推广服务中心负责对各省（区、市）植保植检站（局、农技推广中心）的项目开展实施指导、总结评估等工作。

（三）正式申报文件和纸质项目申报书寄送至农业部种植业管理司植保植检处（一式两份）。通讯地址：北京市朝阳区农展馆南里 11 号，邮政编码：100125。联系方式：010 - 59191847。本项目不受理电子邮件申报。

（四）项目实施时间范围为 2016 年 1～12 月，项目资金不跨年度使用。项目承担单位于 12 月 10 日前，将项目资金支出决算表和项目总结寄送农业部种植业管理司（一式一份，附光盘），项目资金支出决算与预算不一致的，需附项目资金支出决算调整说明（加盖公章）。

（五）项目承担单位需报送项目负责人和项目联系人，项目负责人对项目执行负总责；项目联系人具体负责组织本单位项目任务申报材料汇总、支出进度调度、项目总结等项目日常工作。联系人信息有变动的，需主动向农业部项目主管部门报告。

（六）申报材料报送程序和方式，不得违反国家信息安全有关规定，违反有关法律法规及项目管理要求的，取消下一年度项目申报资格。

附件 17 - 1

农作物病虫鼠害疫情监测与防治

项目申报书

项目任务： _____

项目单位： _____

通讯地址： _____

邮政编码： _____

联系电话： _____

联 系 人： _____

主管部门（单位）： _____

通讯地址： _____

邮政编码： _____

联系电话： _____

联 系 人： _____

填制日期： _____

中华人民共和国农业部制

填写说明

1. 项目任务背景。说明首次承担农业部病虫鼠害疫情监测与防治项目的开始时间，简要概括承担项目任务和执行总体情况，原则控制在 500 字以内。

2. 考核指标。设定主要考核指标，能定量的应采取定量方式。考核目标应当紧紧围绕植保防灾减灾、植保技术指导、植保决策参谋与咨询等生产实际需要设立。发表论文、培养学生不属于本项目考核指标。

3. 项目内容及金额。说明项目实施的重点内容和总金额。列出分项内容、分项资金数量和测算标准。

4. 实施区域和方式。说明实施区域的安排原则、分布状况和实施方式，对农民以及其他市场主体的补贴资金，应说明支出方式。简述项目组织实施的管理制度和监督检查措施。

5. 时间进度。范围为 2016 年 1～12 月，不跨年度使用。

6. 涉及的相关单位及事项。说明与实施项目有关的单位名称、单位数量和转拨总金额，涉及企业的注明法人。有转拨资金的，年终总结时具体报送转拨单位名称、负责人和转拨金额统计表，并填写关于转拨资金用途的说明。

7. 项目单位有无不良记录情况。说明财政部门及审计机关处理处罚决定、行业通报批评、媒体曝光，有无违反《植物检疫条例》和《农业植物疫情报告与发布管理办法》等法律法规规章等。

8. 其他要求。科研、教学单位申报项目任务的，不得代编代报。原则上每个项目任务承担人编制一份项目申报书，明确责任人。

一、项目任务背景

二、2015 年项目执行进展

三、2016 年项目任务计划

（一）年度目标

（二）项目内容

（三）考核指标

（四）实施区域和方式

（五）时间进度（范围为 2016 年 1～12 月）

科研教学单位除 2016 年度时间进度外，还需说明所承担项目任务的开始和结题时间和分年度任务安排。

（六）涉及的相关单位及事项

（列支委托业务费项目承担单位与委托单位需签订委托合同，此处概括说明委托理由、委托事项、委托资金总金额等，并附表列明计划委托单位、事项和金额）

四、项目单位情况

（一）单位类型、隶属关系、职能业务范围

（二）技术设备条件、财务收支资产状况、内部管理制度建设情况

（三）有无不良记录（财政部门及审计机关处理处罚决定、行业通报批评、媒体曝光等）

（四）承担科研项目说明

科研教学单位专家填写此项。列明本人承担过和正在承担的与申报内容有关的科研项目的名称、起止年限和来源三项。

五、人员分工

姓名	性别	工作单位	职务/职称	项目分工	联系电话

六、申请资金经济分类明细表

项目单位财务专用章：

单位：万元

项目内容	合计	商品和服务支出															对个人和家庭的补助	其他资本性支出
		小计	印刷费	咨询费	手续费	水费	电费	邮电费	差旅费	维修（护）费	租赁费	培训费	专用材料费	劳务费	委托业务费	其他商品和服务支出	生产补贴	专用设备购置
总计																		

注：1. 疫情扑灭对农民的补偿费用列入"生产补贴"科目；合计、总计必须填写。

2. 差旅费指执行项目任务需要参加病虫害田间调查、调研督导、检疫执法检查、专家会商会议等公务活动所需食宿和交通费用。

七、申报意见表

项目单位 意　见	本单位对以上内容的真实性和准确性负责，特申请立项。承诺项目申报、执行及管理，不违反国家安全和植物保护有关法律法规规章。 　　　　　　　　　　　负责人签名：　　　　（单位公章） 　　　　　　　　　　　　　　　　　　　年　月　日
主管部门 （单位） 意　见	经审核，同意报送。 　　　　　　　　　　　负责人签名：　　　　（单位公章） 　　　　　　　　　　　　　　　　　　　年　月　日
备　　注	

八、项目单位账号

项目单位财务专用章：

项目单位 账　户	收款单位：（本单位在银行类金融机构所开户头的全称）	
	开户银行：××银行××省××市××县（区）分行（支行）××营业部（分理处）或××省××市××县（区）××乡（镇）农村信用社	
	账　　号：	

　　注：项目单位名称、开户银行和账号信息发生变化的，主动向农业部项目主管部门报告（Fax：010－59193376）。

九、其他事宜

项目负责人：_____

姓名：_____　　　　固定电话：_____

手机：_____

项目联系人：_____

姓名：_____　　　　固定电话：_____

手机：_____　　　　传真：_____

E-mail：_____

附件 18

农产品质量安全监管（种植业）项目指南

一、项目目标

本项目主要开展农药使用安全风险监测控制，特色小宗作物用药调查及试验，农药市场监管及监督抽查，园艺作物标准园农药残留监测，高毒农药定点经营试点和可追溯体系建设，农药残留控制及安全用药技术示范与指导服务，种植业产品及投入品质量安全管理相关工作，为保障农业产业安全、农产品质量安全、生态环境安全提供支撑服务。

二、项目内容及实施区域

（一）农药使用安全风险监测控制

在31个省（区、市）和新疆生产建设兵团开展农药使用状况调查、跟踪监测与信息报送等。开展高风险农药中有害杂质、农药对作物影响及抗性、作物中农药残留、农药对生态环境影响等四个方面的风险监测工作，完善农药风险评估程序及方法，提出农药风险管理措施与建议。

（二）特色小宗作物用药调查及试验

开展特色小宗作物用药情况调查，选择全国性或区域性特色小宗作物开展群组化用药试验，组织开展相关农药残留标准研究制定与咨询服务。

（三）农药及农药残留监测

组织31个省（区、市）开展农药市场监管和监督抽查，对农药产品监督抽查数据进行汇总分析、宣传通报。组织开展园艺作物标准园农药残留监测，汇总分析农药残留监测数据。

（四）高毒农药定点经营试点

在河北、江苏、浙江、安徽、江西、山东、湖北、湖南、重庆、四川、陕西11省开展高毒农药定点经营试点，建立一批定点经营标志性门店，探索建立高毒农药可追溯体系。组织开展农药经营者、执法监管者培训，建设县域农药监管信息平台。

（五）农药公共管理服务

组织开展农药监督管理、安全使用技术示范与指导服务，开展农药管理制度调研、宣传培训，组织《农药管理条例》宣贯及配套规章研究制定，开展农药信息监测及分析服务。

（六）种植业产品和投入品质量安全综合管理

制定种植业质量安全管理有关标准、技术规范和规划。开展有关法律法规宣传、监管和执法工作。跟踪种植业产品质量安全热点问题，开展质量安全管理相关试点和研究。

三、资金使用方向

项目资金主要用于开展农药使用安全风险监测控制、特色小宗作物用药调查及联合试验、农药及农药残留监测、高毒农药定点经营试点、农药公共管理及种植业产品和投入品质量安全综合管理等工作所需印刷费、咨询费、水费、电费、邮电费、差旅费、维修（护）费、咨询费、专用材料费、劳务费、委托业务费、其他商品和服务支出等。

四、申报条件与程序

（一）申报条件

从事农产品质量安全监管相关工作，熟悉农药监督管理、经营管理、使用管理情况，具有农药风险监测、安全性评价、农药及农药残留监督检测等技术手段的省级以上农药检定、农药管理、植物保护或农业科研、教学机构，或基层试点单位。

（二）申报程序

请有关主管部门（单位）组织指导项目承担单位，认真编制项目申报书（格式附后），并将正式申报文件和纸质项目申报书统一报送农业部种植业管理司（3份），并发送电子版至 pmd@agri. gov. cn。

联系人：种植业管理司农药管理处　黄辉

联系电话：010 - 59192899

通讯地址：北京朝阳区农展馆南里11号

邮政编码：100125

附件 18 - 1

农产品质量安全监管（种植业）

项目申报书

项目任务：_____

项目单位：_____

通讯地址：_____

邮政编码：_____

联系电话：_____

联 系 人：_____

主管部门（单位）：_____

通讯地址：_____

邮政编码：_____

联系电话：_____

联 系 人：_____

填制日期：_____

中华人民共和国农业部制

一、2015 年项目执行进展及下一步进度安排

（2015 年未安排执行本项目的，不填写此栏目）

二、2016 年项目任务计划

（一）项目任务来由（背景）

（二）年度目标与预期效益

（三）项目内容及金额

（四）时间进度（范围为 2016 年 1～12 月）

（五）涉及的相关单位（包括与实施项目有关的基层单位、科研院校、农资生产经营企业以及项目单位所属独立法人等）及事项

三、项目单位情况

（一）单位类型、隶属关系、职能业务范围

（二）技术设备条件、财务收支资产状况、内部管理制度建设情况

（三）有无不良记录（财政部门及审计机关处理处罚决定、行业通报批评、媒体曝光等）

四、人员分工

姓名	性别	工作单位	职务/职称	项目分工	联系电话（手机）

五、申请资金经济分类明细表

项目单位财务专用章：　　　　　　　　　　　　　　　　　　　　　单位：万元

项目内容	合计	商品和服务支出															对个人和家庭的补助	其他资本性支出
		小计	印刷费	咨询费	手续费	水费	电费	邮电费	差旅费	维修（护）费	租赁费	培训费	专用材料费	劳务费	委托业务费	其他商品和服务支出	生产补贴	专用设备购置
总计																		

六、申报意见表

项目单位 意　见	本单位对以上内容的真实性和准确性负责，特申请立项。 　　　　　　　负责人签名：　　　　（单位公章） 　　　　　　　　　　　　　　　　　年　月　日
主管部门 （单位） 意　见	经审核，同意报送。 　　　　　　　负责人签名：　　　　（单位公章） 　　　　　　　　　　　　　　　　　年　月　日
备　　注	

七、项目单位账号

项目单位财务专用章：

项目单位 账　户	收款单位：（本单位在银行类金融机构所开户头的全称）
	开户银行：××银行××省××市××县（区）分行（支行）××营业部（分理处）或 ××省××市××县（区）××乡（镇）农村信用社
	账　　号：

附件 19

农业技术试验示范（种植业）项目指南

一、项目目标

围绕粮棉油糖等主要作物及蔬菜水果等鲜食农产品生产，在重点区域，因地制宜开展关键技术试验示范，创新、集成粮棉油糖区域性标准化增产高效技术，开展水肥一体化集成模式示范，完善低毒生物农药、高效缓释肥料、蜜蜂授粉绿色防控示范试点，充分挖掘生产潜力，推进农业发展方式转变，促进粮食增产、农业增效和农民增收。

二、项目内容及实施区域

（一）粮棉油糖等高产高效关键技术试点示范

在东北、黄淮海、长江中下游、西南西北地区，试验示范水稻钵苗机插、"早籼晚粳"双季稻栽培、再生稻高产栽培、小麦宽幅精播、玉米全程机械化、稻稻油三熟制地区油菜机械化栽培、南方冬种马铃薯机械化栽培、东北地区玉米大豆轮作、黄淮海及西南玉米大豆（花生）间套种植等高产高效、资源节约、生态环保的技术模式，同时组织开展马铃薯主食品种筛选和示范，每项技术在适宜区域设置 2～4 个试验试点区，每个试验试点区面积 1 000 亩左右；在天津、河北、河南、山东、江苏、安徽、湖北、湖南、江西 9 省（市）建 9 个棉花轻简化栽培技术示范试点，共示范 4.5 万亩；在陕西、山西建 2 个苹果老果园改造示范试点，在湖南、湖北建 2 个柑橘老果园改造示范试点，共示范 2 000 亩。

（二）水肥一体化及高效缓释肥使用补助试点

水肥一体化集成模式示范安排在华北、西北、西南干旱半干旱和季节性干旱省（区、市），建立 5 个左右膜下滴灌水肥一体化示范区，示范面积 1.5 万亩以上；1 个喷滴灌水肥一体化技术示范区，示范面积 3 100 亩以上；1 个测墒微喷水肥一体化示范区，示范面积在 1 000 亩以上；3 个集雨补灌水肥一体化技术示范区，示范面积 9 000 亩以上。高效肥试验示范安排在春玉米和夏玉米种植面积大的省份，示范面积 10 万亩。

（三）低毒生物农药示范补贴试点

在北京、天津、河北、山西、上海、江苏、浙江、安徽、江西、山东、湖北、湖南、海南、重庆、四川、贵州、陕西等 17 个省（市）的蔬菜、瓜果、茶叶等园艺作物产区，建立低毒化学农药和生物农药应用技术示范区，对使用低毒生物农药的农户、农民合作组织等进行适当补助。组织开展农民安全合理使用低毒生物农药培训、使用情况调查，对农作物产量、品质、农药残留、农民投入成本及收益等进行对比，探索和完善适合本地实际的推广补贴模式。

（四）蜜蜂授粉和病虫害绿色防控技术集成示范

以油菜、大豆、向日葵、苹果、梨、柑桔、草莓、番茄、瓜类、棉花等 10 种蜜源植物或虫媒授粉植物为主，在北京、河北、山西、内蒙古、黑龙江、安徽、江西、山东、河南、湖北、四川、新疆、陕西等 13 个省（区、市）建立 20 个示范基地，示范面积 10 万亩，开展蜜蜂授粉和绿色防控增产技术集成应用示范。重点示范推广蜜蜂授粉、靶标作物驯化、蜂群保护和快速转运等关键技术，优先推广应用生物防治、生态控制、物理防治等绿色防控技术措施，通过示范带动促进大面积推广应用。

（五）技术支撑与管理工作

在关键农时季节，组织农业部水稻、小麦、玉米、大豆、油料、薯类、小宗粮油专家指导组，以及参与粮食高产创建和绿色增产模式攻关的有关专家，深入主产区和粮食增产模式攻关示范区开展田间调查、现场指导、技术培训等活动。定期组织专家会商，及时发布分区域、分作物生产技术指导意见，研究制定区域性、标准化高产高效、资源节约、生态环保的技术模式。开展小麦、水稻、专用玉米、高油高蛋白大豆等品种及其产品的品质抽样检测分析，发布评估报告，指导地方选择适宜品种和配套栽培技术。对主要农产品市场行情及其贸易动态进行跟踪分析、专题调研，开展确保粮食安全策略、主要粮油作物生产瓶颈及技术对策等重大课题研究。开展甘蔗、棉花相关标准和技术专题研究、棉糖生产信息监测。组织水肥一体化与节水农业相关等专题调研，技术支撑与保障，开展水肥一体化有关新技术、新设备、新产品和新材料的试验，开展项目宣传、技术指导和监督检查等。开展蜜蜂授粉和绿色防控增产技术集成应用的观摩、宣传、培训、检查指导以及拟定技术规程等技术支撑工作。

三、申报条件、数量及资金使用有关要求

（一）粮棉油糖等高产高效关键技术试点示范

1. 粮油高产高效新技术试验试点。省级农业主管部门申报并组织项目实施，每省根据技术示范要求，在适合区域建设 2～4 个高产高效关键技术示范区，每个试验试点区面积 1 000 亩左右，补助资金 30 万元。主要对试验试点给予种子、肥料、农膜等物化投入和农机作业补助，以及购置集成技术所需的部分小型关键农机具等。资金主要用于三个方面：一是关键环节补助。对试验试点高产高效关键技术给予种子、肥料、农膜等物化投入和农机作业补助。二是购置设备和机具。用于试验试点所需的小型设备和农机具的购置或改装。三是技术培训与宣传。农业部门开展咨询指导和技术培训，组织观摩宣传、示范展示及媒体对高产高效关键技术试验试点的成效进行宣传等，此项费用不能超过 15%。

2. 棉花轻简化栽培技术试点示范。天津、河北、江苏、山东、河南、安徽、湖北、湖南、江西等 9 个省（市）建设 9 个试点。示范点须选择位于棉花优势区域内，有一定工作基础，当地农民对新技术较易接受，在省域内影响范围广、辐射带动能力强的生产大县。示范点所在县的生产规模要在 20 万亩以上。每个试点补助 50 万元，主要用于四个方面：一是购买移栽苗补助。对试点农户购买无土（或基质）苗进行移栽给予补助，每亩补助 40～50 元。二是育苗棚补助。每个示范点配套建设约 100 亩棉花育苗棚，每亩补助 2 500 元。三是购置设备和机械。用于购置育苗所需部分设备，开展机械化移栽棉苗示范展示，购置棉苗移栽机及试验调试等，此项费用不能超过 10 万元。四是开展机械化采收试验示范。用于在有条件的地方开展机采棉试验示范和观摩。五是技术集成和培训宣传。省级棉花生产主管部门组织技术集成示范，开展咨询指导和技术培训，组织观摩宣传和示范展示等。资金主要用于培训宣传、研讨会商等支出，此项费用不能超过 5 万元。该项试点示范由省级农业行政主管部门组织实施。

3. 老果园改造技术示范。在陕西、山西各建设 1 个苹果老果园改造示范点，在湖南、湖北各建设 1 个柑橘老果园改造示范点。示范点须选择位于苹果、柑橘优势区域内，有一定工作基础，当地农民对新技术较易接受，在省域内影响范围广、辐射带动能力强的生产大县。每个示范

点面积 500 亩以上，每亩补助 2 000 元，每个示范点补助 100 万元。主要用于支持农民专业化合作组织在改造老果园过程中，对降低果园密度、树体改造后的产量损失补助，水肥一体化及果园道路等基础设施建设、果园生草等有机质提升和绿色防控措施的应用等。

（二）水肥一体化及高效肥技术试点

项目由省级农业行政主管部门组织申报，土肥水技术推广事业单位（或管理单位）负责组织实施。示范区应选择在近几年干旱缺水严重、社会关注热点地区，当地政府重视，农民有积极性和意愿，能起到示范宣传和带动作用。示范区要求集中连片，能为技术集成提供技术参数。各项目单位根据实际情况建设测墒微喷水肥一体化、膜下滴灌水肥一体化、集雨补灌水肥一体化、喷滴灌水肥一体化技术等技术示范区。资金主要用于示范区建设、物联网、水肥一体化设备和物资配套、技术试验示范、技术指导、培训宣传和总结验收等。

（三）低毒生物农药试点

由省级农业行政主管部门组织申报，由熟悉种植业生产、农药登记状况、农药使用技术要求的农药管理（农药检定、植保、农技推广）机构承担。在天津、上海、江苏、贵州各设立 1 个示范点，在北京、山西、浙江、湖北、湖南、海南各设立 2 个示范点，在河北、安徽、江西、山东、重庆、四川、陕西各设立 4 个示范点，每个示范点 4 000 亩左右、补助资金 20 万元，主要用于购买低毒化学农药和生物农药、组织宣传培训、开展使用情况调查和对比分析、探索示范推广模式和机制等。

（四）蜜蜂授粉和绿色防控增产技术集成应用试点

由省级农业行政主管部门组织申报，省级农业行政主管部门下设的植物保护站（局）负责组织实施，已承担 2015 年蜜蜂授粉和绿色防控增产技术集成应用示范项目任务并完成较好的单位，在同等条件下优先考虑，未完成 2015 年项目任务的，不予考虑。按照示范推广的作物种类，统一资金分配标准，资金主要用于蜜蜂授粉和绿色防控增产技术的设备和物资配套、技术试验示范、技术指导、培训宣传和总结验收等。

（五）技术支撑与管理工作

1. 粮油作物品质评估分析。承担过有关项目任务的检测单位优先申报。资金主要用于检测药品购置、仪器维修更新、抽样采样、样品邮寄、信息发布、产销衔接活动等支出。

2. 粮油生产重大课题研究。各级农业科研院所等承担过有关项目任务的单位优先申报。资金主要用于调研补助、研讨、专家论证、材料印刷、购买数据、差旅交通、劳务咨询等。

3. 专家技术指导经费。农业部水稻、小麦、玉米、大豆、油料、薯类、小宗粮油专家指导组，粮食增产模式攻关专家指导组申报并组织项目实施，主要向小麦、水稻、玉米三大作物倾斜。资金主要用于开展调研、会商、巡回指导、制定发布技术指导意见等。

4. 棉花糖料等经济作物相关技术模式研究、抽检、监测、标准制定工作。相关质量检测和抗性监测项目由有资质的部级检测机构承担，标准及规划制定、技术模式研究和信息监测项目由有研究实力的相关科研单位承担。资金主要用于试验及检测水电费、专用材料购置、专题研讨会商、调研差旅、咨询劳务、信息系统建设等支出。

5. 低毒生物农药使用指导服务。由熟悉种植业生产和农药登记状况、使用技术要求的农药管理、农业教学科研机构或行业协会承担。资金主要用于项目实施管理，开展调研和研讨，并提供专家咨询，编写培训教材，组织师资培训等。

四、报送程序及有关要求

请有关主管部门（单位）组织指导项目承担单位，认真编制项目申报书（格式附后），并将正式申报文件和纸质项目申报书统一报送农业部种植业管理司（2份）。同时，在农业财政项目管理系统进行网上申报，并发送电子邮件至以下邮箱。

粮油高产高效关键技术试点及相关技术支撑项目：农业部种植业管理司粮油处 刘武，010 - 59193351，010 - 59192865（传真），nyslyc@ agri. gov. cn。

棉花轻简化栽培技术及经济作物相关技术支撑项目：农业部种植业管理司经作处 项宇，010 - 59193350，010 - 59192856（传真），zzyjzc@ agri. gov. cn。

水肥一体化及高效缓释肥试点及相关技术支撑项目：农业部种植业管理司耕肥处 陈明全，010 - 59191834，010 - 59193347（传真），chenmingquan@ agri. gov. cn。

低毒生物农药试点及相关技术支撑项目：农业部种植业管理司农药管理处 黄辉，010 - 59192899，010 - 59191875（传真）pmd@ agri. gov. cn。

蜜蜂授粉和绿色防控增产技术集成应用试点及相关技术支撑项目：农业部种植业管理司植保处 常雪艳，010 - 59191451，010 - 59193376（传真），ppq@ agri. gov. cn。

通讯地址：北京市朝阳区农展馆南里11号

邮政编码：100125

附件 19 – 1

农业技术试验示范（种植业）

项目申报书

项目任务：_____

项目单位：_____

通讯地址：_____

邮政编码：_____

联系电话：_____

联 系 人：_____

主管部门（单位）：_____

通讯地址：_____

邮政编码：_____

联系电话：_____

联 系 人：_____

填制日期：_____

中华人民共和国农业部制

一、2015 年项目执行进展及下一步进度安排

（2015 年未安排执行本项目的，不填写此栏目）

二、2016 年项目任务计划

（一）项目任务来由（背景）

（二）年度目标与预期效益

（三）项目内容及金额

（四）时间进度（范围为 2016 年 1～12 月）

（五）涉及的相关单位（包括与实施项目有关的基层单位、科研院校、农资生产经营企业、农业社会化服务组织以及项目单位所属独立法人等）及事项

（如列支委托业务费须在此处详细说明委托事项、委托理由、委托金额、资金使用方向和工作计划等，此外，项目承担单位与委托单位需签订委托合同）

三、项目单位情况

（一）单位类型、隶属关系、职能业务范围

（二）技术设备条件、财务收支资产状况、内部管理制度建设情况

（三）有无不良记录（财政部门及审计机关处理处罚决定、行业通报批评、媒体曝光等）

四、人员分工

姓名	性别	工作单位	职务/职称	项目分工	联系电话

五、申请资金经济分类明细表

项目单位财务专用章： 单位：万元

项目支出内容	合计	商品和服务支出														对个人和家庭的补助	其他资本性支出
		小计	印刷费	咨询费	手续费	水费	电费	邮电费	差旅费	维修（护）费	租赁费	培训费	专用材料费	劳务费	委托业务费	其他商品和服务支出	生产补贴	专用设备购置
总计																		

六、申报意见表

项目单位 意　见	本单位对以上内容的真实性和准确性负责，特申请立项。 　　　　　　　　　　　负责人签名：　　　　　（单位公章） 　　　　　　　　　　　　　　　　　　　　　　年　月　日
主管部门 （单位） 意　见	经审核，同意报送。 　　　　　　　　　　　负责人签名：　　　　　（单位公章） 　　　　　　　　　　　　　　　　　　　　　　年　月　日
备　注	

七、项目单位账号

项目单位财务专用章：

项目单位 账　户	收款单位：（本单位在银行类金融机构所开户头的全称）
	开户银行：××银行××省××市××县（区）分行（支行）××营业部（分理处）或 ××省××市××县（区）××乡（镇）农村信用社
	账　　号：

八、其他事项

项目负责人：＿＿＿＿＿＿＿＿

姓　名：＿＿＿＿＿＿＿＿　　　　　　　单　位：＿＿＿＿＿＿＿

职　务：＿＿＿＿＿＿＿＿　　　　　　　手　机：＿＿＿＿＿＿＿

电　话：＿＿＿＿＿＿＿＿

具体联系人：＿＿＿＿＿＿＿＿

姓　名：＿＿＿＿＿＿＿＿　　　　　　　单　位：＿＿＿＿＿＿＿

职　务：＿＿＿＿＿＿＿＿　　　　　　　手　机：＿＿＿＿＿＿＿

传　真：＿＿＿＿＿＿＿＿　　　　　　　电　话：＿＿＿＿＿＿＿

信　箱：＿＿＿＿＿＿＿＿

附件 20

耕地质量保护项目指南

一、项目目标

深入开展区域耕地地力汇总评价、耕地质量大数据平台建设。同时，开展永久基本农田划定、耕地地力评价、补充耕地质量验收评定相关技术宣传、检查和指导等工作。总结东北黑土区、长江中游区评价结果，建立区域数据管理平台，集成耕地土壤培肥改良技术模式。深化西北区耕地地力评价工作，建立空间数据库与区域耕地质量数据平台。启动长三角区耕地地力汇总评价工作。研究提出区域与省级耕地土壤培肥与改良技术模式，适时发布区域与省级耕地地力等级、耕地土壤养分分布等信息。

二、项目内容

开展区域耕地地力评价，探索建立省级耕地地力汇总评价工作方法，试验集成区域耕地土壤培肥改良技术模式，开展国家耕地质量大数据平台建设。同时，开展耕地地力评价相关技术宣传、培训、检查和指导等工作。具体内容包括：

（一）区域耕地地力评价

总结东北黑土区、长江中游区评价结果，建立区域数据管理平台，集成耕地土壤培肥改良技术模式。形成区域数据库汇总、分析、建设方案，总结东北黑土区、长江中游区土壤培肥改良试验示范数据，形成耕地土壤培肥改良技术模式。深化西北区耕地地力评价工作，建立空间数据库与区域耕地质量数据平台，完成西北区耕地地力评价与相关专题评。启动长三角区耕地地力汇总评价工作。确定评价范围、补充调查内容、数据抽取原则等，对评价数据进行甄别筛选，确定汇总评价指标体系。

（二）耕地质量大数据平台建设

开展耕地、肥料、土壤墒情等土肥水方面信息整理利用等工作。

（三）永久基本农田划定

按照国土农业两部门文件要求，推进永久基本农田划定工作。

（四）项目支撑与技术指导

搜集整理国内外耕地质量保护资料，集成耕地质量保护相关技术，为耕地质量保护工作提供支撑。开展耕地质量标准研究起草等工作。补充耕地质量评定和永久基本农田划定技术指导、工作交流、宣传和监督检查；黑土地保护利用试点工作交流、指导、检查等。

三、实施区域和申报条件

（一）实施区域

部分省（自治区、直辖市）。

（二）申报单位条件

已开展耕地地力评价、永久基本农田划定工作的省级土壤肥料事业单位，区域耕地资源管理信息系统软件开发、应用维护单位及有关教学科研单位均可申报本项目。

四、有关要求

省级农业行政主管部门根据本指南，统一组织项目申报，指导项目单位认真编制项目实施方案（格式附后），报送农业部种植业管理司（2 份）。全面贯彻落实党中央、国务院关于厉行节约的有关规定，一律不得安排"三公经费"（即因公出国（境）费、公务用车购置及运行费、公务接待费）、会议费和其他交通费用。各单位申报项目时，需要同时完成电子申报和纸质申报两套材料，电子材料通过农业财政项目管理系统申报。

联系人：农业部种植业管理司耕肥处 陈明全

电话：010 - 59191834，传真：010 - 59193347

电子邮箱：chenmingquan@ agri. gov. cn

通讯地址：北京市朝阳区农展南里 11 号

邮政编码：100125

附件 20 – 1

耕地质量保护

项目申报书

项目任务：＿＿＿＿＿＿＿＿＿＿＿＿＿＿＿＿＿

项目单位：＿＿＿＿＿＿＿＿＿＿＿＿＿＿＿＿＿

通讯地址：＿＿＿＿＿＿＿＿＿＿＿＿＿＿＿＿＿

邮政编码：＿＿＿＿＿＿＿＿＿＿＿＿＿＿＿＿＿

联系电话：＿＿＿＿＿＿＿＿＿＿＿＿＿＿＿＿＿

联 系 人：＿＿＿＿＿＿＿＿＿＿＿＿＿＿＿＿＿

主管部门（单位）：＿＿＿＿＿＿＿＿＿＿＿＿＿

通讯地址：＿＿＿＿＿＿＿＿＿＿＿＿＿＿＿＿＿

邮政编码：＿＿＿＿＿＿＿＿＿＿＿＿＿＿＿＿＿

联系电话：＿＿＿＿＿＿＿＿＿＿＿＿＿＿＿＿＿

联 系 人：＿＿＿＿＿＿＿＿＿＿＿＿＿＿＿＿＿

填制日期：＿＿＿＿＿＿＿＿＿＿＿＿＿＿＿＿＿

中华人民共和国农业部制

一、2015 年项目执行进展及下一步进度安排

（2015 年未安排执行本项目的，不填写此栏目）

二、2016 年项目任务计划

（一）项目任务来由（背景）

（二）年度目标与预期效益

（三）项目内容及金额

（四）时间进度（范围为 2016 年 1～12 月）

（五）涉及的相关单位（包括与实施项目有关的基层单位、科研院校、农资生产经营企业以及项目单位所属独立法人等）及事项

三、项目单位情况

（一）单位类型、隶属关系、职能业务范围

（二）技术设备条件、财务收支资产状况、内部管理制度建设情况

（三）有无不良记录（财政部门及审计机关处理处罚决定、行业通报批评、媒体曝光等）

四、人员分工

姓名	性别	工作单位	职务/职称	项目分工	联系电话

五、申请资金经济分类明细表

项目单位财务专用章：

单位：万元

年度	合计	商品和服务支出															对个人和家庭的补助	其他资本性支出
		小计	印刷费	咨询费	手续费	水费	电费	邮电费	差旅费	维修（护）费	租赁费	培训费	专用材料费	劳务费	委托业务费	其他商品和服务支出	生产补贴	专用设备购置
总计																		

六、申报意见表

项目单位 意　见	本单位对以上内容的真实性和准确性负责，特申请立项。 　　　　　　　　　负责人签名：　　　　（单位公章） 　　　　　　　　　　　　　　　　　　年　月　日
主管部门 （单位） 意　见	经审核，同意报送。 　　　　　　　　　负责人签名：　　　　（单位公章） 　　　　　　　　　　　　　　　　　　年　月　日
备　　注	

七、项目单位账号

项目单位财务专用章：

项目单位 账　户	收款单位：（本单位在银行类金融机构所开户头的全称）
	开户银行：××银行××省××市××县（区）分行（支行）××营业部（分理处）或 ××省××市××县（区）××乡（镇）农村信用社
	账　　号：

附件 21

农业农村资源等监测统计
（种植业）项目指南

一、项目目标

通过项目实施，开展农情调度和蔬菜生产监测，收集、整理、分析、上报种植业生产动态（包括主要农作物种植意向、面积落实、苗情长势、灾害影响、产量趋势、蔬菜上市量和地头批发价等）信息，为政府部门和有关领导掌握情况、判断形势、科学决策和指导工作提供依据，为加强生产管理和过程控制，促进粮食和农业生产稳定发展提供支撑。通过项目实施，开展土壤墒情监测工作，加大墒情监测和数据分析力度，实现定点、定时土壤墒情监测，建立土壤墒情定期报告制度，及时了解我国不同农作物种植区域的土壤墒情，推进因墒种植、因墒灌溉，实现农业高效用水，为农业抗旱减灾、指导科学灌溉、节水技术推广提供信息服务和技术支撑。继续推进国家级耕地质量长期定位监测工作，通过定点调查、小区试验、采集检测土壤样品，建立健全耕地质量年度报告制度，及时掌握我国耕地质量主要性状变化情况，为国家制定耕地质量保护与粮食安全政策提供数据支撑。

二、项目内容

（一）农情调度

一是开展农情信息抽样调查和定点监测。组织 32 个省级农情机构（包括新疆生产建设兵团农业局）按照《农情信息调度月历》、500 个部属农情基点县按照《基点县农情调度月历》、313 个农作物长势长相田间定点监测试点县（种粮大户）按照《农情田间定点监测调度月历（试行）》的要求，对粮棉油糖等农作物面积、长势、灾情、产量等情况进行抽样调查或定点监测，并组织同级统计、气象等部门专家对比分析和会商研究，定期为农业部采集、整理、分析和报送农情信息。组织农业部重点市县农情咨询组的 30 个成员市县，定期或不定期地开展生产形势调研、信息采集和报送。

二是开展农情调度信息化建设。继续开展农作物长势长相田间定点监测，新增 274 个县开展农作物长势长相田间定点监测试点。分区域开展新增县田间定点监测信息人员业务培训。开展基层农情信息采集模式集成示范。开展农情调度系统、全国种植业数据库、县级种植业数据库的建设维护和安全监管。

三是开展农情信息会商和农业防灾减灾工作。部署安排农情工作、汇总分析反映农情信息。开展灾害性天气预报及影响预判，年度季度农业气象灾害趋势分析等咨询服务。开展结构调整、种植业产品供求信息预警分析等种植业发展相关问题研究。

（二）蔬菜生产信息监测预警

按照《农业部蔬菜生产信息监测管理办法（试行）》和《蔬菜生产信息监测月历》的要求，采用全面统计与抽样调查相结合的方法，对大白菜、普通白菜、结球甘蓝、花椰菜、萝卜、胡萝卜、黄瓜、西葫芦、冬瓜、番茄、辣椒、茄子、菜豆、豇豆、菠菜、芹菜、莴苣、大葱、韭菜、大蒜等 30 种主要蔬菜，按旬度、月度、季度和年度进行定点监测，开展信息分析会商、发布、预警等。

一是蔬菜产业重点县信息监测。组织 580 个蔬菜产业重点县，对主要蔬菜品种进行旬度、月度监测，包括在田面积、当月产量、旬度地头批发价等指标。信息采集点信息的采集由县级蔬菜生产主管部门录入、审核后通过计算机软件上报省级蔬菜生产主管部门，省级蔬菜生产主管部门审核把关后报农业部。

二是省级蔬菜生产信息监测。31 个省、自治区、直辖市蔬菜生产主管部门对辖区内蔬菜生产情况进行逐级全面监测统计，主要监测每季度蔬菜累计播种面积（包括 30 种主要蔬菜露地、小棚、大中棚、温室播种面积）和全年蔬菜总面积和总产量（包括 30 种主要蔬菜露地、小棚、大中棚、温室播种面积和产量），同时开展蔬菜信息汇总分析、研究会商等。季度和全年蔬菜生产情况由乡镇农技员采集信息，各级蔬菜生产主管部门审核后通过计算机软件逐级上报。

三是监测数据汇总分析、数据库维护等。全国数据收集、审核、汇总及专家分析会商，中央数据库和软件平台维护与管理，组织信息员培训、形势分析等。

（三）墒情和耕地质量监测

一是土壤墒情监测。每月开展两次监测，每次监测全县范围内的 5～10 个点。在作物关键生育时期和旱情发生时，扩大监测范围，增加监测频率。按照国家、省、县三个层次汇总分析墒情监测数据，在关键农时季节和作物生长关键期，组织专家开展墒情会商，提出生产对策措施。

二是耕地质量长期定位监测。开展国家级耕地质量长期定位监测点的田间调查、小区试验与记载，土壤样品采集与检测，监测数据分析与监测年度报告编写。

三、实施区域及项目单位条件

（一）农情调度

项目实施单位为 31 个省（自治区、直辖市）和新疆生产建设兵团农情部门，500 个农情信息基点县，310 多个农作物长势长相田间定点监测县（户）。

省级农情部门按照农业部要求，开展全省（兵团）农情信息采集、专家会商、灾害分析评估、业务培训、信息交流，以及调度系统和数据库建设维护，并组织、督导农作物长势长相田间定点监测县（户）开展定点信息监测等工作。

每个农作物长势长相田间定点监测县（户）选取 2 个监测点（大于 1 亩的田块）进行定点信息采集。每个监测点应选取当地最有代表性的 1～2 种粮食（小麦、稻谷、玉米）种植模式。监测点原则上一定三年，相对固定，在具有代表性的基础上，优先选择种植大户、家庭农场、合作组织等新型经营主体的承包地。

种植业发展相关问题研究等工作由具有相应业务能力的国家级科研单位申报。参与实施过本项目的单位优先选择。

（二）蔬菜生产信息监测预警

项目实施单位为 31 个省（自治区、直辖市）蔬菜生产主管部门，以及《全国蔬菜产业发展规划》确定的 580 个蔬菜产业重点县。省级蔬菜生产主管部门开展省级蔬菜生产信息监测，并组织蔬菜产业重点县开展定点信息监测。

每个蔬菜产业重点县确定 10 个信息采集点，每个信息采集点确定 1 名信息员定点采集信息。信息采集员及采集点应具备以下几个条件：一是信息员要有责任心，积极配合信息采集工作；二是采集点要有规模，一次性种植面积 50 亩以上，在全县名列前列；三是采集点要有代表性，所种植的品种是当地大面积生产的大宗品种；四是采集点须是经济实体，企业、农民专业合作社或种植大户，要有发展前途。一次性种植面积 50 亩以上的企业、农民专业合作社或种植大户达不到 10 个的，可选择有发展前途相对集中连片的基地。原则上信息采集点与上年保持一致。

（三）土壤墒情和耕地质量监测

项目实施地域覆盖全国 31 个省（自治区、直辖市）和新疆生产建设兵团，以及国家级土壤墒情监测站（县）和耕地质量长期定位监测点。

项目由省级农业行政管理部门组织申报，33 个省级土肥水技术推广（或管理单位）部门及有关质检中心负责组织实施。土壤墒情监测站（县）选择区域范围内代表性强，当地政府重视，土肥水技术推广工作基础好，技术力量强，能够长期坚持土壤墒情监测工作的县。一经确定，原则上不再变更。

四、资金使用方向

（一）农情调度

项目资金主要用于农情信息采集（包括抽样调查和定点监测）所需的劳务、差旅、设备和专用材料等费用补贴，农情信息整理、分析、会商研究等所需的劳务、差旅、专家咨询等费用，农情调度系统升级完善和软件开发，以及种植业生产数据库建设、农情调度及网络系统安全监管和日常维护所需的劳务、设备、专用材料、软件购置等费用，农情信息人员业务培训与信息交流等费用。每个农作物长势长相田间定点监测县（户）补助 0.5 万元，主要用于田间定点监测信息采集、核实、上报所需的劳务、上网、通讯、差旅等补助。其中，监测信息员补助 0.36 万元，每县 2 名信息员，每人每月 150 元劳务和通讯补助。每个农情信息基点县补助 1.2 万元，主要用于信息采集、整理、核实、上报等所需的差旅、上网、设备维护、信息员劳务、通讯等补助。其中，信息员每人每月 150 元劳务和通讯补助。省级单位补助经费主要用于信息抽样调查、会商、信息员培训、数据库建设、设备更新购置、调度系统完善维护和安全监管等补助。

（二）蔬菜生产信息监测预警

项目资金主要用于蔬菜生产信息采集所需的人工和材料费用补贴，信息整理、分析、会商研究等所需的材料、差旅、研讨和专家咨询等费用，信息人员业务培训与信息交流等费用。每个基点县补助 2.2 万元。其中，信息采集点信息员补助 1.2 万元，每县 10 名信息员，补助标准为每人每月 100 元，主要用于信息采集劳务等。基点县补助 1 万元，主要用于调查表印制、信息采集员培训、上网、数据审核及信息员通讯等补助。

（三）墒情监测

土壤墒情监测资金用于所需的人工和材料费用补贴，信息整理、分析、会商研究等所需的材料、差旅和专家咨询等费用。国家级耕地质量长期定位监测用于田间调查、试验、采样、检测所需的人工和材料费用。

五、申报程序

请有关主管部门（单位）组织指导项目承担单位，认真编制项目申报书（格式附后），并将正式申报文件和纸质项目实施方案统一报送农业部种植业管理司（农情调度一式三份，蔬菜生产信息监测预警及墒情监测一式两份）。同时，在农业财政项目管理系统进行网上申报，并发送电子邮件至以下邮箱。

农情调度：农业部种植业管理司农情信息处，秦兴国，010 – 59192855，nqdd00@ agri. gov. cn（注：00 为数字）。

蔬菜生产信息监测预警：农业部种植业管理司经作处　王辰宇，010 – 59192895，010 – 59192856（传真），zzyjzc@ agri. gov. cn。

土壤墒　情与耕地质量监测：农业部种植业管理司耕肥处　陈明全，010 – 59191834，chenmin-guqan@ agri. gov. cn；全国农业技术推广服务中心节水处　吴勇，010 – 59194533、010 – 5919453。

通讯地址：北京市朝阳区农展馆南里 11 号

邮政编码：100125

附件 21 – 1

农业农村资源等监测统计
（种植业）

项目申报书

项目任务：＿＿＿＿＿＿＿＿＿＿＿＿＿＿＿＿＿

项目单位：＿＿＿＿＿＿＿＿＿＿＿＿＿＿＿＿＿

通讯地址：＿＿＿＿＿＿＿＿＿＿＿＿＿＿＿＿＿

邮政编码：＿＿＿＿＿＿＿＿＿＿＿＿＿＿＿＿＿

联系电话：＿＿＿＿＿＿＿＿＿＿＿＿＿＿＿＿＿

联 系 人：＿＿＿＿＿＿＿＿＿＿＿＿＿＿＿＿＿

主管部门（单位）：＿＿＿＿＿＿＿＿＿＿＿＿＿

通讯地址：＿＿＿＿＿＿＿＿＿＿＿＿＿＿＿＿＿

邮政编码：＿＿＿＿＿＿＿＿＿＿＿＿＿＿＿＿＿

联系电话：＿＿＿＿＿＿＿＿＿＿＿＿＿＿＿＿＿

联 系 人：＿＿＿＿＿＿＿＿＿＿＿＿＿＿＿＿＿

填制日期：＿＿＿＿＿＿＿＿＿＿＿＿＿＿＿＿＿

中华人民共和国农业部制

一、2015 年项目执行进展及下一步进度安排

（2015 年未安排执行本项目的，不填写此栏目）

二、2016 年项目任务计划

（一）项目任务来由（背景）
（二）年度目标与预期效益
（三）项目内容及金额
（四）时间进度（范围为 2016 年 1 ~ 12 月）
（五）涉及的相关单位（包括与实施项目有关的基层单位、科研院校、农资生产经营企业以及项目单位所属独立法人等）及事项

三、项目单位情况

（一）单位类型、隶属关系、职能业务范围
（二）技术设备条件、财务收支资产状况、内部管理制度建设情况
（三）有无不良记录（财政部门及审计机关处理处罚决定、行业通报批评、媒体曝光等）

附件 22

农产品质量安全监管
（种子管理）项目指南

一、项目目标

通过项目实施，深入贯彻落实《国务院关于加快推进现代农作物种业发展的意见》（国发〔2011〕8 号）和《国务院办公厅关于深化种业体制改革提高创新能力的意见》（国办发〔2013〕109 号）要求，继续严厉打击侵犯品种权和制售假劣种子等违法行为，严肃查处并公开曝光种子违法案件，维护公平竞争市场环境，保障种业健康发展。强化种子市场监管支撑能力建设，提高分子检测技术能力和水平，完善监管长效机制。提升种业信息化水平，加强种子行业及市场信息分析和管理，发布种业供需和价格信息，引导企业科学安排生产经营活动，确保供种数量安全。

二、项目内容和资金使用方向

（一）种子打假专项行动

组织开展春季市场检查、夏季基地巡查、秋季市场抽查和冬季企业督查等专项行动以及种子市场暗访检查，对重点地区、市场和作物种子开展监督检查。组织各有关省份对专项行动检查发现的问题企业和不合格种子，以及社会举报投诉案件进行调查取证和依法查处。加强种子打假宣传，依法公开种子案件信息并通报典型案例等。

（二）种子市场监管支撑能力建设

补充新审定玉米和水稻品种 DNA 指纹数据，完善品种 DNA 指纹数据库平台，健全共享机

制。组织开展种子检验机构能力验证和重点作物品种鉴定分子检测技术研究以及南繁基地管理等。

（三）种业信息统计

组织开展种子供需形势调度分析及行业基础信息统计，安排各地种子市场及基地信息直报点采集报送信息，汇总分析并发布种子供需和价格信息；开展种业信息技术研究及推广应用等。

（四）种业政策研究和项目管理

《种子法》及配套规章修订和宣贯，种子市场监管工作组织实施、调研及培训，种业核心指标研究及应用，项目管理及政策宣传等。

三、申报条件和程序

项目申报单位须为承担种子市场检查、质量抽查、行业信息管理等职责的各省级种子管理机构，以及具有相应研究基础和能力的非预算单位。

请有关主管部门（单位）组织指导项目单位，认真编制项目申报材料（格式附后），并将申报文件、项目申报材料统一报送农业部种子管理局（3 份），同时发送电子版至 zzjzhc@agri. gov. cn。

联系人：刘　青

电　话：010 - 59193186

通讯地址：北京朝阳区农展馆南里 11 号

邮政编码：100125

四、人员分工

姓名	性别	工作单位	职务/职称	项目分工	联系电话

五、申请资金经济分类明细表

项目单位财务专用章：

单位：万元

项目支出内容	合计	商品和服务支出															对个人和家庭的补助	其他资本性支出
		小计	印刷费	咨询费	手续费	水费	电费	邮电费	差旅费	维修（护）费	租赁费	培训费	专用材料费	劳务费	委托业务费	其他商品和服务支出	生产补贴	专用设备购置
总计																		

六、申报意见表

项目单位意见	本单位对以上内容的真实性和准确性负责，特申请立项。 负责人签名：　　　　（单位公章） 　　　　　　　　　　　年　月　日
主管部门（单位）意见	经审核，同意报送。 负责人签名：　　　　（单位公章） 　　　　　　　　　　　年　月　日
备　注	

七、项目单位账号

项目单位财务专用章：

项目单位账　户	收款单位：（本单位在银行类金融机构所开户头的全称）
	开户银行：××银行××省××市××县（区）分行（支行）××营业部（分理处）或 ××省××市××县（区）××乡（镇）农村信用社
	账　　号：

附件 22 – 1

农产品质量安全监管
（种子管理）

项目申报书

项目任务： _____

项目单位： _____

通讯地址： _____

邮政编码： _____

联系电话： _____

联 系 人： _____

主管部门（单位）： _____

通讯地址： _____

邮政编码： _____

联系电话： _____

联 系 人： _____

填制日期： _____

中华人民共和国农业部制

注意事项

1. 所有条（栏）目均不得删减、合并、漏填。

2. 项目单位业务部门和财务部门共同编制，主管部门（单位）指导并对真实性和准确性负连带责任。

3. 项目单位留存 1 份，主管部门（单位）留存 1 份，其余按照申报要求报送。

4. "项目内容"要细化，明确分项金额，并与"申请资金经济分类明细表"、"申请资金经济分类汇总表"一致。

5. "不良记录"包括财政部门及审计机关处理处罚决定、行业通报批评、媒体曝光等。

6. "相关单位"包括与实施项目有关的基层单位、科研教学单位、农资企业以及项目单位所属独立法人等单位和组织。

7. "申请资金经济分类汇总表"的科目及金额，须按"申请资金经济分类明细表"所列明细科目汇总填写。

8. "收款单位"应写本单位在银行所开户头的全称；"开户银行"应写"××银行××省××市××县（区）分行（支行）××营业部（分理处）"，或××省××市××县（区）××乡（镇）农村信用社；"账号"数字间一般没有空格或横杠。期间账户变更，应及时告知。

9. 项目申报书如由农业部主管司局批准立项实施（以盖章为准），该项目申报书等同于项目任务书。

一、2015 年项目执行进展及下一步进度安排

（2015 年未安排执行本项目的，不填写此栏目）

二、2016 年项目任务计划

（一）项目任务来由（背景）

（二）年度目标与预期效益

（三）项目内容及金额

（四）时间进度（范围为 2016 年 1～12 月）

（五）涉及的相关单位（包括与实施项目有关的基层单位、科研院校、农资生产经营企业以及项目单位所属独立法人等）及事项

三、项目单位情况

（一）单位类型、隶属关系、职能业务范围

（二）技术设备条件、财务收支资产状况、内部管理制度建设情况

（三）有无不良记录（财政部门及审计机关处理处罚决定、行业通报批评、媒体曝光等）

四、人员分工

姓名	性别	工作单位	职务/职称	项目分工	联系电话

五、申请资金经济分类明细表

项目单位财务专用章：

单位：万元

项目内容	合计	商品和服务支出															其他资本性支出	
		小计	印刷费	咨询费	手续费	水费	电费	邮电费	差旅费	维修（护）费	租赁费	培训费	专用材料费	劳务费	委托业务费	其他商品和服务支出	小计	专用设备购置
总计																		

六、申报意见表

项目单位 意　见	本单位对以上内容的真实性和准确性负责，特申请立项。 　　　　　　　　　负责人签名：　　　（单位公章） 　　　　　　　　　　　　　　　　年　月　日
主管部门 （单位） 意　见	经审核，同意报送。 　　　　　　　　　负责人签名：　　　（单位公章） 　　　　　　　　　　　　　　　　年　月　日
备　注	

七、项目单位账号

项目单位财务专用章：

项目单位 账　户	收款单位：（本单位在银行类金融机构所开户头的全称）
	开户银行：××银行××省××市××县（区）分行（支行）××营业部（分理处）或××省××市××县（区）××乡（镇）农村信用社
	账　号：

附件 23

农业技术试验示范（品种测试）项目指南

一、项目目标

以品种为载体，整合国家级品种区域试验、适应性生产试验，提供基础性、全局性、公益性服务。重点抓好稻、小麦、玉米、棉花、大豆、油菜、马铃薯 7 种主要农作物品种的区域试验、适应性生产试验和品种审定，同时抓好蚕品种试验审定工作，完成食用菌、小宗粮豆、瓜菜、糖料、茶树、小油料、麻类等作物的品种认（鉴）定工作，提高品种试验水平，确定品种的生产利用价值和适宜种植区域，把好品种入市关，加快新品种推广利用，为农业生产提供良种，降低品种使用风险，保障农业生产用种安全，促进农业生产发展。

二、项目内容

本项目主要包括四个方面的内容。

（一）品种区域试验

田间试验：安排稻、小麦、玉米、棉花、大豆、油菜、马铃薯 7 种主要作物品种试验点次 2 500 个左右；蚕品种试验点次 30 个左右。

抗性鉴定：鉴定 7 种主要农作物试验品种对主要病虫害的抗性、温度敏感性、抗旱性以及小麦冬春性鉴定等。

品质、DNA、转基因成分检测：主要农作物品质检测及蚕品种茧丝质量检测，主要农作物试验品种 DNA 指纹检测、转基因成分检测。

试验安排与总结：包括试验部署及考察、试验技术培训、试验总结等，国家农作物品种试验信息与运行管理系统建立与运转。

（二）品种适应性生产试验

在 140 个粮棉油大县（市、区、场）开展新品种生产试验，承担 2 种以上主要农作物、30 个以上品种的测试任务。涉及整地、播种、田间管理、调查记载、收获考种等一系列工作；总结配套栽培技术；对试验进行考察，举办技术培训和交流等。

（三）审定品种标准样品管理

建立品种标准样品管理制度，收集保存稻、小麦、玉米等主要农作物品种标准样品 12 000 多份。

（四）组织管理

主要农作物品种试验、非主要农作物登记平台建设、品种审定数据管理系统建立与运转、监督检查、调查研究，主要农作物品种审定，开展相关培训等。

三、实施区域

（一）品种区域试验

在 31 个省（区、市）约 700 个承担单位，开展稻、小麦、玉米、棉花、大豆、油菜、马铃薯 7 种主要农作物和蚕品种田间试验；并由相关单位开展抗性鉴定、品质分析、DNA 指纹检测和转基因成分检测等；收集参试品种的标准样品并进行短期留存。

（二）品种适应性生产试验

在 140 个粮棉油大县（市、区、场）开展稻、小麦、玉米、棉花、大豆、油菜、马铃薯 7 种主要农作物新品种的适应性生产试验（展示示范）。

（三）审定品种标准样品管理

在中国农科院作物科学研究所国家农作物种质库开展审定品种标准样品收集、检测、分类、入库等管理工作。

四、资金使用方向

（一）品种区域试验

经费主要用于田间试验补助、抗性鉴定、品质分析、DNA 指纹检测、转基因成分检测和参试品种标准样品短期留存等支出，以及试验落实、田间现场考察和监督检查、品种试验技术培训、试验结果分析汇总、试验组织管理、分步建立国家农作物品种试验信息与运行管理系统等开支。

（二）品种适应性生产试验

经费主要用于试验、日常办公等支出，及试验考察、技术培训和交流等开支。

（三）审定品种标准样品管理

经费主要用于标准样品接收、分类、检测、编目入库、保管等方面，包括材料费、培养皿、滤纸、玻璃器皿、化学试剂等专用耗材，制冷机组专用耗材、水电费，临时技术人员、聘用人员工资、劳务费，以及印刷费、邮电费、维修（护）费、市内工作交通费、差旅费、培训费等。

（四）组织管理

主要用于品种审定数据管理系统建设和运行，国家级水稻玉米品种审定绿色通道试验组织管理、监督检查、调查研究，主要农作物品种审定，开展相关培训，以及食宿、设备租用、审定委员评审劳务费、差旅费开支，编印审定公告、证书、相关耗材等费用。

五、申报条件和数量

（一）品种区域试验

根据国家农作物品种区域试验涉及面广、承试单位多、每个承试单位补助经费少的实际情况，项目申报单位适度集中，由原区域试验项目申报单位继续按原渠道进行申报。具体如下：

北京市农林科学院玉米研究中心申报部分玉米和部分小麦区试；山西省农业种子总站申报部分玉米和部分小麦区试；内蒙古自治区种子管理站申报部分马铃薯、部分玉米和部分水稻区试；辽宁省丹东农业科学院申报部分玉米和部分蚕种区试；吉林省种子管理总站申报部分玉米和部分水稻区试；吉林省农业科学院大豆研究中心申报部分大豆区试；吉林省农业科学院水稻研究所申报部分水稻区试；黑龙江省农业科学院品质分析中心申报部分玉米、部分大豆、部分小麦区试；山东省种子管理总站申报部分蚕种和部分玉米区试；山东省农业科学院玉米研究所申报部分玉米区试；河南省农业科学院小麦研究中心申报部分小麦和部分大豆区试；洛阳市农林科学院申报部分小麦、部分棉花和部分油菜区试；湖北省种子管理局申报部分水稻、部分棉花、部分油菜、部分蚕种区试；江苏省种子管理站申报部分水稻、部分棉花区试；江苏省农业科学院粮食作物研究所申报部分玉米、部分蚕种区试；湖南省棉花科学研究所申报部分棉花和部分蚕种区试；四川省农业科学院作物研究所申报部分玉米、部分水稻区试；西北农林科技大学农学院申报部分小麦和部分大豆区试；青海省农林科学院春油菜研究中心申报部分油菜和部分马铃薯区试；种子管理局申报品种审定、品种考察、绿色通道管理等内容。

（二）品种适应性生产试验

项目承担单位应为粮棉油大县（市、区、场）的种子管理站，每个县一个试验点，共 140 个试验点，由省级种子管理部门协调安排本省试验点。每个试验点耕地面积不少于 40 亩，承担稻、小麦、玉米、棉花、大豆、油菜、马铃薯 7 种主要农作物中 2 种以上作物、30 个以上新品种的适应性生产试验（展示示范），每个品种种植面积不少于 300 平方米。

（三）审定品种标准样品管理

项目承担单位中国农科院作物科学研究所国家农作物种质库负责审定品种标准样品的收集、检测、分类、入库等内容。

（四）良种攻关品种测试

项目承担单位国家玉米大豆良种攻关联合体单位负责苗头品种测试和高代品系筛选等内容。

六、申报程序

各项目申报单位根据本项目指南，填制项目申报书（一式 4 份，格式附后），报省级农业行政主管部门审核，由省级农业行政主管部门报全国农业技术推广服务中心，并发送电子版材料至 qiujun@ agri. gov. cn，全国农业技术推广服务中心初审汇总后，报农业部种子管理局（一式 3 份）；科研教学单位和种子企业的申报材料直接报农业部种子管理局（一式 3 份），并发送电子版材料至 zzjpzglc@ agri. gov. cn。

七、有关要求

各项目单位应按照农业部有关财政专项管理要求的经济分类编制预算，认真填写项目申报书及资金经济分类明细表和资金经济分类汇总表。为贯彻落实党中央、国务院关于厉行节约的有关规定，地方和非预算单位上报项目一律不得列支"三公经费"和会议费支出。

农业部种子管理局品种管理处

联系人：邹　奎

电　话：010 - 59193155

通讯地址：北京市朝阳区农展馆南里 11 号

邮政编码：100125

全国农业技术推广服务中心

联系人：邱军

电话：010 - 59194512

通讯地址：北京市朝阳区麦子店街 20 号楼

邮政编码：100125

附件 23 – 1

农业技术试验示范
（品种测试）

项目申报书

项目任务：＿＿＿＿＿＿＿＿＿＿＿＿＿＿＿＿＿＿

项目单位：＿＿＿＿＿＿＿＿＿＿＿＿＿＿＿＿＿＿

通讯地址：＿＿＿＿＿＿＿＿＿＿＿＿＿＿＿＿＿＿

邮政编码：＿＿＿＿＿＿＿＿＿＿＿＿＿＿＿＿＿＿

联系电话：＿＿＿＿＿＿＿＿＿＿＿＿＿＿＿＿＿＿

联 系 人：＿＿＿＿＿＿＿＿＿＿＿＿＿＿＿＿＿＿

主管部门（单位）：＿＿＿＿＿＿＿＿＿＿＿＿＿＿

通讯地址：＿＿＿＿＿＿＿＿＿＿＿＿＿＿＿＿＿＿

邮政编码：＿＿＿＿＿＿＿＿＿＿＿＿＿＿＿＿＿＿

联系电话：＿＿＿＿＿＿＿＿＿＿＿＿＿＿＿＿＿＿

联 系 人：＿＿＿＿＿＿＿＿＿＿＿＿＿＿＿＿＿＿

填制日期：＿＿＿＿＿＿＿＿＿＿＿＿＿＿＿＿＿＿

中华人民共和国农业部制

一、2015 年项目执行进展及下一步进度安排

二、2016 年项目任务计划

（一）项目任务来由（背景）

（二）年度目标与预期效益

（三）项目内容及金额

（四）时间进度（范围为 2016 年 1～12 月）

（五）涉及的相关单位（包括与实施项目有关的基层单位、科研院校、农资生产经营企业以及项目单位所属独立法人等）及事项

三、项目单位情况

（一）单位类型、隶属关系、职能业务范围

（二）技术设备条件、财务收支资产状况、内部管理制度建设情况

（三）有无不良记录（财政部门及审计机关处理处罚决定、行业通报批评、媒体曝光等）。

四、人员分工

姓名	性别	工作单位	职务/职称	项目分工	联系电话

五、申请资金经济分类明细表

项目单位财务专用章：　　　　　　　　　　　　　　　　　　　　　单位：万元

项目内容	合计	商品和服务支出														
		小计	印刷费	咨询费	手续费	水费	电费	邮电费	差旅费	维修（护）费	租赁费	培训费	专用材料费	劳务费	委托业务费	其他商品和服务支出
总计																

六、申报意见表

项目单位 意　　见	本单位对以上内容的真实性和准确性负责，特申请立项。 　　　　　　　　　负责人签名：　　　　（单位公章） 　　　　　　　　　　　　　　　　　　　年　月　日
主管部门 （单位） 意　　见	经审核，同意报送。 　　　　　　　　　负责人签名：　　　　（单位公章） 　　　　　　　　　　　　　　　　　　　年　月　日
备　　注	

七、项目单位账号

项目单位财务专用章：

项目单位 账　　户	收款单位：(本单位在银行类金融机构所开户头的全称)
	开户银行：××银行××省××市××县（区）分行（支行）××营业部（分理处）或××省××市××县（区）××乡（镇）农村信用社
	账　　号：

附件 24

品种资源保护项目指南

一、项目目标

提高植物新品种受理、审查、测试、复审水平，完善新品种保护政策法规、健全品种管理体系，增强公共服务和技术支撑体系，适应形势发展需要，提高植物新品种创造、管理和运用能力，支撑现代种业和农业持续健康发展，保障国家粮食安全，促进农民增收。

二、项目内容

1. 开展植物品种特异性、一致性、稳定性（DUS）测试

（1）植物新品种保护 DUS 测试：履行《中华人民共和国植物新品种保护条例》赋予我部的职责，对申请品种保护的植物品种进行 DUS 测试。

（2）审定品种 DUS 测试：履行《种子法》赋予我部的品种审定职责和《农业知识产权战略纲要》中明确提出的要把植物新品种 DUS 测试作为品种审定的必要条件，需要对审定的品种进行 DUS 测试。

2. 进一步提高品种权申请的审查、授权和复审能力

完善植物新品种保护自动化办公系统和农业植物已知品种数据库，开发植物新品种申请网上申报系统，优化植物新品种保护审查流程、提高审查效率。

3. 制（修）订植物新品种测试指南

主要用于承担完成植物新品种 DUS 测试指南的（制）修订。完善水稻、玉米棉花、普通小麦、甘蓝型油菜等 16 种主要植物品种 DNA 指纹图谱库，保证新品种授权和执法工作顺利进行。

4. 完善新品种保护数据库建设

完善植物新品种保护自动化办公系统和农业植物已知品种数据库，收集已知品种并采集相关信息并入库，开发植物新品种申请网上申报系统，优化植物新品种保护审查流程、提高审查效率。

5. 繁殖材料保藏

开展繁殖材料入库保存、提纯复壮、芽率检测，依申请分发繁殖材料。

6. 开展政策研究和储备

（1）开展实质性派生品种标准研制工作并实施；

（2）开展主要国家的植物新品种保护发展动态跟踪研究等；

（3）开展前沿理论研究。

7. 深化国际（地区）交流与合作

（1）参加 UPOV 年度理事会、技术工作组等系列会议，参与国际测试指南和规则修订工作；

（2）参加东亚植物新品种保护论坛，扩大在东亚地区的影响力；

（3）开展中欧、中美、中日、中德、中荷等双边及多边合作活动，交流借鉴先进经验。

（4）加强海峡两岸的植物新品种保护相关交流活动。

三、申报条件及程序

项目申报单位须为具有项目承担能力的非预算单位。

请有关主管部门（单位）组织指导项目单位，认真编制项目申报材料（格式附后），并将申报文件、项目申报材料统一报送农业部种子管理局（3 份），同时发送电子版至：zzjpzglc@agri.gov.cn，项目申报截止日期为 10 月底。

四、有关要求

各项目单位应按照农业部有关财政专项管理要求的经济分类编制预算，认真填写项目申报书及资金经济分类明细表和资金经济分类汇总表。为贯彻落实党中央、国务院关于厉行节约的有关规定，地方和非预算单位上报项目一律不得安排"三公经费"和会议费支出。

联系人：种子管理局品种管理处吕小明　010 - 59193249
通讯地址：北京市朝阳区农展馆南里 11 号
邮政编码：100125

附件 24 –1

品种资源保护

项目申报书

项目编号： _____

项目任务： _____

项目单位： _____

通讯地址： _____

邮政编码： _____

联系电话： _____

负 责 人： _____

主管部门： _____

通讯地址： _____

邮政编码： _____

联系电话： _____

联 系 人： _____

填制日期： _____

中华人民共和国农业部制

一、2015 年项目执行进展及下一步进度安排

（2015 年未安排执行本项目的，不填写此栏目）

二、2016 年项目任务计划

（一）项目任务来由（背景）

（二）年度目标与预期效益

（三）项目内容及金额

（四）时间进度（范围为 2016 年 1～12 月）

（五）涉及的相关单位（包括与实施项目有关的基层单位、科研院校、农资生产经营企业以及项目单位所属独立法人等）及事项

三、项目单位情况

（一）单位类型、隶属关系、职能业务范围

（二）技术设备条件、财务收支资产状况、内部管理制度建设情况

（三）有无不良记录（财政部门及审计机关处理处罚决定、行业通报批评、媒体曝光等）

四、人员分工

姓名	性别	工作单位	职务/职称	项目分工	联系电话

五、申请资金经济分类明细表

项目单位财务专用章：　　　　　　　　　　　　　　　　　　　　　　单位：万元

项目内容	合计	商品和服务支出														其他资本性支出	
		小计	印刷费	咨询费	手续费	水费	电费	邮电费	差旅费	维修（护）费	租赁费	培训费	专用材料费	劳务费	委托业务费	其他商品和服务支出	小计	专用设备购置
总计																		

六、申报意见表

项目单位 意　见	本单位对以上内容的真实性和准确性负责，特申请立项。 　　　　　　　　　　　负责人签名：　　　（单位公章） 　　　　　　　　　　　　　　　　　　　　年　月　日
主管部门 （单位） 意　见	经审核，同意报送。 　　　　　　　　　　　负责人签名：　　　（单位公章） 　　　　　　　　　　　　　　　　　　　　年　月　日
备　注	

七、项目单位账号

项目单位财务专用章：

项目单位 账　户	收款单位：（本单位在银行类金融机构所开户头的全称） 开户银行：××银行××省××市××县（区）分行（支行）××营业部（分理处）或××省××市××县（区）××乡（镇）农村信用社 账　　号：

附件25

物种资源保护费（农作物）项目指南

一、项目目标

通过项目实施，开展第三次全国农作物种质资源普查与收集活动，及时对新收集的种质资源进行目录性状鉴定、整理编目和繁殖入库（圃）保存，以及对库圃保存资源的动态监测和繁殖更新，进一步增加我国农作物种质资源保存数量和多样性，保证农作物种质资源的安全保存和分发利用；加强农作物种质资源鉴定评价，开展农作物种质资源突出优异性状的深度鉴定评价，为农作物新品种选育与现代种业发展提供新种质、新材料。

二、项目内容

（一）作物种质资源普查与收集

对广东、海南、福建、江西等省的715个县开展全面普查，查清各类作物古老地方品种的栽培历史、分布范围、主要特性以及农民认知等基本情况，以及列入国家重点保护名录的作物野生近缘植物的种类、地理分布、生态环境和濒危状况等重要信息；在普查基础上选择100个县（市）进行系统调查，抢救性收集各类栽培作物的古老地方品种、种植年代久远的育成品种、国家重点保护的作物野生近缘植物以及其他珍稀、濒危野生植物种质资源。并对征集和抢救性收集的种质资源进行繁殖和基本生物学特征特性的鉴定评价、编目、入库（圃）妥善保存。

（二）作物种质资源保护与利用

引进国外特有或有重大应用前景的种质资源，在检疫和试种观察基础上，编纂引进资源目录，向全国公布，繁殖材料存入种质库（圃）临时保存以备分发利用；对新收集与引进资源及时进行基本农艺性状鉴定。按照《农作物种质资源技术规范》统一要求进行，每份鉴定项目30~40项，不同作物之间有所不同；繁种编目入库，对经过基本农艺性状鉴定清楚的种质资源进行全国统一编目，并繁种入国家种质库（圃）长期妥善保存，增加战略性储备；对数量少、活力低的资源进行及时繁殖更新（复壮），确保种质资源长期妥善保存；中期库和种质圃保存资源通过农作物种质资源信息平台、田间展示等方式，及时按相关规定向国内相关育种、科研、企业及教学单位分发种质材料，以满足作物育种、种业发展和农业生产对种质资源的需求。采集种质资源收集、鉴定评价、保存、繁殖更新及分发利用等相关信息汇交中国农作物种质资源信息系统，以促进种质规范化管理和共享利用。同时，开展作物种质资源有关政策和《粮食和农业植物遗传资源国际条约》等研究。

（三）大豆、玉米等作物优异种质资源深度鉴定评价

重点关注目前或未来育种上的突出性状，如高产、优质、抗病虫、耐旱耐盐、氮磷高效利用等鉴定评价分析，内容包括表型和基因型鉴定、基因定位及其育种效应评价分析等，并将鉴定评价出优异种质进行田间展示，供育种者挑选利用。

搭建优异种质资源筛选、新种质创制、新品系适应性鉴定，苗头品种测试平台，鉴定一批满足大豆等作物育种需求的优异种质资源，创制一批重点性状突出、综合性状优良的优异材料，以

促进的新品种的选育。

（四）库圃种质资源安全性保存

加大库圃种质资源活力、病害等监测力度，及时对活力弱或衰老种质进行更新复壮，确保资源安全保存，防止资源重新丢失，确保资源的持续分发利用。

三、申报条件及程序

近几年参与种质资源考察收集、目录性状鉴定、编目、繁殖更新、入库（圃）保存、数据库建立与分发利用、长期库种子生活力监测等工作，且有多年工作基础和条件的科研单位，包括10个国家作物种质资源中期库、青海复份库和43个国家种质资源圃等有关依托单位。

请有关主管部门（单位）组织指导项目单位，认真编制项目申报材料（格式附后），并将申报文件、项目申报材料统一报送我部种子管理局（3份），同时发送电子版至：zzjpzglc@agri.gov.cn，项目申报截止日期为10月底。

四、有关要求

各项目单位应按照农业部有关财政专项管理要求的经济分类编制预算，认真填写项目申报书及资金经济分类明细表和资金经济分类汇总表。为贯彻落实党中央、国务院关于厉行节约的有关规定，地方和非预算单位上报项目一律不得安排"三公经费"和会议费支出。

联系人：种子管理局品种管理处邹奎 010－59193155

通讯地址：北京市朝阳区农展馆南里11号；邮政编码：100125

附件 25 – 1

物种质资源保护费
（农作物）

项目申报书

项目编号：_____

项目任务：_____

项目单位：_____

通讯地址：_____

邮政编码：_____

联系电话：_____

负 责 人：_____

主管部门：_____

通讯地址：_____

邮政编码：_____

联系电话：_____

联 系 人：_____

填制日期：_____

中华人民共和国农业部制

注意事项

1. 所有条（栏）目均不得删减、合并、漏填。

2. 项目单位业务部门和财务部门共同编制，主管部门（单位）指导并对真实性和准确性负连带责任。

3. 项目单位留存 1 份，主管部门（单位）留存 1 份，其余按照申报要求报送。

4. "项目内容"要细化，明确分项金额，并与"申请资金经济分类明细表"、"申请资金经济分类汇总表"一致。

5. "不良记录"包括财政部门及审计机关处理处罚决定、行业通报批评、媒体曝光等。

6. "相关单位"包括与实施项目有关的基层单位、科研教学单位、农资企业以及项目单位所属独立法人等单位和组织。

7. "申请资金经济分类汇总表"的科目及金额，须按"申请资金经济分类明细表"所列明细科目汇总填写。

8. "收款单位"应写本单位在银行所开户头的全称；"开户银行"应写"××银行××省××市××县（区）分行（支行）××营业部（分理处）"，或××省××市××县（区）××乡（镇）农村信用社；"账号"数字间一般没有空格或横杠。期间账户变更，应及时告知。

9. 项目申报书如由农业部主管司局批准立项实施（以盖章为准），该项目申报书等同于项目任务书。

一、2015 年项目执行进展及下一步进度安排

（2015 年未安排执行本项目的，不填写此栏目）

二、2016 年项目任务计划

（一）项目任务来由（背景）

（二）年度目标与预期效益

（三）项目内容及金额

（四）时间进度（范围为 2016 年 1~12 月）

（五）涉及的相关单位（包括与实施项目有关的基层单位、科研院校、农资生产经营企业以及项目单位所属独立法人等）及事项

三、项目单位情况

（一）单位类型、隶属关系、职能业务范围

（二）技术设备条件、财务收支资产状况、内部管理制度建设情况

（三）有无不良记录（财政部门及审计机关处理处罚决定、行业通报批评、媒体曝光等）

四、人员分工

姓名	性别	工作单位	职务/职称	项目分工	联系电话

五、申请资金经济分类明细表

项目单位财务专用章：

单位：万元

项目内容	合计	商品和服务支出															其他资本性支出	
		小计	印刷费	咨询费	手续费	水费	电费	邮电费	差旅费	维修（护）费	租赁费	培训费	专用材料费	劳务费	委托业务费	其他商品和服务支出	小计	专用设备购置
总计																		

六、申报意见表

项目单位 意　见	本单位对以上内容的真实性和准确性负责，特申请立项。 　　　　　　　　　　　　　　　　负责人签名：　　　（单位公章） 　　　　　　　　　　　　　　　　　　　　　　　　　年　月　日
主管部门 （单位） 意　见	经审核，同意报送。 　　　　　　　　　　　　　　　　负责人签名：　　　（单位公章） 　　　　　　　　　　　　　　　　　　　　　　　　　年　月　日
备　　注	

七、项目单位账号

项目单位财务专用章：

项目单位 账　户	收款单位：（本单位在银行类金融机构所开户头的全称）
	开户银行：××银行××省××市××县（区）分行（支行）××营业部（分理处）或 ××省××市××县（区）××乡（镇）农村信用社
	账　　号：

附件 26

农业技术试验示范（农机）项目指南

一、项目目标

围绕粮棉油糖等主要农作物及优势特色产业发展，在重点区域建设主要农作物生产全程机械化示范县，开展保护性耕作技术试验示范，探索农业全程机械化生产模式，完善现代土壤耕作技术与装备集成配套，努力实现高产高效与资源生态永续利用，推动农业发展方式转变，提高农业综合生产能力和市场竞争力。

二、项目内容

（一）创建主要农作物生产全程机械化示范县

1. 开展全程机械化技术示范。在水稻（玉米）优势产区，每个示范县完成主要农作物生产全程机械化示范面积 1～2 万亩，示范区域内水稻（玉米）耕种收综合机械化水平超过 98%；在油菜（马铃薯、花生、棉花、甘蔗）优势产区，以示范推广关键环节机械化技术为重点，每个示范县完成全程机械化示范面积 0.5～1 万亩，示范区域内油菜（马铃薯）种植、收获机械化水平均超过 80%，花生（棉花、甘蔗）收获机械化水平超过 80%；示范区域内保护性耕作技术应用面积应占 30% 以上（其中玉米示范县应达到 80%），引导带动全县耕整地、种植、植保、收获、烘干、秸秆处理等主要环节机械化水平明显提高。

2. 形成主要农作物全程机械化生产模式。在总结示范区域的生产方式和对比试验的基础上，以耕整地、种植、植保、收获、烘干、秸秆处理等主要环节机械化技术为重点，配套保护性耕作技术，形成适合全县推广的主要农作物全程机械化生产模式（包括工艺流程、技术要点、作业规范、服务方式、机具配套方案等），示范带动周边地区同类作物生产全程机械化水平提高。

3. 培育壮大农机社会化服务组织。通过作业补贴、购买服务、培训指导等方式，鼓励引导 3～5 个农机合作社、家庭农场等新型农业经营主体承担示范区域的农机作业任务，不断发展多种形式的适度规模经营。

（二）建立保护性耕作技术试验示范基地

1. 开展保护性耕作技术创新与集成示范。在东北一熟区、黄淮海两熟区、西北地区、北方生态脆弱区、盐渍土壤区、南方水旱轮作区、双季稻区和南方丘陵山区等 8 大区域开展现代土壤耕作技术与装备试验示范和效果监测，每个基地的示范面积 3 000～5 000 亩。

（1）东北一熟区。针对土壤有机质下降、土壤耕层变浅、风蚀水蚀和播种质量不高等关键问题，继续开展保护性耕作技术试验示范，进行玉米、大豆留茬越冬、精量播种与株行距配置、深松及免耕一体化技术集成配套；开展水稻带状旋耕技术集成示范，促进黑土地农田保育。

（2）黄淮海两熟区。针对秸秆焚烧、地下水位降低和土壤有机质下降、土壤耕层变浅等问题，结合保护性耕作，开展免耕播种与秸秆还田优化配置、灌溉制度优化、抗旱稳产、耕作改制与土壤耕作技术配套集成示范，促进高产稳产。

（3）西北地区。针对覆膜播种、残膜污染、水土流失和风沙治理等关键问题，开展保护性耕作与覆膜栽培方式相互适应、秸秆还田与地力提升相结合，深松整地、覆膜耕作、一膜多用、带状土壤耕作及残膜回收技术机具集成示范，减缓农田污染，减轻沙尘危害。

（4）北方生态脆弱区。针对过度耕作、水土流失和风沙治理等关键问题，以保护性耕作为核心，开展免耕覆盖水土保持保护性耕作技术、带状耕种、冬闲期农田留膜留茬覆盖技术集成示范，增强农田抗御风蚀和蓄水保土能力。

（5）盐渍土壤区。针对土壤退化、产量降低等关键问题，开展工程改碱压盐技术、耕作压盐技术、激光平地技术集成示范，保护和恢复耕地质量。

（6）南方水旱轮作区。针对秸秆量大、秸秆焚烧、化肥过量施用、土壤板结粘重等关键问题，以保护性耕作理念，开展旱地小麦秸秆、油菜秸秆、棉花秸秆等还田耕整地与播栽技术相结合、水田水稻秸秆还田耕整地与播栽技术相结合、小麦、油菜、水稻、棉花等秸秆还田与收集利用技术集成示范，培肥地力，改良土壤结构，防止土壤退化。

（7）南方丘陵山区。针对深泥脚田耕作、冷浸田耕作、间套作劳动强度大和耕作质量不高等关键问题，开展丘陵旱地机械化耕作质量提升、丘陵冬水田机械化耕作技术应用、间套作机械化耕作技术集成示范，实现轻简化栽培。

（8）南方双季稻区。针对秸秆量大、秸秆焚烧、晚稻栽植困难和水田养护等关键问题，开展早稻秸秆还田与晚稻机插秧、旋松免翻技术装备组合、双季连作水田耕作养护与犁底层养育保护、激光平地技术集成示范，促进高产高效。

2. 形成土壤耕作技术模式与技术规范。从保护性耕作技术、促进农业可持续发展出发，围绕翻松旋结合的轮耕技术、合理耕层构建、提升地力、精量播栽、残膜回收、秸秆还田等技术，建立对比试验基地，开展不同技术模式的对比试验和示范，形成适合当地推广的标准化、系列化、机械化的现代土壤耕作工艺路线、技术模式、机具配备，制定实用技术规范。同时建立保护性耕作数据库，开展保护性耕作应用效果监测，主要包括作物长势、产量、投入产出、留茬高度、秸秆覆盖量、土壤墒情、土壤成分、风蚀水蚀等情况，形成技术使用手册。

3. 培育壮大农机社会化服务组织。鼓励引导农机合作社、家庭农场等新型农业经营主体承担保护性耕作技术创新与集成示范，每个试验示范基地项目培训技术骨干、农机手以及农业规模经营主体 200 人次以上。

（三）技术创新研究和项目管理

一是组织开展技术创新及集成示范研究，跟踪分析国内外先进适用农机化新技术、新机具的研发和使用情况，提出有关政策建议。二是支持专家开展工作，加强对项目实施过程中的技术指导和人员培训，在归纳总结各地试验示范的基础上，分作物分区域提出主要农作物生产全程机械化技术指导意见。三是加强项目管理，组织开展创建主要农作物生产全程机械化示范县和保护性耕作技术试验示范工作的部署、动员、研讨和总结等，编印声像资料和培训教材，建设与维护"主要农作物生产全程机械化项目管理系统"，开展技术引进交流、基层调研、检查验收、服务协调等工作。

三、实施区域

示范内容		实施区域
创建主要农作物生产全程机械化示范县	水稻	北方稻区、长江中下游单季稻区、南方双季稻区、西南稻区
	玉米	东北华北春玉米区、黄淮海夏玉米区（含冬麦区）、西北旱地玉米区
	油菜	长江流域冬油菜产区
	马铃薯	北方一季、中原二季马铃薯优势产区
	花生	黄河流域和东北花生优势产区
	棉花	西北内陆和黄河流域棉花优势产区
	甘蔗	桂中南、滇西南、粤西琼北甘蔗优势产区
建立保护性耕作技术试验示范基地		东北一熟区、黄淮海两熟区、西北地区、北方生态脆弱区、盐渍土壤区、南方丘陵山区、南方水旱轮作区、南方双季稻区

四、项目县申报条件和数量

主要农作物生产全程机械化示范县和保护性耕作技术试验示范基地统称为项目县。

（一）申报条件

1. 优先安排列入国家现代农业示范区或《全国优势农产品区域布局规划》（2008—2015 年）的水稻、玉米、油菜、马铃薯、花生、棉花、甘蔗主产区的生产大县，以及省级或市级有支持、已完成竣工验收的《保护性耕作工程建设规划（2009—2015 年）》实施县。

2. 示范区域建设应尽量与国家现代农业产业技术体系建设、粮棉油高产创建等相结合。

3. 项目县人民政府对农机化工作重视，农机化管理和技术推广机构健全，土地流转、规模化经营发展快，农业机械化基础较好，农机社会化服务程度较高。

4. 项目县应具有一批实力较强，集土地规模经营、农机作业服务于一体的农机大户、农机专业合作社和家庭农场等经营主体，能完成示范区域的作业任务。

5. 全程机械化示范县的耕种收综合机械化水平达到 70% 以上；保护性耕作技术试验示范基地应有较强的保护性耕作技术力量和技术依托单位，2015 年保护性耕作监测点任务完成较好的优先考虑。

（二）申报数量

1. 主要农作物生产全程机械化示范县

水稻：辽宁 1~2 个、吉林 1~2 个、黑龙江 1~2 个、江苏 2~3 个、浙江 1~2 个、安徽 2~3 个、福建 1 个、江西 2~3 个、湖北 2~3 个、湖南 3~4 个、广东 1~2 个、广西 2~3 个、重庆 1 个、四川 1~2 个、贵州 1 个、云南 1 个、宁夏 1 个。

玉米：北京 1 个、天津 1 个、河北 1 个、山西 1 个、内蒙古 1 个、辽宁 1 个、吉林 1~2 个、黑龙江 1 个、江苏 1 个、安徽 1~2 个、山东 1 个、河南 1~2 个、陕西 1 个、甘肃 1 个、新疆 1 个、新疆兵团 1 个、青岛 1 个。

油菜：江苏 1~2 个、安徽 1~2 个、湖北 1~2 个、湖南 1~2 个、四川 1 个、青海 1 个。

马铃薯：内蒙古 1~2 个、黑龙江 1 个、山东 1 个、西藏 1 个、陕西 1 个、甘肃 1~2 个、宁夏1个。

花生：辽宁1个、山东1个、河南1个。

棉花：河北1个、山东1~2个、河南1个、湖北1个、新疆1~2个。

甘蔗：广东1个、广西2~3个、云南1~2个。

2. 保护性耕作技术试验示范基地

各省（自治区、直辖市）及计划单列市、新疆兵团各1~2个，报2个的应兼顾不同类型区。

（三）创新研究和项目管理

以农业科研院所等具有创新研究实力和管理经验的非预算单位为主。

五、资金使用有关要求

（一）项目县资金标准

1. 每个主要农作物生产全程机械化创建示范县中央补助资金30~50万元。

2. 每个保护性耕作技术创新与集成示范基地中央补助资金20~30万元。

3. 各示范县按上述标准，结合当地生产条件、承担工作任务和拟完成的示范面积等因素，提出申报资金数量。

（二）项目县资金使用有关要求

1. 项目县中央财政资金主要用于开展技术指导、培训宣传和作业补助三个方面。其中，技术指导主要指对比试验、数据采集、监测分析、机具租赁、相关模式和规范研究制定以及项目总结等；培训宣传主要指对技术骨干、农机手和实施区农民的技术培训，以及示范效果宣传展示等；作业补助主要指示范区域内农机合作社、家庭农场等农机服务组织的生产补贴。

2. 中央财政资金中用于支付咨询费和劳务费合计不得超过15%，差旅费支出控制在10%左右，生产补贴支出控制在30%~40%，其他科目视实际需要合理支出。

3. 中央财政资金实行专款专用、当年用完，严格按照项目规定的使用方向和范围支出，不得列支地方管理费、"三公经费"和会议费，不得用于购买农机具，不得截留、挤占和挪用，不得超标准开支。

六、申报程序及相关要求

（一）请各有关省（自治区、直辖市）及计划单列市、新疆兵团农机化主管部门组织并指导项目实施单位编制项目申报书（格式见附件）。其他单位参照申报要求和申报格式直接向我部申报。

（二）对未通过我部评审的项目县申报单位，则进行省内或省间调剂，不再重新申报。我部根据2016年财政专项预算情况，统筹研究确定各省项目县数量、项目县资金额度和有关项目实施单位。

（三）项目申报书的项目内容中，要明确关键技术路线及相关要求。示范区域建设必须落实并明确承担农机作业任务的合作社、家庭农场等社会化服务组织名称、地点（乡镇、村）、规模（面积），并遵循地块相对集中的原则。集中连片示范（对比试验）田要在明显位置（田头或路边）树立展示标牌，标明示范内容、技术路线、实施单位等内容。项目实施要与农机购置补贴有机结合，发挥政策倍增效应。

（四）在项目运行机制方面，要推进农机与农艺、农机化与信息化融合，建立由农机、农艺等方面专家共同参加的项目实施指导管理组织。

（五）为提高项目支出预算管理水平，提高财政资金使用效益，各项目申报单位要按照自下而上逐级编制的方法，依照项目资金的支出标准、具体用途和经济性质等，合理测算、科学编制项目支出经济分类预算。省级农机化主管部门要加强项目执行情况的监督检查。

（六）提交项目县区划图及示范区域位置示意图

（七）项目申报书格式及报送要求

1. 采用 A4 纸正反面打印，封面采用仿宋 3 号字体，项目申报书内容一律采用仿宋 4 号字体，标题加黑，行距 1.5 倍，每页加页码。封面和封底勿用塑料封皮。所有纸质申报文件一式 4 份。

2. 主要农作物生产全程机械化示范项目申报书和保护性耕作技术创新与集成示范项目申报书分别合订成册，首页以目录形式注明所有申报项目县及项目名称清单。

3. 各省级农机化主管部门先组织项目申报单位通过农业财政项目管理系统进行网上申报，申报成功后从系统中下载打印纸质申报书，排序后统一以财（计财）字文件报送农业部农业机械化管理司（3 份），同时抄送农业部财会服务中心（1 份），并发送电子邮件至 njhcyc@agri.gov.cn。

邮寄单位：农业部农业机械化管理司产业发展处

通讯地址：北京市朝阳区农展馆南里 11 号

邮政编码：100125

联系人：刘辉　李伟

联系电话：010 - 59192862　59193310

附件 26 –1

农业技术试验示范
（农机）

项目申报书

项目任务：_____

项目单位：_____

通讯地址：_____

邮政编码：_____

联系电话：_____

联 系 人：_____

主管部门（单位）：_____

通讯地址：_____

邮政编码：_____

联系电话：_____

联 系 人：_____

填制日期：_____

中华人民共和国农业部制

一、2015年项目执行进展及下一步进度安排

（2015年未安排执行本项目的，不填写此栏目）

二、2016年项目任务计划

（一）项目任务来由（背景）

（简要介绍项目示范县的地理位置，耕地面积，主要种植作物，机械化现状、急需解决的关键性问题及发展思路等）

（二）年度目标与预期效益

1. 年度目标：（主要包括建立示范区域，形成机械化生产模式、培育服务组织、提高机械化水平等情况）

2. 预期效益：（主要包括经济、社会或生态效益等）

（三）项目内容及金额

1. 项目内容：（说明示范区域地点、承担作业任务的经营主体名称及其实施规模、开展对比试验、形成工艺路线、技术要点、作业规范、服务方式、机具配套方案等机械化生产模式，采取的技术指导、监督检查、宣传培训、发展农机社会化服务等措施）

2. 项目金额：（应按照支出经济分类，说明资金支出的具体范围和支出测算标准。对农民及其他服务主体的补贴资金，还应说明支出方式）

（四）时间进度

（范围为2016年1～12月）

（五）涉及的相关单位

（包括与实施项目有关的基层单位、科研院校、农资生产经营企业以及项目单位所属独立法人等）及事项

三、项目单位情况

（一）单位类型、隶属关系、职能业务范围

（二）技术设备条件、财务收支资产状况、内部管理制度建设情况

（三）有无不良记录（财政部门及审计机关处理处罚决定、行业通报批评、媒体曝光等）

四、人员分工

姓名	性别	工作单位	职务/职称	项目分工	联系电话

五、申请资金经济分类明细表

项目单位财务专用章

单位：万元

项目名称	合计	商品和服务支出										对个人和家庭的补助
		小计	印刷费	咨询费	邮电费	差旅费	维修（护）费	租赁费	专用材料费	劳务费	其他商品和服务支出	生产补贴
总计												

注：经济分类科目参见《2016 年政府收支分类科目》。

六、申报意见表

项目单位 意 见	本单位对以上内容的真实性和准确性负责，特申请立项。 负责人签名： （单位公章） 年 月 日
项目县人民 政府意见	经审核，同意报送。 负责人签名： （单位公章） 年 月 日
省级农机 化主管部 门 意 见	经审核，同意报送。 负责人签名： （单位公章） 年 月 日
农业部农机 化司意见	经审核，同意立项。 负责人签名： （单位公章） 年 月 日

七、项目单位账号

项目单位财务专用章：

项目单位 账 户	收款单位：（本单位在银行类金融机构所开户头的全称）
	开户银行：××银行××省××市××县（区）分行（支行）××营业部（分理处）或××省××市××县（区）××乡（镇）农村信用社
	账 号：

注意事项

1. 实施面积。在示范区带动下全年按保护性耕作技术模式实施的耕地面积。一年两熟地区，上茬作物实行少免耕播种而下茬作物未实行少免耕播种的，不计入实施面积。

2. 技术模式。应按全年作物品种，顺序列出作业技术路线和要求，相同作物采用多种技术路线时，分别说明其比例或面积。

3. 机具配置。要根据作业量和实施面积科学配置示范用免少耕播种机等保护性耕作机械设备数量，根据技术模式（或路线）选择适宜机型。示范用机械设备要发挥农民、农机大户和农机作业服务组织现有设备的作用。

4. 保护性耕作试验监测基地项目要求对试验监测目标、内容、资金使用计划及相关工作安排等进行说明。

5. 已完成竣工验收的《保护性耕作工程建设规划（2009—2015 年）》项目实施县，应附项目通过省级验收证明材料。

附件 27

农业技术试验示范（畜牧）项目指南

一、项目目标

推广青贮专用玉米生产应用技术，提升牛羊养殖效益。利用奶牛生产性能测定结果指导奶牛场经营管理，提高奶牛生产水平，增加养殖效益；调控奶牛营养水平，改善牛奶的营养和卫生指标，提高生鲜乳的质量；开展个体遗传评定，科学选育优秀种公牛，合理制定选种选配计划，推动奶牛群体遗传改良。科学评价草品种的区域适应性、特异性、一致性、稳定性等，为新草品种审定和推广提供数据支撑。

二、项目内容

（一）青贮专用玉米推广应用

一是青贮专用玉米种植、全株玉米青贮加工与饲喂技术示范推广。选择部分草食畜牧业主产省的奶牛和肉牛养殖集中区域开展试验示范，引导带动周边农户种植专用青贮玉米品种，养殖场实施统一收贮加工。二是全株玉米青贮专用添加剂开发和应用推广。三是全株玉米青贮加工贮藏与饲喂技术研发和应用推广。四是项目督导检查和交流。

（二）奶牛生产性能测定

一是开展奶牛生产性能的测定。围绕青年公牛后裔测定核心工作，对北京、天津、河北等地的荷斯坦成母牛存栏在 100 头以上的规模场进行生产性能测定。制备发放奶牛生产性能测定所需的标准物质，定期对各测定中心进行检测技术比对和考核检查。完善生产性能测定数据分析处理软件，提高测定数据上报通道速度和稳定度。组织奶牛生产性能测定技术和数据应用指导，开展奶牛场管理、饲养、疾病、育种关联配套技术研究、推广与研讨。加强项目督导检查和调研，加大对测定中心和后裔测定场的技术指导，编印奶牛生产性能测定技术手册等资料，开展生产性能测定解读、科普和成效宣传。二是奶牛遗传性能评定。组织对种公牛品种登记、体型鉴定、遗传评估和进口系谱资料评审，对生产性能测定数据进行数理统计和比较分析。

（三）国家草品种区域试验

一是新品种区域试验。依托全国29个省区的54个试验站（点），对2013—2015年已参试和2016年新增参试品种区域适应性、丰产性等农艺性状进行多点联合测试。二是新品种DUS测试。继续开展羊草品种DUS测试技术研制工作，启动苜蓿等品种DUS实测工作。三是已审定苜蓿品种生产性能综合测试。对部分已审定苜蓿品种农艺、抗性性状进行综合测试，编制综合测评表，指导生产者科学选择优良品种。四是对照品种种子（种茎）扩繁。对项目实施急需的对照品种种子（种茎）进行扩繁，确保试验工作顺利开展。

三、实施区域

（一）青贮专用玉米推广应用

河北、黑龙江、山东和河南等省份。

（二）奶牛生产性能测定

北京、天津、河北、山西、内蒙古、辽宁、黑龙江、上海、江苏、山东、河南、湖北、广东、云南、陕西、宁夏、新疆等省（区、市）和新疆生产建设兵团。

（三）国家草品种区域试验

北京、天津、河北、山西、内蒙古、辽宁、吉林、黑龙江、江苏、安徽、福建、江西、山东、河南、湖北、湖南、广东、广西、重庆、四川、贵州、云南、陕西、甘肃、青海、宁夏、新疆、西藏等省（区、市）。

四、资金使用方向

资金主要用于青贮玉米推广应用、奶牛生产性能测定、国家草品种区域试验。从项目支出经济分类来看，使用方向主要是工作中产生的印刷费、咨询费、水费、电费、邮费、差旅费、维修（护）费、租赁费、专用材料费、劳务费、委托业务费等商品和服务支出以及专用设备购置等其他资本性支出。

五、申报条件和数量

（一）青贮专用玉米推广应用

青贮专用玉米种植、全株玉米青贮加工与饲喂技术示范推广在河北、黑龙江、山东和河南4个省的奶牛和肉牛养殖集中区域开展示范试点，按照存栏奶牛或肉牛规模达到1 500头、配套青贮玉米种植面积达到2 000亩以上的标准化规模养殖场（农民合作社）为承担单位，共创建10个示范点。全株玉米青贮专用添加剂和加工贮藏及饲喂技术开发和应用推广由中国科学院微生物研究所和中国农业大学承担。项目督导检查和交流由畜牧业司和全国畜牧总站承担。

（二）奶牛生产性能测定

项目申报范围包括相关省部级奶牛生产性能测定机构、中国奶业协会以及中国农业大学等具备奶牛生产性能测定科研技术能力的大专院校。

1. 项目省奶牛生产性能的测定，原则上由通过中国奶业协会和全国畜牧总站奶牛生产性能资质审查认可，承担过2015年奶牛生产性能测定任务，并通过2015年奶牛生产性能测定水平比对考核的单位承担。

2. 项目实施过程标物制备比对及仪器校正校准、测定软件功能完善和系统平台更新维护、测定数据分析和奶牛评定、项目宣传和督查调研等任务，由中国奶业协会等单位承担。

（三）国家草品种区域试验

1. 新品种区域试验，由2015年承担该项任务的项目单位按原渠道申报。各省根据预计承担的试验任务量和补助标准（不超过1.2万元/品种）确定申请金额。

2. 新品种DUS测试，由兰州大学、华南农业大学、新疆农业大学、新疆农业科学院农作物品种资源研究所、吉林省农业科学院、黑龙江省农业科学院等单位申报。开展羊草品种DUS测试技术研制工作，申请资金不超过30万元；开展苜蓿、苏丹草（含高粱-苏丹草杂交种）、小黑麦、结缕草、狗牙根、鸭茅、狼尾草、红三叶、冰草等品种DUS实测，申请单位根据预计实测品种数量和补助标准（1~5个实测品种可申请资金不超过10万元，每增加1~5个实测品种，可增加申请资金不超过5万元）确定申请金额。

3. 已审定苜蓿品种生产性能综合测试工作，由北京林业大学申报。申请单位根据计划实测品种数量和补助标准（不超过2万元/品种）确定申请金额。

4. 苜蓿、结缕草、狗牙根等对照品种种子（种茎）扩繁，由江苏省畜牧总站、兰州大学、华南农业大学等单位申报。申请单位根据根据计划扩繁品种数量和补助标准（不超过1.2万元/品种）确定申请金额。

六、申报程序

项目申报单位需根据项目指南要求登陆农业财政项目管理系统进行网上申报，经主管部门审核同意后，从系统中导出并打印申报书，以财（计财）字号文件报农业部畜牧业司。

七、项目单位确定方式

农业技术试验示范专项经费为任务类项目，根据工作任务量、任务技术需求、上年度任务完成情况等，选择具备相关基础条件和工作经验的单位。

八、申报要求

请符合要求的申报单位结合工作实际，按照指南要求，参照2015年的任务量和支出标准，提出本单位2016年的具体工作任务，合理测算经费需求，认真填写项目申报材料及资金经济分类明细表。申报单位须具有独立法人资格，且账户信息与申报单位一致。（邮寄文本材料时请在信封右上空白处注明"农业技术试验示范（青贮专用玉米推广应用/奶牛生产性能测定/国家草品种区域试验）项目申报材料"字样）

九、联系方式

（一）青贮专用玉米推广应用

农业部畜牧业司行业发展与科技处　　王薇

联系电话：010－59193364

通讯地址：北京市朝阳区农展馆南里 11 号

邮政编码：100125

（二）奶牛生产性能测定

农业部畜牧业司奶业处　　王玉庭

联系电话：010 - 59191564

通讯地址：北京市朝阳区农展馆南里 11 号

邮政编码：100125

（三）国家草品种区域试验

全国畜牧总站草业处　　齐　晓　邵麟惠

联系电话：010 - 59194690

通讯地址：北京朝阳区麦子店街 20 号楼 216 房间

邮政编码：100125

附件 27 – 1

农业技术试验示范
（畜牧）

项目申报书

项目任务：_____

项目单位：_____

通讯地址：_____

邮政编码：_____

联系电话：_____

联 系 人：_____

主管部门（单位）：_____

通讯地址：_____

邮政编码：_____

联系电话：_____

联 系 人：_____

填制日期：_____

中华人民共和国农业部制

注意事项

1. 所有条（栏）目均不得删减、合并、漏填。

2. 项目单位业务部门和财务部门共同编制，主管部门（单位）指导并对真实性和准确性负连带责任。项目单位、主管部门（单位）各留存 1 份。

3. "项目单位"应为独立法人单位，单位公章名称应与项目单位名称一致。

4. "相关单位"包括与实施项目有关的基层单位、科研教学单位、农资企业以及项目单位所属独立法人等单位和组织。

5. 项目单位联系电话要包含联系人手机号码。

6. "项目内容"要细化，明确分项金额，并与"申请资金经济分类明细表"一致。

一、2015 年项目执行进展及下一步进度安排

（2015 年未安排执行本项目的，不填写此栏目）

二、2016 年项目任务计划

（一）项目任务来由（背景）

（二）年度目标与预期效益

（三）项目内容及金额

（四）时间进度（范围为 2016 年 1～12 月）

（五）涉及的相关单位（包括与实施项目有关的基层单位、科研院校、农资生产经营企业以及项目单位所属独立法人等）及事项

三、项目单位情况

（一）单位类型、隶属关系、职能业务范围

（二）技术设备条件、财务收支资产状况、内部管理制度建设情况

（三）有无不良记录（财政部门及审计机关处理处罚决定、行业通报批评、媒体曝光等）

四、人员分工

姓名	性别	工作单位	职务/职称	项目分工	联系电话

五、申请资金经济分类明细表

项目单位财务专用章： 　　　　　　　　　　　　　　　　　单位：万元

项目内容	合计	商品和服务支出												其他资本性支出	
		1	2	3	4	5	6	7	8	9	10	11	12	13	14
		小计	印刷费	咨询费	水费	电费	邮电费	差旅费	维修（护）费	租赁费	专用材料费	劳务费	委托业务费	其它商品和服务支出	小计	专用设备购置	其它资本性支出
合计															

注：所有项目严禁列支经济分类表以外的经济分类科目，一律不得安排"三公经费"（即因公出国（境）费、公务用车购置及运行费、公务接待费）、会议费和其他交通费用。

奶牛生产性能测定仅能列支经济分类科目中1～12项，严控"其他商品和服务支出"，原则不超过申请总资金的5%。

国家草品种区域试验仅能列支经济分类科目中的1～13项。

六、申报意见表

项目单位 意　　见	本单位对以上内容的真实性和准确性负责，特申请立项。 　　　　　　　　　负责人签名：　　　（单位公章） 　　　　　　　　　　　　　　　　　　年　月　日
主管部门 （单位） 意　　见	经审核，同意报送。 　　　　　　　　　负责人签名：　　　（单位公章） 　　　　　　　　　　　　　　　　　　年　月　日
备　　注	

七、项目单位账号

项目单位财务专用章：

项目单位 账　　户	收款单位：（本单位在银行类金融机构所开户头的全称）
	开户银行：××银行××省××市××县（区）分行（支行）××营业部（分理处）或××省××市××县（区）××乡（镇）农村信用社
	账　　号：

附件 28

农产品质量安全监管（畜牧）项目指南

一、项目目标

通过项目实施，全面提升饲料质量安全管理水平，及早发现养殖环节违禁使用的"瘦肉精"品种和高风险地区，确保不发生系统性"瘦肉精"问题，加强对反刍动物饲料中动物源性成分监控和饲料产品质量卫生指标例行监测，推动饲料质量安全状况持续改善，全面防控饲料中非法使用禁用物质的风险，保障养殖产品的安全；加强生鲜乳收购站、运输车监管和生鲜乳质量安全监测，进一步提升草种质量水平，确保草原保护建设项目建设成效，加强种畜禽生产监督管理，进一步提升畜禽良种质量，提高畜牧业生产水平。

二、项目内容

（一）饲料质量安全监管

一是开展饲料质量安全监管。包括开展饲料生产许可工作监督指导和行业管理，组织开展全国饲料和饲料添加剂生产企业监督抽查，开展饲料生产企业信息统计管理，建设完善饲料生产许可专家库，制修订饲料行业管理法规、制度和规范性文件，饲料行业重大问题调研和发展政策完善；贯彻落实《饲料质量安全管理规范》；制定行政许可审核技术文件，组织开展饲料安全性评价试验。二是饲料中禁用物质监测。包括养殖环节饲料中违禁添加物监测，河北、上海、浙江、安徽、福建、江西、山东、河南、湖北、湖南、广西、四川等 12 个重点省生猪饲料中新型违禁物质专项监测。三是开展饲料产品质量安全监测。包括饲料产品卫生指标检测，蛋白饲料原料三聚氰胺专项检测，对北京、河北、内蒙古、黑龙江、山东、河南、陕西、甘肃、新疆等 9 个重点省奶牛饲料中三聚氰胺进行专项监测。四是开展反刍动物饲料牛羊源性成分监测。对全国 33 个省（区、市）、新疆生产建设兵团等饲料生产和经营企业生产、经营的牛羊饲料，牛羊养殖场（户）使用的牛羊饲料，牛羊养殖场（户）使用、储存和销售的进口动物源性饲料进行监测。

（二）养殖环节"瘦肉精"监测

一是开展已公布禁用的 β-兴奋剂类物质排查。在生猪、肉牛和肉羊养殖重点地区开展已公布禁用的 β-兴奋剂类物质排查监测，采用试剂盒法快速筛查盐酸克伦特罗、莱克多巴胺和沙丁胺醇，并对 1/3 的样品采用液相色谱-串联质谱法同步检测动物尿液中盐酸克伦特罗、莱克多巴胺、沙丁胺醇、齐帕特罗、氯丙那林、特布他林、西马特罗、西布特罗、马布特罗、溴布特罗、班布特罗等已公布禁用的 β-兴奋剂类物质，及时发现和防范新风险。二是针对中小规模专业户组织开展"瘦肉精"监督抽查。针对年出栏 50～500 头生猪、10～100 头肉牛和 20～200 只肉羊的养殖场（户），用试纸条（卡）快速筛查盐酸克伦特罗、莱克多巴胺和沙丁胺醇，用气相色谱－质谱法或液相色谱-串联质谱法对筛查出的阳性样品进行确证检测。

（三）生鲜乳质量安全监管

一是监测全国生鲜乳质量安全情况。全国生鲜乳违禁添加物专项监测计划，由各省（区、市）质检机构对本省的生鲜乳收购站和运输车辆实施定期抽检，并查验"两证一单"，协助畜牧部门对生鲜乳收购站和运输车辆进行现场检查和达标评判。生鲜乳质量安全异地抽检计划，以奶牛主产省（区）为重点，采取异地抽检方式对生鲜乳收购站和运输车辆进行监督抽查，查验"两证一单"，抽检指标为国家公布的违禁添加物、食品安全国家标准中生鲜乳相关重点指标。《生乳》国家标准指标监测计划，针对《生乳》国家标准中的有关指标进行专项监测，开展生鲜乳质量安全执法监测。婴幼儿配方乳粉奶源基地质量安全监测计划，以婴幼儿配方奶粉企业奶源基地的生鲜乳收购站和运输车为重点，采取专项监测和飞行抽检相结合的形式，开展生鲜乳质量安全抽检，主要监测违禁添加物质、污染物等指标。生鲜乳质量安全因素隐患排查监测，以奶牛主产省养殖场和生鲜乳收购站为重点，根据国内外乳品质量安全热点，结合举报反映的情况和监测中发现的问题，对生鲜乳中存在的潜在质量安全风险因素开展隐患排查。二是政策宣传、技术指导和督查调研。开展奶业政策法规与标准制度宣传，对《生乳》国家标准执行情况进行督导检查。组织生鲜乳检验检测、能力比对考核，加大生鲜乳检测方法和生产技术日常指导。加大项目实施情况督查，加强生鲜乳收购站和运输车标准化建设检查。开展奶源基地建设、奶业生产和追溯体系建设、乳制品与牧草贸易等调研分析。

（四）种畜禽质量安全监督检验

一是种猪生产性能测定。2016年种猪生产性能测定项目检测任务为600头，检测品种包括大白、长白和杜洛克。其中农业部种猪质量监督检验测试中心（武汉）检测120头，农业部种猪质量监督检验测试中心（重庆）检测120头，农业部种猪质量监督检验测试中心（广州）检测120头，山东省种畜禽质量测定站检测120头，河北省种畜禽质量检测站检测120头。二是种鸡商品代生产性能测定。2016年种鸡商品代生产性能测定项目检测任务为选择12个通过品种审定的肉鸡商品代开展测定。其中农业部家禽品质监督检验测试中心（扬州）测定6个肉鸡品种，每个企业每个品种测定450只；农业部家禽品质监督检验测试中心（北京）测定6个肉鸡品种，每个企业每个品种测定450只。三是种牛冷冻精液质量检测。2016年种牛冷冻精液质量检测任务为375头，检测品种包括荷斯坦牛、西门塔尔牛、奶水牛、褐牛、牦牛、三河牛、安格斯牛和利木赞牛等。农业部牛冷冻精液质量监督检验测试中心（南京）检测375头。四是种猪常温精液质量检测。2016年种猪常温精液质量检测项目检测任务为860头，检测品种包括长白、大白、杜洛克和地方品种。其中，农业部牛冷冻精液质量监督检验测试中心（北京）检测140头，农业部牛冷冻精液质量监督检验测试中心（南京）检测120头，农业部种猪质量监督检验测试中心（武汉）检测120头，农业部种猪质量监督检验测试中心（重庆）检测120头，农业部种猪质量监督检验测试中心（广州）检测120头，山东省种畜禽质量测定站检测120头，河北省种畜禽质量检测站检测120头。

（五）草种质量安全监管

一是草种质量抽检。在全国重点省区开展国产草种和进口草种质量抽检工作，抽取草种样品、核查标签标识。依据国家标准，检测草种水分、净度、发芽率、其他植物种子数等4项指标。对检验结果提出的异议进行调查分析，形成处理意见。二是技术培训与总结。举办草种质量检测技术培训班，交流、总结抽检和项目管理工作经验，研究存在的问题，进行检验理论和技术培训，完善草种质量监督抽查工作体系，探索建立健全长效监管机制。对年度抽检结果进行汇总分析，撰写草种质量监督抽查报告。三是草种行业调研。对抽检地区的草种生产经营现状进行调研，采集相关的信息并进行分析，了解草种生产经营中存在的问题，形成草种生产经营现状调查报告。

三、实施区域

（一）饲料质量安全监管、养殖环节"瘦肉精"监测、生鲜乳质量安全监管

在全国范围内实施。

（二）种畜禽质量安全监督检验

在全国选择部分种畜禽企业开展种猪、种鸡生产性能测定；在国家生猪、奶牛和肉牛良种补贴项目省，选择部分项目县开展种牛冷冻精液和种猪常温精液质量检测。

（三）草种质量安全监管

主要在河北、山西、内蒙古、辽宁、吉林、黑龙江、江苏、安徽、江西、山东、河南、湖北、湖南、广东、广西、重庆、四川、贵州、云南、西藏、陕西、甘肃、青海、宁夏、新疆等25个省（自治区、直辖市）实施。

四、资金使用方向

资金主要用于项目实施过程中发生的费用，使用方向参见项目申报书经济分类明细表。地方和非预算单位上报项目一律不得安排"三公经费"（即因公出国（境）费、公务用车购置及运行费、公务接待费）、会议费和其他交通费用。

五、申报条件和数量

（一）饲料质量安全监管

项目申报范围包括省（市）级饲料主管部门、省（部）级饲料质量质检机构、省级饲料执法部门、相关科研单位及饲料安全性试验机构。

各相关单位参照2015年所承担的任务量测算。

（二）养殖环节"瘦肉精"监测

项目申报范围包括各省级相关"瘦肉精"监管部门及质检机构。

各相关单位参照2015年所承担的任务量测算。

（三）生鲜乳质量安全监管

全国生鲜乳中违禁物专项监测计划、生鲜乳质量安全异地抽检计划、《生乳》国家标准指标监测计划、生鲜乳质量安全因素隐患排查监测，婴幼儿配方奶粉奶源基地质量安全监测由承担过2015年生鲜乳同类监测任务（通过农业部审查认可和国家计量认证），并在2015年生鲜乳质量安全能力比对考核中成绩为"合格"以上的单位承担；生鲜乳质量安全监管调研、法规标准宣传、形势政策分析等任务，由中国农业大学、国家奶牛产业技术体系等单位承担。生鲜乳收购站和运输车标准化建设管理和检查主要由奶牛主产省（重点省）畜牧（奶业）主管部门承担。

（四）种畜禽质量安全监督检验

项目承担单位为经国家或省级认证认可的种畜禽质量监督检测机构，其中省级认证认可的畜禽质量监督检测机构仅承担种猪生产性能测定和种猪常温精液检测项目。

（五）草种质量安全监管

本省区内有取得相应资质认定的省部级草种质检机构的，本行政区域内草种质量抽检工作由该质检机构承担；其他省区草种质量抽检工作原则上统筹部级草种质检机构承担。草种行业调研

工作由承担抽检任务的单位完成。省级质检机构申报的项目资金规模原则上不超过10万元。部级质检机构申报的项目资金规模原则上不超过20万元。原则上每抽检1批次草种（涉及4项指标）经费不超过2 000元。

六、申报程序

项目申报单位需根据项目指南要求登陆农业财政项目管理系统进行网上申报，经主管部门审核同意后，从系统中导出并打印申报书，以财（计财）字号文件报农业部畜牧业司。

草种质量安全监管项目申报材料一式3份，其中2份报送农业部畜牧业司草原处、1份抄送全国畜牧总站农业部全国草业产品质量监督检验测试中心。

种畜禽质量安全监督检验项目申报材料报农业部畜牧业司1份，抄送全国畜牧总站1份，并将电子文档发送至联系人电子邮箱。

其他项目申报材料一式2份，报农业部畜牧业司相关处室。

七、项目单位确定方式

该项目为任务类项目，根据任务要求确定项目单位。

八、联系方式

饲料质量安全监管项目、养殖环节"瘦肉精"监测项目
联系人：农业部畜牧业司饲料处　张晓宇
联系电话：010－59192848（传真）
生鲜乳质量安全监管项目
联系人：农业部畜牧业司奶业处　王玉庭
联系电话：010－59191564，010－59191533（传真）
种畜禽质量安全监督检验项目
联系人：农业部畜牧业司畜牧处　　贺　杰
联系电话：010－59193287
电子邮件：xmsxmch@agri.gov.cn
联系人：全国畜牧总站牧业发展处　　王　皓
联系电话：010－59194610
电子邮件：myc-nahs@agri.gov.cn
草种质量安全监管项目
联系人：农业部畜牧业司草原处　黄涛
联系电话：010－59193267
联系人：全国畜牧总站农业部全国草业产品质量监督检验测试中心 闫敏 屠德鹏
联系电话：010－60483971、59194590
电子邮件：cyzx-nahs@agri.gov.cn
农业部通讯地址：北京市朝阳区农展馆南里11号 邮编100125
全国畜牧总站通讯地址：北京市朝阳区麦子店街20号楼 邮编100125

附件 28 – 1

农产品质量安全监管
（畜牧）

项目申报书

项目任务：_____

项目单位：_____

通讯地址：_____

邮政编码：_____

联系电话：_____

联 系 人：_____

主管部门（单位）：_____

通讯地址：_____

邮政编码：_____

联系电话：_____

联 系 人：_____

填制日期：_____

中华人民共和国农业部制

注意事项

1. 所有条（栏）目均不得删减、合并、漏填。

2. 项目单位业务部门和财务部门共同编制，主管部门（单位）指导并对真实性和准确性负连带责任。项目单位、主管部门（单位）各留存 1 份。

3. "项目单位"应为独立法人单位，单位公章名称应与项目单位名称一致。

4. "相关单位"包括与实施项目有关的基层单位、科研教学单位、农资企业以及项目单位所属独立法人等单位和组织。

5. "项目内容"要细化，明确分项金额，并与"申请资金经济分类明细表"一致。

6. 所有项目一律不得安排"三公经费"（即因公出国（境）费、公务用车购置及运行费、公务接待费）、会议费和其他交通费用。

7. "收款单位"应写本单位在银行所开户头的全称；"开户银行"应写"××银行××省××市××县（区）分行（支行）××营业部（分理处）"；"账号"数字间一般没有空格或横杠。期间账户变更，应及时告知。

一、2015 年项目执行进展及下一步进度安排

（2015 年未安排执行本项目的，不填写此栏目）

二、2016 年项目任务计划

（一）项目任务来由（背景）
（二）年度目标与预期效益
（三）项目内容及金额
（四）时间进度（范围为 2016 年 1～12 月）
（五）涉及的相关单位（包括与实施项目有关的基层单位、科研院校、农资生产经营企业以及项目单位所属独立法人等）及事项

三、项目单位情况

（一）单位类型、隶属关系、职能业务范围
（二）技术设备条件、财务收支资产状况、内部管理制度建设情况
（三）有无不良记录（财政部门及审计机关处理处罚决定、行业通报批评、媒体曝光等）

四、人员分工

姓名	性别	工作单位	职务/职称	项目分工	联系电话

五、申请资金经济分类明细表

项目单位财务专用章：

单位：万元

项目任务	合计	商品和服务支出													其它资本性支出	
		小计	印刷费	咨询费	水费	电费	邮电费	差旅费	维修（护）费	租赁费	专用材料费	劳务费	委托业务费	其它商品和服务支出	小计	专用设备购置
（项目内容1）																
（项目内容2）																
（项目内容3）																
合计																

注：经济分类科目参见《2016年政府收支分类科目》。

六、申报意见表

项目单位 意　见	本单位对以上内容的真实性和准确性负责，特申请立项。 　　　　　　　　　　负责人签名：　　　　（单位公章） 　　　　　　　　　　　　　　　　　　　　年　月　日
主管部门 （单位） 意　见	经审核，同意报送。 　　　　　　　　　　负责人签名：　　　　（单位公章） 　　　　　　　　　　　　　　　　　　　　年　月　日
备　注	

七、项目单位账号

项目单位财务专用章：

项目单位 账　户	收款单位：（本单位在银行类金融机构所开户头的全称）
	开户银行：××银行××省××市××县（区）分行（支行）××营业部（分理处）或××省××市××县（区）××乡（镇）农村信用社
	账　号：

附件 29

物种资源保护费（畜牧）指南

一、项目目标

通过实施物种资源保护项目，采取活体保种和遗传物质保存相结合的方式，对列入《国家级畜禽遗传资源保护名录》的畜禽品种实施重点保护，使受保护的畜禽品种不丢失、主要经济性状不降低；开展地方品种登记、藏区畜禽遗传资源补充调查，掌握资源变化动态，推进种质评价和科学研究，科学评价畜禽种质特性，进一步提高畜禽资源保护与管理水平；加强列入《中国草种质资源重点保护系列名录》的特有种、主要栽培牧草野生类型及其野生近缘植物的保护力度，提高库存种质资源的系统性和完整性；开展重要草种质资源的抗性鉴定评价、品质分析和基因挖掘，筛选优异种质材料和发掘功能基因，加快草品种选育的进程，推动草种业健康发展。

二、项目内容

（一）依托国家级畜禽保种场、保护区和基因库，收集保存畜禽优秀个体和遗传物质，组建或扩大保种群，更新血统，对列入《国家级畜禽遗传资源保护名录》的畜禽品种实施活体保种和遗传物质保存。

（二）对濒危的畜禽遗传资源采取抢救性保护。

（三）完善畜禽遗传资源保种方案，加强种畜禽进出口管理，开展项目督导与指导，提高资源保护与利用的科技水平。

（四）开展畜禽遗传资源监测评估、地方品种登记和奶畜藏区畜禽遗传资源补充调查，研究完善现有的保种技术，提高保种效率。

（五）开展畜禽新品种、配套系审定，促进地方品种开发与利用。

（六）依据《牧草种质资源搜集技术规程》要求，制定草种质资源野外搜集计划、路线和技术方案。抢救珍稀濒危草种质资源，重点收集保存列入《中国草种质资源重点保护系列名录》的特有种、主要栽培牧草野生类型及其野生近缘植物，各单位年度收集任务要具体到草种，且列入重点保护名录的草种达到 70% 以上。上交入库种质材料的相关信息要严格按照《草种质采集评价信息规范》执行。

（七）对收集的草种质材料进行农艺性状评价，根据生产实际需要，开展重要牧草种质资源的抗性鉴定评价、品质分析和基因挖掘，筛选优异种质材料、挖掘功能基因。

（八）根据中心库的监测结果及时繁殖更新草种质材料，防止种质材料得而复失。

（九）建设资源圃，开展草种质资源扩繁和抗性评价，资源圃保存无性和特殊材料，保证草种质资源的安全。

三、实施区域

2016 年项目在全国范围开展畜禽种质资源保护工作，主要在东北、华中、华东、西南、西北、青藏高原、内蒙古高原、新疆等地区实施牧草种质资源保护工作。

四、资金使用方向

（一）收集畜禽优秀个体，购买饲草饲料、疫苗、药品等专用材料及饲养设施、消毒设备等。

（二）维护畜禽圈舍等基础设施及水、电、路等配套设施，开展饲草饲料地建设，支付场地租金。

（三）开展监测评估和品种登记，以及畜禽的保种繁育、提纯复壮、选育提高。

（四）建立健全饲养、繁育、测定等各项技术规程和质量管理制度。

（五）支付在保种工作中发生的必要的差旅、资料、宣传等费用。

（六）牧草种质资源保护资金主要用于国内草种质资源的收集、农艺性状评价、繁殖更新、无性材料保存、品质分析，国外优良草种质材料引进、扩繁等重点环节。资金补助原则上参照以下标准，特殊材料的收集补助标准视具体情况而定。

1. 收集种质材料及农艺性状评价繁殖上交入库：

野生材料：一年生：2 000元/份　多年生：2 500元/份

栽培材料：一年生：600元/份　多年生：900元/份

引进材料：一年生：1 000元/份　多年生：1 400元/份

粮饲兼用材料：200元/份

2. 繁殖更新中期库原有种质材料：

野生材料：一年生：800元/份　多年生：1 200元/份

栽培材料：一年生：600元/份　多年生：1 000元/份

粮饲兼用材料：100元/份

3. 抗性鉴定　　　　　　　　　　　　　600元/份

4. 品质分析

粗脂肪　　　　　　　110元/份

粗纤维　　　　　　　170元/份

酸性洗涤纤维（ADF）　130元/份

中性洗涤纤维（NDF）　130元/份

灰分　　　　　　　　130元/份

能量　　　　　　　　200元/份

氨基酸（17种）　　　650元/份

Ca　　　　　　　　　130元/份

5. 无性材料田间保存　　　　　　　　　300元/份/年

6. 鉴定评价圃建植　　　　　　　　　　4 000元/亩

五、申报条件和数量

（一）畜禽种质资源保护费重点支持列入《国家级畜禽遗传资源保护名录》的畜禽品种，兼顾部分省级保护品种。不支持培育品种、引入品种。重点支持国家级畜禽保种场、保护区和基因库申报的保种项目，不支持其他单位重复申报已有国家级保种单位的保种项目。

（二）藏区畜禽遗传资源补充调查委托西藏、青海等省级畜牧技术推广单位和有关科研院所。

（三）申报畜禽保种场、保护区和基因库保种项目的，应提交项目实施方案和保种方案，具备保种所需的基础设施、技术力量、仪器设备，有明确的保种目标、方法、繁育计划、配种制度和选育方案，确保能完成保种任务。申报畜禽保种场和活体基因库保种项目的，还应具有省级及以上畜牧主管部门核发的《种畜禽生产经营许可证》。

（四）申请畜禽保种场和保护区项目的，每个项目补贴标准为 15 万～30 万元，其中，猪、牛、马、驴、驼、羊为 30 万元，水禽为 25 万元，鸡为 20 万元，蜜蜂为 15 万元，其他项目的资金扶持力度暂不限制。如果同一保种场保护多个品种，项目经费可适当增加。藏区畜禽遗传资源补充调查每个项目补贴标准为 20 万元。项目资金和项目任务在 2016 年内执行完毕，不支持跨年度执行。

（五）每个省（自治区、直辖市及计划单列市）同一畜禽品种（类型）原则上申报一个项目；鉴于各地畜禽遗传资源分布不均衡，暂不限制各省申报项目的总数量，但应在申报文件中列出优先顺序。

（六）牧草种质资源保护项目由农业部确定的草种质资源保护项目协作组牵头单位和其他项目单位承担。承担单位应于近年来开展过全国草种质资源调查、收集、抗性鉴定评价、繁殖更新、保护设施建设、保存技术研究、优良种质材料筛选利用等方面工作。承担单位应在全国草种质资源收集、鉴定评价、创新利用等方面具有权威性、先进性、创新性和可靠性，能够代表我国草种质资源保护技术水平。参加项目的人员应具有多年从事草种质资源收集保护技术和管理工作经验。

六、申报程序

拟承担物种资源保护任务的单位应填写"2016 年物种资源保护费项目申报书"（格式附后），完成农业财政项目管理系统网上申报，及时上报所在省、自治区、直辖市及计划单列市畜牧（草原）主管部门审核，并以厅（委、局）财（计财）字号文件上报。

七、项目单位确定方式

农业部畜牧业司收到各省、自治区、直辖市及计划单列市畜牧（草原）主管部门报送的项目申报材料后，组织有关领域专家按照项目申报要求评审项目申报材料，并依据评审意见确定项目承担单位，按照当年任务量，申报单位业务能力及上年度项目完成情况合理确定项目承担单位。

八、申报要求

（一）各有关省、自治区、直辖市及计划单列市畜牧（草原）主管部门组织项目申报，认真审核把关，完成文字材料审核和农业财政项目管理系统网上审核工作，并将项目申报材料以财（计财）字文报送农业部畜牧业司（1 份），抄送全国畜牧总站（2 份），同时将电子文档发送至联系人电子邮箱。

（二）请项目申报单位按照项目申报材料文本（格式附后）和注意事项编写项目申报书，填写项目申请资金经济分类明细表，上报各有关省、自治区、直辖市及计划单列市畜牧（草原）主管部门。项目单位财务部门请配合审核申请资金经济分类明细表和项目单位账号，并盖章确认。

九、联系方式

1. 畜禽种质资源保护

农业部畜牧业司畜牧处

联系人：贺　杰

联系电话：010 - 59193287

电子邮件：xmsxmch@ agri. gov. cn

通讯地址：北京市朝阳区农展馆南里 11 号

邮政编码：100125

全国畜牧总站畜禽资源处

联系人：杨红杰

联系电话：010 - 59194754

电子邮件：AnGR_ NAHS@ 163. com

通讯地址：北京市朝阳区麦子店街 20 号楼 426 房间

邮政编码：100125

2. 牧草种质资源保护

农业部畜牧业司草原处

联系人：黄　涛

联系电话：010 - 59193267

通讯地址：北京市朝阳区农展馆南里 11 号

邮政编码：100125

全国畜牧总站草业处

联系人：陈志宏

联系电话：010 - 59194690

电子邮件：zhchen0209@ sina. com

通讯地址：北京市朝阳区麦子店街 20 号楼 1009 （100125）

邮政编码：100125

附件 29 - 1

物种资源保护费
（畜牧）

项目申报书

项目任务：_____

项目单位：_____

通讯地址：_____

邮政编码：_____

联系电话：_____

联 系 人：_____

主管部门（单位）：_____

通讯地址：_____

邮政编码：_____

联系电话：_____

联 系 人：_____

填制日期：_____

中华人民共和国农业部制

注意事项

1. 所有条（栏）目均不得删减、合并、漏填。

2. 项目申报书由项目单位业务部门和财务部门共同编制。

3. 承担畜禽种质资源保护工作的，在农业财政项目管理系统中项目任务一栏第一行写明"项目名称"，应当按照"项目实施地＋项目类型"模式命名，例如《××省××县××牛保护项目》或《××省××遗传资源监测项目》等。从第二行起写项目任务简介，写明具体的工作内容、工作量，字数300字之内。

4. 项目承担单位应为独立法人，项目单位名称应与单位组织机构代码证一致。

5. 项目单位联系电话请包含联系人手机号码。

6. "项目内容"要细化，明确分项金额，并与"申请资金经济分类明细表"一致。申请单位为保种场、保护区的，应写明保种群的规模、公母畜的数量或家系数量；申请单位为基因库的，应写明已保存的品种数量、规模，以及2016年拟新收集入库的品种数量、规模。

7. 申报畜禽遗传资源保种场、保护区和基因库项目的，申报单位除提交项目申报书外，还应提交"畜禽保种方案"。

8. 项目单位账号中，"收款单位"名称与项目单位不一致的应出具说明并随附证明材料，"账号"数字间一般没有空格或横杠。期间账户变更，应及时告知。

9. "申请资金经济分类明细表"填报科目说明：

（1）印刷费：项目实施过程中有关报告、材料、保种繁育技术资料、系谱档案、手册等印刷支出。

（2）水费：项目应支付的水费、污水处理费等支出。

（3）电费：项目应支付的电费支出。

（4）邮电费：项目开支的信函、包裹、货物等物品的邮寄及电话费、传真、网络通讯费等。

（5）差旅费：指项目承担人员出差的交通、住宿等费用。

（6）维修（护）费：主要用于维修畜禽圈舍、水电路等基础设施，以及检修仪器设备等。

（7）租赁费：项目实施所必须租赁的场地、小型仪器及设备等发生的费用。

（8）培训费：用于项目实施所需开展的技术培训等支出。

（9）专用材料费：主要用于项目所需的选择优秀个体组建保种群，更新血统，以及购买饲料、药品、疫苗、肥料、器皿、包装、试剂等支出。

（10）劳务费：指项目聘请专家或人员的劳务支出。

（11）委托业务费：用于需要委托检测，或需要其他非项目组织单位、参加单位协作才能完成相关工作所产生的费用。

（12）专用设备购置费：主要用于购买种畜禽和草种性能测定、数据采集存贮、遗传物质制作、通风消毒、圈舍温控、防疫等仪器设备。

一、2015 年项目执行进展及下一步进度安排

（2015 年未安排执行本项目的，不填写此栏目）

二、2016 年项目任务计划

（一）项目任务来由（背景）

（二）年度目标与预期效益

（三）项目内容及金额

（四）时间进度（范围为 2016 年 1～12 月）

（五）涉及的相关单位（包括与实施项目有关的基层单位、科研院校、农资生产经营企业以及项目单位所属独立法人等）及事项

三、项目单位情况

（一）单位类型、隶属关系、职能业务范围

（二）技术设备条件、财务收支资产状况、内部管理制度建设情况

（三）有无不良记录（财政部门及审计机关处理处罚决定、行业通报批评、媒体曝光等）

四、人员分工

姓名	性别	工作单位	职务/职称	项目分工	联系电话

五、申请资金经济分类明细表

项目单位财务专用章

单位：万元

项目任务	合计	商品和服务支出													其它资本性支出	
		小计	印刷费	咨询费	水费	电费	邮电费	差旅费	维修（护）费	租赁费	专用材料费	劳务费	委托业务费	其它商品和服务支出	小计	专用设备购置
（项目内容1）																
（项目内容2）																
（项目内容3）																
合计																

注：经济分类科目详见《2016 年政府收支分类科目》

六、申报意见表

项目单位 意 见	本单位对以上内容的真实性和准确性负责，特申请立项。 　　　　　　　　负责人签名：　　　（单位公章） 　　　　　　　　　　　　　　　　年　月　日
主管部门 （单位） 意 见	经审核，同意报送。 　　　　　　　　负责人签名：　　　（单位公章） 　　　　　　　　　　　　　　　　年　月　日
备 注	

七、项目单位账号

项目单位财务专用章：

项目单位 账 户	收款单位：（本单位在银行类金融机构所开户头的全称）
	开户银行：××银行××省××市××县（区）分行（支行）××营业部（分理处）或××省××市××县（区）××乡（镇）农村信用社
	账 号：

附件 30

农业农村资源等监测统计经费
（畜牧）项目指南

一、项目目标

（一）总体目标

动态监测生猪等主要畜禽产品生产、市场运行和成本效益状况，加强畜牧业生产和市场监测体系建设，运用现代信息化手段，提高畜牧业统计监测预警工作的质量和效率，逐步完善全国畜牧业生产和市场动态监测分析预警体系。

获取草原资源与生态状况、草原灾害状况、草原生态保护工程实施情况及效果监测评价，形成各类报告、图件、数据库及信息系统，维护国家级草原固定监测点运行，进一步推进草原监测工作的系统化、标准化和规范化，为草原保护建设的规划与决策，实现草原的合理永续利用，维护国家生态安全，建设生态文明，促进畜牧业增效和农牧民增收服务。

（二）具体目标

继续强化生猪、蛋鸡、奶牛、肉鸡、肉牛、肉羊等主要畜禽生产和成本效益监测；继续完善全国生鲜乳收购站监测月报制度；强化重点饲料、规模养殖场和乳品加工企业生产监测；完善全国畜产品和饲料集贸市场价格监测；进一步规范畜牧、饲料和草业生产年报统计制度；完善网络软件直报系统建设，加强分析预警和信息发布；强化数据质量审核，加强数据采集上报系统建设和信息采集人员技术技能指导；全面执行项目绩效考核管理制度；继续推进畜牧业统计监测预警体系省部共建活动。

获取草原资源与生态状况、草原灾害状况、草原生态保护工程实施情况及效果监测评价，形成各类报告、图件、数据库及信息系统，维护国家级草原固定监测点运行，进一步推进草原监测工作的系统化、标准化和规范化。

二、项目内容

（一）开展生猪、蛋鸡、奶牛、肉牛、肉鸡和肉羊等畜禽生产和效益月度监测

1. 村级畜禽生产监测

在 400 个生猪养殖县、100 个蛋鸡养殖县、50 个奶牛养殖大县、50 个肉牛养殖大县、60 个肉鸡养殖大县和 100 个肉羊养殖大县中，选取 5 800 个自然村或村民小组作为直报式村级畜禽生产监测点，由村级信息采集员每月按期采集监测数据，交县级畜牧兽医主管部门录入并上报中央数据库。

2. 定点养殖户畜禽生产与成本收益监测

在村级畜禽生产监测点中选取 14 000 家农户作为畜禽生产与成本收益定点监测户，由村级信息采集员每月向监测农户采集监测数据并交县级畜牧兽医主管部门录入并上报中央数据库。

3. 规模养殖场监测点月度监测

从 400 个生猪生产重点监测县、100 个鸡蛋生产重点监测县、60 个肉鸡生产重点监测县、50

个肉牛重点监测县和100个肉羊重点监测县中，按照各个畜种不同的规模切割点选取切割点以上的18 000家规模养殖场作为月度规模养殖场监测点，由村级防疫员每月按期采集监测数据并交县级畜牧兽医主管部门录入，由县级主管部门通过网络上报农业部中央数据库。

4. 淘汰母猪月屠宰量监测

在江西上高、山东临沂、河南商丘和湖南湘潭4个全国淘汰母猪的主要集散地开展屠宰厂的淘汰母猪月屠宰量监测，由市、县级信息采集员每月按期采集监测数据，交市、县级畜牧兽医主管部门录入并上报中央数据库。

（二）畜产品和饲料价格定点监测

采集480个固定价格监测点生猪、家禽、牛羊、饲料等产品价格的集贸市场价格，实行周报制度，价格信息直接上报中央数据库。

（三）主要畜产品交易量信息定点监测

从全国范围内选出480个农村集贸市场基础上，选择240个集贸市场，采集农贸市场主要畜产品交易量信息，实行周报制度，每周三采集一次信息，运用手机信息上报平台直接上报农业部中央数据库。

（四）重点生产企业和规模场定点监测

对270个饲料生产重点企业、25个乳品企业、30家规模奶牛养殖场、75个种猪场和150个大型商品猪场进行定点监测，实行月报制度，由企业信息采集员采集饲料和饲料添加剂生产、畜禽产品生产及市场流通等方面的关键指标数据，直接通过网络上报中央数据库。

（五）全国生鲜乳生产和收购信息月度监测

对全国范围内8 500个持证的生鲜乳收购站建立月度监测制度，主要监测内容包括生鲜乳收购站的基本情况、生鲜乳购销情况、购销价格情况等。

（六）省级畜禽、饲料和草业生产年度全面监测

切实强化《畜牧业生产及畜牧专业统计监测报表制度》和《全国饲料工业统计报表制度》的执行，由省级畜牧、饲料部门审核数据后上报农业部，同时完成年度形势分析报告。

（七）监测数据核查

省级畜牧兽医主管部门负责月度数据上报的审核及每年本辖区内10%监测点的实地核查工作，县级主管部门每季度至少开展1次自查工作，保证年内对本县全部监测点开展实地核查。在省县两级主管部门核查工作基础上，农业部数据核查工作组每年对5%～10%的监测点进行实地抽查。

（八）信息采集人员技术指导

继续强化对省级、县级统计员，以及定点监测村、重点监测企业和生鲜乳收购站信息采集人员的技术指导，使各级统计人员切实领会农业部畜牧业统计监测管理办法，统一对数据指标的理解，掌握规范的定点监测信息采集方法，熟练掌握监测软件平台。

（九）生产形势分析与会商

根据监测数据，组织对生猪等主要畜禽和饲料生产形势进行跟踪分析，开展专家和部门联合会商，形成月度、半年和年度生产形势分析报告，逐步构建完善预警模型和各种决策参数体系。

（十）畜牧业统计监测预警体系省部共建活动

支持各地根据实际情况，制定本省（区、市）畜牧业统计监测和信息预警实施方案，在农

业部定点监测的基础上，争取地方财政资金支持，继续扩大监测范围，增加监测品种，完善省级统计监测预警体系。

（十一）草原监测工作组织协调指导

编制草原监测工作方案和实施方案，组织草原监测技术学习交流活动，开展草原监测工作监督检查指导和相关调研。组织开展草原返青监测，生长季长势监测，开展特定气象条件、特殊区域和特殊时期的专项监测，及时发布草原动态监测信息。收集汇总地面监测数据，根据支撑单位提供的分析测算结果，起草年度监测报告，组织会商，印制监测报告，开展监测宣传。

（十二）草原资源与生态监测

在全国23个重点监测省区布设2 410个地面监测样地和3 975个入户调查任务，开展草原生产力路线调查，进行草原监测地面数据采集工作；开展草原关键期长势监测，进行特定气象条件、特殊区域和特殊时期的草原专项监测，获取草原资源和生态状况及动态变化信息；利用遥感数据、地面样地数据和入户调查数据，进行草原生产力监测，评价草畜平衡状况；编制年度草原监测报告。开展草原监测与管理信息系统建设。开展草原生态补偿机制研究、监测技术支撑与服务。开展草原资源与生态监测有关基础工作。

（十三）草原生物灾害监测预警

开展草原鼠虫害动态监测，开展鼠虫害和毒害草野外路线调查，预测预报2017年草原虫害发生情况，开展草原鼠虫害监测防治技术推广，修正有关草原虫害、鼠害监测模型，开展鼠虫害、毒害草防治方面基础研究。开展重点省区主要草原牧草病害调研和资料收集工作，开展重点牧草病害的监测预警示范工作。

（十四）草原生态保护建设效果监测

开展草原生态保护效果监测，包括国家天然草原退牧还草工程、风沙源治理工程、西南岩溶地区草原石漠化等工程实施效果监测、分析与评价。开展草原生态保护检查指导，包括草原生态保护项目管理和草原承包等有关工作，开展种草绿化和草原生物多样性保护宣传等工作。组织开展草原资源保护管理、草原征占用管理、草畜平衡管理和草原自然保护区生态监测管理等工作。

（十五）国家级草原固定监测点监测分析

开展监测点采样调查、样品分析、数据整理。开展监测点监测数据的汇总、分析、信息审核、报告编写等工作，对固定监测人员进行技术指导。

三、资金使用方向

（一）生猪等畜禽生产和畜产品价格动态监测的信息采集、上报等工作由省及省以下部门承担。资金主要用于：监测点信息采集工作（包括监测点畜禽生产和效益数据采集、畜产品价格信息采集、数据录入、上报等），以及部分数据的省级汇总处理分析、形势调研、数据核查等。

（二）生猪等畜禽统计监测项目资金主要用于：监测点和跟踪企业数据汇总处理分析、生产形势调研和会商、数据核查、其他渠道信息采集和中央数据库维护更新等工作。

草原监测项目草原资源与生态监测、草原生物灾害监测预警、草原工程效益监测中的地面样地监测、路线调查、牧户家畜补饲调查、鼠虫害定位监测点监测、国家级草原固定监测点运行维护等工作由省级32家单位承担。分别是：河北省草原监理监测站、山西省牧草工作站、内蒙古自治区草原监督管理局、内蒙古自治区草原工作站、内蒙古草原勘察设计院、辽宁省草原监理站、辽宁省草原工作站、吉林省草原管理总站、黑龙江草原监理总站、黑龙江草原工作站、安徽省草业监理总站、江西省畜牧技术推广站、山东省畜牧总站、河南省草原监理中心、湖北省草地监理（测）站、湖南省草地监理站、广西壮族自治区草地监理中心、重庆市草原监理站、四川省草原工作总站、贵州省草原监理站、云南省草原监督管理站、云南省草山饲料工作站、西藏自治区草原监理站、西藏自治区畜牧总站、陕西省草原工作站、甘肃省草原技术推广总站、青海省草原监理站、青海省草原总站、宁夏自治区草原工作站、新疆维吾尔自治区草原总站、新疆维吾尔自治区蝗虫鼠害预测预报防治中心站、国家气象中心。

四、申报条件和数量

（一）生猪等畜禽统计监测项目

各项目承担单位参照 2015 年的任务量和资金规模，测算 2016 年资金需求。具体标准如下：

——省级信息处理和数据核查费用按本省 2015 年所承担的监测点数量和任务测算。

——省级饲料监测调查经费原则上不超过 2 万元/年。

——生鲜乳收购站监测经费按本省（区、市）的数量测算，每个生鲜乳收购站信息调查经费原则上不超过 200 元/年。

——生猪、蛋鸡、肉鸡、奶牛、肉牛和肉羊生产定点监测县调查经费原则上不超过 1 万元/年。

——生猪生产定点监测村信息采集经费原则上不超过 2 000 元/年。

——蛋鸡、肉鸡、奶牛、肉牛和肉羊生产定点监测村信息采集经费原则上不超过 1 300 元/年。

——生猪、蛋鸡、肉鸡、奶牛、肉牛和肉羊定点监测户信息采集费原则上不超过 100 元/年。

——畜产品价格定点监测县调查经费原则上不超过 0.2 万元/年。

——主要畜产品交易量信息定点监测点数据采集经费原则上不超过 0.3 万元/年。

——规模养殖场监测数据采集经费原则上不超过 0.6 万元/年。

——淘汰母猪月屠宰量监测点信息数据采集经费原则上每地区不超过 1.3 万元/年。

（二）草原监测项目

请各有关单位参照以下标准进行测算。具体标准如下：

——有关省级草原监测机构请严格按照本省区承担的任务申请经费。其中，承担监测样地的单位按照每个样地 0.05 万元的标准申请经费；承担入户调查访问的单位按照每户 0.02 万元的标准申请经费；承担国家级草原固定监测点的单位按照每个监测点 4 万元的标准申请经费；承担关键物候期监测的单位按照每个县 0.1 万元的标准申请经费。对于监测任务较重的省区（内蒙古、四川、云南、西藏、甘肃、青海、宁夏、新疆等 8 省区），按照每个省区 2 万元的标准申请额外补助经费。

——承担草原保护建设工程效益监测地面调查的单位按照每个县 1.6 万元的标准申请经费；承担草原保护建设工程长期定位监测的单位按照每个监测点 3.5 万元的标准申请经费；承担草原生产力旬度动态监测的单位按照每个监测点 4 万元的标准申请经费；承担草原生产力路线调查的单位按照每条路线 3 万元的标准申请经费；承担草原鼠虫害长期定位监测的单位按照每个监测点 1 万元的标准申请经费；承担草原生物灾害重点危害区路线调查的单位按每条路线 3 万元的标准申请经费。

五、申报程序

请有关主管部门（单位）根据本项目申报要求及具体预算资金额度，组织指导项目单位编制项目申报书（具体格式见附后）和实施方案，填写项目支出经济分类明细表，并将文件以财（计财）字文件报送到农业部畜牧业司。同时，通过农业财政项目管理系统上报。

六、项目单位确定方式

本项目是任务类项目，根据监测方案设计的任务量，确定各省（区、市）项目单位。

七、联系方式

（一）生猪等畜禽统计监测项目报送农业部畜牧业司监测分析处（一式3份）。

联系人：农业部畜牧业司监测分析处

张富　电话：010-59192846

刘栋　电话：010-59193268

通讯地址：北京市朝阳区农展南里11号（邮编：100125）

（二）草原监测项目报送农业部畜牧业司草原处和草原监理中心监测处（各一式3份）。

联系人：农业部畜牧业司草原处

黄涛　电话：010-59193267

通讯地址：北京市朝阳区农展南里11号（邮编：100125）

联系人：农业部草原监理中心监测处

刘帅　电话：010-59191707

通讯地址：北京市朝阳区农展南里11号（邮编：100125）

附件 30 - 1

农业农村资源等监测统计经费
（畜牧）

项目申报书

项目任务：＿＿＿＿＿＿＿＿＿＿＿＿＿＿＿＿＿＿

项目单位：＿＿＿＿＿＿＿＿＿＿＿＿＿＿＿＿＿＿

通讯地址：＿＿＿＿＿＿＿＿＿＿＿＿＿＿＿＿＿＿

邮政编码：＿＿＿＿＿＿＿＿＿＿＿＿＿＿＿＿＿＿

联系电话：＿＿＿＿＿＿＿＿＿＿＿＿＿＿＿＿＿＿

联 系 人：＿＿＿＿＿＿＿＿＿＿＿＿＿＿＿＿＿＿

主管部门（单位）：＿＿＿＿＿＿＿＿＿＿＿＿＿＿

通讯地址：＿＿＿＿＿＿＿＿＿＿＿＿＿＿＿＿＿＿

邮政编码：＿＿＿＿＿＿＿＿＿＿＿＿＿＿＿＿＿＿

联系电话：＿＿＿＿＿＿＿＿＿＿＿＿＿＿＿＿＿＿

联 系 人：＿＿＿＿＿＿＿＿＿＿＿＿＿＿＿＿＿＿

填制日期：＿＿＿＿＿＿＿＿＿＿＿＿＿＿＿＿＿＿

中华人民共和国农业部制

注意事项

1. 所有条（栏）目均不得删减、合并、漏填。

2. 项目单位业务部门和财务部门共同编制，主管部门（单位）指导并对真实性和准确性负连带责任。项目单位、主管部门（单位）各留存 1 份。

3. "相关单位"包括与实施项目有关的基层单位、科研教学单位、农资企业以及项目单位所属独立法人等单位和组织。

4. "项目内容"要细化，明确分项金额，并与"申请资金经济分类明细表"一致。

一、2015 年项目执行进展及下一步进度安排

（2015 年未安排执行本项目的，不填写此栏目）

二、2016 年项目任务计划

（一）项目任务来由（背景）

（二）年度目标与预期效益

（三）项目内容及分项金额

（四）时间进度（范围为 2016 年 1～12 月）

（五）涉及的相关单位（包括与实施项目有关的基层单位、科研院校、农资生产经营企业以及项目单位所属独立法人等）及事项

三、项目单位情况

（一）单位性质、隶属关系、相关职能业务范围

（二）技术设备条件、财务收支、资产状况、内部管理制度建设情况

（三）有无不良记录（财政部门及审计机关处理处罚决定、行业通报批评、媒体曝光等）

四、人员分工

姓名	性别	工作单位	职务/职称	项目分工	联系电话

五、申请资金经济分类明细表

项目单位财务专用章：

单位：万元

项目任务	合计	商品和服务支出													其它资本性支出	
		小计	印刷费	咨询费	水费	电费	邮电费	差旅费	维修（护）费	租赁费	专用材料费	劳务费	委托业务费	其它商品和服务支出	小计	专用设备购置
（项目内容1）																
（项目内容2）																
（项目内容3）																
合计																

注：经济分类科目参见《2016 年政府收支分类科目》。

六、申报意见表

项目单位 意　　见	本单位对以上内容的真实性和准确性负责，特申请立项。 　　　　　　　负责人签名：　　　　（单位公章） 　　　　　　　　　　　　　　　年　月　日
主管部门 （单位） 意　　见	经审核，同意报送。 　　　　　　　负责人签名：　　　　（单位公章） 　　　　　　　　　　　　　　　年　月　日
备　　注	

七、项目单位账号

项目单位财务专用章：

项目单位 账　　户	收款单位：（本单位在银行类金融机构所开户头的全称）
	开户银行：××银行××省××市××县（区）分行（支行）××营业部（分理处）或××省××市××县（区）××乡（镇）农村信用社
	账　　号：

附件 31

动物疫情监测与防治（兽医）项目指南

动物疫情监测与防治经费项目拟用于重大动物疫病监测、动物疫病防治及应急管理、兽医体系能力建设和实验室管理、重大动物疫病疫苗质量监管监测等方面。

一、项目目标

及时掌握疫情情况，制定防疫政策，指导各地落实各项防控措施，科学防控，确保动物疫情平稳。加强兽医法律制度和机构队伍建设、政策咨询，强化兽医科技及实验室管理，开展动物产品国际贸易规则、标准研究应用及管理，为重大动物疫病防控提供有力技术支撑。

二、项目内容及申报单位

（一）动物疫病监测工作

具体内容：（1）按照国家动物疫病监测计划，开展口蹄疫、禽流感、布病等优先防治病种的监测与流行病学调查。重点强化口蹄疫（含 A 型口蹄疫东南亚 97-G2 病毒）、高致病性禽流感病原学流行病学监测。（2）马传贫、马鼻疽监测与消灭。重点地区主要马病的监测监管。（3）小反刍兽疫和 H7N9 流感监测与消灭。（4）动物疫情测报站/边境动物疫情监测站开展主要动物疫病血清学监测与流行病学调查及报告。（5）血吸虫病、包虫病相关疫区省份开展流行病学监测工作。（6）禽流感、猪链球菌、包虫病、禽肿瘤性疾病、狂犬病、炭疽等专业实验室开展监测风险评估、流行病学监测、诊断技术储备及推广，相关疫苗、重要动物疫病快速诊断试剂盒的技术储备。（7）疯牛病、痒病、蓝舌病等外来动物疫病的流行病学监测及相关防控技术储备。（8）边境省份防范境外疫情传入风险的监测预警。

申报单位：31 个省市级、5 个计划单列市、新疆生产建设兵团兽医主管部门或动物疫病预防控制中心、动物卫生监督所等，有关省份农垦局，有关大专院校、科研院所。

（二）无疫区建设与管理

具体内容：组织开展无疫区和生物安全隔离区建设、维护和管理。

申报单位：相关省级兽医主管部门或动物疫病预防控制、动物卫生监督机构。

（三）兽医体系能力建设和实验室管理

具体内容：开展兽医管理法律制度调研，主要包括《兽医法》、《动物卫生法》立法研究，《动物防疫法》配套规章制定及宣传。加强兽医机构队伍管理，开展兽医师资培训，执业兽医制度建设研究，《兽医人才队伍建设规划》研究起草，动物诊疗行业规范化管理研究。兽医相关政策咨询。

申报单位：兽医法律制度和机构队伍部分限科研院所、大专院校、中国兽医协会、青岛东方动物卫生法学研究咨询中心、各省兽医主管部门。

（四）重大动物疫病疫苗质量监管监测

具体内容：开展兽用生物制品批签发和样品抽样工作。

申报单位：29 个省级兽药监察所（海南和宁夏无兽用生物制品企业，不参加申报）申报兽用生物制品批签发工作内容。

三、实施区域

全国 31 个省、自治区、直辖市及新疆生产建设兵团。

四、资金使用方向

购置仪器、设备、试剂药品、实验室耗材、专用材料以及委托服务；工作中发生的咨询、印刷、水费、电费、邮电、差旅、维修（护）费、租赁、燃料、劳务等费用；动物疫病防控管理工作中开展培训等所需费用。

五、申报程序

拟承担项目的省级及省级以下单位应填写"动物疫情监测与防治（兽医）项目申报书"，报所在省（自治区、直辖市）兽医主管部门审核，并以厅（委、局）财（计财）字号文件报我部；大专院校、科研院所直接报我部。

六、有关要求

（一）各有关省（自治区、直辖市）兽医主管部门统一组织项目申报，严格审核把关。

（二）编制项目支出经济分类预算。为了加强财政资金管理，提高使用效益，各项目申报单位应按照自下而上逐级编制方法，编制项目支出经济分类预算，填写"申请资金经济分类明细表"。

（三）项目申报单位于 2015 年 10 月 30 日前报送纸质申报材料，纸质申报材料一式 3 份报农业部兽医局。

联系方式及联系人：农业部兽医局综合处　张立志

联系电话：010 - 59193369　010 - 59192888

通讯地址：北京市朝阳区农展馆南里 11 号（100125）

附件 31 – 1

动物疫情监测与防治
（兽医）

项目申报书

项目任务：_____

项目单位：（加盖项目单位公章）_____

通讯地址：_____

邮政编码：_____

联系电话：_____

联 系 人：_____

主管部门（单位）：（加盖主管部门公章）_____

通讯地址：_____

邮政编码：_____

联系电话：_____

联 系 人：_____

填制日期：_____

中华人民共和国农业部制

一、2015 年项目执行进展及下一步进度安排

（2015 年未安排执行本项目的，不填写此栏目）

二、2016 年项目任务计划

（一）项目任务来由（背景）

（二）年度目标与预期效益

（三）项目内容及金额

1. 动物疫病监测

完成××份样品的口蹄疫、××份样品的禽流感、××份样品布病的检测，需经费××元；完成××份马鼻疽和马传贫监测，需经费××元；完成××份小反刍兽疫和 H7N9 流感的监测，需经费××元；完成××份血吸虫病和××份包虫病的监测，需经费××元。

每个全国动物疫情测报站/边境动物疫情监测站：采集 300 份猪血清、500 份鸡血清、100 份牛羊等大动物血清进行口蹄疫、禽流感、布病等优先防治病种的检测；每季度进行 17 种疫病的流行病学调查；按规定向中国动物疫病预防控制中心和中国动物卫生与流行病学中心报送有关信息。一个××个全国动物疫情测报站/边境动物疫情监测站，共需经费××元。

开展重点动物疫病风险评估、流行病学监测、诊断技术及推广，相关疫苗、重要动物疫病快速诊断试剂盒研发××元。

上述流行病学监测工作的培训、数据分析与预警××元。

2. 动物疫病防治管理工作

动物疫病防治工作，需经费××元。指导开展突发重大动物疫情处置和重大自然灾害后动物防疫工作××元。应急值班××元。

3. 无疫区和生物安全隔离区建设、维护和管理××元。

4. 兽用生物制品监测监管：抽取辖区内××个兽用生物制品企业疫苗产品批签发样品，需经费××万元。核实、监管本辖区疫苗产品并向中国兽医药品监察所报送相关信息，需工作经费××万元。

5. 其他工作××元：

注：省级兽医主管部门、省级动物疫病预防控制中心、省级动物卫生监督所、省级兽药监察所参考上述格式填写项目内容；大专院校、科研院所、其他非预算单位根据实际工作填写项目内容。经费测算根据项目任务尽量细化。

（四）时间进度（范围为 2016 年 1~12 月）

（五）涉及的相关单位（包括与实施项目有关的基层单位、科研院校、农资生产经营企业以及项目单位所属独立法人等）及事项

三、项目单位情况

（一）单位类型、隶属关系、职能业务范围

（二）技术设备条件、财务收支资产状况、内部管理制度建设情况

（三）有无不良记录（财政部门及审计机关处理处罚决定、行业通报批评、媒体曝光等）

四、人员分工

姓名	性别	工作单位	职务/职称	项目分工	联系电话

五、申请资金经济分类明细表

项目单位财务专用章：

单位：万元

项目编码	项目内容	合计	商品和服务支出															
			小计	印刷费	咨询费	手续费	水费	电费	邮电费	差旅费	维修（护）费	租赁费	培训费	专用材料费	专用燃料费	劳务费	委托业务费	其他商品和服务支出

备注：请勿改变此表格式，勿增加项目。

六、申报意见表

项目单位 意　见	本单位对以上内容的真实性和准确性负责，特申请立项。 　　　　　　　　负责人签名：　　　　（单位公章） 　　　　　　　　　　　　　　　　　年　月　日
主管部门 （单位） 意　见	经审核，同意报送。 　　　　　　　　负责人签名：　　　　（单位公章） 　　　　　　　　　　　　　　　　　年　月　日
备　注	

七、项目单位账号

项目单位财务专用章：

项目单位 账　户	收款单位：（本单位在银行类金融机构所开户头的全称）
	开户银行：××银行××省××市××县（区）分行（支行）××营业部（分理处）或 ××省××市××县（区）××乡（镇）农村信用社
	账　　号：

附件 32

农产品质量安全监管（兽药）项目指南

农产品质量安全监管经费拟用于兽药立法、行业监督管理、兽药安全监管以及屠宰环节"瘦肉精"监管等。

一、项目目标

完善兽药管理法规，健全兽药市场准入制度，强化兽药质量安全监管和残留监控，加大兽药监督执法力度，使兽药违法行为得到及时查处，兽药残留超标产品得到及时追踪处理，进一步提高兽药产品质量安全水平和动物产品质量安全水平、兽药行业监督管理水平，促进兽药行业健康发展，维护公共卫生安全和人民身体健康。组织生猪屠宰环节"瘦肉精"监督抽检，强化屠宰环节"瘦肉精"监管，保障生猪产品质量安全。

二、项目内容

（一）兽药诚信体系建设

具体内容：开展兽药行业诚信建设工作。

申报单位：中国兽药协会。

（二）兽药行业监督管理及信息收集

具体内容：兽药行政审批前期核查和初审，兽药 GMP 监管及生产条件现场核查、行业调查及相关信息收集上报、兽药产品追溯管理、跨省违法案件查处等。

申报单位：31 个省级兽医主管部门和新疆生产建设兵团兽医主管部门。

（三）动物源细菌耐药性监测

具体内容：组织开展动物源细菌耐药性监测及检测方法制定等工作。

申报单位：辽宁、河南、上海、广东、湖南、四川、陕西等省（直辖市）兽药监察所。

（四）兽药安全监管

具体内容：一是生鲜乳抗生素残留检测；二是兽药产品监督抽检和畜禽产品兽药残留检测。

申报单位：北京、天津、河北、山西、内蒙古、辽宁、黑龙江、山东、河南、上海、四川、广东、陕西、宁夏、新疆等 15 个省级兽药监察所申报生鲜乳抗生素残留检测工作；31 个省级兽药监察所和新疆生产建设兵团兽药监察所申报兽药产品监督抽检和畜禽产品兽药残留检测工作。

（五）屠宰环节"瘦肉精"监督抽检经费

具体内容：实施生猪屠宰环节"瘦肉精"监督抽检，重点检测盐酸克伦特罗、莱克多巴胺、沙丁胺醇三种"瘦肉精"。组织开展屠宰行业治理整顿、行业调查及相关信息收集上报，跨省违法案件查处等。

申报单位：各省级兽医主管部门或动物卫生监督机构。

三、实施区域

全国 31 个省、自治区、直辖市及新疆生产建设兵团。

四、资金使用方向

购置仪器、设备、信息网络、试剂药品、实验室耗材、专用材料以及其他商品和服务支出；工作中发生的咨询、印刷、水费、电费、邮电、差旅、维修（护）、租赁、劳务等费用。

五、申报程序

拟承担项目的单位应填写"农产品质量安全监管（兽药）项目申报书"，报所在省（自治区、直辖市）兽医主管部门审核，并以厅（委、局）财（计财）字号文件报我部。

六、有关要求

（一）各有关省（自治区、直辖市）兽医主管部门统一组织项目申报，严格审核把关。

（二）编制项目支出经济分类预算。为了加强财政资金管理，提高使用效益，各项目申报单位应按照自下而上逐级编制方法，编制项目支出经济分类预算，填写"申请资金经济分类明细表"。

（三）项目申报单位于2015年10月30日前完成农业财政项目管理系统中的电子申报，并在系统审核通过后7日内报送纸质申报材料，纸质申报材料一式3份报农业部兽医局，项目申报材料电子文档发送至兽医局综合处。

联系方式及联系人：农业部兽医局综合处　张立志

联系电话：010 - 59193369　010 - 59192888

通讯地址：北京市朝阳区农展馆南里11号（100125）

E-mail：syjzhc@ agri. gov. cn

附件 32 – 1

农产品质量安全监管
（兽药）

项目申报书

项目任务：＿＿＿＿＿＿＿＿＿＿＿＿＿＿＿＿＿＿

项目单位：（加盖项目承担单位公章）＿＿＿＿＿

通讯地址：＿＿＿＿＿＿＿＿＿＿＿＿＿＿＿＿＿＿

邮政编码：＿＿＿＿＿＿＿＿＿＿＿＿＿＿＿＿＿＿

联系电话：＿＿＿＿＿＿＿＿＿＿＿＿＿＿＿＿＿＿

联 系 人：＿＿＿＿＿＿＿＿＿＿＿＿＿＿＿＿＿＿

主管部门（单位）：（加盖主管部门公章）＿＿＿＿

通讯地址：＿＿＿＿＿＿＿＿＿＿＿＿＿＿＿＿＿＿

邮政编码：＿＿＿＿＿＿＿＿＿＿＿＿＿＿＿＿＿＿

联系电话：＿＿＿＿＿＿＿＿＿＿＿＿＿＿＿＿＿＿

联 系 人：＿＿＿＿＿＿＿＿＿＿＿＿＿＿＿＿＿＿

填制日期：＿＿＿＿＿＿＿＿＿＿＿＿＿＿＿＿＿＿

中华人民共和国农业部制

一、2015 年项目执行进展及下一步进度安排

（2015 年未安排执行本项目的，不填写此栏目）

二、2016 年项目任务计划

（一）项目任务来由（背景）
（二）年度目标与预期效益
（三）项目内容及金额
（四）时间进度（范围为 2016 年 1～12 月）
（五）涉及的相关单位（包括与实施项目有关的基层单位、科研院校、农资生产经营企业以及项目单位所属独立法人等）及事项

三、项目单位情况

（一）单位类型、隶属关系、职能业务范围
（二）技术设备条件、财务收支资产状况、内部管理制度建设情况
（三）有无不良记录（财政部门及审计机关处理处罚决定、行业通报批评、媒体曝光等）

四、人员分工

姓名	性别	工作单位	职务/职称	项目分工	联系电话

五、申请资金经济分类明细表

项目单位财务专用章：

单位：万元

项目编码	项目内容	合计	商品和服务支出														
			小计	印刷费	咨询费	手续费	水费	电费	邮电费	差旅费	维修（护）费	租赁费	培训费	专用材料费	专用燃料费	劳务费	委托业务费	其他商品和服务支出

注：1. 经济分类明细表中未列示的科目禁止增加支出内容。
　　2. 地方及非结算单位禁止列支会议费。

六、申报意见表

项目单位 意　　见	本单位对以上内容的真实性和准确性负责，特申请立项。 　　　　　　　　　　　负责人签名：　　　（单位公章） 　　　　　　　　　　　　　　　　　　　　年　月　日
主管部门 （单位） 意　　见	经审核，同意报送。 　　　　　　　　　　　负责人签名：　　　（单位公章） 　　　　　　　　　　　　　　　　　　　　年　月　日
备　　注	

七、项目单位账号

项目单位财务专用章：

项目单位 账　　户	收款单位：（本单位在银行类金融机构所开户头的全称）
	开户银行：××银行××省××市××县（区）分行（支行）××营业部（分理处）或××省××市××县（区）××乡（镇）农村信用社
	账　　号：

附件 33

农业行业标准制定和修订
（兽药）项目指南

农业行业标准制定与修订项目内容包括兽药标准制定与修订、兽药安全试验和风险评估等。

一、项目目标

建立健全兽药国家标准体系，加强兽药标准化工作，提升兽药标准，切实指导兽药生产、检验和使用。加强兽药风险评估，及时淘汰存在安全隐患兽药品种。

二、项目内容及申报单位

具体内容：一是兽药国家标准制修订复核工作；二是兽用抗菌药安全试验及风险评估工作；三是对疗效已无法满足现有防控需要的标准，组织开展相应试验和评价，提升标准实用水平；四是研究制订兽药中违法添加物检测方法标准。

申报单位：北京市等 31 个省级兽药监察所及有关单位申报兽药典标准制修订及标准复核检验、标准提升等工作内容；国家兽药残留基准实验室（仅限中国农业大学、华南农业大学、华中农业大学）申报高风险兽药产品安全试验及风险评估工作；北京、河北、辽宁、河南、山东、江苏、上海等 7 个省级兽药监察所申报兽药中违法添加物检测方法标准制订工作。

三、实施区域

全国 31 个省、自治区、直辖市及新疆生产建设兵团。

四、资金使用方向

购置仪器、设备、试剂药品、实验室耗材、专用材料以及委托服务；工作中发生的咨询、印刷、水费、电费、邮电、差旅、维修（护）费、租赁、劳务等费用；标准制修订工作中开展培训等所需费用。

五、申报程序

拟承担项目的省级及省级以下单位应填写"农业行业标准制定与修订（兽药）项目申报书"，报所在省（自治区、直辖市）兽医主管部门审核，并以厅（委、局）财（计财）字号文件报我部；大专院校、科研院所直接报我部。

六、有关要求

（一）各有关省（自治区、直辖市）兽医主管部门统一组织项目申报，严格审核把关。

（二）编制项目支出经济分类预算。为了加强财政资金管理，提高使用效益，各项目申报单位应按照自下而上逐级编制方法，编制项目支出经济分类预算，填写"申请资金经济分类明细表"。

（三）项目申报单位于 2015 年 10 月 30 日前完成农业财政项目管理系统中的电子申报，并在系统审核通过后 7 日内报送纸质申报材料，纸质申报材料一式 3 份报农业部兽医局，项目申报材料电子文档发送至兽医局综合处。

联系方式及联系人：农业部兽医局综合处　张立志

联系电话：010－59193369　010－59192888

通讯地址：北京市朝阳区农展馆南里 11 号　（100125）

E-mail：syjzhc@ agri. gov. cn

附件 33 - 1

农业行业标准制定和修订
（兽药）

项目申报书

项目任务： _____

项目单位：（加盖项目承担单位公章） _____

通讯地址： _____

邮政编码： _____

联系电话： _____

联 系 人： _____

主管部门（单位）：（加盖主管部门公章） _____

通讯地址： _____

邮政编码： _____

联系电话： _____

联 系 人： _____

填制日期： _____

中华人民共和国农业部制

一、2015 年项目执行进展及下一步进度安排

二、2016 年项目任务计划

（一）项目任务来由（背景）

（二）年度目标与预期效益

（三）项目内容及金额

（四）时间进度（范围为 2016 年 1～12 月）

（五）涉及的相关单位（包括与实施项目有关的基层单位、科研院校、农资生产经营企业以及项目单位所属独立法人等）及事项

三、项目单位情况

（一）单位类型、隶属关系、职能业务范围

（二）技术设备条件、财务收支资产状况、内部管理制度建设情况

（三）有无不良记录（财政部门及审计机关处理处罚决定、行业通报批评、媒体曝光等）

四、人员分工

姓名	性别	工作单位	职务/职称	项目分工	联系电话

五、申请资金经济分类明细表

项目承担单位财务专用章：

单位：万元

项目编码	项目内容	合计	商品和服务支出															
			小计	印刷费	咨询费	手续费	水费	电费	邮电费	差旅费	维修（护）费	租赁费	培训费	专用材料费	专用燃料费	劳务费	委托业务费	其他商品和服务支出

注：1. 经济分类明细表中未列示的科目禁止增加支出内容。

2. 地方及非预算单位禁止列支会议费。

六、申报意见表

项目单位 意　见	本单位对以上内容的真实性和准确性负责，特申请立项。 　　　　　　　　　　　　负责人签名：　　　（单位公章） 　　　　　　　　　　　　　　　　　　　　　年　月　日
主管部门 （单位） 意　见	经审核，同意报送。 　　　　　　　　　　　　负责人签名：　　　（单位公章） 　　　　　　　　　　　　　　　　　　　　　年　月　日
备　注	

七、项目单位账号

项目单位财务专用章：

项目单位 账　户	收款单位：（本单位在银行类金融机构所开户头的全称）
	开户银行：××银行××省××市××县（区）分行（支行）××营业部（分理处）或 ××省××市××县（区）××乡（镇）农村信用社
	账　号：

附件 **34**

农业技术试验示范
（农产品加工）项目指南

一、项目目标

为深入实施创新驱动发展战略，促进农产品加工业转型升级发展，按照"重点区域、大宗品种、关键技术"的原则，紧紧依托各级农产品加工业管理部门，充分发挥农产品加工技术研发体系主体作用，整合相关科研院校力量，加强农产品加工技术装备先行先试、成熟技术推广与技术对接，强化公共服务能力建设，推动农产品加工中小微企业和农民专业合作社农产品加工与综合利用技术水平的提高，为进一步提升农产品产地初加工技术装备水平、增强农产品加工重大关键技术创新能力、促进农产品加工科技成果转化应用发挥更大的作用。按照在"发掘中保护、在利用中传承"的思路，通过挖掘认定一批中国重要农业文化遗产，支持遗产地政府在遗产核心区设立标识，对遗产进行宣传推介等工作，提高农业文化遗产的社会认知度，培育遗产品牌，促进中华农耕文明的保护和传承。

二、项目内容与实施区域

（一）农产品加工技术装备先行先试

针对中小微加工企业、农民专业合作社和农户的技术需求，支持科研院校开展粮油、果蔬、畜禽等加工关键共性技术装备研发、集成与试验示范，形成一批适宜推广的产业化技术与装备。

（二）农产品加工成熟技术推广

支持科研院校通过建立示范点或利用农产品加工技术集成示范基地，以编制技术规程手册、现场技术培训等多种形式开展粮油、果蔬和畜禽加工等领域成熟适用技术推广，推进科研成果产业化。

（三）农产品加工技术对接

1. 开展全国性农产品加工科技创新与推广活动。以建立农产品加工产学研用合作平台、加快科研成果转化应用和产业化示范为目标，支持国家级科研单位举办农产品加工科技创新与推广活动。

2. 开展区域性技术对接活动。以推动区域优势特色产业发展为目标，依托省级农产品加工业管理部门，组织本地及相关省区中小微加工企业、农民专业合作社与科研院校开展技术交流与对接，解决企业技术难题，促进科技成果转化推广。

（四）强化公共服务能力

1. 农产品产地初加工补助政策技术服务。以提升农产品产地初加工设施补助政策技术支撑能力为重点，支持有关科研院校开展农产品产地初加工设施技术方案修改完善、新增设施筛选论证及工程技术标准化、初加工设施技术改进与提升试验示范。

2. 农产品加工关键共性技术征集、筛选与论证。依托国家农产品加工技术研发体系，针对各地提出的技术需求，开展加工行业技术成果征集、筛选、论证，推荐一批满足需求、适宜推广的成熟技术。

3. 农产品加工业标准化建设与质量提升。依托科研院校开展农产品加工行业标准宣贯及相关工作，加强农产品加工质量安全舆情跟踪与风险分析、官方评议与农产品加工国际标准跟踪。

4. 相关课题研究。组织相关科研院校开展农产品加工业科技发展、品牌建设与公共服务体系建设等相关课题研究。

（五）中国重要农业文化遗产宣传

在北京、江苏、浙江、安徽、山东、河南、湖北和四川8个省区的中国重要农业文化遗产地开展标识设立工作。

三、资金使用方向

资金主要用于技术筛选与论证，示范点关键设备补贴，技术集成与试验示范，技术参数研究与验证，标准操作规程编印，培训教材编印，技术推广培训，技术对接活动，标准跟踪、课题调研等。分批支持各遗产地建立中国重要农业文化遗产标识，宣传中国重要农业文化遗产。

四、申报条件

（一）申报范围

1. 省级农产品加工业管理部门可申报项目内容中第（三）项。

2. 农产品加工科研院校可申报项目内容中第（一）、（二）项。

3. 相关科研单位可申报项目内容中第（四）项。

4. 第三批中国重要农业文化遗产地农业管理部门可申报项目内容中第（五）项。

（二）申报单位要求

1. 省级农产品加工业管理部门，应具有较好实施项目的工作基础，领导重视。同时，本地区农产品加工业发展态势良好，能够确保项目实施后具有较好的示范和辐射带动作用。

2. 科研院校应具备相关科研基础，技术力量雄厚，有较强科研创新团队和产业技术优势，能吸收优秀青年科研骨干参与项目，具有实施相关项目和产学研结合的经验，能与行政主管部门积极配合，完成项目所确定的任务。

3. 申报第（五）项的单位，限北京、江苏、浙江、安徽、山东、河南、湖北和四川8个省区第三批中国重要农业文化遗产地农业管理部门。

五、申报程序及有关要求

（一）省级农产品加工业管理部门，根据本指南统一组织项目申报（申报书格式见附件），并对项目申报材料进行审核、盖章汇总后，以正式文件形式将申报材料报送农业部农产品加工局科技处（一式两份），同时电子稿发至：nybncpjg@163.com。

（二）教育部直属大学，根据本指南编制项目申报材料，经单位审核盖章后，报送农业部农产品加工局科技处（一式两份），电子稿发至：nybncpjg@163.com。其他科研院校项目申报材料须经属地省级农产品加工业管理部门盖章后，按上述要求报送。

（三）第三批中国重要农业文化遗产地农业管理部门，根据本指南认真编制所申请项目的项目申报材料，经省级农业主管部门审核（单位）盖章后，以正式文件将申报材料（一式两份）按所申请的项目，报送至报至农业部农产品加工局休闲农业处，电子稿同时发至 xqjxxc@

agri. gov. cn。

（四）农业部农产品加工局对申报材料进行形式审查，并组织专家评审，择优推荐立项。

项目内容第（一）、（二）、（三）、（四）项联系人：农业部农产品加工局科技处　王杕
姜倩

电话：010 - 59192790、59192712

项目内容第（五）项联系人：农业部农产品加工局休闲农业处　梁漪

电话：010 - 59192797

传真：010 - 59192761

通讯地址：北京市朝阳区农展馆南里 11 号农业部农产品加工局

邮政编码：100125

附件 34 - 1

农业技术试验示范
（农产品加工）

项目申报书

项目任务：_____

项目单位：_____

通讯地址：_____

邮政编码：_____

联系电话：_____

联 系 人：_____

主管部门（单位）：_____

通讯地址：_____

邮政编码：_____

联系电话：_____

联 系 人：_____

填制日期：_____

中华人民共和国农业部制

一、2015 年项目执行进展及下一步进度安排

（2015 年未安排执行本项目的，不填写此栏目）

二、2016 年项目任务计划

（一）项目背景

简明扼要阐述行业存在的问题；已有技术研究基础。

（二）年度目标与预期效益

清晰阐明项目完成后可实现的目标及产生的社会效益和经济效益。

（三）项目内容及金额

阐明具体工作内容，明确分项金额及负责人员，并与申请资金经济分类明细表一致。

（四）时间进度（范围为 2016 年 1 ~ 12 月）

写明各时间段主要工作任务、阶段性成果。

（五）涉及的相关单位及事项

（包括与实施项目有关的基层单位、科研院校、农资生产经营企业以及项目单位所属独立法人等）

三、项目单位情况

（一）单位类型、隶属关系、职能业务范围
（二）技术设备条件、财务收支资产状况、内部管理制度建设情况
（三）有无不良记录（财政部门及审计机关处理处罚决定、行业通报批评、媒体曝光等）

四、人员分工

姓名	性别	工作单位	职务/职称	项目分工	联系电话

五、申请资金经济分类明细表

项目单位财务专用章：　　　　　　　　　　　　　　　　　　　　　单位：万元

项目内容	合计	商品和服务支出												其他资本性支出	
		小计	印刷费	咨询费	邮电费	差旅费	维修（护）费	租赁费	培训费	专用材料费	劳务费	委托业务费	其他商品和服务支出	小计	专用设备购置费
（项目内容 1）															
（项目内容 2）															
（项目内容 3）															
合计															

注：请严格按照项目资金额度填写此表。

六、申报意见表

项目单位 意　见	本单位对以上内容的真实性和准确性负责，特申请立项。 　　　　　　　　　　　负责人签名：　　　　（单位公章） 　　　　　　　　　　　　　　　　　　　　年　月　日
主管部门 （单位） 意　见	经审核，同意报送。 　　　　　　　　　　　负责人签名：　　　　（单位公章） 　　　　　　　　　　　　　　　　　　　　年　月　日
备　　注	

七、项目单位账号

项目单位财务专用章：

项目单位 账　户	收款单位：（本单位在银行类金融机构所开户头的全称）
	开户银行：××银行××省××市××县（区）分行（支行）××营业部（分理处）或 ××省××市××县（区）××乡（镇）农村信用社
	账　　号：

附件 35

农业农村资源等监测统计经费
（农产品加工）项目指南

一、项目目标

立足服务农业提质增效和农民就业增收，建立监测统计体系，动态跟踪、监测行业数据，加强运行分析，及时、全面、准确掌握农产品加工业、休闲农业和农村二三产业即乡镇企业的发展动态，及时反映行业发展面临的热点、焦点及难点问题，充分发挥信息对行业发展的引导作用；对农产品加工业、休闲农业和农村二三产业即乡镇企业改革发展过程中存在的重大问题开展调查研究，探讨制约行业发展的突出矛盾，提出新形势下促进行业持续健康发展的政策建议，编制"十三五"发展规划；开展休闲农业从业人员培训，提升从业人员素质能力；开展新闻宣传及信息化工作，为行业发展提供技术支持，营造良好氛围。

二、项目内容与实施区域

（一）农产品加工企业预警监测试点调查

在全国农产品加工企业景气调查试点地区定期开展景气调查，采集企业发展运行的数据和信息。

（二）农产品加工重点行业监测研究

对食用类农产品加工业的重点行业进行监测，研判发展趋势及存在问题，针对行业热点问题和突发事件开展专题研究；由科研院所等单位牵头，联合相关行业协会和企业，组织专家针对行业热点问题及突发事件、行业发展重大问题预警等进行研讨会商，提出切合行业发展实际的意见和建议。

（三）主食加工业行业监测分析

由科研院所及相关资质单位牵头，分析研判主食加工业经济运行数据，形成运行情况监测报告；针对行业热点问题，组织专家开展调研，形成主食加工业发展趋势研究报告。

（四）农产品加工业援疆援藏及扶贫工作

落实中央和农业部援疆、援藏及对口扶贫部署要求和工作任务，支持新疆、西藏及藏区、对口扶贫地区等西部贫困地区开展行业统计运行监测；加强新疆、西藏及对口扶贫地区农产品加工业公共服务平台建设，开拓市场，引导特色产业发展；促进新疆、西藏及贫困地区农产品加工企业技术研发与升级，开展相关人员培训。

三、资金使用方向

（一）农产品加工企业预警监测试点调查

资金主要用于企业监测点的数据采集、整理、审核和汇总上报数据，建立数据库管理平台，以及相关的业务培训。

（二）农产品加工重点行业监测研究

资金主要用于组织专家会商重点行业运行态势，开展专题调研，形成定期分析报告、专题报告和热点问题调查报告等。

（三）主食加工业行业监测分析

资金主要用于组织开展主食加工业运行分析，以及面制主食、杂粮主食、预制菜肴等子行业相关问题调研、分析。

（四）农产品加工业援疆援藏及扶贫工作

根据农产品加工行业援疆援藏和对口扶贫工作内容，每项工作 10 ~ 30 万元资金支持，用于地方农产品加工业技能培训、技术开发推广及开拓市场。

四、申报单位及要求

项目申报单位应具有丰富的组织管理经验和较强的合作意识、创新精神，能高质量完成项目任务。具体条件和要求如下：

（一）农产品加工企业预警监测试点调查

已开展农产品加工业统计和监测分析工作，有较完备的统计队伍体系的省（区、市）农产品加工业行政管理部门。

（二）农产品加工重点行业监测研究

农产品加工领域从事政策、经济、产业发展等相关研究的科研单位。应具备相关专业背景和研究基础，具有行业监测相关工作经验；专家团队力量强，能吸收优秀青年科研骨干参与项目；与行业相关科研院所、协会组织、专家、企业等主体联系密切，具备项目管理的能力。

（三）主食加工业行业监测分析项目任务申报单位

行业内技术领先、业务突出的科研单位。应具备相关专业背景和研究基础，对主食加工企业等主体有深入了解，具备行业发展分析研判能力。

（四）农产品加工业援疆援藏及扶贫工作

新疆、西藏及对口扶贫地区农产品加工业行政管理部门。

五、申报程序及有关要求

各申报单位根据本指南（申报书格式见附件），认真编制所申请项目的项目申报材料，经主管部门（单位）盖章后，以正式文件将申报材料（一式两份）按所申请的项目，报送至农业部农产品加工局规划统计处。

联系人：李春艳

电话：010 - 59192719

传真：010 - 59192032

通讯地址：北京市朝阳区农展南里 11 号

邮编：100125

电子稿发至 ghtjc@ agri. gov. cn

附件 35 - 1

农业农村资源等监测统计经费
（农产品加工）

项目申报书

项　目　任　务：＿＿＿＿＿＿＿＿＿＿＿＿＿＿＿

项　目　承　担　单　位：＿＿＿＿＿＿＿＿＿＿＿＿＿＿＿

通　讯　地　址：＿＿＿＿＿＿＿＿＿＿＿＿＿＿＿

邮　政　编　码：＿＿＿＿＿＿＿＿＿＿＿＿＿＿＿

负　责　人：＿＿＿＿＿＿＿＿＿＿＿＿＿＿＿

联系办公电话及手机：＿＿＿＿＿＿＿＿＿＿＿＿＿＿＿

主　管　部　门（单位）：＿＿＿＿＿＿＿＿＿＿＿＿＿＿＿

通　讯　地　址：＿＿＿＿＿＿＿＿＿＿＿＿＿＿＿

邮　政　编　码：＿＿＿＿＿＿＿＿＿＿＿＿＿＿＿

联　系　人：＿＿＿＿＿＿＿＿＿＿＿＿＿＿＿

联系办公电话及手机：＿＿＿＿＿＿＿＿＿＿＿＿＿＿＿

填　制　日　期：＿＿＿＿＿＿＿＿＿＿＿＿＿＿＿

中华人民共和国农业部制

填制说明

1. 基本要求

所有条（栏）目均不得删减、合并、漏填。本申报书由项目单位业务部门和财务部门共同编制，主管部门（单位）对申报单位进行指导并对真实性和准确性负连带责任。项目单位、主管部门（单位）各留存 1 份。申报材料如有不真实或内容不符合要求，将不予受理评审。

2. 项目单位

指项目第一承担单位。

3. 预期目标及效益

项目任务完成后，取得的经济、社会、生态效益。

4. 项目内容及金额

项目内容要具体细化，明确分项金额及负责人员，并与申请资金经济分类明细表一致。

5. 项目实施时间进度

写清各时间段主要工作任务、标志性活动、阶段性成果。

6. 涉及的相关单位及事项

包括与实施项目有关的基层单位、科研院校、企业以及项目单位所属独立法人等单位和组织。

7. 项目单位意见

实事求是提出推荐意见，加盖单位印章。

8. 项目主管部门（单位）意见

地方申报单位由省级行政主管部门（单位）审核、填写；其他科研院所、高校等结合实际填写、盖章。

一、2014 年项目执行进展及下一步进度安排

（2014 年未安排执行本项目的，不填写此栏目）

二、2015 年项目任务计划

（一）项目任务背景

（二）预期目标与效益

（三）项目内容及金额

（四）项目实施时间进度（范围为 2015 年 1～12 月）

（五）涉及的相关单位（包括与实施项目有关的基层单位、科研院校、协会学会、农民专业合作社、企业以及项目单位所属独立法人等）和事项

三、项目单位情况

（一）单位类型、隶属关系、职能业务范围

（二）技术设备条件、财务收支资产状况、内部管理制度建设情况

（三）有无不良记录（财政部门及审计机关处理处罚决定、行业通报批评、媒体曝光等）

四、人员分工

姓名	性别	工作单位	职务/职称	项目分工	手机	电子邮箱

五、申请资金经济分类明细表

项目单位财务专用章：

单位：万元

项目内容	合计	商品和服务支出														
		小计	印刷费	咨询费	手续费	水费	电费	邮电费	差旅费	维修（护）费	租赁费	培训费	专用材料费	劳务费	委托业务费	其他商品和服务支出
（项目内容 1）																
（项目内容 2）																
（项目内容 3）																
（项目内容……）																
总计																

注：请严格按照项目资金额度填写此表。

六、项目单位账号

项目单位财务专用章：

项目单位账户	收款单位：（本单位在银行类金融机构所开户头的全称）
	开户银行：××银行××省××市××县（区）分行（支行）××营业部（分理处）或××省××市××县（区）××乡（镇）农村信用社
	账　　号：

七、承担单位银行账号及双方通讯途径

经费管理财务单位：	
管理财务单位电话：	
项目责任人电话：	
主持单位通讯地址：	
邮编：	
委托单位通讯地址：	北京市朝阳区农展馆南里11号
邮编：	100125

八、申报意见表

项目单位意见	本单位对以上内容的真实性和准确性负责，特申请立项。 负责人签名：　　　　（单位公章） 年　月　日
主管部门（单位）意见	经审核，同意报送。 负责人签名：　　　　（单位公章） 年　月　日
备　　注	

附件 36

农产品质量安全监管（水产品）项目指南

一、项目目标

坚决贯彻党中央、国务院对食品安全工作的战略部署，树立科学监管理念，按照立足当前、着眼长远、标本兼治、重在治本的工作原则，着力完善体制机制，延伸基层监管网络，切实强化保障支撑，推进生产者诚信体系、责任体系建设，全面提升监管效能。继续加大重点地区、重点品种和重点药物的监督抽查力度，深入推进检打联动，震慑违法行为；建立健全水产品质量安全监管制度，继续组织产地水产品中药物和有毒有害物质残留监督抽查，水产苗种质量安全监督抽查，开展贝类有毒有害物质残留监控和生产区域划型管理，进行渔用投入品禁限用药物隐患排查和水产品质量安全风险监测；开展水产品质量安全示范县创建，进行重点品种或县市质量安全可追溯试点；组织对省级渔业主管部门水产品质量安全工作人员进行水产品质量安全监管制度等有关方面的培训；加强宣传教育，提高养殖生产者质量安全意识和自控能力；加强基础研究，继续开展水产品育苗、养殖生产等环节质量安全隐患排查。通过以上措施，促进水产品质量安全水平稳步提升，保障水产品质量安全有效供给。

二、项目内容和申报条件

（一）贝类有毒有害物质残留监控

继续在沿海贝类主产区开展有毒有害物质残留监控。每个样品检测 6～8 项指标（包括重金属、微生物和贝类毒素等），检测经费（包括样品处理、标准物质、试剂等耗材购置、仪器维护等，下同）不超过 2 000 元/样品。

项目申报范围：国家级、部级和省（市）级水产品质检中心，且必须具有与承担贝类检测任务相适应的法定承检能力、范围、检测人员和仪器设备。监测样品数和 2015 年持平，每个样品检测经费 2 000 元。

（二）贝类养殖区域划型和管理

在贝类主产区继续开展贝类养殖区划型和管理，包括监测任务布置，组织抽样并支付抽样相关费用，监测数据汇总分析、编制划型图，开展污染源调查、产地准出和临时性关闭污染区域试点，迎接国外卫生检查，强化执法监管等。监测样品数和 2015 年持平，每个样品费用（含组织抽样和支付样品费）不超过 600 元。

项目申报范围：沿海贝类主产区的省（区、市）及计划单列市渔业行政主管部门。

（三）产地水产品中药物和有毒有害物质残留监督抽查

在全国范围内，针对重点水产品开展违禁药物和有毒有害物质残留监督抽查，监控的药物和有毒有害物质主要包括孔雀石绿、氯霉素、硝基呋喃类代谢物、喹乙醇代谢物等禁用药物，甲基睾丸酮、己烯雌酚等激素类。抽样、检测费（质检中心支付被抽检者的样品成本、全部检测费用以及派员抽样过程中发生的差旅等费用）不超过 2 500 元/样品，组织抽样费（地方主管部门配合抽样过程中发生的差旅等费用）不超过 500 元/样品。

项目申报范围：其中申报承担检测任务的单位须是国家级、部级和省（市）级水产品质检中心，且必须具有与承担水产品检测任务相适应的法定承检能力、范围、检测人员和仪器设备。组织抽样和相关管理工作由相关省份渔业主管部门组织申报承担。

（四）水产苗种质量安全监督抽查

在全国范围内开展水产苗种质量安全监督抽查。每个样品检测孔雀石绿、氯霉素、硝基呋喃类代谢物、甲基睾酮等指标。抽样、检测费（质检中心支付被抽检者的样品成本、全部检测费用以及派员抽样过程中发生的差旅等费用）不超过 2 500 元/样品，组织抽样费（地方主管部门配合抽样过程中发生的差旅等水产品质量安全相关费用）不超过 500 元/样品。

项目申报范围：其中申报承担检测任务的单位须是国家级和省、部级水产品质检中心，且必须具有与承担水产苗种检测任务相适应的法定承检能力、范围、检测人员和仪器设备。每个单位可申报检测任务 40 批次。组织抽样和相关管理工作由相关省份渔业主管部门组织申报承担，资金规模按照抽样数量核定。

（五）渔用投入品禁限用药物隐患排查

在重点省、区、市，针对渔用投入品，包括渔药、饲料以及非药品类等水产养殖投入品，通过非目标有害物质筛查方式排查禁限用药物。

项目申报范围：具有对禁限用药物开展非目标有害物质筛查能力、检测人员和仪器设备的国家级和省、部级质检中心，可两家联合申报。

（六）捕捞水产品质量安全风险监测

在沿海省份抽检主要捕捞品种，主要监测指标包括持久性污染物、重金属、环境激素等。

项目申报范围：其中申报承担检测任务的单位须是国家级、部级和省（市）级水产品质检中心，且必须具有与承担风险监测任务相适应的法定承检能力、范围、检测人员和仪器设备。

（七）水产品质量安全管理支撑项目

主要开展水产品质量安全管理培训、相关法规和制度追踪、检测能力培训及考核、水产品质量安全舆情况监测、水产品加工质量安全技术动态跟踪研究、相关宣传等工作。

项目申报范围：有相关工作基础的省级渔业主管部门、行业协会，有关省级渔业行政主管部门及其所属科研、推广、教学单位等。

（八）水产品质量安全示范县创建

主要开展水产品质量安全示范县建设，按照"产出来"与"管出来"并重的思路，全面落实水产品质量安全监管措施，稳步提升水产品质量安全水平。每个示范县补助经费不超过 50 万元。

项目申报范围：水产品质量安全监管、检测与执法工作基础好，且近三年无重大水产品质量安全事件的渔业大县。

（九）水产品质量安全可追溯试点

主要开展重点品种质量安全可追溯试点，试点地区选择本地重点主导品种试点实行水产品质量安全可追溯制度，做到产品产地、生产者等来源可追溯。每个试点单位补助不超过 30 万元。

项目申报范围：水产品质量安全工作基础好，主导品种产业优势明显，产业组织化程度高的县市。

三、申报程序

请各项目承担单位根据以上要求抓紧编制项目申报材料（格式见附件），地方单位的申报材料须经所在省、自治区、直辖市及计划单列市渔业主管厅（局）审核汇总后统一报送我部渔业渔政管理局（一式4份），行业协会、中央部属高校等将项目申报材料直接报送我部渔业渔政管理局（一式4份）。同时，电子版材料通过农业财政项目管理系统报送。项目申报时遇到问题可与我部渔业渔政管理局科技与质量监管处联系。

通讯地址：北京市朝阳区农展南里11号

邮政编码：100125

联系人：王雪光，联系电话：010－59191864

四、有关要求

项目申报单位应建立严格的资金管理制度，合理安排资金使用方向，不得挪用、截留、挤占资金，确保资金专款专用和资金安全，项目完成后于2016年12月底前提交《项目支出决算明细表》和年终总结报告。各实施单位主管部门要认真审核，严格把关，按程序组织申报，加强对项目实施单位的监管。

附件 36 - 1

农产品质量安全监管
（水产品）

项目申报书

项目任务：＿＿＿＿＿＿＿＿＿＿＿＿＿＿＿＿

项目单位：＿＿＿＿＿＿＿＿＿＿＿＿＿＿＿＿

通讯地址：＿＿＿＿＿＿＿＿＿＿＿＿＿＿＿＿

邮政编码：＿＿＿＿＿＿＿＿＿＿＿＿＿＿＿＿

联系电话：＿＿＿＿＿＿＿＿＿＿＿＿＿＿＿＿

联 系 人：＿＿＿＿＿＿＿＿＿＿＿＿＿＿＿＿

主管部门（单位）：＿＿＿＿＿＿＿＿＿＿＿

通讯地址：＿＿＿＿＿＿＿＿＿＿＿＿＿＿＿＿

邮政编码：＿＿＿＿＿＿＿＿＿＿＿＿＿＿＿＿

联系电话：＿＿＿＿＿＿＿＿＿＿＿＿＿＿＿＿

联 系 人：＿＿＿＿＿＿＿＿＿＿＿＿＿＿＿＿

填制日期：＿＿＿＿＿＿＿＿＿＿＿＿＿＿＿＿

中华人民共和国农业部制

一、2015 年项目执行进展及下一步进度安排

（2015 年未安排执行本项目的，不填写此栏目）

二、2016 年项目任务计划

（一）项目任务来由（背景）

（二）年度目标与预期效益

（三）项目内容及金额（其中申报"水产品质量安全隐患排查或风险监测"项目须列明详细实施方案）

（四）时间进度（范围为 2016 年 1～12 月）

（五）涉及的相关单位（包括与实施项目有关的基层单位、科研院校、农资生产经营企业以及项目单位所属独立法人等）及事项

三、项目单位情况

（一）单位类型、隶属关系、职能业务范围

（二）技术设备条件、财务收支资产状况、内部管理制度建设情况

（三）有无不良记录（财政部门及审计机关处理处罚决定、行业通报批评、媒体曝光等）

四、人员分工

姓名	性别	工作单位	职务/职称	项目分工	联系电话

五、申请资金经济分类明细表

项目单位财务专用章：

单位：万元

项目内容	合计	商品和服务支出														
		小计	印刷费	咨询费	手续费	水费	电费	邮电费	差旅费	维修（护）费	租赁费	培训费	专用材料费	劳务费	委托业务费	其他商品和服务支出
总计																

注：其他商品和服务支出应详细列明支出内容和金额。

六、申报意见表

项目单位 意　见	本单位对以上内容的真实性和准确性负责，特申请立项。 　　　　　　　　　　　　负责人签名：　　　　（单位公章） 　　　　　　　　　　　　　　　　　　　　　　年　月　日
主管部门 （单位） 意　见	经审核，同意报送。 　　　　　　　　　　　　负责人签名：　　　　（单位公章） 　　　　　　　　　　　　　　　　　　　　　　年　月　日
备　注	

七、项目单位账号

项目单位财务专用章：

项目单位 账　户	收款单位：（本单位在银行类金融机构所开户头的全称）
	开户银行：××银行××省××市××县（区）分行（支行）××营业部（分理处）或 ××省××市××县（区）××乡（镇）农村信用社
	账　号：

附件 37

渔政管理项目指南

一、项目目标

通过项目实施，进一步强化我国对"机动渔船底拖网禁渔区线"内侧海域、内陆大江大湖及边境等重点渔业水域的渔政执法管理工作；强化渔政队伍建设；加强渔船、渔具、渔港、渔业船员和安全生产管理，开展水产养殖质量安全执法监管，提高渔政执法能力，加强依法行政管理，有效实施中韩、中日、中越北部湾、中俄两江等渔业协定，开展海洋伏季休渔和长江、珠江禁渔管理，整治涉渔"三无船舶"、电炸毒鱼、电脉冲等非法捕捞行为，维护正常渔业生产秩序，减少涉外渔业事件发生，保障渔业生产和渔民生命财产安全，保护渔业资源生态环境的目标，树立我国负责任渔业大国形象，维护国家渔业权益。

项目内容和资金使用方向

（一）开展海洋、内陆及边境水域渔政管理和资源管理

主要用于查处"机动渔船底拖网禁渔区线"内侧海域、省际交界水域和内陆重点水域非法捕捞活动，执法培训、督察和队伍建设等相关工作，维护渔业生产秩序。扣船监管，主要用于涉渔"三无"船舶清理取缔、海洋伏季休渔和其它执法行动中违规渔船扣船和必要时船上人员扣押相关经费，包括解决被抓扣人员的食品、医疗等相关费用。开展边境水域渔政管理和资源管理，包括边境水域渔业资源调查，渔业联合综合执法，双边协定谈判，渔政人员培训，维护边境水域渔业秩序等。抽调地方渔政船在"机动渔船底拖网禁渔区线"内侧海域开展渔业资源保护、涉渔"三无船舶"、违规渔具清理整治等重大渔政执法专项行动，维护海上渔业作业秩序，根据实际出航情况对抽调参加执法专项行动的渔政船给予燃油、人员和设备维护补助。

（二）开展渔船、渔具和渔港及渔业安全生产管理工作

加大宣传、培训力度，全面贯彻落实"十三五"渔船控制制度，修订完善渔船渔具管理配套政策措施，继续做好"绝户网"等禁用渔具清理整治工作，强化渔船渔具和捕捞许可管理、控制捕捞强度，全面开展海洋渔船管理数据清理整合工作，大力推进全国渔船动态管理系统建设（包括海洋和内陆渔船管理系统建设），实现渔船各管理环节相互衔接，重点推进海洋渔船动态管理系统升级改造和内陆渔船"三证合一"改革及管理系统推广应用工作；推进渔船交易服务中心建设，规范渔船交易行为；加快推进渔具目录制定，完善渔具标准；强化渔民自我管理，提高渔船渔民生产组织化程度。加强渔港及安全生产管理，继续开展沿海重要渔港和渔用航标的维修养护，改善和加强港航安全设施，提高渔业安全生产管理能力，构建平安渔业长效机制，切实保障人民群众生命财产安全。

（三）水产品质量安全监管执法

一是开展全国水产品质量安全执法交叉督查。在全国省市间开展水产品质量安全执法交叉督查工作，重点是承担农业部产地水产品质量安全监督抽查、水产苗种质量安全监督抽查、贝类产品卫生监测任务的省（区、市）；二是开展全国水产品质量安全检打联动工作。开展对水产养殖企业、养殖场、养殖户用药情况进行检查，对产地水产品和水产苗种质量安全监督抽查情况进行督导检

查，对检测不合格的生产企业、养殖场、养殖户、原良种场等进行查处；对农业部组织的苗种和产地水产品抽检中发现的不合格样品立案查处情况进行执法督察。三是水产品质量安全执法人员培训。对涉及水产品质量安全有关规定进行梳理，加强水产品质量安全相关法律法规的学习，加大水产品质量安全执法人员法律法规及相关政策培训；开展执法人员快速检测技术试点培训。四是水产品质量安全执法支撑性工作。开展水产品质量安全应急处置、执法科技支撑和宣传等工作。

（四）执行双边、多边渔业协定和公海渔业管理

参加协定有关调研、会议、谈判及磋商等，开展中外执法交流及相关渔政执法，编印渔业船舶水上突发应急预案培训教材和相关涉外渔业事件处理。对我国远洋渔船派驻观察员、对远洋渔船船位进行监测、配合海关总署等部门进行进口渔获产品合法证书查验工作，执行多边渔业协定，开展公海渔业管理和国际渔业资源保护合作交流。

（五）加强依法行政和渔业执法能力建设

开展渔业文明执法窗口单位创建活动，树立渔政工作先进典型，加强渔业行政执法督察，组织渔政执法培训，开展渔政管理相关问题研究，加强渔业行政执法文书管理，统一规范格式和渔政执法行为，收集整理渔政机构基础信息以加强渔政制服、装备和标志的规范化管理。逐步推动渔业渔政管理信息化，推进数据和信息整合共享，提高卫星遥感、移动互联网、物联网等现代信息技术手段在养殖生产、资源养护、质量安全监管等渔业管理中的应用，不断提高渔业渔政管理信息化水平。开展全国海洋渔业安全通信网联网、重点海域渔业船舶监管动态信息管理、南沙等海域渔政通信保障等渔业无线电通信管理的基础工作和制度建设。编印综合性材料、文件、年鉴等；开展渔业政策法规、渔政渔港管理和执法中的重大问题等研究，提出完善相关法律制度和管理体制的政策建议；推进工作宣传，提升信息调度能力等。

二、实施区域

主要为《渔业法》中涉及的海洋、江河、湖泊等水域。包括我国"机动渔船底拖网禁渔区线"内侧海域、内陆大江大湖及边境水域，远洋渔船作业水域，公海以及其他渔业水域。项目申报范围：各省、自治区、直辖市及计划单列市渔业主管厅（局）及所属渔政渔港监督管理机构，科研院校和社会团体等。

三、申报条件

（一）开展海洋、内陆及边境水域渔政管理和资源管理

被抽调力量参加国家组织的"机动渔船底拖网禁渔区线"内侧海域、跨流域、跨省（自治区、直辖市）及边境水域重大渔业执法行动、联合执法检查的省级渔业主管部门及其渔政机构。被抽调力量参加国家组织的清理取缔涉渔"三无"船舶、打击电炸毒鱼和清理违规渔具专项行动、水产品质量和水产养殖投入品交叉督查的省级渔业主管部门及其渔政机构。

（二）开展渔船、渔具和渔港及渔业安全生产管理工作

由省级渔业行政主管部门及其所属渔政渔港监督管理机构、有相关工作基础的高等院校、社会团体等单位进行申报。

（三）水产品质量安全监管执法

由省级渔业行政主管部门及其所属渔政渔港监督管理机构、有相关工作基础的高等院校、社会团体等单位进行申报。

（四）执行双边、多边渔业协定和公海渔业管理

由从事双边、多边渔业协定及公海渔业研究，协助我部开展双边、多边协定执行及公海渔业管理的科研院校和社会团体等单位进行申报。公海渔业管理，按国际渔业管理组织要求对我国公海作业渔船派遣观察员。由社会团体或科研院校等单位申报。2016 年计划对金枪鱼钓船和大型拖网加工船按作业船数的 5% 选派观察员，共需对 33 艘渔船派遣观察员，对观察员进行培训、对承担观察员任务的渔船和企业进行落实和组织。

（五）加强依法行政和渔业执法能力建设

由省级渔业行政主管部门及其渔政机构、科研院校、社会团体等进行申报。

我部将根据项目申报条件，结合 2015 年项目单位工作开展情况确定具体的项目经费。

四、申报程序及要求

请各项目承担单位根据以上要求抓紧编制项目申报书（格式见附件）。项目申报书"五、申请资金经济分类明细表"中"项目内容"要求一项工作列一项"项目内容"。例如"违规渔具、涉渔'三无'船舶清理取缔"不可作为一项"项目内容"，要分成"违规渔具清理取缔"、"涉渔'三无'船舶清理取缔"两项"项目内容"进行填报。

项目申报书要详细说明项目预期目标、项目主要内容和经费测算、时间进度安排，承担过该项目的单位要详细说明以往项目执行情况，并按要求填报资金经济分类预算明细表。地方单位的申报材料须经所在省、自治区、直辖市及计划单列市渔业主管厅（局）审核汇总后统一报送我部渔业渔政管理局（一式 4 份），行业协会、高等院校等将项目申报材料直接报送我部渔业渔政管理局（一式 4 份）。同时，电子版材料通过农业财政项目管理系统报送。

项目申报时遇到问题可与我部渔业渔政管理局有关处室联系。

通讯地址：北京市朝阳区农展南里 11 号

邮政编码：100125

联系方式：

"渔船、渔具管理"项目，联系人：渔船渔具管理处-张信安，联系电话：010－59192949。

"边境水域渔政管理和资源管理，执行双边、多边渔业协定"项目，联系人：国际合作与周边处-胡译匀，联系电话：010－59192973。

"公海渔业管理"项目，联系人：远洋渔业处-闫栋，联系电话：010－59192922。

"机动渔船底拖网禁渔区线内侧海域及相关内陆水域打击违反休渔期、休渔区等非法捕捞（不含违规渔具清理取缔），海洋伏季休渔、涉渔'三无'船舶清理取缔等工作中的扣船监管，渔政人员执法培训，创建渔业文明执法窗口，渔政行政执法督察，渔政管理及队伍建设相关问题研究"项目，联系人：渔政处-于沛民，联系电话：010－59192991。

"水产品质量安全监管执法"项目，联系人：科技与质量监管处-王雪光，联系电话：010－59191864。

"渔港、航标及渔业安全生产管理"项目，联系人：安全监管与应急处-徐丛政，联系电话：010－59192997。

"渔业渔政信息化"项目，联系人：渔情监测与市场加工处-郭毅，联系电话：010－59192962。

其他项目，联系人：计划财务处-郭钰，联系电话：010－59192972。

附件 37 – 1

渔政管理

项目申报书

项目任务：＿＿＿＿＿＿＿＿＿＿＿＿＿＿＿＿＿

项目单位：＿＿＿＿＿＿＿＿＿＿＿＿＿＿＿＿＿

通讯地址：＿＿＿＿＿＿＿＿＿＿＿＿＿＿＿＿＿

邮政编码：＿＿＿＿＿＿＿＿＿＿＿＿＿＿＿＿＿

联系电话：＿＿＿＿＿＿＿＿＿＿＿＿＿＿＿＿＿

联 系 人：＿＿＿＿＿＿＿＿＿＿＿＿＿＿＿＿＿

主管部门（单位）：＿＿＿＿＿＿＿＿＿＿＿＿＿

通讯地址：＿＿＿＿＿＿＿＿＿＿＿＿＿＿＿＿＿

邮政编码：＿＿＿＿＿＿＿＿＿＿＿＿＿＿＿＿＿

联系电话：＿＿＿＿＿＿＿＿＿＿＿＿＿＿＿＿＿

联 系 人：＿＿＿＿＿＿＿＿＿＿＿＿＿＿＿＿＿

填制日期：＿＿＿＿＿＿＿＿＿＿＿＿＿＿＿＿＿

中华人民共和国农业部制

一、2015 年项目执行进展及下一步进度安排

（2015 年未安排执行本项目的，不填写此栏目）

二、2016 年项目任务计划

（一）项目任务来由（背景）
（二）年度目标与预期效益
（三）项目内容及金额
（四）时间进度（范围为 2016 年 1～12 月）
（五）涉及的相关单位（包括与实施项目有关的基层单位、科研院校、农资生产经营企业以及项目单位所属独立法人等）及事项

三、项目单位情况

（一）单位类型、隶属关系、职能业务范围
（二）技术设备条件、财务收支资产状况、内部管理制度建设情况
（三）有无不良记录（财政部门及审计机关处理处罚决定、行业通报批评、媒体曝光等）

四、人员分工

姓名	性别	工作单位	职务/职称	项目分工	联系电话

五、申请资金经济分类明细表

项目单位财务专用章：

单位：万元

项目内容	合计	商品和服务支出													对个人和家庭的补助	
		小计	印刷费	咨询费	邮电费	差旅费	维修（护）费	租赁费	培训费	专用材料费	专用燃料费	劳务费	委托业务费	其他商品和服务支出	小计	生产补贴
合计																

注：其他交通费用仅限列支船舶的维修费、停靠港费、航道通行费、保险费等支出；其他商品和服务支出应详细列明支出内容和金额。

六、申报意见表

项目单位 意　见	本单位对以上内容的真实性和准确性负责，特申请立项。 　　　　　　　　　　负责人签名：　　　　（单位公章） 　　　　　　　　　　　　　　　　　　年　月　日
主管部门 （单位） 意　见	经审核，同意报送。 　　　　　　　　　　负责人签名：　　　　（单位公章） 　　　　　　　　　　　　　　　　　　年　月　日
备　注	

七、项目单位账号

项目单位财务专用章：

项目单位 账　户	收款单位：（本单位在银行类金融机构所开户头的全称）
	开户银行：××银行××省××市××县（区）分行（支行）××营业部（分理处）或 ××省××市××县（区）××乡（镇）农村信用社
	账　　号：

附件38

农业农村资源等监测统计经费
（渔业统计）项目指南

一、项目目标

在现有的渔业统计体系基础上，本着夯实基础、稳步推进的原则，依托各级渔业行政管理部门及有关业务支撑单位和科研院所，通过对统计数据采集方法的研究、加强对统计信息体系的建设和管理，建立统一的基础数据平台，健全主要统计数据监测预警机制，完善统计数据质量评估方法，加强和完善统计数据从采集到使用发布一套完整的制度，全面提高渔业统计数据质量，提升渔业统计工作水平，为渔业经济的健康持续发展提供优质的统计数据支撑。具体目标为：一是推行多种统计调查方法，提高新形势下渔业统计数据的质量。推动渔业统计方法由传统单一的"全面统计"向"全面统计、抽样调查、重点调查"相结合方法转变。同时，寻求"卫星遥感"等有效技术手段作为支撑，保障统计资料真实性和时效性。二是建立信息采集的多重渠道，推动统计资料搜集由主要依靠行政部门向行政、推广、科研和社团组织等各方力量相结合转变。三是适应渔业生产管理新形势，修订和完善渔业统计信息管理制度，建立统计信息目标和管理目标相一致的渔业统计信息体系。四是建立一支高效率和高素质的统计信息员队伍，增强信息员的法律和责任意识，避免统计数据人为因素的干扰，不断提高渔业生产统计质量。五是推进统计信息化建设，加强渔业统计信息基础分析研究，推动由单纯静态统计向静态收集和动态分析相结合转变。

二、项目内容

（一）全面统计工作

1. 渔业统计信息直报工作。委托各省、自治区、直辖市渔业行政主管部门及其所委托组织和其所辖的渔业重点县渔业管理部门，根据国家统计局批复我部的《渔业统计报表制度》和我部印发的《渔业统计工作规定》（农渔发〔2010〕5号）要求，开展渔业统计月报、半年报、年报数据的采集、评估审核和汇总报送工作。结合本辖区渔业生产特点，开展各省份所属乡（镇）、村两级渔业统计数据调查、采集方法研究，完善乡（镇）、村两级基础数据调查方案及基础渔业统计制度。

2. 全国渔业统计人员能力提升。对省、市、县渔业行政管理部门负责渔业统计工作的领导人员和工作人员，开展渔业统计基础知识、统计法律法规及渔业统计工作制度、报表制度专题辅导，全面提升渔业统计工作人员素质水平与业务能力；完善全国统计工作人员信息库，全面加强统计队伍建设。

3. 渔业统计开展情况督促考核工作。对月报数据波动较大省份或根据工作需要对指定内容开展重点调查，核实数据，并对基层渔业统计工作进行督导。对全国31个省、自治区、直辖市渔业行政主管部门的渔业统计工作进行跟踪监测，及时发现问题，进行预警，对各省工作开展情况依《渔业统计工作考核暂行办法》（农办渔〔2010〕56号）进行考核。

4. 渔业统计监督检查。根据《统计法》和《渔业统计违法违纪行为处分规定》，开展渔业统计监督检查。严查地方部门领导干部干预渔业统计数据，授意、指使渔业统计人员或调查对象，篡改渔业统计资料、编造虚假数据等行为；严查地方部门渔业统计人员明知统计数据或资料不实，却不履行职责调查核实，或主动迎合领导意图，修改、编造统计数据；严查调查对象以自身目的，提交虚假渔业统计数据。

5. 国际渔业统计制度研究。加强对联合国粮农组织（FAO）及世界主要渔业国家的渔业统计制度、标准及统计调查方法研究；加强与联合国粮农组织的合作，保持基础统计数据共享，积极参与联合国粮农组织渔业统计制度的制订，争取渔业统计话语权。

6. 全国渔业统计数据汇总、评估与分析工作。一是依托有关支撑单位，按照部省联动的工作框架，立足我部渔业统计多元研判体系，推动统计分析评估专家委员会制度，定期召开全国渔业统计年报汇总会、专家会商会、主要渔业统计数据研判会、主要统计数据评估审核会，加强对统计数据的质量审核与把关，加快构建大联合、大协作的工作格局。二是依据渔业统计信息采集系统，开展开放底层信息采集所有权研究，按照渔业统计数据仓库格式，探索现有及历史数据适时更新并导入国家渔业统计数据仓库，推动全国渔业统计数据与地方渔业统计数据的联通与共享。三是加强对统计月报、年报数据录入管理和维护及数据库维护，减少中间干扰，保证统计时效性与及时性。

7. 渔业统计信息发布与服务。一是按照渔业统计工作规定的渔业统计信息发布制度，根据统计信息分类及时分层次向不同对象发布统计信息。按时出版发行全国渔业统计资料。二是充分利用渔业政务网络平台和报纸、杂志、广播、电视等媒体，建立渔业统计信息固定发布窗口，及时面向政府、企业、广大渔业生产经营者提供统计服务，发挥渔业统计服务功能。

（二）渔民家庭收支情况调查

1. 组织样本户开展家庭收支调查数据采集。按照国家统计局批复农业部的《渔业统计报表制度》，进行全国渔民家庭收支调查系统日常维护，根据渔民家庭收支调查系统样本户轮换情况及时更新渔民家庭收支调查系统的信息。解决系统填报过程中的各种问题，在样本省份中组织样本户开展2016年度家庭收支情况调查，完成渔民家庭收支季度报与半年报、年报汇总上报工作。

2. 加强调查数据的分析评估。在样本户数据上报后，组织专家组对数据进行会商评估，对全国渔民家庭收支调查数据质量进行了评估和回归校验，通过对以上渔民家庭收支调查户的收支情况进行调查，掌握当年全国渔民家庭收支状况，计算渔民人均收入水平，分析全国渔业经济运行情况，提升渔业家庭收支调查对国家决策的支撑能力。

（三）渔业经济结构重点专题调查

1. 海洋捕捞生产结构调查。对我国近海开展定点、连续、长期的分海域、分时段、分作业、分品种海洋捕捞的产量、主要经济捕捞种类结构、成本、产值等海洋渔业生产基础信息的动态采集与监测，逐月会商分析我国海洋捕捞形势、渔业特点、资源动态、生产成本和渔获交易价格变动等情况，编制海洋捕捞渔情信息，逐步建立数据真实、准确、科学的渔业基础信息动态采集网络，为我国渔业经济信息日常动态分析提供基础科学数据。

2. 养殖渔情信息采集与分析。选取主要品种进行生产信息采集、审核、查询和分析；撰写养殖渔情信息分析月报、半年报、年报以及各专项报告；维护并完善养殖渔情信息采集工作平台，建立渔情信息从采集到发布的一套完整、高效、快捷的制度；优化信息采集方式，丰富数据采集内容，完善养殖渔情云服务平台建设；健全主要养殖品种生产成本效益核算机制；对信息采集员、数据审核员等进行培训，并加强养殖渔情工作宣传。

3. 渔业经济重点调查。选取代表性区域、重点渔业生产经营单位等开展渔业产业结构调查，生产成本效益分析等重点专项调查。开展水产品流向、水产品消费量、水产饲料生产与使用、渔业三产产值构成、渔民家庭收入、渔业对增收的作用、海水养殖结构、水产品加工品统计方法等方面研究。构建常规调查与应急调查相互补充的调查系统，提高统计信息服务于宏观决策和引导生产、经营及消费的功能。

（四）内陆捕捞统计抽样调查试点

1. 组织样本船开展捕捞生产数据采集。按照内陆捕捞渔业抽样统计工作方案，参加抽样试点的 12 个省份，组织样本船开展 2016 年度捕捞渔业生产情况调查，完成抽样资料的收集、整理、复核和网络填报工作。

2. 加强调查数据的分析评估。组织内陆捕捞抽样统计工作组、专家组开展内陆捕捞统计抽样调查数据跟踪调查，分析和评估主要渔业捕捞水系的主要作业方式，渔业特点，从业人员结构和分品种渔获量的基本现状，编制我国内陆捕捞信息动态调查月报、季报和年报，及时评估我国内陆捕捞渔业资源及时利用状况的动态特点。

（五）水产品批发市场信息采集与分析

依托有关支撑单位，在全国 80 家水产品批发市场信息采集定点单位开展重点水产品批发市场价格和交易量相关信息采集，根据采集的信息定期撰写水产品批发市场运行情况月报、季报和年报。

三、实施区域

（一）全面渔业统计工作和渔业信息一体化建设工作在 31 个省、自治区、直辖市范围内开展，其中，月报工作在 20 个渔业主产省（区、市）中开展。

（二）渔民家庭收支情况调查工作在除西藏外的 30 个省、自治区、直辖市中抽取的 211 个调查县、10 000 户样本户中进行。

（三）内陆捕捞统计抽样调查工作在参加试点的河北、黑龙江、江苏、浙江、安徽、福建、江西、山东、湖北、湖南、广东、广西等省（自治区）及试点工作有关技术支撑单位中进行。

（四）渔业经济运行态势与经济结构重点专题调查及国际渔业统计制度跟踪研究、水产品流向等专题研究，依托有关科研院所、高校、省级水产技术推广部门和社会团体组织开展。

（五）水产品批发市场信息采集工作在全国已经选定的 80 家水产品批发市场开展，市场所在省份渔业主管部门负责组织和监督项目实施。

四、资金使用方向

资金应用于渔业统计工作所发生的各种印刷、邮电、差旅、培训、数据采集、系统开发维护、数据评估咨询等。

全面统计工作经费

1. 渔业统计信息直报工作。主要用于全国 31 个省（区、市）及渔业重点县渔业部门开展全国渔业统计月报、年报数据采集、评估审核和汇总报送工作所需的人工和材料费用补贴；渔业统计数据整理、分析、会商研究、评估所需的差旅、专家咨询等费用；渔业统计直报系统升级完善和软件开发，以及渔业生产数据库建设及网络系统安全监管和日常维护所需的人工、材料（设备、软件）等费用，渔业统计人员业务培训与信息交流等费用的支出。

2. 全国渔业重点省市县乡渔业统计人员能力提升。主要用于 3 期全国渔业重点省市县乡统计人员辅导班所需的差旅、授课老师的劳务费及学员部分交通补贴等费用的支出。

3. 渔业统计监督检查与专题研究调研。主要用于省际间交叉互检检查组的所需的差旅、专家咨询等费用及依托科研院所、高校、社会团体及推广等部门开展专题研究所需的印刷、邮电、差旅、培训、数据购买等费用的支出。

4. 全国渔业统计数据汇总、分析。主要用于专家组现场核实，全国渔业统计年报汇总会商、主要渔业统计数据研判、主要统计数据评估审核、统计资料及报表印刷所需的印刷、邮电、差旅、培训、数据购买、系统开发维护、数据评估咨询等费用的支出。

5. 渔业统计信息发布。主要用于全国渔业统计年鉴编辑、校审，出版发行及利用渔业政务网络平台和报纸、杂志、广播、电视等媒体进行渔业统计工作宣传所需的印刷、邮电、差旅、数据购买、数据校审咨询等费用的支出。

渔民家庭收支情况调查

1. 渔民家庭收支情况调查所需的人工和材料费用补贴，信息整理、分析、会商研究等所需的材料、差旅、专家咨询等费用的支出。

2. 渔民家庭收支调查方案研究和培训所需的培训、差旅、设备、人工和材料等费用的支出。

3. 相关信息统计和信息系统及网点维护所需的软件开发、设备、人工等费用的支出。

4. 村级调查员劳务费，主要用于村级调查员野外信息采集工作补贴。

渔业统计结构重点专题调查

主要用于海洋捕捞生产结构调查、养殖渔情信息采集、遥感监测、重点渔业经济调查过程中基础数据采集、人员培训、软件维护、数据分析、会商汇总、差旅、劳务、咨询等费用的支出。

全国渔业统计信息一体化建设维护工作

主要用于全国渔业统计报送网络系统、全国渔业统计人员信息系统与全国渔民家庭收支调查报送网络系统的安全监管和日常维护的人工、材料（设备、软件）等费用的支出。

内陆捕捞统计抽样调查

1. 调查所需的人工和材料费用补贴，信息整理、分析、会商研究等所需的材料、差旅、专家咨询等费用的支出；

2. 调查方案研究和培训所需的培训、差旅、设备、人工和材料等费用的支出；

3. 基层调查员劳务费，主要用于调查员野外信息采集工作补贴。

水产品批发市场信息采集

主要用于相应批发市场信息咨询费、信息员劳务费以及相关人员参加培训发生的差旅等费用的支出。

五、申报单位

（一）省级渔业行政主管部门及其统计职能委托单位。

（二）高等院校、科研院所、省级科研及技术推广部门、其他有关单位。

六、有关要求

（一）各项目实施单位应具备开展相关工作所必备的人员、机构、制度等条件，能够完成年度工作任务。

（二）各实施单位主管部门要认真审核，严格把关，按程序组织申报，加强对项目实施单位的监管。

（三）各项目实施单位应建立严格的资金管理制度，合理安排资金使用方向，不得挪用、截留、挤占，确保资金专款专用和资金安全。

七、申报程序

请各项目承担单位根据以上要求抓紧编制项目申报材料（格式见附件），报经所在省、自治区、直辖市及计划单列市渔业主管厅（局）审核汇总后统一报送我部渔业渔政管理局渔情监测与市场加工处（一式 2 份），行业协会、高等院校等将项目申报材料直接报送我部渔业渔政管理局渔情监测与市场加工处（一式 2 份）。同时，所有申报材料均须通过农业财政项目管理系统报送。项目申报时遇到问题可与我部渔业渔政管理局渔情监测与市场加工处联系。

通讯地址：北京市朝阳区农展南里 11 号

邮政编码：100125

联系电话：010 - 59192925

联系人：朱亚平

附件 38 - 1

农业农村资源等监测统计经费
（渔业统计）

项目申报书

项目任务：_____

项目单位：_____

通讯地址：_____

邮政编码：_____

联系电话：_____

联 系 人：_____

主管部门（单位）：_____

通讯地址：_____

邮政编码：_____

联系电话：_____

联 系 人：_____

填制日期：_____

中华人民共和国农业部制

一、2015 年项目执行进展及下一步进度安排

（2015 年未安排执行本项目的，不填写此栏目）

二、2016 年项目任务计划

（一）项目任务来由（背景）
（二）年度目标与预期效益
（三）项目内容及金额
（四）时间进度（范围为 2016 年 1～12 月）
（五）涉及的相关单位（包括与实施项目有关的基层单位、科研院校、农资生产经营企业以及项目单位所属独立法人等）及事项

三、项目单位情况

（一）单位类型、隶属关系、职能业务范围
（二）技术设备条件、财务收支资产状况、内部管理制度建设情况
（三）有无不良记录（财政部门及审计机关处理处罚决定、行业通报批评、媒体曝光等）

四、人员分工

姓名	性别	工作单位	职务/职称	项目分工	联系电话

五、申请资金经济分类明细表

项目单位财务专用章： 单位：万元

项目内容	小计	商品和服务支出											
		小计	印刷费	咨询费	邮电费	差旅费	维修（护）费	租赁费	培训费	专用材料费	劳务费	委托业务费	其他商品和服务支出
合计													

注：其他商品和服务支出应详细列明支出内容和金额。

六、申报意见表

项目单位 意　　见	本单位对以上内容的真实性和准确性负责，特申请立项。 　　　　　　　　　　　　　负责人签名：　　　　　（单位公章） 　　　　　　　　　　　　　　　　　　　　　　　年　月　日
主管部门 （单位） 意　　见	经审核，同意报送。 　　　　　　　　　　　　　负责人签名：　　　　　（单位公章） 　　　　　　　　　　　　　　　　　　　　　　　年　月　日
备　　注	

七、项目单位账号

项目单位财务专用章：

项目单位 账　　户	收款单位：（本单位在银行类金融机构所开户头的全称）
	开户银行：××银行××省××市××县（区）分行（支行）××营业部（分理处）或 ××省××市××县（区）××乡（镇）农村信用社
	账　　号：

附件 **39**

渔业生产损失救助项目指南

一、项目目标

本项目以渔业海难救助补助、渔业安全通信网维护、渔船安全救生设备配备维护补助、组织"平安渔业"创建和开展渔业安全生产管理工作为主要内容。通过项目实施，提高渔民的安全生产意识和安全生产技能，减少和避免渔业安全事故的发生，使渔民自救、互救能力明显增强，提高渔业海难事故救助成功率，使渔业安全通信保障能力和信息化管理水平得到有效提高，为建立渔业安全生产管理长效机制和构建"平安渔业"奠定基础。

二、项目支持方向和筛选原则

对上一年度（2014 年 10 月 1 日至 2015 年 9 月 30 日）参与海上人命救助的渔船、渔业行政执法船艇、组织救助单位，按其发挥作用大小和实际经费支出或经济损失情况进行适当补助；对 2016 年度组织渔业海难救助演练的省级渔业主管部门进行补助。对符合条件的海洋渔船配备和维护气胀式救生筏予以补助；对各地开展"平安渔业"创建工作和渔业安全生产培训、管理和相关管理制度研究予以补助。对全国海洋渔业安全通信网岸台、船位监测中心提供维护。

三、申报条件和经费支出内容

（一）渔业海难救助补助

1. 申报条件。渔船、渔业行政执法船艇和各级渔业主管部门及其渔政渔港监督管理机构申报渔业海难救助补助经费，须符合《农业部办公厅关于加强渔业海难救助补助项目管理工作的通知》（农办渔〔2012〕82 号）补助对象和条件要求，按规定及时录入"渔业水上安全事故和海难救助信息管理系统"，并且通过农业部渔业渔政管理局最后审核。省级渔业主管部门积极组织渔业海难救助演练，并且具有切实可行的演练方案，可以取得预期演练效果和良好社会效益的。

2. 经费支出范围。对参与海难救助的渔船、渔业行政执法船艇和组织救助单位进行资金补助；对组织渔业海难救助演练的省级渔业主管部门进行补助。

（二）渔船安全救生设备等

1. 申报条件。申请地区和单位重视渔业安全生产管理工作，机构健全，措施到位；渔船为"三证"齐全并纳入"全国海洋捕捞渔船数据库"的渔船。

2. 经费支出范围。对沿海渔民购置维护渔船气胀式救生筏给予补助；支持各省、自治区、直辖市渔业行政主管部门、渔港监督机构及其他有关单位开展"平安渔业"创建和渔业安全生产培训、管理；支持社会团体及相关单位和教育培训机构实施渔船船员等培训考试大纲、题库、教材编制项目以及安全生产管理制度建设。

（三）海洋渔业安全通信网维护

1. 申报条件。岸台为农业部授牌的 14 座短波岸台、78 座超短波岸台和船位监测中心。

2. 经费支出范围。对海洋安全通信网岸台维护进行补助。

四、申报数量和资金补助标准

（一）渔业海难救助补助

1. 渔船、渔业行政执法船艇：成功救起 10 人及以上的，补助 3～5 万元；成功救起 4～9 人的，补助 1～3 万元；成功救起 1～3 人的，补助 0.5～1 万元；未成功救起人员的，予以适当补助。

2. 组织渔业海难救助的渔业主管部门及其渔政渔港监督管理机构：成功避免特别重大事故发生的，补助 5～10 万元/起；成功避免重大事故发生的，补助 2～5 万元/起；成功避免较大事故发生的，补助 2 万元/起以下。

3. 组织救助演练的省级渔业主管部门：根据演练规模，给予 5～20 万的补助。

（二）渔船安全救生设备等

沿海省、自治区、直辖市及计划单列市申报渔船气胀式救生筏配备和维修养护补助的数量。渔船安装维护救生筏（包括筏架和静水压力释放器）设备原则上按照每船配备一套、每套补贴单套设备购置或维护价格 1/3 的标准进行补贴（单套气胀式救生筏设备购置价格约为 3 000 元）。

省级渔业行政主管部门、渔港监督机构、直属单位及行业协会申报开展"平安渔业"创建活动、船东船长安全生产管理培训、渔业安全生产培训、开展培训机构资质认证和渔业船员管理体系建设等项目，有条件的院校和研究单位根据我部要求申报有关渔船渔港、船员和安全生产管理方面相关课题研究、渔业船员培训考试大纲、考试题库编制等项目。

（三）渔业安全救助网

由农业部授牌的 92 个海洋渔业安全通信网岸台，每个岸台维护补助 5～10 万元。

五、申报程序

请各项目承担单位根据以上要求抓紧编制项目申报材料（格式见附件），地方单位的申报材料须经所在省、自治区、直辖市及计划单列市渔业主管厅（局）审核汇总后统一报送我部渔业渔政管理局安全监管与应急处（一式 2 份），高等院校等将项目申报材料直接报送我部渔业渔政管理局安全监管与应急处（一式 2 份）。同时，电子版材料通过农业财政项目管理系统报送。项目申报时遇到问题可与我部渔业渔政管理局安全监管与应急处联系。

通讯地址：北京市朝阳区农展南里 11 号

邮政编码：100125

联系电话：010 – 59192997

联系人：徐丛政

附件 39 – 1

渔业生产损失救助

项目申报书

项目任务：_____

项目单位：_____

通讯地址：_____

邮政编码：_____

联系电话：_____

联 系 人：_____

主管部门（单位）：_____

通讯地址：_____

邮政编码：_____

联系电话：_____

联 系 人：_____

填制日期：_____

中华人民共和国农业部制

一、2015 年项目执行进展及下一步进度安排

（2015 年未安排执行本项目的，不填写此栏目）

二、2016 年项目任务计划

（一）项目任务来由（背景）
（二）年度目标与预期效益
（三）项目内容及金额
（四）时间进度（范围为 2016 年 1～12 月）
（五）涉及的相关单位（包括与实施项目有关的基层单位、科研院校、农资生产经营企业以及项目单位所属独立法人等）及事项

三、项目单位情况

（一）单位类型、隶属关系、职能业务范围
（二）技术设备条件、财务收支资产状况、内部管理制度建设情况
（三）有无不良记录（财政部门及审计机关处理处罚决定、行业通报批评、媒体曝光等）

四、人员分工

姓名	性别	工作单位	职务/职称	项目分工	联系电话

五、申请资金经济分类明细表

项目单位财务专用章：　　　　　　　　　　　　　　　　　　　　　　单位：万元

项目内容	合计	商品和服务支出													对个人和家庭的补助		对企事业单位的补贴
		小计	印刷费	咨询费	邮电费	差旅费	维修（护）费	租赁费	培训费	专用燃料费	劳务费	委托业务费	其他交通费用	其他商品和服务支出	小计	生产补贴	其他对个人和家庭的补助支出	小计	其他对企事业单位的补贴支出
合计																		

注：其他交通费用仅限列支船舶的维修费、停靠港费、航道通行费、保险费等支出；其他商品和服务支出应详细列明支出内容和金额。

六、申报意见表

项目单位 意 见	本单位对以上内容的真实性和准确性负责，特申请立项。 负责人签名： （单位公章） 年 月 日
主管部门 （单位） 意 见	经审核，同意报送。 负责人签名： （单位公章） 年 月 日
备 注	

七、项目单位账号

项目单位财务专用章：

项目单位 账 户	收款单位：（本单位在银行类金融机构所开户头的全称）
	开户银行：××银行××省××市××县（区）分行（支行）××营业部（分理处）或××省××市××县（区）××乡（镇）农村信用社
	账 号：

附件 40

渔业政策性保险试点项目指南

一、项目目标

2016 年将继续选择部分重点渔区开展政策性渔船全损互助保险和渔民人身平安互助保险试点工作，遵循政府引导、互助运作、渔民自愿、协同推进的原则，引导、推动渔民通过参加渔业互助保险，提高其抵御自然灾害、意外事故和灾后自救能力，稳定渔业生产、保障渔民生产生活。

二、项目支持方向和筛选原则

（一）项目支持方向

1. 保险对象

（1）14.7 千瓦以上，证书齐全有效且具适航条件的海洋机动渔船。

（2）海洋渔民。包括海洋捕捞渔民和海水养殖渔民。

2. 保险险种

（1）渔船全损互助保险。保险责任指渔船的船体及其附属设备由于自然灾害或意外事故造成的实际全损或推定全损，按条款规定而获得经济赔偿。

（2）渔民人身平安互助保险。保险责任指渔民在生产作业时因遭受自然灾害和意外事故而致死亡（失踪）或伤残，按条款规定而获得经济赔偿。

（二）项目筛选原则

按照相对集中、地方自愿的原则，综合考虑各地渔船渔民数量、渔业互助保险开展情况、渔民经济状况等实际情况予以确定，鼓励地方财政给予补助资金配套。

三、申报条件和经费支出范围

（一）申报条件

渔业互助保险中央财政保费补助试点工作承担单位由试点区域省级渔业行政主管部门根据相关条件确定。承担单位应具备以下条件：

1. 依照《农业法》、《社会团体登记管理条例》等法律、行政法规设立的互助合作保险组织；

2. 具有与业务规模和人员数量相适应的办公场所和设备；

3. 在试点区域配备具有熟悉渔业和精通海事的承保、理赔专职人员及财务工作人员；

4. 拥有运作成熟、渔民群众认可、符合渔业发展需要的险种、条款、费率和理赔程序；

5. 具有 1 000 万元以上风险准备金。

（二）经费支出范围

补助资金全部用于试点区域试点保险险种保费补助。

四、实施范围和资金补助标准

实施范围

2016 年项目实施区域为：

1. 渔船全损互助保险：辽宁省大连市，河北省唐山市，山东省青岛市、日照市，福建省福州市，广东省阳江市、珠海市、汕尾市，广西区钦州市，江苏省全省，海南省全省。

2. 渔民人身平安互助保险：浙江省岱山县。

资金补助标准

1. 渔船全损互助保险：中央财政补助保费的 20%。

2. 渔民人身平安互助保险：中央财政补助保费的 20%，最高补助保险金额每人 10 万元。

五、申报程序

各省级渔业行政主管部门按照上述条件确定项目承担单位，根据实施区域的实际需要由项目承担单位编制项目申报书，申报书应包括项目目标、实际区域的基本情况、渔业互助保险展业情况、申请经费测算、组织管理、操作程序等，并附《2016 年渔业互助保险中央财政保费补助试点区域基本情况及经费测算表》（见附件），一并上报省级渔业行政主管部门，由省级渔业行政主管部门报农业部渔业渔政管理局安全监管与应急处（一式 2 份）。同时，电子版材料通过农业财政项目管理系统报送。项目申报时遇到问题可与我部渔业渔政管理局安全监管与应急处联系。

通讯地址：北京市朝阳区农展南里 11 号

邮政编码：100125

联系电话：010 - 59192997

联系人：徐丛政

六、有关要求

保费补助试点工作要达到：财政补助"张榜公布、保单明示"，业务操作"通俗易懂、简便可行"，财务监督"有据可查、专项管理"，具体要求如下：

（一）各省级渔业行政主管部门应组织在试点区域渔船集中地张榜公布渔业互助保险中央财政保费补助政策。

（二）各试点区域承担单位必须在向渔民出具的《渔业互助保险凭证》中明确注明应缴保费、中央财政保费补助比例（金额）、地方补助和实缴保费，并开具实缴保费收据，定期到主管部门报账。各省在实践过程中根据批准资金规模按照先来后到的原则具体落实。

（三）各试点区域承担单位应每季度制作《渔业互助保险保费补助明细表》，报送省级渔业行政主管部门备案。省级渔业行政主管部门应按季度组织在试点区域的渔船集中地公示渔船渔民入保和享受中央财政补助情况。

（四）省级渔业行政主管部门应分别于 2016 年 7 月底和 2016 年 12 月底将补助资金使用情况和项目执行情况向农业部渔业局、财务司报送专题报告，内容包括投保数量、投保率、风险状况、绩效评价等。

（五）省级渔业行政主管部门应与项目承担单位签订项目合同、明确相应责任。按照保单条款，需要理赔时，由项目承担单位按照保险责任条款承担相应责任。

（六）省级渔业行政主管部门要对项目实施和补助资金使用情况进行监督检查。农业部将定期和不定期对项目实施和补助资金使用情况进行抽查。

附件 40 - 1

2016 年中央财政渔业互助保险保费补助
试点区域基本情况及经费测算表

补助险种：渔船全损互助保险制表：2015 年　月　日

试点区域	14.7千瓦以上渔船数	2015 年展业情况			预计 2016 年展业情况			
		入保船数	总保额（亿元）	总保费（万元）	入保船数	总保额（亿元）	总保费（万元）	中央财政补助金额
合计								

附件 40 - 2

2016 年中央财政渔业互助保险保费补助
试点区域基本情况及经费测算表

补助险种：渔民人身平安互助保险制表：2015 年　月　日

试点区域	渔民总数	2015 年展业情况				预计 2016 年展业情况				中央财政补助金额
		入保人数	平均份数	总保额（亿元）	总保费（万元）	入保人数	平均份数	总保额（亿元）	总保费（万元）	

附件 40 – 3

渔业政策性保险试点

项目申报书

项目任务：＿＿＿＿＿＿＿＿＿＿＿＿＿＿＿＿＿＿

项目单位：＿＿＿＿＿＿＿＿＿＿＿＿＿＿＿＿＿＿

通讯地址：＿＿＿＿＿＿＿＿＿＿＿＿＿＿＿＿＿＿

邮政编码：＿＿＿＿＿＿＿＿＿＿＿＿＿＿＿＿＿＿

联系电话：＿＿＿＿＿＿＿＿＿＿＿＿＿＿＿＿＿＿

联 系 人：＿＿＿＿＿＿＿＿＿＿＿＿＿＿＿＿＿＿

主管部门（单位）：＿＿＿＿＿＿＿＿＿＿＿＿＿＿

通讯地址：＿＿＿＿＿＿＿＿＿＿＿＿＿＿＿＿＿＿

邮政编码：＿＿＿＿＿＿＿＿＿＿＿＿＿＿＿＿＿＿

联系电话：＿＿＿＿＿＿＿＿＿＿＿＿＿＿＿＿＿＿

联 系 人：＿＿＿＿＿＿＿＿＿＿＿＿＿＿＿＿＿＿

填制日期：＿＿＿＿＿＿＿＿＿＿＿＿＿＿＿＿＿＿

中华人民共和国农业部制

一、2015 年项目执行进展及下一步进度安排

（2015 年未安排执行本项目的，不填写此栏目）

二、2016 年项目任务计划

（一）项目任务来由（背景）
（二）年度目标与预期效益
（三）项目内容及金额
（四）时间进度（范围为 2016 年 1~12 月）
（五）涉及的相关单位（包括与实施项目有关的基层单位、科研院校、农资生产经营企业以及项目单位所属独立法人等）及事项

三、项目单位情况

（一）单位类型、隶属关系、职能业务范围
（二）技术设备条件、财务收支资产状况、内部管理制度建设情况
（三）有无不良记录（财政部门及审计机关处理处罚决定、行业通报批评、媒体曝光等）

四、人员分工

姓名	性别	工作单位	职务/职称	项目分工	联系电话

五、申请资金经济分类明细表

项目单位财务专用章：

单位：万元

项目内容	对个人和家庭的补助	
	小计	生产补贴
渔船全损互助保险保费补助		
渔民人身平安互助保险保费补助		
合计		

六、申报意见表

项目单位 意　见	本单位对以上内容的真实性和准确性负责，特申请立项。 　　　　　　　　负责人签名：　　　（单位公章） 　　　　　　　　　　　　　　　年　月　日
主管部门 （单位） 意　见	经审核，同意报送。 　　　　　　　　负责人签名：　　　（单位公章） 　　　　　　　　　　　　　　　年　月　日
备　注	

七、项目单位账号

项目单位财务专用章：

项目单位 账　户	收款单位：（本单位在银行类金融机构所开户头的全称）
	开户银行：××银行××省××市××县（区）分行（支行）××营业部（分理处）或××省××市××县（区）××乡（镇）农村信用社
	账　号：

附件 41

物种资源保护费（渔业）项目指南

一、项目目标

通过项目实施，有效保护重点水产养殖品种资源，提高水产原良种亲本质量和产量，促进水产原良种亲本推广与应用，保护濒危水生野生动植物资源，提高水生生物资源增殖放流水平，保护水产种质资源和水域生态环境，强化渔业资源和生态环境保护管理，并为现代渔业发展提供强有力的技术支撑。

二、项目内容

一是水产原良种保种选育。主要用于扶持原良种场和遗传育种中心运用现代育种技术与传统选育技术相结合的方法，开展原良种采集、引进、保存、扩繁和后备亲本培育，以及重要养殖种类遗传育种等工作。

二是水产原良种亲本更新补助。对部分重点养殖品种亲本更新进行补贴，提高水产苗种总体质量水平。

三是濒危水生野生动植物保护。对已设立保护管理机构、有专门管理人员、保护成效显著的水生生物自然保护区进行补助，重点扶持保护对象为濒危程度高、具有重要保护意义的水生物种和典型水域生态系统的保护区；支持有关单位开展水生野生动物救护执法以及保护行动计划等；支持有关单位开展水生野生动物保护科普宣传教育及保护管理研究；支持有关单位开展濒危野生水生动物资源现状调查。

四是水生生物资源增殖放流。在重要增殖放流区域选取主要增殖放流品种进行效果评估和跟踪监测，制定增殖放流技术规范。

五是国家级水产种质资源保护区管理。主要用于国家级水产种质资源保护区开展资源调查、环境监测、巡护、规划制定等工作。

六是水生生物湿地保护示范区建设。主要用于在水生生物湿地保护示范区开展资源摸底调查等工作，对水生野生动物栖息地进行保护。

七是重要渔业水域生态保护。对全国重要渔业水域生态环境实施监测，编制全国渔业生态环境状况公报，开展渔业生态环境保护和资源养护专题研究。

八是渔业科技和政策研究等技术支撑。主要用于开展现代渔业建设重大政策研究，稻田综合种养技术示范、金枪鱼养护增效示范，相关科技标准制定、宣贯、培训，渔业舆情跟踪和引导等。

三、申报条件、实施区域和资金使用方向

（一）水产原良种保种选育

1. 水产原良种保种和亲本培育。申报单位为国家级水产原良种场，保存种类为原种或通过国家审定的水产新品种。资金使用方向为：开展保种和亲本培育以及保种设施维护改造所需专用材料费，其他不得支出。

2. 水产新品种选育。申报单位需为承担我部水产遗传育种中心项目建设且已竣工验收的单位。资金使用方向包括：开展水产新品种选育所需专用材料费，其他不得支出。

（二）水产原良种亲本更新补助

1. 淡水大宗品种亲本更新补助。申报单位为县级渔业主管部门。实施区域为河北、安徽、江西、山东、湖北、湖南、广东、四川等 8 个苗种繁殖重点省份。更新品种包括青、草、鲢、鳙、鲤、鲫、鲂、罗非鱼。亲本来源为国家级或省级原良种场。

2. 南美白对虾新品种亲本更新补助。申报单位为县级渔业主管部门。实施区域为天津、河北、山东、广东、广西、福建、海南等 7 个南美白对虾苗种繁育重点省份。更新品种包括南美白对虾"科海 1 号"、"中科 1 号"、"中兴 1 号"、"桂海 1 号"、"壬海 1 号"。亲本来源为新品种培育单位及其指定亲本供应单位。

承担淡水大宗品种及南美白对虾新品种亲本更新具体任务的苗种场应具有《水产苗种生产许可证》，年苗种繁殖能力达到 1 亿尾以上，并与供种单位签订供种合同或协议。县级渔业主管部门统计汇总苗种场更新计划，以县为单位进行申报。资金使用方向包括：购买原良种亲本所需生产补贴（资金经济分类填写在对个人和家庭的补助项目下生产补贴栏，申报书只填写资金经济分类明细表二）。

（三）濒危水生野生动植物保护

1. 水生生物自然保护区管理。申报单位应为国家级和重点地方级水生野生动植物、水域生态系统及湿地类型自然保护区管理机构。资金使用方向为：保护区日常巡护、生态修复、濒危物种救护与放生、保护对象及其栖息地环境调查与监测、保护基础设施维修等。

2. 水生野生动物救护执法、水生野生动物保护科普宣传教育及保护管理研究、豚类保护行动计划、珍稀濒危水生野生动物资源现状调查及鲨鱼国际履约。申报单位应为水生野生动植物保护管理部门、具备一定工作基础的科研教学单位和社会团体。资金使用方向为：支持沿海、沿江等省市开展濒危水生动物专项救助，并加大对重点水生生物自然保护区内项目工程、重点保护动物经营利用行为执法检查力度，开展珍稀濒危水生野生动物资源现状调查，实施长江江豚以及中华白海豚保护行动计划、开展新列入 CITES 附录 Ⅱ 的五种鲨鱼和前口蝠鲼履约有关研究，加强水生野生动物保护科普宣传教育及保护管理研究。

（四）水生生物资源增殖放流

1. 增殖放流效果评估和跟踪监测。申报单位应具备必需的基础设施、技术队伍、仪器设备，有扎实的工作基础和经验，能够完成效果评估和跟踪监测任务。优先安排国家和省级水产科研院所、大专院校、省级渔业行政主管部门，重点支持海湾、湖泊水库、江河等重要增殖放流区域选取主要增殖放流品种进行效果评估和跟踪监测。资金使用方向为：开展评估和监测所需经费。

2. 主要放流品种的增殖放流技术规范制定。申报单位应具备制定技术规范的条件和工作基础。优先安排国家和省级水产科研单位，重点支持主要经济物种、地方特有物种和珍稀濒危重要放流物种的增殖放流技术规范制定。资金使用方向为：开展规范制定所需差旅、印刷、劳务等费用。

（五）国家级水产种质资源保护区管理

申报单位原则上应为中央财政未安排过补助经费的国家级水产种质资源保护区管理机构。资金使用方向主要为支持国家级水产种质资源保护区开展资源补充调查、规划制定和保护区管护等相关工作。

（六）水生生物湿地保护示范区建设

申报单位为水生生物湿地保护示范区保护管理部门。资金使用方向为：支持水生生物湿地保护示范区开展资源摸底调查等工作，对水生野生动物栖息地进行保护。

（七）重要渔业水域生态保护

1. 全国渔业生态环境监测及管理支撑。申报单位为全国渔业生态环境监测网络成员单位。主要支持方向包括：全国重要渔业水域的生态环境监测，编制《中国渔业生态环境状况公报》和《中国渔业生态环境状况年报》，全国渔业污染事故技术审定委员会评估论证、调研、法律法规完善和重大渔业污染事故调查鉴定，全国渔业生态环境监测网络技术管理。资金使用方向为：渔业生态环境常规监测所需经费及保护管理支撑所需差旅、印刷、劳务等支出。

2. 渔业生态环境保护和资源养护专题研究。申报单位为具有渔业生态环境保护和资源养护工作基础的科研院校、省级渔业行政主管部门。主要支持方向包括：重要渔业水域（湖泊、江河、海湾）生态修复技术研究和试点、工程建设对水生生物资源影响及水域生态环境影响评估及研究等。资金使用方向为：开展相关研究所需差旅、劳务、印刷等支出。

（八）渔业科技和政策研究等技术支撑

稻田综合种养技术示范县创建，主要用于开展稻鱼、稻虾、稻鳖、稻鳅、鱼菜共生等稻田综合种养技术示范，通过培育示范户，建立核心示范区，扩大示范范围，取得良好的经济、生态和社会效益；申报单位为稻田综合种养工作基础好的县（市）渔业主管部门，优先安排稻田综合种养工作规模化、组织化程度高的地区；资金使用方向为：主要用于方案制定、技术服务、辐射带动、物化补贴等。金枪鱼养护增效示范，相关科技标准制定、宣贯、培训，渔业舆情跟踪和引导等项目，申报单位为具有相关工作基础的高等院校、社会团体等；优先安排2015年承担过相关项目的单位；资金使用方向为：开展相关研究所需差旅、劳务、印刷等支出。

四、申报数量和资金补助标准

（一）水产原良种保种选育

大宗淡水鱼类（青、草、鲢、鳙、鲤、鲫、鲂）原良种场每个场补助经费不超过30万元，其他种类水产原良种场每个场补助金额不超过15万元；每个遗传育种中心补助金额不超过20万元。

（二）水产原良种亲本更新补助试点

淡水大宗品种亲本更新中央财政按照不超过更新亲本总价50%给予补助，每个苗种场补助金额不超过20万元，每个省份申报中央财政补助资金规模总计不超过80万元。南美白对虾新品种亲本更新中央财政按照30元/对给予补助，每个省份申报中央财政补助资金规模总计不超过60万元。更新品种、数量、单价及亲本来源等必须在申报书中明确。

（三）濒危水生野生动植物保护

1. 水生生物自然保护区管理。根据各地现有国家级和地方级水生野生动植物、水域生态系统及水生生物湿地类型自然保护区的数量和水平，由各省（区、市）渔业主管厅（局）组织申报，每个国家级自然保护区项目补助金额不超过100万元，每个地方级自然保护区项目补助金额不超过30万元。

2. 支持有关单位开展水生野生动物救护执法、水生野生动物保护科普宣传教育及保护管理研究、豚类保护行动计划、珍稀濒危水生野生动物资源现状调查及鲨鱼国际履约有关问题研究。

救护和专项执法项目，由各省（市、区）渔业主管厅（局）结合各地实际情况和亟须开展的主要工作组织申报，每个项目补助金额不超过 20 万元；水生野生动物保护科普宣传教育及保护管理研究为延续项目，由全国水生野生动物保护分会申报项目补助金额不超过 250 万元；豚类保护行动计划为延续项目，由具备一定工作基础的科研教学单位和有关企业申报，其中长江江豚保护行动计划项目总规模不超过 450 万元，中华白海豚保护行动计划项目总规模不超过 350 万元；加强 CITES 履约能力，开展鲨鱼保护国家行动计划由具有相关研究基础的科研教学机构和协会申报，不超过 80 万元；开展珍稀濒危水生野生动物资源现状调查，每个调查物种不超过 40 万元。

（四）水生生物资源增殖放流

1. 增殖放流效果评估和跟踪监测。每个项目补助金额不超过 40 万元。

2. 主要放流品种增殖放流技术规范制定。每个项目补助金额不超过 10 万元。

（五）国家级水产种质资源保护区管理

每个保护区项目补助金额不超过 10 万元。

（六）水生生物湿地保护示范区建设

由水生生物湿地保护示范区保护管理部门组织申报，申报金额不超过 10 万元。

（七）重要渔业水域生态保护

1. 全国渔业生态环境监测。每个项目补助金额不超过 20 万元。

2. 渔业生态环境保护和资源养护专题研究。每个项目补助金额不超过 30 万元。

（八）渔业科技和政策研究等技术支撑

稻田综合种养技术示范县创建，每个示范县补助经费不超过 15 万元；其他技术支撑项目由我部根据 2015 年工作开展情况，确定具体项目经费，原则上每个项目补助金额不超过 30 万元。

五、申报程序

请各项目承担单位根据以上要求抓紧编制项目申报材料（格式见附件），地方单位的申报材料须经所在省、自治区、直辖市及计划单列市渔业主管厅（局）审核汇总后统一报送我部渔业渔政管理局（一式 4 份），行业协会、中央部属高等院校等将项目申报材料直接报送我部渔业渔政管理局（一式 4 份）。同时，电子版材料通过农业财政项目管理系统报送。项目申报时遇到问题可与我部渔业渔政管理局有关处室联系。

通讯地址：北京市朝阳区农展南里 11 号

邮政编码：100125

联系方式："水产原良种保种选育、水产原良种亲本更新补助"项目，联系人：农业部渔业渔政管理局养殖处-王丹，联系电话：010－59192993。

"濒危水生野生动植物保护、水生生物增殖放流、国家级水产种质资源保护区管理、水生生物湿地保护示范区建设、重要渔业水域生态保护"项目，联系人：农业部渔业渔政管理局资源环保处-吴珊珊，联系电话：010－59192934。

"稻田综合种养技术示范县创建"项目，联系人：农业部渔业渔政管理局科技与质量监管处-王雪光，联系电话：010－59191864。

其他项目，联系人：农业部渔业渔政管理局计划财务处-郭钰，联系电话：010－59192972。

附件 41 – 1

物种资源保护费（渔业）

项目申报书

项目任务：＿＿＿＿＿＿＿＿＿＿＿＿＿＿＿＿＿

项目单位：＿＿＿＿＿＿＿＿＿＿＿＿＿＿＿＿＿

通讯地址：＿＿＿＿＿＿＿＿＿＿＿＿＿＿＿＿＿

邮政编码：＿＿＿＿＿＿＿＿＿＿＿＿＿＿＿＿＿

联系电话：＿＿＿＿＿＿＿＿＿＿＿＿＿＿＿＿＿

联 系 人：＿＿＿＿＿＿＿＿＿＿＿＿＿＿＿＿＿

主管部门（单位）：＿＿＿＿＿＿＿＿＿＿＿＿＿

通讯地址：＿＿＿＿＿＿＿＿＿＿＿＿＿＿＿＿＿

邮政编码：＿＿＿＿＿＿＿＿＿＿＿＿＿＿＿＿＿

联系电话：＿＿＿＿＿＿＿＿＿＿＿＿＿＿＿＿＿

联 系 人：＿＿＿＿＿＿＿＿＿＿＿＿＿＿＿＿＿

填制日期：＿＿＿＿＿＿＿＿＿＿＿＿＿＿＿＿＿

中华人民共和国农业部制

一、2015 年项目执行进展及下一步进度安排

（2015 年未安排执行本项目的，不填写此栏目）

二、2016 年项目任务计划

（一）项目任务来由（背景）

（二）年度目标与预期效益

（三）项目内容及金额

（四）时间进度（范围为 2016 年 1～12 月）

（五）涉及的相关单位（包括与实施项目有关的基层单位、科研院校、农资生产经营企业以及项目单位所属独立法人等）及事项

三、项目单位情况

（一）单位类型、隶属关系、职能业务范围

（二）技术设备条件、财务收支资产状况、内部管理制度建设情况

（三）有无不良记录（财政部门及审计机关处理处罚决定、行业通报批评、媒体曝光等）

四、人员分工

姓名	性别	工作单位	职务/职称	项目分工	联系电话

五、申请资金经济分类明细表一

项目单位财务专用章：

单位：万元

项目内容	合计	商品和服务支出												
		小计	印刷费	咨询费	邮电费	差旅费	维修（护）费	租赁费	培训费	专用材料费	专用燃料费	劳务费	委托业务费	其他交通费用	其他商品和服务支出
合计														

注：其他交通费用仅限列支船舶维修费、停靠港费等支出；其他商品和服务支出应详细列明支出内容和金额。

申请资金经济分类明细表二（水产原良种亲本更新补助项目）

项目单位财务专用章：

单位：万元

项目内容	生产补贴
合计	

注：1. 表中"项目内容"填写格式为：更新亲本××公斤，其中×鱼××公斤，×鱼××公斤或南美白对
    虾××新品种××对，共计××万元。
   2. 表中"生产补贴"指中央补贴资金。

六、申报意见表

项目单位 意　见	本单位对以上内容的真实性和准确性负责，特申请立项。 　　　　　　　　　负责人签名：　　　（单位公章） 　　　　　　　　　　　　　　　　　　年　月　日
主管部门 （单位） 意　见	经审核，同意报送。 　　　　　　　　　负责人签名：　　　（单位公章） 　　　　　　　　　　　　　　　　　　年　月　日
备　注	

七、项目单位账号

项目单位财务专用章：

项目单位 账　户	收款单位：（本单位在银行类金融机构所开户头的全称）
	开户银行：××银行××省××市××县（区）分行（支行）××营业部（分理处）或 ××省××市××县（区）××乡（镇）农村信用社
	账　号：

附件42

远洋渔业资源调查和探捕项目指南

一、项目目标

2016年远洋渔业资源探捕项目继续以贯彻落实《国务院关于促进海洋渔业持续健康发展的若干意见》和《农业部关于促进远洋渔业持续健康发展的意见》为中心，以"发展壮大大洋性渔业，积极拓展发展空间，巩固提高过洋性渔业，推动产业转型升级"为总体目标，以开发新渔场、新资源、提高捕捞效率为年度目标，以具开发潜力的公海海域和我国主要入渔国海域渔业资源为重点组织实施。通过对北太平洋西经海域大型柔鱼、纳米比亚专属经济区中上层鱼类、北太平洋公海中上层鱼类、以波利尼西亚为基地的公海长鳍金枪鱼、西北太平洋公海（东经165°以东海域）秋刀鱼等渔业资源和捕捞技术的调查和探捕，掌握目标海域和目标鱼种的渔业资源状况、开发潜力、中心渔场形成机制及适合的渔具渔法，寻找可规模化开发的新渔场和后备渔场；同时，继续建设中国远洋渔业数据中心，为远洋渔业持续、稳定发展奠定基础。

二、项目内容和资金使用方向

（一）项目内容

1. 北太平洋西经海域大型柔鱼资源探捕（延续项目）。继续选派2艘专业鱿鱼钓船对北太平洋西经海域大型柔鱼资源实施调查和探捕。要求每艘探捕船上派出1名科研人员随船实施调查探捕，在上年度探捕调查的基础上，重点对北太平洋西经海域大型柔鱼的渔业资源分布、渔场形成机制和适合渔具渔法进行调查和探捕，收集记录探捕海域资源调查和捕捞渔获物数据。每艘船探捕站点不少于40个，提交探捕专题研究报告3份以上。每艘探捕船补助经费原则上不超过165万元，项目申报单位需提供资金配套方案和承诺，配套资金比例不低于1：3。

2. 纳米比亚专属经济区中上层鱼类资源探捕（延续项目）。继续选派1艘大型拖网加工渔船对纳米比亚专属经济区中上层鱼类资源和适合的渔具渔法实施调查和探捕。要求派出不少于1名科研人员随船探捕，在上年度探捕调查的基础上，实施资源调查、开展渔具渔法试验，收集记录资源调查和渔获物数据。探捕站点不少于30个，提交探捕专题研究报告3份以上。探捕补助经费原则上不超过200万元，项目申报单位需提供资金配套方案和承诺，配套资金比例不低于1：4。

3. 北太平洋公海中上层鱼类资源探捕（延续项目）。继续选派1艘灯光围网渔船对北太平洋公海中上层鱼类资源和适合的渔具渔法实施调查和探捕。要求派出1名科研人员随船探捕，在上年度探捕调查的基础上，实施调查探捕、收集相关数据、开展渔具渔法试验。探捕站点不少于40个；提交探捕专题研究报告3份以上。探捕补助经费原则上不超过150万元，项目申报单位需提供资金配套方案和承诺，配套资金比例不低于1：3。

4. 以波利尼西亚为基地的公海长鳍金枪鱼资源探捕（延续项目）。继续选派1艘金枪鱼延绳钓船对以波利尼西亚为基地的公海长鳍金枪鱼资源实施调查和探捕。要求派出1名科研人员随探捕船实施调查探捕，在上年度探捕调查的基础上，重点掌握探捕海域长鳍金枪鱼的资源状况与分布、渔场形成规律和适合的渔具渔法。探捕站点不少于40个，提交探捕专题研究报告3份以上。

补助经费原则上不超过200万元，项目申报单位需提供资金配套方案和承诺，配套资金比例不低于1∶4。

5. 西北太平洋公海（东经165°以东海域）秋刀鱼资源探捕。选派1艘新型专业秋刀鱼舷提网捕捞船对西北太平洋公海（东经165°以东海域）秋刀鱼资源实施调查和探捕。要求派出不少于1名科研人员随探捕船实施调查探捕，重点掌握探捕海域秋刀鱼资源状况与分布、渔场形成规律，优化渔具渔法、提高捕捞效率，并评估渔场容量。探捕站点不少于40个，提交探捕专题研究报告3份以上。每艘探捕船补助经费原则上不超过200万元，项目申报单位需提供资金配套方案和承诺，配套资金比例不低于1∶4。

6. 中国远洋渔业数据中心建设（延续项目）。继续由原承担单位承建中国远洋渔业数据中心，打造国家级远洋渔业数据平台。项目单位需完善和测试大容量数据库，将远洋渔船数据、捕捞日志数据、生产统计数据、科学观察员数据、资源调查和探捕数据、信息船采集数据、港口取样数据、世界远洋渔业资源和管理规则数据等进行采集、分析、审核、汇编、存储和共享管理，并安排专门人员负责管理和维护。项目建设和运行经费200万元。项目单位需提交上年度项目建设情况、本年度项目建设方案、按月编发远洋渔业行业信息和当年度我国远洋渔船主要作业渔区资源状况和捕捞技术分析报告及国际渔业资源分析报告。如项目需安排信息船开展渔业资源调查和捕捞信息采集，需在项目实施方案中列明渔船名称、调查采集时间和调查海域。项目申报单位需提供项目所需的配套场地、人员承诺。

（二）资金使用方向

探捕补助经费严禁列支"三公经费"和会议费等。全面贯彻落实党中央、国务院关于厉行节约的有关规定，地方和非预算单位上报项目一律不得安排"三公经费"（即因公出国（境）费、公务用车购置及运行费、公务接待费）和会议费支出。除确需列支探捕船维修费、探捕船停靠港费外，其他项目一律不得列支其他交通费用。此外，中央财政探捕补助经费还可用于探捕期间的燃油补助、探捕渔具网具购置费、探捕仪器设备购置和维护费、探捕科研经费、探捕人员差旅费和相关补助、数据中心建设相关经费以及探捕成果验收和推广相关的印刷费、邮电费、劳务费等。

三、申报条件和申报材料内容

（一）申报条件

除中国远洋渔业数据中心建设项目申报单位须为渔业科研单位或大学外，申报其他探捕项目的单位须具有远洋渔业企业资格、拥有适合探捕项目要求并符合远洋渔业管理规定的远洋渔船，财务状况良好、无不良从业记录（财政部门或审计机关处理处罚决定、行业通报批评等），项目主要负责人应具有较丰富的远洋渔业项目生产管理经验，同时申报单位需与水产科研单位或水产类大学合作开展探捕。对于申报继续承担2016年延续项目的单位，还需提交2015年项目执行基本情况报告。

（二）申报材料主要内容（具体见附件）

项目申报材料包括：

一是项目申报基础材料。包括省级渔业主管部门或上级单位以财（计财）字文号审核上报的申报文件、申报单位法人资格证明（复印件）、工商营业执照（复印件）、银行资信证明、远洋渔业企业资格证书（复印件）、渔船相关证书（复印件）、企业资产负债表（加盖企业财务专用章）和项目配套资金承诺书（加盖申报单位印章）或场地及人员配套承诺等。

二是项目实施方案（建设方案）。主要内容包括探捕渔船、探捕区域、探捕时间、探捕调查站点数量及分布、探捕路线、探捕调查方式方法、拟采取的渔具渔法、大面调查和定点调查的主要指标和内容、确定渔场形成和中心渔场位置的方式方法、目标鱼种加工和流通领域研究以及探捕成果报告等。中国远洋渔业数据中心建设项目申报方案包括建设目标、建设内容、技术方案和实现方法、项目建设期以及信息渔船名称、调查采集时间和调查海域等。

三是实施探捕项目的保障措施。主要包括项目组织与管理方案、与具备相应项目科研能力的科研单位或大学签订的协议（需按照本指南要求选派科研人员随船执行海上探捕任务）、探捕经费概算及配套经费承诺、项目执行的主要考核监督指标等。

四是申报单位需对本项目中央财政补助资金编制项目支出经济分类预算明细表。

五是申报延续项目的单位须提交2015年项目执行基本情况报告。

四、申报程序

请各项目承担单位根据以上要求抓紧编制项目申报材料（格式见附件），地方单位的申报材料须经所在省、自治区、直辖市及计划单列市渔业主管厅（局）审核汇总后统一报送我部渔业渔政管理局远洋渔业处（一式4份），行业协会、高等院校和中央企业等将项目申报材料直接报送我部渔业渔政管理局远洋渔业处（一式4份）。同时，电子版材料通过农业财政项目管理系统报送。项目申报时遇到问题可与我部渔业渔政管理局远洋渔业处联系。

通讯地址：北京市朝阳区农展南里11号

邮政编码：100125

联系电话：010－59192922

联系人：闫栋

五、有关要求

项目申报单位要按照支出经济分类，列明中央财政补助资金支出的具体范围和金额，并按照列明的范围和金额使用补助资金，专款专用，不得挪作他用。项目完成后于2016年12月底前提交探捕报告和工作总结。

附件 42 – 1

远洋渔业资源调查和探捕

项目申报书

项目任务：_____

项目单位：_____

通讯地址：_____

邮政编码：_____

联系电话：_____

联 系 人：_____

主管部门（单位）：_____

通讯地址：_____

邮政编码：_____

联系电话：_____

联 系 人：_____

填制日期：_____

中华人民共和国农业部制

一、2015 年项目执行情况

（2015 年未安排执行本项目的，不填写此栏目）

二、申报书主要内容

（一）项目综合说明

1. 项目的目的、意义
2. 国内外的发展趋势及技术水平
3. 申报单位承担本项目的有利和不利因素
4. 年度目标与预期效益
5. 产业化前景的评估和展望

（二）总体设计方案

1. 开发目标、内容
2. 关键技术及采用方法
3. 探捕方案及可行性分析（包括海域、站点、路线等）
4. 项目实施的特色与创新之处
5. 时间安排和进度
6. 项目组织与管理
7. 数据、资料的收集与分析
8. 成果内容、提交方式和成果水平
9. 推广前景和市场预测
10. 最终目标及主要考核技术指标

（三）具备的基础条件

1. 生产、管理及科研人员条件
2. 探捕渔船及设备条件
3. 相关生产及管理经验
4. 与本项目相关的其他基础工作

（四）申报单位情况及经费保障

1. 单位类型、隶属关系、职能业务范围
2. 财务收支资产状况、内部管理制度建设情况
3. 有无不良记录（财政部门及审计机关处理处罚决定、行业通报批评、媒体曝光等）
4. 申报单位资信证明、企业资产负债表
5. 项目的经费概算
6. 申报单位经费配套承诺及保证措施

三、需提供的其他文件

（一）申报企业法人资格证明、工商营业执照、渔船相关证书（均为复印件，请省级渔业行政主管部门审核、确认有效并加盖印章）

（二）探捕渔船的相关证书

（三）申报企业与科研单位合作协议，明确任务分工和责任

四、人员分工

姓名	性别	工作单位	职务/职称	项目分工	联系电话

五、申请资金经济分类明细表

项目单位财务专用章：

单位：万元

项目内容	合计	商品和服务支出												
		小计	印刷费	咨询费	邮电费	差旅费	维修（护）费	租赁费	培训费	专用材料费	专用燃料费	劳务费	委托业务费	其他交通费用	其他商品和服务支出
合计															

注：一律不得列支"三公经费"（即因公出国（境）费、公务用车购置及运行费、公务接待费）和会议费支出；其他交通费用仅限列支探捕船的维修费、停靠港费支出；其他商品和服务支出应详细列明支出内容和金额。

六、申报意见表

项目单位 意　见	本单位对以上内容的真实性和准确性负责，特申请立项。 　　　　　　　　　　负责人签名：　　　　（单位公章） 　　　　　　　　　　　　　　　　　　　　年　月　日
主管部门 （单位） 意　见	经审核，同意报送。 　　　　　　　　　　负责人签名：　　　　（单位公章） 　　　　　　　　　　　　　　　　　　　　年　月　日
备　　注	

七、项目单位账号

项目单位财务专用章：

项目单位 账　户	收款单位：（本单位在银行类金融机构所开户头的全称）
	开户银行：××银行××省××市××县（区）分行（支行）××营业部（分理处）或 ××省××市××县（区）××乡（镇）农村信用社
	账　　号：

附件 **43**

动物疫情监测与防治（渔业）项目指南

一、项目目标

继续组织实施《2016 年国家水生动物疫病监测计划》，对鲤春病毒血症（鲤科鱼类）、白斑综合征（对虾、克氏原螯虾）、病毒性神经坏死病（海水鱼类）、传染性造血器官坏死病（虹鳟）、锦鲤疱疹病毒病（鲤鱼、锦鲤和鲫鱼）、草鱼出血病、传染性皮下和造血器官坏死病（对虾）等重大水生动物疫病进行专项监测和风险评估，开展主要病原微生物耐药性普查，开展重点水生动物无规定疫病苗种场建设试点，开展水生动物防疫制度研究，支持水生动物病原库运转。通过项目实施，更全面、及时地掌握重大水生动物疫病流行情况、发生和传播规律，为完善制度、加强管理提供决策依据。

二、项目内容

重大水生动物疫病专项监测及疫病风险评估；开展主要病原微生物耐药性普查；开展重点水生动物无规定疫病苗种场建设试点；水生动物防疫制度研究；水生动物病原库运转。

三、申报条件、申报数量和资金规模

（一）重大水生动物疫病专项监测及疫病风险评估。

1. 重大水生动物疫病专项监测。申报单位为各有关省（区、市）渔业行政主管部门所属的水生动物疫病预防控制机构（水产技术推广站等单位）。优先安排：一是本级人民政府高度重视水生动物防疫工作，已明确赋予渔业行政主管部门水生动物防疫检疫职能，并成立相应的水生动物防疫检疫机构；二是水产养殖疫情测报网络较健全，有专业的疫病检测实验室和疫病监测人员；三是近年来发生过疫情或检测到疫病并及时上报本级人民政府和我部；四是较好完成2012—2015 年《国家水生动物疫病监测计划》监测任务。

（1）鲤春病毒血症（SVC）专项监测（鲤科鱼类）。样品标准 2 000 元/个；申报范围：见下表（下同）。抽样数量：由各有关省（区、市）水生动物疫病预防控制机构根据本地区工作需求和采样能力等酌情确定申报数量，由我部最终核定（下同）。2015 年已承担监测项目的单位应参考《2015 年国家水生动物疫病监测计划》下达抽样数量（除出现重大疫情外，同种疫病 2016 年申报数量原则上不多于 2015 年下达数的 120%）。

（2）白斑综合征（WSD）专项监测（对虾）。样品标准 600 元/个。

（3）白斑综合征（WSD）专项监测（克氏原螯虾）。样品标准 600 元/个。

（4）病毒性神经坏死病专项监测（海水鱼类）。样品标准 2 000 元/个。

（5）传染性造血器官坏死病（IHN）专项监测（虹鳟）。样品标准 2 000 元/个。

（6）锦鲤疱疹病毒病（KHVD，鲤疱疹病毒 3 型）专项监测（鲤鱼、锦鲤）。样品标准 2 000 元/个。

（7）鲤疱疹病毒 2 型病（暂定名）专项监测（鲫鱼）。样品标准 2 000 元/个。

（8）草鱼出血病专项监测。样品标准 2 000 元/个。

（9）传染性皮下和造血器官坏死病（IHHN）专项监测（对虾）。样品标准 600 元/个。

各有关省（区、市）可申报监测的疫病如下：

省份	鲤春病毒血症	白斑综合征（对虾）	白斑综合征（克氏原螯虾）	病毒性神经坏死病	传染性造血器官坏死病	锦鲤疱疹病毒病	鲤疱疹病毒2型病	草鱼出血病	传染性皮下和造血器官坏死病
北京	可报				可报	可报	可报	可报	
天津	可报	可报		可报		可报	可报	可报	可报
河北	可报	可报		可报	可报	可报	可报	可报	可报
内蒙古	可报					可报	可报	可报	
辽宁	可报	可报		可报	可报	可报	可报	可报	可报
吉林	可报				可报	可报	可报	可报	
黑龙江	可报				可报	可报	可报	可报	
上海	可报	可报				可报	可报	可报	可报
江苏	可报	可报	可报	可报	可报	可报	可报	可报	
浙江	可报	可报		可报		可报	可报	可报	
安徽	可报		可报			可报	可报	可报	
福建	可报	可报		可报		可报	可报	可报	可报
江西	可报		可报			可报	可报	可报	
山东	可报	可报		可报	可报	可报	可报	可报	可报
河南	可报					可报	可报	可报	
湖北	可报		可报			可报	可报	可报	
湖南	可报				可报	可报	可报	可报	
广东	可报	可报		可报	可报	可报	可报	可报	可报
广西	可报	可报		可报		可报	可报	可报	可报
重庆	可报				可报	可报	可报	可报	
四川	可报				可报	可报	可报	可报	
云南					可报				
陕西	可报				可报	可报	可报	可报	
甘肃					可报	可报	可报		
青海					可报				
新疆	可报				可报			可报	

2. 重点水生动物疫病风险评估。由《2016 年国家水生动物疫病监测计划》参考实验室，具有相关工作基础的北京市水产技术推广站、江苏省水生动物疫病预防控制中心、福建省淡水水产研究所、深圳出入境检验检疫局等单位申报，申报资金规模不超过 10 万元。

（二）主要病原微生物耐药性普查

由具有相关工作基础的北京、天津、辽宁、江苏、广西等省（区、市）水生动物疫病预防控制中心（水产技术推广站）申报，申报资金规模不超过 5 万元。

（三）重点水生动物无规定疫病苗种场建设试点

由具有相关工作基础的北京、天津、河北、浙江、青海等省（市）水生动物疫病预防控制中心（水产技术推广站）申报，申报资金规模不超过 10 万元。

（四）水生动物病原库运转

由上海海洋大学申报，申报资金规模不超过 20 万元。

四、申报程序

请各项目承担单位根据以上要求抓紧编制项目申报材料（格式附后），地方单位的申报材料须经所在省、自治区、直辖市及计划单列市渔业主管厅（局）审核汇总后统一报送我部渔业渔政管理局养殖处（一式 4 份），高等院校等将项目申报材料直接报送我部渔业渔政管理局养殖处（一式 4 份）。同时，电子版材料使用不可擦写的光盘介质（CD-R）报送。项目申报时遇到问题可与我部渔业渔政管理局养殖处联系。

通讯地址：北京市朝阳区农展馆南里 11 号农业部渔业渔政管理局养殖处

邮政编码：100125

联系电话：010 - 59192918

联系人：朱健祥

附件 43 – 1

动物疫情监测与防治
（渔业）

项目申报书

项目任务：_____

项目单位：_____

通讯地址：_____

邮政编码：_____

联系电话：_____

联 系 人：_____

主管部门（单位）：_____

通讯地址：_____

邮政编码：_____

联系电话：_____

联 系 人：_____

填制日期：_____

中华人民共和国农业部制

一、2015 年项目执行进展及下一步进度安排

（2015 年未安排执行本项目的，不填写此栏目）

二、2016 年项目任务计划

（一）项目任务来由（背景）
（二）年度目标与预期效益
（三）项目内容及金额
（四）时间进度（范围为 2016 年 1～12 月）
（五）涉及的相关单位（包括与实施项目有关的基层单位、科研院校、农资生产经营企业以及项目单位所属独立法人等）及事项

三、项目单位情况

（一）单位类型、隶属关系、职能业务范围
（二）技术设备条件、财务收支资产状况、内部管理制度建设情况
（三）有无不良记录（财政部门及审计机关处理处罚决定、行业通报批评、媒体曝光等）

四、人员分工

姓名	性别	工作单位	职务/职称	项目分工	联系电话

五、申请资金经济分类明细表

项目单位财务专用章：

单位：万元

项目内容	合计	商品和服务支出										
		小计	印刷费	邮电费	差旅费	维修（护）费	租赁费	培训费	专用材料费	专用燃料费	劳务费	委托业务费
合计												

注：1. 2016 年本项目《申请资金经济分类明细表》格式有调整（无会议费支出），请务必使用新格式填报，加盖项目单位财务专用章。

2. 地方单位的重大水生动物疫病专项监测经费支出仅限邮电费、差旅费、专用材料费、劳务费、业务委托费。

六、申报意见表

项目单位 意　见	本单位对以上内容的真实性和准确性负责，特申请立项。 　　　　　　　　负责人签名：　　　　（单位公章） 　　　　　　　　　　　　　　　　　　　年　月　日
主管部门 （单位） 意　见	经审核，同意报送。 　　　　　　　　负责人签名：　　　　（单位公章） 　　　　　　　　　　　　　　　　　　　年　月　日
备　注	

七、项目单位账号

项目单位财务专用章：

项目单位 账　户	收款单位：（本单位在银行类金融机构所开户头的全称）
	开户银行：××银行××省××市××县（区）分行（支行）××营业部（分理处）或××省××市××县（区）××乡（镇）农村信用社
	账　　号：

附件 **44**

农产品质量安全监管（农产品质量安全）
项目指南

一、项目目标

围绕农产品质量安全"产出来"和"管出来"的总体要求，通过无公害农产品质量安全监测、农业投入品监管、风险评估等项目的实施，加快转变农业发展方式，大力推进农业标准化、绿色化、规模化、品牌化生产，稳步提高农产品质量安全水平。着力强化专项整治和社会共治，提升农产品质量安全监管能力，努力确保不发生重大农产品质量安全事件。

二、项目内容

（一）无公害农产品质量安全监测。

1. 国家农产品质量安全例行监测（风险监测）和专项监测。对全国 31 个省（区、市）主要大中城市生产和销售的蔬菜、水果、茶叶、畜禽产品和水产品等每季度开展一次国家农产品质量安全例行监测（风险监测），及时发现问题隐患，防范风险，对检测结果统计汇总分析，掌握农产品质量安全状况，研判趋势，加强监管。对例行监测（风险监测）没有覆盖到的重要农产品或指标开展质量安全专项监测，摸查风险隐患，掌握有关情况，做好监测预警。

2. 农产品质量安全监督抽查。组织开展对全国重点农产品、重点区域和重点指标抽样检测，对检测结果确认不符合农产品质量安全标准的产品及其生产经营单位依法进行处理。

（二）农业投入品监管

1. 假劣农资案件查处。继续严厉打击制售假冒伪劣农资产品等违法行为，集中力量查处制售假劣农资违法案件，对涉及面广、造成重大农业生产事故、群众反映强烈的制售假劣农资案件，成立专案组限期查办，必要时联合其他有关部门共同调查处理。涉嫌构成犯罪的案件，按照国务院《行政执法机关移送涉嫌犯罪案件的规定》和农业部、公安部《关于在农资打假中做好涉嫌犯罪案件移送工作的意见》的要求移送公安机关。对地方查办重大案件、上级督办案件及处置有毒有害假劣农资予以支持。

2. 农资打假和监管宣传培训。结合"3·15"，在春耕农资购销高峰季节，组织开展"放心农资下乡进村宣传周"活动。受理群众投诉举报，开展农资识假辨假知识宣传活动等。组织各地开展放心农资下乡进村试点。加强农资打假系统业务信息统计报送工作，开展金农工程农资监管系统业务培训，更新升级《全国农资监管信息网》系统及数据库，建立网络案件舆情监控机制，推动农资市场诚信体系建设，加强农业投入品质量监管信息建设。

3. 毒鼠强专项整治。组织各省对社会上散存的毒鼠强等违禁剧毒鼠药进行清缴置换、销毁处置和检测，组织开展毒鼠强市场检查，查处重大毒鼠强中毒事件。

4. 肥料监督抽查。主要对农企合作推广配方肥生产企业、代表性的农资市场的复混肥、掺混肥、磷酸二铵、磷酸一铵、尿素、过磷酸钙等肥料品种进行抽查。

5. 农产品质量安全监管。主要用于农产品质量安全合格证明试点推进，制定农产品质量安全追溯管理与体系建设相关制度和指导意见，农产品质量安全监管宣传和培训。

6. 农产品质量安全信用体系建设。主要用于农产品质量安全信用平台建设，信用网站平台的运行维护，以及信用体系建设相关工作的具体组织实施。

7. 液态奶抽样检测。组织开展液态奶中复原乳监测，掌握有关情况，发现问题隐患，加强分析研判，推动奶业持续健康发展。

（三）农产品质量安全风险评估

1. 农产品质量安全风险评估体系运行与管理。国家农产品质量安全风险评估专家委员会、农产品质量安全专家组日常运行和风险评估结果与突发问题的综合研判；组织农产品质量安全风险评估实验室、实验站考核评价与日常管理；国家农产品质量安全风险评估制度机制、技术规范制定与宣贯；国家农产品质量安全风险评估数据库建立与维护。

2. 农产品质量安全风险评估项目综合协调与管理。国家农产品质量安全风险评估总项目、项目、子项目和课题的评审筛选、项目库管理；国家农产品质量安全风险评估项目方案拟定、组织实施、统筹协调、结果汇总、分析会商、考核评价；全国农产品质量安全风险评估技术指导、规程制定、标准管控、基准校正；突发事件应急风险评估统筹组织、协调会商等。

3. 农产品质量安全风险交流。农产品质量安全国内外舆情信息监测、分析、研判、结果编报及相应舆情监控机制构建与示范；农产品质量安全相关科普解读；农产品质量安全消费需求与认知评价调查，农产品质量安全相关科普宣传；农产品质量安全科普宣传材料编印；先进农产品质量安全技术研讨、交流、宣教与推广。

4. 农产品质量安全生产过程风险因子摸底排查与跟踪评估。省级农业行政主管部门与各相关农产品质量安全风险评估机构合作，对全国范围内各类农产品生产、收购、贮藏、运输过程中可能存在的风险隐患进行跟踪调查和摸底排查，发挥"侦察兵"、"情报站"功能作用。

5. 农产品质量安全风险评估。对"菜篮子"、粮油、特色等农产品、农产品产地环境和生产过程及产地初加工和收贮运环节存在的风险隐患和危害因子等进行风险排查评估、跟踪评估、验证评估和应急评估。在现有风险隐患摸底排查和评估的基础上，坚持问题导向，突出标准研制和执法监管需要，立足生产指导和消费引导，优先将风险隐患大、问题突出、公众关注度高的农产品、危害因子和关键环节纳入评估范围，重点开展蔬菜、果品、果蔬植物生长调节剂、柑橘、茶叶、食用菌、粮油作物产品、畜禽产品、奶产品、水产品、特色农产品、农产品产地初加工与收贮运保鲜、农产品产地环境对农产品质量安全影响、农产品病虫害残余物与病原微生物及寄生虫等14大类产品或环节质量安全问题和潜在隐患进行风险评估。

6. 农产品质量安全营养功能评价与安全性评估。针对公众对各类农产品质量安全营养成分和功能作用的高度关注，全面开展食用农产品质量安全营养功能评价与产品安全性评估。包括对同一类农产品不同品种营养功能差异性评价和安全性评估，同一品种农产品不同生育期和不同季节营养功能差异性评价与安全性评估，同一品种农产品不同产地和不同生产方式营养功能差异性评价与安全性评估，地域特色农产品特异性营养功能评价与安全性评估和生鲜农产品质量安全营养功能与危害因子无损快速筛查评估等方面。

三、实施区域

（一）无公害农产品质量安全监测

全国31个省、自治区、直辖市及新疆生产建设兵团。

（二）农业投入品监管

全国 31 个省（区、市）和新疆生产建设兵团从事农资打假与监管、毒鼠强整治、液态奶监督抽查等相关工作的农业行政主管部门和事业单位，以及其他非预算单位。

（三）农产品质量安全风险评估

全国范围内农产品产地、生产过程、产地初加工、收贮运及相关环节和领域。各申报承担项目单位按照项目总体规划和计划，科学研究和确定项目实施区域。

四、申报条件、数量及资金使用有关要求

（一）无公害农产品质量安全监测

1. 国家农产品质量安全例行监测（风险监测）和专项监测

申报单位：参加农业部组织的能力验证考核合格，符合条件的部级农业质检机构（地方单位）。

申报金额：（1）例行监测（风险监测）承担单位，根据任务量不同，原则上种植业（蔬菜、水果、茶叶）产品类为 50～60 万元；畜禽产品类约为 40 万元；水产品类约为 46 万元。（2）专项监测承担单位，根据任务量不同，原则上为 20～30 万元。2015 年已承担例行监测（风险监测）、专项监测任务单位，可参照 2015 年经费金额申报。

2. 农产品质量安全监督抽查

申报单位：应为从事农产品质量安全执法监管工作任务的省级农业行政部门。

申报金额：20～30 万元。

3. 资金使用方向：购置试剂药品、实验室耗材、专用材料以及其他商品和服务支出；工作中发生的咨询、印刷、水费、电费、邮电、差旅、维修（护）、租赁、燃料、劳务等费用。

（二）农业投入品监管

1. 资金使用方向

（1）假劣农资案件查处。主要用于委托各地加强督办案件的查处，彻查源头并依法公开。对涉及面广、造成重大农业生产事故、群众反映强烈的制售假劣农资案件，成立专案组限期查办。对地方查处重大案件进行奖励，加强统计信息报送工作。补助地方集中处置有毒有害假劣农资。

（2）农资打假和监管宣传培训。主要用于支持各省开展"放心农资下乡进村宣传周"活动以及放心农资下乡进村试点。委托有关单位开展农资打假业务培训及金农工程农资监管系统业务培训，更新升级《全国农资监管信息网》软件系统及数据库，建立网络案件监测机制。支持主要农资产品电子追溯码试点，组织有关单位开展相关专题调研和课题研究。

（3）毒鼠强专项整治。主要用于组织各省对社会上散存的毒鼠强等违禁剧毒鼠药进行清缴置换、销毁处置和检测，组织开展毒鼠强市场检查，查处重大毒鼠强中毒事件。

（4）全国肥料监督抽查。在需要开展监督抽查的地域中，选择具有肥量检测资质的土肥站承担。

（5）农产品质量安全监管。在申报单位中，首先考虑开展农产品质量安全监管工作的需要，其次考虑在相关业务上具有一定工作基础，再次考虑承担任务单位的延续性。

（6）农产品质量安全信用体系建设。主要用于农产品质量安全信用平台建设，系统设计研发，信用信息的归集、整理、发布，信用网站平台的运行维护，以及信用体系建设相关工作的具

体组织实施。

（7）液态奶抽样检测。主要用于对蒙牛、伊利、三元、光明等四大企业在大中城市销售的 UHT 灭菌乳和地方品牌 UHT 灭菌乳进行抽样检测。

2. 申报条件和数量

（1）农资打假和毒鼠强专项整治。申报单位应为从事农资市场整顿和监督检查、毒鼠强整治等农业投入品质量监管工作任务的农业行政主管部门和事业单位及其他非预算单位。

（2）液态奶复原乳监测。申报单位为与液态奶检测工作相关的，具有一定工作基础和工作经验，具备相关检测能力的部级农业质检机构（地市单位）。

（三）农产品质量安全风险评估

国家农产品质量安全风险评估项目申报单位主要为农业部各农产品质量安全风险评估机构（中心、实验室、实验站）。具备农产品质量安全风险评估和风险交流能力的相关科研机构、大专院校和地方农业行政主管部门及所属技术事业单位也可申报。部属预算单位在部门预算"一上"编制环节有关农产品质量安全风险评估重点任务和经费额度已细化到了各部属事业单位，本次无需再申报，具体项目任务按照农业部农产品质量安全监管局要求进行细化。

五、报送程序及有关要求

（一）无公害农产品质量安全监测

1. 申报程序。拟承担项目的单位应填写"2016 年农产品质量安全监管项目申报书"，报所在省（自治区、直辖市）农业行政主管部门审核，并以厅（委、局）财（计财）字号文件报送至部农产品质量安全监管局。

2. 有关要求

（1）请各项目申报单位按照财务预算编制的统一要求，本着从严从紧、节约使用资金的原则认真编制和安排 2016 年财政预算。

（2）项目申报单位需编制项目支出经济分类预算。为了加强财政资金管理，提高使用效益，各项目申报单位应按照自下而上逐级编制方法，编制项目支出经济分类预算，填写"申请资金经济分类明细表"。

（3）请项目单位按照要求将项目申报书 1 份报送农产品质量安全监管局。

（二）农业投入品监管

1. 省级农业行政主管部门根据本项目指南要求，负责组织、指导本地区项目的评审和上报工作。

2. 项目承担单位应按照农业部有关财政专项管理办法和本项目指南的要求，认真填写项目申报书（附件），科学合理编制申请资金经济分类明细表。

3. 请项目单位按照要求将项目申报书 1 份报送农产品质量安全监管局。

（三）农产品质量安全风险评估

1. 申报程序。国家农产品质量安全风险评估财政专项预算项目申报指南印发后，各项目申报单位应当按照农业部财务司统一要求，抓紧编制 2016 年度国家农产品质量安全风险评估项目申报书（格式附后），按规定要求报上级行政主管部门审核。省级农业行政主管部门、省级农科院及相关项目单位主管部门负责对项目单位报送的项目申报书进行审核并签署审核意见。项目申报截止日期前，各项目申报单位应当将项目申报书以正式文件一式 3 份报农业部农产品质量安全监管局。同时，通过农业部农业财政项目管理系统完成电子申报程序，具体操作流程届时按农业部财务司通知要求填报。

2. 项目单位确定方式。各申报单位提交的国家农产品质量安全风险评估项目申报书，由农业部农产品质量安全监管局委托农业部农产品质量标准研究中心（国家农产品质量安全风险评估机构）按规定要求组织初审，并将初审意见和结果按规定时间和要求报农业部农产品质量安全监管局审定。农业部农产品质量安全监管局对通过初审的项目申报书进行综合评审，确定项目内容、项目承担单位、项目经费等内容，并将评审通过的项目统一纳入 2016 年度国家农产品质量安全风险评估重大专项计划按规定程序和要求组织实施。

3. 有关要求。为全面贯彻落实党中央、国务院关于厉行节约的相关规定，项目经费不得安排"三公经费"等方面不允许的支出。请各项目申报单位和主管部门高度重视国家农产品质量安全风险评估项目的申报工作，做到积极组织、及时填报、认真审核和按时申报。请各项目申报单位密切关注农业财务项目管理的电子申报程序和要求。

六、联系人及联系方式

（一）无公害农产品质量安全监测

1. 国家农产品质量安全例行监测（专项监测）及专项监测等项目。联系人：朱玉龙（监测处）；电话：010 - 59192697。邮箱：jgjjcc@ 163. com。

通讯地址：北京市朝阳区农展馆南里 11 号（邮编100125）。

2. 农产品质量安全监督抽查项目。联系人：战瑞（监管处）；电话：010 - 59192694. 邮箱：jgjjgc@ agri. gov. cn。

通讯地址：北京市朝阳区农展馆南里 11 号（邮编100125）。

（二）农业投入品监管

1. 农资打假与监管和毒鼠强整治项目。

联系人：战瑞；联系电话：010 - 59192694、59193157（传真），邮箱：jgjjgc@ 126. com。

通讯地址：北京市朝阳区农展南里 11 号（邮编100125）农业部农产品质量安全监管局监管处。

2. 液态奶复原乳监测

联系人：朱玉龙；联系电话：010 - 59192697、59191500（传真），电子邮箱：ncpjcc@ 163. com。

通讯地址：北京市朝阳区农展南里 11 号（邮编100125）农业部农产品质量安全监管局监测处。

（三）农产品质量安全风险评估

联系人：于潇、贺妍；联系电话：010 - 59193165、59193235；电子邮箱：jgjyjc @ agri. gov. cn。

通讯地址：北京朝阳区农展南里 11 号（邮编100125）农业部农产品质量安全监管局应急处。

附件 44 –1

农产品质量安全监管
（农产品质量安全）

项目申报书

项目任务：＿＿＿＿＿＿＿＿＿＿＿＿＿＿＿＿

项目单位：＿＿＿＿＿＿＿＿＿＿＿＿＿＿＿＿

通讯地址：＿＿＿＿＿＿＿＿＿＿＿＿＿＿＿＿

邮政编码：＿＿＿＿＿＿＿＿＿＿＿＿＿＿＿＿

联系电话：＿＿＿＿＿＿＿＿＿＿＿＿＿＿＿＿

联 系 人：＿＿＿＿＿＿＿＿＿＿＿＿＿＿＿＿

主管部门（单位）：＿＿＿＿＿＿＿＿＿＿＿＿

通讯地址：＿＿＿＿＿＿＿＿＿＿＿＿＿＿＿＿

邮政编码：＿＿＿＿＿＿＿＿＿＿＿＿＿＿＿＿

联系电话：＿＿＿＿＿＿＿＿＿＿＿＿＿＿＿＿

联 系 人：＿＿＿＿＿＿＿＿＿＿＿＿＿＿＿＿

填制日期：＿＿＿＿＿＿＿＿＿＿＿＿＿＿＿＿

中华人民共和国农业部制

一、2015 年项目执行进展及下一步进度安排

（2015 年未安排执行本项目的，不填写此栏目）

二、2016 年项目任务计划

（一）项目任务来由（背景）

（二）年度目标与预期效益

（三）项目内容及金额

（四）时间进度（范围为 2016 年 1～12 月）

（五）涉及的相关单位（包括与实施项目有关的基层单位、科研院校、农资生产经营企业以及项目单位所属独立法人等）及事项

三、项目单位情况

（一）单位类型、隶属关系、职能业务范围

（二）技术设备条件、财务收支资产状况、内部管理制度建设情况

（三）有无不良记录（财政部门及审计机关处理处罚决定、行业通报批评、媒体曝光等）

四、人员分工

姓名	性别	工作单位	职务/职称	项目分工	联系电话

五、申请资金经济分类明细表

项目单位财务专用章：

单位：万元

项目内容	合计	商品和服务支出											
		小计	印刷费	咨询费	邮电费	差旅费	维修（护）费	租赁费	水电费	培训费	专用材料费	劳务费	委托业务费	其他商品和服务支出
合计														

注：其他商品和服务支出应详细列明支出内容和金额。

六、申报意见表

项目单位 意　见	本单位对以上内容的真实性和准确性负责，特申请立项。 　　　　　　　　　负责人签名：　　　（单位公章） 　　　　　　　　　　　　　　　　　　年　月　日
主管部门 （单位） 意　见	经审核，同意报送。 　　　　　　　　　负责人签名：　　　（单位公章） 　　　　　　　　　　　　　　　　　　年　月　日
备　注	

七、项目单位账号

项目单位财务专用章：

项目单位 账　户	收款单位：（本单位在银行类金融机构所开户头的全称）
	开户银行：××银行××省××市××县（区）分行（支行）××营业部（分理处）或××省××市××县（区）××乡（镇）农村信用社
	账　　号：

附件 **45**

农业行业标准制定和修订
（农产品质量安全）项目指南

一、项目目标

围绕农业部门主体职能任务，以"两个努力确保、两个千方百计、两个持续提高"为总目标，突出两个重点。一是农兽药残留、饲料安全、农产品产地环境监测、投入品安全使用方面的标准；二是依法行政、履行职能和现代农业产业发展亟需的项目。对技术要求高、工作量大的重大项目，实行分年度实施、按进度拨付项目资金的管理方式。

二、项目内容

（一）农业标准制定和修订

1. 食品安全类国家标准。包括农药残留限量及检验方法，兽药残留限量及检验方法。

2. 饲料安全类标准及检验方法。

3. 农业投入品管理和执法类标准。包括种子、农药、兽药、肥料、饲料和饲料添加剂等农业投入品的质量安全指标要求，农业转基因和其他农业执法亟需的标准。

4. 农业资源保护利用类标准。包括重要的动植物种质资源保护，农业生态环境保护，外来生物防控等。

5. 农业产业发展中亟需在全国范围内统一的技术要求和规范。

（二）农业标准组织管理和配套支撑

包括农业标准制修订的组织管理、技术审定和跟踪评价，农业标准的印制、宣贯、培训、信息传递和技术服务，农业标准的官方评议和国际标准的跟踪研究，农业标准体系队伍建设和相关农业质量标准政策研究等方面的配套支撑类项目。

资金使用方向按照财政部、农业部《农业行业标准专项经费管理办法》（财农〔1999〕418号）执行，主要用于农业标准的拟订、验证、修改、审定以及标准的审查、清理、宣传、研究等方面。

三、申报条件

申报项目原则上应当在一年内完成。申报单位应具备以下条件：

（一）具备与项目相关的专业背景和科研基础，有配套的技术、设备及人员条件。

（二）项目首席专家应当具有副高级以上职称，具备农业标准化知识，熟悉标准制定修订要求，并能对标准项目进度、质量及经费使用负全责。

（三）财务部门和财务人员对农业标准专项经费管理熟悉，能确保项目经费专款专用。在历年审计结论中无违规记录。

四、申报方式和程序

（一）项目申报主要依据《2016 年农业行业标准制定和修订（农产品质量安全）项目申报

目录》（见附件），《目录》以外其他急需制定的标准项目，也可以自主申报。鼓励具备实力和条件的单位，同时申报或牵头申报多项同领域同类型标准或系列标准。2015 年已申报立项的延续项目，原则上由 2015 年项目承担单位继续申报。

请各申报单位抓紧按要求编制项目申报书（见附件），一式五份，经上级主管部门审核同意后，于 2015 年 11 月 1 日前报部农产品质量安全监管局指定的标准化技术归口单位（见附件）。除报送纸质材料外，还需要在农业财政项目管理系统（http：//www.caiwu.gov.cn/）和中国农业质量标准网（http：//www.caqs.gov.cn/）"农业行业标准制修订管理系统"进行注册上报（具体填报方法可在系统首页下载《操作手册》）。不通过系统上报或逾期未上报将视为未申报。

（二）部各业务对口司局要及时组织各标准化技术归口单位对申报项目进行初审，于 2015 年 11 月 10 日前将初审合格、拟推荐立项的项目申报书及项目汇总表报部农产品质量安全监管局综合审定。

（三）部农产品质量安全监管局对拟制修订标准项目进行统筹规划和综合审定，委托农业部科技发展中心进行形式审查，并组织专家进行评审。经专家评审符合立项条件的项目，纳入 2016 年农业国家、行业标准制定和修订计划草案，报请部领导审批，以农业部文件形式下达计划，部农产品质量安全监管局代表农业部在项目申报书上签署审定意见。经批准的项目及项目申报书，返还各项目申报单位和相关主管部门，作为项目组织实施和考核验收的依据执行。未批准的项目，申报书不返还申报单位。

（四）标准项目承担单位应当在 2016 年 11 月 30 日前完成全部工作，形成标准送审稿或相应的验收材料报对应的标准化技术归口单位进行初审。属于标准制定和修订的项目，部各业务对口司局应当依托各业务对口标准化技术归口单位在 2016 年 12 月 20 日前完成标准的审定，并在审定后 10 个工作日内将全套报批材料报部农产品质量安全监管局。

项目申报过程中有什么问题和建议，请及时与部农产品质量安全监管局联系。联系电话：010 - 59192387，59192313。

"农业行业标准制修订管理系统"使用方面的问题，请咨询农业部科技发展中心。联系电话：010 - 59199375，59199376。

附件 46 - 1

2016 年农业行业标准制定和修订（农产品质量安全）项目申报目录

序号	建议项目名称	标准技术归口单位及联系方式
1	制定《饲料加工工》国家职业标准	农业部人力资源开发中心，联系人：牛静，通讯地址：北京市朝阳区麦子店街 22 号楼 617，联系电话：59194208；电子邮箱：nyb702@163.com
2	制定《休闲农业服务员》国家职业标准	
3	制定《兽用原料药剂制造工》国家职业标准	
4	制定《农业环境保护工》国家职业标准	
5	制定《水生生物检疫检验员》国家职业标准	
6	制定《农产品市场信息预警分析技术》规范	北京农业信息技术研究中心（国家农业信息化工程技术研究中心），联系人：卢宪祺，通讯地址：北京海淀区曙光花园中路 11 号，北京农科大厦 A 座 801；联系电话：010 - 51503698；电子邮箱：luxq@nercita.org.cn
7	制定《农业农村经济监测统计指标》标准	
8	制定《生猪产业市场信息采集》标准	
9	制定《农产品市场信息数据质量控制规范》标准	
10	制定《电子商务中鲜活农产品（叶类蔬菜）感官分级规范》标准	
11	制定《初级农产品商品标签通用规则》标准	
12	制定《农产品生产档案记录规范》标准	
13	制定《农田物联网监测规范：玉米苗情长势》标准	
14	制定《农田物联网监测规范：小麦苗情长势》标准	
15	制定《信息进村入户村级站建设》标准	
16	制定《信息进村入户技术服务》规范	
17	制定《电子商务蔬菜分级储运标准》	
18	制定《智能化水稻浸种催芽设备技术条件》标准	
19	制定《自动墒情监测体系技术规范》标准	
20	制定《农林植物三维数据采集及存储》标准	
21	制定《公共电网供电的农业电气设备的电磁骚扰限值与测量方法》标准	
22	制定《水产养殖物联网安装运维标准与规范》标准	
23	制定《水产养殖大数据平台标准与规范》标准	
24	制定《农机作业定位终端设备技术》	
25	制定《电子政务—数据共享规范》标准	
26	制定《全国 12316 平台体系管理规范》标准	
27	制定《国家级杂交玉米种子生产基地建设标准》	农业部工程建设服务中心；联系人：张晓亚；通讯地址：北京市海淀区学院南路 59 号；联系电话：62135588 - 6106；电子邮箱：nyzwh6106@126.com
28	制定《秸秆收储站建设规范》标准	
29	制定《农业转基因生物试验基地建设》标准	
30	制定《农作物种质资源库建设标准》	
31	制定《外来入侵物种监测评估中心建设指南》标准	
32	制定《奶牛生产性能测定实验室建设标准》	
33	制定《省级畜牧技术推广站基础设施建设标准》标准	
34	制定《省级草原技术推广站基础设施建设标准》标准	
35	制定《地市级畜牧技术推广站基础设施建设标准》标准	
36	制定《地市级草原技术推广站基础设施建设标准》标准	

（续表）

序号	建议项目名称	标准技术归口单位及联系方式
37	制定《北方地区农田残膜回收站建设技术规范》标准	农业部规划设计研究院标准所；联系人：李纪岳；通讯地址：北京市朝阳区麦子店街 41 号，联系电话：010－59193250；电子邮箱：lijiyue06@163.com
38	制定《高标准农田物联网设计规范》标准	
39	制定《滴管自动化与信息化设计规范》标准	
40	制定《玉米种子加工厂设计规范》标准	
41	制定《水稻烘储中心设计规范》标准	
42	制定《沼液安全还田技术规范》标准	
43	制定《流域农业面源污染监测站建设技术要求》标准	农业部科技教育司；通讯地址：北京市朝阳区农展南里 11 号农业部科教司资源环境处；电话（兼传真）：59193031
44	制定《农业废弃物收集站建设技术规范》标准	
45	制定《农业废弃物田间消纳设施工程建设技术标准》	
46	制定《农业废水田间消纳设施工程建设技术标准》	
47	制定《农田生态廊道建设技术标准》	
48	制定《蔬菜节水控肥减排技术规范》标准	
49	制定《丘陵山区坡耕地横坡垄作减排技术规范》标准	
50	制定《敞篷休闲期设施菜地硝酸盐淋溶控制技术规范》标准	
51	制定《兼氮肥施用量及施用方法》标准	
52	制定《农田土壤磷素环境阈值》标准	
53	制定《磷肥施用量及施用方法》标准	
54	制定《规模化畜禽场污水贮存温室气体排放监测技术规程》标准	
55	制定《农田地膜残留污染调查技术规程》标准	
56	制定《完全生物降解地膜》标准	
57	制定《西北旱塬玉米地膜覆盖和回收技术规范》标准	
58	制定《西北内陆棉花地膜覆盖和回收技术规范》标准	
59	制定《污染耕地修复效果评价准则》标准	
60	制定《污染耕地修复技术指南》标准	
61	制定《农产品产地土壤重金属安全分级评价技术规定》标准	
62	制定《农业环境污染损害评估鉴定技术规范》标准	
63	制定《食用农产品污染损害鉴定技术导则》标准	
64	制定《农村有机垃圾安全回用农田技术要求》标准	
65	制定《农村生活垃圾堆肥处理技术规范》标准	
66	制定《农村生活污水处理及安全回用农田技术要求》标准	
67	制定《农村生活污水土地处理系统技术规范》标准	
68	制定《乡村环境建设综合评价技术规范》标准	
69	制定《农村生活废弃物监测调查技术规范》标准	
70	制订《棉隆土壤消毒技术规范》标准	
71	制订《威百亩土壤消毒技术规范》标准	
72	制定《外来入侵植物大藻监测技术规程》标准	
73	制定《外来入侵植物少花蒺藜草综合防治技术规程》标准	

（续表）

序号	建议项目名称	标准技术归口单位及联系方式
74	制定《转基因生物良好实验室操作规范第2部分：环境安全检测》标准	
75	制定《转基因植物及其产品成分检测抗虫水稻T2A－2及其衍生品种定性PCR方法》标准	
76	制定《转基因植物及其产品成分检测抗虫玉米Bt799及其衍生品种定性PCR方法》标准	
77	制定《转基因植物及其产品成分检测抗虫大豆DAS－81419－2及其衍生品种定性PCR方法》标准	
78	制定《转基因植物及其产品成分检测耐除草剂大豆DAS－44406－6及其衍生品种定性PCR方法》标准	
79	制定《转基因植物及其产品成分检测耐除草剂大豆68416及其衍生品种定性PCR方法》标准	
80	制定《转基因植物及其产品成分检测耐除草剂大豆SYHT0H2及其衍生品种定性PCR方法》标准	
81	制定《转基因植物及其产品成分检测抗虫耐除草剂棉花T304－40及其衍生品种定性PCR方法》标准	全国农业转基因生物安全管理标准化技术委员会；联系人：徐琳杰；通讯地址：北京市亦庄经济开发区荣华南路甲18号科技大厦；电话：010－59198146/传真：010－59198147
82	制定《转基因植物及其产品成分检测抗虫耐除草剂棉花GHB119及其衍生品种定性PCR方法》标准	
83	制定《转基因植物及其产品成分检测基因组DNA标准物质制备技术规范》标准	
84	制定《转基因植物及其产品成分检测基因组DNA标准物质定值技术规范》标准	
85	制定《转基因植物及其产品成分检测抗病番木瓜55－1及其衍生品种定性PCR方法》标准	
86	制定《转基因动物及其产品成分检测转基因猪FAT定性PCR检测方法》标准	
87	制定《转基因植物环境安全检测技术规范对非靶标生物影响的检测第1部分：中华通草蛉》标准	
88	制定《转基因植物环境安全检测技术规范对非靶标生物影响的检测第2部分：龟纹瓢虫》标准	
89	制定《转基因植物环境安全检测技术规范生存竞争能力检测第1部分：苜蓿》标准	
90	制定《转基因植物及其产品环境安全检测耐旱小麦》标准	
91	修订《转基因植物及其产品成分检测耐除草剂油菜MS8、RF3及其衍生品种定性PCR方法》标准	
92	制定《生物天然气产品质量》标准	
93	制定《沼气五位一体生态智慧农业》标准	
94	制定《沼气全面替代农户家庭商品用能技术规范》标准	农业部农业生态与资源保护总站，联系人：孙丽英；通讯地址：北京市朝阳区麦子店街24号楼1311；联系电话：010－59196390
95	制定《秸秆生物质油产品质量标准》标准	
96	制定《秸秆生物质油生产工艺技术标准》标准	
97	制定《秸秆生物质炭化工艺技术标准》标准	
98	制定《秸秆生物质炭产品质量标准》标准	
99	制定《炭基肥田间试验技术规范及效果评价》标准	
100	制定《农业有机废物综合利用技术评价导则》标准	
101	制定《生态果园木醋液施用技术规范》标准	

（续表）

序号	建议项目名称	标准技术归口单位及联系方式
102	制定《规模化生物天然气工程技术规范》标准	农业部农业生态与资源保护总站，联系人：李景明；通讯地址：北京市朝阳区麦子店街 24 号楼 1311；联系电话：010 - 59196395
103	制定《生活污水净化沼气池质量验收规范》标准	
104	制定《沼气工程安全监控系统技术规范》标准	
105	修订《沼气饭锅》标准	
106	修订《沼气池密封涂料》标准	
107	制定《沼气工程脱水塔技术条件》标准	
108	制定《沼气流量计技术条件》标准	
109	制定《沼肥生产线技术条件》标准	
110	制定《沼肥生产线试验方法》标准	
111	制定《沼气工程技术参数试验方法》标准	
112	制定《小型联户沼气池技术条件》标准	
113	制定《小型沼气工程验收规范》标准	
114	制定《无公害农产品畜禽养殖产地环境条件》标准	农业部农产品质量安全中心；联系人：廖超子，通讯地址：北京市海淀区学院南路 59 号；联系电话：010 - 62131995
115	修订《NY 5362—2010 无公害食品海水养殖产地环境条件》标准	
116	制定《无公害农产品饲料及饲料添加剂使用准则》标准	
117	修订《NY/T5339—2006 无公害食品畜禽饲养兽医防疫准则》标准	
118	修订《NY 5071—2002 无公害食品 渔用药物使用准则》标准	
119	修订《NY5072—2002 无公害食品渔用配合饲料安全限量》标准	
120	修订《NY 5073—2006 无公害食品水产品中有毒有害物质限量》标准	
121	制定《无公害农产品抽样技术规范》标准	
122	制定《无公害农产品认定认证准则》标准	
123	修订《无公害食品认定认证现场检查规范》（NY/T 5341—2006）标准	
124	修订《无公害食品产品检验规范》（NY/T 5340—2006）标准	
125	无公害农产品（种植业）检测目录跟踪评价及修订（2015 年延续项目）	
126	无公害农产品（畜牧业）检测目录跟踪评价及修订（2015 年延续项目）	
127	无公害农产品（渔业）检测目录跟踪评价及修订（2015 年延续项目）	
128	无公害农产品标准的技术论证、评估审查，无公害农产品检测目录技术评估，无公害标准梳理等（2015 年延续项目）	
129	修订《绿色食品畜禽饲料及饲料添加剂使用准则》标准	中国绿色食品发展中心科技标准处；联系人：陈倩；通讯地址：北京市海淀区学院南路 59 号 206 室；联系电话：010 - 62131579；电子邮箱：peacechen_ 7@163. com
130	修订《绿色食品渔业饲料及饲料添加剂使用准则》标准	
131	修订《绿色食品花生及制品》标准	
132	修订《绿色食品食用植物油》标准	
133	修订《绿色食品温带水果》标准	
134	修订《绿色食品烘炒食品》标准	
135	修订《绿色食品果（蔬）酱》标准	
136	修订《绿色食品海水贝》标准	
137	修订《绿色食品黄酒》标准	
138	修订《绿色食品果酒》标准	

（续表）

序号	建议项目名称	标准技术归口单位及联系方式
139	修订《绿色食品米酒》标准	中国绿色食品发展中心科技标准处；联系人：陈倩；通讯地址：北京市海淀区学院南路59号206室；联系电话：010－62131579；电子邮箱：peacechen_7@163.com
140	修订《绿色食品芝麻及其制品》标准	
141	修订《绿色食品畜禽可食用副产品》标准	
142	修订《绿色食品固体饮料》标准	
143	制定《农产品质量标准编写规则》标准	农业部农产品质量安全监管局标准处，地址：北京市朝阳区农展南里11号农产品质量安全监管局标准处，联系电话：010－59193156
144	制定《农产品质量安全风险评估准则》标准	
145	制定《草种质资源图像信息采集技术规程》标准	全国畜牧标准化技术委员会；联系人：赵小丽；地址：北京市朝阳区麦子店街20号楼527室，全国畜牧总站质量标准与认证处，邮编：100125，电话：59194646
146	制定《苜蓿品种抗性鉴定抗蚜性》标准	
147	制定《饲用小黑麦种子生产技术规范》标准	
148	制定《典型草原青干草生产技术规范》标准	
149	制定《草甸草原青干草生产技术规范》标准	
150	制定《全株玉米青贮质量评价技术规范》标准	
151	制定《全株玉米青贮霉菌毒素控制技术规范》标准	
152	制定《苜蓿主要害虫调查技术规范》标准	
153	制定《马驴冷冻精液》标准	
154	制定《种猪体型外貌评定》标准	
155	制定《地方猪品种登记规程》标准	
156	制定《苏淮猪》标准	
157	制定《晋汾白猪》标准	
158	制定《金川牦牛》标准	
159	制定《沂蒙黑山羊》标准	
160	制定《昭乌达肉羊》标准	
161	制定《巴尔楚克羊》标准	
162	制定《大足黑山羊》标准	
163	制定《城口山地鸡》标准	
164	制定《京海黄鸡》标准	
165	制定《苏禽绿壳蛋鸡》标准	
166	制定《苏邮1号蛋鸭》标准	
167	制定《奶牛短脊椎畸形综合征鉴定PCR法》标准	
168	制定《动物毛纤维源性成分鉴定实时荧光定性PCR法》标准	
169	制定《动物皮类源性成分鉴定实时荧光定性PCR法》标准	
170	制定《绒山羊营养需要》标准	
171	制定《肉兔营养需要》标准	
172	制定《獭兔营养需要》标准	
173	制定《生鲜牛乳用途分级标准》	
174	制定《生乳中硫氰酸根的测定》	
175	制定《牛奶尿素氮测定方法》标准	
176	制定《生乳中β－内酰胺酶的测定》标准	

（续表）

序号	建议项目名称	标准技术归口单位及联系方式
177	修订《巴氏杀菌乳和 UHT 灭菌乳中复原乳的鉴定》	全国畜牧标准化技术委员会；联系人：赵小丽；地址：北京市朝阳区麦子店街 20 号楼 527 室，全国畜牧总站质量标准与认证处，邮编：100125，电话：59194646
178	修订《家禽生产性能名词术语和度量统计方法》（NY 823—2004）标准	
179	修订《新疆褐牛》（NY 22—1986）	
180	修订《太湖鹅》（NY 812—2004）标准	
181	修订《鹿副产品》（NY317—1997）标准	
182	修订《奶牛饲养标准》（NY34—2004）	
183	制定《液态蛋》标准	
184	制定《有机猪养殖技术规范》标准	
185	制定《鲜蛋规格与质量安全标准》标准	
186	制定《蛋壳回收储运与再利用基本要求》标准	
187	制定《蛋壳作为饲料添加剂的安全使用规范》标准	
188	制定《饲料中重金属铊的测定 – 电感耦合等离子体质谱法》标准	
189	制定《猪肉产品溯源鉴别方法 SSR 法》标准	
190	制定《牛肉产品溯源鉴别方法 SSR 法》标准	
191	制定《蛋与蛋产品中全氟辛烷磺酸盐与全氟辛酸的测定液相色谱 – 串联质谱法》标准	
192	制定《饲料添加剂硫酸锌中铊含量的测定》标准	全国饲料标准化技术委员会秘书处，地址：北京市朝阳区麦子店街 20 号楼 527 室，全国畜牧总站质量标准与认证处，邮编：100125，联系人：武玉波，联系电话：（010）59194645
193	制定《饲料中盐酸沃尼妙林的测定液相色谱 – 串联质谱法》标准	
194	制定《饲料中头孢噻呋钠测定液相色谱 – 串联质谱法》标准	
195	制定《饲料中玉米赤霉醇、玉米赤霉酮和己烯雌酚的测定液相色谱 – 串联质谱法》标准	
196	制定《饲料中葡萄糖氧化酶活性的测定 分光光度法》标准	
197	制定《饲料中对位红、油红、苏丹黄等油溶性着色剂的测定液相色谱 – 串联质谱法》标准	
198	制定《饲料中阿奇霉素含量的测定高效液相色谱法 – 串联质谱法》标准	
199	制定《鱼粉中肌胃糜烂素的测定液相色谱法》标准	
200	制定《饲料用酵母衍生制品中甘露聚糖的测定》标准	
201	制定《饲料原料中酸溶蛋白的测定》标准	
202	制定《饲料用酶制剂中角蛋白酶和碱性蛋白酶活性的测定》标准	
203	制定《动物饲料、谷物及谷物精制料的近红外光谱应用指南》标准	
204	制定《粗饲料 NDF 和 ADF 瘤胃消失率 30 小时评定技术》标准	
205	制定《饲料中添加物质检测确证验证技术》标准	
206	制定《饲料中添加物质筛查的高分辨质谱技术》标准	
207	制定《饲料原料木薯粉》标准	
208	制定《饲料原料腐植酸钠》标准	
209	制定《饲料原料鱼溶浆》标准	
210	制定《饲料原料玉米浆干粉》标准	
211	制定《饲料原料甜菜糖蜜》标准	
212	制定《饲料原料葡萄糖胺盐酸盐》标准	
213	制定《饲料原料蛋黄粉》标准	

(续表)

序号	建议项目名称	标准技术归口单位及联系方式
214	制定《饲料原料膨化大豆》标准	
215	制定《饲料原料亚麻饼》标准	
216	制定《饲料原料芝麻粕》标准	
217	制定《大菱鲆配合饲料》标准	
218	制定《对虾配合饲料》标准	
219	制定《罗氏沼虾配合饲料》标准	
220	制定《水产配合饲料通用技术要求》标准	
221	制定《卵形鲳鲹配合饲料》标准	
222	修订《饲料添加剂 ß–葡聚酶活力的测定分光光度法》标准	
223	修订《饲料添加剂纤维素酶活力的测定分光光度法》标准	
224	修订《饲料中酸性洗涤纤维的测定》标准	
225	修订《饲料中盐酸克仑特罗的测定》标准	
226	修订《饲料中拉沙洛西钠的测定高效液相色谱法》标准	
227	修订《饲料中杆菌肽锌的测定高效液相色谱法》标准	
228	修订《饲料中呋喃唑酮的测定高效液相色谱法》标准	
229	修订《饲料中盐酸氯苯胍的测定高效液相色谱法》标准	
230	修订《饲料中氢化可的松的测定高效液相色谱法》标准	
231	修订《饲料中雌二醇的测定高效液相色谱法》标准	
232	修订《饲料中苯并（a）芘的测定高效液相色谱法》标准	
233	修订《饲料中地西泮的测定高效液相色谱法》标准	全国饲料标准化技术委员会秘书处，地址：北京市朝阳区麦子店街20号楼527室，全国畜牧总站质量标准与认证处，邮编：100125，联系人：武玉波，联系电话：(010) 59194645
234	修订《饲料中二甲硝咪唑的测定高效液相色谱法》标准	
235	修订《饲料中西马特罗的测定高效液相色谱法》标准	
236	修订《尿液中盐酸克仑特罗的测定胶体金免疫层析法》标准	
237	制定《饲料中罗红霉素、泰乐菌素、替米考星、螺旋霉素的测定液相色谱—串联质谱法》标准	
238	修订《饲料原料碎米》标准	
239	修订《饲料用高粱》标准	
240	修订《饲料用稻谷》标准	
241	修订《饲料用皮大麦》标准	
242	修订《饲料用小麦》标准	
243	修订《饲料用菜籽饼》标准	
244	修订《饲料用棉籽饼》标准	
245	修订《饲料用大豆饼》标准	
246	修订《饲料用大豆》标准	
247	制定《饲料中地昔尼尔的测定高效液相色谱法》标准	
248	制定《饲料中金刚烷胺类、土霉素类、大环内酯类、喹诺酮类、磺胺类、青霉素类等33种抗生素药物的同步测定超高效液相串联质谱法》标准	
249	制定《饲料中黄曲霉毒素 B_1 检测胶体金快速定量法》标准	
250	制定《饲料中己烷雌酚、己烯雌酚和双烯雌酚的测定》标准	
251	制定农业行业标准《饲料中有机氯农药的测定》标准	
252	制定《饲料中全氟化合物测定液相色谱–串联质谱法》标准	
253	制定《饲料中黄曲霉毒素B1的测定上转化发光法》标准	

（续表）

序号	建议项目名称	标准技术归口单位及联系方式
254	制定《玉米水肥一体化技术规程》标准	全国农技中心标准与信息处；联系人：陈应志，通讯地址：北京市朝阳区麦子店街20号楼，邮政编码：100125；电话：010－59194555；电子邮件：chenyingzhi@agri.gov.cn
255	制定《玉米全程机械化生产技术规范》标准	
256	制定《水稻主要细菌病害防控技术规程》标准	
257	制定《水稻细菌性条斑病监测规范》标准	
258	制定《水稻白背飞虱抗药性监测技术规程》标准	
259	制定《释放赤眼蜂防治害虫技术规程第一部分稻田》标准	
260	制定《小麦主要病虫害防控技术规程》标准	
261	修订《玉米螟测报技术规范》标准（NY/T 1611—2008）	
262	制定《小麦全蚀病防控技术规范》标准	
263	制定《玉米螟绿色防控技术规程》标准	
264	制定《二点委夜蛾测报技术规程》标准	
265	制定《棉花膜下滴灌水肥一体化技术规程》标准	
266	制定《棉花轻简化育苗移栽技术规程》标准	
267	制定《棉蚜抗药性监测技术规程》标准	
268	制定《棉田盲蝽蟓综合防治技术规范》标准	
269	制定《油菜抗根肿病防控技术规程》标准	
270	制定《设施蔬菜灌溉施肥技术通则》标准	
271	制定《老果园改造技术规范》标准	
272	制定《梨枝干病害防控技术规程》标准	
273	制定《柑橘大实蝇绿色防控技术规程》标准	
274	制定《蜜柑大实蝇监测规范》标准	
275	制定《柑橘溃疡病防控技术规程》标准	
276	制定《缓释肥料肥效田间评价技术规程》标准	
277	制定《土壤墒情监测数据采集规范》标准	
278	制定《国外引进植物种苗田间疫情监测技术规范》标准	
279	制定《农作物害虫性诱监测技术规范（夜蛾类）》标准	
280	制定《无人航空植保机施药技术规范》标准	
281	制定《南方水稻工厂化育插秧技术规程》标准	农业部优质农产品开发服务中心质量标准处，地址：北京市朝外大街223号，邮编：100020，联系人：孔巍 010－65520095
282	制定《水稻机插秧育秧基质标准》标准	
283	制定《北部冬麦区小麦高产高效栽培技术规范》标准	
284	制定《盐碱地玉米生产技术规程》标准	
285	制定《小麦、玉米周年生产绿色增产技术规程》标准	
286	制定《稻麦轮作区抗药性禾本科杂草早期检测技术规程》标准	
287	制定《燃料乙醇用玉米秸秆》标准	
288	制定《棉纤维物理性能试验方法 AFIS单纤维测试仪法》标准	
289	制定《黄河流域棉区棉花轻简化栽培技术规程》标准	
290	制定《机采棉生产技术规程》标准	
291	制定《麦后直播棉花高产栽培技术规范》标准	
292	制定《动植物油脂游离植物甾醇测定气相色谱质谱法》标准	
293	制定《植物油料含油量近红外光谱法（现场快速法)》标准	
294	制定《植物油中多酚的测定液相色谱串联质谱法》标准	

（续表）

序号	建议项目名称	标准技术归口单位及联系方式
295	制定《北方冬油菜轻简化栽培技术规程》标准	
296	制定《双低油菜轻简化高效生产技术规程》标准	
297	制定《油菜作绿肥培肥土壤技术》标准	
298	制定《高油酸花生生产技术规程》标准	
299	制定《花生逆境栽培技术规程第一部分抗旱第二部分抗涝第三部分盐碱地》标准	
300	制定《长江流域稻茬油菜绿色高效生产技术规程》标准	
301	制定《高油酸花生》标准	
302	制定《红（黄）麻果胶、半纤维素与纤维素测定—滤袋法》标准	
303	制定《农业用麻地膜》标准	
304	修订《甜菜栽培技术规范》标准	
305	制定《甜菜包衣种子技术条件》标准	
306	制定《甘蔗等级规格》标准	
307	制定《洋葱良好农业操作规范》标准	
308	制定《魔芋林下栽培技术标准》标准	
309	制定《食用菌液体菌种制备技术规程》标准	
310	制定《丽蚜小蜂使用规范第一部分防控蔬菜温室粉虱》标准	
311	制定《平菇双翅目害虫的综合防控技术规程》标准	
312	制定《菜心等级规格》标准	农业部优质农产品开发服务中心质量标准处，地址：北京市朝外大街 223 号，邮编：100020，联系人：孔巍 010－65520095
313	制定《芋头等级规格》标准	
314	修订《莼菜》（NY/T 701—2003）标准	
315	制定《黄秋葵等级规格》标准	
316	制定《食用农产品营养功能成分数据表达规范》标准	
317	制定《蔬菜包装标识通用准则》标准	
318	制定《蔬菜贮藏保鲜技术规范第一部分茄果类蔬菜第二部分豆类蔬菜》标准	
319	制定《蔬菜贮藏保鲜技术规范第三部分多年生蔬菜》标准	
320	制定《蔬菜贮藏保鲜技术规范第四部分薯芋类蔬菜》标准	
321	制定《水果、蔬菜及其制品中叶绿素含量的测定》标准	
322	制定《柑桔及制品中呋喃香豆素含量的测定高效液相色谱法》标准	
323	制定《柑桔及制品中辛弗林含量的测定液相色谱法》标准	
324	制定《甜柿标准化栽培技术规程》标准	
325	制定《蓝莓标准化生产技术规程》标准	
326	制定《果桑生产技术规程》标准	
327	制定《苹果害螨防治技术规程》标准	
328	制定《葡萄病虫害防治技术规程》标准	
329	制定《杏病虫害防治技术规程》标准	
330	制定《无核白葡萄贮运保鲜技术规程》标准	
331	制定《蓝莓贮运技术规范》标准	
332	制定《茶叶中茶黄素茶红素茶褐素的测定高效液相色谱法》标准	

（续表）

序号	建议项目名称	标准技术归口单位及联系方式
333	制定《茶叶中 9，10 - 蒽醌含量测定气相色谱 - 串联质谱法》标准	
334	制定《茶叶良好农业规范》标准	
335	制定《茶园机械化生产技术规程》标准	
336	制定《茶树主要病虫害绿色防控技术规范》标准	
337	制定《兜兰盆花标准化生产技术规程》标准	
338	制定《蝴蝶兰盆花标准化生产技术规程》标准	
339	制定《切花等级规格第一部分百合》标准；制定《切花等级规格第二部分非洲菊》标准	
340	制定《盆花等级规格第一部分高山杜鹃》；制定《盆花等级规格第二部分山茶》标准	
341	制定《西洋参主要病害防治技术规程第 1 部分：灰霉病》标准；制定《西洋参主要病虫害防治技术规程第 2 部分：疫病》标准；制定《西洋参主要病虫害防治技术规程第 3 部分：黑斑病》标准	
342	制定《有机肥料及畜禽粪便中抗生素残留的测定方法》标准	
343	制定《有机肥料腐熟度识别标准》标准	
344	制定《农业用硫酸钾镁》标准	
345	制定《农用微生物母剂（浓缩制剂)》标准	
346	修订《农林保水剂》（NY 886—2010）标准	
347	修订《水稻苗床调理剂标准》（NY 526—2002）标准	
348	制定《微生物肥料检测实验室通用要求》标准	农业部优质农产品开发服务中心质量标准处，地址：北京市朝外大街 223 号，邮编：100020，联系人：孔巍 010 - 65520095
349	制定《东北黑土地保护与质量提升技术规范》标准	
350	制定《畜禽粪便、秸秆等农业废弃物基质化标准》标准	
351	制定《植物生长调节剂室内生物测定试验准则——促进/抑制食用菌菌丝生长平皿法》标准	
352	制定《设施蔬菜土壤辣根素施药作业规范》标准	
353	制定《蜜蜂幼虫发育毒性试验准则》标准	
354	制定《非靶标节肢动物毒性效应试验方法》标准	
355	制定《天敌昆虫室内饲养方法准则：第 5 部分烟蚜茧蜂室内饲养方法》标准	
356	制定《天敌防治靶标生物田间药效试验准则：第 4 部分烟蚜茧蜂防治保护地桃蚜》标准	
357	制定《天敌昆虫室内饲养方法准则：第 6 部分大草蛉室内饲养方法》标准	
358	制定《天敌防治靶标生物田间药效试验准则：第 5 部分大草蛉防治保护地桃蚜》标准	
359	制定《天敌昆虫室内饲养方法准则：第 7 部分多异瓢虫室内饲养方法》标准	
360	制定《天敌防治靶标生物田间药效试验准则：第 6 部分多异瓢虫防治保护地桃蚜》标准	
361	制定《作物对刺吸式害虫抗性室内评价技术标准》标准	
362	制定《天敌防治靶标生物田间防效试验准则：第 7 部分智利小植绥螨防治温室蔬菜草莓叶螨》标准	

序号	建议项目名称	标准技术归口单位及联系方式
363	制定《天敌防治靶标生物田间防效试验准则：第8部分巴氏新小绥螨防治温室蔬菜蓟马》标准	
364	制定《巴氏新小绥螨和胡瓜新小绥螨的质量检测标准》标准	
365	制定《天敌防治靶标生物田间防效试验准则：加州新小绥螨防治温室蔬菜与草莓叶螨》标准	
366	制定《杀虫剂防治枸杞锈壁虱等5项农药田间药效试验准则》标准	
367	制定《蚜虫类对杀虫剂抗性风险评估等4项农药抗性风险评估准则》标准	
368	制定《昆虫信息素产品田间药效评价等3项生物农药标准》标准	
369	制定《农产品中农药残留储存稳定性试验准则》标准	
370	制定《农药残留加工试验准则》标准	
371	制定《农药代谢试验准则》标准	
372	制定《农药施用人员职业健康风险评估指南》标准	
373	制定《卫生杀虫剂人体健康风险评估指南第2部分气雾剂》标准	
374	制定《卫生杀虫剂人体健康风险评估指南第3部分驱避剂》标准	
375	制定《农药室外模拟水生态系统（中宇宙）试验准则》标准	农业部优质农产品开发服务中心质量标准处，地址：北京市朝外大街223号，邮编：100020，联系人：孔巍 010－65520095
376	制定《化学农药田间消散试验准则》标准	
377	制定《农药登记环境风险评估指南第八部分土壤生物》标准	
378	制定《微生物农药环境风险试验准则系列标准（蜜蜂、鸟、鱼、蚕、溞、藻1－6部分）》	
379	制定《农药登记环境降解机理评估及计算指南》标准	
380	制定《农药登记 土壤和水中农药分析方法建立和验证指南》标准	
381	制定《土壤全硅的测定》标准	
382	制定《土壤中六价铬含量的测定》标准	
383	制定《棉隆土壤消毒技术规程》标准	
384	制定《西北灌溉农业区垄膜沟灌高效节水技术规范》标准	
385	制定《农田信息监测点的选址要求和监测规范》标准	
386	制定《生物防治用巴氏新小绥螨》标准	
387	制定《西花蓟马防治技术规程》标准	
388	制定《种衣剂药害鉴定技术规程》标准	
389	制定《蓝莓安全生产技术规程》标准	
390	制定《桑树杂交种繁育技术规程》标准	
391	制定《桑蚕上蔟技术规程》标准	
392	制定《桑蚕品种血液型脓病抗性鉴定方法》标准	
393	制定《桑树主要虫害防治技术规程》标准	
394	制定2，4－滴丁酯在农产品中的最大残留限量	农业部农药检定所（国家农药残留标准审评委员会秘书处）；联系人：简秋，地址：北京市朝阳区麦子店街22号楼，邮编：100125，电话：010－59194033
395	制定2甲4氯在农产品中的最大残留限量	
396	制定胺鲜酯在农产品中的最大残留限量	
397	制定苯醚甲环唑在农产品中的最大残留限量	
398	制定草甘膦在农产品中的最大残留限量	
399	制定敌敌畏在农产品中的最大残留限量	

（续表）

序号	建议项目名称	标准技术归口单位及联系方式
400	制定丁草胺在农产品中的最大残留限量	
401	制定毒死蜱在农产品中的最大残留限量	
402	制定二氯吡啶酸在农产品中的最大残留限量	
403	制定氟啶虫酰胺在农产品中的最大残留限量	
404	制定磺草酮在农产品中的最大残留限量	
405	制定氯吡嘧磺隆在农产品中的最大残留限量	
406	制定氯虫苯甲酰胺在农产品中的最大残留限量	
407	制定氯氟吡氧乙酸在农产品中的最大残留限量	
408	制定氯氟氰菊酯在农产品中的最大残留限量	
409	制定麦草畏在农产品中的最大残留限量	
410	制定嘧菌酯在农产品中的最大残留限量	
411	制定萎锈灵在农产品中的最大残留限量	
412	制定西玛津在农产品中的最大残留限量	
413	制定硝磺草酮在农产品中的最大残留限量	
414	制定辛酰溴苯腈在农产品中的最大残留限量	
415	制定烟嘧磺隆在农产品中的最大残留限量	
416	制定异丙草胺在农产品中的最大残留限量	
417	制定唑嘧磺草胺在农产品中的最大残留限量	
418	制定苯线磷在农产品中的最大残留限量	农业部农药检定所（国家农药残留标准审评委员会秘书处）；联系人：简秋，地址：北京市朝阳区麦子店街 22 号楼，邮编：100125，电话：010－59194033
419	制定丙环唑在农产品中的最大残留限量	
420	制定丙炔氟草胺在农产品中的最大残留限量	
421	制定地虫硫磷在农产品中的最大残留限量	
422	制定复硝酚钠在农产品中的最大残留限量	
423	制定甲基硫环磷在农产品中的最大残留限量	
424	制定甲氰菊酯在农产品中的最大残留限量	
425	制定甲氧咪草烟在农产品中的最大残留限量	
426	制定久效磷在农产品中的最大残留限量	
427	制定硫环磷在农产品中的最大残留限量	
428	制定硫线磷在农产品中的最大残留限量	
429	制定咪唑喹啉酸在农产品中的最大残留限量	
430	制定咪唑乙烟酸在农产品中的最大残留限量	
431	制定灭线磷在农产品中的最大残留限量	
432	制定萘乙酸在农产品中的最大残留限量	
433	制定乳氟禾草灵在农产品中的最大残留限量	
434	制定戊唑醇在农产品中的最大残留限量	
435	制定烯草酮在农产品中的最大残留限量	
436	制定溴氰菊酯在农产品中的最大残留限量	
437	制定乙羧氟草醚在农产品中的最大残留限量	
438	制定异丙甲草胺在农产品中的最大残留限量	
439	制定 2，4－滴丁酯在农产品中的最大残留限量	

（续表）

序号	建议项目名称	标准技术归口单位及联系方式
440	制定戊菌唑在农产品中的最大残留限量	
441	制定烯丙苯噻唑在农产品中的最大残留限量	
442	制定烯肟菌酯在农产品中的最大残留限量	
443	制定硝虫硫磷在农产品中的最大残留限量	
444	制定辛菌胺在农产品中的最大残留限量	
445	制定辛酰碘苯腈在农产品中的最大残留限量	
446	制定溴氰虫酰胺在农产品中的最大残留限量	
447	制定溴硝醇在农产品中的最大残留限量	
448	制定乙嘧酚磺酸酯在农产品中的最大残留限量	
449	制定乙蒜素在农产品中的最大残留限量	
450	制定乙氧呋草黄在农产品中的最大残留限量	
451	制定抑霉唑在农产品中的最大残留限量	
452	制定多杀霉素在农产品中的最大残留限量	
453	制定噁草酮在农产品中的最大残留限量	
454	制定噁霉灵在农产品中的最大残留限量	
455	制定矮壮素在农产品中的最大残留限量	
456	制定苯菌灵在农产品中的最大残留限量	
457	制定吡蚜酮在农产品中的最大残留限量	农业部农药检定所（国家农药残留标准审评委员会秘书处）；联系人：简秋，地址：北京市朝阳区麦子店街 22 号楼，邮编：100125，电话：010－59194033
458	制定丙炔噁草酮在农产品中的最大残留限量	
459	制定丙溴磷在农产品中的最大残留限量	
460	制定噻虫嗪在农产品中的最大残留限量	
461	制定噻菌灵在农产品中的最大残留限量	
462	制定噻霉酮在农产品中的最大残留限量	
463	制定三乙膦酸铝在农产品中的最大残留限量	
464	制定三唑醇在农产品中的最大残留限量	
465	制定杀虫双在农产品中的最大残留限量	
466	制定杀铃脲在农产品中的最大残留限量	
467	制定硫双威在农产品中的最大残留限量	
468	制定咯菌腈在农产品中的最大残留限量	
469	制定氯化苦在农产品中的最大残留限量	
470	制定螺螨酯在农产品中的最大残留限量	
471	制定抑霉唑在农产品中的最大残留限量	
472	制定印楝素在农产品中的最大残留限量	
473	制定茚虫威在农产品中的最大残留限量	
474	评估转化苯并烯氟菌唑在植物源农产品中的残留限量标准	
475	评估转化苯菌酮在植物源农产品中的残留限量标准	
476	评估转化苯醚甲环唑在植物源农产品中的残留限量标准	
477	评估转化吡噻菌胺在植物源农产品中的残留限量标准	
478	评估转化吡唑醚菌酯在植物源农产品中的残留限量标准	
479	评估转化丙环唑在植物源农产品中的残留限量标准	

（续表）

序号	建议项目名称	标准技术归口单位及联系方式
480	评估转化丙硫菌唑在植物源农产品中的残留限量标准	
481	评估转化丙森锌在植物源农产品中的残留限量标准	
482	评估转化代森铵在植物源农产品中的残留限量标准	
483	评估转化代森联在植物源农产品中的残留限量标准	
484	评估转化代森锰锌在植物源农产品中的残留限量标准	
485	评估转化代森锌在植物源农产品中的残留限量标准	
486	评估转化敌草腈在植物源农产品中的残留限量标准	
487	评估转化敌草快在植物源农产品中的残留限量标准	
488	评估转化丁氟螨酯在植物源农产品中的残留限量标准	
489	评估转化二氰蒽醌在植物源农产品中的残留限量标准	
490	评估转化氟吡菌酰胺在植物源农产品中的残留限量标准	
491	评估转化氟虫脲在植物源农产品中的残留限量标准	
492	评估转化氟啶虫胺腈在植物源农产品中的残留限量标准	
493	评估转化氟菌唑在植物源农产品中的残留限量标准	
494	评估转化氟噻虫砜在植物源农产品中的残留限量标准	
495	评估转化氟酰胺在植物源农产品中的残留限量标准	
496	评估转化氟唑环菌胺在植物源农产品中的残留限量标准	
497	评估转化福美双在植物源农产品中的残留限量标准	
498	评估转化福美锌在植物源农产品中的残留限量标准	农业部农药检定所（国家农药残留标准审评委员会秘书处）；联系人：简秋，地址：北京市朝阳区麦子店街 22 号楼，邮编：100125，电话：010－59194033
499	评估转化咯菌腈在植物源农产品中的残留限量标准	
500	评估转化环丙唑醇在植物源农产品中的残留限量标准	
501	评估转化甲氨基阿维菌素苯甲酸盐在植物源农产品中的残留限量标准	
502	评估转化甲咪唑烟酸在植物源农产品中的残留限量标准	
503	评估转化甲氰菊酯在植物源农产品中的残留限量标准	
504	评估转化甲氧咪草烟在植物源农产品中的残留限量标准	
505	评估转化腈苯唑在植物源农产品中的残留限量标准	
506	评估转化腈菌唑在植物源农产品中的残留限量标准	
507	评估转化抗倒酯在植物源农产品中的残留限量标准	
508	评估转化螺虫乙酯在植物源农产品中的残留限量标准	
509	评估转化螺螨酯在植物源农产品中的残留限量标准	
510	评估转化氯虫苯甲酰胺在植物源农产品中的残留限量标准	
511	评估转化咪唑菌酮在植物源农产品中的残留限量标准	
512	评估转化咪唑烟酸在植物源农产品中的残留限量标准	
513	评估转化嘧菌环胺在植物源农产品中的残留限量标准	
514	评估转化嘧菌酯在植物源农产品中的残留限量标准	
515	评估转化嘧霉胺在植物源农产品中的残留限量标准	
516	评估转化灭草松在植物源农产品中的残留限量标准	
517	评估转化嗪胺灵在植物源农产品中的残留限量标准	
518	评估转化噻虫胺在植物源农产品中的残留限量标准	
519	评估转化噻虫嗪在植物源农产品中的残留限量标准	

（续表）

序号	建议项目名称	标准技术归口单位及联系方式
520	评估转化噻嗪酮在植物源农产品中的残留限量标准	
521	评估转化三唑醇在植物源农产品中的残留限量标准	
522	评估转化三唑磷在植物源农产品中的残留限量标准	
523	评估转化三唑酮在植物源农产品中的残留限量标准	
524	评估转化双炔酰菌胺在植物源农产品中的残留限量标准	
525	评估转化霜霉威在植物源农产品中的残留限量标准	
526	评估转化烯酰吗啉在植物源农产品中的残留限量标准	
527	评估转化硝磺草酮在植物源农产品中的残留限量标准	
528	评估转化溴氰虫酰胺在植物源农产品中的残留限量标准	
529	评估转化亚胺硫磷在植物源农产品中的残留限量标准	
530	评估转化异噁唑草酮在植物源农产品中的残留限量标准	
531	评估转化唑虫酰胺在植物源农产品中的残留限量标准	
532	评估转化唑螨酯在植物源农产品中的残留限量标准	
533	评估转化2，4-滴在动物源农产品中的残留限量标准	
534	评估转化2甲4氯在动物源农产品中的残留限量标准	
535	评估转化S-氰戊菊酯在动物源农产品中的残留限量标准	
536	评估转化阿维菌素在动物源农产品中的残留限量标准	
537	评估转化矮壮素在动物源农产品中的残留限量标准	农业部农药检定所（国家农药残留标准审评委员会秘书处）；联系人：简秋，地址：北京市朝阳区麦子店街22号楼，邮编：100125，电话：010-59194033
538	评估转化百草枯在动物源农产品中的残留限量标准	
539	评估转化百菌清在动物源农产品中的残留限量标准	
540	评估转化苯并烯氟菌唑在动物源农产品中的残留限量标准	
541	评估转化苯丁锡在动物源农产品中的残留限量标准	
542	评估转化苯菌酮在动物源农产品中的残留限量标准	
543	评估转化苯醚甲环唑在动物源农产品中的残留限量标准	
544	评估转化苯嘧磺草胺在动物源农产品中的残留限量标准	
545	评估转化苯线磷在动物源农产品中的残留限量标准	
546	评估转化吡丙醚在动物源农产品中的残留限量标准	
547	评估转化吡虫啉在动物源农产品中的残留限量标准	
548	评估转化吡噻菌胺在动物源农产品中的残留限量标准	
549	评估转化联苯肼酯在动物源农产品中的残留限量标准	
550	评估转化联苯菊酯在动物源农产品中的残留限量标准	
551	评估转化联苯三唑醇在动物源农产品中的残留限量标准	
552	评估转化螺虫乙酯在动物源农产品中的残留限量标准	
553	评估转化螺螨酯在动物源农产品中的残留限量标准	
554	评估转化氯氨吡啶酸在动物源农产品中的残留限量标准	
555	评估转化氯苯胺灵在动物源农产品中的残留限量标准	
556	评估转化氯苯嘧啶醇在动物源农产品中的残留限量标准	
557	评估转化氯丙嘧啶酸在动物源农产品中的残留限量标准	
558	评估转化氯虫苯甲酰胺在动物源农产品中的残留限量标准	
559	评估转化氯氟氰菊酯在动物源农产品中的残留限量标准	

（续表）

序号	建议项目名称	标准技术归口单位及联系方式
560	评估转化氯菊酯在动物源农产品中的残留限量标准	
561	评估转化氯氰菊酯在动物源农产品中的残留限量标准	
562	评估转化麦草畏在动物源农产品中的残留限量标准	
563	评估转化咪鲜胺在动物源农产品中的残留限量标准	
564	评估转化咪唑菌酮在动物源农产品中的残留限量标准	
565	评估转化咪唑烟酸在动物源农产品中的残留限量标准	
566	评估转化醚菊酯在动物源农产品中的残留限量标准	
567	评估转化醚菌酯在动物源农产品中的残留限量标准	
568	评估转化嘧菌环胺在动物源农产品中的残留限量标准	
569	评估转化嘧菌酯在动物源农产品中的残留限量标准	
570	评估转化嘧霉胺在动物源农产品中的残留限量标准	
571	评估转化灭草松在动物源农产品中的残留限量标准	
572	评估转化灭多威在动物源农产品中的残留限量标准	
573	评估转化灭线磷在动物源农产品中的残留限量标准	
574	评估转化灭蝇胺在动物源农产品中的残留限量标准	
575	评估转化嗪胺灵在动物源农产品中的残留限量标准	
576	评估转化氰氟虫腙在动物源农产品中的残留限量标准	
577	评估转化氰戊菊酯在动物源农产品中的残留限量标准	农业部农药检定所（国家农药残留标准审评委员会秘书处）；联系人：简秋，地址：北京市朝阳区麦子店街22号楼，邮编：100125，电话：010－59194033
578	评估转化炔螨特在动物源农产品中的残留限量标准	
579	评估转化噻草酮在动物源农产品中的残留限量标准	
580	评估转化噻虫胺在动物源农产品中的残留限量标准	
581	评估转化噻虫啉在动物源农产品中的残留限量标准	
582	评估转化噻虫嗪在动物源农产品中的残留限量标准	
583	制定虱螨脲在菜豆中的残留限量；开展虱螨脲在菜豆上的残留试验	
584	制定2，4－滴丁酯在花生中的残留限量；开展2，4－滴丁酯在花生上的残留试验	
585	制定阿维菌素在杨梅中的残留限量；开展阿维菌素在杨梅上的残留试验	
586	制定阿维菌素在西瓜中的残留限量；开展阿维菌素在西瓜上的残留试验	
587	制定抗蚜威在小白菜中的残留限量；开展抗蚜威在小白菜上的残留试验	
588	制定苄嘧磺隆在大蒜中的残留限量；开展苄嘧磺隆在大蒜上的残留试验	
589	制定丙硫唑在西瓜中的残留限量；开展丙硫唑在西瓜上的残留试验	
590	制定丙硫唑在香蕉中的残留限量；开展丙硫唑在香蕉上的残留试验	
591	制定代森联在荔枝中的残留限量；开展代森联在荔枝上的残留试验	
592	制定代森联在花生中的残留限量；开展代森联在花生上的残留试验	
593	制定代森锰锌在人参中的残留限量；开展代森锰锌在人参上的残留试验	
594	制定代森锰锌在白菜中的残留限量；开展代森锰锌在白菜上的残留试验	

（续表）

序号	建议项目名称	标准技术归口单位及联系方式
595	制定代森锌在梨中的残留限量；开展代森锌在梨上的残留试验	
596	制定代森锌在花生中的残留限量；开展代森锌在花生上的残留试验	
597	制定多菌灵在甘薯中的残留限量；开展多菌灵在甘薯上的残留试验	
598	制定多菌灵在人参中的残留限量；开展多菌灵在人参上的残留试验	
599	制定唑嘧菌在葡萄中的残留限量；开展唑嘧菌在葡萄上的残留试验	
600	制定氟啶脲在青菜中的残留限量；开展氟啶脲在青菜上的残留试验	
601	制定氟磺胺草醚在绿豆中的残留限量；开展氟磺胺草醚在绿豆上的残留试验	
602	制定氟磺胺草醚在红小豆中的残留限量；开展氟磺胺草醚在红小豆上的残留试验	
603	制定甲哌鎓在花生中的残留限量；开展甲哌鎓在花生上的残留试验	
604	制定甲哌鎓在甘薯中的残留限量；开展甲哌鎓在甘薯上的残留试验	
605	制定喹禾灵在芝麻中的残留限量；开展喹禾灵在芝麻上的残留试验	
606	制定喹禾灵在红小豆中的残留限量；开展喹禾灵在红小豆上的残留试验	
607	制定宁南霉素在黄瓜中的残留限量；开展宁南霉素在黄瓜上的残留试验	农业部农药检定所（国家农药残留标准审评委员会秘书处）；联系人：简秋，地址：北京市朝阳区麦子店街 22 号楼，邮编：100125，电话：010－59194033
608	制定宁南霉素在辣椒中的残留限量；开展宁南霉素在辣椒上的残留试验	
609	制定四氟醚唑在黄瓜中的残留限量；开展四氟醚唑在黄瓜上的残留试验	
610	制定四氟醚唑在甜瓜中的残留限量；开展四氟醚唑在甜瓜上的残留试验	
611	制定戊唑醇在马铃薯中的残留限量；开展戊唑醇在马铃薯上的残留试验	
612	制定戊唑醇在高粱中的残留限量；开展戊唑醇在高粱上的残留试验	
613	制定亚胺硫磷在甘蓝中的残留限量；开展亚胺硫磷在甘蓝上的残留试验	
614	制定亚胺硫磷在白菜中的残留限量；开展亚胺硫磷在白菜上的残留试验	
615	制定乙草胺在姜中的残留限量；开展乙草胺在姜上的残留试验	
616	制定乙草胺在马铃薯中的残留限量；开展乙草胺在马铃薯上的残留试验	
617	制定烯肟菌酯在苹果中的残留限量；开展烯肟菌酯在苹果上的残留试验	
618	制定烯肟菌酯在葡萄中的残留限量；开展烯肟菌酯在葡萄上的残留试验	
619	制定乙嘧酚磺酸酯在黄瓜中的残留限量；开展乙嘧酚磺酸酯在黄瓜上的残留试验	
620	制定乙嘧酚磺酸酯在葡萄中的残留限量；开展乙嘧酚磺酸酯在葡萄上的残留试验	

（续表）

序号	建议项目名称	标准技术归口单位及联系方式
621	制定乙氧氟草醚在花生中的残留限量；开展乙氧氟草醚在花生上的残留试验	
622	制定乙氧氟草醚在姜中的残留限量；开展乙氧氟草醚在姜上的残留试验	
623	制定吡虫啉在花椰菜中的残留限量；开展吡虫啉在花椰菜上的残留试验	
624	制定草铵膦在菜豆中的残留限量；开展草铵膦在菜豆上的残留试验	
625	制定虫酰肼在花椰菜中的残留限量；开展虫酰肼在花椰菜上的残留试验	
626	制定除虫菊素在萝卜中的残留限量；开展除虫菊素在萝卜上的残留试验	
627	制定除虫脲在青花菜中的残留限量；开展除虫脲在青花菜上的残留试验	
628	制定代森锌在菠菜中的残留限量；开展代森锌在菠菜上的残留试验	
629	制定啶虫脒在叶用莴苣中的残留限量；开展啶虫脒在叶用莴苣上的残留试验	
630	制定氟氯氰菊酯在萝卜中的残留限量；开展氟氯氰菊酯在萝卜上的残留试验	
631	制定乐果在青花菜中的残留限量；开展乐果在青花菜上的残留试验	农业部农药检定所（国家农药残留标准审评委员会秘书处）；联系人：简秋，地址：北京市朝阳区麦子店街 22 号楼，邮编：100125，电话：010 – 59194033
632	制定氯氰菊酯在大葱中的残留限量；开展氯氰菊酯在大葱上的残留试验	
633	制定马拉硫磷在蒜薹中的残留限量；开展马拉硫磷在蒜薹上的残留试验	
634	制定灭幼脲在青花菜中的残留限量；开展灭幼脲在青花菜上的残留试验	
635	制定氰戊菊酯在青花菜中的残留限量；开展氰戊菊酯在青花菜上的残留试验	
636	制定甲氨基阿维菌素苯甲酸盐在胡萝卜中的残留限量；开展甲氨基阿维菌素苯甲酸盐在胡萝卜上的残留试验	
637	制定扑草净在柑橘中的残留限量；开展扑草净在柑橘上的残留试验	
638	制定氯氟氰菊酯在青花菜中的残留限量；开展氯氟氰菊酯在青花菜上的残留试验	
639	制定百菌清在菜豆中的残留限量；开展百菌清在菜豆上的残留试验	
640	制定精喹禾灵在马铃薯中的残留限量；开展精喹禾灵在马铃薯上的残留试验	
641	制定扑草净在大蒜中的残留限量；开展扑草净在大蒜上的残留试验	
642	制定噻虫嗪在青菜中的残留限量；开展噻虫嗪在青菜上的残留试验	
643	制定苯醚甲环唑在洋葱中的残留限量；开展苯醚甲环唑在洋葱上的残留试验	
644	制定苯醚甲环唑在石榴中的残留限量；开展苯醚甲环唑在石榴上的残留试验	
645	制定苯醚甲环唑在人参中的残留限量；开展苯醚甲环唑在人参上的残留试验	
646	制定吡虫啉在节瓜中的残留限量；开展吡虫啉在节瓜上的残留试验	

（续表）

序号	建议项目名称	标准技术归口单位及联系方式
647	制定吡虫啉在花生中的残留限量；开展吡虫啉在花生上的残留试验	
648	制定吡虫啉在白菜中的残留限量；开展吡虫啉在白菜上的残留试验	
649	制定敌磺钠在马铃薯中的残留限量；开展敌磺钠在马铃薯上的残留试验	
650	制定敌磺钠在西瓜中的残留限量；开展敌磺钠在西瓜上的残留试验	
651	制定敌磺钠在番茄中的残留限量；开展敌磺钠在番茄上的残留试验	
652	制定啶氧菌酯在黄瓜中的残留限量；开展啶氧菌酯在黄瓜上的残留试验	
653	制定啶氧菌酯在葡萄中的残留限量；开展啶氧菌酯在葡萄上的残留试验	
654	制定啶氧菌酯在香蕉中的残留限量；开展啶氧菌酯在香蕉上的残留试验	
655	制定噁唑菌酮在枣中的残留限量；开展噁唑菌酮在枣上的残留试验	
656	制定噁唑菌酮在西瓜中的残留限量；开展噁唑菌酮在西瓜上的残留试验	
657	制定噁唑菌酮在大蒜中的残留限量；开展噁唑菌酮在大蒜上的残留试验	
658	制定氟吡菌酰胺在辣椒中的残留限量；开展氟吡菌酰胺在辣椒上的残留试验	
659	制定氟吡菌酰胺在西瓜中的残留限量；开展氟吡菌酰胺在西瓜上的残留试验	农业部农药检定所（国家农药残留标准审评委员会秘书处）；联系人：简秋，地址：北京市朝阳区麦子店街22号楼，邮编：100125，电话：010 - 59194033
660	制定氟吡菌酰胺在香蕉中的残留限量；开展氟吡菌酰胺在香蕉上的残留试验	
661	制定氟硅唑在枣中的残留限量；开展氟硅唑在枣上的残留试验	
662	制定氟硅唑在菜豆中的残留限量；开展氟硅唑在菜豆上的残留试验	
663	制定氟环唑在柑橘中的残留限量；开展氟环唑在柑橘上的残留试验	
664	制定甲草胺在大蒜中的残留限量；开展甲草胺在大蒜上的残留试验	
665	制定甲草胺在姜中的残留限量；开展甲草胺在姜上的残留试验	
666	制定甲草胺在大葱中的残留限量；开展甲草胺在大葱上的残留试验	
667	制定醚菌酯在辣椒中的残留限量；开展醚菌酯在辣椒上的残留试验	
668	制定醚菌酯在香蕉中的残留限量；开展醚菌酯在香蕉上的残留试验	
669	制定醚菌酯在番茄中的残留限量；开展醚菌酯在番茄上的残留试验	
670	制定溴氰虫酰胺在豇豆中的残留限量；开展溴氰虫酰胺在豇豆上的残留试验	
671	制定溴氰虫酰胺在大葱中的残留限量；开展溴氰虫酰胺在大葱上的残留试验	
672	制定溴氰虫酰胺在西瓜中的残留限量；开展溴氰虫酰胺在西瓜上的残留试验	
673	制定异噁草松在南瓜中的残留限量；开展异噁草松在南瓜上的残留试验	
674	制定异噁草松在花生中的残留限量；开展异噁草松在花生上的残留试验	

（续表）

序号	建议项目名称	标准技术归口单位及联系方式
675	制定异噁草松在马铃薯中的残留限量；开展异噁草松在马铃薯上的残留试验	
676	制定阿维菌素在胡萝卜中的残留限量；开展阿维菌素在胡萝卜上的残留试验	
677	制定阿维菌素在菠菜中的残留限量；开展阿维菌素在菠菜上的残留试验	
678	制定阿维菌素在莴笋中的残留限量；开展阿维菌素在莴笋上的残留试验	
679	制定氟唑菌酰胺在香蕉中的残留限量；开展氟唑菌酰胺在香蕉上的残留试验	
680	制定氟唑菌酰胺在黄瓜中的残留限量；开展氟唑菌酰胺在黄瓜上的残留试验	
681	制定氟唑菌酰胺在芒果中的残留限量；开展氟唑菌酰胺在芒果上的残留试验	
682	制定福美双在花生中的残留限量；开展福美双在花生上的残留试验	
683	制定福美双在高粱中的残留限量；开展福美双在高粱上的残留试验	
684	制定福美双在马铃薯中的残留限量；开展福美双在马铃薯上的残留试验	
685	制定异丙甲草胺在番茄中的残留限量；开展异丙甲草胺在番茄上的残留试验	
686	制定异丙甲草胺在甘蓝中的残留限量；开展异丙甲草胺在甘蓝上的残留试验	农业部农药检定所（国家农药残留标准审评委员会秘书处）；联系人：简秋，地址：北京市朝阳区麦子店街 22 号楼，邮编：100125，电话：010－59194033
687	制定异丙甲草胺在西瓜中的残留限量；开展异丙甲草胺在西瓜上的残留试验	
688	制定莠去津在大蒜中的残留限量；开展莠去津在大蒜上的残留试验	
689	制定莠去津在姜中的残留限量；开展莠去津在姜上的残留试验	
690	制定莠去津在大葱中的残留限量；开展莠去津在大葱上的残留试验	
691	制定氟唑菌酰胺在草莓中的残留限量；开展氟唑菌酰胺在草莓上的残留试验	
692	制定氟唑菌酰胺在辣椒中的残留限量；开展氟唑菌酰胺在辣椒上的残留试验	
693	制定氟唑菌酰胺在葡萄中的残留限量；开展氟唑菌酰胺在葡萄上的残留试验	
694	制定氟唑菌酰胺在西瓜中的残留限量；开展氟唑菌酰胺在西瓜上的残留试验	
695	制定福美双在西瓜中的残留限量；开展福美双在西瓜上的残留试验	
696	制定福美双在荔枝中的残留限量；开展福美双在荔枝上的残留试验	
697	制定福美双在绿豆中的残留限量；开展福美双在绿豆上的残留试验	
698	制定异丙甲草胺在红小豆中的残留限量；开展异丙甲草胺在红小豆上的残留试验	
699	制定莠去津在苹果中的残留限量；开展莠去津在苹果上的残留试验	
700	制定莠去津在梨中的残留限量；开展莠去津在梨上的残留试验	
701	制定莠去津在糜子中的残留限量；开展莠去津在糜子上的残留试验	
702	制定莠去津在葡萄中的残留限量；开展莠去津在葡萄上的残留试验	

（续表）

序号	建议项目名称	标准技术归口单位及联系方式
703	制定 2 甲 4 氯钠在高粱中的残留限量；开展 2 甲 4 氯钠在高粱上的残留试验	
704	制定吡虫啉在青花菜中的残留限量；开展吡虫啉在青花菜上的残留试验	
705	制定吡虫啉在菜薹中的残留限量；开展吡虫啉在菜薹上的残留试验	
706	制定吡虫啉在芥蓝中的残留限量；开展吡虫啉在芥蓝上的残留试验	
707	制定吡虫啉在辣椒中的残留限量；开展吡虫啉在辣椒上的残留试验	
708	制定吡虫啉在西葫芦中的残留限量；开展吡虫啉在西葫芦上的残留试验	
709	制定吡虫啉在苦瓜中的残留限量；开展吡虫啉在苦瓜上的残留试验	
710	制定吡虫啉在丝瓜中的残留限量；开展吡虫啉在丝瓜上的残留试验	
711	制定吡虫啉在豇豆中的残留限量；开展吡虫啉在豇豆上的残留试验	
712	制定吡虫啉在菜豆中的残留限量；开展吡虫啉在菜豆上的残留试验	
713	制定吡虫啉在菜用大豆中的残留限量；开展吡虫啉在菜用大豆上的残留试验	
714	制定吡虫啉在豌豆中的残留限量；开展吡虫啉在豌豆上的残留试验	
715	制定吡虫啉在朝鲜蓟中的残留限量；开展吡虫啉在朝鲜蓟上的残留试验	
716	制定吡虫啉在莲雾中的残留限量；开展吡虫啉在莲雾上的残留试验	
717	制定吡虫啉在洋葱中的残留限量；开展吡虫啉在洋葱上的残留试验	
718	制定吡虫啉在叶用莴苣中的残留限量；开展吡虫啉在叶用莴苣上的残留试验	农业部农药检定所（国家农药残留标准审评委员会秘书处）；联系人：简秋，地址：北京市朝阳区麦子店街 22 号楼，邮编：100125，电话：010 - 59194033
719	制定吡虫啉在萝卜叶中的残留限量；开展吡虫啉在萝卜叶上的残留试验	
720	制定吡虫啉在结球莴苣中的残留限量；开展吡虫啉在结球莴苣上的残留试验	
721	制定吡虫啉在大蒜中的残留限量；开展吡虫啉在大蒜上的残留试验	
722	制定吡虫啉在葱中的残留限量；开展吡虫啉在葱上的残留试验	
723	制定吡虫啉在莲藕中的残留限量；开展吡虫啉在莲藕上的残留试验	
724	制定胺鲜酯在番茄中的残留限量；开展胺鲜酯在番茄上的残留试验	
725	制定草铵膦在胡萝卜中的残留限量；开展草铵膦在胡萝卜上的残留试验	
726	制定草铵膦在芦笋中的残留限量；开展草铵膦在芦笋上的残留试验	
727	制定草铵膦在洋葱中的残留限量；开展草铵膦在洋葱上的残留试验	
728	制定草铵膦在大蒜中的残留限量；开展草铵膦在大蒜上的残留试验	
729	制定草铵膦在葱中的残留限量；开展草铵膦在葱上的残留试验	
730	制定草铵膦在结球甘蓝中的残留限量；开展草铵膦在结球甘蓝上的残留试验	
731	制定草铵膦在花椰菜中的残留限量；开展草铵膦在花椰菜上的残留试验	
732	制定草铵膦在青花菜中的残留限量；开展草铵膦在青花菜上的残留试验	
733	制定草铵膦在芥蓝中的残留限量；开展草铵膦在芥蓝上的残留试验	
734	制定草铵膦在菠菜中的残留限量；开展草铵膦在菠菜上的残留试验	
735	制定草铵膦在芹菜中的残留限量；开展草铵膦在芹菜上的残留试验	

（续表）

序号	建议项目名称	标准技术归口单位及联系方式
736	制定草铵膦在大白菜中的残留限量；开展草铵膦在大白菜上的残留试验	
737	制定草铵膦在茄子中的残留限量；开展草铵膦在茄子上的残留试验	
738	制定草铵膦在辣椒中的残留限量；开展草铵膦在辣椒上的残留试验	
739	制定草铵膦在黄瓜中的残留限量；开展草铵膦在黄瓜上的残留试验	
740	制定草铵膦在西葫芦中的残留限量；开展草铵膦在西葫芦上的残留试验	
741	制定草铵膦在节瓜中的残留限量；开展草铵膦在节瓜上的残留试验	
742	制定草铵膦在豇豆中的残留限量；开展草铵膦在豇豆上的残留试验	
743	制定草铵膦在菜用大豆中的残留限量；开展草铵膦在菜用大豆上的残留试验	
744	制定草铵膦在豌豆中的残留限量；开展草铵膦在豌豆上的残留试验	
745	制定草铵膦在萝卜中的残留限量；开展草铵膦在萝卜上的残留试验	
746	制定草铵膦在马铃薯中的残留限量；开展草铵膦在马铃薯上的残留试验	
747	制定虫螨腈在苹果中的残留限量；开展虫螨腈在苹果上的残留试验	
748	制定虫酰肼在芥蓝中的残留限量；开展虫酰肼在芥蓝上的残留试验	
749	制定虫酰肼在芜菁中的残留限量；开展虫酰肼在芜菁上的残留试验	
750	制定虫酰肼在萝卜中的残留限量；开展虫酰肼在萝卜上的残留试验	
751	制定虫酰肼在胡萝卜中的残留限量；开展虫酰肼在胡萝卜上的残留试验	农业部农药检定所（国家农药残留标准审评委员会秘书处）；联系人：简秋，地址：北京市朝阳区麦子店街 22 号楼，邮编：100125，电话：010－59194033
752	制定代森铵在粟中的残留限量；开展代森铵在粟上的残留试验	
753	制定除虫菊素在胡萝卜中的残留限量；开展除虫菊素在胡萝卜上的残留试验	
754	制定除虫菊素在菠菜中的残留限量；开展除虫菊素在菠菜上的残留试验	
755	制定除虫菊素在小白菜中的残留限量；开展除虫菊素在小白菜上的残留试验	
756	制定除虫菊素在结球甘蓝中的残留限量；开展除虫菊素在结球甘蓝上的残留试验	
757	制定除虫菊素在花椰菜中的残留限量；开展除虫菊素在花椰菜上的残留试验	
758	制定除虫菊素在青花菜中的残留限量；开展除虫菊素在青花菜上的残留试验	
759	制定除虫菊素在芥蓝中的残留限量；开展除虫菊素在芥蓝上的残留试验	
760	制定除虫菊素在芹菜中的残留限量；开展除虫菊素在芹菜上的残留试验	
761	制定单嘧磺隆在粟中的残留限量；开展单嘧磺隆在粟上的残留试验	
762	制定除虫脲在芥蓝中的残留限量；开展除虫脲在芥蓝上的残留试验	
763	制定除虫脲在小白菜中的残留限量；开展除虫脲在小白菜上的残留试验	
764	制定除虫脲在萝卜中的残留限量；开展除虫脲在萝卜上的残留试验	
765	制定除虫脲在胡萝卜中的残留限量；开展除虫脲在胡萝卜上的残留试验	
766	制定敌草胺在大蒜中的残留限量；开展敌草胺在大蒜上的残留试验	

（续表）

序号	建议项目名称	标准技术归口单位及联系方式
767	制定代森锌在小白菜中的残留限量；开展代森锌在小白菜上的残留试验	
768	制定代森锌在叶用莴苣中的残留限量；开展代森锌在叶用莴苣上的残留试验	
769	制定代森锌在莴笋中的残留限量；开展代森锌在莴笋上的残留试验	
770	制定代森锌在芹菜中的残留限量；开展代森锌在芹菜上的残留试验	
771	制定代森锌在大白菜中的残留限量；开展代森锌在大白菜上的残留试验	
772	制定代森锌在番茄中的残留限量；开展代森锌在番茄上的残留试验	
773	制定代森锌在茄子中的残留限量；开展代森锌在茄子上的残留试验	
774	制定代森锌在辣椒中的残留限量；开展代森锌在辣椒上的残留试验	
775	制定代森锌在黄瓜中的残留限量；开展代森锌在黄瓜上的残留试验	
776	制定代森锌在西葫芦中的残留限量；开展代森锌在西葫芦上的残留试验	
777	制定代森锌在节瓜中的残留限量；开展代森锌在节瓜上的残留试验	
778	制定代森锌在豇豆中的残留限量；开展代森锌在豇豆上的残留试验	
779	制定代森锌在菜豆中的残留限量；开展代森锌在菜豆上的残留试验	
780	制定代森锌在菜用大豆中的残留限量；开展代森锌在菜用大豆上的残留试验	
781	制定代森锌在豌豆中的残留限量；开展代森锌在豌豆上的残留试验	
782	制定代森锌在萝卜中的残留限量；开展代森锌在萝卜上的残留试验	农业部农药检定所（国家农药残留标准审评委员会秘书处）；联系人：简秋，地址：北京市朝阳区麦子店街22号楼，邮编：100125，电话：010－59194033
783	制定代森锌在胡萝卜中的残留限量；开展代森锌在胡萝卜上的残留试验	
784	制定代森锌在黑麦中的残留限量；开展代森锌在黑麦上的残留试验	
785	制定代森锌在燕麦中的残留限量；开展代森锌在燕麦上的残留试验	
786	制定啶虫脒在茄子中的残留限量；开展啶虫脒在茄子上的残留试验	
787	制定啶虫脒在花椰菜中的残留限量；开展啶虫脒在花椰菜上的残留试验	
788	制定啶虫脒在青花菜中的残留限量；开展啶虫脒在青花菜上的残留试验	
789	制定啶虫脒在芥蓝中的残留限量；开展啶虫脒在芥蓝上的残留试验	
790	制定啶虫脒在胡萝卜中的残留限量；开展啶虫脒在胡萝卜上的残留试验	
791	制定啶虫脒在菠菜中的残留限量；开展啶虫脒在菠菜上的残留试验	
792	制定毒氟磷在番茄中的残留限量；开展毒氟磷在番茄上的残留试验	
793	制定氟氯氰菊酯在胡萝卜中的残留限量；开展氟氯氰菊酯在胡萝卜上的残留试验	
794	制定氟氯氰菊酯在菠菜中的残留限量；开展氟氯氰菊酯在菠菜上的残留试验	
795	制定氟氯氰菊酯在青花菜中的残留限量；开展氟氯氰菊酯在青花菜上的残留试验	
796	制定氟氯氰菊酯在芥蓝中的残留限量；开展氟氯氰菊酯在芥蓝上的残留试验	
797	制定多效唑在龙眼中的残留限量；开展多效唑在龙眼上的残留试验	
798	制定乐果在芥蓝中的残留限量；开展乐果在芥蓝上的残留试验	

（续表）

序号	建议项目名称	标准技术归口单位及联系方式
799	制定乐果在叶用莴苣中的残留限量；开展乐果在叶用莴苣上的残留试验	
800	制定乐果在芜菁中的残留限量；开展乐果在芜菁上的残留试验	
801	制定乐果在西葫芦中的残留限量；开展乐果在西葫芦上的残留试验	
802	制定乐果在节瓜中的残留限量；开展乐果在节瓜上的残留试验	
803	制定乐果在苦瓜中的残留限量；开展乐果在苦瓜上的残留试验	
804	制定乐果在丝瓜中的残留限量；开展乐果在丝瓜上的残留试验	
805	制定乐果在苋菜中的残留限量；开展乐果在苋菜上的残留试验	
806	制定乐果在茼蒿中的残留限量；开展乐果在茼蒿上的残留试验	
807	制定乐果在油麦菜中的残留限量；开展乐果在油麦菜上的残留试验	
808	制定二甲戊灵在姜中的残留限量；开展二甲戊灵在姜上的残留试验	
809	制定氯氰菊酯在葱中的残留限量；开展氯氰菊酯在葱上的残留试验	
810	制定氯氰菊酯在樱桃番茄中的残留限量；开展氯氰菊酯在樱桃番茄上的残留试验	
811	制定氯氰菊酯在莴笋中的残留限量；开展氯氰菊酯在莴笋上的残留试验	
812	制定氯氰菊酯在菜用大豆中的残留限量；开展氯氰菊酯在菜用大豆上的残留试验	
813	制定氯氰菊酯在青花菜中的残留限量；开展氯氰菊酯在青花菜上的残留试验	
814	制定氯氰菊酯在芥蓝中的残留限量；开展氯氰菊酯在芥蓝上的残留试验	农业部农药检定所（国家农药残留标准审评委员会秘书处）；联系人：简秋，地址：北京市朝阳区麦子店街 22 号楼，邮编：100125，电话：010－59194033
815	制定氯氰菊酯在苋菜中的残留限量；开展氯氰菊酯在苋菜上的残留试验	
816	制定氯氰菊酯在茼蒿中的残留限量；开展氯氰菊酯在茼蒿上的残留试验	
817	制定氯氰菊酯在油麦菜中的残留限量；开展氯氰菊酯在油麦菜上的残留试验	
818	制定氟吡甲禾灵在西瓜中的残留限量；开展氟吡甲禾灵在西瓜上的残留试验	
819	制定马拉硫磷在青花菜中的残留限量；开展马拉硫磷在青花菜上的残留试验	
820	制定马拉硫磷在菜薹中的残留限量；开展马拉硫磷在菜薹上的残留试验	
821	制定马拉硫磷在莴笋中的残留限量；开展马拉硫磷在莴笋上的残留试验	
822	制定马拉硫磷在樱桃番茄中的残留限量；开展马拉硫磷在樱桃番茄上的残留试验	
823	制定马拉硫磷在西葫芦中的残留限量；开展马拉硫磷在西葫芦上的残留试验	
824	制定马拉硫磷在节瓜中的残留限量；开展马拉硫磷在节瓜上的残留试验	
825	制定马拉硫磷在菜用大豆中的残留限量；开展马拉硫磷在菜用大豆上的残留试验	
826	制定马拉硫磷在菠萝中的残留限量；开展马拉硫磷在菠萝上的残留试验	
827	制定马拉硫磷在鳄梨中的残留限量；开展马拉硫磷在鳄梨上的残留试验	

（续表）

序号	建议项目名称	标准技术归口单位及联系方式
828	制定马拉硫磷在番石榴中的残留限量；开展马拉硫磷在番石榴上的残留试验	
829	制定马拉硫磷在龙眼中的残留限量；开展马拉硫磷在龙眼上的残留试验	
830	制定马拉硫磷在蔓越莓中的残留限量；开展马拉硫磷在蔓越莓上的残留试验	
831	制定马拉硫磷在芒果中的残留限量；开展马拉硫磷在芒果上的残留试验	
832	制定马拉硫磷在木瓜中的残留限量；开展马拉硫磷在木瓜上的残留试验	
833	制定马拉硫磷在无花果中的残留限量；开展马拉硫磷在无花果上的残留试验	
834	制定马拉硫磷在西番莲中的残留限量；开展马拉硫磷在西番莲上的残留试验	
835	制定氟啶胺在番茄中的残留限量；开展氟啶胺在番茄上的残留试验	
836	制定灭幼脲在萝卜中的残留限量；开展灭幼脲在萝卜上的残留试验	
837	制定灭幼脲在胡萝卜中的残留限量；开展灭幼脲在胡萝卜上的残留试验	
838	制定甲氨基阿维菌素苯甲酸盐在柑橘中的残留限量；开展甲氨基阿维菌素苯甲酸盐在柑橘上的残留试验	
839	制定氰戊菊酯在芥蓝中的残留限量；开展氰戊菊酯在芥蓝上的残留试验	农业部农药检定所（国家农药残留标准审评委员会秘书处）；联系人：简秋，地址：北京市朝阳区麦子店街22号楼，邮编：100125，电话：010－59194033
840	制定氰戊菊酯在莴笋中的残留限量；开展氰戊菊酯在莴笋上的残留试验	
841	制定氰戊菊酯在樱桃番茄中的残留限量；开展氰戊菊酯在樱桃番茄上的残留试验	
842	制定氰戊菊酯在节瓜中的残留限量；开展氰戊菊酯在节瓜上的残留试验	
843	制定氰戊菊酯在豇豆中的残留限量；开展氰戊菊酯在豇豆上的残留试验	
844	制定氰戊菊酯在菜豆中的残留限量；开展氰戊菊酯在菜豆上的残留试验	
845	制定氰戊菊酯在菜用大豆中的残留限量；开展氰戊菊酯在菜用大豆上的残留试验	
846	制定氰戊菊酯在豌豆中的残留限量；开展氰戊菊酯在豌豆上的残留试验	
847	制定氰戊菊酯在甘薯中的残留限量；开展氰戊菊酯在甘薯上的残留试验	
848	制定氰戊菊酯在大蒜中的残留限量；开展氰戊菊酯在大蒜上的残留试验	
849	制定氰戊菊酯在洋葱中的残留限量；开展氰戊菊酯在洋葱上的残留试验	
850	制定氰戊菊酯在葱中的残留限量；开展氰戊菊酯在葱上的残留试验	
851	制定氰戊菊酯在蒜薹中的残留限量；开展氰戊菊酯在蒜薹上的残留试验	
852	制定氰戊菊酯在苋菜中的残留限量；开展氰戊菊酯在苋菜上的残留试验	
853	制定氰戊菊酯在茼蒿中的残留限量；开展氰戊菊酯在茼蒿上的残留试验	

（续表）

序号	建议项目名称	标准技术归口单位及联系方式
854	制定氰戊菊酯在油麦菜中的残留限量；开展氰戊菊酯在油麦菜上的残留试验	
855	制定氰戊菊酯在芹菜中的残留限量；开展氰戊菊酯在芹菜上的残留试验	
856	制定甲基硫菌灵在柑橘中的残留限量；开展甲基硫菌灵在柑橘上的残留试验	
857	制定甲氨基阿维菌素苯甲酸盐在萝卜中的残留限量；开展甲氨基阿维菌素苯甲酸盐在萝卜上的残留试验	
858	制定甲氨基阿维菌素苯甲酸盐在青花菜中的残留限量；开展甲氨基阿维菌素苯甲酸盐在青花菜上的残留试验	
859	制定甲氨基阿维菌素苯甲酸盐在花椰菜中的残留限量；开展甲氨基阿维菌素苯甲酸盐在花椰菜上的残留试验	
860	制定甲氨基阿维菌素苯甲酸盐在菠菜中的残留限量；开展甲氨基阿维菌素苯甲酸盐在菠菜上的残留试验	
861	制定菌核净在番茄中的残留限量；开展菌核净在番茄上的残留试验	
862	制定扑草净在苹果中的残留限量；开展扑草净在苹果上的残留试验	
863	制定扑草净在梨中的残留限量；开展扑草净在梨上的残留试验	
864	制定扑草净在桃中的残留限量；开展扑草净在桃上的残留试验	
865	制定扑草净在李子中的残留限量；开展扑草净在李子上的残留试验	
866	制定扑草净在荔枝中的残留限量；开展扑草净在荔枝上的残留试验	
867	制定扑草净在芒果中的残留限量；开展扑草净在芒果上的残留试验	农业部农药检定所（国家农药残留标准审评委员会秘书处）；联系人：简秋，地址：北京市朝阳区麦子店街 22 号楼，邮编：100125，电话：010－59194033
868	制定扑草净在香蕉中的残留限量；开展扑草净在香蕉上的残留试验	
869	制定喹啉铜在梨中的残留限量；开展喹啉铜在梨上的残留试验	
870	制定氯氟氰菊酯在芥蓝中的残留限量；开展氯氟氰菊酯在芥蓝上的残留试验	
871	制定氯氟氰菊酯在菠菜中的残留限量；开展氯氟氰菊酯在菠菜上的残留试验	
872	制定氯氟氰菊酯在叶用莴苣中的残留限量；开展氯氟氰菊酯在叶用莴苣上的残留试验	
873	制定氯氟氰菊酯在苋菜中的残留限量；开展氯氟氰菊酯在苋菜上的残留试验	
874	制定氯氟氰菊酯在茼蒿中的残留限量；开展氯氟氰菊酯在茼蒿上的残留试验	
875	制定喹螨醚在苹果中的残留限量；开展喹螨醚在苹果上的残留试验	
876	制定百菌清在苋菜中的残留限量；开展百菌清在苋菜上的残留试验	
877	制定百菌清在茼蒿中的残留限量；开展百菌清在茼蒿上的残留试验	
878	制定百菌清在油麦菜中的残留限量；开展百菌清在油麦菜上的残留试验	
879	制定百菌清在节瓜中的残留限量；开展百菌清在节瓜上的残留试验	
880	制定百菌清在笋瓜中的残留限量；开展百菌清在笋瓜上的残留试验	
881	制定氯氰菊酯在大蒜中的残留限量；开展氯氰菊酯在大蒜上的残留试验	
882	制定精喹禾灵在西瓜中的残留限量；开展精喹禾灵在西瓜上的残留试验	
883	制定精喹禾灵在大白菜中的残留限量；开展精喹禾灵在大白菜上的残留试验	

（续表）

序号	建议项目名称	标准技术归口单位及联系方式
884	制定精喹禾灵在绿豆中的残留限量；开展精喹禾灵在绿豆上的残留试验	
885	制定氯噻啉在甘蓝中的残留限量；开展氯噻啉在甘蓝上的残留试验	
886	制定扑草净在姜中的残留限量；开展扑草净在姜上的残留试验	
887	制定扑草净在马铃薯中的残留限量；开展扑草净在马铃薯上的残留试验	
888	制定扑草净在粟中的残留限量；开展扑草净在粟上的残留试验	
889	制定氯溴虫腈在甘蓝中的残留限量；开展氯溴虫腈在甘蓝上的残留试验	
890	制定噻虫嗪在小白菜中的残留限量；开展噻虫嗪在小白菜上的残留试验	
891	制定噻虫嗪在花生中的残留限量；开展噻虫嗪在花生上的残留试验	
892	制定噻虫嗪在葡萄中的残留限量；开展噻虫嗪在葡萄上的残留试验	
893	制定 2，4 - 滴丁酯在粟中的残留限量；开展 2，4 - 滴丁酯在粟上的残留试验	
894	制定虱螨脲在番茄中的残留限量；开展虱螨脲在番茄上的残留试验	
895	制定虱螨脲在柑橘中的残留限量；开展虱螨脲在柑橘上的残留试验	
896	制定虱螨脲在马铃薯中的残留限量；开展虱螨脲在马铃薯上的残留试验	
897	制定茚虫威在青花菜中的残留限量；开展茚虫威在青花菜上的残留试验	农业部农药检定所（国家农药残留标准审评委员会秘书处）；联系人：简秋，地址：北京市朝阳区麦子店街 22 号楼，邮编：100125，电话：010 - 59194033
898	制定茚虫威在芜菁叶中的残留限量；开展茚虫威在芜菁叶上的残留试验	
899	制定茚虫威在叶用莴苣中的残留限量；开展茚虫威在叶用莴苣上的残留试验	
900	制定茚虫威在菜薹中的残留限量；开展茚虫威在菜薹上的残留试验	
901	制定溴氰菊酯在青花菜中的残留限量；开展溴氰菊酯在青花菜上的残留试验	
902	制定溴氰菊酯在菠菜中的残留限量；开展溴氰菊酯在菠菜上的残留试验	
903	制定溴氰菊酯在叶用莴苣中的残留限量；开展溴氰菊酯在叶用莴苣上的残留试验	
904	制定溴氰菊酯在芹菜中的残留限量；开展溴氰菊酯在芹菜上的残留试验	
905	制定苄嘧磺隆在柑橘中的残留限量；开展苄嘧磺隆在柑橘上的残留试验	
906	制定抗蚜威在菠菜中的残留限量；开展抗蚜威在菠菜上的残留试验	
907	制定抗蚜威在大白菜中的残留限量；开展抗蚜威在大白菜上的残留试验	
908	制定甲氰菊酯在青花菜中的残留限量；开展甲氰菊酯在青花菜上的残留试验	
909	制定甲氰菊酯在苋菜中的残留限量；开展甲氰菊酯在苋菜上的残留试验	
910	制定甲氰菊酯在油麦菜中的残留限量；开展甲氰菊酯在油麦菜上的残留试验	
911	制定异丙草胺在南瓜中的残留限量；开展异丙草胺在南瓜上的残留试验	

（续表）

序号	建议项目名称	标准技术归口单位及联系方式
912	制定异丙草胺在花生中的残留限量；开展异丙草胺在花生上的残留试验	
913	制定氟啶脲在番茄中的残留限量；开展氟啶脲在番茄上的残留试验	
914	制定唑嘧菌在马铃薯中的残留限量；开展唑嘧菌在马铃薯上的残留试验	
915	制定四聚乙醛在叶用莴苣中的残留限量；开展四聚乙醛在叶用莴苣上的残留试验	
916	制定四聚乙醛在莴笋中的残留限量；开展四聚乙醛在莴笋上的残留试验	
917	制定多菌灵在红毛丹中的残留限量；开展多菌灵在红毛丹上的残留试验	
918	制定多菌灵在燕麦中的残留限量；开展多菌灵在燕麦上的残留试验	
919	制定氯溴异氰尿酸在大白菜中的残留限量；开展氯溴异氰尿酸在大白菜上的残留试验	
920	制定马拉硫磷在桑椹中的残留限量；开展马拉硫磷在桑椹上的残留试验	
921	制定嘧菌环胺在人参中的残留限量；开展嘧菌环胺在人参上的残留试验	
922	制定嘧菌酯在苹果中的残留限量；开展嘧菌酯在苹果上的残留试验	
923	制定灭草松在甘薯中的残留限量；开展灭草松在甘薯上的残留试验	
924	制定灭多威在桑椹中的残留限量；开展灭多威在桑椹上的残留试验	农业部农药检定所（国家农药残留标准审评委员会秘书处）；联系人：简秋，地址：北京市朝阳区麦子店街 22 号楼，邮编：100125，电话：010－59194033
925	制定灭幼脲在苹果中的残留限量；开展灭幼脲在苹果上的残留试验	
926	制定萘乙酸在花生中的残留限量；开展萘乙酸在花生上的残留试验	
927	制定氰戊菊酯在花生中的残留限量；开展氰戊菊酯在花生上的残留试验	
928	制定炔螨特在桑椹中的残留限量；开展炔螨特在桑椹上的残留试验	
929	制定噻苯隆在苹果中的残留限量；开展噻苯隆在苹果上的残留试验	
930	制定三唑酮在花生中的残留限量；开展三唑酮在花生上的残留试验	
931	制定杀螟丹在甘蓝中的残留限量；开展杀螟丹在甘蓝上的残留试验	
932	制定霜脲氰在人参中的残留限量；开展霜脲氰在人参上的残留试验	
933	制定威百亩在番茄中的残留限量；开展威百亩在番茄上的残留试验	
934	制定肟菌酯在辣椒中的残留限量；开展肟菌酯在辣椒上的残留试验	
935	制定西草净在花生中的残留限量；开展西草净在花生上的残留试验	
936	制定西玛津在梨中的残留限量；开展西玛津在梨上的残留试验	
937	制定烯酰吗啉在荔枝中的残留限量；开展烯酰吗啉在荔枝上的残留试验	
938	制定烯效唑在梨中的残留限量；开展烯效唑在梨上的残留试验	
939	制定溴菌腈在西瓜中的残留限量；开展溴菌腈在西瓜上的残留试验	
940	制定乙霉威在人参中的残留限量；开展乙霉威在人参上的残留试验	
941	制定乙蒜素在甘薯中的残留限量；开展乙蒜素在甘薯上的残留试验	
942	制定乙烯利在柿子中的残留限量；开展乙烯利在柿子上的残留试验	
943	制定乙氧磺隆在柑橘中的残留限量；开展乙氧磺隆在柑橘上的残留试验	
944	制定异丙隆在大蒜中的残留限量；开展异丙隆在大蒜上的残留试验	

序号	建议项目名称	标准技术归口单位及联系方式
945	制定异菌脲在人参中的残留限量；开展异菌脲在人参上的残留试验	
946	制定抑霉唑硫酸盐在柑橘中的残留限量；开展抑霉唑硫酸盐在柑橘上的残留试验	
947	制定茚虫威在大白菜中的残留限量；开展茚虫威在大白菜上的残留试验	
948	制定仲丁灵在花生中的残留限量；开展仲丁灵在花生上的残留试验	
949	制定敌百虫在胡萝卜中的残留限量；开展敌百虫在胡萝卜上的残留试验	
950	制定敌敌畏在胡萝卜中的残留限量；开展敌敌畏在胡萝卜上的残留试验	
951	制定《植物源食品中氨基甲酸酯类农药残留量的测定气相色谱法》标准	
952	制定《植物源食品中氨基甲酸酯类农药残留量的测定气相色谱－质谱/质谱法》标准	
953	制定《植物源食品中氨基甲酸酯类农药残留量的测定液相色谱法》标准	
954	制定《植物源食品中氨基甲酸酯类农药残留量的测定液相色谱－质谱/质谱法》标准	
955	制定《植物源食品中二硫代氨基甲酸酯（盐）类农药残留量的检测方法气相色谱法》标准	
956	制定《植物源食品中二硫代氨基甲酸酯（盐）类农药残留量的检测方法液相色谱－质谱/质谱法》标准	
957	制定《水果、蔬菜中四环素类抗生素检测方法》标准	农业部农药检定所（国家农药残留标准审评委员会秘书处）；联系人：简秋，地址：北京市朝阳区麦子店街22号楼，邮编：100125，电话：010－59194033
958	制定二甲戊灵在农产品中的最大残留限量	
959	制定酰嘧磺隆在农产品中的最大残留限量	
960	制定甲基硫菌灵在甜菜中的残留限量	
961	制定福美双在甜菜中的残留限量	
962	制定草甘膦在甜菜中的残留限量	
963	制定百菌清在甜菜中的残留限量	
964	制定申嗪霉素在西瓜、稻谷、辣椒中的残留限量	
965	制定申嗪霉素在西瓜、稻谷、辣椒中的残留限量	
966	制定壬菌铜在苹果、葡萄中的最大残留限量标准	
967	制定唑虫酰胺在柑橘、葡萄中的最大残留限量	
968	制定四霉素在苹果中的限量	
969	制定精喹禾灵在马铃薯中的限量	
970	制定啶虫脒在菠菜中的残留限量（2015年延续项目）	
971	制定吡虫啉在菠菜中的残留限量（2015年延续项目）	
972	制定噁霉灵在人参中的残留限量（2015年延续项目）	
973	制定丙环唑在人参中的残留限量（2015年延续项目）	
974	制定醚菌酯在人参中的残留限量（2015年延续项目）	
975	制定噻虫嗪在人参中的残留限量（2015年延续项目）	
976	制定咯菌腈在人参中的残留限量（2015年延续项目）	
977	制定多菌灵在三七中的残留限量（2015年延续项目）	
978	制定杀扑磷在三七中的残留限量（2015年延续项目）	
979	制定噻嗪酮在三七中的残留限量（2015年延续项目）	
980	制定精甲霜灵在三七中的残留限量（2015年延续项目）	
981	制定腐霉利在三七中的残留限量（2015年延续项目）	

（续表）

序号	建议项目名称	标准技术归口单位及联系方式
982	制定《农业机械化生产技术规范标准编写规则》标准	全国农业机械标准化技术委员会农业机械化分技术委员会；通讯地址：北京市朝阳区东三环南路96号农丰大厦1409室；邮编：100122；联系人：宋英；电话：010－59199021；手机：13910139085
983	制定《饲料粉碎机　安全操作规程》标准	
984	制定《铡草机　安全操作规程》标准	
985	制定《农业拖拉机先进性评价方法》标准	
986	制定《农业机械重点检查技术规范》标准	
987	制定《农业机械标志》标准	
988	制定《畜禽粪便固液分离机　质量评价技术规范》标准	
989	制定《果园风送喷雾机田间操作规程及作业质量评定》标准	
990	制定《旋耕机修理质量》标准	
991	制定《农业机械出厂合格证》标准	
992	修订《农业机械作业质量标准编写规则》（NY/T 1353—2007）标准	
993	修订《农机产品质量认证通则》标准（NY/T 1352—2007）	
994	修订《拖拉机排气烟度限值》标准（NY 1629—2008）	
995	修订《农业轮式拖拉机适用性试验方法》标准（NY/T 1767—2009）	
996	修订《谷物联合收割机适用性评价方法》标准（NY/T 1645—2008）	
997	修订《农业机械化统计基础指标》标准（NY/T 1766—2009）	
998	修订《拖拉机驾驶培训机构通用条件》标准（NY/T 1772—2009）	
999	修订《机动插秧机作业质量》标准（NY/T 989—2006）	
1000	修订《玉米收获机作业质量》标准（NY/T 1355—2007）	
1001	修订《采棉机作业质量》标准（NY/T 1133—2006）	
1002	修订《谷物（小麦）联合收获机械作业质量》标准（NY/T 995—2006）	
1003	修订《谷物联合收割机修理技术条件》标准（NY/T 998—2006）	
1004	修订《马铃薯种植机械作业质量》标准（NY/T 990—2006）	
1005	修订《农业轮式拖拉机质量评价技术规范》标准（NY/T 209—2006）	
1006	修订《农用柴油机质量评价技术规范》标准（NY/T 208—2006）	
1007	修订《水稻工厂化育秧技术要求》标准（NY/T 1534—2007）	
1008	修订《温室通风设计规范》标准（NY/T 1451—2007）	
1009	修订《风送高射程喷雾机》标准（NY/T 1550—2007）	
1010	制定《伴侣动物诊疗机构X射线机操作技术规范》标准	全国伴侣动物（宠物）标准化技术委员会 010－60274323
1011	《动物性食品中β－受体激动剂残留量的测定液相色谱－串联质谱法》标准	全国兽药残留专家委员会办公室，联系人：郝利华；通讯地址：北京市海淀区中关村南大街8号，中国兽医药品监察所，邮编：100081，联系电话：（010）62103548；电子邮箱：haolihua@ ivdc. org. cn
1012	《动物性食品中β－受体激动剂残留量的测定气相色谱－质谱法》标准	
1013	《动物尿液及毛发中β－兴奋剂残留量的测定液相色谱－串联质谱法》标准	
1014	《动物性食品中氯霉素残留量的测定液相色谱－串联质谱法》标准	
1015	《水产品中玉米赤霉醇类药物多残留的测定液相色谱－串联质谱法》标准	
1016	《动物性食品及尿液中玉米赤霉醇类药物多残留的测定液相色谱－串联质谱法》标准	

（续表）

序号	建议项目名称	标准技术归口单位及联系方式
1017	《水产品中孔雀石绿和结晶紫多残留的测定液相色谱－串联质谱法》标准	
1018	《动物性食品中喹乙醇及代谢物残留量的测定高效液相色谱法（或液相色谱－串联质谱法)》标准	
1019	《动物性食品中硝基咪唑类药物多残留的测定液相色谱－串联质谱法》标准	
1020	《蜂产品中喹诺酮类药物多残留的测定液相色谱－串联质谱法》标准	
1021	《水产品中喹诺酮类药物多残留的测定液相色谱－串联质谱法》标准	
1022	《水产品中磺胺类药物多残留的测定液相色谱－串联质谱法》标准	
1023	《奶及奶粉中青霉素类药物多残留的测定高效液相色谱法》标准	
1024	《动物性食品中四环素、金霉素、土霉素、多西环素多残留的测定高效液相色谱法》标准	
1025	《水产品中大环内酯类药物多残留的测定液相色谱－串联质谱法》标准	
1026	《动物性食品中镇静类药物多残留的测定液相色谱－串联质谱法》标准	
1027	《动物性食品中安乃近及代谢物残留量的测定高效液相色谱法及液相色谱－串联质谱法》标准	
1028	《水产品中苯并咪唑类药物多残留的测定液相色谱－串联质谱法》标准	
1029	《水产品中氨基糖苷类药物多残留的测定液相色谱－串联质谱法》标准	
1030	《奶及奶粉中氨基糖苷类药物多残留的测定液相色谱－串联质谱法》标准	全国兽药残留专家委员会办公室，联系人：郝利华；通讯地址：北京市海淀区中关村南大街8号，中国兽医药品监察所，邮编：100081，联系电话：(010) 62103548；电子邮箱：haolihua@ ivdc. org. cn
1031	《动物性食品中新霉素残留量的测定高效液相色谱法》标准	
1032	《鸡可食组织中尼卡巴嗪残留量的测定高效液相色谱法》标准	
1033	《水产品中阿维菌素类药物多残留的测定液相色谱－串联质谱法》标准	
1034	《奶及奶粉中阿维菌素类药物多残留的测定高效液相色谱法和液相色谱－串联质谱法》标准	
1035	《生乳中β－内酰胺类兽药残留控制技术规程》标准	
1036	《乳品中舒巴坦的测定液相色谱－串联质谱法》标准	
1037	《牛奶中β－内酰胺类、磺胺类、喹诺酮类、四环素类药物残留量快速测定法配体受体胶体金检测条法》标准	
1038	《动物性食品中那西肽的测定液相色谱－串联质谱法》标准	
1039	《蜂产品中拟除虫菊酯类药物多残留的测定气相色谱－质谱法（或液相色谱－串联质谱法)》标准	
1040	《动物性食品中甲砜霉素、氟苯尼考、氟苯尼考胺多残留的测定气相色谱－质谱法和液相色谱－串联质谱法》标准	
1041	《水产品中甲砜霉素、氟苯尼考、氟苯尼考胺多残留的测定气相色谱－质谱法和液相色谱－串联质谱法》标准	
1042	《奶及奶粉中多肽类药物多残留的测定液相色谱－串联质谱法》标准	
1043	《动物性食品中多肽类药物多残留的测定液相色谱－串联质谱法》标准	
1044	修订恩诺沙星在农产品中的最大残留限量	
1045	修订氯苯胍在农产品中的最大残留限量	
1046	修订辛硫磷在农产品中的最大残留限量	

（续表）

序号	建议项目名称	标准技术归口单位及联系方式
1047	《动物性食品中新霉素残留量的测定高效液相色谱》标准	
1048	《奶及奶粉中氨基糖苷类药物多残留的测定－液相色谱－串联质谱法》标准	
1049	《水产品中磺胺类药物多残留的测定液相色谱－串联质谱法》标准	
1050	《动物性食品中 β－受体激动剂残留量的测定液相色谱－串联质谱法》标准	
1051	《动物性食品中 β－受体激动剂残留量的测定气相色谱－质谱法》标准	
1052	《动物性食品及尿液中玉米赤霉醇类药物多残留的测定液相色谱－串联质谱法》标准	
1053	《水产品中玉米赤霉醇类药物多残留的测定液相色谱－串联质谱法》标准	
1054	制定《牛乳中林可酰胺类抗生素多残留的测定液相色谱－串联质谱法》标准	
1055	修订《奶及奶粉中喹诺酮类药物多残留的测定液相色谱－串联质谱法》标准	
1056	修订《奶和奶粉中青霉素类药物多残留的测定液相色谱－串联质谱法》标准	
1057	修订《奶及奶粉中青霉素类药物多残留的测定高效液相色谱法》标准	
1058	修订《蜂产品中青霉素类药物多残留的测定液相色谱－串联质谱法》标准	全国兽药残留专家委员会办公室，联系人：郝利华；通讯地址：北京市海淀区中关村南大街 8 号，中国兽医药品监察所，邮编：100081，联系电话：（010）62103548；电子邮箱：haolihua@ivdc.org.cn
1059	修订《河豚鱼、鳗鱼和烤鳗中 β－兴奋剂残留量的测定液相色谱－串联质谱法》标准	
1060	修订《奶及奶粉中 β－兴奋剂残留量的测定液相色谱－串联质谱法》标准	
1061	修订《动物尿液及毛发中 β－兴奋剂残留量的测定气相色谱－质谱法》标准	
1062	制定水产品中甲砜霉素最大残留限量	
1063	制定水产品中氯氰菊酯最大残留限量	
1064	制定诺氟沙星在猪组织中最大残留限量	
1065	制定苯巴比妥在猪组织中最大残留限量	
1066	制定《猪可食组织中苯巴比妥的测定液相色谱－串联质谱法》标准	
1067	制定《畜产品中全氟化合物测定液相色谱－串联质谱法》标准	
1068	制定《畜禽肉中 12 类 150 种混合化学污染物同步检测－液相色谱－高分辨串联质谱方法》标准	
1069	制定《畜禽尿液、血液中 12 类 150 种混合化学污染物同步检测－液相色谱－高分辨串联质谱方法》标准	
1070	制定《畜禽肝脏、肾脏等主要可食组织中 12 类 150 种混合化学污染物同步检测－液相色谱－高分辨串联质谱方法》标准	
1071	制定《畜禽产品中未知化学污染物检测规程－液相色谱－高分辨串联质谱方法》标准	
1072	制定《动物尿液中克仑特罗、莱克多巴胺、沙丁胺醇的测定化学发光法》标准	
1073	制定《动物性食品中 200 种兽药及添加物的筛查确证方法》标准	
1074	制定《动物性食品中氨基比林、安替比林残留量的测定液相色谱－串联质谱法》标准	

（续表）

序号	建议项目名称	标准技术归口单位及联系方式
1075	制定《动物性食品中苯乙醇胺 A 残留检测液相色谱－串联质谱法》标准	
1076	制定《动物性食品中三唑类杀菌剂检测方法》标准	
1077	制定《动物性食品中增塑剂检测方法》标准	
1078	《动物源性食品中那西肽的检测方法高效液相色谱法》标准验证与审定（2015 年延续项目）	
1079	《禽蛋、奶和奶粉中多西环素残留量的测定液相色谱－串联质谱法》标准验证与审定（2015 年延续项目）	
1080	《水产品中氯霉素残留量的测定液相色谱－串联质谱法和气相色谱－串联质谱法》标准验证与审定（2015 年延续项目）	
1081	《水产品中头孢类药物残留量的测定液相色谱－串联质谱法》标准验证与审定（2015 年延续项目）	
1082	《蜂产品中头孢类药物残留量的测定液相色谱－串联质谱法》标准验证与审定（2015 年延续项目）	
1083	《动物性食品中链霉素和双氢链霉素残留量的测定高效液相色谱法》标准验证与审定（2015 年延续项目）	
1084	《动物性食品中青霉素类药物多残留的测定高效液相色谱法》标准验证与审定（2015 年延续项目）	
1085	《动物性食品中大观霉素残留量的测定气相色谱－质谱法》标准验证与审定（2015 年延续项目）	
1086	《动物性食品中氨基糖苷类药物多残留的测定液相色谱－串联质谱法》标准验证与审定（2015 年延续项目）	
1087	《动物性食品中青霉素类药物多残留的测定液相色谱－串联质谱法》标准验证与审定（2015 年延续项目）	全国兽药残留专家委员会办公室，联系人：郝利华；通讯地址：北京市海淀区中关村南大街 8 号，中国兽医药品监察所，邮编：100081，联系电话：（010）62103548；电子邮箱：haolihua@ ivdc. org. cn
1088	《鸡蛋中喹诺酮类药物多残留的测定液相色谱－串联质谱法》标准验证与审定（2015 年延续项目）	
1089	《动物性食品中有机磷类药物多残留的测定液相色谱－串联质谱法》标准验证与审定（2015 年延续项目）	
1090	《动物性食品中拟除虫菊酯类药物多残留的测定液相色谱－串联质谱法》标准验证与审定（2015 年延续项目）	
1091	《动物尿液中 22 种 β 受体激动剂的测定液相色谱－串联质谱法》标准验证与审定（2015 年延续项目）	
1092	《蜂产品中蝇毒磷残留量的测定气相色谱法》验证与审定（2015 年延续项目）	
1093	《水产品中丁香酚残留量的测定气相色谱－质谱法》标准验证与审定（2015 年延续项目）	
1094	《水产品中青霉素类药物多残留的测定液相色谱－串联质谱法》标准验证与审定（2015 年延续项目）	
1095	《水产品中卡巴氧和喹乙醇代谢物多残留的测定液相色谱－串联质谱法》标准验证与审定（2015 年延续项目）	
1096	《动物性食品中镇静类药物多残留的测定液相色谱－串联质谱法》标准验证与审定（2015 年延续项目）	
1097	《动物性食品中异丙嗪及其代谢物残留的测定液相色谱－串联质谱法》标准验证与审定（2015 年延续项目）	
1098	《动物性食品中拟除虫菊酯类药物多残留的测定液相色谱－串联质谱法》标准验证与审定（2015 年延续项目）	
1099	制定《氟尼辛在猪组织中最大残留限量》（代谢消除试验与 MRL 确定）（2015 年延续项目）	
1100	制定《羊组织及羊奶中三氮脒最大残留限量》（残留消除试验与 MRL 确定）（2015 年延续项目）	
1101	制定《水产品中吡喹酮最大残留限量》标准验证与审定（2015 年延续项目）	

（续表）

序号	建议项目名称	标准技术归口单位及联系方式
1102	制定《畜禽屠宰分割产品术语》标准	全国屠宰加工标准化技术委员会；联系人：高胜普/张杰；通讯地址：北京市朝阳区麦子店街20号楼413房间；联系电话：010－59194442；电子邮箱：gaoshengpu@163.com
1103	制定《畜禽屠宰设备术语》标准	
1104	制定《生猪宰前管理规范》标准	
1105	修订《畜禽屠宰企业消毒规范》标准	
1106	制定《畜禽屠宰冷库管理规范》标准	
1107	制定《畜禽屠宰企业内设部门及人员要求》标准	
1108	制定《牛屠宰成套设备技术条件》标准	
1109	制定《家禽胴体螺旋预冷设备》标准	
1110	制定《畜禽屠宰企业信息系统建设规范》标准	
1111	制定《畜禽屠宰企业信息系统管理规范》标准	
1112	制定《猪副伤寒诊断技术》标准	全国动物卫生标准化技术委员会；通讯地址：青岛市南京路369号，中国动物卫生与流行病学中心；邮编：266032；电话：0532－85630386 qdtc181@126.com
1113	制定《新城疫监测指南》标准	
1114	制定《牛流行热诊断技术》标准	
1115	制定《禽结核病诊断技术》标准	
1116	制定《奶牛乳房炎致病菌分子生物学快速检测技术》标准	
1117	修订《尼帕病毒病诊断技术》标准	
1118	修订《禽网状内皮增生病诊断技术》标准	
1119	修订《牛毛滴虫病诊断技术》标准	
1120	修订《牛传染性鼻气管炎诊断技术》标准	
1121	修订《水泡性口炎诊断技术》标准	
1122	修订《猪支原体肺炎诊断技术》标准	
1123	修订《马鼻疽诊断技术》标准	
1124	制定《池蝶蚌》标准	全国水产标准化技术委员会秘书处；联系人：刘琪，通讯地址：北京市丰台区永定路青塔村150号，联系电话：010－68673936；电子邮箱：skyzbb@vip.sina.com.cn
1125	制定《西伯利亚鲟》标准	
1126	制定《秀丽白虾》标准	
1127	制定《太湖新银鱼》标准	
1128	制定《尖吻鲈》标准	
1129	制定《哲罗鱼亲鱼和苗种》标准	
1130	制定《黑斑狗鱼》标准	
1131	制定《江鳕》标准	
1132	制定《圆斑星鲽亲鱼和苗种》标准	
1133	制定《扇贝工厂化繁育技术规范》标准	
1134	制定《刺参生态繁育技术规范》标准	
1135	制定《坛紫菜》标准	
1136	制定《羊栖菜》标准	
1137	制定《盐碱地水产养殖品种》标准	
1138	制定《大型藻类养殖容量评估技术规范》标准	
1139	制定《对虾生长性状测定》标准	
1140	制定《浅海筏式贝藻参多营养层次综合养殖技术规范》标准	
1141	修订《生食金枪鱼肉》标准	
1142	修订《盐渍海带》标准	

（续表）

序号	建议项目名称	标准技术归口单位及联系方式
1143	修订《干贝》标准	
1144	制定《水产品及其制品中虾青素的测定高效液相色谱法》标准	
1145	修订《鱿鱼干、墨鱼干》标准	
1146	制定《即食海蜇》标准	
1147	修订《甲壳质与壳聚糖》标准	
1148	制定《干海参加工技术规范》标准	
1149	修订《盐渍裙带菜》标准	
1150	制定《干裙带菜叶》标准	
1151	制定《浮式金属框架网箱通用技术要求》标准	
1152	修订《合成纤维渔网线试验方法》标准	
1153	制定《渔用聚丙烯纤维》标准	
1154	制定《渔用聚酰胺经编网通用技术要求》标准	
1155	制定《蟹笼》标准	
1156	制定《升降式高密度聚乙烯框架海参网箱通用技术要求》标准	
1157	制定《染色珍珠鉴别方法紫外分光光谱法》标准	
1158	制定《珍珠及其产品术语》标准	
1159	制定《珍珠及制品经营服务规范》标准	
1160	制定《珍珠串珠产品加工工艺要求》标准	
1161	制定《珍珠镶嵌产品加工工艺要求》标准	
1162	制定《观赏鱼养殖场条件大型热带淡水鱼》标准	
1163	制定《锦鲤分级白底三色类》标准	全国水产标准化技术委员会秘书处；联系人：刘琪，通讯地址：北京市丰台区永定路青塔村150号，联系电话：010-68673936；电子邮箱：skyzbb@vip.sina.com.cn
1164	制定《神仙鱼人工繁殖技术规程》标准	
1165	制定《金鱼分级珍珠鳞》标准	
1166	制定《锦鲤分级墨底三色类》标准	
1167	制定《放流鱼种的锶元素标志和检测规范》标准	
1168	制定《海藻场计量方法》标准	
1169	制定《中华鲟自然繁殖群体监测规范》标准	
1170	制定《淡水渔业资源调查规范河流》标准	
1171	制定《金鱼造血器官坏死病毒环介导等温扩增（LAMP）检测方法》标准	
1172	制定《无乳链球菌环介导等温扩增（LAMP）检测方法》标准	
1173	制定《鱼类细胞系第13部分：鲫囊胚细胞系（CAR）》标准	
1174	制定《鱼类细胞系第14部分：锦鲤吻端细胞系（KS）》标准	
1175	制定《鱼类神经坏死病毒（赤点石斑鱼基因型）环介导等温扩增（LAMP）检测方法》标准	
1176	制定《鱼泵通用技术要求》标准	
1177	修订《渔船用电子设备环境试验条件和方法正弦振动》标准	
1178	修订《渔船用电子设备环境试验条件和方法外壳防护》标准	
1179	修订《水车式增氧机》标准	
1180	制定《工厂化循环水养殖车间设计规范》标准	
1181	制定《滨海型水生生物湿地潜在生态风险评估规范》标准	
1182	制定《水族馆水生哺乳动物医疗档案记录规范》标准	
1183	制定《水族馆海龟养殖规范》标准	
1184	制定《水族馆白鲸饲养繁殖规范》标准	
1185	制定《水族馆海狮饲养规范》标准	
1186	制定《滨海型水生生物湿地潜在生态风险监测规范》标准	

（续表）

序号	建议项目名称	标准技术归口单位及联系方式
1187	制定《渔船气胀式救生筏安装及验收规程》标准	全国渔船标准化技术委员会秘书处，联系人：陈龙，通讯地址：北京市朝阳区东三环南路 96 号农丰大厦 511 室，联系电话：010－59199286；邮箱：nstcfv@ cfr. gov. cn
1188	制定《渔船 LED 集鱼灯装置技术要求》标准	
1189	制定《电力推进渔船配电装置技术条件》标准	
1190	制定《渔船天然气和甲醇燃料泄露报警系统技术条件》标准	
1191	制定《渔船舷外挂机技术要求》标准	
1192	制定《玻璃钢渔船舷墙及栏杆制作安装技术要求》标准	
1193	制定《大型渔船冷盐水冻结舱钢质内胆制作技术要求》标准	
1194	修订《SC/T 8030—1997 渔船气胀救生筏筏架》标准	
1195	修订《SC/T 8128—2009 渔用气胀救生筏技术要求和试验方法》标准	
1196	制定《玻璃钢渔船舭龙骨技术要求》标准	
1197	制定《玻璃钢渔船护舷材技术要求》标准	
1198	制定《渔船玻璃纤维增强塑料艉轴管制作安装技术要求》标准	
1199	制定《玻璃钢渔船甲板防滑技术要求》标准	
1200	制定《玻璃钢渔船聚氨酯芯材构件技术要求》标准	
1201	制定《渔船导管桨安装技术要求》标准	
1202	制订《玻璃钢渔船箱龙骨填充技术要求》标准	
1203	制定《玻璃钢渔船混合模具制作和修理技术要求》标准	
1204	制定《马铃薯主食产品分类和术语》标准	农业部农产品加工标准化技术委员会；联系人：王杕；通讯地址：北京市海淀区西北旺农大南路 1 号；联系电话：15901299196；电子邮箱：kjc-food@ 126. com
1205	制定《甘薯贮运技术规程》标准	
1206	制定《杏干产品等级规格》标准	
1207	制定《西甜瓜包装、贮运技术规范》标准	
1208	制定《橙汁胞等级规格》标准	
1209	制定《干红辣椒分级》标准	
1210	制定《金银花热风干燥技术规范》标准	
1211	制定《食用菌包装及贮运技术规程》标准	
1212	修订《天然生胶凝胶标准橡胶生产技术规程》标准	农业部热带作物及制品标准化技术委员会；联系人：蒲金基；通讯地址：海南省海口市龙华区学院南路 4 号中国热带农业科学院科技处；联系电话：089866962994
1213	修订《天然橡胶初加工机械燃油炉质量评价技术规范》标准	
1214	制定《天然橡胶初加工机械乳胶离心沉降器质量评价技术规范》标准	
1215	修订《天然橡胶初加工机械绉片机》标准	
1216	制定《橡胶树炭疽病监测技术规程》标准	
1217	修订《橡胶树育种技术规程》标准	
1218	修订《橡胶树品种》标准	
1219	制定《天然橡胶与合成橡胶的混合物》标准	
1220	制定《食用木薯块根采后贮藏技术》标准	
1221	制定《标准化剑麻园建设规范》行业标准	
1222	制定《芒果种质资源收集、整理、保存技术规程》	
1223	制定《油棕种苗繁育技术规程》标准	
1224	制定《热带作物品种审定规范胡椒》标准	
1225	制定《咖啡种苗生产技术规程》标准	
1226	制定《椰衣纤维》标准	

（续表）

序号	建议项目名称	标准技术归口单位及联系方式
1227	制定《菠萝叶纤维精干麻》标准	农业部热带作物及制品标准化技术委员会；联系人：蒲金基；通讯地址：海南省海口市龙华区学院南路4号中国热带业科学院科技处；联系电话：089866962994
1228	制定《荔枝采后处理与贮运技术规程》标准	
1229	修订《荔枝等级规格》标准	
1230	制定《杨桃苗木生产技术规程》标准	
1231	修订《杨桃采后商品化处理技术规程》标准	
1232	制定《龙眼干加工技术规程》标准	
1233	修订《毛叶枣（青枣)》标准	
1234	制定《热带作物品种审定规范菠萝蜜》标准	
1235	制定《澳洲坚果病虫害防治技术规程》标准	
1236	制定《莲雾种苗》标准	
1237	制定《辣木种苗生产技术规程》标准	
1238	制定《辣木种质资源描述规范》标准	
1239	制定《辣木叶粉及原料保鲜、储藏规范》标准	
1240	修订《番木瓜》（NY/T 691—2003）标准	
1241	制定《橡胶树籽苗芽接苗育苗技术规程》标准	
1242	修订《澳洲坚果带壳果》（NY/T 1521—2007）标准	
1243	制定《莲雾采收及采后处理技术规程》标准	
1244	制定《自动导航和驾驶系统》标准	中国农垦经济发展中心；通讯地址：北京市朝阳区东三环南路96号农丰大厦1017；联系电话：010 – 59199580
1245	制定《农产品质量安全追溯操作规程水产品》标准	
1246	制定《茶树品种鉴定 SNP分子标记法》标准	全国农技中心标准与信息处；联系人：陈应志，通讯地址：北京市朝阳区麦子店街20号楼，邮政编码：100125；电话：010 – 59194555；电子邮件：chenyingzhi@agri.gov.cn
1247	制定《梨品种黑星病抗性鉴定与评价技术规程》标准	
1248	制定《葡萄无病毒苗木繁育技术规范》	
1249	制定《瓜类蔬菜穴盘育苗技术规程》标准	
1250	制定《茄果类蔬菜套管嫁接育苗技术规程》标准	
1251	制定《微型姜苗快繁与良种繁育技术规程》标准	
1252	制定《微型蒜快繁与良种繁育技术规程》标准	
1253	制定《杂交油菜细胞质雄性不育系分子鉴定方法》标准	
1254	制定《油菜种子携带病原菌检测技术规程》标准	
1255	制定《草莓苗质量分级》标准	
1256	制定《猕猴桃苗木繁育技术规程》标准	
1257	制定《苹果大苗繁育技术规程》标准	
1258	制定《草莓脱毒种苗繁育技术规程》标准	
1259	制定《绿豆抗旱性鉴定评价技术规范》标准	
1260	制定《普通菜豆抗旱性鉴定评价技术规范》标准	
1261	制定《玉米抗旱性鉴定评价技术规程》标准	
1262	制定《玉米雄性不育化制种技术规程》标准	
1263	制定《甜玉米种子包衣技术规范》标准	
1264	制定《玉米耐寒性鉴定评价技术规程》标准	
1265	制定《玉米耐高温鉴定评价技术规程》标准	

（续表）

序号	建议项目名称	标准技术归口单位及联系方式
1266	制定《玉米耐盐碱鉴定评价技术规程》标准	
1267	制定《水稻品种耐热性鉴定技术规程》标准	
1268	制定《甘薯品种主要病害抗性鉴定技术规程》标准	
1269	制定《大豆品种花叶病毒病抗性鉴定技术规程》标准	
1270	制定《甘薯块根花青素、胡萝卜素检测技术规程》标准	
1271	制定《马铃薯品种晚疫病抗性鉴定技术规程》标准	
1272	制定《棉花品种枯萎病抗性鉴定技术规程》标准	
1273	制定《工业大麻品种类型》标准	
1274	制定《工业大麻种子繁育技术规程》标准	
1275	制定《工业大麻种子质量》标准	
1276	制定《玉米品种鉴定 SNP 分子标记法》标准	
1277	制定《水稻品种鉴定 SNP 分子标记法》标准	
1278	制定《花生品种鉴定 SSR 分子标记法》标准	全国农技中心标准与信息处；联系人：陈应志，通讯地址：北京市朝阳区麦子店街 20 号楼，邮政编码：100125；电话：010－59194555；电子邮件：chenyingzhi@agri.gov.cn
1279	制定《甘薯品种鉴定 SSR 分子标记法》标准	
1280	制定《香蕉品种鉴定 SSR 分子标记法》标准	
1281	制定《甘蔗品种鉴定 SSR 分子标记法》标准	
1282	制定《农作物品种纯度 SSR 分子标记检测总则》标准	
1283	制定《玉米品种纯度鉴定 SSR 分子标记法》标准	
1284	制定《水稻品种纯度鉴定 SSR 分子标记法》标准	
1285	修订《农作物种子检验规程》标准	
1286	制定《玉米籽粒自然脱水速率鉴定技术规程》标准	
1287	制定《甘蔗健康种苗脱毒技术规范》标准	
1288	制定《甘蔗健康种苗检测技术规范》标准	
1289	制定《柑橘无病毒育苗设施建设规范》标准	
1290	制定《农作物种质资源调查收集标准－有性繁殖作物》标准	
1291	制定《农作物种质资源调查收集标准－无性繁殖作物》标准	
1292	制定《农作物种质资源征集标准》	
1293	制定《桃苗木生产技术规程》标准	
1294	制定《植物新品种 DUS 测试指南枇杷属》标准	
1295	制定《植物新品种 DUS 测试指南藜麦》标准	
1296	制定《植物新品种 DUS 测试指南万寿菊属》标准	
1297	制定《植物新品种 DUS 测试指南菠菜》标准	全国植物新品种测试标准化技术委员会秘书处，联系人：徐岩；通讯地址：北京市朝阳区东三环南路 96 号农丰大厦 707 室，农业部科技发展中心植物新品种测试处；邮：100122；电话：（010）59199394；传真：（010）59199393；邮箱：xuyan5786@qq.com
1298	制定《植物新品种 DUS 测试指南柱花草》标准	
1299	制定《植物新品种 DUS 测试指南芥蓝》标准	
1300	制定《植物新品种 DUS 测试指南甜菊》标准	
1301	制定《油菜品种鉴定标准 SNP 分子标记法》标准	
1302	制定《棉花品种鉴定标准 SNP 分子标记法》标准	
1303	制定《青稞品种鉴定标准 SSR 分子标记法》标准	
1304	制定《甜菜品种鉴定标准 SSR 分子标记法》标准	
1305	制定《茶树品种鉴定标准 SSR 分子标记法》标准	
1306	制定《茎用芥蓝品种鉴定标准 SSR 分子标记法》标准	

序号	建议项目名称	标准技术归口单位及联系方式
1307	制定《甜瓜品种鉴定标准 SSR 分子标记法》标准	
1308	制定《梨品种鉴定标准 SSR 分子标记法》标准	
1309	制定《猕猴桃品种鉴定标准 SSR 分子标记法》标准	
1310	制定《西葫芦品种鉴定 SSR 分子标记法》标准	
1311	制定《木薯品种鉴定标准 SSR 分子标记法》标准	
1312	制定《芥菜型油菜品种鉴定标准 SSR 分子标记法》标准	
1313	制定《萝卜品种鉴定 SSR 分子标记法》标准	
1314	制定《谷子品种鉴定标准 SSR 分子标记法》标准	
1315	制定《燕麦品种鉴定标准 SSR 分子标记法》标准	
1316	制定《茄子品种鉴定标准 SSR 分子标记法》标准	
1317	制定《绿豆品种鉴定标准 SSR 分子标记法》标准	全国植物新品种测试标准化技术委员会秘书处，联系人：徐岩；通讯地址：北京市朝阳区东三环南路 96 号农丰大厦 707 室，农业部科技发展中心植物新品种测试处；邮编：100122；电话：（010）59199394；传真：（010）59199393；邮箱：xuyan5786@qq.com
1318	制定《芝麻品种鉴定标准 SSR 分子标记法》标准	
1319	修订《玉米品种鉴定标准 SSR 分子标记法》标准	
1320	修订《普通小麦品种鉴定标准 SSR 分子标记法》标准	
1321	修订《甘蓝新品种鉴定标准 SSR 分子标记法》标准	
1322	修订《马铃薯品种鉴定标准 SSR 分子标记法》标准	
1323	修订《大白菜品种鉴定标准 SSR 分子标记法》标准	
1324	修订《西瓜品种鉴定标准 SSR 分子标记法》标准	
1325	修订《高粱品种鉴定标准 SSR 分子标记法》标准	
1326	修订《辣椒品种鉴定标准 SSR 分子标记法》标准	
1327	修订《黄瓜品种鉴定标准 SSR 分子标记法》标准	
1328	修订《番茄品种鉴定标准 InDel 分子标记法》标准	
1329	修订《结球甘蓝品种鉴定标准 SSR 分子标记法》标准	
1330	修订《苹果品种鉴定标准 SSR 分子标记法》标准	
1331	修订《桃品种鉴定标准 SSR 分子标记法》标准	
1332	修订《葡萄品种鉴定标准 SSR 分子标记法》标准	
1333	修订《大麦品种鉴定标准 SSR 分子标记法》标准	
1334	修订《百合品种鉴定标准 SSR 分子标记法》标准	

附件 45 - 2

农业行业标准制定和修订
（农产品质量安全）

项目申报书

项 目 任 务：_____

项 目 类 型：_____

项 目 单 位：_____

首席专家姓名：_____

通 讯 地 址：_____

邮 政 编 码：_____

联 系 电 话：_____

手 　 　 机：_____

传 　 　 真：_____

电 子 邮 件：_____

法人代表姓名：_____

编 制 日 期：_____

主管部门（单位）：_____

中华人民共和国农业部制

一、2015 年及以前项目执行进展及下一步进度安排

（2015 年及以前未安排标准制定和修订项目的，不填写此栏目）

二、2016 年项目任务计划

（一）项目的必要性和紧迫性

（二）拟设置的主要技术内容和技术路线

（三）年度目标与预期效益

（四）项目主要工作内容及金额

（五）时间进度与工作保证措施（时间进度为 2016 年 1～11 月）

（六）涉及的相关单位（包括与实施项目有关的基层单位、科研院校、农资生产经营企业以及项目单位所属独立法人等）及事项

三、项目单位情况

（一）单位类型、隶属关系、职能业务范围

（二）现有工作基础

（三）技术设备条件、财务收支资产状况、内部管理制度建设情况

（四）有无不良记录（财政部门及审计机关处理处罚决定、行业通报批评、媒体曝光等）

四、人员分工

	姓名	性别	年龄	所学专业	工作单位	职称/职务	承担任务	首席专家联系方式
首席专家								通讯地址： 办公电话： 传真： 手机号： 电子邮箱：
成员								

五、申请资金经济分类明细表

项目名称：　　　　　　　　　　　　项目承担单位：

（项目单位财务专用章）　　　　　　　　　　　　单位：万元

项目内容	合计	商品和服务支出有关科目													
		小计	印刷费	咨询费	水费	电费	邮电费	差旅费	租赁费	维修（护）费	培训费	专用材料费	劳务费	委托业务费	其他商品和服务支出
（项目内容 1）															
（项目内容 2）															
（项目内容 3）															
合计															

六、申报意见表

项目单位 意　　见	本单位对以上内容的真实性和准确性负责，特申请立项。 　　　　　　　　　　　　　法人代表签名：单位公章 　　　　　　　　　　　　　　　　　年　月　日
主管部门 （单位） 意　　见	经审核，同意报送。 　　　　　　　　　　　负责人签名：　　　　（单位公章） 　　　　　　　　　　　　　　　　　　　年　月　日
农业部 农产品质量安全 监管局意见	 　　　　　　　　　　　　　　　　　　单位公章 　　　　　　　　　　　　　　　　　年　月　日

七、项目单位账号

项目单位财务专用章：

项目单位 账　　户	收款单位：户名：(本单位在银行类金融机构所开户头的全称)
	开户银行：××银行××省××市××县（区）分行（支行）××营业部（分理处）或 ××省××市××县（区）××乡（镇）农村信用社
	账　　号：

填制说明

1. 基本要求

所有条（栏）目均不得删减、合并、漏填。本申报书由项目单位业务部门和财务部门共同编制，主管部门（单位）要对申报单位进行指导并对真实性和准确性负连带责任。项目单位、主管部门（单位）各留存 1 份。申报材料有弄虚作假，内容不全或者不合要求者将不予评审。

2. 项目类型

填制定、修订或其他。

3. 项目单位

指项目第一承担单位。

4. 项目的必要性和紧迫性

填写与本标准项目有关的国内外标准现状，相关技术成熟情况，生产、加工、贸易、检测、管理对标准的需求状况。若为修订项目，还应当说明原标准存在的主要缺陷以及修订的主要方面。

5. 主要技术内容和技术路线

此部分是项目申报书的核心内容，应重点突出、简洁明了、准确合理，详细说明标准拟设置的主要技术指标和相关要求以及实施此项工作的各个步骤及具体操作。

6. 预期效益

填写项目完成后所能产生的社会效益和经济效益。

7. 项目主要工作内容及金额

项目内容要细化，并明确分项经费需求，与"申请资金经济分类明细表"、"申请资金经济分类汇总表"严格一致。

8. 项目实施进度与工作保证措施

要详细列出项目实施过程中各环节时间表，保证措施主要填写承担单位和起草组人员保证工作进展的组织、技术、资金等措施。

9. 涉及的相关单位及事项

参加标准起草的单位应当有代表性，各参加单位之间的分工要明确。

10. 现有工作基础

简要填写申报单位近年来进行的与申请项目有关的研究（含制定标准）及取得的主要成果，收集资料或试验材料情况，掌握制标方法情况，以及为制标工作所能提供的设施、设备和试验场地等情况。若有标准制修订基础，应附表列明任务下达时间、计划号、完成情况、标准发布的标准号、标准名称等信息，包括首席专家接受标准化知识的培训情况等。

11. 人员构成

首席专家应当是在职人员，具有相应的学术水平，在行业中有一定的学术影响力，并具备高级技术职称。标准起草组成员应当具备代表性，广泛吸收科研、生产、检测等方面的专家和技术人员参加。

12. 项目单位意见

应当结合本单位的工作基础，提出详细推荐和工作保证性意见，加盖单位印章。

13. 主管部门（单位）意见

农业系统地方申报单位由省级农业行政主管部门（单位）审核填写；中央直属及地方科研院校（非部属单位）由本科研院校审核填写；挂靠农业部或外部委的社团（非部属单位）由本社团审核填写。

11. 农业部农业环境重点实验室 2016 年度开放基金申请指南

农业部农业环境重点实验室 2016 年度开放基金申请指南

农业部农业环境重点实验室依托于中国农业科学院农业环境与可持续发展研究所，是农业环境学科群的牵头单位。依据实验室"开放、流动、联合、竞争"的运行机制，现面向国内外发布 2016 年度实验室开放课题申请指南，欢迎相关单位科研人员踊跃申报。具体如下：

一、资助方向：

围绕气候变化与农业、农业气象防灾减灾、农业面源污染防治、产地环境保护、生物多样性农业利用及农业环境管理理论等方面的基础和应用基础研究。

（具体研究内容请参考附件 1：农业环境学科群重点方向与主要研究内容矩阵表）

二、申请人条件：

具有博士学位和中级（含）以上专业技术职称的国内外科研人员。

三、申请截止时间：

2015 年 10 月 30 日（邮寄申请书以投递日邮戳为凭）。

四、申请须知：

1. 申请者可以从本网站下载开放课题申请书，按要求认真填写申请书并提交签字盖章的纸质申请书原件一式 4 份到重点实验室，同时提供内容一致的电子版 1 份，难以电子化的附件材料随纸质申请书一并报送。

2. 课题资助金额一般为 5 ~ 10 万元/年，经费将以委托业务费的形式支付。资助时间一般为 1 ~ 3 年，需分年度制定预算。

3. 本基金要求课题结束时，提交研究课题总结报告，在课题结题后 1 年内至少在国内中文核心期刊发表论文 2 篇，或者发表 SCI 论文 1 篇（实验室为第一完成单位）。

4. 开放课题研究成果为本实验室与开放基金资助人员所在单位共享。开放基金资助人员论文发表时，如果是本实验室开放基金资助课题完成的论文应明确标注该研究是由本重点实验室开放基金资助或在本实验室完成。实验室中英文标注为：农业部农业环境重点实验室（Key Laboratory for Agricultural Environment，Ministry of Agriculture，P. R. China）。

五、联系方式：

联系人：夏旭

通讯地址：北京市海淀区中关村南大街 12 号中国农业科学院农业环境与可持续发展研究所行政楼 204 室

邮编：100081

电话：010 - 82109768 13466300264

传真：010 - 82109567

邮箱：xiaxu@ caas. cn

附件 1：农业环境学科群重点方向与主要研究内容矩阵表

附件 2：开发基金申请书

来源：http://www.caas.net.cn/ggfw/tzgg/262354.shtml

附件1

农业环境学科群重点方向与主要研究内容矩阵表

重点方向	1-主要内容	2-科学观测	3-科学实验	4-技术示范
A. 气候变化与农业	101. 气候变化农业影响识别、归因及评估 102. 农业适应气候变化机理与技术 103. 农业温室气体排放及固碳减排机理	201. 农业气象观测* 202. 典型农田/草地水碳通量观测 203. 农业源温室气体监测与估算	301. 农业固碳与温室气体减排试验 302. 农田碳氮水定位实验* 303. 气候变化模拟控制实验	401. 低碳农业技术 402. 农业适应气候变化技术
B. 农业气象防灾减灾	106. 农业气象灾变规律与预灾机理 107. 农业气象灾损评估与风险管理	206. 主要农作物气象灾变阈值 207. 农业气象灾害远程监测与评估	306. 灾害性天气气候指数 307. 主要灾害防御技术试验	406. 农业抗灾减损技术 407. 农业气象灾害保险
C. 农业面源污染防治	111. 农业面源污染负荷估算与风险 112. 农业面源污染发生与控制机理 113. 面源污染分区治理方案与技术	211. 农田水土流失观测 212. 流域/区域农业面源污染识别与源解析 213. 地膜残留污染效应观测 214. 地下水污染观测与来源辨析	311. 种养系统氮磷减排与循环利用试验 312. 有机废弃物安全循环利用试验 313. 农村污水处理与循环利用试验 314. 地膜污染控制与修复试验	411. 农业清洁生产技术 412. 有机废弃物循环利用技术 413. 低农药养殖模式与利用技术 414. 退水/污水处理与循环利用技术
D. 产地环境保护	116. 产地污染物累积规律与污染机理 117. 产地环境质量评价与划区	216. 重金属污染/农药残留/环境激素监测 217. 农产品质量检测 218. 灌溉水质检测评价	316. 重金属污染修复试验 317. 产地污染阻控试验 318. 基于安全的污染物阈值试验	416. 产地污染物修复技术 417. 农产品安全生产技术 418. 有机农业生产技术
E. 生物多样性农业利用	121. 生物多样性农业利用机理与效应 122. 农业生态系统结构与功能 123. 入侵生物环境风险评价	221. 氮沉降与农区自然植被恢复观测 222. 典型农业生态系统物种多样性观测 223. 入侵生物环境影响观测 224. 作物互作优化观测	321. 应变型种植制度及生产力试验 322. 生态农业循环技术试验 323. 入侵生物防控试验 324. 间套作生态优化模式试验	421. 循环农业模式与技术体系 422. 生态农业模式与技术体系 423. 间套作生态优化模式与技术体系
F. 农业环境管理理论	126. 农业的环境效益与生态服务价值 127. 农业环境保护决策机制	226. 农业生态服务价值调查与估算 227. 农户应用环保农业技术意愿调查	326. 环保农业技术成本效益验证	426. 环保农业技术清单

附件 2

收到日期	
评审结果	
课题编号	

农业部农业环境重点实验室

开放基金申请书

课题名称（中文）＿＿＿＿＿＿＿＿＿＿＿＿＿＿

　　　　　　（英文）＿＿＿＿＿＿＿＿＿＿＿＿＿＿

课 题 负 责 人　＿＿＿＿＿＿＿＿＿＿＿＿＿＿

所 在 单 位　＿＿＿＿＿＿＿＿＿＿＿＿＿＿

课题起止时间　＿＿＿＿年＿＿月＿＿日至＿＿＿＿年＿＿月＿＿日

电　　　　话　＿＿＿＿＿＿＿＿＿＿＿＿＿＿

传　　　　真　＿＿＿＿＿＿＿＿＿＿＿＿＿＿

E-mail　　＿＿＿＿＿＿＿＿＿＿＿＿＿＿

通 讯 地 址　＿＿＿＿＿＿＿＿＿＿＿＿＿＿

中国农业科学院农业环境与可持续发展研究所

2015 年 10 月

课题信息表

课题名称		
主要参加单位	序号	单 位 名 称

课题负责人	姓名		性别□男 □女	出生年月	年
	学历	□研究生 □大学 □大专 □中专 □其它			
	毕业院校				
	职称	□高级 □中级 □初级 □其他			

参加人数	人	高级	人	中级	人	初级	人	其他	人

所属研究方向	□气候变化与农业 □农业气象防灾减灾 □农业面源污染防治 □产地环境保护 □生物多样性农业利用 □农业环境管理理论
创新类型	□原始创新 □集成创新 □引进消化吸收再创新
主要研究内容 （100 字以内）	
预期成果	□专利 □技术标准 □新产品（或农业新品种） □新工艺 □新装置 □新材料 □计算机软件 □论文论著 □研究报告 □其它
产学研联合	□是 □否
经费预算	万元

一、研究目标与意义

二、研究内容及实施方案

1. 主要研究内容

2. 实施方案

3. 技术难点和创新点

三、预期成果及考核指标

1. 预期成果

2. 考核指标（含主要技术经济指标）

四、工作基础

五、经费预算

　　要求：请对课题预算支出逐项进行说明，详细分析预算支出理由，以及与课题的相关性，具体测算标准，测算依据等。无支出说明或说明理由不详细，视为预算理由不充分。

六、主要研究人员

姓名	性别	年龄	职务职称	业务专业	为本课题工作时间（%）	所在单位

七、所在单位推荐意见

课题申请人签名：单位（盖章）

年　月　日

八、评审意见

评审人意见：

评审人签名

年　月　日

实验室意见：

单位（盖章）

年　月　日

12. 农业部办公厅关于组织转基因生物新品种培育科技重大专项 2016 年度课题申报的通知

农业部办公厅关于组织转基因生物新品种培育科技重大专项 2016 年度课题申报的通知

各有关单位：

按照国家科技重大专项实施工作的有关要求，以及《国务院印发关于深化中央财政科技计划（专项、基金等）管理改革方案的通知》（国发〔2014〕64 号）的有关精神，依据转基因重大专项总体实施方案和"十三五"实施计划，经研究，2016 年拟继续滚动支持一批重大课题。有关事项通知如下。

一、支持范围

在转基因重大专项"十一五"和"十二五"实施基础上，对转基因重大专项"十三五"实施计划确定的 13 类研究项目 54 个重大课题，按照"滚动支持、动态调整"的原则予以支持，详见附件 1。

二、课题组织实施方式及实施期限

按照转基因重大专项总体实施方案的要求，重大课题采取"择优委托、专家论证"的方式确定课题承担单位。课题实施周期为 5 年（2016—2020 年），实行"3 + 2"管理模式，第三年末将对课题进行中期评估，进一步明确课题后两年研究目标，调整和优化研究内容、经费和人员配置。对执行不力、无法完成预期目标任务的课题将及时予以终止。

三、经费来源

转基因动植物新品种培育类课题，单位自筹和地方配套经费不低于中央财政经费的 30%。基因克隆与功能验证及规模化转基因操作技术、转基因生物安全技术和发展战略研究类课题，全部为中央财政经费。

四、申报基本要求

（一）请各课题牵头申报单位和课题负责人严格按照转基因重大专项聚焦瘦身的要求，参照"十三五"战略研究的成果，优化调整课题研究内容、参加单位和人员队伍。参加单位最多不能超过 9 家（不含课题主持单位）。

（二）重大专项实行承担单位法人负责制。法人单位是课题申报和实施的责任主体。牵头申报单位和联合申报单位均应是具有独立法人资格的科研院所、高等院校或企事业单位。牵头申报单位应对联合单位的申报资格进行审核。各方须签订共同申报协议，明确约定各自所承担的工作、责任和经费。

（三）在本专项前期实施过程中有不良记录的单位和个人不得参与本次课题申报。如学术不端、违反转基因生物安全管理规定等。

（四）按照科技部关于民口科技重大专项管理改革的有关要求，专项总体专家组成员不得承担专项项目（课题）。转基因生物新品种培育重大专项总体组成员不参与本次课题申报。

（五）课题负责人应是具有高级专业技术职称的在职人员，具有较高的学术水平、相关研究经验，对国内外最新科技动态有较全面的了解。课题负责人只能主持申报一项课题。课题参加人最多可以参与两项课题（含在研重大、重点课题）的申报。课题负责人投入课题研究时间不少于本人工作时间的 60%。如申报人（包括负责人和参加人）同时负责或参加多个中央财政科技计划（专项、基金等）课题，合计投入课题研究的时间不超过其工作时间的 100%。

（六）课题负责人及参加人不得弄虚作假，违背科学道德。对于提供虚假资料和信息的，一经查实，将被记入信用档案，并在 3 年内不受理其提交的任何课题申报。

不符合上述规定的申报书视为无效申请，不参与课题评审，不进入滚动支持。

五、申报文件的编制与递交

（一）编制要求

1. 课题申报书和附件均以中文编写，要求语言精炼，数据真实、可靠，不得涉及国家秘密。课题申报书与附件合订成册。

2. 附件应提供清单，并顺序排列，主要包括：申报单位法人代码证复印件、联合申报合作协议、课题申报要求的其他资质证明文件。

3. 课题申报要求中如明确有配套资金要求的，申报单位必须提供经费配套承诺文件，保证配套资金及时到位，保障研究工作顺利实施。

（二）申报方式

根据《国务院印发关于深化中央财政科技计划（专项、基金等）管理改革方案的通知》（国发〔2014〕64 号）的有关要求，国家科技重大专项 2016 年度非涉密项目（课题）申报将统一在国家科技计划项目申报中心网站 http：//program. most. gov. cn（以下简称"申报中心网站"）通过在线方式进行；涉密项目（课题）仍按照离线方式进行报送。

（三）网络申报流程

1. 单位注册。申报单位通过申报中心网站进行在线注册，具体注册流程及要求请认真阅读申报中心网站说明。此前申报过国家科技计划项目（973、863、科技支撑等），已经注册的申报单位不需要重新注册。

2. 账号创建。单位注册通过审核后，申报单位使用所注册的账号（单位管理员账号）登录申报中心网站，创建申报用户账号，并将申报课题在线授权给申报用户。

3. 在线填报。申报用户在线填报申报材料，完成后提交至单位管理员审核。单位管理员审核确认后，将申报材料在线提交转基因重大专项实施管理办公室。

4. 申报时间。网络受理时间：2015 年 10 月 8 日至 10 日，请各申报单位合理安排课题填报时间，认真审核，按时提交课题申请书。

网上申报技术支持电话：010 - 88659000（中继线），010 - 51292636。

传真号码：010 - 68523108、68520906、88654001、88654002、88654003、88654004、88654005。

技术支持邮箱：program@ most. cn

（四）纸质申报材料的递交方式

在完成网上在线提交后，请各申报单位在线打印或导出申报书电子版，用 A4 纸双面打印，正文与附件一起简易装订成册一式 15 份（2 份为盖章原件，封面标注正本），连同电子版光盘一份，电子文件名称格式为："课题编号＋课题名称＋申报书"（例如：1-1 抗虫转基因水稻新品种培育申报书），于 2015 年 10 月 13 日 16：00 前，报送至农业部科技发展中心项目管理处（地址：北京朝阳区东三环南路 96 号农丰大厦 607 室，电话：010－59199368、59199367），逾期不予受理。邮寄的申报材料以收件时间为准。对申报材料在邮寄过程中遗失或损毁的，责任自负。

联系人：苏国东、付金东

电　话：010－59192979、59193078

附件：1. 转基因重大专项 2016 年度课题支持范围
　　　2. 转基因重大专项课题申报书（格式）

农业部办公厅
2015 年 9 月 22 日

来源：http://www.moa.gov.cn/zwllm/cwgk/zdxm/201509/t20150928_4843985.htm

附件 1

转基因重大专项 2016 年度课题支持范围

围绕转基因重大专项"十三五"目标和技术发展路线图，针对我国动植物转基因研发和产业化发展中急需解决的关键问题，按照转基因生物研发及产业化的完整链条，在"十一五"和"十二五"重大课题实施的基础上，2016 年拟继续采取"择优委托、专家论证"的方式，启动实施转基因动植物新品种培育、基因克隆与功能验证、规模化转基因操作技术、转基因生物安全评价技术、转基因生物检测监测技术和产业化发展战略研究等 13 个研究类项目 54 个重大课题。与专项目标关系不密切，没有充分紧扣专项的特点和要求，距离产业化的目标比较远，出于科学家的兴趣或自由探索的前沿性、基础性的研究内容不予支持。

项目一：转基因水稻新品种培育

开展新型抗虫、抗病、抗逆、高产、优质转基因水稻新品系的研制。

（1）课题 1－1. 抗虫转基因水稻新品种培育

针对我国主要水稻产区的螟虫和稻飞虱等最主要害虫，在"十二五"的基础之上，培育适合于不同生态区的优良转基因水稻抗虫衍生品系和组合，建立相关的生产应用操作规程，加强多年多点新品种比较试验，为产业化打下坚实基础；培育新型安全的抗虫转基因水稻新材料，以消除大众对外源基因和蛋白的顾虑；创制新型抗虫（重点是抗稻飞虱）转基因水稻新品系和新材料，进行相应的转基因生物安全性评价；研制多价和抗性叠加的转基因水稻新材料。继续保持我国在抗虫转基因水稻在国际上的领先水平。

（2）课题 1－2. 抗病转基因水稻新品种培育

针对我国水稻主产区的重大病害白叶枯病、稻瘟病、纹枯病和条纹叶枯病等，创制一批抗病转基因水稻新材料；培育一批抗病转基因水稻新品系（新品种）；建立其生产应用的操作规程；为解决我国水稻生产中的病害问题提供科技支撑。

（3）课题 1-3. 抗逆转基因水稻新品种培育

针对我国水资源贫乏以及化肥利用率低下等问题，重点筛选有重要应用价值的节水抗旱、氮磷营养高效的基因；创制节水抗旱、氮磷营养高效转基因水稻新材料，培育新品系；进行抗除草剂转基因水稻产业技术规范研究，做好产业化前期准备；开展抗逆转基因水稻新品系的生产性试验，培育一大批新型抗逆、抗除草剂转基因水稻新材料。

（4）课题 1-4. 高产转基因水稻新品种培育

利用转基因及基因组编辑等前沿技术，创制株型理想、高光能利用率、配合力强的新型高产育种材料，培育产量潜力大幅度提高、具有重大应用前景的水稻新品种（系）。

（5）课题 1-5. 优质转基因水稻新品种培育

培育一批优质食味、富含营养、耐贮以及具有功能性特殊品质的转基因水稻新材料和新品系，推进其转基因生物安全性评价和营养保健功能性评价，实现新材料、新品系储备。

项目二：转基因小麦新品种培育

创制抗病虫、抗逆、氮磷养分高效利用及高产优质等重要性状转基因小麦新新品系。

（6）课题 2-1. 抗病虫转基因小麦新品种培育

针对影响小麦生产的主要病虫害，培育具有重要应用前景的抗小麦黄花叶病转基因新品系；创制抗赤霉病、纹枯病、抗蚜虫等转基因小麦新种质和新品系，完善高效的小麦抗病虫分子育种技术体系。

（7）课题 2-2. 抗逆转基因小麦新品种培育

针对干旱、盐碱、高温等影响小麦生产的主要逆境因子，创制抗旱节水、耐盐碱、耐高温等抗逆转基因小麦新种质，培育具有重要生产应用前景的新品系；完善小麦抗逆分子育种技术体系。

（8）课题 2-3. 优质、高产转基因小麦新品种培育

利用高光效和产量构成因子（穗粒数、千粒重、分蘖等）等产量性状相关基因，培育高产转基因小麦新种质、新品系；在保证产量基础上，创制产量与品质协调改良、以及营养功能型转基因新材料和新品系，完善小麦高产育种新方法。

（9）课题 2-4. 氮磷高效利用转基因小麦新品种培育

以提高养分利用效率为目标，创制氮、磷高效利用转基因小麦新材料和新品系；完善小麦养分高效利用分子育种技术体系。

项目三：转基因玉米新品种培育

培育抗病虫、抗逆、养分高效利用、优质、功能型等具有产业化前景的转基因玉米新组合和新品种。

（10）课题 3-1. 抗病虫、抗除草剂转基因玉米新品种培育

针对我国玉米生产中的实际需求，继续围绕抗病虫、抗除草剂等目标性状，培育抗虫转基因玉米和抗除草剂目标性状突出、综合农艺性状优良的转基因玉米新品种；创制抗病（粗缩病、纹枯病等）转基因玉米育种新材料，选育优良杂交组合；重点开展抗虫、抗除草剂优良转化体的产业化技术体系研究，推进我国转基因玉米的产业化。

（11）课题 3-2. 优质功能型转基因玉米新品种培育

在前期研究工作基础上，利用已经获得安全证书的植酸酶玉米，综合运用分子育种技术，培育出目标性状突出、商业化前景良好的植酸酶玉米，开展产业化技术体系研究，加快推进转植酸酶基因玉米品种的产业化进程；创制优质（高淀粉、高赖氨酸等）和功能型（高植酸酶、高维生素）转基因玉米育种新材料，组配和筛选优良杂交组合。

（12）课题3-3. 抗逆转基因玉米新品种培育

围绕我国玉米生产中的干旱、盐碱等抗逆性状开展抗逆转基因玉米新品种的研究；对已经进入中间试验和环境释放的转基因新材料继续开展生物安全评价等试验，结合常规育种技术，培育目标性状突出、综合农艺性状优良的抗逆转基因玉米新品种，开展产业化技术体系研究，推进抗旱转基因玉米的产业化进程，大大提升我国抗逆转基因玉米的整体研发水平。

（13）课题3-4. 高产转基因玉米新品种培育

围绕玉米高产耐密、早熟脱水快宜机收相关性状开展转基因研究，筛选光合效率显著提高，早熟脱水快宜机收，耐密性大幅度改善与粒大粒多、穗重容重增加等其它产量构成要素明显改良的转基因玉米育种新材料；对已经进入中间试验的新材料，继续开展生物安全评价的同时，开展杂交组合的组培以及配合力分析，鉴定目标性状突出、综合农艺性状优良的转基因杂交新组合；开展多年多点品比试验。

（14）课题3-5. 养分高效利用转基因玉米新品种培育

在"十二五"研究的基础上，围绕氮、磷、钾营养高效目标性状，开展营养高效吸收利用转基因玉米新品种培育，对已进入中间试验的转基因玉米新材料开展回交转育，筛选氮、磷、钾等养分高效利用的转基因玉米育种新材料，对获得的新材料开展生物安全评价和育种价值综合评估，组配和筛选优良杂交组合。

项目四：转基因大豆新品种培育

培育抗除草剂、抗逆、优质、抗病虫、养分高效利用等目标性状突出、综合性状优良的转基因大豆新品种（系）。

（15）课题4-1. 抗除草剂转基因大豆新品种培育

在前期研究工作的基础上，继续开展抗除草剂转基因大豆新品种培育，创制具有重要应用价值的转基因育种新材料，培育目标性状突出、综合性状优异的转基因大豆新品系和新品种，建立转基因大豆产业化技术体系，积极稳妥推进转基因大豆产业化。

（16）课题4-2. 抗逆转基因大豆新品种培育

继续开展抗逆转基因大豆新品种培育，创制具有重要应用价值的转基因育种新材料，培育目标性状突出、综合性状优异的转基因大豆新品系和新品种，建立转基因大豆产业化技术体系，积极稳妥推进转基因大豆产业化。

（17）课题4-3. 营养功能型转基因大豆新品种培育

继续开展优质功能型转基因大豆新品种培育，创制具有重要应用价值的转基因育种新材料，培育目标性状突出、综合性状优异的转基因大豆新品系和新品种，建立转基因大豆产业化技术体系，积极稳妥推进转基因大豆产业化。

（18）课题4-4. 抗病虫转基因大豆新品种培育

继续开展抗病虫转基因大豆新品种培育，创制具有重要应用价值的转基因育种新材料，培育目标性状突出、综合性状优异的转基因大豆新品系和新品种，建立转基因大豆产业化技术体系，积极稳妥推进转基因大豆产业化。

（19）课题4-5. 养分高效转基因大豆新品种培育

继续开展养分高效利用转基因大豆新品种培育，创制具有重要应用价值的转基因育种新材料，培育目标性状突出、综合性状优异的转基因大豆新品系和新品种，建立转基因大豆产业化技术体系，积极稳妥推进转基因大豆产业化。

项目五：转基因棉花新品种培育

培育具有带动作用的高产、早熟、优质、抗旱耐盐碱、抗病虫转基因棉花新品种（系），实现二代转基因棉花产业化。

（20）课题 5–1. 高产高效转基因棉花新品种培育

在前期工作的基础上，利用转高产（RRM2 等）基因新材料，通过转新型抗虫基因、抗除草剂基因及株型塑造基因（PAG1 等）等的应用，结合不育系简化制种，以高产高效为主要目标，针对我国不同棉区的生产需求，培育高产高效转基因棉花新品系和新品种，并推广应用。

（21）课题 5–2. 早熟抗病转基因棉花新品种培育

在前期工作的基础上，利用转熟性（GhFPF1、vgb 等）、抗病（GAFP 等）基因新材料，围绕早熟、抗病等主要性状，以多抗、轻简化为重点，进行棉花早熟品种的遗传改良，创造熟性相关、抗病、新型抗虫、抗除草剂等转基因棉花新材料，培育适宜麦棉套种、油棉套种以及油后麦后直播的早熟抗病转基因棉花新品系及新品种，并推广应用。

（22）课题 5–3. 优质纤维转基因棉花新品种培育

在前期工作的基础上，针对我国棉花品质相对偏差的主要问题，利用转优质（iaaM、KCS 等）基因材料，聚合优质、抗虫、抗除草剂等性状，以改良棉花品质为主要研究目标，培育优质、抗虫等转基因棉花新品系和新品种，并推广应用。

（23）课题 5–4. 抗旱耐盐碱转基因棉花新品种培育

在前期工作的基础上，利用抗旱（ABF2、EDT1 等）、耐盐碱（betA、Tsvp 等）、新型抗虫、抗除草剂（EPSPS-GR79 + GAT）等转基因新材料，以改良棉花抗旱、耐盐碱、抗除草剂等主要逆境为目标，创制抗旱、耐盐碱、抗虫、抗除草剂等转基因棉花新材料和新品系，培育抗旱耐盐碱转基因棉花新品种，并推广应用。

（24）课题 5–5. 特色专用转基因棉花新品种培育

在前期工作的基础上，利用种子特异表达棉酚合成相关基因（CYP706B1 等）、纤维特异表达花色素合成相关基因（GhPAPMYB1 等）等，创制种子低棉酚植株高棉酚、彩色纤维、高油、抗除草剂等特色专用转基因棉花新种质，培育特色专用转基因棉花新品系和新品种，并推广应用。

项目六：转基因猪新品种培育

培育一批具有节粮高瘦肉率、优质环保及抗病高产特性的种猪育种新材料或新品系。

（25）课题 6–1. 节粮型高瘦肉率转基因猪新品种培育

以提高猪饲料转化效率和瘦肉率为研究重点，创制和培育具有节粮高瘦肉率的种猪育种新材料或新品系，以 MSTN 基因修饰猪为突破口，推进转基因猪产品的应用推广。为养猪业节约饲料用粮，保障我国粮食战略安全，满足消费者对猪瘦肉的需求，提供种源战略储备，抢占技术至高点。

（26）课题 6–2. 优质环保转基因猪新品种培育

以提高猪肉品质和减少猪废弃物排放为研究重点，创制和培育具有优质、环保特性的种猪育种新材料或新品系。为满足居民对优质猪肉的消费需求，减少养猪业带来的环境污染，保障生态安全，提供种源战略储备，抢占技术至高点。

（27）课题 6 - 3. 抗病高产转基因猪新品种培育

以提高猪的抗病性和繁殖力为研究重点，创制和培育具有抗病、高产特性的种猪育种新材料或新品系。为提高猪的成活率和繁殖效率，减少猪群用药，保障食品安全，提供种源战略储备，抢占技术至高点。

项目七：转基因牛新品种培育

培育一批优质、高产、抗病的转基因牛育种新材料和新品系。

（28）课题 7 - 1. 高品质转基因奶牛新品种培育

以功能型乳铁蛋白转基因奶牛为重点，完成食用安全评价和功能性产品开发研究，完成安全证书和产品生产许可证书申报，制定转基因奶牛的品种、饲养管理、繁殖和育种等技术标准，育成目标性状突出、综合生产性能优良的高品质转基因奶牛新品系。

（29）课题 7 - 2. 高产优质转基因肉牛新品种培育

应用新一代安全、高效的肉牛转基因技术，研制促进肌肉生长、提高肉质的转基因肉牛育种新材料；在"十二五"的基础上，完成转基因肉牛育种价值评估和生物安全评价，培育高产优质肉牛新品系；完成相关生物安全评价的申报工作。

（30）课题 7 - 3. 抗病转基因牛新品种培育

进一步完善抗病转基因牛新品种培育技术体系，应用新一代安全、高效转基因技术，创制一批抗乳腺炎和抗结核病的转基因牛育种新材料，对已有抗乳腺炎和抗结核病的转基因牛育种材料进行育种价值评估和生物安全评价，培育抗病力显著增强的转基因牛新品系。

项目八：转基因羊新品种培育

培育具有重大生产应用前景的高产、优质、抗病转基因绵（山）羊新品系。

（31）课题 8 - 1. 高产超细毛转基因羊新品种培育

以提高超细毛羊羊毛产量、质量为重点，创制和培育产毛量高、毛纤维长等综合性状突出的高产超细毛转基因羊育种新材料或新品系。以转 IGF - I 基因和 FGF5 基因修饰羊为突破口，培育高产优质转基因超细毛羊新的种质资源，满足毛纺织市场对超细羊毛的需求，促进转基因超细羊毛制品应用。提供种源战略储备，抢占技术至高点。

（32）课题 8 - 2. 优质转基因山羊新品种培育

以提高绒山羊羊绒产量、质量和奶山羊羊奶产量、品质为重点，培育产绒量、绒长度及细度等综合性状突出的转基因绒山羊新品系，培育乳铁蛋白稳定表达的转基因奶羊新品系。通过培育高产优质转基因山羊新的种质资源，推动转基因山羊的推广应用，满足市场对山羊产品的需求。建立高产绒量转基因绒山羊和高产优质转基因奶山羊产业化技术规程，为产业化奠定基础。

（33）课题 8 - 3. 抗病转基因羊新品种培育

以保障人类食品安全为重点，培育对人畜共患布氏杆菌病和乳房炎等性状具有突出抗性且符合转基因羊品系认定标准的新品系（或具有育种价值的新材料）；以 TLR4 和溶菌酶基因为核心，开展多基因集成抗病创新，抢占转基因羊抗病育种的国际制高点；推动转基因羊产品的产业化进程，降低或解决羊的烈性传染病对牧民和消费者健康的威胁，整体提升养羊行业的种质创新能力，保证草原生态与环境安全。

项目九：基因克隆与功能验证

克隆产量、品质改良、抗病虫、抗除草剂、抗逆、资源（肥、光）高效利用等关键新基因、调控元件，验证功能并明确育种价值。

（34）课题9-1. 基因克隆新技术和新方法研究

围绕专项重大需求，通过方法、技术创新，建立复杂基因组基因高通量克隆鉴定技术体系；特别注重复杂基因组作物新基因克隆技术方法体系的建立。

（35）课题9-2. 高通量基因克隆技术体系的研究

建立高通量玉米基因转化和功能鉴定技术体系；完善水稻高通量DNA测序为基础的快速QTLs鉴定技术体系。

（36）课题9-3. 重要性状基因克隆及功能验证

利用不同的生物资源材料（含野生种、地方品种、突变体等），克隆可用于改良农作物产量、品质、抗病虫、抗逆、抗除草剂、资源高效利用等重要性状功能基因，验证其功能并明确其育种价值。

项目十：规模化转基因操作

研究重要功能基因的定点突变、敲除、置换、插入等改造和修饰技术；优化和改造植物基因打靶技术；在农作物中建立和优化基因叠加技术和单倍体化技术，建立转基因玉米安全生产防御体系；研发高效安全的基因改造和基因表达调控的新技术，实现转基因表达调控的高效化和准确化。

（37）课题10-1. 转基因新技术新方法

动物转基因技术方面，以大型动物家畜猪牛羊为模型，探索高效基因组编辑平台的建立：（1）利用PiggyBac等系统建立规模化动物基因组编辑技术，在猪等农业动物中首次建立高效实用的全基因组编辑与筛选技术，促进对大动物功能基因组学研究；将猪基因组编辑效率提高到50%以上，建立1种以上猪疾病模型，培育1种以上基因修饰猪。（2）利用基因组定点编辑技术、新型靶向修饰技术和同源重组等技术相结合；对体细胞修饰后核移植、通过受精卵注射法直接进行修饰等途径进行评估和优化；针对重要疾病模拟和经济性状改良制备基因修饰大动物。（3）制备牛、羊MSTN和β-酪蛋白基因位点精确修饰的新材料，获得牛或羊MSTN基因敲除和人源化Fat1基因在MSTN和β-酪蛋白基因位点定点整合的细胞系和动物；利用截断（Truncated）的gRNA和CRISPR/Cas9与FokI相结合的技术降低CRISPR/Cas9脱靶效率。

植物转基因技术方面，在主要作物中建立可直接应用于主栽品种的高效安全转基因技术体系，利用已建成的基因组编辑系统平台和病毒诱导基因沉默载体系统，快速完成基因研究并可获得具有重要经济性状的品系；在农业生产和育种中推广小麦"超级愈伤"，建立相应栽培品种的转化体系，提高稳定转化效率，真正应用到农业生产中；建立和完善水稻和玉米浸花法转基因技术体系，明确不同作物农杆菌介导的浸花法转化技术主要参数；向科研工作者推广水稻浸花法转基因技术，为转基因专项和其他科研项目服务。利用无选择标记载体系统创制无选择标记基因培育可用于农业生产的无标记抗虫转基因水稻；建立可以用于玉米和棉花功能基因快速高效分析的病毒载体系统（BSMV和双生病毒）；创建新型的籼粳杂交亲和的条件可控核不育系。

（38）课题10-2. 基因表达调控技术研究

研究基因的定点突变、敲除、置换、插入等改造和修饰技术；植物基因打靶技术体系的建立与应用；在农作物中建立和优化基因叠加技术和单倍体化技术，建立转基因玉米安全生产防御体系；研发高效安全的基因克隆和基因表达调控的新技术，抢占制高点。实现转基因表达高效化，为专项实施提供技术支撑。

（39）课题10-3. 安全转基因技术研究

完善和推进基因删除技术、水稻雄性不育技术、基因定点插入和叠加技术、新型抗除草剂基因在安全转基因技术上的应用。

（40）课题10-4.规模化转基因技术体系构建

通过技术创新和技术集成，建立完善水稻、小麦、玉米、大豆、棉花五大作物、猪、牛、羊三类动物的安全、高效、规模化转基因技术体系，并利用该体系进行高效的转基因服务。

（41）课题10-5.动植物转基因材料价值评估

针对转基因植物，对专项获得的重要基因及植物新材料进行育种价值评估，制定相关技术规范，使第三方育种价值评估机制有效运行。针对转基因动物，建立和实施第三方育种价值评估机制，对专项获得的重要基因和动植物新品系及新材料，从基因安全性、知识产权和育种性状利用价值三方面把关评估，以制定行业标准为目的，建立和完善相关技术规程或技术标准，为提高转基因动植物新品种培育效率、加快产业化进程提供技术支撑。

项目十一：转基因生物安全评价技术

开展抗虫、抗病、抗除草剂、优质、抗逆等转基因动植物新品系、外源基因和转基因生物的环境安全性和食用、饲用安全性评价技术体系研究，重点发展新型复合性状、营养品质改良、抗生物和非生物逆境等转基因生物安全评价程序和技术。围绕专项培育的抗虫玉米、抗除草剂玉米、抗除草剂大豆、转基因抗虫水稻、抗旱小麦、高衣分优质棉、高品质奶牛、高瘦肉率猪等重大产品，系统开展生物安全评价，为相关产品申报安全证书提供技术和数据支撑。

（42）课题11-1.转基因水稻环境安全评价技术

整合和完善"十二五"期间研发的转基因生物安全评价技术和方法，形成系统的安全评价国家或部门技术标准或规范；建立新型抗虫、抗除草剂、抗病、抗逆优质和功能型等转基因水稻的环境安全评价程序和方法；对专项研发的新型抗虫和耐除草剂水稻进行系统的环境安全性评价，推动专项重大产品产业化进程。

（43）课题11-2.转基因棉花环境安全评价技术

整合和验证"十二五"期间研发的转基因抗虫、抗除草剂棉花环境安全评价技术和方法，形成系统的环境安全评价国家和部门技术标准或规范；发展优质纤维、新型抗虫、高产、轻简化等新性状转基因棉花的环境安全评价技术，满足我国对新型转基因棉花环境安全评价技术需求；完成具有产业化前景的转基因抗虫、耐除草剂棉花新品系的环境安全性评价，推动重大产品产业化进程。

（44）课题11-3.转基因玉米小麦大豆环境安全评价技术

整合和验证"十二五"期间研发的转基因抗虫玉米、抗除草剂大豆、抗旱小麦等环境安全评价技术和方法，形成国家和部门环境安全评价技术标准或规范；发展抗旱、耐盐碱、优质等新性状转基因材料的环境安全评价技术，满足我国对新型转基因材料环境安全评价技术需求；完成具有产业化前景的转基因抗虫玉米、抗除草剂玉米、抗除草剂大豆、抗旱大豆和抗旱小麦等新品系的环境安全性评价，推动重大产品产业化进程。

（45）课题11-4.转基因生物的食用和饲用安全评价技术

围绕专项重大产品和转基因新技术开展食用和饲用安全评价及技术研究。整合和完善"十二五"期间研发的转基因生物食用和饲用安全评价技术和方法，形成系统的安全评价国家或部门技术标准或规范；完成专项研发的具有产业化前景的玉米、大豆、棉花等重点产品、及有储备前景的水稻、小麦和猪、牛、羊等转基因新品系食用、饲用安全评价，推进其安全评价进程；研究完善转基因产品食用和饲用安全评价的动物模型以及相应的技术指标；为实现专项产业化战略和储备战略的目标产品提供食用和饲用安全评价的技术保障，抢占生物安全新技术制高点。

（46）课题 11－5. 外源基因和蛋白安全评价共性技术

整合和完善"十二五"期间研发的外源基因和蛋白安全评价关键共性新技术和新方法，形成转基因生物安全评价的国家或部门技术标准、评价模型或数据库；建立转基因生物安全评价的共性程序和方法；为我国转基因生物产业化提供外源基因和蛋白安全评价的技术保障和战略储备。

（47）课题 11－6. 转基因作物对灵长类动物食用安全性评价

针对专项培育的具有产业化前景的抗虫玉米、抗除草剂玉米、抗除草剂大豆以及抗虫水稻等重要转基因目标产品，开展基于灵长类动物模型的食用安全性评价。完善包含毒理学、营养学、致敏性、非预期效应等评价指标在内的转基因作物及其产品的食用安全性评价技术体系。形成灵长类动物模型转基因作物食用安全性评价技术标准。完成基于灵长类动物实验的具有产业化前景的重要转基因作物目标产品的食用安全性评价，为相关产品申报安全证书提供科学依据和数据支撑，为转基因作物的安全性管理、商业化应用和公众风险交流提供科学依据。

项目十二：转基因生物安全检测监测技术

通过研究、整合和验证"十二五"期间研发的转基因生物安全检测监测技术和方法，形成系统的安全检测监测国家和部门技术标准或规范；发展新性状转基因产品的检测、监测、溯源和安全控制技术体系，满足新型转基因产品商业化生产风险管理的技术需求；建立具有产业化前景的抗虫和耐除草剂转基因棉花、玉米和大豆等新品系的安全性检测监测技术、方法和标准，为重大产品产业化的风险管理和控制提供技术支撑。

（48）课题 12－1. 转基因产品抽制样和精准检测技术

通过研究、整合和验证"十二五"期间研发的转基因生物抽制样、检测、溯源技术和方法，形成系统的安全检测溯源国家和部门技术标准；发展新性状转基因产品的检测、溯源技术体系，满足新型转基因产品商业化生产风险管理的技术需求；建立具有产业化前景的抗虫和耐除草剂转基因棉花、玉米和大豆等新品系特异的检测溯源技术、方法和标准，为重大产品产业化的风险管理和控制提供技术支撑

（49）课题 12－2. 转基因生物分子特征识别技术

完善转基因生物分子特征识别技术体系，重点针对新型抗虫、抗除草剂、抗逆、优质等标志性产品的分子特征的识别鉴定，推进其安全评价进程；同时建立和储备非传统 T-DNA 插入，如基因组编辑技术产生的新的转基因生物的分子特征鉴定和识别技术。

（50）课题 12－3. 转基因产品检测标准物质研制

以专项研发、具有产业化前景的转基因玉米、大豆、棉花等为重点，形成一套转基因玉米、大豆、棉花标准物质制备技术体系，研制生产一批有证标准物质，为转基因重大专项成果产业化和安全评价、政府监管、监测检测提供物质保障。

（51）课题 12－4. 农业生态风险监测与控制技术

以商业化应用和即将商业化的转基因抗虫棉花、抗虫玉米、抗除草剂大豆等为重点，研究建立转基因生物农业生态风险监测与控制技术体系；跟踪监测转基因生物商业化应用对农业生态系统的影响，保障专项研发的转基因生物农业生态安全。

（52）课题 12－5. 自然生态风险监测与控制技术

研究、整合和验证"十二五"期间研发的转基因作物安全监测技术和方法，形成系统的转基因生物自然生态风险监测技术标准或规范；发展新性状转基因产品的自然生态风险监测和安全控制技术体系；建立具有产业化前景的抗虫玉米、抗旱小麦、抗除草剂大豆、高品质转基因奶牛

等新品系的自然生态风险监测技术、方法和标准，为重大产品产业化的自然生态风险管理和控制提供科学数据和技术支撑。

项目十五：转基因生物发展战略、策略和对策研究

（53）课题 1. 转基因玉米和大豆产业化的战略与政策研究

本项目的总体目标是厘清我国转基因玉米和大豆新品种培育现状、技术成熟程度与知识产权归属，对其技术的市场竞争力和应用潜力做出总体判断和预测，分析转基因玉米和大豆产业化对农民生产、消费需求、种子产业、技术研发部门、相关产业和市场流通等不同利益攸关方的影响，并在宏观层面系统评估转基因玉米和大豆产业化对国家粮食安全、环境及总体社会经济的影响，在此基础上，结合转基因技术研发与产业化运营模式研究，分别提出我国转基因玉米和大豆产业化的战略构思和政策保障。

（54）课题 2. 转基因生物技术发展科普宣传与风险交流

围绕转基因技术发展和应用，针对公众广泛关注的转基因热点议题，通过系统梳理整合各种性质、层次、形式的面向公众的显性或隐性传播资源，准确把握公众在诸如转基因农作物等方面的认知、态度及其影响因素，揭示各类主体（政府、公众、科学家、媒体和国内外各种利益集团、企业、非政府组织等）在世界观、方法论、社会伦理、经济利益、国家安全、食品安全、可持续性发展等不同层面问题上所进行的观念、利益和权力博弈。在此基础上，整合动员公众、科学家群体、社会媒体平台科学传播资源和潜力，论证构建与国家推行重大科技和社会发展战略相配合和适应的立体化科学传播体系的基本思路和实施策略，建设科学传播国家基础设施（National Science Communication Infrastructure）。从根本上提升我国包括转基因科技议题在内的科学传播水平、能力和效果，消弭科学的客观性、独立性、公正性、辩证性与公众认知之间的差异，为今后一段时间更顺利的推行具有科学背景的经济社会发展重大战略和政策，营造良好的社会和舆论环境，提升公民科学素养，增进科学家、政府、媒体、公众之间的互信和沟通，确保国家和社会的可持续健康、和谐发展。

附件 2

转基因生物新品种培育重大专项

课题申报书

课 题 名 称：_____

课题牵头单位：_____

上级主管部门：_____

课 题 负 责 人：_____

课 题 年 限：___年___月至___年___月

转基因生物新品种培育重大专项管理办公室制

年　月

填写说明

一、请严格按照要求填写各项。

二、课题申报书只能由法人单位提出，可以由一家单位组织；也可以由一家单位牵头，多家单位联合组织。

三、课题申报书由课题牵头单位负责编写，并报重大专项管理办公室组织评审。

四、课题申报书中第一次出现外文名词时，要写清全称和缩写，再出现同一词时可以使用缩写。

五、组织机构代码是指课题牵头单位组织机构代码证上的标识代码，它是由全国组织机构代码管理中心所赋予的唯一法人标识代码。

六、编写人员应客观、真实地填报报告材料，尊重他人知识产权，遵守国家有关知识产权法规，遵守国家保密规定。在课题申报书中引用他人研究成果时，必须以脚注或其他方式注明出处，引用目的应是介绍、评论与自己的研究相关的成果或说明与自己的研究相关的技术问题。对于伪造、篡改科学数据，抄袭他人著作、论文或者剽窃他人科研成果等科研不端行为，一经查实，将取消其承担项目资格。

一、课题基本信息

课题名称					
课题牵头单位信息	单位名称			单位性质	
	通讯地址			邮政编码	
	所在地区		单位主管部门		
	联系电话		组织机构代码		
	传真号码		电子信箱		
课题负责人信息	姓名		性别		
	出生日期		职称		
	最高学位		从事专业		
	固定电话		移动电话		
	传真号码		电子信箱		
	证件类型		证件号码		

参加单位信息	单位名称	单位性质	组织机构代码

课题经费来源（万元）	总经费	
	中央财政	
	地方财政	
	单位自筹	
	其它	

二、课题立项的必要性与紧迫性

2.1 预期解决的重大问题及其紧迫性

2.2 课题关键核心技术的国内外发展现状、趋势和需求分析

注：可加页。

三、课题目标和任务

3.1 课题总体目标、研究内容和考核指标

3.2 课题年度任务和考核指标		
年度	年度任务	年度考核指标
2016		
2017		
2018		
2019		
2020		

3.3 课题任务分解情况（需根据课题总体目标合理划分研究任务，任务要明确具体，落实到具体承担单位，任务与经费要匹配）

注：可加页。

3.4 课题任务分解情况表

任务名称	承担单位	任务负责人	主要研究内容	考核指标	经费概算（万元）												总计
					中央财政						配套经费						
					2016年	2017年	2018年	2019年	2020年	合计	2016年	2017年	2018年	2019年	2020年	合计	

四、课题技术攻关方案

4.1 课题技术路线

4.2 知识产权和技术标准分析及对策

4.3 技术引进消化吸收再创新方案（有技术引进内容的需要填此项）

五、研究基础和优势

5.1 课题牵头和参加单位的基本情况（包括单位的组织管理水平、相关研究基础和主要优势、科研团队、科研成果，以及承担国家计划项目/课题等情况）

　　注：可加页。

5.2 课题负责人、各任务负责人的资历情况（从事过与本课题相关的研究情况，所负责任和作用，主要研究成果、发明专利和获奖情况，在国内外主要刊物上发表论文等）

　　注：可加页。

5.3 课题研究团队的结构合理性、团队协同性、研发和产业化优势分析

5.4 课题主要参加人员情况

序号	姓名	性别	出生日期	职称	专业	所在单位	主要责任与任务	身份证号	累计为本课题工作时间（人月）

注：主要参加人员需为在职研究人员。

六、课题组织方式及管理机制

6.1　课题组织管理架构（组织方式和机制、各成员和单位分工、产学研结合、创新人才队伍的凝聚和培养等）

七、课题预算及筹资方案

单位：万元

	中央财政投入	地方财政投入	单位自筹	其他	合计
总计					
一、研究经费					
（一）直接费用					
1. 设备费					
2. 材料费					
3. 测试化验加工费					
4. 燃料动力费					
5. 差旅费					
6. 会议费					
7. 国际合作与交流费					
8. 出版/文献/信息传播/知识产权事务费					
9. 劳务费					
10. 专家咨询费					
11. 基本建设费					
（1）房屋建筑物购建					
（2）专用设备购置					
（3）基础设施建设					
（4）大型修缮					
（5）信息网络建设					
（6）其他基本建设支出					
12. 其他					
（二）间接费用					
二、中间实验（制）费					
三、产业化经费					

7.1 对中央财政各科目支出的主要用途、与课题研究的相关性及测算方法、测算依据进行详细分析说明。（未对支出进行分析说明的，一般不予核定预算）

7.2 课题主要任务的经费需求、测算方法、测算依据等相关说明

7.3 其他来源经费相关情况的说明（需说明经费的来源、落实和到位情况、主要用途，并附相关的证明材料）

八、附件

8.1 课题牵头单位和参加单位之间的联合协议或合同（协议或合同中应加盖所有协议签署单位的公章）

8.2 课题牵头单位和参加单位之间知识产权和利益共享方案（需各单位签字盖章）

九、审核意见

课题牵头单位意见
      法定代表人签字： 单位盖章： 年　月　日
上级主管部门或地方农业行政主管部门意见   单位盖章： 年　月　日
配套支持单位意见（提供经费配套支持的需签署意见）   单位盖章： 年　月　日

十、声明

　　本课题负责人和牵头单位承诺：课题研究计划报告所有信息真实准确。如有失实，愿意承担相关责任。

课题负责人：

课题牵头单位法定代表人签字：

（盖章）
年　月　日

13. 农业部办公厅关于编报2016年中央预算
内投资计划草案的通知

农业部办公厅关于编报2016年中央预算内投资计划草案的通知

农办计〔2015〕53号

按照国家发展改革委有关要求，现就做好2016年中央预算内农业投资计划草案编报工作通知如下。

一、总体思路

贯彻落实党的十八届三中、四中全会和中央1号文件精神，根据全国现代农业发展规划、《全国农业可持续发展规划（2015—2030年）》和《国务院办公厅关于加快转变农业发展方式的意见》，以稳粮增收调结构、提质增效转方式为投资主线，以提高粮食生产能力、支撑服务能力和可持续发展能力为支持重点，以做大投资总量、优化投资结构、构建科学投资体系、提高政府投资绩效为工作目标，大力整合现有建设专项，积极谋划新设专项，做强重点工程项目，创新投资方式、建设模式和监管方式，有效发挥农业建设项目促投资稳增长作用，为转变农业经营方式、生产方式和资源利用方式提供强有力支撑。

二、主要原则

适应农业转型升级新要求和政府投融资改革新形势，编制2016年中央预算内农业投资计划草案应把握以下原则：

（一）突出中央事权

按照事权与支出责任相适应的要求，聚焦中央及中央地方共同事权，重点解决跨地区、跨流域、跨行业和涉及大宗农产品总量平衡、重大布局的建设需求，进一步强化直属单位建设。突出公益性、基础性，不再安排一般竞争性生产经营项目和地方事权项目。

（二）紧扣转方式调结构

突出支持粮食产能、农业经营体系、科技创新、种养协调、产业链延伸、农产品质量安全、提高资源利用效率和农业国际合作等重点领域的基础设施和装备条件建设，为农业调结构、转方式提供抓手和支撑。

（三）注重专项整合优化

加强对现有专项的转型、嫁接和扩容，适当打破行业系统界限，积极支持建设内容综合、功能覆盖较大、建设模式创新的工程项目，进一步减少专项安排数量，提高单体项目投资规模，提升项目整体功能和综合效益。

（四）积极促投资稳增长

加大对促投资、扩内需、稳增长拉动明显、效果直接的高标准农田建设、垦区危房改造、渔政渔港、农牧业废弃物资源化利用等工程项目的安排力度。创新投资方式，鼓励吸引社会投资，督促加快开工建设，有效发挥投资拉动作用。

三、重点支持领域

着眼于构建精干、高效的"十三五"中央农业投资体系，围绕以下工程专项，结合有关规划布局、建设内容和支持方式（详见附件1），提出本省（区、市）、本单位2016年中央预算内农业投资需求建议。

（一）高标准农田建设工程

主要支持新增千亿斤粮食产能田间工程、现代农业示范区旱涝保收高标准农田、棉花生产基地、糖料生产基地、油料生产基地、农垦天然橡胶基地建设等6类项目。

（二）现代种业建设工程

主要支持种养业种质资源保护库（圃、场、区）、国家级育种创新基地、国家级综合性区域性品种测试站和国家级制（繁）种基地建设等4类项目。

（三）农业生产安全保障工程

主要支持农业行业生产安全信息监测系统、农业公共服务管理信息平台和区域性农业灾害事故处置中心建设等3类项目。

（四）农业执法监管能力建设工程

主要支持农产品质量安全检验检测体系（"十二五"规划结转任务）、农业综合执法监管能力和渔政执法监管能力建设等3类项目。

（五）农业科技创新能力条件建设工程

主要支持重大农业科学工程、重点学科实验室和试验基地、国际合作实验室建设等3类项目。

（六）种养结合循环农业示范工程

主要支持种养一体循环农业试点和农牧业废弃物资源化利用示范等2类项目。

（七）农业资源与生态环境保护工程

主要支持东北黑土地保护、草原保护与建设、农业野生植物和水生生物自然保护区建设、海洋牧场建设和小流域农业生态治理示范等5类项目。

（八）农业"走出去"基础设施建设工程

主要支持在国内建设与境外资源开发生产相配套的育种研发、种子生产、物流仓储、加工转化、港口码头、培训基地、软实力平台（企业创新基地、技术中心）、跨境无规定动物疫病区内牛羊养殖屠宰加工基地等设施。

此外，按照"十二五"相关规划和建设方案要求，继续安排规划任务未完成的血吸虫病农业综合治理、农垦危房改造、渔船更新改造、农垦公益性建设以及部门自身建设等项目。

四、工作要求

（一）高度重视投资计划编报工作

2016年是"十三五"开局之年，也是构建科学高效中央农业投资体系的关键之年，编制好年度投资计划草案十分重要。各地、各单位要高度重视，精心组织，主动研究，深入谋划，切实做好 2016 年投资计划草案的编报工作，确保编制出一个适应发展需求、体现改革精神的高水平投资计划草案。

（二）科学确定投资计划编报规模

各地、各单位应按照上述思路原则和支持领域，提出本地区、本单位 2016 年度中央投资需求。对中央投资补助项目，应提出分省（区、市）年度建设内容及规模、中央投资需求。对于中央直接投资项目，应细化到具体项目。对已批准规划或工作方案的专项，依据规划年度任务提出 2016 年中央投资需求。对规划还未确定的各类专项，结合现有工作基础和实际需要提出 2016 年中央投资需求。在此基础上，各地、各单位可根据实际需求提出其他属于中央事权范围、符合固定资产投资方向、具备工作基础的专项。

（三）切实做好沟通衔接工作

要处理好年度投资计划草案编报与"十三五"相关规划的衔接，将重大工程项目纳入本地区、本单位相关规划中，并注意做好与国家有关规划的对接。要坚决贯彻政府投资管理体制改革的有关要求，主动与发展改革、财政等部门沟通，明确本地区中央补助地方项目具体管理办法，协同开展项目前期工作、投资计划编报，和地方配套资金落实等工作。

（四）探索推进投资管理创新

继续扎实开展绩效评价工作，把评价结果作为安排各类项目年度投资的重要依据。积极做好中央补助地方项目管理下放后的承接管理，强化项目监督管理。认真探索通过 PPP（公私合营）等模式吸引社会主体参与建设与运营农业工程项目的具体方式，切实发挥政府投资促投资稳增长作用，为增强中央农业投资绩效积累经验。

请各单位于 8 月 21 日（星期五）前将 2016 年中央预算内农业投资计划草案及投资计划需求表（附件 2）送我部发展计划司和有关司局（各 3 份），同时通过"农业建设项目管理信息系统/日常工作/综合文档管理"上传电子文档）。此外，对上述工程建设思路、目标重点、投资方式、建设模式等方面的意见和建议，也请一并报送，以供我部编制工程建设规划参考。

联系人：杨军 010 – 59193252　冯蔓蔓 010 – 59192550

附件：1. 关于 2016 年有关专项安排的总体考虑

2. 2016 年中央预算内农业基本建设投资计划需求表

农业部办公厅

2015 年 8 月 7 日

来源：http://www.nercita.org.cn/index/news/detail.aspx?info_ id = 2850

附件 1

关于 2016 年有关专项安排的总体考虑

一、高标准农田建设工程

根据《全国高标准农田建设总体规划》、《全国新增 1 000 亿斤粮食生产能力规划（2009—2020 年)》和《糖料蔗生产能力发展规划（2015—2020 年)》等规划，贯彻国家粮食安全战略，围绕提升产能，通过加强统筹规划、强化政策支持，加大投入力度，优先开展高标准口粮田建设，着力建设"旱能灌、涝能排、田成方、路成行、土肥沃、功能全"的现代化生产基地。通过中央投资补助方式，继续安排新增千亿斤粮食产能田间工程、现代农业示范区旱涝保收高标准农田、棉花生产基地、糖料生产基地、油料生产基地、农垦天然橡胶基地等 6 类建设项目。主要建设内容包括 8 个方面。一是土地平整。适应适度规模经营需要，把土地平整与互换并地、减少田埂有机结合，提高土地利用率；二是水利设施配套。重点建设末级渠系和田间节水灌溉设施，大力推广应用水肥一体化技术，提高水资源利用效率；三是配套林网建设。建设适宜规避风害网格化防护林，提高农田林网控制率。四是机耕道建设。扩大道路幅宽、提高建设标准，确保农机下田需要；五是耕地质量建设。采取秸秆还田、种植绿肥、增施有机肥等地力培肥措施，改良土壤，提高土地产出率；六是电网改造。加快建设田间电网设施，全面推行"油改电"，促进节能降耗和节本增效；七是生产设施配套。完善大棚育秧、晒场及烘干设备、农机具库棚等配套设施建设。八是配套健全完善农业公共服务体系。围绕生产各大环节、各个要素，将"互联网＋"与粮棉油糖生产相融合，重点借助信息技术和遥感手段，开展实时田间监测和精准管理，提高农业公共服务水平。

二、现代种业建设工程

根据《全国现代农作物种业发展规划（2012—2020 年)》、《现代种业工程建设规划(2016—2020 年)》（在编）等，以保障供种数量、质量安全为目标，以构建现代种业体系为重点，以提高设施装备水平为核心，加强和完善种质资源保护、新品种选育、品种测试、良种繁育等方面的基础设施和仪器设备建设。通过中央直接投资方式，主要支持 4 类建设项目。

（一）种质资源保护建设项目

依据《国家农作物种质资源保护名录》、《国家级畜禽遗传资源保护名录》、《国家重点保护经济水生动植物资源名录》、《国家重点保护野生植物名录》及各类品种资源的区域布局，新建和改扩建农作物、畜禽和水生动物种质资源库（圃、场、区），主要建设内容为改造完善基础设施和种质资源材料的收集、整理、评价、鉴定、共享、分发等设施装备。

（二）育种基地建设项目

依据我国现有育种体系建设基础和国家科研单位、育繁推一体化企业布局，结合现代种业发展需求，按照科研机构和企业联合育种的思路，建设完善农作物、畜禽和水生动物国家级育种创新基地，主要建设内容为改造完善基础设施和育种装备。

（三）品种测试站建设项目

以我国生态区划分为依据，以品种布局为基础，建设完善国家级农作物、畜禽和水生动物品种区试测试站，主要建设内容为改造和完善品种测试基础设施和服务条件。

（四）制（繁）种基地建设项目

依据主要农产品优势区域布局，围绕粮食等主要农产品的良种（苗）生产，建设完善农作物、畜禽和水生动物国家级制（繁）种基地，主要建设内容为改造提升基础设施条件和仪器装备水平。

三、农业生产安全保障工程

依据《农产品质量安全法》、《国家中长期动物疫病防治规划（2012—2020 年)》、《农业安全生产保障工程建设规划（2016—2020 年）》（在编）等，按照国内外覆盖、区域性布点、全天候监测、大数据处理、跨区域防控的思路，提升农业灾害事故的监测预警、指挥调度和防控处置能力。通过中央直接投资方式，主要安排 3 类项目。

（一）农业行业生产安全信息监测系统建设项目

改善提升动植物疫病虫害、草原灾害、农机作业安全和试验鉴定、渔船定位和安全检验等监测条件。在植物保护方面，围绕农作物和草原重大病虫鼠害疫情区域联防联控，突出 5 种主要作物、11 种迁飞性、流行性、暴发性重大病虫以及牧区草场主要鼠虫害，提升病虫发生源头区、迁飞流行过渡带和常年重发区的联合监测能力。在动物防疫方面，针对动物疫病发生、传播、控制的特点，加强国家中长期动物疫病防治规划规定的 16 种优先防治病和 13 种外来动物疫病的监测预警能力。在草原灾害方面，根据灾害发生情况和区域特点，分区域加强草原火灾、雪灾的监测预警能力。在农机安全方面，以跨区作业农机和深松作业农机为重点，加强农机作业及工况信息的实时监测能力；在渔船安全方面，按区域为大中型渔船配备定位和通讯助航系统，加强与渔船监控数据的实时获取能力。

（二）农业公共服务管理信息平台建设项目

以移动互联网、云计算、大数据、物联网等新技术为手段，强化顶层设计和资源整合，打破农业行业、体系管理服务现有格局，以强化农业政务管理、行业运行监测和信息综合服务为重点，系统构建平台统一、资源共享、业务协同的公共服务管理信息平台，打造农业云和农业大数据平台，由部直属单位承担开展电子政务业务、农情数据监测及农产品市场运行监管、农产品质量安全监管、农村集体资产监管、农业资源环境监管（包括耕地质量监测系统）、农业信息进村入户暨 12316 农业信息综合服务等信息系统以及农业遥感与应用中心建设。

（三）农业灾害事故处置中心建设项目

按照跨区域、跨流域、跨行业布局的思路，建设国家级和区域性应急物资储备库及区域性渔船避灾设施，按不同功能分区储存灾情事故处理（应急救援）设施装备。在植物保护方面，根据农作物、草原和重大病虫鼠害疫情种类，建设区域性联防联控植物保护中心（草原植保中心），建设区域性应急物资储备库，储存施药机械、农药、运输工具等物资装备，配套建设生防天敌扩繁基地。在动物防疫方面，根据动物疫病发生规律和防控工作实际，建设国家级和区域性动物防疫应急物资储备库，配备应急监测、应急防护、消毒扑杀、移动式无害化处理和兽药、生物制品监管等设施设备；在边境地区建设国家外来动物疫病中心和区域性分中心，建设边境动物疫病风险缓冲区，支持建设大东北地区免疫无口蹄疫区。在草原灾害方面，建设区域性的草原灾害物资储备库和草原防火站，配备灾害防控设施设备。在农机安全方面，建设区域性的农机安全救援中心。在渔船安全方面，建设区域性渔船避灾设施，包括渔港和渔船补给基地等。

四、农业执法监管能力建设工程

根据《全国农产品质量安全检验检测体系建设规划（2011—2015 年）》、《全国农业执法监管能力建设规划（2016—2020 年）》（在编）等，区分陆域综合执法和水域渔政执法两大板块，加快推进以农产品质量安全监管为核心的农业执法监管能力建设。通过中央投资补助方式，主要安排 3 类项目：

（一）农产品质量安全检验检测体系

支持《全国农产品质量安全检验检测体系建设规划（2011—2015 年）》内尚未安排的农产

品质检中心（站）和风险监测能力建设项目。

（二）农业综合执法监管能力建设

优先支持农业综合执法改革到位的区域统筹建设 3 方面内容：一是省级农业综合执法调度中心，移动执法指挥调度平台和移动执法平台（取证、速测、应急防护装备），以及必要的执法（督察）专用车辆。二是市级农业综合执法支队执法工作场所（投诉接待室、听证室），移动执法平台、罚没物品存储和处理设施场所，以及必要的农业执法（督察）专用车辆及运输车辆。三是县级农业综合执法大队执法工作场所、罚没物品临时存储设施场所和移动执法平台，以及农业执法（督察）专用车辆和运输车辆。

（三）渔政执法监管能力建设

支持海区禁渔区线内和内陆大江及通江支流、大型湖泊、大河及边境水域渔政执法机构配备 30～200 吨级渔政船及执法快艇，并在重要区位配套建设渔政码头及扣船所等设施场所。

五、农业科技创新能力条件建设工程

根据《国家重大科技基础设施建设中长期规划（2012—2030 年）》、《全国农业科技创新能力条件建设规划（2012—2016 年）》、《全国农业科技创新能力条件建设规划（2016—2020 年）》（在编），通过中央直接投资方式，主要安排 3 类项目：

（一）重大农业科学工程

聚焦国际农业前沿技术、研究领域以及国家农业重大需求，支持中央级科研院所承担重大农业科学工程和重大农业专用装置，要求在有关领域已具备较好的预研基础，已开展了小型模拟试验，建成后将填补相关领域重要农业科研装置空白，显著提升农业科技创新的跨越引领能力。

（二）重点学科实验室和试验基地

围绕粮食安全、农产品质量安全和生态安全等我国农业生产中的迫切需要解决的现实问题，攻关产业关键共性技术、破解重大区域性问题，优先支持农业部重点实验室项目和中央级科研院所的试验基地，在现有基础上，建设和完善一批创新能力强、产业需求急、发展态势好的农业学科实验室和试验基地，启动农产品加工技术集成基地、农业全程机械化技术集成基地建设，建成后实现分工协作、资源共享，整体加强科技创新的基础支撑能力。

（三）国际合作实验室

围绕已列入"一带一路"等政府农业合作框架的国际合作平台，在现有基础上，重点支持已认定的国家级、农业部级国际科技交流合作实验室，建成后大幅提高科技创新的国际合作能力。

六、种养结合循环农业示范工程

根据《全国农业可持续发展规划（2015—2030 年）》、《种养结合循环农业示范工程建设规划（2016—2020 年）》、《畜禽规模养殖污染防治条例》和《循环经济发展战略及近期行动计划》等，按照"种养结合、区域消纳、资源利用"的原则，调整种养结构，合理布局种养屠宰业产能，推进种植、养殖、农产品加工副产物的资源化利用。主要通过中央投资补助方式，安排 2 类建设项目。

（一）种养一体循环农业示范项目

在 500 个农牧生产大县，整县推进种养结合循环农业示范，重点在生猪奶牛肉牛肉羊优势产区建设饲草料基地，大中型养殖场建设"三改两分再利用"设施，配套建设区域性标准化屠宰场。项目县结合当地种养殖结构和农牧业副产物特点，确定合理技术模式，在现有设施条件基础上，按照填平补齐的原则确定建设内容，整县推进。

（二）农牧业废弃物资源化利用示范

在南方丘陵多雨区、南方平原水网区、北方平原区三个类型区，支持以县为单位整体开展畜禽粪便、病死畜禽、农作物秸秆、废旧农膜及农产品加工副产物无害化处理和资源化利用，建设畜禽粪便集中处理站、新型农村沼气工程、病死畜禽处理中心、农作物秸秆综合利用站、废旧地膜利用中心及农产品加工副产物利用设施等。完善运营管理机制，建立以企业为主体的专业化生产、市场化运营管理制度，明确管护经费来源，保障工程设施持续运行和长久发挥作用。通过PPP模式吸引社会主体参与建设与运营，积极探索政府主导、社会广泛参与的全程监管模式。

七、农业资源与生态环境保护工程

根据《全国农业可持续发展规划（2015—2030年）》、《农业环境突出问题治理总体规划（2014—2018年）》、《农业资源与生态环境保护工程建设规划（2016—2020年）》等，以农业资源保护和环境治理为重点，因地制宜、综合施策，实现区域内农业资源环境保护治理的整体推进。主要通过中央投资补助方式，安排5类建设项目：

（一）东北黑土地保护

在黑龙江、吉林、辽宁、内蒙古黑土区实施土地平整、黑土回填、配套建设有机肥堆沤场、配肥站、秸秆还田机械等。

（二）草原保护与建设

在6个重点区域实施草原生态保护建设工程，继续实施天然草原退牧还草工程，推进实施农牧交错带已垦草原治理工程，启动草原自然保护区建设工程。

（三）农业野生植物和水生生物自然保护区建设

选择具有重要保护价值和珍稀濒危农业野生植物和水生生物资源天然集中分布区域，建设农业野生植物和水生生物自然保护区，配套管护设施、宣传教育设施和外来入侵生物防治设施等。

（四）海洋牧场建设

在全国沿海11个省（市、自治区）建设海藻场和海草床人工鱼礁，配套日常管护设施和监测设备。

（五）小流域农业生态治理示范

选择主要农区、重点水源保护区、畜禽养殖优势区中的典型农业小流域，建设生物拦截带、污水净化塘、水肥一体化设施、生物防治设施等，整体推进区域内农业污染综合治理。

八、农业"走出去"基础设施建设工程

贯彻落实"走出去"战略和"一带一路"战略，根据《农业对外合作规划（2016—2020年）》、《境外农业资源开发合作发展规划（2013—2020年）》，通过中央投资补助方式（后续年度可研究通过贷款贴息、基金或资本金注入等其他有效方式），支持国内外均有相关业务、且内外产业关联密切的国有企业，在国内建设与境外资源开发生产相配套的育种研发、种子生产、物流仓储、加工转化、港口码头、培训基地、软实力平台（企业创新基地、技术中心）、跨境无规定动物疫病区内牛羊养殖屠宰加工基地等设施，为开发国外农业资源提供配套保障和国内支撑。

附件 2

2016 年中央预算内农业基本建设投资计划需求表

申报单位：

单位：万元

名称	建设性质	建设地点	建设内容及规模	建设年限	投资来源	总投资	已下达投资	2016 年申请投资		备注
								投资额	主要建设内容	
合计					合计					
					中央投资					
					地方配套					
					自有资金					
一、中央投资补助专项										
（一）高标准农田建设工程				2016—	合计					
					中央投资					
					地方配套					
					自有资金					
1. 新增千亿斤粮食产能田间工程建设项目	新建			2016—	合计					
					中央投资					
					地方配套					
					自有资金					
2. 示范区旱涝保收高标准农田建设项目	新建			2016—	合计					
					中央投资					
					地方配套					
					自有资金					

（续表）

名称	建设性质	建设地点	建设内容及规模	建设年限	投资来源	总投资	已下达投资	2016年申请投资 投资额	2016年申请投资 主要建设内容	备注
3. 棉花生产基地建设项目	新建			2016—	合计					
					中央投资					
					地方配套					
					自有资金					
4. 糖料生产基地建设项目	新建			2016—	合计					
					中央投资					
					地方配套					
					自有资金					
5. 油料生产基地建设项目	新建			2016—	合计					
					中央投资					
					地方配套					
					自有资金					
6. 农垦天然橡胶基地建设项目	新建			2016—	合计					
					中央投资					
					地方配套					
					自有资金					
（二）农业执法监管能力建设工程				2016—	合计					
					中央投资					
					地方配套					
					自有资金					
1. 农产品质量安全检验检测体系建设项目	新建			2016—	合计					
					中央投资					
					地方配套					
					自有资金					

（续表）

名称	建设性质	建设地点	建设内容及规模	建设年限	投资来源	总投资	已下达投资	2016年申请投资 投资额	2016年申请投资 主要建设内容	备注
2. 农业综合执法监管能力建设项目	新建			2016—	合计					
					中央投资					
					地方配套					
					自有资金					
3. 渔政执法监管能力建设项目	新建			2016—	合计					
					中央投资					
					地方配套					
					自有资金					
（三）种养结合循环农业示范工程				2016—	合计					
					中央投资					
					地方配套					
					自有资金					
1. 种养一体循环农业试点建设项目	新建			2016—	合计					
					中央投资					
					地方配套					
					自有资金					
2. 农牧业废弃物资源化利用示范项目	新建			2016—	合计					
					中央投资					
					地方配套					
					自有资金					
（四）农业资源与生态环境保护工程				2016—	合计					
					中央投资					
					地方配套					
					自有资金					

（续表）

名称	建设性质	建设地点	建设内容及规模	建设年限	投资来源	总投资	已下达投资	2016年申请投资		备注
								投资额	主要建设内容	
1. 东北黑土地保护建设项目	新建			2016—	合计					
					中央投资					
					地方配套					
					自有资金					
2. 草原保护与建设项目	新建			2016—	合计					
					中央投资					
					地方配套					
					自有资金					
3. 农业野生植物和水生生物自然保护区建设	新建			2016—	合计					
					中央投资					
					地方配套					
					自有资金					
4. 海洋牧场建设项目	新建			2016—	合计					
					中央投资					
					地方配套					
					自有资金					
5. 小流域农业生态治理示范项目	新建			2016—	合计					
					中央投资					
					地方配套					
					自有资金					
（五）农业"走出去"基础设施建设工程					合计					
					中央投资					
					地方配套					
					自有资金					

（续表）

名称	建设性质	建设地点	建设内容及规模	建设年限	投资来源	总投资	已下达投资	2016年申请投资 投资额	2016年申请投资 主要建设内容	备注
1. 农业"走出去"基础设施建设项目	新建			2016—	合计					
					中央投资					
					地方配套					
					自有资金					
（六）其它工程（包括血吸虫病农业综合治理、农垦危房改造、渔船更新改造、农垦公益性及建议专项）	新建			2016—	合计					
					中央投资					
					地方配套					
					自有资金					
1. 项目类型1	新建				合计					
					中央投资					
					地方配套					
					自有资金					
……	新建				合计					
					中央投资					
					地方配套					
					自有资金					
二、中央直接投资专项										
（一）现代种业建设工程										
1. 种质资源保护建设项目				2016—	合计					
					中央投资					
					地方配套					
					自有资金					

（续表）

名称	建设性质	建设地点	建设内容及规模	建设年限	投资来源	总投资	已下达投资	2016 年申请投资		备注
								投资额	主要建设内容	
具体项目 1					合计					
					中央投资					
					地方配套					
					自有资金					
……					合计					
					中央投资					
					地方配套					
					自有资金					
（二）农业生产安全保障工程				2016—	合计					
					中央投资					
					地方配套					
					自有资金					
1. 农业行业生产安全信息监测系统建设项目					合计					
					中央投资					
					地方配套					
					自有资金					
2. 农业公共服务管理信息平台建设项目					合计					
					中央投资					
					地方配套					
					自有资金					
3. 区域性农业灾害事故处置中心建设项目					合计					
					中央投资					
					地方配套					
					自有资金					

（续表）

名称	建设性质	建设地点	建设内容及规模	建设年限	投资来源	总投资	已下达投资	2016年申请投资 投资额	2016年申请投资 主要建设内容	备注
具体项目1					合计					
					中央投资					
					地方配套					
					自有资金					
……					合计					
					中央投资					
					地方配套					
					自有资金					
（三）农业科技创新能力条件建设工程					合计					
					中央投资					
					地方配套					
					自有资金					
1.重大农业科学工程建设项目					合计					
					中央投资					
					地方配套					
					自有资金					
具体项目1					合计					
					中央投资					
					地方配套					
					自有资金					
……					合计					
					中央投资					
					地方配套					
					自有资金					

（续表）

名称	建设性质	建设地点	建设内容及规模	建设年限	投资来源	总投资	已下达投资	2016年申请投资 投资额	2016年申请投资 主要建设内容	备注
2. 重点学科实验室建设项目					合计					
					中央投资					
					地方配套					
					自有资金					
具体项目1					合计					
					中央投资					
					地方配套					
					自有资金					
……					合计					
					中央投资					
					地方配套					
					自有资金					
3. 试验基地建设项目					合计					
					中央投资					
					地方配套					
					自有资金					
具体项目1					合计					
					中央投资					
					地方配套					
					自有资金					
……										

（续表）

名称	建设性质	建设地点	建设内容及规模	建设年限	投资来源	总投资	已下达投资	2016 年申请投资		备注
								投资额	主要建设内容	
3. 国际合作实验室建设项目					合计					
					中央投资					
					地方配套					
					自有资金					
具体项目 1					合计					
					中央投资					
					地方配套					
					自有资金					
……					合计					
					中央投资					
					地方配套					
					自有资金					
（四）其它工程（包括部门自身建设及建议专项）				2016—	合计					
					中央投资					
					地方配套					
					自有资金					
1. 项目类型 1	新建				合计					
					中央投资					
					地方配套					
					自有资金					
……	新建				合计					
					中央投资					
					地方配套					
					自有资金					

14. 2016 年度农业部软科学研究课题指南

农业部软科学委员会

研究课题指南
(2016 年度)

2016 年 1 月

说明

一、农业部软科学委员会以党的十八大和十八届三中、四中、五中全会精神为指导，根据中央经济工作会议、中央农村工作会议、2016 年中央一号文件和全国农业工作会议的部署，围绕用发展新理念引领农业现代化、加快转变农业发展方式、促进农民持续较快增收、加快城乡发展一体化的目标，坚持为党中央、国务院和农业部领导决策服务的宗旨，设置 2016 年度研究课题。

二、课题研究的基本定位是政策性研究，既要突出战略性、前瞻性和创新性，又要注重政策措施的针对性和可操作性，充分体现改革创新思维，着力推动解决全面建成小康社会决胜阶段"三农"发展面临的突出矛盾和问题。要强化问题意识，紧跟农村改革发展的新进展，抓住关键问题深入研究思考，充分吸收和利用国内外已有研究成果，综合运用多学科分析方法，强化实地调研、案例研究和统计分析，避免从概念到概念，避免面面俱到，力争形成具有较高决策参考价值的研究成果。

三、今年的指南课题共设置 7 类开放式命题（详见目录），每类命题下设置若干重点问题。请申请人围绕指南确定的重点问题，结合自身工作基础和研究积累、自选角度、自拟题目进行申报。选题要尽量聚焦，既体现前瞻性，更注重实践性和可操作性，如果申请选题没有明确的研究对象和问题指向，则不予受理。

四、农业部软科学委员会办公室组织专家对课题申请书进行评审后，确定承担课题研究任务的人选。初审采取同行专家匿名评审的方式，从研究内容的必要性、创新性、研究方案可行性、预期成果与前景等方面进行打分，终审采取会议评审。

五、课题申请人应符合以下条件：具备高级职称，或者大学毕业工作满 10 年、硕士研究生毕业工作满 5 年、博士研究生毕业工作满 2 年的研究、教学、行政单位工作人员；具备扎实的理论知识和实践经验，在申报课题研究领域有较好的工作基础；具备按时完成课题研究的物质技术条件、手段和时间保证。

六、课题申请单位应符合以下条件：能够提供开展研究的必要条件；对课题申报材料真实性进行审核；承担课题项目管理和经费管理职责并承诺信誉保证。

七、根据研究内容和研究任务的不同，本年度每项课题资助经费拟安排 5 万元至 10 万元。申请人应严格按照财政预算资金管理的要求，根据实际需要编制科学合理的经费预算，并在课题立项后认真执行。

八、农业部软科学研究为年度课题，完成课题研究的时间，要求 2016 年 9 月初提交中期研究成果，12 月提交最终研究成果（包括课题报告和 3 000 字摘要稿）。研究成果的著作权归农业部软科学委员会所有，包括但不限于作品的发表权、署名权、修改权、复制权、发行权、信息网络传播权、汇编权和其他权利。农业部软科学委员会办公室于次年组织开展成果结题验收，验收结论将作为主持人今后申请农业部软科学课题的重要参考。

九、为避免一题多报、交叉申请和重复立项，确保申请人有足够的时间和精力从事课题研究，凡以在研或已结题的各级各类项目、博士学位论文或博士后出站报告等为基础申请农业部软科学研究课题，须在课题申请书中注明所申请课题与已承担项目的联系和区别，且不得以内容基本相同的同一成果申请结题。申报课题须如实填写申请材料，并保证没有知识产权争议。凡存在弄虚作假、抄袭剽窃等行为的，一经查实取消今后五年内申请农业部软科学研究课题的资格。

十、农业部软科学委员会办公室从发布课题指南之日起受理申请。申请者请直接从农业部网站下载课题指南和课题申请书。申请截止日期：2016 年 3 月 1 日（以中国邮政寄出邮戳日期为准）。申请材料请寄：100125，北京市朝阳区农展馆南里 11 号，农业部软科学委员会办公室（政法司调研管理处）。

联系人：白永刚 吴天龙 刘建水

电　话：(010) 59193277

传　真：(010) 59192777

电子邮件：rkxmoa@ agri. gov. cn

目录

来源：http://www.gov.cn/xinwen/2016—01/28/content_ 5036814. htm

课题类型	

农业部软科学委员会

课 题 申 请 书

课题名称＿＿＿＿＿＿＿＿＿＿＿＿＿＿＿＿＿＿

申请单位＿＿＿＿＿＿＿＿＿＿＿＿＿＿＿＿＿＿

申 请 人＿＿＿＿＿＿＿＿＿＿＿＿＿＿＿＿＿＿

填表日期＿＿＿＿＿＿＿＿＿＿＿＿＿＿＿＿＿＿

填表说明

一、本表供课题申请、审批和课题管理使用。

二、本表由课题申请单位统一组织申报，课题申请人填写本表后，经申请人主管单位领导签署意见并盖单位公章后送农业部软科学委员会办公室（产业政策与法规司调研管理处）。

三、课题申请人应具备以下条件：具备高级职称，或者大学毕业工作满 10 年、硕士研究生毕业工作满 5 年、博士研究生毕业工作满 2 年的研究、教学、行政单位工作人员；具备扎实的理论知识和实践经验，在申报课题研究领域有较好的工作基础；具备按时完成课题研究的物质技术条件、手段和时间保证。

四、课题申请单位应符合以下条件：能够提供开展研究的必要条件；对课题申报材料真实性进行审核；承担课题项目管理和经费管理职责并承诺信誉保证。

五、课题类型请填写"指南"或"自选"。

六、农业部软科学委员会办公室从发布课题指南之日起受理申请。课题申请必须填写并提交纸质《课题申请书》（一份原件、七份复印件，申请信息与评审材料分别装订）。仅通过传真、邮件等其他形式递交的课题申请书将不作为受理课题申请的依据。申请截止日期：2015 年 3 月 1日（以中国邮政寄出的邮戳日期为准）。

申请材料请寄：100125，北京市朝阳区农展馆南里 11 号，农业部软科学委员会办公室（产业政策与法规司调研管理处）。

七、请务必按照本表（A4）格式打印申请书，并发送申请书电子文档至：rkxmoa@agri. gov. cn，电子文档请按"课题编号＋申请单位＋申请人"格式命名。

第一部分：课题申请信息

申请人基本情况							
姓名		年龄		性别		民族	
职务		专业职称			研究专长		
工作单位					参加工作时间		
毕业院校					学位/学历		
电子邮件					电话		
通讯地址					邮政编码		

申请人与本课题相关的近期成果 （应注明成果名称、成果形式、发表刊物或出版单位、发表或出版时间）

主要参加者基本情况					

课题申请内容摘要

课题申请单位意见

1. 申请者的政治素质与业务水平是否适于承担本课题的研究；
2. 主管单位是否能提供完成本课题所需时间和其他必要条件；
3. 财会人员能否承担本课题的经费管理。

单位公章

单位负责人签名
年　　月　　日

第二部分：课题评审材料

选题方向 （填写指南所列选题）		序号 （评审方填写）	
课题名称 （可围绕选题，自选角度、自拟题目）			

一、相关研究文献简要评述（对已有相关研究观点和方法的评价和讨论）：

二、研究内容和方案（具体的研究内容；具体的调研方式、步骤及完成时间）：

三、研究材料和数据（包括使用的材料与数据类型、来源及与研究课题的相关性等）：

四、研究方法（包括具体方法、研究程序、逻辑框架等；如果课题研究需要，可运用相关经济学模型等方法）：

五、预期课题成果及完成时间（包括课题研究预期成果、政策理论含义和应用前景）：

六、经费预算

单位：元

经费来源	金额	备注
1. 农业部软科学资助经费		
2. 其他经费来源		
配套经费		
自筹经费		
合计		

经费支出预算表

预算科目名称	合计	资助经费	配套经费	自筹经费
1. 邮电费				
2. 印刷费				
3. 差旅费				
4. 劳务费				
5. 咨询费				
6. 其他				
合计				

注：资助经费根据财政部制定的《支出经济分类科目》管理和使用。

15. 农业部烟草生物学与加工重点实验室
2015 年开放课题申请指南

农业部烟草生物学与加工重点实验室 2015 年开放课题申请指南

农业部烟草生物学与加工重点实验室以烟草栽培生理及分子生物学基础为重点，围绕烟草种质资源保护与创新、烟草功能基因挖掘、烟草物质代谢与转化机制、烟区土壤生态、烟草调制加工等领域的应用基础及应用技术开展研究。

实验室按照"开放、流动、联合、竞争"的方针，面向国内外开放运行，设立"农业部烟草生物学与加工重点实验室开放课题"项目，资助相关领域的应用基础研究与应用技术研究。（合作与交流，基础性和共性）

一、重点资助方向

1. 烟田土壤保育技术研究
2. 烟草生长发育重要性状关键基因研究
3. 烟草生物碱合成积累影响因素研究
4. 烟草叶片烘烤过程中物质转化规律研究

二、申报要求

1. 课题资助对象、申报、审批等程序将按照《农业部烟草生物学与加工重点实验室开放课题管理办法》的有关规定执行。
2. 申报单位须对申报课题进行初审，并签署审核意见。
3. 本基金不受理自然人提交的课题申请。

三、申请程序及申报时间

1. 申请人根据实验室开放基金的重点资助方向，填写《农业部烟草生物学与加工重点实验室开放课题申请书》（在附件中下载），一式 4 份，经所在单位主管领导签署意见并加盖公章后，向本实验室提出申请，同时请发送电子版本至 yanhuifeng@ caas. cn（请在信封和电邮主题内注明"开放课题"）。
2. 自本"开放课题申请指南"公布之日起，开始受理课题申请，本年度截止日期为 2015 年 11 月 30 日。

四、联系方式

联系人：闫慧峰
通讯地址：青岛市崂山区科苑经四路 11 号
中国农业科学院烟草研究所（农业部烟草生物学与加工重点实验室）
邮编：266101

电话：0532 - 88703786；13884631032

农业部烟草生物学与加工重点实验室

2015 年 9 月 23 日

附件：1. 管理办法

　　　　2. 申请书

来源：http://www.caas.cn/ggfw/tzgg/260949.shtml

附件 1

农业部烟草生物学与加工重点实验室
开放课题管理办法

一、总则

为充分发挥实验室资源优势，吸引国内外优秀学者在烟草发育生物学、烟草代谢生物学、烟草调制加工生物学和烟草生态环境生物学等领域开展高水平的基础理论研究、应用基础理论及关键技术研究，实现资源共享，特设立开放基金课题，并制定开放基金课题管理办法，确保实验室"开放、流动、联合、竞争"的良性运行。

二、开放对象

凡国内外研究机构、大专院校、烟草相关技术部门中具有高级专业技术职务的科技工作者均可申请资助；中级专业技术职称及获得硕士学位的青年科技工作者也可提出申请，但需由两名同行高级职称科技人员推荐。

三、申请、审批程序

1. 开放课题基金的申请每年受理一次，由实验室定期发布课题指南，申请课题须符合课题指南所规定的研究内容范围。

2. 申请者填写课题申请书一式 4 份，由所在单位同意并加盖公章后寄交实验室。中级技术职称人员和获得硕士学位的科技工作者须附高级职称科技人员推荐书。

3. 经实验室形式审查合格的课题申请书交实验室学术委员会进行评审，决定是否资助及资助额度，由实验室主任批准签发立项。

4. 申请获准后，由课题承担填写科研合同书一式 4 份，实验室、中国农业科学院烟草研究所科技管理处、课题负责人和所在单位各 1 份。合同书经双方签字盖章生效后，课题进入实施阶段。

四、课题管理办法

1. 开放课题的研究期限一般为 2 年。

2. 课题负责人或主要研究人员应按计划来实验室开展研究工作。

3. 课题在实施过程中课题负责人应按照要求提交阶段报告并填写有关报表，课题进行过程中取得的阶段性成果要写出研究报告交实验室存档。

4. 课题完成后负责人要向实验室递交总结报告及相关的原始资料，总结报告应包括以下内容：

1）对照课题立项申请，主要研究内容的完成情况；

2）所取得的主要研究成果、研究报告、论文、著作、申请专利、成果鉴定的情况；

3）主要研究成果的应用情况或应用前景；

4）课题经费的使用情况。

五、经费的使用及管理

1. 课题资助年度金额为 5～10 万元人民币。开放基金课题经费的管理严格按照国家科技部、财政部和中国农业科学院有关财务规章制度执行，设立课题帐号，专款专用。

2. 开放基金课题开支的范围：

1）科研工作直接使用的小型仪器、材料、试剂的购置；

2）使用本实验室公共设施、大型设备应交纳的运行费、折旧费；

3）课题组成员参加国内学术会议的费用，来实验室工作的差旅费和住宿费等；

4）测试和协作费用，资料费，论文发表版面费等。

3. 凡用开放基金购置或加工制作的设备与仪器产权属本实验室所有。

4. 各课题负责人定期向实验室提交计划执行情况报告及经费使用结算报告。对于进展不良或不按实验室有关规定执行的开放课题，经实验室主任批准，可中断或取消其经费的使用。

六、工作评价及成果管理

1. 实验室开放课题所发表的论文及所取得的成果，其知识产权为本实验室与研究者所在单位共有，责任作者（通讯作者）的第一完成单位为本实验室。

2. 由本实验室开放课题资助取得的研究成果（包括论文、专利、标准、著作等）须署实验室名称"农业部烟草生物学与加工重点实验室，青岛，266101"，或在其首页之处标注"农业部烟草生物学与加工重点实验室开放课题资助或部分资助"［英文：Supported（or Partially Supported）by the Open Project Program of Key Laboratory of Tobacco Biology & Processing, Ministry of Agriculture, Qingdao, 266101］。

3. 课题结题后，实验室召集有关专家对课题进行评估，评估结果向中国农业科学院烟草研究所科技处汇报，并向课题负责人所在单位通报，对评估获得优秀成绩的课题，以适当的方式给予奖励。实验室将优先资助曾取得优秀成果的课题申请者。

七、附则

本办法由农业部烟草生物学与加工重点实验室负责解释。

附件 2

课题编号：＿＿＿＿＿＿＿＿

收文日期：　　年　月　日

农业部烟草生物学与加工重点实验室

开 放 课 题 申 请 书

课题名称：＿＿＿＿＿＿＿＿＿＿＿＿＿＿＿＿

申　请　人：＿＿＿＿＿＿＿＿＿＿＿＿＿＿＿＿

承担单位：＿＿＿＿＿＿＿＿＿＿＿＿＿＿＿＿

起止时间：＿＿＿＿＿＿＿＿＿＿＿＿＿＿＿＿

申请日期：＿＿＿＿＿＿＿＿＿＿＿＿＿＿＿＿

邮政编码：＿＿＿＿＿＿＿＿＿＿＿＿＿＿＿＿

通讯地址：＿＿＿＿＿＿＿＿＿＿＿＿＿＿＿＿

电　　话：＿＿＿＿＿＿＿＿＿＿＿＿＿＿＿＿

电子邮件：＿＿＿＿＿＿＿＿＿＿＿＿＿＿＿＿

课题名称							

申请人	姓名		性别		出生年月		学历	
	所在单位						职称	
	E-mail					电话		
	手机号码			传真				
	通讯地址					邮编		

课题组人员构成

姓名	出生年月	职称/学位	主要研究方向	工作单位	签名

课题研究内容和意义简介	（限 500 字以内）
	关键词

申请金额：万元	课题期限：年	起止时间：　年　月至　年　月

立项依据	（国内外研究现状分析，研究意义，主要研究目标及拟解决的关键问题。限 1000 字以内）
研究内容	（500 字以内）
研究方案	1. 拟采取的研究方法、技术路线 2. 实验方案 3. 年度实施计划
预期成果及创新之处	（限 500 字以内）
研究基础及可行性分析	（已有和正在开展的与本课题有关的研究工作，申请者及主要参加人员已取得的研究成绩、发表论文及论著；已具备的实验条件、尚缺少的实验条件和拟解决的途径。限 800 字以内）
所在单位意见	（对课题的意义、特色和创新之处及申请者的研究水平与学风以及对本实验室关于开放课题成果共享管理条例的承诺签署具体意见） 单位（公章） 负责人（签章） 年　月　日

申请课题经费预算表

申请经费	实验室基金	其它资助	
		金额	资助单位
	万元		
年度预算		年	万元
		年	万元
		年	万元

支出科目	预算金额（万元）	支出理由及计算依据
1. 实验材料费		
（1）原材料/试剂/药品购置费		
（2）其他		
2. 科研业务费		
（1）测试/计算/分析费		
（2）能源/动力费		
（3）会议/差旅费		
（4）出版物/文献/论文版面费		

学术委员会评审意见		学术委员会主任 （签章） 年 月 日
实验室审核意见		实验室主任 （签章） 年 月 日

16. 农业部农业信息技术重点实验室
2015 年开放课题征集通知

农业部农业信息技术重点实验室 2015 年开放课题征集通知

农业部农业信息技术重点实验室 2015 年开放课题的征集工作已经开始，热忱欢迎国内外从事相关领域研究的科技工作者向实验室提出课题的申请。

申请人请参照《农业部农业信息技术重点实验室 2015 年开放课题申请指南要求（见附件），填写《农业部农业信息技术重点实验室 2015 年开放课题申请申请书》（见附件），经原单位同意后，向农业部农业信息重点实验室报送纸质件一式 3 份，同时通过电子邮件提交申请书电子版。

本年度开放课题截止日期为 2015 年 10 月 30 日，以邮戳日期为准。

联系人：谢安坤

联系电话：010 - 82105073

电子信箱：klai@ caas. cn

附件：1. 农业部农业信息技术重点实验室 2015 年开放课题申请指南
    2. 农业部农业信息技术重点实验室 2015 年开放课题申请书

2015 年 10 月 26 日

来源：http://www.iarrp.cn/Html/2015_ 10_ 26/12663_ 12877_ 2015_ 10_ 26_ 105604. html

附件1

农业部农业信息技术重点实验室 2015 年开放课题申请指南

农业部农业信息技术重点实验室是由原农业部资源遥感和数字农业重点实验室为依托整合有关研究室后，在 2011 年新成立的农业部重点实验室，是农业部 30 个综合性重点实验室之一。本实验室依托于中国农业科学院农业资源与农业区划研究所，同时也是国家遥感中心农业应用部和农业部遥感应用中心研究部的技术支撑单位。实验室瞄准以信息技术促进农业现代化的国家重大需求，长期致力于农业信息获取、农业信息系统平台、农业信息处理与分析、农业信息决策支持以及信息服务等相关技术的开发与应用，为我国农业可持续发展和农业生产管理决策提供快速、准确的信息服务。实验室设立开放课题基金，为符合实验室重点研究方向的科研课题提供资助；同时，实验室欢迎科研人员自带资金利用本实验室仪器设备、软件系统及数据库资源等基础条件开展合作研究。2015 年开放课题申请相关事项如下：

一、课题申请对象

国内外各高等院校、科研机构、产业部门和其它单位的研究人员，均可向实验室提出课题申请。

二、课题申请的时间

2015 年度开放课题申请截止日期为 2015 年 10 月 30 日（邮寄申请书以投递日邮戳为凭）。实验室在 11 月初组织专家进行评审，11 月中旬评审结果通知给申请者，并完成课题任务书签署工作。自带经费者不受申请时间限制，随时可联系前来开展研究。

三、2015 年资助的主要研究方向

1. 天地网一体化现代农业信息获取研究

本研究方向是以实现一体化的农业信息采集方式、多样化的农业信息采集途径以及涵盖齐全的农业信息采集类型为目标，重点围绕"天地网"一体化的现代农业信息获取方法原理和技术开展研究。

重点资助方向：农业生物和水热等环境参数遥感获取方法原理和技术；农业生物和环境信息地面获取方法原理和技术；农业信息的网络获取方法技术等。

2. 农业信息决策支持和服务平台研究

本研究方向是以已有的数据库和知识库为基础，以农业智能管理与决策系统为对象，以专家系统、决策支持系统、数据挖掘和各种评价分析模型为手段，研究开发新型农业信息系统平台的方法和技术等。

重点资助方向：农业资源与区划信息化平台；农业与农村社会经济信息系统；数字草业信息化平台；粮食安全预警信息系统；区域农业结构调整决策支持信息系统等。

3. 农业资源和农情信息遥感监测研究

本研究方向是以农业资源和农情信息遥感监测为对象，开展农业资源、农情信息和农业灾害遥感监测的方法原理和关键技术研究，实现农业资源、农情信息和农业灾害遥感监测的高效业务化运行。

重点资助方向：农业资源、农情信息和农业灾害遥感监测的方法原理和关键技术；农业资源、农情信息和农业灾害动态变化规律和评价；全球变化及农业影响遥感监测等。

4. 农业系统模研究

本方向是以模型模拟技术为研究手段，开展模型构建、虚拟现实和辅助表达等方面研究，实现对农业生态系统时空动态变化的模拟再现和优化管理。

重点资助方向：农作物和草地生长模拟研究；农田土壤碳氮、水循环动态过程、土地资源利用决策仿真模拟；虚拟农业研究。

四、开放课题申请须知

1. 申请者通过网站（www. iarrp. cn 或 http：//www. klai. net. cn）下载开放课题申请书，按要求认真填写，须提交签字盖章的纸质申请书原件一式 3 份到实验室，同时提供内容一致的电子版 1 份，难以电子化的附件材料随纸质申请书一并报送。

2. 开放课题研究周期一般为 1 年，必须持续较长时间的重大课题，可分阶段申请。

3. 开放课题经费资助强度一般为一年最高 50 000 元，经费使用名目包括：科研业务费、数据资料费、仪器设备使用费、论文出版费、差旅费。

4. 申请书由实验室学术委员会评审，评审意见将及时通知申请者，对获准资助的项目发给课题计划任务书；申请者应根据评审意见填写课题计划任务书，由实验室主任复核后方可正式列为本实验室开放研究课题。

5. 所有来本实验室工作的开放课题主持人与参加人员均以实验室客座人员对待。开放课题资助的客座人员，需遵守实验室有关规章制度，并按管理要求向实验室汇报课题研究进展。

6. 课题结束时，课题申请者应提交课题总结报告 1 份，并在国外科技期刊发表 SCI 论文至少 1 篇，不能是会议论文（实验室为第一完成单位）。对于超额完成论文指标的课题，实验室按照有关论文奖励办法进行奖励。

7. 开放课题的研究成果由本实验室与客座人员所在单位共享。在本实验室完成的或开放课题资助的论文和成果（包括部分工作在实验室完成或部分得到开放课题资助的论文或成果），应同时署名实验室（为第一完成单位）的名称及作者所在单位名称，实验室中英文标注为：农业部农业信息技术重点实验室（Key Laboratory of Agri-informatics, Ministry of Agriculture, P. R. China）。

五、通讯地址及联系方式

开放课题申请书邮寄地址：

北京市海淀区中关村南大街 12 号　邮编：100081

中国农业科学院农业资源与农业区划研究所，重大工程南配楼 604

农业部农业信息技术重点实验室

联系人：谢安坤

联系电话：（010）82105073

E-mail ：klai@ caas. cn

申请表格下载地址：www. iarrp. cn 或 http：//www. klai. net. cn

（邮寄时，请在信封上注明"开放课题申请"字样。）

附件：农业部农业信息技术重点实验室开放课题申请书

附件 2

项目编号

农业部农业信息技术重点实验室
Key Laboratory of Agri-informatics,
Ministry of Agriculture，P. R. China

开放基金课题申请书

课 题 名 称：＿＿＿＿＿＿＿＿＿＿＿＿＿＿＿＿＿

申　请　人：＿＿＿＿＿＿＿＿＿＿＿＿＿＿＿＿＿

工 作 单 位：＿＿＿＿＿＿＿＿＿＿＿＿＿＿＿＿＿

通 讯 地 址：＿＿＿＿＿＿＿＿＿＿＿＿＿＿＿＿＿

邮　　　编：＿＿＿＿＿＿＿＿＿＿＿＿＿＿＿＿＿

电 话 及 传 真：＿＿＿＿＿＿＿＿＿＿＿＿＿＿＿＿＿

E - m a i l：＿＿＿＿＿＿＿＿＿＿＿＿＿＿＿＿＿

2014 年 4 月

填报说明

1. 填写申请书前，请先查阅《农业部农业信息技术重点实验室开放课题管理办法》；课题名称应与开放课题管理办法中所列的方向吻合，并能够确切反应资助期内的研究内容；申请书各项内容要实事求是，逐条认真填写，表达要明确、严谨；字迹要清晰易辨；外来语要同时用原文和中文表达，第一次出现的缩写词，须注出全称；研究课题摘要表达应通俗，精练，总字数不要超过 200 字。

2. 申请书为 A4 开本，复印时用 A4 复印纸，于左侧装订成册。第 3 页以后各栏空格不够时，请自行加页。申请书一式 4 份（至少 1 份为原件），由所在单位审查签署意见后，报送农业部农业信息技术重点实验室。

3. 封面上"项目编号"申请者不要填写。第一申请者和项目组主要成员申请（含参加）项目数，连同尚在进行的本实验室基金资助项目数，不得超过两项。

4. 不具备高级专业技术职称的申请者，必须由两名具有高级专业技术职称的同行专家推荐，复印表格时请复印 2 份两名专家签字的推荐信。

5. 关于经费开支范围，科研业务费包括：课题研究必需的国内调研和学术会议费、业务资料、报告、论文印刷费、研究成果评议鉴定费，以及往返所在单位与本实验室的差旅费。具体规定请查阅《管理办法》。

一、项目简要信息表

研究课题	名称						
	起止年月				申请金额	（万元）	

申请人	姓名		性别		出生年月		民族	
	职称		学位		职务		专业	
	所在单位				性质	A. 高校 B. 科研单位 C. 其他		
	身份证或护照号				社会兼职			

项目组	总人数	高级	中级	初级	博士后	博士生	硕士生	其他

研究课题主要内容意义及预期成果摘要	

关键词（最多六个）	

二、项目申请书

1. 研究目的、意义和国内外概况（附主要参考文献）		
2. 研究目标、内容及技术路线		
3. 本项目拟解决的关键问题与创新之处		
4. 研究工作总体安排、进度（含本实验室工作的计划）		
5. 预期成果（成果内容、形式）及考核指标		
6. 与本项目相关的工作基础及已发表的主要学术论文		

7. 申请经费总额预算及理由

预算支出	金额（元）	计算根据及理由
（1）合计		
（2）科研业务费		
（3）实验材料费		
（4）管理费		
（5）其它（注明用途）		

8. 申请者正在承担的其它研究项目及承担（含负责或参加）本基金资助课题

9. 是否有其他相关课题支持，如果有请简要说明

10. 申请者简介

11. 申请者承诺

　　我保证申请书内容的真实性。如果获得基金资助，我将履行项目负责人职责，严格遵守农业部农业信息技术重点实验室开放课题的有关规定，切实保证研究工作时间，认真开展工作，按时报送有关材料。若填报失实和违反规定，本人将承担全部责任。

签字：
年　月　日

12. 项目组主要成员承诺

　　我保证有关申报内容的真实性。如果获得基金资助，我将严格遵守农业部农业信息技术重点实验室开放课题的有关规定，切实保证研究工作时间，加强合作、信息资源共享，认真开展工作，及时向项目负责人报送有关材料。若个人信息失实、执行项目中违反规定，本人将承担相关责任。

姓名	职称、学位	性别	年龄	身份证	工作单位	签名

三、推荐意见

推荐人意见（凡具有高级技术职务的申请者可免填此项）：

推荐人（签字）　　　　　　　专业技术职务　　　　　专长

单位（公章）　　　　　　　　　　　　　　　　年　月　日

申请者工作单位意见：

单位领导（签字）　　　　　　专业技术职务　　　　　专长

单位（公章）　　　　　　　　　　　　　　　　年　月　日

四、批准与审核

重点开放实验室负责人意见及建议资助经费金额：

负责人（签字）　　　　　　　单位（公章）　　　　　　　年　月　日

重点开放实验室学术委员会审查意见：

实验室学术委员会主任（签字）

年　月　日

17. 农业部农业水资源高效利用重点实验室 2015 年度开放课题申请指南

农业部农业水资源高效利用重点实验室依托于东北农业大学，实验室隶属于农业部作物高效用水学科群，以促进我国农业水资源高效利用和作物高产优质为目标。主要研究农业水资源优化利用理论与方法、农田水循环与土壤水高效利用理论与技术、农田水肥调控利用与节水高效作物栽培理论与技术。

根据农业部重点开放实验室"开放、流动、联合、竞争"的运行要求，特设立实验室开放课题，资助与实验室研究方向有关的具有重要科学意义的研究项目。现将本年度的申请指南公布如下：

一、本年度重点资助方向和数量

1. 农业水资源优化利用理论与方法（1~2 项）；
2. 农田水循环与土壤水高效利用理论与技术（1~2 项）；
3. 农田水肥调控利用与节水高效作物栽培理论与技术（1~2 项）。

二、课题申请对象要求

年龄 40 岁以下，具有中级以上专业技术职称或博士学位的国内、外科技工作者，均可提出资助申请，优先支持博士后和刚毕业的博士。

三、课题申请的时间

本次课题申请受理的截止时间为 2015 年 10 月 10 日，10 月底下达批准通知。

四、注意事项

1. 申请者从网上下载课题申请书（见附件），按本年度重点资助方向认真填写，并经所在单位签署意见后，将申请书一式四份及电子版文件提交本实验室。

2. 课题研究年限为 2 年，资助金额 3~5 万元。

3. 开放课题研究成果由本实验室与客座人员所在单位共享。课题结束后，应提交课题总结报告 1 份。在课题研究期间至结题后 1 年内应至少发表学术论文 2 篇：资助额度 5 万者应发表 2 篇 SCI、EI 论文（会议论文除外）；资助额度 3 万者应发表 1 篇 SCI、EI 论文（会议论文除外）和 1 篇一级学报论文。论文单位排序中第一单位为"东北农业大学/农业部农业水资源高效利用重点实验室"，并标注本实验室基金资助 ［英文：Northeast Agricultural University /Key Laboratory of Efficient Use of Agricultural Water Resources，Ministry of Agriculture，P. R. China］。

4. 开放课题经费须在本实验室的依托单位使用和报销，经费使用包括：试验材料费、测试分析费、论文出版费、差旅费等。课题批准后，资助经费的 60% 可以按预算使用和支出，其余 40% 在完成各项考核指标后凭票据一次性报领。

五、联系方式

联系人：王忠波

地址：黑龙江省哈尔滨市香坊区木材街 59 号东北农业大学

邮编：150030

电话：0451 – 55190977

E-mail：wangzhongbo71@163.com

附件：农业部农业水资源高效利用重点实验室 2015 年度开放课题申请书

水利与建筑学院

2015 年 9 月 11 日

来源：http://www.neau.edu.cn/info/1175/5691.htm

附件

农业部农业水资源高效利用
重点实验室开放基金

申请书

课题名称： _____

申　请　者： _____ **电话：** _____

依托单位： _____

通讯地址： _____

邮政编码： _____ **单位电话：** _____

E-mail： _____

申报日期： _____ 年　月　日

农业部农业水资源高效利用重点实验室

填报说明

一、填写申请书前，请认真阅读农业部农业部农业水资源高效利用重点实验室开放课题申请指南。申请书各项内容，要实事求是，逐条认真填写，表达要明确、严谨。

二、申请书一式四份用 A4 纸打印，经申请人所在单位签章同意后，投送东北农业大学农业部农业水资源高效利用重点实验室。

基本信息

<table>
<tr><td rowspan="6">申请者信息</td><td>姓名</td><td></td><td>性别年月</td><td></td><td>出生年月</td><td></td><td>年月</td><td></td><td>民族</td><td></td></tr>
<tr><td>学位</td><td></td><td>职称</td><td></td><td colspan="2">主要研究领域</td><td colspan="4"></td></tr>
<tr><td>电话</td><td></td><td colspan="3">E-mail</td><td colspan="5"></td></tr>
<tr><td>传真</td><td></td><td colspan="3">个人网页</td><td colspan="5"></td></tr>
<tr><td>工作单位</td><td colspan="10"></td></tr>
</table>

<table>
<tr><td rowspan="3">依托单位信息</td><td>名称</td><td></td><td>代码</td><td></td></tr>
<tr><td>联系人</td><td></td><td>E-mail</td><td></td></tr>
<tr><td>电话</td><td></td><td>网站地址</td><td></td></tr>
</table>

<table>
<tr><td rowspan="4">课题基本信息</td><td rowspan="2">名称</td><td>中文</td><td colspan="2"></td><td rowspan="4"></td><td rowspan="4"></td></tr>
<tr><td>英文</td><td colspan="2"></td></tr>
<tr><td colspan="2">申请金额</td><td>万元</td><td rowspan="2">研究属性</td><td rowspan="2">分类：
A. 基础研究
B. 应用基础</td></tr>
<tr><td colspan="2">研究年限</td><td>年　月—年　月</td></tr>
<tr><td></td><td colspan="2">附注说明</td><td colspan="3"></td></tr>
</table>

<table>
<tr><td rowspan="1">摘要</td><td>课题研究内容和意义简介（限 400 字）：

</td></tr>
</table>

<table>
<tr><td rowspan="2">关键词
（用分号分开，
最多 5 个）</td><td>中文</td><td></td></tr>
<tr><td>英文</td><td></td></tr>
</table>

课题组主要成员

编号	姓 名	出生年月	性别	职 称	学 位	单位名称	电话	E-mail	课题分工	每年工作时间（月）
1										
2										
3										
4										
5										
6										
7										
8										
9										
10										
总人数		高级		中级		初级		博士后	博士生	硕士生

说明：1. 高级、中级、初级、博士后、博士生、硕士生人员数由申请者负责填报。

2. 第一人必须是申请者。

报告正文

（请撰写完毕后删除无关的信息。）

（一）立项依据与研究内容：

1. 课题的立项依据（附主要的参考文献目录）。

2. 课题的研究内容、研究目标，以及拟解决的关键问题。

3. 拟采取的研究方案及可行性分析。

4. 本课题的特色与创新之处。

5. 年度研究计划及预期成果。

（二）研究基础与工作条件

1. 工作基础

2. 工作条件

3. 申请人简历

4. 承担科研课题情况

申请经费总额预算及理由		
预算支出	金额（万元）	计算依据及理由
1. 材料费		
2. 测试化验加工费		
3. 差旅费		
4. 出版/文献/信息传播/知识产权事务费		
5. 其它（注明用途）		
合计		

申请者承诺：

　　我保证上述填报内容的真实性。如果获得资助，我将严格遵守"农业部农业水资源高效利用重点实验室"有关规定，按计划认真开展研究工作，按时报送有关材料。

申请者（签章）

年　月　日

申请者所在单位审查意见与承诺：

　　已对申请书内容的真实性进行了审核，保证在课题获得资助后对研究计划实施所需的人力、物力和工作时间等条件给予支持。

单位（公章）

年　月　日

18. 农业部授粉昆虫生物学重点实验室 2015 年度开放基金申请指南

农业部授粉昆虫生物学重点实验室依托中国农业科学院蜜蜂研究所，于 2011 年成立，主要围绕蜜蜂、熊蜂等授粉昆虫生物学的核心科学问题开展研究。目前重点实验室包括传粉蜂生物学与授粉应用、蜂种质资源与育种、蜜蜂蛋白质组学、蜜蜂病虫害生物学、蜂产品加工与功能评价以及蜂产品质量与风险评估六个研究方向。

为了贯彻执行"开放、流动、联合、竞争"的运行机制，提升实验室的科学研究水平，创造良好的学术环境，吸引国内外优秀学者合作开展高水平的基础和应用基础性研究，实验室设立开放基金课题，为符合实验室重点研究方向的科研课题提供资助。2015 年度开放基金申请事项如下：

一、支持的主要研究方向

实验室本年度拟重点支持的研究领域为以下 6 个方向，凡符合申请条件对象均可申请。

1. 传粉蜂生物学与授粉应用

熊蜂繁育的营养调控、熊蜂生殖调控的分子机理、熊蜂主要病虫害的致病机理、传粉蜂为农作物授粉增产机理的研究

2. 蜂种质资源与育种

蜂种资源调查与评价（熊蜂传粉在农田生态系统中的重要性评价）；优良蜂种重要生物学性状的解析；优良蜂种选育。

3. 蜜蜂蛋白质组学

开展蜜蜂蛋白质组学研究。

4. 蜜蜂病虫害生物学

成蜂病毒建立隐性感染的机制研究；农药对蜜蜂重要生理性状的影响；微孢子虫对蜜蜂的侵染路径研究；病原性细菌和真菌的检测与鉴定。

5. 蜂产品加工与功能评价

蜂产品功能成分研究与利用。

6. 蜂产品质量与风险评估

新型生物发酵产物的发酵技术；蜂产品主要危害因子调查分析。

二、申请对象

40 周岁以下（1975 年 7 月 1 日后出生），具有中级以上技术职称或博士学位的非本实验室的国内外高校、科研机构、企业和其他单位的科研人员，均可提出申请。

三、申请须知

1. 申请课题的研究内容必须符合本实验室研究方向，申请课题应在学术上具有一定的先进性，研究计划切实可行，申请者在所申请的领域内已具有足够的研究基础。

2. 每项课题申请经费额度为 4～5 万元/年，执行年限为 1～2 年，实行来所报帐核销制管理。批准的开放基金课题，须依托本实验室的相关团队开展工作。

3. 来本实验室工作的课题负责人及参加人员均以实验室客座人员对待。获开放课题资助的客座人员，需遵守实验室有关规章制度，并按管理要求向实验室汇报课题研究进展。

4. 课题结束时，须向本实验室提交课题结题报告，在课题结题后 1 年内至少在 SCI 刊物发表 1 篇文章。开放课题的研究成果应注明本重点实验室开放基金课题资助，署名中国农业科学院蜜蜂研究所为第一完成单位，实验室中英文标注为：农业部授粉昆虫生物学重点实验室，Key Laboratory of Pollinating Insect Biology，Ministry of Agriculture，P. R. China。凡在国内外学术刊物上发表的论文，正式发表后请速将论文寄我实验室存档或电子刊物文件发我实验室存档。

四、申请程序

1. 有意申请者可从附件下载申请书，并按要求认真填写，申请者须将签字盖章的纸质申请书一式 3 份于 2015 年 8 月 31 日前报送，并将电子版（Word 格式）通过电子邮件发送到联系人邮箱。

2. 申请书由实验室学术委员会评审，评审意见将及时通知申请者。对获准资助的项目，申请者应根据评审意见填写课题计划任务书，由团队首席复核后方可正式列为本实验室开放研究课题。

五、联系方式

联系人：杨磊

电话：010 – 62596625

E-mail：kyc_ bee@163. com

通讯地址：北京市海淀区香山北沟一号，中国农业科学院蜜蜂研究所，100093

农业部授粉昆虫生物学重点实验室

2015 年 8 月 21 日

来源：http://www.caas.net.cn/ggfw/tzgg/259642.shtml

19. 农业部关于印发《2015 年度国家农产品质量安全风险评估项目计划》的通知

农业部关于印发《2015 年度国家农产品质量安全风险评估项目计划》的通知

农质发〔2015〕7 号

各省、自治区、直辖市及计划单列市农业（农牧、农村经济）、畜牧兽医、农垦、农产品加工、渔业主管厅（局、委、办），新疆生产建设兵团农业局（畜牧兽医、水产局），农业部农产品质量安全标准研究中心，各农业部农产品质量安全风险评估实验室（实验站）及部内相关司局和直属事业单位：

根据《农产品质量安全法》《食品安全法》《食品安全法实施条例》规定，按照 2015 年全国农产品质量安全监管工作部署和国家农产品质量安全风险评估财政专项实施要求，针对当前我国农产品质量安全存在的风险隐患，结合公众关注的热点问题，我部组织制定了《2015 年度国家农产品质量安全风险评估项目计划》，现予印发，请抓紧组织实施。

风险评估项目在组织实施过程中有什么意见和建议，请及时与我部农产品质量安全监管局联系。

农业部

2015 年 7 月 22 日

附件：2015 年度国家农产品质量安全风险评估项目计划

来源：http://www.moa.gov.cn/zwllm/tzgg/tz/201507/t20150727_4763827.htm

附件

2015 年度国家农产品质量安全风险评估项目计划
（农业部 2015 年 7 月）

对农产品质量安全风险隐患进行探测识别，对农产品质量安全各种危害因子的消涨变化进行跟踪评估，对独特的农产品营养功能成分进行甄别鉴定，既是农产品质量安全风险评估的最主要任务，也是《农产品质量安全法》《食品安全法》《食品安全法实施条例》赋予农业部门的法定职责，更是各级农业行政主管部门的重要职能。2015 年度国家农产品质量安全风险评估项目的实施，按照全国农产品质量安全监管工作的总体部署和国家农产品质量安全风险评估财政专项实施要求，坚持问题导向，突出监管执法和标准制修订需要，立足生产指导和消费引导，优先将风险隐患大、问题突出、公众关注度高的农产品、危害因子及关键环节纳入评估范围。

一、项目评估重点

2015 年国家农产品质量安全风险评估项目，重点对蔬菜、果品、茶叶、食用菌、粮油作物产品、畜禽产品、生鲜奶、水产品、蜂产品等重要"菜篮子"和"米袋子"农产品质量安全状况进行专项评估，对农产品在种养和收贮运环节带入的重金属、农兽药残留、病原微生物、生物毒素、外源添加物等污染物进行验证评估；对农产品质量安全方面的突发问题进行应急评估；对禁限不绝的禁限用农兽药、"瘦肉精"、孔雀石绿、硝基呋喃等问题进行跟踪评估。

2015 年度国家农产品质量安全风险评估财政专项，共设 14 个评估总项目，34 个评估项目；同时设立农产品质量安全风险隐患基准性验证评估项目、农产品质量安全突发问题应急处置项目和农产品质量安全风险交流项目。具体的评估总项目、评估项目和相应牵头单位、主持单位、承担单位和参加单位见附件。

二、项目组织方式

（一）项目实施过程中，总项目牵头单位按照农业部农产品质量安全监管局要求，做好总项目内各项目的统筹协调工作，编制总项目方案，严把各项目实施重点和实施方案，并在技术上予以指导，在评估进度和评估结果上予以督导把关和实施评价验收。

（二）项目主持单位会同各项目承担单位和参加单位，认真编制项目实施方案，充分依托地方农业行政主管部门所属农产品质量安全机构和相关技术单位，做好现场调查、取样验证、分析研判、综合会商、结果报送等工作。

（三）承担和参加项目的各农业部农产品质量安全风险评估实验室和实验站（相关技术机构），按照总项目牵头单位、项目主持单位和项目实施方案要求，做好分工项目任务。

（四）省级农业行政主管部门立足所在地区、行业产业发展和农产品质量安全水平提升，组织相关产地农业部门和技术机构，协同做好相关农产品质量安全风险评估过程中的现场调查和所在地区、行业农产品质量安全突发问题应急处置与科普宣传工作。

（五）农业部农产品质量标准研究中心（国家农产品质量安全风险评估专家委员会秘书处）按照农业部农产品质量安全监管局要求，做好国家农产品质量安全风险评估项目的技术指导、考核验收、会商研判和结果汇总报告等工作。

（六）承担农产品质量安全舆情监测、科普解读、风险交流项目的单位和专家，按照项目任务要求，认真做好相关问题的跟踪研究、科普宣传、生产指导、消费引导和相关应急处置等工作。

三、项目实施要求

（一）请总项目牵头单位抓紧组织各项目主持单位编制总项目方案和完善项目实施方案，以正式文件形式一式3份于2015年8月10日前报部农产品质量安全监管局，抄报农业部农产品质量标准研究中心（国家农产品质量安全风险评估专家委员会秘书处）；总项目方案和项目实施方案经部农产品质量安全监管局依托农业部农产品质量标准研究中心（国家农产品质量安全风险评估专家委员会秘书处）技术审查合格后，于2015年8月25日前由部农产品质量安全监管局将审定备案的方案反馈各相关单位，作为项目实施以及签订项目任务书的依据。项目任务书签署按农业部农产品质量安全监管局规定执行。

（二）国家农产品质量安全风险评估结果，是针对性加强农产品质量安全监管、标准制修订、生产指导和消费引导的重要技术依据，技术性、政策性、法制性和保密性强，工作质量要求高，请各省级农业行政主管部门和相应产地农业部门高度重视，积极推动；请各农业部农产品质量安全风险评估实验室（实验站、技术机构）精心谋划，认真做好组织协调和评估工作，并按实施方案规定的频次和要求及时报送评估结果和报告。所有总项目和项目评估结果与总结报告，由牵头单位和主持单位按规定要求以正式文件形式一式3份于2015年12月30日前报部农产品质量安全监管局，抄报农业部农产品质量标准研究中心（国家农产品质量安全风险评估专家委员会秘书处）。项目实施中发现重大问题和取得重要评估结果，请及时报部农产品质量安全监管局；请农业部农产品质量标准研究中心（国家农产品质量安全风险评估专家委员会秘书处）强化各总项目（项目）的技术指导、总项目考核验收和评估结果的汇总分析与报告，并做好所承担项目任务的组织实施。

（三）请国家农产品质量安全风险评估专家委员会委员和农业部农产品质量安全专家组专家及秘书处，积极跟进农产品质量安全风险评估项目的组织实施和风险评估结果的综合研判，依托风险评估成果做好农产品质量安全突发问题的应急处置和科普解读宣传工作。

（四）国家农产品质量安全风险评估项目所需经费，由农业部按年度在国家农产品质量安全风险评估财政专项中预算和列支，并由农业部按照项目任务核定经费，直接下达各项目主持单位、承担单位和参加单位。农产品质量安全风险评估方案、结果、报告和相关信息，未经农业部农产品质量安全监管局同意，任何单位和个人不得对外泄露和公开。

（五）总项目和项目在组织实施过程中有何意见和建议，请及时与部农产品质量安全监管局联系，电话：010－59193235、59193165；技术性问题请直接与农业部农产品质量标准研究中心（国家农产品质量安全风险评估专家委员会秘书处）联系，电话：010－82106550、82106539。

附件：2015年国家农产品质量安全风险评估项目计划汇总表

附件

2015年国家农产品质量安全风险评估项目计划汇总表

总项目编号	总项目名称	总项目牵头单位	项目编号、名称及评估重点	项目主持单位	项目承担单位	项目参加单位	备注
GJFP2015001	蔬菜产品未知危害因子识别与已知危害因子安全性评估	农业部蔬菜产品质量安全风险评估实验室（北京）	GJFP201500101 蔬菜限用农药使用调查与农药多残留安全性评估	农业部农产品质量安全风险评估实验室（济南）会同农业部农产品质量安全风险评估实验室（郑州）	农业部蔬菜产品质量安全风险评估实验室（北京）、农业部农产品质量安全风险评估实验室（天津、太原、呼和浩特、沈阳、长春、哈尔滨、南昌、重庆、海口、昆明、拉萨、兰州、西宁、乌鲁木齐）	武汉市农产品检疫与乌鲁木齐市农产品质量安全检测中心、常州市大学、平原县农产品质量安全检验检测中心	同时关注蔬菜等重金属危害等因子
			GJFP201500102 小品种蔬菜未登记用药使用调查及产品安全性评估	农业部农产品质量安全风险评估实验室（广州）会同农业部农产品质量安全风险评估实验室（南京）	农业部蔬菜农产品质量安全风险评估实验室（北京）、武汉、农业部农产品质量安全风险评估实验室（上海、成都、贵阳、银川）、农业部热作农产品质量安全风险评估实验室（海口）		
GJFP2015002	果品未知危害因子识别与已知危害因子安全性评估	农业部果品质量安全风险评估实验室（兴城）	GJFP201500201 果品限用农药使用调查与农药多残留安全性评估	农业部果品质量安全风险评估实验室（兴城）	农业部果品质量安全风险评估实验室（烟台、天津、乌鲁木齐、农业部农产品质量安全风险评估实验室（石河子）	农业果品质量监督苗木质量检验测试中心（北京）、济南市农业质量三南市农业质量安全检验检测中心、新亚市现代农业检验检测中心、新疆农业科学院防控中心、新疆维吾尔自治区阿克苏地区农业检验监测中心、新疆建设兵团第一师农业技术推广站	
			GJFP201500202 小品种果品未登记用药使用调查与产品安全性评估	农业部果品质量安全风险评估实验室（郑州）会同农业部热作产品质量安全风险评估实验室（海口）	农业部果品质量安全风险评估实验室（兴城）、农业部农产品质量安全风险评估实验室（兴城）、杨凌、农业部农产品质量安全风险评估实验室（重庆、北京）、农业部农产品质量安全风险评估实验室（南宁、杭州、武汉）、农业部农产品质量安全风险评估实验室（北京）、农业部农产品蜂质量安全风险评估实验室（湛江）、农业部农产品质量安全功能风险评估中心		同时关注果品等重金属危害等因子
			GJFP201500203 果品等特色植物源性农产品营养功能识别评价与安全性评估	农业部农产品贮藏保鲜质量安全风险评估实验室（杭州）	农业部果品质量安全风险评估实验室（兴城）、农业部果品加工产品质量安全风险评估实验室（重庆）、农业部农产品加工产品质量安全风险评估实验室（南京、杭州、武汉）、农业部油料产品质量安全风险评估实验室（武汉）、农业部农产品蜂质量安全风险评估实验室（北京）、农业部农产品贮藏保鲜质量安全风险评估实验室（北京）、农业部农产品质量安全功能风险评估实验室（北京）、农业部农产品质量标准研究中心		

（续表）

总项目编号	总项目名称	总项目牵头单位	项目编号、名称及评估重点	项目主持单位	项目承担单位	项目参加单位	备注
GJFP2015003	果蔬植物生长调节剂与使用调查与产品安全性评估	农业部农产品质量安全风险评估实验室（杭州）	GJFP20150301 蔬菜植物生长调节剂使用及产品安全性评估	农业部农产品质量安全风险评估实验室（杭州）会同农业部果品质量安全风险评估实验室（郑州）	农业部农产品质量安全风险评估实验室（南京、济南、昆明、宁波）、农业部农产品加工质量安全风险评估实验室（北京）	温州市农业科学研究院、桂林市农产品质量安全检验检测中心、南充市农产品质量监测检验中心、西安市农产品质量检验监测中心	
			GJFP20150302 果品植物生长调节剂使用及产品安全性评估		农业部果品质量安全风险评估实验室（兴城、烟台）、农业部柑橘产品质量安全风险评估实验室（重庆）、农业部热带作物产品质量安全风险评估实验室（海口）、农业部农产品质量安全风险评估实验室（北京、杨凌）	浙江中南商务中心农产品质量安全监测中心、江门市农产品质量安全监督检测中心、梅州市农产品质量监测中心、桂林市农产品质量安全检验检测中心、重庆市开县农产品质量安全监督检验站	
GJFP2015004	柑橘中未知因子识别与已知危害因子安全性评估	农业部柑橘产品质量安全风险评估实验室（重庆）	柑橘产品中农药使用调查及农药多残留及相关危害因子安全性评估	农业部柑橘产品质量安全实验室（重庆）	农业部农产品质量安全风险评估实验室（杭州、南昌、武汉、长沙）	浙江中南服务中心农产品质量安全测试中心、江门市农产品质量安全监督检测中心、梅州市农产品质量监测中心、桂林市农产品质量安全检验检测中心	
GJFP2015005	茶叶中未知因子识别与已知危害因子安全性评估	农业部茶叶产品质量安全风险评估实验室（杭州）	GJFP20150501 茶叶茶药使用调查及相关危害因子安全性评估	农业部茶叶产品质量安全实验室（杭州）	农业部茶叶产品质量安全风险评估实验室（福州、青岛）、农业部农产品质量安全风险评估实验室（南昌、武汉、成都、昆明、贵阳）	黄冈市农产品安全检测中心、益阳市农产品质量检验检测中心、丽水市农产品质量检验检测中心、云南省亚热带农业科学研究所	
			GJFP20150502 非饮用植物安全性评估	农业部茶叶产品质量安全实验室（杭州）会同农业部农产品质量安全风险评估实验室（昆明）	农业部茶叶产品贮藏保鲜质量安全风险评估实验室（合肥、广州、成都）、农业部农产品贮藏保鲜质量安全风险评估实验室（合肥）		同时关注茶叶重金属等危害因子

（续表）

总项目编号	总项目名称	总项目牵头单位	项目编号、名称及评估重点	项目主持单位	项目承担单位	项目参加单位	备注
GJFP2015006	食用菌未知危害因子识别与已知危害因子安全性评估		食用菌未知危害因子识别与已知危害因子安全性评估	农业部农产品质量安全风险评估实验室（上海）	农业部农产品质量安全风险评估实验室（北京、天津、长沙、武汉、呼和浩特、长春、南宁、福州、郑州、成都、重庆、昆明、兰州）	丽水市农产品质量检验检测中心、河南省农产品质量安全检测中心	
GJFP2015007	粮油作物产品未知危害因子识别与已知危害因子安全性评估	农业部油料产品质量安全风险评估实验室（武汉）	GJFP201500701 稻米未知危害因子识别与已知危害因子安全性评估	农业部稻米产品质量安全风险评估实验室（杭州）	农业部农产品质量安全环境因子风险评估实验室（长沙）、农业部农产品质量安全风险评估实验室（沈阳、哈尔滨、南昌、成都）、农业部油料产品质量安全风险评估实验室（武汉）	唐山市畜牧测中心、白城市产品质量监测站、泰州市质量安全监督检测站、南昌市农林畜水产质量检测中心、临沂市农产品质量安全质量中心、郑州市农产品质量检测流通中心、黄冈市农产品质量安全检测中心、江南大学、南京财经大学	
			GJFP201500702 小麦未知危害因子识别与已知危害因子安全性评估	农业部农产品质量安全风险评估实验室（南京）	农业部农产品质量安全风险评估实验室（哈尔滨、上海、合肥、济南、郑州、杨凌、成都）、农业部油料产品质量安全风险评估实验室（武汉）		
			GJFP201500703 玉米未知危害因子识别与已知危害因子安全性评估	农业部谷物产品质量安全风险评估实验室（北京）会同农业部农产品质量安全风险评估实验室（哈尔滨）共同主持	农业部农产品质量安全风险评估实验室（石家庄、太原、武汉）、农业部油料产品质量安全风险评估实验室（武汉）		
			GJFP201500704 油料作物产品未知危害因子识别与已知危害因子安全性评估	农业部油料产品质量安全风险评估实验室（武汉）	农业部农产品质量安全风险评估实验室（福州、郑州、济南、合肥）、农业部油料产品质量安全风险评估实验室（乌木斯）		

（续表）

总项目编号	总项目名称	总项目牵头单位	项目编号、名称及评估重点	项目主持单位	项目承担单位	项目参加单位	备注
GJFP2015008	畜禽产品未知害因子识别与已知危害因子跟踪评估	农业部畜禽产品质量安全风险评估实验室（南昌）	GJFP20150801 畜禽产品违禁药物使用调查与产品安全性评估	农业部畜禽产品质量安全风险评估实验室（南昌）	中国兽医药品监察所，农业部畜禽产品质量安全风险评估实验室（北京、青岛、成都、郑州、武汉、乌鲁木齐），农业部化学性危害因子风险评估实验室（北京），农业部畜禽产品质量安全风险评估实验室（兰州），农业部农产品质量安全风险评估实验室（扬州），农业部农产品质量安全风险评估实验室（呼和浩特、哈尔滨、广州）	唐山市畜牧水产品质量监测中心，通辽市畜产品质量安全中心，锡林郭勒盟农牧业科学研究所，开封市畜产品质量监测站，漯河市畜产品质量安全监测中心，绵阳市农产品质量安全检验检测中心	
			GJFP20150802 畜禽产品抗菌药物使用调查与产品安全性评估	农业部动物产品质量安全化学性危害因子评估实验室（北京）	中国兽医药品监察所，农业部畜禽产品质量安全风险评估实验室（北京、南昌、郑州、武汉、青岛），农业部禽类产品质量安全风险评估实验室（扬州），农业部农产品质量安全风险评估实验室（广州）		
			GJFP20150803 畜禽产品病原微生物和寄生虫污染调查与产品安全性评估	农业部畜禽产品质量安全风险评估实验室（青岛）	农业部动物产品质量安全生物性危害因子风险评估实验室（重庆）		
GJFP2015009	奶产品未知害因子识别与已知危害因子安全性评估	农业部奶产品质量安全风险评估实验室（北京）	GJFP20150901 生鲜乳中已知危害因子跟踪评估	农业部奶产品质量安全风险评估实验室（北京）合同农业部农产品质量安全风险评估实验室（上海）	农业部农产品质量安全风险评估实验室（呼和浩特、合肥、济南、成都）	天津市乳品质量监测中心，唐山市畜产品质量监测中心，黑龙江省基垦品检测中心，江西省农产品质检中心，饲料监察所，潍坊市畜牧兽药检测中心，宿州市动物疫病预防与控制中心	
			GJFP20150902 生鲜乳中未知危害因子识别及产品安全性评估	农业部奶产品质量安全风险评估实验室（呼和浩特）	农业部农产品质量安全风险评估实验室（成都、济南）		
			GJFP20150903 生鲜乳营养功能识别评价与安全性评估	农业部奶产品质量安全风险评估实验室（济南）	农业部农产品质量安全风险评估实验室（北京），农业部农产品质量安全风险评估实验室（呼和浩特、成都、乌鲁木齐）		

（续表）

总项目编号	总项目名称	总项目牵头单位	项目编号、名称及评估重点	项目主持单位	项目承担单位	项目参加单位	备注
GJFP2015010	水产品中未知危害因子识别与已知危害因子安全性评估	中国水产科学研究院质量与标准研究中心	GJFP20151001 水产品养殖禁用药物调查与产品安全性评估	农业部水产品质量安全风险评估实验室（青岛）	农业部水产品质量安全风险评估实验室（武汉、哈尔滨、广州）、中国水产科学研究院质量与标准研究中心	天津市渔业生态环境监测中心、辽宁省水产技术推广总站、浙江省海洋水产研究所、福建省水产研究所、山东省海洋水产研究所、大连工业大学	同时关注水产品中重金属、生物毒素等因子
			GJFP20151002 水产品中抗菌药物（抗生素）使用调查与产品安全性评估	农业部水产品质量安全风险评估实验室（上海）	农业部水产品质量安全风险评估实验室（武汉、广州）、中国水产科学研究院质量与标准研究中心		
			GJFP20151003 水产品贮藏保鲜质量安全调查与产品安全性评估	农业部水产品贮藏保鲜质量安全风险评估实验室（广州）	农业部水产品质量安全风险评估实验室（上海、哈尔滨、西安）、农业部水产品贮藏保鲜质量安全风险评估实验室（广州）、中国水产科学研究院质量与标准研究中心		
			GJFP20151004 水域环境污染物对水产品质量安全影响调查与产品安全性评估	农业部水产品质量安全环境因子风险评估实验室（无锡）	农业部水产品质量安全风险评估实验室（武汉、广州、哈尔滨、上海、西安）、农业部水产品贮藏保鲜质量安全风险评估实验室（广州）、中国水产科学研究院质量与标准研究中心		
GJFP2015011	蜂产品等特色农产品中未知危害因子识别与已知危害因子安全性评估	农业部蜂产品质量安全风险评估实验室（北京）	蜂产品、枸杞、参茸、百合等特色农产品中未知危害因子识别与已知危害因子安全性评估	农业部蜂产品质量安全风险评估实验室（北京）会同各特色产品质量安全风险评估实验室	农业部种植物产品质量安全风险评估实验室（长春）、农业部参茸产品质量安全风险评估实验室（长春）、农业部农产品质量安全风险评估实验室（兰州、银川、西宁）、农业部贮藏保鲜质量安全风险评估实验室（石河子）、农业部糖料产品质量安全风险评估实验室（哈尔滨）、农业部蚕桑产品及食用昆虫风险评估实验室（镇江）、农业部桑蚕茶烟草花产品质量安全风险评估实验室（青岛）、农业部食品质量安全风险评估实验室（安阳）、农业部植物纤维产品质量安全风险评估实验室（长沙）	延边朝鲜族自治州农产品质量安全监督检测中心、大庆市绿色食品监测中心、湖北省畜禽产品质量监督检验测试中心、恩施土家族苗族自治州农产品质量安全检测中心、柳州市农产品安全检测中心、武威市农产品质量安全监督管理站、昌吉回族自治州农产品检验检测中心、农业部甘蔗品质监督检验测试中心（南宁）	

（续表）

总项目编号	总项目名称	总项目牵头单位	项目编号、名称及评估重点	项目主持单位	项目承担单位	项目参加单位	备注
GJFP2015012	农产品收贮运环节未知因子识别与危害安全性评估	农业部农产品加工质量安全风险评估实验室（北京）	GJFP20150120 1 农产品收贮运过程中防腐保鲜剂使用调查与产品安全性评估	农业部农产品加工质量安全风险评估实验室（北京）	农业部农产品质量安全风险评估实验室（上海、杭州、济南、宁波、合肥、重庆）、农业部农产品贮藏保鲜质量安全风险评估实验室（广州）	山东省潍坊市农业科学院、蒲江县农业农村产业发展局、武汉市农产品质量检验检测中心、格里木大学生命科学大学、南京财经大学	
			GJFP20150120 2 农产品收贮运过程中危害因子识别和关键点控制评估	农业部农产品加工质量安全风险评估实验室（北京）	农业部农产品贮藏保鲜质量安全风险评估实验室（杭州、南京、北京、广州）、农业部农产品贮藏保鲜质量安全风险评估实验室（长春、成都）、农业部微生物产品质量安全风险评估实验室（北京）		
			GJFP20150120 3 农产品贮藏过程中内生毒素识别与产品安全性评估	农业部农产品加工质量安全风险评估实验室（北京）	农业部农产品贮藏保鲜质量安全风险评估实验室（合肥）		
GJFP2015013	农产地环境污染物对农产品质量安全影响调查与安全性评估	农业部农产品质量安全环境因子风险评估实验室（天津）	GJFP20150130 1 农产地环境中农药、肥料等农业投入品对农产品质量安全影响调查与安全性评估	农业部农产品质量安全环境因子风险评估实验室（天津）	农业部农产品质量安全环境因子风险评估实验室（南京、长沙、成都、沈阳）		
			GJFP20150130 2 农产地环境中铅、镉等重金属污染物对农产品质量安全影响调查与安全性评估	农业部农产品质量安全环境因子风险评估实验室（天津）	农业部农产品质量安全环境因子风险评估实验室（南京、长沙、成都、沈阳）		
			GJFP20150130 3 农产地环境中工业"三废"和生活垃圾等外源污染物对农产品质量安全影响调查与安全性评估	农业部农产品质量安全环境因子风险评估实验室（沈阳）	农业部农产品质量安全环境因子风险评估实验室（北京、天津、南京）		
			GJFP20150130 4 农产地环境中畜禽养殖废弃物及养殖环境对农产品质量安全影响调查与产品质量安全性评估	农业部农产品质量安全环境因子风险评估实验室（北京）	农业部农产品质量安全环境因子风险评估实验室（天津、南京）、农业部动物产品质量安全风险评估实验室（南京）	北京市房山区农业环境和生产监测站、济南市农业质量检测中心、山东农业资源与环境研究所、乐山市农业质量检验检测中心	

（续表）

总项目编号	总项目名称	总项目牵头单位	项目编号、名称及评估重点	项目主持单位	项目承担单位	项目参加单位	备注
GJFP2015014	食用农产品中病虫害残原物和病原微生物调查与产品安全性评估	农业部农产品质量安全生物危害因子风险评估实验室（北京）	GJFP201501401 瓜果蔬菜病虫害残存物调查与产品安全性评估	农业部农产品质量生物性危害因子风险评估实验室（北京）	农业部农产品质量安全风险评估实验室（合肥）、农业部农产品质量安全生物危害因子风险评估实验室（济南）	贵州大学精细化工研究开发中心	
			GJFP201501402 即食生鲜果蔬病原微生物调查评估与产品安全性评估	农业部农产品质量安全实验室（上海）会同农业部农产品质量安全风险评估实验室（济南）	农业部农产品质量安全生物性危害因子风险评估实验室（北京）、农业部农产品质量安全风险评估实验室（天津、荆州、成都）、农业部农产品加工质量安全风险评估实验室（湛江）		

总项目编号	总项目名称	总项目牵头单位	项目编号、名称及重点	项目主持单位	项目承担单位	项目参加单位	备注
GJFP2015015	农产品质量安全风险评估基准验证性评估	中国农业科学院农业质量标准与检测技术研究所（农业部农产品质量标准研究中心）	GJFP201501501 农产品质量安全风险评估项目综合协调与管理 GJFP201501502 国家农产品质量安全风险评估专家委员会综合研判与实验考核认定及数据库建立 GJFP201501503 农产品质量安全风险评估标准物质研制与质量整制规范研究； GJFP201501504 小麦、玉米等粮食产品中玉米赤霉烯酮风险评估（与GJFP201501007对接）； GJFP201501505 小宗作物农产品农药残留风险评估（与GJFP201501302对接） GJFP201501506 农产品中潜在重金属污染在重金属污染风险监测与评估（与GJFP201501102对接）； GJFP201501507 动物源农产品中二噁英和多氯联苯风险评估（与GJFP201501008对接）； GJFP201501508 动物性农产品中农药残留风险评估； GJFP201501509 果蔬中农药助剂残留风险评估（与GJFP201501002对接） GJFP201501510 畜产品及养殖环节污染化学污染物风险评估（与GJFP201501008对接） GJFP201501511 农产品质量安全相关科技支撑技术的遴选、推荐、组织实施和评估验收 GJFP201501512 农产品质量安全风险评估验证方法验证与评价	中国农业科学院农产品质量标准与检测技术研究所（农业部农产品质量标准研究中心） 农业部科技发展中心（农产品质量安全组织协调处）	项目主持单位 任务单位 各相关农业部农产品质量安全风险评估实验室	任务单位 各相关农业部农产品质量安全风险评估实验室	项目参加单位 各相关农业部农产品质量安全风险评估站

（续表）

总项目编号	总项目名称	总项目牵头单位	项目编号、名称及重点	项目主持单位	任务单位	项目参加单位
GJFP2015016	农产品质量安全舆情风险交流和科普与解读	中国农业科学院农业质量标准与检测技术研究所（农业部农产品质量安全风险评估科技发展中心）同（农业部农产品质量安全专家组秘书处）	GJFP20150160 1 农产品质量安全舆情信息监测及机制构建与示范	中国农业科学院农业质量标准与检测技术研究所（农业部农产品质量标准研究中心）		
			GJFP20150160 2 农产品质量安全网络舆情监测、研判与周报编制	农业部信息中心		
			GJFP20150160 3 地域农产品质量安全舆情监测分析研判	辽宁省农村经济委员会信息中心		
			GJFP20150160 4 农药残留等突发性问题风险调查与风险交流	农业部农药检定所		
			GJFP20150160 5 农产品质量安全中农药残留毒理相关数据库构建	农业部农药检定所		
			GJFP20150160 6 设施环境对蔬菜产品质量安全影响性评价	农业部规划设计研究院		
			GJFP20150160 7 农产品质量安全科普推广与风险交流	农业部科技发展中心（农产品质量安全专家组秘书处）		
			GJFP20150160 8 依托农产品质量安全科普推广《农产品市场周刊》开展农产品质量安全风险交流	农民日报社		
			GJFP20150160 9 依托农产品质量安全科普推广与风险交流	中国农村杂志社		
			GJFP20150161 0 依托农产品质量安全科普推广《农广天地》开展农产品质量安全风险交流	中央农业广播电视学校		
			GJFP20150161 1 翻译引进国际先进农产品质量安全风险评估技术规范	农业部对外经济合作中心		
			GJFP20150161 2 农产品质量安全公众消费调查与科普推广	中国人民大学农村发展学院		
			GJFP20150161 3 农产品质量安全风险交流信息印和风险交流机制构建与示范	中国农业科学院农业质量标准与检测技术研究所（农业部农产品质量标准研究中心）		
			GJFP201501601 4 农产品质量安全网络信息监测与分析报告（项目编制）	中卫国远（北京）科技有限公司		
GJFP2015017	农产品质量安全风险评估现场调查与突发问题应急处置	农业部农产品质量安全监管局	按照国家文件规定，分期承担所在地时专项经费划拨国家文件规定，分期承担所在地区农产品质量安全风险评估、行业相关农产品质量安全风险评估过程中的现场调查、科普宣传、指导所在地区农产品质量安全风险评估实验站开展农产品质量安全网络信息监测和跟踪评估由农业部质量安全监管局另行编制	国家农产品质量安全风险评估财政专项经费下达文件明确的省级农业行政主管厅（局、委）及相关农业主管部门（办）及相关单位见经费下达文件。	各相关地、市、县、区农业部门	相关技术机构和生产经营主体

20. 农业部农业设施结构工程
重点实验室开放课题申请指南

农业部农业设施结构工程重点实验室开放课题申请指南

农业部农业设施结构工程重点实验室依托于农业部规划设计研究院，重点开展农业设施结构基础理论研究、农业设施构造技术研究、农业设施结构与工艺装备的匹配研究、农业设施结构材料开发和农业设施建造技术研究。为实现农业部重点开放实验室"开放、流动、联合、竞争"的运行要求，现面向国内外同行发布 2015—2016 年度实验室开放课题申请指南，欢迎相关单位科研人员踊跃申报。具体申报工作的有关事项通知如下：

一、课题申报对象

凡具有中级以上技术职称或博士学位的国内外高校、科研机构、企业和其他单位人员，均可申请。

二、课题申请时间

2015 年度申请书受理截止日期为 2015 年 7 月 15 日（以当地邮戳为准）。实验室将于 7 月底组织专家评审，并将结果通知申请者。

三、2015 年度资助方向

（一）日光温室风荷载体型系数的风洞试验研究

1. 针对日光温室刚性空心试验模型（硬质材料）与弹性空心试验模型（薄膜类柔性材料），比选在相同实验工况下各自内外表面风压数值的变化规律，并进行准确性分析，确定风洞试验的模拟方案。

2. 在 0～360°风向角变化时，开展不同高跨比（至少两种）对日光温室表面风压数值的影响研究，获得风向角和高跨比联合作用下日光温室风荷载体型系数变化规律，找出风荷载作用下最不利工况。

（二）塑料大棚结构连接件力学性能检测方法研究

1. 通过调研主要的塑料大棚生产企业，收集塑料大棚结构连接件的主要形式，并按照骨架联接件、薄膜紧固件、基础固定件等功能进行分类。

2. 针对不同功能的结构连接件，结合实际承力机制，提出连接件连接后的力学性能检测需求（抗拉、抗压、抗弯、变形等），制定检验试验方案。

3. 通过对结构连接件的实验室检验和现场测试，检验测试方法的完备性和准确性，形成塑料大棚结构关键连接件的力学检测试验方法体系。

（三）Venlo 型连栋玻璃温室结构用二维和三维计算模型对结构设计结果的对比研究

1. 以单向桁架结构的 Venlo 型温室为对象，按照《温室结构荷载规范》（报批稿）提出的受力组合，分别利用二维和三维有限元计算方法，获得温室主体结构的内力和弯矩变化。

2. 通过比对二维和三维模型的计算结果，结合温室设计实际情况，提出 Venlo 型温室结构的简化计算方法。

（四）温室结构设计软件开发

1. 温室结构数据库构建及结构计算模型快速建模

构建包括连栋温室、日光温室、塑料大棚、网室等各种类型温室结构的数据库。对于标准形式的温室，能够在选定温室类型，输入温室跨度、开间、脊高、覆盖材料、杆件截面类型等参数后，快速建立温室结构的三维模型。对于非标准形式温室，能够实现人机交互建模。

2. 温室结构荷载导入和结构强度计算

以盈建科软件为基础，按照温室结构数据库及计算模型，导入温室结构设计荷载，根据荷载传递途径将作用荷载传递到结构构件和节点。按照民用建筑结构计算方法进行温室结构强度分析。

四、课题申报注意事项

1. 课题申请书见附件，根据本实验室的主要资助方向，按要求填写申请书，并经所在单位签署意见后，寄交本实验室。

2. 课题研究期限：1 年（2015.8—2016.8）。

3. 申报方式：申报者可以根据自身条件，申请承担研究内容中的一项或多项，鼓励科研院所、高等院校和企业联合申报。

4. 资助金额：第（一）～（三）项研究内容每项可获得资助不超过 5 万元，第（四）项研究内容可获得资助不超过 15 万元，多项研究内容联合时，资助金额可累加。

5. 开放课题经费开支项目包括：材料费、测试化验加工费、差旅费、会议费、出版/文献/信息传播/知识产权事务费、劳务费、咨询费等，不含出国费。开放课题资金实行报账制。

6. 本实验室在收到开放课题申请书后经实验室学术委员会评审，择优资助。项目批准后申请人须与实验室签订合同，以确保研究任务的顺利完成。

7. 课题结束时，应提交研究课题总结报告，原始数据记录、技术研究报告，并在国内外核心期刊发表论文 1 篇以上。论文要求以本重点实验室作为第一完成单位（实验室中英文标注为：农业部农业设施结构工程重点实验室，Key Laboratory of Farm Building in Structure and Construction，Ministry of Agriculture，P. R. China）。

8. 联系方式：

通讯地址：北京市朝阳区麦子店街 41 号 309 室

邮编：100125

农业部规划设计研究院

农业部农业设施结构工程重点实验室

联系人：周长吉

联系电话/传真：010 - 65003713

E-mail：zhoucj@ facaae. com

附件：开放课题申请书

2015 年 6 月 18 日

来源：http://www. caae. com. cn/tzgg_ 18010/201506/t20150618_ 4710885. html

附件

申报编号	资助编号

农业部农业设施结构工程重点实验室
2015 年度开放课题申请书

申请书

课题名称：_____

申 请 者：_____

办公电话：_____

手　　机：_____

电子邮箱：_____

依托单位：_____

邮政编码：_____

通信地址：_____

填写日期：_____

2015 年

填表说明

一、填报申请书前，请登陆农业部规划设计研究院网站（http：//www. caae. com. cn 或 http：//beelab. cau. edu. cn/beelab/），查阅《农业部农业设施结构工程重点实验室开放课题申请指南》。请认真填写申请书各项内容，填写时须注意科学严谨、实事求是、表达明确。外来语应用中文和英文同时表达，第一次出现的缩写词，须注出全称。

二、申请书为 A4 纸版面，申请书正文要求宋体 5 号字，双面打印，于左侧装订成册，一式三份（至少一份为原件），报送农业部农业设施结构工程重点实验室。

三、课题名称：要确切反映研究内容，字数最多不超过 30 字（60 字符）。

四、申请金额：用阿拉伯数字表示，以万元为单位，小数点后取两位。

五、起止年月：课题执行期为当年 9 月至次年 8 月。

六、封面上"课题编号"申请者不要填写。第一申请者和课题组主要成员申请（含参加）课题数不得超过两项。申请者和参加课题组成员每人须在申请书上亲自签名。

七、经费开支范围包括：材料费、测试化验加工费、差旅费、会议费、出版/文献/信息传播/知识产权事务费等，具体规定请查阅《申请指南》。

一、课题简要信息表

<table>
<tr><td rowspan="2">研究课题</td><td>名称</td><td colspan="7"></td></tr>
<tr><td>起止年月</td><td colspan="3"></td><td>申请金额</td><td colspan="3">（万元）</td></tr>
<tr><td rowspan="4">申请人</td><td>姓名</td><td></td><td>性别</td><td></td><td>出生年月</td><td></td><td>民族</td><td></td></tr>
<tr><td>职称</td><td></td><td>学位</td><td></td><td>职务</td><td></td><td>专业</td><td></td></tr>
<tr><td>所在单位</td><td colspan="3"></td><td>性质</td><td colspan="3">A. 高校 B. 科研单位 C. 其他</td></tr>
<tr><td>身份证或护照号</td><td colspan="3"></td><td>社会兼职</td><td colspan="3"></td></tr>
<tr><td rowspan="2">项目组</td><td>总人数</td><td>高级</td><td>中级</td><td>初级</td><td>博士后</td><td>博士生</td><td>硕士生</td><td>其他</td></tr>
<tr><td></td><td></td><td></td><td></td><td></td><td></td><td></td><td></td></tr>
<tr><td>研究课题主要内容意义及预期成果摘要（限200字）</td><td colspan="8"></td></tr>
<tr><td colspan="2">关键词（最多六个）</td><td colspan="7"></td></tr>
</table>

二、课题申请书

1. 研究目的、意义和国内外概况（附主要参考文献）
2. 研究目标、内容及技术路线
3. 本项目拟解决的关键问题与创新之处
4. 研究工作总体安排、进度
5. 预期成果（成果内容、形式）及考核指标
6. 与本课题相关的工作基础及已发表的主要学术论文

7. 申请经费总额预算及理由

预算支出	金额（元）	计算根据及理由
（1）合计		
（2）材料费		
（3）测试分析费		
（4）差旅费		
（5）会议费		
（6）出版/文献/信息传播/知识产权事务费		
（7）其它（注明用途）		

8. 申请者正在承担的其它研究项目

9. 是否有其他相关项目（课题）支持，如果有请简要说明

10. 申请者简介

11. 申请者承诺

  我保证申请书内容的真实性。如果获得资助，我将履行课题负责人职责，严格遵守本重点实验室开放课题的有关规定，切实保证研究工作时间，认真开展工作，按时报送有关材料。若填报失实和违反规定，本人将承担全部责任。

签字：
年 月 日

12. 课题组主要成员承诺

  我保证有关申报内容的真实性。如果获得资助，我将严格遵守本重点实验室开放课题的有关规定，切实保证研究工作时间，加强合作、信息资源共享，认真开展工作，及时向课题负责人报送有关材料。若个人信息失实、执行课题中违反规定，本人将承担相关责任。

姓名	职称、学位	性别	年龄	身份证	工作单位	签名

13. 依托单位意见

单位公章
日期

三、批准与审核

重点开放实验室学术委员会审查意见及建议资助经费金额：

实验室学术委员会主任（签字）
年　月　日

重点开放实验室负责人意见：

负责人（签字）　　　单位（公章）　　　年　月　日

21. 农业部农村可再生能源开发利用重点
实验室开放基金申请指南

农业部农村可再生能源开发利用重点实验室成立于2011年，依托单位是农业部沼气科学研究所。本实验室针对国家对可再生能源的战略需求和能源微生物学科的发展趋势，开展农林废弃物资源化利用过程中微生物学基础和关键工艺技术研究，研究方向包括：农业生物质资源；能源微生物；生物质能源转化产品及副产物高值化利用；农村可再生能源产业化技术集成与模式研究等。

为了推动和促进国内相关领域的研究水平，吸引和凝聚国内外优秀的年轻学者来共同研究，本实验室设立开放课题基金，资助与实验室研究方向有关的具有重要科学意义的研究项目。现将本年度的申请指南公布如下：

一、本年度主要资助方向：

（一）厌氧微生物菌种和基因资源的收集和整理

能源微生物资源的收集和筛选；厌氧微生物资源利用潜力分析评价；厌氧微生物关键酶活性和产能特点研究。

（二）秸秆纤维素生物质高效与高值转化关键技术

纤维素生物质抗降解屏障破解的理化途径；生物质有效转化为可发酵糖的生物学途径；微生物代谢工程与生物质高效和高值转化；秸秆沼气利用技术参数及开发模式研究。

（三）沼气发酵工艺和技术研究

区域沼气发酵原料产气性能研究；干式沼气发酵工艺与装置研发；沼气发酵高效升温保温技术研究；沼气发酵过程对畜禽病原微生物的灭活性能；秸秆干发酵微生物强化技术研究；电化学技术脱除沼气中 H_2S 技术研究。

（四）农村生活垃圾分散处理研究

农村生活垃圾特性研究；农村生活垃圾分散处理模式研究。

（五）农产品加工废弃物和餐厨原料产气性能研究

酒糟干式沼气发酵工艺与装置研发；沼渣为主要原料的有机肥生产工艺和使用技术条件研究。

二、申请须知

1. 凡具有助研、讲师或同等职称（博士）以上，且为本实验室固定人员以外的科研、教学人员均可提出开放基金申请，年龄在45岁以下者优先。

2. 申请人可在网页中下载《申请书》和《管理条例》；或者向本实验室索要申请书表格及基金管理条例，邮件发至邮箱 biogasema@163.com，并根据本实验室的主要研究内容范围提出申请。

3. 申请人需按要求认真填写申请书。具有高级职称的可直接申请，具有中级职称的人员需经两名具有高级职称的人员推荐。申请书需经本单位签章同意方可有效。

4. 开放课题资助一般为 1 年，2015 年 7 ~ 2016 年 6 月。

5. 开放课题经费开支项目包括：试验材料费、测试费、文献和论文出版费。

6. 鼓励开放基金资助的人员来本室工作开展研究工作和学术交流，实验室将给予技术、设备使用等方面的指导帮助，由实验室报销差旅费。来本实验室工作的人员需遵守本实验室有关规章制度。

7. 课题结束时，应提交研究课题总结报告，在课题结题后 1 年内根据资助金额至少在核心期刊发表研究论文 1 ~ 2 篇，或 SCI 刊物发表 1 篇文章。

8. 开放课题研究成果为本实验室与开放基金资助人员所在单位共享。开放基金资助人员在课题申请时需注明与本实验室的合作研究者，论文发表明确标注本重点实验室合作研究者为通讯作者；或者论文明确标注论文作者单位（为第一完成单位）为"农业部农村可再生能源开发利用重点实验室"（Key Laboratory of Development and Application of Rural Renewable Energy，Ministry of Agriculture，China）。

9. 课题资助金额一般为 5 ~ 10 万元，有重大意义和应用价值的可适当增加资助力度。资助金额的在课题执行期实报实销，具体见《重点实验室开放课题管理条例》。

10. 申请书受理截止日期为 2015 年 7 月 1 日（以当地邮戳为准）。实验室将在 7 月初组织专家进行评审，7 月中旬评审结果通知给申请者，并完成课题任务书签署。

申请书请寄往：

四川省成都市人民南路四段十三号，农业部沼气科学研究所

农业部农村可再生能源开发利用重点实验室

邮编：610041　　联系人：贺静

电话：+ 86 - 28 - 85228239 传 真：+ 86 - 28 - 85260330

邮箱：biogasema@ 163. com

Http：//www. biogas. cn

（邮寄时，请在信封上注明"开放课题申请"字样）

附件：开放课题申请书

来源：http://www. caas. net. cn/ggfw/tzgg/257329. shtml

附

编号：

农业部沼气科学研究所
农业部农村可再生能源开发利用重点实验室

开放课题申请书

项目名称：_____

申　请　人：_____

工　作　单　位：_____

通　信　地　址：_____

邮　政　编　码：_____

电　　　话：_____

传　　　真：_____

E-mail：_____

起止年限：　　年　月　日—　　年　月　日_____

农业部农村可再生能源开发利用重点实验室

二〇一三年五月制

填写说明

一、本合同的甲方是指农业部农村可再生能源开发利用重点实验室；乙方是指项目承担人。

二、填写内容涉及到外文名称，要写清全称和缩写字母。

三、合同书为十六开本，复印时用 A4 复印纸，于左侧装订成册。各栏空格不够时，请自行加页。一式四份（原件），必须每份签章。由承担人所在单位审查签署意见后，送回：四川省成都市人民南路四段 13 号，农业部沼气科学研究所农业部农村可再生能源开发利用重点实验室（注明：开放基金项目）邮编：610041 。

四、封面右上角"项目编号"，乙方不用填写。

一、项目基本信息表

项目名称						
项目承担人姓名		性别		出生年月		
职称职务				专业		
工作单位						
联系地址				联系电话		
课题起止时间	2015 年 7 月至 2016 年 6 月					
本室合作者			资助经费		（万元）	
项目组主要成员（含承担人）						

姓名	性别	年龄	职称	工作单位	参加月数	项目分工	签章

二、研究项目的主要内容及其依据

三、研究项目计划进度、阶段成果和完成期限

四、本项目完成后预期技术指标和成果

五、经费预算

项目经费来源	金额
重点实验室资助	万元

项目经费支出预算表　　　　　　　　　　单位：千元

序号	金　额	计算明细
1 材料费		
2 测试化验与加工费		
3 出版物/文献/信息传播费		
4 差旅费		注：仅限来实验室研究和交流产生的差旅费用
总　计		

六、申请人的承诺和保证

　　我与本项目组成员将严格遵守农业部沼气科学研究所和农业部农村可再生能源开发利用重点实验室的有关规定，切实保证研究工作时间，按计划认真开展研究工作，按时报送有关材料。

　　开放基金资助人员在课题申请时需注明与本实验室的合作研究者，在受资助的研究成果（包括论文、专著、专利等）中明确标注本重点实验室合作研究者为通讯作者；或者论文明确标注论文作者单位（为第一完成单位）为"农业部农村可再生能源开发利用重点实验室"（Key Laboratory of Development and Application of Rural Renewable Energy, Ministry of Agriculture, China）。并注明受农业部农村可再生能源开发利用重点实验室开放研究课题基金资助。

申请者签名（亲笔）

年　　月　　日

共同条款

1. 甲方委托乙方对所承担项目的特殊科技问题进行研究，实行实报实销资助。

2. 乙方对委托单位（甲方）所资助的科技费用必须做到专款专用，不得挪作它用。

3. 项目承担人（乙方）必须按项目的研究开发内容，计划进度，保证按时完成项目的研究任务。项目执行过程中，乙方如需调整任务，应向甲方提出变更内容及其理由的申请报告，经甲方审定后实施。未经接到正式批准书以前，双方须按原任务书履行，否则后果由自行调整的一方负责。

4. 甲方根据科研经费开支的规定，监督经费的使用情况。凡不符合规定的开支，甲方负责提出调整意见。

5. 项目完成后一个月内，乙方必须填报《项目经费支出决算表》，并向甲方提交验收报告，并按约定时间发表文章。

6. 乙方在课题结题后1年内至少在国家核心刊物发表研究论文1篇，该论文明确标注本重点实验室合作研究者为通讯作者；或者论文明确标注论文作者单位（为第一完成单位）为"农业部农村可再生能源开发利用重点实验室"（Key Laboratory of Development and Application of Rural Renewable Energy，Ministry of Agriculture，China）。

中文论文请向农业部农村可再生能源开发利用重点实验室报送期刊封面、目录页和论文正文的复印件，英文论文可传送期刊发给作者的 reprint 电子文档，以便备案；如申请专利，专利权归申请人单位所有，如有本实验室合作者，农业部农村可再生能源开发利用重点实验室应同为专利权人。

7. 本项目技术成果及知识产权的归属、转让和实施技术成果所产生的经济利益的分享，除双方另有约定外，按国家和省、市有关法规执行。项目所取得的技术成果及知识产权对外转让的，应经甲方批准同意。

8. 合同书正式文本一式四份，甲方三份、乙方一份。自签定之日起生效。

9. 与本项目有关的论文及成果需注明"受农业部农村可再生能源开发利用重点实验室开放研究课题基金资助"。

委托单位（甲方）：

单位负责人：

业务部门负责人：

年　月　日

承担人单位（乙方）：

承担人：

单位负责人：

年　月　日

22. 农业部办公厅 财政部办公厅关于做好 2015 年财政支农相关项目实施工作的通知

农业部办公厅 财政部办公厅关于做好 2015 年财政支农相关项目实施工作的通知

农办财〔2015〕26 号

各有关省（自治区、直辖市）及计划单列市农业（农牧、畜牧）厅（局、委、办）、财政厅（局）：

目前，2015 年以下相关财政支农项目专项资金已下达。为确保有关项目的实施，切实提高资金使用效益，现将有关事项通知如下。

一、关于农村土地承包经营权确权登记颁证

2015 年继续在山东、安徽和四川 3 个省开展整省推进，新增吉林、江苏、江西、河南、湖北、湖南、贵州、甘肃、宁夏等 9 个整省（自治区）推进试点，其他省（自治区、直辖市、计划单列市）根据本地情况，扩大开展以县为单位的整体试点。各地要认真贯彻落实《农业部、中央农办、财政部、国土资源部、国务院法制办、国家档案局关于认真做好农村土地承包经营权确权登记颁证工作的意见》（农经发〔2015〕2 号）和全国农村土地承包经营权确权登记颁证工作视频会议精神，按照相关规程规范有序开展工作。严格按照《财政部关于印发〈中央财政农村土地承包经营权确权登记颁证补助资金管理办法〉的通知》（财农〔2015〕1 号）要求，统筹资金安排，严格经费管理，确保任务顺利完成。

二、关于小麦"一喷三防"

2015 年，各项目省（自治区、直辖市）根据小麦保穗保产的实际需要确定本省（自治区、直辖市）喷施范围、面积和喷施药剂与肥料，并将补助面积分解到县。作业地块要集中连片，大力推进集中喷施和统防统治。各项目省（自治区、直辖市）可自主选择具备喷雾作业能力的社会化服务组织、农民专业合作社和种植大户承担作业任务，或由村民委员会组织农户统一开展，对自愿实施"一喷三防"的农民、种粮大户、家庭农场和农民专业合作社进行补助，每亩补助不超过 10 元。统筹安排使用补助资金，补助方式可选择兑现物化补助或发放现金。采取物化补助的，要在专业人员指导下做好政府采购工作，将采购的物资及时分发喷施任务主体；采取现金补助方式的，按照先作业后补助、先公示后兑现的程序，根据农业部门与服务组织签订的任务合同及验收凭证，由财政部门将补助资金兑现给实施作业的组织或农户。

三、关于农业生产全程社会化服务（含水稻集中育秧）

为落实中央 1 号文件要求，2015 年中央财政继续实施农业生产全程社会化服务试点补助政策，并扩大试点范围，将内蒙古、吉林、黑龙江和福建 4 个省（自治区）纳入试点，农业生产全程社会化服务试点共包括河北、内蒙古、辽宁、吉林、黑龙江、江苏、浙江、安徽、福建、江

西、山东、河南、湖北、湖南、广西、重庆、四川等 17 个省（自治区、直辖市）。江苏、浙江、安徽、福建、江西、湖北、湖南、广西、重庆、四川等 10 个省（直辖市），可组织开展水稻集中育秧。补助方式可采取"先育秧、后补助"，根据育秧主体与农民签订的合同及农民购买秧苗的单据，由农业部门核实面积后进行补助。具体工作要按照《农业生产全程社会化服务试点实施指导意见》和《中央财政农业科技成果转化与技术推广服务补助资金管理办法》（财农〔2014〕31 号）有关要求实施。

四、关于重大农作物病虫害统防统治

2015 年，在继续落实《农业部办公厅 财政部办公厅关于印发〈2014 年重大农作物病虫害统防统治实施指导意见〉的通知》（农办财〔2014〕25 号）的基础上，按照加快转变农业发展方式的要求，加大专业化统防统治与绿色防控融合推进扶持力度，在有效防控小麦、水稻重大病虫疫情和蝗虫等重大农作物病虫害的同时，促进农药减量控害，保障农业生产安全、农产品质量安全和生态环境安全。

五、关于旱作农业技术推广

2015 年，继续落实《农业部办公厅 财政部办公厅关于做好旱作农业技术推广工作的通知》（农办财〔2014〕23 号）的相关规定，在河北、山西、陕西、甘肃、青海、宁夏和新疆等 7 个省（自治区），推广应用以地膜覆盖为主的关键旱作农业综合技术模式。2015 年补贴地膜厚度不得低于 0.01 毫米。项目实施要集中连片，实行整村整乡推进。要重点支持种粮大户等新型经营主体；要充分发挥大专院校、科研院所和专业化服务组织作用，通过购买服务等方式组织实施；鼓励和引导以村为单位组织技术专业队统一实施。要积极推行"以旧换新"的补助方式，做好残膜回收工作。同时加强试验示范和宣传培训，开展多功能地膜、可降解农膜等新技术试验，探索减少残膜污染的新途径；内蒙古、辽宁和黑龙江等 3 个省（自治区）要配合支持做好"节水增粮行动"相关工作。

六、关于基础母牛扩群

采取"先增后补"的方式，对母牛规模养殖场户和企业给予补助。各项目省（直辖市）任务量、项目补助对象、补助品种、补贴标准、补助方式和操作程序遵照《农业部办公厅财政部办公厅关于做好 2014 年基础母牛扩群工作的通知》（农办财〔2014〕62 号）执行。各地要切实抓好母牛登记、繁殖配种、新增犊牛核查、补助对象公示四个关口，加强饲养技术指导和服务，增加基础母牛数量，提高母牛养殖水平。

七、关于南方现代草地畜牧业发展

在南方集中连片草山草地，重点建设一批草地规模较大、养殖基础较好、发展优势较明显、示范带动能力强的牛羊肉生产基地。各项目省（直辖市）任务量与 2014 年一致，项目范围主体和申报条件、项目内容、补助标准、组织实施方式遵照《农业部办公厅 财政部办公厅关于做好 2014 年南方现代草地畜牧业发展工作的通知》（农办财〔2014〕61 号）执行。各项目省（直辖市）要充分发挥项目专家组包片挂钩指导服务作用，解决关键技术问题，提高项目科技支撑水平。要切实加强项目区草地固定监测点建设，定期开展草地生态状况监测和农户入户调查，综合评估项目实施成效。

八、关于农民专业合作组织示范社建设

农民专业合作组织示范社扶持对象筛选坚持好中选优，基本条件要符合《国家农民专业合作社示范社评定及监测暂行办法》（农经发〔2013〕10 号）的要求，以农业部、发展改革委、财政部等九部门联合评定的国家农民合作社示范社为主，所从事的产业属于粮食、棉花、油料、蔬菜、水果、茶叶、畜牧、淡水养殖、农机、手工编织等产业。重点支持示范社自身能力建设，包括兴办仓储、冷链、加工业务和市场营销。

九、关于天然橡胶良种补贴项目

为加快天然橡胶优良品种推广应用进程，夯实产业发展基础，提高资金使用效益，从 2015 年起，天然橡胶籽苗每株补贴 5 元。裸根苗、袋装苗 2015 年补贴标准不变，从 2016 年起不再予以补贴。补贴原则、补贴对象、补贴方式、工作重点与要求、保障措施等按照《农业部办公厅财政部办公厅关于做好 2014 年天然橡胶良种补贴项目实施工作的通知》（农办财〔2014〕37 号）的相关规定执行。

各有关省（自治区、直辖市）及计划单列市农业（农牧、畜牧）厅（局、委、办）会同同级财政部门根据本通知精神，组织编制本地区 2015 年相关项目实施方案，认真组织实施，于 2016 年 1 月 15 日前将项目总结以联合文件形式报送农业部和财政部。

农业部办公厅　财政部办公厅

2015 年 5 月 11 日

来源：http://www.moa.gov.cn/zwllm/cwgk/zdxm/201505/t20150513_4592950.htm

23. 农业部办公厅 财政部办公厅关于组织实施好 2015 年财政支农相关项目的通知

农业部办公厅 财政部办公厅关于组织实施好 2015 年财政支农相关项目的通知

农办财〔2015〕8 号

各有关省（自治区、直辖市）及计划单列市农业（农牧、畜牧兽医、渔业）厅（委、局、办）、财政厅（局），新疆生产建设兵团农业局、财务局，黑龙江省农垦总局、广东省农垦总局，部属有关单位：

目前，部分 2015 年财政支农项目专项资金已拨付到位。为确保有关项目的实施，切实提高资金使用效益，现将有关事项通知如下。

一、关于农民培训项目

2015 年，继续落实《农业部办公厅财政部办公厅关于做好 2014 年农民培训工作的通知》（农办财〔2014〕66 号）要求，不断创新机制模式，推动培育工作规范化、制度化。深入实施

新型职业农民培育工程，加快构建新型职业农民培训、认定、扶持体系，建立新型职业农民培育制度。大力推行农民田间学校模式，充分利用智慧农民云平台等信息化手段，培育壮大新型职业农民队伍。鼓励整省、整市、整县示范推进。加大现代青年农场主培训支持力度，遴选部分专业大户和返乡创业的大学生、农民工，重点培育和孵化，提高标准、创新方式，支持农村青年创业兴业。项目资金主要用于培训、认定管理、信息化手段和后续跟踪服务等全过程培育，引导社会力量参与培育工作，严禁以招标方式简单分派培训指标任务。

二、关于畜牧发展扶持项目

（一）畜牧良种补贴项目

2015 年，继续实施奶用能繁母牛良种补贴，对荷斯坦牛（含娟姗牛）、奶水牛、乳用西门塔尔牛、褐牛、牦牛、三河牛开展良种冻精补贴。探索奶牛胚胎补贴试点，试点工作操作程序另行通知。继续实施牦牛种公牛、能繁母猪、肉牛、羊良种补贴。具体项目任务详见附件。

（二）高产优质苜蓿示范建设项目

2015 年，在继续落实《农业部办公厅财政部办公厅关于印发〈2014 年畜牧发展扶持资金实施指导意见〉的通知》（农办财〔2014〕60 号）的基础上，切实加强示范片区建设工作，逐级落实项目责任，严格按照标准评审筛选项目承担单位，明确项目责任人。做好项目总体规划、突出优势区域，合理规划布局。要指导项目承担单位在苜蓿高产优质、草畜配套、示范推广上下功夫，切实提高项目建设的质量和效果。

三、关于农业技术推广服务补助项目

（一）粮棉油糖高产创建项目

2015 年，在继续落实《农业部办公厅财政部办公厅关于做好 2014 年农业高产创建工作的通知》（农办财〔2014〕51 号）的基础上，各地可根据实际情况对粮棉油糖高产创建的补助标准、不同作物间的示范片数量和承担试点任务的市县进行适当调整。补助资金主要用于物化投入、推广服务补助和增产模式攻关补助。要严格实行项目轮换制，对连续 3 年承担高产创建任务的示范片，要变更实施地点。鼓励开展不同层次的高产创建，探索在不同地力水平、不同生产条件、不同单产水平地块，同步开展高产创建和增产模式攻关，原则上中低产田高产创建示范片数量占总数的 1/3 左右。

（二）测土配方施肥补助项目

2015 年，在继续落实《农业部办公厅财政部办公厅关于做好 2014 年测土配方施肥工作的通知》（农办财〔2014〕40 号）的基础上，因地制宜统筹安排取土化验、田间试验等基础工作，扩大经济园艺作物测土配方施肥实施范围。省级农业部门要加强监督检查和验收，探索政府购买服务的有效模式，强化农企对接，深化农化服务。积极研究配方肥应用到田的有效机制，选择有条件的地方，开展对种粮大户、家庭农场、农民合作社等新型经营主体使用按照农业部门发布配方生产的配方肥予以补贴的试点。

（三）基层农技推广体系改革与建设补助项目

2015 年，继续落实《农业部办公厅财政部办公厅关于做好 2014 年基层农技推广体系改革与建设工作的通知》（农办财〔2014〕51 号）的相关规定，以加强人才队伍建设、改善信息化服务手段、充分调动工作积极性、全力支持规模经营组织发展为工作重点，全面提高农技推广服务效能。

（四）农产品产地初加工补助项目

2015年，继续落实《农业部办公厅财政部办公厅关于做好2014年农产品产地初加工实施工作的通知》（农办财〔2014〕30号），在实施中坚持补助大户和农民专业合作社、农民自主建设、先审批后建设程序、两次公示制度和阳光规范操作等原则，确保项目落到实处，真正惠及广大农民。

四、关于农业资源及生态保护补助项目

（一）渔业资源保护与渔民转产项目

2015年，继续落实《农业部办公厅财政部办公厅关于做好2014年渔业资源保护与转产转业工作的通知》（农办财〔2014〕44号）的基础上，应对不同市县承担的放流任务，包括放流水域、放流时间、放流物种、放流数量和规格等进行科学论证。经济物种的增殖苗种应当是本地种的原种或子一代，符合《农业部办公厅关于进一步加强水生生物经济物种增殖放流苗种管理的通知》（农办渔〔2014〕55号）要求。濒危物种的增殖苗种可以为本地种的子二代。严禁放流外来种、杂交种和转基因种，原则上不支持物种跨水系放流，确保水域生态安全。海洋牧场示范区原则上要求项目实施海域已连续开展相关工作三年以上。

（二）草原生态保护补助项目

2015年，在继续落实《农业部办公厅财政部办公厅关于深入推进草原生态保护补助奖励机制政策落实工作的通知》（农办财〔2014〕42号）的基础上，不断完善草原载畜量标准和草畜平衡管理办法，健全禁牧管护和草畜平衡核查机制，加强对禁牧和草畜平衡工作的组织指导。加大政策宣传力度，引导广大牧民在自愿的基础上积极参加草原保护建设事业。

（三）耕地保护与质量提升补助项目

2015年，继续落实《农业部办公厅财政部办公厅关于做好2014年耕地保护与质量提升工作的通知》（农办财〔2014〕68号）的相关规定，创新工作机制，探索通过建立耕地质量建设示范区等方式，因地制宜推广增施有机肥、种植绿肥、秸秆还田等轻简、高效、操作性强的耕地质量建设技术模式。在资金使用上坚持既可用于物化补助又可用于购买服务，在实施主体上注重扶持新型经营主体和社会化服务组织，在技术模式和实施方式上强调发挥地方自主性，确保项目取得实效。

各有关省（自治区、直辖市）及计划单列市农业（农牧、畜牧兽医、渔业）厅（委、局、办）、新疆生产建设兵团农业局（水产局）会同同级财政部门根据本通知精神，组织编制本地区2015年相关项目实施方案，于2015年3月31日前以联合文件形式报送农业部和财政部备案。

附件：2015年畜牧良种补贴项目任务分配表

农业部办公厅　财政部办公厅

2015年2月28日

来源：http://www.moa.gov.cn/zwllm/cwgk/zdxm/201503/t20150303_4423585.htm

附件

2015年畜牧良种补贴项目任务分配表

单位：万头、万只

省区	生猪 数量	奶牛 品种	奶牛 数量	肉牛 数量	羊 数量	牦牛 数量	奶牛胚胎 数量（枚）	奶牛胚胎 备注
合计	1652.25		837.9	451	24.76	1.97	3000	
北京		荷斯坦	6				500	由北京首农畜牧发展有限公司奶牛中心承担
天津	25	荷斯坦	4				300	由天津市奶牛发展中心承担
河北	102.5	荷斯坦	101.9	40	0.7		300	由河北品元畜禽育种有限公司承担
山西	7	荷斯坦	23	17				
内蒙古	12.5	荷斯坦	110	40	8.7		200	由内蒙古天和荷斯坦牧业有限责任公司承担
		乳用西门塔尔	5					
		三河牛	5					
辽宁	60.5	荷斯坦	20.7	18	0.15			
吉林	48.5	荷斯坦	12	17.5	0.3			
		乳用西门塔尔	1.5					
黑龙江	55	荷斯坦	97	21	0.2		200	由黑龙江省博瑞遗传有限公司承担
		乳用西门塔尔	1					
上海	3	荷斯坦	3	2			500	由上海奶牛育种中心有限公司承担
江苏	71	荷斯坦	13.9					
浙江	36	荷斯坦	4					
安徽	78	荷斯坦	6	10	0.1			
		乳用西门塔尔	5					

（续表）

省区	生猪 数量	奶牛 品种	奶牛 数量	肉牛 数量	羊 数量	牦牛 数量	奶牛胚胎 数量（枚）	奶牛胚胎 备注
福建	41	荷斯坦	3.6					
江西	57	奶水牛	1					
		荷斯坦	2.7	11.5				
		乳用西门塔尔	3.5					
山东	88	荷斯坦	50	8	0.15		300	由山东奥克斯生物技术有限公司承担
河南	152	荷斯坦	36	7	0.15		500	由河南省鼎元种牛育种有限公司承担
		奶水牛	2					
湖北	85.5	荷斯坦	5	7				
		奶水牛	6					
湖南	144.5	荷斯坦	1.8	22	0.1			
		奶水牛	4					
广东	67	荷斯坦	4					
广西	64	荷斯坦	1.5	12	0.1			
		奶水牛	25					
海南	34	荷斯坦	0.1					
重庆	57.25	荷斯坦	1.5	10	0.75	0.3		
四川	162	荷斯坦	14	67				
		乳用西门塔尔	4.5					
贵州	32	荷斯坦	1.1	20	0.1			
		奶水牛	3					

（续表）

省区	生猪数量	奶牛品种	奶牛数量	肉牛数量	羊数量	牦牛数量	奶牛胚胎数量（枚）	备注
云南	78	荷斯坦	14	10	0.45			
西藏		奶水牛	11		1.7	0.5		
陕西	28	荷斯坦	10	20				
甘肃	23	荷斯坦	34.2	58	1.31	0.1		
		荷斯坦	11.4					
青海	12.5	荷斯坦	7		1.6	0.91		
		牦牛	1					
		乳用西门塔尔	3.5					
宁夏	5	荷斯坦	18.9	10	1.25			
新疆		荷斯坦	26.8	22	6.3	0.16	200	由新疆天山畜牧生物工程股份有限公司承担
		褐牛	30					
		乳用西门塔尔	34					
大连	7	荷斯坦	2.3					
宁波		荷斯坦	0.4					
青岛	10	荷斯坦	7					
深圳		荷斯坦	0.43					
新疆生产建设兵团		荷斯坦	14	1	0.5		200	由新疆天山畜牧生物工程股份有限公司承担
		褐牛	2					
		乳用西门塔尔	2.5					
黑龙江农垦	18	荷斯坦	18		0.05			
广东农垦	3	荷斯坦	0.17					

24. 农业部农产品加工综合性重点实验室 2015 年度开放课题申请指南

农业部农产品加工综合性重点实验室 2015 年度开放课题申请指南

农业部农产品加工综合性重点实验室依托中国农业科学院农产品加工研究所建设，是 2011 年由中华人民共和国农业部批准成立的 30 个综合性重点实验室之一，是农业部农产品加工重点实验室学科群的牵头单位。实验室重点开展农产品加工品质与控制、农产品保鲜与物流、农产品加工过程危害物控制、农产品营养与功能及农产品加工装备等方面的研究。依据农业部重点开放实验室"开放、流动、联合、竞争"的运行机制，现面向国内外发布 2015 年度实验室开放课题申请指南，欢迎相关单位科研人员踊跃申报。具体如下：

一、课题申报对象

1975 年 7 月 1 日后出生，40 周岁以下，具有中级以上技术职称或博士学位的国内外高校、科研机构、企业和其他单位的科研人员，均可申请。

二、课题申请时间

2015 年度申请书受理截止日期为 2015 年 6 月 15 日（以当地邮戳为准）。

三、2015 年度重点资助方向

1. 粮油食品加工中多酚与蛋白相互作用机理与调控
2. 蛋白质修饰调控宰后肌肉品质形成机理
3. 果蔬保鲜、加工技术及品质形成与调控机理
4. 棉籽蛋白精深加工
5. 棉花主栽品种黄萎病抗性鉴定
6. 基于化学反应的食品安全检测新方法
7. 马铃薯面团强筋及营养强化作用
8. 大豆功能成分研究与利用
9. 食品用酶的基础研究与工业应用

四、课题申报须知

1. 申请人下载课题申请书（附件 1）后，根据本年度重点资助方向，按要求填写申请书，经所在单位审核后，寄交本实验室。
2. 课题研究期限：1 年（2015.9—2016.12）。
3. 资助课题数量：2015 年计划资助开放课题 9 项。
4. 资助课题金额：每个项目资助金额为 10 万元。
5. 本实验室在收到开放课题申请书后经实验室学术委员会评审，择优资助。项目批准后申

请人必须与实验室签订合同，确保研究任务的完成。

6. 开放课题完成后，项目负责人需提交《开放课题总结报告》，并发表与课题内容相关的 SCI 论文 2 篇以上（含 2 篇）。

7. 在开放课题资助下取得的有关论文、专著、成果等，均应标注"农业部农产品加工重点实验室开放课题项目"（Supported by Key Laboratory of Agro-Products Processing，Ministry of Agriculture）。

五、通讯地址及联系方式

1. 邮寄地址：北京市海淀区西北旺农大南路 1 号中国农业科学院农产品加工研究所科研 1 号楼农业部农产品加工重点实验室，邮编：100193。

2. 联系人：张明晶

联系电话：010 - 62815970 传真：010 - 62816023

E-mail：zhangmingjing@ caas. cn

附件：开放课题申请书

来源：http://www. caas. net. cn/ggfw/tzgg/256259. shtml

附件

项目编号：

农业部农产品加工重点实验室
Key Laboratory of Agro-Products Processing，
Ministry of Agriculture，P. R. China

开放课题申请书

课 题 名 称：＿＿＿＿＿＿＿＿＿＿＿＿＿

申 　请 　人：＿＿＿＿＿＿＿＿＿＿＿＿＿

工 作 单 位：＿＿＿＿＿＿＿＿＿＿＿＿＿

通 讯 地 址：＿＿＿＿＿＿＿＿＿＿＿＿＿

邮 　　　 编：＿＿＿＿＿＿＿＿＿＿＿＿＿

电 话 及 传 真：＿＿＿＿＿＿＿＿＿＿＿＿＿

E - m a i l：＿＿＿＿＿＿＿＿＿＿＿＿＿

2015 年 　月 　日

项目简要信息表

研究课题	名称							
	起止年月				申请金额		（万元）	

申请人	姓名		性别		出生年月		民族	
	职称		学位		职务		专业	
	所在单位				性质	A. 高校 B. 科研单位 C. 其他		
	身份证或护照号				社会兼职			

项目组成员	姓名	性别	年龄	职称	工作单位	参加月数	项目分工	签章

申请课题内容提要（400 以内）：

关键词（最多六个）

二、申请课题详细信息

1. 研究目的、意义及国内外研究概况
2. 研究目标、研究内容和技术路线
3. 拟解决的关键问题、创新点
4. 研究工作总体安排、进度安排（包括来本实验室的计划安排）
5. 预期目标及成果
6. 与本课题相关的工作基础
7. 参加研究人员情况

三、经费预算

科目	经费概算（万元）	备注（计算依据与说明）
1. 设备费		
2. 材料费		
3. 测试化验加工费		
4. 燃料动力费		
5. 差旅费		
6. 会议费		
7. 国际合作与交流费		
8. 出版/文献/信息传播/知识产权事务费		
9. 劳务费		
10. 专家咨询费		
11. 其它费用		
合计		

备注：按照规定，重点实验室开放课题经费不允许外拨，一律采取实报实销方式支出。

四、申请者承诺及所在单位推荐意见

1. 申请者承诺

　　我保证申请书内容的真实性。如果获得基金资助，我将履行课题负责人职责，严格遵守农业部农产品加工重点实验室开放课题的有关规定，切实保证研究工作时间，认真开展工作，按时报送有关材料。若填报失实和违反规定，本人将承担全部责任。

签字：

年　月　日

2. 所在单位推荐意见

单位负责人（签字）：

单位（公章）

年　月　日

五、重点实验室审核意见

1. 学术委员会主任意见及建议资助金额：

实验室学术委员会主任（签字）：

年　月　日

2. 实验室主任审核意见：

实验室主任（签字）：

年　月　日

六、国家林业局

国家林业局林业生态示范年度滚动计划项目编制细则

国家林业局林业生态示范项目是指为发挥林业部门行业技术优势，通过增加林草植被和防治土地荒漠化，为农业综合开发项目区提供生态保障，促进生态文明建设，经国家农业综合开发办公室（以下简称国家农发办）批准，由国家林业局组织实施、地方农业综合开发机构（以下简称农发机构）参与管理的农业综合开发项目。

一、选项基本要求

（一）指导思想和基本原则

以科学发展观为指导，贯彻落实党的十八大、十八届三中全会精神，遵循国家农业综合开发的指导思想和方针政策，服务农业综合开发的中心任务，结合林业发展"十二五"规划，围绕推进现代农业建设，着力构建我国农业主产区、生态脆弱区生态安全屏障，加强农业生态环境保护，提升农业可持续发展能力。

根据农业综合开发战略调整的基本原则和总体目标，从发展理念、规划布局、目标任务、实施管理和后期运行等方面，充分发挥林业生态示范项目在项目区生态综合治理方面的优势，开展人工造林、封山（沙）育林、低产低效林改造等工程措施，改善项目区农业生产条件，提供防护保障。

（二）扶持范围和重点

建设范围包括长江流域防护林体系建设工程、太行山绿化工程、重点地区沙化（地）治理。

1. 长江流域防护林体系建设工程

重点采取人工造林、封山育林、低效防护林改造等多种治理措施，营造水源涵养林和水土保持林；在适宜地区和确保生态效益的前提下，适当发展竹林等经济效益较好的品种，实现生态环境改善和农民增收双赢，提高农民群众的造林积极性。

2. 太行山绿化工程

重点建设太行山区生态屏障，搞好海河源区的水源涵养林保护和建设，通过植树造林、封山育林、低效林改造等恢复植被，建立乔灌相结合的防护林体系。因地制宜、适当发展生态经济林，提高林区林农收入。

3. 重点地区沙化（地）治理

（1）黄河故道沙地综合治理

以改良土壤和遏制土地沙化为重点，造林种草。大力营造农田防护林、速生丰产林，并在确保生态效益的前提下，适当发展高效经济林，通过林粮、林果、林草等间作，改良沙化土地，提高农业综合生产能力，促进可持续发展。

（2）重点地区沙地治理

重点保护现有林草植被，采用封沙育林与人工造林结合的方式，加强乔灌草植被建设，建立以森林为主体、乔灌草相结合的防风固沙体系，预防土地沙化，治理沙化土地。支持全国防沙治沙综合示范区建设，发挥示范带动作用，巩固治沙成果。

（三）扶持政策

中央财政资金采取补助的方式，全部无偿投入。

财政资金使用范围：营造水源涵养林、水土保持林、防风固沙林、农田防护林所需的种子、苗木、整地、定植、封育、低效林改造；科技推广、技术培训及小型仪器设备购置等费用。

（四）投入标准

根据项目客观需要和财力可能等合理确定单个项目投入标准，单个项目中央财政资金不低于120万元。

（五）建设任务和目标

充分发挥农业综合开发的综合性开发、示范性辐射、区域性带动作用的优势，通过加强原生天然植被的保护，采取人工造林、封山育林、低效防护林改造等多种治理措施，涵养水源、防沙治沙、保持水土，建立乔灌草相结合的立体生态防护林体系，促进农业增产、农民增收。

二、项目立项基本条件

（一）项目应具备的条件

项目建设地点必须在长江流域防护林体系建设工程、太行山绿化、防沙治沙等林业相关规划范围内。

（二）项目单位应具备的条件

项目组织实施单位应为项目区所在的县级林业局、国有林场等。

三、编制项目申报书要求

项目单位委托具有相应资质的单位、组织专家或自行编制项目申报书。

项目单位应确保项目申报书，以及相关证明材料的真实性和完整性。

省级林业部门和农发机构对项目申报材料的真实性、可靠性负有最终责任。

项目申报书内容主要包括：

（一）前引部分

1.《项目申报书》编制单位资质证书。为复印或扫描件。

2. 编制单位签职页。包括项目单位、编制单位（加盖资质证书专用章，可选）、编制单位法人代表（签字或签章）、编制单位总工程师或技术质量负责人（签字或签章）、编制单位主管领导（可选）、《项目申报书》编制处（科、室）处（科）长（主任）（可选）、编制处（科、室）主任工程师或技术质量负责人（可选）、编制项目负责人或项目经理（签字或签章）。

3. 编制人员名单页。按编制单位内部管理要求顺序列出编制人员名单。

（二）正文

1. 总论

项目概要。包括项目名称，项目实施单位，项目法人代表，建设地点，主要建设内容、规模，项目建设期，投资规模及资金来源，建设效益。

编制依据。包括国家林业政策、农业综合开发政策、行业规划、区域发展规划等。

主要技术经济指标。包括建设面积及规模、主要建（构）筑物数量、主要机械设备数量、人员编制、投资估算指标；营造林成本，造林用苗指标，造林用工量指标，种苗基地供苗指标，造林成活率、保存率指标，林木生长量指标。

可行性研究结论。包括概要描述项目建设方案、投资规模及可行性研究结论和建议。

2. 项目建设背景及必要性

包括项目背景，项目建设必要性。

3. 项目建设条件分析

包括建设地点或范围，项目区基本情况，项目建设条件，交通、运输、通信、供电、灌溉、排水等基础设施，苗木供应，自然立地，工程实施有利条件，其他需要分析的项目建设条件。

4. 项目建设单位基本情况

5. 项目建设方案

包括指导思想、原则与目标，规模与布局，技术措施方案，实施进度安排等。

6. 投资估算与资金筹措

包括投资估算，资金筹措等。

7. 效益及风险分析

包括生态效益，经济效益，社会效益，风险分析等。

8. 保障措施

包括组织保障，技术保障，机制保障，宣传保障，资金保障等。

9. 结论

10. 附表

包括项目区基本情况表，项目建设任务安排表，项目建设用苗量及苗木价格表，项目建设用工量表，项目投资估算与资金筹措表。

11. 附图

包括项目区位置图，项目区现状图，项目布局图。

2015 - 08 - 06

来源：http://www.xjjh.gov.cn/zwgk/xzfxxgkml/flfg/sjwj/97308217_ 4d94_ 402a_ bc99_ 5efa0b37a9a1.html

七、国家知识产权局

1. 关于申报 2016 年度软科学研究项目和专利战略推进工程项目的通知

国知办函办字〔2016〕131 号

各省、自治区、直辖市、新疆生产建设兵团知识产权局；局机关各部门，专利局各部门，局直属各单位、各社会团体；各有关单位：

2016 年度国家知识产权局软科学研究项目和专利战略推进工程项目申报工作已启动，现将有关事项通知如下：

一、2016 年度国家知识产权局软科学研究项目和专利战略推进工程项目的申报和立项评审，将按照国家知识产权局软科学研究工作管理办法、专利战略推进工程管理办法的有关规定和 2016 年度申报指南有关要求进行。

二、为了保证项目申报工作质量，各地方各部门要进行初评，并按课题质量排序。每个地方部门限申报 3 项软科学研究项目和 3 项专利战略推进工程项目。优先考虑高校和科研院所与政府部门合作申报的项目。

三、请于 2016 年 3 月 25 日前将项目申请书电子件、纸件报送至联系人。项目申请书请从国家知识产权局政府门户网站下载，网址：http：//www. sipo. gov. cn。

四、为进一步提高研究水平，避免低水平重复研究，请申报单位和申报人就拟申报项目做好已有研究成果的检索，并在已有研究成果的基础上进行创新性研究。

特此通知。

附件：1. 2016 年度国家知识产权局软科学研究项目申报指南
2. 2016 年度国家知识产权局专利战略推进工程项目申报指南
3. 国家知识产权局软科学研究项目申请书
4. 国家知识产权局专利战略推进工程项目申请书

国家知识产权局办公室

2016 年 3 月 9 日

来源：http：//www. sipo. gov. cn/tz/gz/201603/t20160311_ 1249785. html

附件1

2016年度国家知识产权局软科学研究项目申报指南

一、总体目标

2016年国家知识产权局软科学研究项目将紧紧围绕实施创新驱动发展战略和知识产权战略需要，聚焦知识产权强国建设、知识产权改革等重点方向，着力形成一批有价值有分量的研究成果，为助推"大众创业、万众创新"、促进经济社会持续健康发展提供科学支撑。

二、申报要求

（一）要围绕项目总体目标，坚持理论研究与应用对策研究相结合，力求创新性和前瞻性，同时注重针对性和实用性。通过深入分析、调查和研究，提出具有参考价值的对策建议。

（二）可以按照本指南提出的重点研究方向拟定具体题目申报，也可以根据自身特点和优势自行选题申报。

（三）申报单位和研究团队应有较好的研究基础。申报单位和申报人以往承担的国家知识产权局软科学研究项目无不良信用记录。

（四）每个申报项目的负责人不超过2人。同一负责人只能申报一个项目。在研的国家知识产权局软科学研究项目尚未结题的，该项目负责人不能作为项目负责人申报新项目。

（五）项目研究时间期限一般为1年。

三、重点研究方向

（一）知识产权强国建设相关问题研究

1. 知识产权支撑供给侧结构性改革研究
2. 知识产权促进大众创业、万众创新政策研究
3. 知识产权政策第三方评估
4. 知识产权运营体系建设研究
5. 知识产权"十三五"规划实施方案研究

（二）知识产权改革相关问题研究

6. 深化知识产权管理体制机制改革研究
7. 重大经济科技活动知识产权评议制度研究
8. 知识产权指标评价体系研究
9. 支撑"一带一路"国家战略的知识产权政策研究
10. "一带一路"沿线国家或地区知识产权环境研究
11. 支撑长江经济带国家战略的知识产权政策研究

（三）知识产权保护相关问题研究

12. 我国民法典中知识产权部分主要内容研究
13. 实行严格的专利保护制度研究

14. TPP 等主要协定知识产权条款及应对策略研究

15. 新业态新领域创新成果的知识产权保护研究

16. 中医药国际化的知识产权保护策略研究

17. 提升海外知识产权风险防控能力研究

（四）知识产权人才和文化问题研究

18. 知识产权学科建设相关研究

19. 知识产权专业人员评价体系及能力素质标准相关研究

20. 人才引进中的知识产权鉴定机制相关研究

21. 知识产权文化建设研究

联系人：办公室　魏健

电　话：010－62084614

邮　箱：ruanketi@ sipo. gov. cn

附件 2

2016 年度国家知识产权局专利战略推进工程项目申报指南

一、总体目标

2016 年专利战略推进工程项目紧密围绕深入实施《国家知识产权战略纲要》和创新驱动发展战略，根据"十三五"期间国家战略性新兴产业发展重点领域、《中国制造 2025》与《国务院关于新形势下加快知识产权强国建设的若干意见》的部署，加强对重点技术领域、重大产业化项目的专利信息以及政策等进行深入分析和研究，为提升重大项目集成创新能力、突破一批核心关键技术、形成知识产权布局、推动技术领域产业化发展以及制定相关产业发展政策，提供科学合理和切实可行的支撑。

二、申报要求

（一）申报单位必须是法人（单位），可以是多家单位共同申请，但总数不得超过 3 家，且每个法人（单位）只能申报一个项目。

（二）申报单位具有专利信息分析或产业专利战略等基础，有专门的专利工作人员，有稳定的研究队伍，有技术研究或管理人员参与研究。

（三）申报单位必须获得所在行政区域省级知识产权局的推荐。

（四）申报单位以往承担的专利战略推进工程项目已全部结题并没有不良记录。

（五）具有地方政府或本单位配套研究资金者可获得优先立项。

（六）纳入国家、省、市重点产业化发展项目的可获得优先立项。

（七）项目实施期限为 1 年。

三、申报领域

（一）石墨烯技术领域

围绕石墨烯制备技术和应用技术领域的专利分布情况、应用情况、产业政策等开展研究。重点聚焦石墨烯批量制备以及储能、传感器、电子信息、生物医药、复合材料、水处理、功能材料、结构材料等应用技术领域的专利资源分布情况，构建石墨烯行业专利监测、预警、联盟、运营等产业发展专利战略。

（二）3D 打印快速成型技术领域

根据 3D 打印快速成型技术产业发展现状和趋势，围绕 3D 打印技术在建筑、医疗等领域的专利资源分布情况，构建 3D 打印技术的专利监测、预警、联盟、运营等产业发展专利战略。

（三）其他

其他特别需要研究的重要项目。

项目申报人可以按照上述技术领域，选择一个关键、核心技术作为研究对象。产业的知识产权管理部门、行业主管部门、知识产权中介组织及产业技术创新战略联盟可以联合申报，以体现企业技术创新主体作用。项目名称可以根据选定的研究对象、核心技术以及专利战略自行设定。

联系人：知识产权发展研究中心　　武 伟　谢小勇

电　话：010 – 62083846　62083857

传　真：010 – 62083849

邮　　箱：wuwei_ 6@ sipo. gov. cn　　xiexiaoyong@ sipo. gov. cn

附件 **3**

国家知识产权局软科学研究项目

申请书

项 目 名 称：_____

申 请 单 位：_____

负 责 人：_____

归口管理部门：_____

申 请 日 期：_____ 年 月 日 _____

中华人民共和国国家知识产权局

二〇一四年制

填写说明

一、填写申请书以前，请先查阅国家知识产权局软科学研究计划有关项目申请办法规定和本年度软科学研究计划指南。申请书内各项内容应实事求是，认真填写，表述明确，字迹工整易辨，可以打印填表。外来语要同时用原文和中文表达，第一次出现的缩略词，须注明全称。

二、项目归口管理部门是指项目申请单位所隶属的部门，或所在省、自治区、直辖市、新疆生产建设兵团知识产权局及计划单列市、副省级城市知识产权局。

三、申请书为 A4 纸，于左侧装订成册。一式一份加盖公章。

四、项目申请单位应通过归口管理部门统一上报国家知识产权局。

项目名称						
研究起止日期						
申请单位	名　称					
	项目负责人		电话		移动电话	
	项目联系人		电话		移动电话	
	通讯地址				邮政编码	
	传　真			电子邮箱		

申请单位意见：

　　　　　　　　　　　　　申请单位负责人（签章）：　　　　　　（单位公章）
　　　　　　　　　　　　　　　　　　　　　　　　　　　　　　　　年　月　日

归口管理部门	名　称				
	单位负责人		项目联系人		
	通讯地址			邮政编码	
	传　真		电　话		
	电子邮箱		移动电话		

归口管理部门意见：

　　　　　　　　　　　　　归口管理部门负责人（签章）：　　　　（单位公章）
　　　　　　　　　　　　　　　　　　　　　　　　　　　　　　　　年　月　日

一、立项背景和依据

（包括项目的研究目的、国内外研究现状分析与评价，应附主要参考文献及出处）

二、研究方案

1. 研究内容、拟解决的关键问题、子课题的设置及本项目的创新之处	
	（可另加页）
2. 研究计划及预期进展	
3. 预期研究成果及形式	
4. 预期研究成果的应用意向和建议（调查类和应用类项目必填）	

三、研究基础

（可另加页）

注：1. 论文要写明作者、题目、刊名、年份、卷（期）、页码；

　　2. 专著要写明作者、书名、出版社、年份；

　　3. 研究项目要写明名称、编号、任务来源、起止年月、负责或参加的情况以及与本项目的关系。

四、项目负责人

姓　名	性别	出生年月	职务/职称	所学专业	现从事专业	所 在 单 位	在本项目中承担的任务

五、主要研究人员

姓　名	性别	出生年月	职务/职称	所学专业	现从事专业	所 在 单 位	在本项目中承担的任务

六、经费预算

（一）申请国家知识产权局软科学研究计划经费资助预算表

序号	经费开支科目	预算金额（万元）	说　明
1			
2			
3			
4			
5			
6			
7			
8			
9			
10			
11			
12	合　计		

（二）申请单位自筹资金或归口管理部门配套资金情况说明

自筹资金情况说明（须由资金提供单位加盖公章）
配套资金情况说明   归口管理部门公章 年　月　日

七、申请项目合作单位审查意见

单位负责人（签章）：　　　　　合作单位1（单位公章） 年　月　日
单位负责人（签章）：　　　　　合作单位2（单位公章） 年　月　日
单位负责人（签章）：　　　　　合作单位3（单位公章） 年　月　日

附件 4

项目编号：＿＿＿＿＿＿

国家知识产权局专利战略推进工程项目

申请书

项 目 名 称：＿＿＿＿＿＿＿＿＿＿＿＿＿＿

申 请 单 位：＿＿＿＿＿＿＿＿＿＿＿＿＿＿

负 责 人：＿＿＿＿＿＿＿＿＿＿＿＿＿＿

归口管理部门：＿＿＿＿＿＿＿＿＿＿＿＿＿＿

中华人民共和国国家知识产权局

二〇一四年制

填报说明

一、填写申请书以前，请先查阅国家知识产权局软科学研究计划有关项目申请办法规定、本年度专利战略推进工程研究重点方向指南、专利战略推进工程项目项目管理办法，申请书内各项内容，应实事求是，认真填写，表述明确，字迹工整易辨，可以打印填表。外来语要同时用原文和中文表达，第一次出现的缩略词，须注明全称。

二、封面中项目编号申请人不填；项目归口管理部门是指项目申请单位所隶属的部门，或所在省、自治区、直辖市及计划单列市、副省级城市、新疆生产建设兵团知识产权局。

三、申请书为 A4 纸，于左侧装订成册。一式 2 份（至少有一份为加盖公章的原件）。

四、项目申请单位应通过归口管理部门统一上报国家知识产权局。

	项目名称			
	研究起止日期			
申请单位	名　称			
	项目负责人		项目联系人	
	通讯地址		邮政编码	
	传　真		电　话	
	电子邮箱		移动电话	
申请单位意见： 申请单位负责人（签章）：　　　　（单位公章） 　　　　　　　　　　　　　　　　　　　　　　　　年　月　日				
归口管理部门	名　称			
	单位负责人		项目联系人	
	通讯地址		邮政编码	
	传　真		电　话	
	电子邮箱		移动电话	
归口管理部门意见： 归口管理部门负责人（签章）：　　　　（单位公章） 　　　　　　　　　　　　　　　　　　　　　　　　年　月　日				

一、立项背景和依据

（包括项目的研究目的、国内外研究现状分析与评价，应附主要参考文献及出处）

二、研究方案

1. 研究内容、拟解决的关键问题、子课题的设置及本项目的创新之处

（可另加页）

2. 研究计划及预期进展

3. 预期研究成果及形式

三、研究基础

（可另加页）

注：1. 论文要写明作者、题目、刊名、年份、卷（期）、页码；

2. 专著要写明作者、书名、出版社、年份；

3. 研究项目要写明名称、编号、任务来源、起止年月、负责或参加的情况以及与本项目的关系。

四、项目负责人

姓　名	性别	出生年月	职务/职称	所学专业	现从事专业	所 在 单 位	在本项目中承担的任务

五、主要研究人员

姓　名	性别	出生年月	职务/职称	所学专业	现从事专业	所 在 单 位	在本项目中承担的任务

六、经费预算

（一）申请国家知识产权局软科学研究计划经费资助预算表

序号	经费开支科目	预算金额（万元）	说　　明
1			
2			
3			
4			
5			
6			
7			
8			
9			
10			
11			
12	合　计		

（二）申请单位自筹资金或归口管理部门配套资金情况说明

自筹资金情况说明（须由资金提供单位加盖公章）
配套资金情况说明
归口管理部门公章 年　月　日

七、申请项目合作单位审查意见

单位负责人（签章）：　　　　　合作单位 1（单位公章） 年　月　日
单位负责人（签章）：　　　　　合作单位 2（单位公章） 年　月　日
单位负责人（签章）：　　　　　合作单位 3（单位公章） 年　月　日

2. 关于申报 2015 年度软科学研究项目和专利战略推进工程项目的通知

国知办函办字〔2014〕464 号

各省、自治区、直辖市、新疆生产建设兵团知识产权局；局机关各部门，专利局各部门，局直属各单位、各社会团体；各有关单位：

2015 年度国家知识产权局软科学研究项目和专利战略推进工程项目申报工作已启动，现将有关事项通知如下：

一、2015 年度国家知识产权局软科学研究项目和专利战略推进工程项目的申报和立项评审，将按照国家知识产权局软科学研究工作管理办法、专利战略推进工程管理办法的有关规定和2015 年度申报指南有关要求进行。

二、为了保证项目申报工作质量，各地方各部门要进行初评，并按课题质量排序。每个地方部门限申报 3 项软科学研究项目和 3 项专利战略推进工程项目。优先考虑高校和科研院所与政府部门合作申报的项目。

三、请于 2014 年 12 月 7 日前将项目申请书电子件、纸件报送至联系人。项目申请书请从国家知识产权局网站下载，网址：http：//www. sipo. gov. cn。

四、为进一步提高研究水平，避免低水平重复研究，请申报单位和申报人就拟申报项目做好已有研究成果的检索，并在已有研究成果的基础上进行创新性研究。

特此通知。

附件：1. 2015 年度国家知识产权局软科学研究项目申报指南

2. 2015 年度国家知识产权局专利战略推进工程项目申报指南

3. 国家知识产权局软科学研究项目申请书

4. 国家知识产权局专利战略推进工程项目申请书

国家知识产权局办公室

2014 年 11 月 18 日

来源：http：//www. sipo. gov. cn/tz/gz/201411/t20141121_ 1035895. html

附件1

2015 年度国家知识产权局软科学研究项目申报指南

一、总体目标

2015 年国家知识产权局软科学研究项目将紧紧围绕实施创新驱动发展战略和知识产权战略需要，聚焦知识产权强国建设、中国特色知识产权制度建设等重点方向，着力形成一批有价值有分量的研究成果，为助推经济转型升级、促进经济社会持续健康发展提供科学支撑。

二、申报要求

（一）要围绕项目总体目标，坚持理论研究与应用对策研究相结合，力求创新性和前瞻性，同时注重针对性和实用性。通过深入分析、调查和研究，提出具有参考价值的对策建议。

（二）可以按照本指南提出的重点研究方向拟定具体题目申报，也可以根据自身特点和优势自行选题申报。

（三）申报单位和研究团队应有较好的研究基础。申报单位和申报人以往承担的国家知识产权局软科学研究项目无不良信用记录。

（四）每个申报项目的负责人不超过 2 人。同一负责人只能申报一个项目。在研的国家知识产权局软科学研究项目尚未结题的，该项目负责人不能作为项目负责人申报新项目。

（五）项目研究时间期限一般为 1 年。

三、重点研究方向

（一）知识产权强国建设相关问题研究

1. 知识产权与创新驱动发展关系研究
2. 知识产权外交基本问题研究
3. 专利制度对经济社会发展的贡献度研究
4. 区域知识产权管理体制机制创新研究

（二）中国特色知识产权制度相关理论和实践问题研究

5. 中国特色知识产权法律法规体系建设研究
6. 中国特色知识产权保护制度完善研究
7. 反垄断执法中的知识产权相关问题研究

（三）知识产权运用问题研究

8. 产业链协同创新知识产权工作机制研究
9. 专利运营模式研究
10. 核心专利的评判标准问题研究

（四）知识产权人才问题研究

11. 知识产权人才培训相关标准研究
12. 知识产权人才职业能力研究

联系人：知识产权发展研究中心　高晓彬　魏　健

电　　话：010 – 62083816 62083859

传　　真：010 – 62083849

邮　　箱：ruanketi@ sipo. gov. cn

附件 2

2015 年度国家知识产权局专利战略
推进工程项目申报指南

一、总体目标

2015 年专利战略推进工程项目要紧紧围绕《国家知识产权战略纲要》和实施创新驱动发展战略，根据《"十二五"国家战略性新兴产业发展规划》的布局，通过对重点技术领域、重大产业化项目的专利信息进行深入分析和研究，为突破一批核心关键技术、提升重大项目集成创新能力、促进科技资源优化配置提供切实可行的支撑。

二、申报要求

（一）申报单位必须是法人（单位），可以是多家单位共同申请，但总数不得超过 3 家，且每个法人（单位）只能申报一个项目。

（二）申报单位具有专利信息分析的基础，有专门的专利工作人员，有稳定的研究队伍，有技术研究或管理人员参与研究。

（三）申报单位必须获得所在行政区域省级知识产权局的推荐。

（四）申报单位以往承担的专利战略推进工程项目已全部结题并没有不良记录。

（五）具有地方政府或本单位配套研究资金者可获得优先立项。

（六）纳入国家、省、市重点产业化发展项目的可获得优先立项。

（七）项目实施期限为 2015 年 1 月—2015 年 11 月。

三、申报领域

（一）促进新丝绸之路经济带高新专利技术创造与运用的专利战略推进

重点选择在新丝绸之路经济带沿线民族地区具有重大市场开发潜力的少数民族特色药业、林草特产资源、特色民族食品、特色民族文化产品等主导产业，着力研究主导产业关键技术的专利资源分布情况，分析专利技术布局和权力分布，以此为基础构建促进产业提质增效和技术集成创新的专利战略。以专利战略引导、产业推进、市场参与的方式，充分整合专利资源促进支撑丝绸之路特色产业开发技术升级，带动民族地区特色产业现代化，促进民族地区产业结构转型升级。

有关说明：工程内容应包括新丝路经济带的特色产业专利促进产业发展战略，构建特色产业数据库，专利资源交易平台；可由新丝绸经济带的知识产权管理部门、行业主管部门、知识产权中介组织及产业技术创新战略联盟联合申报，要求体现企业技术创新主体作用。

（二）围绕环境领域的高新技术开展专利战略工程推进

紧密结合京津冀、长三角和珠三角地区大气污染防治工作需求，重点针对区域大气污染联防联控支撑技术、污染源排放控制技术、工业和城市生物质废物处置与燃气化产业关键技术进行专利战略研究。结合发展清洁能源和大气环保的科技需求，开展工业废液（渣）和城市垃圾等生物质废物燃气化技术的专利资源集成创新与应用，以专利战略推进适于不同行业生物质废物可复制、可推广的燃气化产业技术模式。

有关说明：可由从事城市和工业生物质废物燃气化的行业主管部门、协会及产业技术创新战略联盟与知识产权中介联合申报，要求体现企业技术创新主体作用。

（三）围绕高速铁路技术海外布局开展的专利战略推进工程

针对高速铁路集成与装备、道路交通安全、城轨交通互操作综合测试与认证平台等关键技术进行专利战略研究，重点分析关键技术的海外专利布局，构建海外市场专利纠纷应对措施，为中国高铁技术海外拓展保驾护航。

有关说明：由符合条件的相关地方推荐申报。

除上述三个重点申报方向外，还可就新一代信息技术、生物技术、高端装备制造技术、新材料研发以及新能源汽车制造技术等领域申报专利战略研究。

项目申报人可以按照上述技术领域选择一个关键、核心技术作为研究对象（前三年专利战略推进工程项目研究过的关键、核心技术不能再申报）。项目名称可以根据选择的关键、核心技术自行设定。

联 系 人：知识产权发展研究中心　武 伟　谢小勇

电　　话：010－62083846　62083857

传　　真：010－62083849

邮　　箱：wuwei_6@sipo.gov.cn　xiexiaoyong@sipo.gov.cn

附件 3

国家知识产权局软科学研究项目

申请书

项 目 名 称：＿＿＿＿＿＿＿＿＿＿＿＿

申 请 单 位：＿＿＿＿＿＿＿＿＿＿＿＿

负 责 人：＿＿＿＿＿＿＿＿＿＿＿＿

归口管理部门：＿＿＿＿＿＿＿＿＿＿＿＿

申 请 日 期：＿＿＿＿年 月 日＿＿＿＿

中华人民共和国国家知识产权局

二〇一四年制

填写说明

　　一、填写申请书以前，请先查阅国家知识产权局软科学研究计划有关项目申请办法规定和本年度软科学研究计划指南。申请书内各项内容应实事求是，认真填写，表述明确，字迹工整易辨，可以打印填表。外来语要同时用原文和中文表达，第一次出现的缩略词，须注明全称。

　　二、项目归口管理部门是指项目申请单位所隶属的部门，或所在省、自治区、直辖市、新疆生产建设兵团知识产权局及计划单列市、副省级城市知识产权局。

　　三、申请书为 A4 纸，于左侧装订成册。一式一份加盖公章。

　　四、项目申请单位应通过归口管理部门统一上报国家知识产权局。

项目名称					
研究起止日期					
申请单位	名　称					
	项目负责人		电话		移动电话	
	项目联系人		电话		移动电话	
	通讯地址				邮政编码	
	传　真			电子邮箱		

申请单位意见：

　　　　　　　　　　　　　　　申请单位负责人（签章）：　　　　（单位公章）
　　　　　　　　　　　　　　　　　　　　　　　　　　　　　　　　年　月　日

归口管理部门	名　称				
	单位负责人		项目联系人		
	通讯地址			邮政编码	
	传　真		电话		
	电子邮箱		手　机		

归口管理部门意见：

　　　　　　　　　　　　　　　归口管理部门负责人（签章）：　　　（单位公章）
　　　　　　　　　　　　　　　　　　　　　　　　　　　　　　　　年　月　日

一、立项背景和依据

（包括项目的研究目的、国内外研究现状分析与评价，应附主要参考文献及出处）

二、研究方案

1. 研究内容、拟解决的关键问题、子课题的设置及本项目的创新之处
（可另加页）
2. 研究计划及预期进展
3. 预期研究成果及形式
4. 预期研究成果的应用意向和建议（调查类和应用类项目必填）

三、研究基础

（可另加页）

注：1. 论文要写明作者、题目、刊名、年份、卷（期）、页码；

2. 专著要写明作者、书名、出版社、年份；

3. 研究项目要写明名称、编号、任务来源、起止年月、负责或参加的情况以及与本项目的关系。

四、项目负责人

姓　　名	性别	出生年月	职务/职称	所学专业	现从事专业	所 在 单 位	在本项目中承担的任务

五、主要研究人员

姓　　名	性别	出生年月	职务/职称	所学专业	现从事专业	所 在 单 位	在本项目中承担的任务

六、经费预算

（一）申请国家知识产权局软科学研究计划经费资助预算表

序号	经费开支科目	预算金额（万元）	说　　明
1			
2			
3			
4			
5			
6			
7			
8			
9			
10			
11			
12	合　计		

（二）申请单位自筹资金或归口管理部门配套资金情况说明

自筹资金情况说明（须由资金提供单位加盖公章）
配套资金情况说明
归口管理部门公章 年 月 日

七、申请项目合作单位审查意见

单位负责人（签章）：　　　　　合作单位1（单位公章） 年 月 日
单位负责人（签章）：　　　　　合作单位2（单位公章） 年 月 日
单位负责人（签章）：　　　　　合作单位3（单位公章） 年 月 日

附件 4

项目编号：＿＿＿＿＿＿＿

国家知识产权局专利战略推进工程项目

申 请 书

项 目 名 称：＿＿＿＿＿＿＿＿＿＿＿＿＿＿＿＿＿＿

申 请 单 位：＿＿＿＿＿＿＿＿＿＿＿＿＿＿＿＿＿＿

负 责 人：＿＿＿＿＿＿＿＿＿＿＿＿＿＿＿＿＿＿

归口管理部门：＿＿＿＿＿＿＿＿＿＿＿＿＿＿＿＿＿＿

中华人民共和国国家知识产权局

二〇一四年制

填报说明

一、填写申请书以前，请先查阅国家知识产权局软科学研究计划有关项目申请办法规定、本年度专利战略推进工程研究重点方向指南、专利战略推进工程项目项目管理办法，申请书内各项内容，应实事求是，认真填写，表述明确，字迹工整易辨，可以打印填表。外来语要同时用原文和中文表达，第一次出现的缩略词，须注明全称。

二、封面中项目编号申请人不填；项目归口管理部门是指项目申请单位所隶属的部门，或所在省、自治区、直辖市及计划单列市、副省级城市、新疆生产建设兵团知识产权局。

三、申请书为 A4 纸，于左侧装订成册。一式 2 份（至少有一份为加盖公章的原件）。

四、项目申请单位应通过归口管理部门统一上报国家知识产权局。

项目名称				
研究起止日期				
申请单位	名　称			
	项目负责人		项目联系人	
	通讯地址		邮政编码	
	传　真		电　话	
	电子邮箱		移动电话	

申请单位意见：

　　　　　　　　申请单位负责人（签章）：　　　　　　　　　　　　（单位公章）
　　　　　　　　　　　　　　　　　　　　　　　　　　　　　　年　月　日

归口管理部门	名　称			
	单位负责人		项目联系人	
	通讯地址		邮政编码	
	传　真		电　话	
	电子邮箱		移动电话	

归口管理部门意见：

　　　　　　　　归口管理部门负责人（签章）：　　　　　　　　　（单位公章）
　　　　　　　　　　　　　　　　　　　　　　　　　　　　　　年　月　日

一、立项背景和依据

（包括项目的研究目的、国内外研究现状分析与评价，应附主要参考文献及出处）

（可另加页）

二、研究方案

1. 研究内容、拟解决的关键问题、子课题的设置及本项目的创新之处

（可另加页）

2. 研究计划及预期进展

（可另加页）

3. 预期研究成果及形式

（可另加页）

三、研究基础

（可另加页）

注：1. 论文要写明作者、题目、刊名、年份、卷（期）、页码；

2. 专著要写明作者、书名、出版社、年份；

3. 研究项目要写明名称、编号、任务来源、起止年月、负责或参加的情况以及与本项目的关系。

四、项目负责人

姓　　名	性别	出生年月	职务/职称	所学专业	现从事专业	所 在 单 位	在本项目中承担的任务

五、主要研究人员

姓　　名	性别	出生年月	职务/职称	所学专业	现从事专业	所 在 单 位	在本项目中承担的任务

六、经费预算

（一）申请国家知识产权局专利战略推进工程研究计划经费资助预算表

序号	经费开支科目	预算金额（万元）	说　　明
1			
2			
3			
4			
5			
6			
7			
8			
9			
10			
11			
12	合　　计		

（二）项目申请单位自筹资金或归口管理部门配套资金情况说明

自筹资金情况说明（须由资金提供单位加盖公章）
配套资金情况说明   归口管理部门公章 年　月　日

七、申请项目合作单位审查意见

单位负责人（签章）：　　　　　合作单位 1（单位公章） 年　月　日
单位负责人（签章）：　　　　　合作单位 2（单位公章） 年　月　日

八、国家粮食局

1. 关于征集 2016 年国家科学技术
奖粮食行业候选项目的函

关于征集 2016 年国家科学技术奖粮食行业候选项目的函

司便函仓储〔2015〕166 号

各有关单位：

根据 11 月 2 日 2016 年国家奖励工作会及《国家科学技术工作办公室关于 2016 年度国家科学技术奖推荐工作的通知》（国科奖字〔2015〕46 号）精神，国家科技奖将强化推荐单位主体责任，加强奖项经济效益核查，严格推荐公示等。为实施"科技兴粮工程"，促进科技成果转化推广应用，改进和加强行业推荐国家科技奖工作方式，提高报奖成功率，现征集 2016 年国家科学技术奖粮食行业候选项目（科技进步奖、发明奖），有关要求如下：

一、申报项目基本条件

（一）创新性突出、经济效益或社会效益显著、推动行业科技进步作用明显、对保障国家粮食安全有重要意义的重大项目成果。

（二）整体技术应用 3 年以上（2013 年 1 月 1 日以前），并有科技项目验收、成果评价及发明专利证明。

（三）曾获省部级一等以上的奖励。

（四）成果产权应清晰，没有纠纷。

（五）2014 年、2015 年已获奖的前三名完成人，不能作为前三名完成人申报 2016 年国家科技奖；2015 年申请国家科技奖国家奖励办已受理的项目，不得申报 2016 年国家科技奖。

二、报送要求

（一）申报项目需在本单位网站进行 5 日及以上公示（包括：项目名称、项目简介、推广应用情况、主要知识产权证明目录、主要完成人情况、主要完成单位及创新推广贡献、完成人合作关系说明）。

（二）申报项目需按照《2016 年度国家科学技术奖励推荐工作手册》要求填写，内容应当完整、真实、准确、客观。请将申报材料一式六份及公函于 12 月 7 日前报我司。

我司将会同有关单位对候选项目进行成果评价和遴选，在确保推荐项目质量的前提下择优推荐。

特此通知。

联系人：管伟举　　张成志

联系电话：010－63906925　　63906832

联系传真：010－63906952

电子邮箱：sci@ chinagrain. gov. cn

联系地址：北京市西城区木樨地北里甲 11 号国宏大厦 C 座 906

邮政编码：100038

附件：1.《国家科技奖推荐书》（新版）

　　　2. 国家科技奖形式审查要求

　　　3. 2016 年国家科技奖励工作介绍（PPT）

仓储与科技司

2015 年 11 月 20 日

来源：http://www. chinagrain. gov. cn/n316640/n316903/c869819/content. html

附件1

国家技术发明奖推荐书
(　　年度)

一、项目基本情况

专业评审组：　　　　　　　序号：　　　　　　编号：

推荐单位（盖章）或推荐专家		

项目名称	项目名称	
	公布名	

主要完成人	

项目密级		定密日期	
保密期限（年）		定密机构（盖章）	

学科分类名称	1		代码	
	2		代码	
	3		代码	

所属国民经济行业	
所属国家重点发展领域	
任务来源	

具体计划、基金的名称和编号：

已呈交的科技报告编号：

授权发明专利（项）		授权的其他知识产权（项）	
项目起止时间	起始：　　年　　月　　日	完成：　　年　　月　　日	

二、推荐单位意见

（专家推荐不填此栏）

推荐单位			
通讯地址		邮政编码	
联系人		联系电话	
电子邮箱		传　真	

推荐意见：

推荐该项目为国家技术发明奖_____等奖。

声明：本单位遵守《国家科学技术奖励条例》及其实施细则的有关规定，承诺遵守评审工作纪律，所提供的推荐材料真实有效，且不存在任何违反《中华人民共和国保守国家秘密法》和《科学技术保密规定》等相关法律法规及侵犯他人知识产权的情形。如有材料虚假或违纪行为，愿意承担相应责任并接受相应处理。如产生争议，保证积极调查处理。

法人代表签名：　　　　　　　　　　　　推荐单位（盖章）

年　月　日　　　　　　　　　　　　　年　月　日

姓　　名		身份证号	
院　　士		学　　部	
最高奖		年　　度	
工作单位			
通讯地址		邮政编码	
电子邮箱		联系电话	

推荐意见：

推荐该项目为国家技术发明奖_____等奖。

声明：本人遵守《国家科学技术奖励条例》及其实施细则的有关规定，承诺遵守评审工作纪律，所提供的推荐材料真实有效，且不存在任何违反《中华人民共和国保守国家秘密法》和《科学技术保密规定》等相关法律法规及侵犯他人知识产权的情形。如有材料虚假或违纪行为，愿意承担相应责任并接受相应处理。如产生争议，保证积极调查处理。

专家签名：

年　月　日

三、项目简介

（限1200字）

四、主要技术发明

1. 主要技术发明（限5页）
2. 技术局限性（限1页）

（仅限涉密项目填写，限1页）

1. 保密要点
2. 相关保密行政管理部门审核意见   部门（盖章）

五、客观评价

（限2页。围绕技术发明点的创造性、先进性、应用效果做出客观、真实、准确评价。填写的评价意见要有客观依据，主要包括与国内外相关技术的比较，国家相关部门正式作出的技术检测报告、验收意见、鉴定结论，国内外重要科技奖励，国内外同行在重要学术刊物、学术专著和重要国际学术会议公开发表的学术性评价意见等，可在附件中提供证明材料。非公开资料（如私人信函等）不能作为评价依据。）

六、推广应用情况、经济效益和社会效益

（请依据客观数据和情况准确填写，不做评价性描述。）

1. 推广应用情况
2. 近三年经济效益
3. 社会效益

单位：万元人民币

自然年	完成单位		其他应用单位	
	新增销售额	新增利润	新增销售额	新增利润
2013 年				
2014 年				
2015 年				
累　计				
主要经济效益指标的有关说明：				
其他经济效益指标的有关说明：				

七、主要知识产权证明目录（不超过 10 件）

知识产权类别	知识产权具体名称	国家（地区）	授权号	授权日期	证书编号	权利人	发明人	发明专利有效状态

承诺：上述知识产权用于推荐国家技术发明奖的情况，已征得未列入项目主要完成人的权利人（发明专利指发明人）的同意。

第一完成人签名：

八、主要完成人情况表

姓　名		性别		排　名		国　籍	
出生年月			出生地			民　族	
身份证号			归国人员			归国时间	
技术职称			最高学历			最高学位	
毕业学校			毕业时间			所学专业	
电子邮箱			办公电话			移动电话	
通讯地址						邮政编码	
工作单位						行政职务	
二级单位						党　派	
完成单位						所在地	
						单位性质	

参加本项目的起止时间	至

对本项目技术创造性贡献：

曾获国家科技奖励情况：

声明：本人同意完成人排名，遵守《国家科学技术奖励条例》及其实施细则的有关规定，承诺遵守评审工作纪律，保证所提供的有关材料真实有效，且不存在任何违反《中华人民共和国保守国家秘密法》和《科学技术保密规定》等相关法律法规及侵犯他人知识产权的情形。该项目是本人本年度被推荐的唯一项目。如有材料虚假或违纪行为，愿意承担相应责任并接受相应处理。如产生争议，保证积极配合调查处理工作。 本人签名： 年　月　日	完成单位声明：本单位确认该完成人情况表内容真实有效，且不存在任何违反《中华人民共和国保守国家秘密法》和《科学技术保密规定》等相关法律法规及侵犯他人知识产权的情形。如产生争议，愿意积极配合调查处理工作。 工作单位声明：本单位对该完成人被推荐无异议。 单位（盖章） 年　月　日

九、附件

1. 核心知识产权证明
2. 评价证明及国家法律法规要求审批的批准文件
3. 应用证明（模板见附表1）
4. 完成人合作关系说明及情况汇总表（模板见附表2）
5. 其他证明

附表1

应用证明

项目名称	
应用单位	
单位注册地址	
应用起止时间	

经济效益（万元）		
自然年	新增销售额	新增利润 新增税收
2013 年		
2014 年		
2015 年		
累　　计		

所列经济效益的有关说明及计算依据：

具体应用情况：

应用单位法定代表人签名： 　　　　年　月　日	应用单位盖章 　　　　年　　月　　日

注：专用项目如无经济效益，可不填经济效益相关栏目。

附表2

完成人合作关系说明

完成人合作关系情况汇总表

序号	合作方式	合作者/ 项目排名	合作时间	合作成果	证明材料	备注

承诺：本人作为项目第一完成人，对本项目完成人合作关系及上述内容的真实性负责，特此声明。

第一完成人签名：

国家科学技术进步奖推荐书
（　　　年度）

一、项目基本情况

专业评审组：　　　　　　　　　　　　　　序号：

奖励类别：　　　　　　　　　　　　　　　编号：

推荐单位（盖章）或推荐专家				
项目名称	项目名称			
	公布名			
主要完成人				
主要完成单位				
项目密级		定密日期		
保密期限（年）		定密机构（盖章）		
学科分类名称	1		代码	
	2		代码	
	3		代码	
所属国民经济行业				
所属国家重点发展领域				
任务来源				
具体计划、基金的名称和编号：				
已呈交的科技报告编号：				
授权发明专利（项）		授权的其他知识产权（项）		
项目起止时间	起始：　年　月　日		完成：　年　月　日	

国家科学技术奖励工作办公室制

二、推荐单位意见

（专家推荐不填此栏）

推荐单位			
通讯地址		邮政编码	
联系人		联系电话	
电子邮箱		传　真	

推荐意见：

推荐该项目为国家技术发明奖_____等奖。

声明：本单位遵守《国家科学技术奖励条例》及其实施细则的有关规定，承诺遵守评审工作纪律，所提供的推荐材料真实有效，且不存在任何违反《中华人民共和国保守国家秘密法》和《科学技术保密规定》等相关法律法规及侵犯他人知识产权的情形。如有材料虚假或违纪行为，愿意承担相应责任并接受相应处理。如产生争议，保证积极调查处理。

法人代表签名：　　　　　　　　　　　　推荐单位（盖章）

　　年　月　日　　　　　　　　　　　　　年　月　日

姓　名		身份证号	
院　士		学　部	
最高奖		年　度	
工作单位			
通讯地址		邮政编码	
电子邮箱		联系电话	

推荐意见：

推荐该项目为国家技术发明奖_____等奖。

声明：本人遵守《国家科学技术奖励条例》及其实施细则的有关规定，承诺遵守评审工作纪律，所提供的推荐材料真实有效，且不存在任何违反《中华人民共和国保守国家秘密法》和《科学技术保密规定》等相关法律法规及侵犯他人知识产权的情形。如有材料虚假或违纪行为，愿意承担相应责任并接受相应处理。如产生争议，保证积极调查处理。

专家签名：

年　月　日

三、项目简介

（限 1200 字）

四、主要技术发明

1. 主要技术发明（限 5 页）
2. 技术局限性（限 1 页）

（仅限涉密项目填写，限 1 页）

1. 保密要点
2. 相关保密行政管理部门审核意见

部门（盖章）

五、客观评价

（限 2 页。围绕技术发明点的创造性、先进性、应用效果做出客观、真实、准确评价。填写的评价意见要有客观依据，主要包括与国内外相关技术的比较，国家相关部门正式作出的技术检测报告、验收意见、鉴定结论，国内外重要科技奖励，国内外同行在重要学术刊物、学术专著和重要国际学术会议公开发表的学术性评价意见等，可在附件中提供证明材料。非公开资料（如私人信函等）不能作为评价依据。）

六、推广应用情况、经济效益和社会效益

（请依据客观数据和情况准确填写，不做评价性描述。）
1. 推广应用情况
2. 近三年经济效益
3. 社会效益

单位：万元人民币

自然年	完成单位		其他应用单位	
	新增销售额	新增利润	新增销售额	新增利润
2013 年				
2014 年				
2015 年				
累　　计				

主要经济效益指标的有关说明：

其他经济效益指标的有关说明：

七、主要知识产权证明目录（不超过 10 件）

知识产权类别	知识产权具体名称	国家（地区）	授权号	授权日期	证书编号	权利人	发明人	发明专利有效状态

承诺：上述知识产权用于推荐国家技术发明奖的情况，已征得未列入项目主要完成人的权利人（发明专利指发明人）的同意。

第一完成人签名：

八、主要完成人情况表

姓　名		性别		排　名		国　籍	
出生年月			出 生 地			民　族	
身份证号			归国人员			归国时间	
技术职称			最高学历			最高学位	
毕业学校			毕业时间			所学专业	
电子邮箱			办公电话			移动电话	
通讯地址					邮政编码		
工作单位					行政职务		
二级单位					党　派		
完成单位					所在地		
					单位性质		

参加本项目的起止时间	至

对本项目技术创造性贡献：

曾获国家科技奖励情况：

声明：本人同意完成人排名，遵守《国家科学技术奖励条例》及其实施细则的有关规定，承诺遵守评审工作纪律，保证所提供的有关材料真实有效，且不存在任何违反《中华人民共和国保守国家秘密法》和《科学技术保密规定》等相关法律法规及侵犯他人知识产权的情形。该项目是本人本年度被推荐的唯一项目。如有材料虚假或违纪行为，愿意承担相应责任并接受相应处理。如产生争议，保证积极配合调查处理工作。

本人签名：
年 月 日

完成单位声明：本单位确认该完成人情况表内容真实有效，且不存在任何违反《中华人民共和国保守国家秘密法》和《科学技术保密规定》等相关法律法规及侵犯他人知识产权的情形。如产生争议，愿意积极配合调查处理工作。
工作单位声明：本单位对该完成人被推荐无异议。

单位（盖章）
年 月 日

九、主要完成单位情况表

单位名称					
排　　名		法定代表人		所在地	
单位性质		传　　真		邮政编码	
通讯地址					
联系人		单位电话		移动电话	
电子邮箱					

对本项目科技创新和推广应用情况的贡献：

声明：本单位同意完成单位排名，遵守《国家科学技术奖励条例》及其实施细则的有关规定，承诺遵守评审工作纪律，保证所提供的有关材料真实有效，且不存在任何违反《中华人民共和国保守国家秘密法》和《科学技术保密规定》等相关法律法规及侵犯他人知识产权的情形。如有材料虚假或违纪行为，愿意承担相应责任并接受相应处理。如产生争议，保证积极配合调查处理工作。

法定代表人签名：　　　　　　　　　　　单位（盖章）

年　月　日　　　　　　　　　　　年　月　日

十、附件

1. 核心知识产权证明
2. 评价证明及国家法律法规要求审批的批准文件
3. 应用证明（模板见附表 1）
4. 完成人合作关系说明及情况汇总表（模板见附表 2）
5. 其他证明

附表1

应用证明

项目名称	
应用单位	
单位注册地址	
应用起止时间	

经济效益（万元）		
自然年	新增销售额	新增利润
2013 年		
2014 年		
2015 年		
累　计		

所列经济效益的有关说明及计算依据：

具体应用情况：

应用单位法定代表人签名： 　　　年　月　日	应用单位盖章 　　　年　月　日

注：社会公益类和国家安全类项目如无经济效益，可不填经济效益相关栏目。

附表2

完成人合作关系说明

完成人合作关系情况汇总表

序号	合作方式	合作者/ 项目排名	合作时间	合作成果	证明材料	备注

承诺：本人作为项目第一完成人，对本项目完成人合作关系及上述内容的真实性负责，特此声明。

第一完成人签名：

附件 2

国家科技奖形式审查要求

一、国家技术发明奖项目形式审查不合格内容包括

1. 所列主要发明内容（含专利、论文等）曾获国家科学技术奖励或提交 2015 年度国家科学技术奖励评审但未获奖；

2. 项目整体技术未应用或应用不足三年（即 2013 年 1 月 1 日之后应用）；

3. 按规定需要行政审批的项目，未提交相关部门审批证明的，或者行政审批时间未满三年；

4. 推荐单位（推荐专家）未填写推荐意见或未盖章（签名）；

5. 完成人未在《主要完成人情况表》签名且无说明；

6. 完成人工作单位、完成项目时所在单位未在《主要完成人情况表》盖章；

7. 第一完成人未在《主要知识产权证明目录》的承诺处签名；

8. 完成人未提交证明材料证明本人贡献，前三位完成人不是授权发明专利的发明人（当发明人少于三人时除外）；

9. 未提交核心知识产权有效证明材料；

10. 应用证明法定代表人未签名或未加盖法人单位公章；

11. 完成人"对本项目技术创造性贡献"一栏未写明本人对技术发明所做的实质性贡献及支持完成人贡献证明；

12. 未按要求提交《完成人合作关系说明》；

13. 电子版推荐书与书面推荐书不一致；

14. 其他不符合《国家科学技术奖励条例》及其实施细则规定的推荐资格条件。

二、国家科学技术进步奖项目形式审查不合格内容包括

1. 所列主要创新内容（含专利、论文等）曾获国家科学技术奖励或提交 2015 年度国家科学技术奖励评审但未授奖；

2. 项目整体技术未应用或应用不足三年（即 2013 年 1 月 1 日之后应用）；

3. 国家或省部级计划立项的项目，未提供整体项目验收报告复印件；

4. 应用证明法定代表人未签名或未加盖法人单位公章；

5. 未提供特殊需要的证明材料：包括土木建筑工程类项目未提交工程验收报告，或工程验收报告时间不满三年；按规定需要行政审批的项目，未提交相关部门审批证明，或者行政审批时间未满三年；工人农民技术创新项目未提交完成人身份证明；

6. 推荐单位（推荐专家）未填写推荐意见或未盖章（签名）；

7. 完成人未在《主要完成人情况表》签名且无说明，或完成单位未在《主要完成单位情况表》中签名盖章；

8. 完成人工作单位未列入项目主要完成单位时，未在《主要完成人情况表》盖章；

9. 第一完成人未在《主要知识产权证明目录》的承诺处签名；

10. 科普作品出版时间不足三年（即 2013 年 1 月 1 日之后出版），或出版时间在 2000 年以前；

11. 完成人"对本项目技术创造性贡献"一栏未写明本人对科技创新内容所做的实质性贡献及支持完成人贡献证明；

12. 未按要求提交《完成人合作关系说明》；

13. 电子版推荐书与书面推荐书不一致；

14. 其他不符合《国家科学技术奖励条例》及其实施细则规定的推荐资格条件。

附件3 2016 年国家科技奖励工作介绍（PPT）（略）

2. 国家粮食局办公室关于公开征集遴选 2015 年粮食公益性科研专项项目"爱粮节粮公共科普资源集成技术研究与开发"任务承担单位的通知

国家粮食局办公室关于公开征集遴选 2015 年粮食公益性科研专项项目"爱粮节粮公共科普资源集成技术研究与开发"任务承担单位的通知

国粮办展〔2015〕190 号

各有关科研单位：

"爱粮节粮公共科普资源集成技术研究与开发"研究任务为南京财经大学牵头承担的 2015 年粮食公益性行业科研专项项目"粮食产后损失浪费调查及评估技术研究"（项目编号 201513004）主要研究任务之一，其原承担单位因国家粮食局机构调整已撤销。为保证项目顺利实施，消除人为影响和行政干预，根据《粮食公益性行业科研专项经费管理暂行办法》（国粮办展〔2012〕282 号），现公开征集和遴选该任务新的承担单位，并就有关事项通知如下：

一、申报条件

项目承担单位应具备承担研究任务的前期基础条件和良好优势，能够实质性响应研究任务方案，具备稳定的研究团队。

二、申报方式

请有关单位结合该项目任务的主要内容和自身实力组织申报，并于 2015 年 8 月 4 日前以书面形式报送国家粮食局流通与科技发展司。待征集日期截止后，我局将按照有关规定和相关程序，遵循"公开、公平、公正"的原则，组成专家组进行评审，及时公布结果。

三、申报要求

申报要求和格式详见国家粮食局政府网站"政府信息公开目录"中的《国家粮食局办公室关于组织申报 2015 年粮食公益性行业科研专项项目的通知》（国粮办展〔2014〕78 号）。评审的具体时间、地点、所需材料另行通知。

联系人：罗乐添 姚 磊 张成志

联系电话：010 - 63906942/63906906/63906832

传　　真：010-63906936

附件："粮食产后损失浪费调查及评估技术研究"项目（项目编号 201513004）和"爱粮节粮公共科普资源集成技术研究与开发"任务简介

国家粮食局办公室

2015 年 7 月 23 日

（此件公开发布）

来源：http://www.chinagrain.gov.cn/n316640/n316903/c843750/content.html

附件

"粮食产后损失浪费调查及评估技术研究"项目
（项目编号 201513004）和"爱粮节粮公共
科普资源集成技术研究与开发"任务简介

一、"粮食产后损失浪费调查及评估技术研究"项目（项目编号 201513004）简介

根据国家粮食局《关于大力促进节粮减损反对粮食浪费的通知》（国粮发〔2014〕160 号）等文件对减少产后损失和浪费作出的具体部署，以及《"粮安工程"建设规划（2015—2020 年）》明确提出"促进粮食节约减损"的要求，本项目以科学调查评估粮食产后损失浪费状况、提出有针对性的节粮减损措施为目标，解决稻谷、小麦、玉米、大豆、花生、油菜籽等粮油作物产后损失调查评估所存在的一系列现实问题，研究适应我国粮食产后系统模式的粮食损失调查评估的方案和对策，形成爱粮节粮公共科普资源集成信息平台，促进节粮减损，增进粮食安全。主要研究任务为粮食产后损失浪费调查评估方法方案及技术规程研究、粮食收获环节损失浪费调查评估研究、爱粮节粮公共科普资源集成技术研究与开发等 9 项。

二、"爱粮节粮公共科普资源集成技术研究与开发"任务简介

本任务为 2015 年粮食公益性行业科研专项项目"粮食产后损失浪费调查及评估技术研究"9 项研究任务之一，以科技成果转化为社会效益为目标，按照中办、国办《关于厉行节约反对食品浪费的意见》和《国家粮食局关于大力促进节粮减损反对粮食浪费的通知》（国粮发〔2014〕160 号）要求，综合运用网络技术、信息技术、数据挖掘技术、数据模型技术，加强对现有科普基础与资源的调查和集成，将粮食科技资源、媒体信息资源和本项目所获得的科技成果进行有机整合，研究与开发爱粮节粮公共科普资源集成技术，提出成果传播措施，通过宣传、引导和示范，促进节粮减损、构筑无形良田、增进粮食安全。

研究重点与开发内容：（1）基于爱粮节粮目标的粮食科技资源科普化技术及方案研究。运用数据挖掘技术、网络信息技术，将粮食科技信息、粮食科技文献、粮食流通技术及装备知识转化为爱粮节粮科普资源，研发粮食科技资源科普化技术及方案。（2）基于粮食产后损失浪费数据库的爱粮节粮知识科普化技术及方案研究。运用数据技术和人机对话模型，对本项目研究成果进行科普化转化，研发基于粮食产后损失浪费数据库的爱粮节粮知识科普化技术及方案。（3）爱粮节粮公共科普资源集成平台技术研究与开发。运用网络技术、信息平台技术和移动互

联网技术，加强对现有科普基础与资源的调查和集成，将科普化整合的粮食科技资源、媒体信息资源和本项目所获得的科技成果转化为集成的爱粮节粮公共科普资源，研发爱粮节粮公共科普资源集成平台技术及方案。

3. 关于申报 2015 年火炬计划粮食领域候选项目的函

关于申报 2015 年火炬计划粮食领域候选项目的函

司便函发展〔2015〕55 号

各有关单位：

根据科技部《关于组织申报 2015 年度国家星火计划、火炬计划项目的通知》（国科发资〔2015〕69 号）的要求，我局组织 2015 年国家级火炬计划面上项目（无经费支持）申报工作。现将有关事宜通知如下：

一、2015 年度国家级火炬计划面上项目申报重点

请各申报单位根据自身专业特色和研究重点，梳理拥有自主知识产权、创新性强、技术含量高、采用国内外先进标准的技术，以粮食流通科技创新为重点，能推动产学研结合，有利于粮食流通，提升粮食行业科技创新的成果产业化项目。项目实施期为 1 年。

二、申报要求

（一）请各申报单位按照科技部的要求，登录科技部项目申报软件，熟悉申报流程和申报要求（program. most. gov. cn），认真学习科技部有关项目管理要求，申报材料用 A4 纸在线打印《项目申报表》等文件，胶装成册，加盖公章。

（二）要求申报单位具有独立法人资格，应是粮食科技型企业或国家火炬计划重点高新技术企业，项目知识产权明细，环保符合国家要求，质量和许可符合有关要求，具有相应的检测报告及相关必要证明文件。

（三）火炬计划项目申报书按照科技部要求，一式 8 份装订成册，于 2015 年 4 月 24 日前报送我司。我们将组织有关专家进行审核，择优推荐。

联系人：方勇 姚磊 张成志

联系电话：010 – 63906936 63906906 63906832

联系传真：010 – 63906936

联系地址：北京市西城区木樨地北里甲 11 号国宏大厦 C 座 906 室

邮政编码：100038

流通与科技发展司

2015 年 4 月 8 日

来源：http://www.chinagrain. gov. cn/n316640/n316903/c806387/content. html

九、国家农业综合开发办公室

1. 农业部办公厅 国家农业综合开发办公室 关于印发 2016 年农业综合开发农业部项目 申报指南的通知

农业部办公厅 国家农业综合开发办公室关于印发 2016 年农业综合开发农业部项目申报指南的通知

农办计〔2015〕98 号

为进一步推进农业综合开发农业部项目科学化、精细化管理，切实加强 2016 年项目申报工作，明确项目申报要求，农业部办公厅和国家农业综合开发办公室联合制定了《2016 年农业综合开发农业部项目申报指南》，现印发你们，请据此抓紧编制项目可行性研究报告，按规定程序申报。现就有关要求通知如下。

一、严格按照《国家农业综合开发部门项目管理办法》（国农办〔2011〕169 号）等文件中有关规定编制项目可行性研究报告。可行性研究报告原则上由具备农业工程资质的工程设计（咨询）单位或组织有关专家编制，并达到相应深度要求。

二、农业部门应会同同级农发机构（未设在财政部门的，为农发机构和财政部门，下同）认真组织项目前期工作。要本着科学严谨、宁缺勿滥的原则，对拟申报项目进行评审把关，并对报送材料的真实性、可靠性负责。

三、承担过农业综合开发项目（包括地方项目）和农业部其他项目的，需提供项目竣工验收报告，并附项目建设田间工程和土建工程完成情况平面图。拟申报 2016 年农业综合开发地方项目的单位不得申报。

四、按照农业综合开发项目年度滚动计划编制要求申报的 2015 年项目，通过农业部评审尚未立项支持的，如修改完善后符合 2016 年项目申报条件，由省级农业部门和农发机构联合行文报送，并注明"复报"字样。我部将在符合要求的前提下优先支持。

五、请于 2015 年 12 月 15 日前由省级农业部门会同同级农发机构将申报文件和项目可行性研究报告的电子文档（PDF 格式）包括附件资料彩色原件扫描，联合报送至农业部和国家农业综合开发办公室（纸质版可研报告只需向农业部报送）。同时，通过农业部农发项目管理系统（www. nf. agri. gov. cn）进行申报登记。逾期未报或未在项目管理系统进行申报登记的，不予受理。

附件：1. 2016 年农业综合开发农业部项目申报指南

2. 2016 年农业综合开发农业部项目有关费用上限控制表

3. 2016 年农业综合开发农业部项目申报数量指标情况表

农业部办公厅国家农业综合开发办公室

2015 年 11 月 5 日

来源：http://www.moa.gov.cn/govpublic/FZJHS/201511/t20151110_4895852.htm

附件

2016 年农业综合开发农业部项目申报指南

2016 年农业综合开发农业部项目安排的总体思路是：深入贯彻落实中央农村工作会议和中央 1 号文件精神，围绕农业"转方式、调结构"和可持续发展的要求，坚持以改善关键环节基础设施条件为重点，以新型农业经营主体为载体，进一步突出扶持重点，调整投资方向，优化投资结构，保障农业用种安全，促进农业资源保护和生态建设，推动农民持续增收。扶持方向上，主要安排良种繁育和农业可持续发展示范两类项目，良种繁育包括农作物良种生产及加工基地、园艺类良种繁育及生产示范基地以及畜禽良种繁育等 3 个方向，农业可持续发展示范项目包括区域生态循环农业示范、农副资源饲料化利用和稻渔综合种养基地等 3 个方向。

一、良种繁育项目

（一）农作物良种生产及加工基地

1. 申报品种及区域重点

为贯彻落实《国务院关于加快推进现代农作物种业发展的意见》（国发〔2011〕8 号）和《全国现代农作物种业发展规划（2012—2020 年）》精神，着力提升农作物良种生产和加工能力，不断提高种子企业综合实力和竞争力，加快推进现代农作物种业发展，确保国家粮食安全和农业用种安全，2016 年重点加强水稻、玉米、小麦、马铃薯等主要粮食作物，兼顾棉花、油料、牧草等重点经济作物，根据种子生产优势区域布局，支持种子企业全面推进规模化、标准化、集约化、机械化、信息化的种子生产基地建设。布局在农业部认定的国家级种子生产大县（市）范围内的项目优先支持。

2. 申报单位条件

（1）申报单位。申报单位原则为种子企业，其中，水稻、玉米、小麦种子企业为注册资金 3 000 万元以上的"育繁推一体化"种子企业；棉花、油料、马铃薯、牧草等种子企业，要求具备较强的育繁推技术力量，企业于 2013 年 12 月 31 日前登记并注册开展种子生产经营，注册资本 300 万元以上（牧草种子企业 200 万元以上）。四川、云南、青海和甘肃省藏区以及西藏、新疆等省（区）具备种薯生产和推广能力的事业单位可参照相关条件组织申报脱毒马铃薯良种生产基地。

项目申报单位为农业部核发生产经营许可证以及国家级、省级农业产业化龙头企业同等条件下优先扶持。项目建设实行属地化管理，建设地点在申报省份，企业注册地可不限于该省。

（2）基地条件。有稳定的种子生产基地且具有一定规模，杂交玉米生产基地面积 5 000 亩以上，水稻种子生产基地面积3 000亩以上，牧草种子生产基地面积1 000亩以上，其他农作物种子基地2 000亩以上。申报企业与当地制种农户累计签订5年以上制种合同或土地流转合同，基地土地由企业长期流转的优先支持。生产基地要符合《植物检疫条例》的有关规定，达到国家或行业种子生产技术规程的要求。

（3）品种条件。拟生产品种须有广阔的市场前景，具有先进性。申报单位须拥有拟繁育推广品种的自主知识产权或生产经营权，有相应的新品种开发潜力或品种资源保护与利用能力，有育种科研力量或技术依托单位，种子生产工艺流程科学合理。水稻、玉米、小麦种子生产企业还需具备以下条件：

①科研条件。有专门的育种机构，有固定的育种人员和科研经费，具有专职从事科研育种的中级以上（或相关专业本科以上学历）研究人员3名以上，具有自有产权的科研实验室面积200平方米以上，具有自有产权或租赁期10年以上的育种场所面积100亩以上。

②自育品种。具有1个以上通过国家审定的自育品种，或者3个以上通过省级审定的同一作物自育品种。

（4）人员条件。具有专业的种子生产、加工、贮藏技术人员和种子检验人员（涵盖扦样、室内检验、田间检验类别）各3名以上，牧草种子生产企业要求相关技术人员2名以上。

（5）设施设备条件。

①检验设施设备。具备固定的检验场所，面积200平方米以上，布局合理；检验仪器配套匹配，质量管理体系完善。

②加工设施设备。生产经营主要农作物种子的，加工厂房面积500平方米以上，具有种子加工成套设备。种子加工厂房和设备设施须具备自有产权。

（6）资产财务。申报单位资产、财务状况良好，上年度净资产不低于所申请中央财政资金规模，资产负债率低于65%。有健全的售后服务体系，经营场所面积300平方米以上。

3. 建设内容

（1）土建工程：挂藏室、考种室、实验室、检测室、温室、网室、种子加工车间、种子库房、农机具房、晒场等土建工程以及相关的附属配套设施。

（2）田间工程：田间灌溉排水渠系、水工建筑物、农田整治、地力建设、水肥一体化、林网、生物防治、田间道路及各种圃等建设，水肥一体化包括配套辅助设施。马铃薯脱毒种薯项目资金重点用于脱毒原种薯田间扩繁、储藏基础设施建设，根据需要也可适当补充完善部分微型薯（原原种）和良种薯生产所需的相关基础设施建设。

（3）仪器设备：常规种子质量检测仪器、配套种子加工设备和农机具、灌溉设备、智能管理、必要的育种仪器设备等。不允许购置其他非种子生产仪器设备及车辆、通用办公设备等。

项目单位可根据实际情况，按照填平补齐的原则选择上述建设内容。玉米、水稻、小麦良种生产及加工基地项目，每个项目申请中央财政资金规模控制在700万元以内，其他作物良种繁育项目申请中央财政资金规模控制在300万元以内，地方财政投入比例按照《财政部关于印发〈农业综合开发资金若干投入比例的规定〉的通知》（财发〔2010〕46号）执行所在省的投入比例政策，项目单位自筹资金不得低于中央财政补助资金规模的50%。

4. 证明材料

（1）项目申报单位营业执照、企业法人证书、龙头企业认定文件复印件。

（2）农业行政主管部门核发的种子生产许可证、经营许可证复印件。

（3）品种审定证书、植物新品种权证书、品种使用权许可协议、转基因品种安全评价证书等复印件，以及近3年自育品种经营情况的说明和证明材料（草种根据实际情况仅提供品种审定证书）。

（4）经中介机构审计的项目申报单位2013、2014年财务报表（须包括资产负债表、损益表、现金流量表及财务报表附注）及审计报告。

（5）项目申报单位企业所得税税收缴款书或免税证明复印件。

（6）项目申报单位开户银行出具的存款证明、资信等级证书（未申请过银行贷款的企业不需提供），以及项目单位自筹资金承诺函。

（7）项目建设需占用土地的土地使用证明或协议复印件（永久性建筑设施用地需提供国土部门发放的土地使用权证书），与农户签订的土地租赁合同、委托制种合同等复印件。

（8）项目申报单位自身研发技术力量说明或技术依托单位的基本情况及合作协议书复印件。

（9）水稻、玉米、小麦种子企业，须有省级种子管理部门出具的种子企业行业评价和推荐证明；近三年未出现假劣种子事故等方面的证明材料。

（10）项目申报单位现有在全国分作物、分县良种繁育基地布局表（提供分作物、分县基地面积数），现有种子加工能力布局说明（说明分作物、具体到县的年加工能力水平）及仪器设备清单（需注明具体规格、数量、单价等）；现有试验用地的土地使用证明或协议复印件（草种根据实际情况提供现有仪器设备清单、现有试验用地的土地使用证明或协议复印件等生产能力证明材料）。

（11）项目建设地点的规划设计平面图，单项工程设计平面图等。

（12）承担过农业综合开发及农业部种子工程项目的，须提供该项目的竣工验收报告，并附项目建设田间工程和土建工程完成情况平面图。

以上证明材料复印件均需加盖公司公章。

（二）园艺类良种繁育及生产示范基地

1. 支持重点和建设内容

（1）良种繁育及生产示范基地。重点扶持位于优势区域（或重点区域）的蔬菜、水果、茶叶、食用菌、花卉、蚕桑、中药材、麻类、热带作物等园艺产品的良种（种苗）繁育场及生产示范基地。无良种繁育内容的生产示范基地重点扶持位于优势区域（或重点区域）的老化果茶园改造。水果生产示范基地以老化果园改造为主，对老化、郁闭的果园进行全面改造，茶叶生产示范基地以老化的低产低效茶园改造为主，展示老果茶园更新改造模式。

主要建设内容为原种圃、苗圃、种苗繁育基地生产性基础设施建设及相关仪器设备的购置，具体包括：温室大棚、处理车间、储藏库（室）、组培室、检验室等生产性基础设施建设；排灌渠系、田间道路、土地平整、机井、蓄水池、积粪池等田间工程建设；输变电线路、电增容设备、围墙等生产性辅助设施建设；灌溉、育苗（种）、温控、检验等方面的仪器设备以及相应农机具的购置等。

（2）果茶育繁推一体化种苗基地试点。根据农业部发布相关规划，重点扶持位于优势区域（或重点区域）的苹果、柑橘、梨、葡萄、茶叶等种苗育繁推一体化种苗基地。

果树项目主要建设内容为原种圃（包括母本园、采穗增殖圃）、苗圃、种苗繁育基地生产性基础设施建设及相关仪器设备的购置。茶叶项目主要建设内容为品种园（资源圃）、母本园（采穗圃）、繁育圃、品种试验及生产示范园、茶叶初制加工场所、种苗繁育基地生产性基础设施建设及相关仪器设备的购置，具体包括：

①土建工程：温室、大棚、网室、处理车间、储藏库（室）、组培室、检验室、农机库房、配电室、锅炉房、晒场（营养土发酵场）等土建工程及相关的附属配套设施。

②田间工程：排灌渠系、田间道路、土地平整、机井、蓄水池、积粪池等田间工程建设；输变电线路、电增容设备、围墙等生产性辅助设施建设。

③仪器设备：灌溉设备、育苗设备、温控设备、检验及茶叶加工等方面的仪器设备以及相应农机具、植保器械和运输车辆的购置等。

2. 投资规模

项目单位可根据实际情况，按照填平补齐的原则选择相关建设内容。良种繁育及生产示范基地项目申请中央财政资金规模为 200 万元，果茶育繁推一体化种苗基地试点项目中央财政资金规模为 500 万元。地方财政投入比例按照《财政部关于印发〈农业综合开发资金若干投入比例的规定〉的通知》（财发〔2010〕46 号）执行所在省的投入比例政策，项目单位为企业的自筹资金不低于中央财政资金规模，项目单位为农民合作社的，自筹资金不低于中央财政资金的 20%。

3. 申报条件

①项目建设地点须选在该作物的优势区域、主产区或出口区域内，相关的基础设施（交通运输、通讯供水、供电等）较完善，自然环境良好。

②项目选择的品种具有明显的比较优势、特色优势和出口优势，发展空间较大，种苗繁育项目对有自主品种权和新品种试验、示范、推广项目优先扶持。

③项目具有良好的经济效益，且辐射带动能力强，促进周边群众增收作用显著。

④良种繁育及生产示范基地项目单位现有育苗基地至少达到以下规模：蔬菜集约化育苗基地 50 亩，水果良种苗木繁育基地不少于 300 亩（需含一定面积的种苗轮换地）。茶叶良种苗木繁育基地 300 亩以上。老化果茶园改造至少达到以下规模：果树郁闭密植改造要求果园树龄 20 年以上，面积 2 000 亩以上，以间伐和缩冠技术为主，果园改造任务完成后，要求果园覆盖率低于 85%，第二年基本恢复产量。老化低产低效茶园改造要求茶园树龄 25 年以上，规模 1 000 亩以上，改造后无性系茶树良种覆盖率不低于 90%。

果茶育繁推一体化种苗基地试点申报单位应具有种苗育繁推一体化机制，是省级苗木繁育的主导企业，辐射带动能力强，促进周边群众增收作用显著，具有专业的苗木生产和质量检验人员各 2 名以上。有开展技术推广、技术培训等公益性服务的能力。自有苗木繁育基地面积，果树项目要求 700 亩以上（含一定面积的种苗轮换地），茶叶项目 300 亩以上，具备相应的育苗设施设备和检测条件，经营状况良好。柑橘和苹果苗木繁育申报单位应有 5 年以上的苗木繁育经历。柑橘有一定面积的品种观察园、脱毒原种保存圃和脱毒采穗圃，前 3 年每年出圃柑橘容器苗 3 000 万株以上。苹果有一定面积的品种观察园、矮化砧木保存圃、品种母本园和采穗圃，前 3 年每年出圃 3 年生优质大苗 50 万株以上。梨和葡萄要有 2 年以上的苗木繁育经历。茶叶应有 5 年以上的茶苗繁育经历，每年育苗规模不低于 500 万株。项目建成后，果树项目要求年出圃大苗规模不低于 500 万株，茶叶不低于 3 000 万株。

⑤项目单位须为 2013 年 12 月 31 日之前认定的地市级以上农业产业化龙头企业、国家级扶贫龙头企业或农民合作社，同等条件下优先扶持农民合作社。

——企业条件：地市级（含）以上农业产业化龙头企业或国家级扶贫龙头企业；资产结构及经营状况良好，具有 A 级（含）以上资信等级（未申请过银行贷款的企业除外）和较强的资金筹措能力，2014 年度净资产不低于申请财政补助资金总额，资产负债率低于 65%。项目单位必须依托有一定技术及推广力量的机构利用部分项目资金（控制在项目财政资金总额的 8% 以内）开展技术推广、技术培训、品种改良等公益性服务，带动产业发展和农民增收。

——农民合作社条件：依法登记取得《农民专业合作社法人营业执照》；成员人数 50 个以

上，其中农民成员达到80%以上；所从事的产业应当符合农业部优势农产品区域布局规划和特色农产品区域布局规划，已经带动形成了当地主导产业；有规范的章程、健全的组织机构、完善的财务管理等制度；有独立的银行账户和会计账簿，建立了成员账户；可分配盈余按交易量（额）比例返还给成员的比例达到60%以上；与成员在市场信息、业务培训、技术指导和产品营销等方面具有稳定的服务关系，实现了统一农业投入品的采购和供应，统一生产质量安全标准和技术培训，统一品牌、包装和销售，统一产品和基地认证认定等"四统一"服务。获得无公害农产品、绿色食品、有机食品认证标志或地理标识认证，获得中国农业名牌等知名商标品牌称号，以及产品出口获得外汇收入的，予以优先考虑。

⑥永久性建筑物用地须为自有土地，良种繁育基地可为租赁或承包土地，租赁或承包合同剩余期限不少于10年。

4. 附件

①企业须提供：地市级以上农业产业化龙头企业或国家级扶贫龙头企业认定文件复印件；经中介机构审计的项目单位2013、2014年财务报表（须包括资产负债表、损益表、现金流量表及财务报表附注）及审计报告；项目单位企业所得税税收缴款书或免税证明复印件；开户银行出具的存款证明、资信等级证书以及自筹资金承诺；种子种苗生产许可证、种子种苗经营许可证复印件，如申请无公害或有机产品良种繁育、生产基地的项目，还须附送有关部门颁发的认证书复印件；技术依托单位的基本情况及双方签订的正式协议书复印件或企业自身技术力量情况说明；现有良种繁育基地、试验示范用地及标准化生产示范基地土地使用证明或协议复印件；项目建设需占用土地的土地使用证明或协议复印件；建设地点规划设计平面图，单项工程设计平面图等。

②农民合作社须提供：营业执照（注册登记证书）及组织机构代码证；章程；各项管理制度（包括财务管理制度）；经中介机构审计的2013、2014年度财务报表（须包括资产负债表、损益表、现金流量表及财务报表附注）及审计报告；开户银行出具的存款证明以及自筹资金承诺函；现有良种繁育基地、试验示范用地及标准化生产示范基地土地使用证明或协议复印件；项目建设需占用土地的土地使用证明或协议复印件；建设地点规划设计平面图，单项工程设计平面图等；技术依托单位的基本情况及双方签订的正式协议书复印件或企业自身技术力量情况说明；获得的名特优产品证书，无公害农产品、绿色食品、有机食品或相应生产基地认证证书，地理标识认证证书，中国农业名牌等知名商标品牌证书，工商行政管理部门核准的产品注册商标证书复印件；获得的省、市级示范专业合作经济组织表彰的相关文件。

（三）畜禽良种繁育

1. 申报品种及区域重点

扶持国家级和省级畜禽遗传资源保护目录中畜禽品种的开发利用，以开发促保护，其中国家级畜禽遗传资源保护名录的159个畜禽品种优先。

2. 申报条件

（1）以完善畜禽良种扩繁体系为主，可根据实际需要适当开展品种保护建设，重点扶持已有基础的扩建或续建项目。

（2）项目具有良好的经济效益，且辐射带动能力强，促进周边群众增收作用显著。

（3）项目申报单位须为2013年12月31日之前注册成立且注册资本在300万元（含）以上，并从事国家级和省级畜禽遗传资源保护目录中畜禽品种经营的企业或农民合作社。项目申报单位应具有地市级以上畜禽经营许可证，许可经营范围应包含申报品种。

（4）项目申报单位资产结构及经营状况良好，具有较强的资金筹措能力。上年度净资产不低于所申请财政补助资金总额，资产负债率低于 65%。

（5）永久性建筑物用地须为自有土地，良种扩繁基地可为租赁或承包土地，租赁或承包合同剩余期限不少于 10 年。

（6）项目申报单位必须依托有一定技术及推广力量的机构利用部分项目资金（控制在项目财政资金总额的 8% 以内）开展技术推广、技术培训、品种改良等公益性服务。

3. 建设内容和投资控制规模

主要建设内容为畜禽良种繁育和品种保护生产性基础设施建设、良种引进及相关仪器设备的购置，具体包括：棚舍、孵化厅、兽医室、采精室、质检室、胚胎室、药浴池、库房、加工车间、青贮窖等生产性基础设施建设；场区道路、污水处理池、输变电线路、电增容设备、围墙等生产性辅助设施建设；生产、污水处理、质检等方面的仪器设备以及种禽、种畜、胚胎引进等。

每个项目申请中央财政资金规模控制在 300 万元。地方财政投入比例按照《财政部关于印发〈农业综合开发资金若干投入比例的规定〉的通知》（财发〔2010〕46 号）执行所在省的投入比例政策，项目单位自筹资金不得低于财政补助资金总规模（即中央财政补助资金与地方财政补助资金之和）。

4. 证明材料

（1）地市级以上种畜禽生产经营许可证；省级（含）以上畜禽遗传资源保护目录文件。

（2）项目单位营业执照复印件。

（3）经中介机构审计的项目申报单位 2013、2014 年度财务报表（须包括资产负债表、损益表、现金流量表及财务报表附注）及审计报告；项目申报单位企业所得税税收缴款书或免税证明复印件；项目申报单位开户银行出具的存款证明以及项目单位自筹资金承诺函。

（4）项目申报单位现有繁育基地、养殖设施情况及仪器设备清单（须注明具体规格、数量、单价等）；现有基地土地使用证明或协议复印件；技术依托单位的基本情况及双方签订的正式协议书复印件或企业自身技术力量情况说明。

（5）项目建设需占用土地的土地使用证明或协议复印件；建设地点规划设计平面图，单项工程设计平面图等。

二、农业可持续发展示范项目

（一）区域生态循环农业示范

1. 区域重点

选择粮食主产区、畜禽养殖大县、水源地等典型区域，适当兼顾区域间平衡。2016 年从内蒙古、辽宁、山西、江苏、浙江、安徽、河北、江西、山东、河南、湖北、湖南、广西、四川、重庆、云南、贵州、陕西、西藏、甘肃、青海、宁夏、新疆等省份以及广东省农垦总局选择部分县市（场）作为项目试点区域，每省限报 1 个。

2. 申报条件

（1）项目建设以特定行政区域为单位，边界清晰，相对集中连片；近年来未发生重大污染事故或重大生态环境破坏事件，生态环境质量基本符合国家土壤、水质、空气以及大气污染物等相关标准，区域内畜禽饲养规模不少于 2 万头猪当量，规模化养殖场建有基本的废弃物贮存处理设施，须有一定规模的畜禽粪便消纳农田；项目区内灌溉、排灌、用电、道路等基础设施基本齐全；农业生产废弃物具备循环利用的基础，不能进行循环利用的应具有无害化、减量化处理措施。

（2）项目建设应符合国家、本省和本地区的经济发展、农业发展规划布局或政策要求。项目区域产业基础良好、发展思路清晰、主导产业明确、循环模式相对成熟、新型农业经营主体发育良好。县市级人民政府对生态循环农业发展高度重视,将其放在突出的战略位置,已制定了生态循环农业发展规划或畜禽粪便、秸秆等农业废弃物综合利用规划,以提高资源利用效率和实现区域农业废弃物"零排放和全消纳"为目标,有推进区域生态循环农业的组织协调机制,在管理制度创新等方面进行了探索实践,具备一定的示范基础。

(3)项目牵头申报单位须为从事本地区主导产业的龙头企业,由当地农业部门会同农业综合开发机构(以下简称农发机构。未设在财政部门的,为农发机构和财政部门,下同)公开公正选择、择优选项,县级人民政府推荐。牵头企业可联合与其产业关联度较高、循环模式联系密切的其他企业、社会化服务组织、农民合作社以及种养大户共同参与项目实施。鼓励企业在风险可控、盈利可期的生产经营领域采取以农户、家庭农场、种养大户等主体持股的方式与其建立利益共享、风险共担、互惠互利的长效联结机制。

(4)牵头申报单位须为2013年12月31日前注册成立、注册资金1 000万元以上的地市级以上农业产业化龙头企业或专门从事农业环保的企业;申报单位资产、财务状况良好,上年度净资产不低于所申请中央财政资金规模,资产负债率低于65%。应有较稳定的运行经费来源,保证项目建成后正常运行。

(5)申报单位应当具有专门从事生态环境保护的专业人员和较强的技术力量;须委托专门机构作为技术依托单位,协助开展项目区域生态环境监测和实施综合养分管理计划。

(6)协作单位(其他企业、社会化服务组织、农民合作社、种养大户)须为2013年12月31日前依法登记成立,协作内容及权责利关系清晰。

(7)申报单位其它基本要求应符合农业综合开发项目管理的有关规定。

(8)农业部和国家农发办将对区域生态循环农业试点项目进行中期建设绩效评价,对绩效评价结果好的试点区域将视项目单位需求加大下一年度投入力度,对试点工作开展不力的,将不再安排下一年度财政资金,并取消试点资格。

3.建设内容

与生态农业示范基地紧密结合,重点以农药化肥减量施用、养殖废弃物资源化利用和秸秆综合利用为主,推动区域生态循环农业发展,同时根据资源禀赋和产业特点,兼顾资源利用的多样化和废弃物处理的不同方式,促进循环农业发展。主要建设内容如下:

(1)种养结合农田消纳基地。选择适宜区域开展农药化肥氮磷控源治理,建设生态农业示范基地,主要是因地制宜开展沟渠整理,规范沟渠结构,清挖淤泥,加固边坡,合理配置水生植物群落,配置格栅和透水坝;实施坡耕地氮磷拦截再利用,建设坡耕地生物拦截带和径流集蓄再利用设施,降低农田排水的氮磷等污染物含量。合理调整施肥结构,大力推进农家肥、畜禽粪便等有机肥料的科学利用,推广化肥机械化深施、精准化施肥、诊断施肥、水肥一体化等技术,提高肥料利用率。科学合理使用高效、低毒、低残留农药,大力推广物理、生物防治技术,提高病虫害综合防治水平。

(2)畜禽养殖废弃物处理。养殖粪便经过沼气处理或氧化塘处理后的肥水浇灌农田,同时开展利用过剩废弃物生产有机肥,配套污水处理设施等,通过畜禽粪便和废弃物的资源化利用,实现畜禽废弃物资源化利用和达标排放。根据养殖场的清粪工艺、配套农田面积等,因地制宜选择一种或几种循环利用模式。一是种养一体化模式:针对周边配套农田、山地、果林或茶园充足的养殖场,养殖粪便经过沼气处理或氧化塘处理后的肥水浇灌农田,通过畜禽粪便和废弃物的资源化利用,实现粪便污水"零"排放。建设内容主要包括粪水贮存处理相结合的氧化塘或沼液贮存池、肥水或沼液输送设备、田间贮存池、配水池、肥水田间利用管网与配套设施，配置提升泵、流量计等。二是三改两分再利用模式：采用"三改两分再利用"技术，即改水冲清粪或人工干清粪为漏缝地板下刮粪板清粪、改无限用水为控制用水、改明沟排污为暗道排污，固液分离、雨污分离，畜禽粪便经过高温堆肥无害化处理后生产有机肥、养殖废水经过氧化塘等处理后为肥水浇灌农田，建设内容主要包括改造雨污分离管道系统，购置粪便机械清粪设备、固液分离设备、固体粪便强制通风好氧堆肥系统、氧化塘处理贮存一体化设施、肥水输送设备，建设肥水田间贮存池、管网等农田利用配套设施。三是污水深度处理模式：采用污水深度处理技术，通过高效厌氧和好氧相结合的工艺，提高养殖废水处理效果，实现污水达标排放。主要建设内容包括：集水池、预处理池、高效厌氧发酵池、好氧处理池、多级生物净化塘、消毒池、膜生物反应池等基础设施，污水泵、固液分离机、曝气装置和自控装置等配套设备。四是养殖密集区废弃物集中处理模式。采用粪车转运-机械搅拌堆肥-堆制腐熟-粉碎-有机肥的固体粪便处理工艺，提高肥料附加值；采用养殖场户污水暂存-吸粪车收集转运-固液分离-高效生物处理-肥水贮存-农田综合利用的污水处理工艺，提高处理效率、实现污水的资源化利用。建设内容主要包括：养殖场粪污原地收集贮存设施、固体粪便集中堆肥车间及加工设施、污水高效生物处理设施和肥水利用设施等，以及粪污转运、粪便处理和污水处理等配套设备。

（3）秸秆综合利用。以提高秸秆综合利用率为目标，重点开展秸秆饲料化利用，推动草食畜牧业发展。同时因地制宜推广应用秸秆还田、秸秆成型燃料和食用菌生产等秸秆综合利用技术，配置秸秆还田机械及固化成型、食用菌生产、收集储运等设备，配套秸秆机械还田、秸秆收储运技术体系，实现区域秸秆高效综合利用，有效解决秸秆环境污染问题。具体利用方式为：一是秸秆还田。对秸秆进行机械粉碎、破茬、深耕和耙压，配合建设大田堆沤肥设施，配套翻抛机、粉碎机、转运车、配电柜等设备。培肥地力，推进秸秆肥料化利用；二是秸秆饲料化利用。开展秸秆饲料商品化建设，建设内容包括青贮窖、饲料库房、秸秆处理机械等；三是秸秆燃料化利用。农作物秸秆致密成型工程以秸秆为原料生产成型燃料，建设内容包括投料棚、致密成型车间、成品库等工程，固化成型设备购置包括秸秆粉碎机、成型机组以及配套设备等。四是秸秆基料化利用。以秸秆为原料生产各类食用菌，建设内容主要是菌棚、原料车间等，设备购置包括秸秆粉碎机、菌种制备机械等。本项目支持该利用方式后续废料处理环节。

（4）其他符合当地生态循环农业发展实际的建设内容。尊重基层首创精神和实践，鼓励项目申报单位开展符合当地实际的、多种形式的农业生产废弃物处理和利用设施建设。

4. 项目资金安排与使用范围

根据项目运行模式和实际需求，按照"填平补齐"的原则，每个项目安排中央财政资金1 000～1 200万元，建设期2年。地方财政投入比例按照《财政部关于印发〈农业综合开发资金若干投入比例的规定〉的通知》（财发〔2010〕46号）执行所在省的投入比例政策，项目单位自筹资金比例不低于申请财政资金的60%。鼓励探索项目先建后补的扶持方式。

按照建设内容的公益性程度划分，财政资金使用范围包括：农田氮磷拦截设施，节水灌溉设施，机械平整土地施工，田间堆沤肥设施，灌排渠道开挖、疏浚、衬砌及配套建筑物，秸秆还田机械设备，水肥药一体化施用等基础设施建设，废弃物贮存、处理、利用及隔离环保设施，饲料青贮、生产设施，有机肥生产设施设备；畜禽粪便、秸秆等收集转运处理设备；以及养分综合管理计划和循环农业指标体系建设等技术研发、推广及培训等内容。

5. 其它要求

（1）项目可行性研究报告除相关常规内容外，还应充分分析当地水土资源状况，结合试点区域资源环境承载力，明确区域养殖发展规模、以及与之匹配的粪污消纳农田、秸秆资源量等，要对环境效益、生态承载评估形成专章说明。

（2）项目所在县级人民政府须行文推荐项目可行性研究报告，明确项目建成后的运行保障机制，建立以农业、财政等部门为主建立项目协调机制，鼓励县级人民政府以试点项目建设为平台，统筹整合其他渠道的政府投资、金融资本和社会资金，形成多元化投入机制；鼓励试点区域开展金融、保险等方面优惠政策先行先试。

（3）试点项目建设将实行综合养分管理计划，请认真编制《生态循环农业建设目标体系》（见附件1-1）以及综合养分管理计划（见附件1-2），随项目可行性研究报告一并上报。

（4）牵头单位与协作单位联合申报的，协作单位情况应作详细介绍，合作意向协议应明确合作内容及责权利关系，以及履行项目建管责任的机制。

（5）可行性研究报告应附如下证明材料：①申报单位（含协作单位）营业执照复印件；②经中介机构审计的2013年、2014年度的财务报表（包括资产负债表、损益表、现金流量表及财务报表附注）；③审计报告、所得税税收缴款书或免税证明复印件、开户银行出具的存款证明；④项目单位现有基地、养殖设施、农业生产废弃物处理设施及仪器设备清单（须注明具体规格、数量、单价等）；⑤项目建设需占用土地的土地使用证明或土地租赁协议复印件，如项目内容覆盖多个建设地点，每个建设地点均应提供土地使用证明文件；⑥项目申报单位自筹资金承诺函；⑦项目区域规划图、建设地点规划设计平面图和单项工程设计平面图；⑧项目申报企业与技术支撑机构签订的技术委托协议书复印件。与协作单位签订的合作意向协议书复印件。⑨申报单位龙头企业认定文件复印件。

（6）区域生态循环农业示范项目实行专家评审＋集中答辩的方式，项目申报单位要做好相关答辩准备。具体事宜另行通知。

（二）农副资源饲料化利用示范

1．项目目标和区域重点

按照农副资源能用尽用、高效利用的原则，从开源和提质两方面入手，对粮食、果蔬、棉麻、油料等农作物生产及其加工过程中产生的副产物进行饲料化开发，挖掘农副资源饲料化利用潜力，推动粮食作物饲料化利用方式转变，促进农业废弃物饲料化利用。项目支持的重点为河北、山西、内蒙古、辽宁、吉林、浙江、福建、江西、山东、河南、湖南、广西、海南、四川、贵州、云南、甘肃、宁夏、新疆等省（自治区）和新疆生产建设兵团。

2．申报条件

①区域种植业、畜牧业、农产品加工业发展基础好，具有种养结合的基础和发展前景。申报单位所在地地方政府重视，出台相关扶持鼓励政策的，优先考虑。

②项目申报单位为农民合作社，种植、养殖、农产品加工或饲草料加工企业。地市级以上农业产业化龙头企业优先支持。

③农民合作社申报须符合以下条件：2013年12月31日前在当地县级工商部门依法登记，取得《农民专业合作社法人营业执照》；成员户数50个以上，其中农民成员达到80%以上；经营状况良好；有规范的章程、完善的管理制度、健全的监督机构；有独立的银行账户和会计账簿，建立了成员账户，实行独立的会计核算；财务管理和收益分配制度健全，对成员实行盈余返还的优先考虑。

④企业组织申报须符合以下条件：2013年12月31日前在当地县级工商部门依法登记，注册资本应达到500万元（含）以上；地市级（含）以上农业产业化龙头企业或扶贫龙头企业优先扶持；从事饲料生产的企业优先扶持；资产结构及经营状况良好，具有较强的资金筹措能力；

上年度净资产不低于所申请财政资金总额，资产负债率低于 65%。企业联合农户、家庭农场、种养大户共同申报，并使用部分项目资金支持联合申报主体承担农副资源收贮、初加工等建设内容的，优先支持。

3. 项目模式

统筹考虑一定区域内农业生产及加工过程中副产物实际，因地制宜完善农副资源收集、储运体系，综合采取适宜的加工处理方式，开展符合区域农副资源实际的饲料化开发，形成区域农副资源饲料化收贮加工利用中心。主要技术路线为：一是针对马铃薯、甘薯、木薯、甜菜等块根、块茎类作物以及食用菌、果品等农产品加工过程中产生的果蔬、糟渣、基料等副产物，进行收集、脱水、干燥，使之转化为便于远距离运输、便于保质储存、便于工业化生产使用的饲料原料。二是应用青贮、气爆、微贮等处理技术对各类农作物秸秆及农副资源进行加工，提高秸秆饲用转化率，结合压块、制粒等工业饲料加工技术，开发以秸秆为原料的商品饲料。三是以油籽加工副产物为重点，采用生物发酵、物理脱毒等技术进行加工，大幅降低抗营养物质含量，提高蛋白质含量，优化氨基酸组成，提升蛋白原料品质。四是以玉米、稻谷、大麦、甘蔗、甜菜等作物为重点，形成饲用作物全株青贮收、储、加、销一体化能力，配套建设精料生产设施、购置相关生产设备，生产以全株青贮和其他农副资源为基础的全混合日粮。

4. 建设内容和投资控制规模

①农副资源收贮。建设中转收贮站点或收贮设施，购置收贮及处理设备。其中，收贮站点或收贮设施建设主要包括库房、原料堆场、窖池、成品堆场、电增容、道路改造等内容；收贮设备主要包括收获、捡拾、打捆、运输、粉碎、压块、裹包、称重、装卸等机械设备。

②农副资源饲料化加工。主要包括建设原料加工厂房、产品检验化验室、原料堆场（库房）、成品堆场（库房）、饲料加工车间、饲料成品库房、废水废物处理设施等，购置用于饲料原料、全混合日粮、精饲料生产的成套设备以及运输、称重、检化验、污水处理等辅助仪器设备。

每个项目可根据实际，申请中央财政资金 300~400 万元。地方财政投入比例按照《财政部关于印发〈农业综合开发资金若干投入比例的规定〉的通知》（财发〔2010〕46 号）执行所在省的投入比例政策；项目单位自筹资金不得低于财政补助资金总规模（即中央财政补助资金与地方财政补助资金之和）。

5. 证明材料

农民合作社申报的须提供：①合作社营业执照复印件；②章程；③各项管理制度（包括财务管理制度）；④经中介机构审计的 2013 年、2014 年度财务报表（包括资产负债表、损益表、现金流量表及财务报表附注）；⑤审计报告；⑥开户银行出具的存款证明；⑦项目建设需占用土地的土地使用证明或土地租赁协议复印件（自 2015 年计，协议有效期不少于 10 年），如项目内容覆盖多个建设地点，每个建设地点均应提供土地使用证明文件；⑧建设地点规划设计平面图和单项工程设计平面图；⑨项目自筹资金承诺函。

企业申报的须提供：①企业营业执照复印件；②经中介机构审计的 2013 年、2014 年度的财务报表（包括资产负债表、损益表、现金流量表及财务报表附注）；③审计报告；④项目申报单位企业所得税税收缴款书或免税证明复印件；⑤企业开户银行出具的存款证明；⑥项目建设需占用土地的土地使用证明或土地租赁协议复印件（自 2015 年计，协议有效期不少于 10 年），如项目内容覆盖多个建设地点，每个建设地点均应提供土地使用证明文件；⑦项目申报单位自筹资金承诺函；⑧建设地点规划设计平面图和单项工程设计平面图；⑨如申报单位为农业产业化龙头企业或国家级扶贫龙头企业，还须提供认定文件复印件。

（三）稻渔共生综合种养基地

贯彻落实《国务院关于促进海洋渔业持续健康发展的若干意见》（国发〔2013〕11号）以及国务院现代渔业建设工作电视电话会议精神，着力加强稻渔共生综合种养基地建设，推进"稳粮增效、以渔促稻、质量安全、生态环保"的稻渔共生综合种养产业化新模式的发展，实现土地资源、水体资源的综合利用，达到一地两用、一水双收、节本增效、协调发展。

1. 主导模式及区域重点

重点加强稻–鱼、稻–蟹、稻–虾、稻–鳖、稻–鳅等稻渔共生综合种养主导模式的产业化基地建设。项目扶持稻田、冬闲田资源丰富的稻渔综合种养优势区域，鼓励龙头企业、合作社通过土地流转、反租倒包等形式进行规模化经营，全面推进标准化、规范化、集约化、产业化稻渔综合种养基地建设。项目重点布局在辽宁、吉林、江苏、浙江、福建、江西、安徽、湖北、湖南、四川、贵州、云南、宁夏等省（区、市），适当兼顾其它省份。

2. 项目单位条件

（1）项目单位原则上应为从事稻渔综合种养的龙头企业或农民合作社。

——企业于2013年12月31日前注册成立，注册资金在300万元以上；资产结构、财务状况良好，具有较强的资金筹措能力，上年度净资产不低于所申请财政补助资金总额，资产负债率低于65%；省级以上农业产业化龙头企业或国家级扶贫龙头企业同等条件下优先。

——合作社应于2013年12月31日前注册成立，依法取得《农民专业合作社法人营业执照》，成员人数30人以上（其中农民成员比例达到80%以上）；有规范的章程、健全的组织机构、完善的财务管理等制度；有独立的银行账户和会计账簿，建立了成员账户；可分配盈余按交易量（额）比例返还给成员的比例达到60%以上；与成员在市场信息、业务培训、技术指导和产品营销等方面具有稳定的服务关系；国家、省、市级示范专业合作社在同等条件下优先。

（2）项目单位应具有稳定的稻渔综合种养生产基地，租赁或承包土地合同剩余期限不少于10年。

（3）项目单位应具有从事稻渔综合种养的基础和经验，经营带动规模平原地区原则上应在5 000亩以上，南方丘陵山区经营带动规模原则上应在2 000亩以上。生产方式符合行业或地方相关稻渔综合种养标准，渔沟、鱼塘面积不能超过稻田总面积的10%；水稻亩产500公斤以上，其中丘陵山区水稻亩产不低于400公斤；与同等条件下水稻常规单作相比，农药、化肥施用量减少30%以上，经济效益提高50%以上。

（4）项目单位应建立稻渔综合种养产品的质量控制体系，近三年未发生质量安全事故；具有自主品牌，生产的稻田产品获得无公害农产品、绿色食品、有机食品认证标志或地理标识认证，其中获得中国农业品牌等知名商标品牌称号的项目单位优先。

（5）项目单位在稻渔综合种养生产和研究等方面具有一定的工作基础，具有3名以上相关专业技术人员开展技术服务，具有明确的稻渔综合种养产业化发展的技术路线和技术储备，创新能力强；国家级或省级水产技术推示范站所在项目区优先。

（6）项目单位具有一定辐射带动能力，依托有一定技术及推广力量的机构利用部分项目资金（控制在项目财政资金总额的8%以内）开展技术推广、技术培训、苗种供应等公益性服务。

3. 主要建设内容

建设内容应符合先进、适用、安全等原则，在本区域或本领域具有先进性或示范引导性。以稻渔综合种养所需的田间工程为主，兼顾土建工程及仪器设备购置。

（1）田间工程：按需选择田间灌溉排水渠系、田间沟坑工程、水源工程、稻田整治、土地肥力提升、田间道路等建设，以及防逃、防虫、防害等配套辅助设施。

（2）土建工程：按需选择检测室、标本室、农机具房、产品加工车间、库房等土建工程，水产品育肥、暂养、越冬等配套池塘或温室车间设施以及相关配套设施。

（3）仪器设备：常规质量检测设备、产品加工设备、农机具、水产品养殖及捕捞设备、配套电力和灌溉设备，以及产品质量追溯信息平台等相关信息采集设备。不允许购置其他非稻渔综合种养生产仪器设备、车辆及通用办公设备等。

可根据实际情况，按照填平补齐的原则选择建设内容。每个项目申请中央财政资金规模 200～300 万元，地方财政投入比例按照《财政部关于印发〈农业综合开发资金若干投入比例的规定〉的通知》（财发〔2010〕46 号）执行所在省的投入比例政策，项目单位自筹资金不得低于财政补助资金总规模（即中央财政补助资金与地方财政补助资金之和）。

4. 证明材料

（1）申报单位营业执照（注册登记证书）及组织机构代码证复印件。若为省级（含）以上农业产业化龙头企业或国家级扶贫龙头企业，需提供认定文件复印件；若为国家、省、市级示范专业合作社需提供相关证明文件复印件；若获得无公害农产品、绿色食品、有机食品认证标志、地理标识认证、中国农业名牌等知名商标品牌证等，需提供相关证书和材料的复印件。

（2）相关章程及财务管理制度的复印件（仅限合作社）。

（3）项目单位近 3 年经营情况的说明，以及相关证明材料，主要包括：企业所得税税收缴款书或免税证明复印件（仅限企业）；经中介机构审计的项目单位 2013、2014 年度财务报表（包括资产负债表、损益表、现金流量表及财务报表附注）及审计报告；项目单位开户银行出具的存款证明、资信等级证书（合作社和未申请过银行贷款的企业不需提供）。项目单位自筹资金承诺函。

（4）现有基地土地使用证明或协议复印件；项目建设需占用土地的土地使用证明或协议复印件（永久性建筑设施用地需提供国土部门发放的土地使用权证书），与农户签订的土地租赁合同等复印件。

（5）项目单位自身研发技术力量说明或技术依托单位的基本情况说明及合作协议书复印件。

（6）项目建设地点的规划设计平面图，工程设计平面图等。

附件：1-1. 生态循环农业示范项目建设指标体系
　　　1-2. 综合养分管理计划（CNMP）模板

附件 1-1

生态循环农业示范项目建设指标体系

类别		指标名称	单位	指标值		
				基本值	目标值	变化率
生产生活类	1	人均 GDP	万元			
	2	农业收入占 GDP 比重	%			
	3	农民人均纯收入	元			
	4	人均耕地面积	亩/人			
	5	土地流转率	%			
	6	农产品中无公害、绿色、有机农产品种植面积比例	%			
	7	农产品质量安全例行监测总体合格率	%			

（续表）

类别		指标名称	单位	指标值		
				基本值	目标值	变化率
资源类	8	耕地保有量	亩			
	9	耕地粮食产出率	kg/亩			
	10	农业用水总量	立方米/年			
	11	农业灌溉水有效利用系数	—			
	12	化肥平均施用量	kgN/亩			
	13	农药平均施用量	kg/亩			
	14	有机肥平均施用量	kgN/亩			
	15	畜禽粪便资源化利用率	%			
	16	畜禽粪便负荷	KgN/亩			
	17	农作物秸秆综合利用率	%			
	18	农膜回收率	%			
	19	生物质能源占一次能源消费比重	%			
环境类	20	农业化学需氧量排放量	吨/年			
	21	农业氨氮排放量	吨/年			
	22	主要农作物温室气体排放强度	吨 CO_2E/吨			
	23	主要畜禽产品温室气体排放强度	吨 CO_2E/吨			
机制创新类	24	综合养分管理计划	—			
区域特色指标						

部分指标解释

1. 畜禽粪便负荷：指项目示范区内所饲养畜禽每年产生的粪便中总氮量与示范区农田面积的比值。

2. 生物质能源占一次能源消费比重：指项目示范区内由畜禽粪便或秸秆生产沼气等生物质能消费量与各种能源消费总量的比值。

3. 主要农作物温室气体排放强度：指项目示范区内农田种植的主要农作物由于施肥、耕作和收获等过程中使用的化石能源造成的二氧化碳排放，以及农田管理和肥料施用等造成的甲烷和氧化亚氮排放，综合三种温室气体，以单位农作物的二氧化碳当量计。

4. 主要畜禽产品温室气体排放强度：指项目示范区内畜禽在饲养过程中肠道发酵甲烷排放，动物粪便管理过程甲烷和氧化亚氮排放，以及动物饲养和废弃物管理过程中使用化石能源造成的二氧化碳排放，综合三种温室气体，以单位畜禽产品的二氧化碳当量计。

5. 综合养分管理计划：指项目实施单位对示范区内实行种养结合并对废弃物收集、处理、利用的各个环节应采取的措施进行详细的计划，并对示范区实施综合养分管理计划效果进行监测评估的体系。

附件 1 - 2

综合养分管理计划（CNMP）模板

第 1 部分：背景和区域基本信息

　1.1　申报单位概述

　1.2　区域农业生产情况（种植、养殖）

　1.3　资源环境概况（水、土、气资源等资源生态状况、土壤、粪便特性基础数据情况）

　1.4　水土及农业废弃物资源保护政策、措施

第 2 部分：粪便和污水的处理和贮存

　2.1　生产区域地图

　2.2　动物存栏列表

　2.3　废弃物收集、处理和贮存设施介绍

　2.4　废弃物利用方式和管理

　2.5　日常死畜禽处置和管理

第 3 部分：农场的安全

　3.1　应急预案

　3.2　生物安全措施

　3.3　大规模疫病爆发期死畜禽的处置和管理

第 4 部分：土地或农田保护

　4.1　土地利用区域的航拍图或示意图

　4.2　土地利用规划

　4.3　农田保护和污染防治措施

第 5 部分：土壤和风险评估分析

　5.1　土壤信息

　5.2　土壤侵蚀预测

　5.3　氮、磷的流失风险分析

　5.4　风险评估程序中要求的额外的区域数据

第 6 部分：养分管理

　6.1　区域信息

　6.2　粪便施用缓冲带设置

　6.3　土壤测试数据

　6.4　粪便养分分析

　6.5　作物施肥计划

　6.6　粪便施用计划和日历

　6.7　养分利用计划

　6.8　区域养分平衡

　6.9　粪便利用年度总结

　6.10　化肥施用年度总结

2. 国家农发办编报 2015 年国家农业综合开发存量资金土地治理项目计划的通知

国家农发办编报 2015 年国家农业综合开发存量资金土地治理项目计划的通知

国农办〔2014〕254 号

各省、自治区、直辖市、计划单列市财政厅（局）、农业综合开发办公室（局），新疆生产建设兵团财务局、农业综合开发办公室，农业部农业综合开发机构：

根据国家农业综合开发有关政策规定，现就 2015 年存量资金土地治理项目计划编报事宜通知如下：

一、总体要求

按照新形势下国家粮食安全战略的总体部署，认真落实《国家农业综合开发高标准农田建设规划》，把提高农业综合生产能力放在首要位置，调整和优化开发布局，发展生态友好型农业，支持培育新型农业经营主体，促进土地适度规模经营，加大农业科技推广应用，促进农业转型升级，推进现代农业发展。

二、项目安排

（一）高标准农田建设项目

1. 选项条件。耕地资源丰富，开发潜力较大。水源有保障，农业灌溉以利用地表水为主。区域产业发展规划明确，有一定的产业发展基础。新型农业经营主体具有一定规模。地方政府和农民群众积极性高。

2. 投入标准。各省（区、市、兵团、农垦，以下统称省）可以根据实际情况适当提高项目投入标准：以省为单位加权平均计算，新疆生产建设兵团、黑龙江省农垦总局、广东省农垦总局亩均财政投入不超过 1 100 元；河北、山西、内蒙古、辽宁、吉林、黑龙江、江苏、安徽、江西、山东、河南、湖北、湖南、广东、广西、重庆、四川、贵州、云南、西藏、陕西、甘肃、青海、宁夏、新疆亩均财政投入不超过 1 500 元；北京、天津、上海、大连、青岛、宁波、浙江、福建、海南可在亩均财政投入 1 500 元基础上适当提高。

同时，允许将 2005 年（含）以前年度中低产田改造项目区纳入高标准农田项目范围予以提质建设，亩均财政投入不超过 1 100 元。

3. 单个项目治理面积。原则上平原地区不低于 5 000 亩，丘陵山区不低于 2 000 亩。如果受自然条件限制，年度单个项目相对连片开发面积达不到上述要求的，可在同一小流域或同一灌区范围内选择面积相对较大的若干个地块作为一个项目区，但应避免地块过于分散。

4. 建设标准。严格执行《国家农业综合开发土地治理项目建设标准》（国农办〔2004〕48号）和《国家农业综合开发高标准农田建设示范工程建设标准（试行）》（国农办〔2009〕163号），切实保证项目建设整体质量和水平。

（二）生态综合治理项目

用于生态综合治理项目财政资金占土地治理项目财政资金的比例，粮食主产区省份应控制在15%以内（内蒙古在 30% 以内）；非主产区省份控制在 30% 以内（北京在 50% 以内）。

适当提高生态综合治理项目亩财政资金投入标准，以省为单位加权平均计算，原则上草原（场）建设亩均财政资金投入不低于 220 元，小流域治理亩财政资金投入不低于 1 100 元，土地沙化治理可根据实际情况确定。

（三）中型灌区节水配套改造项目

2014 年已安排切块内中型灌区节水配套改造项目的省份，应在 2015 年存量资金中安排续建所需中央财政资金。从 2015 年开始，切块内资金原则上不再安排新立项中型灌区节水配套改造项目。

三、积极支持培育新型农业经营主体

按照《关于开展新型农业经营主体申报实施农业综合开发高标准农田建设项目试点的意见》（国农办〔2014〕111 号）要求，积极支持新型农业经营主体申报实施高标准农田建设项目。单个项目申报实施面积，原则上龙头企业试点项目平原地区不低于 1 000 亩、丘陵山区不低于 500亩；农民合作社试点项目平原地区不低于 500 亩、丘陵山区不低于 300 亩；专业大户和家庭农场试点项目平原地区不低于 300 亩、丘陵山区不低于 200 亩。用于支持新型农业经营主体的资金比例，由各省自行确定，并将实施情况在项目计划中单独说明。

四、项目自筹资金

（一）乡村集体自筹资金和农民筹资投劳

从 2015 年起，乡村集体自筹资金和农民筹资投劳的投入比例，不再执行《国家农业综合开发办公室关于降低农业综合开发农民筹资投劳比例的通知》（国农办〔2010〕143 号）的规定。各省要在不突破本省一事一议筹资筹劳所限定的绝对额标准前提下，鼓励和引导项目区受益主体筹资筹劳。

（二）新型农业经营主体自筹资金

农民合作社、专业大户、家庭农场申报实施高标准农田建设项目的自筹资金不得低于中央财政资金的 20%，龙头企业自筹资金不得低于中央财政资金总额。

（三）自筹资金管理

各地要把自筹资金（包括不纳入一事一议筹资筹劳限额的自筹资金，如在项目建设期内购置喷灌设备、修建育秧大棚和青贮窖、营造农田防护林、购置农业机械和配套农机具等投入）筹集情况作为竞争立项的重要条件，并纳入项目投资计划进行管理。国家农业综合开发办公室

（以下简称国家农发办）将把自筹资金落实情况纳入绩效评价考核范围，在下年度分配中央财政资金时予以体现。

五、项目措施

（一）各项措施投入比例

从 2015 年起，土地治理项目原则上不再安排农机具购置补助资金。在坚持以农田水利为重点，实行水利、农业、林业等措施综合治理的前提下，允许项目区按照"缺什么、补什么"原则确定具体的工程措施和投入比例，但以省为单位加权平均计算，田间道路（机耕路）建设的投入比例不得超过 40%。

（二）科技措施

按照《关于加强农业综合开发土地治理项目科技推广费管理工作的指导意见》（国农办〔2006〕13 号）有关要求，规范安排使用科技推广费。省、市（地）级集中安排使用的科技推广费，按要求填报有关报表（见附件），并在项目计划中予以说明。

（三）工程管护费

按照《国家农业综合开发土地治理项目工程管护暂行办法》（国农办〔2008〕183 号）有关规定，规范提取、管理和使用工程管护费。在符合开支范围的前提下，鼓励、引导农民参与项目管护，建立责权利匹配、正向激励的管护机制，确保已建工程长久发挥效益。

六、计划编报、审批和备案

（一）项目选择

各省应依据国家农发办下达的中央财政农业综合开发存量资金指标，从 2015 年度滚动项目计划中选择项目。

（二）计划编报和审批

从 2015 年起，各省土地治理项目计划不再报送国家农发办审批。省级农发机构按照国家农发办通知要求指导各市（地）、县农发机构编制项目计划，并负责审批。

（三）计划备案

省级农发机构应汇总本省项目计划报国家农发办备案。备案材料包括：计划编制说明、省级农发办批复文件、地方财政资金投入承诺、自筹资金审查意见、计划报表及有关附件等。项目计划统一使用国家农业综合开发信息管理系统（网络版）进行填报。

2015 年存量资金项目计划备案材料，应于 2015 年 3 月 31 日前报送国家农发办。各省项目计划编制质量以及备案材料报送情况，将纳入绩效评价范围予以考核。

七、其他

（一）加强开发县管理

土地治理项目，应在国家农业综合开发县实施。允许各省适当集中资金，对重点开发县进行重点投入。未安排资金的开发县，需在项目计划中予以说明。

（二）单独编报"节水增粮行动"项目计划

黑龙江、吉林、辽宁、内蒙古四省（区）安排实施的 2015 年"节水增粮行动"项目，需按照相关政策要求，单独编报"节水增粮行动"项目实施计划。

（三）做好扶持国家现代农业示范区相关工作

有关省要按照《农业部 财政部关于选择部分国家现代农业示范区开展农业改革与建设试点的通知》（农财发〔2012〕198 号）和国家农发办有关要求，统筹安排好示范区的农业综合开发资金和项目，做好农业改革与建设试点相关工作。

国家农业综合开发办公室

2014 年 12 月 5 日

来源：http://www.tzcs.gov.cn/caishuizhuanti/nyzh/zjgs/2014 - 12 - 19/42845.html

3. 农业部 国家农业综合开发办公室关于编报 2015 年度农业综合开发农业部项目滚动计划的通知

农业部 国家农业综合开发办公室关于编报 2015 年度 农业综合开发农业部项目滚动计划的通知

农办计〔2014〕17 号

按照《国家农业综合开发部门项目管理办法》（国农办〔2011〕169 号）和《国家农业综合开发办公室关于印发〈国家农业综合开发项目年度滚动计划编制管理试行管理办法〉及做好 2015 年度项目滚动计划编制管理工作有关事项的通知》（国农办〔2014〕13 号）的要求，现将农业综合开发农业部项目 2015 年度滚动计划编制工作有关事项通知如下：

一、2014 年起，农业综合开发农业部项目按照滚动计划方式进行管理，不再发布 2015 年项目申报指南。请严格按照《国家农业综合开发项目年度滚动计划编制管理试行管理办法》要求，编制本省（区、市）本行业 2015 年度农业综合开发项目总体安排方案。为贯彻落实党中央、国务院关于深化全面深化农村改革、加快推进农业现代化的最新部署，以及国务院关于现代种业发展的最新要求，我们在两类项目编制细则的基础上，进一步细化修订了各类项目具体申报要求（附件 1），请认真领会编制细则和各类项目申报条件，做好 2015 年度项目滚动计划编制工作。

二、按照我部需报送的 2015 年度项目滚动计划中央财政资金规模，综合考虑各省（市、区）基础资源因素以及项目管理工作质量，我们研究确定了各省（区、市）2015 年分行业的农业综合开发农业部项目申报数量指标（附件 2），请据此做好申报组织工作。

三、农业部门应会同同级农发机构（未设在财政部门的，为农发机构和财政部门，下同）认真组织项目前期工作，切实做好项目滚动计划编制工作。要本着科学严谨、宁缺勿滥的原则，对拟申报项目进行评审把关，并对报送材料的真实性、可靠性负责。

四、请于 2014 年 6 月 13 日前由省级农业部门会同同级农发机构将相关文件（申报文件、年度滚动计划编制说明以及汇总表）及项目可行性研究报告的电子文档（PDF 格式）包括附件资料彩色原件扫描，联合报送至农业部和国家农业综合开发办公室（纸质版可研报告只须向农业部报送）。同时，通过农业部农发项目管理系统（www.nf.agri.gov.cn）进行申报登记，逾期未报或未在项目管理系统进行申报登记的，不予受理。

五、2011—2014 年期间，承担过农业综合开发项目（包括地方项目）和农业部其他项目的，需提供项目竣工验收报告，并附项目建设田间工程和土建工程完成情况平面图。尚未竣工验收以及拟申报 2015 年农业综合开发地方项目的单位不得申报。

附件：2015 年度农业综合开发农业部项目具体申报要求

农业部办公厅国家农业综合开发办公室

2014 年 4 月 29 日

来源：http://www.moa.gov.cn/zwllm/tzgg/tfw/201405/t20140508_ 3897680.htm

附件

2015 年度农业综合开发农业部项目申报要求及申报条件

2015 年农业综合开发良种繁育基地项目，要根据农业综合开发有关政策要求，贯彻落实国务院《关于加快推进现代农作物种业发展的意见》（国发〔2011〕8 号）、《全国现代农作物种业发展规划（2012—2020 年)》、国务院办公厅《关于深化种业体制改革提高创新能力的意见》（国办发〔2013〕109 号），以及农业部发布的《特色农产品优势区域布局规划（2013—2020 年)》精神，着力加强种子生产基地建设，提升农作物种子生产和加工能力，提高农业综合开发项目区良种品质和供给能力，建立完善良种基地与农业综合开发项目区紧密、有效、长期联结新机制，实现有机结合、协调发展。

一、品种及区域重点

重点扶持位于优势区域（或重点区域）的蔬菜、水果、茶叶、食用菌、花卉等园艺产品的良种（种苗）繁育场。

二、申报条件

1. 项目建设地点须选在该作物的优势区域、主产区或出口区域内，相关的基础设施（交通运输、通讯供水、供电等）较完善，自然环境良好。

2. 项目选择的品种具有明显的比较优势、特色优势和出口优势，发展空间较大，对有自主品种权和新品种试验、示范、推广项目优先扶持。

3. 项目具有良好的经济效益，且辐射带动能力强，促进周边群众增收作用显著。

4. 项目单位须为 2011 年 12 月 31 日之前认定的地市级（含）以上农业产业化龙头企业、国家级扶贫龙头企业或农民合作社，同等条件下优先扶持农民合作社。新疆生产建设兵团团场和直属垦区农场申报条件参照执行。

——企业条件：地市级（含）以上农业产业化龙头企业或国家级扶贫龙头企业；资产结构及经营状况良好，具有 A 级（含）以上资信等级（未申请过银行贷款的企业除外）和较强的资金筹措能力，2013 年度净资产不低于申请财政补助资金总额的 2 倍，资产负债率低于 65%。项目单位必须依托有一定技术及推广力量的机构利用部分项目资金（控制在项目财政资金总额的 8% 以内）开展技术推广、技术培训、品种改良等公益性服务，带动产业发展和农民增收。

——农民合作社条件：依法登记取得《农民专业合作社法人营业执照》满 3 年以上；成员

人数 50 个以上，其中农民成员达到 80% 以上；所从事的产业应当符合农业部优势农产品区域布局规划和特色农产品区域布局规划，已经带动形成了当地主导产业；有规范的章程、健全的组织机构、完善的财务管理等制度；有独立的银行账户和会计账簿，建立了成员账户；可分配盈余按交易量（额）比例返还给成员的比例达到 60% 以上；与成员在市场信息、业务培训、技术指导和产品营销等方面具有稳定的服务关系，实现了统一农业投入品的采购和供应，统一生产质量安全标准和技术培训，统一品牌、包装和销售，统一产品和基地认证认定等"四统一"服务。

获得无公害农产品、绿色食品、有机食品认证标志或地理标识认证，获得中国农业名牌等知名商标品牌称号，以及产品出口获得外汇收入的，予以优先考虑。

5. 项目单位现有基地至少达到以下规模：蔬菜集约化育苗基地 50 亩，水果良种苗木繁育基地不少于 300 亩（需含一定面积的种苗轮换地）。茶叶良种苗木繁育基地 300 亩以上。

6. 永久性建筑物用地须为自有土地，良种繁育基地可为租赁或承包土地，租赁或承包合同剩余期限不少于 10 年。

三、主要建设内容和投资规模

主要建设内容为原种圃、苗圃、种苗繁育基地生产性基础设施建设及相关仪器设备的购置，具体包括：温室大棚、处理车间、储藏库（室）、组培室、检验室等生产性基础设施建设；排灌渠系、田间道路、土地平整、机井、蓄水池、积粪池等田间工程建设；输变电线路、电增容设备、围墙等生产性辅助设施建设；灌溉、育苗（种）、温控、检验等方面的仪器设备以及相应农机具的购置等。其中用于土地平整和土壤改良的投资总额应控制在财政资金总额的 30% 以内，并从自筹资金中列支。

具体建设内容参见 2014 年度该专项任务与投资计划表和仪器设备指导清单。各类费用比例上限见附表 1。

每个项目申请中央财政资金规模为 200 万元。地方财政配套资金按照国家农业综合开发有关政策和规定比例执行，财政资金与项目单位自筹资金比例 1∶1 比例。鼓励项目单位加大自筹资金规模。

四、附件

1. 企业须提供：地市级（含）以上农业产业化龙头企业或国家级扶贫龙头企业认定文件复印件；经中介机构审计的项目单位 2012、2013 年财务报表（须包括资产负债表、损益表、现金流量表及财务报表附注）及审计报告；项目单位企业所得税税收缴款书或免税证明复印件；开户银行出具的存款证明、资信等级证书以及自筹资金承诺函；种子种苗生产许可证、种子种苗经营许可证复印件，如申请无公害或有机产品良种繁育、生产基地的项目，还须附送有关部门颁发的认证书复印件；技术依托单位的基本情况及双方签订的正式协议书复印件或企业自身技术力量情况说明；现有良种繁育基地、试验示范用地及标准化生产示范基地土地使用证明或协议复印件；项目建设需占用土地的土地使用证明或协议复印件；建设地点规划设计平面图，单项工程设计平面图等。

2. 农民合作社须提供：营业执照（注册登记证书）及组织机构代码证；章程；各项管理制度（包括财务管理制度）；经中介机构审计的 2012、2013 年度财务报表（须包括资产负债表、损益表、现金流量表及财务报表附注）及审计报告；开户银行出具的存款证明以及自筹资金承诺函；现有良种繁育基地、试验示范用地及标准化生产示范基地土地使用证明或协议复印件；项目建设需占用土地的土地使用证明或协议复印件；建设地点规划设计平面图，单项工程设计平面图等；技术依托单位的基本情况及双方签订的正式协议书复印件或企业自身技术力量情况说明；获得的名特优产品证书，无公害农产品、绿色食品、有机食品或相应生产基地认证证书，地理标识认证证书，中国农业名牌等知名商标品牌证书，工商行政管理部门核准的产品注册商标证书复印件；获得的省、市级示范专业合作经济组织表彰的相关文件。

附件 2

2015 年度农业综合开发农业部项目申报有关要求

一、良种繁育项目

2015 年，农业综合开发良种繁育项目，要根据农业综合开发有关政策要求，贯彻落实《国务院关于加快推进现代农作物种业发展的意见》（国发〔2011〕8 号）、《全国现代农作物种业发展规划（2012—2020 年）》、《国务院办公厅关于深化种业体制改革提高创新能力的意见》（国办发〔2013〕109 号），以及农业部发布的《特色农产品优势区域布局规划（2013—2020 年）》精神，着力加强种子生产基地建设，提升农作物种子生产和加工能力，提高农业综合开发项目区良种品质和供给能力，建立完善良种基地与农业综合开发项目区紧密、有效、长期联结新机制，实现有机结合、协调发展。

（一）良种繁育及加工基地项目

1. 品种及区域重点

重点加强水稻、玉米、小麦、大豆、棉花、油菜等主要农作物种子生产基地建设。项目布局应符合相应农作物种子生产优势区要求，建设地点在农业部认定的国家级种子生产基地范围内的优先支持。根据制种优势区域布局，支持"育繁推一体化"种子企业全面推进规模化、标准化、集约化、机械化的种子生产基地建设。项目重点布局在河北、山西、内蒙古、吉林、辽宁、江苏、浙江、福建、安徽、江西、山东、河南、湖北、湖南、广东、广西、海南、四川、贵州、云南、陕西、甘肃、青海、宁夏、新疆（含兵团）等省（区）。

2. 项目单位条件

（1）企业条件。项目单位原则应为"育繁推一体化"种子企业，兼顾海南南繁基地专业化制种企业，企业注册资金 3 000 万元以上，农业部发证或注册资金 1 亿元以上的优先支持。项目建设实行属地化管理，申报项目的承担单位可不限于本省种子企业。

（2）基地条件。有一定规模的稳定的种子生产基地，杂交玉米基地面积 3 000 亩以上，水稻种子生产基地面积 2 000 亩以上，其他农作物种子基地 1 000 亩以上。项目单位应与当地制种农户签订 5 年以上的制种合同或土地流转合同，基地土地由企业长期流转的优先支持。

（3）育繁推一体化企业品种条件。有专门的育种机构，有固定的育种人员和科研经费，具有专职研究人员 3 名以上，自有科研实验室面积 200 平方米以上，种子加工技术先进，试验基地100 亩以上。具有 1 个以上通过国家审定的自育品种，或者 3 个以上通过省级审定自育品种。

（4）设施设备条件。生产经营主要农作物种子的，加工厂房 500 平方米以上，具有种子加工成套设备。种子加工厂房和设备设施须具备自有产权。

（5）资产财务。项目单位资产、财务状况良好，2013 年度净资产不低于申请财政补助资金总额的2倍，资产负债率低于65%。

3. 主要建设内容

建设内容应符合先进适用原则，在本区域或本领域具有先进性或示范引导性。以田间工程为主，兼顾土建工程及仪器设备购置。

（1）田间工程：田间灌溉排水渠系、水工建筑物、水源工程、农田整治、地力建设、林网、田间道路及各种圃等建设，包括配套辅助设施。

（2）土建工程：挂藏室、考种室、实验室、检测室、网室、种子加工车间、种子库房、农机具房、晒场等土建工程及相关的附属配套设施。

（3）仪器设备：常规种子质量检测仪器、配套种子加工设备和农机具、灌溉设备、必要的育种仪器设备等。不允许购置其他非种子生产仪器设备及车辆、通用办公设备等。

具体建设内容参见2014年度该专项任务与投资计划表和仪器设备指导清单。各类费用比例上限见附表1。

可根据实际情况，按照填平补齐的原则选择上述建设内容。每个项目申请中央财政资金规模不低于700万元，地方财政配套资金和项目单位自筹资金比例参照国家农业综合开发有关政策和规定执行，鼓励项目单位加大自筹资金规模。

4. 附件

（1）项目单位营业执照复印件。

（2）农业行政主管部门核发的种子生产许可证、经营许可证复印件。

（3）品种审定证书、植物新品种权证书等复印件，以及近3年自育品种经营情况的说明和证明材料。

（4）经中介机构审计的项目单位2012、2013年度财务报表（须包括资产负债表、损益表、现金流量表及财务报表附注）及审计报告。

（5）项目单位开户银行出具的存款证明、资信等级证书（未申请过银行贷款的企业不需提供），以及项目单位自筹资金承诺函。

（6）项目建设需占用土地的土地使用证明或协议复印件（永久性建筑设施用地需提供国土部门发放的土地使用权证书），与农户签订的土地租赁合同、委托制种合同等复印件。

（7）项目单位自身研发技术力量说明或技术依托单位的基本情况及合作协议书复印件。

（8）省级种子管理部门出具的种子企业行业评价和推荐证明；2011年来未出现假劣种子事故等方面的证明材料。

（9）项目单位现有在全国分作物、分县良种繁育基地布局表（提供分作物、分县基地面积数），现有种子加工能力布局说明（说明分作物、具体到县的年加工能力水平）及仪器设备清单（需注明具体规格、数量、单价等）；现有试验用地的土地使用证明或协议复印件。拟开展项目建设的基地现状和改善基地条件的必要性。

（10）项目建设地点的规划设计平面图，单项工程设计平面图等。

（二）原原种扩繁基地项目

1. 品种及支持重点

重点支持种子生产优势区域的小麦、粳稻、高蛋白（油）大豆、薯类、油菜、棉花、花生、甘薯、甘蔗、小杂粮及其他经济作物常规种子原原种、原种扩繁，兼顾符合条件的种子企业开展自主研发、市场前景广阔的水稻、玉米等主要粮食作物的杂交种子扩繁。同等条件下优先安排常规种子扩繁项目。

2. 项目单位条件

（1）注册资金500万元～3000万元的专业种子企业以及县、地市级农业科研事业单位。省级农业科学院（不含下属研究所，西藏除外）和农业院校不参加申报。国家现代农业技术体系、农业部重点实验室建设依托单位同等条件下优先扶持。

（2）拟繁育推广的杂交种子须为2009年（含）以后通过国家级或省级农作物品种审定委员会审定（认定），常规种子审定时间不限。拟扩繁品种须为项目单位的自育品种，拥有自主知识产权和相应后续品种的繁育与开发能力，并能提供相应的技术操作规程。

（3）具有一定的扩繁基础条件、较强的育种能力和技术力量以及相应的自筹资金配套能力。

（4）项目单位为企业的，注册资金须在500万元～3 000万元，种业发展思路清晰，创新能力强，体现很强的上升性，具有较强的科研能力和先进的种子扩繁技术；企业经营状况良好，具有较高资信等级和较强自筹资金配套能力，资产结构和经营状况良好，2013年度净资产不低于申请财政补助资金总额的2倍，资产负债率低于65%。2012年来内未发生假劣种子和质量事故等案件。

（5）永久性建筑物用地须为自有土地，良种扩繁基地可为租赁或承包土地，租赁或承包合同剩余期限不少于10年。

3. 主要建设内容和投资规模

主要建设内容为生产性基础设施建设及相关仪器设备的购置，具体包括：原原种、原种扩繁及良种加工必备的仓库、晒场、温室、网室、质检挂藏工作室、加工厂房等生产性基础设施建设；排灌渠系、田间道路、土地平整、土壤改良、机井等田间工程建设；输变电线路、电增容设备、围墙等生产性辅助设施建设；灌溉、质检、加工、制冷等方面的仪器设备以及相应农机具的购置等。其中用于土地平整和土壤改良的投资总额应控制在财政资金总额的10%以内。

具体建设内容参见2014年度该专项任务与投资计划表和仪器设备指导清单。各类费用比例上限见附表1。

每个项目申请中央财政资金规模为200万元。地方财政配套资金和项目单位自筹资金比例参照国家农业综合开发有关政策和规定执行。

4. 附件

（1）农业科研单位申报项目的，需提供事业单位法人证书、项目单位2013年度财务报表、项目单位开户银行出具的存款证明复印件。

（2）企业申报项目的，需提供企业法人营业执照复印件、组织机构代码证；经中介机构审计的项目单位2012、2013年度财务报表（须包括资产负债表、损益表、现金流量表及财务报表附注）及审计报告，企业所得税税收缴款书或免税证明复印件，企业开户银行出具的存款证明及A级（含）以上资信等级证书（未申请过银行贷款的企业除外）。

（3）项目拟扩繁新品种的国家级或省级审定（认定）证书彩色复印件。

（4）项目单位现有实验室、基地、加工、储备设施情况及仪器设备清单（需注明具体规格、数量、单价等），现有试验用地土地使用证明或租赁协议复印件。

（5）项目建设所占用土地的国有土地使用证或有关部门证明，土地租赁、承包协议复印件。

（6）可研报告须附原原种、原种生产基地现状平面图，原原种、原种扩繁基地建设规划布局图，单项工程设计平面图、剖面图等，并标明比例尺。

（三）脱毒马铃薯良种繁育基地项目

1. 区域布局与建设重点

根据《全国优势农产品马铃薯区域布局规划（2008—2015年）》和我国脱毒马铃薯种薯优

势产区布局，拟在河北、山西、内蒙古、辽宁、湖北、湖南、重庆、四川、贵州、云南、西藏、陕西、甘肃、青海、宁夏、新疆（含兵团）等省（区、市）开展脱毒马铃薯良种繁育基地项目建设。优先选择马铃薯脱毒种薯生产优势区域进行项目建设。项目资金重点用于脱毒原种薯、一级和二级种薯田间扩繁、种薯质量检测、储藏基础设施建设。年产 1 000 万粒以上原原种的单位，根据需要也可适当补充完善部分微型薯（原原种）和良种薯生产所需相关基础设施建设。

2. 项目单位条件

（1）项目单位应为脱毒马铃薯种薯生产经营企业，具备较强种薯生产经营能力及相关配套设施条件，企业登记成立并开展马铃薯种薯生产经营至少 3 年以上，承担国家马铃薯原种补贴的单位、具有品种选育能力的种薯生产企业、省级（含）以上农业产业化龙头企业在同等条件下优先扶持。四川、贵州、云南、西藏、新疆等省（区、市）具备种薯生产和推广能力的事业单位可参照相关条件组织申报。

（2）项目单位须具备较强的技术力量，引进繁育的马铃薯品种为符合市场需求的高产优质高抗专用品种，并能组装集成推广节本高效栽培、病虫害综合防治、机械化生产等关键技术，充分发挥脱毒种薯的增产潜力。

（3）项目单位须具备较完善的种薯标准化生产体系。种薯生产工艺流程科学合理、种薯基地管理规范，能够执行国家脱毒种薯标准，实行各级次种薯扩繁面积配套的专业化和标准化生产，推行不同级别的种薯标识制度。

（4）项目单位须拥有稳定的种薯生产基地。原则上原、良种薯现有繁育基地规模不低于 2 000 亩。

（5）永久性建筑物用地须为自有土地，良种扩繁基地可为租赁或承包土地，租赁或承包合同剩余期限原则上不少于 5 年。

（6）项目单位为企业的，应具有较高资信等级和较强自筹资金配套能力，资产结构和经营状况良好，2013 年度净资产不低于申请财政补助资金总额的 2 倍，资产负债率低于 65%。近两年内未发生假劣种子和质量事故案件。

3. 主要建设内容和投资规模

土建工程：主要建设种薯储藏库（窖）、温网室（棚）及配套设施等；田间工程：主要建设种薯繁育田的土地平整、土壤改良、田间灌溉排水渠系、田间道路及辅助设施等；仪器设备：主要购置质量检验、病毒检测等仪器、移动式灌溉设备、农机具、货运运输车（限购 1 辆）等。其中用于土地平整和土壤改良的投资总额应控制在财政资金总额的 10% 以内。

具体建设内容参见 2014 年度该专项任务与投资计划表和仪器设备指导清单。各类费用比例上限见附表 1。

项目单位可根据实际情况，按照填平补齐的原则选择项目建设内容。每个项目申请中央财政资金规模不低于 300 万元，地方财政配套资金和项目单位自筹资金比例参照国家农业综合开发有关政策和规定执行。

4. 附件

（1）项目单位营业执照或法人证明复印件。

（2）农业行政主管部门核发的种子生产许可证、经营许可证复印件。

（3）品种审定证书、品种使用权许可协议等复印件。企业有专门育种机构的，要求提供育种设施设备、育种人员、研发经费和近年来主要成果等基本情况材料。

（4）经中介机构审计或上级主管部门审核盖章的项目单位 2012、2013 年度财务报表（须包括资产负债表、损益表、现金流量表及财务报表附注）及审计报告。

（5）项目单位开户银行出具的存款证明和项目单位自筹资金承诺函。

（6）项目建设需占用土地的土地使用证明或协议复印件。

（7）项目单位现有种薯生产基地的土地使用证明或协议复印件。

（8）项目单位现有实验室、加工、储备设施情况及仪器设备清单（需注明具体规格、数量、单价等）。

（9）项目建设地点的规划设计平面图，单项工程设计平面图等。

（10）省级种子管理部门出具的种子企业行业评价和推荐证明；2011年来未出现假劣种子事故等方面的证明材料；如为省级（含）以上农业产业化龙头企业或国家级扶贫龙头企业还须提供认定文件复印件。

（11）续建项目须提供上一期项目的竣工验收报告，并附上一期项目建设田间工程完成情况平面图。

（四）牧草种子繁育基地项目

1. 品种及区域重点

拟繁育的品种原则上须经全国草品种审定委员会审定通过，符合种草养畜和生态建设需要，市场前景良好。项目须在拟繁育品种的制种优势区内进行基地建设。根据扶持发展苜蓿产业的需要，对申报苜蓿种子繁育基地项目同等条件下优先扶持。

2. 项目单位条件

（1）原则为专门从事牧草种子繁育营销的企业，并具有较强的草种育繁推技术力量；企业2011年12月31日之前登记并注册开展草种生产经营，注册资本200万元（含）以上；省级（含）以上农业产业化龙头企业或国家级扶贫龙头企业同等条件下优先扶持。新疆生产建设兵团团场和直属垦区农场可参照相关条件组织申报。

（2）已验收的牧草种子繁育基地，且连续3年赢利，需进一步扩大生产规模、提高加工能力的续建项目同等条件下优先扶持。

（3）须拥有拟繁育推广品种的自主知识产权或生产经营权。

（4）有育种科研力量或技术依托单位。

（5）有相应的新品种开发潜力或品种资源保护与利用能力。

（6）资产结构及经营状况良好，具有较高资信等级和较强的自筹资金配套能力。2013年度净资产不低于申请财政补助资金总额的2倍，资产负债率低于65%。

（7）永久性建筑物用地须为自有土地，良种扩繁基地可为租赁或承包土地，租赁或承包合同剩余期限不少于10年。

（8）项目单位必须依托有一定技术及推广力量的机构利用部分项目资金（控制在项目财政资金总额的8%以内）开展技术推广、技术培训、品种改良等公益性服务。

3. 主要建设内容和投资规模

主要建设内容为生产性基础设施建设及相关仪器设备的购置，具体包括：草种扩繁及加工必备的仓库、晒场、温室、网室、质检工作室、加工厂房等生产性基础设施建设；土地平整、土壤改良、排灌渠系、田间道路、机井等田间工程建设；输变电线路、电增容设备、围墙等生产性辅助设施建设；灌溉、质检、加工、制冷等方面的仪器设备以及相应农机具的购置等。其中用于土地平整和土壤改良的投资总额应控制在财政资金总额的10%以内。

具体建设内容参见2014年度该专项任务与投资计划表和仪器设备指导清单。各类费用比例上限见附表1。

每个项目申请中央财政资金规模应控制在300万元以内。地方财政配套资金和项目单位自筹资金比例参照国家农业综合开发有关政策和规定执行。

4. 附件

（1）项目单位营业执照复印件，如为省级以上农业产业化龙头企业或国家级扶贫龙头企业还须提供认定文件复印件。

（2）经中介机构审计的项目单位2012、2013年度财务报表（须包括资产负债表、损益表、现金流量表及财务报表附注）及审计报告；项目单位企业所得税税收缴款书或免税证明复印件；项目单位开户银行出具的存款证明和资信等级证书，以及项目单位自筹资金承诺函。

（3）草原行政主管部门核发的草种经营许可证和草种生产许可证复印件（非省级以上草原行政主管部门核发的证书需提供省级行政许可下放证明材料）；草品种审定证书及品种使用有效授权协议复印件。

（4）项目单位现有基地、加工储备设施情况及仪器设备清单（须注明具体规格、数量、单价等）；现有试验用地及草种生产基地的土地使用证明或协议复印件；技术依托单位的基本情况及双方签订的正式协议书复印件或企业自身研发力量情况说明。

（5）土地使用证明或协议复印件；项目建设地点的规划设计平面图，单项工程设计平面图等。

（五）园艺类良种繁育及生产示范基地项目

1. 良种繁育基地

（1）品种及区域重点

重点扶持位于优势区域（或重点区域）的蔬菜、水果、茶叶、食用菌、花卉、蚕桑、中药材、麻类、热带作物等园艺产品的良种（种苗）繁育场。蚕种场改造项目以辽宁、浙江、安徽、四川、陕西等省为重点，每省限1个。

（2）申报条件

①项目建设地点须选在该作物的优势区域、主产区或出口区域内，相关的基础设施（交通运输、通讯供水、供电等）较完善，自然环境良好。

②项目选择的品种具有明显的比较优势、特色优势和出口优势，发展空间较大，对有自主品种权和新品种试验、示范、推广项目优先扶持。

③项目具有良好的经济效益，且辐射带动能力强，促进周边群众增收作用显著。

④项目单位须为2011年12月31日之前认定的地市级（含）以上农业产业化龙头企业、国家级扶贫龙头企业或农民合作社，同等条件下优先扶持农民合作社。新疆生产建设兵团团场和直属垦区农场申报条件参照执行。

——企业条件：地市级（含）以上农业产业化龙头企业或国家级扶贫龙头企业；资产结构及经营状况良好，具有A级（含）以上资信等级（未申请过银行贷款的企业除外）和较强的资金筹措能力，2013年度净资产不低于申请财政补助资金总额的2倍，资产负债率低于65%。项目单位必须依托有一定技术及推广力量的机构利用部分项目资金（控制在项目财政资金总额的8%以内）开展技术推广、技术培训、品种改良等公益性服务，带动产业发展和农民增收。

——农民合作社条件：依法登记取得《农民专业合作社法人营业执照》满3年以上；成员人数50个以上，其中农民成员达到80%以上；所从事的产业应当符合农业部优势农产品区域布局规划和特色农产品区域布局规划，已经带动形成了当地主导产业；有规范的章程、健全的组织机构、完善的财务管理等制度；有独立的银行账户和会计账簿，建立了成员账户；可分配盈余按交易量（额）比例返还给成员的比例达到60%以上；与成员在市场信息、业务培训、技术指导和产品营销等方面具有稳定的服务关系，实现了统一农业投入品的采购和供应，统一生产质量安全标准和技术培训，统一品牌、包装和销售，统一产品和基地认证认定等"四统一"服务。

获得无公害农产品、绿色食品、有机食品认证标志或地理标识认证，获得中国农业名牌等知名商标品牌称号，以及产品出口获得外汇收入的，予以优先考虑。

⑤项目单位现有基地至少达到以下规模：蔬菜集约化育苗基地50亩，水果良种苗木繁育基地不少于300亩（需含一定面积的种苗轮换地）。茶叶良种苗木繁育基地300亩以上。

⑥永久性建筑物用地须为自有土地，良种繁育基地可为租赁或承包土地，租赁或承包合同剩余期限不少于10年。

（3）主要建设内容和投资规模

主要建设内容为原种圃、苗圃、种苗繁育基地生产性基础设施建设及相关仪器设备的购置，具体包括：温室大棚、处理车间、储藏库（室）、组培室、检验室等生产性基础设施建设；排灌渠系、田间道路、土地平整、机井、蓄水池、积粪池等田间工程建设；输变电线路、电增容设备、围墙等生产性辅助设施建设；灌溉、育苗（种）、温控、检验等方面的仪器设备以及相应农机具的购置等。其中用于土地平整和土壤改良的投资总额应控制在财政资金总额的30%以内，并从自筹资金中列支。

具体建设内容参见2014年度该专项任务与投资计划表和仪器设备指导清单。各类费用比例上限见附表1。

每个项目申请中央财政资金规模为200万元。地方财政配套资金和项目单位自筹资金比例参照国家农业综合开发有关政策和规定执行。鼓励项目单位加大自筹资金规模。

（4）附件

①企业须提供：地市级（含）以上农业产业化龙头企业或国家级扶贫龙头企业认定文件复印件；经中介机构审计的项目单位2012、2013年财务报表（须包括资产负债表、损益表、现金流量表及财务报表附注）及审计报告；项目单位企业所得税税收缴款书或免税证明复印件；开户银行出具的存款证明、资信等级证书以及自筹资金承诺函；种子种苗生产许可证、种子种苗经营许可证复印件，如申请无公害或有机产品良种繁育、生产基地的项目，还须附送有关部门颁发的认证书复印件；技术依托单位的基本情况及双方签订的正式协议书复印件或企业自身技术力量情况说明；现有良种繁育基地、试验示范用地及标准化生产示范基地土地使用证明或协议复印件；项目建设需占用土地的土地使用证明或协议复印件；建设地点规划设计平面图，单项工程设计平面图等。

②农民合作社须提供：营业执照（注册登记证书）及组织机构代码证；章程；各项管理制度（包括财务管理制度）；经中介机构审计的2012、2013年度财务报表（须包括资产负债表、损益表、现金流量表及财务报表附注）及审计报告；开户银行出具的存款证明以及自筹资金承诺函；现有良种繁育基地、试验示范用地及标准化生产示范基地土地使用证明或协议复印件；项目建设需占用土地的土地使用证明或协议复印件；建设地点规划设计平面图，单项工程设计平面图等；技术依托单位的基本情况及双方签订的正式协议书复印件或企业自身技术力量情况说明；获得的名特优产品证书，无公害农产品、绿色食品、有机食品或相应生产基地认证证书，地理标识认证证书，中国农业名牌等知名商标品牌证书，工商行政管理部门核准的产品注册商标证书复印件；获得的省、市级示范专业合作经济组织表彰的相关文件。

2. 生产示范基地

（1）品种及区域重点

重点扶持位于优势区域（或重点区域）的水果和茶叶生产示范基地。水果生产示范基地以老化果园改造为主，对老化、郁闭的果园进行全面改造，茶叶生产示范基地以老化的低产低效茶园改造为主，展示老果、茶园更新改造模式。重点布局在山西、浙江、山东、河南、辽宁、湖北、湖南、重庆、四川、云南、陕西、甘肃等省（市），每省果、茶各限 1 个。

（2）申报条件

①项目建设地点须选在该作物的优势区域、主产区或出口区域内，相关的基础设施（交通运输、通讯供水、供电等）较完善，自然环境良好。

②项目选择的品种具有明显的比较优势、特色优势和出口优势，发展空间较大。

③项目具有良好的经济效益，且辐射带动能力强，促进周边群众增收作用显著。

④项目单位须为 2011 年 12 月 31 日之前认定的地市级（含）以上农业产业化龙头企业、国家级扶贫龙头企业或农民合作社，同等条件下优先扶持农民合作社。新疆生产建设兵团团场和直属垦区农场申报条件参照执行。

企业条件：地市级（含）以上农业产业化龙头企业或国家级扶贫龙头企业；资产结构及经营状况良好，具有 A 级（含）以上资信等级（未申请过银行贷款的企业除外）和较强的资金筹措能力，2013 年度净资产不低于申请财政补助资金总额的 2 倍，资产负债率低于 65%。项目单位必须依托有一定技术及推广力量的机构利用部分项目资金（控制在项目财政资金总额的 8% 以内）开展技术推广、技术培训、品种改良等公益性服务，带动产业发展和农民增收。

农民合作社条件：2011 年 12 月 31 日以前在当地县级工商部门依法登记，取得农民合作社法人营业执照；成员人数 50 个以上，其中农民成员达到 80% 以上；所从事的产业应当符合农业部优势农产品区域布局规划和特色农产品区域布局规划，已经带动形成了当地主导产业；有规范的章程、健全的组织机构、完善的财务管理等制度；有独立的银行账户和会计账簿，建立了成员账户；可分配盈余按交易量（额）比例返还给成员的比例达到 60% 以上；与成员在市场信息、业务培训、技术指导和产品营销等方面具有稳定的服务关系，实现了统一农业投入品的采购和供应，统一生产质量安全标准和技术培训，统一品牌、包装和销售，统一产品和基地认证认定等"四统一"服务。

获得无公害农产品、绿色食品、有机食品认证标志或地理标识认证，获得中国农业名牌等知名商标品牌称号，以及产品出口获得外汇收入的，予以优先考虑。

⑤项目单位现有基地至少达到以下规模：果树郁闭密植改造要求果园树龄 20 年以下，面积 2 000 亩以上，以间伐和缩冠技术为主，果园改造任务完成后，要求果园覆盖率低于 85%，第二年基本恢复产量。老化低产低效茶园改造要求茶园树龄 25 年以上，规模 1 000 亩以上，改造后无性系茶树良种覆盖率不低于 90%。

⑥永久性建筑物用地须为自有土地，生产示范基地可为租赁或承包土地，租赁或承包合同剩余期限不少于 10 年。

（3）主要建设内容和投资规模

主要建设内容为生产性基础设施建设及相关仪器设备的购置，具体包括：处理（茶叶初制加工、果实采后处理）车间、储藏库（室）、检验室等生产性基础设施建设；排灌渠系、田间道路、土地平整、机井、蓄水池、积粪池等田间工程建设；输变电线路、电增容设备、围墙等生产性辅助设施建设；灌溉、温控、检验、加工等方面的仪器设备以及相应果（茶）园机械和农机具的购置等。其中用于土地平整和土壤改良的投资总额应控制在财政资金总额的30%以内，并从自筹资金中列支。

具体建设内容参见2014年度该专项任务与投资计划表和仪器设备指导清单。各类费用比例上限见附表1。

每个项目申请中央财政资金规模为200万元。地方财政配套资金和项目单位自筹资金比例参照国家农业综合开发有关政策和规定执行。鼓励项目单位加大自筹资金规模。

（4）附件

①企业须提供：地市级（含）以上农业产业化龙头企业或国家级扶贫龙头企业认定文件复印件；经中介机构审计的项目单位2012、2013年度财务报表（须包括资产负债表、损益表、现金流量表及财务报表附注）及审计报告；项目单位企业所得税税收缴款书或免税证明复印件；开户银行出具的存款证明、资信等级证书以及自筹资金承诺函；技术依托单位的基本情况及双方签订的正式协议书复印件或企业自身技术力量情况说明；现有试验示范用地及标准化生产示范基地土地使用证明或协议复印件；项目建设需占用土地的土地使用证明或协议复印件；建设地点规划设计平面图，单项工程设计平面图等。

②农民合作社须提供：营业执照（注册登记证书）及组织机构代码证；章程；各项管理制度（包括财务管理制度）；经中介机构审计的2012、2013年度财务报表（须包括资产负债表、损益表、现金流量表及财务报表附注）及审计报告；开户银行出具的存款证明以及自筹资金承诺函；现有良种繁育基地、试验示范用地及标准化生产示范基地土地使用证明或协议复印件；项目建设需占用土地的土地使用证明或协议复印件；建设地点规划设计平面图，单项工程设计平面图等；技术依托单位的基本情况及双方签订的正式协议书复印件或企业自身技术力量情况说明；获得的名特优产品证书，无公害农产品、绿色食品、有机食品或相应生产基地认证证书，地理标识认证证书，中国农业名牌等知名商标品牌证书，工商行政管理部门核准的产品注册商标证书复印件；获得的省、市级示范专业合作经济组织表彰的相关文件。

3. 果茶育繁推一体化种苗基地试点

（1）品种及区域重点

根据农业部发布相关规划，重点扶持位于优势区域（或重点区域）的苹果、柑橘、梨、葡萄、茶叶等种苗育繁推一体化种苗基地。符合条件的主产省限报1个。

（2）申报条件

①申报单位具有种苗育繁推一体化机制，是省级苗木繁育的主导企业，辐射带动能力强，促进周边群众增收作用显著。

②具有较高资信等级和较强自筹资金配套能力，资产结构和经营状况良好。上年度净资产不低于所申请财政补助资金总额的2倍，资产负债率低于65%。

③申报单位自有苗木繁育基地面积，果树项目要求700亩以上（含一定面积的种苗轮换地），茶叶项目300亩以上，具备相应的育苗设施设备和检测条件，经营状况良好。柑橘和苹果苗木繁育申报单位应有5年以上的苗木繁育经历。柑橘有一定面积的品种观察园、脱毒原种保存圃和一级脱毒采穗圃，前3年每年出圃柑橘容器苗50万株以上。苹果有一定面积的品种观察园、矮化砧木保存圃、品种母本园和采穗圃，前3年每年出圃3年生优质大苗50万株以上。梨和葡萄要有2年以上的苗木繁育经历。茶叶应有5年以上的茶苗繁育经历，每年育苗规模不低于200万株。项目建成后，果树项目要求年育苗规模不低于500万株，茶叶不低于500万株。

④具有专业的苗木生产、和质量检验人员各2名以上。有开展技术推广、技术培训等公益性

服务的能力。

　　⑤永久性建筑物用地须为自有土地，良种繁育基地可为租赁或承包土地，租赁或承包合同剩余期限不少于 10 年。

　　（3）建设内容和投资控制规模

　　果树项目主要建设内容为原种圃（包括母本园、采穗增殖圃）、苗圃、种苗繁育基地生产性基础设施建设及相关仪器设备的购置。茶叶项目主要建设内容为品种园（资源圃）、母本园（采穗圃）、繁育圃、品种试验及生产示范园、茶叶初制加工场所、种苗繁育基地生产性基础设施建设及相关仪器设备的购置，具体包括：

　　①土建工程：温室、大棚、网室、处理车间、储藏库（室）、组培室、检验室、农机库房、配电室、锅炉房、晒场（营养土发酵场）等土建工程及相关的附属配套设施。

　　②田间工程：排灌渠系、田间道路、土地平整、机井、蓄水池、积粪池等田间工程建设；输变电线路、电增容设备、围墙等生产性辅助设施建设。

　　③仪器设备：灌溉设备、育苗设备、温控设备、检验及茶叶加工等方面的仪器设备以及相应农机具、植保器械和运输车辆的购置等。其中用于土地平整和土壤改良的投资总额应控制在财政资金总额的 30% 以内，并从自筹资金中列支。

　　具体建设内容参见 2014 年度该专项任务与投资计划表和仪器设备指导清单。各类费用比例上限见附表 1。

　　项目单位可根据实际情况，按照填平补齐的原则选择上述建设内容。每个项目申请中央财政资金规模为 500 万元。地方财政配套资金比例参照国家农业综合开发有关政策和规定执行。项目单位自筹资金不低于中央财政资金规模，鼓励申报单位加大自筹资金规模。

　　（4）附件

　　企业申报须提供：经中介机构审计的项目申报单位连续三年的财务报表（须包括资产负债表、损益表、现金流量表及财务报表附注）及审计报告；项目申报单位企业所得税税收缴款书或免税证明复印件；开户银行出具的存款证明、资信等级证书以及自筹资金承诺函；种子种苗经营许可证复印件，企业自身技术力量情况说明；现有良种繁育基地、试验示范用地及标准化生产示范基地土地使用证明或协议复印件；项目建设需占用土地的土地使用证明或协议复印件；建设地点规划设计平面图，单项工程设计平面图等。

　　（5）其他

　　果茶育繁推一体化种苗基地试点项目实行专家评审＋集中答辩的申报方式，项目申报单位要做好相关答辩准备。具体事宜另行通知。

二、优势特色示范项目

　　2015 年农业综合开发优势特色示范项目要贯彻落实党的十八届三中全会和中央 1 号文件精神，执行好国家农业综合开发相关政策规定，按照农业部发布的《特色农产品优势区域布局规划（2013—2020 年）》确定的特色产品优势区域布局，围绕优势特色产品的开发和保护，着眼筑牢优势特色产业和农业产业化基础，良种优先、综合开发，根据农业综合开发"一县一特"产业布局和发展需要，统筹规划、科学布局，促进形成各具特色的优势产业。建成一批区域骨干性、示范指导性项目，突出示范性和引导性，为农业综合开发提供示范和服务。

（一）畜禽良种繁育项目

1. 品种及区域重点

扶持国家级和省级畜禽遗传资源保护目录中畜禽品种的开发利用，以开发促保护，其中国家级畜禽遗传资源保护名录的 159 个畜禽品种优先。

2. 申报条件

（1）以完善畜禽良种扩繁体系为主，重点扶持已有基础的扩建或续建项目。

（2）项目具有良好的经济效益，且辐射带动能力强，促进周边群众增收作用显著。

（3）项目单位应具有种畜禽经营许可证，许可经营范围应包含申报品种。

（4）项目单位须为 2011 年 12 月 31 日之前注册成立且注册资本在 300 万元（含）以上，并从事国家级或省级畜禽遗传资源保护目录中畜禽品种经营的企业和农民合作社。新疆生产建设兵团团场申报条件参照执行。

（5）项目单位资产结构及经营状况良好，具有较强的资金筹措能力。2013 年度净资产不低于申请财政补助资金总额的 2 倍，资产负债率低于 65%。

（6）永久性建筑物用地须为自有土地，良繁基地可为租赁或承包土地，租赁或承包合同剩余期限不少于 10 年。

（7）项目单位必须依托有一定技术及推广力量的机构利用部分项目资金（控制在项目财政资金总额的 8% 以内）开展技术推广、技术培训、品种改良等公益性服务。

3. 主要建设内容和投资规模

主要建设内容为畜禽良种繁育基地生产性基础设施建设、良种引进及相关仪器设备的购置，具体包括：棚舍、孵化厅、兽医室、采精室、质检室、胚胎室、药浴池、库房、加工车间、青贮窖等生产性基础设施建设；场区道路、污水处理池、输变电线路、电增容设备、围墙等生产性辅助设施建设；生产、污水处理、质检（医疗）等方面的仪器设备以及种禽、种畜、胚胎引进等。

具体建设内容参见 2014 年度该专项任务与投资计划表和仪器设备指导清单。各类费用比例上限见附表 1。

每个项目申请中央财政资金规模 200 万元。地方财政配套资金和项目单位自筹资金比例参照国家农业综合开发有关政策和规定执行。

4. 附件

（1）种畜禽生产经营许可证；省级（含）以上畜禽遗传资源保护目录文件。

（2）项目单位营业执照复印件或事业单位法人证书复印件。

（3）经中介机构审计的项目单位 2012、2013 年度财务报表（须包括资产负债表、损益表、现金流量表及财务报表附注）及审计报告；项目单位企业所得税税收缴款书或免税证明复印件；项目单位开户银行出具的存款证明以及项目单位自筹资金承诺函。

（4）项目单位现有繁育基地、养殖设施情况及仪器设备清单（须注明具体规格、数量、单价等）；现有基地土地使用证明或协议复印件；技术依托单位的基本情况及双方签订的正式协议书复印件或企业自身技术力量情况说明。

（5）项目建设需占用土地的土地使用证明或协议复印件；建设地点规划设计平面图，单项工程设计平面图等。

（二）水产品苗种繁育及养殖示范场项目

1. 品种及区域重点

重点建设大宗品种、优势品种和地方特有品种为重点的水产苗种繁育基地及健康养殖示范场项目。

2. 申报条件

（1）水产苗种繁育基地具有较强的苗种繁育能力，项目具有良好的经济效益。健康养殖示范场辐射带动能力较强，在促进周边农民群众增收方面作用显著。

（2）项目单位须为有一定实力和带动能力的渔业企业和农民合作社，2011年12月31日之前注册成立且注册资本在300万元（含）以上，市场信誉、资产结构及经营状况良好，具有A级（含）以上资信等级（未申请过银行贷款的企业除外）和较强的资金筹措能力；2013年度净资产不低于申请财政补助资金总额的2倍，资产负债率低于65%。省级（含）以上农业产业化龙头企业或国家级扶贫龙头企业同等条件下优先扶持。新疆生产建设兵团团场和广东省农垦总局农场申报条件参照执行。

（3）项目单位必须依托有一定技术及推广力量的机构利用部分项目资金（控制在项目财政资金总额的8%以内）开展技术推广、技术培训、品种改良等公益性服务。

（4）项目单位在主营品种的生产和研究等方面具有一定工作基础。申报苗种繁育项目的单位须拥有固定的苗种繁育基地。

（5）项目单位必须已取得《水域滩涂养殖使用证》，申报水产良种繁育项目的单位同时还应取得《水产苗种生产许可证》。

（6）永久性建筑物用地须为自有土地，养殖池塘等生产设施用地可为租赁或承包土地，租赁或承包合同剩余期限不少于10年。建设内容为在现有基础上进行改扩建。

3. 主要建设内容和投资规模

鱼池（网箱）、孵化设施、育苗温室、质检室、饲料加工车间、库房、蓄水池、排灌渠系、机井等生产性基础设施建设；场区道路、净化池、输变电线路、电增容设备、围墙等生产性辅助设施建设；生产、加工、质检、水处理等仪器设备购置以及苗种引进等。

具体建设内容参见2014年度该专项任务与投资计划表和仪器设备指导清单。各类费用比例上限见附表1。

每个项目申请中央财政资金200万元。地方财政配套资金和项目单位自筹资金比例参照国家农业综合开发有关政策和规定执行。

4. 附件

（1）项目单位营业执照复印件；如为省级（含）以上农业产业化龙头企业或国家级扶贫龙头企业还须提供认定文件复印件。

（2）经中介机构审计的项目单位2012、2013年度财务报表（须包括资产负债表、损益表、现金流量表及财务报表附注）及审计报告；项目单位企业所得税税收缴款书或免税证明复印件；项目单位开户银行出具的存款证明和A级（含）以上资信等级证书（未申请过银行贷款的企业不需提供），以及项目单位自筹资金承诺函。

（3）项目单位水域滩涂养殖使用证和苗种生产许可证等有关证明材料复印件。

（4）项目单位现有繁育基地、养殖设施情况及仪器设备清单（须注明具体规格、数量、单价等）；现有基地土地使用证明或协议复印件；技术依托单位的基本情况及双方签订的正式协议书复印件或企业自身技术力量情况说明。

（5）项目建设需占用土地的土地使用证明或协议复印件；建设地点规划设计平面图，单项工程设计平面图等。

（三）秸秆养畜项目

1. 秸秆养畜示范项目

（1）区域重点

黄淮海肉牛肉羊优势产业带、东北肉牛奶牛优势产业带为重点区域，西北、西南肉牛肉羊集中生产地区为次重点区域。

（2）申报条件

①秸秆青贮、黄贮工作基础好，有区域扶持政策的地区优先考虑，支持肉牛、肉羊养殖发展的项目优先考虑。

②肉牛、奶牛、肉羊中小规模养殖场户数量多，标准化规模养殖发展较快，建设区域相对集中。

③项目单位为农民合作社或标准化规模养殖企业。

④农民合作社条件：2012年12月31日以前在当地县级工商部门依法登记，取得农民合作社法人营业执照；成员户数50户以上，其中农民成员达到80%以上；经营状况良好，净资产不低于申请项目财政资金总额的50%；有规范的章程、完善的管理制度、健全的监督机构；有独立的银行账户和会计账簿，建立了成员账户，实行独立的会计核算；财务管理和收益分配制度健全，对成员实行盈余返还的优先考虑；获得省、市级示范专业合作经济组织表彰的、地方政府扶持农民合作社发展的优先考虑。项目单位依托技术支撑机构利用部分项目资金（控制在项目财政资金总额的6%以内）开展技术推广培训工作。

⑤标准化规模养殖企业条件：2011年12月31日以前在当地县级工商部门依法登记，注册资本1 000万元（含）以上，现有肉牛存栏1 500头以上或奶牛存栏800头以上或肉羊存栏6 000只以上，省级（含）以上农业产业化龙头企业或国家级扶贫龙头企业优先扶持；资产结构及经营状况良好，具有较强的资金筹措能力，2013年度净资产不低于申请财政补助资金总额的2倍，资产负债率低于65%。项目单位依托技术支撑机构利用部分项目资金（控制在项目财政资金总额的6%以内）开展技术推广培训工作。

（3）建设模式

①农民合作社：项目单位负责养殖场户选择、可研报告编制、项目管理等工作；养殖场户具体承担项目建设。每个参与项目建设的养殖场户肉牛或奶牛存栏应达到20头以上，或者肉羊存栏达到100只以上。

②标准化规模养殖企业：以申报企业为主实施项目建设，申报企业也可组织与其具有紧密利益联结机制的农民合作社及其成员，共同实施项目建设内容，做大产业规模，提升产业整体竞争力。

（4）主要建设内容和投资规模

主要建设内容包括青贮池（项目青贮池建设总规模不小于14 000立方米，单体青贮池建设规模不小于200立方米）和养殖场草料库房（用于贮存以裹包、压块或制粒等形式制成的秸秆饲料），购置秸秆处理机械、小型饲料加工机械和秸秆处理物资，购买种公羊、冻精、细管和胚胎，新建、改建养殖基础设施，开展科技推广培训等，具体建设内容参见《秸秆养畜示范项目任务与投资计划表》。项目中用于养殖基础设施建设和改良体系建设的资金应当主要使用自筹资金；使用财政资金的，使用额度不得超过财政资金总额的30%。改良体系建设的资金只允许购买种公羊、冻精、细管和胚胎，且投资额度不得超过财政资金总额的**20%**。如项目区因气候、地理、环境等因素制约，不适于修建大型青贮池的，可相应减少青贮池建设任务，并以建设养殖场草料库房替代。项目建成后，青贮池和养殖场草料库房的秸秆饲料贮存能力应达到10 000吨以上。有养殖场草料库房建设内容的，应在可研报告中详细说明建设原因和具体建设方式。

每个项目可申请中央财政资金200万元。地方财政配套资金和项目单位自筹资金比例参照国家农业综合开发有关政策和规定执行。

（5）附件

农民合作社须提供：①营业执照；②组织机构代码证；③章程；④各项管理制度（包括财务管理制度）；⑤经中介机构审计的2012年、2013年度财务报表（包括资产负债表、损益表、现金流量表及财务报表附注）；⑥审计报告；⑦开户银行出具的存款证明；⑧项目建设需占用土地的土地使用证明或土地租赁协议复印件（自2014年计，协议有效期不少于10年）；⑨项目自筹资金承诺函；⑩农民合作社与技术支撑机构签订的委托科技推广协议书复印件（协议书中应明确技术推广培训的时间、对象和内容）。每个建设地点均应提供土地使用证明文件和养殖场户自筹资金承诺函。

标准化规模养殖企业须提供：①企业营业执照复印件；②经中介机构审计的2012年、2013年度的财务报表（包括资产负债表、损益表、现金流量表及财务报表附注）；③审计报告；④项目单位企业所得税税收缴款书或免税证明复印件；⑤企业开户银行出具的存款证明；⑥项目单位现有繁育基地、养殖设施情况及仪器设备清单（须注明具体规格、数量、单价等）；⑦项目建设需占用土地的土地使用证明或土地租赁协议复印件（自2014年计，协议有效期不少于10年），如项目有多个建设地点，每个建设地点均应提供土地使用证明文件；⑧项目单位自筹资金承诺函；如项目建设涉及项目单位以外的养殖场户，还应提供每个养殖场户的自筹资金承诺函；⑨建设地点规划设计平面图和单项工程设计平面图；⑩项目单位与技术支撑机构签订的委托科技推广协议书复印件（协议书中应明确技术推广培训的时间、对象和内容）。如申报单位为省级以上农业产业化龙头企业或国家级扶贫龙头企业，还须提供认定文件复印件。

2. 秸秆青黄贮饲料专业化生产示范项目

（1）区域重点

黄淮海肉牛肉羊优势产业带、东北肉牛奶牛优势产业带为重点区域。

（2）申报条件

①秸秆青贮、黄贮工作基础好，有区域扶持政策的地区优先考虑。

②肉牛、奶牛、肉羊规模养殖场户数量多，标准化养殖基础较好，区域养殖业发展潜力大。

③企业条件：地市级以上农业产业化龙头企业，2011年12月31日以前登记注册，注册资本1 000万元（含）以上，从事饲料生产的企业优先扶持，资产结构及经营状况良好，具有较强的资金筹措能力；2013年度净资产不低于申请财政补助资金总额的2倍，资产负债率低于**65%**。项目单位依托技术支撑机构利用部分项目资金（控制在项目财政资金总额的**6%**以内）开展技术推广培训工作。

（3）主要建设内容和投资规模

秸秆青黄贮饲料专业化生产示范项目主要建设内容包括建设青贮池（建设规模不小于15 000立方米，不采用青贮工艺的企业除外），购置秸秆处理机械和物资，建设秸秆饲料加工厂房、厂区道路和库房，开展科技推广培训等，具体建设内容参见《秸秆养畜示范项目任务与投资计划表》。项目建成后，年秸秆加工能力不少于 10 000 吨。项目建设中用于秸秆饲料加工厂房、厂区道路和库房等设施建设的资金应主要从自筹资金中列支。

每个项目可申请中央财政资金 200 万元。地方财政配套资金和项目单位自筹资金比例参照国家农业综合开发有关政策和规定执行。

（4）附件

①企业营业执照复印件；②经中介机构审计的 2012 年、2013 年度财务报表（包括资产负债表、损益表、现金流量表及财务报表附注）；③审计报告；④项目单位企业所得税税收缴款书或免税证明复印件；⑤企业开户银行出具的存款证明；⑥项目单位自筹资金承诺函；⑦项目建设需占用土地的土地使用证明或土地租赁协议复印件（自 2014 年计，协议有效期不少于 10 年）；⑧建设地点规划设计平面图和单项工程设计平面图；⑨项目单位与技术支撑机构签订的委托科技推广协议书复印件（协议书中应明确技术推广培训的时间、对象和内容）；⑩地市级以上农业产业化龙头企业认定文件复印件。

十、其他

1. 关于 2016 年度北京市自然科学基金
重点研究专题项目申报的通知

关于 2016 年度北京市自然科学基金重点研究专题项目申报的通知

京科基金字〔2016〕5 号

　　为推动科技创新与首都经济社会发展紧密结合，通过基础研究的突破，引领和带动技术创新，依据《北京市自然科学基金管理办法》和北京市自然科学基金委员会五届十五次常务工作会、五届八次全委会的决议，我办将开展 2016 年度北京市自然科学基金重点研究专题申报工作。重点研究专题主要针对民生保障与改善中的热点问题、城市建设与管理中的难点问题以及战略新兴产业中的重点任务，开展相关应用基础研究，为上述领域实现跨越发展提供切实的源头创新支撑。

　　为做好 2016 年度重点研究专题的申请工作，现发布《2016 年度北京市自然科学基金重点研究专题项目申请须知》（附件 1）和《2016 年度北京市自然科学基金重点研究专题项目指南》（附件 2）。

　　本重点研究专题申请采用离线填报方式（申请书模板见附件 3、4），请于 2016 年 3 月 15 日 16：00 前将纸质（一式八份，其中至少一份为原件）和电子版申请材料报送到北京市自然科学基金委员会办公室。

　　联系人：王新　　郭凤桐

　　联系电话：66155774　　66182442

　　地　　址：海淀区四季青路 7 号院 2 号楼 311 室

　　附件：

　　1. 2016 年度市基金重点研究专题项目申请须知

　　2. 2016 年度市基金重点研究专题项目指南

　　3. 2016 年度重点研究专题项目申请书

　　4. 2016 年度重点研究专题课题申请书

北京市自然科学基金委员会办公室

2016 年 1 月 25 日

　　来源：http://www.bjnsf.org/nsf_tzgg/201601/t20160126_10346.html

附件1

2016年度市基金重点研究专题项目
申请须知

重点研究专题项目是北京市自然科学基金资助项目的组成部分，主要资助科技人员在指定领域内开展创新性的科学技术研究。2016年度重点研究专题项目主要支持永定河流域生态修复和面向慢病管理的移动健康服务关键技术两个领域，每个领域资助经费不超过100万元，资助项目起始时间为2016年7月1日，项目实施周期不超过3年。

一、重点专题项目申请事项

1. 研究内容

研究内容应涉及相关领域项目指南中的全部研究方向，不受理针对某个领域项目指南部分研究方向的申请。

2. 组织形式

为汇聚创新力量，鼓励首都地区高等院校、科研院所、医院、企业等单位中的科学技术人员组成团队，申请重点研究专题项目。

明确1人为团队负责人，统筹项目的申请与实施，团队负责人所在单位为主持单位。团队负责人可根据需要设置课题，每个课题指定1人作为申请人，其所在单位为课题申请单位，课题申请单位数量原则上不超过4个。项目主持单位和课题申请单位须为在基金办注册的依托单位。

3. 团队组成

团队负责人应具有高级专业技术职务（职称），且具有较高的学术造诣、扎实的前期工作基础、较好的组织协调能力和较强的凝聚力。团队成员应具有合理的专业结构，所涉及学科分支均应配备具有一定学术造诣和较扎实研究基础的研究骨干，成员之间有团队合作精神。

团队负责人、课题申请人及参与人不受北京市自然科学基金申请人管理规定限制。

4. 项目申请

项目主持单位及课题申请单位应当按照《北京市自然科学基金管理办法》和重点研究专题项目申请通知要求，组织申请工作。下设课题的重点研究专题项目除填写重点研究专题项目申请书外，每个课题还需填写重点研究专题项目课题申请书。项目主持单位及课题申请单位应当对申请书的真实性和完整性进行审核。

在研究过程中按国家有关规定应履行相关程序的，需提供相关证明材料。

二、评审事项

重点研究专题项目的评审遵循公开、公平、公正的原则，坚持尊重科学、发扬民主、激励创新、促进合作、凝聚资源、服务首都的工作方针，参照市基金"三审一定"的工作程序进行。

初步审查：基金办依据申请通知、项目指南及本须知的要求进行初步审查，确定受理项目。

会议评审：经过初步审合格的项目进入会议评审。基金办聘请领域专家组成评审组，通过申请人答辩、领域专家评审，以记名投票表决的方式每个领域选择2个项目进入现场评估。

现场评估：基金办组织专家组到项目主持单位和课题申请单位进行现场评估，评估内容主要为项目主持单位和课题申请单位的团队情况、研究基础及实验条件等。现场评估后，由专家组确定每个领域的资助项目 1 项。

常务工作会议审定：基金办将评审情况向北京市自然科学基金委员会常务工作会议汇报，由常务工作会议确定资助项目。

三、项目管理

重点研究专题项目管理参照《基金管理办法》、《北京市自然科学基金项目管理办法》执行，资助经费管理参照《北京市自然科学基金项目资助经费管理办法》执行。

附件 2

2016 年度市基金重点研究专题
项目指南

一、永定河流域生态修复的研究

概　述：

永定河水系贯穿京津冀三地，在空间格局上天然地将京津冀联结成为一个完整的陆地生态系统，形成了三地山水相连、经济相依、生态无界的区域发展内在属性。水利部着手制定"六河五湖"综合治理与生态修复总体方案，永定河是"六河"之一，开展该流域水-生态-经济系统综合研究，对京津冀协同发展具有重要意义。

总体目标：

本重点研究专题以永定河流域为研究区，认识人类活动影响下流域生态-水文过程相互作用机制，揭示生物个体、群落、生态系统、流域等尺度下生态系统演化规律，确立以水量、水质、生物多样性、植被结构等为要素的生态修复目标，为建立耦合生态、社会、经济的流域修复模式提供基础理论和科技支撑。

研究方向：

（1）人类活动影响下永定河流域生态系统的生态-水文响应及其机制研究

（2）永定河流域溪流生态学研究

（3）永定河流域生态修复目标与修复模式研究

二、面向慢病管理的移动健康服务关键技术

概　述：

移动互联网、穿戴计算与装置的日益发展以及针对老年、慢病患者等特殊人群的健康监测和管理的需求，催生了移动健康服务创新产品的开发。开展移动互联网＋健康服务中的前沿和共性问题研究，对推进首都相关产业发展具有重要意义。

总体目标：

本重点研究专题以面向慢病管理的移动健康服务为场景应用，从基础理论、方法与技术入手，开展健康信息检测与监测、数据组织与挖掘、可穿戴设备与智能终端等方面研究，为构建移

动健康服务保障体系、技术规范、数据标准提供理论基础。

研究方向：

（1）高灵敏度、高精度、可穿戴的人体生理、生化、运动等信号的获取

（2）基于大数据、云计算等技术，面向慢病管理的人体健康数据的分析、处理、解释和利用

（3）面向海量接入、异构网络、低功耗的健康信息传输与管理

（4）便携或可穿戴健康装置用电源关键技术研究

附件 3

申报编号	项目编号	申报领域

2016 年度重点研究专题项目申请书
（重点研究专题项目）

项目名称：_____

团队负责人：_____

办公电话：_____

手　　机：_____

电子邮箱：_____

主持单位：_____

邮政编码：_____

通信地址：_____

填写日期：_____

北京市自然科学基金委员会办公室制

二〇一四年

填表说明

一、填报申请书前，请登陆北京市自然科学基金网站（http：//www.bjnsf.org），查阅市自然科学基金的有关管理规定。请认真填写申请书各项内容，填写时须注意科学严谨、实事求是、表达明确。外来语应用中文和英文同时表达，第一次出现的缩写词，须注出全称。

二、申请书为 A4 纸版面，申请书正文要求宋体 5 号字，双面打印，于左侧装订成册，一式八份（至少一份为原件），报送北京市自然科学基金委员会办公室。

三、简表说明

1. 简表内容：采用国家公布的标准简化字填写。

2. 项目名称：要确切反映研究内容，字数最多不超过 30 字（60 字符）。

3. 项目主持单位及课题申请单位：须按单位公章填写全称。

4. 依托实验室：系指研究项目将利用的实验室，仅填写国家重点实验室或部、委、北京市批准的部门开放实验室。

5. 申请金额：用阿拉伯数字表示，以万元为单位，小数点后取两位。

6. 起止年月：起始时间为 2016 年 7 月 1 日，项目实施周期不超过 3 年。

7. 不得随意更改申请书中表格内容。

一、简表

团队负责人信息	姓名（中文）		姓名（拼音）	
	性别		民族	
	出生日期		电子邮箱	
	办公电话		手机	
	专业技术职务（职称）		最高学位	
	最高学位授予单位			
	研究领域			
主持单位	单位名称		单位类别	
	隶属关系		邮政编码	
	通信地址			
	联系人		联系电话	
	传真		电子邮箱	
课题申请/合作单位	单位名称		联系人	联系电话
项目基本信息	项目名称（中文）			
	项目名称（英文）			
	课题名称1（中文）	（如有）		
	课题名称1（英文）			
	课题名称2（中文）	（如有）		
	课题名称2（英文）			
	··········			
	依托实验室			
	起止年月	年 月至 年 月	申请金额	万元

二、专题研究团队主要成员概况（含团队负责人、课题申请人及研究骨干）

序号	姓名	出生日期	身份证号	专业技术职务（职称）	最高学位	专业	项目分工	年工作月数	工作单位	签字
1										
2										
3										
4										
5										
6										
7										
8										
9										
10										

三、项目经费预算

1. 项目经费预算总表

单位：万元

申请资助总金额			
支出计划明细	支出科目	金额	支出内容及计算依据
	1. 科研业务费		
	（1）测试/计算/分析		
	（2）能源/动力费		
	（3）会议/差旅费		
	（4）出版物/文献/信息传播费		
	（5）其他		
	2. 实验材料费		
	（1）原材料/试剂/药品购置费		
	（2）其他		
	3. 仪器设备费		
	（1）购置		
	（2）试制		
	4. 实验室改装		
	5. 协作费		
	6. 管理费（＝5%）		
	7. 津贴费（＝10%）		

注：列支范围详见《北京市自然科学基金项目资助经费管理办法》

2. 课题 1 经费预算表

单位：万元

	课题名称		
	课题申请单位		
	申请课题资助金额		
	支出科目	金额	支出内容及计算依据
支出计划明细	1. 科研业务费		
	（1）测试/计算/分析		
	（2）能源/动力费		
	（3）会议/差旅费		
	（4）出版物/文献/信息传播费		
	（5）其他		
	2. 实验材料费		
	（1）原材料/试剂/药品购置费		
	（2）其他		
	3. 仪器设备费		
	（1）购置		
	（2）试制		
	4. 实验室改装		
	5. 协作费		
	6. 管理费（＝5%）		
	7. 津贴费（＝10%）		

课题 2 经费预算表

单位：万元

	课题名称		
	课题申请单位		
	申请课题资助金额		
	支出科目	金额	支出内容及计算依据
支出计划明细	1. 科研业务费		
	（1）测试/计算/分析		
	（2）能源/动力费		
	（3）会议/差旅费		
	（4）出版物/文献/信息传播费		
	（5）其他		
	2. 实验材料费		
	（1）原材料/试剂/药品购置费		
	（2）其他		
	3. 仪器设备费		
	（1）购置		
	（2）试制		
	4. 实验室改装		
	5. 协作费		
	6. 管理费（＝5%）		
	7. 津贴费（＝10%）		

四、申请书正文

参照以下提纲撰写，要求内容详实、清晰，层次分明，标题突出（题目用黑体四号字，正文用宋体五号字）。

（一）立项依据（不超过 5 000 字）

1. 研究意义

2. 国内外研究现状分析及存在问题

3. 参考文献

参考文献格式：论文：作者，题目，刊名，年份，卷（期），起止页码；

专著：作者，书名，出版者，年份。

（二）对首都经济建设和社会发展的作用（不超过 1 000 字）

详细论述该项目对首都经济建设和社会发展可能做出的贡献，并阐述实际应用可能产生的经济效益和社会效益，特别是预期研究成果应用推广转化前景方面的作用。

（三）研究内容（不超过 1 500 字）

1. 研究目标

列举出项目实施的总体目标。

2. 主要研究内容

此部分是专家评审的重要依据，请详细阐述。

3. 拟解决的关键问题

指该项目研究的瓶颈问题，一般对应项目目标，请详细阐述如何解决这些关键问题。

（四）项目创新点（不超过 500 字）

（五）研究方案（不超过 2 000 字）

1. 主持单位、课题申请单位及合作单位工作任务分工

2. 研究方法及实验手段

3. 技术路线及关键技术

（六）预期研究结果（不超过 1 500 字）

围绕项目研究目标，阐述达到的预期进展、研究结果和对相关领域、行业发展的影响及促进作用。如有专利、软件、样机、论著等方面内容也需做相关说明。

（七）年度目标和年度研究计划（不超过 1 000 字）

第　年度（201　年）

1. 年度目标

分年度列举出项目实施目标，每个目标用一句话归纳，然后用一段话详细阐述。

2. 年度研究计划

详细论述年度研究计划，并说明各年度研究计划之间的联系。

（八）研究基础（不超过2 000字）

1. 主持单位研究基础
2. 课题申请单位/合作单位研究基础
3. 研究条件

（九）项目成员简介（不超过1 500字）

列出团队负责人、课题申请人及研究骨干的学历和研究工作简历，近5年来取得的主要科研成果，获得的学术奖励情况及在本项目中承担的任务。

（十）团队合理性分析（不超过3 000字）

对项目团队成员知识结构的合理性进行论证，提供团队协作情况说明（例如，开展例会、讨论等情况），对主持单位与课题申请单位/合作单位的研究开发实力及开展实质性合作研究的能力进行分析，并重点说明团队的创新能力与合作基础。

五、团队负责人保证

我保证上述填报内容的真实性。如果获得资助，我与本研究团队成员将严格遵守北京市自然科学基金委员会的有关规定，切实保证研究工作时间，按计划认真开展研究工作，按时报送有关材料。

团队负责人（签字）：

年　月　日

六、单位审查意见

（一）主持单位审查意见：

我单位已按填报说明对申请人进行了资格审查，对申请书内容进行了审核，并保证在项目获得资助后将做到以下几点：

(1) 保证在研究计划实施所需的人力、物力和工作时间等方面给予支持。

(2) 严格遵守北京市自然科学基金委员会有关资助项目管理、财务管理等各项规定。

(3) 督促项目团队负责人和本单位项目管理部门，按北京市自然科学基金委员会的规定，及时报送有关报表和材料。

需要说明的其他问题：

单位负责人（签字或签章）：　　　　　　　　单位（公章）：

年　月　日

（二）课题申请单位/合作单位审查意见：

我单位同意参加研究，保证对参加研究的人员的时间及工作条件进行支持，督促其按计划完成所承担的任务（若有其他问题请说明）。

单位（公章）

年　月　日

附件 4

申报编号	项目编号	申报领域

2016 年度重点研究专题课题申请书
（重点研究专题项目－课题）

项 目 名 称：_____

团队负责人：_____

课 题 名 称：_____

课 题 申 请 人：_____

办 公 电 话：_____

手　　　　机：_____

电 子 邮 箱：_____

课题申请单位：_____

邮 政 编 码：_____

通 信 地 址：_____

填 写 日 期：_____

北京市自然科学基金委员会办公室制

二〇一四年

填表说明

一、填报申请书前，请登陆北京市自然科学基金网站（http：//www. bjnsf. org），查阅市自然科学基金的有关管理规定。请认真填写申请书各项内容，填写时须注意科学严谨、实事求是、表达明确。外来语应用中文和英文同时表达，第一次出现的缩写词，须注出全称。

二、申请书为 A4 纸版面，申请书正文要求宋体 5 号字，双面打印，于左侧装订成册，一式八份（至少一份为原件），报送北京市自然科学基金委员会办公室。

三、简表说明

1. 简表内容：采用国家公布的标准简化字填写。

2. 项目名称：要确切反映研究内容，字数最多不超过 30 字（60 字符）。

3. 单位名称：须按单位公章填写全称。

4. 依托实验室：系指研究项目将利用的实验室，仅填写国家重点实验室或部、委、北京市批准的部门开放实验室。

5. 申请金额：用阿拉伯数字表示，以万元为单位，小数点后取两位。

6. 起止年月：起始时间为 2016 年 7 月 1 日，项目实施周期不超过 3 年。

7. 不得随意更改申请书中表格内容。

一、简表

课题申请人信息	姓名（中文）		姓名（拼音）	
	性别		民族	
	出生日期		电子邮箱	
	办公电话		手机	
	专业技术职务（职称）		最高学位	
	最高学位授予单位			
	研究领域			
课题申请单位情况	单位名称		单位类别	
	隶属关系		邮政编码	
	通信地址			
	联系人		联系电话	
	传真		电子邮箱	

课题合作单位	单位名称	联系人	联系电话

课题基本信息	课题名称（中文）			
	课题名称（英文）			
	依托实验室			
	起止年月	年 月至 年 月	申请金额	万元

二、课题研究团队主要成员概况（含课题申请人）

序号	姓名	出生日期	身份证号	专业技术职务（职称）	最高学位	专业	项目分工	年工作月数	工作单位	签字
1										
2										
3										
4										
5										
6										
7										
8										
9										
10										

三、课题经费预算表

单位：万元

支出计划明细	申请课题资助金额		
	支出科目	金额	支出内容及计算依据
	1. 科研业务费		
	（1）测试/计算/分析		
	（2）能源/动力费		
	（3）会议/差旅费		
	（4）出版物/文献/信息传播费		
	（5）其他		
	2. 实验材料费		
	（1）原材料/试剂/药品购置费		
	（2）其他		
	3. 仪器设备费		
	（1）购置		
	（2）试制		
	4. 实验室改装		
	5. 协作费		
	6. 管理费（≤5%）		
	7. 津贴费（≤10%）		

注：列支范围详见《北京市自然科学基金项目资助经费管理办法》。

四、申请书正文

参照以下提纲撰写，要求内容详实、清晰，层次分明，标题突出（题目用黑体四号字，正文用宋体五号字）。

（一）立项依据（不超过5 000字）

1. 研究意义（含本课题在重点研究专题项目中的作用）

2. 国内外研究现状分析及存在问题

3. 参考文献

参考文献格式：论文：作者，题目，刊名，年份，卷（期），起止页码；

专著：作者，书名，出版者，年份。

（二）对首都经济建设和社会发展的作用（不超过1 000字）

详细论述该课题对首都经济建设和社会发展可能做出的贡献，并阐述实际应用可能产生的经济效益和社会效益，特别是预期研究成果应用推广转化前景方面的作用。

（三）研究内容（不超过1 500字）1. 研究目标

列举出课题实施的目标。

2. 主要研究内容

此部分是专家评审的重要依据，请详细阐述。

3. 拟解决的关键问题

指该课题研究的瓶颈问题，一般对应课题目标，请详细阐述如何解决这些关键问题。

（四）项目创新点（不超过500字）

（五）研究方案（不超过1 000字）

1. 研究方法及实验手段

2. 技术路线及关键技术

（六）预期研究结果（不超过1 500字）

围绕课题研究目标，阐述达到的预期进展、研究结果和对相关领域、行业发展的影响及促进作用。如有专利、软件、样机、论著等方面内容也需做相关说明。

（七）年度目标和年度研究计划（不超过1 000字）

第　年度（201　年）

1. 年度目标

分年度列举出课题实施目标，每个目标用一句话归纳，然后用一段话详细阐述。

2. 年度研究计划

详细论述年度研究计划，并说明各年度研究计划之间的联系。

（八）研究基础（不超过2 000字）

1. 课题申请单位研究基础
2. 课题合作单位研究基础
3. 研究条件

（九）课题成员简介（不超过1 500字）

列出课题申请人及研究骨干的学历和研究工作简历，近5年来取得的主要科研成果，获得的学术奖励情况及在本课题中承担的任务。

五、课题申请人保证

我保证上述填报内容的真实性。如果获得资助，我与本课题成员将严格遵守北京市自然科学基金委员会的有关规定，切实保证研究工作时间，按计划认真开展研究工作，按时报送有关材料。

课题申请人（签字）：

年　月　日

六、单位审查意见

（一）课题申请单位审查意见：

我单位已按填报说明对申请人进行了资格审查，对申请书内容进行了审核，并保证在课题获得资助后将做到以下几点：

（1）保证在研究计划实施所需的人力、物力和工作时间等方面给予支持。

（2）严格遵守北京市自然科学基金委员会有关资助项目管理、财务管理等各项规定。

（3）督促课题申请人和本单位项目管理部门，按北京市自然科学基金委员会的规定，及时报送有关报表和材料。

需要说明的其他问题：

单位负责人（签字或签章）：　　　　　　　　　单位（公章）：

年　月　日

（二）合作单位审查意见：

我单位同意参加研究，保证对参加研究的人员的时间及工作条件进行支持，督促其按计划完成所承担的任务（若有其他问题请说明）。

单位（公章）

年　月　日

2. 关于组织申报国家重点研发计划试点专项 "化学肥料和农药减施增效综合技术研发" 和 "七大农作物育种" 2016 年度第一批项目的通知

关于组织申报国家重点研发计划试点专项 "化学肥料和 农药减施增效综合技术研发" 和 "七大农作物育种" 2016 年度第一批项目的通知

各有关单位：

根据《科技部关于发布国家重点研发计划试点专项 2016 年度第一批项目申报指南的通知》（国科发资〔2015〕384 号），为做好 "化学肥料和农药减施增效综合技术研发" 和 "七大农作物育种" 试点专项项目的申报及推荐工作，按照科技部相关要求，现将我市有关工作通知如下：

一、请有关单位严格按照《科技部关于发布国家重点研发计划试点专项 2016 年度第一批项目申报指南的通知》（下载地址 http://www.most.gov.cn）要求进行申报。

二、项目申报内容应紧密结合国家重点研发计划部署，紧密结合北京技术创新行动计划，紧密结合北京国家现代农业科技城建设。

三、请各单位结合本单位的优势和条件，首先进行网上填报，将网上生成的项目申报书加盖公章并装订成册，将项目申报书（四套）报送至市科委农村发展中心（北京市海淀区曙光花园中路 11 号北京农科大厦 B 座 11 层 1101 室项目管理部），截止时间为 2015 年 12 月 21 日下午 5：00。

四、申报材料受理后，市科委将组织专家组对项目进行审核，对通过审核的项目予以推荐。

特此通知。

北京市科学技术委员会

2015 年 11 月 18 日

联系人：市科委农村发展中心：王迪、刘佳 联系电话：51502358

市科委农村处：马金旺　联系电话：66173907

安永德　联系电话：66153402

来源：http://www.bjkw.gov.cn/n8785584/n8904761/n8904870/n8917781/10436579.html

3. 关于组织开展2016年度北京市科普项目社会征集工作的通知

关于组织开展2016年度北京市科普项目社会征集工作的通知

京科发〔2015〕541号

各有关单位：

为深入实施创新驱动发展战略，推动北京全国科技创新中心建设，营造"大众创业 万众创新"的新局面，贯彻落实"政府引导、社会参与、多元投入、注重实效"的工作方针，积极调动首都丰富的科技、教育、文化资源参与科普工作，切实提升公众科学素质，依据《北京市科学技术普及条例》的有关要求，开展2016年度北京市科普项目社会征集工作。现就有关事宜通知如下：

一、征集时间

2015年11月17日—2015年12月17日

二、申报单位

北京市行政区域内注册的法人单位，具备完善的财务、档案和保密管理制度，符合市科委对承担单位的信用要求。

三、征集内容

科普项目社会征集内容包括：科普产品研发、科普展厅建设、科普影视作品制作、科普图书作品编撰、科学探索实验室等5类项目，具体征集内容详见《2016年度北京市科普项目社会征集指南》（以下简称《指南》，见附件1）。

四、申报方式

请于2015年11月17日—12月17日登录北京科普工作网（http://www.bjkepu.org.cn）"社会征集申报系统"在线填报《北京市社会征集科普项目建议方案》（填写要求见附件2）。请申报单位将材料及相关附件填写齐全，并按时报送纸质材料。

五、评审方式

评审分为初审和终审两个阶段，市科委将组织专家按照公开、公平、公正的原则进行评审，择优支持。评审结果将在市科委网站、北京科普工作网进行公示，公示期七天。

六、有关说明及注意事项

1. 自项目启动之日起，须在一年内完成项目确定的目标和内容。

2. 必须以独立法人为单位统一申报，并承诺纳入申报单位的科普工作计划。

3. 申报单位应如实填报相关信息，按要求及时报送有关材料，弄虚作假或逾期不报者按自动退出处理。

4. 申报单位须承诺申报项目创作出版及开发中均无知识产权、版权等纠纷，若发生相关纠纷由项目申报单位负责。

5. 同一单位同一年度申报的项目数量不超过 2 项，已承担北京市科委科普专项项目但未按期结题的单位不能进行申报。

七、联系方式

1. 科普产品研发项目
联系人：张晶晶　联系电话：66157089 - 8002
2. 科普展厅建设项目
联系人：常越　联系电话：66153426
3. 科普影视作品制作项目
联系人：祖宏迪　联系电话：66157059 - 8006
4. 科普图书作品编撰项目
联系人：周笑莲　联系电话：66154519 - 8001
5. 科学探索实验室建设项目
联系人：刘玲丽　联系电话：66157089 - 8008
6. 网上申报技术咨询
联系人：赵淼淼、王玉珮
联系电话：62236708
报送地址：北京市海淀区四季青路 7 号院 2 号楼 109 室收（邮政编码：100195）。
特此通知。
附件：1. 2016 年度北京市科普项目社会征集指南
　　　2. 北京市社会征集科普课题建议方案（2016 版）
　　　3. 北京市科技计划专项（任务）经费预算申报材料

北京市科学技术委员会

2015 年 11 月 16 日

来源：http://www.bjkw.gov.cn/n8785584/n8904761/n8904870/n8917781/10435418.html

附件1

2016 年度北京市科普项目社会征集指南

为深入实施创新驱动发展战略，推动全国科技创新中心建设，营造"大众创业、万众创新"的新局面，贯彻落实"政府引导、社会参与、多元投入、注重实效"的工作方针，北京市科委面向社会公开征集 2016 年科普项目。为了指导申报单位做好项目的申报与实施工作，特制定《2016 年度北京市科普项目社会征集指南》。

一、征集目的

北京市科普项目公开征集工作，旨在鼓励社会力量包括企业、高校、科研院所和社会组织利用自身优势参与科普事业，有效培育科普品牌，在全社会不断弘扬科学精神、普及科学知识、传播科学思想和科学方法，并为进一步加强北京市科普工作能力建设、开创科普工作新局面、提升公众科学素质做出积极贡献。

二、征集原则

1. 符合《中华人民共和国科普法》、《北京市科学技术普及条例》的要求，有助于推动"全国科技创新中心建设"、贯彻《京津冀协同发展规划纲要》。

2. 紧密结合国家及北京市社会、经济、科技发展的热点问题、民生科技问题，有助于在全社会培育创新、协调、绿色、开放、共享的发展理念，对加强北京市科普能力建设和提高公众科学素质有重要促进作用。

3. 符合"2016 年度北京市科普项目社会征集指南"的资助方向、内容和要求的项目。

4. 突出自主创新的原则。项目选题富有创意，具有创新性。应用前景良好，经济效益、社会效益显著。

5. 现有工作的基础条件较强，一年内可以完成项目确定的目标。

6. 鼓励申报单位配套项目资金。

7. 项目完成后，项目执行单位应接受北京市科委认定的会计师事务所对其项目经费使用等情况的审计。

三、征集对象

北京市行政区域内注册的法人单位，具备完善的财务、档案和保密管理制度，符合市科委对承担单位的信用要求。

四、征集范围

本年度征集项目分 5 类，包括：科普产品研发、科普展厅建设、科普影视作品制作、科普图书编撰、科学探索实验室建设。

（一）科普产品研发

1. 征集范围

用于科普教育的教具研发；用于科普展览展示的互动展品研发。

2. 申报要求

（1）申报单位应结合本单位资源进行设计，已完成脚本、设计方案与实施方案文本和可行性论证。须以学科知识为支撑，充分利用多种现代展示技术及创意设计手法，突出互动参与，强调首创性、教育性、独特性、新颖性，主题鲜明、内容充实，体现科技含量。受众能够通过对本产品感知、体验，获取相关的信息和知识。顾问团队须包含技术专家与科普专家。

（2）科普教具研发，研发的科普教具应为青少年课外教育的内容，不得与中小学课堂教育教具重复，须提供教具名称、教具实物照片或效果图、教具里面蕴含的科学思想和理论的说明，附适合青少年年龄段或学龄段的说明。

（3）互动展品研发须提供展品名称、展品实物照片或效果图、展品展示（表现）的科学概念与科学方法的说明材料，提供展板（或标牌）设计图及展板（或标牌）文字文本、展览及展品开发所利用的各项具体技术的说明。针对的目标人群的说明等。

（4）须优先在本市范围内推广应用，对于能够形成产业化的科普产品优先支持。

3. 资助额度

综合申报单位经费预算、专家论证结果及财务预算合理性确定，最高资助额度不高于50万元。

（二）科普展厅建设

1. 征集范围

（1）鼓励企业、高校、研究院所等单位利用本单位科技、科普资源优势新建面向公众开放的科普展厅。

（2）北京市科普基地展教的提升与创新。

2. 申报要求

（1）体现面向公众开放的现代科普教育理念，关于科学知识、科学思想和科学方法的教育内容，培育青少年的创造力和想象力，培养青少年的应用能力。

（2）新媒体技术的运用，进一步推动深化教育，鼓励展教同步开发，注重参与、互动、体验的科普教育形式。

（3）须提供已完成规划设计方案、展览脚本、设计图、经费预算，以及通过专家组的可行性论证文件（专家组意见表），自筹经费落实到位证明，开放制度和运营管理计划等。

（4）明确互动展品的数量，提供展品展示的科学概念与科学方法的详细说明，展览与展品开发所利用的各项具体技术的说明。展览的编创、设计与制作主体和团队要具有相当的科普工作实力或资质，须建立包含有领域科学家与科普专家组成的顾问团队。

（5）新建科普展厅要求：展览理念创新，科普内容应以展示本单位的科学研究、生产与工艺流程的科技创新为主线。展厅用房要求：1）土建工程已经完工或展厅用房已经落实，并设为常设性科普展厅所在地。2）自主用房需提供房产证明复印件，非自主用房需提供10年以上的租赁合同复印件。3）须具备适宜开展经常性科普活动的基本建设条件与公共服务配套设施，公共交通便利。4）申报单位为高等院校、科研院所、医疗机构、公园等相关机构的，使用面积不低于300平方米的独立用房，申报单位为企业的，使用面积不低于1 000平方米独立用房。

3. 资助额度

综合申报单位经费预算、专家论证结果及财务预算合理性确定，最高资助额度不高于100万元。

（三）科普影视作品制作

1. 征集范围

原创科普电影、电视剧节目（电视片）、微视频与动漫。

2. 内容要求

（1）保证内容不违反国家及北京市的法律法规及政策。

（2）保证科学知识、科学原理的准确性。事件、事物的解释要有严谨的学科知识支撑。

（3）通俗易懂，有助于启发和提高公众对科学的兴趣，便于公众理解、接受科学知识。

（4）在构思、表达方式与表现手段上，具有思想性、艺术性、新颖性、独创性与一定的首创性，充分体现科技与艺术的融合，体现时代特征和北京特色。

3. 申报要求

（1）申报项目须导向正确、内容科学，艺术构思成熟。创作主体和团队需具备相应的资质，并具有相当的创作实力和从业经验。须建立领域科学家与科普专家组成的顾问团队。

（2）申报项目若为多方联合申报的，要提供相关合作协议复印件。

（3）申报电影（含3D、4D、穹幕电影）项目的，须已完成电影剧本创作，并列入拍摄计划，提交《电影剧本（梗概）备案回执单》或《摄制电影许可证（单片）》复印件，提供编剧授权证明复印件。科普电影须首先在北京地区影院放映，专用于科技场馆放映的科普电影须首先在北京地区科技场馆放映并提供放映的场馆名称及放映计划。

（4）申报电视剧节目（电视片）项目的，须已完成剧本或电视节目脚本创作，并列入拍摄计划，提供《电视剧（电视片）拍摄制作备案公示表》复印件。由影视单位申报的，须提供编剧授权证明复印件。首播媒体必须为北京地区的电视台。

（5）申报动画影视项目的，除提交以上影视项目的申报材料外，还要完成主体分镜头脚本、主要角色和场景设计（三维动画须完成建模和贴图）初稿。

（6）原创微视频与动漫作品，时长为3~5分钟，以科学普内容为主题，内容短而精，兼具科学性、知识性、趣味性、艺术性。须完成作品创意，并提供样片。

4. 资助额度

综合申报单位经费预算、财务预算合理性、专家论证结果，科普电影最高资助额度不高于100万元；3D/4D/穹幕电影、电视剧（电视片）最高资助额度不高于50万；微视频与动漫单集最高资助额度不高于5万，系列最高资助额度不高于30万。

（四）科普图书编撰

1. 征集范围

（1）待出版的原创科普图书和国外优秀科普图书的翻译出版，采用预先资助的形式，资助初版。

（2）已出版的科普图书，采用后补贴形式，资助再版或重印。

2. 内容要求

（1）图书内容应具有科学性、思想性和启发性，能做到概念清晰、逻辑严谨、伦理正确；对相关事件和过程的解释要有事实依据和学科知识的支撑；不得出现有违国家及北京市相关法规政策的表述。

（2）编创工作在构思上和表现方式与手法上具有新颖性、艺术性、独创性，体现时代感。

（3）语言表述上，要通俗易懂，有助于启发、提高公众对科学的兴趣和关注，提升公众科技素养。

3. 申报要求

（1）待出版科普图书：

原创图书至少完成60%以上初稿，提供作者的简介和科普创作经历。

翻译作品至少完成60%以上译稿，提供原作者简介、翻译者简介，以及引进出版该书的价值的说明内容。并附著译者资质证明材料。

作品的第一次发行量不低于5 000册（套）。

出版单位须为北京地区的出版机构。申报单位为非出版机构的，须与出版机构签订正式出版协议。引进图书须已取得汉译出版权。

鼓励出版机构与科研院所、高等院校等科研机构联合申报。

创作主体和团队具有相当的创作实力和资质，须建立领域科学家与科普专家组成的顾问团队。

（2）已出版科普图书：

出版单位须为北京地区的出版机构，每家出版机构至多可申报两种图书作品。

须为2011年1月1日以后出版，累计发行量不低于2万册，并在2016年有继续发行的计划并提供出版社出具的再版或重印协议。

须提供已出版科普图书再版或重印理由和价值的论证。

未获得过市财政科普专项资金资助。

获得省部级以上奖励的优先支持。

4. 资助额度

综合申报单位经费预算、专家论证结果及财务预算合理性确定。视项目规模和难易程度，初版图书单本资助额度不高于10万元，丛书总额度不高于30万元。再版或重印图书，资助额度不高于10万元。

（五）科学探索实验室

1. 征集范围

（1）本市中小学校。

（2）北京市科普基地。

2. 申报要求

（1）建设以培养青少年创新意识和实践能力为目的，以全市中小学生为主要对象，参与科学实验和实践活动为主要活动形式的经常性、便捷的固定科普活动场所，能够开展和学生年龄段科技能力相适应的科普活动，具备开设相关探究式课程的师资资源。

（2）科学探索实验室具有明确的主题，须为实际使用面积不小于50平方米的独立用房。须提供科学探索实验室的规划设计方案、科学探索实验室配备相关设备、器材和工具清单或规划。

（3）建立实验室活动管理制度，能够经常性开展多种形式的科技教育活动，不断提高学生的科学素养。

（4）科学探索实验室工作制度健全、活动经常、特色突出，有系统的科学教育计划和方案，在所在区县有一定影响力。

3. 资助额度

综合申报单位经费预算、专家论证结果及财务预算合理性确定，每个单位资助额度不高于30万元。

北京市科学技术委员会

2015年11月

附件 2

课题编号：　　　　　　　　密级：

北京市社会征集
科普课题建议方案

（2016 年度版）

建 议 课 题 名 称：_____

申 报 类 别：_____

课 题 承 担 单 位：_____

市科委主管处室：　　科技宣传与软科学处_____

起 止 年 限：　　年　月　日至　年　月　日__

北京市科学技术委员会制

课题承担单位基本信息		
单位名称		
组织机构代码	隶属关系	
上级主管单位名称 （一级法人）		
单位类型	企业注册经济类型	
单位地址		
注册地所属区县	注册时间	
邮政编码	单位传真	
电子邮箱		
高新证书号	所在高技术开发区	
单位负责人	联系方式	
单位科技管理 部门负责人	联系方式	
课题负责人	联系方式	
财务负责人	联系方式	
联系人	联系方式	
市科委认定研发机构批准号		

课题基本信息		
课题所属技术领域	课题所属学科	
课题类型	课题服务行业	
课题所处阶段类型	课题主要技术的来源类型	
成果预期表达形式	技术创新类型	

填写说明

一、填表前，请仔细阅读《北京市科学技术委员会 2016 年度北京市科普项目社会征集指南》、《北京市科技专项管理办法》、《北京市科技计划项目（课题）经费管理办法》。

二、"建议方案"填写要求，选项类填写的内容须在相应备选项中进行唯一（单项）选择，具体内容如下：

1. "所属类别"备选项：

（1）科普产品研发；（2）科普展厅建设；（3）科普影视作品制作；（4）科普图书作品编撰；（5）科学探索实验室。

2. "单位性质"备选项：

（1）企业；（2）事业单位；（3）社会团体；（4）其他。

（注："事业单位"分：高等院校、科研院所、科普场馆、其他另，事业单位，请注明类型（自收自支、差额补贴、全额补贴）。

3. "单位隶属关系"备选项：

（1）中央单位；（2）市属单位；（3）区县单位；（4）军事单位；（5）其他。

三、建议方案表中，凡无需填写的条款，就在该条款填写的空白处划（／）表示。

四、在线填写时，要求建议方案各栏目填写信息正确、完整，经系统检查通过方可提交。

一、课题的目的、意义及必要性

（明确说明课题的设立背景、主题、相应依据以及实施的意义，阐述课题立项与国家相关战略、规划的适应性，以及与《践行"北京精神"在全社会大力弘扬和培育创新精神的若干意见》、《全民科学素质行动计划纲要》、《北京技术创新行动计划》等北京市科普工作相关战略、规划中工作任务内容的适应性。）

二、课题相关行业、领域国内外研究发展现状、趋势以及本单位在相关领域的工作基础

在阐述课题相关行业、领域国内外研究发展现状、趋势以及本单位在相关领域的工作基础的基础上，不同类别项目还需上传以下文件：
1. 科普产品研发类：上传科普产品的脚本、总体设计图和设计方案（其中包括展览脚本、展示大纲、展品的具体内容）；须上传通过可行性论证文件的复印件。须上传展览优先在北京市科普基地进行展示的地点、时间的证明材料（须加盖展览所在地单位的公章）。
2. 科普展厅建设类：展厅建设的工作基础，展厅用房的土建完工情况，或用房已经落实的情况。单位自筹经费情况，以及该项目的设计方案等组织专家论证的情况。
3. 科普影视作品制作类：须上传电影（含 3D、4D、穿幕）、电视剧（电视片）创作剧本；动画影视项目还须有主体分镜头本、主要角色和场景设计（三维动画须完成建模和贴图）的初稿。2）须上传《摄制电影许可证（单片）》复印件或《电视剧（电视片）拍摄制作备案公示表》复印件，微视频与动漫须上传播出计划及证明。由影视单位申报的，须上传编剧授权证明复印件。3）须上传不超过 3 分钟时长的样片；4）申报项目若为多方联合申报的，要上传相关合作协议文件复印件。5）须上传放映地点、放映时间的清单。
4. 科普图书作品编撰类：待出版科普图书须上传初步创作书稿或翻译书稿或 60% 的创作书稿或翻译稿。须上传正式出版协议复印件。已出版科普图书须上传荣誉证明、再版证明以及封面、封底、目录和样章。
5. 科学探索实验室类：上传规划方案和设计方案和独立用房的证明（其中包括开发的具体内容的设计内容等）；对于实验室建在基地须上传共建协议（须上传课程计划）。

三、课题任务与目标、考核指标

1. 课题任务：（课题任务应明确科普工作在解决实际问题中的责任和完成工作的范围、界限，即课题全部工作和成果的整体描述。市科普专项经费和自筹经费的具体用途说明）
2. 课题目标：（课题目标内容应完整、明确，并能够考查课题完成的程度和实际效果。包括定性、定量两个部分，定性的内容应概括课题预期效果的几个方面，定量的内容应说明预期效果的程度和范围。填写项目完成所达到的预期效果和社会效益。）
3. 考核指标：（考核指标应体现课题目标预期完成程度和水平，以及对课题各项研究开发内容预期完成情况的考核。指标体系应系统、完整，客观可检查。）（目标、考核指标应可查、可测、可看，具有成果的依附形式或载体。目标、考核指标的设置应在充分理解课题任务分解的基础上确定，具有系统性、完整性、切实符合对课题的要求。）
请按不同申报类别采用下面的考核指标说明（注：各类别在填写时须保留以下结构）
（1）科普产品研发
1）须明确展品和展板（或标牌）数量，提供展品名称、展品实物照片或效果图、展品展示（表现）的科学概念与科学方法的说明材料，提供展板（或标牌）设计图及展板（或标牌）文字文本、展览及展品开发所利用的各项具体技术的说明、针对的目标人群的说明。
2）提供相关展品的技术指标。
3）展品使用说明手册。
4）提供展品使用的介绍资料（每件展品提供不同角度及公众使用的 5 张 2M 以上的照片；1 分钟以上的展品介绍短片。）
5）在展览、展品明显位置设置："北京市科学技术委员会科普专项经费资助"字样及 LOGO 的铭牌；至少 500 字的展品介绍。
6）成果归属：市科委与承担单位共同享有，市科委有优先调用权。
7）须明确承诺参加北京科技周主场展示，并组织不少于 3 次以上相关的活动。

（2）科普展厅建设

1）科普展厅建设的完成情况，填写具体的量化指标，以及面向公众的开放制度。

2）明确互动展品的数量，以及各项具体技术说明，

3）提供科普场的简介不少于 500 字。（不少于 10 张 2M 以上的照片，包括展厅全景、各区域局部、展品、模型、设施设备等内容）。

4）科普场馆内要明确标注："北京市科学技术委员会科普专项经费资助"字样及 LOGO。

5）须承诺科普场馆内可移动的科普展品和展项参加北京科技周主场展示。

6）须承诺在科普场馆验收后主动申报北京市科普基地。

（3）科普影视作品制作

1）提供相关作品的考核指标。

2）在影片的片尾或明显位置、宣传材料和光盘的开头、结尾和光盘封面上明确标注："北京市科学技术委员会科普专项经费资助"字样及 LOGO 。

3）提供的成果实物形式按《指南》须说明具体的播放介质、格式，并提供相应的实物 10 套。

4）成果归属：市科委与承担单位共同享有或市科委有优先用于科普活动的使用权。

5）须明确承诺参加北京科技周主场展示。

（4）科普图书编撰

待出版科普图书：

1）标明为正式出版物。

2）明确出具体发行数量（不能低于《指南》规定的 5 000 册（套）印数）并提供不少于 600 册（套）的实物。

3）出版物封面明显标注："北京市科学技术委员会科普专项经费资助"字样及 LOGO。

4）须提供图书的封面、封底以及目录和内容简介。

5）成果归属：市科委与承担单位共同享有。

6）翻译作品提供原作者简介与翻译者简介。

7）须明确承诺参加北京科技周主场展示。

已出版科普图书：

1）明确出具体发行数量并提供不少于 600 册（套）的实物。

2）在出版物封面标注："北京市科学技术委员会科普专项经费资助"字样及 LOGO。

3）须提供图书的封面、封底以及目录和内容简介。

4）须提供累计发行量 2 万册以上的证明材料。

5）若有获奖，须提供获得奖励等荣誉的证明材料。

6）成果归属：市科委与承担单位共同享有。

7）须明确承诺参加北京科技周主场展示。

（5）科学探索实验室

1）详细的设计规划方案。

2）实验室面积说明，配备的相关设备、器材和工具清单及相应的技术指标说明。

3）提供实验室所在地理位置和交通路线（附图）；提供加盖公章的不少于 50 平方米的实验室用房的证明材料一份。

4）实验室具有明确的主题或研究方向，管理制度健全、活动计划明确、具备开设相关探究式课程的师资资源。

5）实验室建设纳入学校或科普基地工作计划，有系统的科学教育计划和方案。

6）实验室明确标注"北京市科学技术委员会科普专项经费资助"字样及 LOGO。

7）须承诺实验室内可移动的展项参加北京科技周主场展示。

四、课题研究开发内容
（课题主要研发内容、关键技术及创新点，对完成课题目标和考核指标的充要性。须按《指南要求》、按申报类别填写） 1. 科普产品研发 须填写展览脚本大纲文本详细内容、设计方案详细内容 2. 科普展厅建设 1）填写详细的科普展厅主题、面积、位置和交通路线。详细的规划设计方案，及展览脚本、设计图等。 2）科普展厅开放制度和运营管理计划等。 3. 科普影视作品制作 须填写5 000字以上的脚本详细内容梗概（含创作目的、脚本构想、主题追求、人物小传、动画影视项目还须有主体分镜头本、主要角色和场景设计（三维动画须完成建模和贴图）的初稿）。 4. 科普图书作品编撰 待出版科普图书：须填写5 000字以上的创作详细内容梗概。 已出版科普图书：图书目录，样章。 5. 科学探索实验室 须填写详细的规化展示内容、设计方案详细内容
五、课题技术方案与技术路线
1. 技术方案与技术路线 （依据课题任务要求，结合国内外技术发展和本单位实际情况确定，论证前应充分分析和阐述技术方案与技术路线，对不同方案和路线加以比较和论证说明。） 2. 课题组织实施与管理措施 （课题的组织管理和协调措施应能保障课题的正常实施；应能落实课题实施所需配套条件；应明确填写课题负责人能切实履行的课题管理职责；须明确介绍落实课题任务所需的研究团队、创作编辑制作团队、实验教学团队、顾问团队、开放制度、讲解人员与讲解词内容和配套仪器设备等的具体情况；须明确填写一套完善的课题管理制度。） 3. 课题委托任务（需另附委托或合作协议） （如有委托研究的任务，受托单位确保委托任务完成的措施；如有多家单位承担课题任务，阐明课题的任务分工及相应的目标和考核指标。）
六、课题进度计划安排（课题应按季度填写计划进度与阶段目标，阶段任务目标应明确、可考核，并能够满足项目及相关课题计划进度的要求）

七、课题经费预算（预算附加说明并明确按支出科目明细安排）（按照 2016 年北京市科技计划专项（任务）经费预算申报材料）

1. 课题经费来源：　　　　　　　　　　　　　　　　　　　　　　　　单位：万元

经费支出预算　　　　　　　　　　　　　　　　　　　　　　　　　　单位：万元

	科目	市财政科技经费	其他来源
直接费用	设备费		
	材料费		
	测试化验加工费		
	燃料动力费		
	国际合作与交流费		
	差旅费		
	会议费		
	档案出版、文献信息传播、知识产权事务费		
	劳务费		
	咨询费		
	其他费用		
间接经费	间接费用		
	其中：　绩效支出		
	合　计		

2. 仪器设备购置费用明细：（单价在 5 万元以上，含 5 万元）

名　称	型　号	数　量	金　额	资金来源	购买时间	主要用途

3. 课题研究所需的配套条件及来源

（与课题研究相关的其他仪器设备等共享性资源、承担单位的保障措施，包括承诺的研发队伍、匹配资金、研发设备和场地、课题管理等支撑条件。要充分考虑经济、技术等方面的可行性。）

八、课题实施的风险分析及规避预案

（风险含市场风险、技术风险、政策风险、管理风险等，风险分析需说明有可能存在的风险。）

九、预期成果形式、知识产权归属与管理

预期成果形式：已正式出版的图书作品；可放映的×××集或×××部影视片；×××平方米面积、有×××件或套展项、展线有×××米的展厅；×××件（套）展品或装置、展线有×××米、占地面积为×××平方米的1套主题式互动展览。

成果归属：市科委与承担单位共同享有或北京市科委有优先调用权。

须承诺项目创作出版及开发中发生的知识产权纠纷由项目申请单位自负。

注：×××指预期完成的实际数量，须按申请类别填写。

十、课题完成后的经济社会效益分析及成果推广方案

（课题完成后的经济社会效益分析应与"课题的目的、意义及必要性"相对应。成果推广方案应明确课题成果的应用推广领域、拟采取的具体推广措施或推广计划等。）

十一、课题承担单位、参加单位、课题负责人、课题组人员（可另加页）（必填项）

1. 课题承担单位名称

2. 课题参加单位

单位名称	主要任务分工

3. 课题负责人（课题负责人应从课题承担单位产生）

姓　名		性　别	
出生年月		身份证号	
学　历		是否留学归国人员	
技术职称		从事专业	
职　务		电话	
传　真		手机	
邮政编码		电子信箱	
通讯地址			
主要业绩			

4. 课题组人员（必填项）

姓名	性别	出生年月	身份证号	技术职称	职务	学历	从事专业	主要分工	工作单位

十二、签署意见及承诺

1. 课题负责人
意见：

承诺：
我将严格遵守《北京市科技计划项目（课题）管理办法》和《北京市科技项目经费管理办法》的各项规定，根据本课题实施方案，认真组织课题实施，完成课题任务目标。

课题负责人：（签字）

年　月　日

2. 课题承担单位
意见：

承诺：
我单位将认真履行《北京市科技计划项目（课题）管理办法》和《北京市科技项目经费管理办法》的各项规定，对课题研究提供保障和支持，对课题经费使用进行监督，督促课题组按计划完成预期目标。

单位负责人（签字）

（公章）

年　月　日

十三、审核意见

项目负责人意见：
（不填）

项目负责人：（签字）

（主持单位公章）

年　月　日

市科委主管处室意见：

处长：（签字）

（公章）

年　月　日

附件 **3**

2016 年北京市科技计划专项（任务）经费预算申报材料

预算专项名称：科学技术普及专项

任务名称：

任务承担单位（盖章）：

单位性质：

任务联系人（签字）：

联系电话：

一、任务合同总体预算情况

经费支出预算				单位：万元
		科目	市财政科技经费	其他来源
直接费用		设备费		
		材料费		
		测试化验加工费		
		燃料动力费		
		国际合作与交流费		
		差旅费		
		会议费		
		档案出版、文献信息传播、知识产权事务费		
		劳务费		
		咨询费		
		其他费用		
间接经费		间接费用		
	其中：	绩效支出		
		合　计		

二、2016 年分项预算（只填写市财政科技经费）

1. 设备费，预算总额：　　万元

名称	数量	单位	规格	单价（元）	总额（万元）	科技经费（万元）
总计						

2. 材料费，预算总额：　　万元

序号	种类	用途	数量	单价（万元）	总额（万元）	科技经费（万元）
总计						

3. 测试化验加工费，预算总额：　　万元

序号	项目名称	委托机构名称	主要工作内容	数量	单价（万元）	总额（万元）	科技经费（万元）
总计							

（需要签订合同、协议）

4. 燃料动力费，预算总额：　　万元

序号	项目名称	主要工作内容	数量	单价（万元）	总额（万元）	科技经费（万元）
1						
2						
3						
总计						

5. 国际合作与交流费，预算总额： 万元

序号	合作机构名称	工作内容	发生费用明细	总额（万元）	科技经费（万元）
1					
2					
总计					

6. 差旅费，预算总额： 万元

序号	调研目的	参加人数	地点	时间	交通方式	食宿标准	总额（万元）	科技经费（万元）
1								
2								
总计								

7. 会议费，预算总额：万元

序号	会议目的	参加人数	地点	时间（天）	食宿标准（元/天）	总额（万元）	科技经费（万元）
1							
2							
3							
4							
总计							

8. 档案出版、文献信息传播、知识产权事务费，预算总额： 万元

序号	种类	名称	数量	单价（元）	总额（万元）	科技经费（万元）
1						
2						
3						
4						
5						
总计						

9. 劳务费，预算总额： 万元

序号	人员分类	姓名	专业	单位	状态（人员是否在职）	职称	补助标准（元/天）	工作时间（月）	总额（万元）	科技经费（万元）
1										
2										
3										
4										
总计										

10. 咨询费，预算总额： 万元

序号	会议目的	参加人数	地点	咨询费标准	天数	总额（万元）	科技经费（万元）
1							
2							
3							
总计							

11. 其他费用，预算总额：万元

序号	名称	用途	数量	单价（万元）	总额（万元）	科技经费（万元）
1						
2						
总计						

（原则没有列支，如果有支出，需在任务书中注明）

12. 间接费用，预算总额： 万元

序号	名称	用途	数量	单价（万元）	总额（万元）	科技经费（万元）
1	间接费用					
	其中：绩效支出					
总计						

4. 关于开展北京市科普基地复核及
2016 年度科普基地申报工作的通知

关于开展北京市科普基地复核及 2016 年度科普基地申报工作的通知

各区县科委、科协、各有关单位：

为进一步推动北京市科普基地建设，积极调动首都丰富的科技、教育、文化资源参与科普工作，切实提升公众科学素质，按照《北京市科普基地管理办法》的规定，市科委、市科协组织开展北京市科普基地复核及 2016 年度科普基地申报工作。现将有关事项通知如下：

一、科普基地复核要求

（一）复核范围

经市科委和市科协命名北京市科普基地，命名周期为 2013—2015 年的。

（二）申报方式

2015 年 11 月 19 日—2015 年 12 月 18 日，登录北京科普工作（http://www.bjkepu.org.cn），进入"科普基地申报系统"，在"基地复核"栏目在线填报。

（三）提交材料

1. 在线填报科普基地工作情况；
2. 在线上传相关附件材料；
3. 在线上传《承诺书》。

（四）复核评审

市科委组织科普专家对申报材料进行评审，评审结果将在市科委网站、北京科普工作网进行公示，公示期 7 天。

（五）其它要求

请各市科普基地认真重视本次复核工作，填报内容真实、准确。科普基地复核材料及《承诺书》只须在线报送，无需报送书面材料。

二、2016 年度科普基地申报要求

（一）申报范围

在本市行政区域内登记或注册的法人单位均可申报市科普基地。

（二）申报方式

2015 年 11 月 19 日—2015 年 12 月 18 日

1. 登录北京科普工作网（http://www.bjkepu.org.cn）进入"科普基地申报系统"，在"基地申报"填写《北京市科普基地申请书》。

2. 中央在京及军队所属单位在线申报，由市科委直接审核。

3. 市科普工作联席会议成员单位下属的单位申报，由各委、办局审核通过后，报市科委审核。

4. 无上级主管部门的单位申报，由所在区县科委（科协）审核通过后，报市科委审核。

（三）提交材料

1. 在线填报《北京市科普基地申报书》；

2. 在线上传附件材料：单位法人证书或营业执照（须加盖公章）、单位相关资质证明、场地和仪器设备等有关证明；

3. 在线上传科普工作管理制度、科普工作总结和下一年计划，特色事迹介绍与时长 5 分钟的科普视频片。

（四）基地评审

市科委将组织专家进行评审和实地考察，评审结果将在市科委网站、北京科普工作网进行公示，公示期 7 天。

（五）其它要求

1. 请市科普工作联席会议成员单位及各区、县科委（科协）加强对本系统及属地科普资源的了解，积极推荐符合《北京市科普基地管理办法》的单位申报 2016 年度科普基地。

2. 新申报科普基地书面材料各一份，须送交上级主管部门或区、县科委（科协）填写推荐意见（中央在京及军队所属单位材料直接送交市科委），加盖上级主管部门或区、县科委（科协）公章后于 12 月 23 日前报送市科委。报送地址：北京市海淀区四季青路 7 号院 2 号楼 109 室。

三、命名与挂牌

对复核合格的科普基地，以及新命名的科普基地颁发北京市科普基地牌匾，命名周期为（2016—2018 年）。

四、联系方式

科普基地复核联系人：张岚

联系电话：64841457 或 64841458 - 851

市科委联系人：刘玲丽、常越

联系电话：66154518 - 8008、66153426

市科协联系人：张永锋

联系电话：84634995

特此通知。

附件：1. 北京市科普基地复核单位名单
      2. 《北京市科普基地管理办法》

北京市科学技术委员会

2015 年 11 月 19 日

来源：http://www.bjkw.gov.cn/n8785584/n8904761/n8904870/n8917781/10436976.html

附件1

北京市科普基地复核单位名单

序号	基地名称	单位名称	基地类别
1	中国科学技术馆	中国科学技术馆	教育基地
2	中国人民革命军事博物馆	中国人民革命军事博物馆	教育基地
3	中国地质博物馆	中国地质博物馆	教育基地
4	中国邮政邮票博物馆	中国邮政邮票博物馆	教育基地
5	中国消防博物馆	中国消防博物馆	教育基地
6	中国农业博物馆	全国农业展览（中国农业博物馆）	教育基地
7	中国电信博物馆	中国电信集团公司电信博物馆	教育基地
8	中国航空博物馆	中国航空博物馆	教育基地
9	中国古动物馆	中国古动物馆	教育基地
10	中国铁道博物馆（东郊馆）	中国铁道博物馆	教育基地
11	中国铁道博物馆（正阳门馆）	中国铁道博物馆	教育基地
12	詹天佑纪念馆	詹天佑纪念馆	教育基地
13	中国民兵武器装备陈列馆	中国民兵武器装备陈列馆	教育基地
14	中国印刷博物馆	中国印刷博物馆	教育基地
15	中国长城博物馆	中国长城博物馆	教育基地
16	中华航天博物馆	中华航天博物馆	教育基地
17	中国蜜蜂博物馆	中国农业科学院蜜蜂研究所	教育基地
18	中国化工博物馆	中国化工博物馆	教育基地
19	北京大学	北京大学	教育基地
20	清华大学	清华大学	教育基地
21	中国林业科学研究院	中国林业科学研究院	教育基地
22	中国儿童中心	中国儿童中心	教育基地
23	中国石油大学"物之理探索展示厅"	中国石油大学（北京）	教育基地
24	中国科学院高能物理研究所	中国科学院高能物理研究所	教育基地
25	北京市奥运村科普教育园区	中国科学院遥感应用研究所、国家天文台、中国科学院地理科学与资源研究所、中国科学院生物物理研究所、中国科学院遗传与发育生物学研究所、中国科学院微生物研究所、中国科学院动物研究所、中国科学院心理研究所	教育基地

（续表）

序号	基地名称	单位名称	基地类别
26	中国科学院植物研究所（北京植物园）	中国科学院植物研究所	教育基地
27	北京药用植物园	中国医学科学院药用植物研究所	教育基地
28	太阳能热利用科技园	中国科学院电工研究所	教育基地
29	中国气象科技展厅	中国气象局气象宣传与科普中心	教育基地
30	国家电力科技展示中心	神华国华国际电力股份有限公司北京热电分公司	教育基地
31	院士著作馆	中国科学技术信息研究所	教育基地
32	北京自然博物馆	北京自然博物馆	教育基地
33	北京天文馆	北京天文馆	教育基地
34	首都博物馆	首都博物馆	教育基地
35	中国电影博物馆	中国电影博物馆	教育基地
36	大钟寺古钟博物馆	大钟寺古钟博物馆	教育基地
37	北京南海子麋鹿苑博物馆	北京麋鹿生态实验中心	教育基地
38	北京古代建筑博物馆	北京古代建筑博物馆	教育基地
39	北京市古代钱币展览馆	北京市古代钱币展览馆	教育基地
40	北京市大葆台西汉墓博物馆	北京市大葆台西汉墓博物馆	教育基地
41	北京市西周燕都遗址博物馆	北京市西周燕都遗址博物馆	教育基地
42	北京市辽金城垣博物馆	北京市辽金城垣博物馆	教育基地
43	北京文博交流馆	北京文博交流馆	教育基地
44	孔庙和国子监博物馆	孔庙和国子监博物馆	教育基地
45	正阳门	北京市正阳门管理处	教育基地
46	北京钟鼓楼	北京市钟鼓楼文物保管所	教育基地
47	北京自来水博物馆	北京自来水集团有限责任公司培训中心	教育基地
48	北京市规划展览馆	北京市规划展览中心	教育基地
49	坦克博物馆	中国人民解放军坦克博物馆	教育基地
50	北京通信电信博物馆	北京通信电信博物馆	教育基地
51	团城演武厅	北京市团城演武厅管理处	教育基地
52	北京中医药大学中医药博物馆	北京中医药大学中医药博物馆	教育基地
53	北京服装学院民族服饰博物馆	北京服装学院民族服饰博物馆	教育基地
54	北京工业大学科技与艺术博物馆	北京工业大学	教育基地
55	北京交通大学物理演示与探索实验室	北京交通大学	教育基地
56	北京农业职业学院绿色科技示范园	北京农业职业学院	教育基地
57	首都图书馆	首都图书馆	教育基地
58	北京御生堂中医药博物馆	北京御生堂中医药博物馆	教育基地
59	古陶文明博物馆	古陶文明博物馆	教育基地

（续表）

序号	基地名称	单位名称	基地类别
60	地球环境变迁与古生物演化博物馆	北京市地质矿产勘查开发局	教育基地
61	北京节水展馆	北京市节约用水管理中心	教育基地
62	北京海洋馆	北京利达海洋生物馆有限公司	教育基地
63	北京气象科普馆	北京市气象台	教育基地
64	北京古观象台	北京古观象台	教育基地
65	北京市计划生育宣教馆	北京市人口和计划生育宣传教育中心	教育基地
66	北京排水科普馆	北京排水集团职业技能培训学校	教育基地
67	北京急救科技馆	北京急救医疗培训中心	教育基地
68	北京市电力公司供电服务中心电力展示厅	北京市电力公司	教育基地
69	北京教学植物园	北京教学植物园	教育基地
70	北京动物园	北京动物园	教育基地
71	北京植物园	北京市植物园	教育基地
72	北京八达岭森林公园	北京八达岭森林公园	教育基地
73	北京市劳动保护科学研究所	北京市劳动保护科学研究所	教育基地
74	北京市营养源研究所	北京市营养源研究所	教育基地
75	北京市园林科学研究所	北京市园林科学研究所	教育基地
76	北京市理化分析测试中心	北京市理化分析测试中心	教育基地
77	北京市可持续发展科技促进中心	北京市可持续发展科技促进中心	教育基地
78	北京天卉苑花卉研究所	北京天卉苑花卉研究所	教育基地
79	北京消防教育训练中心	北京消防教育训练中心	教育基地
80	北京市疾病预防控制中心健康教育所	北京市疾病预防控制中心	教育基地
81	北京节能环保中心	北京节能环保中心	教育基地
82	北京 DRC 工业设计创意产业基地	北京工业设计促进中心	教育基地
83	G20 创新成果科普基地	北京生物技术和新医药产业促进中心	教育基地
84	首都医科大学附属北京安贞医院	首都医科大学附属北京安贞医院	教育基地
85	北京市口腔健康教育基地	首都医科大学附属北京口腔医院	教育基地
86	北京市禁毒教育基地	北京青少年服务中心（北京市禁毒教育基地管理中心）	教育基地
87	北京精准农业技术研究示范基地	北京农业信息技术研究中心	教育基地
88	毒品与艾滋病教育基地	北京市安康医院	教育基地
89	北京市水生野生动物救治中心	北京市水生野生动物救治中心	教育基地
90	北京地铁安全教育中心	北京市地铁运营有限公司	教育基地
91	索尼探梦科技馆	北京索明科普乐园有限公司	教育基地
92	Panasonic Center Beijing	松下电器（中国）有限公司北京展示分公司	教育基地

序号	基地名称	单位名称	基地类别
93	太平洋海底世界博览馆	太平洋海底世界博览馆有限公司	教育基地
94	新西兰富国海底世界	北京工体富国海底世界娱乐有限公司	教育基地
95	联想品牌体验中心	联想（北京）有限公司	教育基地
96	"垃圾的归宿"环保科普公园	北京环境卫生工程集团有限公司一清分公司	教育基地
97	北京天普太阳能工业有限公司	北京天普太阳能工业有限公司	教育基地
98	中国华录北京研发和产业基地	中国华录集团有限公司北京科技分公司	教育基地
99	王致和腐乳科普馆	北京二商王致和食品有限公司	教育基地
100	北京汽车博物馆	北京汽车博物馆	教育基地
101	周口店北京人遗址博物馆	周口店北京人遗址博物馆	教育基地
102	北京西瓜博物馆	北京市大兴区庞各庄镇人民政府	教育基地
103	北京郭守敬纪念馆	北京市西城区文物保护研究所	教育基地
104	北京王府井古人类文化遗址博物馆	北京王府井古人类文化遗址博物馆	教育基地
105	中国第四纪冰川遗迹陈列馆	中国第四纪冰川遗迹陈列馆	教育基地
106	北京市海淀区博物馆	北京市海淀区博物馆	教育基地
107	北京市通州区博物馆	北京市通州区博物馆	教育基地
108	永定河文化博物馆	永定河文化博物馆	教育基地
109	北京市东城区青少年科技馆	北京市东城区青少年科技馆	教育基地
110	北京市东城区崇文青少年科技馆	北京市东城区崇文青少年科技馆	教育基地
111	北京市西城区青少年科技馆	北京市西城区青少年科技馆	教育基地
112	北京市宣武青少年科技馆	北京市宣武青少年科技馆	教育基地
113	北京市丰台区东高地青少年科技馆	北京市丰台区东高地青少年科技馆	教育基地
114	北京市丰台区科技馆	北京市丰台区科技馆	教育基地
115	北京市东城区图书馆	北京市东城区图书馆	教育基地
116	北京市海淀科技中心（馆）	北京市海淀科技中心	教育基地
117	北京市门头沟区科技馆	北京市门头沟区科技馆	教育基地
118	海淀公共安全馆	北京市海淀区安全教育馆管理中心	教育基地
119	北京市朝阳区青少年活动中心	北京市朝阳区青少年活动中心	教育基地
120	北京市石景山区科技馆	北京市石景山区科技馆	教育基地
121	北京市石景山区青少年活动中心	北京市石景山区青少年活动中心	教育基地
122	北京市石景山区少年儿童图书馆	北京市石景山区少年儿童图书馆	教育基地
123	北京铁矿博物馆	首云矿业股份有限公司	教育基地
124	北京张裕爱斐堡国际酒庄	北京张裕爱斐堡国际酒庄有限公司	教育基地
125	北京乐平御瓜园	北京庞各庄乐平农产品产销有限公司	教育基地
126	北京蟒山森林公园	北京蟒山森林公园有限责任公司	教育基地

（续表）

序号	基地名称	单位名称	基地类别
127	北京南宫世界地热博览园	北京南宫世界地热博览园有限公司	教育基地
128	北京松山国家级自然保护区	北京松山国家级自然保护区管理处	教育基地
129	中国房山世界地质公园	北京市房山世界地质公园管理处	教育基地
130	北京大兴区留民营生态农场	北京大兴区留民营生态农场	教育基地
131	北京神笛陶艺文化有限公司	北京神笛陶艺文化有限公司	教育基地
132	北京世界花卉大观园	北京花乡世界花卉大观园有限公司	教育基地
133	北京市朝阳循环经济产业园	北京市朝阳循环经济产业园管理中心	教育基地
134	北京市东城区南馆公园	北京市东城区南馆公园管理处	教育基地
135	北京市门头沟区科技开发实验基地	北京市门头沟区科技开发实验基地	教育基地
136	北京市门头沟区灵溪中小学生态教育基地	北京市门头沟区灵溪中小学生态教育基地	教育基地
137	北京市门头沟区雁翅中小学素质教育基地	北京市门头沟区雁翅中小学素质教育基地	教育基地
138	北京市平谷区黄松峪地质公园	北京佛山旅游管理服务中心	教育基地
139	北京市石花洞	北京市房山区石花洞风景名胜区管理处	教育基地
140	北京市顺义区少年宫	北京市顺义区少年宫	教育基地
141	北京市宣武公共安全宣传教育基地	北京市西城区民防局	教育基地
142	北京顺义三高科技农业试验示范区	北京顺义三高科技农业试验示范区管理委员会	教育基地
143	北京小龙门国家森林公园	北京小龙门国家森林公园	教育基地
144	北京蟹岛种植养殖集团有限公司	北京蟹岛种植养殖集团有限公司	教育基地
145	北京延庆硅化木国家地质公园	北京延庆硅化木国家地质公园管理处	教育基地
146	北京延庆野鸭湖湿地自然保护区	北京延庆野鸭湖湿地自然保护区管理处	教育基地
147	北京野生动物园	北京绿野晴川动物园有限公司	教育基地
148	朝来农艺园	北京朝来农艺园有限责任公司	教育基地
149	汉石桥湿地	北京市顺义区汉石桥湿地自然保护区管理办公室	教育基地
150	红星集体农庄阳光农事体验园	北京市兴红种子站	教育基地
151	怀柔青少年健康教育中心	北京市怀柔区人口和计划生育委员会	教育基地
152	怀柔区学生活动管理中心	怀柔区学生活动管理中心	教育基地
153	生存岛	北京生存岛文化传播有限公司	教育基地
154	密云蔡家洼产业园区	聚陇山生态农业开发有限公司	教育基地
155	密云青少年宫	密云青少年宫	教育基地
156	七彩蝶园	北京七彩蝶创意文化有限公司	教育基地

（续表）

序号	基地名称	单位名称	基地类别
157	青龙湖公园	北京青龙湖公园有限公司	教育基地
158	小汤山现代农业科技示范园	北京市小汤山现代农业科技示范园管理委员会	教育基地
159	北京山地生态科技研究所	北京山地生态科技研究所	教育基地
160	佐特陶瓷技术中心	佐特陶瓷技术中心	教育基地
161	昌平区青苹果之家	北京市昌平区计划生育协会	教育基地
162	北京航天之光观光农业园	北京航天之光观光农业园有限责任公司	教育基地
163	曙光防灾教育公园	北京新兴曙光科贸有限公司	教育基地
164	国家动物博物馆	国家动物博物馆	教育基地
165	中国妇女儿童博物馆	中国妇女儿童博物馆	教育基地
166	民航博物馆	民航博物馆	教育基地
167	中国军事医学（病理）博物馆	军事医学病理博物馆	教育基地
168	国家纳米科学中心	国家纳米科学中心	教育基地
169	北京市观象台	北京市观象台	教育基地
170	北京石刻艺术博物馆	北京石刻艺术博物馆	教育基地
171	北京邮电大学信息通信动态新技术科普展厅	北京邮电大学	教育基地
172	北京交通运输职业学院	北京交通运输职业学院	教育基地
173	颐和园	北京市颐和园管理处	教育基地
174	北京市紫竹院公园	北京市紫竹院公园管理处	教育基地
175	北京市中小学生光电技术展厅	中国人民大学附属中学	教育基地
176	北京市计算中心	北京市计算中心	教育基地
177	北京市眼科研究所	北京市眼科研究所	教育基地
178	北京市药品检验所	北京市药品检验所	教育基地
179	北京奥林匹克公园	北京奥林匹克公园管理委员会、奥运规划馆、北京国家游泳中心有限责任公司、国家体育场有限责任公司、北京世奥森林公园开发经营有限公司	教育基地
180	燃气户内安全科普体验中心	北京市公用事业科学研究所	教育基地
181	北京新能源汽车体验中心	北京汽车新能源汽车有限公司	教育基地
182	首都牛奶科普馆	北京三元食品股份有限公司	教育基地
183	北京市市政管理委员会培训中心	北京市市政管理委员会培训中心	教育基地
184	北京石景山游乐园	北京石景山游乐园	教育基地

（续表）

序号	基地名称	单位名称	基地类别
185	中国房山世界地质公园博物馆	北京市房山世界地质公园博物馆	教育基地
186	延庆博物馆	延庆县文物管理所	教育基地
187	北京市密云县科技馆	北京市密云县科技馆	教育基地
188	密云县气象科普中心	北京市密云县气象局	教育基地
189	平谷国家气象观测中心	北京市平谷区气象局	教育基地
190	北京市通州区图书馆少儿科普分中心	北京市通州区图书馆	教育基地
191	延庆县职业技术教育中心	延庆县职业技术教育中心	教育基地
192	北京市顺义区安全生产服务中心	北京市顺义区安全生产服务中心	教育基地
193	北京老爷车博物馆	北京老爷车博物馆	教育基地
194	北京国际鲜花港	北京鲜花港投资发展中心	教育基地
195	中华蜜蜂科普馆	北京黄岭口村养蜂专业合作社	教育基地
196	牛口峪环保生态中心	北京燕山威立雅水务有限责任公司	教育基地
197	北京市学生军训基地安全教育体验馆	北京森林木文化传播有限公司	教育基地
198	北京市朝阳区紧急医疗救援中心	中国医学救援协会	教育基地
199	中国乐谷青少年音乐素养培养中心	北京绿都乐谷投资有限公司	教育基地
200	苹果园街道公共安全宣教中心	北京市石景山区人民政府苹果园街道办事处	教育基地
201	中国科普博览	中国科学院计算机网络信息中心	传媒基地
202	中国科学报	中国科学报社	传媒基地
203	科学普及出版社	科学普及出版社	传媒基地
204	电子工业出版社少儿科普分社	电子工业出版社	传媒基地
205	《我们爱科学》杂志	中国少年儿童新闻出版总社	传媒基地
206	北京电视台科教节目中心	北京电视台	传媒基地
207	北京科技报	北京科技报社	传媒基地
208	北京科学技术出版社	北京科学技术出版社有限公司	传媒基地
209	《少年科学画报》杂志	北京出版集团有限责任公司	传媒基地
210	《天文爱好者》杂志	北京天文馆	传媒基地
211	《大自然》杂志	北京自然博物馆	传媒基地
212	《环球科学》杂志	《环球科学》杂志社有限公司	传媒基地
213	《科学世界》杂志	《科学世界》杂志社有限责任公司	传媒基地
214	《健康》杂志	健康杂志社	传媒基地
215	互动百科网	互动在线（北京）科技有限公司	传媒基地
216	《博物》杂志	《中国国家地理》杂志社	传媒基地

（续表）

序号	基地名称	单位名称	基地类别
217	北京科技视频网	北京市可持续发展促进会	传媒基地
218	北京少年儿童出版社	北京出版集团有限责任公司	传媒基地
219	《科技潮》杂志	科技潮杂志社	传媒基地
220	海豚少儿科普出版中心	海豚出版社有限责任公司	传媒基地
221	北京艺术与科学电子出版社	北京艺术与科学电子出版社	传媒基地
222	北京市宣武青少年科技馆	北京市宣武青少年科技馆	培训基地
223	中国科学院计算机网络信息中心	中国科学院计算机网络信息中心	培训基地
224	北京市科学技术进修学院	北京市科学技术进修学院（首都联合职工大学科技分校）	培训基地
225	北京市西城区青少年科技馆	北京市西城区青少年科技馆	培训基地
226	中国科协——清华大学科技传播与普及研究中心	清华大学	培训基地
227	北京大学科学传播中心	北京大学	培训基地
228	北京师范大学科学传播与教育研究中心	北京师范大学	培训基地
229	首都师范大学科技教育中心	首都师范大学	培训基地
230	北京急救医疗培训中心	北京急救医疗培训中心	培训基地
231	CERT 紧急救援训练中心	中援思德科技发展有限公司	培训基地
232	北京天文馆	北京天文馆	研发基地
233	北京自然博物馆	北京自然博物馆	研发基地
234	北京科技大学工程训练中心	北京科技大学	研发基地
235	北京市农林科学院农业科技信息研究所	北京市农林科学院农业科技信息研究所	研发基地
236	北京国际科技服务中心	北京国际科技服务中心	研发基地
237	北京天强创业电气技术有限责任公司	北京天强创业电气技术有限责任公司	研发基地
238	梦想人（北京）科技有限公司	梦想人（北京）科技有限公司	研发基地
239	北京全景多媒体信息系统公司	北京全景多媒体信息系统公司	研发基地
240	北京市宣武青少年科技馆	北京市宣武青少年科技馆	研发基地
241	北京神舟航天文化创意传媒有限责任公司	北京神舟航天文化创意传媒有限责任公司	研发基地
242	北京千松科技发展有限公司	北京千松科技发展有限公司	研发基地
243	北京凯来美气候技术咨询有限公司	北京凯来美气候技术咨询有限公司	研发基地

附件 2

北京市科普基地管理办法

第一章　总则

第一条　为加强本市科普基础设施建设，动员社会力量参与科普，推动科普事业发展，根据《中华人民共和国科学技术普及法》、《全民科学素质行动计划纲要（2006—2010—2020）》和《北京市科学技术普及条例》，制定本办法。

第二条　本办法适用于北京市科普基地（以下简称"市科普基地"）的申报、推荐、评审、命名、服务与管理。

第三条　科普基地是开展社会性、群众性、经常性科普活动的有效平台，是普及科学技术知识、倡导科学方法、传播科学思想、弘扬科学精神的重要载体，是向公众提供科普产品与服务的组织与机构。

市科普基地分为科普教育、科普培训、科普传媒和科普研发四类基地。

第四条　市科普基地由北京市科学技术委员会（以下简称"市科委"）、北京市科学技术协会（以下简称"市科协"）共同命名。

第五条　市科普基地采取"统一命名、分类指导、社会监督、定期考评、动态调整"的运行和培育机制。

第二章　条件

第六条　在本市行政区域内登记或注册的法人单位均可申报市科普基地。

第七条　科普教育基地是指为社会组织或公众提供学习科学技术知识、开展科普活动的机构。科普教育基地应具备以下条件：

（一）将科普工作纳入本单位的工作议事日程，有专门从事科普活动的部门，有明确的科普工作目标和任务，特色突出；

（二）具备一定规模的专门用于科学技术教育、传播与普及的固定场所；

（三）拥有主题内容明确、形式多样的科普展教资源，有针对不同人群、主题鲜明的科普活动方案；

（四）开展科普活动时有不少于 2 名的科普工作者；

（五）有开展经常性科普活动所需的经费；

（六）科技馆、博物馆等具备常年开放条件的机构，每年向公众开放的天数不少于 250 天；其他具备向公众开放的科研机构、高等学校、观测台（站）、科技型企业等机构，每年向公众开放的天数不少于 30 天。以上机构应向社会公布开放的具体时间及活动内容。

第八条　科普培训基地是指专门针对科普工作者开展科普培训的机构，是提升科普工作者科学素质和科普能力的载体。科普培训基地应具备以下条件：

（一）依法依规批准的教育或培训机构；

（二）有专门从事科普培训的部门，并有不少于 5 名开展科普工作者培训的教师；

（三）具有持续开发基于自身优势的科普工作者培训教材和课程资源的能力；

（四）从事过科普工作者培训，并取得一定成效；

（五）有针对科普工作者培训的教学大纲、教材及课程计划；

（六）将科普工作者培训纳入本单位教学与培训日程。

第九条　科普传媒基地是指以电子媒介、印刷媒介等为载体，专门进行科普宣传的机构，是公众获取科学技术知识和信息的主渠道。科普传媒基地应具备以下条件：

（一）具有主管部门批准的传媒资质；

（二）有专门从事科普内容策划、制作、编辑等职能的部门，有不少于 5 名的专职人员；

（三）有固定的栏目或版面从事科普宣传；

（四）将科普传媒工作纳入本单位工作日程，科普传媒工作应不少于本单位业务工作的 30%。

第十条　科普研发基地是指专门从事用于科普活动的设备、作品、教具等科普产品研究开发的机构。科普研发基地应具备以下条件：

（一）有明确的科普产品研究开发方向和年度研究开发计划，有固定的场所、仪器设备及其它必需的研发条件；

（二）研究开发人员不少于 8 名，其中具有本科以上学历的比例应不低于 60%；

（三）每年投入的科普产品研究开发经费应不低于本单位研发费用的 20%；

（四）有相应的研发产品投入科普活动。

第三章　推荐与申报

第十一条　各区县科委、科协负责辖区内市科普基地推荐申报。

第十二条　对部分科普活动业绩突出，社会影响力大，且符合上述第六、七、八、九、十条的申报单位，市科普工作联席会议成员单位可直接推荐其申报市科普基地。

第十三条　申报单位应提供以下材料，并保证材料的真实性和准确性：

（一）市科普基地申报书；

（二）单位法人证书或营业执照及相关资质证明的材料；

（三）场地和仪器设备等有关证明的材料；

（四）科普工作管理制度、科普工作年度计划和总结；

（五）开展各类科普活动或从事科普工作原始档案等相关证明材料；

（六）申报单位认为需要提交的其他材料。

第四章　评审与命名

第十四条　市科委、市科协组织专家对申报单位进行评审，评审结果进行社会公示，公示期为七个工作日。

第十五条　经评审合格、社会公示无异议的申报单位，命名为"北京市科普基地"，有效期 3 年。

第五章　支持与服务

第十六条　市科委、市科协创造有利条件，支持开展科普活动、提升科普能力和科技资源科普化等工作。

第十七条　市科委、市科协对市科普基地申报的科普项目择优支持，同时择优向国家有关部门推荐申报国家级科普基地。

第十八条　市科普基地的上级单位，应当加大投入，为市科普基地开展科普工作提供有力的支撑和保障。

第十九条　市科普基地的推荐单位，应对市科普基地日常活动和相关工作提供业务指导。

第二十条　市科普基地应将其科普资源、服务内容等信息主动面向社会公开，履行向社会公众开放、服务的功能，接受社会监督。

第二十一条　市科委、市科协对市科普基地建立信用考核评价机制，命名到期后经考核合格的，可依据申请继续命名为市科普基地。

第二十二条　市科普基地有下列情况之一的，市科委、市科协取消市科普基地命名：

（一）未履行向公众服务、开放功能的；

（二）有损害公众利益的行为，拒不整改的；

（三）经考核不符合市科普基地命名条件的；

（四）有违法行为的。

第六章　附　则

第二十三条　本办法自 2014 年　月　日起实施，《北京市科普基地命名暂行办法》（京科社发〔2007〕501 号）同时废止。

5. 关于组织申报 2015 年度第三批北京市新技术新产品（服务）的通知

关于组织申报 2015 年度第三批北京市新技术新产品（服务）的通知

京科发〔2015〕494 号

各有关单位：

按照《北京市新技术新产品（服务）认定管理办法》（京科发〔2014〕622 号，以下简称《办法》）的规定，经研究，现启动 2015 年度第三批北京市新技术新产品（服务）申报工作，现就有关事项通知如下：

一、符合《办法》规定条件的企业、高等学校、科研院所和社会组织的产品、服务均可申请北京市新技术新产品（服务）认定。经认定的新技术新产品（服务），可享受政府采购和推广应用等政策支持。

二、《办法》实施前本市已认定的新技术新产品（服务），有效期内其资格仍然有效，期满后可按《办法》规定重新申请认定。

三、申报材料

申请参加北京市新技术新产品（服务）认定的单位需登录北京市新技术新产品（服务）认定工作网（www.bjzzcx.com）在线注册企业信息、填写《认定申请书（2015）》并准备如下证明材料：

1. 《北京市新技术新产品（服务）认定申请书（2015）》；

2. 企业营业执照副本或事业单位法人证书（复印件）；

3. 组织机构代码证（复印件）；

4. 产品（服务）拥有自主知识产权的证明文件（复印件）；

5. 国家和本市对产品（服务）生产、销售有相关规定及特殊要求的，应提供产品（服务）符合规定及要求的证明文件（复印件）；

6. 其他需提供的材料，包括产品（服务）技术先进性和创新性的证明文件、近三年销售合同或发票、企业产品标准文本、具有资质的第三方检测认证机构出具的检验报告或相关证书等（复印件）。

以上材料一式两份，用 A4 纸打印或复印，左侧胶装成册，在右侧骑缝处加盖公章。单位申请多个产品（服务）认定的，应分别装订成册。

四、受理时间

自本通知发布之日起启动新技术新产品（服务）受理工作，企业在线注册截止日为 2015 年 11 月 6 日，纸质材料申报截止日为 2015 年 11 月 13 日（工作日上午 9：00～11：30，下午 2：00～4：30）。

五、受理地点及联系方式

申报材料请交送到北京海淀区阜成路 73 号裕惠大厦 C 座 5 层 510 室。

联系电话：88828978、88828979

六、市科委从未指定、授权或委托任何机构和个人从事与新技术新产品（服务）认定工作相关的培训、代理申报等活动，任何机构和个人的此类活动与认定小组无关。

特此通知。

北京市科学技术委员会

2015 年 10 月 26 日

来源：http://www.bjkw.gov.cn/n8785584/n8904761/n8904870/n8917781/10416379.html

6. 关于申报国际科技合作专项
奖励性后补助项目的通知

关于申报国际科技合作专项奖励性后补助项目的通知

各有关单位：

为加快全国科技创新中心建设，以全球视野谋划和推动科技创新，提升全市国际科技合作水平，推动产业结构转型升级，打造"高精尖"经济结构，拟采取奖励性后补助的方式，对引进国外先进技术成果落地的创新合作项目进行支持。现就此次申报、评审、立项等有关工作通知如下：

一、支持范围

通过技术转让、企业并购、联合研发等多种方式，引进国外先进技术成果并在京转化实施，示范效果强，经济社会效益显著的国际合作项目。

二、申报主体要求

在北京市内注册，具有独立法人资格和完善财务管理制度的企业和机构，同时符合市科委信用管理要求，无不良诚信和违法记录。

三、遴选原则

1. 技术成果先进：符合北京市重点发展方向，技术性能指标、适用性、经济性等方面处于国际先进水平或国内领先水平；

2. 知识产权清晰：技术成果的知识产权归属明确，不存在知识产权纠纷及风险；

3. 落地进展顺利：已完成技术成果落地，正常运营 1 年以上；

4. 示范效果显著：项目实施效果好，经济社会效益突出，已产生经济效益或预期经济效益特别显著，能够充分体现技术成果的市场价值，具有典型示范效应；

5. 避免重复支持：申报项目未获得市科委成果转化和产业化资金支持。

四、立项程序

国际科技合作专项奖励性后补助项目立项程序遵循公开、公平、公正原则，按照"公开征集-资格审查-会议评审-现场考核-主任办公会审定-网上公示"的程序进行。

公示后无异议的项目正式予以立项。立项项目按照专家评审意见分档支持，支持额度不超过40 万元/家。

五、绩效管理

1. 项目立项后需连续 3 年向市科委报送成果进展报告。

2. 国际科技合作专项奖励性后补助项目经费由项目单位按照《北京市科技计划项目（课题）经费管理办法》统筹安排使用，项目经费应接受财政、审计等部门的检查监督，承担单位有义务配合市科委、市财政局、市审计局等部门完成项目绩效评价、绩效审计及绩效跟踪等工作。

六、报送材料

项目申报单位依据市科委通知要求，报送项目申报材料及相关证明材料。项目申报单位应对项目申报材料的真实性和合法性负责。项目申报材料应包括：

（一）《国际科技合作专项奖励性后补助项目申请书》；

（二）企业营业执照（企业提供）、组织机构代码证书、税务登记证书材料复印件（盖章）；

（三）经会计师事务所审计的上年度会计年度财务报表（含资产负债表、利润及利润分配、现金流量表）；

（四）能够证明双方开展实质性合作的相关附件材料。

请项目申报单位认真填写《国际科技合作专项奖励性后补助项目申请书》，打印一式 7 份，签字盖章后与附件材料一并于 2015 年 10 月 28 日前报送至受理单位，电子版请发送至 gjhz@bjpc. org. cn。

联系人

陈永平　联系方式：66158339

戴　星　联系方式：82004297

七、受理单位

北京生产力促进中心国际合作部。

地址：北京市海淀区北三环中路 31 号（马甸桥西北角），生产力大楼 B 座 805B 室。

邮编：100088

电子邮箱：gjhz@ bjpc. org. cn

传真：82002901

特此通知。

附件：《国际科技合作专项奖励性后补助项目申请书》

北京市科委国际合作处

2015 年 10 月 19 日

来源：http://www. bjkw. gov. cn/n8785584/n8904761/n8904870/n8917781/10413352. html

附件

国际科技合作专项奖励性后补助项目申请书

申 报 项 目 名 称：_____

申报单位（盖章）：_____

项 目 负 责 人：_____

合 作 国 别：_____

联 系 人：_____

联 系 电 话：_____

申 报 日 期：_____年 月 日

北京市科学技术委员会
2015 年 10 月

申报项目信息表

<table>
<tr><td colspan="2">项目名称</td><td colspan="4"></td></tr>
<tr><td rowspan="7">项目申报单位</td><td colspan="2">单位名称</td><td colspan="4"></td></tr>
<tr><td colspan="2">组织机构代码</td><td colspan="4"></td></tr>
<tr><td colspan="2">单位负责人</td><td colspan="4"></td></tr>
<tr><td colspan="2">单位地址</td><td colspan="4"></td></tr>
<tr><td colspan="2">单位类型</td><td colspan="4"></td></tr>
<tr><td colspan="2">联系人</td><td></td><td>电话</td><td></td></tr>
<tr><td colspan="2">手机</td><td></td><td>邮箱</td><td></td></tr>
<tr><td rowspan="4">项目负责人</td><td colspan="2">姓名</td><td></td><td>性别</td><td></td></tr>
<tr><td colspan="2">年龄</td><td></td><td>身份证号</td><td></td></tr>
<tr><td colspan="2">学位</td><td></td><td>职称</td><td></td></tr>
<tr><td colspan="2">电话</td><td></td><td>邮箱</td><td></td></tr>
<tr><td rowspan="4">技术来源</td><td colspan="2">机构名称</td><td colspan="3"></td></tr>
<tr><td colspan="2">外方负责人</td><td colspan="3"></td></tr>
<tr><td colspan="2">通讯地址</td><td></td><td>传真</td><td></td></tr>
<tr><td colspan="2">邮箱</td><td></td><td>电话</td><td></td></tr>
<tr><td>所属专业领域</td><td colspan="5">☐生物医药　☐电子信息　☐装备制造　☐现代农业　☐新材料
☐新能源　☐能源科技　☐轨道交通　☐减灾防灾　☐社会发展
☐节能环保　☐现代服务　☐其他：_____</td></tr>
<tr><td>项目简介（500 字）</td><td colspan="5"></td></tr>
<tr><td colspan="6">一、合作背景（项目的重要性及必要性，是否符合北京发展方向，以及前期技术引进的相关合作情况）</td></tr>
<tr><td colspan="6">二、主要内容（引进技术的主要内容，性能指标等）</td></tr>
</table>

三、引进成果（通过技术引进取得的主要成果，技术应用情况）

四、引进方式（技术引进方式或合作模式，对行业或区域的示范带动作用）

五、知识产权情况（技术成果的知识产权归属，是否存在知识产权纠纷及潜在风险）

六、突破和创新（通过国际合作解决的主要瓶颈、难点，取得的技术突破和技术创新，以及合作前后相关技术指标的对比情况）

七、资金投入情况

（介绍项目的投入资金额度、分项明细、资金使用用途等，并在申请书后附项目资金审核报告、项目资金投入证明材料，如：设备材料购置发票、相关合同及支付凭证等）

八、经济、社会效益（促进相关领域技术进步和产业发展，技术及产品应用形成一定的市场规模，产生显著经济效益，提升首都相关产业竞争力；对于改善民生、提高公共服务能力、促进社会可持续发展具有积极影响。）

九、附件证明材料（企业营业执照、法人证书、税务登记证、资质证明等；工程施工许可证、知识产权证书、产品检测报告、成果鉴定报告、运行测试报告等）

十、申报单位承诺及意见

我单位承诺所提供申报材料属实，并为本材料的真实有效性负责。

负责人（签字）：

单位（盖章）：

7. 关于 2015 年度北京市自然科学基金对外合作交流活动基金项目申请的通知

关于 2015 年度北京市自然科学基金对外合作交流活动基金项目申请的通知

京科基金字〔2015〕43 号

为做好 2015 年度北京市自然科学基金对外合作交流活动基金项目申请工作，现将有关事项通知如下：

2015 年度北京市自然科学基金对外合作交流活动基金支持科研人员围绕科学前沿需求、首都发展需求和社会民生需求等方面申报国际学术交流会议，促进科技人才的成长与交流，把握学科发展前沿动态，搭建京津冀区域合作的学术交流活动平台，以服务全国科技创新中心建设。

一、项目申请

（一）申请需具备的基本条件

1. 申请人应承担过北京市自然科学基金项目，应在会议的组织委员会或学术委员会中担任重要职务，所在单位应为市基金注册的依托单位且为会议主办单位或承办单位。

2. 会议召开时间为 2016 年 1 月—2016 年 12 月。

3. 会议举办地应为北京（京津冀区域协同发展的国际学术交流会议可在天津或河北举办），应有较高学术水平的境内外知名专家与会做报告。

（二）会议组织要求

1. 会议组织过程中，应聘请学术造诣高、在本领域有较大影响并有一定号召力和组织能力的专家学者担任执行主席，主要负责会议主题及分议题的确定，高水平大会报告专家的遴选，主持、引导会议深入展开，及时提出关键问题进行讨论。项目申请人可作为执行主席之一。

2. 会议组织机构应包括组织委员会和学术委员会。

3. 会议除主题报告和分论坛讨论外，须设置圆桌会议或专题讨论会，由执行主席主持，部分高水平专家参与，围绕北京发展战略需求，参会专家讨论形成该领域建议优先支持的科学前沿方向，并形成前沿科技报告。

（三）优先资助条件

1. 申请人来自国家或北京市重点实验室等创新基地；

2. 会议主题与内容符合北京市自然科学基金的重点部署；

3. 有利于促进学科交叉或部门交叉。

（四）资助领域

重点资助生命科学前沿、纳米新材料、新一代移动通信、数字化增材制造、机器人及自动化、清洁能源和新能源、轨道交通及智能交通、城市安全运行、科技与文化产业融合、重大疾病诊疗技术、食品安全、生态环境保护等领域。

（五）资助方式

为提高有限经费的使用效率，实现既稳定支持品牌会议又及时推动新兴学科开展交流的目的，对于已获得资助 2 次以上的系列学术会议减少资助额度。

1. 对于经评审第 1 次和第 2 次获得资助的系列学术会议，资助不超过 8 万元；

2. 对于经评审第 3 次和第 4 次获得资助的系列学术会议，资助不超过 4 万元；

3. 对于已获得 4 次资助的系列学术会议，不再提供经费支持，经项目负责人申请并获得基金委同意后，可标注北京市自然科学基金资助。

二、项目受理

项目申请分为两个阶段进行，具体安排如下：

（一）电子申请书

1. 申请人撰写

申请人于 2015 年 9 月 16 日后通过北京市自然科学基金网站（http：//www. bjnsf. org/）经"北京市自然科学基金网络化工作平台"登录依托单位工作系统，按相关要求与提示撰写申请书，并请于 10 月 12 日 16：00 前通过该系统将电子申请书提交依托单位审核。如有会议通知或有关业务主管部门的会议批件等材料，应作为附件扫描后上传至系统。

2. 依托单位审核

依托单位对本单位申请人的申请资格及申请人所提交申请书的真实性、完整性进行审核。

审核时间：2015 年 9 月 16 日至 10 月 15 日 12：00。

提示：审核过程中，依托单位可通过依托单位工作系统将存在问题的项目退回申请人修改。

3. 依托单位提交

依托单位通过依托单位工作系统在规定的时间内统一提交电子申请书。

提交时间：2015 年 10 月 13 日 8：00 至 10 月 15 日 16：00。

（二）纸质申请书

1. 打印申请书

依托单位可于 2015 年 10 月 16 日后组织申请人通过依托单位工作系统打印纸质申请书并完成签字盖章手续。

打印纸质申请书时间：10 月 16 日至 10 月 23 日 12：00 前，请依托单位提醒申请人妥善安排好打印申请书的时间。

2. 集中接收申请书

我办于 2015 年 10 月 22 日至 10 月 23 日 16：00 前集中接收依托单位统一报送的纸质申请书（过时不接收）。要求如下：

（1）纸质申请书原件（一式一份）。原件是指经单位签字盖章后并带有申报编号、条形码、版本号及水印的纸质申请书。如有附件材料，其纸质版应同申请书一并提交。

（2）提交申请时需提供加盖本单位公章的申请项目清单，该清单可通过依托单位工作系统打印。清单上所列项目应与所提交的纸质申请书一致，若提交纸质申请书项目数量少于申请项目清单中所列项目数量时，需在此清单中注明未提交纸质申请书项目的数量、申报编号、项目名称、申请人姓名和未提交原因。

（3）不接收邮寄的纸质申请书。

接收地点：海淀区四季青路 7 号院 2 号楼 311 室

三、项目批准与验收

1. 市基金向资助项目所在单位发放"北京市自然科学基金对外合作交流活动基金资助项目批准通知书"，并给予拨款。

2. 交流活动举办完后一个月内通过"北京市自然科学基金网络化工作平台"登录"依托单位工作系统"，按要求在线填写并提交相关验收材料（包括前沿科技报告、交流活动总结、项目经费决算表等），同时需提交一份纸质版验收材料。

四、联系方式

联系人：倪文龙　　　联系电话：88491860

北京市自然科学基金委员会办公室

2015 年 9 月 16 日

来源：http://www.bjnsf.org/nsf_ tzgg/201509/t20150916_ 10255.html

8. 关于 2016 年度北京市自然科学基金委员会 – 北京市科学技术研究院管理改革试点工作 联合资助项目申请的通知

关于 2016 年度北京市自然科学基金委员会 – 北京市科学技术研究院 管理改革试点工作联合资助项目申请的通知

京科基金字〔2015〕42 号

为做好 2016 年度北京市自然科学基金委员会 – 北京市科学技术研究院联合资助项目的申请工作，现将有关联合资助项目申请事项通知如下：

一、项目申请

（一）项目说明

本联合资助项目作为北京市自然科学基金项目的组成部分，项目的申请、评审和管理，按照北京市自然科学基金相关管理办法和北京市自然科学基金委员会 – 北京市科学技术研究院联合资助试点合作协议执行。

申请联合资助项目应符合《2016 年度北京市自然科学基金委员会-北京市科学技术研究院联合资助项目指南》（附件 1）。鼓励申请人同北京市科学技术研究院下属单位联合申报。同时为了更好地对申报项目进行跟踪服务和过程管理，申请项目基本信息（项目名称、申请人姓名、依托单位、合作单位、申请经费、项目摘要）将向北京市科学技术研究院公开。

2016 年度联合资助项目经费预算为 360 万元，资助强度不高于 30 万元/项，项目实施周期不超过 3 年。

申请人申请联合资助项目前应认真阅读《2016 年度北京市自然科学基金委员会-北京市科学技术研究院联合资助项目申请须知》（附件 2）。

（二）申请书撰写方式

申请人通过北京市自然科学基金依托单位工作系统（以下简称"依托单位工作系统"）在线撰写申请书。

依托单位工作系统登录路径：通过北京市自然科学基金网站（http：//www.bjnsf.org/）经"北京市自然科学基金网络化工作平台"登录"依托单位工作系统"。

二、项目接收

今年接收依托单位项目申请分为两个阶段进行，具体安排如下：

（一）电子申请书

1. 申请人撰写

申请人于 2015 年 9 月 7 日后登录依托单位工作系统，按相关要求与提示撰写申请书，并请于 10 月 12 日 16：00 前通过该系统将电子申请书提交依托单位审核。

提示：

（1）无系统账号的申请人可向依托单位科研管理部门申请。

（2）申请人撰写、提交申请书功能于 10 月 12 日 16：00 停止服务，鉴于采用在线方式撰写申请书，系统需要一定处理时间，请申请人根据单位具体要求做好申请书的撰写安排。

2. 依托单位审核

依托单位对本单位申请人、参与人的申请资格及申请人所提交申请书的真实性、完整性进行审核。

审核时间：2015 年 9 月 8 日至 10 月 15 日 12：00。

提示：审核过程中，依托单位可通过依托单位工作系统将存在问题的项目退回申请人修改。

3. 依托单位提交

依托单位通过依托单位工作系统在规定的时间内统一提交电子申请书。

提交时间：2015 年 10 月 13 日 8：00 至 10 月 15 日 16：00。

提示：10 月 15 日 16：00 以后依托单位提交电子申请书功能停止服务，请依托单位妥善安排提交工作。

（二）纸质申请书

1. 打印申请书

依托单位可于 2015 年 10 月 16 日 8：00 后组织申请人通过依托单位工作系统打印纸质申请书并完成签字盖章手续。

打印纸质申请书时间：10 月 16 日至 10 月 23 日 12：00 前，请依托单位提醒申请人妥善安排好打印申请书的时间。

提示：纸质申请书（带有申报编号、条形码、版本号及水印）在完成签字盖章手续后由依托单位统一提交我办。

2. 集中接收申请书

我办于 2015 年 10 月 22 日至 10 月 23 日 16：00 前集中接收依托单位统一报送的纸质申请书（过时不接收）。要求如下：

（1）纸质申请书原件及要求报送的纸质附件材料（一式一份）。原件是指经单位签字盖章后并带有申报编号、条形码、版本号及水印的纸质申请书。

（2）提交申请时需提供加盖本单位公章的申请项目清单，该清单可通过依托单位工作系统打印。清单上所列项目应与所提交的纸质申请书一致，若提交纸质申请书项目数量少于申请项目清单中所列项目数量时，需在此清单中注明未提交纸质申请书项目的数量、申报编号、项目名称、申请人姓名和未提交原因。

（3）不接收邮寄的纸质申请书。

（4）纸质申请书不符合上述规定的不予接收。

接收地点：海淀区四季青路 7 号院 2 号楼 310 室

时间安排：2015 年 10 月 22 ~ 23 日

三、联系方式

联系单位：北京市自然科学基金委员会办公室

联系人：冯永庆　倪文龙

联系电话：66154813　88491860

联系单位：北京市科学技术研究院

联系人：刘娟

联系电话：68730094

四、依托单位工作系统技术支持

联系电话：58858680　58858689

时　　间：工作日 9：00 ~ 17：30

特此通知。

北京市自然科学基金委员会 – 北京市科学技术研究院

联合资助试点工作管理办公室

2015 年 9 月 7 日

附件：1. 2016 年度联合资助项目指南

　　　2. 2016 年度联合资助项目申请须知

来源：http：//www.bjnsf.org/nsf_tzgg/201509/t20150907_10244.html

附件1

2016 年度联合资助项目指南

《2016 年度北京市自然科学基金委员会-北京市科学技术研究院联合资助项目指南》经北京市自然科学基金委员会-北京市科学技术研究院联合试点工作管理小组第六次全体会议审议通过，现予发布。

（一）北京地区城市基础设施灾变预警与应急处置关键技术研究

重点支持地铁、机场、火车站、体育场（馆）、商业区等人群聚集场所风险监控与应急处置技术研究；城市燃气（油）场站或地下市政管网可靠性评价理论及应急处置技术；城市基础设施突发事故/灾变引发灾害演变规律及防治技术研究。

（二）城市大气细颗粒物监测与健康风险评估方法研究

重点支持居室、作业场所、公共场所等环境中细颗粒物来源、特征研究及人群暴露水平的监测新方法与新技术；大气细颗粒物暴露与人群健康风险预警体系基础理论与应用研究。

（三）北京地区水、土壤污染治理与修复技术研究

重点支持污（废）水资源化处理技术；土壤与地下水中特征有机污染物去除技术；填埋场土壤与地下水污染的处理与修复技术。

（四）云计算与大数据应用关键技术研究

重点支持面向行业应用的 BaaS（后端即服务）、DaaS（数据即服务）、PaaS（平台即服务）、SaaS（软件即服务）等关键技术与应用研究；面向典型应用的大数据获取、存储、建模及处理的理论方法和应用关键技术研究。

（五）京津冀协同发展的基础理论与应用研究

重点支持京津冀协同发展与城市群治理的基础理论和关键技术研究，水土资源与社会资源布局优化与管理运行模式研究。

（六）功能性材料的设计、制备及应用研究

重点支持生物医用高分子材料、新型高效分离材料、可生物降解聚合物泡沫材料、功能纳米复合材料的设计制备、性能评价、成型技术及应用研究。

附件 2

2016 年度联合资助项目申请须知

为了做好 2016 年度北京市自然科学基金委员会-北京市科学技术研究院联合资助项目（以下简称"联合项目"）申请工作，根据《北京市自然科学基金管理办法》（以下简称"基金管理办法"）及《北京市自然科学基金项目管理办法》（以下简称"项目管理办法"）制定联合资助项目申请指南，用以指导联合资助项目申请。

一、申请人事项

（一）申请人的条件

1. 申请人应当是申请项目的实际负责人，需具备以下条件：

（1）所在单位是依托单位；

（2）具有承担基础研究、应用基础研究课题或者其他从事基础研究、应用基础研究的经历，且能保障所申请项目的研究时间；

（3）具有高级专业技术职务（职称）或者具有博士学位，或者有 2 名与其研究领域相同、具有高级专业技术职务（职称）的科技人员推荐。

符合（2）、（3）规定的条件，无工作单位或者所在单位不是依托单位的科技人员，经与在基金办注册的依托单位协商，并取得该依托单位的同意，可以申请项目。该依托单位应当将其视为本单位科技人员实施有效管理。

2. 正在攻读研究生学位的全日制研究生不得作为申请人申请项目，但在职攻读研究生学位的人员可以通过其在职的单位申请项目，申请时须提供导师同意申请的函件，说明申请项目与其学位论文的关系，项目获得资助后的工作时间和条件保证等，作为附件随纸质版申请书一并报送。

3. 符合条件的海外科技人员，具备以下条件可以通过依托单位申请市基金项目：

（1）正式受聘于依托单位，项目执行期在聘任期内；

（2）每年在依托单位工作 3 个月以上。

在申请项目时，须提供依托单位的相关证明文件（加盖单位公章），作为附件随纸质版项目申请书一并报送。

4. 正在博士后工作站内从事研究的科学技术人员申请项目，须由依托单位提供书面承诺，保证在项目获得资助后延长其在博士后工作站的期限至项目资助期满或者出站后继续留在依托单位从事相关研究，每项申请的书面承诺由依托单位盖章后随纸质版申请书一并报送。否则，不受理在站博士后人员的项目申请。

申请人在填写申请书时，应上传推荐意见、依托单位提供的相关证明文件（申请人为海外科技人员、在站博士后等）、导师签字函件等材料的原件电子版（BMP、JPEG、GIF、PNG 图片格式的文件），纸质原件随纸质版项目申请书一并报送。

（二）申请人管理规定

1. 申请人每年度只能申请 1 项联合项目。

2. 科技人员负责在研联合项目 1 项（含）以上的，不得作为申请人申请联合项目。

3. 申请人年龄不超过 60 周岁，且在市基金项目资助周期内须在依托单位任职。

科技人员负责在研联合项目是指作为负责人承担且在联合项目申请通知发布之日时，尚未完成验收（结题）。

（三）特别提示

市基金不支持将相同或基本相同的项目申请书在不同机构中以同一申请人或者不同申请人的名义进行多处申请。对于申请人在以往市基金或其他机构（如科技部、国家自然科学基金等）资助项目基础上提出的新项目，应明确阐述二者的异同、继承与发展关系。

二、依托单位事项

（一）依托单位应当按照基金管理办法、项目管理办法及项目申请通知等要求，组织本单位的项目申请工作。

（二）依托单位应当对本单位申请人、参与人的申请资格及申请人所提交申请书的真实性和完整性进行审核。

三、有关项目类型

联合资助项目是北京市自然科学基金资助项目的组成部分，主要资助科技人员在项目指南范围内自主选题，开展创新性的科学技术研究。本年度联合资助项目只设一种项目类型。2016 年度联合资助项目经费预算为 360 万元，资助强度不高于 30 万元/项。

申请联合资助项目，须在《2016 年度北京市自然科学基金委员会-北京市科学技术研究院联合资助项目指南》（以下简称"联合资助项目指南"）规定的范围内进行选题。

四、申请书撰写要求

申请书采取在线撰写的方式。具体要求如下：

1. 申请书须由申请人本人撰写并对所提交申请材料的真实性、合法性负责。

2. 申请书中研究起始年时间填写为 2016 年 1 月 1 日，联合项目资助期限为不超过 3 年。

3. 项目名称应根据自身研究内容确定，尽量避免使用指南中指南方向的名称。

4. 注意凝炼研究内容，避免大而全、缺少深度的申请。项目的预期研究结果及可考核的验收指标应合理、明确，项目获得资助后预期研究结果和验收指标将作为任务书的重要内容和验收时的重要依据，不得随意更改。

5. 根据所申请的研究方向或研究领域在"申报学科"下拉菜单中准确选择申报学科代码，每一申请项目可选择两个申报学科代码。申报学科代码是计算机随机遴选评审专家的重要依据，请尽量选择到最后一级学科代码，不要只选择到一级学科代码。

6. 申请人和项目组主要成员必须在纸质申请书上签字。项目组主要成员中如有依托单位以外的人员参加（包括外聘人员及研究生，但不包括境外人员），其所在单位即被视为合作单位，须按申请书要求填写合作单位信息并加盖合作单位法人公章，填写的单位名称须与公章一致。

联合项目的合作单位不得超过 2 个。

项目组主要成员中的境外人员被视为以个人身份参与项目申请，如本人未能在纸质申请书上签字，则应通过信件、传真等本人签字的纸质文件，说明同意参与该项目申请且履行相关职责，该纸质文件作为附件随纸质申请书一并送交。

7. 申请人申请市基金项目的研究内容已获得其它渠道资助的，应当在申请书相关栏目中说明受资助情况以及与本申请项目的关系与区别。

8. 有合作单位参与申请的项目应当在申请书相关栏目中说明合作单位在本申请项目中承担的工作以及相关研究工作基础。

9. 凡在研究过程中按国家有关规定应履行相关程序的，需提供相关证明材料（例如：涉及人的生物医学研究，由于研究对象的特殊性，请申请人严格遵守医学伦理和患者知情同意等有关规定，申请时须提供伦理委员会审查意见等书面材料），并以 BMP、JPEG、GIF、PNG 图片格式上传证明材料原件电子版，证明材料原件作为附件随纸质版项目申请书一并报送。

10. 申请人可以提供 3 名以内不适宜评审其申请项目的专家名单，供遴选通讯评审专家时参考。

11. 申请人须在依托单位确定的截止日期前完成申请书撰写并将申请书提交依托单位审核，申请人须在规定的时间打印纸质申请书，完成签字手续后提交依托单位。

12. 申请人应保证纸质申请书与电子申请书的版本号一致。

五、依托单位及申请人需注意的问题

为避免申请人因非学术性失误而失去评审机会，特别提醒依托单位及申请人注意，申请项目出现下列情况之一，将不予受理：

（一）申请书填写不符合要求

（1）申请书无原件或无纸质申请书；

（2）申请人、项目组成员、单位负责人未在相应栏目中签字或签章；

（3）经费预算未按要求科目填列；

（4）申请书缺页、缺项或有关栏目未填；

（5）合作单位未加盖独立法人单位的公章；

（6）未按要求在"立项依据"后列参考文献；

（7）电子申请书与纸质申请书版本号不一致；

（8）自行修改申请书栏目或变更栏目顺序；

（9）未按要求提供推荐信、导师同意申请的函件、依托单位的相关证明文件（包括承诺函等）。

（二）申请人不具备申请条件的

（三）不符合申请人管理规定的

9. 关于申报 2015 年度中关村开放实验室的通知

关于申报 2015 年度中关村开放实验室的通知

各相关单位：

为提升示范区企业自主创新能力，进一步扩大中关村开放实验室资源，中关村管委会现启动 2015 年度中关村开放实验室申报工作，有关事项通知如下：

一、申报对象

依托中关村国家自主创新示范区内的高等院校、科研机构、转制院所和企业建立的，以市场为导向，以服务企业为目标，开展各类科技资源开放、共享及技术创新合作的实验室，包括以提供分析、检测认证服务为主检测开放实验室、和以提供技术研发服务为主研发开放实验室。

二、基本要求

申请中关村开放实验室应具备以下基本条件：

（一）所属领域应符合《中关村国家自主创新示范区发展规划纲要（2011—2020）》确定的重点产业领域；

（二）设立 2 年以上，科研条件完备，管理规范，规章制度健全，有专门的管理机构和管理团队，具备运用现有科技资源开展市场化科技服务的能力；

（三）检测实验室应具备国家检测计量认证或实验室认可资质，检测内容具备先进性和前沿性，并已开展为企业提供检测认证服务；

（四）研发实验室的科研基础和人员在所属领域应具有影响力，承担过国家和北京市重大研发与产业化项目，具有可转化的科技成果，并已开展为企业提供委托研发、共建实验室等科技服务。

三、申报流程

1. 网上申报，在 www.zgckfsys.com 首页左上先进行实验室注册，然后点击"挂牌申请"，填写资料后提交即可。

2. 中关村管委会委托中关村民营科技企业家协会组织初审与尽职调查。

3. 申请实验室根据初审意见网上修改申报材料，并形成纸质申请材料；实验室依托单位作为申请实验室的推荐单位，出具推荐审核意见并加盖公章和签字。将纸质申报材料（一式四份，A4 幅面，热熔胶粘装订）递交至中关村民营科技企业家协会（地址：北京市海淀区上地信息路 7 号数字传媒大厦 605）。

四、申报时间

网上申报自通知发布之日起开始申报，并适时组织评审筛选符合要求的实验室进行挂牌。

五、政策咨询受理机构及联系方式

政策咨询受理机构：中关村民营科技企业家协会

联系地址：北京市海淀区上地信息路 7 号数字传媒大厦 605

联系电话及联系人：62960213；

62961182/62961183 转 820（郭皓）/812（陈超）

相关网址：www. zgc. gov. cn（可查看通知）

www. zgckfsys. com（可查看通知、挂牌申报）

中关村科技园区管委会

中关村民营科技企业家协会

2015 年 8 月 4 日

来源：http：//www.zgckfsys.com/cenep/portalw/showinfo.jsp？cate =010&code =010060&objid =2c5d9ceb31644850a42abf3f12b73a77